21世纪高等院校教材

高等数学

（物理类）

上 册

何柏庆　王晓华　编

科学出版社

北　京

内 容 简 介

本教材是根据物理类高等数学教学大纲(200学时)编写,分为上、下两册出版.本书为上册,内容包括函数、极限、连续、导数与微分、微分学中值定理、微分学应用、不定积分、定积分和定积分的应用.本书总结了编者长期从事高等数学教学的经验,结构严谨、逻辑清晰、难点分散、例题丰富、通俗易懂.各章配有大量与工科相结合的例题和习题,便于教师教学和学生自学使用.

本书可供理工科大学物理类、电类专业的本科生使用,还可供从事高等数学教学的教师和科研工作者参考.

图书在版编目(CIP)数据

高等数学:物理类.上册/何柏庆,王晓华编. —北京:科学出版社,2007(2017.7重印)
21世纪高等院校教材

ISBN 978-7-03-019291-2

Ⅰ.高… Ⅱ.①何… ②王… Ⅲ.高等数学-高等学校-教材 Ⅳ.O13

中国版本图书馆 CIP 数据核字(2007)第 098159 号

责任编辑:赵 靖 杨 然/责任校对:曾 茹
责任印制:白 洋/封面设计:陈 敬

科 学 出 版 社 出版
北京东黄城根北街16号
邮政编码:100717
http://www.sciencep.com

三河市骏杰印刷有限公司印刷
科学出版社发行 各地新华书店经销
*

2007年7月第 一 版 开本:720×1000 1/16
2017年7月第八次印刷 印张:41 1/4
字数:781 000
定价:69.00元(上、下册)
(如有印装质量问题,我社负责调换)

前　言

　　高等数学的内容包括一元函数微分学、一元函数积分学、空间解析几何学、多元函数微分学、多元函数积分学、无穷级数论、常微分方程,以及作为理论基础的极限论.由于构成本课程的主体是一元及多元函数的微分学和积分学,所以有时也就把高等数学这门课程称为微积分学.

　　微积分学与中学里学过的初等数学有着本质的区别.初等数学研究的对象基本上是常量(即固定不变的量).例如,算术中研究固定不变的量的运算法则;代数学中解方程,所要求的未知数也是固定不变的,只不过具体数值事先不知道;几何学中研究的是一些固定的、规则的几何图形.而且初等数学所涉及的基本运算是常量之间的算术运算.因此,初等数学基本上是常量数学.

　　微积分学是一门以变量(函数)作为主要研究对象,以极限方法作为基本研究手段的数学学科.它有两个分支:用微观的观点,运用极限方法研究曲线的切线问题和各类变化率问题,进而就产生了微分学;用宏观的观点,运用极限方法研究曲边图形面积、曲面立体体积等这类涉及微量元素的无限积累的问题,进而就产生了积分学.而微积分学的理论基础是极限论,它从方法论上突出表现了微积分学不同于初等数学的特点.另外,以极限论为基础建立起来的无穷级数论,一直被认为是微积分学的一个不可缺少的部分,它的一个重要用处就是用来表示函数.与一元函数微积分学同时成长起来的(常)微分方程,正是数学科学联系实际的主要途径之一.总之,高等数学是变量数学.在数学的历史上,自从出现了解析几何学并继而产生了微积分学之后,便开始了变量数学的研究.正如恩格斯所指出的,"数学中的转折点是笛卡儿的变数.有了变数,运动进入了数学,有了变数,辩证法进入了数学,有了变数,微分学和积分学也就立刻成为必要的了……"

　　高等数学是大学工科院校的基础课,学好这门课相当重要.特别是对刚从中学毕业的同学们,由于对大学数学的学习方法还不太入门,因此,我们在教材的编写上,对一些概念分析比较深入,逻辑推导比较细致,例题也配备得较多,尽量便于阅读,以利于培养自学能力,同时也可以打好坚实的数学基础.

　　本教材分上、下两册.上册由何柏庆(第1～4章)和王晓华(第5～7章)编写;

下册由张国珙(第8、9章)、徐海燕(第10章)和肖瑞霞(第11、12章)编写.各章都配备相当数量的习题,另有习题答案供参考.在编写过程中,得到南京航空航天大学教材科和理学院领导及同仁们的帮助和指导,在此一并深表感谢.

  本教材的书稿虽经小范围的多次试用和修改,但由于编者水平有限,不足之处期待得到读者的宝贵意见.

编 者
二〇〇七年四月

目 录

前言
第1章 函数 极限 连续 ……………………………………………… 1
  1.1 函数 …………………………………………………………… 1
    1.1.1 函数概念 ……………………………………………… 1
    1.1.2 反函数概念 …………………………………………… 6
    1.1.3 函数的几何性质 ……………………………………… 8
    1.1.4 函数的运算 …………………………………………… 11
    习题 1.1 ……………………………………………………… 14
  1.2 极限 …………………………………………………………… 16
    1.2.1 数列极限概念 ………………………………………… 17
    1.2.2 收敛数列的性质 ……………………………………… 24
    1.2.3 数列收敛的判别准则 ………………………………… 28
    1.2.4 函数极限概念 ………………………………………… 32
    1.2.5 函数极限的性质 ……………………………………… 41
    1.2.6 无穷小量与无穷大量 ………………………………… 47
    习题 1.2 ……………………………………………………… 52
  1.3 连续 …………………………………………………………… 56
    1.3.1 函数连续与间断的概念 ……………………………… 57
    1.3.2 连续函数的运算法则 初等函数连续性 …………… 62
    1.3.3 闭区间上连续函数的性质 …………………………… 64
    1.3.4 一致连续性 …………………………………………… 67
    习题 1.3 ……………………………………………………… 69
  总习题一 ……………………………………………………………… 70
第2章 导数与微分 ………………………………………………… 74
  2.1 导数概念 ……………………………………………………… 74
    2.1.1 实例 …………………………………………………… 74
    2.1.2 导数定义 ……………………………………………… 75
    2.1.3 导数的 Δ 求法 ………………………………………… 77
    2.1.4 可导与连续的关系 …………………………………… 79
    2.1.5 左、右导数 …………………………………………… 80

习题 2.1 81
2.2 导数的计算法则 82
  2.2.1 四则运算求导法则 82
  2.2.2 反函数求导法则 85
  2.2.3 复合函数求导法则 86
  2.2.4 隐函数求导法则 92
  2.2.5 参数方程求导法则 93
  2.2.6 高阶导数 95
  习题 2.2 100
2.3 导数的简单应用 103
  2.3.1 切线与法线问题 103
  2.3.2 相关变化率问题 105
  习题 2.3 106
2.4 微分 106
  2.4.1 微分概念 107
  2.4.2 微分的基本公式和运算法则 109
  2.4.3 高阶微分 111
  2.4.4 微分在近似计算中的应用 112
  习题 2.4 113
总习题二 113

第 3 章 微分学中值定理 116

3.1 中值定理 116
  3.1.1 罗尔定理 116
  3.1.2 拉格朗日定理 119
  3.1.3 柯西定理 123
  习题 3.1 125
3.2 洛必达法则 126
  3.2.1 $\dfrac{0}{0}$ 型不定式 127
  3.2.2 $\dfrac{\infty}{\infty}$ 型不定式 130
  3.2.3 其他类型的不定式 132
  习题 3.2 135
3.3 泰勒公式 136
  3.3.1 带皮亚诺余项的泰勒公式 136
  3.3.2 带拉格朗日余项的泰勒公式 143

习题 3.3 ·· 148
　总习题三 ·· 150
第 4 章　微分学应用 ·· 152
　4.1　函数的单调性 ·· 152
　　4.1.1　函数单调性的判定法 ·································· 152
　　4.1.2　不等式定理 ·· 154
　　习题 4.1 ·· 156
　4.2　函数的凹凸性 ·· 156
　　4.2.1　函数凹凸性的判定法 ·································· 157
　　4.2.2　拐点及其判定法 ······································ 159
　　习题 4.2 ·· 161
　4.3　函数的极值和最值 ·· 161
　　4.3.1　函数极值及其判定法 ·································· 162
　　4.3.2　函数最大值、最小值的计算 ···························· 166
　　习题 4.3 ·· 170
　4.4　函数的图形 ·· 172
　　4.4.1　曲线的渐近线 ·· 172
　　4.4.2　函数的作图 ·· 176
　　习题 4.4 ·· 179
　4.5　曲率 ·· 179
　　4.5.1　曲率的定义和计算 ···································· 180
　　4.5.2　曲率圆、曲率半径和曲率中心 ·························· 182
　　习题 4.5 ·· 184
　总习题四 ·· 184
第 5 章　不定积分 ·· 186
　5.1　原函数和不定积分的概念 ·································· 186
　　5.1.1　原函数和不定积分 ···································· 186
　　5.1.2　基本积分表 ·· 188
　　5.1.3　不定积分的性质 ······································ 190
　　习题 5.1 ·· 192
　5.2　换元积分法 ·· 192
　　5.2.1　第一换元法（凑微分法）······························ 193
　　5.2.2　第二换元法 ·· 197
　　习题 5.2 ·· 201
　5.3　分部积分法 ·· 202

習題 5.3 ··· 205
5.4 有理函数、三角有理函数及简单无理函数的积分 ······················ 206
　　5.4.1 有理函数的不定积分 ·· 206
　　5.4.2 三角有理函数的积分 ·· 210
　　5.4.3 简单无理函数的积分 ·· 211
　　习题 5.4 ··· 213
总习题五 ··· 214

第 6 章 定积分 ··· 215
6.1 定积分的概念 ··· 215
　　6.1.1 定积分问题举例 ··· 215
　　6.1.2 定积分的定义 ··· 217
　　6.1.3 定积分的存在条件 ·· 220
　　6.1.4 定积分的性质 ··· 222
　　习题 6.1 ··· 225
6.2 微积分基本公式与基本定理 ···································· 226
　　6.2.1 微积分基本公式 ··· 226
　　6.2.2 微积分基本定理 ··· 228
　　习题 6.2 ··· 231
6.3 定积分的换元法与分部积分法 ·································· 233
　　6.3.1 定积分的换元法 ··· 233
　　6.3.2 定积分的分部积分法 ·· 236
　　习题 6.3 ··· 240
6.4 广义积分 ··· 241
　　6.4.1 无穷积分 ·· 241
　　6.4.2 无穷积分的收敛判别法 ······································· 244
　　6.4.3 瑕积分 ·· 249
　　6.4.4 瑕积分的收敛判别法 ·· 251
　　6.4.5 Γ 函数和 B 函数 ···································· 254
　　习题 6.4 ··· 256
总习题六 ··· 257

第 7 章 定积分的应用 ··· 260
7.1 建立积分表达式的微元法 ·· 260
7.2 定积分的几何应用 ·· 261
　　7.2.1 平面图形的面积 ··· 261
　　7.2.2 体积 ·· 265

目　录

  7.2.3　平面曲线的弧长 ………………………………… 268
  7.2.4　旋转体的侧面积 ………………………………… 272
  习题 7.2 …………………………………………………… 273
 7.3　定积分的物理应用 ………………………………………… 274
  7.3.1　变速直线运动的路程 …………………………… 274
  7.3.2　变力沿直线所做的功 …………………………… 274
  7.3.3　水压力 …………………………………………… 276
  7.3.4　引力 ……………………………………………… 276
  习题 7.3 …………………………………………………… 277
 总习题七 ………………………………………………………… 278
习题答案 …………………………………………………………… 280
附录　几种常用的曲线 …………………………………………… 302

第1章 函数 极限 连续

高等数学所研究的主要对象是函数,所用的主要方法是极限法.极限与函数虽然在中学已经分别学过,但是,没有应用极限方法来研究函数.一门科学,由于改变了研究方法,就能得到很大的进步和发展,这不仅在数学中如此,在其他科学中也是如此,这是值得注意的.

本章分为函数、极限和连续三节,是学习高等数学的基础.

1.1 函 数

函数是高等数学主要的研究对象.现在,我们学习高等数学,就要从函数入手.由于在中学里已经学习过函数概念和一些简单函数的性质,在这里将帮助大家对原有知识进行复习,并根据本课程的需要作必要的补充和提高.

1.1.1 函数概念

现实世界中的万事万物,无一不在一定空间中运动变化着,在运动变化过程中都存在一定的数量关系,有的数值是变化的量,称为变量.通常用后面几个英文字母 $x,y,z,\cdots$ 表示.有的数值是不变的量,称为常量.通常用前面几个英文字母 $a,b,c,\cdots$ 表示.常量可以看作变量的特殊情形:即在所考察的变化过程中,始终只取同一数值的变量.

本课程不论变量和常量,它们的取值都是实数,超出实数范围都认为没有意义,不作研究.因此,变量的每一个值都是一个实数,所有这些数所构成的数集,称为这个变量的变化域.在许多情况下,变量的变化域可以用区间表示.

设 $a<b$,开区间:$(a,b)=\{x|a<x<b\}$;

闭区间:$[a,b]=\{x|a\leqslant x\leqslant b\}$;

半开半闭区间:$(a,b]=\{x|a<x\leqslant b\}$,$[a,b)=\{x|a\leqslant x<b\}$;

无穷区间:$(a,+\infty)=\{x|a<x<+\infty\}$,$[a,+\infty)=\{x|a\leqslant x<+\infty\}$,

$(-\infty,b)=\{x|-\infty<x<b\}$,$(-\infty,b]=\{x|-\infty<x\leqslant b\}$.

特别,开区间 $(a-\delta,a+\delta)=\{x||x-a|<\delta\}=\{x|a-\delta<x<a+\delta\}$,其中,$\delta(>0)$ 为常数,称为以点 a 为中心,δ 为半径的邻域,或称点 a 的 δ 邻域,简称 a 的邻域,记作 $S(a,\delta)$.有时还要讨论,在 a 的邻域内去掉心(点 a),即 $\{x|0<|x-a|<\delta\}$ 称为

a 的去心邻域,记作 $S_0(a,\delta)$.

我们知道,在某一变化过程中,同一个问题,往往同时出现好几个变量,而这些变量又往往是相互联系、相互依赖的,高等数学不是孤立地研究每一个变量,而是着重研究变量之间确定的依赖关系,变量之间的这种确定的依赖关系,就叫做函数.

定义 设在某一变化过程中有两个变量 x 和 y,x 的变化域为 X. 如果对于 X 中的每一个 x 的值,根据某一规律 f,变量 y 都有唯一确定的值与它对应,则称 y 是 x 的函数①,记作

$$y = f(x), \quad x \in X.$$

其中,x 称为自变量,y 称为因变量. 自变量 x 的变化域 X 称为函数 $y=f(x)$ 的定义域,因变量 y 的变化域称为函数 $y=f(x)$ 的值域,记值域为

$$Y = \{y \mid y = f(x), x \in X\}.$$

为了理解这个定义,我们说明以下几点.

首先,函数 $y=f(x)$ 中的"f"代表从自变量 x 到因变量 y 的对应关系,称为函数关系. $f(x)$ 是一个完整记号,切不可误以为 f 乘以 x,正如 $\sin x$ 不能看作 $\sin$ 乘以 x 一样.

当自变量 x 取一定值时,因变量 y 的相应值称为函数值. 函数 $y=f(x)$ 当 $x=x_0$ 时的函数值记为 $f(x_0)$ 或 $y|_{x=x_0}$.

例如,$y=f(x)=\dfrac{x}{\sqrt{1+x^2}}$,则 $f(-3)=\dfrac{-3}{\sqrt{10}}$,$f(x^2)=\dfrac{x^2}{\sqrt{1+x^4}}$,$f(f(x))=\dfrac{f(x)}{\sqrt{1+f^2(x)}}=\dfrac{x}{\sqrt{1+2x^2}}$.

首先,特别指出:$f(x)$ 与 $f(x_0)$ 是两个完全不同概念,前者是函数关系式,后者是函数在某点的值,要严加区分.

其次,研究函数,还应了解函数在什么范围内有意义,因此要确定函数的定义域.

例如,圆面积 A 是圆半径 r 的函数 $A=\pi r^2$,显然圆半径 r 必须是正值,因此它的定义域是 $(0,+\infty)$. 又如,离地面高度为 h 的物体,在重力作用下的自由落体有函数关系式

$$s = \frac{1}{2}gt^2.$$

其中,t 表示时间,s 表示路程. 显然落下的最大距离是 h,因此,这个函数的定义域

---

① 函数一词最早是德国哲学、数学家莱布尼茨(G. W. Leibniz,1646~1716)于 1694 年从拉丁文中引进的. 这里函数的定义是德国数学家狄利克雷(P. G. L. Dirichlet,1805~1859)给出的.

1.1 函数

为 $\left[0, \sqrt{\dfrac{2h}{g}}\right]$.

但如果只是在数学上一般地研究某一由具体表达式规定的函数关系,函数的定义域则由该表达式本身确定.

例如,$y=\sin x$ 的定义域为 $(-\infty,+\infty)$.

$y=\log_a x$ 的定义域为 $(0,+\infty)$.

$y=\arcsin(3x+2)$ 的定义域应该从 $|3x+2|\leqslant 1$ 解出来,得 $-1\leqslant 3x+2\leqslant 1$,亦即有 $-1\leqslant x\leqslant -\dfrac{1}{3}$,故定义域为 $\left[-1,-\dfrac{1}{3}\right]$.

$y=\sqrt{\dfrac{5-x^2}{x-1}}$ 的定义域应该从 $x\neq 1$ 且 $\dfrac{5-x^2}{x-1}\geqslant 0$ 解出来. 当 $x>1$ 时,要求 $5-x^2\geqslant 0$,得 $1<x\leqslant\sqrt{5}$;当 $x<1$ 时,要求 $5-x^2\leqslant 0$,得 $x\leqslant -\sqrt{5}$. 故定义域为 $(-\infty,-\sqrt{5}],(1,\sqrt{5}]$.

又由于 $y=\dfrac{1}{\sqrt{\sin x-1}}$ 的定义域是空集,所以表达式 $y=\dfrac{1}{\sqrt{\sin x-1}}$ 不能成为函数.

因此,函数的两要素:第一是函数关系,第二是定义域,缺一不可.

另外,两个函数相等应该是函数关系相同,它们的定义域也相同. 例如,$f(x)=x, g(x)=x(\sin^2 x+\cos^2 x)$ 这两个函数是相同的,故 $f(x)=g(x)$;而 $f(x)=x, g(x)=\dfrac{x^2}{x}$,它们不是同一个函数. 因为 $f(x)=x$ 的定义域为 $(-\infty,+\infty)$,而 $g(x)=\dfrac{x^2}{x}$ 的定义域为 $(-\infty,0),(0,+\infty)$. 由于两个函数定义域不同,所以这两个函数不是同一个函数.

今后常用函数 $y=f(x)$ 在 X 上有定义或者函数 $y=f(x)$ 定义在 X 上来表示存在定义域为 X 的函数 $y=f(x)$.

有一种很特殊而又很重要的函数,其定义域 X 是全体正整数 $1,2,\cdots,n,\cdots$,因而它的函数值就依次是 $y_1=f(1), y_2=f(2),\cdots,y_n=f(n),\cdots$,这种定义在全体正整数上的函数,特别称之为数列或整标函数. 并记为 $\{y_n\}$ 或

$$y_1, y_2,\cdots,y_n,\cdots$$

例如,$1,\dfrac{1}{2},\dfrac{1}{3},\cdots,\dfrac{1}{n},\cdots$,即 $\left\{\dfrac{1}{n}\right\}$,$2^1, 2^2, 2^3,\cdots, 2^n,\cdots$,即 $\{2^n\}$,$0,1,0,\dfrac{1}{2},0,\dfrac{1}{3},\cdots,\dfrac{1+(-1)^n}{n},\cdots$,即 $\left\{\dfrac{1+(-1)^n}{n}\right\}$ 等都是数列的例子.

最后,表示函数关系的方法很多,常用的有三种:列表法、图示法和公式法.

所谓列表法,就是将自变量和因变量的对应数据列成表格,它们之间的函数关

系从表格上一目了然.如三角函数表、对数函数表.

在很多生产部门中常采用图示法来表示函数关系.例如,气象站用仪表记录下的气温曲线来表示气温随时间的变化关系;化工厂中用温度压力曲线来表示温度与压力之间的函数关系等.

公式法就是用算式表达函数关系的方法,这在高等数学中是最常见、最常用的方法,便于作理论研究.

以上三种表示法都各有优缺点.如公式法,它所表示的形式比较简单而全面,研究起来也比较方便,但是,它不能把量与量之间的变化过程很明显地表示出来,使人一目了然,并且每一个函数值都要临时计算,不能立刻得到结果.至于图示法虽然能把量与量之间的变化过程很明显地表示出来,但是,限于画图的技巧,缺乏足够的精确性.列表法虽然可以从表上很快地查出函数的值,但不能查出函数的任何值.所以每一种表示法都各有优缺点.因此,在高等数学中,经常把函数的三种表示法结合起来应用,如研究函数 $y=f(x)$ 的变化过程时,为了使它明显起见,总把它的图形画出来.所谓函数的图形是指,在直角坐标系中,满足方程 $y=f(x)$ 的点 (x,y) 的轨迹.

有了函数图形的概念,于是,函数与几何图形就统一起来,这不仅使研究函数的人对于函数的变化状态可以从图形上一目了然,也使研究几何的人可用分析方法来研究几何图形.

以下给出本课程经常使用的函数.

例1 中学数学里熟知的六类函数,即:

（Ⅰ）**常数函数** $y=c$ （c 为常数）;

（Ⅱ）**幂函数** $y=x^\alpha$ （$\alpha\neq 0$ 为常数）;

（Ⅲ）**指数函数** $y=a^x$ （$0<a\neq 1$ 为常数）,特别取 $a=\mathrm{e}$（无理数 $\mathrm{e}=2.718281828459045\cdots$）有

$$y=\mathrm{e}^x,$$

这是常用的指数函数;

（Ⅳ）**对数函数** $y=\log_a x$ （$0<a\neq 1$ 为常数）,特别取 $a=\mathrm{e}$ 有 $y=\log_\mathrm{e} x=\ln x$ 称为自然对数函数;

（Ⅴ）**三角函数** $y=\sin x, y=\cos x, y=\tan x, y=\cot x, y=\sec x, y=\csc x$;

（Ⅵ）**反三角函数** $y=\arcsin x, y=\arccos x, y=\arctan x, y=\mathrm{arccot}\, x$.

以上统称为**基本初等函数**.

注意,用公式法表示函数,而没有给出定义域时,我们约定函数的定义域就是使得算式有意义的一切实数组成的集合,称为函数的自然定义域.例如,$y=\log_a x$ 的定义域为 $(0,+\infty)$; $y=\sin x$ 的定义域为 $(-\infty,+\infty)$,值域为 $[-1,1]$; $y=$

1.1 函 数

arcsin$x$ 的定义域为 $[-1,1]$,值域为 $\left[-\frac{\pi}{2},\frac{\pi}{2}\right]$;$y=\arctan x$ 的定义域为 $(-\infty,+\infty)$,值域为 $\left(-\frac{\pi}{2},\frac{\pi}{2}\right)$.

例 2 表达式
$$y=f(x)=\begin{cases}-1, & x<-1\\ \sqrt{1-x^2}, & -1\leqslant x\leqslant 1\\ x-1, & x>1\end{cases}$$

定义了 $(-\infty,+\infty)$ 上的一个函数,这函数图形如图 1.1 所示.

值得注意的是,在函数的定义中,并不要求在整个定义域上只能用一个表达式来表示对应规律. 本例中,函数定义在 $(-\infty,+\infty)$ 上,在各自的子区间内表达式不相同,所以称为分段函数,不是三个函数.

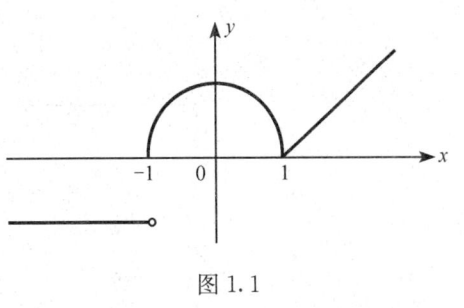

图 1.1

例 3 绝对值函数 $y=f(x)=|x|=\begin{cases}x, & x\geqslant 0\\ -x, & x<0\end{cases}$ 也是分段函数. 定义域为 $(-\infty,+\infty)$,值域为 $[0,+\infty)$,它的图形如图 1.2 所示.

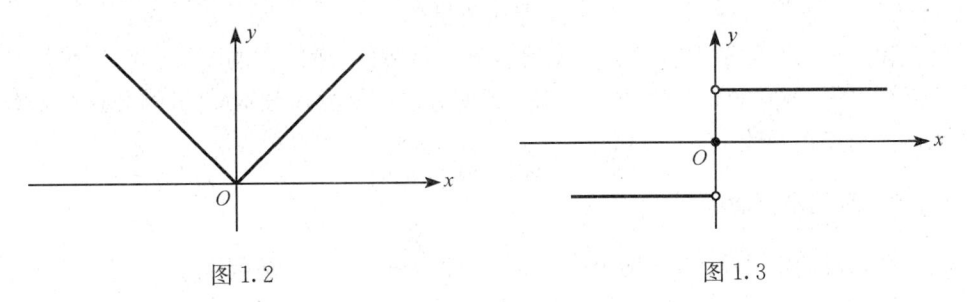

图 1.2

图 1.3

例 4 符号函数 $y=f(x)=\operatorname{sgn}x=\begin{cases}1, & x>0\\ 0, & x=0\\ -1, & x<0\end{cases}$ 是分段函数. 定义域为 $(-\infty,+\infty)$,值域为集合 $\{-1,0,1\}$,它的图形如图 1.3 所示.

因为对任意 $x\in(-\infty,+\infty)$,总有
$$|x|=x\operatorname{sgn}x,$$
所以 $\operatorname{sgn}x$ 起了 x 的符号的作用,这正是取名的由来. 也称克罗内克[①]函数.

---

① 克罗内克(德国数学家,L. Kronecker,1823~1891).

例5 取整函数 $y=f(x)=[x]$，表示不超过数 x 的最大整数．例如
$$[2.5]=2,\quad [3]=3,\quad [-\pi]=-4,$$
它的定义域为 $(-\infty,+\infty)$，值域为集合 $\{0,\pm 1,\pm 2,\pm 3,\cdots\}$．它的图形如图1.4所示．

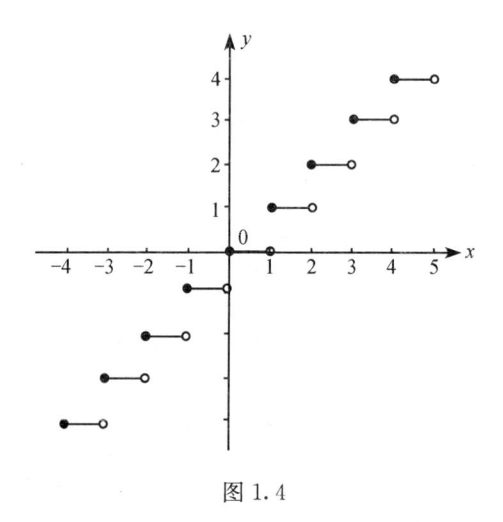

图1.4

由于图形成阶梯形，所以又称为阶梯函数，还称为高斯①函数．

例6 函数 $y=D(x)=\begin{cases}1, & x\text{ 是有理数}\\ 0, & x\text{ 是无理数}\end{cases}$，它的定义域为 $(-\infty,+\infty)$，值域为集合 $\{0,1\}$．因为数轴上有理点与无理点都是稠密的，所以它的图形不能在坐标系下描绘出来．但它的奇特性质可以用来说明许多涉及微积分本质的问题．这个函数也称狄利克雷函数．

1.1.2 反函数概念

在函数的定义中，存在两个变量，一个是自变量，一个是因变量，一主一从，地位不同．然而在实际问题中，谁是自变量，谁是因变量，并不是绝对的，依所研究的具体问题而定．

例如，在自由落体运动中，如果想从已知的时间 t 来确定路程 s，则 t 是自变量，s 是因变量，它们之间的关系为
$$s=\frac{1}{2}gt^2.$$
如果反过来，想从已知路程 s 来确定下落的时间，则应从上式改写为

---

① 高斯(德国数学、物理学、天文学家，C. F. Gauss, 1777～1855)．

1.1 函　数

$$t = \sqrt{\frac{2s}{g}},$$

这时 s 是自变量，t 成了因变量.

这说明在一定条件下，函数的自变量与因变量可以互相转化，两个变量的地位可以互换. 这样得到的新函数，就叫做原来那个函数的反函数. 反函数的一般定义如下.

定义　设给定函数

$$y = f(x), \quad x \in X, \tag{1.1.1}$$

其值域为 Y. 如果对于 Y 中每一个 y 值，都可以从方程 $f(x)=y$（把它看成关于 x 的一个方程）确定唯一的一个 x 值，则就得到一个定义在 Y 上的以 y 为自变量，x 为因变量的新函数，称为函数 $y=f(x)$ 的反函数，记作

$$x = f^{-1}(y), \quad y \in Y \tag{1.1.2}$$

（f^{-1} 读作 f 逆，不读作 f 负一次方）. 这时，原来函数也称为正函数.

例 1　函数 $y=5x+3$ 的反函数是 $x=\dfrac{y-3}{5}, y\in(-\infty, +\infty)$.

例 2　函数 $y=2^x$ 的反函数是 $x=\log_2 y, y\in(0, +\infty)$.

但在习惯上，我们用 x 表示自变量，y 表示因变量，因此反函数 (1.1.2) 式可以改记为

$$y = f^{-1}(x), \tag{1.1.3}$$

也称函数 (1.1.3) 式为函数 (1.1.1) 式的反函数. 以后没有特别声明，总是采用 (1.1.3) 式作为 (1.1.1) 式的反函数. 因而，当函数 (1.1.1) 式用公式表示时，求它的反函数的过程是：先从 (1.1.1) 式解出 x，即将 x 用 y 来表示，然后将 x 换作 y，y 换作 x.

例如，$y=5x+3$ 的反函数是 $y=\dfrac{x-3}{5}$；$y=2^x$ 的反函数是 $y=\log_2 x$.

从几何图形上来看，如果知道函数 (1.1.1) 式在直角坐标中的图形，那么，在同一直角坐标系中反函数 (1.1.2) 式的图形就是函数 (1.1.1) 式的图形. 这是因为任意一点 (a, b) 如果满足 (1.1.1) 式，它也满足 (1.1.2) 式；反过来说，如果满足 (1.1.2) 式，它也满足 (1.1.1) 式，所以函数 (1.1.1) 式的图形和反函数 (1.1.2) 式的图形在同一直角坐标系中是同一曲线. 然而，反函数 (1.1.3) 式仅是把反函数 (1.1.2) 式将 x 与 y 互换. 因此，反函数 (1.1.3) 式的作图上不同之处只在于 x 轴与 y 轴的位置对调，换言之，反函数 (1.1.3) 式的图形可以由函数 (1.1.1) 式的图形绕第一、三象限角平分线 ($y=x$) 旋转 $180°$ 印出来，不必另行作图.

定理　正、反函数的图形对称于直线 $y=x$.

证明　设正函数 $y=f(x)$ 的反函数 $y=f^{-1}(x)$，并设正函数 $y=f(x)$ 的图形

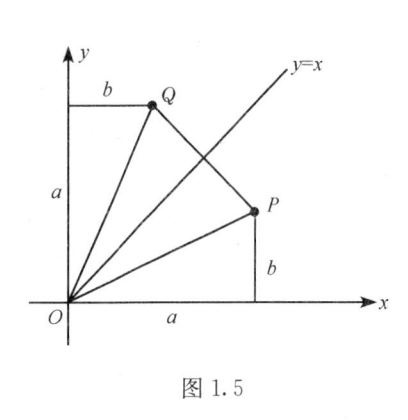

上任一点为 $P(a,b)$，则满足
$$b = f(a).$$

又因为 $Q(b,a)$ 必满足 $a = f^{-1}(b)$，所以，点 $Q(b,a)$ 在反函数 $y = f^{-1}(x)$ 的图形上．由初等几何定理可知 P、Q 两点对称于直线 $y=x$（图 1.5）．但 P 点是正函数图形上任意一点，所以正函数图形和它的反函数图形对称于直线 $y=x$．

应该特别指出，并不是任何函数 $y=f(x)$ 都有反函数的．因为可能对于 y 的某些值，满足 $y=f(x)$ 这一条件的 x 的值不止一个．如 $y=\sin x$，在 $y=\frac{1}{2}$ 时，满足条件 $\sin x=\frac{1}{2}$ 的 x 值就

图 1.5

有无穷多个：$\cdots, -2\pi+\frac{\pi}{6}, \frac{\pi}{6}, 2\pi+\frac{\pi}{6}, \cdots$，不过在许多情形下，虽然对应的 x 值有许多个，但当限定取 x 的范围时，仍有可能定义反函数．其实在定义反三角函数时，就是这么做的：定义反正弦函数 $x=\arcsin y$ 时，限定 $-\frac{\pi}{2} \leqslant x \leqslant \frac{\pi}{2}$；定义反余弦函数 $x=\arccos y$ 时，限定 $0 \leqslant x \leqslant \pi$；定义反正切函数 $x=\arctan y$ 时，限定 $-\frac{\pi}{2} < x < \frac{\pi}{2}$．进而有反三角函数如下形式：

$y=\arcsin x$，定义域为 $[-1,1]$，值域为 $\left[-\frac{\pi}{2}, \frac{\pi}{2}\right]$；

$y=\arccos x$，定义域为 $[-1,1]$，值域为 $[0,\pi]$；

$y=\arctan x$，定义域为 $(-\infty, +\infty)$，值域为 $\left(-\frac{\pi}{2}, \frac{\pi}{2}\right)$．

1.1.3 函数的几何性质

函数的有界性、单调性、奇偶性、周期性在中学数学的课程中已经有所介绍，这里强调在高等数学会用到的一些内容．

有界性 设函数 $y=f(x)$ 在 X 上有定义．如果存在正数 M，使得对于一切 $x \in X$，都有
$$|f(x)| \leqslant M,$$
则称函数 $y=f(x)$ 是 X 上的有界函数，或称函数 $f(x)$ 在 X 上有界．

从几何上看，有界函数的图形介于两条直线 $y=\pm M$ 之内．

因为 $|\sin x| \leqslant 1$，所以 $y=\sin x$ 是在 $(-\infty, \infty)$ 内的有界函数；由于 $|\sqrt{4-x^2}| \leqslant 2$，

所以 $y=\sqrt{4-x^2}$ 在 $[-2,2]$ 上有界.

如果对于任意正数 M,不论它多么大,总有某个 $x_0 \in X$,使得
$$|f(x_0)|>M,$$
则称 $f(x)$ 在 X 上无界.

无界函数 $y=f(x)$ 的直观意义是:不论两条直线 $y=-M$ 和 $y=M$ 相距多么远,$y=f(x)$ 的图形都不会被"框住",总有一些地方要跑到这两条直线的"外面"去.

例如,$y=x^3$ 在 $(-\infty,+\infty)$ 内无界;$y=\sqrt{x^2-4}$ 在 $(-\infty,-2]$,$[2,+\infty)$ 上是无界函数.

函数的有界性也可以这样表述:如果存在常数 M_1 和 M_2,使得对于一切 $x \in X$,都有
$$M_1 < f(x) < M_2,$$
就称函数 $f(x)$ 在 X 上有界,且分别称 M_1 和 M_2 为 $f(x)$ 在 X 上的一个下界和一个上界.

单调性 设函数 $y=f(x)$ 在 X 上有定义.如果对于 X 上任意两点 x_1 和 x_2 且 $x_1 < x_2$,有
$$f(x_1) < f(x_2) \quad (\text{或 } f(x_1) > f(x_2)),$$
则称函数 $y=f(x)$ 为 X 上的严格单调增加(或减少)函数,或称 $f(x)$ 在 X 上严格单调增加(减少).

如果上述不等式改为
$$f(x_1) \leqslant f(x_2) \quad (\text{或 } f(x_1) \geqslant f(x_2)),$$
则称函数 $y=f(x)$ 为 X 上的单调增加(或减少)函数,或称 $f(x)$ 在 X 上单调增加(减少).

函数 $y=f(x)$ 在 X 上严格单调增加、严格单调减少与单调增加、单调减少,统称为函数 $y=f(x)$ 在 X 上单调.严格单调增加与严格单调减少统称为严格单调.如果 X 是区间,此区间称为函数 $f(x)$ 的单调区间.

例如,$y=x^3$ 在 $(-\infty,+\infty)$ 内是严格单调增加函数;$y=x^2$ 在 $(0,+\infty)$ 内是严格增加函数,在 $(-\infty,0)$ 内是严格单调减少函数;$y=\sin x$ 在 $\left[-\dfrac{\pi}{2},\dfrac{\pi}{2}\right]$ 上是严格单调增加函数;阶梯函数 $y=[x]$ 在 $(-\infty,+\infty)$ 内是单调增加函数;而狄利克雷函数 $y=D(x)$ 就没有单调性.

从几何上看,严格单调增加(减少)函数,它的图形是随 x 的增加而上升(下降)的.又如果 $y=f(x)$ 是严格单调函数,则任意一条平行于 x 轴的直线与它的图形最多交于一个点.因此,它有反函数.

定理 设函数 $y=f(x)$ 在 X 上严格单调增加(减少),则函数 $y=f(x)$ 必存在

反函数,且反函数 $x=f^{-1}(y)$ 在 $Y(=f(X))$ 上也是严格单调增加(减少).

证明 只对严格单调增加给出证明.

(1) 证明反函数存在,即要证明对任意 $y\in Y$,X 中存在唯一的一个 x,使 $f(x)=y$.

现采用反证法.假设存在某个 $y_0\in Y$,X 中有两个 x_1 与 x_2,且 $x_1\neq x_2$,对应同一个 y_0,即 $f(x_1)=f(x_2)=y_0$,这样,它与已知函数 $f(x)$ 在 X 上严格单调增加矛盾.于是,对任意 $y\in Y$,X 中存在唯一的一个 x,使 $f(x)=y$.即函数 $y=f(x)$ 存在反函数 $x=f^{-1}(y)$,$y\in Y$.

(2) 证明反函数严格单调增加.

设 y_1,y_2 是 Y 中任意两点,且 $y_1<y_2$.设 $x_1=f^{-1}(y_1)$,$x_2=f^{-1}(y_2)$ 即 $y_1=f(x_1)$,$y_2=f(x_2)$,已知 $y_1<y_2$ 得 $f(x_1)<f(x_2)$.又已知 $y=f(x)$ 在 X 上严格单调增加,故当 $f(x_1)<f(x_2)$ 时,必有 $x_1<x_2$(否则 $x_1\geqslant x_2$ 应有 $f(x_1)\geqslant f(x_2)$)即 $f^{-1}(y_1)<f^{-1}(y_2)$.所以反函数 $x=f^{-1}(y)$ 在 Y 上严格单调增加.

注意,函数严格单调仅是存在反函数的充分条件,不是必要条件.

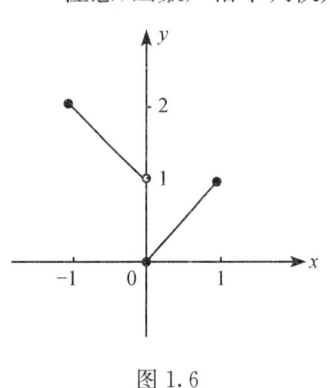

例如,函数 $y=f(x)=\begin{cases}-x+1,&-1\leqslant x<0\\x,&0\leqslant x\leqslant 1\end{cases}$,

在区间 $[-1,1]$ 上不是单调函数(图 1.6),但是它在 $[0,2]$ 上存在反函数

$$x=f^{-1}(y)=\begin{cases}y,&0\leqslant y\leqslant 1\\1-y,&1<y\leqslant 2\end{cases},$$

或反函数为

$$y=f^{-1}(x)=\begin{cases}x,&0\leqslant x\leqslant 1\\1-x,&1<x\leqslant 2\end{cases}.$$

图 1.6

奇偶性 设函数 $y=f(x)$ 在 X 上有定义.如果对任意 $x\in X$,有 $-x\in X$,且
$$f(-x)=-f(x)\quad(\text{或}\ f(-x)=f(x)),$$
则称函数 $y=f(x)$ 是 X 上的奇函数(或偶函数).

例如,$y=\sin x$ 在 $(-\infty,+\infty)$ 内是奇函数;$y=\cos x$ 在 $(-\infty,+\infty)$ 内是偶函数,而 $y=x^{2n}$ 在 $(-\infty,+\infty)$ 内是偶函数,$y=x^{2n+1}$ 在 $(-\infty,+\infty)$ 内是奇函数,其中 n 为正整数.而 $y=a^x$,$\log_a x$ 都没有奇偶性.

从几何上看,偶函数的图形对称于 y 轴,奇函数的图形对称于原点.

周期性 设函数 $y=f(x)$ 在 X 上有定义.如果存在正数 T,使得对任意 $x\in X$,有 $x+T\in X$,且
$$f(x+T)=f(x),$$
则称函数 $y=f(x)$ 为周期函数,T 称为 $f(x)$ 的一个周期.

如果 $f(x)$ 以 T 为周期,则
$$f(x) = f(x+T) = f(x+2T) = \cdots = f(x+nT) = \cdots.$$
其中,n 为正整数.可见 nT 也是周期,此时有无穷多个周期.周期中最小的一个正数,称为基本周期,或简称为函数 $y=f(x)$ 的周期.

例如,$\sin x, \cos x$ 都是以 2π 为周期的周期函数;$\cos^2 x$ 是以 π 为周期的周期函数.

并不是所有周期函数都能找到最小正周期的.例如,狄利克雷函数 $y=D(x)$,每一个有理数都是它的周期,但是没有最小的正有理数.

从几何上看,周期函数的图形,只要在长度为一个周期的区间上作出函数的图形,然后将此图形一个周期一个周期向左、右平移,就得到整个周期函数的图形.

1.1.4 函数的运算

函数的四则运算　设两个函数 $f(x)$ 与 $g(x)$ 分别定义在 X_1 与 X_2 上,且 $X_1 \cap X_2$ 非空集,则函数 $f(x)$ 与 $g(x)$ 的和、差、积、商分别定义为
$$H(x) = f(x) + g(x), \quad x \in X_1 \cap X_2;$$
$$C(x) = f(x) - g(x), \quad x \in X_1 \cap X_2;$$
$$G(x) = f(x)g(x), \quad x \in X_1 \cap X_2;$$
$$S(x) = \frac{f(x)}{g(x)}, \quad x \in X_1 \cap X_2 - \{x \mid g(x) = 0\}.$$

例 1　设 $f(x) = \ln(1-x), x \in (-\infty, 1)$;$g(x) = \sqrt{1-x^2}, x \in [-1, 1]$.而 $(-\infty, 1) \cap [-1, 1] = [-1, 1)$.因此
$$H(x) = \ln(1-x) + \sqrt{1-x^2}, \quad x \in [-1, 1);$$
$$C(x) = \ln(1-x) - \sqrt{1-x^2}, \quad x \in [-1, 1);$$
$$G(x) = \sqrt{1-x^2}\ln(1-x), \quad x \in [-1, 1);$$
$$S(x) = \frac{\ln(1-x)}{\sqrt{1-x^2}}, \quad x \in [-1, 1) - \{-1\} = (-1, 1).$$

例 2　双曲函数[①]是工程技术中很有用的一类函数.定义如下:

双曲正弦　$\mathrm{sh}x = \dfrac{\mathrm{e}^x - \mathrm{e}^{-x}}{2}$;

双曲余弦　$\mathrm{ch}x = \dfrac{\mathrm{e}^x + \mathrm{e}^{-x}}{2}$;

双曲正切　$\mathrm{th}x = \dfrac{\mathrm{sh}x}{\mathrm{ch}x} = \dfrac{\mathrm{e}^x - \mathrm{e}^{-x}}{\mathrm{e}^x + \mathrm{e}^{-x}}.$

此外,双曲余切、双曲正割、双曲余割也是双曲函数,因为不常用,一概从略.

[①] 双曲函数是由德国数学家兰伯特(T. H. Lambert, 1728~1777)命名的.

双曲函数与三角函数有很多相似之处.例如,sh$x$ 与 sin$x$ 都是奇函数;ch$x$ 与 cos$x$ 都是偶函数;th$x$ 与 tan$x$ 也都是奇函数.

双曲函数的公式与三角函数公式也非常相似.由双曲函数的定义,不难直接证明下列公式

$$\text{sh}(x \pm y) = \text{sh}x \cdot \text{ch}y \pm \text{ch}x \cdot \text{sh}y,$$
$$\text{ch}(x \pm y) = \text{ch}x \cdot \text{ch}y \pm \text{sh}x \cdot \text{sh}y,$$
$$\text{th}(x \pm y) = \frac{\text{th}x \pm \text{th}y}{1 \pm \text{th}x \cdot \text{th}y},$$
$$\text{sh}2x = 2\text{sh}x \cdot \text{ch}x,$$
$$\text{ch}2x = \text{ch}^2 x + \text{sh}^2 x = 1 + 2\text{sh}^2 x = 2\text{ch}^2 x - 1,$$
$$\text{ch}^2 x - \text{sh}^2 x = 1,$$
$$\text{ch}x + \text{sh}x = e^x,$$
$$\text{ch}x - \text{sh}x = e^{-x}.$$

sh$x$ 的图形可由 $\frac{e^x}{2}$ 与 $\frac{e^{-x}}{2}$ 的图形相减而得到,ch$x$ 的图形可由 $\frac{e^x}{2}$ 与 $\frac{e^{-x}}{2}$ 的图形相加而得到(图 1.7).

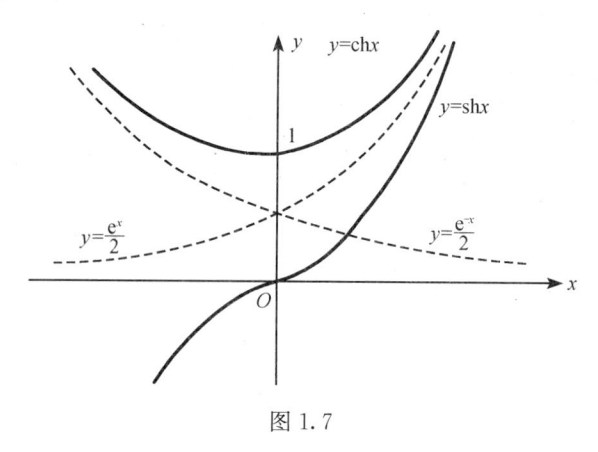

图 1.7

而 th$x$ 的图形如图 1.8 所示.

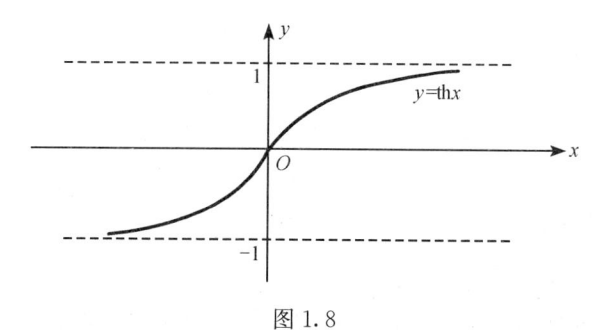

图 1.8

1.1 函数

函数的复合运算 设函数 $y=f(u)$ 定义在 U 上,函数 $u=g(x)$ 定义在 X 上,如果与 x 对应的 u 值能使 y 有定义,即设 $D=\{x|x\in X, g(x)\in U\}$ 非空集,则称 y 是定义在 D 上 x 的函数的函数,或 y 是 x 的复合函数. 称 u 是中间变量. $y=f(g(x))$ 是由 $y=f(u)$ 和 $u=g(x)$ 复合而成的复合函数,这种运算称为复合运算. 有时复合函数 $y=f(g(x))$ 也记作 $y=f\circ g(x)$,并称"$\circ$"为复合运算.

例如,$y=\arcsin u, u=2x+1$ 所构成的复合函数为 $y=\arcsin(2x+1)$,其定义域为 $[-1,0]$.

函数的这种复合运算,也可以推广到多个情形. 例如,由 $y=f(u), u=g(v), v=h(x)$ 复合而成的复合函数是 $y=f(g(h(x)))$.

值得指出,不是任何几个函数都可以复合而成为一个复合函数的. 例如,$y=\arcsin u, u=2+x^2$,就不能复合成一个复合函数.

例 3 设 $f(x)=x^2, g(x)=2^x$,求 $f(f(x)), g(g(x)), f(g(x)), g(f(x))$.

解 $f(f(x))=(f(x))^2=(x^2)^2=x^4$; $\quad g(g(x))=2^{g(x)}=2^{(2^x)}$;

$f(g(x))=(g(x))^2=(2^x)^2=2^{2x}$; $\quad g(f(x))=2^{f(x)}=2^{(x^2)}$.

例 4 设 $f(x)=\begin{cases}1, & |x|\leqslant 1 \\ 0, & |x|>1\end{cases}$, $g(x)=\begin{cases}2-x^2, & |x|\leqslant 1 \\ 2, & |x|>1\end{cases}$,求 $f(g(x)), g(f(x))$.

解 $f(g(x))=\begin{cases}1, & |g(x)|\leqslant 1 \\ 0, & |g(x)|>1\end{cases}=\begin{cases}0, & |x|<1 \\ 1, & |x|=1 \\ 0, & |x|>1\end{cases}=\begin{cases}1, & |x|=1 \\ 0, & |x|\neq 1\end{cases}$;

$g(f(x))=\begin{cases}2-(f(x))^2, & |f(x)|\leqslant 1 \\ 2, & |f(x)|>1\end{cases}=\begin{cases}1, & |x|\leqslant 1 \\ 2, & |x|>1\end{cases}$.

例 5 设 $f(x)$ 的定义域是 $[\alpha,\beta]$,求 $f(ax+b)(a>0)$ 的定义域.

解 由于 $f(ax+b)$ 是由 $f(u), u=ax+b$ 复合而成,根据题意知 $f(u)$ 的定义域是 $[\alpha,\beta]$ 即 $\alpha\leqslant u\leqslant\beta$. 因此 $\alpha\leqslant ax+b\leqslant\beta$,从而 $\dfrac{\alpha-b}{a}\leqslant x\leqslant\dfrac{\beta-b}{a}$. 故 $f(ax+b)$ 的定义域是 $\left[\dfrac{\alpha-b}{a},\dfrac{\beta-b}{a}\right]$.

例 6 下列函数是由哪些较简单的函数复合而成的:

(1) $y=\sin^2(1+2x)$; (2) $y=\arcsin\sqrt{\tan(a^2+x^2)}$; (3) $y=\dfrac{1}{1+\ln(2x+1)}$.

解 (1) 由 $y=u^2, u=\sin v, v=1+2x$ 复合而成;

(2) 由 $y=\arcsin u, u=\sqrt{v}, v=\tan w, w=a^2+x^2$ 复合而成;

(3) 由 $y=\dfrac{1}{u}, u=1+\ln v, v=2x+1$ 复合而成.

通常，如果能把一个比较复杂的函数看成由几个简单函数复合而成的复合函数，那么，便可使对这个函数的研究变成对那几个简单函数的研究。这样能使问题变得容易解决些。

本节最后给出一个重要概念：由基本初等函数（常数函数、幂函数、指数函数、对数函数、三角函数、反三角函数）经过有限次四则运算及复合运算所得到的函数，**称为初等函数**。一般说来，分段函数不是初等函数。

对于初等函数，作为高等数学的主要研究对象，今后要作详细的讨论。而研究的办法总是这样：先讨论基本初等函数有无某种性质，再讨论具有某种性质的两个函数的和、差、积、商有无某种性质，再讨论由具有某种性质的函数复合而成的函数有无某种性质，讨论了这三个问题，我们就能明确地知道初等函数是否具有某种性质了。

习　题　1.1

1. 指明满足下列不等式的 x 所在的区间：

(1) $|x| \leqslant 2$；　(2) $|x-1| < 1$；　(3) $|x| \geqslant 5$；　(4) $|x+\frac{1}{2}| \geqslant \frac{1}{2}$；　(5) $|x-1| < |x+1|$.

2. 应用三角不等式，证明当 $|x+1| < \frac{1}{2}$ 时，$|x-2| < \frac{7}{2}$.

3. 应用三角不等式，证明 $|a-b| \leqslant |a-c| + |b-c|$.

4. 解下列不等式：

(1) $|x-5| < 8$；　(2) $|2x+4| \geqslant 10$；　(3) $|x| > |x+1|$；　(4) $|x+2| + |x-2| \leqslant 12$.

5. 函数 $f(x)$ 满足什么条件时，下列式子才有意义：

(1) $y = \frac{1}{f(x)}$；　(2) $y = \sqrt[n]{f(x)}$，n 为偶数；　(3) $y = \log_a f(x)$ $(a > 0$，且 $a \neq 1)$；

(4) $y = \arcsin f(x)$.

6. 如果 $f(x) = \frac{|x-2|}{x+1}$，计算 $f(0); f(2); f(-2); f(1); f\left(\frac{1}{2}\right)$.

7. 如果 $f(x) = 2^{x-2}$，计算 $f(2); f(-2); f\left(\frac{5}{2}\right); f(a) - f(b); f(a)f(b); \frac{f(a)}{f(b)}$.

8. 如果 $f(x) = \begin{cases} 1+x, & \text{当} -\infty < x \leqslant 0 \\ 2^x, & \text{当} 0 < x < +\infty \end{cases}$，计算 $f(-2); f(-1); f(0); f(1); f(2)$.

9. 如果 $f(x) = \begin{cases} x^2+x, & \text{当} x \leqslant 1 \\ x+5, & \text{当} x > 1 \end{cases}$，计算 $f(x+a)$ (a 为常数).

10. 求下列函数的定义域：

(1) $y = \sqrt{3x+4}$；　(2) $y = \sqrt{2+x-x^2}$；　(3) $y = \sqrt{-x} + \frac{1}{\sqrt{2+x}}$；

(4) $y = \arcsin(2x+1)$；　(5) $y = \frac{1}{|x|-x}$；　(6) $y = \ln(2x+1) + \sqrt{4-3x}$；

(7) $y=\ln\left(\sin\dfrac{\pi}{x}\right)$；　(8) $y=x^3+e^{x-1}+\dfrac{\ln x}{x-4}$；　(9) $y=\dfrac{1}{e^x-e^{-x}}$；　(10) $y=\sqrt{\cos x}$．

11. 设函数 $y=f(x)$ 定义域为 $[-1,0]$，求下列函数的定义域：

(1) $f(x^3)$；　(2) $f(\sin 2x)$；　(3) $f(ax)(a>0)$；　(4) $f(x+a)+f(x-a)(a>0)$．

12. 下列函数 $f(x)$ 和 $g(x)$ 是否相同：

(1) $f(x)=\ln x^2$，$g(x)=2\ln x$；　(2) $f(x)=\dfrac{\sqrt{x-1}}{\sqrt{x-2}}$，$g(x)=\sqrt{\dfrac{x-1}{x-2}}$；

(3) $f(x)=\sqrt[3]{x^4-x^3}$，$g(x)=x\sqrt[3]{x-1}$．

13. 求下列函数的反函数：

(1) $y=3x+5$；　(2) $y=x^2-2x$；　(3) $y=\dfrac{2^x}{2^x+1}$；

(4) $y=\sqrt[3]{x+\sqrt{1+x^2}}+\sqrt[3]{x-\sqrt{1+x^2}}$；　(5) $y=1+2\sin\dfrac{x-1}{x+1}$；

(6) $y=\begin{cases} x, & \text{当 } -\infty<x<1 \\ x^2, & \text{当 } 1\leqslant x\leqslant 4 \\ 2^x, & \text{当 } 4<x<+\infty \end{cases}$．

14. 证明如果 $f(x)=ax+b$，且数列 $\{x_n\}$ 是等差数列，则数列 $\{f(x_n)\}$ 也是等差数列．

15. 证明对于指数函数 $f(x)=a^x(a>0,a\neq 1)$，如果数列 $\{x_n\}$ 是等差数列，则数列 $\{f(x_n)\}$ 是等比数列．

16. 指明下列函数中哪些是偶函数，哪些是奇函数：

(1) $f(x)=\dfrac{1}{2}(a^x+a^{-x})$；　(2) $f(x)=\sqrt{1+x+x^2}-\sqrt{1-x+x^2}$；

(3) $f(x)=\sqrt[3]{(x+1)^2}+\sqrt[3]{(x-1)^2}$；　(4) $f(x)=\lg\dfrac{1+x}{1-x}$；　(5) $f(x)=\lg(x+\sqrt{1+x^2})$．

17. 函数 $f(x)$ 与 $g(x)$ 有相同的定义域，证明：

(1) 如果 $f(x)$ 与 $g(x)$ 都是偶函数，则 $f(x)g(x)$ 是偶函数；

(2) 如果 $f(x)$ 与 $g(x)$ 都是奇函数，则 $f(x)g(x)$ 是偶函数；

(3) 如果 $f(x)$ 与 $g(x)$ 有一个是偶函数，另一个是奇函数，则 $f(x)g(x)$ 是奇函数．

18. 证明如果函数 $f(x)$ 定义在 $(-\infty,+\infty)$ 上，则 $F_1(x)=f(x)+f(-x)$ 是偶函数；$F_2(x)=f(x)-f(-x)$ 是奇函数．

19. 证明定义在区间 $(-l,l)$ 内的任意函数 $f(x)$ 可以表示为奇函数和偶函数之和的形式．

20. 确定下列函数中哪些是周期的，且对周期函数求出它的最小正周期 T：

(1) $f(x)=10\sin 3x$；　(2) $f(x)=a\sin\lambda x+b\cos\lambda x$；　(3) $f(x)=\sqrt{\tan x}$；

(4) $f(x)=\sin^2 x$；　(5) $f(x)=x\sin^2 x$．

21. 证明(1) $\text{ch}^2 x-\text{sh}^2 x=1$；　(2) $\text{sh}(x+y)=\text{sh}x\text{ch}y+\text{ch}x\text{sh}y$．

22. 如果 $f(x)=\dfrac{x}{x-1}(x\neq 0,1)$，求 $f\left(\dfrac{1}{f(x)}\right)$．

如果 $f(x)=\dfrac{x}{\sqrt{1+x^2}}$，求 $f(f(x))$；$f[f(f(x))]$；一般地计算 $\underbrace{f[f(\cdots f(x))]}_{n\text{个}f}$．

23. 如果 $f\left(\cos\dfrac{x}{2}\right)=1-\cos x$,求 $f(x)$.

24. 如果 $f\left(x+\dfrac{1}{x}\right)=x^2+\dfrac{1}{x^2}$,求 $f(x)$.

25. 如果 $f(x)=\begin{cases}2x, & x\leqslant 0\\ 0, & x>0\end{cases}$, $g(x)=x^2-1$,求 $f(g(x))$.

26. 如果 $f(x)=\begin{cases}2x, & 0\leqslant x\leqslant 1\\ x^2, & 1<x\leqslant 2\end{cases}$, $g(x)=\ln x$,求 $f(g(x))$, $g(f(x))$.

27. 如果 $f(x)=\begin{cases}1+x, & x\leqslant 0\\ x, & x>0\end{cases}$, $g(x)=\begin{cases}x, & x\leqslant 0\\ -x^2, & x>0\end{cases}$,求 $f(g(x))$, $g(f(x))$.

28. 证明如果函数 $f(x),g(x),h(x)$ 都是单调增加的,且
$$f(x)\leqslant g(x)\leqslant h(x),$$
则
$$f[f(x)]\leqslant g[g(x)]\leqslant h[h(x)].$$

29. 设 $f(x)$ 为奇函数,$g(x)$ 为偶函数,研究下列函数 $f[g(x)]$;$g[f(x)]$;$f[f(x)]$ 的奇偶性.

30. 下列函数是由哪些较简单的函数复合而成的:

(1) $y=\sin^3(1+4x)$;　(2) $y=\arctan\sqrt{\tan(a^2+x^2)}$;

(3) $y=\dfrac{1}{1+\arcsin 2x}$;　(4) $y=\ln|\cos\sqrt{1-2x}|$.

31. 求单位圆内接正 n 边形的周长 s 与边数 n 的函数关系.

32. 在温度计上,0℃(摄氏温度)对应于 32°F(华氏温度),100℃对应于 212°F,求摄氏温度与华氏温度的度数之间的函数关系.

33. 已知一圆柱体体积为 V,试把半径 r 表示为高 h 的函数.

34. 在半径为 r 的球内嵌入一内接圆柱,试将圆柱的体积表示为其高的函数,求此函数的定义域.

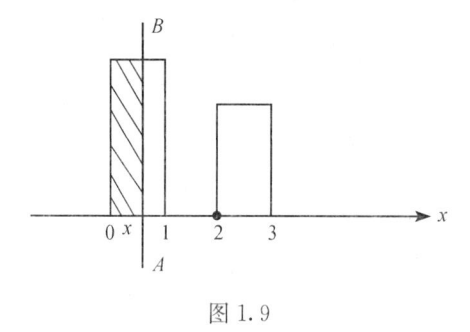

35. 把一半径为 r 的圆形铁片,自中心处剪去中心角为 α 的一扇形后围成一无底圆锥.试将这圆锥的体积表示为 α 的函数.

36. 直梁 OAB,由两种材料接合而成,OA 长 1 单位,其线密度为 2,AB 长 2 单位,其线密度为 3. 设 M 为梁上任意一点,试写出 OM 一段的质量 m 与 OM 的长 x 之间的函数关系.

图 1.9

37. 有两个矩形,其高分别为 a m,b m,而底皆为 1 m,彼此相距 1 m(图 1.9).假定 $x(-\infty<x<+\infty)$ 连续变动(直线 AB 连续地平行移动),试将阴影部分的面积 s 表示为 x 的函数.

1.2　极　　限

高等数学研究的对象是函数,所用的方法是极限.极限方法是用动的、有联系

1.2 极　　限

的,以及量变引起质变的观点来研究量的变化的一种方法.从方法论来说,这是高等数学区别于初等数学的显著标志.它解决了数学上两类重要矛盾:一是量的均匀变化与非均匀变化的矛盾,二是项数有限求和与项数无限求和的矛盾.这就使微分学与积分学,以及无穷级数中的基本概念都得到了确切的定义,而成为高等数学不可缺少的基本方法.高等数学中几乎所有的概念都离不开极限,因此极限概念是高等数学的重要概念,极限理论[①]是高等数学的基础理论,一定要掌握好.

1.2.1　数列极限概念

在各种类型的极限中,数列(整标函数)的极限最简单,也最基本,所以先从它谈起.

在中学里我们已经知道,对于一个数列$\{y_n\}$,如果当正整数n无限增大时,y_n无限趋近于某一定数l,则称数列$\{y_n\}$的极限是l,并记作

$$\lim_{n\to\infty}y_n = l \quad 或 \quad y_n \to l(n\to\infty).$$

像这样描述性地给出数列的极限定义是不够的.因为这里所说的"无限增大"和"无限趋近"只是对数列变化性态的一种现象的描述,即只是定性的说明,并不是定量的分析,无法作理论分析和论证.为此还必须再深入研究.

由于两个数a与b之间的接近程度可以用这两个数之差的绝对值$|b-a|$来度量(在数轴上$|b-a|$表示点a与点b之间的距离).因此,数列$\{y_n\}$的极限是l是指"当n无限增大时,$|y_n-l|$无限趋于0",换句话说是"随n不断增大,$|y_n-l|$就可以任意小,要多小就能有多小".就是说"$|y_n-l|$要多小,只要n增大到一定程度后,就能有多小".数列极限的精确定义,无非就是把这句话说清楚、说确切.

先考察数列$\{y_n\} = \left\{\dfrac{n+(-1)^n}{n}\right\}$

$$0, \frac{3}{2}, \frac{2}{3}, \frac{5}{4}, \frac{4}{5}, \cdots, \frac{n+(-1)^n}{n}, \cdots$$

不难看到,它是以1为极限,$|y_n-1| = \left|\dfrac{n+(-1)^n}{n}-1\right| = \left|\dfrac{(-1)^n}{n}\right| = \dfrac{1}{n}$要多小,只要$n$增大到一定程度后,就能有多小.

比方说要想$|y_n-1| = \dfrac{1}{n} < 0.1$,只需$n > \dfrac{1}{0.1} = 10$;

要想$|y_n-1| = \dfrac{1}{n} < 0.01$,只需$n > \dfrac{1}{0.01} = 100$;

要想$|y_n-1| = \dfrac{1}{n} < 0.0014$,只需$n > \dfrac{1}{0.0014} = 714\dfrac{2}{3}$,

---

① 极限理论是在18世纪30年代由法国数学家柯西(A. L. Cauchy,1789~1857)创建,后经德国数学家魏尔斯特拉斯(K. Weierstrass,1815~1897)加工而成的.

显然也就是只需 $n > \left[714\dfrac{2}{3}\right] = 714$，这是因为 n 是正整数，如果它大于 714，自然也大于 $714\dfrac{2}{3}$.

要想 $|y_n - 1| = \dfrac{1}{n} < 0.0003$，只需 $n > \dfrac{1}{0.0003} = 3333\dfrac{1}{3}$，同样只需 $n > \left[3333\dfrac{1}{3}\right] = 3333$.

一般地说，要想 $|y_n - 1| = \dfrac{1}{n} < \varepsilon$（$\varepsilon$ 是任意给定的正数，不管它多么小）只需 $n > \dfrac{1}{\varepsilon}$，而 $\dfrac{1}{\varepsilon}$ 不见得恰好是整数，可用 $\left[\dfrac{1}{\varepsilon}\right]$ 来代替 $\dfrac{1}{\varepsilon}$ 这个数的整数部分，由于比 $N = \left[\dfrac{1}{\varepsilon}\right]$ 大的正整数 n 显然也比 $\dfrac{1}{\varepsilon}$ 大，因此，只需 $n > N = \left[\dfrac{1}{\varepsilon}\right]$ 就能使 $|y_n - 1| < \varepsilon$ 成立，也就是从数列 $\left\{\dfrac{n + (-1)^n}{n}\right\}$ 的第 $N = \left[\dfrac{1}{\varepsilon}\right]$ 项以后的所有项都满足不等式 $|y_n - 1| < \varepsilon$.

综上所述，"$|y_n - 1| = \dfrac{1}{n}$ 要多小，只要 n 增大到一定程度后，就能有多小"这句话的精确表达式应该是：对于任意给定的正数 ε（它标志着"要多小"的要求），总可以找到这样的正整数 $N = \left[\dfrac{1}{\varepsilon}\right]$（它标志着 n "增大的程度"），使得当 $n > N$ 时（n 增大到这个程度后），就有
$$|y_n - 1| < \varepsilon,$$
（就能达到所提出的那个"要多小能多小"的要求）. 也就是说"当 n 无限增大时，$|y_n - l|$ 无限趋于 0"的定量分析应该是

对于任意 $\varepsilon > 0$，总存在正整数 $N = \left[\dfrac{1}{\varepsilon}\right]$，当 $n > N$ 时，有
$$|y_n - 1| < \varepsilon.$$

这句话共有四小段，首末两小段"对于任意 $\varepsilon > 0$，……有 $|y_n - 1| < \varepsilon$"说明 y_n 无限趋于 1. 正是因为 ε 具有任意性，不等式才表明 y_n 趋于 1 的无限性. 中间的两小段，"总存在正整数 $N = \left[\dfrac{1}{\varepsilon}\right]$，当 $n > N$ 时"用自变量 n（序号）说明不等式 $|y_n - 1| < \varepsilon$ 是能够成立的，即数列 $\{y_n\}$ 中总存在第 $N = \left[\dfrac{1}{\varepsilon}\right]$ 项，在第 N 项以后的所有项（$n > N$）有 $|y_n - 1| < \varepsilon$.

以上仅就特殊的数列 $\left\{\dfrac{n + (-1)^n}{n}\right\}$ 给出了"当 n 无限增大时，数列 $\dfrac{n + (-1)^n}{n}$

1.2 极　限

无限趋近于 1"的定量分析. 根据同样的思想不难给出一般数列 $\{y_n\}$ 的极限定义.

定义　设有一个数列 $\{y_n\}$，l 为一个定数. 如果对于任意给定的正数 ε（不管它多么小），总存在正整数 N，使得当 $n>N$ 时，有
$$|y_n - l| < \varepsilon,$$
则称数列 $\{y_n\}$ 当 $n \to \infty$ 时以 l 为极限，或者说，数列 $\{y_n\}$ 的极限是 l，数列 $\{y_n\}$ 收敛于 l，记作
$$\lim_{n\to\infty} y_n = l \quad \text{或} \quad y_n \to l(n \to \infty).$$

这里 $n \to \infty$，称为极限的过程.

有极限的数列称为收敛数列；没有极限的数列称为发散数列.

关于数列极限概念的几点说明.

第一，在数列 $\{y_n\}$ 的极限为 l 的定义中，正数 ε 必须具有任意性. 这样，由不等式 $|y_n - l| < \varepsilon$ 才能表明数列 $\{y_n\}$ 无限趋于 l. 但是，为了表明数列 $\{y_n\}$ 无限趋于 l 的渐近过程的不同阶段，ε 又必须具有相对固定性. 显然，ε 的任意性是通过无限多个相对固定性表现的. 一句话 ε 必须具有任意性，又必须具有相对固定性.

第二，根据数列 $\{y_n\}$ 极限定义，数列 $\{y_n\}$ 中总存在第 N 项，在第 N 项以后的所有项 $(n>N)$ 有
$$|y_n - l| < \varepsilon.$$
由此可见，在极限定义中，"总存在正整数 N"这段话，在于强调 N 的存在性，但并不唯一. 所以，在极限的证明问题，常取较大的正整数 N.

第三，如果 ε 是任意的正数 ε，不难看到 $2\varepsilon, \dfrac{\varepsilon}{3}, \varepsilon^2, \sqrt{\varepsilon}, \cdots$ 也都是任意给定的正数. 尽管它们在形式上与 ε 有差异，但是在本质上它们与 ε 起同样作用. 今后在极限的证明问题中，常应用与 ε 等价的其他形式.

第四，有时需要"数列 $\{y_n\}$ 的极限不是 l"（记作 $\lim\limits_{n\to\infty} y_n \neq l$）的叙述. 这正是对数列 $\{y_n\}$ 的极限是 l 的否定. 否定的方法是：在原极限定义中，将不等式中的"$<$"改为它的相反意义"$\geq$"，将"任意"改为它的相反意义"某个"，将"某个"改为它的相反意义的"任意". 正反两种叙述对比如下：

$\lim\limits_{n\to\infty} y_n = l$	$\lim\limits_{n\to\infty} y_n \neq l$
对于任意 $\varepsilon > 0$	存在某个 $\varepsilon_0 > 0$
总存在（某个）正整数 N	对任意正整数 N
当（任意）$n > N$	存在某个 $n_0 > N$
有 $|y_n - l| < \varepsilon$	有 $|y_{n_0} - l| \geq \varepsilon_0$

例 1　证明任何常数数列 $\{y_n\} = \{c\}$ 存在极限，极限值是 c，即 $\lim\limits_{n\to\infty} y_n = \lim\limits_{n\to\infty} c = c$.

证明 对于任意给定的正数 ε,存在任意的正整数 N,使得当 $n>N$ 时,有
$$|y_n-c|=|c-c|=0<\varepsilon,$$
故 $\lim\limits_{n\to\infty}y_n=\lim\limits_{n\to\infty}c=c$,即常数数列的极限仍是常数.

例 2 证明 $\lim\limits_{n\to\infty}\dfrac{1}{n^\alpha}=0$(其中,常数 $\alpha>0$).

分析 根据极限定义,就是要证明:对于任意给定的正数 ε,可以找到这样的正整数 N,使得当 $n>N$ 有
$$\left|\dfrac{1}{n^\alpha}-0\right|<\varepsilon,$$
这样的 N 能不能找到呢? 分析一下,由于
$$\left|\dfrac{1}{n^\alpha}\right|=\dfrac{1}{n^\alpha},$$
要想 $\left|\dfrac{1}{n^\alpha}-0\right|<\varepsilon$,只要 $\dfrac{1}{n^\alpha}<\varepsilon$,即 $n^\alpha>\dfrac{1}{\varepsilon}$,$n>\left(\dfrac{1}{\varepsilon}\right)^{\frac{1}{\alpha}}$,可见应该取 $N=\left[\left(\dfrac{1}{\varepsilon}\right)^{\frac{1}{\alpha}}\right]$.

证明 对任意给定的正数 ε,总存在正整数 $N=\left[\left(\dfrac{1}{\varepsilon}\right)^{\frac{1}{\alpha}}\right]$,则当 $n>N$ 时,有 $n>\left(\dfrac{1}{\varepsilon}\right)^{\frac{1}{\alpha}}$ 即 $\dfrac{1}{n^\alpha}<\varepsilon$,故有
$$\left|\dfrac{1}{n^\alpha}-0\right|<\varepsilon.$$
根据定义,这就证明了 $\lim\limits_{n\to\infty}\dfrac{1}{n^\alpha}=0$.

特别,$\lim\limits_{n\to\infty}\dfrac{1}{n}=0$,$\lim\limits_{n\to\infty}\dfrac{1}{n^2}=0$,$\lim\limits_{n\to\infty}\dfrac{1}{\sqrt{n}}=0$.

例 3 证明 $\lim\limits_{n\to\infty}\dfrac{2n}{3n-1}=\dfrac{2}{3}$.

分析 根据极限定义,就是要证明:对于任意给定的正数 ε,可以找到这样的正整数 N,使得当 $n>N$ 时,有
$$\left|\dfrac{2n}{3n-1}-\dfrac{2}{3}\right|<\varepsilon.$$
这样的 N 能不能找到呢? 分析一下,由于
$$\left|\dfrac{2n}{3n-1}-\dfrac{2}{3}\right|=\left|\dfrac{2}{3(3n-1)}\right|=\dfrac{2}{3(3n-1)},$$
要想 $\left|\dfrac{2n}{3n-1}-\dfrac{2}{3}\right|<\varepsilon$,只要 $\dfrac{2}{3(3n-1)}<\varepsilon$ 即 $n>\dfrac{1}{3}\left(1+\dfrac{2}{3\varepsilon}\right)$,可见应该取 $N=\left[\dfrac{1}{3}\left(1+\dfrac{2}{3\varepsilon}\right)\right]$.

证明 对于任意给定的正数 ε,总存在正整数 $N=\left[\dfrac{1}{3}\left(1+\dfrac{2}{3\varepsilon}\right)\right]$,则当 $n>N$ 时,有 $n>\dfrac{1}{3}\left(1+\dfrac{2}{3\varepsilon}\right)$,即 $\dfrac{2}{3(3n-1)}<\varepsilon$,故有 $\left|\dfrac{2n}{3n-1}-\dfrac{2}{3}\right|<\varepsilon$. 根据定义,这就证明了

$$\lim_{n\to\infty}\dfrac{2n}{3n-1}=\dfrac{2}{3}.$$

例 4 证明 $\lim\limits_{n\to\infty}\dfrac{1}{\sqrt{n}}\sin\dfrac{n\pi}{2}=0$.

分析 任给 $\varepsilon>0$,能否找到 N,使当 $n>N$ 时,有

$$\left|\dfrac{1}{\sqrt{n}}\sin\dfrac{n\pi}{2}-0\right|<\varepsilon.$$

由于 $\left|\dfrac{1}{\sqrt{n}}\sin\dfrac{n\pi}{2}-0\right|\leqslant\dfrac{1}{\sqrt{n}}$,要想 $\left|\dfrac{1}{\sqrt{n}}\sin\dfrac{n\pi}{2}-0\right|<\varepsilon$,只要

$$\dfrac{1}{\sqrt{n}}<\varepsilon \quad 即 \quad n>\dfrac{1}{\varepsilon^2},$$

可见取 $N=\left[\dfrac{1}{\varepsilon^2}\right]$.

证明 对于任意给定的正数 ε,总存在正整数 $N=\left[\dfrac{1}{\varepsilon^2}\right]$,则当 $n>N$,有 $n>\dfrac{1}{\varepsilon^2}$,即 $\dfrac{1}{\sqrt{n}}<\varepsilon$,故有

$$\left|\dfrac{1}{\sqrt{n}}\sin\dfrac{n\pi}{2}-0\right|\leqslant\dfrac{1}{\sqrt{n}}<\varepsilon.$$

根据定义,有 $\lim\limits_{n\to\infty}\dfrac{1}{\sqrt{n}}\sin\dfrac{n\pi}{2}=0$.

注意,这里证明采用了适当放大法,目的是简化求 N 的运算.

例 5 设 $|q|<1$,证明 $\lim\limits_{n\to\infty}q^n=0$.

证明 $q=0$,结论显然成立. 以下设 $q\neq 0$.

任意给定正数 ε,要求 $|q^n-0|<\varepsilon$,即 $|q|^n<\varepsilon$,等价于 $n\ln|q|<\ln\varepsilon$,由于 $|q|<1$,从而又等价于 $n>\dfrac{\ln\varepsilon}{\ln|q|}$. 因此,对于任意给定正数 ε,总存在正整数 $N=\left[\dfrac{\ln\varepsilon}{\ln|q|}\right]$,则当 $n>N$ 时有 $n>\dfrac{\ln\varepsilon}{\ln|q|}$,即 $n\ln|q|<\ln\varepsilon$,$|q|^n<\varepsilon$,从而有 $|q^n-0|<\varepsilon$,根据定义,证明了

$$\lim_{n\to\infty}q^n=0 \quad (|q|<1).$$

下面用适当放大法,把这个例子再证一遍.

因为 $|q|<1$，所以可设 $|q|=\dfrac{1}{1+h}(h>0)$.

任给 $\varepsilon>0$，$|q^n-0|=|q|^n=\dfrac{1}{(1+h)^n}$，根据二项定理

$$\dfrac{1}{(1+h)^n}=\dfrac{1}{1+nh+\dfrac{n(n-1)}{2}h^2+\cdots+h^n}<\dfrac{1}{nh},$$

从而 $|q|^n=\dfrac{1}{(1+h)^n}<\dfrac{1}{nh}$，所以要使 $|q^n-0|<\varepsilon$，只要 $\dfrac{1}{nh}<\varepsilon$，即 $n>\dfrac{1}{h\varepsilon}$. 因此，对于任意给定正数 ε，总存在正整数 $N=\left[\dfrac{1}{h\varepsilon}\right]$，则当 $n>N$ 时，有 $n>\dfrac{1}{h\varepsilon}$，即 $\dfrac{1}{nh}<\varepsilon$，从而有

$$|q^n-0|=|q|^n=\dfrac{1}{(1+h)^n}<\dfrac{1}{nh}<\varepsilon,$$

于是证明了 $\lim\limits_{n\to\infty}q^n=0\;(|q|<1)$.

例 6　证明 $\lim\limits_{n\to\infty}\sqrt[n]{n}=1$.

证明　由于 $|\sqrt[n]{n}-1|=\sqrt[n]{n}-1\xlongequal{\text{记作}}h_n$，因此 $n=(1+h_n)^n$. 当 $n>2$ 时，

$$n=(1+h_n)^n=1+nh_n+\dfrac{n(n-1)}{2}h_n^2+\cdots+h_n^n>\dfrac{n(n-1)}{2}h_n^2,$$

又注意 $n>2$ 时，$n-1>\dfrac{n}{2}$，所以 $n>\dfrac{n(n-1)}{2}h_n^2>\dfrac{n^2}{4}h_n^2$，亦即

$$h_n<\dfrac{2}{\sqrt{n}}.$$

从而要使 $|\sqrt[n]{n}-1|<\varepsilon$，只要 $\dfrac{2}{\sqrt{n}}<\varepsilon$，即 $n>\dfrac{4}{\varepsilon^2}$. 因此，对于任意给定正数 $\varepsilon>0$，总存在正整数 $N=\max\left\{2,\left[\dfrac{4}{\varepsilon^2}\right]\right\}$，于是当 $n>N$ 时，有 $n>\dfrac{4}{\varepsilon^2}$，即 $\dfrac{2}{\sqrt{n}}<\varepsilon$，故 $|\sqrt[n]{n}-1|=h_n<\dfrac{2}{\sqrt{n}}<\varepsilon$，即 $\lim\limits_{n\to\infty}\sqrt[n]{n}=1$.

今后为了书写方便，引入两种量词：

全称量词，即"全体"、"所有"、"任意"，表示为 $\forall$（Any 字头上、下颠倒来写）；

存在量词，即"存在某个"、"有某个"，表示为 $\exists$（Existence 字头左、右反转过来）. 因此

$\forall\varepsilon>0$，表示任意给定正数 ε；

$\exists N>0$，表示存在某个正整数 N；

$\forall n>N$，表示对于大于 N 的一切 n.

从而极限 $\lim\limits_{n\to\infty}y_n=l$ 的定义可用如下"$\varepsilon\text{-}N$"语言来叙述：

1.2 极 限

$$\forall \varepsilon>0, \ \exists N>0, \ \forall n>N \Rightarrow |y_n-l|<\varepsilon$$

用"ε-N"语言证明 $\lim\limits_{n\to\infty} y_n = l$ 的步骤是：

① $\forall \varepsilon >0$；② 令 $|y_n-l|$（可适当放大）$<\varepsilon$；③ 解出 $n>\varphi(\varepsilon)$；④ 取 $N=[\varphi(\varepsilon)]$ 即可。

例7 用"ε-N"语言证明 $\lim\limits_{n\to\infty}\dfrac{n^2-n+5}{3n^2+2n-4}=\dfrac{1}{3}$.

证明 $\forall \varepsilon>0$，令 $\left|\dfrac{n^2-n+5}{3n^2+2n-4}-\dfrac{1}{3}\right| = \left|\dfrac{19-5n}{3(3n^2+2n-4)}\right| \xrightarrow{\text{设}\,n>4} \dfrac{5n-19}{3(3n^2+2n-4)}$

$<\dfrac{5n}{3(3n^2)}<\dfrac{1}{n}<\varepsilon$ 得 $n>\dfrac{1}{\varepsilon}$. 故 $\forall \varepsilon>0$，$\exists N=\max\left\{4,\left[\dfrac{1}{\varepsilon}\right]\right\}$，$\forall n>N$，

$$\left|\frac{n^2-n+5}{3n^2+2n-4}-\frac{1}{3}\right|<\varepsilon,$$

即

$$\lim_{n\to\infty}\frac{n^2-n+5}{3n^2+2n-4}=\frac{1}{3}.$$

关于数列极限的几何意义，可以作两种解释。

第一，以数轴上的动点来表示数列 $\{y_n\}$ 时，这个数列以 l 为极限的几何意义是：(由于 $|y_n-l|<\varepsilon$ 等价于 $l-\varepsilon<y_n<l+\varepsilon$) 任意一个以 l 为心，ε 为半径的邻域，数列 $\{y_n\}$ 中总存在一个项 y_N，在此项后面的所有项 $y_{N+1},y_{N+2},\cdots$（除了前 N 项 $y_1,y_2,\cdots,y_N$ 以外），它们在数轴上所对应的点，都落在这个邻域内。如图 1.10(a) 所示。

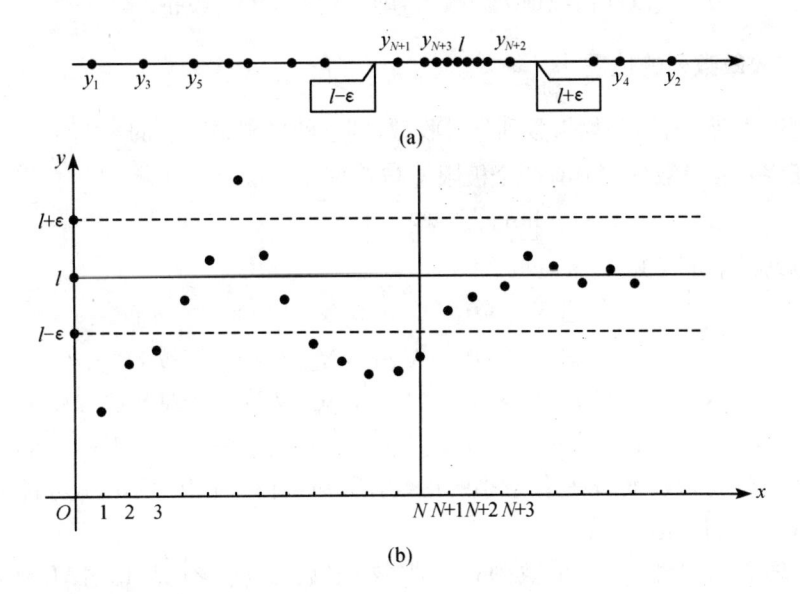

图 1.10

第二,以直角坐标平面上的点$(n,f(n))$的全体来表示数列$\{f(n)\}$(因为数列也是整标函数)时,这个数列以l为极限的几何意义是:任意以直线$y=l-\varepsilon$和直线$y=l+\varepsilon$为边界的图形,数列$\{f(n)\}$中总存一个项$f(N)$,在此项后面的所有项$f(N+1),f(N+2),\cdots$,它们在平面上的点$(N+1,f(N+1)),(N+2,f(N+2)),\cdots$都落在这个带形区域内.如图1.10(b)所示.

由此可知,数列改变前面有限项的值,并不影响数列的收敛性,也不改变数列的极限值.

以上所涉及的数列都是有极限的,但并不是任何数列都有极限,下面就是这样的例子.

例8 数列$1^2,2^2,3^2,\cdots,n^2,\cdots$没有极限.它的各项的值越来越大,对于任何数值$l$,当项数充分大时,各项的值便都会超过$l$,且会远远地超过它.因此,任何数$l$都不可能是此数列的极限.

例9 证明数列$\{(-1)^n\}$发散.

证明 只要证明,任何数值l都不是数列$\{(-1)^n\}$的极限.利用前面数列极限说明中第四点,可以知道:

存在$\varepsilon_0=1$,如果$l\geqslant 0$,对任意正整数N,总存在奇数$n_0>N$,有
$$|(-1)^{n_0}-l|=|-1-l|=1+l\geqslant 1=\varepsilon_0.$$

如果$l<0$,对任意正整数N,总存在偶数$n_0>N$,有
$$|(-1)^{n_0}-l|=|1-l|>1=\varepsilon_0,$$

即数列$\{(-1)^n\}$不以任何数值l为极限,即数列$\{(-1)^n\}$发散.

1.2.2 收敛数列的性质

定理1(唯一性) 如果数列$\{y_n\}$收敛,则它的极限是唯一的.

证明 假设数列$\{y_n\}$有两个极限k与l,即
$$\lim_{n\to\infty}y_n=k,\quad \lim_{n\to\infty}y_n=l.$$

根据数列极限定义知

$$\forall \varepsilon>0,\quad \begin{array}{l}\exists N_1>0,\quad \forall n>N_1\Rightarrow |y_n-k|<\varepsilon;\\ \exists N_2>0,\quad \forall n>N_2\Rightarrow |y_n-l|<\varepsilon.\end{array}$$

取$N=\max\{N_1,N_2\}$,$\forall n>N\Rightarrow |y_n-k|<\varepsilon,|y_n-l|<\varepsilon$,于是$\forall n>N$,有
$$|k-l|=|k-y_n+y_n-l|\leqslant |y_n-k|+|y_n-l|<\varepsilon+\varepsilon=2\varepsilon,$$
因为k与l是常数,而2ε是任意小的正数,所以只有$k=l$上述不等式才能成立,即数列$\{y_n\}$的极限是唯一的.

定理2(有界性) 如果数列$\{y_n\}$收敛,则数列$\{y_n\}$有界.即$\exists M>0,\forall n\Rightarrow |y_n|\leqslant M$.

证明 设 $\lim_{n\to\infty} y_n = l$,根据数列极限定义知,取 $\varepsilon=1$,$\exists N>0$,$\forall n>N \Rightarrow |y_n-l|<1$,从而
$$|y_n| = |(y_n-l)+l| \leqslant |y_n-l|+|l| < 1+|l|.$$
取 $M=\max\{1+|l|,|y_1|,|y_2|,\cdots,|y_N|\}$,则 $\forall n$ 有
$$|y_n| \leqslant M.$$

注意,有界性是数列收敛的必要条件. 所以,如果数列 $\{y_n\}$ 无界,则 $\{y_n\}$ 必发散. 例如,数列 $\{2^n\}$,$\left\{n\cos\dfrac{n}{2}\pi\right\}$ 无界,因而是发散的. 但是,有界不是数列收敛的充分条件,就是说,有界数列不一定收敛. 例如,数列 $\{(-1)^n\}$ 是有界的,但却不收敛.

定理 3(四则运算法则) 如果数列 $\{x_n\}$ 与 $\{y_n\}$ 都收敛,则

(1) 数列 $\{x_n \pm y_n\}$ 也收敛,且
$$\lim_{n\to\infty}(x_n \pm y_n) = \lim_{n\to\infty} x_n \pm \lim_{n\to\infty} y_n;$$

(2) 数列 $\{x_n \cdot y_n\}$ 也收敛,且
$$\lim_{n\to\infty}(x_n \cdot y_n) = (\lim_{n\to\infty} x_n) \cdot (\lim_{n\to\infty} y_n);$$

特别有 $\lim_{n\to\infty}(ax_n) = a\lim_{n\to\infty} x_n$ (a 为常数);

(3) 如果 $\lim_{n\to\infty} y_n \neq 0$,有数列 $\left\{\dfrac{x_n}{y_n}\right\}$ 也收敛,且
$$\lim_{n\to\infty}\left(\frac{x_n}{y_n}\right) = \frac{\lim_{n\to\infty} x_n}{\lim_{n\to\infty} y_n};$$

特别有
$$\lim_{n\to\infty}\frac{a}{y_n} = \frac{a}{\lim_{n\to\infty} y_n} \quad (a \text{ 为常数}).$$

证明 设 $\lim_{n\to\infty} x_n = k$,$\lim_{n\to\infty} y_n = l$,根据极限定义知
$$\forall \varepsilon > 0, \quad \begin{array}{l} \exists N_1 > 0, \quad \forall n > N_1 \Rightarrow |x_n-k|<\varepsilon; \\ \exists N_2 > 0, \quad \forall n > N_2 \Rightarrow |y_n-l|<\varepsilon. \end{array}$$
取 $N=\max\{N_1,N_2\}$,$\forall n>N \Rightarrow |x_n-k|<\varepsilon$,$|y_n-l|<\varepsilon$.

(1) $\forall \varepsilon>0$,$\exists N>0$,$\forall n>N$,有
$$|(x_n \pm y_n)-(k \pm l)| = |(x_n-k) \pm (y_n-l)| \leqslant |x_k-k|+|y_n-l| < 2\varepsilon,$$
所以,数列 $\{x_n \pm y_n\}$ 收敛,且
$$\lim_{n\to\infty}(x_n \pm y_n) = k \pm l = \lim_{n\to\infty} x_n \pm \lim_{n\to\infty} y_n.$$

(2) 数列 $\{y_n\}$ 收敛,根据定理 2,数列 $\{y_n\}$ 有界,即 $\exists M>0$,$\forall n \Rightarrow |y_n| \leqslant M$,于是 $\forall \varepsilon>0$,$\exists N>0$,$\forall n>N$,有

$$|x_ny_n - kl| = |x_ny_n - ky_n + ky_n - kl|$$
$$= |(x_n - k)y_n + k(y_n - l)| \leqslant |y_n||x_n - k| + |k||y_n - l|$$
$$< M\varepsilon + |k|\varepsilon = (M + |k|)\varepsilon,$$

其中,$M+|k|$是正常数,所以数列$\{x_n \cdot y_n\}$收敛,且
$$\lim_{n\to\infty}(x_n \cdot y_n) = kl = (\lim_{n\to\infty} x_n) \cdot (\lim_{n\to\infty} y_n).$$

(3) 由于
$$\left|\frac{x_n}{y_n} - \frac{k}{l}\right| = \left|\frac{lx_n - ky_n}{ly_n}\right| = \frac{|lx_n - lk + lk - ky_n|}{|ly_n|}$$
$$\leqslant \frac{|l||x_n - k| + |k||y_n - l|}{|l||y_n|}$$
$$= \frac{1}{|y_n|}\left(|x_n - k| + \frac{|k|}{|l|}|y_n - l|\right),$$

因为$\lim_{n\to\infty} y_n = l \neq 0$,取 $\varepsilon = \frac{|l|}{2}$,$\exists N_3 > 0$,$\forall n > N_3$ 有
$$|y_n - l| < \frac{|l|}{2},$$

又根据绝对值不等式,有
$$||y_n| - |l|| \leqslant |y_n - l|,$$

所以,$||y_n| - |l|| < \frac{|l|}{2}$,即 $-\frac{|l|}{2} < |y_n| - |l| < \frac{l}{2}$. 故得
$$\frac{|l|}{2} < |y_n| < \frac{3}{2}|l|,$$

即
$$\frac{1}{|y_n|} < \frac{2}{|l|}.$$

于是,$\forall \varepsilon > 0$,$\exists N = \max\{N_1, N_2, N_3\}$有
$$|x_n - k| < \varepsilon, \quad |y_n - l| < \varepsilon, \quad \frac{1}{|y_n|} < \frac{2}{|l|},$$

故得
$$\left|\frac{x_n}{y_n} - \frac{k}{l}\right| \leqslant \frac{1}{|y_n|}\left(|x_n - k| + \frac{|k|}{|l|}|y_n - l|\right) < \left(\frac{2}{|l|} + \frac{2|k|}{|l|^2}\right)\varepsilon,$$

其中,$\left(\frac{2}{|l|} + \frac{2|k|}{|l|^2}\right)$是正常数. 所以,数列$\left\{\frac{x_n}{y_n}\right\}$收敛,且
$$\lim_{n\to\infty}\frac{x_n}{y_n} = \frac{k}{l} = \frac{\lim_{n\to\infty} x_n}{\lim_{n\to\infty} y_n}.$$

极限的四则运算法则告诉我们,如果两个数列收敛,那么,先对它们进行四则

运算再进行极限运算等于先对数列进行极限运算再进行四则运算. 这表示四则运算和极限运算是可以交换次序的. 这两种不同的运算交换次序将给计算极限带来了很大的方便.

例1 计算 $\lim\limits_{n\to\infty}\dfrac{a_0 n^k + a_1 n^{k-1} + \cdots + a_k}{b_0 n^m + b_1 n^{m-1} + \cdots + b_m}$，其中，$k, m$ 都是正整数，且 $k \leqslant m$, a_i, b_j ($i = 0, 1, \cdots, k; j = 0, 1, \cdots, m$) 都是与 n 无关的常数，且 $a_0 \neq 0, b_0 \neq 0$.

解 $\dfrac{a_0 n^k + a_1 n^{k-1} + \cdots + a_k}{b_0 n^m + b_1 n^{m-1} + \cdots + b_m} = \dfrac{1}{n^{m-k}} \cdot \dfrac{a_0 + a_1 \dfrac{1}{n} + \cdots + a_k \dfrac{1}{n^k}}{b_0 + b_1 \dfrac{1}{n} + \cdots + b_m \dfrac{1}{n^m}}$，所以

$$\lim_{n\to\infty}\dfrac{a_0 n^k + a_1 n^{k-1} + \cdots + a_k}{b_0 n^m + b_1 n^{m-1} + \cdots + b_m} = \lim_{n\to\infty}\left(\dfrac{1}{n^{m-k}} \cdot \dfrac{a_0 + a_1 \dfrac{1}{n} + \cdots + a_k \dfrac{1}{n^k}}{b_0 + b_1 \dfrac{1}{n} + \cdots + b_m \dfrac{1}{n^m}}\right)$$

$$= \lim_{n\to\infty}\dfrac{1}{n^{m-k}} \cdot \lim_{n\to\infty}\left(\dfrac{a_0 + a_1 \dfrac{1}{n} + \cdots + a_k \dfrac{1}{n^k}}{b_0 + b_1 \dfrac{1}{n} + \cdots + b_m \dfrac{1}{n^m}}\right)$$

$$= \lim_{n\to\infty}\dfrac{1}{n^{m-k}} \cdot \dfrac{\lim\limits_{n\to\infty}\left(a_0 + a_1 \dfrac{1}{n} + \cdots + a_k \dfrac{1}{n^k}\right)}{\lim\limits_{n\to\infty}\left(b_0 + b_1 \dfrac{1}{n} + \cdots + b_m \dfrac{1}{n^m}\right)}$$

$$= \lim_{n\to\infty}\dfrac{1}{n^{m-k}} \cdot \dfrac{\lim\limits_{n\to\infty} a_0 + \lim\limits_{n\to\infty} a_1 \dfrac{1}{n} + \cdots + \lim\limits_{n\to\infty} a_k \dfrac{1}{n^k}}{\lim\limits_{n\to\infty} b_0 + \lim\limits_{n\to\infty} b_1 \dfrac{1}{n} + \cdots + \lim\limits_{n\to\infty} b_m \dfrac{1}{n^m}}.$$

由于 $\lim\limits_{n\to\infty}\dfrac{1}{n^{m-k}} = \begin{cases} 0, & k < m \\ 1, & k = m \end{cases}$，故原式 $= \begin{cases} 0, & k < m \\ \dfrac{a_0}{b_0}, & k = m \end{cases}$.

例2 计算 $\lim\limits_{n\to\infty}\dfrac{2^n + 3^n}{2^{n+1} + 3^{n+1}}$.

解 $\lim\limits_{n\to\infty}\dfrac{2^n + 3^n}{2^{n+1} + 3^{n+1}} = \lim\limits_{n\to\infty}\dfrac{3^n}{3^{n+1}} \cdot \dfrac{\left(\dfrac{2}{3}\right)^n + 1}{\left(\dfrac{2}{3}\right)^{n+1} + 1}$

$= \dfrac{1}{3} \cdot \dfrac{\lim\limits_{n\to\infty}\left(\dfrac{2}{3}\right)^n + \lim\limits_{n\to\infty} 1}{\lim\limits_{n\to\infty}\left(\dfrac{2}{3}\right)^{n+1} + \lim\limits_{n\to\infty} 1} = \dfrac{1}{3}.$

例3 计算 $\lim\limits_{n\to\infty}\dfrac{1^2 + 2^2 + \cdots + n^2}{n^3}$.

解 由于 $1^2+2^2+\cdots+n^2=\dfrac{n(n+1)(2n+1)}{6}$,故

$$\lim_{n\to\infty}\dfrac{1^2+2^2+\cdots+n^2}{n^3}=\lim_{n\to\infty}\dfrac{n(n+1)(2n+1)}{6n^3}=\lim_{n\to\infty}\dfrac{1}{6}(1+\dfrac{1}{n})(2+\dfrac{1}{n})=\dfrac{1}{3}.$$

定理 4(保号性) 设 $\lim\limits_{n\to\infty}y_n=l\neq 0$,则 $\exists N>0, \forall n>N$,有 y_n 与 l 同号.

证明 不妨设 $l>0$,由于 $\lim\limits_{n\to\infty}y_n=l$,所以,取 $\varepsilon=\dfrac{l}{2}$, $\exists N>0, \forall n>N$,有 $|y_n-l|<\dfrac{l}{2}$. 从而有 $y_n-l>-\dfrac{l}{2}$,故 $y_n>\dfrac{l}{2}>0$. 因此 $\exists N>0, \forall n>N$,有 y_n 与 l 同号. 类似地可以证明 $l<0$ 的情况.

定理 5(保序性) 设 $\lim\limits_{n\to\infty}x_n=k, \lim\limits_{n\to\infty}y_n=l$,如果 $\exists N>0, \forall n>N$ 有 $x_n\leqslant y_n$,则 $k\leqslant l$,即

$$\lim_{n\to\infty}x_n\leqslant\lim_{n\to\infty}y_n.$$

证明 用反证法. 如果 $k>l$,则 $k-l>0$. 由极限的四则运算法则知 $\lim\limits_{n\to\infty}(x_n-y_n)=\lim\limits_{n\to\infty}x_n-\lim\limits_{n\to\infty}y_n=k-l>0$. 根据保号性,$\exists N>0, \forall n>N$,有 $x_n-y_n>0$,从而 $x_n>y_n$ 与已知条件矛盾. 故 $k\leqslant l$,即 $\lim\limits_{n\to\infty}x_n\leqslant\lim\limits_{n\to\infty}y_n$.

实际上,这是极限的不等式运算法则. 但是应该注意,即使在 $x_n<y_n$ 的条件下,保序性的结论也不能改为 $k<l$,例如,$x_n=1+\dfrac{1}{n}, y_n=1+\dfrac{2}{n}$,显然 $x_n<y_n$,但 $\lim\limits_{n\to\infty}x_n=1, \lim\limits_{n\to\infty}y_n=1$,它们是相等的.

1.2.3 数列收敛的判别准则

我们已经讨论了数列极限的定义和收敛数列的性质. 然而,极限的定义是验证性的,需要先观察出数列的极限值,然后才能用它来验证. 四则运算法则提供了求数列极限的方法,但事先必须知道是收敛的. 然而怎样判别一个数列收敛或者发散呢? 还没有深入研究. 下面给出两个判别数列收敛的准则.

定理 1(夹逼准则) 如果 $\lim\limits_{n\to\infty}x_n=\lim\limits_{n\to\infty}y_n=l$,又 $\exists N_0, \forall n>N_0$,有

$$x_n\leqslant z_n\leqslant y_n,$$

则

$$\lim_{n\to\infty}z_n=l.$$

证明 已知 $\lim\limits_{n\to\infty}x_n=\lim\limits_{n\to\infty}y_n=l$,根据数列极限定义知

$$\forall \varepsilon>0, \quad \begin{array}{l}\exists N_1, \quad \forall n>N_1,\\ \exists N_2, \quad \forall n>N_2,\end{array} \Rightarrow \begin{array}{l}|x_n-l|<\varepsilon\\ |y_n-l|<\varepsilon\end{array} \quad 即 \quad \begin{array}{l}l-\varepsilon<x_n;\\ y_n<l+\varepsilon,\end{array}$$

因此,取 $N=\max\{N_0,N_1,N_2\}$,$\forall n>N$,同时有
$$x_n \leqslant z_n \leqslant y_n, \quad l-\varepsilon < x_n, \quad y_n < l+\varepsilon.$$
故 $\forall \varepsilon>0$,$\exists N>0$,$\forall n>N$,有
$$l-\varepsilon < x_n \leqslant z_n \leqslant y_n < l+\varepsilon \quad \text{即} \quad l-\varepsilon < z_n < l+\varepsilon,$$
亦即 $|z_n-l|<\varepsilon$,所以 $\lim\limits_{n\to\infty} z_n = l$.

夹逼准则不但可以用来证明数列 $\{z_n\}$ 的收敛性,而且还能同时求出它的极限. 所以夹逼准则不仅是收敛的判别法,也是求极限的一种计算方法.

例1 证明(1) $\lim\limits_{n\to\infty}\sqrt[m]{1+\dfrac{1}{n}}=1$($m$ 为正整数);

(2) $\lim\limits_{n\to\infty}\left(\dfrac{1}{\sqrt{n^2+1}}+\dfrac{1}{\sqrt{n^2+2}}+\cdots+\dfrac{1}{\sqrt{n^2+n}}\right)=1$.

证明 (1) 由于 $1\leqslant\sqrt[m]{1+\dfrac{1}{n}}\leqslant 1+\dfrac{1}{n}$,又 $\lim\limits_{n\to\infty}\left(1+\dfrac{1}{n}\right)=1$,故由夹逼准则知
$$\lim_{n\to\infty}\sqrt[m]{1+\dfrac{1}{n}} = 1.$$

(2) 由于
$$\dfrac{n}{\sqrt{n^2+n}} \leqslant \dfrac{1}{\sqrt{n^2+1}}+\dfrac{1}{\sqrt{n^2+2}}+\cdots+\dfrac{1}{\sqrt{n^2+n}} \leqslant \dfrac{n}{\sqrt{n^2+1}},$$
而
$$\lim_{n\to\infty}\dfrac{n}{\sqrt{n^2+n}} = \lim_{n\to\infty}\dfrac{1}{\sqrt{1+\dfrac{1}{n}}} = 1, \quad \lim_{n\to\infty}\dfrac{n}{\sqrt{n^2+1}} = \lim_{n\to\infty}\dfrac{1}{\sqrt{1+\dfrac{1}{n^2}}} = 1,$$

所以由夹逼准则知结论成立.

例2 (1) 证明 $\lim\limits_{n\to\infty}\sqrt[n]{a}=1$(常数 $a>0$);

(2) 计算 $\lim\limits_{n\to\infty}\sqrt[n]{2^n+3^n+4^n}$.

证明 (1) 当 $a=1$ 时结论显然成立. 设 $a>1$,令 $\sqrt[n]{a}=1+h_n$,则 $h_n>0$,由二项式公式
$$a = (1+h_n)^n = 1+nh_n+\dfrac{n(n-1)}{2}h_n^2+\cdots+h_n^n > nh_n,$$
从而有
$$1 < \sqrt[n]{a} = 1+h_n < 1+\dfrac{a}{n},$$
由夹逼准则知
$$\lim_{n\to\infty}\sqrt[n]{a} = 1.$$

再证 $0<a<1$ 的情形. 由于 $\frac{1}{a}>1$ 利用上面已证明的结果得

$$\lim_{n\to\infty}\sqrt[n]{a}=\lim_{n\to\infty}\frac{1}{\sqrt[n]{\frac{1}{a}}}=1.$$

综上所述,对于任何 $a>0$,结论都成立.

(2) 由于 $4=\sqrt[n]{4^n}<\sqrt[n]{2^n+3^n+4^n}<\sqrt[n]{3\cdot 4^n}=4\cdot\sqrt[n]{3}$,而 $\lim\limits_{n\to\infty}\sqrt[n]{3}=1$,故

$$\lim_{n\to\infty}\sqrt[n]{2^n+3^n+4^n}=4.$$

例 3 证明 $\lim\limits_{n\to\infty}\dfrac{a^n}{n!}=0$(常数 $a>0$).

证明 由于 $0<\dfrac{a^n}{n!}=\dfrac{a}{1}\cdot\dfrac{a}{2}\cdot\cdots\cdot\dfrac{a}{k}\cdot\dfrac{a}{k+1}\cdot\dfrac{a}{k+2}\cdot\cdots\cdot\dfrac{a}{n}$,$a$ 是常数,因此总存在正整数 k 使 $a\leqslant k$,这样

$$1>\frac{a}{k+1}>\frac{a}{k+2}>\frac{a}{k+3}>\cdots>\frac{a}{n-1},$$

故当 $n>k+1$ 时,有

$$0<\frac{a^n}{n!}<\frac{a^k}{k!}\cdot\frac{a}{n}=\frac{a^{k+1}}{k!}\cdot\frac{1}{n},$$

因为 $\dfrac{a^{k+1}}{k!}$ 是常数,而 $\lim\limits_{n\to\infty}\dfrac{a^{k+1}}{k!}\cdot\dfrac{1}{n}=0$,故由夹逼准则有

$$\lim_{n\to\infty}\frac{a^n}{n!}=0.$$

夹逼准则虽然可以用来判断数列的收敛性,但还需要另外两个相同极限的收敛数列.能否直接通过数列自身的性态来判断它的收敛性呢?下面介绍这种判别准则.

定理 2(单调有界准则) 任何单调有界数列都必收敛.

具体地,数列单调增加有上界必收敛;数列单调减少有下界必收敛.

这个准则,证明从略,姑且把它当作公理.

例 4 设 $y_1=\sqrt{2}, y_2=\sqrt{2+\sqrt{2}}, y_3=\sqrt{2+\sqrt{2+\sqrt{2}}},\cdots,y_n=\underbrace{\sqrt{2+\sqrt{2+\cdots+\sqrt{2}}}}_{n\text{重根号}},\cdots$,证明数列 $\{y_n\}$ 收敛,并求它的极限值.

解 显然 $y_{n+1}=\sqrt{2+y_n}$. 用数学归纳法可知数列 $\{y_n\}$ 是单调增加,又是有上界的,事实上,显然

$$y_1=\sqrt{2}=\sqrt{2+0}<\sqrt{2+\sqrt{2}}=y_2,$$

1.2 极 限

设 $y_{n-1} < y_n$，则 $2 + y_{n-1} < 2 + y_n$，故 $y_n = \sqrt{2 + y_{n-1}} < \sqrt{2 + y_n} = y_{n+1}$，所以数列 $\{y_n\}$ 是单调增加的. 又 $y_1 < 2$，设 $y_{n-1} < 2$，则 $2 + y_{n-1} < 2 + 2$，故 $y_n = \sqrt{2 + y_{n-1}} < \sqrt{2 + 2} = 2$. 所以，数列 $\{y_n\}$ 是有上界的. 因此，根据单调有界准则，数列 $\{y_n\}$ 收敛，即 $\lim\limits_{n \to \infty} y_n$ 存在. 设此极限值为 l，得 $\lim\limits_{n \to \infty} y_n = l$.

因为 $y_{n+1} = \sqrt{2 + y_n}$，即 $y_{n+1}^2 = 2 + y_n$，两边取极限 $\lim\limits_{n \to \infty} y_{n+1}^2 = \lim\limits_{n \to \infty}(2 + y_n)$，即 $l^2 = 2 + l$，解这个方程式，得 l 的两个值，$l_1 = 2, l_2 = -1$，$\{y_n\}$ 的极限显然不能是 -1，所以

$$l = \lim_{n \to \infty} y_n = 2.$$

这个简单的例子可以说明，证明一个数列有极限，不单纯是有理论上的意义，它常同时提供求这个极限的新途径.

还需要指出，上例中使用的求极限值的办法，只有在已知 $\lim\limits_{n \to \infty} y_n$ 存在时才能使用. 否则可能导致很荒谬的结论. 例如，令 $y_n = n$，于是有

$$y_{n+1} = y_n + 1,$$

如果在两边令 $n \to \infty$ 取极限，便会导出

$$\lim_{n \to \infty} y_{n+1} = \lim_{n \to \infty} y_n + 1,$$

再利用 $\lim\limits_{n \to \infty} y_{n+1} = \lim\limits_{n \to \infty} y_n$，使得 $0 = 1$，这显然很荒唐.

例 5 证明数列 $\{y_n\} = \left\{\left(1 + \dfrac{1}{n}\right)^n\right\}$ 收敛.

证明 由二项式公式得

$$\begin{aligned}
y_n &= \left(1 + \frac{1}{n}\right)^n \\
&= 1 + n \cdot \frac{1}{n} + \frac{n(n-1)}{2!} \frac{1}{n^2} + \frac{n(n-1)(n-2)}{3!} \cdot \frac{1}{n^3} + \cdots \\
&\quad + \frac{n(n-1)(n-2)\cdots 2 \cdot 1}{n!} \frac{1}{n^n} \\
&= 1 + 1 + \frac{1}{2!}\left(1 - \frac{1}{n}\right) + \frac{1}{3!}\left(1 - \frac{1}{n}\right)\left(1 - \frac{2}{n}\right) + \cdots \\
&\quad + \frac{1}{n!}\left(1 - \frac{1}{n}\right)\left(1 - \frac{2}{n}\right)\cdots\left(1 - \frac{n-1}{n}\right).
\end{aligned}$$

把上式中的 n 换成 $n+1$，就得到 y_{n+1} 的表达式

$$\begin{aligned}
y_{n+1} &= 1 + 1 + \frac{1}{2!}\left(1 - \frac{1}{n+1}\right) + \frac{1}{3!}\left(1 - \frac{1}{n+1}\right)\left(1 - \frac{2}{n+1}\right) + \cdots \\
&\quad + \frac{1}{n!}\left(1 - \frac{1}{n+1}\right)\left(1 - \frac{2}{n+1}\right)\cdots\left(1 - \frac{n-1}{n+1}\right) \\
&\quad + \frac{1}{(n+1)!}\left(1 - \frac{1}{n+1}\right)\left(1 - \frac{2}{n+2}\right)\cdots\left(1 - \frac{n}{n+1}\right).
\end{aligned}$$

比较 y_n 和 y_{n+1} 的右端，从项数看，y_{n+1} 比 y_n 多了一项，并且这多出的最后一项显然是正的．而除第一、二项外，从第三项起直到第 $n+1$ 项止，y_n 的每一项都小于 y_{n+1} 的相应项，这是因为有 $\left(1-\dfrac{1}{n}\right)<\left(1-\dfrac{1}{n+1}\right)$，$\left(1-\dfrac{2}{n}\right)<\left(1-\dfrac{2}{n+1}\right)$，…，$\left(1-\dfrac{n-1}{n}\right)<\left(1-\dfrac{n-1}{n+1}\right)$．因此，$y_n<y_{n+1}(n=1,2,\cdots)$，即 $\{y_n\}$ 是单调增加数列．

又，$\{y_n\}$ 是有上界的，事实上

$$y_n<1+1+\dfrac{1}{2!}+\dfrac{1}{3!}+\cdots+\dfrac{1}{n!}<1+1+\dfrac{1}{1\cdot 2}+\dfrac{1}{2\cdot 3}+\cdots+\dfrac{1}{(n-1)n}$$

$$=1+1+\left(1-\dfrac{1}{2}\right)+\left(\dfrac{1}{2}-\dfrac{1}{3}\right)+\cdots+\left(\dfrac{1}{n-1}-\dfrac{1}{n}\right)=1+1+1-\dfrac{1}{n}<3.$$

根据单调有界准则，数列 $\{y_n\}$ 收敛．以后，用 e 来代表 $\lim\limits_{n\to\infty}\left(1+\dfrac{1}{n}\right)^n$，即 $\lim\limits_{n\to\infty}\left(1+\dfrac{1}{n}\right)^n=$ e．无论是在理论上还是在实用上，e 这个数都有特殊的重要性．e 是一个无理数，e 的前 15 位小数是：e $=2.718281828459045\cdots$．e 的数值的近似计算固然可以通过对 $\left(1+\dfrac{1}{n}\right)^n$ 的计算而进行，但实际计算时，都采用极限式

$$\lim_{n\to\infty}\left(1+1+\dfrac{1}{2!}+\dfrac{1}{3!}+\cdots+\dfrac{1}{n!}\right)=\mathrm{e}$$

来进行的．关于这一点，后面无穷级数里会讨论的．

最后，不加证明地介绍判别数列收敛的充分必要条件：

定理 3[①]（柯西收敛准则） 数列 $\{y_n\}$ 收敛的充分必要条件是：对任意给定的 $\varepsilon>0$，总存在正整数 N，当 $m,n>N$ 时，有

$$|y_n-y_m|<\varepsilon.$$

这个定理的条件指出，在数列 $\{y_n\}$ 中必存在这样一个点 y_N，在这点以后的任意两点的距离可以小于预先给定的正数 ε．

数列 $\{y_n\}$ 收敛的柯西准则，也可以改写为下列形式：

数列 $\{y_n\}$ 收敛的充分必要条件是：对任意给定的 $\varepsilon>0$，总存在正整数 N，当 $n>N$ 时，对一切自然数 p 都有

$$|y_{n+p}-y_n|<\varepsilon.$$

以后在无穷级数中，用这个形式来讨论一些问题，往往比较方便．

1.2.4 函数极限概念

数列极限实际上是整标函数 $f(n)$ 的极限，是一种特殊的函数极限，研究的自变量 n 是"离散地"取正整数，且无限增大时，函数值 $f(n)$ 的变化趋势．然而在实际

---

① 这个定理是超出"基本要求"的，供参考．

1.2 极 限

问题中,更多的是要研究函数在区间上"连续地"变化时,函数值 $f(x)$ 的变化趋势. 本节中要研究函数的极限问题,分自变量 x 趋近于无穷和趋近于某有限值两种情况.

自变量 x 趋近于无穷的情形:

函数极限 $\lim\limits_{x \to +\infty} f(x) = l$ 与数列极限 $\lim\limits_{n \to \infty} f(n) = l$ 极其相似,不同点仅仅在于,前者的自变量 x 是连续变化的,而后者的自变量 n 则只取离散的值. 在详细地讨论了数列极限的精确表达问题以后,直接给出上述这类函数极限的精确定义,就不会感到突然了.

定义 1 设函数 $f(x)$ 在 $x \geqslant a$(a 为正常数)上有定义,l 是一个常数. 如果对于任意给定的正数 ε,总存在正数 $X \geqslant a$,使得当 $x > X$ 时,有
$$|f(x) - l| < \varepsilon.$$
则称函数 $f(x)$ 当 $x \to +\infty$ 时以 l 为极限,或者说函数 $f(x)$ 的极限是 l,函数 $f(x)$ 收敛于 l,记作
$$\lim_{x \to +\infty} f(x) = l \quad \text{或} \quad f(x) \to l \quad (x \to +\infty).$$

同理可以定义 $f(x)$ 当 $x \to -\infty$ 时的极限.

定义 2 设函数 $f(x)$ 在 $x \leqslant -a$(a 为正常数)上有定义,l 是一个常数. 如果对于任意给定的正数 ε,总存在正数 $X \geqslant a$,使得当 $x < -X$ 时,有
$$|f(x) - l| < \varepsilon,$$
则称函数 $f(x)$ 当 $x \to -\infty$ 时以 l 为极限,记作
$$\lim_{x \to -\infty} f(x) = l \quad \text{或} \quad f(x) \to l \quad (x \to -\infty).$$

还可以定义 $f(x)$ 当 $x \to \infty$ 时的极限.

定义 3 设函数 $f(x)$ 在 $|x| \geqslant a$(a 为正常数)上有定义,l 是一个常数. 如果对任意给定的正数 ε,总存在正数 $X \geqslant a$,使得当 $|x| > X$ 时,有
$$|f(x) - l| < \varepsilon,$$
则称函数 $f(x)$ 当 $x \to \infty$ 时以 l 为极限,记作
$$\lim_{x \to \infty} f(x) = l.$$

这里给出的自变量 x 趋于无穷的三种情况函数极限的定义,如果用量词可叙述如下:

$\lim\limits_{x \to +\infty} f(x) = A$	$\forall \varepsilon > 0, \exists X > 0, \forall x > X \Rightarrow |f(x) - l| < \varepsilon$
$\lim\limits_{x \to -\infty} f(x) = A$	$\forall \varepsilon > 0, \exists X > 0, \forall x < -X \Rightarrow |f(x) - l| < \varepsilon$
$\lim\limits_{x \to \infty} f(x) = A$	$\forall \varepsilon > 0, \exists X > 0, \forall |x| > X \Rightarrow |f(x) - l| < \varepsilon$

称为"ε-X"语言.

例 1 证明 $\lim\limits_{x \to +\infty} e^{-x} = 0$.

证明 任给 $\varepsilon>0$，要想 $|e^{-x}-0|=e^{-x}<\varepsilon$，只要 $-x<\ln\varepsilon$，可见可取 $X=-\ln\varepsilon>0$（ε 总是很小的）。因此

$\forall\varepsilon>0$，$\exists X=-\ln\varepsilon$，$\forall x>X$ 有 $x>-\ln\varepsilon$，即 $-x<\ln\varepsilon$，从而 $|e^{-x}-0|=e^{-x}<\varepsilon$。故由定义 1，这就是说 $\lim\limits_{x\to+\infty}e^{-x}=0$。

例 2 证明 $\lim\limits_{x\to-\infty}\arctan x=-\dfrac{\pi}{2}$。

证明 $\forall\varepsilon>0$，解不等式

$$\left|\arctan x-\left(-\frac{\pi}{2}\right)\right|=\frac{\pi}{2}+\arctan x<\varepsilon,$$

有

$$\arctan x<\varepsilon-\frac{\pi}{2},$$

或

$$x<\tan\left(\varepsilon-\frac{\pi}{2}\right)=-\tan\left(\frac{\pi}{2}-\varepsilon\right).$$

当 $\varepsilon<\dfrac{\pi}{2}$ 时，

$$\tan\left(\frac{\pi}{2}-\varepsilon\right)>0.$$

取

$$X=\tan\left(\frac{\pi}{2}-\varepsilon\right)>0,$$

故 $\forall\varepsilon>0$，$\exists X=\tan\left(\dfrac{\pi}{2}-\varepsilon\right)$，$\forall x<-X$，有

$$x<-\tan\left(\frac{\pi}{2}-\varepsilon\right)\Rightarrow\left|\arctan x-\left(-\frac{\pi}{2}\right)\right|=\frac{\pi}{2}+\arctan x<\varepsilon,$$

即

$$\lim_{x\to-\infty}\arctan x=-\frac{\pi}{2}.$$

例 3 证明 $\lim\limits_{x\to\infty}\dfrac{\sin x}{x}=0$。

证明 $\forall\varepsilon>0$，解不等式 $\left|\dfrac{\sin x}{x}-0\right|=\left|\dfrac{\sin x}{x}\right|\leqslant\dfrac{1}{|x|}<\varepsilon$，即 $|x|>\dfrac{1}{\varepsilon}$，故 $\forall\varepsilon>0$，$\exists X=\dfrac{1}{\varepsilon}>0$，$\forall|x|>X\Rightarrow\left|\dfrac{\sin x}{x}-0\right|<\varepsilon$，即

1.2 极 限

$$\lim_{x\to\infty}\frac{\sin x}{x}=0.$$

例 4 证明 $\lim\limits_{x\to\infty}\dfrac{3x^2+2x-2}{x^2-1}=3.$

证明 由于 $x\to\infty$，不妨设 $|x|>1$，$\forall \varepsilon>0$，解不等式

$$\left|\frac{3x^2+2x-2}{x^2-1}-3\right|=\left|\frac{2x+1}{x^2-1}\right|\leqslant\frac{2|x|+1}{|x|^2-1}$$
$$<\frac{2(|x|+1)}{(|x|+1)(|x|-1)}<\frac{2}{|x|-1}<\varepsilon,$$

得 $|x|>\dfrac{2}{\varepsilon}+1$，取 $X=\dfrac{2}{\varepsilon}+1$. 故 $\forall \varepsilon>0$，$\exists X=\dfrac{2}{\varepsilon}+1$，$\forall |x|>X\Rightarrow$
$\left|\dfrac{3x^2+2x-2}{x^2-1}-3\right|<\varepsilon$，即

$$\lim_{x\to\infty}\frac{3x^2+2x-2}{x^2-1}=3.$$

现在来说明 $\lim\limits_{x\to\infty}f(x)=l$ 的几何意义.

函数 $y=f(x)$ 的图形是一条曲线，按照极限的定义 3，对于指定的正数 ε，总存在着一个原点的 X 邻域，使当点 x 在这个邻域以外时，恒有

$$|f(x)-l|<\varepsilon \quad \text{即} \quad l-\varepsilon<f(x)<l+\varepsilon,$$

即在区间 $[-X,X]$ 以外的曲线部分都介于直线 $y=l-\varepsilon$ 和直线 $y=l+\varepsilon$ 之间的带形区域内（图 1.11）.

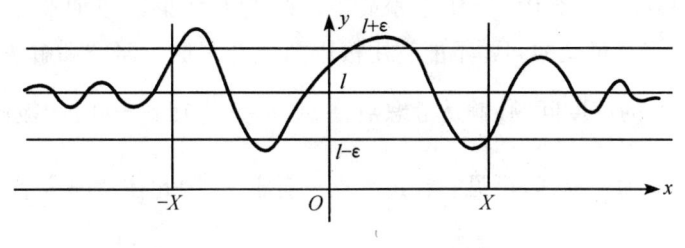

图 1.11

同理，可叙述 $\lim\limits_{x\to+\infty}f(x)=l$ 和 $\lim\limits_{x\to-\infty}f(x)=l$ 的几何意义.

自变量 x 趋近于某有限值的情形

先看一个实例. 一质点 P 在 y 轴上作简谐运动，运动中心为原点，质点对原点的位移 y 与时间 t 的函数关系为

$$y=\sin t,$$

这个函数关系称为质点 P 的运动方程. 简谐运动是一个变速运动，现在的问题是，$t=0$ 时，这个简谐运动的速度是多大？如果把 $t=0$ 看成一个孤立的时刻，这时质

点位于原点,根本就无法理解在这个时刻的运动速度.为此,必须从运动的过程来处理这个问题.当 $t=0$ 时,质点位于原点,在时刻 t(t 也可以取负值)质点的位移是 $y=\sin t$,在 0 秒与 t 秒的间隔内,质点的平均速度为

$$\bar{v}(t) = \frac{\sin t - 0}{t} = \frac{\sin t}{t}.$$

当 t 的绝对值很小时,由于运动的速度改变也很小,平均速度就能大致地反映在 $t=0$ 的运动快慢,t 的绝对值越小,平均速度作为运动的速度也越准确.因此,如果用一个数来描述运动在 $t=0$ 时的速度,那么当 t 的绝对值无限变小时,平均速度 $\bar{v}$ 就应该无限地接近这个数.这就是说,在 t 的绝对值无限变小的过程中,变量 $\bar{v}$ 以一个确定的数为它的变化趋势.这个数就是质点在 $t=0$ 时的运动速度.

这个问题是:在自变量的某种变化过程中,函数以一个确定的数为它的变化趋势,这就是所要研究的函数的极限问题.

一般说来,设函数 $f(x)$ 在 x_0 附近有定义,它在 x_0 点本身或者有定义或者没有定义,不作要求.又设 l 为一个常数.如果当 $x \neq x_0$ 而 $x \to x_0$ 时(这就是说当 $x \neq x_0$ 而无限地趋于 x_0 时)有 $f(x) \to l$(这就是说 $f(x)$ 随着 x 趋于 x_0 而无限地趋于 l),则称函数 $f(x)$ 当 $x \to x_0$ 时存在极限,极限是 l,或简称 l 是函数 $f(x)$ 在点 x_0 的极限,记作

$$\lim_{x \to x_0} f(x) = l.$$

可见,函数 $f(x)$ 在 x_0 点的极限是描写当 x 无限地趋于 x_0 时函数 $f(x)$ 的变化趋势的.如果极限存在,那么 $f(x)$ 就无限地趋于一个常数.

在函数极限的概念中,为什么要求 $x \neq x_0$ 呢?如果硬要加上 x 也可以等于 x_0,就会使许多有意义的问题不能利用极限的概念来加以研究和解决了.例如,简谐运动在 $t=0$ 的速度问题,就是考虑函数 $\bar{v}(t) = \frac{\sin t}{t}$ 在 $t \to 0$ 时的极限,但这个函数 $\bar{v}(t)$ 在 $t=0$ 为 $\frac{0}{0}$ 形式,可见它在这一点没有定义.因此在考虑这个极限的时候,必须把 $t=0$ 这一点除外,只能考虑 $t \neq 0$ 而 $t \to 0$ 时 $\bar{v}(t) = \frac{\sin t}{t}$ 的变化趋势.

又由于当 $x \neq x_0$ 而 $x \to x_0$ 可叙述为 $0 < |x - x_0| \to 0$;而 $f(x) \to l$ 可叙述为 $|f(x) - l| \to 0$.因此与数列极限一样,给出函数 $f(x)$(当 $x \to x_0$ 时)极限的定义.

定义 4 设函数 $f(x)$ 在点 x_0 的去心邻域内有定义,如果存在数 l,对任意 $\varepsilon > 0$,总存在 $\delta > 0$,使得当 $0 < |x - x_0| < \delta$ 时,有

$$|f(x) - l| < \varepsilon.$$

则称函数 $f(x)$ 当 $x \to x_0$ 时存在极限,极限是 l,或简称 l 是函数 $f(x)$ 在点 x_0 的极限,记作

1.2 极 限

$$\lim_{x \to x_0} f(x) = l \quad 或 \quad f(x) \to l \quad (x \to x_0).$$

用"ε-δ"语言叙述为

| $\lim\limits_{x \to x_0} f(x) = l$ | $\forall \varepsilon > 0, \exists \delta > 0, \forall x : 0 < |x - x_0| < \delta \Rightarrow |f(x) - l| < \varepsilon$ |

"当 $x \to x_0$ 时函数 $f(x)$ 以 l 为极限"的几何意义是明显的. 函数 $y = f(x)$ 的图形是一条曲线,对于任意指定的正数 ε,总存在着点 x_0 的一个 δ 邻域. 在这个邻域中的曲线部分(不考虑对应于点 x_0 的曲线上的点)都位于直线 $y = l + \varepsilon$ 与直线 $y = l - \varepsilon$ 之间(图 1.12)

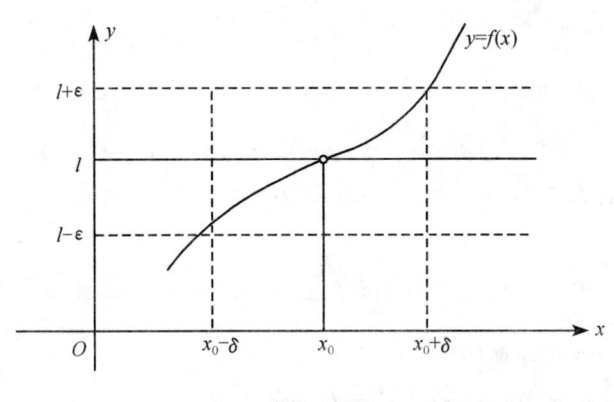

图 1.12

在极限定义中,如果仅讨论自变量 x 在 x_0 的左侧或右侧,则分别有函数 $f(x)$ 在点 x_0 的左极限和右极限.

定义 5 设函数 $f(x)$ 在点 x_0 的左(或右)近旁有定义(在点 x_0 处可能没有定义),如果存在常数 l,对任意 $\varepsilon > 0$,总存在 $\delta > 0$,使得当 $x_0 - \delta < x < x_0$(或 $x_0 < x < x_0 + \delta$)有

$$|f(x) - l| < \varepsilon.$$

则称函数 $f(x)$ 在点 x_0 存在左极限(或右极限),左(或右)极限是 l,或简称 l 是 $f(x)$ 在点 x_0 的左(或右)极限,记作

$$\lim_{x \to x_0^-} f(x) = l \quad 或 \quad f(x_0 - 0) = l,$$
$$(\lim_{x \to x_0^+} f(x) = l \quad 或 \quad f(x_0 + 0) = l).$$

左、右极限统称为单侧极限.

用"ε-δ"语言叙述为

| $\lim\limits_{x \to x_0^-} f(x) = l$ | $\forall \varepsilon > 0, \exists \delta > 0, \forall x : x_0 - \delta < x < x_0 \Rightarrow |f(x) - l| < \varepsilon$ |
| $\lim\limits_{x \to x_0^+} f(x) = l$ | $\forall \varepsilon > 0, \exists \delta > 0, \forall x : x_0 < x < x_0 + \delta \Rightarrow |f(x) - l| < \varepsilon$ |

定理 函数 $f(x)$ 在点 x_0 处有极限 l 的充分必要条件是函数 $f(x)$ 在点 x_0 处的左、右极限存在且都等于 l，即

$$\lim_{x \to x_0} f(x) = l \iff \lim_{x \to x_0^-} f(x) = \lim_{x \to x_0^+} f(x) = l.$$

证明 必要性 如果 $\lim\limits_{x \to x_0} f(x) = l$，即 $\forall \varepsilon > 0$，$\exists \delta > 0$，$\forall x : 0 < |x - x_0| < \delta \Rightarrow |f(x) - l| < \varepsilon$，由于 $0 < |x - x_0| < \delta$ 与 $x_0 - \delta < x < x_0$ 和 $x_0 < x < x_0 + \delta$ 等价，故有

$$\lim_{x \to x_0^-} f(x) = \lim_{x \to x_0^+} f(x) = l.$$

充分性 如果 $\lim\limits_{x \to x_0^-} f(x) = \lim\limits_{x \to x_0^+} f(x) = l$，即 $\forall \varepsilon > 0$，$\exists \delta_1 > 0$，$\forall x : x_0 - \delta_1 < x < x_0 \Rightarrow |f(x) - l| < \varepsilon$；$\exists \delta_2 > 0$，$\forall x : x_0 < x < x_0 + \delta_2 \Rightarrow |f(x) - l| < \varepsilon$. 取 $\delta = \min\{\delta_1, \delta_2\}$，于是 $\forall \varepsilon > 0$，$\exists \delta = \min\{\delta_1, \delta_2\} > 0$，$\forall x : 0 < |x - x_0| < \delta \Rightarrow |f(x) - l| < \varepsilon$，即

$$\lim_{x \to x_0} f(x) = l.$$

这个定理常常这样来使用．

如果 $\lim\limits_{x \to x_0^-} f(x) \neq \lim\limits_{x \to x_0^+} f(x)$，则 $\lim\limits_{x \to x_0} f(x)$ 不存在．

值得指出，这个定理对 $x \to \infty$ 的情况也是成立的，即

$$\lim_{x \to \infty} f(x) = l \iff \lim_{x \to +\infty} f(x) = \lim_{x \to -\infty} f(x) = l.$$

例 5 证明 $\lim\limits_{x \to 1}(2x + 3) = 5$.

证明 用极限定义证明极限时，与证明数列极限相同，这里的关键在于找 δ.

$\forall \varepsilon > 0$，解不等式 $|(2x + 3) - 5| = 2|x - 1| < \varepsilon$，得 $|x - 1| < \dfrac{\varepsilon}{2}$. 取 $\delta = \dfrac{\varepsilon}{2}$，于是 $\forall \varepsilon > 0$，$\exists \delta = \dfrac{\varepsilon}{2} > 0$，$\forall x : 0 < |x - 1| < \delta \Rightarrow |(2x + 3) - 5| < \varepsilon$，即

$$\lim_{x \to 1}(2x + 3) = 5.$$

例 6 证明 $\lim\limits_{x \to 0}\sin x = 0$，$\lim\limits_{x \to 0}\cos x = 1$.

证明 先证明不等式 $|\sin x| < |x|$，此处角度计算单位是弧度．显然只要就 $0 < x < \dfrac{\pi}{2}$ 的情形证明．如图 1.13 所示的单位圆，此时弦 $\overline{AB}$ 的长度是 $2\sin x$，弧 $\overparen{AB}$ 的长度是 $2x$，而弧长大于弦长，所以 $\sin x < x$. 亦即 $|\sin x| \leqslant |x|$ 得证．

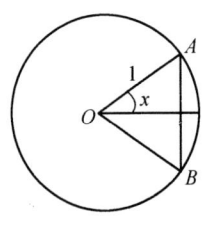

图 1.13

1.2 极　限

现在证明本题：

$\forall \varepsilon > 0, \exists \delta = \varepsilon > 0, \forall x: 0 < |x| < \delta \Rightarrow |\sin x - 0| \leqslant |x| < \varepsilon,$ 即

$$\lim_{x \to 0} \sin x = 0.$$

$\forall \varepsilon > 0, \exists \delta = \sqrt{2\varepsilon}, \forall x: 0 < |x| < \delta \Rightarrow |\cos x - 1| = 2\sin^2 \dfrac{x}{2} \leqslant \dfrac{x^2}{2} < \varepsilon,$ 即

$$\lim_{x \to 0} \cos x = 1.$$

例 7　证明当 $x_0 > 0, \lim\limits_{x \to x_0} \sqrt{x} = \sqrt{x_0}$.

证明　函数 $\sqrt{x}$ 的定义域 $x > 0$, 因此 x 的变化范围限制在 $|x - x_0| < x_0$ 内. $\forall \varepsilon > 0,$ 解不等式

$$|\sqrt{x} - \sqrt{x_0}| = \left| \dfrac{x - x_0}{\sqrt{x} + \sqrt{x_0}} \right| \leqslant \dfrac{|x - x_0|}{\sqrt{x_0}} < \varepsilon,$$

得 $|x - x_0| < \sqrt{x_0} \varepsilon,$ 可取 $\delta = \sqrt{x_0} \varepsilon,$ 但前面已限制 $|x - x_0| < x_0,$ 因此应取

$$\delta = \min\{\sqrt{x_0} \varepsilon, x_0\},$$

于是 $\forall \varepsilon > 0, \exists \delta = \min\{\sqrt{x_0} \varepsilon, x_0\}, \forall x: 0 < |x - x_0| < \delta \Rightarrow |\sqrt{x} - \sqrt{x_0}| < \varepsilon,$ 即

$$\lim_{x \to x_0} \sqrt{x} = \sqrt{x_0}.$$

例 8　证明 $\lim\limits_{x \to 2} x^3 = 8.$

证明　先限制 $|x - 2| < 1,$ 即 $1 < x < 3.$ $\forall \varepsilon > 0,$ 解

$$|x^3 - 8| = |x - 2| \cdot |x^2 + 2x + 4| < |x - 2|(9 + 6 + 4) = 19 |x - 2| < \varepsilon,$$

即

$$|x - 2| < \dfrac{\varepsilon}{19},$$

于是 $\forall \varepsilon > 0, \exists \delta = \min\left\{1, \dfrac{\varepsilon}{19}\right\}, \forall x: 0 < |x - 2| < \delta \Rightarrow |x^3 - 8| < \varepsilon,$ 即

$$\lim_{x \to 2} x^3 = 8.$$

例 9　证明 $\lim\limits_{x \to 0} a^x = 1 \ (a > 0).$

证明　当 $a = 1$ 时, 结论显然成立. 现在证 $a > 1$ 的情形: $\forall \varepsilon > 0,$ 解 $|a^x - 1| < \varepsilon,$ 故

$$-\varepsilon < a^x - 1 < \varepsilon, \quad \ln(1 - \varepsilon) < \ln a \cdot x < \ln(1 + \varepsilon),$$

亦即

$$\frac{\ln(1-\varepsilon)}{\ln a} < x < \frac{\ln(1+\varepsilon)}{\ln a}.$$

由于只需要对充分小 ε 找出满足条件的 δ 即可,因此,根据本题情况,可以就任意小于 1 的正数 ε 来论证. 从而

$$\ln(1-\varepsilon) < 0.$$

为此,可取

$$\delta = \min\left\{\left|\frac{\ln(1-\varepsilon)}{\ln a}\right|, \frac{\ln(1+\varepsilon)}{\ln a}\right\},$$

当 $|x| < \delta$ 时,当然满足

$$\frac{\ln(1-\varepsilon)}{\ln a} < x < \frac{\ln(1+\varepsilon)}{\ln a}.$$

于是 $\forall \varepsilon > 0, \exists \delta = \min\left\{\left|\frac{\ln(1-\varepsilon)}{\ln a}\right|, \frac{\ln(1+\varepsilon)}{\ln a}\right\}, \forall x: 0 < |x| < \delta$,有

$$|a^x - 1| < \varepsilon.$$

得证

$$\lim_{x \to 0} a^x = 1 \quad (a > 1).$$

再证 $a < 1$,这时 $\lim\limits_{x \to 0} a^x = \lim\limits_{x \to 0} \dfrac{1}{\left(\dfrac{1}{a}\right)^x}$,而 $\dfrac{1}{a} > 1$,利用已有的结论,得

$$\lim_{x \to 0} a^x = \lim_{x \to 0} \frac{1}{\left(\dfrac{1}{a}\right)^x} = 1 \quad (a < 1).$$

综上所证,得

$$\lim_{x \to 0} a^x = 1 \quad (a > 0).$$

例 10 证明 $\lim\limits_{x \to 0^-} 2^{\frac{1}{x}} = 0$.

证明 根据定义 5,需要证明 $\forall \varepsilon > 0, \exists \delta > 0, \forall x: -\delta < x < 0 \Rightarrow |2^{\frac{1}{x}} - 0| < \varepsilon$.

为此,$\forall \varepsilon > 0$,解 $|2^{\frac{1}{x}}| = 2^{\frac{1}{x}} < \varepsilon, \dfrac{1}{x} \ln 2 < \ln \varepsilon$.

注意 $x < 0$,当 $\varepsilon < 1$ 时,$\ln \varepsilon < 0$,因此得 $\dfrac{\ln 2}{\ln \varepsilon} < x$. 取

$$\delta = -\frac{\ln 2}{\ln \varepsilon} > 0,$$

于是 $\forall \varepsilon > 0, \exists \delta = -\dfrac{\ln 2}{\ln \varepsilon} > 0, \forall x: -\delta < x < 0 \Rightarrow |2^{\frac{1}{x}} - 0| < \varepsilon$,故

$$\lim_{x \to 0^-} 2^{\frac{1}{x}} = 0.$$

例 11 见图 1.14,设函数 $f(x) = \begin{cases} x+1, & x<0 \\ 0, & x=0 \\ x-1, & x>0 \end{cases}$,证明 $\lim\limits_{x \to 0} f(x)$ 不存在.

证明 $\lim\limits_{x \to 0^-} f(x) = \lim\limits_{x \to 0^-} (x+1) = 1$;

$\lim\limits_{x \to 0^+} f(x) = \lim\limits_{x \to 0^+} (x-1) = -1.$

由于 $\lim\limits_{x \to 0^-} f(x) \neq \lim\limits_{x \to 0^+} f(x)$,故 $\lim\limits_{x \to 0} f(x)$ 不存在.

1.2.5 函数极限的性质

前面已经讨论了两类六种函数极限,即

$\lim\limits_{x \to +\infty} f(x),\quad \lim\limits_{x \to -\infty} f(x),\quad \lim\limits_{x \to \infty} f(x);$

$\lim\limits_{x \to x_0} f(x),\quad \lim\limits_{x \to x_0^-} f(x),\quad \lim\limits_{x \to x_0^+} f(x).$

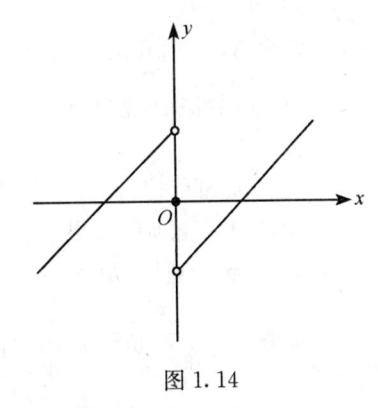

图 1.14

它们与数列极限具有类似的性质和四则运算法则.在这里仅就极限 $\lim\limits_{x \to x_0} f(x)$ 给出与收敛数列相应的一些定理,并适当地予以证明.

定理 1(唯一性) 如果极限 $\lim\limits_{x \to x_0} f(x)$ 存在,则它的极限是唯一的.

证明 假设 $\lim\limits_{x \to x_0} f(x) = k, \lim\limits_{x \to x_0} f(x) = l$,根据极限定义知:$\forall \varepsilon > 0$ 分别有

$\exists \delta_1 > 0,\quad \forall x:\ 0 < |x - x_0| < \delta_1 \Rightarrow |f(x) - k| < \varepsilon;$

$\exists \delta_2 > 0,\quad \forall x:\ 0 < |x - x_0| < \delta_2 \Rightarrow |f(x) - l| < \varepsilon.$

取 $\delta = \min\{\delta_1, \delta_2\}, \forall x: 0 < |x - x_0| < \delta \Rightarrow |f(x) - k| < \varepsilon, |f(x) - l| < \varepsilon$. 于是 $\forall x: 0 < |x - x_0| < \delta$ 有

$|k - l| = |k - f(x) + f(x) - l| \leqslant |f(x) - k| + |f(x) - l| \leqslant 2\varepsilon.$

因为 2ε 是任意小的正数,所以 $k = l$,即函数 $f(x)$ 在点 x_0 处的极限是唯一的.

定理 2(局部有界性) 如果 $\lim\limits_{x \to x_0} f(x) = l$,则 $f(x)$ 在点 x_0 处是局部有界的. 即 $\exists M > 0$ 与 $\delta > 0, \forall x: 0 < |x - x_0| < \delta \Rightarrow |f(x)| \leqslant M.$

证明 由 $\lim\limits_{x \to x_0} f(x) = l$ 知,对于 $\varepsilon = 1, \exists \delta > 0, \forall x: 0 < |x - x_0| < \delta \Rightarrow |f(x) - l| < 1$.从而有

$|f(x)| = |f(x) - l + l| \leqslant |f(x) - l| + |l| < 1 + |l|.$

这就是说：$f(x)$ 在 x_0 的小邻域内 $(0<|x-x_0|<\delta)$ 是有界的，即局部有界性.

注意：局部有界性定理的逆命题不一定成立. 例如，函数 $f(x)=\begin{cases} x+1, & -1\leqslant x<0 \\ 0, & x=0 \\ x-1, & 0<x\leqslant 1 \end{cases}$，

在 $[-1,1]$ 内，有 $|f(x)|\leqslant 1$ 是有界的，但 $\lim\limits_{x\to 0^-}f(x)=1$，$\lim\limits_{x\to 0^+}f(x)=-1$，所以 $\lim\limits_{x\to 0}f(x)$ 不存在.

定理 3 如果 $\lim\limits_{x\to x_0}f(x)=l$，$\lim\limits_{x\to x_0}g(x)=k$.

(1) (局部保号性) 当 $l\neq 0$ 时，则 $\exists \delta>0$，$\forall x:0<|x-x_0|<\delta$，都有 $f(x)$ 与 l 同号；

(2) (局部保序性) 如果 $\exists \delta>0$，$\forall x:0<|x-x_0|<\delta$，都有 $f(x)\leqslant g(x)$，则 $l\leqslant k$；

(3) (夹逼准则) 如果 $\exists \delta_0>0$，$\forall x:0<|x-x_0|<\delta_0$，都有 $f(x)\leqslant h(x)\leqslant g(x)$，且 $k=l$. 则 $\lim\limits_{x\to x_0}h(x)=l$.

证明 (1) 不妨设 $l>0$，由于 $\lim\limits_{x\to x_0}f(x)=l$，所以，对于 $\varepsilon=\dfrac{l}{2}$，$\exists\delta>0$，$\forall x:0<|x-x_0|<\delta \Rightarrow |f(x)-l|<\dfrac{l}{2}$. 从而 $f(x)-l>-\dfrac{l}{2}$，故 $f(x)>\dfrac{l}{2}>0$. 因此在 x_0 的小邻域 $(0<|x-x_0|<\delta)$ 内，有 $f(x)$ 与 l 同号.

(2) 用反证法即可. 实际上，这是函数极限的不等式运算法则.

(3) 由于 $\lim\limits_{x\to x_0}f(x)=\lim\limits_{x\to x_0}g(x)=l$ 知：$\forall\varepsilon>0$，分别有

$\exists\delta_1>0$，$\forall x:\ 0<|x-x_0|<\delta_1 \Rightarrow |f(x)-l|<\varepsilon$，有 $l-\varepsilon<f(x)$；

$\exists\delta_2>0$，$\forall x:\ 0<|x-x_0|<\delta_2 \Rightarrow |g(x)-l|<\varepsilon$，有 $g(x)<l+\varepsilon$.

取

$$\delta=\min\{\delta_0,\delta_1,\delta_2\}, \quad \forall x:\ 0<|x-x_0|<\delta,$$

同时有

$$f(x)\leqslant h(x)\leqslant g(x), \quad l-\varepsilon<f(x), \quad g(x)<l+\varepsilon,$$

于是

$$\forall \varepsilon>0, \quad \exists\delta=\min\{\delta_0,\delta_1,\delta_2\}>0, \quad \forall x:\ 0<|x-x_0|<\delta,$$

有

$$l-\varepsilon<f(x)\leqslant h(x)\leqslant g(x)<l+\varepsilon,$$

即

$$l-\varepsilon<h(x)<l+\varepsilon,$$

1.2 极　　限

亦即
$$|h(x)-l|<\varepsilon,$$
所以
$$\lim_{x\to x_0}h(x)=l.$$

[例] 微积分学中**两个重要极限**

（Ⅰ） $\lim\limits_{x\to 0}\dfrac{\sin x}{x}=1$；（Ⅱ） $\lim\limits_{x\to\infty}\left(1+\dfrac{1}{x}\right)^x=e.$

证明 （Ⅰ）先设 $0<x<\dfrac{\pi}{2}$，作单位圆如图 1.15 所示，设圆心角 $\angle AOB=x$（按弧度计算），显然 $\triangle AOB$ 面积 $<$ 扇形 AOB 面积 $<\triangle AOC$ 面积，即 $\dfrac{1}{2}\sin x<\dfrac{1}{2}x<\dfrac{1}{2}\tan x$，或 $\sin x<x<\tan x$，对此不等式的每项取倒数，并乘以 $\sin x(>0)$，得

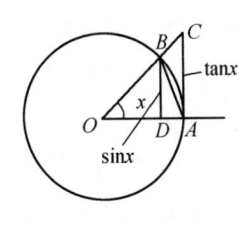

$$\cos x<\dfrac{\sin x}{x}<1,$$

图 1.15

因为 $\cos x,\dfrac{\sin x}{x},1$ 都是偶函数，故上述不等式对 $-\dfrac{\pi}{2}<x<0$ 也成立．

由 1.2.4 小节例 6 知道 $\lim\limits_{x\to 0}\cos x=1$，根据夹逼准则有

$$\lim_{x\to 0}\dfrac{\sin x}{x}=1.$$

（Ⅱ）在 1.2.3 小节例 5 中已经知道

$$\lim_{n\to\infty}\left(1+\dfrac{1}{n}\right)^n=e.$$

现在先证 $\lim\limits_{x\to+\infty}\left(1+\dfrac{1}{x}\right)^x=e.$ 设 $n=[x]$，则 $n\leqslant x<n+1$，从而有

$$\left(1+\dfrac{1}{n+1}\right)^n<\left(1+\dfrac{1}{x}\right)^x<\left(1+\dfrac{1}{n}\right)^{n+1},$$

当 $x\to+\infty$ 时，$n\to\infty$，并且

$$\lim_{n\to\infty}\left(1+\dfrac{1}{n+1}\right)^n=\lim_{n\to\infty}\dfrac{\left(1+\dfrac{1}{n+1}\right)^{n+1}}{1+\dfrac{1}{n+1}}=e;$$

$$\lim_{n\to\infty}\left(1+\dfrac{1}{n}\right)^{n+1}=\lim_{n\to\infty}\left(1+\dfrac{1}{n}\right)^n\left(1+\dfrac{1}{n}\right)=e.$$

由夹逼准则立即可得 $\lim\limits_{x\to+\infty}\left(1+\dfrac{1}{x}\right)^x=e.$

再证 $\lim\limits_{x\to-\infty}\left(1+\dfrac{1}{x}\right)^x=e.$ 令 $x=-(t+1)$，则 $x\to-\infty$ 时，$t\to+\infty$，于是

$$\lim_{x\to-\infty}\left(1+\frac{1}{x}\right)^x = \lim_{t\to+\infty}\left(1-\frac{1}{t+1}\right)^{-(t+1)} = \lim_{t\to+\infty}\left(1+\frac{1}{t}\right)^{t+1}$$
$$= \lim_{t\to+\infty}\left(1+\frac{1}{t}\right)^t \cdot \left(1+\frac{1}{t}\right) = \mathrm{e}.$$

综上所述,即得所要结果
$$\lim_{x\to\infty}\left(1+\frac{1}{x}\right)^x = \mathrm{e}.$$

这个极限也可以改写成下面的形式. 令 $x=\dfrac{1}{\alpha}$,则当 $x\to\infty$ 时,有 $\alpha\to 0$,于是,有
$$\lim_{\alpha\to 0}(1+\alpha)^{\frac{1}{\alpha}} = \mathrm{e}.$$

极限 $\lim\limits_{x\to 0}\dfrac{\sin x}{x}=1$ 和 $\lim\limits_{x\to\infty}\left(1+\dfrac{1}{x}\right)^x=\mathrm{e}$ 是微积分学中的两个重要极限,后面有多处用到它们,特别是在第 2 章中将用它们导出重要公式.

定理 4(四则运算法则)   如果 $\lim\limits_{x\to x_0}f(x),\lim\limits_{x\to x_0}g(x)$ 都存在,则

(1) $\lim\limits_{x\to x_0}[f(x)\pm g(x)]=\lim\limits_{x\to x_0}f(x)\pm\lim\limits_{x\to x_0}g(x)$;

(2) $\lim\limits_{x\to x_0}[f(x)\cdot g(x)]=\lim\limits_{x\to x_0}f(x)\cdot\lim\limits_{x\to x_0}g(x)$;

(3) $\lim\limits_{x\to x_0}\dfrac{f(x)}{g(x)}=\dfrac{\lim\limits_{x\to x_0}f(x)}{\lim\limits_{x\to x_0}g(x)}$ $(\lim\limits_{x\to x_0}g(x)\neq 0)$.

定理 5(复合运算法则)   设函数 $y=f[g(x)]$ 由 $y=f(u),u=g(x)$ 复合而成,它定义在 x_0 的某个去心邻域内. 如果
$$\lim_{x\to x_0}g(x)=u_0, \quad \lim_{u\to u_0}f(u)=l,$$
且在此 x_0 的去心邻域内 $g(x)\neq u_0$,则
$$\lim_{x\to x_0}f[g(x)]=l.$$

证明   由 $\lim\limits_{u\to u_0}f(u)=l$ 知

$\forall \varepsilon>0,\quad \exists \eta>0,\quad \forall u:\ 0<|u-u_0|<\eta \Rightarrow |f(u)-l|<\varepsilon.$

由 $\lim\limits_{x\to x_0}g(x)=u_0$ 知对于 $\eta>0,\exists \delta>0,\forall x:0<|x-x_0|<\delta\Rightarrow|g(x)-u_0|<\eta$. 又由题设在 x_0 的去心邻域内,$g(x)\neq u_0$,所以,当 $0<|x-x_0|$ 时有 $0<|g(x)-u_0|$. 因此,综合上面的结论,知 $\forall \varepsilon>0,\exists \delta>0$(根据 ε,存在 η,然后再根据 η,存在 δ) $\forall x:0<|x-x_0|<\delta \Rightarrow (0<|g(x)-u_0|<\eta$ 再 $0<|u-u_0|<\eta)$
$$|f[g(x)]-l|<\varepsilon.$$

所以

$$\forall \varepsilon > 0, \quad \exists \delta > 0, \quad \forall x: \quad 0 < |x - x_0| < \delta \Rightarrow |f(x) - l| < \varepsilon,$$
特别,当 $0 < |x_n - x_0| < \delta$ 时,有 $|f(x_n) - l| < \varepsilon$.

又由 $\lim\limits_{n \to \infty} x_n = x_0$,且 $x_n \neq x_0$ 知,对于上面的 δ,$\exists N > 0, \forall n > N \Rightarrow 0 < |x_n - x_0| < \delta$.

结合上面的结论就知:

$\forall \varepsilon > 0, \exists N > 0$(根据 ε,存在 δ,然后再根据 δ 存在 N),$\forall n > N \Rightarrow |f(x_n) - l| < \varepsilon$. 这就证明了定理.

函数极限与数列极限,从其所研究的对象来看是不同的,前者对连续变量而言,后者则对离散变量而言,但这只是问题的一面而不是问题的全面.其实,不管变量是连续变化还是离散变化的,只要它们的变化趋势相同,从极限的意义来说,效果都是一样的.基于这个事实,函数极限与数列极限在一定条件下是可以相互转化的.上面的定理就说明函数极限可以转化为数列极限.其实,这个定理的逆也是成立的,因为以后不大需要,这里就仅仅叙述一方面的结果.

这个定理有两个很重要的作用.首先,可以把许多求数列极限的问题化为相应的求函数极限问题,这样就可以用函数极限中熟知的一些有效方法来处理了(例如,后面要学习的 3.2 节的洛必达法则).其次,可以利用它来证明函数极限不存在.由定理知道,只要存在一个以 x_0 为极限的数列 $\{x_n\}$ ($x_n \neq x_0$) 使 $\lim\limits_{n \to \infty} f(x_n)$ 不存在,或存在两个以 x_0 为极限的数列 $\{x_n\}$ 及 $\{x'_n\}$,使 $\lim\limits_{n \to \infty} f(x_n) \neq \lim\limits_{n \to \infty} f(x'_n)$,则极限 $\lim\limits_{x \to x_0} f(x)$ 不存在.

例 4 证明 $\lim\limits_{n \to \infty} a^{\frac{1}{n}} = 1$ ($a > 0$).

证明 作函数 $f(x) = a^x$,在 1.2.4 小节例 9 已知
$$\lim\limits_{x \to 0} a^x = 1,$$
取 $x_n = \dfrac{1}{n}$,显然有 $\lim\limits_{n \to \infty} \dfrac{1}{n} = 0$. 因此由定理 6 知
$$\lim\limits_{n \to \infty} f(x_n) = \lim\limits_{n \to \infty} a^{\frac{1}{n}} = 1.$$

例 5 证明 $\lim\limits_{x \to 0} \sin \dfrac{1}{x}$ 不存在.

证明 取两个数列 $x_n = \dfrac{1}{n\pi}$ ($n = 1, 2, 3, \cdots$),$x'_n = \dfrac{1}{2n\pi + \dfrac{\pi}{2}}$ ($n = 1, 2, 3, \cdots$). 这两个数列显然都以零为极限
$$\lim\limits_{n \to \infty} x_n = \lim\limits_{n \to \infty} \dfrac{1}{n\pi} = 0, \quad \lim\limits_{n \to \infty} x'_n = \lim\limits_{n \to \infty} \dfrac{1}{2n\pi + \dfrac{\pi}{2}} = 0,$$
于是

1.2 极 限

$$\lim_{x \to x_0} f[g(x)] = l.$$

本定理说明,对于复合函数求极限,可以作变换 $u=g(x)$ 而得到

$$\lim_{x \to x_0} f[g(x)] \xrightarrow{u=g(x)} \lim_{u \to u_0} f(u).$$

有了函数极限的上述性质和运算法则,就可以来求一些函数的极限了.

例 1 求 $\lim\limits_{x \to -2} \dfrac{x^2-4}{x^3+8}$.

解 当 $x \to -2$ 时,由于分子、分母的极限都是 0,因此不能直接用四则运算法则(商的公式),这类极限常称 $\dfrac{0}{0}$ 型不定式. 然而可先设法消去分子、分母中极限为 0 的因子,之后再用四则运算法则去求极限值. 在本题中,由于

$$\frac{x^2-4}{x^3+8} = \frac{(x+2)(x-2)}{(x+2)(x^2-2x+4)} = \frac{x-2}{x^2-2x+4},$$

所以

$$\lim_{x \to -2} \frac{x^2-4}{x^3+8} = \lim_{x \to -2} \frac{x-2}{x^2-2x+4} = \frac{-4}{12} = -\frac{1}{3}.$$

例 2 求 $\lim\limits_{x \to 0} \dfrac{1-\cos x}{x^2}$.

解 这是 $\dfrac{0}{0}$ 型不定式,然而极限式中有三角函数,为此想到用重要公式 $\lim\limits_{x \to 0} \dfrac{\sin x}{x} = 1$.

$$\lim_{x \to 0} \frac{1-\cos x}{x^2} = \lim_{x \to 0} \frac{2\sin^2 \dfrac{x}{2}}{x^2} = \frac{1}{2} \lim_{x \to 0} \left(\frac{\sin \dfrac{x}{2}}{\dfrac{x}{2}} \right)^2$$

$$\xrightarrow{\text{令} \frac{x}{2}=t} \frac{1}{2} \lim_{t \to 0} \left(\frac{\sin t}{t} \right)^2 = \frac{1}{2} \left(\lim_{t \to 0} \frac{\sin t}{t} \right)^2 = \frac{1}{2}.$$

例 3 求 $\lim\limits_{x \to \infty} \left(1+\dfrac{4}{x}\right)^x$.

解 这是属于 1^∞ 型不定式. 令 $x=4t$,从而当 $x \to \infty$ 时,$t \to \infty$,于是得

$$\lim_{x \to \infty} \left(1+\frac{4}{x}\right)^x = \lim_{t \to \infty} \left(1+\frac{1}{t}\right)^{4t} = \lim_{t \to \infty} \left\{\left(1+\frac{1}{t}\right)^t\right\}^4 = \left\{\lim_{t \to \infty} \left(1+\frac{1}{t}\right)^t\right\}^4 = e^4.$$

定理 6(归并性) 如果 $\lim\limits_{x \to x_0} f(x) = l$,则对任何以 x_0 为极限的数列 $\{x_n\}$,且 $x_n \neq x_0$,也有

$$\lim_{n \to \infty} f(x_n) = l.$$

证明 由 $\lim\limits_{x \to x_0} f(x) = l$ 知

1.2 极 限

$$f(x_n) = \sin\frac{1}{x_n} = \sin n\pi = 0,$$

$$f(x'_n) = \sin\frac{1}{x'_n} = \sin(2n\pi + \frac{\pi}{2}) = 1.$$

从而有

$$\lim_{n\to\infty} f(x_n) = 0, \quad \lim_{n\to\infty} f(x'_n) = 1.$$

由定理 6 知 $\lim\limits_{x\to 0}\sin\dfrac{1}{x}$ 不存在.

1.2.6 无穷小量与无穷大量

无穷小量与无穷大量是在今后应用中经常遇到的重要概念,在极限理论中起着重要作用. 在这里重点介绍无穷小量的概念与无穷小量的阶.

定义 1 当 $x \to x_0 (x \to \infty)$ 时,以零为极限的函数 $\alpha(x)$ 称为当 $x \to x_0 (x \to \infty)$ 时的无穷小量,简称为无穷小.

例如,当 $x \to 0$ 时,函数 $x^3, \sin x$ 都是无穷小量;当 $x \to +\infty$ 时,函数 $\left(\dfrac{1}{2}\right)^x, \dfrac{\pi}{2} - \arctan x$ 也是无穷小量.

应当注意,无穷小量是一个变量,不能把它与绝对值很小的常数混为一谈. 任何非零常数,不论其绝对值如何小,都不是无穷小量.

一个函数是否为无穷小,与自变量的变化趋势有关. 例如,$\dfrac{1}{x}$ 是当 $x \to \infty$ 时的无穷小,但当 $x \to x_0 \neq 0$ 时,$\dfrac{1}{x} \to \dfrac{1}{x_0}$ 不是无穷小.

今后如果极限符号下面未标明自变量的变化趋势,那么表示它适合 $x \to x_0$ 与 $x \to \infty$ 等各种情形.

定理 1 $\lim f(x) = l$ 的充分必要条件是 $f(x) = l + \alpha(x)$,其中,$\alpha(x)$ 是一个无穷小量.

证明 仅就 $x \to x_0$ 的情形来证明.

必要性 设 $\lim\limits_{x\to x_0} f(x) = l$,则 $\lim\limits_{x\to x_0}(f(x) - l) = 0$,令 $\alpha(x) = f(x) - l$,则 $\alpha(x)$ 是当 $x \to x_0$ 时的无穷小量,并且

$$f(x) = l + \alpha(x).$$

充分性 设 $f(x) = l + \alpha(x), \alpha(x)$ 是当 $x \to x_0$ 时的无穷小量,则

$$\lim_{x\to x_0} f(x) = \lim_{x\to x_0}[l + \alpha(x)] = l + \lim_{x\to x_0}\alpha(x) = l.$$

这个定理说明了函数极限与无穷小量之间的关系.

定理 2 对于自变量相同变化趋势下的无穷小量有如下性质:

(1) 有限个无穷小量的代数和是无穷小量;

(2) 有限个无穷小量的乘积是无穷小量.

利用极限的运算法则,不难证明.

定理 3 设 $\alpha(x)$ 是当 $x \to x_0$ 时的无穷小量, $f(x)$ 在 x_0 处是局部有界函数,则 $\alpha(x) \cdot f(x)$ 是当 $x \to x_0$ 时的无穷小量.

证明 由 $f(x)$ 在 x_0 处是局部有界,故 $\exists M > 0$ 和 $\delta > 0$, $\forall x: 0 < |x-x_0| < \delta$ 有 $|f(x)| \leqslant M$. 从而 $\forall x: 0 < |x-x_0| < \delta$,有
$$|\alpha(x) \cdot f(x)| \leqslant M|\alpha(x)|,$$
即
$$-M|\alpha(x)| \leqslant \alpha(x) \cdot f(x) \leqslant M|\alpha(x)|.$$
由于 $\lim_{x \to x_0} \alpha(x) = 0$,所以 $\lim_{x \to x_0} \alpha(x) \cdot f(x) = 0$,即 $\alpha(x) f(x)$ 是当 $x \to x_0$ 时的无穷小量.

这个定理简单的说是:无穷小量与有界函数的乘积仍然是无穷小量.

定义 2 设 $\alpha(x)$ 与 $\beta(x)$ 都是无穷小,且 $\beta(x) \neq 0$.

(1) 如果 $\lim \dfrac{\alpha(x)}{\beta(x)} = 0$,则称 $\alpha(x)$ 是 $\beta(x)$ 的高阶无穷小. 用小 o 记号,记作
$$\alpha(x) = o(\beta(x));$$

(2) 如果 $\lim \dfrac{\alpha(x)}{\beta(x)} = c$ (c 是一个非零的常数),则称 $\alpha(x)$ 是 $\beta(x)$ 的同阶无穷小;

(3) 如果 $\lim \dfrac{\alpha(x)}{\beta(x)} = 1$,则称 $\alpha(x)$ 是 $\beta(x)$ 的等价无穷小,记作
$$\alpha(x) \sim \beta(x);$$

(4) 如果 $\lim \dfrac{\alpha(x)}{[\beta(x)]^k} = c$ (c 是非零常数, $k > 0$),则称 $\alpha(x)$ 是关于 $\beta(x)$ 的 k 阶无穷小. 特别,取 $\beta(x) = x - x_0$,如果 $\lim_{x \to x_0} \dfrac{\alpha(x)}{(x-x_0)^k} = c$,则称 $\alpha(x)$ 是关于 $(x-x_0)$ 的 k 阶无穷小.

例如,由于 $\lim_{x \to 0} \dfrac{1-\cos x}{x^2} = \dfrac{1}{2}$ (上段例 4),因此当 $x \to 0$ 时, $1-\cos x$ 是关于 x 的二阶无穷小; $1-\cos x$ 与 $\dfrac{1}{2}x^2$ 是等价无穷小.

例 1 证明当 $x \to 0$ 时, $\sin x \sim x$; $\tan x \sim x$; $\arcsin x \sim x$; $\arctan x \sim x$; $1-\cos x \sim \dfrac{1}{2}x^2$.

证明 结论是显然的. 分别因为
$$\lim_{x \to 0} \frac{\sin x}{x} = 1;$$

1.2 极 限

$$\lim_{x\to 0}\frac{\tan x}{x} = \lim_{x\to 0}\frac{\sin x}{x}\cdot\frac{1}{\cos x} = \lim_{x\to 0}\frac{\sin x}{x}\cdot\lim_{x\to 0}\frac{1}{\cos x} = 1;$$

$$\lim_{x\to 0}\frac{\arcsin x}{x} \xrightarrow{\text{令}\arcsin x = t} \lim_{t\to 0}\frac{t}{\sin t} = 1;$$

$$\lim_{x\to 0}\frac{\arctan x}{x} \xrightarrow{\arctan x = t} \lim_{t\to 0}\frac{t}{\tan t} = 1;$$

$$\lim_{x\to 0}\frac{1-\cos x}{\frac{1}{2}x^2} = 1.$$

例 2 证明当 $x\to 0$ 时,$\sqrt[n]{1+x}-1 \sim \frac{1}{n}x$.

证明
$$\lim_{x\to 0}\frac{\sqrt[n]{1+x}-1}{\frac{1}{n}x} \xrightarrow{\text{令}\sqrt[n]{1+x}-1=t} \lim_{t\to 0}\frac{nt}{(1+t)^n-1}$$

$$=\lim_{t\to 0}\frac{nt}{(1+nt+\frac{n(n-1)}{2}t^2+\cdots+t^n)-1}$$

$$=\lim_{t\to 0}\frac{nt}{nt+\frac{n(n-1)}{2}t^2+\cdots+t^n}$$

$$=\lim_{t\to 0}\frac{n}{n+\frac{n(n-1)}{2}t+\cdots+t^{n-1}} = \frac{n}{n} = 1,$$

因此,当 $x\to 0$ 时,$\sqrt[n]{1+x}-1 \sim \frac{1}{n}x$.

记住这些等价无穷小是有益的.

定理 4 设 $\alpha(x),\beta(x),\tilde{\alpha}(x),\tilde{\beta}(x)$ 都是无穷小. 如果
$$\alpha(x) \sim \tilde{\alpha}(x), \quad \beta(x) \sim \tilde{\beta}(x),$$
并且 $\lim\dfrac{f(x)\tilde{\alpha}(x)}{g(x)\tilde{\beta}(x)}$ 存在,则 $\lim\dfrac{f(x)\alpha(x)}{g(x)\beta(x)}$ 也存在,且
$$\lim\frac{f(x)\alpha(x)}{g(x)\beta(x)} = \lim\frac{f(x)\tilde{\alpha}(x)}{g(x)\tilde{\beta}(x)}.$$

证明 由于
$$\frac{f(x)\alpha(x)}{g(x)\beta(x)} = \frac{f(x)\tilde{\alpha}(x)}{g(x)\tilde{\beta}(x)} \cdot \frac{\alpha(x)}{\tilde{\alpha}(x)} \cdot \frac{\tilde{\beta}(x)}{\beta(x)},$$
根据极限的乘法运算法则与已知条件立即得到定理中的结论.

这个定理称为无穷小等价代换定理,它可用于计算"$\dfrac{0}{0}$"型不定式的极限. 应用时,对分子与分母中所含的无穷小因子直接进行无穷小的等价代换,往往可使所求

极限变得简单而便于计算.

例 3 求 $\lim\limits_{x\to 0}\dfrac{\sin 3x}{\arctan 2x}$.

解 由例 1 知 $\sin 3x \sim 3x, \arctan 2x \sim 2x (x\to 0)$,于是

$$\lim_{x\to 0}\frac{\sin 3x}{\arctan 2x}=\lim_{x\to 0}\frac{3x}{2x}=\frac{3}{2}.$$

例 4 求 $\lim\limits_{x\to 0}\dfrac{\tan x-\sin x}{\sin^3 x}$.

解 $\lim\limits_{x\to 0}\dfrac{\tan x-\sin x}{\sin^3 x}=\lim\limits_{x\to 0}\dfrac{\tan x(1-\cos x)}{\sin^3 x}$,由例 1 知 $\sin x\sim x$,$\tan x\sim x$,$1-\cos x\sim\dfrac{1}{2}x^2(x\to 0)$,于是

$$\lim_{x\to 0}\frac{\tan x-\sin x}{\sin^3 x}=\lim_{x\to 0}\frac{x\cdot\dfrac{1}{2}x^2}{x^3}=\frac{1}{2}.$$

值得特别注意的是,上面的等价代换只能对分子、分母中的无穷小因子进行. 如果对分子或分母的某个加项作代换,那么可能出现错误. 例如,$\sin x\sim x$,$\tan x\sim x(x\to 0)$用在本例中,就会得出错误的结果

$$\lim_{x\to 0}\frac{\tan x-\sin x}{\sin^3 x}=\lim_{x\to 0}\frac{x-x}{x^3}=\lim_{x\to 0}\frac{0}{x^3}=0.$$

例 5 求 $\lim\limits_{x\to 1}\dfrac{\sqrt[5]{1+\sqrt[3]{x^2-1}}-1}{\arcsin(\sqrt[3]{x^3-1})}$.

解 当 $x\to 1$ 时,由例 1 知 $\arcsin(\sqrt[3]{x^3-1})\sim\sqrt[3]{x^3-1}$,由例 2 知

$$\sqrt[5]{1+\sqrt[3]{x^2-1}}-1\sim\frac{1}{5}\sqrt[3]{x^2-1},$$

因此

$$\lim_{x\to 1}\frac{\sqrt[5]{1+\sqrt[3]{x^2-1}}-1}{\arcsin(\sqrt[3]{x^3-1})}=\lim_{x\to 1}\frac{\dfrac{1}{5}\sqrt[3]{x^2-1}}{\sqrt[3]{x^3-1}}=\frac{1}{5}\lim_{x\to 1}\frac{\sqrt[3]{(x-1)(x+1)}}{\sqrt[3]{(x-1)(x^2+x+1)}}$$

$$=\frac{1}{5}\lim_{x\to 1}\frac{\sqrt[3]{x+1}}{\sqrt[3]{x^2+x+1}}=\frac{1}{5}\sqrt[3]{\frac{2}{3}}.$$

无穷大量与无穷小量的变化状态正好相反. 如果当 $x\to x_0$(或 $x\to\infty$)时,对应的函数值的绝对值 $|f(x)|$ 无限增大,就说 $f(x)$ 当 $x\to x_0$(或 $x\to\infty$)时是无穷大量,简称无穷大. 其严格定义是:

定义 3 如果对任意给定的正数 M(不论它有多大)总存在正数 δ(或正数 X)使得当定义域中的 x 满足不等式 $0<|x-x_0|<\delta$(或 $|x|>X$)时对应的函数值 $f(x)$ 满足不等式

1.2 极　　限

$$|f(x)|>M,$$

则称函数 $f(x)$ 是当 $x\to x_0$（或 $x\to\infty$）时的无穷大量，并记为

$$\lim_{x\to x_0}f(x)=\infty\quad(\text{或}\lim_{x\to\infty}f(x)=\infty).$$

用量词符号(M-δ(M-X)语言)可叙述如下：

$$\forall M>0,\exists\delta>0,\forall x:0<|x-x_0|<\delta\Rightarrow|f(x)|>M$$
$$(\forall M>0,\exists X>0,\forall x:|x|>X\Rightarrow|f(x)|>M)$$

如果在无穷大的定义中把 $|f(x)|>M$ 换成 $f(x)>M$ (或 $f(x)<-M$)则上式就改为

$$\lim f(x)=+\infty\quad(\text{或}\lim f(x)=-\infty).$$

注意，这里 $\lim f(x)=\infty$ 只是借用了极限记号以便于表述函数的这一性态，尽管可以说函数极限是无穷大，但这并不意味着函数 $f(x)$ 存在极限.

同时注意，无穷大(∞)不是一个数，不可把它与很大的数混为一谈. 此外，无穷大与无界量是不同的，如数列 $1,0,2,0,\cdots,n,0,\cdots$ 是无界的，但不是 $n\to\infty$ 时的无穷大.

例 6　证明 $\lim\limits_{x\to x_0}\dfrac{1}{x-x_0}=\infty$.

证明　$\forall M>0$，要使 $|f(x)|=\left|\dfrac{1}{x-x_0}\right|>M$，只要 $|x-x_0|<\dfrac{1}{M}$，故可取 $\delta=\dfrac{1}{M}$，于是 $\forall M>0,\exists\delta=\dfrac{1}{M},\forall x:0<|x-x_0|<\delta\Rightarrow\left|\dfrac{1}{x-x_0}\right|>M$，这就证明了

$$\lim_{x\to x_0}\frac{1}{x-x_0}=\infty.$$

例 7　证明 $\lim\limits_{x\to 0^+}2^{\frac{1}{x}}=+\infty$.

证明　$\forall M>0$，要使 $2^{\frac{1}{x}}>M$，只要 $\dfrac{\ln 2}{x}>\ln M$，即 $x<\dfrac{\ln 2}{\ln M}$，故取 $\delta=\dfrac{\ln 2}{\ln M}$，于是

$$\forall M>0,\quad \exists\delta=\frac{\ln 2}{\ln M},\quad\forall x:\ 0<x<\delta\Rightarrow 2^{\frac{1}{x}}>M,$$

即

$$\lim_{x\to 0^+}2^{\frac{1}{x}}=+\infty.$$

注意到 1.2.4 小节例 10 已经证明 $\lim\limits_{x\to 0^-}2^{\frac{1}{x}}=0$，一般而言，

$$\lim_{x\to 0^-}a^{\frac{1}{x}}=0,\quad\lim_{x\to 0^+}a^{\frac{1}{x}}=+\infty\quad(a>1);$$

$$\lim_{x\to 0^-} a^{\frac{1}{x}} = +\infty, \quad \lim_{x\to 0^+} a^{\frac{1}{x}} = 0 \quad (0 < a < 1).$$

不难证明：

定理 5 （1）如果 $f(x)$ 是无穷小量，且 $f(x) \neq 0$，则 $\dfrac{1}{f(x)}$ 是无穷大量，如果 $f(x)$ 是无穷大量，则 $\dfrac{1}{f(x)}$ 是无穷小量；

（2）有限个无穷大量的乘积是无穷大量；

（3）无穷大量与有界量之和是无穷大量.

然而，两个无穷大量的代数和不一定是无穷大量，因为可能出现 $\infty - \infty$ 型不定式情况；无穷大量与有界量的乘积也不一定是无穷大量，因为可能出现 $0 \cdot \infty$ 型不定式情况.

不同的无穷大趋于 ∞ 的速度也不相同，也可以与无穷小量类似，对无穷大量进行阶的比较，这里不再叙述.

习 题 1.2

1. 观察下列数的变化趋势，判别哪些数列有极限. 如有极限，写出它们的极限值：

(1) $\{y_n\} = \left\{\dfrac{1}{\sqrt{n}}\right\}$;

(2) $\{y_n\} = \left\{\dfrac{n}{2n+1}\right\}$;

(3) $\{y_n\} = \{(-1)^n\}$;

(4) $\{y_n\} = \left\{\sin\dfrac{n\pi}{2}\right\}$;

(5) $\{y_n\} = \left\{\dfrac{1}{n!}\right\}$;

(6) $\{y_n\} = \{a^n\} (a > 1)$;

(7) $\{y_n\} = \{n^{(-1)^n}\}$;

(8) $\{y_n\} = \{(-1)^n \cdot 0.999^n\}$.

2. 用数列极限"$\varepsilon\text{-}N$"语言，证明下列极限：

(1) $\lim\limits_{n\to\infty} \dfrac{1}{3^n} = 0$;

(2) $\lim\limits_{n\to\infty} \dfrac{3n}{2n+1} = \dfrac{3}{2}$;

(3) $\lim\limits_{n\to\infty} \dfrac{1}{\sqrt{n}} = 0$;

(4) $\lim\limits_{n\to\infty} \dfrac{\sqrt{n^2+a^2}}{n} = 1$;

(5) $\lim\limits_{n\to\infty} \dfrac{1}{n^2} \sin\dfrac{\pi}{n} = 0$;

(6) $\lim\limits_{n\to\infty} \dfrac{2+(-1)^n}{n} = 0$;

(7) $\lim\limits_{n\to\infty} \dfrac{n}{3^n} = 0$;

(8) $\lim\limits_{n\to\infty} nq^n = 0 (|q| < 1)$.

3. 计算下列极限：

(1) $\lim\limits_{n\to\infty} \dfrac{2n^3+3n^2+n+5}{n^3-n}$;

(2) $\lim\limits_{n\to\infty} \dfrac{3^n+(-1)^n}{3^n+2^n}$;

(3) $\lim\limits_{n\to\infty} \left(\dfrac{1}{n^2} + \dfrac{2}{n^2} + \cdots + \dfrac{n}{n^2}\right)$;

(4) $\lim\limits_{n\to\infty} (\sin\sqrt{n+1} - \sin\sqrt{n})$;

(5) $\lim\limits_{n\to\infty} \left(\dfrac{1}{1\cdot 2} + \dfrac{1}{2\cdot 3} + \cdots + \dfrac{1}{n(n+1)}\right)$;

(6) $\lim\limits_{n\to\infty} (\sqrt{n+\sqrt{n}} - \sqrt{n})$;

1.2 极　　限

(7) $\lim\limits_{n\to\infty}\left(1-\dfrac{1}{2^2}\right)\left(1-\dfrac{1}{3^2}\right)\cdots\left(1-\dfrac{1}{n^2}\right)$;

(8) $\lim\limits_{n\to\infty}\left(1+\dfrac{1}{2}\right)\left(1+\dfrac{1}{2^2}\right)\left(1+\dfrac{1}{2^4}\right)\cdots\left(1+\dfrac{1}{2^{2^n}}\right)$.

4. 如果数列$\{u_n\}$有界,又$\lim v_n=0$,证明$\lim u_n v_n=0$.

5. 讨论下列问题(如果回答是肯定的,就要给以证明;回答是否定的,要举出反例;回答是不定的,也要举例说明):

(1) 如果$\lim\limits_{n\to\infty}x_n$存在,$\lim\limits_{n\to\infty}y_n$不存在,问$\lim(x_n+y_n)$是否存在?

(2) 如果$\lim\limits_{n\to\infty}x_n$不存在,$\lim\limits_{n\to\infty}y_n$也不存在,问$\lim(x_n+y_n)$是否不存在?

(3) 如果$\{x_n\}$是任意的数列,$\lim\limits_{n\to\infty}y_n=0$,问是否有$\lim\limits_{n\to\infty}x_n y_n=0$?

(4) 如果$x_n>y_n(n=1,2,\cdots)$,是否必有$\lim\limits_{n\to\infty}x_n>\lim\limits_{n\to\infty}y_n$(假定极限存在)?

(5) 如果$\lim\limits_{n\to\infty}x_n=k$,是否有$\lim\limits_{n\to\infty}|x_n|=|k|$?

(6) 如果$\lim\limits_{n\to\infty}|x_n|=|k|$,是否有$\lim\limits_{n\to\infty}x_n=k$?

(7) 如果$\lim\limits_{n\to\infty}x_n=k$,是否有$\lim\limits_{n\to\infty}x_{n+1}=k$?

(8) 如果$\lim\limits_{n\to\infty}x_n=k$,是否有$\lim\limits_{n\to\infty}\dfrac{x_{n+1}}{x_n}=1$?

6. 如果$\lim\limits_{n\to\infty}x_n=k(k>0)$,证明$\lim\sqrt{x_n}=\sqrt{k}$.

7. 如果$\{y_n\}$为一正项数列,且$\lim\dfrac{y_{n+1}}{y_n}=0$,证明数列$\{y_n\}$,当$n$充分大后为单调数列.

8. 利用夹逼准则计算下列极限:

(1) $\lim\limits_{n\to\infty}\sqrt[n]{1+\dfrac{1}{2}+\dfrac{1}{3}+\cdots+\dfrac{1}{n}}$;　　　　(2) $\lim\limits_{n\to\infty}\sqrt[n]{2+\cos^2 n}$;

(3) $\lim\limits_{n\to\infty}\left(\dfrac{1}{n^3+1}+\dfrac{2^2}{n^3+2}+\cdots+\dfrac{n^2}{n^3+n}\right)$;

(4) $\lim\limits_{n\to\infty}n^2\left(\dfrac{1}{n^2+1}+\dfrac{1}{n^2+2^2}+\cdots+\dfrac{1}{n^2+n^2}\right)^n$.

9. 证明如果$a_1=\sqrt{2},a_{n+1}=\sqrt{2a_n}(n=1,2,\cdots)$,则数列$\{a_n\}$收敛,并求其极限.

10. 证明如果$a_1=a>0,a_{n+1}=\dfrac{1}{2}\left(a_n+\dfrac{2}{a_n}\right)(n=1,2,\cdots)$,则数列$\{a_n\}$收敛,并求其极限.

11. 如果$\{a_n\}$满足:$-1<a_1<0,a_{n+1}=a_n^2+2a_n(n=1,2,\cdots)$,证明$\{a_n\}$收敛,并求其极限.

12. 证明数列$\{a_n\}=\left\{\dfrac{11\cdot 12\cdot 13\cdot\cdots\cdot(n+10)}{2\cdot 5\cdot 8\cdot\cdots\cdot(3n-1)}\right\}(n=1,2,\cdots)$收敛,并求其极限.

13. 计算下列数列的极限:

(1) $\lim\limits_{n\to\infty}\left(1+\dfrac{5}{n}\right)^n$;　　　　　　(2) $\lim\limits_{n\to\infty}\left(1-\dfrac{1}{n}\right)^n$;

(3) $\lim\limits_{n\to\infty}\left(1+\dfrac{1}{4n}\right)^{3n}$;　　　　　　(4) $\lim\limits_{n\to\infty}\left(\dfrac{n+1}{n-1}\right)^n$;

(5) $\lim\limits_{n\to\infty}\left(\dfrac{n+1}{n+2}\right)^{3n}$;　　　　　　(6) $\lim\limits_{n\to\infty}\left(\dfrac{n^3-1}{n^3-2}\right)^{4n^3}$.

14. 用函数极限"ε-X"语言,证明下列极限:

(1) $\lim\limits_{x\to\infty}\dfrac{2x+3}{x}=2$;

(2) $\lim\limits_{x\to-\infty}5^x=0$;

(3) $\lim\limits_{x\to+\infty}\left(1-\dfrac{1}{2^x}\right)=1$;

(4) $\lim\limits_{x\to\infty}\dfrac{\cos x}{\sqrt[3]{x}}=0$.

15. 利用"ε-δ"语言,证明下列极限：

(1) $\lim\limits_{x\to 2}(3x+2)=8$;

(2) $\lim\limits_{x\to 0^+}\sqrt{x}\sin\dfrac{1}{x}=0$;

(3) $\lim\limits_{x\to 2}x^2=4$;

(4) $\lim\limits_{x\to 1}\dfrac{x^2}{x+1}=\dfrac{1}{2}$;

(5) $\lim\limits_{x\to 5}\dfrac{x-5}{x^2-25}=\dfrac{1}{10}$.

16. 计算下列函数的极限：

(1) $\lim\limits_{x\to\infty}\dfrac{(x+2)^3-1}{x(x+1)^2}$;

(2) $\lim\limits_{x\to\infty}\dfrac{x^3+5x^2-x}{5x^4+x+1}$;

(3) $\lim\limits_{x\to\infty}\dfrac{(x+2)^{3/2}}{\sqrt{4x^3+x^2+7}}$;

(4) $\lim\limits_{x\to\infty}\dfrac{\sqrt[3]{x^4+2x}}{\sqrt[3]{(3x^2+2x-1)^2}}$;

(5) $\lim\limits_{x\to\infty}\dfrac{x^2}{11+x\sqrt{x}}$;

(6) $\lim\limits_{x\to+\infty}\dfrac{\sqrt{x}}{\sqrt{x+\sqrt{x+\sqrt{x}}}}$.

17. 计算下列函数的极限：

(1) $\lim\limits_{x\to -1}\dfrac{x^3+1}{x^2+1}$;

(2) $\lim\limits_{x\to -1}\dfrac{x^2-1}{x^2+3x+2}$;

(3) $\lim\limits_{x\to 1}\dfrac{x^3-3x+2}{x^4-4x+3}$;

(4) $\lim\limits_{x\to a}\dfrac{x^2-(a+1)x+a}{x^3-a^3}$;

(5) $\lim\limits_{h\to 0}\dfrac{(x+h)^3-x^3}{h}$;

(6) $\lim\limits_{x\to 1}\left(\dfrac{1}{1-x}-\dfrac{3}{1-x^3}\right)$;

(7) $\lim\limits_{x\to 1}\dfrac{\sqrt{x}-1}{x-1}$;

(8) $\lim\limits_{x\to 1}\dfrac{\sqrt[3]{x}-1}{\sqrt[4]{x}-1}$;

(9) $\lim\limits_{x\to 1}\dfrac{\sqrt[3]{x^2}-2\sqrt[3]{x}+1}{(x-1)^2}$;

(10) $\lim\limits_{x\to 4}\dfrac{3-\sqrt{5+x}}{1-\sqrt{5-x}}$;

(11) $\lim\limits_{h\to 0}\dfrac{\sqrt{x+h}-\sqrt{x}}{h}$;

(12) $\lim\limits_{h\to 0}\dfrac{\sqrt[3]{x+h}-\sqrt[3]{x}}{h}$;

(13) $\lim\limits_{x\to 3}\dfrac{\sqrt{x^2-2x+6}-\sqrt{x^2+2x-6}}{x^2-4x+3}$;

(14) $\lim\limits_{x\to+\infty}\left[\sqrt{x(x+a)}-x\right]$;

(15) $\lim\limits_{x\to+\infty}\left(\sqrt{x^2-5x+6}-x\right)$;

(16) $\lim\limits_{x\to\infty}(x+\sqrt[3]{1-x^3})$.

18. 计算下列函数的极限：

(1) $\lim\limits_{x\to 0}\dfrac{\sin 5x}{\sin 2x}$;

(2) $\lim\limits_{x\to 1}\dfrac{\sin\pi x}{\sin 3\pi x}$;

(3) $\lim\limits_{x\to a}\dfrac{\sin x-\sin a}{x-a}$;

(4) $\lim\limits_{x\to a}\dfrac{\cos x-\cos a}{x-a}$;

(5) $\lim\limits_{x\to -2}\dfrac{\tan\pi x}{x+2}$;

(6) $\lim\limits_{x\to\frac{\pi}{4}}\dfrac{\sin x-\cos x}{1-\tan x}$;

1.2 极 限

(7) $\lim\limits_{x\to 0}x\sin\dfrac{1}{x}$;

(8) $\lim\limits_{x\to\infty}x\sin\dfrac{1}{x}$;

(9) $\lim\limits_{x\to 1}(1-x)\tan\dfrac{\pi x}{2}$;

(10) $\lim\limits_{x\to 0}\cot 2x\cdot\cot\left(\dfrac{\pi}{2}-x\right)$;

(11) $\lim\limits_{x\to\frac{\pi}{3}}\dfrac{1-2\cos x}{\pi-3x}$;

(12) $\lim\limits_{x\to 0}\dfrac{\cos mx-\cos nx}{x^2}$;

(13) $\lim\limits_{x\to 0}\dfrac{\tan x-\sin x}{x^3}$;

(14) $\lim\limits_{x\to 0}\dfrac{\arctan 2x}{\sin 3x}$;

(15) $\lim\limits_{x\to 0}\dfrac{x-\sin 2x}{x+\sin 3x}$;

(16) $\lim\limits_{x\to 0}\dfrac{\sqrt{1+\sin x}-\sqrt{1-\sin x}}{x}$.

19. 计算下列函数的极限：

(1) $\lim\limits_{x\to\infty}\left(\dfrac{x}{x+1}\right)^x$;

(2) $\lim\limits_{x\to\infty}\left(\dfrac{x-1}{x+3}\right)^{x+2}$;

(3) $\lim\limits_{x\to 0}(1+\sin x)^{\frac{1}{x}}$;

(4) $\lim\limits_{x\to 0}(\cos x)^{\frac{1}{x}}$;

(5) $\lim\limits_{x\to 0}(\cos x)^{\frac{1}{x^2}}$;

(6) $\lim\limits_{x\to 0}(1+(\arcsin x)^2)^{\cot^2 x}$.

20. 计算下列函数的极限：

(1) $\lim\limits_{x\to 0^-}\dfrac{1}{1+e^{\frac{1}{x}}}$;

(2) $\lim\limits_{x\to 0^+}\dfrac{1}{1+e^{\frac{1}{x}}}$;

(3) $\lim\limits_{x\to 0^-}\dfrac{|\sin x|}{x}$;

(4) $\lim\limits_{x\to 0^+}\dfrac{|\sin x|}{x}$;

(5) $\lim\limits_{x\to 0^-}\dfrac{x-1}{|x-1|}$;

(6) $\lim\limits_{x\to 0^+}\dfrac{x-1}{|x-1|}$;

(7) $\lim\limits_{x\to 2^-}\dfrac{x}{x-2}$;

(8) $\lim\limits_{x\to 2^+}\dfrac{x}{x-2}$;

(9) $\lim\limits_{x\to -\infty}\dfrac{x}{\sqrt{x^2+1}}$;

(10) $\lim\limits_{x\to +\infty}\dfrac{x}{\sqrt{x^2+1}}$.

21. 计算下列函数的极限：

(1) $f(x)=\lim\limits_{n\to\infty}(\cos^{2n}x)$;

(2) $f(x)=\lim\limits_{n\to\infty}\dfrac{x}{1+x^n}\ (x\geqslant 0)$;

(3) $f(x)=\lim\limits_{n\to\infty}(\arctan nx)$;

(4) $f(x)=\lim\limits_{n\to\infty}\sqrt[n]{1+x^n}\ (x\geqslant 0)$.

22. 已知下列极限，确定 a 和 b：

(1) $\lim\limits_{x\to\infty}\left(\dfrac{x^2+1}{x+1}-ax-b\right)=0$;

(2) $\lim\limits_{x\to +\infty}(\sqrt{x^2-x+1}-ax-b)=0$;

(3) $\lim\limits_{x\to 1}\dfrac{\sqrt{x+a}+b}{x^2-1}=1$.

23. 讨论下列极限问题：

(1) 如果 $f(x)$ 与 $g(x)$ 中一个极限存在，而另一个极限不存在，问 $f(x)+g(x)$, $f(x)\cdot g(x)$ 的极限情况如何？

(2) 如果 $f(x)$ 与 $g(x)$ 的极限都不存在，问 $f(x)+g(x)$, $f(x)\cdot g(x)$ 的极限情况如何？

(3) 如果 $f(x)$ 与 $f(x)\cdot g(x)$ 的极限存在，问 $g(x)$ 的极限情况如何？

24. 如果 $\lim\limits_{x\to x_0} f(x)=l$, $\lim\limits_{x\to x_0} g(x)=k$, 且 $l>k$, 证明存在 $\delta>0$, 使得当 $0<|x-x_0|<\delta$ 时有 $f(x)>g(x)$.

25. 如果存在 $\delta>0$, 使得当 $0<|x-x_0|<\delta$ 时有 $f(x)>g(x)$, 且 $\lim\limits_{x\to x_0} f(x)=l$, $\lim\limits_{x\to x_0} g(x)=k$, 则有 $l\geqslant k$.

26. (1) 证明 $||a|-|b||\leqslant |a-b|$;

(2) 证明如果 $\lim\limits_{x\to x_0} f(x)=l$, 则 $\lim\limits_{x\to x_0} |f(x)|=|l|$;

(3) 证明如果 $\lim\limits_{x\to x_0} f(x)=l$, $\lim\limits_{x\to x_0} g(x)=k$, 则 $\lim\limits_{x\to x_0} \max\{f(x),g(x)\}=\max\{l,k\}$, $\lim\limits_{x\to x_0} \min\{f(x),g(x)\}=\min\{l,k\}$.

27. 如果数列 x_n 是无穷小, y_n 与 z_n 都是无穷大, 问:

(1) $x_n y_n$ 是否是无穷小?   (2) y_n+z_n 是否是无穷大?

(3) $\dfrac{x_n}{y_n}$ 是否是无穷小?   (4) $y_n z_n$ 是否是无穷大?

28. 证明下列等式:

(1) $(1+x)^k=1+kx+o(x)(x\to 0)$, k 为自然数;

(2) $\dfrac{1-x}{1+x}\sim 1-\sqrt{x}\,(x\to 1)$;

(3) $\sqrt{x+\sqrt{x+\sqrt{x}}}\sim \sqrt[8]{x}\,(x\to 0^+)$;

(4) $\sqrt{x^3+1}-\sqrt{x^3}=o\left(\dfrac{1}{x}\right)(x\to +\infty)$.

29. 当 $x\to 0$ 时, 试确定下列各无穷小关于基本无穷小 x 的阶数:

(1) x^3+100x^2;   (2) $\sqrt[3]{x^2}-\sqrt{x}\,(x>0)$;

(3) $\dfrac{x(x+1)}{1+\sqrt{x}}(x>0)$;   (4) $\sqrt{5+x^3}-\sqrt{5}$;

(5) $\sqrt[3]{\tan x}$;   (6) $\ln(1+x)$;

(7) $x+\sin x$;   (8) $\sin x-\tan x$;

(9) $\sqrt{1+2x}-\sqrt[3]{1-3x}$;   (10) $\dfrac{x(\tan x+x^2)}{1+\sqrt{x}}$.

30. 证明 $f(x)\sim g(x)(x\to x_0)$ 的必要条件是 $f(x)-g(x)=o(g(x))$.

31. 利用等价无穷小的代换性质, 求下列极限:

(1) $\lim\limits_{x\to a}\dfrac{\sin(x-a)}{x^2-a^2}(a\neq 0)$;   (2) $\lim\limits_{x\to 0}\dfrac{(x+1)\sin 2x}{\arcsin x}$;

(3) $\lim\limits_{x\to 0}\dfrac{x^2\tan x}{\sqrt{1-x^2}-1}$;   (4) $\lim\limits_{x\to 0^+}\dfrac{\sin(x^n)}{(\sin x)^m}$;

(5) $\lim\limits_{x\to 0}\dfrac{(1+x)^a-(1+x)^b}{x}(a,b\neq 0)$;   (6) $\lim\limits_{x\to 0}\dfrac{\cos x-\cos 2x}{1-\cos x}$.

1.3 连 续

高等数学研究各式各样的函数, 其中有一类重要的函数, 叫做连续函数. 本节

1.3 连 续

要运用极限概念来定义函数的连续性,讨论连续函数的运算和它们的重要性质,为学习高等数学做好准备.

1.3.1 函数连续与间断的概念

作为日常用语,所谓连续就是不间断,它的对立面就是间断,这是大家都明白的.

数学上连续与间断的概念也不是别的,正是客观物理过程中渐变与突变的一种反映. 在火箭的发射过程中,随着火箭燃料的燃烧,质量逐渐变化,当每一级火箭燃料烧尽时,该级火箭的外壳自行脱落,于是质量突然减小,质量的变化如图 1.16 所示. 它形象地表示了在火箭的发射过程中,质量从渐变到突变的情况. 渐变是用连续不断的线条描绘的,而突变则表示为出现了一个间断.

由此可见,无论从物理直观或几何直观上看,连续与间断的意思都是一目了然的. 然而在实际问题中,常常会遇到很复杂的函数,不能指望,在推理和运算的每一步出现的函数都有清楚的物理意义,也不能指望,每一步都把这些复杂的函数画出图像来判断. 因此,需要引入关于函数的连续与间断的明确的数学定义,这样才有可能运用概念,进行推理和判断.

为此,先来进一步分析反映渐变的连续点与反映突变的间断点最本质的数量特征是什么.

假设函数 $f(x)$ 的图形如图 1.17 所示,其中,x_1 是间断点,其他的点 x_0 都是连续点,从图上知道,在间断点 x_1 处,函数值有一个跳跃,当自变量从 x_1 左侧的近旁变到 x_1 右侧的近旁时,对应的函数值发生显著的变化(这正是突变的表现). 在连续点 x_0 处,情况则完全相反:当自变量从 x_0 向左或向右作微小改变时,对应的函数值也只作微小改变(这正是渐变的表现);这就是说,当自变量 x 靠近 x_0 时,函数值 $f(x)$ 就靠近 $f(x_0)$,而当 x 趋近于 x_0 时,$f(x)$ 就趋近于 $f(x_0)$. 换句话说,当 $x \to x_0$ 时,$f(x)$ 以 $f(x_0)$ 为极限

$$\lim_{x \to x_0} f(x) = f(x_0).$$

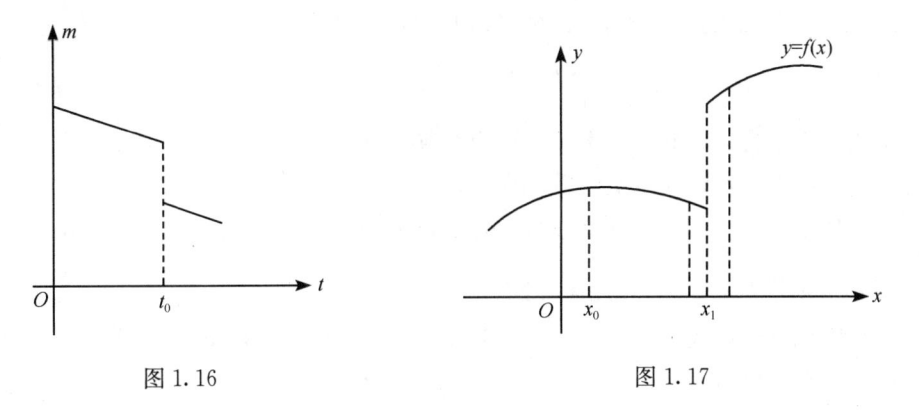

图 1.16

图 1.17

根据这一分析,引入下面的定义:

定义 1 设函数 $f(x)$ 在点 x_0 的某一邻域内有定义. 如果极限 $\lim\limits_{x \to x_0} f(x)$ 存在,且等于函数值 $f(x_0)$,即

$$\lim_{x \to x_0} f(x) = f(x_0).$$

则称函数在点 x_0 处连续,此时点 x_0 称为 $f(x)$ 的连续点.

按极限的定义,函数 $f(x)$ 在点 x_0 处连续的定义,也可以用"ε-δ"语言叙述如下:

$$\forall \varepsilon > 0, \exists \delta > 0, \forall x: |x - x_0| < \delta \Rightarrow |f(x) - f(x_0)| < \varepsilon.$$

也可以用增量的概念来叙述函数 $f(x)$ 在点 x_0 处连续. 为此,设 $x = x_0 + \Delta x$,则 $\Delta x = x - x_0$,称为自变量 x 在 x_0 处的增量. 当 $\Delta x > 0$,表示自变量 $x = x_0 + \Delta x > x_0$;当 $\Delta x < 0$,表示自变量 $x = x_0 + \Delta x < x_0$. 再令 $\Delta y = f(x_0 + \Delta x) - f(x_0) = f(x) - f(x_0)$,称为函数 $f(x)$ 在点 x_0 处的增量,如图 1.18 所示. 于是,函数 $f(x)$ 在 x_0 处连续,即

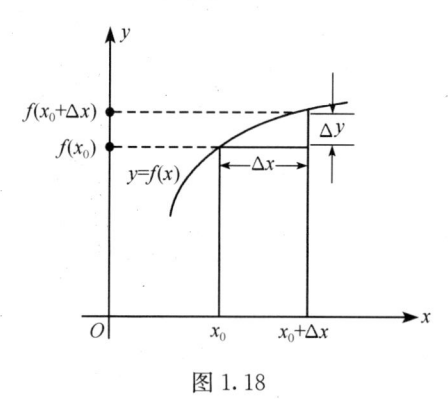

$$\lim_{x \to x_0} f(x) = f(x_0).$$

图 1.18

由于 $x \to x_0$ 就是增量 $\Delta x \to 0$;而 $f(x) \to f(x_0)$ 就是增量 $\Delta y \to 0$. 因此,函数 $f(x)$ 在点 x_0 处连续,可改写成增量的形式

$$\lim_{\Delta x \to 0} \Delta y = 0.$$

这个式子表明,当自变量的变化很小时,相应的函数值变化也很小,这正是函数 $f(x)$ 在点 x_0 处连续的含义.

讨论函数 $f(x)$ 在点 x_0 处连续,从运算角度来看,可使极限运算得到简化,极限值就等于函数值. 另外,当函数 $f(x)$ 在点 x_0 处连续,有

$$\lim_{x \to x_0} f(x) = f(x_0) = f(\lim_{x \to x_0} x),$$

说明函数运算 f 与极限运算 lim 可以交换次序.

下面说明左连续及右连续的概念.

如果 $\lim\limits_{x \to x_0^-} f(x) = f(x_0)$,则称函数 $f(x)$ 在点 x_0 处左连续;如果 $\lim\limits_{x \to x_0^+} f(x) = f(x_0)$,则称函数 $f(x)$ 在点 x_0 处右连续.

因此,函数 $f(x)$ 在点 x_0 处连续的充分必要条件是函数 $f(x)$ 在点 x_0 处既左连续又右连续,即

1.3 连续

$$\lim_{x \to x_0^-} f(x) = \lim_{x \to x_0^+} f(x) = f(x_0)$$

因为在客观实际过程中很少只有一点连续情形,因此,还需要引进函数在一个区间上连续的定义.

定义 2 如果函数 $f(x)$ 在开区间 (a,b) 内任意一点都连续,则称函数 $f(x)$ 在开区间 (a,b) 内连续. 如果函数 $f(x)$ 在闭区间 $[a,b]$ 上任意一个内点 ($x \in (a,b)$) 处连续,且在点 a 处右连续,在点 b 处左连续,则称函数 $f(x)$ 在闭区间 $[a,b]$ 上连续.

例 1 因为对任何 x_0 都有

$$\lim_{x \to x_0}(a_0 x^n + a_1 x^{n-1} + \cdots + a_n) = a_0 x_0^n + a_1 x_0^{n-1} + \cdots + a_n,$$

所以多项式处处连续.

例 2 因为只要 $b_0 x_0^m + b_1 x_0^{m-1} + \cdots + b_m \neq 0$,就有

$$\lim_{x \to x_0} \frac{a_0 x^n + a_1 x^{n-1} + \cdots + a_n}{b_0 x^m + b_1 x^{m-1} + \cdots + b_m} = \frac{a_0 x_0^n + a_1 x_0^{n-1} + \cdots + a_n}{b_0 x_0^m + b_1 x_0^{m-1} + \cdots + b_m},$$

所以有理分式除了使分母为 0 的点 x_0 外,处处连续.

例 3 用"ε-δ"语言证明正弦函数 $y = \sin x$ 在 $(-\infty, +\infty)$ 内连续.

证明 对任意点 $x_0 \in (-\infty, +\infty)$,只要证明 $\lim\limits_{x \to x_0} \sin x = \sin x_0$ 即可!为此,$\forall \varepsilon > 0$,解不等式

$$|\sin x - \sin x_0| = 2\left|\sin\frac{x-x_0}{2}\right|\left|\cos\frac{x+x_0}{2}\right| \leqslant 2\left|\frac{x_0-x_0}{2}\right| = |x - x_0| < \varepsilon,$$

于是 $\forall \varepsilon > 0$,$\exists \delta = \varepsilon > 0$,$\forall x: |x - x_0| < \delta \Rightarrow |\sin x - \sin x_0| < \varepsilon$. 因此,正弦函数 $y = \sin x$ 在 $(-\infty, +\infty)$ 内连续.

同理可以证明余弦函数 $y = \cos x$ 在 $(-\infty, +\infty)$ 内也连续.

现在来研究函数的间断点.

根据定义,函数 $f(x)$ 在点 x_0 处连续的条件是:①极限 $\lim\limits_{x \to x_0} f(x)$ 存在;②函数 $f(x)$ 在点 $x = x_0$ 处有定义;③极限 $\lim\limits_{x \to x_0} f(x)$ 正好等于 $f(x_0)$. 任何一条不满足,函数 $f(x)$ 在点 x_0 处就是间断的.

间断有以下几种情形:

(1) 极限 $\lim\limits_{x \to x_0} f(x)$ 存在,但不等于 $f(x_0)$,或者 $f(x)$ 在点 x_0 处没有定义.

例 4 极限 $\lim\limits_{x \to 0} \frac{\sin x}{x}$ 存在 ($=1$),但函数 $\frac{\sin x}{x}$ 在点 $x = 0$ 处没有定义,所以函数 $y = \frac{\sin x}{x}$ 在 $x = 0$ 处间断. 如果按照下面的方式补上这一点的定义(以极限值

$\lim\limits_{x\to 0}\dfrac{\sin x}{x}=1$ 补充定义为在点 $x=0$ 处的函数值)

$$y=\begin{cases}\dfrac{\sin x}{x}, & x\neq 0 \\ 1, & x=0\end{cases},$$

则函数在点 $x=0$ 处就变成连续了.

例 5 设 $y=f(x)$ 是由

$$y=\begin{cases}x\sin\dfrac{1}{x}, & x\neq 0 \\ 2, & x=0\end{cases}$$

定义的函数,虽然极限 $\lim\limits_{x\to 0}f(x)=\lim\limits_{x\to 0}x\sin\dfrac{1}{x}$ 存在($=0$),但却不等于 $f(0)$(因为按函数 $f(x)$ 的定义 $f(0)=2$).所以,点 $x=0$ 是函数 $y=f(x)$ 的间断点.但如果把点 $x=0$ 处的函数值由 2 换成 0,即把函数改变成

$$y=\begin{cases}x\sin\dfrac{1}{x}, & x\neq 0 \\ 0, & x=0\end{cases},$$

则函数在点 $x=0$ 处就变成连续了.

由此可见,这种情形下的间断性是形式上的,而不是本质性的.因为只要将 $f(x)$ 在 $x=x_0$ 点的函数值改换(或补充定义)为 $\lim\limits_{x\to x_0}f(x)$,间断性就去掉了,因此这种间断点称为可去间断点.

(2) 极限 $\lim\limits_{x\to x_0}f(x)$ 不存在.这里又有两种情况:

① 左极限 $\lim\limits_{x\to x_0^-}f(x)$ 和右极限 $\lim\limits_{x\to x_0^+}f(x)$ 都存在,但不相等.

例 6 函数 $y=\mathrm{sgn}\,x=\begin{cases}1, & x>0 \\ 0, & x=0 \\ -1, & x<0\end{cases}$ 在点 $x=0$ 处,显然 $\lim\limits_{x\to 0^-}\mathrm{sgn}\,x=-1$, $\lim\limits_{x\to 0^+}\mathrm{sgn}\,x=1$.这个函数在 $x=0$ 处左、右极限存在,但不相等,故函数的极限在点 $x=0$ 处不存在,所以,$x=0$ 是函数的间断点.

例 7 函数 $y=f(x)=\dfrac{1}{1+10^{\frac{1}{x}}}$,由于 $\lim\limits_{x\to 0^-}10^{\frac{1}{x}}=0$,$\lim\limits_{x\to 0^+}10^{\frac{1}{x}}=+\infty$,因此 $\lim\limits_{x\to 0^-}f(x)=1$,$\lim\limits_{x\to 0^+}f(x)=0$,所以,$x=0$ 是函数的间断点.

这两个例子,都是左、右极限存在,但不相等.把这种间断点称为跳跃间断点.图 1.19 是例 7 中函数的图形,在 $x=0$ 处有一个跳跃现象,因此而得名.

1.3 连　　续

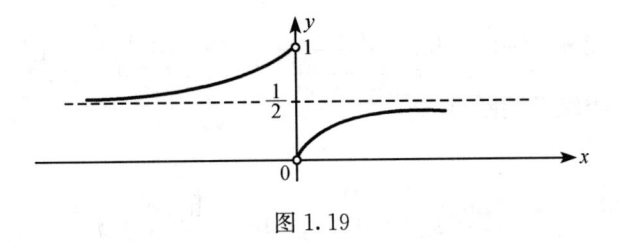

图 1.19

② 左极限 $\lim\limits_{x\to x_0^-} f(x)$ 和右极限 $\lim\limits_{x\to x_0^+} f(x)$ 中至少有一个不存在.

例 8　正切函数 $y=\tan x$ 在 $x=\dfrac{\pi}{2}$ 处没有定义,且因为 $\lim\limits_{x\to\frac{\pi}{2}}\tan x=\infty$,故称 $x=\dfrac{\pi}{2}$ 是函数 $y=\tan x$ 的无穷间断点.

例 9　函数 $y=\sin\dfrac{1}{x}$ 在 $x=0$ 处没有定义,且当 $x\to 0$ 时函数值在 -1 与 $+1$ 之间无限次变动,极限不存在. 故称 $x=0$ 是函数 $y=\sin\dfrac{1}{x}$ 的振荡间断点.

一般而言,如果 x_0 是函数 $f(x)$ 的间断点,当左极限 $\lim\limits_{x\to x_0^-} f(x)$,右极限 $\lim\limits_{x\to x_0^+} f(x)$ 存在,且相等,称 x_0 是可去间断点;当左极限 $\lim\limits_{x\to x_0^-} f(x)$,右极限 $\lim\limits_{x\to x_0^+} f(x)$ 存在但不相等,称 x_0 是跳跃间断点. 通常把这两类间断点统称为第一类间断点. 除此之外的任何间断点(此时左、右极限至少有一个不存在)都称为第二类间断点. 无穷间断点和振荡间断点显然属于第二类间断点.

例 10　讨论函数 $f(x)=\dfrac{x}{\sin x}$ 间断点的类型.

解　易知 $x=n\pi(n=0,\pm 1,\pm 2,\cdots)$ 是函数 $f(x)$ 的间断点.

对于 $x=0$,由于 $\lim\limits_{x\to 0}\dfrac{x}{\sin x}=1$,因此,$x=0$ 是函数 $f(x)$ 的可去间断点,属于第一类间断点.

对于 $x=n\pi(n\neq 0)$,由于 $\lim\limits_{x\to n\pi}\dfrac{x}{\sin x}=\infty$,因此,$x=n\pi(n=\pm 1,\pm 2,\cdots)$ 是函数 $f(x)$ 的无穷间断点,属于第二类间断点.

例 11　求函数 $f(x)=\dfrac{x-x^2}{|x|(x^2-1)}$ 的间断点,并判断其类型.

解　间断点有 $x=0,1,-1$.
对于 $x=0$,有
$$\lim_{x\to 0^-} f(x)=\lim_{x\to 0^-}\dfrac{x-x^2}{-x(x^2-1)}=\lim_{x\to 0^-}\dfrac{1}{x+1}=1;$$

$$\lim_{x\to 0^+}f(x)=\lim_{x\to 0^+}\frac{x-x^2}{x(x^2-1)}=\lim_{x\to 0^+}\frac{-1}{x+1}=-1.$$

故 $x=0$ 是第一类跳跃间断点.

对于 $x=1$,有

$$\lim_{x\to 1}f(x)=\lim_{x\to 1}\frac{x-x^2}{x(x-1)(x+1)}=\lim_{x\to 1}\frac{-1}{x+1}=-\frac{1}{2},$$

故 $x=1$ 是第一类可去间断点.

对于 $x=-1$,有

$$\lim_{x\to -1}f(x)=\lim_{x\to -1}\frac{x-x^2}{-x(x^2-1)}=\lim_{x\to -1}\frac{1}{x+1}=\infty,$$

故 $x=-1$ 是第二类无穷间断点.

1.3.2 连续函数的运算法则 初等函数连续性

定理1(连续函数的四则运算) 设函数 $f(x),g(x)$ 在点 x_0 处连续,则函数 $f(x)\pm g(x),f(x)\cdot g(x),\dfrac{f(x)}{g(x)}(g(x_0)\neq 0)$ 都在 x_0 处连续.

根据极限四则运算定理,不难证明本定理.

例1 因为 $\sin x,\cos x$ 都在 $(-\infty,+\infty)$ 内连续,所以,$\tan x=\dfrac{\sin x}{\cos x}$,$\cot x=\dfrac{\cos x}{\sin x}$ 在各自的定义域内连续(在定义域内每一点都连续).

定理2(连续函数的复合运算) 设函数 $u=g(x)$ 在点 x_0 处连续,且 $g(x_0)=u_0$,而函数 $y=f(u)$ 在点 u_0 处连续,则复合函数 $y=f[g(x)]$ 在点 x_0 处连续.

证明 利用复合函数求极限法则知

$$\lim_{x\to x_0}f[g(x)]\xlongequal{u=g(x)}\lim_{u\to u_0}f(u)=f(u_0)=f[g(x_0)],$$

因此复合函数 $y=f[g(x)]$ 在点 x_0 处连续.

例2 讨论函数 $f(x)=\sin\dfrac{1}{x}$ 的连续性.

解 该函数是 $\sin u,u=\dfrac{1}{x}$ 复合而成,函数 $u=\dfrac{1}{x}$ 在 $(-\infty,0)$ 和 $(0,+\infty)$ 内均连续,而 $\sin u$ 当 $-\infty<u<+\infty$ 时连续,根据定理,复合函数 $\sin\dfrac{1}{x}$ 在区间 $(-\infty,0)$ 和 $(0,+\infty)$ 内也都连续.

定理3(反函数的连续性) 设函数 $y=f(x)$ 在闭区间 $[a,b]$ 上连续,并且严格单调增加(减少),则其反函数 $x=f^{-1}(y)$ 在闭区间 $[f(a),f(b)]$(或 $[f(b),f(a)]$)上也连续,并且也严格单调增加(减少).

证明从略.

1.3 连 续

例 3 由于 $y=\sin x$ 在 $\left[-\dfrac{\pi}{2},\dfrac{\pi}{2}\right]$ 上连续,且严格单调增加,根据定理,其反函数 $x=\arcsin y$ 在 $[-1,1]$ 上也连续,也严格单调增加. 其他反三角函数在定义区间上的连续性可类似证明.

定理 4(基本初等函数的连续性) 基本初等函数在各自的定义域内是连续的. 即 $y=c$ 在 $(-\infty,+\infty)$ 内连续;$y=x^{\alpha}(\alpha\neq 0)$ 在 $(0,+\infty)$ 内连续;$y=a^x(0<a$ 且 $a\neq 1)$ 在 $(-\infty,+\infty)$ 内连续;$y=\log_a x(0<a$ 且 $a\neq 1)$ 在 $(0,+\infty)$ 内连续;$y=\sin x,\cos x$ 在 $(-\infty,+\infty)$ 内连续;$y=\tan x$ 在 $(-\infty,+\infty)$ 内除 $x=n\pi+\dfrac{\pi}{2}(n=0,\pm 1,\pm 2,\cdots)$ 外连续;$y=\arcsin x,\arccos x$ 在 $[-1,1]$ 上连续;$y=\arctan x$ 在 $(-\infty,+\infty)$ 内连续.

定理 5(初等函数的连续性) 所有初等函数(定义域仅是孤立点集合的函数除外)在它们的定义域内都是连续的.

这个定理可由本段定理 1、2、4 给出证明. 另外这个定理对今后判别函数的连续性和计算极限都很有用. 例如,判别函数 $f(x)$ 在点 x_0 或在区间 (a,b) 内是否连续,如果函数 $f(x)$ 是初等函数,那只要判别点 x_0 或区间 (a,b) 是否属于函数 $f(x)$ 的定义域即可.

计算极限 $\lim\limits_{x\to x_0}f(x)$ 或 $\lim\limits_{x\to x_0}f[g(x)]$,如果函数 $f(x),f(u)$ 是初等函数,而且 $x_0,u_0=g(x_0)$ 是属于 $f(x),f(u)$ 的定义域,那么
$$\lim_{x\to x_0}f(x)=f(\lim_{x\to x_0}x);$$
$$\lim_{x\to x_0}f[g(x)]=f[\lim_{x\to x_0}g(x)].$$

例 4 $\lim\limits_{x\to 1}\dfrac{(1+e^{4x})}{4\arctan x}=\dfrac{1+e^4}{4\arctan 1}=\dfrac{1+e^4}{\pi}.$

例 5 $\lim\limits_{x\to a}\dfrac{\sin x-\sin a}{x-a}=\lim\limits_{x\to a}\dfrac{2\cos\dfrac{x+a}{2}\sin\dfrac{x-a}{2}}{x-a}=\lim\limits_{x\to a}\cos\dfrac{x+a}{2}\cdot\dfrac{\sin\dfrac{x-a}{2}}{\dfrac{x-a}{2}}$

$=\lim\limits_{x\to a}\cos\dfrac{x+a}{2}\cdot\lim\limits_{x\to a}\dfrac{\sin\dfrac{x-a}{2}}{\dfrac{x-a}{2}}=\cos a.$

例 6 $\lim\limits_{x\to 0}\dfrac{\ln(1+x)}{x}=\lim\limits_{x\to 0}\ln(1+x)^{\frac{1}{x}}=\ln\lim\limits_{x\to 0}(1+x)^{\frac{1}{x}}=\ln e=1.$

说明 当 $x\to 0$ 时,$\ln(1+x)\sim x$.

例 7 $\lim\limits_{x\to 1}\dfrac{x^x-1}{x\ln x}\xlongequal{x^x-1=t}\lim\limits_{t\to 0}\dfrac{t}{\ln(1+t)}=1.$

例8 $\lim\limits_{x \to 0} \dfrac{a^x-1}{x} (a > 0 \text{ 且 } a \neq 1) \xlongequal{a^x-1=t} \lim\limits_{t \to 0} \dfrac{t\ln a}{\ln(1+t)} = \ln a.$

说明 当 $x \to 0$ 时, $a^x - 1 \sim x\ln a$, $e^x - 1 \sim x$.

例9（极限的幂指运算法则） 设幂指函数 $f(x)^{g(x)} (f(x) > 0)$, 如果 $\lim\limits_{x \to x_0} f(x) = A(A > 0)$, $\lim\limits_{x \to x_0} g(x) = B$, 则

$$\lim_{x \to x_0} f(x)^{g(x)} = A^B = (\lim_{x \to x_0} f(x))^{(\lim\limits_{x \to x_0} g(x))}.$$

解
$$\lim_{x \to x_0} f(x)^{g(x)} = \lim_{x \to x_0} e^{g(x)\ln f(x)} = e^{\lim\limits_{x \to x_0} g(x)\ln f(x)}$$
$$= e^{(\lim\limits_{x \to x_0} g(x)) \cdot (\lim\limits_{x \to x_0} \ln f(x))} = e^{B \cdot \ln(\lim\limits_{x \to x_0} f(x))}$$
$$= e^{B\ln A} = A^B = (\lim_{x \to x_0} f(x))^{(\lim\limits_{x \to x_0} g(x))}.$$

例如, $\lim\limits_{x \to \infty}\left(\dfrac{x^2+x-1}{3x^2+1}\right)^{\frac{2x-1}{x+5}} = \left(\lim\limits_{x \to \infty} \dfrac{x^2+x-1}{3x^2+1}\right)^{(\lim\limits_{x \to \infty}\frac{2x-1}{x+5})} = \left(\dfrac{1}{3}\right)^2 = \dfrac{1}{9}.$

例10 如果 $\lim\limits_{x \to x_0} f(x) = 1$, $\lim\limits_{x \to x_0} g(x) = \infty$, $\lim\limits_{x \to x_0} g(x)(f(x)-1)$ 存在, 则

$$\lim_{x \to x_0} f(x)^{g(x)} = e^{\lim\limits_{x \to x_0} g(x)(f(x)-1)}.$$

解
$$\lim_{x \to x_0} f(x)^{g(x)} = \lim_{x \to x_0} e^{g(x)\ln f(x)} = e^{\lim\limits_{x \to x_0} g(x)\ln[1+(f(x)-1)]}$$
$$= e^{\lim\limits_{x \to x_0} g(x)(f(x)-1)}.$$

例如
$$\lim_{x \to a}\left(\dfrac{\sin x}{\sin a}\right)^{\frac{1}{x-a}} (a \neq k\pi (k = 0, \pm 1, \pm 2, \cdots))$$
$$= e^{\lim\limits_{x \to a}\frac{1}{x-a}(\frac{\sin x}{\sin a}-1)} = e^{\frac{1}{\sin a}\lim\limits_{x \to a}\frac{\sin x - \sin a}{x-a}} \xlongequal{(例5)} e^{\frac{1}{\sin a}\cos a} = e^{\cot a}.$$

1.3.3 闭区间上连续函数的性质

定义在闭区间上的连续函数有很多在理论和应用中都有十分重要的性质. 本小节将给予介绍.

定理1（最大值、最小值定理） 设函数 $f(x)$ 在闭区间 $[a,b]$ 上是连续的, 则

(1) 在闭区间 $[a,b]$ 上至少存在一点 ξ_1, 使对于闭区间 $[a,b]$ 上的一切 x 值, 恒有 $f(x) \leqslant f(\xi_1)$;

(2) 在闭区间 $[a,b]$ 上至少存在一点 ξ_2, 使对于闭区间 $[a,b]$ 上的一切 x 值, 恒有 $f(x) \geqslant f(\xi_2)$.

证明从略.

在这个定理中的 $f(\xi_1), f(\xi_2)$ 分别称为函数 $f(x)$ 在闭区间 $[a,b]$ 上的最大值和最小值.

注意，在开区间(a,b)内的连续函数$f(x)$并不一定会有最大值和最小值. 如$f(x)=x^3$，在开区间$(0,2)$内就没有最大值，也没有最小值. 容易误认为 0 和 8 是函数 $f(x)=x^3$ 在开区间$(0,2)$内的最小值和最大值. 事实上，在开区间$(0,2)$内的任何点处函数 $f(x)=x^3$ 不可能等于 0，也不可能等于 8.

定理 2(有界性定理)　设函数 $f(x)$ 在闭区间$[a,b]$上连续，则函数 $f(x)$ 在这闭区间上有界.

证明　由定理 1 知存在 ξ_1、ξ_2，使得 $\forall x \in [a,b]$，有
$$f(\xi_2) \leqslant f(x) \leqslant f(\xi_1).$$
取 $M=\max\{|f(\xi_2)|,|f(\xi_1)|\}$，则有
$$f(x) \leqslant f(\xi_1) \leqslant |f(\xi_1)| \leqslant M, \quad f(x) \geqslant f(\xi_2) \geqslant -|f(\xi_2)| \geqslant -M,$$
即 $-M \leqslant f(x) \leqslant M$. 因此，$\forall x \in [a,b]$，有 $|f(x)| \leqslant M$. 故 $f(x)$ 在闭区间$[a,b]$上有界.

注意，在开区间(a,b)内的连续性函数 $f(x)$ 并不一定有界. 例如，函数 $f(x)=\dfrac{1}{x}$ 在区间$(0,1)$上虽然是连续的，但是无界的.

定理 3(零点定理)　设函数 $f(x)$ 在闭区间$[a,b]$上是连续的，且 $f(a)f(b)<0$，则在闭区间$[a,b]$的内部至少存在一点 $\xi(a<\xi<b)$ 使得 $f(\xi)=0$.

证明　不妨设 $f(a)<0, f(b)>0$，令 $c_1=\dfrac{a+b}{2}$，则 $a<c_1<b$. 如果 $f(c_1)=0$，则问题已经解决. 因此取 $\xi=c_1$ 即可. 如果 $f(c_1)\neq 0$. $f(c_1)$ 和 $f(a), f(b)$ 之一异号，如果 $f(c_1)$ 和 $f(a)$ 异号，则令 $a_1=a, b_1=c_1$；如果 $f(c_1)$ 和 $f(b)$ 异号，则令 $a_1=c_1, b_1=b$，因此 $f(a_1)<0, f(b_1)>0$. 令 $c_2=\dfrac{a_1+b_1}{2}$，则 $a_1<c_2<b_1$. 如果 $f(c_2)=0$ 定理又已获证. 如果 $f(c_2)\neq 0$，则自然又可仿前述原则作出$[a_2,b_2]$来，使 $f(a_2)<0, f(b_2)>0$. 继续这个步骤，并假定这样得出的中点 c_i 都不使 $f(c_i)$ 为零(因如果有一 c_i 使 $f(c_i)=0$，则只要取 $\xi=c_i$，就证明了定理). 则这个步骤就可无休止地进行下去，根据数学归纳法，最终得到一串闭区间$[a_n,b_n](n=1,2,\cdots)$，使得 $f(a_n)<0$, $f(b_n)>0(n=1,2,\cdots)$，且
$$a_1 \leqslant a_2 \leqslant a_3 \leqslant \cdots \leqslant a_n \leqslant \cdots \leqslant b,$$
$$b_1 \geqslant b_2 \geqslant b_3 \geqslant \cdots \geqslant b_n \geqslant \cdots \geqslant a,$$
$$\lim_{n\to\infty}(b_n-a_n) = \lim_{n\to\infty}\frac{b-a}{2^n} = 0.$$
根据单调有界收敛准则以及上式，即知存在一点 ξ，
$$\lim_{n\to\infty}a_n = \lim_{n\to\infty}b_n = \xi.$$
注意 ξ 必然属于$[a,b]$，所以 $f(x)$ 在点 ξ 处连续. 于是
$$f(\xi) = \lim_{n\to\infty}f(a_n) = \lim_{n\to\infty}f(b_n),$$

可是 $\lim\limits_{n\to\infty}f(a_n)\leqslant 0, \lim\limits_{n\to\infty}f(b_n)\geqslant 0$，所以 $f(\xi)=0$.

这里采用了二分法来证明这个定理，这种方法不仅证明了零点的存在性，而且具体给出了确定零点的方法，因而被称为"构造性证法"。这种类型的证明方法在数学中有着重要作用。

例 1 证明方程 $x^3+x^2-4x+1=0$ 的三个根都是实数，并且都在区间 $(-3,2)$ 内。

证明 设 $f(x)=x^3+x^2-4x+1=0$，由于 $f(-3)=-5<0, f(0)=1>0, f(1)=-1<0, f(2)=5>0$，因此，根据零点定理知，方程在 $(-3,0),(0,1),(1,2)$ 内至少各有一个根。又因为三次方程至多有三个根，因此这三个根都是实根，并且都在 $(-3,2)$ 内。

例 2 设函数 $f(x)$ 在 $[a,b]$ 上连续，且 $f(a)<a, f(b)>b$，证明在 (a,b) 内至少存在一点 ξ，使 $f(\xi)=\xi$.

证明 设 $F(x)=f(x)-x$. 显然 $F(x)$ 在 $[a,b]$ 上连续，而 $F(a)=f(a)-a<0$，$F(b)=f(b)-b>0$，因此根据零点定理，在 (a,b) 内至少存在一点 ξ，使 $F(\xi)=0$，即
$$f(\xi)=\xi.$$

定理 4（介值定理） 设函数 $f(x)$ 在闭区间 $[a,b]$ 上连续，且 $f(a)\neq f(b)$，μ 是介于 $f(a)$ 与 $f(b)$ 之间的任何一个数，则在 (a,b) 内至少存在一个点 ξ，使得
$$f(\xi)=\mu.$$

证明 设 $F(x)=f(x)-\mu$. 显然 $F(x)$ 在闭区间 $[a,b]$ 上连续，由于 μ 是介于 $f(a)$ 与 $f(b)$ 之间，因此
$$F(a)\cdot F(b)=[f(a)-\mu]\cdot[f(b)-\mu]<0,$$
由零点定理，至少存在一点 $\xi\in(a,b)$ 使得 $F(\xi)=0$，即 $f(\xi)=\mu$.

这个定理说明，闭区间 $[a,b]$ 上的连续函数在从 $f(a)$ 变到 $f(b)$ 时，必定要经过一切中间值，而连续不断地变化。有时这个定理也称中间值定理。

推论 设函数 $f(x)$ 在闭区间 $[a,b]$ 上连续，M 和 m 分别为 $f(x)$ 在闭区间 $[a,b]$ 上的最大值和最小值，则对于满足条件 $m\leqslant\mu\leqslant M$ 的任何实数 μ，在闭区间 $[a,b]$ 上至少存在一点 ξ，使得 $f(\xi)=\mu$.

例 3 设函数 $f(x)$ 在 (a,b) 内连续，且 $x_1<x_2\in(a,b)$，证明在 (a,b) 内至少存在一点 ξ，使得
$$f(\xi)=\frac{f(x_1)+f(x_2)}{2}.$$

证明 讨论函数 $f(x)$ 在闭区间 $[x_1,x_2]$ 上的情形，因为 $f(x)$ 在 $[x_1,x_2]$ 上连续，根据定理 1，有最大值 M 和最小值 m，则 $\forall x\in[x_1,x_2]$ 有 $m\leqslant f(x)\leqslant M$. 因此 $m\leqslant f(x_1)\leqslant M, m\leqslant f(x_2)\leqslant M$，从而 $m\leqslant\dfrac{f(x_1)+f(x_2)}{2}\leqslant M$. 利用定理 4 推

论得至少存在一点 $\xi \in [x_1, x_2] \subset (a,b)$ 使得
$$f(\xi) = \frac{f(x_1) + f(x_2)}{2}.$$

以后,为了方便,用记号 $f \in C[a,b]$($C(a,b)$)表示函数 $f(x)$ 在区间 $[a,b]$ 上（(a,b) 内）连续,其中,$C[a,b]$($C(a,b)$)表示在区间 $[a,b]$ 上（(a,b) 内）全体连续函数的集合.

1.3.4[①] 一致连续性

设函数 $f(x)$ 在区间 (a,b) 内连续. 对任意 $\alpha \in (a,b)$,函数 $f(x)$ 在 α 连续. 根据连续定义:对任意 $\varepsilon > 0$,总存在 $\delta > 0$,当 $|x - \alpha| < \delta$ 时,有 $|f(x) - f(\alpha)| < \varepsilon$.

从连续定义不难看到,δ 的大小,一方面与给定的 ε 有关;另一方面与点 α 的位置也有关,也就是,当 ε 暂时固定时,因点 α 位置的不同,δ 的大小也在变化. 由图 1.20 可知,当 ε 暂时固定时,在点 α 附近,函数图像变化比较慢,对应的 δ 较大;在点 β 附近,函数图像变化比较快,对应的 δ 较小. 于是,当 ε 暂时固定时,对任意 $\alpha \in (a,b)$ 总存在 $\delta_\alpha > 0$,当 $|x - \alpha| < \delta_\alpha$ 时,有
$$|f(x) - f(\alpha)| < \varepsilon,$$
无限多个 α,存在无限多个 $\delta_\alpha > 0$,那么在无限多个 δ_α 中是否存在最小的正数 δ 呢? 换句话说,对无限多个 α 是否存在一个通用的 $\delta > 0$ 呢? 事实上,在连续函数中,有的不存在通用的 δ,有的存在通用的 δ.

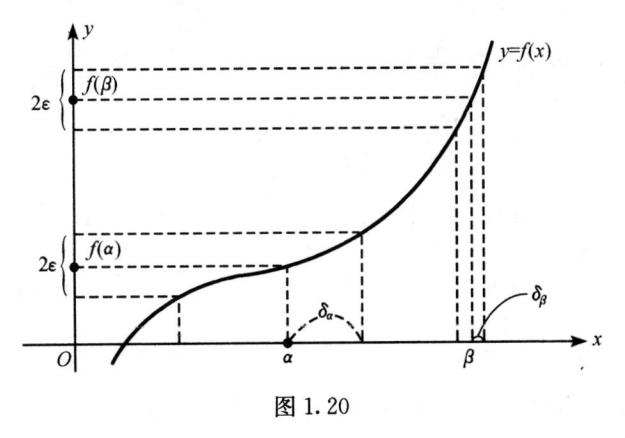

图 1.20

定义 设函数 $f(x)$ 在区间 I[②] 上有定义,对任给 $\varepsilon > 0$,如果存在仅与 ε 有关而与 I 上的点 x 无关的正数 $\delta = \delta(\varepsilon)$,使得对于 I 上的任意两点 x_1, x_2,当 $|x_1 - x_2| < \delta$ 时,有

---

① 超"基本要求"供参考.
② I 是开区间、闭区间、半开区间、无穷区间都可以.

$$|f(x_1)-f(x_2)|<\varepsilon,$$

则称函数 $f(x)$ 在区间 I 上一致连续.

根据一致连续定义,如果函数 $f(x)$ 在 I 上一致连续,则函数 $f(x)$ 在 I 上必连续.事实上,将 x_2 固定,令 x_1 变化,即函数 $f(x)$ 在 x_2 连续.因为 x_2 是 I 上的任意一点,所以函数 $f(x)$ 在 I 上连续.

一致连续的否定叙述就是非一致连续.现将两者列表对比如下:

函数 $f(x)$ 在 I 上一致连续	函数 $f(x)$ 在 I 上非一致连续
对任意 $\varepsilon>0$	存在某个 $\varepsilon_0>0$
总存在(某个)$\delta>0$	对任意 $\delta>0$
对 I 上任意二点 x_1,x_2	I 上总存在某二点 x_1,x_2
当 $|x_1-x_2|<\delta$ 时,有 $|f(x_1)-f(x_2)|<\varepsilon$	当 $|x_1-x_2|<\delta$ 时,有 $|f(x_1)-f(x_2)|\geq\varepsilon_0$

例1 证明函数 $f(x)=\sin x$ 在 $(-\infty,+\infty)$ 上一致连续.

证明 对任意 $x_1,x_2\in(-\infty,+\infty)$,显然有

$$|\sin x_1-\sin x_2|=2\left|\cos\frac{x_1+x_2}{2}\right|\cdot\left|\sin\frac{x_1-x_2}{2}\right|$$

$$\leq 2\left|\sin\frac{x_1-x_2}{2}\right|\leq 2\cdot\left|\frac{x_1-x_2}{2}\right|=|x_1-x_2|.$$

任给 $\varepsilon>0$,取 $\delta=\varepsilon$(易知这个 δ 只与 ε 有关),则对 $\forall x_1,x_2\in(-\infty,+\infty)$,只要 $|x_1-x_2|<\delta$ 就有 $|\sin x_1-\sin x_2|<\varepsilon$,于是证明了 $f(x)=\sin x$ 在 $(-\infty,+\infty)$ 上一致连续.

例2 证明函数 $f(x)=\dfrac{1}{x}$ 在区间 $[a,1)(0<a<1)$ 内一致连续,在 $(0,1)$ 内非一致连续.

证明 对于 $x_1,x_2\in[a,1)$,显然有

$$\left|\frac{1}{x_1}-\frac{1}{x_2}\right|=\frac{|x_1-x_2|}{|x_1||x_2|}\leq\frac{1}{a^2}|x_1-x_2|,$$

任给 $\varepsilon>0$,取 $\delta=a^2\varepsilon$(这个 δ 显然只与 ε 有关),则当 $|x_1-x_2|<\delta$ 时,有 $\left|\dfrac{1}{x_1}-\dfrac{1}{x_2}\right|<\varepsilon$.因此 $f(x)$ 在 $[a,1)(0<a<1)$ 内一致连续.

存在 $\varepsilon_0=\dfrac{1}{2}$,对任意 $\delta>0$,在 $(0,1)$ 内总存在某二点 $\dfrac{1}{n+1}$ 与 $\dfrac{1}{n}$,当

$$\left|\frac{1}{n+1}-\frac{1}{n}\right|=\frac{1}{n(n+1)}<\frac{1}{n^2}<\delta\left(只需 n>\frac{1}{\sqrt{\delta}}\right)有$$

$$\left|f\left(\frac{1}{n+1}\right)-f\left(\frac{1}{n}\right)\right|=n+1-n=1>\frac{1}{2}=\varepsilon_0.$$

这就说明了 $f(x)=\dfrac{1}{x}$ 在 $(0,1)$ 内非一致连续.

1.3 连续

值得指出,函数在区间内连续与一致连续是有不同的.在连续的定义中,δ 一般说来,除了与 ε 有关之外,还与区间内的点有关,因此,连续性是一个局部性概念.而在一致连续的定义中,δ 只与 ε 有关,而与区间内的点无关,因此对一切点 $x\in I$ 都一致地适用,所以一致连续性是一个整体概念.在 I 内一致连续的函数当然在 I 内连续,但是,在 I 内连续的函数就未必是一致连续(例 2).

下面这个定理,对我们判断一个函数的一致连续性很有用处.

定理 如果函数 $f(x)$ 在闭区间 $[a,b]$ 上连续,则 $f(x)$ 在 $[a,b]$ 上一致连续.

习 题 1.3

1. 如果函数 $f(x)=\begin{cases} x, & \text{当 } 0\leqslant x<1 \\ 2-x, & \text{当 } 1\leqslant x\leqslant 2 \end{cases}$,问在 $x=1$ 处是否连续.

2. 如果函数 $f(x)=\begin{cases} x\sin\dfrac{1}{x}, & \text{当 } x\neq 0 \\ 1, & \text{当 } x=0 \end{cases}$,问在 $x=0$ 处连续否?如不连续,说明间断点的类型.

3. 求下列函数的间断点,并指出其类型:

(1) $f(x)=\begin{cases} x^2+1, & x\in[0,1] \\ 2-x^2, & x\in(1,2] \end{cases}$;

(2) $f(x)=\dfrac{x^2}{1+x}$;

(3) $f(x)=\dfrac{1-x^2}{1-x}$;

(4) $f(x)=\cot(2x+\dfrac{\pi}{6})$;

(5) $f(x)=\begin{cases} -1, & x<0 \\ 0, & x=0 \\ 1, & x>0 \end{cases}$;

(6) $f(x)=x\sin\dfrac{1}{x}$;

(7) $f(x)=\sin\dfrac{1}{x}$;

(8) $f(x)=(1+x)^{\frac{1}{x}}$.

4. 研究下列函数的连续性,并作出其图形:

(1) $f(x)=\lim\limits_{n\to\infty}\sqrt{x^2+\dfrac{1}{n}}$;

(2) $f(x)=\lim\limits_{n\to\infty}\sqrt[n]{1+x^{2n}}$;

(3) $f(x)=\lim\limits_{n\to\infty}\dfrac{x^n}{1+x^n}\ (x\geqslant 0)$;

(4) $f(x)=\lim\limits_{n\to\infty}\dfrac{1-x^{2n}}{1+x^{2n}}x$.

5. 求 a,使 $f(x)=\begin{cases} \dfrac{e^{2x}-1}{x}, & x<0 \\ a\cos x+x^2, & x\geqslant 0 \end{cases}$ 在 $(-\infty,+\infty)$ 上连续.

6. 求 a,b,使 $f(x)=\begin{cases} a+x, & x<0 \\ 1, & x=0 \\ \ln(b+x), & x>0 \end{cases}$ 在点 $x=0$ 处连续.

7. 求 a,b 使 $f(x)=\begin{cases} \dfrac{x^4+ax+b}{(x-1)(x+2)}, & x\neq 1, x\neq -2 \\ 2, & x=1 \end{cases}$ 在点 $x=1$ 处连续.

8. 求 a,b 使 $f(x)=\dfrac{e^x-b}{(x-a)(x-1)}$ 有无穷间断点 $x=0$,有可去间断点 $x=1$.

9. 求下列函数的极限:

(1) $\lim\limits_{x\to 0}\sqrt{e^x+x+1}$;

(2) $\lim\limits_{x\to\frac{\pi}{4}}\ln(\tan x)$;

(3) $\lim\limits_{x\to 1}\dfrac{\sqrt{x+1}-\sqrt{3-x}}{x-1}$;

(4) $\lim\limits_{x\to 0}\dfrac{e^x-\sqrt{x+1}}{x}$;

(5) $\lim\limits_{x\to+\infty}(\sqrt{x^2+x}-\sqrt{x^2-x})$;

(6) $\lim\limits_{x\to+\infty}x\left(\sqrt{1-\dfrac{1}{x}}-1\right)$;

(7) $\lim\limits_{x\to 0}(\cos x)^{\frac{4}{x^2}}$;

(8) $\lim\limits_{x\to 0}(1+3\tan^2 x)^{\cot^2 x}$;

(9) $\lim\limits_{x\to\infty}(\cos\dfrac{a}{x}+k\sin\dfrac{a}{x})^x\ ((a\cdot k)\ne 0)$;

(10) $\lim\limits_{x\to 0}\dfrac{\ln(e^{\sin x}+\sqrt[3]{1-\cos x})-\sin x}{\arctan(4\sqrt[3]{1-\cos x})}$.

10. 证明方程 $x\cdot 2^x=1$ 至少有一个小于 1 的正根.

11. 如果函数 $f(x),g(x)$ 在 $[a,b]$ 上连续,$f(a)<g(a)$,$f(b)>g(b)$,证明至少有一点 $\xi\in(a,b)$,使得 $f(\xi)=g(\xi)$.

12. 设 $a_1<a_2<a_3$ 证明方程 $\dfrac{1}{x-a_1}+\dfrac{1}{x-a_2}+\dfrac{1}{x-a_3}=0$,在区间 (a_1,a_2) 与 (a_2,a_3) 内各至少有一个实根.

13. 设 $f(x)$ 在 $[0,1]$ 上连续,且 $f(x)\geqslant 0$,$f(0)=f(1)=0$,证明对任意实数 $l(0<l<1)$ 必存在 $x_0\in[0,1)$ 使得 $f(x_0)=f(x_0+l)$.

14. 设 $f(x)$ 在 $[a,b]$ 上连续,$a<x_1<x_2<b$,证明对任意两个正数 t_1 与 t_2,一定存在点 $c\in(a,b)$ 使得
$$t_1 f(x_1)+t_2 f(x_2)=(t_1+t_2)f(c).$$

15. 设 $f(x)$ 对于 $[a,b]$ 上任意两点 x_1 与 x_2,恒有 $|f(x_1)-f(x_2)|\leqslant q|x_1-x_2|$(其中,$q$ 为常数)且 $f(a)f(b)<0$,证明在 (a,b) 内至少一点 ξ 使 $f(\xi)=0$.

总习题一

1. 设 $f(x)=\begin{cases}1+x,&x<0\\1,&x\geqslant 0\end{cases}$,求 $f(f(x))$.

2. 设 $f(x)=\begin{cases}e^x,&x<1\\x,&x\geqslant 1\end{cases}$,$g(x)=\begin{cases}x+2,&x<0\\x^2-1,&x\geqslant 0\end{cases}$,求 $f(g(x))$.

3. 证明 $f(x)=\dfrac{\sqrt{1+x^2}+x-1}{\sqrt{1+x^2}+x+1}$ 是奇函数.

4. 设 $f(x)$ 在 $(-\infty,+\infty)$ 上有定义,且在该区间上恒有
$$f(x+a)=\dfrac{1}{2}+\sqrt{f(x)-f^2(x)},$$
其中,a 为正实数. 证明 $f(x)$ 是以 $2a$ 为周期的周期函数.

总习题一

5. 设 $f(x)$ 满足 $f(x+1)(1-f(x))=1+f(x)$，且 $f(1)=2$．证明 $f(x)$ 是周期函数，并计算 $f(2001), f(2002)$．

6. 设 $f(x)$ 满足 $3f(x)-f\left(\dfrac{1}{x}\right)=\dfrac{1}{x}(x\neq 0)$，证明 $f(x)$ 为奇函数，并计算 $f(3)$．

7. 如果函数 $y=f(x)(-\infty<x<+\infty)$ 的图形关于两直线 $x=a$ 与 $x=b(a<b)$ 对称，证明 $f(x)$ 是周期函数．

8. 分别写出 $\lim\limits_{n\to\infty}y_n=l$；$\lim\limits_{x\to+\infty}f(x)=l$；$\lim\limits_{x\to-\infty}f(x)=l$；$\lim\limits_{x\to\infty}f(x)=l$；$\lim\limits_{x\to x_0^+}f(x)=l$；$\lim\limits_{x\to x_0^-}f(x)=l$；$\lim\limits_{x\to x_0}f(x)=l$ 的定义式(ε-N, ε-X, ε-δ 语言)．

9. 用"ε-N"语言证明：

(1) $\lim\limits_{n\to\infty}\dfrac{4n^2+1}{3n^2+2}=\dfrac{4}{3}$；

(2) $\lim\limits_{n\to\infty}(n-\sqrt{n^2-n})=\dfrac{1}{2}$．

10. 举满足下列要求的数列例子：

(1) 有界数列，但无极限；

(2) 无界数列，但不是无穷大；

(3) 发散数列．

11. 举例说明下列数列是否有极限：

(1) 数列是有界的，但不单调；

(2) 数列是单调的，但并不有界．

12. 计算下列极限：

(1) $\lim\limits_{n\to\infty}(\sin n!)\left(\dfrac{n^2-1}{3n^3+2}\right)$；

(2) $\lim\limits_{n\to\infty}\dfrac{5^n+(-2)^n}{5^{n+1}+(-2)^{n+1}}$；

(3) $\lim\limits_{n\to\infty}\left(\dfrac{1^2}{n^3}+\dfrac{2^2}{n^3}+\cdots+\dfrac{(n-1)^2}{n^3}+\dfrac{n^2}{n^3}\right)$；

(4) $\lim\limits_{n\to\infty}\left(\dfrac{1^3}{n^4}+\dfrac{2^3}{n^4}+\cdots+\dfrac{(n-1)^3}{n^4}+\dfrac{n^3}{n^4}\right)$；

(5) $\lim\limits_{n\to\infty}(\sqrt{2}\cdot\sqrt[4]{2}\cdot\sqrt[8]{2}\cdot\cdots\cdot\sqrt[2^n]{2})$；

(6) $\lim\limits_{n\to\infty}\cos\dfrac{x}{2}\cdot\cos\dfrac{x}{2^2}\cdot\cdots\cdot\cos\dfrac{x}{2^n}(x\neq 0)$；

(7) $\lim\limits_{n\to\infty}\left(1+\dfrac{1}{n}+\dfrac{1}{n^2}\right)^n$；

(8) $\lim\limits_{n\to\infty}n(a^{\frac{1}{n}}-1)$；

(9) $\lim\limits_{n\to\infty}\left(1+\dfrac{x}{n}+\dfrac{x^2}{2n^2}\right)^{-n}$；

(10) $\lim\limits_{n\to\infty}\dfrac{\tan^3\dfrac{1}{n}\cdot\arctan\dfrac{3}{n\sqrt{n}}}{\sin\dfrac{2}{n^3}\cdot\tan\dfrac{1}{\sqrt{n}}\cdot\arcsin\dfrac{5}{n}}$．

13. 设 $x_1=10, x_{n+1}=\sqrt{6+x_n}$，证明数列 $\{x_n\}$ 极限存在，并求此极限值．

14. 设 $x_1=a, y_1=b(0<a<b)$ 且 $x_{n+1}=\sqrt{x_ny_n}, y_{n+1}=\dfrac{x_n+y_n}{2}$，证明数列 $\{x_n\}, \{y_n\}$ 收敛，且 $\lim\limits_{n\to\infty}x_n=\lim\limits_{n\to\infty}y_n$．

15. 证明 $\lim\limits_{n\to\infty}\left[\dfrac{1}{n^2}+\dfrac{1}{(n+1)^2}+\cdots+\dfrac{1}{(2n)^2}\right]=0$．

16. 设 $A=\max\{a_1,a_2,\cdots,a_m\}(a_i>0, i=1,2,\cdots,m)$，证明
$$\lim_{n\to\infty}\sqrt[n]{a_1^n+a_2^n+\cdots+a_m^n}=A.$$

17. 用"ε-δ"语言证明下列极限：

(1) $\lim\limits_{x\to 4}\sqrt{x}=2$; (2) $\lim\limits_{x\to 1}\dfrac{2x}{\sqrt{x^2+1}}=\sqrt{2}$.

18. 证明 $f(x)=\dfrac{x}{|x|}$ 当 $x\to 0$ 时极限不存在.

19. 证明 $f(x)=\arctan\dfrac{1}{x}$ 当 $x\to 0$ 时极限不存在.

20. 证明 $\lim\limits_{x\to\infty}\dfrac{e^x-e^{-x}}{e^x+e^{-x}}$ 不存在.

21. 计算下列极限:

(1) $\lim\limits_{x\to 0}\dfrac{(1+x)^5-(1+5x)}{x^2+2x^5}$; (2) $\lim\limits_{x\to\infty}\dfrac{(4x+1)^{30}(9x+2)^{20}}{(6x-1)^{50}}$;

(3) $\lim\limits_{x\to 0}\dfrac{\sqrt[m]{(1+x)^n}-1}{x}$; (4) $\lim\limits_{x\to 2}\dfrac{\sqrt[4]{x+14}-2}{x^2-4}$;

(5) $\lim\limits_{x\to+\infty}\sqrt{x}(\sqrt{x+2}-2\sqrt{x+1}+\sqrt{x})$; (6) $\lim\limits_{x\to 0}\dfrac{\cos x+\cos^2 x+\cdots+\cos^n x-n}{\cos x-1}$;

(7) $\lim\limits_{x\to\frac{\pi}{2}}\dfrac{\cos x}{x-\frac{\pi}{2}}$; (8) $\lim\limits_{x\to\frac{\pi}{4}}\tan 2x\cdot\tan\left(\dfrac{\pi}{4}-x\right)$;

(9) $\lim\limits_{x\to\frac{\pi}{2}}(\sin x)^{\tan x}$; (10) $\lim\limits_{x\to 0}(1+e^x\sin^2 x)^{\frac{1}{1-\cos x}}$;

(11) $\lim\limits_{x\to 0}\dfrac{\sqrt{\cos x}-\sqrt[3]{1+\sin^2 x}}{(\arcsin x)^2}$; (12) $\lim\limits_{x\to 0}\left(\dfrac{2+e^{\frac{1}{x}}}{1+e^{\frac{4}{x}}}+\dfrac{\sin x}{|x|}\right)$.

22. 已知 $\lim\limits_{x\to 0}\dfrac{\sqrt{1+f(x)\sin 2x}-1}{e^{3x}-1}=2$,求 $\lim\limits_{x\to 0}f(x)$.

23. 证明 $f(x)=\dfrac{1}{x}\cos\dfrac{1}{x}$ 在点 0 的邻域内为无界函数,但当 $x\to 0$ 时,并非无穷大.

24. 证明 $f(x)=\dfrac{x^2-1}{x-1}e^{\frac{1}{x-1}}$ 当 $x\to 1$ 时的极限是不存在,但不是无穷大.

25. 求下列函数的间断点,并指出其类型:

(1) $f(x)=\dfrac{\ln|x|}{x^2-3x+2}$; (2) $f(x)=\begin{cases}\dfrac{x^3-x}{\sin\pi x}, & x<0\\ \ln(1+x)+\sin\dfrac{1}{x^2-1}, & x\geqslant 0\end{cases}$;

(3) $f(x)=\lim\limits_{t\to x}\left(\dfrac{\sin t}{\sin x}\right)^{\frac{x}{\sin t-\sin x}}$.

26. 设 $f(x)=\begin{cases}ax^2+bx, & x<1\\ 3, & x=1\\ 2a-bx, & x>1\end{cases}$,求 a,b 使 $f(x)$ 在 $x=1$ 处连续.

27. 设 $f(x)=\begin{cases}x, & x<1\\ a, & x\geqslant 1\end{cases}$,$g(x)=\begin{cases}b, & x\leqslant 0\\ x+1, & x>0\end{cases}$,求 a,b 使 $f(x)+g(x)$ 在 $(-\infty,+\infty)$ 上连续.

28. 设 $f(x)=\lim\limits_{n\to\infty}\dfrac{x^{2n+1}+ax^2+bx}{x^{2n}+1}$,求 a,b 使 $f(x)$ 在 $(-\infty,+\infty)$ 上连续.

29. 设 $f(x)$ 在 (a,b) 内连续,$x_i \in (a,b)$,$t_i > 0 (i=1,2,\cdots,n)$ 且 $\sum_{i=1}^{n} t_i = 1$,证明:至少存在一点 $\xi \in (a,b)$ 使
$$f(\xi) = t_1 f(x_1) + t_2 f(x_2) + \cdots + t_n f(x_n).$$

30. 设函数 $f(x)$ 满足 (1) $a \leqslant f(x) \leqslant b$ $x \in [a,b]$;(2) $|f(x)-f(y)| \leqslant L|x-y| (0 < L < 1, \forall x,y \in [a,b])$;(3) $x_1 \in [a,b]$,且 $x_{n+1}=f(x_n)(n=1,2,\cdots)$.证明:(a) $f(x)$ 在 $[a,b]$ 上连续;(b) 存在唯一 $\xi \in [a,b]$ 使 $f(\xi)=\xi$;(c) $\lim\limits_{n \to \infty} x_n = \xi$.

第 2 章 导数与微分

2.1 导数概念

2.1.1 实例

一元函数微分学的第一个基本概念是导数. 导数概念既不是天上掉下来的,也不是人们头脑里所固有的,而是从各种客观过程的变化率问题中提炼出来的.

1. 曲线切线的斜率

设有一条平面曲线,它的方程是 $y=f(x)$,求过该曲线上一点 $P(x_0,y_0)$($y_0=f(x_0)$)处切线的斜率.

切线 PT(图 2.1)作为一条直线,只要知道它上面任意两点的坐标 (x_1,y_1),(x_2,y_2),根据斜率公式有

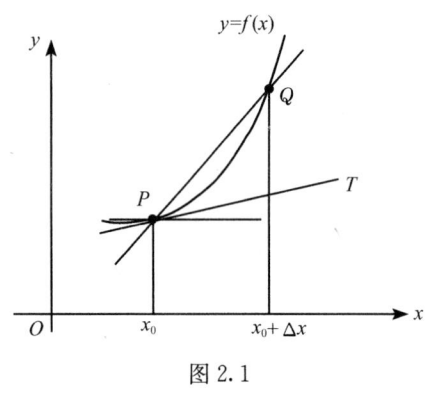

$$斜率 = \frac{y_2-y_1}{x_2-x_1},$$

就可以算出它的斜率. 现在 P 这一点的坐标 (x_0,y_0) 是已知的,如果还能知道切线上另一点的坐标,那就好了,问题是不知道. 然而,PT 不是一条一般的直线,而是曲线的切线,当然它就与这条曲线有密切的联系. 为此,在曲线上任意另取一点 Q,设它的坐标是 $(x_0+\Delta x, y_0+\Delta y)$,其中,$\Delta x \neq 0, \Delta y=f(x_0+\Delta x)-f(x_0)$. 因而,过曲线 $y=f(x)$ 上两点 $P(x_0,y_0)$ 与 $Q(x_0+\Delta x, y_0+\Delta y)$ 的割线 PQ 的斜率(Δy 对 Δx 的平均变化率)是

图 2.1

$$\bar{k} = \frac{\Delta y}{\Delta x} = \frac{f(x_0+\Delta x)-f(x_0)}{\Delta x}.$$

当点 Q 沿着曲线向 P 靠近时,割线 PQ 就绕着点 P 转动,而向着切线 PT 的位置变化. 点 Q 与点 P 越靠近,即 Δx 越小,割线 PQ 就越接近于切线 PT. 而割线 PQ 的斜率 $\bar{k}$ 就越接近于切线 PT 的斜率,换言之,割线斜率 $\bar{k}$ 作为切线斜率的近似值,近似程度就越高. 但是,不论 Δx 多么小,割线总还是割线,割线斜率 $\bar{k}$ 总还

2.1 导数概念

是切线斜率的近似值,而不是它的精确值. 为了解决近似值与精确值的矛盾,从割线斜率过渡到切线斜率,我们自然让 Δx 无限趋近于 0,即点 Q 沿着曲线无限趋近于点 P 时,割线 PQ 的极限位置就是曲线过点 P 的切线,同时割线 PQ 的斜率 $\bar{k}$ 的极限就是曲线过点 P 的切线斜率($y=f(x)$ 在 x_0 的变化率),即

$$k = \lim_{\Delta x \to 0} \bar{k} = \lim_{\Delta x \to 0} \frac{\Delta y}{\Delta x} = \lim_{\Delta x \to 0} \frac{f(x_0 + \Delta x) - f(x_0)}{\Delta x}. \tag{2.1.1}$$

这就是计算曲线切线斜率的方法,简单地说,先以割线代替切线,算出割线的斜率,然后通过取极限,从割线过渡到切线,求得切线的斜率.

2. 变速直线运动的瞬时速度

设物体作变速直线运动,其运动规律(函数)是

$$s = f(t),$$

其中,t 是时间,s 是路程. 现在要求任一时刻 t_0 的瞬时速度.

我们知道,对于速度保持不变的匀速运动,可以将走过的路程除以经历的时间就得出各个时刻的速度. 现在虽然整体来说速度是变的,但局部说来可以近似地看成不变,就是在很小的一段时间内,可以近似地"以匀速代变速",因而在这段时间内的平均速度就可以看成时刻 t_0 的瞬时速度的近似值. 显然从时刻 t_0 到时刻 $t_0 + \Delta t$,物体走过的路程为

$$\Delta s = f(t_0 + \Delta t) - f(t_0),$$

所以这段时间的平均速度(路程对时间的平均变化率)是

$$\bar{v} = \frac{\Delta s}{\Delta t} = \frac{f(t_0 + \Delta t) - f(t_0)}{\Delta t}.$$

当 Δt 越小,这个平均速度就越接近于时刻 t_0 的瞬时速度. 于是物体在时刻 t_0 的瞬时速度(路程时间在 t_0 的变化率)就是当 Δt 无限趋近于 0 时,平均速度 $\bar{v}$ 的极限,即

$$v_0 = \lim_{\Delta t \to 0} \bar{v} = \lim_{\Delta t \to 0} \frac{\Delta s}{\Delta t} = \lim_{\Delta t \to 0} \frac{f(t_0 + \Delta t) - f(t_0)}{\Delta t}. \tag{2.1.2}$$

这就是计算变速直线运动的瞬时速度的方法,简单地说,局部以匀速代替变速,以平均速度代替瞬时速度,然后通过极限,从瞬时速度的近似值过渡到它的精确值.

2.1.2 导数定义

从上节两例,一个是几何学中曲线切线的斜率,一个是物理学中的瞬时速度,

可以看出,两者虽然实际意义完全不同,但从数学角度来看,它们的数学结构完全相同,都是函数的增量与自变量的增量之比的极限(当自变量增量趋于 0 时),这样就有如下导数概念:

定义 设函数 $y=f(x)$ 在 x_0 的某个邻域内有定义. 给 x_0 以任意的增量 Δx,相应函数的增量是

$$\Delta y = f(x_0 + \Delta x) - f(x_0),$$

作比值

$$\frac{\Delta y}{\Delta x} = \frac{f(x_0 + \Delta x) - f(x_0)}{\Delta x},$$

称为平均变化率,又叫差商. 如果极限

$$\lim_{\Delta x \to 0} \frac{\Delta y}{\Delta x} = \lim_{\Delta x \to 0} \frac{f(x_0 + \Delta x) - f(x_0)}{\Delta x} \tag{2.1.3}$$

存在,则称函数 $f(x)$ 在点 x_0 处可导(或存在导数),而这个极限值称为函数 $f(x)$ 在点 x_0 处的导数(或微商)并记作 $f'(x_0)$,$y'|_{x=x_0}$,或 $\left.\dfrac{\mathrm{d}y}{\mathrm{d}x}\right|_{x=x_0}$,即

$$f'(x_0) = \lim_{\Delta x \to 0} \frac{f(x_0 + \Delta x) - f(x_0)}{\Delta x}.$$

如果极限(2.1.3)式不存在,则称函数 $f(x)$ 在点 x_0 处不可导.

根据导数定义可知:如果曲线的方程是 $y=f(x)$,则曲线在点 $P(x_0,y_0)$ 处切线的斜率 k 就是 $f(x)$ 在 x_0 处的导数 $f'(x_0)$,即 $k=f'(x_0)$. 如果物体作变速直线运动,其运动规律是 $s=f(t)$,则物体在时刻 t_0 的瞬时速度 v_0 就是 $f(t)$ 在 t_0 处的导数 $f'(t_0)$,即 $v_0=f'(t_0)$. 因此,导数的几何意义就是曲线切线的斜率,导数的物理意义就是变速直线运动的瞬时速度.

定义 设函数 $y=f(x)$ 在某开区间内每一点 x 处都有导数,则对应于开区间内的每一个 x 值,都有一个确定的导数值 $f'(x)$ 与之对应,因而确定了一个新的函数[①]

$$y' = f'(x) = \frac{\mathrm{d}y}{\mathrm{d}x} = \lim_{\Delta x \to 0} \frac{f(x + \Delta x) - f(x)}{\Delta x} \tag{2.1.4}$$

称为函数 $y=f(x)$ 的导函数.

---

① 捷克数学家波尔察诺(B. Bolzano,1781~1848)第一个把 $f(x)$ 的导数定义为当 $\Delta x \to 0$ 时,比值 $\dfrac{f(x+\Delta x)-f(x)}{\Delta x}$ 的极限. 但是导数方法的第一个真正值得注意的先驱工作起源于 1629 年法国数学家费马(P. de Fermat,1601~1665)陈述的概念. 导数 $\dfrac{\mathrm{d}y}{\mathrm{d}x}$ 的记号由德国数学家莱布尼茨引进的.

2.1 导数概念

观察导数(2.1.3)式和导数(2.1.4)式,可以发现,它们的结构完全相同,只不过 $f'(x_0)$ 是把 $f'(x)$ 中的 x 换成 x_0 而已,也就是说,在(2.1.4)式中,令 $x=x_0$,便是(2.1.3)式,这就是说 $f'(x_0)=f'(x)|_{x=x_0}$,因此,导数 $f'(x_0)$ 就是导函数 $f'(x)$ 在点 x_0 处的函数值. 今后,我们把 $f'(x)$ 和 $f'(x_0)$ 一律按通常的习惯称之为导数,而不加区分. 一般可根据上下文考虑它是导函数还是导数,不要发生混淆.

2.1.3 导数的 Δ 求法

求函数 $y=f(x)$ 在 x 点的导数,可分为三步进行:

第一步 求函数的增量 Δy,即
$$\Delta y = f(x+\Delta x) - f(x);$$

第二步 写出函数的差商,即
$$\frac{\Delta y}{\Delta x} = \frac{f(x+\Delta x) - f(x)}{\Delta x};$$

第三步 求差商的极限,所得极限就是导数,即
$$\lim_{\Delta x \to 0} \frac{\Delta y}{\Delta x} = \lim_{\Delta x \to 0} \frac{f(x+\Delta x) - f(x)}{\Delta x} = f'(x).$$

上面的三步求导法,称为导数的 Δ 求法. 它是求导数的最基本方法.

例 1 计算 $f(x)=c$(c 是常数)在 x 的导数.

解 $\Delta y = f(x+\Delta x) - f(x) = c - c = 0$, $\dfrac{\Delta y}{\Delta x} = \dfrac{0}{\Delta x} = 0$, 故 $(c)' = \lim\limits_{\Delta x \to 0} \dfrac{\Delta y}{\Delta x} = 0$, 即常数的导数为 0.

例 2 计算 $f(x)=x^n$(n 是正整数)在 x 的导数.

解 $\Delta y = f(x+\Delta x) - f(x) = (x+\Delta x)^n - x^n$
$$= nx^{n-1}\Delta x + \frac{n(n-1)}{2!}x^{n-2}(\Delta x)^2 + \cdots + (\Delta x)^n,$$
$$\frac{\Delta y}{\Delta x} = nx^{n-1} + \frac{n(n-1)}{2!}x^{n-2}\Delta x + \cdots + (\Delta x)^{n-1},$$

故
$$\lim_{\Delta x \to 0} \frac{\Delta y}{\Delta x} = \lim_{\Delta x \to 0} \left(nx^{n-1} + \frac{n(n-1)}{2!}x^{n-2}\Delta x + \cdots + (\Delta x)^{n-1} \right) = nx^{n-1},$$

即
$$(x^n)' = nx^{n-1}.$$

特别, $(x)'=1$, $(x^2)'=2x$.

例3 计算 $f(x)=\sqrt{x}(x>0)$ 在 x 的导数.

解 $\Delta y=f(x+\Delta x)-f(x)=\sqrt{x+\Delta x}-\sqrt{x}$,

$$\frac{\Delta y}{\Delta x}=\frac{\sqrt{x+\Delta x}-\sqrt{x}}{\Delta x}=\frac{1}{\sqrt{x+\Delta x}+\sqrt{x}},$$

故

$$\lim_{\Delta x\to 0}\frac{\Delta y}{\Delta x}=\lim_{\Delta x\to 0}\frac{1}{\sqrt{x+\Delta x}+\sqrt{x}}=\frac{1}{2\sqrt{x}},$$

即

$$(\sqrt{x})'=\frac{1}{2\sqrt{x}}=\frac{1}{2}x^{-\frac{1}{2}}.$$

一般而言,幂函数 $f(x)=x^{\alpha}$ (α 为实数) 在 x 的导数是

$$(x^{\alpha})'=\alpha x^{\alpha-1}.$$

从而,$(\sqrt[3]{x})'=\frac{1}{3\sqrt[3]{x^2}}$,$\left(\frac{1}{\sqrt[3]{x}}\right)'=-\frac{1}{3}\frac{1}{x\sqrt[3]{x}}$.

例4 计算 $f(x)=\sin x$ 在 x 的导数.

解 $\Delta y=f(x+\Delta x)-f(x)=\sin(x+\Delta x)-\sin x=2\cos\left(x+\frac{\Delta x}{2}\right)\sin\frac{\Delta x}{2}$,

$$\frac{\Delta y}{\Delta x}=\frac{2\cos\left(x+\frac{\Delta x}{2}\right)\sin\frac{\Delta x}{2}}{\Delta x}=\cos\left(x+\frac{\Delta x}{2}\right)\cdot\frac{\sin\frac{\Delta x}{2}}{\frac{\Delta x}{2}},$$

故

$$\lim_{\Delta x\to 0}\frac{\Delta y}{\Delta x}=\lim_{\Delta x\to 0}\cos\left(x+\frac{\Delta x}{2}\right)\cdot\frac{\sin\frac{\Delta x}{2}}{\frac{\Delta x}{2}}=\lim_{\Delta x\to 0}\cos\left(x+\frac{\Delta x}{2}\right)\cdot\lim_{\Delta x\to 0}\frac{\sin\frac{\Delta x}{2}}{\frac{\Delta x}{2}}=\cos x,$$

即

$$(\sin x)'=\cos x.$$

同理可以推出 $(\cos x)'=-\sin x$.

例5 计算 $f(x)=\log_a x$ ($0<a$ 且 $a\neq 1$, $x>0$) 在 x 的导数.

解 $\Delta y=\log_a(x+\Delta x)-\log_a x=\log_a\left(1+\frac{\Delta x}{x}\right)$,

$$\frac{\Delta y}{\Delta x}=\frac{1}{\Delta x}\log_a\left(1+\frac{\Delta x}{x}\right)=\frac{1}{x}\log_a\left(1+\frac{\Delta x}{x}\right)^{\frac{x}{\Delta x}},$$

故

$$\lim_{\Delta x\to 0}\frac{\Delta y}{\Delta x}=\lim_{\Delta x\to 0}\frac{1}{x}\log_a\left(1+\frac{\Delta x}{x}\right)^{\frac{x}{\Delta x}}=\frac{1}{x}\log_a\lim_{\Delta x\to 0}\left(1+\frac{\Delta x}{x}\right)^{\frac{x}{\Delta x}}=\frac{1}{x}\log_a e=\frac{1}{x\ln a}.$$

即
$$(\log_a x)' = \frac{1}{x\ln a}.$$

特别,取 $a=e$,有自然对数的导数公式
$$(\ln x)' = \frac{1}{x\ln e} = \frac{1}{x}.$$

值得指出,函数 $y=f(x)$ 在点 x_0 处可导,也可以改写为极限 $\lim\limits_{x\to x_0}\frac{f(x)-f(x_0)}{x-x_0}$ 存在,即
$$f'(x_0) = \lim_{x\to x_0}\frac{f(x)-f(x_0)}{x-x_0}. \tag{2.1.5}$$

例 6 设函数 $f(x)$ 在 $x=0$ 处连续,且 $\lim\limits_{x\to 0}\frac{f(x)}{x}$ 存在,试证 $f(x)$ 在 $x=0$ 处可导.

证明 只须证 $\lim\limits_{x\to 0}\frac{f(x)-f(0)}{x-0}$ 存在,为此首先要求出 $f(0)$ 的值,根据题设 $f(x)$ 在 $x=0$ 处连续,因此
$$f(0) = \lim_{x\to 0}f(x) = \lim_{x\to 0}\left(x\cdot\frac{f(x)}{x}\right) = \lim_{x\to 0}x\cdot\lim_{x\to 0}\frac{f(x)}{x} = 0,$$

所以 $\lim\limits_{x\to 0}\frac{f(x)-f(0)}{x-0}=\lim\limits_{x\to 0}\frac{f(x)}{x}$ 存在,即 $f(x)$ 在 $x=0$ 处可导.

2.1.4 可导与连续的关系

定理 如果函数 $y=f(x)$ 在点 x_0 处可导,则函数 $y=f(x)$ 在点 x_0 处必连续.

证明 由于函数 $y=f(x)$ 在点 x_0 处可导,则极限
$$\lim_{x\to x_0}\frac{f(x)-f(x_0)}{x-x_0}$$

存在,其极限值是导数 $f'(x_0)$. 所以
$$\lim_{x\to x_0}[f(x)-f(x_0)] = \lim_{x\to x_0}\left[\frac{f(x)-f(x_0)}{x-x_0}(x-x_0)\right]$$
$$= \lim_{x\to x_0}\frac{f(x)-f(x_0)}{x-x_0}\cdot\lim_{x\to x_0}(x-x_0) = f'(x_0)\cdot 0 = 0.$$

即 $\lim\limits_{x\to x_0}f(x)=f(x_0)$. 这说明函数 $y=f(x)$ 在点 x_0 处是连续的.

这个定理的逆命题不成立,即函数在一点连续,函数在该点不一定可导. 例如,函数 $f(x)=|x|=\begin{cases}x, & x\geqslant 0 \\ -x, & x<0\end{cases}$ (图 2.2),它是处处连续的,但是在 $x=0$ 处没有导

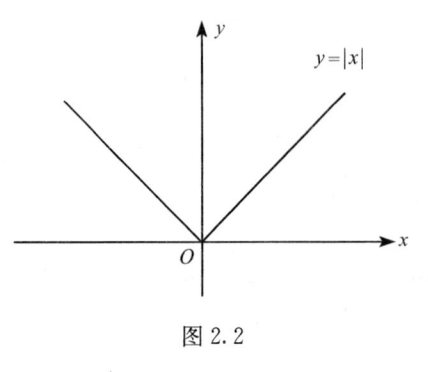

数.事实上极限 $\lim\limits_{\Delta x\to 0}\dfrac{\Delta y}{\Delta x}=\lim\limits_{\Delta x\to 0}\dfrac{|\Delta x|}{\Delta x}$,当 $\Delta x<0$ 时,$\lim\limits_{\Delta x\to 0^-}\dfrac{\Delta y}{\Delta x}=\lim\limits_{\Delta x\to 0^-}\dfrac{-\Delta x}{\Delta x}=-1$;当 $\Delta x>0$ 时,$\lim\limits_{\Delta x\to 0^+}\dfrac{\Delta y}{\Delta x}=\lim\limits_{\Delta x\to 0^+}\dfrac{\Delta x}{\Delta x}=1$. 可知左、右极限存在,但不相等.所以 $\lim\limits_{\Delta x\to 0}\dfrac{\Delta y}{\Delta x}$ 不存在,故函数 $f(x)=|x|$ 在 $x=0$ 处不可导.

图 2.2

同时由这个定理,还可知道,如果函数 $y=f(x)$ 在 x_0 处不连续,则函数 $y=f(x)$ 在 x_0 处必不可导.

2.1.5 左、右导数

定义 如果极限

$$\lim_{\Delta x\to 0^-}\frac{\Delta y}{\Delta x}=\lim_{\Delta x\to 0^-}\frac{f(x_0+\Delta x)-f(x_0)}{\Delta x}$$

与

$$\lim_{\Delta x\to 0^+}\frac{\Delta y}{\Delta x}=\lim_{\Delta x\to 0^+}\frac{f(x_0+\Delta x)-f(x_0)}{\Delta x}$$

都存在,则分别称函数 $f(x)$ 在点 x_0 左方可导与右方可导,其极限值分别称为函数 $f(x)$ 在点 x_0 的左导数和右导数,并记作 $f'_-(x_0)$ 与 $f'_+(x_0)$.

定理 函数 $y=f(x)$ 在点 x_0 处可导的充分必要条件是函数 $y=f(x)$ 在点 x_0 处左、右导数都存在,且相等.即

$$函数 f(x) \text{ 在 } x=x_0 \text{ 处可导} \Leftrightarrow f'_-(x_0)=f'_+(x_0).$$

例 1 设函数 $f(x)=\begin{cases}x^2\sin\dfrac{1}{x}, & x<0 \\ x^2, & x\geq 0\end{cases}$,试讨论 $f(x)$ 在 $x=0$ 处的可导性.

解 $f'_-(0)=\lim\limits_{\Delta x\to 0^-}\dfrac{f(0+\Delta x)-f(0)}{\Delta x}=\lim\limits_{\Delta x\to 0^-}\dfrac{(\Delta x)^2\sin\dfrac{1}{\Delta x}}{\Delta x}=\lim\limits_{\Delta x\to 0^-}\Delta x\sin\dfrac{1}{\Delta x}=0$,

$f'_+(0)=\lim\limits_{\Delta x\to 0^+}\dfrac{f(\Delta x)-f(0)}{\Delta x}=\lim\limits_{\Delta x\to 0^+}\dfrac{(\Delta x)^2}{\Delta x}=\lim\limits_{\Delta x\to 0^+}\Delta x=0$,

因此,函数 $f(x)$ 在 $x=0$ 处可导,且 $f'(0)=0$.

例 2 讨论 $f(x)=\begin{cases}\dfrac{x2^{\frac{1}{x}}}{1+2^{\frac{1}{x}}}, & x\neq 0 \\ 0, & x=0\end{cases}$ 在 $x=0$ 处的可导性.

解 $\dfrac{\Delta y}{\Delta x}=\dfrac{f(0+\Delta x)-f(0)}{\Delta x}=\dfrac{f(\Delta x)}{\Delta x}=\dfrac{2^{\frac{1}{\Delta x}}}{1+2^{\frac{1}{\Delta x}}},$

$f'_{-}(0)=\lim\limits_{\Delta x\to 0^{-}}\dfrac{2^{\frac{1}{\Delta x}}}{1+2^{\frac{1}{\Delta x}}}=0$（因为 $\lim\limits_{\Delta x\to 0^{-}}2^{\frac{1}{\Delta x}}=0$），

$f'_{+}(0)=\lim\limits_{\Delta x\to 0^{+}}\dfrac{2^{\frac{1}{\Delta x}}}{1+2^{\frac{1}{\Delta x}}}=\lim\limits_{\Delta x\to 0^{+}}\dfrac{1}{2^{-\frac{1}{\Delta x}}+1}=1$（因为 $\lim\limits_{\Delta x\to 0^{+}}2^{-\frac{1}{\Delta x}}=0$），

故 $f(x)$ 在 $x=0$ 处不可导.

定义 如果函数 $f(x)$ 在开区间 (a,b) 内每一点都可导,则称函数 $f(x)$ 在开区间 (a,b) 内可导. 如果函数 $f(x)$ 在开区间 (a,b) 内可导,且 $f'_{+}(a)$ 及 $f'_{-}(b)$ 都存在,则称函数 $f(x)$ 在闭区间 $[a,b]$ 上可导.

以后,为了方便,用记号 $f\in D[a,b]$ $(D(a,b))$ 表示函数 $f(x)$ 在区间 $[a,b]$ $((a,b)$ 内)上的可导函数,其中, $D[a,b]$ $(D(a,b))$ 表示在区间 $[a,b]$ 上 $((a,b)$ 内)全体可导函数的集合.

习 题 2.1

1. 过曲线 $y=x^2$ 上两点 $A(2,4)$ 和 $B(2+\Delta x,4+\Delta y)$ 作割线 AB,分别求出当 $\Delta x=1$ 及 $\Delta x=0.1$ 时,割线 AB 的斜率,并求出曲线在点 A 处的切线斜率.

2. 一个圆的铝盘加热时,随着温度的升高而膨胀. 设该圆盘在温度为 $t℃$ 时半径为 $r=r_0(1+at)$ (a 为常数),求 $t℃$ 时,铝盘面积对温度 t 的变化率.

3. 当物体的温度高于周围介质的温度时,物体就不断冷却. 如果物体的温度 T 与时间 t 的函数关系为 $T=T(t)$. 应该怎样确定该物体在时刻 t 的冷却速度?

4. 设有一根细棒,取棒的一端作为原点,棒上任意点的坐标为 x,于是分布在区间 $[0,x]$ 上细棒的质量 m 是 x 的函数 $m=m(x)$. 应该怎样确定细棒在点 x_0 处的线密度(对于均匀细棒来说,单位长度细棒的质量称为这细棒的线密度)?

5. 根据导数定义,求下列函数的导数:

(1) $y=ax+b$;　　(2) $y=\dfrac{1}{x}$;

(3) $y=\sin 2x$;　　(4) $y=\dfrac{1}{\sqrt{1+x}}$;

(5) $f(x)=\begin{cases}x^2\sin\dfrac{1}{x}, & x\neq 0\\ 0, & x=0\end{cases}$ 求 $f'(0)$.

6. 讨论下列函数在 $x=0$ 处的连续性和可导性:

(1) $f(x)=\begin{cases}x\cos\dfrac{1}{x}, & x\neq 0\\ 0, & x=0\end{cases}$;　　(2) $f(x)=\begin{cases}x^2\cos\dfrac{1}{x}, & x\neq 0\\ 0, & x=0\end{cases}$;

(3) $f(x)=\begin{cases}x\arctan\dfrac{1}{x}, & x\neq 0\\ 0, & x=0\end{cases}$;　　(4) $f(x)=\begin{cases}x^2\arctan\dfrac{1}{x}, & x\neq 0\\ 0, & x=0\end{cases}$;

(5) $f(x)=|x|$; (6) $f(x)=x|x|$.

7. 证明 $y=|\sin x|$ 在点 $x=0$ 处不可导.

8. 设 $f(x)=\begin{cases} x^2, & x\leqslant 3 \\ ax+b, & x>3 \end{cases}$ 在 $x=3$ 处可导,求 a,b.

9. 设 $f(x)=\begin{cases} ax^2+b, & x\leqslant 1 \\ \ln x, & x>1 \end{cases}$ 在 $x=1$ 处可导,求 a,b.

10. 设 $f(x)=\begin{cases} \sin x, & x\leqslant \frac{\pi}{2} \\ ax+b, & x>\frac{\pi}{2} \end{cases}$ 在 $x=\frac{\pi}{2}$ 处可导,求 a,b.

11. 计算 $f(x)=\begin{cases} \dfrac{x}{1+e^{\frac{1}{x}}}, & x\neq 0 \\ 0, & x=0 \end{cases}$ 在点 0 处的左、右导数.

12. 证明如果偶函数可导,则它的导函数是奇函数;如果奇函数可导,则它的导函数是偶函数.

13. 证明可导的周期函数的导函数仍是周期函数.

14. 如果函数 $f(x)$ 在 a 可导,计算:

(1) $\lim\limits_{h\to a}\dfrac{f(h)-f(a)}{h-a}$; (2) $\lim\limits_{h\to 0}\dfrac{f(a)-f(a-h)}{h}$;

(3) $\lim\limits_{t\to 0}\dfrac{f(a+2t)-f(a)}{t}$; (4) $\lim\limits_{t\to 0}\dfrac{f(a+2t)-f(a+t)}{2t}$;

(5) $\lim\limits_{t\to 0}\dfrac{f(a+\alpha t)-f(a+\beta t)}{t}$.

15. 求下列曲线在指定点的切线方程和法线方程:

(1) $y=\dfrac{1}{x}$ 在点 $(1,1)$; (2) $y=2x-x^3$ 在点 $(-1,-1)$.

16. 在曲线 $y=3x^4+4x^3-12x^2+20$ 上求这样的点,使过这些点的切线平行于横坐标轴.

17. 抛物线 $y=x^2-7x+3$ 上怎样的点处的切线平行于直线 $5x+y-3=0$?

2.2 导数的计算法则

导数的运算是微分学的基本运算之一,必须熟练、迅速、准确地掌握.但如果总是用导数的 Δ 求法来计算,那是费时又费力的.为此,人们已经总结了一套简单、统一而又易行的方法,这种方法的基础就是下面要介绍的导数的计算法则,它们的基本精神是将比较复杂的问题化成比较简单的问题处理.

2.2.1 四则运算求导法则

法则 1 如果 $u(x)$ 和 $v(x)$ 在点 x 处可导,则 $u(x)\pm v(x)$ 在点 x 处也可导,且

$$[u(x)\pm v(x)]' = u'(x)\pm v'(x) \qquad (2.2.1)$$

2.2 导数的计算法则

证明 令 $y=u(x)\pm v(x)$,则

$$\Delta y = [u(x+\Delta x)\pm v(x+\Delta x)] - [u(x)\pm v(x)]$$
$$= [u(x+\Delta x) - u(x)] \pm [v(x+\Delta x) - v(x)] = \Delta u \pm \Delta v,$$

$$\frac{\Delta y}{\Delta x} = \frac{\Delta u}{\Delta x} \pm \frac{\Delta v}{\Delta x},$$

令 $\Delta x \to 0$ 取极限就得到

$$\lim_{\Delta x \to 0} \frac{\Delta y}{\Delta x} = \lim_{\Delta x \to 0}\left(\frac{\Delta u}{\Delta x} \pm \frac{\Delta v}{\Delta x}\right) = \lim_{\Delta x \to 0}\frac{\Delta u}{\Delta x} \pm \lim_{\Delta x \to 0}\frac{\Delta v}{\Delta x}.$$

根据导数定义,这就是(2.2.1)式.

法则 2 如果 $u(x)$ 和 $v(x)$ 在点 x 处可导,则 $u(x)v(x)$ 在点 x 处也可导,且

$$[u(x)v(x)]' = u'(x)v(x) + u(x)v'(x) \tag{2.2.2}$$

证明 令 $y=u(x)v(x)$,则

$$\Delta y = u(x+\Delta x)v(x+\Delta x) - u(x)v(x)$$
$$= [u(x+\Delta x) - u(x)]v(x+\Delta x) + u(x)[v(x+\Delta x) - v(x)],$$

$$\frac{\Delta y}{\Delta x} = \frac{\Delta u}{\Delta x}v(x+\Delta x) + u(x)\frac{\Delta v}{\Delta x},$$

令 $\Delta x \to 0$,取极限就得到

$$\lim_{\Delta x \to 0}\frac{\Delta y}{\Delta x} = \lim_{\Delta x \to 0}\left[\frac{\Delta u}{\Delta x}v(x+\Delta x) + u(x)\frac{\Delta v}{\Delta x}\right]$$
$$= \lim_{\Delta x \to 0}\frac{\Delta u}{\Delta x}v(x+\Delta x) + \lim_{\Delta x \to 0}u(x)\frac{\Delta v}{\Delta x}$$
$$= \lim_{\Delta x \to 0}\frac{\Delta u}{\Delta x} \cdot v(x) + u(x) \cdot \lim_{\Delta x \to 0}\frac{\Delta v}{\Delta x}.$$

根据导数定义,这就是(2.2.2)式.

请注意 不是 $[u(x)v(x)]' = u'(x)v'(x)$. 不能混淆.

特别 当 $v(x) = c$(常数)时,因为常数的导数为零,故有

法则 3 $\qquad\qquad [cu(x)]' = cu'(x) \tag{2.2.3}$

法则 4 如果 $u(x)$ 和 $v(x)$ 在点 x 处可导,且 $v(x) \neq 0$,则 $\dfrac{u(x)}{v(x)}$ 在点 x 处也可导,且

$$\left[\frac{u(x)}{v(x)}\right]' = \frac{u'(x)v(x) - u(x)v'(x)}{v^2(x)} \tag{2.2.4}$$

证明 令 $y = \dfrac{u(x)}{v(x)}$,则

$$\Delta y = \frac{u(x+\Delta x)}{v(x+\Delta x)} - \frac{u(x)}{v(x)} = \frac{u(x+\Delta x)v(x) - u(x)v(x+\Delta x)}{v(x+\Delta x)v(x)}$$

$$= \frac{[u(x+\Delta x)-u(x)]v(x)-u(x)[v(x+\Delta x)-v(x)]}{v(x+\Delta x)v(x)},$$

$$\frac{\Delta y}{\Delta x} = \frac{\frac{\Delta u}{\Delta x}v(x)-u(x)\frac{\Delta v}{\Delta x}}{v(x+\Delta x)v(x)},$$

令 $\Delta x \to 0$，取极限就得到

$$\lim_{\Delta x \to 0}\frac{\Delta y}{\Delta x} = \lim_{\Delta x \to 0}\frac{\frac{\Delta u}{\Delta x}v(x)-u(x)\frac{\Delta v}{\Delta x}}{v(x+\Delta x)v(x)} = \frac{\lim_{\Delta x \to 0}\left(\frac{\Delta u}{\Delta x}v(x)-u(x)\frac{\Delta v}{\Delta x}\right)}{\lim_{\Delta x \to 0}v(x+\Delta x)v(x)}$$

$$= \frac{\lim_{\Delta x \to 0}\frac{\Delta u}{\Delta x} \cdot v(x)-u(x) \cdot \lim_{\Delta x \to 0}\frac{\Delta v}{\Delta x}}{v^2(x)}.$$

根据导数定义，这就是(2.2.4)式.

特别，当 $u(x)=1$ 时，$u'(x)=0$. 故

$$\left[\frac{1}{v(x)}\right]' = -\frac{v'(x)}{v^2(x)}.$$

最后，加、减、乘法则都可以推广到任意有限个函数的情形.

如果 $u_1(x), u_2(x), \cdots, u_n(x)$ 都在 x 处可导，则其代数和及联乘积也在 x 处可导，且

$$[u_1(x) \pm u_2(x) \pm \cdots \pm u_n(x)]' = u_1'(x) \pm u_2'(x) \pm \cdots \pm u_n'(x),$$
$$[u_1(x)u_2(x)\cdots u_n(x)]' = u_1'(x)u_2(x)\cdots u_n(x)+u_1(x)u_2'(x)\cdots u_n(x)+\cdots$$
$$+u_1(x)u_2(x)\cdots u_n'(x).$$

这里 n 个函数乘积的导数等于每一个因子的导数与其他因子相乘之和.

为了推出积的导数的一般公式，以 $u(x)v(x)$ 除(2.2.2)式的两端，便得到两个函数积的求导公式的另一形式

$$\frac{(u(x)v(x))'}{u(x)v(x)} = \frac{u'(x)}{u(x)} + \frac{v'(x)}{v(x)},$$

应用这个公式，立即可得 n 个函数之积 $u_1(x)u_2(x)\cdots u_n(x)$ 的求导公式为

$$\frac{[u_1(x)u_2(x)\cdots u_n(x)]'}{u_1(x)u_2(x)\cdots u_n(x)} = \frac{u_1'(x)}{u_1(x)} + \frac{[u_2(x)u_3(x)\cdots u_n(x)]'}{u_2(x)u_3(x)\cdots u_n(x)}$$
$$= \frac{u_1'(x)}{u_1(x)} + \frac{u_2'(x)}{u_2(x)} + \frac{[u_3(x)u_4(x)\cdots u_n(x)]'}{u_3(x)u_4(x)\cdots u_n(x)}$$
$$= \frac{u_1'(x)}{u_1(x)} + \frac{u_2'(x)}{u_2(x)} + \frac{u_3'(x)}{u_3(x)} + \cdots + \frac{u_n'(x)}{u_n(x)}.$$

以 $u_1(x)u_2(x)\cdots u_n(x)$ 乘两端，即得

$$[u_1(x)u_2(x)\cdots u_n(x)]' = u_1'(x)u_2(x)\cdots u_n(x) + u_1(x)u_2'(x)\cdots u_n(x)$$
$$+ \cdots + u_1(x)u_2(x)\cdots u_n'(x).$$

例1 多项式的导数
$$(a_0 x^n + a_1 x^{n-1} + \cdots + a_{n-1}x + a_n)'$$
$$= (a_0 x^n)' + (a_1 x^{n-1})' + \cdots + (a_{n-1}x)' + (a_n)'$$
$$= a_0 (x^n)' + a_1 (x^{n-1})' + \cdots + a_{n-1}(x)'$$
$$= na_0 x^{n-1} + (n-1)a_1 x^{n-2} + \cdots + a_{n-1}.$$

例2 $(\tan x)' = \left(\dfrac{\sin x}{\cos x}\right)' = \dfrac{(\sin x)' \cos x - \sin x (\cos x)'}{\cos^2 x}$
$$= \dfrac{\cos^2 x + \sin^2 x}{\cos^2 x} = \dfrac{1}{\cos^2 x}.$$

同理
$$(\cot x)' = -\dfrac{1}{\sin^2 x}.$$

例3 $\left(4\sin x + x^2 \sqrt[3]{x^2} - \dfrac{\ln x}{x}\right)' = (4\sin x)' + (x^2 \sqrt[3]{x^2})' - \left(\dfrac{\ln x}{x}\right)'$
$$= (4\sin x)' + (x^{\frac{8}{3}})' - \left(\dfrac{\ln x}{x}\right)'$$
$$= 4\cos x + \dfrac{8}{3} x^{\frac{5}{3}} - \dfrac{1 - \ln x}{x^2}.$$

2.2.2 反函数求导法则

法则5 如果 $x = \varphi(y)$ 在 y 处可导，且 $\varphi'(y) \neq 0$，则 $x = \varphi(y)$ 的反函数 $y = f(x)$ 在 x 处也可导，且
$$f'(x) = \dfrac{1}{\varphi'(y)} \tag{2.2.5}$$

即反函数的导数等于原来函数的导数之倒数.

证明 令 $\Delta y = f(x + \Delta x) - f(x)$，则因
$$y = f(x), \quad y + \Delta y = f(x + \Delta x),$$
$$x = \varphi(y) = \varphi[f(x)], \quad x + \Delta x = \varphi(y + \Delta y) = \varphi[f(x + \Delta x)],$$

从而
$$\varphi(y + \Delta y) - \varphi(y) = \varphi[f(x + \Delta x)] - \varphi[f(x)] = x + \Delta x - x = \Delta x,$$

故由[1]
$$\dfrac{\Delta y}{\Delta x} = \dfrac{1}{\dfrac{\Delta x}{\Delta y}},$$

---

[1] 当 $\Delta x \neq 0$ 时，必有 $\Delta y \neq 0$，假若不然，$\Delta y = 0$，也就是 $y = f(x), y = f(x + \Delta x)$，则必同时有 $\varphi(y) = x$ 及 $\varphi(y) = x + \Delta x$，这显然与 $\Delta x \neq 0$ 矛盾.

得到
$$\frac{f(x+\Delta x)-f(x)}{\Delta x}=\frac{1}{\frac{\varphi(y+\Delta y)-\varphi(y)}{\Delta y}}.$$

因 $\varphi(y)$ 可导必连续,它的反函数 $f(x)$ 也连续,故当 $\Delta x \to 0$,有 $\Delta y \to 0$,因此

$$f'(x)=\lim_{\Delta x \to 0}\frac{f(x+\Delta x)-f(x)}{\Delta x}=\lim_{\Delta y \to 0}\frac{1}{\frac{\varphi(y+\Delta y)-\varphi(y)}{\Delta y}}$$

$$=\frac{1}{\lim_{\Delta y \to 0}\frac{\varphi(y+\Delta y)-\varphi(y)}{\Delta y}}=\frac{1}{\varphi'(y)}.$$

例1 $(a^x)'=a^x\ln a.$ 特别 $(\mathrm{e}^x)'=\mathrm{e}^x.$

因为 $y=a^x$ 是 $x=\log_a y$ 的反函数,所以

$$(a^x)'=\frac{1}{(\log_a y)'}=\frac{1}{\frac{1}{y}\log_a \mathrm{e}}=y\ln a=a^x\ln a.$$

例2 $(\arcsin x)'=\dfrac{1}{\sqrt{1-x^2}}(|x|<1),(\arccos x)'=-\dfrac{1}{\sqrt{1-x^2}}(|x|<1).$

因为 $y=\arcsin x$ 是 $x=\sin y$ 的反函数,所以

$$(\arcsin x)'=\frac{1}{(\sin y)'}=\frac{1}{\cos y}=\frac{1}{\sqrt{1-\sin^2 y}}=\frac{1}{\sqrt{1-x^2}},$$

(因为 $|x|<1$,所以 $|y|<\dfrac{\pi}{2}$, $\cos y>0$)

同理有 $(\arccos x)'=-\dfrac{1}{\sqrt{1-x^2}}(|x|<1).$

例3 $(\arctan x)'=\dfrac{1}{1+x^2},(\text{arccot} x)'=-\dfrac{1}{1+x^2}.$

因为 $y=\arctan x$ 是 $x=\tan y$ 的反函数,所以

$$(\arctan x)'=\frac{1}{(\tan y)'}=\cos^2 y=\frac{1}{1+\tan^2 y}=\frac{1}{1+x^2}$$

同理,有 $(\text{arccot} x)'=-\dfrac{1}{1+x^2}.$

2.2.3 复合函数求导法则

法则6(链锁法则) 如果 $u=g(x)$ 在 x 处可导, $y=f(u)$ 在对应的 u 处可导,则复合函数 $y=f[g(x)]$ 在 x 处可导,且

$$[f(g(x))]'=f'(u)g'(x) \quad \text{或} \quad y'_x=y'_u \cdot u'_x \qquad (2.2.6)$$

即复合函数的导数等于函数对中间变量的导数乘以中间变量对自变量的导数.

2.2 导数的计算法则

证明 因为 $y=f(u)$ 在 u 可导,即

$$\lim_{\Delta u \to 0}\frac{\Delta y}{\Delta u}=f'(u) \quad (\Delta u \ne 0),$$

或

$$\frac{\Delta y}{\Delta u}=f'(u)+\alpha,$$

其中,α 是无穷小,即 $\lim_{\Delta u \to 0}\alpha=0$. 于是,当 $\Delta u \ne 0$ 时,有

$$\Delta y=f'(u)\Delta u+\alpha\Delta u.$$

而当 $\Delta u=0$ 时,$\frac{\Delta y}{\Delta u}$ 就没有意义,但此时 $\Delta y=f(u+\Delta u)-f(u)=0$,上式也成立. 为此,令

$$\bar{\alpha}=\begin{cases}\alpha, & \Delta u \ne 0 \\ 0, & \Delta u = 0\end{cases},$$

于是,不论 $\Delta u \ne 0$ 或 $\Delta u=0$ 时

$$\Delta y=f'(u)\Delta u+\bar{\alpha}\Delta u$$

总成立. 现在用 Δx 除上式两端,有

$$\frac{\Delta y}{\Delta x}=f'(u)\frac{\Delta y}{\Delta x}+\bar{\alpha}\frac{\Delta u}{\Delta x},$$

则

$$\lim_{\Delta x \to 0}\frac{\Delta y}{\Delta x}=\lim_{\Delta x \to 0}\left(f'(u)\frac{\Delta u}{\Delta x}+\bar{\alpha}\frac{\Delta u}{\Delta x}\right)$$

$$=\lim_{\Delta x \to 0}f'(u)\frac{\Delta u}{\Delta x}+\lim_{\Delta x \to 0}\bar{\alpha}\frac{\Delta u}{\Delta x}$$

$$=f'(u)\cdot\lim_{\Delta x \to 0}\frac{\Delta u}{\Delta x}+\lim_{\Delta x \to 0}\bar{\alpha}\cdot\lim_{\Delta x \to 0}\frac{\Delta u}{\Delta x}.$$

因为 $u=g(x)$ 在 x 处可导,当然连续,所以当 $\Delta x \to 0$ 时必有 $\Delta u \to 0$,因此 $\lim_{\Delta x \to 0}\bar{\alpha}=\lim_{\Delta u \to 0}\bar{\alpha}=0$,从而

$$\lim_{\Delta x \to 0}\frac{\Delta y}{\Delta x}=f'(u)g'(x)+0\cdot g'(x)=f'(u)g'(x),$$

即 $[f(g(x))]'=y'_x=f'(u)\cdot g'(x)$.

必须强调指出:链锁法则在导数的计算中是十分重要的. 仅仅弄懂还很不够,务必做到熟练运用.

例 1 求 $y=\sin(3x+2)$ 的导数.

解 将 $y=\sin(3x+2)$ 看成是 $y=\sin u$ 和 $u=3x+2$ 的复合函数. 用链锁法则,有

$$y' = (\sin u)' \cdot (3x+2)' = \cos u \cdot 3 = 3\cos(3x+2).$$

例2 求 $y=(1+3x^2)^{100}$ 的导数.

解 将 $y=(1+3x^2)^{100}$ 看成是 $y=u^{100}$ 和 $u=1+3x^2$ 的复合函数. 用链锁法则, 有

$$y' = (u^{100})' \cdot (1+3x^2)' = 100u^{99} \cdot 6x = 600x(1+3x^2)^{99}.$$

例3 求 $y=x^{\sin x}$ 的导数.

解 将 $y=x^{\sin x}=\mathrm{e}^{\sin x \ln x}$ 看成是 $y=\mathrm{e}^u$ 和 $u=\sin x \ln x$ 的复合函数. 用链锁法则, 有

$$\begin{aligned}y' &= (\mathrm{e}^u)'(\sin x \ln x)' = \mathrm{e}^u((\sin x)' \ln x + \sin x (\ln x)')\\&= x^{\sin x}\left(\cos x \ln x + \frac{\sin x}{x}\right).\end{aligned}$$

一般而言, 求幂指函数 $y=f(x)^{g(x)}$ 的导数(其中, $f(x), g(x)$ 是可导函数), 可将它看成是 $y=\mathrm{e}^{g(x)\ln f(x)}$, 由 $y=\mathrm{e}^u$ 和 $u=g(x)\ln f(x)$ 的复合函数, 因此有

$$(f(x)^{g(x)})' = (\mathrm{e}^u)'(g(x)\ln f(x))' = \mathrm{e}^u(g'(x)\ln f(x) + g(x)(\ln f(x))').$$

这里 $\ln f(x)$, 又是复合函数, 可看作由 $\ln v$ 和 $v=f(x)$ 的复合函数, 从而

$$(\ln f(x))' = (\ln v)' \cdot f'(x) = \frac{1}{v}f'(x) = \frac{f'(x)}{f(x)},$$

所以

$$(f(x)^{g(x)})' = f(x)^{g(x)}\left(g'(x)\ln f(x) + \frac{g(x)f'(x)}{f(x)}\right).$$

求复合函数的导数, 关键是弄清楚函数的复合关系. 然而, 对于多层复合函数也有类似的求导法则. 例如, $y=f(u), u=g(v), v=h(x)$ 都可导, 则复合函数 $y=f[g(h(x))]$ 也可导, 且

$$\{f[g(h(x))]\}' = f'(u)g'(v)h'(x).$$

因此, 复合函数的导数等于所有前一个变量对于后一个变量的导数的连乘积(不能脱节, 不能遗漏). 从而, 形象地叫做链锁法则.

例4 求 $y=\mathrm{e}^{\sqrt[3]{1+\cos x}}$ 的导数.

解 将 $y=\mathrm{e}^{\sqrt[3]{1+\cos x}}$ 看成是 $y=\mathrm{e}^u, u=\sqrt[3]{v}, v=1+\cos x$ 的复合函数. 用链锁法则, 有

$$\begin{aligned}y' &= (\mathrm{e}^u)' \cdot (\sqrt[3]{v})' \cdot (1+\cos x)' = \mathrm{e}^u \cdot \frac{1}{3}v^{-\frac{2}{3}} \cdot (-\sin x)\\&= -\frac{\sin x}{3\sqrt[3]{(1+\cos x)^2}}\mathrm{e}^{\sqrt[3]{1+\cos x}}.\end{aligned}$$

例5 求 $y=\tan^3\ln(1+4x^5)$ 的导数.

解 将 $y=\tan^3\ln(1+4x^5)$ 看成是 $y=u^3, u=\tan v, v=\ln w, w=1+4x^5$ 的复

合函数. 用链锁法则,有

$$y' = (u^3)' \cdot (\tan v)' \cdot (\ln w)' \cdot (1+4x^5)' = 3u^2 \cdot \frac{1}{\cos^2 v} \cdot \frac{1}{w} \cdot 20x^4$$

$$= \frac{60x^4 \tan^2 \ln(1+4x^5)}{(1+4x^5)\cos^2 \ln(1+4x^5)}.$$

当链锁法则运用熟练后,可以省略写中间变量的步骤,从而可简化求导运算. 例如

$$(e^{-3x+5})' = e^{-3x+5} \cdot (-3x+5)' = -3e^{-3x+5}.$$

$$\left(\arctan \frac{x-1}{x+1}\right)' = \frac{1}{1+\left(\frac{x-1}{x+1}\right)^2} \cdot \left(\frac{x-1}{x+1}\right)'$$

$$= \frac{1}{1+\left(\frac{x-1}{x+1}\right)^2} \cdot \frac{(x+1)-(x-1)}{(x+1)^2} = \frac{1}{x^2+1}.$$

$$(\ln(x+\sqrt{1+x^2}))' = \frac{1}{x+\sqrt{1+x^2}} \cdot (x+\sqrt{1+x^2})'$$

$$= \frac{1}{x+\sqrt{1+x^2}} \left(1 + \frac{1}{2\sqrt{1+x^2}} \cdot (1+x^2)'\right)$$

$$= \frac{1}{x+\sqrt{1+x^2}} \left(1 + \frac{x}{\sqrt{1+x^2}}\right) = \frac{1}{\sqrt{1+x^2}}.$$

$$(e^{\sin^2 \frac{1}{x}})' = e^{\sin^2 \frac{1}{x}} \cdot \left(\sin^2 \frac{1}{x}\right)' = e^{\sin^2 \frac{1}{x}} \cdot 2\sin \frac{1}{x} \cdot \left(\sin \frac{1}{x}\right)'$$

$$= e^{\sin^2 \frac{1}{x}} \cdot 2\sin \frac{1}{x} \cdot \cos \frac{1}{x} \cdot \left(\frac{1}{x}\right)'$$

$$= e^{\sin^2 \frac{1}{x}} \cdot 2\sin \frac{1}{x} \cdot \cos \frac{1}{x} \cdot \left(-\frac{1}{x^2}\right) = -\frac{1}{x^2} e^{\sin^2 \frac{1}{x}} \sin \frac{2}{x}.$$

现在,我们已经推导出所有六类基本初等函数的导数公式,为了今后运用方便,列表如下:

(Ⅰ) $(c)' = 0$ (c 为常数);

(Ⅱ) $(x^\alpha)' = \alpha x^{\alpha-1}$ (α 为实数),特别 $\left(\frac{1}{x}\right)' = -\frac{1}{x^2}$,$(\sqrt{x})' = \frac{1}{2\sqrt{x}}$;

(Ⅲ) $(\log_a x)' = \frac{1}{x \ln a}$ ($a>0, a \neq 1$),特别 $(\ln x)' = \frac{1}{x}$;

(Ⅳ) $(a^x)' = a^x \ln a$ ($a>0, a \neq 1$),特别 $(e^x)' = e^x$;

(Ⅴ) $(\sin x)' = \cos x$, $(\cos x)' = -\sin x$, $(\tan x)' = \frac{1}{\cos^2 x} = \sec^2 x$,

$(\cot x)' = -\frac{1}{\sin^2 x} = -\csc^2 x$, $(\sec x)' = \frac{\sin x}{\cos^2 x} = \sec x \tan x$,

$$(\csc x)' = -\frac{\cos x}{\sin^2 x} = -\csc x \cot x;$$

(Ⅵ) $(\arcsin x)' = \dfrac{1}{\sqrt{1-x^2}}, (\arccos x)' = -\dfrac{1}{\sqrt{1-x^2}},$

$(\arctan x)' = \dfrac{1}{1+x^2}, (\text{arccot}\, x)' = -\dfrac{1}{1+x^2}.$

同时，还证明了导数的四则运算法则和复合函数求导法则．由于初等函数是由六类基本初等函数经过有限次四则运算和复合运算而生成的，因此，我们可以求任何初等函数的导数了．

例 6 求 $y = \ln\sqrt{\dfrac{1+\cos x}{1-\cos x}}$ 的导数．

解 由 $y = \ln\sqrt{\dfrac{1+\cos x}{1-\cos x}} = \dfrac{1}{2}[\ln(1+\cos x) - \ln(1-\cos x)]$，知

$$y' = \frac{1}{2}[\ln(1+\cos x) - \ln(1-\cos x)]'$$

$$= \frac{1}{2}[(\ln(1+\cos x))' - (\ln(1-\cos x))']$$

$$= \frac{1}{2}\left[\frac{1}{1+\cos x} \cdot (1+\cos x)' - \frac{1}{1-\cos x} \cdot (1-\cos x)'\right]$$

$$= \frac{1}{2}\left[\frac{1}{1+\cos x}(-\sin x) - \frac{1}{1-\cos x}\sin x\right] = -\frac{1}{\sin x}.$$

例 7 求 $y = a\arcsin\sqrt{\dfrac{x}{a}} + \sqrt{ax - x^2}$ 的导数（a 为常数）．

解 $y' = \left(a\arcsin\sqrt{\dfrac{x}{a}}\right)' + (\sqrt{ax-x^2})'$

$$= a \cdot \frac{1}{\sqrt{1-\dfrac{x}{a}}} \cdot \left(\sqrt{\dfrac{x}{a}}\right)' + \frac{1}{2\sqrt{ax-x^2}}(ax-x^2)'$$

$$= a \cdot \frac{1}{\sqrt{1-\dfrac{x}{a}}} \cdot \frac{1}{2\sqrt{\dfrac{x}{a}}} \cdot \frac{1}{a} + \frac{1}{2\sqrt{ax-x^2}} \cdot (a-2x)$$

$$= \frac{2(a-x)}{2\sqrt{ax-x^2}} = \sqrt{\frac{a-x}{x}}.$$

例 8 设 $y = f(\sin x) + \sin[f(x)]$，其中，$f(x)$ 可导，求 y'．

解

$$y' = f'(\sin x) \cdot (\sin x)' + \cos[f(x)] \cdot f'(x)$$

$$= \cos x f'(\sin x) + \cos[f(x)] f'(x).$$

2.2 导数的计算法则

例 9 设 $y=f(e^{2x})$,$f'(x)=\ln x$,求 y'.

解 由 $y=f(e^{2x})$ 得 $y'=f'(e^{2x})\cdot(e^{2x})'=2e^{2x}f'(e^{2x})$,又 $f'(x)=\ln x$ 知 $f'(e^{2x})=\ln e^{2x}=2x$,故

$$y'=4xe^{2x}.$$

例 10 设 $y=\ln|x|$,求 y'.

解 当 $x>0$ 时,$y=\ln|x|=\ln x$. 因此

$$y'=(\ln|x|)'=(\ln x)'=\frac{1}{x},$$

当 $x<0$ 时,$y=\ln|x|=\ln(-x)$. 因此

$$y'=(\ln|x|)'=(\ln(-x))'=\frac{1}{(-x)}\cdot(-x)'=\frac{1}{x},$$

故

$$y'=(\ln|x|)'=\frac{1}{x}.$$

这个结论很重要. 在对数符号里,x 有没有绝对值,对求导没有影响.

类似地,对于函数 $\ln|f(x)|$ 与 $\ln f(x)$,它们的导数同样有

$$(\ln|f(x)|)'=(\ln f(x))'=\frac{f'(x)}{f(x)}.$$

今后,为了运算书写方便,在求导过程中,对数符号里的函数就不再取绝对值了.

例 11 设 $f(x)=\dfrac{(2+3x)(4-5x)}{\sqrt[3]{1+x^2}}$,求 $f'(x)$.

解 取对数 $\ln f(x)=\ln(2+3x)+\ln(4-5x)-\dfrac{1}{3}\ln(1+x^2)$,利用链锁法则,两边对 x 求导得

$$\frac{f'(x)}{f(x)}=\frac{3}{2+3x}-\frac{5}{4-5x}-\frac{1}{3}\cdot\frac{2x}{1+x^2},$$

于是有

$$f'(x)=\frac{(2+3x)(4-5x)}{\sqrt[3]{1+x^2}}\left[\frac{3}{2+3x}-\frac{5}{4-5x}-\frac{2x}{3(1+x^2)}\right].$$

这一方法称为对数求导法. 它对含有乘、除、乘方、开方因子的函数,效果较好.

例 12 设 $y=\begin{cases}\dfrac{1}{x}\sin^2 x, & x\neq 0\\ 0, & x=0\end{cases}$,求 $y'\left(\dfrac{\pi}{2}\right)$,$y'(0)$.

解 当 $x\neq 0$ 时,$y=\dfrac{1}{x}\sin^2 x$,得

$$y'=\left(\frac{1}{x}\sin^2 x\right)'=-\frac{1}{x^2}\sin^2 x+\frac{1}{x}\cdot 2\sin x\cos x,$$

因此
$$y'\left(\frac{\pi}{2}\right) = y'\Big|_{x=\frac{\pi}{2}} = \left(-\frac{1}{x^2}\sin^2 x + \frac{1}{x}\sin 2x\right)\Big|_{\frac{\pi}{2}} = -\frac{4}{\pi^2},$$
又
$$y'(0) = \lim_{x \to 0} \frac{y(x) - y(0)}{x - 0} = \lim_{x \to 0} \frac{\sin^2 x}{x^2} = 1.$$

2.2.4 隐函数求导法则

前面研究的函数都可以表示为 $y=f(x)$ 的形式,其中, $f(x)$ 是 x 的解析式,称为显函数.然而,也常常会碰到这样一类函数,它的因变量 y 与自变量 x 间的对应规律是由方程
$$F(x,y) = 0$$
确定的.这时,我们有

定义(隐函数) 由方程 $F(x,y)=0$ 所确定的函数称为隐函数.

例如,方程 $3x+5y+1=0$, $x^2+y^2=R^2(R>0)$, $y^7+3x^2y^3+5x^4-12=0$, $e^y+xy-e=0$ 等,都能确定 y 是 x 的函数,这些都是隐函数.

从方程 $F(x,y)=0$ 中有时可以解出 y 来,这时便得到了显函数.例如,可从方程 $3x+5y+1=0$ 解出显函数
$$y = -\frac{3}{5}x - \frac{1}{5}.$$

有时,从方程 $F(x,y)=0$ 中可以解出不止一个显函数.例如,从方程 $x^2+y^2=R^2(R>0)$ 中解出
$$y = \pm\sqrt{R^2 - x^2}.$$
它包含两个显函数,其中, $y=\sqrt{R^2-x^2}$ 代表上半圆周, $y=-\sqrt{R^2-x^2}$ 代表下半圆周.

但是,有时隐函数并不能表示为显函数的形式,如从方程 $y^7+3x^2y^3+5x^4-12=0$ 和 $e^y+xy-e=0$ 中很难解出 y 来(y 不能表示为 x 的初等函数).

现在的问题是:假定方程 $F(x,y)=0$ 确定 y 是 x 的隐函数,并且 y 对 x 可导,那么,在不解出 y 的情况下,怎样求导数 y'.

我们的办法是:在方程 $F(x,y)=0$ 中,把 y 看成 x 的函数: $y=y(x)$,于是方程可看成关于 x 的恒等式
$$F(x, y(x)) \equiv 0.$$
根据链锁法则将等式两端同时对 x 求导,便可得到我们所要求的导数 y'.

例 1 求方程 $x^2+y^2=R^2(R>0)$ 所确定的隐函数的导数 y'.

解 注意到方程中 y 是 x 的隐函数,利用链锁法则,将方程两端同时对 x 求

导得
$$2x + 2yy' = 0,$$
于是得到
$$y' = -\frac{x}{y} \quad (y \neq 0).$$
上式右端的 y 可不必解出来.

例 2 求由方程 $e^y + xy = e$ 所确定的隐函数 $y = y(x)$ 在 $x = 0$ 处的导数.

解 注意到 y 是 x 的函数,两端同时对 x 求导得
$$e^y \cdot y' + xy' + y = 0,$$
从而
$$y' = -\frac{y}{e^y + x}.$$
由于当 $x = 0$ 时,从所给方程求得 $y = 1$,所以
$$y'(0) = y' \Big|_{x=0} = -\frac{y}{e^y + x}\Big|_{x=0} = -\frac{1}{e}.$$

2.2.5 参数方程求导法则

在解析几何学里,大家已经学习了参数方程,如 $x = a\cos t, y = a\sin t$ 是圆 $x^2 + y^2 = a^2$ 的参数方程,$x = a\cos t, y = b\sin t$ 是椭圆 $\frac{x^2}{a^2} + \frac{y^2}{b^2} = 1$ 的参数方程.

一般地,由参数方程 $\begin{cases} x = \varphi(t) \\ y = \psi(t) \end{cases}$ 所确定的 y 与 x 之间的函数,称为由参数方程确定的函数.

如果参数方程比较复杂,消去参数 t 比较困难,怎样求该函数的导数呢?

法则 7 如果 $x = \varphi(t)$ 和 $y = \psi(t)$ 在 (α, β) 内 t 处可导,且 $\varphi'(t) \neq 0$,则由参数方程
$$\begin{cases} x = \varphi(t) \\ y = \psi(t) \end{cases}$$
所确定的函数在 t 对应的 x 处也可导,且
$$y'_x = \frac{\psi'(t)}{\varphi'(t)}. \tag{2.2.7}$$

证明 由于 $x = \varphi(t)$ 在 t 处可导,且 $\varphi'(t) \neq 0$,由反函数求导法则知,它的反函数 $t = \Phi(x)$ 在 t 对应的 x 处可导,且
$$\Phi'(x) = \frac{1}{\varphi'(t)},$$
将 $t = \Phi(x)$ 代入 $y = \psi(t)$ 得 $y = \psi(\Phi(x))$. 因此,由链锁法则,知

$$y'_x = \psi'(t) \cdot \Phi'(x) = \frac{\psi'(t)}{\varphi'(t)}.$$

例 1 求由参数方程 $\begin{cases} x = a(t - \sin t) \\ y = a(1 - \cos t) \end{cases}$ $(0 < t < 2\pi)$ 确定的函数的导数.

解 $x'_t = a(t - \sin t)' = a(1 - \cos t)$,$y'_t = a(1 - \cos t)' = a \sin t$,因此

$$y'_x = \frac{\sin t}{1 - \cos t}.$$

例 2 求椭圆 $\dfrac{x^2}{a^2} + \dfrac{y^2}{b^2} = 1$ 上一点 $\left(\dfrac{a}{\sqrt{2}}, \dfrac{b}{\sqrt{2}}\right)$ 的切线斜率 k.

解 (1) 用显函数格式计算:因点 $\left(\dfrac{a}{\sqrt{2}}, \dfrac{b}{\sqrt{2}}\right)$ 在上半椭圆上,从而显函数是

$$y = \frac{b}{a}\sqrt{a^2 - x^2},$$

求导得

$$y' = \frac{-bx}{a\sqrt{a^2 - x^2}}.$$

则在点 $\left(\dfrac{a}{\sqrt{2}}, \dfrac{b}{\sqrt{2}}\right)$ 处切线斜率为

$$k = y'\Big|_{x = \frac{a}{\sqrt{2}}} = \frac{-bx}{a\sqrt{a^2 - x^2}}\Big|_{x = \frac{a}{\sqrt{2}}} = -\frac{b}{a}.$$

(2) 用隐函数格式计算:直接对方程求导,记住 y 是 x 的函数,用链锁法则得

$$\frac{2x}{a^2} + \frac{2y}{b^2}y' = 0,$$

解出 y',有

$$y' = -\frac{b^2 x}{a^2 y}.$$

则在点 $\left(\dfrac{a}{\sqrt{2}}, \dfrac{b}{\sqrt{2}}\right)$ 处切线斜率为

$$k = y'\Big|_{\substack{x = \frac{a}{\sqrt{2}} \\ y = \frac{b}{\sqrt{2}}}} = -\frac{b^2 x}{a^2 y}\Big|_{\substack{x = \frac{a}{\sqrt{2}} \\ y = \frac{b}{\sqrt{2}}}} = -\frac{b}{a}.$$

(3) 用参数方程格式计算:椭圆的参数方程是 $\begin{cases} x = a\cos t \\ y = b\sin t \end{cases}$,点 $\left(\dfrac{a}{\sqrt{2}}, \dfrac{b}{\sqrt{2}}\right)$ 对应的 $t = \dfrac{\pi}{4}$.用参方程求导法则得

$$y' = \frac{(b\sin t)'}{(a\cos t)'} = \frac{b\cos t}{-a\sin t},$$

则在点 $\left(\dfrac{a}{\sqrt{2}}, \dfrac{b}{\sqrt{2}}\right)$ 处 $(t=\dfrac{\pi}{4}$ 处) 切线斜率为

$$k = y'\Big|_{t=\frac{\pi}{4}} = \dfrac{b\cos t}{-a\sin t}\Big|_{t=\frac{\pi}{4}} = -\dfrac{b}{a}.$$

例3 已知曲线的极坐标方程 $r=r(\theta)$，求曲线切线的斜率.

解 极坐标方程 $r=r(\theta)$ 的参数方程为

$$\begin{cases} x = r(\theta)\cos\theta \\ y = r(\theta)\sin\theta \end{cases},$$

因此，利用参数方程求导法则，得曲线切线斜率为

$$y'_x = \dfrac{(r(\theta)\sin\theta)'}{(r(\theta)\cos\theta)'} = \dfrac{r'(\theta)\sin\theta + r(\theta)\cos\theta}{r'(\theta)\cos\theta - r(\theta)\sin\theta}.$$

2.2.6 高阶导数

通常把导数称为一阶导数. 如果函数 $f(x)$ 在 (a,b) 上可导，则导数 $f'(x)$ 也是 (a,b) 上的函数，可能在 (a,b) 上可导，因此

定义 函数 $f(x)$ 的一阶导数 $f'(x)$ 在 x 处的导数称为函数 $f(x)$ 在 x 处的二阶导数，记作

$$f''(x) \quad \text{或} \quad \dfrac{\mathrm{d}^2 y}{\mathrm{d}x^2},$$

即

$$f''(x) = (f'(x))', \quad \dfrac{\mathrm{d}^2 y}{\mathrm{d}x^2} = \dfrac{\mathrm{d}\left(\dfrac{\mathrm{d}y}{\mathrm{d}x}\right)}{\mathrm{d}x}.$$

一般地，任意 n 阶导数定义为

$$f^{(n)}(x) = (f^{(n-1)}(x))', \quad \dfrac{\mathrm{d}^n y}{\mathrm{d}x^n} = \dfrac{\mathrm{d}\left(\dfrac{\mathrm{d}^{n-1} y}{\mathrm{d}x^{n-1}}\right)}{\mathrm{d}x}, \quad n = 1, 2, \cdots.$$

习惯上，二阶与二阶以上的导数，统称为高阶导数. 为方便，常常将函数本身记为 0 阶导数，即 $f^{(0)}(x) = f(x)$.

由高阶导数的定义可知，求高阶导数就是多次接连地求导数，因此仍可运用前面所学的求导方法来计算高阶导数.

例1 求 $y = x^\alpha$ (α 为实数) 的 n 阶导数.

解 $y' = (x^\alpha)' = \alpha x^{\alpha-1}$,
$y'' = (x^\alpha)'' = (y')' = (\alpha x^{\alpha-1})' = \alpha(\alpha-1)x^{\alpha-2}$,
……
$y^{(n)} = (x^\alpha)^{(n)} = \alpha(\alpha-1)(\alpha-2)\cdots(\alpha-n+1)x^{\alpha-n} \quad (n=1,2,\cdots).$

特别地,(1) 当 $\alpha=n$ 时, $(x^n)^{(n)}=n!$, 而当 $m>n$ 时, $(x^n)^{(m)}=0$.
(2) 当 $\alpha=-1$ 时,
$$\left(\frac{1}{x}\right)^{(n)}=(-1)(-2)(-3)\cdots(-1-n+1)x^{-1-n}=\frac{(-1)^n n!}{x^{n+1}}.$$

进而,利用链锁法则有
$$\left(\frac{1}{x-1}\right)^{(n)}=\frac{(-1)^n n!}{(x-1)^{(n+1)}}, \quad \left(\frac{1}{1-x}\right)^{(n)}=\frac{n!}{(1-x)^{n+1}},$$
$$\left(\frac{1}{ax+b}\right)^{(n)}=\frac{(-1)^n a^n n!}{(ax+b)^{n+1}}.$$

例 2 求 $y=a^x(a>0, a\neq 1)$ 的 n 阶导数.

解
$$y'=(a^x)'=a^x\ln a, \quad y''=(y')'=(a^x\ln a)'=a^x\ln^2 a,$$
……
$$y^{(n)}=a^x\ln^n a \quad (n=1,2,\cdots).$$

特别地, $(e^x)^{(n)}=e^x, (e^{ax+b})^{(n)}=a^n \cdot e^{ax+b}$.

例 3 求 $y=\ln x$ 的 n 阶导数.

解 $y'=(\ln x)'=\frac{1}{x}$,利用例1,再求 $(n-1)$ 阶导数可得
$$y^{(n)}=(y')^{(n-1)}=\left(\frac{1}{x}\right)^{(n-1)}$$
$$=\frac{(-1)^{(n-1)}(n-1)!}{x^n} \quad (n=1,2,\cdots)(定义 0!=1).$$

一般地, $(\ln(ax+b))^{(n)}=\left(\frac{a}{ax+b}\right)^{(n-1)}=\frac{(-1)^{n-1}a^n(n-1)!}{(ax+b)^n}.$

例 4 求 $y=\sin x$ 的 n 阶导数.

解
$$y'=\cos x=\sin\left(x+\frac{\pi}{2}\right),$$
$$y''=\cos\left(x+\frac{\pi}{2}\right)=\sin\left(x+\frac{\pi}{2}+\frac{\pi}{2}\right)=\sin\left(x+2\cdot\frac{\pi}{2}\right),$$
$$y'''=\cos\left(x+2\cdot\frac{\pi}{2}\right)=\sin\left(x+3\cdot\frac{\pi}{2}\right),$$
……
$$y^{(n)}=\sin\left(x+n\cdot\frac{\pi}{2}\right) \quad (n=1,2,\cdots).$$

类似地, $(\cos x)^{(n)}=\cos\left(x+n\cdot\frac{\pi}{2}\right)$.

同样有

$$(\sin(ax+b))^{(n)} = a^n \sin\left((ax+b) + n \cdot \frac{\pi}{2}\right),$$

$$(\cos(ax+b))^{(n)} = a^n \cos\left((ax+b) + n \cdot \frac{\pi}{2}\right).$$

从上面几个例子可以知道，在计算高阶导数时，需要有归纳的能力，能从最初几阶导数抽象出一般的 n 阶导数的公式.

例 5 设 $y=f(u), u=g(x)$，求复合函数 $y=f(g(x))$ 的二阶导数、三阶导数.

解 利用链锁法则

$$y' = f'(u) \cdot g'(x);$$
$$y'' = (f''(u) \cdot g'(x))g'(x) + f'(u) \cdot g''(x) = f''(u)[g'(x)]^2 + f'(u)g''(x);$$
$$y''' = (f'''(u)g'(x))[g'(x)]^2 + f''(u)(2g'(x)g''(x)) + f''(u)g'(x)g''(x)$$
$$+ f'(u)g'''(x) = f'''(x)[g'(x)]^3 + 3f''(x)g'(x)g''(x) + f'(u)g'''(x).$$

故

$$[f(g(x))]' = f'(g(x))g'(x);$$
$$[f(g(x))]'' = f''(g(x))[g'(x)]^2 + f'(g(x))g''(x);$$
$$[f(g(x))]''' = f'''(g(x))[g'(x)]^3 + 3f''(g(x))g'(x)g''(x) + f'(g(x))g'''(x).$$

例 6 求由方程 $e^y + xy = e$ 所确定的隐函数 $y=y(x)$ 的二阶导数.

解 利用隐函数求导法则，对方程两边求导，并记住 y 是 x 的函数.

$$e^y y' + (y + xy') = 0,$$

解出

$$y' = -\frac{y}{x + e^y}.$$

再求导

$$y'' = -\frac{y'(x+e^y) - y(1+e^y y')}{(x+e^y)^2} = -\frac{-2y - e^y yy'}{(x+e^y)^2}$$
$$= \frac{2y + e^y yy'}{(x+e^y)^2},$$

代入 y' 的结果，得

$$y'' = \frac{y[2x + (2-y)e^y]}{(x+e^y)^3}.$$

例 7 设函数 $y=f(x)$ 由参数方程 $\begin{cases} x=\varphi(t) \\ y=\psi(t) \end{cases}$ 确定，求 y''_{xx}.

解 已知 $y'_x = y'_t \cdot t'_x = \dfrac{y'_t}{x'_t} = \dfrac{\psi'(t)}{\varphi'(t)}$，同样

$$y''_{xx} = (y'_x)' = (y'_x)'_t \cdot t'_x = \frac{(y'_x)'_t}{x'_t} = \frac{\left(\frac{\psi'(t)}{\varphi'(t)}\right)'_t}{\varphi'(t)}$$

$$= \frac{\psi''(t)\varphi'(t) - \psi'(t)\varphi''(t)}{[\varphi'(t)]^3},$$

这就是参数方程的二阶导数公式. 注意：这里只要学会方法，而不必死记公式. 例如

$$\begin{cases} x = a(t - \sin t) \\ y = a(1 - \cos t) \end{cases},$$

已知 $y'_x = \dfrac{\sin t}{1 - \cos t}$，因此

$$y''_{xx} = \left(\frac{\sin t}{1 - \cos t}\right)'_x = \left(\frac{\sin t}{1 - \cos t}\right)'_t \cdot t'_x = \frac{\left(\frac{\sin t}{1 - \cos t}\right)'_t}{x'_t}$$

$$= \frac{\cos t(1 - \cos t) - \sin t \cdot \sin t}{a(1 - \cos t)^3} = -\frac{1}{a(1 - \cos t)^2}.$$

关于由隐函数和参数方程所确定的函数，通常没有高阶导数的一般公式.

然而，求 n 阶导数还有如下法则：

法则 8（线性运算法则） 如果函数 $u(x), v(x)$ 都是 n 阶可导的，则对任意常数 α 和 β，$\alpha u(x) + \beta v(x)$ 也是 n 阶可导的，且

$$(\alpha u(x) + \beta v(x))^{(n)} = \alpha u^{(n)}(x) + \beta v^{(n)}(x). \tag{2.2.8}$$

例 8 设 $y = \dfrac{1}{2 + 5x - 3x^2}$，求 $y^{(n)}$.

解 $y = \dfrac{1}{(2-x)(3x+1)} = \dfrac{1}{7(2-x)} + \dfrac{3}{7(3x+1)}$，利用(2.2.8)式和例 1 的结果，得

$$y^{(n)} = \frac{1}{7}\left(\frac{1}{2-x}\right)^{(n)} + \frac{3}{7}\left(\frac{1}{3x+1}\right)^{(n)} = \frac{1}{7} \cdot \frac{n!}{(2-x)^{n+1}} + \frac{3}{7} \cdot \frac{(-1)^n 3^n n!}{(3x+1)^{n+1}}$$

$$= \frac{n!}{7}\left[\frac{1}{(2-x)^{n+1}} + \frac{(-1)^n 3^{n+1}}{(3x+1)^{n+1}}\right].$$

法则 9（乘积运算法则） 如果函数 $u(x), v(x)$ 都是 n 阶可导的，则 $u(x)v(x)$ 也是 n 阶可导的，且

$$(u(x)v(x))^{(n)} = u^{(n)}(x)v(x) + nu^{(n-1)}(x)v'(x) + \cdots$$

$$+ \frac{n(n-1)\cdots(n-k+1)}{k!}u^{(n-k)}(x)v^{(k)}(x) + \cdots + u(x)v^{(n)}(x)$$

$$= \sum_{k=0}^{n} C_n^k u^{(n-k)}(x)v^{(k)}(x). \tag{2.2.9}$$

这个公式称为乘积函数求导的莱布尼茨公式.

2.2 导数的计算法则

证明 设 $y=uv$(为方便,省略了 x),则
$$y' = u'v + uv',$$
$$y'' = (u''v + u'v') + (u'v' + uv'') = u''v + 2u'v' + uv'',$$
$$y''' = (u'''v + u''v') + 2(u''v' + u'v'') + (u'v'' + uv''')$$
$$= u'''v + 3u''v' + 3u'v'' + uv''',$$

依此类推,利用数学归纳法可得莱布尼茨公式(2.2.9).

这一公式与牛顿二项式 $(a+b)^n$ 的展开式,在形式上很相似.

例 9 设 $y=x^3 e^{2x}$,求 $y^{(n)}$.

解 取 $u=e^{2x}, v=x^3$,则
$$u^{(k)} = 2^k e^{2x} \quad (k=1,2,\cdots,n),$$
$$v'=3x^2, \quad v''=6x, \quad v'''=6, \quad v^{(k)}=0 \quad (k=4,\cdots,n).$$

代入莱布尼茨公式,得
$$y^{(n)} = (x^3 e^{2x})^{(n)} = (e^{2x})^{(n)} \cdot x^3 + n(e^{2x})^{(n-1)} \cdot (x^3)'$$
$$+ \frac{n(n-1)}{2}(e^{2x})^{(n-2)} \cdot (x^3)'' + \frac{n(n-1)(n-2)}{3!}(e^{2x})^{(n-3)} \cdot (x^3)'''$$
$$= 2^n e^{2x} \cdot x^3 + n \cdot 2^{n-1} e^{2x} \cdot 3x^2 + \frac{n(n-1)}{2} 2^{n-2} e^{2x} \cdot 6x$$
$$+ \frac{n(n-1)(n-2)}{6} 2^{n-3} e^{2x} \cdot 6$$
$$= 2^{n-3} e^{2x}(8x^3 + 12nx^2 + 6n(n-1)x + n(n-1)(n-2)).$$

例 10 设 $y=\arcsin x$,求 $y^{(n)}(0)$.

解 $y' = \dfrac{1}{\sqrt{1-x^2}}$,即 $\sqrt{1-x^2}\, y' = 1$. 两边再求导得
$$\sqrt{1-x^2}\, y'' - \frac{x}{\sqrt{1-x^2}} y' = 0,$$
亦即
$$(1-x^2)y'' - xy' = 0.$$

再对上式求 $(n-2)$ 阶导数,应用莱布尼茨公式有
$$(1-x^2)y^{(n)} + (n-2)(-2x)y^{(n-1)} + \frac{(n-2)(n-3)}{2}(-2)y^{(n-2)}$$
$$- xy^{(n-1)} - (n-2) \cdot 1 \cdot y^{(n-2)} = 0,$$
即
$$(1-x^2)y^{(n)} - (2n-3)xy^{(n-1)} - (n-2)^2 y^{(n-2)} = 0.$$

令 $x=0$ 得 $y^{(n)}(0) = (n-2)^2 y^{(n-2)}(0).$

因为 $y^{(0)}(0)=0, y'(0)=1,$ 所以

$$\begin{cases} y^{(2n)}(0) = 0 \\ y^{(2n+1)}(0) = (2n-1)^2 y^{(2n-1)}(0) = (2n-1)^2(2n-3)^2 y^{(2n-3)}(0) \\ \qquad = \cdots = (2n-1)^2(2n-3)^2\cdots 3^2 \cdot 1^2 \cdot y'(0) = [(2n-1)!!]^2 \end{cases}$$
$$(n=1,2,\cdots)$$

$$\left(\text{定义 } m!! = \begin{cases} 1 \cdot 3 \cdot 5 \cdot \cdots \cdot m, & m \text{ 为奇数} \\ 2 \cdot 4 \cdot 6 \cdot \cdots \cdot m, & m \text{ 为偶数} \end{cases}\right)$$

最后,我们指出二阶导数的物理意义.前已知道,一阶导数 $f'(x)$ 是函数 $f(x)$ 的变化率,因此二阶导数 $f''(x)$ 是一阶导数的变化率.现在,如果已知物体作变速直线运动,其运动规律是 $s=s(t)$. 在物理学中知道,路程对时间 t 的变化率即一阶导数就是瞬时速度: $v(t)=s'(t)$, 而速度对时间 t 的变化率就是瞬时加速度: $a(t)=v'(t)=s''(t)$.

因此,二阶导数的物理意义是瞬时加速度.大家熟悉的牛顿第二定律: $F=ma$ 这时可改写为
$$F = mv'(t) = ms''(t),$$
或者
$$F = m\frac{\mathrm{d}v}{\mathrm{d}t} = m\frac{\mathrm{d}^2 s}{\mathrm{d}t^2}.$$

习 题 2.2

1. 求下列函数的导数:

(1) $y = \dfrac{1}{4} - \dfrac{x}{3} + x^2 - 0.5x^4$；

(2) $y = x^2 \sqrt[3]{x^2}$；

(3) $y = \dfrac{a}{\sqrt[3]{x^2}} - \dfrac{b}{x\sqrt[3]{x}}$；

(4) $y = \dfrac{a+bx}{c+dx}$；

(5) $y = \dfrac{2x+3}{x^2-5x+5}$；

(6) $y = 5\sin x + 3\cos x$；

(7) $y = \dfrac{\sin x + \cos x}{\sin x - \cos x}$；

(8) $y = 2t\sin t - (t^2-2)\cos t$；

(9) $y = (x-1)\mathrm{e}^x$；

(10) $y = (x^2 - 2x + 2)\mathrm{e}^x$；

(11) $y = \dfrac{x^2}{\ln x}$；

(12) $y = x^3 \ln x - \dfrac{x^3}{3}$；

(13) $y = \dfrac{1}{x} + 2\ln x - \dfrac{\ln x}{x}$；

(14) $y = \dfrac{2\ln x + x^3}{3\ln x + x^2}$.

2. 求下列函数的导数:

(1) $y = (1 + 3x - 5x^2)^{30}$；

(2) $y = \dfrac{3}{56(2x-1)^7} - \dfrac{1}{24(2x-1)^6} - \dfrac{1}{40(2x-1)^5}$；

(3) $y = \sqrt{1-x^2}$；

(4) $y = \sqrt[3]{a+bx^3}$；

(5) $y = (a^{2/3} - x^{2/3})^{3/2}$；

(6) $y = (3 - 2\sin x)^5$；

(7) $y=\tan x-\dfrac{1}{3}\tan^3 x+\dfrac{1}{5}\tan^5 x$;

(8) $y=\sqrt{\cot x}-\sqrt{\cot a}$;

(9) $y=2x+5\cos^3 x$;

(10) $y=-\dfrac{1}{6(1-3\cos x)^2}$;

(11) $y=\sqrt{\dfrac{3\sin x-2\cos x}{5}}$;

(12) $y=\sqrt{1+\arcsin x}$;

(13) $y=\sqrt{\arctan x}-(\arcsin x)^3$;

(14) $y=\sqrt{xe^x+x}$;

(15) $y=\sqrt[3]{2e^x-2^x+1}+\ln^5 x$;

(16) $y=\sin(x^2+5x+1)+\tan\dfrac{a}{x}$;

(17) $y=\dfrac{1+\cos 2x}{1-\cos 2x}$;

(18) $y=\arcsin\dfrac{1}{x^2}$;

(19) $y=\arccos\sqrt{x}$;

(20) $y=\arctan\dfrac{1}{x}$;

(21) $y=5e^{-x^2}$;

(22) $y=\ln^2 x-\ln(\ln x)$;

(23) $y=\arctan(\ln x)+\ln(\arctan x)$;

(24) $y=\sqrt{\ln x+1}+\ln(\sqrt{x}+1)$.

3. 求下列函数的导数：

(1) $y=\dfrac{3}{2}\sqrt[3]{x^2}+\dfrac{18}{7}x\sqrt[6]{x}+\dfrac{9}{5}x\sqrt[3]{x^2}+\dfrac{6}{13}x^2\sqrt[6]{x}$;

(2) $y=\dfrac{1}{8}\sqrt[3]{(1+x^3)^8}-\dfrac{1}{5}\sqrt[3]{(1+x^3)^5}$;

(3) $f(t)=(2t+1)(3t+2)\sqrt[3]{3t+2}$;

(4) $y=\ln(\sqrt{1+e^x}-1)-\ln(\sqrt{1+e^x}+1)$;

(5) $y=\dfrac{1}{15}\cos^3 x(3\cos^2 x-5)$;

(6) $y=\arcsin x^2+\arccos x^2$;

(7) $y=\dfrac{1}{3}\tan^3 x-\tan x+x$;

(8) $y=\arcsin\dfrac{x}{\sqrt{1+x^2}}$;

(9) $y=\sqrt{a^2-x^2}+a\arcsin\dfrac{x}{a}$ ($a>0$);

(10) $y=\dfrac{x}{2}\sqrt{x^2-a^2}-\dfrac{a^2}{2}\ln(x+\sqrt{x^2-a^2})$;

(11) $y=\ln\dfrac{\sqrt{x^2+a^2}+x}{\sqrt{x^2+a^2}-x}$;

(12) $y=\dfrac{1}{2}\ln\tan\dfrac{x}{2}-\dfrac{1}{2}\dfrac{\cos x}{\sin^2 x}$;

(13) $y=\sqrt{x^2+1}-\ln\dfrac{1+\sqrt{x^2+1}}{x}$;

(14) $y=\dfrac{x\arcsin x}{\sqrt{1-x^2}}+\ln\sqrt{1-x^2}$.

4. 利用对数求导法则，求下列函数的导数：

(1) $y=\dfrac{(x+2)^2}{(x+1)^3(x+3)^4}$;

(2) $y=x\sqrt[3]{\dfrac{x^2}{x^2+1}}$;

(3) $y=\dfrac{\sqrt{x-1}}{\sqrt[3]{(x+2)^2}\sqrt{(x+3)^3}}$;

(4) $y=(\sin x)^x$;

(5) $y=\sqrt[x]{x}$;

(6) $y=x^{\sqrt{x}}$.

5. 设 $f(x)$ 可导，求下列函数的导数：

(1) $y=f(x^2)$;

(2) $y=f(e^x)\cdot e^{f(x)}$;

(3) $y=f(\sin^2 x)+f(\cos^2 x)$;

(4) $y=f(f(f(x)))$.

6. 设 $f(x),g(x)$ 可导,求下列函数的导数:

(1) $y=\arctan\dfrac{f(x)}{g(x)}$;

(2) $y=\sqrt{f^2(x)+g^2(x)}$.

7. 求下列分段函数的导数:

(1) $f(x)=\begin{cases} 2^{\cos x}, & x\leqslant 0 \\ \sin 3x^2, & x>0 \end{cases}$;

(2) $f(x)=\begin{cases} \ln(1-x^3), & x\leqslant 0 \\ x^2\sin\dfrac{1}{x}, & x>0 \end{cases}$;

(3) $f(x)=\begin{cases} \ln\sqrt{2x^2-1}, & x<-1 \\ x^2-1, & |x|\leqslant 1 \\ 2x+\cos x, & x>1 \end{cases}$

8. 求下列各隐函数的导数:

(1) $\dfrac{x^2}{a^2}+\dfrac{y^2}{b^2}=1$;

(2) $x^3+y^3-3axy=0$;

(3) $y^3-3y+2ax=0$;

(4) $x^y=y^x$;

(5) $\cos(xy)=x$;

(6) $y=1+xe^y$;

(7) $y\sin x-\cos(x-y)=0$;

(8) $\arctan(x+y)=y$;

(9) $\arctan\dfrac{y}{x}=\dfrac{1}{2}\ln(x^2+y^2)$;

(10) $\sqrt{x^2+y^2}=c\arctan\dfrac{y}{x}$.

9. 求下列各参数方程所确定的函数的导数:

(1) $\begin{cases} x=\dfrac{1}{t+1} \\ y=\left(\dfrac{t}{t+1}\right)^2 \end{cases}$;

(2) $\begin{cases} x=\dfrac{3at}{1+t^3} \\ y=\dfrac{3at^2}{1+t^3} \end{cases}$;

(3) $\begin{cases} x=\sqrt{t} \\ y=\sqrt[3]{t} \end{cases}$;

(4) $\begin{cases} x=\sqrt{t^2+1} \\ y=\dfrac{t-1}{\sqrt{t^2+1}} \end{cases}$;

(5) $\begin{cases} x=a(\cos t+t\sin t) \\ y=a(\sin t-t\cos t) \end{cases}$;

(6) $\begin{cases} x=a\cos^3 t \\ y=b\sin^3 t \end{cases}$;

(7) $\begin{cases} x=\dfrac{\cos^3 t}{\sqrt{\cos 2t}} \\ y=\dfrac{\sin^3 t}{\sqrt{\cos 2t}} \end{cases}$;

(8) $\begin{cases} x=\arccos\dfrac{1}{\sqrt{1+t^2}} \\ y=\arcsin\dfrac{t}{\sqrt{1+t^2}} \end{cases}$.

10. 求下列各函数在指定点导数:

(1) $y=e^{x^2}(3x-x^2), x=0$;

(2) $y=x^2+\arccos\dfrac{x}{5}, x=3$;

(3) $y=(1+\ln x)^x+\arctan x, x=1$;

(4) $x^3+y^3-3x+6y+18=0, x=2$;

(5) $x+y+3e^{xy}=0, x=0$;

(6) $\begin{cases} x=\sqrt[3]{t}+2t \\ y=t^3-t \end{cases}, x=3$.

11. 求下列函数的二阶导数:

(1) $y=(x^2+x)e^{3x}$;

(2) $y=x\arctan 2x$;

(3) $y=\cos^2 2x$;

(4) $y=\ln\left(\dfrac{\sin x}{x}\right)^2$;

(5) $y+\cos(x-y)=2x$;

(6) $xy+e^y=x^3$;

(7) $e^{x+y}+xy=0$;

(8) $y^3+3y=x^3$;

(9) $\begin{cases} x=t^3-3t \\ y=2t^3-3t^2-12t \end{cases}$;

(10) $\begin{cases} x=t+\cos t \\ y=t+\sin t\cos t \end{cases}$;

(11) $\begin{cases} x=e^t\cos t \\ y=e^t\sin t \end{cases}$ 求 $\dfrac{d^2 x}{dy^2}$;

(12) $\begin{cases} x=\ln(1+t^2) \\ y=t^2 \end{cases}$ 求 $\dfrac{d^2 y}{dx^2}\bigg|_{t=0}$.

12. 求下列函数的 n 阶导数：

(1) $y=e^{-x}$;

(2) $y=xe^x$;

(3) $y=\dfrac{6x+1}{4x+2}$;

(4) $y=\dfrac{x^3}{1+x}$;

(5) $y=(x^2+1)\sin x$;

(6) $y=(3x^2+50)^{20}(x^9-7x^2+1)$ 求 $y^{(50)}$;

(7) $y=\dfrac{1}{x^2+3x+2}$;

(8) $y=\ln\left(\dfrac{a+bx}{a-bx}\right)$;

(9) $y=(x^2+2x+2)e^{-x}$.

13. 设 $f(x)=\arctan x$，证明它满足方程 $(1+x^2)y''+2xy'=0$，并求 $f^{(n)}(0)$.

14. 证明函数 $y=f(x)$ 的反函数的二阶导数

$$\dfrac{d^2 x}{dy^2} = -\dfrac{\dfrac{d^2 y}{dx^2}}{\left(\dfrac{dy}{dx}\right)^3}.$$

15. 设 $y=\sin(m\arcsin x)$，证明 $(1-x^2)y''-xy'+m^2 y=0$.

16. 证明函数 $y=x^n[c_1\cos(\ln x)+c_2\sin(\ln x)]$ (c_1,c_2,n 都是常数) 满足方程

$$x^2 y''+(1-2n)xy'+(1+n^2)y=0.$$

17. 证明如果函数 $f(x)$ 是二次多项式，a 为任意实数，则

$$f(x)=\dfrac{f''(a)}{2}(x-a)^2+f'(a)(x-a)+f(a).$$

18. 利用变换 $t=\sqrt{x}$ 将方程 $4x\dfrac{d^2 y}{dx^2}+2(1-\sqrt{x})\dfrac{dy}{dx}-6y=e^{\sqrt{x}}$ 化为以 t 为自变量的方程.

2.3 导数的简单应用

导数的应用是相当广泛的，在这里仅仅是基于导数概念及复合函数求导法则的简单应用作一些介绍. 其他部分将在第 4 章中着重讨论.

2.3.1 切线与法线问题

已知平面曲线，其方程是 $y=f(x)$，则过此曲线上一点 $P(x_0,y_0)$ 的切线方程为

$$y-y_0=f'(x_0)(x-x_0),$$

法线方程为
$$y-y_0=-\frac{1}{f'(x_0)}(x-x_0) \quad (f'(x_0)\neq 0).$$

例 1　求过双曲线 $\frac{x^2}{a^2}-\frac{y^2}{b^2}=1$ 上一点 (x_0,y_0) 处的切线方程.

解　所给曲线 $\frac{x^2}{a^2}-\frac{y^2}{b^2}=1$ 是用隐函数给出. 因此,由隐函数求导法则,有
$$\frac{2x}{a^2}-\frac{2y}{b^2}y'=0,$$
解出
$$y'=\frac{b^2 x}{a^2 y}.$$
从而,在 (x_0,y_0) 的切线斜率
$$f'(x_0)=\frac{b^2 x}{a^2 y}\bigg|_{\substack{x=x_0\\y=y_0}}=\frac{b^2 x_0}{a^2 y_0}.$$
于是切线方程是 $y-y_0=\frac{b^2 x_0}{a^2 y_0}(x-x_0)$,化简得
$$\frac{x_0 x}{a^2}-\frac{y_0 y}{b^2}=1.$$

类似地:过椭圆 $\frac{x^2}{a^2}+\frac{y^2}{b^2}=1$ 上一点 (x_0,y_0) 处的切线方程是
$$\frac{x_0 x}{a^2}+\frac{y_0 y}{b^2}=1.$$
过抛物线 $y^2=2px$ 上一点 (x_0,y_0) 处的切线方程是
$$y_0 y=p(x+x_0).$$

例 2　证明抛物线 $\sqrt{x}+\sqrt{y}=\sqrt{a}$ 上任意点的切线在两个坐标轴上截距和等于 a.

证明　由隐函数求导法则,有
$$\frac{1}{2\sqrt{x}}+\frac{1}{2\sqrt{y}}y'=0,$$
即
$$y'=-\sqrt{\frac{y}{x}}.$$
设抛物线上任一点为 (x_0,y_0),于是在 (x_0,y_0) 的切线方程为
$$y-y_0=-\sqrt{\frac{y_0}{x_0}}(x-x_0),$$
它在 x 轴与 y 轴上的截距分别是

$$x_0 + \sqrt{x_0 y_0} \quad \text{与} \quad y_0 + \sqrt{x_0 y_0}.$$

则二截距的和是

$$(x_0 + \sqrt{x_0 y_0}) + (y_0 + \sqrt{x_0 y_0}) = (x_0 + 2\sqrt{x_0 y_0} + y_0) = (\sqrt{x} + \sqrt{y_0})^2 = a.$$

这就证明了抛物线 $\sqrt{x}+\sqrt{y}=\sqrt{a}$ 上任意点的切线在两坐标轴上截距的和等于 a.

2.3.2 相关变化率问题

在实际问题中,往往有这样一类问题:在某个变化过程中,有两个变量,它们都是随时间变化而变化. 而且,由于这两个变量之间还存在着某种联系,因而,这两个变量的变化率也应该相互联系着. 通常,把这两个相互依赖的变化率称为相关变化率. 研究这两个变化率之间关系(从其中一个变化率求出另一个变化率)的问题称为相关变化率问题.

例 1 假定落在平静水面上的石子,产生同心波纹,如果最外一圈波半径以 0.6m/s 的速度向外扩张,问在 2s 末时,扰动水面面积增长的速度是多少?

解 设最外一圈波半径为 r,则扰动水面面积为 $A=\pi r^2$. 这两个变量,显然半径 r 是时间 t 的函数,即 $r=r(t)$. 因而,圆面积也是时间 t 的函数,即 $A=\pi r^2(t)$. 已知 $r'(t)=0.6$,在 $t=2$s 末时($r=1.2$m 时)求面积增长速度. 利用链锁法则有

$$A'(t) = (\pi r^2(t))' = 2\pi r(t) r'(t),$$

故在 2s 末时,扰动水面面积增长速度为

$$A'(t)|_{t=2} = 2\pi r \cdot r'|_{r=1.2} = 1.44\pi (\text{m}^2/\text{s}).$$

例 2 有一长度是 am 的梯子靠在铅直的墙上,如果梯子下端沿地板以 bm/s 的速度离开墙根滑动,问当梯子下端距墙根 $\dfrac{a}{2}$m 时,梯子的上端下滑的速度是多少?

解 设梯子下端距墙根距离是 $x=x(t)$, 梯子上端距墙根距离是 $y=y(t)$(图 2.3). 由题意,梯子长度是 am,故

$$x^2(t) + y^2(t) = a^2.$$

利用链锁法则,两边对 t 求导,得

$$2x(t) \cdot x'(t) + 2y(t) \cdot y'(t) = 0,$$

即

$$y'(t) = -\frac{x}{y} x'(t).$$

当 $x=\dfrac{a}{2}$ 时,$y=\dfrac{\sqrt{3}}{2}a$,又 $x'(t)=b$,从而

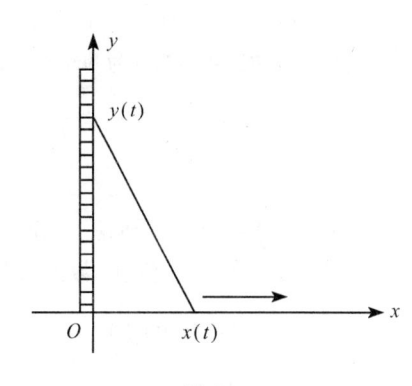

图 2.3

$$y' = -\frac{b}{\sqrt{3}} = -\frac{\sqrt{3}}{3}b.$$

即当梯子下端距墙根 $\frac{a}{2}$m 时,梯子上端下滑的速度是 $-\frac{\sqrt{3}}{3}b$m/s,其中,负号表示 y 减少是向下的.

习 题 2.3

1. 在曲线 $y=x^3+x-2$ 上哪一点的切线与直线 $y=4x-1$ 平行.
2. 求垂直于直线 $2x-6y+1=0$ 且与曲线 $y=x^3+3x^2-5$ 相切的直线方程.
3. 求曲线 $y=x\ln x$ 的平行于直线 $2x-2y+3=0$ 的法线方程.
4. 抛物线 $y=x^2$ 上哪一点的切线和直线 $3x-y+1=0$ 构成角 $45°$?
5. 证明抛物线 y^2-2px 上一点 (x_0,y_0) 处的切线方程是 $y_0 y=p(x+x_0)$.
6. 证明星形线 $x^{\frac{2}{3}}+y^{\frac{2}{3}}=a^{\frac{2}{3}}$ 上任一点的切线介于两坐标轴间的一段长度等于常数 a.
7. 试求经过原点且与曲线 $y=\frac{x+9}{x+5}$ 相切的切线方程.
8. 证明双曲线 $xy=a^2$ 上任一点的切线与两坐标轴组成的三角形的面积等于常数.
9. 一气球从离开观察员 500m 处离地铅直上升,其速率为 140m/min,当此气球之高度为 500m 时,此观察员之视线的斜角增加率为多少?
10. 旗杆高 100m,一人以 3m/s 的速度向杆前进,当此人距杆脚 50m 时,其与杆顶之距离之改变率为多少?
11. 有一个长度为 5m 的梯子贴靠在铅直的墙上,假设其下端沿地板以 3m/s 的速率离开墙脚而滑动,则①当其下端离开墙脚 1.4m 时,梯子的上端下滑之速率为多少?②何时梯子的上下端能以相同的速率移动?③何时其上端下滑之速率为 4m/s?
12. 一人走一桥之速率为 4km/h,同时一船在此人底下以 8km/h 之速率划过,此桥比船高 200m,问 3min 后人与船相离之速率为多少?
13. 在中午十二点整甲船以 6km/h 之速率向东行,乙船在甲船之北 16km,以 8km/h 之速率向南行,在下午一点整两船相离之速率为多少?
14. 求等边三角形当高为 8cm 时,其面积对高的变化率.

2.4 微　　分

前面几节我们已经研究了微分学的第一个基本概念——导数,所谓函数 $y=f(x)$ 的导数 $f'(x_0)$ 就是函数的增量 $\Delta y=f(x_0+\Delta x)-f(x_0)$ 与自变量的增量 Δx 之比 $\frac{\Delta y}{\Delta x}$ 当 $\Delta x \to 0$ 时的极限

$$f'(x_0) = \lim_{\Delta x \to 0} \frac{\Delta y}{\Delta x} = \lim_{\Delta x \to 0} \frac{f(x_0+\Delta x)-f(x_0)}{\Delta x}$$

这里所关心的只时增量之比 $\frac{\Delta y}{\Delta x}$ 的极限,而不是增量本身.

2.4 微　分

然而,在许多情形下,还需要考察和估算在自变量的增量 Δx 很小时函数增量 Δy 的问题.

例如,用卡尺测量圆钢的直径时,要计算由于直径的测量误差所引起的圆钢截面积的误差问题. 这其实就是要估算直径有一个小小增量时,截面积(作为直径的函数)的增量是多少的问题.

计算函数的增量,本来只要将自变量的两个值代入函数,然后相减就可以了,一般说来没有什么好窍门. 但是当自变量的增量很小,并且需要的只是函数增量 Δy 的估计值时,有时是有简便的估算方法的. 这就产生了微分学的第二个基本概念——微分,它是由讨论函数的增量问题产生的.

2.4.1 微分概念

先看一个例子:对于正方形,当边长 x_0 有一个增量 Δx,其正方形面积 S 的增量是

$$\Delta S = (x_0 + \Delta x)^2 - x_0^2 = 2x_0 \Delta x + (\Delta x)^2$$

它包含两个部分:第一部分 $2x_0\Delta x$(图 2.4 中带斜线的两个矩形的面积之和)是 Δx 的线性函数,第二部 $(\Delta x)^2$(图 2.4 中带圈的小正方形面积)当 $\Delta x \to 0$ 时,是 Δx 的高阶无穷小,即 $(\Delta x)^2 = o(\Delta x)(\Delta x \to 0)$.

由此可见,如果边长的增量 Δx 很小,面积的增量 ΔS 可以近似地用第一部分 $2x_0\Delta x$ 来代表,相差仅仅是一个比 Δx 高阶的无穷小,可以忽略不计. 这无疑给近似计算带来很大方便. 现在我们当然希望:对于一般函数 $y=f(x)$ 同样具有这种性质,即当自变量有增量 Δx 时,函数的增量 $\Delta y = f(x_0+\Delta x) - f(x_0)$ 也可分解为两部分,第一部分(主要部分)是 Δx 的线性函数: $A\Delta x$;第二部分是 Δx 的高阶无穷小. 为此引入下面的概念:

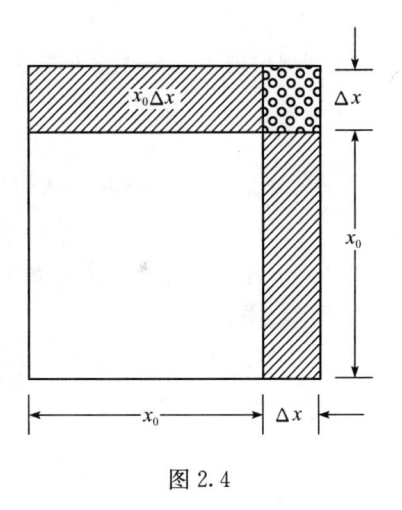

图 2.4

定义　设函数 $y=f(x)$ 在 x_0 的某个邻域内有定义. 给 x_0 以任意增量 Δx,相应函数的增量 $\Delta y = f(x_0+\Delta x) - f(x_0)$ 表示为

$$\Delta y = A\Delta x + o(\Delta x) \quad (\Delta x \to 0), \tag{2.4.1}$$

其中, A 是仅与 x_0 有关而与 Δx 无关的常数, $o(\Delta x)$ 是比 Δx 高阶的无穷小量(当 $\Delta x \to 0$ 时),则称函数 $f(x)$ 在点 x_0 处是可微的, $A\Delta x$ 为函数 $y=f(x)$ 在点 x_0 处的微分,记作

$$dy = A\Delta x.$$

由上述定义可知,函数 $y=f(x)$ 在 x_0 处的微分就是在小区间 $[x_0, x_0+\Delta x]$ 上函数增量 Δy 的线性主要部分 $A\Delta x$. 现在要问,$f(x)$ 可微的条件是什么?常数 A 等于什么?

定理 函数 $y=f(x)$ 在点 x_0 处可微的充分必要条件是函数 $y=f(x)$ 在点 x_0 处可导,并且当 $f(x)$ 在点 x_0 处可微时,(2.4.1)式中的常数 $A=f'(x_0)$,即其微分为
$$dy = f'(x_0)\Delta x.$$

证明(必要性) 如果函数 $y=f(x)$ 在点 x_0 处可微,根据定义有(2.4.1)式成立,从而 $\dfrac{\Delta y}{\Delta x}=A+\dfrac{o(\Delta x)}{\Delta x}$,于是当 $\Delta x\to 0$ 时可得
$$\lim_{\Delta x\to 0}\frac{\Delta y}{\Delta x}=\lim_{\Delta x\to 0}\left(A+\frac{o(\Delta x)}{\Delta x}\right)=A,$$
即函数 $y=f(x)$ 在点 x_0 处也一定可导,且 $A=f'(x_0)$ 和 $dy=f'(x_0)\Delta x$.

(充分性)如果函数 $y=f(x)$ 在点 x_0 处可导,即
$$\lim_{\Delta x\to 0}\frac{\Delta y}{\Delta x}=f'(x_0)$$
存在,则根据极限与无穷小的关系,有
$$\frac{\Delta y}{\Delta x}=f'(x_0)+\alpha,$$
其中,$\alpha\to 0$(当 $\Delta x\to 0$ 时),从而
$$\Delta y = f'(x_0)\Delta x + \alpha\Delta x = f'(x_0)\Delta x + o(\Delta x).$$
由于 $f'(x_0)$ 是与 Δx 无关的常数,所以上式相当于(2.4.1)式.因此,函数 $y=f(x)$ 在点 x_0 处可微.

这个定理告诉我们,在一元函数中,函数 $y=f(x)$ 在点 x_0 处可微与可导是等价的,此时还应满足
$$\Delta y = f'(x_0)\Delta x + o(\Delta x),$$
即
$$f(x_0+\Delta x) = f(x_0) + f'(x_0)\Delta x + o(\Delta x),$$
或
$$f(x) = f(x_0) + f'(x_0)(x-x_0) + o((x-x_0)). \tag{2.4.2}$$

如果函数 $y=f(x)$ 在区间内每一点都可微,则称函数 $f(x)$ 在区间内是可微函数.函数 $y=f(x)$ 在区间内任意一点 x 处的微分,就称为函数的微分,也记为 dy,即
$$dy = f'(x)\Delta x.$$

为了方便还规定,自变量的微分等于自变量的增量,即 $dx=\Delta x$(事实上,$y=f(x)=x$ 的导数为 1,所以对任意 x 有 $dx=1\cdot\Delta x=\Delta x$),因此,函数的微分又可以记为

2.4 微　分

$$dy = f'(x)dx. \tag{2.4.3}$$

这是最常用的微分公式.

上式两端除以自变量的微分 dx，得

$$\frac{dy}{dx} = f'(x).$$

这说明函数的微分 dy 与自变量的微分 dx 的商等于函数的导数 $f'(x)$. 因此，导数也称为微商. 这也就是在导数定义中，把导数记为 $\dfrac{dy}{dx}$ 的理由.

为了加深对微分概念的理解，我们来说明微分的几何意义：在图 2.5 中，函数 $y = f(x)$ 的图形是一条平面曲线，它在 x_0 处的导数 $f'(x_0)$ 就是该曲线在点 $P(x_0, f(x_0))$ 处切线斜率 $\tan\alpha$. 因此

$$dy = f'(x_0)dx = \tan\alpha \cdot PR = RT.$$

这就是说，函数 $y = f(x)$ 在 x_0 处的微分在几何上表示曲线 $y = f(x)$ 在对应点 P 处切线的纵坐标的对应增量. 因此简单地说，微分的几何意义是曲线在点 x_0 处切线的增量.

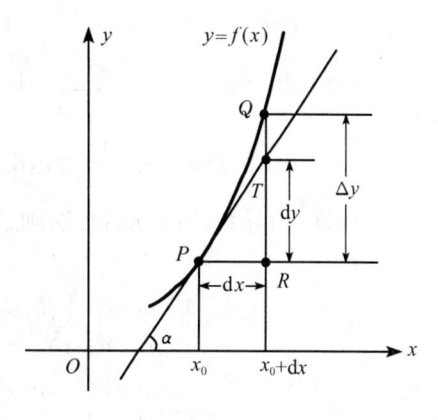

图 2.5

又函数的增量 $\Delta y = f(x_0 + \Delta x) - f(x_0) = RQ$. 所以，在几何上，用切线上的增量 RT 来近似代替函数增量 RQ，产生的误差 TQ（当函数可微时）是一个 dx 的高阶无穷小，这就意味着，在 P 点附近，可以用切线段 PT 近似代替曲线段 PQ. 这种在 P 点附近"以直代曲"的基础是函数的可微性，而"以直代曲"的思想是微积分学的基本思想之一.

另外，在直角三角形 $\triangle PRT$ 中，PR 是自变量的微分 dx，RT 是函数的微分 dy，根据勾股定理

$$|PT|^2 = (dx)^2 + (dy)^2,$$

因为切线 PT 可以代替曲线段 PQ，所以切线段 PT 的长度也可以近似代替曲线段 PQ 的长度，我们把 $|PT|$ 记为 ds，称为曲线段的弧微分（与实际弧长相差一个 dx 的高阶无穷小），故有

$$(ds)^2 = (dx)^2 + (dy)^2. \tag{2.4.4}$$

这就是微分学中有名的微分三角形.

2.4.2　微分的基本公式和运算法则

根据微分公式(2.4.3)可知，由六类基本初等函数的导数公式，立即可以得到

相应的微分基本公式,列表如下:

（Ⅰ） $d(c) = 0$ (c 为常数);

（Ⅱ） $d(x^a) = ax^{a-1}dx$ (a 为任意实数);

（Ⅲ） $d(\log_a x) = \dfrac{1}{x\ln a}dx$ ($a>0, a \neq 1$), $d(\ln x) = \dfrac{1}{x}dx$;

（Ⅳ） $d(a^x) = a^x \ln a\, dx$ ($a>0, a \neq 1$), $d(e^x) = e^x dx$;

（Ⅴ） $d(\sin x) = \cos x\, dx$, $d(\cos x) = -\sin x\, dx$,

$d(\tan x) = \sec^2 x\, dx$, $d(\cot x) = -\csc^2 x\, dx$,

$d(\sec x) = \sec x \tan x\, dx$, $d(\csc x) = -\csc x \cot x\, dx$;

（Ⅵ） $d(\arcsin x) = \dfrac{1}{\sqrt{1-x^2}}dx$, $d(\arccos x) = -\dfrac{1}{\sqrt{1-x^2}}dx$,

$d(\arctan x) = \dfrac{1}{1+x^2}dx$, $d(\operatorname{arccot} x) = -\dfrac{1}{1+x^2}dx$.

同样,由导数的四则运算法则,根据微分公式(2.4.3),容易得到微分的四则运算法则.

$$d(\alpha u(x) + \beta v(x)) = \alpha du(x) + \beta dv(x),$$
$$d(u(x)v(x)) = v(x)du(x) + u(x)dv(x),$$
$$d\left(\frac{u(x)}{v(x)}\right) = \frac{v(x)du(x) - u(x)dv(x)}{v^2(x)}.$$

最后,介绍复合函数的微分运算法则:

设有函数 $y = f(u)$,如果 u 是自变量,根据微分公式(2.4.3),则有

$$dy = f'(u)du \tag{2.4.5}$$

如果 u 又是另一变量 x 的可导函数 $u = g(x)$,则由复合函数的求导法则知,复合函数 $y = f(g(x))$ 的微分为

$$dy = f'(u)g'(x)dx.$$

因为 $g'(x)dx = du$,故(2.4.5)式仍成立. 由此可知,无论 u 是自变量,还是另一变量的函数,微分形式 $dy = f'(u)du$ 保持不变. 这一性质称为微分形式不变性.

因此,复合函数的微分既可以利用链锁法则求出函数的导数再乘以 dx 得到,也可以利用微分形式不变性,由(2.4.5)式直接求得.

例 1 求函数 $y = \sin(2x+1)$ 的微分.

解 令 $u = 2x+1$,则由(2.4.5)式得

$$dy = \cos u\, du = \cos(2x+1) \cdot 2dx = 2\cos(2x+1)dx.$$

例 2 求函数 $y = e^{1-3x}\cos x$ 的微分

解

$$dy = \cos x\, d(e^{1-3x}) + e^{1-3x}d(\cos x)$$
$$= \cos x \cdot e^{1-3x}d(1-3x) + e^{1-3x} \cdot (-\sin x)dx$$

2.4 微　分

$$= \cos x \cdot e^{1-3x} \cdot (-3)dx + e^{1-3x} \cdot (-\sin x)dx$$
$$= -e^{1-3x}(3\cos x + \sin x)dx.$$

应该着重指出：微分形式不变性的这个性质，对于导数是不正确的：当 u 是自变量时，函数 $y=f(u)$ 的导数是 $f'(u)$，而当 u 是中间变量（$u=g(x)$）时，则导数就变成了 $f'(u)g'(x)$ 了。因此，谈到导数时我们总要指明是对哪一个变量的导数，而谈到微分时则无需指明是对哪一个变量的微分。

2.4.3　高阶微分

通常把微分称为一阶微分。因而还可以继续讨论微分。因此

定义　函数 $f(x)$ 的一阶微分在 x 处的微分，称为函数 $f(x)$ 在 x 处的二阶微分，记作 $d^2 y$，即

$$d^2 y = d(dy).$$

类似地，定义三阶微分为

$$d^3 y = d(d^2 y),$$

一般地，任意阶微分为

$$d^n y = d(d^{n-1} y).$$

习惯上，二阶与二阶以上的微分，统称为高阶微分。

函数 $y=f(x)$，当 x 是自变量时，由于 $dx=(x)'\Delta x=\Delta x$ 与 x 无关，因此各阶微分与各阶导数之间有如下简单关系

$$d^2 y = d(dy) = d[f'(x)dx] = (f'(x)dx)'dx = (f''(x)dx)dx = f''(x)(dx)^2,$$
$$d^3 y = d(d^2 y) = d[f''(x)(dx)^2] = (f''(x)(dx)^2)'dx$$
$$= (f'''(x)(dx)^2)dx = f'''(x)(dx)^3,$$

一般说来有

$$d^n y = f^{(n)}(x)(dx)^n.$$

为方便，习惯上把 $(dx)^n$ 简记为 dx^n（注意 $dx^n \neq d(x^n)$），因此

$$d^2 y = f''(x)dx^2 \quad 即 \quad \frac{d^2 y}{dx^2} = f''(x),$$

$$d^3 y = f'''(x)dx^3 \quad 即 \quad \frac{d^3 y}{dx^3} = f'''(x),$$

和

$$d^n y = f^{(n)}(x)dx^n \quad 即 \quad \frac{d^n y}{dx^n} = f^{(n)}(x). \tag{2.4.6}$$

所以引入高阶微分的概念后，$d^2 y, d^3 y, \cdots, d^n y$ 就有其单独的意义了，$\frac{d^2 y}{dx^2}, \frac{d^3 y}{dx^3}, \cdots,$ $\frac{d^n y}{dx^n}$ 乃是普通的分数，微分之商。同时，由(2.4.6)式显然可知，n 阶导数与 n 阶微分

是两个等价的概念.

然而应当注意,高阶微分没有微分形式不变性.事实上,设函数 $y=f(u), u=g(x)$. 由于 $du=g'(x)dx$ 是 x 的函数,根据乘积的微分运算法则,有

$$d^2y = d(f'(u)du) = d(f'(u))du + f'(u)d(du)$$
$$= (f''(u)du)du + f'(u)d^2u = f''(u)du^2 + f'(u)d^2u,$$

一般情况下, $d^2u \neq 0$, 故 $d^2y \neq f''(u)du^2$.

在 2.4.2 小节中所讲的微分形式不变性,确切地说应该是称为一阶微分形式不变性.

2.4.4 微分在近似计算中的应用

设函数 $y=f(x)$ 在 x_0 处可导,则由微分概念和(2.4.2)式有

$$f(x) = f(x_0) + f'(x_0)(x-x_0) + o((x-x_0)),$$

当 $|x-x_0|$ 很小, $o((x-x_0))$ 是 $(x-x_0)$ 的高阶无穷小.因而在 x_0 的很小邻域内,略去高阶无穷小的项,有函数的近似表达式

$$f(x) \approx f(x_0) + f'(x_0)(x-x_0). \tag{2.4.7}$$

由于上式右端是线性函数,因此在 x_0 的附近,可以用线性函数 $y=f(x_0)+f'(x_0) \cdot (x-x_0)$ 来近似代替给定的(非线性)函数 $f(x)$. 通常称为(非线性)函数的局部线性化.这种思想方法在近似计算中是重要的,在自然科学和工程技术问题的研究中也是非常重要的.

例 1 求 $\arcsin 0.4983$ 的近似值(计算到小数 4 位).

解 设 $f(x)=\arcsin x$,利用近似公式(2.4.7)有

$$\arcsin x \approx \arcsin x_0 + \frac{1}{\sqrt{1-x_0^2}}(x-x_0),$$

取 $x_0=0.5$ 得

$$\arcsin 0.4983 \approx \arcsin 0.5 + \frac{2}{\sqrt{3}}(-0.0017) = \frac{\pi}{6} - \frac{\sqrt{3}}{3}(0.0034) \approx 0.5216.$$

例 2 求 $\sqrt[4]{80}$ 的近似值(计算到小数 4 位).

解 设 $f(x)=\sqrt[4]{x}$,利用近似公式(2.4.7)有

$$\sqrt[4]{x} \approx \sqrt[4]{x_0} + \frac{1}{4\sqrt[4]{x_0^3}}(x-x_0),$$

取 $x_0=81$ 得

$$\sqrt[4]{80} \approx \sqrt[4]{81} + \frac{1}{4\sqrt[4]{(81)^3}}(-1) = 3 - \frac{1}{4 \cdot 3^3} \approx 2.9907.$$

例 3 证明当 $|x|$ 很小时,有近似公式

$$e^x \approx 1+x; \quad \sin x \approx x; \quad \tan x \approx x;$$

$$(1+x)^\alpha \approx 1+\alpha x; \quad \ln(1+x) \approx x.$$

事实上,在(2.4.7)式中,取 $x_0=0$,当 $|x|$ 很小时有

$$f(x) \approx f(0)+f'(0)x,$$

再分别令 $f(x)$ 为所要证明的函数,立即有近似等式.

习 题 2.4

1. 求下列函数的微分：

(1) $y=(x^2+4x+1)(x^2-\sqrt{x})$; (2) $y=\dfrac{x^2-1}{x^3+1}$;

(3) $y=\tan x+\dfrac{1}{\cos x}$; (4) $y=\cos x^2$;

(5) $y=\arccos\dfrac{1}{x}$; (6) $y=\arctan(\ln x)$;

(7) $y=5^{\ln\tan x}$; (8) $y=\sin^2\dfrac{1}{1-x}$.

2. 求下列函数的微分值：

(1) $y=\dfrac{1}{(1+\tan x)^2}$ 当自变量 x 由 $\dfrac{\pi}{6}$ 变到 $\dfrac{61\pi}{360}$ 时;

(2) $y=\cos^2\varphi$ 当自变量 φ 由 $\dfrac{\pi}{3}$ 变到 $\dfrac{121\pi}{360}$ 时;

(3) $y=\arctan\sqrt{x}$ 当 x 由 4 变到 3.96 时;

(4) $y=e^{\sqrt{x}}$ 当 x 由 9 变到 8.99.

3. 设 $u(x), v(x), w(x)$ 都是 x 的可微函数,求下列函数的微分：

(1) $y=u\cdot v\cdot w$; (2) $y=\ln\sqrt{u^2+v^2}$;

(3) $y=\arctan\dfrac{u}{v}$; (4) $y=(u^2+v^2+w^2)^{3/2}$.

4. 求下列复合函数的微分：

(1) $y=\sqrt[3]{x^2+5x}, x=t^3+2t+1$; (2) $y=\sin^2 x, x=\ln(3t+1)$;

(3) $y=e^{\frac{1}{x}}, x=\arctan\sqrt{t}$; (4) $y=\log_a x, x=\sqrt{t+1}$;

(5) $y=e^z, z=\dfrac{1}{2}\ln t, t=2u^2-3u+1$; (6) $y=\ln\tan\dfrac{u}{2}, u=\arcsin v, v=\cos 2s$.

5. 计算(1) $\dfrac{d(x^3-2x^6-x^9)}{d(x^3)}$; (2) $\dfrac{d\left(\dfrac{\sin x}{x}\right)}{d(x^2)}$; (3) $\dfrac{d\arcsin x}{d\arccos x}$; (4) $\dfrac{d(\sqrt{x^2-e^{-2x}})}{d(e^{-2x})}$.

6. 证明近似公式 $\sqrt[n]{a^n+b}\approx a+\dfrac{b}{na^{n-1}}(|b|\ll a^n)$,并计算(1) $\sqrt[3]{9}$; (2) $\sqrt[4]{80}$; (3) $\sqrt[4]{1.01}$.

7. 利用微分求下列各式的近似值(计算到小数 3 位):(1) $\arctan 1.04$; (2) $\sin 29°$; (3) $\lg 11$.

总 习 题 二

1. 如果 $F(x)$ 在 a 点连续且 $F(x)\neq 0$,问函数

(1) $f(x)=|x-a|F(x)$; （2） $f(x)=(x-a)F(x)$

在 $x=a$ 是否可导.

2. 如果 $f(x)$ 为偶函数,且 $f'(0)$ 存在,证明 $f'(0)=0$.

3. 如果 $f(x)$ 在 $x=a$ 连续,且 $\lim\limits_{x\to a}\dfrac{f(x)}{x-a}$ 存在,证明 $f(x)$ 在 $x=a$ 可导.

4. 讨论下列函数的连续性和可导性：

(1) $f(x)=\dfrac{|x|}{x}$; （2） $f(x)=x|x|$.

5. 设 $f(x)=\begin{cases} x, & x\leqslant 0 \\ x^2\sin\dfrac{1}{x}, & 0<x<2 \end{cases}$,讨论 $f(x)$ 在 $x=0$ 处的连续性和可导性.

6. 设 $f(x)=\begin{cases} \varphi(x)\cos\dfrac{1}{x}, & x\neq 0 \\ 0, & x=0 \end{cases}$,且 $\varphi(0)=\varphi'(0)=0$,求 $f'(0)$.

7. 讨论 λ 取何值时,函数 $f(x)=\begin{cases} x^\lambda\sin\dfrac{1}{x}, & x\neq 0 \\ 0, & x=0 \end{cases}$,在点 $x=0$ 处连续、可导、导数连续.

8. 设 $f(x)$ 可导,且满足 $af(x)+bf\left(\dfrac{1}{x}\right)=\dfrac{c}{x}$,其中,$a,b,c$ 都是常数,且 $|a|\neq|b|$. 求 $f'(x)$.

9. 对于任意的非零 x_1,x_2 有 $f(x_1\cdot x_2)=f(x_1)+f(x_2)$,且 $f'(1)=1$,证明当 $x\neq 0$ 时, $f'(x)=\dfrac{1}{x}$.

10. 求下列分段函数的导数：

(1) $f(x)=\begin{cases} e^x-1, & x\geqslant 0 \\ x^2+x, & x<0 \end{cases}$; （2） $f(x)=\begin{cases} x^2\sin\dfrac{1}{x}, & x>0 \\ x^2, & x\leqslant 0 \end{cases}$;

(3) $f(x)=\begin{cases} \dfrac{x}{1-e^{\frac{1}{x}}}, & x\neq 0 \\ 0, & x=0 \end{cases}$.

11. 问函数 $f(x)=\max\{x,x^2\}$ 在 $x=1$ 处是否可导.

12. 设 $f(x)$ 为可导函数,求 $\lim\limits_{x\to 0}\dfrac{1}{x}\left[f\left(t+\dfrac{x}{a}\right)-f\left(t-\dfrac{x}{a}\right)\right]$,其中,$t,a$ 与 x 无关且 $a\neq 0$.

13. 设 $f(x)$ 在 $x=a$ 可导,且 $f(a)\neq 0$,求 $\lim\limits_{x\to\infty}\left[\dfrac{1}{f(a)}f\left(a+\dfrac{1}{x}\right)\right]^x$.

14. 证明如果 $f(0)=g(0)=0$,$f'(0)$、$g'(0)$ 存在且 $g'(0)\neq 0$,则 $\lim\limits_{x\to 0}\dfrac{f(x)}{g(x)}=\dfrac{f'(0)}{g'(0)}$.

15. 当 $x=1$ 时 $\dfrac{d}{dx}f(x^2)=\dfrac{d}{dx}f^2(x)$,求证 $f(1)=1$ 或 $f'(1)=0$.

16. 证明如果 $f(x)$ 在 x_0 可导,$g(x)$ 在 x_0 不可导,则 $f(x)\pm g(x)$ 在 x_0 一定不可导.

17. 证明如果 $f(x)$ 在 x_0 可导且 $f'(x_0)\neq 0$,又 $g(x)$ 在 x_0 不可导,则 $f(x)\cdot g(x)$ 在 x_0 不可导.

18. 设 $y=f(u)$ 在 u_0 处可导，而 $u=g(x)$ 在 x_0 处不可导，且 $u_0=g(x_0)$，问 $f(g(x))$ 是否在 x_0 处一定不可导？为什么？

19. 设 $f(x),g(x)$ 在 $(-\infty,+\infty)$ 内可导，如果 $f(x)\leqslant g(x)$，则 $f'(x)\leqslant g'(x)$ 是否正确？为什么？

20. 如果可导函数 $f(x)$ 在 (a,b) 内有界，则 $f'(x)$ 在 (a,b) 内有界是否正确，为什么？

21. 设 $f(x)$ 可导，$F(x)=f(x)(1+|\sin x|)$，证明 $f(0)=0$ 是 $F(x)$ 在 $x=0$ 处可导的充要条件．

22. 设 $f(x)=\begin{cases}\arctan 2x+2, & x\leqslant 0\\ ax^3+bx^2+cx+d, & 0<x<1\\ 3-\ln x, & x\geqslant 1\end{cases}$，试确定常数 a,b,c,d 的值，使 $f(x)$ 在 $x=0$ 及 $x=1$ 都可导．

23. 求下列函数的二阶导数：

(1) $f(x)=\sin e^{3x}-3^{\cos x}$;　　(2) $f(x)=(1+x^2)^x-x^3$;

(3) $f(x)=\begin{cases}x^2\arctan\dfrac{1}{x}, & x<0\\ x^2, & x\geqslant 0\end{cases}$．

24. 设 $\begin{cases}x=2(t-\sin t)\\ y=2(1-\cos t)\end{cases}$ $0<t<2\pi$，试证 $y''(x)<0$，并求 $y'''(x)$．

25. 求 $f(x)=(x^2-x)e^{3x}$ 的 n 阶导数．

26. 设 $f(x)=\sin^2 x$，求 $f^{(100)}(x),f^{(100)}(0)$．

27. 设 $f(x)$ 有任意阶导数，如果 $f'(x)=f^2(x)$，求 $f^{(n)}(x)$．

28. 用数学归纳法证明 $\dfrac{d^n}{dx^n}(x^{n-1}e^{\frac{1}{x}})=e^{\frac{1}{x}}\dfrac{(-1)^n}{x^{n+1}}$．

第 3 章 微分学中值定理

导数是研究函数性质的重要工具,但仅仅从导数概念出发,并不能充分体现这种工具的作用. 为了揭示函数的性质和导数之间的内在联系,就需要在微分学中建立几个基本定理,这些基本定理,统称为"中值定理". 它是一组揭示函数及其导数之间内在联系的公式,这组公式对于利用函数导数所具有的局部性质去推断该函数本身应具有的整体性质是极为重要的.

中值定理构成了一元函数微分学的理论基础.

3.1 中值定理

这里介绍法国数学家给出的微分学基本定理,它们是罗尔(M. Rolle,1652~1719)定理、拉格朗日(J. L. Lagrange,1736~1813)定理和柯西(A. L. Cauchy,1789~1857)定理.

3.1.1 罗尔定理

罗尔定理[①]　如果函数 $f(x)$ 满足下列条件:
1) 在闭区间 $[a,b]$ 上连续;
2) 在开区间 (a,b) 内可导;
3) $f(a)=f(b)$,

则在 (a,b) 内至少存在一点 ξ,使

$$f'(\xi) = 0 \quad (a<\xi<b).$$

这个定理的几何解释是:曲线 AB(图 3.1),如果满足三个条件:①从 A 到 B 是连续的(在 A 点只需右连续,在 B 点只需左连续);②A、B 之间任何点都有切线(不垂直于 x 轴);③A、B 两端点的纵坐标相等,那么,曲线 AB(两端点之间)内至少有一点,它的切线平行于 x 轴.

证　分两种情形来证明:

[①] 罗尔在 1691 年他所著的《等式解法》中提出这个定理的. 当时罗尔指出:"对于任意多项式 $p(x)$,在它的任意两个相邻的实根之间,其导数 $p'(x)$ 至少有一个零点."但罗尔并没有用导数的概念和符号,也未对这个结论做出证明. 一百多年之后,尤斯托·伯托维提斯将这个结论推广到可微函数,并把这个结论命名为罗尔定理.

3.1 中值定理

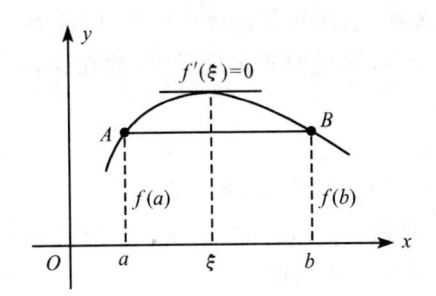

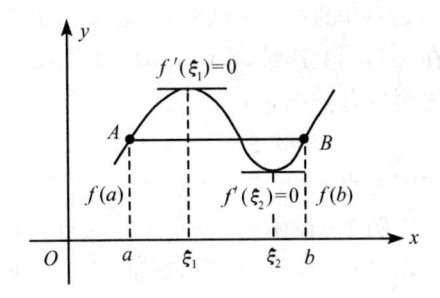

图 3.1

第一，如果 $f(x)$ 在闭区间 $[a,b]$ 上恒等于常数，则常数的导数 $f'(x)$ 恒等于 0，所以不管 ξ 是 a,b 之间什么数，都能使 $f'(\xi)=0$。

第二，如果 $f(x)$ 在闭区间 $[a,b]$ 上不是常数，则根据题设 1) 及连续函数在闭区间上的性质，它必有一最大值 M 及一最小值 $m(M \neq m)$，又根据题设 3)，M 和 m 两者不可能都在区间端点取得，而至少有其一，比如 M，在区间内一点取得，即 $M=f(\xi), a<\xi<b$。

现在来证明 $f'(\xi)=0$ 如下：

因为 $f(\xi)$ 是最大值，所以 $f(x) \leqslant f(\xi)$，又因题设 $f(x)$ 在 a,b 之间可导，所以，在 ξ 点的左导数与右导数都存在，且

$$f'_{-}(\xi) = \lim_{x \to \xi^-} \frac{f(x)-f(\xi)}{x-\xi} \geqslant 0,$$

$$f'_{+}(\xi) = \lim_{x \to \xi^+} \frac{f(x)-f(\xi)}{x-\xi} \leqslant 0.$$

但是左右导数又必相等，因此可得

$$f'(\xi) = 0.$$

当最小值 m 在区间内一点 ξ 取得时，也可仿上面证明之。

值得指出，罗尔定理仅仅指出在 a,b 中间至少有一点 ξ 能使 $f'(\xi)=0$，然而并没有确定 ξ 的位置。这点好像连续函数 $f(x)$ 的零点定理，仅仅指出 a,b 之间有一点 ξ，能使 $f(\xi)=0$，而没有指出 ξ 的确切位置一样。因此，可以认为中值定理就是关于 a,b 中间至少有一点，能使函数在该点某种特性的那些定理。从而，连续函数的零点定理就可以说是连续函数的中值定理，而罗尔定理以及下面要讲的拉格朗日定理、柯西定理，可认为是可导函数的中值定理。

例 1 设方程 $a_0 x^n + a_1 x^{n-1} + \cdots + a_{n-1} x = 0$ 有正根 x_0，试证：方程 $na_0 x^{n-1} + (n-1)a_1 x^{n-2} + \cdots + a_{n-1} = 0$ 有小于 x_0 的正根。

解 设 $f(x) = a_0 x^n + a_1 x^{n-1} + \cdots + a_{n-1} x$。显然 $f(0)=0$，由题设，正数 x_0 是

$f(x)=0$ 的根,即 $f(x_0)=0$. 又由于 $f(x)$ 是多项式,当然是连续可导的. 因此 $f(x)$ 在 $[0,x_0]$ 上连续,在 $(0,x_0)$ 内可导,$f(0)=f(x_0)$,满足罗尔定理条件,故在 $(0,x_0)$ 内至少有一点 ξ,使 $f'(\xi)=0$,即

$$na_0\xi^{n-1}+(n-1)a_1\xi^{n-2}+\cdots+a_{n-1}=0 \quad (0<\xi<x_0),$$

亦即方程 $na_0x^{n-1}+(n-1)a_1x^{n-2}+\cdots+a_{n-1}=0$ 有小于 x_0 的正根.

例 2 设函数 $f(x)$ 在 (a,b) 内具有二阶导数,且 $f(x_1)=f(x_2)=f(x_3)$,其中,$a<x_1<x_2<x_3<b$,试证:在 (x_1,x_3) 内至少有一点 ξ,使

$$f''(\xi)=0.$$

解 函数 $f(x)$ 在 $[x_1,x_2]$,$[x_2,x_3]$ 上都满足罗尔定理的条件,于是

存在 $\xi_1\in(x_1,x_2)$ 使 $f'(\xi_1)=0$;存在 $\xi_2\in(x_2,x_3)$ 使 $f'(\xi_2)=0$.

进而,对于导函数 $f'(x)$ 在 $[\xi_1,\xi_2]$ 上也满足罗尔定理的条件,故存在 $\xi\in(\xi_1,\xi_2)\subset(x_1,x_3)$ 使

$$f''(\xi)=0.$$

例 3(无穷区间的罗尔定理) 设函数 $f(x)$ 在无穷区间 $(-\infty,+\infty)$ 内满足条件:

1) 在 $(-\infty,+\infty)$ 内可导;

2) $\lim\limits_{x\to-\infty}f(x)=\lim\limits_{x\to+\infty}f(x)=A$,

则在 $(-\infty,+\infty)$ 内至少存在一点 ξ,使

$$f'(\xi)=0.$$

解 令 $t=\dfrac{2}{\pi}\arctan x$,即 $x=\varphi(t)=\tan\dfrac{\pi}{2}t$,这时,显然有

$$t\in(-1,1) \text{ 等价于 } x\in(-\infty,+\infty).$$

设

$$F(t)=\begin{cases}f(\varphi(t))=f\left(\tan\dfrac{\pi}{2}t\right), & t\in(-1,1) \\ A, & t=\pm 1\end{cases},$$

因为由题设 1),$f(x)$ 在 $(-\infty,+\infty)$ 内可导,而 $x=\varphi(t)=\tan\dfrac{\pi}{2}t$ 在 $(-1,1)$ 内可导,根据链锁法则知,$F(t)$ 在 $(-1,1)$ 内可导,又

$$\lim_{t\to-1^+}F(t)\xrightarrow{\left(t=\frac{2}{\pi}\arctan x\right)}\lim_{x\to-\infty}f(x)=A=F(-1),$$

$$\lim_{t\to 1^-}F(t)=\lim_{x\to+\infty}f(x)=A=F(1).$$

因此,$F(t)$ 在 -1 处右连续,在 1 处左连续,从而 $F(t)$ 在 $[-1,1]$ 上连续,且 $F(-1)=F(1)$. 于是由罗尔定理知,至少存在一点 $\eta\in(-1,1)$ 使 $F'(\eta)=0$,即

$$f'(\varphi(\eta))\cdot\varphi'(\eta)=0,$$

3.1 中值定理

而 $\varphi'(\eta)=\dfrac{\dfrac{\pi}{2}}{\cos^2\dfrac{\pi}{2}\eta}\neq 0$，所以 $f'(\varphi(\eta))=0,\eta\in(-1,1)$.

记 $\xi=\varphi(\eta)$，则 $\xi\in(-\infty,+\infty)$ 且 $f'(\xi)=0$.

3.1.2 拉格朗日定理

拉格朗日定理[①]　如果函数 $f(x)$ 满足下列条件：
(1) 在闭区间 $[a,b]$ 上连续；
(2) 在开区间 (a,b) 内可导，
则在 (a,b) 内至少存在一点 ξ，使

$$f'(\xi)=\frac{f(b)-f(a)}{b-a}\quad(a<\xi<b). \qquad(3.1.1)$$

这个定理的几何解释是：连续曲线 AB（图 3.2），如果每一点都有切线，就至少有一条曲线的切线，与曲线 AB 的弦平行．与罗尔定理比较，只有 AB 弦与 x 轴平行或不平行的区别．现在如果由原点引一条直线 OD 平行于 AB 弦（图 3.2）即 OD 的方程为

$$y=kx,$$

从而，得

$$MN=f(x)-kx=F(x),$$

及

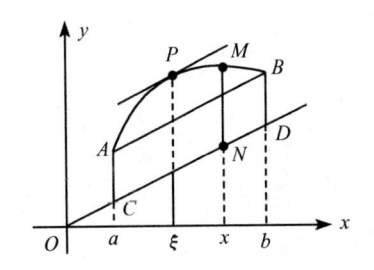

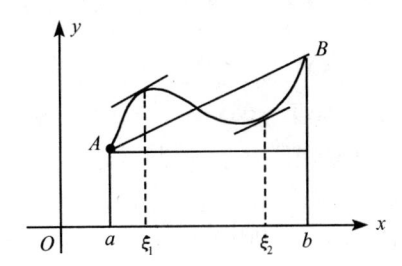

$$F(a)=F(b)\quad（因为\ CD\parallel AB），$$

图 3.2

这样，$F(x)$ 就具有罗尔定理所说的三个条件．由于这个几何的启示，定理的证明如下．

证明　作辅助函数

[①] 拉格朗日在 1797 年出版的《解析函数论》一书中首先得到这个定理的.

$$F(x) = f(x) - kx,$$

其中,k 由 $F(a)=F(b)$ 来决定,即由

$$f(a) - ka = f(b) - kb$$

决定,所以

$$k = \frac{f(b) - f(a)}{b - a}.$$

于是,因为这个辅助函数 $F(x)$ 在闭区间 $[a,b]$ 上连续,在开区间 (a,b) 内可导,并且 $F(a)=F(b)$,所以由罗尔定理知,在 (a,b) 内至少有一点 ξ,使

$$F'(\xi) = 0,$$

即

$$f'(\xi) - k = 0$$

亦即

$$f'(\xi) = \frac{f(b) - f(a)}{b - a} \quad (a < \xi < b).$$

这个定理也称为拉格朗日中值定理,公式(3.1.1)称为拉格朗日中值公式.

有时还把拉格朗日中值公式写为

$$f(b) - f(a) = f'(\xi)(b - a).$$

不难看出,当 $a>b$ 时,这个公式也成立(当然这时公式成立的条件是 $f(x)$ 在 $[b,a]$ 上连续,在 (b,a) 内可导,而 $b<\xi<a$).

如果以 x 代替 a,以 $x+\Delta x$($\Delta x>0$ 或 $\Delta x<0$)代替 b,则 $b-a=\Delta x$,并且因为 ξ 在 $x, x+\Delta x$ 之间,所以可以把 ξ 改写为 $x+\theta\Delta x$,其中 θ 为 0 和 1 之间的一个数,于是拉格朗日中值公式可以改写为

$$f(x + \Delta x) - f(x) = f'(x + \theta \Delta x) \Delta x \quad (0 < \theta < 1). \tag{3.1.2}$$

又称为拉格朗日的有限增量公式.

最后,如果 $f(a)=f(b)$,则由(3.1.1)式知 $f'(\xi)=0$,这就是罗尔定理.因此,拉格朗日定理是罗尔定理的推广.

例 1 如果对任意 $x\in(a,b)$ 有 $f'(x)=0$,则在 (a,b) 内,$f(x)$ 是一个常数.

解 在 (a,b) 内取定一点 x_0 及任意点 x,显然,函数 $f(x)$ 在 $[x_0,x]$ 或 $[x,x_0]$ 上满足拉格朗日定理条件,故在 x_0 与 x 之间至少存在一点 ξ,使

$$f(x) - f(x_0) = f'(\xi)(x - x_0) \quad (\xi \text{ 在 } x_0, x \text{ 之间}).$$

由题设知 $f'(\xi)=0$,于是 $f(x)=f(x_0)$.这就是说在 (a,b) 内,$f(x)$ 是一个常数.

前面已经知道:常数的导数为零.这样可以得出结论:

函数是常数的充分必要条件是导数恒为零.

由例 1,还可以推出

如果对任意 $x\in(a,b)$ 有 $f'(x)=g'(x)$,则在 (a,b) 内,$f(x)$ 与 $g(x)$ 仅差一个

3.1 中值定理

常数
$$f(x) = g(x) + c \quad (c \text{ 是常数}).$$

例 2 证明 $\arcsin x + \arccos x = \dfrac{\pi}{2}$.

证明 设 $f(x) = \arcsin x + \arccos x$,则
$$f'(x) = \frac{1}{\sqrt{1-x^2}} - \frac{1}{\sqrt{1-x^2}} = 0.$$

由上例得 $f(x) = c$,即
$$\arcsin x + \arccos x = c.$$

为了要决定 c 的值,可以在函数定义域内任意取一值代入上面等式来决定,现在令 $x = 0$,即得 $c = \dfrac{\pi}{2}$,所以
$$\arcsin x + \arccos x = \frac{\pi}{2}.$$

例 3 如果 $0 < a < b$,证明
$$\frac{b-a}{b} < \ln\frac{b}{a} < \frac{b-a}{a}$$

证明 设 $f(x) = \ln x$,则 $f(x)$ 在 $[a,b]$ 上连续、可导,且 $f'(x) = \dfrac{1}{x}$,由拉格朗日中值定理得
$$\frac{\ln b - \ln a}{b-a} = \frac{1}{\xi} \quad (a < \xi < b),$$

由于 $\dfrac{1}{b} < \dfrac{1}{\xi} < \dfrac{1}{a}$,故 $\dfrac{b-a}{b} < \ln\dfrac{b}{a} < \dfrac{b-a}{a}$.

例 4 设 $f(x)$ 在 $[a,b]$ 上连续,在 (a,b) 内可导,试证在 (a,b) 内至少存在一点 ξ,使
$$\frac{bf(b) - af(a)}{b-a} = f(\xi) + \xi f'(\xi) \quad (a < \xi < b).$$

证明 设 $F(x) = xf(x)$,显然 $F(x)$ 在 $[a,b]$ 上连续,在 (a,b) 内可导,则由拉格朗日中值定理知,在 (a,b) 内至少存在一点 ξ,使
$$F'(\xi) = \frac{F(b) - F(a)}{b-a},$$

又
$$F'(x) = f(x) + xf'(x),$$

故得
$$f(\xi) + \xi f'(\xi) = \frac{bf(b) - af(a)}{b-a} \quad (a < \xi < b).$$

例5 设 $f(x)$ 在 $[a,b]$ 上连续,在 (a,b) 内二阶可导,连接点 $A(a,f(a))$ 和 $B(b,f(b))$ 的直线段 AB,它与曲线 $y=f(x)$ 相交于点 $C(c,f(c))$ $(a<c<b)$,试证在 (a,b) 内至少有一个点 ξ 使

$$f''(\xi) = 0 \quad (a<\xi<b).$$

证明 显然 $f(x)$ 在 $[a,c]$ 和 $[c,b]$ 上满足拉格朗日定理条件. 因此存在 ξ_1,使

$$\frac{f(c)-f(a)}{c-a} = f'(\xi_1), \quad a<\xi_1<c;$$

存在 ξ_2,使

$$\frac{f(b)-f(c)}{b-c} = f'(\xi_2), \quad c<\xi_2<b.$$

又因为 A,B,C 在同一直线上,AC 和 BC 具有相同的斜率,即

$$\frac{f(c)-f(a)}{c-a} = \frac{f(b)-f(c)}{b-c},$$

从而得 $f'(\xi_1)=f'(\xi_2)$. 再对 $f'(x)$ 在 $[\xi_1,\xi_2]$ 上使用罗尔定理得到,存在 ξ,使 $f''(\xi)=0, \xi\in(\xi_1,\xi_2)\subset(a,b)$,即在 (a,b) 内至少有一点 ξ 使

$$f''(\xi) = 0 \quad (a<\xi<b).$$

例6 设 $f(x)$ 满足 ①在 $[x_0, x_0+\delta]$ $(\delta>0)$ 上连续;②在 $(x_0,x_0+\delta)$ 内可导;③ $\lim\limits_{x\to x_0^+} f'(x)$ 存在,则

$$f'_+(x_0) = \lim_{x\to x_0^+} f'(x).$$

解 设 $[x_0,x]\subset[x_0,x_0+\delta]$,那么,$f(x)$ 在 $[x_0,x]$ 上满足拉格朗日定理条件,因此,存在 $\xi\in(x_0,x)$ 使

$$\frac{f(x)-f(x_0)}{x-x_0} = f'(\xi),$$

对上式两边同取 $x\to x_0^+$ 的极限,得

$$\lim_{x\to x_0^+}\frac{f(x)-f(x_0)}{x-x_0} = \lim_{x\to x_0^+} f'(\xi) = \lim_{\xi\to x_0^+} f'(\xi) = \lim_{x\to x_0^+} f'(x),$$

所以

$$f'_+(x_0) = \lim_{x\to x_0^+} f'(x).$$

完全类似地,如果 $f(x)$ 在 x_0 的左邻域 $[x_0-\delta,x_0]$ 满足相应三个条件,则

$$f'_-(x_0) = \lim_{x\to x_0^-} f'(x).$$

进一步,还有下面的结论:

设 $f(x)$ 满足 ①在 x_0 处连续;②在 x_0 的某去心邻域内可导;③ $\lim\limits_{x\to x_0} f'(x)$ 存在,则

3.1 中值定理

$$f'(x_0) = \lim_{x \to x_0} f'(x).$$

应该指出,本例对于求分段函数在分界点处的导数是非常方便的. 例如,设 $f(x) = \begin{cases} e^x - 1, & x \geq 0 \\ x^2 + x, & x < 0 \end{cases}$,求 $f'(x)$. 显然有:当 $x \neq 0$ 时,$f'(x) = \begin{cases} e^x, & x > 0 \\ 2x+1, & x < 0 \end{cases}$;

而当 $x = 0$ 时

$$f'_-(0) = \lim_{x \to 0^-} f'(x) = \lim_{x \to 0^-}(2x+1) = 1,$$
$$f'_+(0) = \lim_{x \to 0^+} f'(x) = \lim_{x \to 0^+} e^x = 1,$$

故

$$f'(x) = \begin{cases} e^x, & x \geq 0 \\ 2x+1, & x < 0 \end{cases}.$$

3.1.3 柯西定理

柯西定理 如果函数 $f(x), g(x)$ 满足

(1) 在闭区间 $[a,b]$ 上连续;

(2) 在开区间 (a,b) 内可导;

(3) 在开区间 (a,b) 内,$g'(x) \neq 0$,

则在 (a,b) 内至少存在一点 ξ,使

$$\frac{f'(\xi)}{g'(\xi)} = \frac{f(b) - f(a)}{g(b) - g(a)} \quad (a < \xi < b). \tag{3.1.3}$$

这个定理有与拉格朗日定理同样的几何解释:连续曲线 AB(图 3.2),用参数方程表示为

$$x = g(t), \quad y = f(t) \quad (a \leq t \leq b),$$

则曲线在 $t = \xi$ 的点 $P(g(\xi), f(\xi))$ 处的切线斜率是 $\left.\dfrac{dy}{dx}\right|_{t=\xi} = \dfrac{f'(\xi)}{g'(\xi)}$. 而曲线上对应 $t=a$ 及 $t=b$ 的两点 A 及 B 连结成的弦的斜率是 $\dfrac{f(b)-f(a)}{g(b)-g(a)}$. 由此可见,柯西定理仍然是有切线与弦 AB 平行.

在(3.1.3)式中,如果取 $g(x) = x$,不难看出,这时它就变成为拉格朗日中值公式(3.1.1). 因此,拉格朗日定理不过是柯西定理的特殊情况. 柯西定理是拉格朗日定理的推广. 正因为如此,柯西定理的证明可以参照拉格朗日定理的证明.

证明 作辅助函数 $F(x) = f(x) - kg(x)$,其中,k 由 $F(a) = F(b)$ 决定,即由 $f(a) - kg(a) = f(b) - kg(b)$ 决定,所以

$$k = \frac{f(b) - f(a)}{g(b) - g(a)},$$

其中,$g(b)-g(a)\neq 0$,如果 $g(b)-g(a)=0$ 即 $g(b)=g(a)$,那么由罗尔定理,导数 $g'(x)$ 在 (a,b) 内至少有一个点 ξ,使 $g'(\xi)=0$,这与题设条件(3)不符,所以 $g(b)\neq g(a)$.

因为 $F(x)$ 在闭区间 $[a,b]$ 上连续,在开区间 (a,b) 内可导,并且 $F(a)=F(b)$,所以由罗尔定理知,在 (a,b) 内至少有一点 ξ,使 $F'(\xi)=0$,即

$$f'(\xi)-kg'(\xi)=0,$$

由于 $g'(\xi)\neq 0$,亦即有

$$\frac{f'(\xi)}{g'(\xi)}=k=\frac{f(b)-f(a)}{g(b)-g(a)} \quad (a<\xi<b).$$

例 1 设函数 $f(x)$ 在 $[a,b]$ 上连续,在 (a,b) 内可导,且 $0<a<b$,证明至少存在一点 $\xi\in(a,b)$,使

$$f(b)-f(a)=\xi f'(\xi)\ln\frac{b}{a}.$$

证明 设 $g(x)=\ln x$,从而 $f(x),g(x)$ 在 $[a,b]$ 上满足柯西定理条件,因此至少存在一点 $\xi\in(a,b)$ 使

$$\frac{f'(\xi)}{g'(\xi)}=\frac{f(b)-f(a)}{g(b)-g(a)},$$

即

$$\frac{f'(\xi)}{\frac{1}{\xi}}=\frac{f(b)-f(a)}{\ln b-\ln a},$$

亦即

$$f(b)-f(a)=\xi f'(\xi)\ln\frac{b}{a}.$$

例 2 在例 1 的条件下,证明至少存在 $\xi,\eta\in(a,b)$ 使 $f'(\xi)=\frac{a+b}{2\eta}f'(\eta)$.

这种有两个中值存在的问题,一般都是应用两次中值定理来完成证明的.

证明 根据 $\frac{f'(\eta)}{2\eta}$ 可知,只要在 $[a,b]$ 上对 $f(x)$ 和 $g(x)=x^2$ 使用柯西定理,得存在 $\eta\in(a,b)$ 使

$$\frac{f'(\eta)}{2\eta}=\frac{f(b)-f(a)}{b^2-a^2},$$

因而

$$\frac{(a+b)f'(\eta)}{2\eta}=\frac{f(b)-f(a)}{b-a},$$

又在$[a,b]$上对$f(x)$使用拉格朗日定理,得存在$\xi\in(a,b)$,使
$$\frac{f(b)-f(a)}{b-a}=f'(\xi),$$
将两式合并,即得证.

习 题 3.1

1. 验证$f(x)=x^4-x^2-10$在$\left[-\frac{1}{2},\frac{1}{2}\right]$上满足罗尔定理条件,并且求$\xi$.

2. 验证$f(x)=\ln\sin x$在$\left[\frac{\pi}{6},\frac{5\pi}{6}\right]$上满足罗尔定理条件,且求$\xi$.

3. 试用图形举例说明,罗尔定理的条件对其结论的正确性是不可少的.

4. 如果$f(x)=e^{kx}$在$[-1,1]$上满足罗尔定理条件,则k应该是多少?

5. 如果$f(x)=x+\ln x^k$在$[1,e]$上满足罗尔定理条件,求k.

6. 不用求出函数$f(x)=(x-1)(x-2)(x-3)(x-4)$的导数,说明方程$f'(x)=0$有几个实根,并指出它们所在的区间.

7. 函数$f(x)=x(x^2+1)(x^2-1)$的导函数有几个零点? 各在什么区间(要求直接看出)?

8. 已知$a_0+\frac{a_1}{2}+\frac{a_2}{3}+\cdots+\frac{a_n}{n+1}=0$,证明方程$a_0+a_1x+a_2x^2+\cdots+a_nx^n=0$在$(0,1)$内至少有一实根.

9. 证明方程$x^3-3x+5=0$在区间$(0,1)$内没有两个不同的实根.

10. 设$f(x)$在$[a,b]$上二阶可导,且恒有$f''(x)<0$,证明如果方程$f(x)=0$在(a,b)内有根,则最多有两个根.

11. 设$f(x)$在$[0,1]$上连续,在$(0,1)$内可导,且$f(1)=0$,证明:
(1) 至少存在一点$\xi\in(0,1)$使得$f(\xi)+\xi f'(\xi)=0$;
(2) 至少存在一点$\xi\in(0,1)$使得$2f(\xi)+\xi f'(\xi)=0$.

12. 设$f(x)$在$[0,\pi]$上可导,证明存在$\xi\in(0,\pi)$使得$\cos\xi\cdot f(\xi)+\sin\xi\cdot f'(\xi)=0$,即$f'(\xi)+\cot\xi\cdot f(\xi)=0$.

13. 设$f(x)$在$[1,2]$上有二阶导数,且$f(1)=f(2)=0$,如果$F(x)=(x-1)f(x)$,证明至少存在一点$\xi\in(1,2)$使$F''(\xi)=0$.

14. 设$f(x)$在$[0,1]$上连续,在$(0,1)$内可导,且$f(0)=f(1)=0$,证明如果存在$\eta\in(0,1)$使得$f(\eta)>\eta$,则必存在$\xi\in(0,1)$使得$f'(\xi)=1$.

15. 验证下列函数在指定区间内满足拉格朗日定理条件,且求ξ:
(1) $f(x)=\ln\sqrt{x}$,$[1,e]$;
(2) $f(x)=x^3-3x^2+3x-2$,$[-1,1]$;
(3) $f(x)=\sin 2x$,$[0,\pi]$.

16. 用图形举例说明,拉格朗日定理的条件缺一不可.

17. 证明如果$f(x)$在$(-\infty,+\infty)$内的导函数是不为零的常量,则$f(x)$在$(-\infty,+\infty)$内是线性函数.

18. 证明如果$f(x)$在$[a,b]$上连续,在(a,b)内可导,且$f(a)<f(b)$,则在(a,b)内至少存

一点 c,使 $f'(c)>0$.

19. 设 $f(x),f'(x)$ 在 $[a,b]$ 上连续,$f''(x)$ 在 (a,b) 内存在,$f(a)=f(b)=0$,在 (a,b) 中存在 c,使 $f(c)>0$,证明在 (a,b) 内至少存在一点 ξ,使 $f''(\xi)<0$.

20. 证明如果 $f(x)$ 可导且 $f(0)=0$,$|f'(x)|<1$,则 $|f(x)|<|x|(x\neq 0)$.

21. 证明下列不等式：

(1) $|\sin x-\sin y|\leqslant |x-y|$；

(2) $\dfrac{1}{x+1}<\ln(x+1)-\ln x<\dfrac{1}{x},x>0$；

(3) $\alpha y^{\alpha-1}(x-y)<x^\alpha-y^\alpha<\alpha x^{\alpha-1}(x-y),\alpha>1,0<y<x$；

(4) $\dfrac{\sin x_2-\sin x_1}{x_2-x_1}>\dfrac{\sin x_3-\sin x_2}{x_3-x_2},0\leqslant x_1<x_2<x_3\leqslant \pi$.

22. 证明下列恒等式：

(1) $\arctan x+\arctan \dfrac{1}{x}=\dfrac{\pi}{2}(x>0)$；

(2) $\arctan x-\dfrac{1}{2}\arccos \dfrac{2x}{1+x^2}=\dfrac{\pi}{4}(x\geqslant 1)$.

23. 验证 $f(x)=x^3,g(x)=x^2+1$ 在 $[1,2]$ 上满足柯西定理条件,且求 ξ.

24. 验证 $f(x)=\ln x,g(x)=x^2$ 在 $[1,e]$ 上满足柯西定理条件,且求 ξ.

25. 设 $f(x)$ 在 $[a,b]$ 上连续,在 (a,b) 内可导$(0<a<b)$,证明在 (a,b) 内存在 ξ,使
$$2\xi[f(b)-f(a)]=(b^2-a^2)f'(\xi).$$

26. 设 $f(x)$ 在 $[a,b]$ 上可导,且 $ab>0$,证明:
$$\dfrac{af(b)-bf(a)}{a-b}=f(\xi)-\xi f'(\xi),\text{其中 }a<\xi<b.$$

3.2 洛必达法则

如果 $x\to a$(或 $x\to \infty$)时,两个函数 $f(x)$ 和 $g(x)$ 都趋于零或都趋于无穷大,那么它们比的极限

$$\lim_{\substack{x\to a\\(x\to \infty)}}\dfrac{f(x)}{g(x)}$$

可能存在,也可能不存在,不能作一般性的结论. 通常就说这样比的极限是一个不定式,这里的"不定"二字不过是意味着关于它的极限不能确定出一般的结论,而并不是说在具体情况下它的极限总是不确定的. 但是,这样比的极限却有着很大的实际意义,如函数的导数就是两个无穷小量之比的极限所确定的. 因此,给出一种计算这种比的极限(如果存在的话)的一般方法,即使它并不能在一切情况下总有效的,也都是有价值的. 通常把无穷小量之比叫做 $\dfrac{0}{0}$ 型的不定式,而无穷大量之比叫做 $\dfrac{\infty}{\infty}$ 型的不定式. 下面给出这两种类型不定式的一种定值的方法,这种方法基本

3.2 洛必达法则

上是法国数学家洛必达(G. F. A. de L'Hospital,1661~1704)所提出的[①],因此通常把它称为洛必达法则.这种方法用起来简单而且有效,它的理论依据是柯西定理.

3.2.1 $\dfrac{0}{0}$型不定式

法则1 如果函数 $f(x)$ 和 $g(x)$ 满足

(1) $\lim\limits_{x\to a}f(x)=0, \lim\limits_{x\to a}g(x)=0$;

(2) 在 a 的某个去心邻域内可导,且 $g'(x)\neq 0$;

(3) $\lim\limits_{x\to a}\dfrac{f'(x)}{g'(x)}$ 存在(或为无穷大),

则

$$\lim_{x\to a}\frac{f(x)}{g(x)}=\lim_{x\to a}\frac{f'(x)}{g'(x)}.$$

证明 因为求 $\dfrac{f(x)}{g(x)}$ 当 $x\to a$ 时的极限与 $f(a)$ 和 $g(a)$ 无关,可以假定 $f(a)=0, g(a)=0$. 于是由题设(1)、(2)知,$f(x),g(x)$ 在 a 的某个邻域内是连续的. 设 x 是这个邻域内的一点,那么在以 a 及 x 为端点的区间上,柯西定理的条件都满足,因此

$$\frac{f(x)}{g(x)}=\frac{f(x)-f(a)}{g(x)-g(a)}=\frac{f'(\xi)}{g'(\xi)}\quad (\xi\text{ 在 }a,x\text{ 之间}).$$

令 $x\to a$ 时,因 ξ 在 a,x 之间,所以必有 $\xi\to a$,因此由条件(3)有

$$\lim_{x\to a}\frac{f(x)}{g(x)}=\lim_{x\to a}\frac{f'(\xi)}{g'(\xi)}=\lim_{\xi\to a}\frac{f'(\xi)}{g'(\xi)}=\lim_{x\to a}\frac{f'(x)}{g'(x)},$$

结论成立.

值得指出,如果 $\lim\limits_{x\to a}\dfrac{f'(x)}{g'(x)}$ 仍属于 $\dfrac{0}{0}$ 型时,只要 $f'(x)$ 及 $g'(x)$ 满足法则1中 $f(x)$ 与 $g(x)$ 所满足的条件,那么就可以继续分别对分子与分母求导数而得

$$\lim_{x\to a}\frac{f(x)}{g(x)}=\lim_{x\to a}\frac{f'(x)}{g'(x)}=\lim_{x\to a}\frac{f''(x)}{g''(x)},$$

并且可以以此类推,也就说洛必达法则1可以连续使用.

例1 求 $\lim\limits_{x\to\frac{\pi}{3}}\dfrac{1-2\cos x}{\sin\left(x-\dfrac{\pi}{3}\right)}$.

解 这是一个 $\dfrac{0}{0}$ 型的不定式,利用洛必达法则1,得到

[①] 这个方法由瑞士数学家伯努利(J. Bernoulli,1667~1748)首创,于1694年信中传给了他的学生洛必达之后,洛必达于1696年在《无穷小分析》一书中论述了这一方法.

$$\lim_{x\to\frac{\pi}{3}}\frac{1-2\cos x}{\sin\left(x-\frac{\pi}{3}\right)}=\lim_{x\to\frac{\pi}{3}}\frac{2\sin x}{\cos\left(x-\frac{\pi}{3}\right)}=\sqrt{3}.$$

注意,上式中的 $\lim\limits_{x\to\frac{\pi}{3}}\dfrac{2\sin x}{\cos\left(x-\frac{\pi}{3}\right)}$ 已不再是不定式,故不能再对它应用洛必达法则 1,否则要导致错误的结果. 因此,在每次使用洛必达法则 1 之前,都要验证极限是否为 $\dfrac{0}{0}$ 型不定式.

例 2 求 $\lim\limits_{x\to 0}\dfrac{\tan x-x}{x-\sin x}$.

解 利用洛必达法则 1,得到

$$\lim_{x\to 0}\frac{\tan x-x}{x-\sin x}=\lim_{x\to 0}\frac{\sec^2 x-1}{1-\cos x}\quad\left(\text{因为}\frac{\sec^2 x-1}{1-\cos x}=\frac{1+\cos x}{\cos^2 x}\right)$$
$$=\lim_{x\to 0}\frac{1+\cos x}{\cos^2 x}=2.$$

注意,求出导数之比以后,进行化简的步骤是必要的,否则将会引起计算上的许多麻烦.

例 3 求 $\lim\limits_{x\to 0}\dfrac{\mathrm{e}-(1+x)^{\frac{1}{x}}}{x}$.

解 因为 $\left[(1+x)^{\frac{1}{x}}\right]'=-\dfrac{(1+x)^{\frac{1}{x}}}{x^2(1+x)}[(1+x)\ln(1+x)-x]$,所以

$$\lim_{x\to 0}\frac{\mathrm{e}-(1+x)^{\frac{1}{x}}}{x}=\lim_{x\to 0}\frac{(1+x)^{\frac{1}{x}}}{x^2(1+x)}[(1+x)\ln(1+x)-x]$$
$$=\lim_{x\to 0}\frac{(1+x)^{\frac{1}{x}}}{(1+x)}\cdot\lim_{x\to 0}\frac{(1+x)\ln(1+x)-x}{x^2}$$
$$=\mathrm{e}\cdot\lim_{x\to 0}\frac{(1+x)\ln(1+x)-x}{x^2}$$
$$=\mathrm{e}\cdot\lim_{x\to 0}\frac{\ln(1+x)}{2x}=\frac{\mathrm{e}}{2}.$$

洛必达法则 1 是求 $\dfrac{0}{0}$ 型不定式的值的一种有效方法,但最好能与其他求极限的方法结合使用(如利用重要极限、等价无穷小代换、四则运算法则等方法),这样可以运算更简捷.

例 4 求 $\lim\limits_{x\to 0}\dfrac{x-\arcsin x}{\sin^3 x}$.

解

$$\lim_{x\to 0}\frac{x-\arcsin x}{\sin^3 x}=\lim_{x\to 0}\frac{x-\arcsin x}{x^3}$$

3.2 洛必达法则

$$= \lim_{x \to 0} \frac{1 - \frac{1}{\sqrt{1-x^2}}}{3x^2}$$

$$= \lim_{x \to 0} \frac{\sqrt{1-x^2} - 1}{3\sqrt{1-x^2} \cdot x^2}$$

$$= \lim_{x \to 0} \frac{1}{3\sqrt{1-x^2}} \cdot \lim_{x \to 0} \frac{\sqrt{1-x^2} - 1}{x^2}$$

$$= \frac{1}{3}\left(-\frac{1}{2}\right) = -\frac{1}{6} \quad (\sqrt{1-x^2} - 1 \sim -\frac{1}{2}x^2).$$

法则 2 如果函数 $f(x), g(x)$ 满足

(1) $\lim\limits_{x \to \infty} f(x) = 0, \lim\limits_{x \to \infty} g(x) = 0$;

(2) 在 x 足够大 ($|x| > X$) 时, $f'(x), g'(x)$ 存在, 且 $g'(x) \neq 0$;

(3) $\lim\limits_{x \to \infty} \frac{f'(x)}{g'(x)}$ 存在 (或为无穷大),

则

$$\lim_{x \to \infty} \frac{f(x)}{g(x)} = \lim_{x \to \infty} \frac{f'(x)}{g'(x)}.$$

证明

$$\lim_{x \to \infty} \frac{f(x)}{g(x)} \xlongequal{\diamondsuit\, x = \frac{1}{t}} \lim_{t \to 0} \frac{f\left(\frac{1}{t}\right)}{g\left(\frac{1}{t}\right)}$$

$$\xlongequal[\text{法则 1}]{\text{利用}} \lim_{t \to 0} \frac{f'\left(\frac{1}{t}\right) \cdot \left(-\frac{1}{t^2}\right)}{g'\left(\frac{1}{t}\right) \cdot \left(-\frac{1}{t^2}\right)} = \lim_{t \to 0} \frac{f'\left(\frac{1}{t}\right)}{g'\left(\frac{1}{t}\right)}$$

$$\xlongequal{\text{还原}} \lim_{x \to \infty} \frac{f'(x)}{g'(x)}.$$

由法则 1 和法则 2 可知, $\frac{0}{0}$ 型不定式, 不论极限的过程 ($x \to a$ 或 $x \to \infty$) 如何, 都有

$$\lim \frac{f(x)}{g(x)} = \lim \frac{f'(x)}{g'(x)}.$$

如果极限过程换成 $x \to a^-, x \to a^+$ 及 $x \to +\infty, x \to -\infty$, 同样也有上式的结论.

例 5 求 $\lim\limits_{x \to +\infty} \dfrac{\frac{\pi}{2} - \arctan x}{\sin \frac{1}{x}}$.

解 因为 $\sin\dfrac{1}{x} \sim \dfrac{1}{x}$，所以

$$\lim_{x\to+\infty} \dfrac{\dfrac{\pi}{2}-\arctan x}{\sin\dfrac{1}{x}} = \lim_{x\to+\infty} \dfrac{\dfrac{\pi}{2}-\arctan x}{\dfrac{1}{x}}$$

$$= \lim_{x\to+\infty} \dfrac{-\dfrac{1}{1+x^2}}{-\dfrac{1}{x^2}}$$

$$= \lim_{x\to+\infty} \dfrac{x^2}{1+x^2} = 1.$$

3.2.2 $\dfrac{\infty}{\infty}$ 型不定式

法则 3 如果函数 $f(x)$ 和 $g(x)$ 满足

(1) $\lim\limits_{x\to a} f(x) = \infty, \lim\limits_{x\to a} g(x) = \infty$；

(2) 在 a 的某个去心邻域内可导，且 $g'(x) \neq 0$；

(3) $\lim\limits_{x\to a} \dfrac{f'(x)}{g'(x)}$ 存在（或为无穷大），

则

$$\lim_{x\to a} \dfrac{f(x)}{g(x)} = \lim_{x\to a} \dfrac{f'(x)}{g'(x)}.$$

证明从略.

同样，对于法则 3 中的 $x \to a$，如果换成 $x \to a^-$，$x \to a^+$，$x \to \infty$，$x \to +\infty$ 或 $x \to -\infty$，结论仍然成立.

例 1 求 $\lim\limits_{x\to\frac{\pi}{2}} \dfrac{\tan x}{\tan 3x}$.

解

$$\lim_{x\to\frac{\pi}{2}} \dfrac{\tan x}{\tan 3x} = \lim_{x\to\frac{\pi}{2}} \dfrac{\sec^2 x}{3\sec^2 3x} = \lim_{x\to\frac{\pi}{2}} \dfrac{\cos^2 3x}{3\cos^2 x}$$

$$= \lim_{x\to\frac{\pi}{2}} \dfrac{-6\cos 3x \sin 3x}{-6\cos x \sin x} = \lim_{x\to\frac{\pi}{2}} \dfrac{\sin 3x}{\sin x} \cdot \lim_{x\to\frac{\pi}{2}} \dfrac{\cos 3x}{\cos x}$$

$$= -\lim_{x\to\frac{\pi}{2}} \dfrac{\cos 3x}{\cos x} = \lim_{x\to\frac{\pi}{2}} -\dfrac{3\sin 3x}{\sin x} = 3.$$

这个例子中的 $\lim\limits_{x\to\frac{\pi}{2}} \dfrac{\cos^2 3x}{3\cos^2 x}$ 为 $\dfrac{0}{0}$ 型不定式. 这说明使用洛必达法则时，$\dfrac{0}{0}$ 型不定式与 $\dfrac{\infty}{\infty}$ 型不定式有可能交替出现.

3.2 洛必达法则

例2 求 $\lim\limits_{x\to+\infty}\dfrac{\ln x}{x^\alpha}(\alpha>0)$；$\lim\limits_{x\to+\infty}\dfrac{x^\alpha}{a^x}(\alpha>0,a>1)$.

解
$$\lim_{x\to+\infty}\frac{\ln x}{x^\alpha}=\lim_{x\to+\infty}\frac{\dfrac{1}{x}}{\alpha x^{\alpha-1}}=\lim_{x\to+\infty}\frac{1}{\alpha x^\alpha}=0;$$

$$\lim_{x\to+\infty}\frac{x^\alpha}{a^x}=\lim_{x\to+\infty}\frac{\alpha x^{\alpha-1}}{a^x\ln a},$$

显然当 $0<\alpha\leqslant 1$ 时，$\lim\limits_{x\to+\infty}\dfrac{x^\alpha}{a^x}=0$；而 $\alpha>1$ 时总存在自然数 n，使 $n-1<\alpha\leqslant n$ ($\alpha-n\leqslant 0$) 应继续使用洛必达法则 3，有

$$\lim_{x\to+\infty}\frac{x^\alpha}{a^x}=\lim_{x\to+\infty}\frac{\alpha x^{\alpha-1}}{a^x\ln a}=\lim_{x\to+\infty}\frac{\alpha(\alpha-1)x^{(\alpha-2)}}{a^x\ln^2 a}$$
$$=\lim_{x\to+\infty}\frac{\alpha(\alpha-1)\cdots(\alpha-n+1)x^{\alpha-n}}{a^x\ln^n a}=0,$$

故
$$\lim_{x\to+\infty}\frac{x^\alpha}{a^x}=0\quad(\alpha>0,a>1).$$

这个例子说明，对任何 $\alpha>0,a>1$，当 $x\to+\infty$ 时，对数函数 $\ln x$，幂函数 x^α，指数函数 a^x 虽然都是正无穷大，但这三个函数增长"速度"是不一样的，指数函数 a^x 增长最快，幂函数 x^α 次之，对数函数 $\ln x$ 增长最慢.

例3 验证 $\lim\limits_{x\to\infty}\dfrac{x+\sin x}{x}$ 存在，但不能用洛必达法则 3 得出.

解 显然 $\lim\limits_{x\to\infty}\dfrac{x+\sin x}{x}=\lim\limits_{x\to\infty}\left(1+\dfrac{\sin x}{x}\right)=1+0=1$，这个极限存在，其值为 1. 又由于这个极限属于 $\dfrac{\infty}{\infty}$ 型不定式，满足洛必达法则 3 的条件(1)、(2)，但是由于

$$\lim_{x\to\infty}\frac{(x+\sin x)'}{x'}=\lim_{x\to\infty}(1+\cos x),$$

此极限不存在，也不是无穷大，所以法则 3 的条件(3) 不满足，从而不能应用法则 3，即所求极限不能应用洛必达法则 3 求得.

这个例子说明，洛必达法则的条件仅仅是结论的充分条件，当分子、分母的导数之商 $\dfrac{f'(x)}{g'(x)}$ 的极限不存在，也不是无穷大时，原极限 $\left(\lim\dfrac{f(x)}{g(x)}\right)$ 仍可能存在. 总之，采用洛必达法则求 $\dfrac{0}{0}$ 型及 $\dfrac{\infty}{\infty}$ 型不定式值的一般步骤是：先判断 $\lim\dfrac{f(x)}{g(x)}$ 确系 $\dfrac{0}{0}$ 型或 $\dfrac{\infty}{\infty}$ 型不定式；再求导数之比的极限 $\lim\dfrac{f'(x)}{g'(x)}$，只要它存在(或无穷大)，就可

断言:函数之比的极限等于导数之比的极限,即

$$\lim \frac{f(x)}{g(x)} = \lim \frac{f'(x)}{g'(x)}.$$

最后,洛必达法则是求 $\frac{0}{0}$ 型或 $\frac{\infty}{\infty}$ 型不定式的值的一种有效方法,但有时也会失效. 例如

$$\lim_{x \to +\infty} \frac{\sqrt{1+x^2}}{x} \xlongequal{\text{法则 3}} \lim_{x \to +\infty} \frac{\frac{x}{\sqrt{1+x^2}}}{1} = \lim_{x \to +\infty} \frac{x}{\sqrt{1+x^2}}$$

$$\xlongequal{\text{法则 3}} \lim_{x \to +\infty} \frac{1}{\frac{x}{\sqrt{1+x^2}}} = \lim_{x \to +\infty} \frac{\sqrt{1+x^2}}{x},$$

如此继续会出现反复循环而得不出结果的情况,然而

$$\lim_{x \to +\infty} \frac{\sqrt{1+x^2}}{x} = \lim_{x \to +\infty} \sqrt{1+\frac{1}{x^2}} = 1.$$

3.2.3 其他类型的不定式

除了上述 $\frac{0}{0}$ 型及 $\frac{\infty}{\infty}$ 型两种类型的不定式以外,有时还会遇到

"$0 \cdot \infty$","$\infty - \infty$","1^{∞}","0^{0}","∞^{0}"

等类型的不定式(其中,"1^{∞}"表示 $[f(x)]^{g(x)}$ 中 $f(x) \to 1$ 而 $g(x) \to \infty$ 的情形). 对于 $0 \cdot \infty$ 型及 $\infty - \infty$ 型两种类型不定式,我们容易直接把它们化成 $\frac{0}{0}$ 型或 $\frac{\infty}{\infty}$ 型的不定式,从而可以利用洛必达法则来定值. 对于 $1^{\infty}, 0^{0}, \infty^{0}$ 三种类型的不定式,它们都是幂指函数 $[f(x)]^{g(x)}$ 的极限. 因为

$$[f(x)]^{g(x)} = e^{g(x)\ln f(x)},$$

并根据指数函数的连续性,所以有

$$\lim [f(x)]^{g(x)} = e^{\lim [g(x)\ln f(x)]}.$$

因此只要求出极限 $\lim[g(x)\ln f(x)]$,问题就解决了. 容易看出,这个极限不过是一个 $0 \cdot \infty$ 型的不定式,因此这时也可以利用洛必达法则来计算结果.

例 1 求 $\lim\limits_{x \to 1}(1-x)\tan\frac{\pi}{2}x$.

解 这是 $0 \cdot \infty$ 型不定式. 因为

$$(1-x)\tan\frac{\pi}{2}x = \frac{1-x}{\cos\frac{\pi}{2}x} \cdot \sin\frac{\pi}{2}x$$

3.2 洛必达法则

当 $x \to 1$ 时,上式右端是 $\dfrac{0}{0}$ 型不定式,应用洛必达法则得

$$\lim_{x \to 1}(1-x)\tan\dfrac{\pi}{2}x = \lim_{x \to 1}\dfrac{1-x}{\cos\dfrac{\pi}{2}x} \cdot \sin\dfrac{\pi}{2}x$$

$$= \lim_{x \to 1}\dfrac{1-x}{\cos\dfrac{\pi}{2}x} \cdot \lim_{x \to 1}\sin\dfrac{\pi}{2}x$$

$$= \lim_{x \to 1}\dfrac{-1}{-\sin\dfrac{\pi}{2}x \cdot (\dfrac{\pi}{2})} \cdot 1 = \dfrac{2}{\pi}.$$

例 2 求 $\lim\limits_{x \to 0^+} x^\alpha \ln x \ (\alpha > 0)$.

解 这是 $0 \cdot \infty$ 型不定式,因为

$$x^\alpha \ln x = \dfrac{\ln x}{x^{-\alpha}},$$

当 $x \to 0^+$ 时,上式右端是 $\dfrac{\infty}{\infty}$ 型不定式,应用洛必达法则得

$$\lim_{x \to 0^+} x^\alpha \ln x = \lim_{x \to 0^+}\dfrac{\ln x}{x^{-\alpha}} = \lim_{x \to 0^+}\dfrac{\dfrac{1}{x}}{-\alpha x^{-\alpha-1}} = \lim_{x \to 0^+}\dfrac{x^\alpha}{-\alpha} = 0.$$

如果化为 $\dfrac{0}{0}$ 型不定式后再使用洛必达法则,有

$$\lim_{x \to 0^+} x^\alpha \ln x = \lim_{x \to 0^+}\dfrac{x^\alpha}{\dfrac{1}{\ln x}} = \lim_{x \to 0^+}\dfrac{\alpha x^{\alpha-1}}{-\dfrac{1}{(\ln x)^2} \cdot \dfrac{1}{x}} = \lim_{x \to 0^+}[-\alpha x^\alpha \ln^2 x].$$

可见这后一个极限比原来的极限更为复杂,不能解决问题,因此,对于本题,宜将 $0 \cdot \infty$ 型化为 $\dfrac{\infty}{\infty}$ 型不定式来计算.

例 3 求 $\lim\limits_{x \to 1}\left(\dfrac{1}{\ln x} - \dfrac{1}{x-1}\right)$.

解 这是 $\infty - \infty$ 型不定式,但如果改写为 $\dfrac{x-1-\ln x}{(x-1)\ln x}$,就是 $\dfrac{0}{0}$ 型不定式了,于是

$$\lim_{x \to 1}\left(\dfrac{1}{\ln x} - \dfrac{1}{x-1}\right) = \lim_{x \to 1}\dfrac{x-1-\ln x}{(x-1)\ln x} = \lim_{x \to 1}\dfrac{1-\dfrac{1}{x}}{\ln x + \dfrac{x-1}{x}}$$

$$= \lim_{x \to 1}\dfrac{x-1}{x\ln x + x - 1} = \lim_{x \to 1}\dfrac{1}{\ln x + 1 + 1} = \dfrac{1}{2}.$$

例 4 求 $\lim\limits_{x \to \infty}\left[x - x^2 \ln\left(1 + \dfrac{1}{x}\right)\right]$.

解 因为 $\lim\limits_{x\to\infty}x\ln\left(1+\dfrac{1}{x}\right)\xlongequal{\frac{1}{x}=t}\lim\limits_{t\to 0}\dfrac{\ln(1+t)}{t}=1$，所以这是 $\infty-\infty$ 型不定式. 为此，令 $\dfrac{1}{x}=t$ 有

$$\lim_{x\to\infty}\left[x-x^2\ln\left(1+\dfrac{1}{x}\right)\right]=\lim_{t\to 0}\left[\dfrac{1}{t}-\dfrac{1}{t^2}\ln(1+t)\right]=\lim_{t\to 0}\dfrac{t-\ln(1+t)}{t^2},$$

这就是 $\dfrac{0}{0}$ 型不定式，于是

$$\lim_{x\to\infty}\left[x-x^2\ln\left(1+\dfrac{1}{x}\right)\right]=\lim_{t\to 0}\dfrac{t-\ln(1+t)}{t^2}=\lim_{t\to 0}\dfrac{1-\dfrac{1}{1+t}}{2t}$$

$$=\lim_{t\to 0}\dfrac{1}{2(1+t)}=\dfrac{1}{2}.$$

例 5 求 $\lim\limits_{x\to 0}\left(\dfrac{1}{\sin^2 x}-\dfrac{1}{x^2}\right)$.

解 这是 $\infty-\infty$ 型不定式.

$$\lim_{x\to 0}\left(\dfrac{1}{\sin^2 x}-\dfrac{1}{x^2}\right)=\lim_{x\to 0}\dfrac{x^2-\sin^2 x}{x^2\sin^2 x}=\lim_{x\to 0}\dfrac{(x+\sin x)(x-\sin x)}{x^4}$$

$$=\lim_{x\to 0}\dfrac{x+\sin x}{x}\cdot\dfrac{x-\sin x}{x^3}=2\lim_{x\to 0}\dfrac{x-\sin x}{x^3}$$

$$=2\lim_{x\to 0}\dfrac{1-\cos x}{3x^2}=2\cdot\dfrac{1}{3}\cdot\dfrac{1}{2}=\dfrac{1}{3}.$$

可见在使用洛必达法则解题时，可以作适当变换，可以作等价代替，可以作代数简化，以达到简化计算的目的.

例 6 求 $\lim\limits_{x\to 0}(\cos 2x)^{\frac{3}{x^2}}$.

解 这是 1^∞ 型不等式，根据幂指函数化简方法，有

$$\lim_{x\to 0}(\cos 2x)^{\frac{3}{x^2}}=\mathrm{e}^{\lim\limits_{x\to 0}\frac{3\ln\cos 2x}{x^2}}=\mathrm{e}^{\lim\limits_{x\to 0}\frac{3\frac{-\sin 2x}{\cos 2x}\cdot 2}{2x}}$$

$$=\mathrm{e}^{-3\lim\limits_{x\to 0}\frac{\sin 2x}{x}\cdot\frac{1}{\cos 2x}}=\mathrm{e}^{-6}.$$

例 7 求 $\lim\limits_{x\to +\infty}\left(\dfrac{2}{\pi}\arctan x\right)^x$.

解 这是 1^∞ 型不定式，根据幂指函数化简方法，有

$$\lim_{x\to +\infty}\left(\dfrac{2}{\pi}\arctan x\right)^x=\mathrm{e}^{\lim\limits_{x\to +\infty}x\ln\left(\frac{2}{\pi}\arctan x\right)}$$

$$=\mathrm{e}^{\lim\limits_{x\to +\infty}\frac{\ln\left(\frac{2}{\pi}\arctan x\right)}{\frac{1}{x}}}=\mathrm{e}^{\lim\limits_{x\to 0}\frac{\frac{1}{\frac{2}{\pi}\arctan x}\cdot\frac{2}{\pi}\cdot\frac{1}{1+x^2}}{-\frac{1}{x^2}}}$$

3.2 洛必达法则

$$= \mathrm{e}^{-\lim\limits_{x\to+\infty}\frac{1}{\arctan x}\cdot\frac{x^2}{1+x^2}} = \mathrm{e}^{-\frac{2}{\pi}}.$$

例 8 求 $\lim\limits_{x\to 0^+}(\sin x)^{\frac{5}{3+4\ln x}}$.

解 这是 0^0 型不等式，根据幂指函数化简方法，有

$$\lim\limits_{x\to 0^+}(\sin x)^{\frac{5}{3+4\ln x}} = \mathrm{e}^{\lim\limits_{x\to 0^+}\frac{5\ln\sin x}{3+4\ln x}} = \mathrm{e}^{\lim\limits_{x\to 0^+}\frac{5\frac{\cos x}{\sin x}}{4\frac{1}{x}}}$$

$$= \mathrm{e}^{\frac{5}{4}\lim\limits_{x\to 0^+}\frac{x\cos x}{\sin x}} = \mathrm{e}^{\frac{5}{4}}.$$

例 9 求 $\lim\limits_{x\to 0}(\cot x)^{\sin x}$.

解 这是 ∞^0 型不定式，根据幂指函数化简方法，有

$$\lim\limits_{x\to 0}(\cot x)^{\sin x} = \mathrm{e}^{\lim\limits_{x\to 0}\sin x\ln\cot x} = \mathrm{e}^{\lim\limits_{x\to 0}\frac{\ln\cot x}{\csc x}}$$

$$= \mathrm{e}^{\lim\limits_{x\to 0}\frac{-\frac{1}{\cot x}\cdot\csc^2 x}{-\cot x\cdot\csc x}} = \mathrm{e}^{\lim\limits_{x\to 0}\frac{\sin x}{\cos^2 x}} = \mathrm{e}^0 = 1.$$

显然，对于 1^∞ 型、0^0 型及 ∞^0 型不定式的计算方法都是相同的.

习 题 3.2

1. 求下列函数所指定的极限：

(1) $\lim\limits_{x\to 0}\dfrac{x\cos x-\sin x}{x^3}$；

(2) $\lim\limits_{x\to 1}\dfrac{1-x}{1-\sin\frac{\pi x}{2}}$；

(3) $\lim\limits_{x\to\frac{\pi}{4}}\dfrac{\sec^2 x-2\tan x}{1+\cos 4x}$；

(4) $\lim\limits_{x\to\frac{\pi}{2}}\dfrac{\tan x}{\tan 5x}$；

(5) $\lim\limits_{x\to\infty}\dfrac{\mathrm{e}^x}{x^5}$；

(6) $\lim\limits_{x\to\infty}\dfrac{\ln x}{\sqrt[3]{x}}$；

(7) $\lim\limits_{x\to 0}\dfrac{\frac{\pi}{x}}{\cot\frac{\pi x}{2}}$；

(8) $\lim\limits_{x\to 0}\dfrac{\ln(\sin mx)}{\ln\sin x}$；

(9) $\lim\limits_{x\to 1}\ln x\ln(x-1)$；

(10) $\lim\limits_{x\to+\infty} x^n\mathrm{e}^{-x}\ (n>0)$；

(11) $\lim\limits_{x\to 3}\left(\dfrac{1}{x-3}-\dfrac{5}{x^2-x-6}\right)$；

(12) $\lim\limits_{x\to 1}\left[\dfrac{1}{2(1-\sqrt{x})}-\dfrac{1}{3(1-\sqrt[3]{x})}\right]$；

(13) $\lim\limits_{x\to\frac{\pi}{2}}\left(\dfrac{x}{\cot x}-\dfrac{\pi}{2\cos x}\right)$；

(14) $\lim\limits_{x\to 0^+} x^x$；

(15) $\lim\limits_{x\to+\infty} x^{\frac{1}{x}}$；

(16) $\lim\limits_{x\to 0^+} x^{\frac{3}{1+\ln x}}$；

(17) $\lim\limits_{x\to 1} x^{\frac{1}{1-x}}$；

(18) $\lim\limits_{x\to 1}\left(\tan\dfrac{\pi x}{4}\right)^{\tan\frac{\pi}{2}x}$；

(19) $\lim\limits_{x\to 0^+}\left(\dfrac{1}{x}\right)^{\tan x}$；

(20) $\lim\limits_{x\to 0^+}(\cot x)^{\sin x}$.

2. 计算下列极限：

(1) $\lim\limits_{x\to 0}\dfrac{\cos(\sin x)-\cos x}{x^4}$；

(2) $\lim\limits_{x\to 0}\dfrac{3x-\sin 3x}{(1-\cos x)\ln(1+2x)}$；

(3) $\lim\limits_{x\to 0}\left(\dfrac{1}{x}-\dfrac{1}{e^x-1}\right)$；

(4) $\lim\limits_{x\to 0}(\sin^2 x)^{\frac{1}{\ln|x|}}$；

(5) $\lim\limits_{x\to +\infty}x^{\frac{1}{\ln(x^3+1)}}$；

(6) $\lim\limits_{x\to 0}\dfrac{e^x\sin x-x(1+x)}{x^3}$；

(7) $\lim\limits_{x\to 0}\left(\dfrac{1}{x^2}-\cot^2 x\right)$；

(8) $\lim\limits_{x\to 0}\left[\dfrac{(1+x)^{\frac{1}{x}}}{e}\right]^{\frac{1}{x}}$；

(9) $\lim\limits_{x\to 0}\left(\dfrac{a^x-x\ln a}{b^x-x\ln b}\right)^{\frac{1}{x^2}}$ $(a>0,b>0,a\neq 1,b\neq 1)$；

(10) $\lim\limits_{x\to 0}\dfrac{(e^{2x}-1)\tan x^2}{\ln(1-\sin^2 x)\cdot\sin x}$.

3. 求下列极限：

(1) $\lim\limits_{n\to\infty}n^2\left(2-n\sin\dfrac{2}{n}\right)$；

(2) $\lim\limits_{n\to\infty}n^2\left(\arctan\dfrac{a}{n}-\arctan\dfrac{a}{n+1}\right)(a\neq 0)$；

(3) $\lim\limits_{n\to\infty}\left(\cos\dfrac{k}{n}\right)^n$；

(4) $\lim\limits_{n\to\infty}(e^n+4^n+7^n)^{\frac{1}{n}}$.

4. 证明如果 $f''(a)$ 存在，则

$$\lim_{h\to 0}\dfrac{f(a+2h)-2f(a+h)+f(a)}{h^2}=f''(a).$$

5. 验证极限 $\lim\limits_{x\to 0}\dfrac{x^2\sin\dfrac{1}{x}}{\sin x}$ 存在，但不能用洛必达法则.

3.3 泰勒公式

在各类函数中，多项式是最简单的一种，因为仅仅通过加法、乘法两种运算就可以计算出它的值.从而联想到，如果能将复杂的函数近似地用多项式来表示，而误差又能满足要求，显然，这对函数性质的研究和函数值的计算都会带来很大方便.下面介绍的——由英国数学家泰勒(B. Taylor, 1685～1731)在 1715 年出版的《正和反的增量法》一书中给出的——泰勒公式就是属于这个领域的内容.泰勒公式是在一个给定的点 x_0 附近表达函数 $f(x)$ 的公式，它的特点是构造简单，使用方便.

3.3.1 带皮亚诺余项的泰勒公式

在微分概念中，已经知道，如果函数 $f(x)$ 在 x_0 处可导，那么由(2.4.2)式有

$$f(x)=f(x_0)+f'(x_0)(x-x_0)+o(x-x_0)\quad(x\to x_0).$$

3.3 泰勒公式

特别地,对于下面几个函数,取 $x_0=0$,在 $x=0$ 点附近有
$$\sin x = x + o(x), \quad e^x = 1 + x + o(x),$$
$$\ln(1+x) = x + o(x), \quad (1+x)^\alpha = 1 + \alpha x + o(x) \quad (x \to 0).$$

现在要问,在上面的公式中 $o(x-x_0)$ 或 $o(x)$ 究竟是怎样的一个量呢?例如,以 $e^x = 1 + x + o(x)$ 而论,它表明当 $|x|$ 充分小时,用 $1+x$ 来近似代替 e^x,它们之间所差的是关于 x 的一个高阶无穷小. 但它究竟是什么呢?利用洛必达法则就知道. 由于

$$\lim_{x \to 0} \frac{e^x - 1 - x}{x^2} = \lim_{x \to 0} \frac{e^x - 1}{2x} = \frac{1}{2},$$

可见当 $x \to 0$ 时,$\frac{e^x - 1 - x}{x^2} - \frac{1}{2}$ 是一个无穷小量,记为 α 则

$$\frac{e^x - 1 - x}{x^2} - \frac{1}{2} = \alpha,$$

即

$$e^x = 1 + x + \frac{1}{2}x^2 + \alpha x^2 = 1 + x + \frac{1}{2}x^2 + o(x^2) \quad (x \to 0).$$

这个公式比 $e^x = 1 + x + o(x)$ 要精确一些. 就是说,当 $|x|$ 充分小时,用 $1 + x + \frac{x^2}{2}$ 来近似代替 e^x,它们之间所差的是关于 x^2 的一个高阶无穷小. 还可以再问,这个相差的量 $o(x^2)$ 又究竟是多少呢?利用洛必达法则,又由

$$\lim_{x \to 0} \frac{e^x - 1 - x - \frac{1}{2}x^2}{x^3} = \frac{1}{3!},$$

这样,我们便得到

$$e^x = 1 + x + \frac{1}{2!}x^2 + \frac{1}{3!}x^3 + o(x^3) \quad (x \to 0).$$

这个公式比前两个公式更加精确了. 依此下去,一般而言,对于正整数 n,有

$$e^x = 1 + x + \frac{1}{2!}x^2 + \frac{1}{3!}x^3 + \cdots + \frac{1}{n!}x^n + o(x^n) \quad (x \to 0).$$

要证明这个公式也是十分容易的,只要利用洛必达法则求出极限

$$\lim_{x \to 0} \frac{e^x - (1 + x + \frac{x^2}{2!} + \cdots + \frac{x^{n-1}}{(n-1)!})}{x^n} = \frac{1}{n!}.$$

对于一般的函数是否也有相似的公式呢?下面的定理回答了这个问题.

定理 如果函数 $f(x)$ 在点 x_0 处有 n 阶导数,则有

$$f(x) = f(x_0) + f'(x_0)(x - x_0) + \frac{f''(x_0)}{2!}(x - x_0)^2 + \cdots$$
$$+ \frac{f^{(n)}(x_0)}{n!}(x - x_0)^n + o((x - x_0)^n) \quad (x \to x_0). \quad (3.3.1)$$

证明 记

$$p_n(x) = f(x_0) + f'(x_0)(x-x_0) + \frac{f''(x_0)}{2!}(x-x_0)^2$$

$$+ \cdots + \frac{f^{(n)}(x_0)}{n!}(x-x_0)^n, \tag{3.3.2}$$

$$r(x) = f(x) - p_n(x) = o((x-x_0)^n), \tag{3.3.3}$$

我们要证明的就是 $\lim\limits_{x \to x_0} \dfrac{r(x)}{(x-x_0)^n} = 0$.

由于 $f(x)$ 在 x_0 处有 n 阶导数,因此,$f(x)$ 在 x_0 处的某邻域内有 $(n-1)$ 阶导数,从而 $r(x)$ 在此邻域内也有 $(n-1)$ 阶导数,且

$$r'(x) = f'(x) - p_n'(x) = f'(x) - \Big(f'(x_0) + f''(x_0)(x-x_0)$$
$$+ \frac{f'''(x_0)}{2!}(x-x_0)^2 + \cdots + \frac{f^{(n)}(x_0)}{(n-1)!}(x-x_0)^{n-1} \Big),$$

$$r''(x) = f''(x) - p_n''(x) = f''(x) - \Big(f''(x_0) + f'''(x_0)(x-x_0)$$
$$+ \frac{f^{(4)}(x_0)}{2!}(x-x_0)^2 + \cdots + \frac{f^{(n)}(x_0)}{(n-2)!}(x-x_0)^{n-2} \Big),$$

……

$$r^{(n-1)}(x) = f^{(n-1)}(x) - p^{(n-1)}(x) = f^{(n-1)}(x) - (f^{(n-1)}(x_0) + f^{(n)}(x_0)(x-x_0)).$$

因此

$$r(x_0) = r'(x_0) = r''(x_0) = \cdots = r^{(n-1)}(x_0) = 0,$$

所以,连续使用 $n-1$ 次洛必达法则可得

$$\lim_{x \to x_0} \frac{r(x)}{(x-x_0)^n} = \lim_{x \to x_0} \frac{r'(x)}{n(x-x_0)^{n-1}} = \lim_{x \to x_0} \frac{r''(x)}{n(n-1)(x-x_0)^{n-2}} = \cdots$$
$$= \lim_{x \to x_0} \frac{r^{(n-1)}(x)}{n!(x-x_0)}.$$

由于定理中仅假设 $f(x)$ 在 x_0 处有 n 阶导数,因而 $r(x)$ 也仅在 x_0 处有 n 阶导数,故上式中最后这个 $\dfrac{0}{0}$ 型不定式不满足洛必达法则的条件,需要另想办法来求出它的极限,利用 $r^{(n-1)}(x)$ 的表达式及导数定义,可得

$$\lim_{x \to x_0} \frac{r^{(n-1)}(x)}{x - x_0} = \lim_{x \to x_0} \frac{f^{(n-1)}(x) - (f^{(n-1)}(x_0) + f^{(n)}(x_0)(x-x_0))}{x - x_0}$$
$$= \lim_{x \to x_0} \Big[\frac{f^{(n-1)}(x) - f^{(n-1)}(x_0)}{x - x_0} - f^{(n)}(x_0) \Big]$$
$$= [f^{(n)}(x_0) - f^{(n)}(x_0)] = 0.$$

3.3 泰勒公式

从而 $\lim_{x \to x_0} \frac{r(x)}{(x-x_0)^n} = 0$，即 $r(x) = o((x-x_0)^n)$.

因此公式(3.3.1)成立.

称(3.3.1)式为函数 $f(x)$ 在点 x_0 处带皮亚诺余项的泰勒公式，也称为函数 $f(x)$ 在点 x_0 处的 n 阶局部泰勒公式，有时简称为函数的泰勒展开式. 称(3.3.2)式为函数 $f(x)$ 在点 x_0 处的 n 次泰勒多项式. 称(3.3.3)式为函数 $f(x)$ 的皮亚诺[①]型余项.

在公式(3.3.1)中，取 $n=1$，就得到一阶微分公式(2.4.2). 因此，带皮亚诺余项的泰勒公式是一阶微分公式的推广.

在公式(3.3.1)中，取 $x_0 = 0$，则有

$$f(x) = f(0) + f'(0)x + \frac{f''(0)}{2!}x^2 + \cdots + \frac{f^{(n)}(0)}{n!}x^n + o(x^n). \quad (3.3.4)$$

泰勒公式的这种特殊情形，有时也称为函数 $f(x)$ 的 n 阶局部麦克劳林[②]公式.

作为例子，给出几个常用函数的局部麦克劳林公式.

例1 $e^x = 1 + x + \frac{1}{2!}x^2 + \cdots + \frac{1}{n!}x^n + o(x^n)$ (3.3.5)

因为 $f(x) = e^x$，有 $f^{(k)}(x) = e^x (k=0,1,2,\cdots,n)$，从而 $f^{(k)}(0) = 1$，代入公式(3.3.4)即得.

由公式(3.3.5)立即可得

$$a^x = e^{x\ln a} = 1 + (x\ln a) + \frac{1}{2!}(x\ln a)^2 + \cdots + \frac{1}{n!}(x\ln a)^n + o((x\ln a)^n)$$

$$= 1 + \ln ax + \frac{\ln^2 a}{2!}x^2 + \cdots + \frac{\ln^n a}{n!}x^n + o(x^n).$$

例2 $\sin x = x - \frac{1}{3!}x^3 + \frac{1}{5!}x^5 + \cdots + (-1)^{m-1}\frac{x^{2m-1}}{(2m-1)!} + o(x^{2m}).$ (3.3.6)

因为 $f(x) = \sin x$，有 $f^{(k)}(x) = \sin\left(x + \frac{k}{2}\pi\right)(k=0,1,\cdots,n)$，如果取 $n=2m$，从而 $f^{(2m)}(0) = \sin m\pi = 0$，$f^{(2m-1)}(0) = \sin\left(m\pi - \frac{\pi}{2}\right) = (-1)^{m-1}$，代入公式(3.3.4)即得.

同理

$$\cos x = 1 - \frac{1}{2!}x^2 + \frac{1}{4!}x^4 + \cdots + (-1)^m \frac{x^{2m}}{(2m)!} + o(x^{2m+1}). \quad (3.3.7)$$

由公式(3.3.6)和(3.3.7)式立即可得

$$\sin\left(x + \frac{\pi}{4}\right) = \frac{\sqrt{2}}{2}(\sin x + \cos x)$$

---

① 皮亚诺(意大利数学家，G. Peano, 1858~1932).
② 麦克劳林(英国数学家，C. Maclaurin, 1698~1746).

$$= \frac{\sqrt{2}}{2}\Big[\Big(x-\frac{1}{3!}x^3+\frac{x^5}{5!}+\cdots+(-1)^{m-1}\frac{x^{2m-1}}{(2m-1)!}+o(x^{2m})\Big)$$

$$+\Big(1-\frac{x^2}{2!}+\frac{x^4}{4!}+\cdots+(-1)^m\frac{x^{2m}}{(2m)!}+o(x^{2m+1})\Big)\Big]$$

$$=\frac{\sqrt{2}}{2}\Big(1+x-\frac{1}{2!}x^2-\frac{1}{3!}x^3+\frac{1}{4!}x^4+\frac{1}{5!}x^5+\cdots$$

$$+(-1)^{m-1}\frac{1}{(2m-1)!}x^{2m-1}+(-1)^m\frac{1}{(2m)!}x^{2m}\Big)+o(x^{2m}).$$

例 3 $\quad \ln(1+x)=x-\dfrac{x^2}{2}+\dfrac{x^3}{3}-\cdots+(-1)^{n-1}\dfrac{x^n}{n}+o(x^n).$ (3.3.8)

因为 $f(x)=\ln(1+x)$，有 $f^{(k)}(x)=\dfrac{(-1)^{k-1}(k-1)!}{(1+x)^k}(k=1,2,\cdots,n)$，从而 $f(0)=0, f^{(k)}(0)=(-1)^{k-1}(k-1)!$，代入公式(3.3.4)即得．

由公式(3.3.8)立即可得

$$\ln(a+x)=\ln a+\ln\Big(1+\frac{x}{a}\Big)$$

$$=\ln a+\Big(\frac{x}{a}\Big)-\frac{1}{2}\Big(\frac{x}{a}\Big)^2+\frac{1}{3}\Big(\frac{x}{a}\Big)^3+\cdots$$

$$+(-1)^{n-1}\frac{1}{n}\Big(\frac{x}{a}\Big)^n+o\Big(\Big(\frac{x}{a}\Big)^n\Big)$$

$$=\ln a+\frac{x}{a}-\frac{x^2}{2a^2}+\frac{x^3}{3a^3}-\cdots+(-1)^{n-1}\frac{x^n}{na^n}+o(x^n) \quad (a>0).$$

例 4 $\quad (1+x)^\alpha=1+\alpha x+\dfrac{\alpha(\alpha-1)}{2!}x^2+\dfrac{\alpha(\alpha-1)(\alpha-2)}{3!}x^3+\cdots$

$$+\frac{\alpha(\alpha-1)(\alpha-2)\cdots(\alpha-n+1)}{n!}x^n+o(x^n). \quad (3.3.9)$$

因为 $f(x)=(1+x)^\alpha$，有 $f^{(k)}(x)=\alpha(\alpha-1)(\alpha-2)\cdots(\alpha-k+1)(1+x)^{\alpha-k}(k=1,2,\cdots,n)$，从而 $f(0)=1, f^{(k)}(0)=\alpha(\alpha-1)(\alpha-2)\cdots(\alpha-k+1)$，代入公式(3.3.4)即得．

由公式(3.3.9)立即可得

$$\frac{1}{1-x}=(1-x)^{-1}=1+(-1)(-x)+\frac{(-1)(-2)}{2!}(-x)^2$$

$$+\frac{(-1)(-2)(-3)}{3!}(-x)^3+\cdots$$

$$+\frac{(-1)(-2)(-3)\cdots(-n)}{n!}(-x)^n+o((-x)^n)$$

$$=1+x+x^2+\cdots+x^n+o(x^n), \quad (3.3.10)$$

$$\frac{1}{1+x^2}=1-x^2+x^4-\cdots+(-1)^nx^{2n}+o(x^{2n}),$$

$$\frac{1}{\sqrt{1+x}} = (1+x)^{-\frac{1}{2}} = 1 + \left(-\frac{1}{2}\right)x + \frac{\left(-\frac{1}{2}\right)\left(-\frac{3}{2}\right)}{2!}x^2$$

$$+ \frac{\left(-\frac{1}{2}\right)\left(-\frac{3}{2}\right)\left(-\frac{5}{2}\right)}{3!}x^3 + \cdots$$

$$+ \frac{\left(-\frac{1}{2}\right)\left(-\frac{3}{2}\right)\left(-\frac{5}{2}\right)\cdots\left(-\frac{2n-1}{2}\right)}{n!}x^n + o(x^n)$$

$$= 1 - \frac{1}{2}x + \frac{1\cdot 3}{2\cdot 4}x^2 - \frac{1\cdot 3\cdot 5}{2\cdot 4\cdot 6}x^3 + \cdots$$

$$+ (-1)^n \frac{1\cdot 3\cdot 5\cdots(2n-1)}{2\cdot 4\cdot 6\cdots(2n)}x^n + o(x^n)$$

$$= 1 - \frac{1}{2}x + \frac{3!!}{4!!}x^2 - \frac{5!!}{6!!}x^3 + \cdots$$

$$+ (-1)^n \frac{(2n-1)!!}{(2n)!!}x^n + o(x^n).$$

以上给出了一些基本初等函数的 n 阶局部麦克劳林公式(3.3.5)~(3.3.9)，它们是经常使用的. 对于一般函数的局部麦克劳林展开式和在 $x=x_0$ 处的局部泰勒展开式，由于求函数在一点的高阶导数值往往比较困难，而不常使用公式(3.3.4)和公式(3.3.1)，总是想办法转化为公式(3.3.5)~(3.3.9)来间接处理.

例 5 求 $f(x)=\ln x$ 在 $x=2$ 处带皮亚诺余项的泰勒公式.

解 $\ln x = \ln[2+(x-2)] = \ln 2 + \ln\left(1+\frac{x-2}{2}\right)$，利用公式(3.3.8)，有

$$\ln x = \ln 2 + \left(\frac{x-2}{2}\right) - \frac{1}{2}\left(\frac{x-2}{2}\right)^2 + \frac{1}{3}\left(\frac{x-2}{2}\right)^3 + \cdots$$

$$+ (-1)^{n-1}\frac{1}{n}\left(\frac{x-2}{2}\right)^n + o\left(\left(\frac{x-2}{2}\right)^n\right)$$

$$= \ln 2 + \frac{1}{2}(x-2) - \frac{1}{2\cdot 2^2}(x-2)^2 + \frac{1}{3\cdot 2^3}(x-2)^3 + \cdots$$

$$+ \frac{(-1)^{n-1}}{n\cdot 2^n}(x-2)^n + o((x-2)^n).$$

例 6 求 $\frac{1}{1+2x}$ 在 $x=3$ 处带皮亚诺余项的泰勒公式.

解 $\frac{1}{1+2x} = \frac{1}{7+2(x-3)} = \frac{1}{7}\frac{1}{1+\frac{2(x-3)}{7}}$ 利用公式(3.3.9)[或公式(3.3.10)]，有

$$\frac{1}{1+2x} = \frac{1}{7}\left[1 + \left(-\frac{2(x-3)}{7}\right) + \left(-\frac{2(x-3)}{7}\right)^2 + \cdots\right.$$

$$+\left(-\frac{2(x-3)}{7}\right)^n+o\left(\left(-\frac{2(x-3)}{7}\right)^n\right)\Bigg]$$

$$=\frac{1}{7}\Bigg[1-\frac{2}{7}(x-3)+\frac{2^2}{7^2}(x-3)^2+\cdots$$

$$+(-1)^n\frac{2^n}{7^n}(x-3)^n\Bigg]+o((x-3)^n).$$

带皮亚诺余项的泰勒公式可以用于计算极限.

例7 求 $\lim\limits_{x\to 0}\dfrac{\cos x-\mathrm{e}^{-\frac{x^2}{2}}}{x^4}$.

解 这是 $\dfrac{0}{0}$ 型不定式,根据公式(3.3.7)和(3.3.5)式分别取 $n=2$ 和 4,则有

$$\cos x=1-\frac{x^2}{2!}+\frac{x^4}{4!}+o(x^5),$$

$$\mathrm{e}^{-\frac{x^2}{2}}=1+\left(-\frac{x^2}{2}\right)+\frac{1}{2!}\left(-\frac{x^2}{2}\right)^2+o\left(\left(-\frac{x^2}{2}\right)^2\right)=1-\frac{x^2}{2}+\frac{x^4}{8}+o(x^4),$$

从而

$$\cos x-\mathrm{e}^{-\frac{x^2}{2}}=-\frac{x^4}{12}+o(x^4),$$

于是得到

$$\lim_{x\to 0}\frac{\cos x-\mathrm{e}^{-\frac{x^2}{2}}}{x^4}=\lim_{x\to 0}\frac{-\dfrac{x^4}{12}+o(x^4)}{x^4}=-\frac{1}{12}.$$

例8 求 $\lim\limits_{x\to +\infty}(\sqrt[6]{x^6+x^5}-\sqrt[6]{x^6-x^5})$.

解 这是 $\infty-\infty$ 型不定式. 可先将它化为

$$\lim_{x\to +\infty}(\sqrt[6]{x^6+x^5}-\sqrt[6]{x^6-x^5})=\lim_{x\to +\infty}x\left[\left(1+\frac{1}{x}\right)^{\frac{1}{6}}-\left(1-\frac{1}{x}\right)^{\frac{1}{6}}\right],$$

再利用公式(3.3.9),取 $n=1$,则有

$$\left(1+\frac{1}{x}\right)^{\frac{1}{6}}=1+\frac{1}{6}\frac{1}{x}+o\left(\frac{1}{x}\right),\quad \left(1-\frac{1}{x}\right)^{\frac{1}{6}}=1+\frac{1}{6}\left(-\frac{1}{x}\right)+o\left(\left(-\frac{1}{x}\right)\right),$$

因此

$$\lim_{x\to +\infty}(\sqrt[6]{x^6+x^5}-\sqrt[6]{x^6-x^5})=\lim_{x\to +\infty}x\left[\left(1+\frac{1}{6x}+o\left(\frac{1}{x}\right)\right)-\left(1-\frac{1}{6x}+o\left(-\frac{1}{x}\right)\right)\right]$$

$$=\lim_{x\to +\infty}x\left[\frac{1}{3x}+o\left(\frac{1}{x}\right)\right]=\frac{1}{3}.$$

带皮亚诺余项的泰勒公式也可以用于确定无穷小量的阶.

例9 当 $x\to 0$ 时,问 $f(x)=\ln(1+x^2)-x^2$ 是关于 x 的几阶无穷小?

解 利用公式(3.3.8),取 $n=2$,则有

$$\ln(1+x^2) = x^2 - \frac{x^4}{2} + o(x^4),$$

故

$$f(x) = \ln(1+x^2) - x^2 = -\frac{x^4}{2} + o(x^4),$$

即知 $f(x)$ 是关于 x 的四阶无穷小.

例 10 当 $x \to 0$ 时,要使 $f(x) = x - (a + b\cos x)\sin x$ 是关于 x 的五阶无穷小,问 a, b 应该是多少?

解 由于 $f(x) = x - a\sin x - \frac{b}{2}\sin 2x$,利用公式(3.3.6),取 $m=3$,则有

$$\sin x = x - \frac{1}{3!}x^3 + \frac{1}{5!}x^5 + o(x^6),$$

$$\sin 2x = (2x) - \frac{1}{3!}(2x)^3 + \frac{1}{5!}(2x)^5 + o((2x)^6),$$

故

$$f(x) = x - a\left(x - \frac{x^3}{6} + \frac{x^5}{120} + o(x^6)\right) - \frac{b}{2}\left(2x - \frac{4}{3}x^3 + \frac{4}{15}x^5 + o(x^6)\right)$$

$$= (1 - a - b)x + \frac{1}{6}(a + 4b)x^3 - \left(\frac{a}{120} + \frac{2b}{15}\right)x^5 + o(x^6).$$

根据题意要求,应该令 $1 - a - b = 0, a + 4b = 0$,而 $\frac{a}{120} + \frac{2b}{15} \neq 0$. 解之得 $a = \frac{4}{3}, b = -\frac{1}{3}$. 因此

$$f(x) = -\frac{1}{30}x^5 + o(x^6),$$

所以当 $a = \frac{4}{3}, b = -\frac{1}{3}$ 时,$f(x)$ 是关于 x 的五阶无穷小 $(x \to 0)$.

3.3.2 带拉格朗日余项的泰勒公式

前面讨论的带皮亚诺余项的泰勒公式(3.3.1),只能在 x_0 点附近有效. 就是说当 x 越接近 x_0 时,$|r(x)|$ 也越小,从而泰勒多项式也就越接近函数. 这仅仅表明了一种极限状态,因此它只能在明显或不明显的极限过程中发挥作用(如前面所指出它的两种应用都是这样). 当 x 并不充分接近 x_0,这个公式就没有多大意义. 至于当 x 取怎样的值,才能使 $|r(x)|$ 小过预先指定的程度,这公式并没有给以解决,而这却是用泰勒多项式近似地表达函数时所必须回答的问题. 另外这个公式也不能说明,对确定的 x 值,由于 n 的增大,可以怎样影响到余项 $r(x) = r_n(x)$〔因为 $r(x)$ 是既与 x 又与 n 有关的,所以,以后明确地用 $r_n(x)$ 来表示它〕的值. 为了更具体地估计 $r_n(x)$,从而在实际上解决用多项式近似表示一般的函数问题,还必须要进一步来研究 $r_n(x)$,以便寻求它的精确的表达式. 下面是由拉格朗日所给出的一

种余项表达式.

定理 如果函数 $f(x)$ 在含有 x_0 在内的某个区间 (a,b) 内有直到 $(n+1)$ 阶的导数,则当 $x\in(a,b)$,有

$$f(x)=f(x_0)+f'(x_0)(x-x_0)+\frac{f''(x_0)}{2!}(x-x_0)^2+\cdots$$
$$+\frac{f^{(n)}(x_0)}{n!}(x-x_0)^n+r_n(x) \tag{3.3.11}$$

其中,$r_n(x)=\dfrac{f^{(n+1)}(\xi)}{(n+1)!}(x-x_0)^{n+1}$($\xi$ 在 x 与 x_0 之间).

这个余项称为拉格朗日型余项,上述公式(3.3.11)称为带拉格朗日余项的 n 阶泰勒公式.

证明 设 $f(x)=f(x_0)+f'(x_0)(x-x_0)+\cdots+\dfrac{f^{(n)}(x_0)}{n!}(x-x_0)^n+k(x-x_0)^{n+1}$,其中,$k$ 与 x_0 及 x 有关,当 x_0,x 都固定时,k 为定值,现在的问题是确定 k. 作辅助函数

$$F(t)=f(x)-f(t)-f'(t)(x-t)-\frac{f''(t)}{2!}(x-t)^2-\cdots$$
$$-\frac{f^{(n)}(t)}{n!}(x-t)^n-k(x-t)^{n+1},$$

显然,对 $F(t)$ 来说 $F(x_0)=0,F(x)=0$.

利用罗尔定理,可得在 x_0 与 x 之间,必存在一点 ξ,使 $F'(\xi)=0$,因为

$$F'(t)=-f'(t)-(f''(t)(x-t)-f'(t))-\left(\frac{f'''(t)}{2!}(x-t)^2-f''(t)(x-t)\right)-\cdots$$
$$-\left(\frac{f^{(n+1)}(t)}{n!}(x-t)^n-\frac{f^{(n)}(t)}{(n-1)!}(x-t)^{n-1}\right)+k(n+1)(x-t)^n,$$

所以

$$F'(\xi)=-\frac{f^{(n+1)}(\xi)}{n!}(x-\xi)^n+k(n+1)(x-\xi)^n=0,$$

即

$$k=\frac{f^{(n+1)}(\xi)}{(n+1)!}.$$

这就是我们所要求证明的结论.

拉格朗日余项还可以写成如下形式

$$r_n(x)=\frac{f^{(n+1)}(x_0+\theta(x-x_0))}{(n+1)!}(x-x_0)^{n+1} \quad (0<\theta<1).$$

在公式(3.3.11)中,取 $n=0$,就得到

3.3 泰勒公式

$$f(x) = f(x_0) + f'(\xi)(x - x_0) \quad (\xi 在 x_0, x 之间)$$

这就是拉格朗日中值公式,因此带拉格朗日余项的泰勒公式是拉格朗日中值公式的推广.

在公式(3.3.11)中,取 $x_0 = 0$,则有

$$f(x) = f(0) + f'(0)x + \frac{f''(0)}{2!}x^2 + \cdots + \frac{f^{(n)}(0)}{n!}x^n$$

$$+ \frac{f^{(n+1)}(\theta x)}{(n+1)!}x^{n+1} \quad (0 < \theta < 1), \tag{3.3.12}$$

称为带拉格朗日余项的 n 阶麦克劳林公式.

作为例子,给出几个常用函数的带拉格朗日余项的麦克劳林公式.

例 1 $\quad e^x = 1 + x + \frac{x^2}{2!} + \cdots + \frac{x^n}{n!} + \frac{e^{\theta x}}{(n+1)!}x^{n+1} \quad (0 < \theta < 1), \tag{3.3.13}$

$$\sin x = x - \frac{x^3}{3!} + \frac{x^5}{5!} + \cdots + (-1)^{m-1}\frac{x^{2m-1}}{(2m-1)!}$$

$$+ \frac{\sin\left[\theta x + (2m+1)\frac{\pi}{2}\right]}{(2m+1)!}x^{2m+1} \quad (0 < \theta < 1), \tag{3.3.14}$$

$$\cos x = 1 - \frac{x^2}{2!} + \frac{x^4}{4!} + \cdots + (-1)^m \frac{x^{2m}}{(2m)!}$$

$$+ \frac{\cos[\theta x + (m+1)\pi]}{(2m+2)!}x^{2m+2} \quad (0 < \theta < 1), \tag{3.3.15}$$

$$\ln(1+x) = x - \frac{x^2}{2} + \frac{x^3}{3} - \cdots + (-1)^{n-1}\frac{x^n}{n}$$

$$+ \frac{(-1)^n}{(n+1)(1+\theta x)^{n+1}}x^{n+1} \quad (0 < \theta < 1), \tag{3.3.16}$$

$$(1+x)^\alpha = 1 + \alpha x + \frac{\alpha(\alpha-1)}{2!}x^2 + \frac{\alpha(\alpha-1)(\alpha-2)}{3!}x^3 + \cdots$$

$$+ \frac{\alpha(\alpha-1)(\alpha-2)\cdots(\alpha-n+1)}{n!}x^n$$

$$+ \frac{\alpha(\alpha-1)(\alpha-2)\cdots(\alpha-n)}{(n+1)!}\frac{x^{n+1}}{(1+\theta x)^{n+1-\alpha}} \quad (0 < \theta < 1), \tag{3.3.17}$$

特别

$$\frac{1}{1-x} = 1 + x + x^2 + \cdots + x^n + \frac{x^{n+1}}{(1-\theta x)^{n+2}}$$

$$\frac{1}{\sqrt{1+x}} = 1 - \frac{1}{2}x + \frac{3!!}{4!!}x^2 - \frac{5!!}{6!!}x^3 + \cdots + (-1)^n\frac{(2n-1)!!}{(2n)!!}x^n$$

$$+ (-1)^{n+1}\frac{(2n+1)!!}{(2n+2)!!}\frac{x^{n+1}}{(1+\theta x)^{n+\frac{3}{2}}}.$$

例 2 求 $f(x)=\sqrt[5]{x}$ 在 $x=-1$ 处带拉格朗日余项的三阶泰勒公式.

解 $\sqrt[5]{x}=\sqrt[5]{-1+(x+1)}=-\sqrt[5]{1-(x+1)}=-[1-(x+1)]^{\frac{1}{5}}$. 利用公式 (3.3.17), 有

$$\sqrt[5]{x}=-\left\{1+\frac{1}{5}(-(x+1))+\frac{\frac{1}{5}\left(\frac{1}{5}-1\right)}{2!}(-(x+1))^2\right.$$

$$+\frac{\frac{1}{5}\left(\frac{1}{5}-1\right)\left(\frac{1}{5}-2\right)}{3!}(-(x+1))^3$$

$$\left.+\frac{\frac{1}{5}\left(\frac{1}{5}-1\right)\left(\frac{1}{5}-2\right)\left(\frac{1}{5}-3\right)}{4!}\frac{(-(x+1))^4}{(1+\theta(-(x+1)))^{4-\frac{1}{5}}}\right\}$$

$$=-1+\frac{1}{5}(x+1)+\frac{2}{25}(x+1)^2+\frac{6}{125}(x+1)^3$$

$$+\frac{21}{625}\frac{(x+1)^4}{[1-\theta(x+1)]^{\frac{19}{5}}}\quad(0<\theta<1).$$

回顾带皮亚诺余项的泰勒公式成立的条件是:函数 $f(x)$ 在 x_0 处有 n 阶导数,而且公式中的 x 在 x_0 附近. 因此带皮亚诺余项的泰勒公式 (3.3.1) 是研究函数 $f(x)$ 在 x_0 处附近的局部性质. 现在给出的带拉格朗日余项的泰勒公式成立的条件是:函数 $f(x)$ 在含有 x_0 在内的区间 (a,b) 内有直到 $(n+1)$ 阶的导数,而且公式中 x 在区间 (a,b) 内的任一点. 因此带拉格朗日余项的泰勒公式 (3.3.11) 是研究函数 $f(x)$ 在含有 x_0 的区间 (a,b) 内的整体性质.

例 3 如果函数 $f(x)$ 在 (a,b) 内的 $(n+1)$ 阶导数恒等于零,则 $f(x)$ 至多是一个 n 次多项式.

解 这是一个函数在 (a,b) 内整体性质的问题,可采用公式 (3.3.11) 来处理.

对于 (a,b) 内的任一点 x_0,可以得到 $f(x)$ 在点 x_0 的带拉格朗日余项的 n 阶泰勒公式,而由已知条件它的余项恒等于零,因此

$$f(x)=f(x_0)+f'(x_0)(x-x_0)+\cdots+\frac{f^{(n)}(x_0)}{n!}(x-x_0)^n,$$

所以函数 $f(x)$ 至多是一个 n 次多项式.

进一步可以得到:函数是一个 n 次多项式的充分必要条件是它的 n 阶导数是不为零的常量.

例 4 设函数 $f(x)$ 在 (a,b) 内二阶可导,且 $f''(x)\geqslant 0$,试证对于 (a,b) 内任意两点 x_1 和 x_2 及 $\lambda_1\geqslant 0,\lambda_2\geqslant 0$,且 $\lambda_1+\lambda_2=1$,恒有

$$\lambda_1 f(x_1)+\lambda_2 f(x_2)\geqslant f(\lambda_1 x_1+\lambda_2 x_2).$$

证明 取 $x_0 = \lambda_1 x_1 + \lambda_2 x_2$，将 $f(x)$ 在 x_0 处展开成带拉格朗日余项的一阶泰勒公式，有
$$f(x) = f(x_0) + f'(x_0)(x - x_0) + \frac{1}{2}f''(\xi)(x - x_0)^2.$$
注意到 $f''(x) \geqslant 0$，因此
$$f(x) \geqslant f(x_0) + f'(x_0)(x - x_0).$$
令 $x = x_1$，得
$$f(x_1) \geqslant f(x_0) + f'(x_0)(x_1 - x_0),$$
令 $x = x_2$，得
$$f(x_2) \geqslant f(x_0) + f'(x_0)(x_2 - x_0).$$
上述两式分别乘 λ_1 和 λ_2 后相加，得
$$\lambda_1 f(x_1) + \lambda_2 f(x_2) = (\lambda_1 + \lambda_2) f(x_0) + f'(x_0)(\lambda_1(x_1 - x_0) + \lambda_2(x_2 - x_0))$$
$$= f(x_0) + f'(x_0)(\lambda_1 x_1 + \lambda_2 x_2 - x_0),$$
将 $x_0 = \lambda_1 x_1 + \lambda_2 x_2$ 代入上式，得
$$\lambda_1 f(x_1) + \lambda_2 f(x_2) \geqslant f(\lambda_1 x_1 + \lambda_2 x_2).$$

最后，我们来研究利用 n 次泰勒多项式近似表达一个函数时，误差的估计问题。

如果 $f(x)$ 在区间 (a, b) 内有 $(n+1)$ 阶导数且有界（存在常数 $M > 0$ 使得 $|f^{(n+1)}(x)| \leqslant M, x \in (a, b)$），则误差可以利用拉格朗日余项表示为
$$r_n(x) = \frac{f^{(n+1)}[x_0 + \theta(x - x_0)]}{(n+1)!}(x - x_0)^{n+1} \quad (0 < \theta < 1),$$
其误差估计
$$|r_n(x)| \leqslant \frac{M}{(n+1)!}|x - x_0|^{n+1} \leqslant \frac{M}{(n+1)!}(b - a)^{n+1}.$$
显然，当 $n \to \infty$ 时，$\frac{M}{(n+1)!}(b-a)^{n+1} \to 0$（参见 1.2.3 小节例 3）。

因此，只要 $f^{(n+1)}(x)$ 在 (a, b) 内有界，就有
$$f(x) \approx f(x_0) + f'(x_0)(x - x_0) + \frac{f''(x_0)}{2!}(x - x_0) + \cdots + \frac{f^{(n)}(x_0)}{n!}(x - x_0)^n,$$
其绝对误差 $|r_n(x)| \leqslant \frac{M}{(n+1)!}(b-a)^{n+1}$。从而可以选取适当的 n 使计算达到要求的任何精度。

例5 对于指数函数 $f(x) = e^x$，如果取 $x_0 = 0$，而把它近似地表达成
$$e^x \approx 1 + x + \frac{x^2}{2!} + \cdots + \frac{x^n}{n!}$$
时，所产生的误差是
$$r_n(x) = \frac{e^{\theta x}}{(n+1)!} x^{n+1} \quad (0 < \theta < 1),$$

绝对误差为

$$|r_n(x)| < \frac{e^{|x|}}{(n+1)!}|x|^{n+1}.$$

特别当取 $x=1$ 时,就有无理数 e 的近似公式

$$e \approx 1+1+\frac{1}{2!}+\frac{1}{3!}+\cdots+\frac{1}{n!},$$

其绝对误差

$$|r_n(x)| \leqslant \frac{e}{(n+1)!} < \frac{3}{(n+1)!}.$$

如果指定误差不得超过 0.001,则只需

$$\frac{3}{(n+1)!} < 0.001 \quad \text{或} \quad (n+1)! > 3000.$$

由此可以得出最小可能的 n 是 6. 这样

$$e \approx 1+1+\frac{1}{2!}+\frac{1}{3!}+\frac{1}{4!}+\frac{1}{5!}+\frac{1}{6!} = 2.718.$$

其误差不超过 0.001.

反过来,如果取 $n=9$ 来计算 e 的近似值,就可以知道,其误差不超过 $\frac{3}{(10)!} = 8.3 \times 10^{-7} < 10^{-6}$. 此时

$$e \approx 1+1+\frac{1}{2!}+\cdots+\frac{1}{9!} = 2.718282.$$

例 6 对于正弦函数 $f(x)=\sin x$,有近似表达式

$$\sin x \approx x - \frac{x^3}{3!} + \frac{x^5}{5!} + \cdots + (-1)^{m-1}\frac{x^{2m-1}}{(2m-1)!},$$

而误差是

$$r_{2m}(x) = \frac{\sin\left[\theta x + (2m+1)\frac{\pi}{2}\right]}{(2m+1)!}x^{2m+1},$$

因而

$$|r_{2m}(x)| \leqslant \frac{|x|^{2m+1}}{(2m+1)!}.$$

所以 $\sin x \approx x$,其误差为 $\frac{|x|^3}{6}$;$\sin x \approx x - \frac{x^3}{6}$,其误差为 $\frac{|x|^5}{120}$;$\sin x \approx x - \frac{x^3}{6} + \frac{x^5}{120}$,其误差为 $\frac{|x|^7}{5040}$.

习 题 3.3

1. 利用已知的展开式,求下列函数的局部麦克劳林展开式:

3.3 泰勒公式

(1) xe^x; (2) $\dfrac{e^x+e^{-x}}{2}$;

(3) $\ln\dfrac{1+x}{1-x}$; (4) $\cos^2 x$;

(5) $\dfrac{x^3+2x+1}{x-1}$(先化为真分式); (6) $\cos x^2$.

2. 试写出 $f(x)=x^3\sin x$ 的 n 阶局部麦克劳林展开式,并求 $(x^3\sin x)^{(6)}|_{x=0}$.

3. 写出下列函数在指定点 x_0 处的带皮亚诺余项的三阶泰勒公式:

(1) $f(x)=\dfrac{1}{x}, x_0=-1$; (2) $f(x)=\sqrt{x}, x_0=4$;

(3) $f(x)=\tan x, x_0=0$; (4) $f(x)=e^{\sin x}, x_0=0$.

4. 利用局部麦克劳林公式,求下列极限:

(1) $\lim\limits_{x\to 0}\dfrac{a^x+a^{-x}-2}{x^2}\ (a>0)$;

(2) $\lim\limits_{x\to 0}\dfrac{\ln(1+x+x^2)+\ln(1-x+x^2)}{x\sin x}$;

(3) $\lim\limits_{x\to 0}\dfrac{e^{x^3}-1-x^3}{\sin^6 2x}$; (4) $\lim\limits_{x\to 0}\left(\dfrac{1}{x}-\dfrac{1}{\sin x}\right)$;

(5) $\lim\limits_{x\to 0}\dfrac{x(e^x+1)-2(e^x-1)}{x^2\sin x}$; (6) $\lim\limits_{x\to 0}\dfrac{1-\cos(x^2)}{x^2\sin(x^2)}$.

5. 求一个三次多项式 $P_3(x)$,使得
$$x\cos x = P_3(x)+o((x-1)^3).$$

6. 求常数 a,b,c,使得 $\ln x=a+b(x-1)+c(x-1)^2+o((x-1)^2)$.

7. 写出下列函数的带拉格朗日型余项的 n 阶麦克劳林公式:

(1) $f(x)=\ln(1-x)$; (2) $f(x)=\dfrac{1}{x-1}$;

(3) $f(x)=xe^x$.

8. 求函数 $y=\dfrac{e^x+e^{-x}}{2}$ 的 $2n$ 阶带拉格朗日型余项的麦克劳林公式.

9. 写出函数 $f(x)=x^2\ln x$ 在点 $x=1$ 处的 n 阶带拉格朗日余项的泰勒公式$(n>3)$.

10. 当 $x_0=4$ 时,求函数 $y=\sqrt{x}$ 的三阶泰勒展开式.

11. 设对任意 $x\in(a,b)$,有 $f''(x)>0$,证明对任意 $x_i\in(a,b), i=1,2,\cdots,n$,都有
$$f\left(\dfrac{x_1+x_2+\cdots+x_n}{n}\right)\leqslant\dfrac{f(x_1)+f(x_2)+\cdots+f(x_n)}{n}.$$

且等号仅在 $x_i(i=1,2,\cdots,n)$ 都相等时才成立.

12. 上题条件改为 $f''(x)<0, x\in(a,b)$ 问有何结论?

13. 设 $f(x)=-\ln x$,证明 $\forall x>0, f''(x)>0$,当 $x_i>0(i=1,2,\cdots,n)$ 时,有
$$\dfrac{n}{\dfrac{1}{x_1}+\dfrac{1}{x_2}+\cdots+\dfrac{1}{x_n}}\leqslant\sqrt[n]{x_1 x_2\cdots x_n}\leqslant\dfrac{x_1+x_2+\cdots+x_n}{n}.$$

总习题 三

1. 设 $f(x)=\begin{cases} x^3\sin\dfrac{1}{x}, & x\neq 0 \\ 0, & x=0 \end{cases}$,验证罗尔定理在 $\left[-\dfrac{2}{\pi},\dfrac{2}{\pi}\right]$ 上的正确性.

2. 设 $f(x)=\begin{cases} \dfrac{3-x^2}{2}, & x\leqslant 1 \\ \dfrac{1}{x}, & x>1 \end{cases}$,验证拉格朗日定理在 $[0,2]$ 上的正确性.

3. 验证柯西定理对函数
$$f(x)=\begin{cases} x, & x<0 \\ \ln(1+x), & x\geqslant 0 \end{cases} \quad \text{及} \quad g(x)=(1+x)^2$$
在 $[-1,1]$ 上的正确性.

4. 设 $f(x)$ 在 $[a,b]$ 上连续,在 (a,b) 内可导,证明存在 $\xi\in(a,b)$ 使
$$f'(\xi)=\frac{f(\xi)-f(a)}{b-\xi}.$$

5. 设 $f(x)$ 在 $[a,b]$ 上可导,且 $f(a)=f(b)=0$,证明对于任意 k,存在 $\xi\in(a,b)$ 使
$$f'(\xi)+kf(\xi)=0.$$

6. 设 $f(x)$ 在 $(-\infty,+\infty)$ 可导,且 $f'(x)+f(x)>0$,证明 $f(x)$ 至多只有一个零点.

7. 设 $f(x)$ 在 $[0,1]$ 上连续,在 $(0,1)$ 内可导,且 $f(0)=f(1)=0, f\left(\dfrac{1}{2}\right)=1$,证明 (1) $\exists\eta\in\left(\dfrac{1}{2},1\right)$ 使 $f(\eta)=\eta$;(2) $\forall\lambda, \exists\xi\in(0,\eta)$ 使 $f'(\xi)-\lambda[f(\xi)-\xi]=1$.

8. 设 $f(x), g(x)$ 在 $[a,b]$ 上二阶可导,且 $g''(x)\neq 0, f(a)=f(b)=g(a)=g(b)=0$,证明:
(1) 在开区间 (a,b) 内, $g(x)\neq 0$;
(2) $\exists\xi\in(a,b)$ 使 $\dfrac{f(\xi)}{g(\xi)}=\dfrac{f''(\xi)}{g''(\xi)}$.

9. 设 $f(x)$ 在 $[a,b]$ 上连续,在 (a,b) 内可导,
(1) 如果 $f'(x)\neq 0$,证明 $\exists\xi,\eta\in(a,b)$ 使
$$\frac{f'(\xi)}{f'(\eta)}=\frac{e^b-e^a}{b-a}e^{-\eta};$$
(2) 如果 $f(a)=f(b)=1$,证明 $\exists\xi,\eta\in(a,b)$ 使
$$e^{\eta-\xi}[f(\eta)+f'(\eta)]=1.$$

10. 证明如果 $f(x)$ 可导且 $\lim\limits_{x\to+\infty}f'(x)=k$,则
$$\lim\limits_{x\to+\infty}[f(x+1)-f(x)]=k.$$

11. 证明如果对于任意 x,y 有 $|f(x)-f(y)|\leqslant M(x-y)^2$,其中, M 是常数,则函数 $f(x)$ 是常数.

12. 设 $f(x)$ 在 $[a,+\infty)$ 上连续,在 $(a,+\infty)$ 内可导,且 $f'(x)>k(k$ 为正常数). 又设 $f(a)<0$,证明方程 $f(x)=0$ 在 $\left(a, a-\dfrac{f(a)}{k}\right)$ 内有唯一一根.

13. 设 $f(x)$ 在 $x=0$ 的邻域内有 n 阶导数，且
$$f(0)=f'(0)=f''(0)=\cdots=f^{(n-1)}(0)=0,$$
试用柯西定理和泰勒公式分别证明
$$\frac{f(x)}{x^n}=\frac{f^{(n)}(\theta x)}{n!} \quad (0<\theta<1).$$

14. 设 $f(x)$ 在 $[a,b]$ 上有三阶导数，且 $f(a)=f(b)=f'(b)=f''(b)=0$，证明在 (a,b) 内至少有一点 ξ，使 $f'''(\xi)=0$.

15. 设 $f(x)$ 有二阶连续导数，且 $f(a)=0$
$$g(x)=\begin{cases} \dfrac{f(x)}{x-a}, & x\neq a, \\ f'(a), & x=a \end{cases}$$
求 $g'(x)$，并证明 $g'(x)$ 在 $x=a$ 处连续.

16. 设 $f(x)$ 在 (a,b) 内二阶可导，取 $x_0 \in (a,b)$，证明在 (a,b) 内：
(1) $f''(x)>0$，则 $f(x)>f(x_0)+f'(x_0)(x-x_0)$ $x\neq x_0$；
(2) $f''(x)<0$，则 $f(x)<f(x_0)+f'(x_0)(x-x_0)$ $x\neq x_0$.

17. 设 $f(x)$ 在 $[0,1]$ 上有二阶导数，且满足 $|f(x)|\leq a$，$|f''(x)|\leq b$，其中，a,b 都是非负常数，c 是 $(0,1)$ 内任意一点.
(1) 写出 $f(x)$ 在点 c 处带拉格朗日余项的一阶泰勒公式；
(2) 证明 $|f'(c)|\leq 2a+\dfrac{b}{2}$.

18. 设 $f(x)$ 在 $[-1,1]$ 上有三阶连续导数，且 $f(-1)=0, f(1)=1, f'(0)=0$，证明在 $(-1,1)$ 内至少存在一点 ξ，使
$$f'''(\xi)=3.$$

19. 确定常数 a,b,c，使得当 $x\to 0$ 时
$$y=a-\frac{x^2}{2}+e^x+x\ln(1+x^2)+(c+b\cos x)\sin x$$
是关于 x 的四阶无穷小.

20. 已知 $\lim\limits_{x\to 0}\dfrac{2\arctan x-\ln\dfrac{1+x}{1-x}}{x^p}=c(c\neq 0)$，求常数 p 和 c.

第 4 章 微分学应用

前面研究了微分学的两个基本概念、一套运算法则以及几个中值定理,对微分学有了广泛深入的了解,现在将运用这些基本概念和理论进一步来研究函数在区间上的某些性质,解决一些实际问题.

本章主要讨论函数的单调性、凹凸性、极值与最值等.

4.1 函数的单调性

4.1.1 函数单调性的判定法

定理 设函数 $f(x)$ 在 $[a,b]$ 上连续,在 (a,b) 内可导,则有如下判定方法:
(1) 如果在 (a,b) 内 $f'(x)>0$,那么函数 $f(x)$ 在 $[a,b]$ 上严格单调增加;
(2) 如果在 (a,b) 内 $f'(x)<0$,那么函数 $f(x)$ 在 $[a,b]$ 上严格单调减少.

证明 在 (a,b) 内任取两点 x_1 与 x_2,且 $x_1<x_2$,函数 $f(x)$ 在 $[x_1,x_2]$ 上满足拉格朗日定理的条件,于是至少存在一点 $\xi \in (x_1,x_2)$,有
$$f(x_2)-f(x_1)=f'(\xi)(x_2-x_1).$$
如果在 (a,b) 内 $f'(x)>0$,有 $f'(\xi)>0$,而 $(x_2-x_1)>0$,所以 $f(x_2)-f(x_1)>0$,即 $f(x_1)<f(x_2)$. 从而函数 $f(x)$ 在 $[a,b]$ 上严格单调增加. 同理,证明严格单调减少.

值得指出,定理中有限区间 $[a,b]$ 改成无穷区间 $[a,+\infty)$,$(-\infty,b]$,$(-\infty,+\infty)$,结论仍然是成立的.

定理告诉我们,要研究可导函数的严格单调性,只需求出该函数的导数,再判别它的符号即可. 为了找到导数 $f'(x)$ 取正、负值的区间,当 $f'(x)$ 连续时,习惯上,总是先找出 $f'(x)=0$ 的点(称使导数为零的点为函数的驻点),然后再来确定导数的正负值区间. 因此可导函数 $f(x)$ 严格单调性的判定方法如下:
(1) 确定函数 $f(x)$ 的定义域;
(2) 求 $f'(x)$,令 $f'(x)=0$,解出驻点;
(3) 用驻点将定义域分成若干个开区间;
(4) 判定 $f'(x)$ 在每个开区间内的符号,就可确定函数的严格单调性.

例 1 讨论函数 $f(x)=2x^2-\ln x$ 的严格单调性.

解 函数定义域为 $(0,+\infty)$;$f'(x)=4x-\dfrac{1}{x}=\dfrac{(2x-1)(2x+1)}{x}$,令 $f'(x)=$

4.1 函数的单调性

0,其驻点 $x=\frac{1}{2}$ ($x=-\frac{1}{2}$ 不在定义域内,舍去);它将定义域分成两个区间:$\left(0,\frac{1}{2}\right),\left(\frac{1}{2},+\infty\right)$;因此,在 $\left(0,\frac{1}{2}\right)$ 内,$f'(x)<0$,则在 $\left(0,\frac{1}{2}\right]$ 上函数严格单调减少;在 $\left(\frac{1}{2},+\infty\right)$ 内,$f'(x)>0$,则在 $\left[\frac{1}{2},+\infty\right)$ 上函数严格单调增加. 有时为方便,列表如下:

	$\left(0,\frac{1}{2}\right)$	$\frac{1}{2}$	$\left(\frac{1}{2},+\infty\right)$
$f'(x)$	$-$	0	$+$
$f(x)$	↘	$\frac{1}{2}+\ln 2$	↗

其中,符号"↗"表示严格单调增加,"↘"表示严格单调减少.

例 2 讨论函数 $f(x)=(x+2)^2(x-1)^3$ 的严格单调性.

解 函数的定义域是 $(-\infty,+\infty)$;$f'(x)=2(x+2)(x-1)^3+3(x+2)^2(x-1)^2=(x+2)(x-1)^2(5x+4)$. 令 $f'(x)=0$,其驻点 $x=-2,-\frac{4}{5},1$. 它将定义域分成四个区间:$(-\infty,-2),\left(-2,-\frac{4}{5}\right),\left(-\frac{4}{5},1\right),(1,+\infty)$,作表如下:

	$(-\infty,-2)$	-2	$\left(-2,-\frac{4}{5}\right)$	$-\frac{4}{5}$	$\left(-\frac{4}{5},1\right)$	1	$(1,+\infty)$
$f'(x)$	$+$	0	$-$	0	$+$	0	$+$
$f(x)$	↗	0	↘	$\frac{-26244}{3125}$	↗	0	↗

由此可知:函数在 $(-\infty,-2]$,$\left[-\frac{4}{5},+\infty\right)$ 内严格单调增加;在 $\left[-2,-\frac{4}{5}\right]$ 上严格单调减少.

本例说明,在 $x=1$ 处,虽然 $f'(1)=0$,但是函数 $f(x)$ 在点 $x=1$ 的两侧都严格单调增加. 因此,在区间内函数严格单调增加(减少),在此区间内的个别点,导数也可能为零. 这正说明本定理是严格单调的充分条件,而不是必要条件.

例 3 函数 $f(x)=x^{\frac{1}{3}}$,$f'(x)=\frac{1}{3}\frac{1}{\sqrt[3]{x^2}}>0(x\neq 0)$,但在 $x=0$ 处,导数不存在($f'(0)=+\infty$),然而函数在 $(-\infty,+\infty)$ 内仍是严格单调增加.

因此,函数 $f(x)$ 在 $[a,b]$ 上连续,只有某几个孤立点处导数为零或不存在,而在其他点处有 $f'(x)>0(<0)$,仍然可断言:$f(x)$ 在 $[a,b]$ 上严格单调增加(减少).

所以上述严格单调的判定法中(2)、(3)可改进为：

(2) 求 $f'(x)$，令 $f'(x)=0$ 解出驻点，及导数不存在的点；

(3) 用驻点及导数不存在的点，将定义域分成若干个开区间.

例 4 讨论函数 $f(x)=(x-1)\sqrt[3]{x^2}$ 的严格单调性.

解 函数定义域为 $(-\infty,+\infty)$；$f'(x)=\dfrac{5x-2}{3\sqrt[3]{x}}$，其驻点为 $x=\dfrac{2}{5}$，导数不存在的点为 $x=0$；它们把定义域分成三个区间：$(-\infty,0)$，$\left(0,\dfrac{2}{5}\right)$，$\left(\dfrac{2}{5},+\infty\right)$，作表如下：

	$(-\infty,0)$	0	$\left(0,\dfrac{2}{5}\right)$	$\dfrac{2}{5}$	$\left(\dfrac{2}{5},+\infty\right)$
$f'(x)$	+	×	−	0	+
$f(x)$	↗	0	↘	$-\dfrac{3}{25}\sqrt[3]{20}$	↗

其中符号"×"表示不存在. 由此可知函数在 $(-\infty,0]$，$\left[\dfrac{2}{5},+\infty\right)$ 内严格单调增加；在 $\left[0,\dfrac{2}{5}\right]$ 上严格单调减少.

4.1.2 不等式定理

根据函数的严格单调性判定法，可以证明某些不等式.

定理 设函数 $f(x)$ 在 $[a,b]$ 上连续，且

(1) 在 (a,b) 内 $f'(x)>0$，则 $f(a)<f(x)<f(b)$；

(2) 在 (a,b) 内 $f'(x)<0$，则 $f(b)<f(x)<f(a)$.

利用严格单调性判定法，这个定理的结论是显然的.

同样，有限区间可改为无穷区间，结论仍然成立.

例 1 证明当 $x>0$ 时，有不等式 $\arctan x+\dfrac{1}{x}>\dfrac{\pi}{2}$.

证明 设 $f(x)=\arctan x+\dfrac{1}{x}-\dfrac{\pi}{2}$，$x>0$，则 $f'(x)=\dfrac{1}{1+x^2}-\dfrac{1}{x^2}<0$. 因此函数 $f(x)$ 在 $(0,+\infty)$ 内是严格单调减少. 又 $\lim\limits_{x\to+\infty}f(x)=\lim\limits_{x\to+\infty}\left(\arctan x+\dfrac{1}{x}-\dfrac{\pi}{2}\right)=0$，于是，当 $x>0$ 时，有 $f(x)>0$. 即当 $x>0$ 时，有

$$\arctan x+\dfrac{1}{x}>\dfrac{\pi}{2}.$$

4.1 函数的单调性

例2 证明当 $e<a<b$ 时,有 $\dfrac{a}{b}<\dfrac{\ln a}{\ln b}<\dfrac{b}{a}$.

证明 等价于证明当 $e<a<b$ 时,(1) $\dfrac{\ln b}{b}<\dfrac{\ln a}{a}$;(2) $a\ln a<b\ln b$.

(1) 设 $f(x)=\dfrac{\ln x}{x}$,因 $f'(x)=\dfrac{1-\ln x}{x^2}$,当 $e<x$ 时,$f'(x)<0$,所以 $f(x)$ 严格单调减少,因此,当 $e<a<b$ 时,$f(b)<f(a)$,即 $\dfrac{\ln b}{b}<\dfrac{\ln a}{a}$.

(2) 设 $f(x)=x\ln x$,类似证明之.

例3 证明当 $x>0$ 时,有 $\ln x<1+x^2$.

证明 设 $f(x)=1+x^2-\ln x$,$f'(x)=2x-\dfrac{1}{x}=\dfrac{2x^2-1}{x}$,因此

$$f'(x)\begin{cases}<0, & 0<x<\dfrac{\sqrt{2}}{2}\\ >0, & \dfrac{\sqrt{2}}{2}<x<+\infty\end{cases}.$$

根据本定理知在 $\left(0,\dfrac{\sqrt{2}}{2}\right)$ 内有 $f\left(\dfrac{\sqrt{2}}{2}\right)<f(x)$,在 $\left(\dfrac{\sqrt{2}}{2},+\infty\right)$ 内有 $f\left(\dfrac{\sqrt{2}}{2}\right)<f(x)$,而 $f\left(\dfrac{\sqrt{2}}{2}\right)=1+\dfrac{1}{2}-\ln\dfrac{\sqrt{2}}{2}=\dfrac{3}{2}+\dfrac{1}{2}\ln 2>0$,故得当 $x>0$ 时,有 $f(x)>0$,即

$$\ln x<1+x^2.$$

例4 证明当 $0<x<\dfrac{\pi}{2}$ 时,有 $\dfrac{\sin x}{x}>\sqrt[3]{\cos x}$.

证明 如果设 $f(x)=\dfrac{\sin x}{x}-\sqrt[3]{\cos x}$,则计算 $f'(x)$ 较复杂,而且不易判定 $f'(x)$ 的符号. 为此改设辅助函数 $f(x)=\sin x(\cos x)^{-\frac{1}{3}}-x$,$f(0)=0$;

$$f'(x)=(\cos x)^{\frac{2}{3}}+\dfrac{1}{3}\sin^2 x(\cos x)^{-\frac{4}{3}}-1=\dfrac{2}{3}(\cos x)^{\frac{2}{3}}+\dfrac{1}{3}(\cos x)^{-\frac{4}{3}}-1.$$

直接判定 $f'(x)$ 的符号,有困难,然而 $f'(0)=0$;为此再求导

$$f''(x)=-\dfrac{4}{9}(\cos x)^{-\frac{1}{3}}\sin x+\dfrac{4}{9}(\cos x)^{-\frac{7}{3}}\sin x=\dfrac{4}{9}(\cos x)^{-\frac{7}{3}}(\sin x)^3.$$

由此可知,当 $0<x<\dfrac{\pi}{2}$ 时,$f''(x)>0$. 从而 $f'(x)$ 是严格单调增加,所以 $f'(x)>f'(0)=0$. 同理 $f(x)$ 是严格单调增加,所以 $f(x)>f(0)=0$,即

当 $0<x<\dfrac{\pi}{2}$ 时,有 $\dfrac{\sin x}{x}>\sqrt[3]{\cos x}$.

习 题 4.1

1. 讨论下列函数的严格单调性：

(1) $f(x)=x^2(x-3)$；

(2) $f(x)=\dfrac{x}{x^2-6x-16}$；

(3) $f(x)=(x-3)\sqrt{x}$；

(4) $f(x)=\dfrac{x}{3}-\sqrt[3]{x}$；

(5) $f(x)=x+\sin x$；

(6) $f(x)=x\ln x$；

(7) $f(x)=\arcsin(1+x)$；

(8) $f(x)=2e^{x^2-4x}$；

(9) $f(x)=2^{\frac{1}{x-a}}$；

(10) $y=\dfrac{e^x}{x}$.

2. 证明 $f(x)=\left(1+\dfrac{1}{x}\right)^x$ 在 $(0,+\infty)$ 内为严格单调增加.

3. 设 $f(x)$ 在 $[a,+\infty)$ 上连续，在 $(a,+\infty)$ 内 $f''(x)>0$，证明 $F(x)=\dfrac{f(x)-f(a)}{x-a}$ 在 $(a,+\infty)$ 内严格单调增加.

4. 证明下列不等式：

(1) $x-\dfrac{x^2}{2}<\ln(1+x)<x$，当 $x>0$ 时；

(2) $x-\dfrac{x^3}{6}<\sin x<x$，当 $x>0$ 时；

(3) $1-x^2\leqslant e^{-x^2}\leqslant \dfrac{1}{1+x^2}$，当 $x\geqslant 0$ 时；

(4) $\ln(1+x)\geqslant \dfrac{\arctan x}{1+x}$，当 $x\geqslant 0$ 时.

5. 证明当 $b>a>e$ 时，$a^b>b^a$.

6. 设 $a>0,b>0$，证明当 $n\geqslant 2$ 时有
$$\sqrt[n]{a}+\sqrt[n]{b}>\sqrt[n]{a+b}.$$

4.2 函数的凹凸性

前面的讨论知道，根据导数 $f'(x)$ 的符号，可知函数 $f(x)$ 的严格单调性. 然而严格单调增加（或严格单调减少）还有不同的情况，如函数 $y=x^2$ 和 $y=\sqrt{x}$ 在 $(0,+\infty)$ 内都是严格单调增加的（图 4.1）. 但是它们严格增加的方式却有显著的区别，这就是所谓的凹与凸的区别，为了深入了解函数的性质，必须讨论函数的凹凸性.

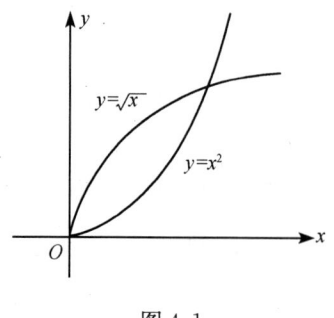

图 4.1

4.2 函数的凹凸性

4.2.1 函数凹凸性的判定法

定义 设函数 $f(x)$ 在 $[a,b]$ 上连续,在 (a,b) 内可导,如果曲线 $y=f(x)$ 位于每一点切线的上方(下方),则称函数 $f(x)$ 在 $[a,b]$ 上是凹的(凸的)(图 4.2).

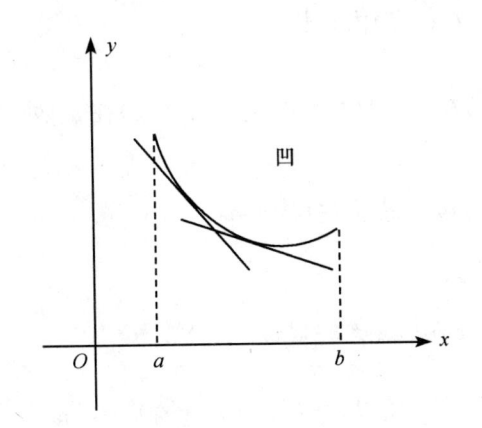

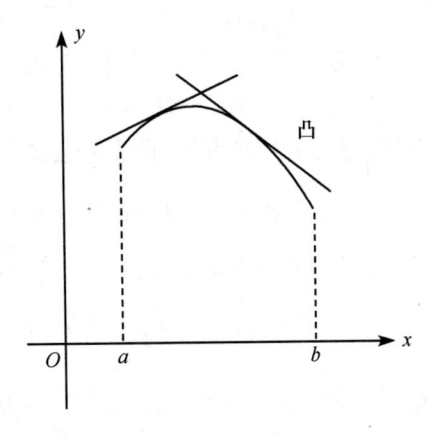

图 4.2

上面是凹凸性的几何描述,但不便于理论分析和研究. 现在用分析的语言来叙述函数的凹凸性如下:

对于区间 (a,b) 内任意两点 $x_1, x_2 (x_1 \neq x_2)$,如果都有
$$f(x_2) > f(x_1) + f'(x_1)(x_2 - x_1) \text{ 或 } f(x_1) > f(x_2) + f'(x_2)(x_1 - x_2), \quad (4.2.1)$$
则称函数 $f(x)$ 在 (a,b) 内是凹的. 如果都有
$$f(x_2) < f(x_1) + f'(x_1)(x_2 - x_1) \text{ 或 } f(x_1) < f(x_2) + f'(x_2)(x_1 - x_2), \quad (4.2.2)$$
则称函数 $f(x)$ 在 (a,b) 内是凸的.

从图形(图 4.3)上看,(4.2.1)式表示曲线位于点 $(x_1, f(x_1))$ 的切线的上方或表示曲线位于点 $(x_2, f(x_2))$ 的切线的上方,而 x_1, x_2 在区间 (a,b) 内任意两点,因

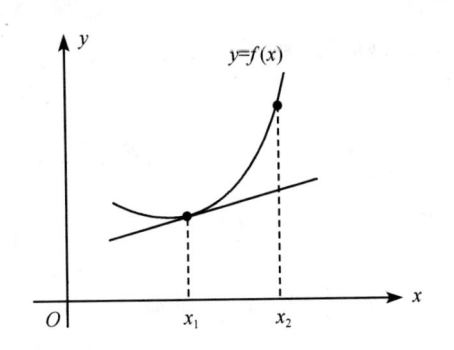

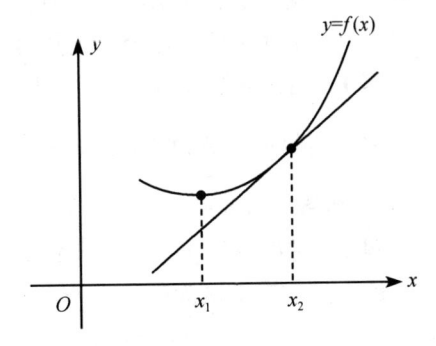

图 4.3

此 $f(x)$ 在 (a,b) 内是凹的.

现在给出函数凹凸性的判定法.

定理 设函数 $f(x)$ 在 (a,b) 内有二阶导数,

(1) 如果在 (a,b) 内 $f''(x)>0$, 则 $f(x)$ 在 (a,b) 内是凹的;

(2) 如果在 (a,b) 内 $f''(x)<0$, 则 $f(x)$ 在 (a,b) 内是凸的.

证明 只证 $f''(x)>0$ 的情形.

设 $x_1,x_2 \in (a,b)$ 且 $x_1 \neq x_2$, 由于 $f''(x)$ 在 (a,b) 内存在, 则函数 $f(x)$ 在 x_1 处有带拉格朗日余项的一阶泰勒公式

$$f(x) = f(x_1) + f'(x_1)(x-x_1) + \frac{1}{2}f''(\xi)(x-x_1)^2,$$

其中, $x \in (a,b)$, ξ 在 x_1, x 之间. 令 $x = x_2$, 则有

$$f(x_2) = f(x_1) + f'(x_1)(x_2-x_1) + \frac{1}{2}f''(\xi)(x_2-x_1)^2,$$

其中, ξ 在 x_1, x_2 之间. 由于在 (a,b) 内 $f''(x)>0$, 所以, $\frac{1}{2}f''(\xi)(x_2-x_1)^2 > 0$. 故

$$f(x_2) > f(x_1) + f'(x_1)(x_2-x_1)$$

成立. 于是, 由(4.2.1)式知, 函数 $f(x)$ 在 (a,b) 内是凹的.

对于 $f''(x)<0$ 的情形, 证明类似.

值得指出, 定理中有限区间改为无穷区间结论仍然成立.

定理告诉我们, 要研究可导函数的凹凸性, 只需求出该函数的二阶导数, 再判别它的符号即可. 为了找到二阶导数 $f''(x)$ 取正、负的区间, 当 $f''(x)$ 连续时, 习惯上, 总是先找出 $f''(x)=0$ 的点, 然后再来确定二阶导数的正、负值区间. 因此可导函数 $f(x)$ 凹凸性的判定方法如下:

(1) 确定函数 $f(x)$ 的定义域;

(2) 求 $f''(x)$, 解出 $f''(x)=0$ 的点;

(3) 用这些点将定义域分成若干个开区间;

(4) 判定 $f''(x)$ 在每个开区间内的符号, 就可确定函数的凹凸性.

例1 讨论函数 $f(x)=2x^2-\ln x$ 的凹凸性.

解 函数定义域为 $(0,+\infty)$; $f'(x)=4x-\dfrac{1}{x}$, $f''(x)=4+\dfrac{1}{x^2}$, 显然 $f''(x)>0$, 因此, 函数 $f(x)=2x^2-\ln x$ 在 $(0,+\infty)$ 内是凹的.

例2 讨论函数 $f(x)=e^{-x^2}$ 的凹凸性.

解 函数定义域为 $(-\infty,+\infty)$; $f'(x)=-2xe^{-x^2}$, $f''(x)=2(2x^2-1)e^{-x^2}$. 令 $f''(x)=0$, 解出 $x=-\dfrac{\sqrt{2}}{2},\dfrac{\sqrt{2}}{2}$; 它将定义域分成区间 $\left(-\infty,-\dfrac{\sqrt{2}}{2}\right)$, $\left(-\dfrac{\sqrt{2}}{2},\dfrac{\sqrt{2}}{2}\right)$,

4.2 函数的凹凸性

$\left(\dfrac{\sqrt{2}}{2},+\infty\right)$，作表如下：

	$\left(-\infty,-\dfrac{\sqrt{2}}{2}\right)$	$-\dfrac{\sqrt{2}}{2}$	$\left(-\dfrac{\sqrt{2}}{2},\dfrac{\sqrt{2}}{2}\right)$	$\dfrac{\sqrt{2}}{2}$	$\left(\dfrac{\sqrt{2}}{2},+\infty\right)$
$f''(x)$	+	0	−	0	+
$f(x)$	∪	$e^{-\frac{1}{2}}$	∩	$e^{-\frac{1}{2}}$	∪

其中，符号"∪"表示凹，"∩"表示凸. 即函数 $f(x)=e^{-x^2}$ 在 $\left(-\infty,-\dfrac{\sqrt{2}}{2}\right)$, $\left(\dfrac{\sqrt{2}}{2},+\infty\right)$ 内是凹的，在 $\left(-\dfrac{\sqrt{2}}{2},\dfrac{\sqrt{2}}{2}\right)$ 内是凸的.

例 3 函数 $f(x)=x^4, f'(x)=4x^3, f''(x)=12x^2 > 0 (x\neq 0)$，在 $x=0$ 处 $f''(0)=0$，然而函数 $f(x)=x^4$ 在 $(-\infty,+\infty)$ 内是凹的.

函数 $f(x)=x^{\frac{4}{3}}, f'(x)=\dfrac{4}{3}x^{\frac{1}{3}}, f''(x)=\dfrac{4}{9}x^{-\frac{2}{3}} > 0 (x\neq 0)$，在 $x=0$ 处，二阶导数不存在($f''(0)=+\infty$)，然而函数 $f(x)=x^{\frac{4}{3}}$ 在 $(-\infty,+\infty)$ 内也是凹的.

因此，在区间内函数是凹的(凸的)，在此区间内的个别点，可以二阶导数为零，也可以二阶导数不存在. 这正说明本定理是凹凸性的充分条件，而不是必要条件. 同时，函数 $f(x)$ 在 (a,b) 内连续，只有某几个孤立点处二阶导数为零或不存在，而在其他点处有 $f''(x)>0(<0)$ 仍然可断言：$f(x)$ 在 (a,b) 内是凹(凸)的. 所以上述凹凸性的判定法中(2)、(3)可改进为：

(2) 求 $f''(x)$，解出 $f''(x)=0$ 的点以及二阶导数不存在的点；

(3) 用上面这些点将定义域分成若干个开区间.

4.2.2 拐点及其判定法

定义 函数 $f(x)$ 在其曲线上凹凸的分界点，称为曲线的拐点 $(x_0, f(x_0))$.

例如上例 2 中点 $\left(-\dfrac{\sqrt{2}}{2}, e^{-\frac{1}{2}}\right)$ 和 $\left(\dfrac{\sqrt{2}}{2}, e^{-\frac{1}{2}}\right)$ 都是曲线的拐点.

定理 如果 $f''(x)$ 连续，而 $f''(x)$ 在 x_0 的左、右两侧异号，则点 $(x_0, f(x_0))$ 是曲线的拐点.

例 1 求函数 $f(x)=x^3-6x^2+9x+2$ 的凹凸区间和拐点.

解 函数定义域为 $(-\infty,+\infty)$；$f'(x)=3x^2-12x+9, f''(x)=6(x-2)$，令 $f''(x)=0$，解出 $x=2$. 列表如下：

	$(-\infty,2)$	2	$(2,+\infty)$
$f''(x)$	−	0	+
$f(x)$	∩	拐点(2,4)	∪

故函数 $f(x)$ 在 $(-\infty,2)$ 内是凸的, 在 $(2,+\infty)$ 内是凹的, 曲线上点 $(2,4)$ 是拐点.

例2 求函数 $f(x)=(x-1)x^{\frac{5}{3}}$ 的凹凸区间和拐点.

解 函数定义域为 $(-\infty,+\infty)$; $f(x)=x^{\frac{8}{3}}-x^{\frac{5}{3}}$, $f'(x)=\frac{8}{3}x^{\frac{5}{3}}-\frac{5}{3}x^{\frac{2}{3}}$, $f''(x)=\frac{40}{9}x^{\frac{2}{3}}-\frac{10}{9}x^{-\frac{1}{3}}=\frac{10(4x-1)}{9\sqrt[3]{x}}$, 显然 $x=\frac{1}{4}$ 使二阶导数为零, $x=0$ 使二阶导数不存在, 列表如下:

	$(-\infty,0)$	0	$\left(0,\frac{1}{4}\right)$	$\frac{1}{4}$	$\left(\frac{1}{4},+\infty\right)$
$f''(x)$	+	×	−	0	+
$f(x)$	∪	拐点(0,0)	∩	拐点$\left(\frac{1}{4},-\frac{3\sqrt[3]{4}}{64}\right)$	∪

故函数 $f(x)$ 在 $(-\infty,0)$, $\left(\frac{1}{4},+\infty\right)$ 内是凹的, 在 $\left(0,\frac{1}{4}\right)$ 内是凸的; 曲线上点 $(0,0)$ 和点 $\left(\frac{1}{4},-\frac{3\sqrt[3]{4}}{64}\right)$ 是拐点.

这个例子说明二阶导数不存在的点也可能是拐点. 另外应该注意, 二阶导数为零的点, 可能是拐点, 也可能不是拐点 (例3, $f(x)=x^4$), 所以判定是否为拐点, 要看该点两侧 $f''(x)$ 是否异号, 也就是凹凸的分界点.

因此, 求函数 $f(x)$ 拐点的方法是:

(1) 求所有 $f''(x)=0$ 的点;

(2) 求 $f''(x)$ 不存在的点 (但函数应有定义);

(3) 考察 $f''(x)$ 在这些点左、右是否异号来决定是否是拐点.

有时, 还可以用高阶导数的值来判定拐点.

推论 设函数 $f(x)$ 在 x_0 的邻域 $(x_0-\delta,x_0+\delta)$ 内有二阶导数 $f''(x)$, 如果 $f''(x_0)=f'''(x_0)=\cdots=f^{(n-1)}(x_0)=0$, 而 $f^{(n)}(x_0)\neq 0$, 则在 $n\geqslant 3$ 的情形下:

(1) 当 n 为奇数时, $(x_0,f(x_0))$ 是曲线 $y=f(x)$ 上的一个拐点;

(2) 当 n 为偶数时, $(x_0,f(x_0))$ 不是曲线 $y=f(x)$ 上的一个拐点.

证明 将二阶导数 $f''(x)$ 在 x_0 处展开为局部泰勒公式, 有

$$f''(x)=f''(x_0)+f'''(x_0)(x-x_0)+\frac{f^{(4)}(x_0)}{2!}(x-x_0)^2$$

$$+\cdots+\frac{f^{(n-1)}(x_0)}{(n-3)!}(x-x_0)^{n-3}+\frac{f^{(n)}(x_0)}{(n-2)!}(x-x_0)^{n-2}$$

$$+o((x-x_0)^{n-2}) \quad (x\to x_0)$$

由题设, 即得

$$f''(x) = \frac{f^{(n)}(x_0)}{(n-2)!}(x-x_0)^{n-2} + o((x-x_0)^{n-2}).$$

上式右端第二项 $o((x-x_0)^{n-2})$，当 $x \to x_0$ 时，是比第一项更高阶的无穷小量，因此当点 x 与点 x_0 充分接近时，$f''(x)$ 与右端第一项 $\frac{f^{(n)}(x_0)}{(n-2)!}(x-x_0)^{n-2}$ 的符号相同. 从而

(1) 当 n 为奇数时，$(x-x_0)^{n-2}$ 在点 x_0 左、右两侧异号，又 $f^{(n)}(x_0) \neq 0$ 其符号是确定的，因此，$f''(x)$ 在 x_0 的左、右两侧异号，故 $(x_0, f(x_0))$ 是曲线 $y=f(x)$ 上的一个拐点.

(2) 当 n 为偶数时，$(x-x_0)^{n-2} > 0$，因此，$f''(x)$ 在 x_0 的左、右两侧不变号，故 $(x_0, f(x_0))$ 不是曲线的拐点.

习 题 4.2

1. 求下列函数的凹凸区间和拐点：

(1) $f(x) = x^3 - 6x^2 + 12x + 4$；

(2) $y = (x+1)^4$；

(3) $f(x) = \frac{1}{x+3}$；

(4) $y = \frac{x^3}{x^2+12}$；

(5) $f(x) = \sqrt[3]{4x^3 - 12x}$；

(6) $y = \cos x$；

(7) $f(x) = x - \sin x$；

(8) $y = x^2 \ln x$；

(9) $f(x) = \arctan x - x$；

(10) $y = (1+x^2)e^x$.

2. 证明曲线 $y = \frac{x+1}{x^2+1}$ 有三个拐点，且位于一条直线上.

3. 分别讨论曲线 $f(x) = \begin{cases} \sqrt{x}, & x \geq 0 \\ -\sqrt{-x}, & x < 0 \end{cases}$ 与 $g(x) = \begin{cases} \sqrt{x}, & x \geq 0 \\ \sqrt{-x}, & x < 0 \end{cases}$ 所表示曲线的凹凸性和拐点.

4. 确定一个六次多项式 $P_6(x)$，使其曲线关于纵坐标对称，在 $(1,1)$ 处有拐点，且该点处有水平切线，并在原点与横轴相切.

4.3 函数的极值和最值

在许多实际问题和科技领域中，常常要碰到在一定条件下怎样使材料最省、成本最低、效益最高、性能最好等问题，这类问题概括地说就是，在一定条件下，要从各种可能的"方案"中选择一种最优的"方案"，通常称为最优化问题. 在数学上，它们常归结为求一个函数（称为目标函数）的最大值或最小值问题，有时还要找出使函数取最大值或最小值的那种点——最大值点或最小值点.

在日常生活中有不少求最大值或最小值的例子. 从一个班学生中挑一个高个子、田径赛中选拔第一名、上商店买一枝最便宜的钢笔等，这些简单例子都是在有

限多个数值中求最大值或最小值. 有限多个数中找最大值或最小值是很方便的, 只要通过逐个比较就可以了.

现在最优化问题是求函数在闭区间上的最大值或最小值(在第 1 章已经知道, 只要函数在闭区间上连续, 最大值和最小值存在是不成问题的). 由于在区间上的点是无穷多的, 所以对应的函数值一般说来也有无穷多的. 因此现在的问题是要在无穷多个值中找最大的或最小的, 这与有限多个数的情况不一样, 不能用逐个加以比较的办法. 为此, 首先引入函数极值的概念, 有了它, 就可以把无穷多个值的比较转化为有限个值的比较, 函数的最值问题就迎刃而解了.

4.3.1 函数极值及其判定法

定义 设函数 $f(x)$ 在点 x_0 的某个邻域内有定义. 如果对该邻域内的任意 $x \neq x_0$, 有

$$f(x) < f(x_0) \quad (\text{或 } f(x) > f(x_0)),$$

则称 $f(x_0)$ 是函数 $f(x)$ 的一个极大值(或极小值), 点 x_0 是 $f(x)$ 的一个极大值点(或极小值点).

函数的极大值或极小值统称为极值, 极大值点或极小值点统称为极值点.

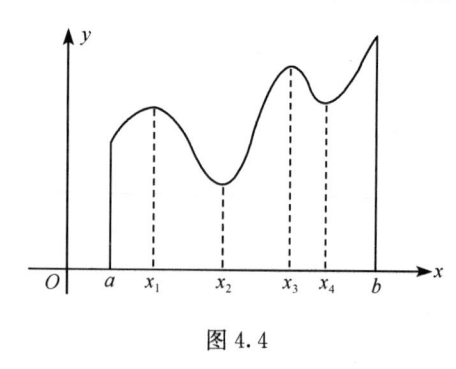

函数的极大值和极小值概念是局部性的. 如果 $f(x_0)$ 是函数 $f(x)$ 的一个极大值, 那只是就 x_0 附近一个局部范围来说, $f(x_0)$ 是 $f(x)$ 的一个最大值. 如果就函数 $f(x)$ 的整个定义域来说, $f(x_0)$ 不见得是最大值. 而且由于极值概念的局部性, 所以函数的极大值也不一定都大于每个极小值(图 4.4).

图 4.4

现在来讨论函数极值的性质.

定理(费马定理①) 如果 x_0 是 $f(x)$ 的极值点, 且函数 $f(x)$ 在 x_0 处可导, 则必有

$$f'(x_0) = 0.$$

证明 设 x_0 是函数 $f(x)$ 的极大值点, 由定义知在 x_0 的某个邻域内有 $f(x) < f(x_0)$, 从而当 $x < x_0$ 时,

$$\frac{f(x) - f(x_0)}{x - x_0} > 0;$$

---

① 这个定理是法国数学家费马在 1629 年实际上已经得到, 但当时没有用导数的概念. 他甚至已经指出了函数在极值点所满足的必要条件.

4.3 函数的极值和最值

当 $x>x_0$ 时,
$$\frac{f(x)-f(x_0)}{x-x_0}<0.$$

根据函数 $f(x)$ 在 x_0 可导的条件,再由极限的保序性,便得到

$$f'(x_0)=f'_-(x_0)=\lim_{x\to x_0^-}\frac{f(x)-f(x_0)}{x-x_0}\geqslant 0;$$

$$f'(x_0)=f'_+(x_0)=\lim_{x\to x_0^+}\frac{f(x)-f(x_0)}{x-x_0}\leqslant 0.$$

所以,$f'(x_0)=0$. 同理证明极小值点的结论.

由本定理知道,可导函数的极值点一定是驻点,是函数取极值的必要条件. 但是函数的驻点未必是它的极值点. 例如,$f(x)=x^3$,在点 $x_0=0$ 处,它是驻点,但在 $(-\infty,+\infty)$ 内函数是严格单调增加的,所以在点 $x_0=0$ 处不是它的极值点. 另外,函数 $f(x)$ 在 x_0 处不可导,也可能是极值点,取得极值. 例如,$y=|x|$,$y=x^{\frac{2}{3}}$ 在 $x=0$ 处取得极小值为 0,但导数在 $x=0$ 处都不存在. 因此,对函数 $f(x)$ 来说:驻点可能是极值点;导数不存在的点也可能是极值点.

那么究竟怎样判定函数的极值点呢？以下给出两个充分条件:

定理 设连续函数 $f(x)$ 在 x_0 的某个邻域内可导(x_0 可以除外),当 x 由小增大经过 x_0 时,如果

(1) $f'(x)$ 由正变负,则 x_0 是极大值点,$f(x_0)$ 是极大值；

(2) $f'(x)$ 由负变正,则 x_0 是极小值点,$f(x_0)$ 是极小值；

(3) $f'(x)$ 不变号,则 x_0 不是极值点,$f(x_0)$ 不是极值.

这个定理称为函数极值存在的第一充分条件.

证明 利用列表可一目了然：

(1)

	$(x_0-\delta,x_0)$	x_0	$(x_0,x_0+\delta)$
$f'(x)$	+		−
$f(x)$	↗	极大值	↘

(2)

	$(x_0-\delta,x_0)$	x_0	$(x_0,x_0+\delta)$
$f'(x)$	−		+
$f(x)$	↘	极小值	↗

(3)

	$(x_0-\delta,x_0)$	x_0	$(x_0,x_0+\delta)$
$f'(x)$	+(−)		+(−)
$f(x)$	↗(↘)	不是极值	↗(↘)

从而求局部极值的方法：

(1) 求导数 $f'(x)$，解出 $f'(x)=0$ 的驻点及 $f'(x)$ 不存在的点；

(2) 判定导数在上述各点两侧的符号，利用第一充分条件，确定是否极值及极大值和极小值（有时列表比较方便）．

例 1 求函数 $f(x)=(x+2)^2(x-1)^3$ 的极值．

解 这是 4.1.1 小节的例 2，由当时的列表，显然知道：$x=-2$ 是极大值点，$f(-2)=0$ 是极大值；$x=-\dfrac{4}{5}$ 是极小值点，$f\left(-\dfrac{4}{5}\right)=-\dfrac{26244}{3125}$ 是极小值．($x=1$ 不是极值点，$f(1)=0$ 不是极值)．

例 2 求函数 $f(x)=(x-1)\sqrt[3]{x^2}$ 的极值．

解 这是 4.1.1 小节的例 4，由当时的列表，显然知道：$x=0$ 是极大值点，$f(0)=0$ 是极大值；$x=\dfrac{2}{5}$ 是极小值点，$f\left(\dfrac{2}{5}\right)=-\dfrac{3}{25}\sqrt[3]{20}$ 是极小值．

例 3 求函数 $f(x)=2-|x^5-1|$ 的极值．

解 $f(x)=\begin{cases} x^5+1, & x<1 \\ 2, & x=1, \\ 3-x^5, & x>1 \end{cases}$ $f'(x)=\begin{cases} 5x^4, & x<1 \\ \text{不存在}, & x=1. \\ -5x^4, & x>1 \end{cases}$

驻点 $x=0$，导数不存在的点 $x=1$，列表

	$(-\infty,0)$	0	$(0,1)$	1	$(1,+\infty)$
$f'(x)$	+	0	+	×	−
$f(x)$	↗	不是极值	↗	极大值	↘

所以，$x=1$ 是极大值点，$f(1)=2$ 是极大值．

例 4 求函数 $f(x)=\left(1+x+\dfrac{x^2}{2!}+\cdots+\dfrac{x^n}{n!}\right)\mathrm{e}^{-x}$ 的极值．

解 $f'(x)=-\dfrac{x^n}{n!}\mathrm{e}^{-x}$，驻点 $x=0$，

(1) n 为偶数时

	$(-\infty,0)$	0	$(0,+\infty)$
$f'(x)$	−	0	−
$f(x)$	↘	不是极值	↘

(2) n 为奇数时

	$(-\infty,0)$	0	$(0,+\infty)$
$f'(x)$	+	0	−
$f(x)$	↗	极大值	↘

所以该函数仅当 n 为奇数时有极大值 $f(0)=1$．

对于函数的驻点判定是否为极值点还可以使用高阶导数法．

定理[①] 设函数 $f(x)$ 在 x_0 处有 $n(n\geqslant 2)$ 阶导数，且 $f'(x_0)=f''(x_0)=\cdots=$

[①] 这个定理是法国数学家柯西证明的．

4.3 函数的极值和最值

$f^{(n-1)}(x_0)=0$,但 $f^{(n)}(x_0)\neq 0$,则

(1) 当 n 为奇数时,x_0 不是极值点,$f(x_0)$ 不是极值;

(2) 当 n 为偶数时,x_0 是极值点,且

如果 $f^{(n)}(x_0)>0$,那么 x_0 是极小值点,$f(x_0)$ 是极小值;

如果 $f^{(n)}(x_0)<0$,那么 x_0 是极大值点,$f(x_0)$ 是极大值.

证明 由函数 $f(x)$ 的局部泰勒公式有

$$f(x)=f(x_0)+f'(x_0)(x-x_0)+\frac{f''(x_0)}{2!}(x-x_0)^2+\cdots$$
$$+\frac{f^{(n)}(x_0)}{n!}(x-x_0)^n+o((x-x_0)^n)\quad(x\to x_0),$$

由题意,即得

$$f(x)-f(x_0)=\frac{f^{(n)}(x_0)}{n!}(x-x_0)^n+o((x-x_0)^n).$$

上式右端第二项 $o((x-x_0)^n)$ 当 $x\to x_0$ 是比第一项更高阶的无穷小量,因此当点 x 与 x_0 充分接近时,$f(x)-f(x_0)$ 与第一项 $\frac{f^{(n)}(x_0)}{n!}(x-x_0)^n$ 的符号相同.从而

(1) 当 n 为奇数时,$(x-x_0)^n$ 在点 x_0 的左、右近旁要变号,而 $f^{(n)}(x_0)\neq 0$ 其符号是确定的,因此 $\frac{f^{(n)}(x_0)}{n!}(x-x_0)^n$ 在点 x_0 的左、右近旁要变号,也就是 $f(x)-f(x_0)$ 在 x_0 的左、右近旁要变号,这就说 $f(x_0)$ 不是极值,x_0 不是极值点.

(2) 当 n 为偶数时,因为 $(x-x_0)^n>0$,所以 $f(x)-f(x_0)$ 与 $\frac{f^{(n)}(x_0)}{n!}$ 同号,于是:

如果 $f^{(n)}(x_0)>0$ 时,有 $f(x)-f(x_0)>0$,即 x_0 是极小值点,$f(x_0)$ 是极小值;

如果 $f^{(n)}(x_0)<0$ 时,有 $f(x)-f(x_0)<0$,即 x_0 是极大值点,$f(x)$ 是极大值.

这个定理称为可导函数极值存在的第二充分条件.特别,当 $n=2$ 的情形,有

推论 设 $f'(x_0)=0$,$f''(x_0)\neq 0$,则

(1) 如果 $f''(x_0)>0$,那么 x_0 是极小值点,$f(x_0)$ 是极小值;

(2) 如果 $f''(x_0)<0$,那么 x_0 是极大值点,$f(x_0)$ 是极大值.

这个推论是经常使用的.

例 5 求函数 $f(x)=3x^5-5x^3$ 的极值.

解 $f'(x)=15x^2(x^2-1)$,驻点为 $x_1=-1,x_2=0,x_3=1$;$f''(x)=30x(2x^2-1)$,$f''(-1)=-30<0$,$f''(0)=0$,$f''(1)=30>0$;$f'''(x)=30(6x^2-1)$,$f'''(0)=-30\neq 0$;由第二充分条件知 $x_1=-1$ 是极大值点,$f(-1)=2$ 是函数的极大值;

$x_3=1$ 是极小值点，$f(1)=-2$ 是函数的极小值；$x_2=0$ 不是极值点.

所以函数的极大值为 2，极小值为 -2.

例 6 设 $y=f(x)$ 由 $x^3-3xy^2+2y^3=32$ 所确定，试求 $f(x)$ 的极值.

解 对方程求导：$3x^2-3y^2-6xyy'+6y^2y'=0$，令 $y'=0$ 求驻点：解得 $x-y=0$ 和 $x+y=0$；

当 $y=x$ 时，代回原方程，得 $0=32$ 不合理，舍去；

当 $y=-x$ 时，代回原方程，得 $x^3=-8$，故驻点 $x=-2$. 此时 $y=-(-2)=2$. 为了判定是否极值以及极大、极小，对原方程求二阶导数：

$$6x-6yy'-6yy'-6xy'^2-6xyy''+12yy'^2+6y^2y''=0,$$

将 $x=-2, y=2$ 和 $y'(-2)=0$ 代入上式，解得 $y''(-2)=\dfrac{1}{4}>0$. 所以 $x=-2$ 是极小值点，函数的极小值是 $y(-2)=2$.

4.3.2 函数最大值、最小值的计算

有了函数的极值概念，讨论函数的最值是不困难的. 设函数 $f(x)$ 在 $[a,b]$ 上连续（这就保证了函数最大值、最小值一定存在），为确定起见，仅就最大值来讨论.

如果 $f(x)$ 在 $[a,b]$ 上的最大值是在 (a,b) 内一点处取得，显然这个最大值同时也是个极大值，它是 $f(x)$ 在 (a,b) 内所有的极大值中最大的. 但是最大值也可能在 $[a,b]$ 的端点 a 或 b 处取得. 因此只要求出 $f(x)$ 在 (a,b) 内所有的极大值，再与 $f(a)$ 和 $f(b)$ 相比较，其中最大的自然就是所求的最大值. 为了避免判定极值的麻烦，其实只要从所有可能取得极值点（包括函数的驻点及不可导点）以及区间端点处的函数值中选出最大的，自然就是所要求的最大值.

类似地，从函数的所有极小值和在区间端点的函数值中选出最小的，自然就是所要求的最小值.

由此可得出求连续函数 $f(x)$ 在 $[a,b]$ 上最值的方法：

① 求 $f'(x)$，令 $f'(x)=0$ 解出驻点及导数不存在的点，把这些点全体记为 $x_1, x_2, \cdots, x_n$；

② 计算 $f(x_1), f(x_2), \cdots, f(x_n)$ 的值及端点值 $f(a)$ 和 $f(b)$；

③ $y_{\max}=\max\{f(x_1), f(x_2), \cdots, f(x_n), f(a), f(b)\}$，$y_{\min}=\min\{f(x_1), f(x_2), \cdots, f(x_n), f(a), f(b)\}$，则 $y_{\max}, y_{\min}$ 分别是函数 $f(x)$ 在 $[a,b]$ 上的最大值和最小值.

应当注意，如果所考虑的是开区间 (a,b) 或是无穷区间，只要有办法断定最大值（最小值）是存在的，那么从所有极大值（极小值）中选取最大（最小）的就是最大值（最小值）. 也可以从所有驻点及导数不存在的点处比较其函数值来选取.

例 1 求函数 $f(x)=\sin^3 x+\cos^3 x$ 在 $\left[-\dfrac{\pi}{4}, \dfrac{3\pi}{4}\right]$ 上的最大值和最小值.

4.3 函数的极值和最值

解 $f'(x) = 3\sin^2 x \cos x - 3\cos^2 x \sin x = 3\sin x \cos x(\sin x - \cos x)$，于是在 $\left(-\dfrac{\pi}{4}, \dfrac{3\pi}{4}\right)$ 内的驻点为 $x_1 = 0, x_2 = \dfrac{\pi}{4}, x_3 = \dfrac{\pi}{2}$，又 f 没有不可导的点；由于 $f(0) = 1, f\left(\dfrac{\pi}{4}\right) = \dfrac{\sqrt{2}}{2}, f\left(\dfrac{\pi}{2}\right) = 1$ 以及 $f\left(-\dfrac{\pi}{4}\right) = 0, f\left(\dfrac{3\pi}{4}\right) = 0$；所以函数的最大值是 1，最小值是 0。

例 2 求函数 $f(x) = 2 - |x^5 - 1|$ 在 $[-1, 2]$ 上的最大值和最小值。

解 这是 4.3.1 小节的例 3. 已知
$$f'(x) = \begin{cases} 5x^4, & x < 1 \\ \text{不存在}, & x = 1, \\ -5x^4, & x > 1 \end{cases}$$

因此函数的驻点为 $x = 0$，导数不存在的点为 $x = 1$；由于 $f(0) = 1, f(1) = 2$，以及 $f(-1) = 0, f(2) = -29$；所以函数的最大值是 2，最小值是 -29。

在一些特殊情况下，求最大值或最小值的方法是很简单的。

如果函数 $f(x)$ 在 $[a, b]$ 上严格单调增加，那么 $f(a)$ 是最小值，$f(b)$ 是最大值；如果函数 $f(x)$ 在 $[a, b]$ 上严格单调减少，那么 $f(a)$ 是最大值，$f(b)$ 是最小值。

如果函数 $f(x)$ 在 $[a, b]$ 上连续，且在 $[a, b]$ 内部只有一个极值点。这个极值点是极大值点时，它的函数值就是最大值；这个极值点是极小值点时，它的函数值就是最小值（这种特殊情况，也适用于求函数 $f(x)$ 在 (a, b) 内的最大值或最小值）。

在很多实际问题中，常常遇到这样的简单情况：函数 $f(x)$ 在 $[a, b]$（或 (a, b)）内是可导的；由问题的实际情况，可以断定函数 $f(x)$ 在这区间内部某一点取得最大值（或最小值）；且 $f(x)$ 在这区间内部又只有一个驻点。在这种情况下，立即就能断定，这个驻点一定是最大值点（或最小值点）。

例 3 要做一个上下均有底的圆柱形铁桶，容积一定，问应当如何设计才能使用料最省，并求此最省用料值。

解 首先建立目标函数。依题意，用料最省就是要容器的表面积最小。设其表面积为 S，高为 h，底半径为 r，则
$$S = 2\pi r h + 2\pi r^2 \quad (0 < h, r < +\infty),$$
又容积一定设为 v_0，那么 r 和 h 应满足条件
$$\pi r^2 h = v_0 \quad \text{即} \quad h = \dfrac{v_0}{\pi r^2},$$
代入 S 的表达式即得目标函数
$$S = \dfrac{2v_0}{r} + 2\pi r^2 \quad (0 < r < +\infty).$$

下面是求表面积 S 在区间 $(0, +\infty)$ 内的最小值点及它相应的最小值。

由于

$$\frac{dS}{dr} = -\frac{2v_0}{r^2} + 4\pi r = \frac{4\pi}{r^2}\left(r^3 - \frac{v_0}{2\pi}\right),$$

在 $(0, +\infty)$ 内只有一个驻点 $r = \sqrt[3]{\dfrac{v_0}{2\pi}}$.

又从问题的实际情况来看,底半径 r 不宜过小,因为 r 很小,为了保持固定的容积,高度 h 就必须很大,则铁桶的表面积也就会很大(这时,目标函数中右端第一项会很大);底半径 r 当然也不宜过大,因 r 很大时,两个底的面积就会很大,则铁桶的表面积也会很大(这时,目标函数中右端第二项会很大). 由此可见,必有一适当的 r 值,使表面积 S 取得最小值. 现在,在 $(0, +\infty)$ 的内部只有一个驻点 $r = \sqrt[3]{\dfrac{v_0}{2\pi}}$,这个驻点一定就是所求的最小值点. 故

$$r = \sqrt[3]{\frac{v_0}{2\pi}}$$

时,铁桶的表面积最小. 这时,铁桶的高度

$$h = \left[\frac{v_0}{\pi r^2}\right]_{r=\sqrt[3]{\frac{v_0}{2\pi}}} = 2\sqrt[3]{\frac{v_0}{2\pi}},$$

也就是说,高度为底半径的两倍. 从而铁桶的高等于铁桶的直径 $\left(=2\sqrt[3]{\dfrac{v_0}{2\pi}}\right)$ 时,用料最省. 与此 r 值相应的最小表面积(最省用料值)为

$$S = [2\pi rh + 2\pi r^2]_{r=\sqrt[3]{\frac{v_0}{2\pi}}} = 3\sqrt[3]{2\pi}\sqrt[3]{v_0^2}.$$

对于这个实际问题,如果做铁桶时,上下底要从方形料上割下,则做一铁桶所消耗的材料实际上是

$$\overline{S} = 2\pi rh + 8r^2,$$

因此目标函数为 $\overline{S} = \dfrac{2v_0}{r} + 8r^2 \ (0 < r < +\infty)$.

下面求 $\overline{S}$ 的最小值,由于

$$\frac{d\overline{S}}{dr} = -\frac{2v_0}{r^2} + 16r = \frac{16}{r^2}\left(r^3 - \frac{v_0}{8}\right),$$

由此可知 $r = \dfrac{1}{2}\sqrt[3]{v_0}$ 时 $\left(\dfrac{h}{r} = \dfrac{8}{\pi} \text{时}\right)$,用料最省. 这时,与此 r 值相应的最小表面积(最省用料值)为

$$\overline{S} = \left[\frac{2v_0}{r} + 8r^2\right]_{r=\frac{1}{2}\sqrt[3]{v_0}} = 6\sqrt[3]{v_0^2}.$$

例 4 设一电灯可以沿着铅直线 OB(图 4.5)移动. 问它与水平面 OA 有怎样的距离,才能使水平面上一点 A 获得最大的照度?(根据物理学知道,照度 J 与

4.3 函数的极值和最值

$\sin\varphi$ 成正比,与距离 $r=AB$ 的平方成反比,即 $J=c\dfrac{\sin\varphi}{r^2}$,其中,$c$ 为决定于灯光强度的常数).

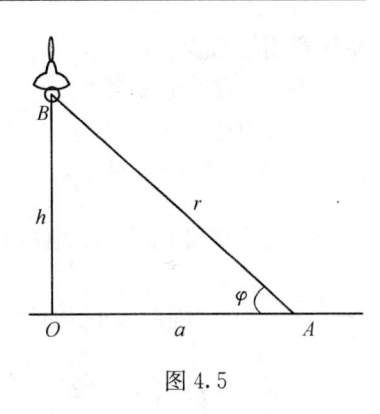

解 先建立目标函数,选取 $h=OB$ 为自变量,设 $OA=a$,则 $\sin\varphi=\dfrac{h}{r}$,$r=\sqrt{h^2+a^2}$,从而,问题的目标函数为

$$J = c\frac{h}{(h^2+a^2)^{3/2}} \quad (0 < h < +\infty).$$

下面求照度 J 的最大值.

由于 $\dfrac{dJ}{dh} = c \cdot \dfrac{(h^2+a^2)^{3/2} - h \cdot \dfrac{3}{2}(h^2+a^2)^{\frac{1}{2}} \cdot 2h}{(h^2+a^2)^3} = c \cdot \dfrac{a^2-2h^2}{(h^2+a^2)^{5/2}}$,所以 J 在 $(0,+\infty)$ 内有唯一的驻点 $h=\dfrac{a}{\sqrt{2}}$,根据实际问题最大照度是存在的,因此当灯与水平面的距离为 $\dfrac{a}{\sqrt{2}}$ 时,使点 A 处的照度为最大.

注意,也可以选取角 φ 为自变量,这时有

$$r = \frac{a}{\cos\varphi},$$

因此问题就变成求目标函数

$$J = \frac{c}{a^2}\cos^2\varphi\sin\varphi$$

在 $\left(0, \dfrac{\pi}{2}\right)$ 内的最大值. 不难求出,当 $\varphi = \arctan\dfrac{1}{\sqrt{2}}$ 时 J 取得最大值,而这时距离 h 仍为

$$h = a\tan\varphi = \frac{a}{\sqrt{2}}.$$

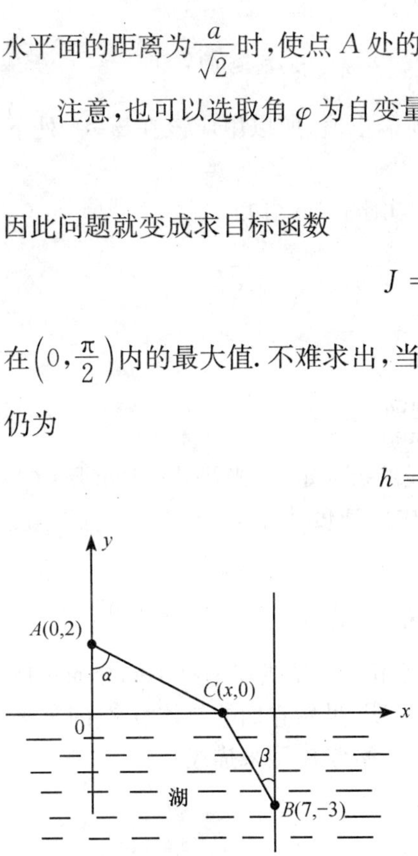

例 5 越野赛在湖滨举行,场地如图 4.6 所示:出发点在陆地 A 处,终点在湖心岛 B 处,A、B 南北相距 5km,东西相距 7km,湖岸位于 A 点南侧 2km,是一条东西走向的笔直长堤. 比赛中运动员可自行选择路线,但必须先从 A 出发跑步到达长堤,再从长堤处下水游泳到达终点 B. 已知运动员甲跑步速度为 $v_1=18$km/h,游泳速度为 $v_2=6$km/h,问他应该在长堤何处下水才能

使比赛用时最少?

解 先建立目标函数.

以长堤作为 x 轴建立直角坐标系(图 4.6),A、B 的坐标分别是 $A(0,2)$、$B(7,-3)$,设甲在 x 轴上 $C(x,0)$ 处下水,为使耗时最少,运动员在陆上和水中的运动路线应该都取直线. 跑步耗时 $t_1 = \dfrac{|AC|}{v_1} = \dfrac{\sqrt{x^2+4}}{18}$,游泳耗时 $t_2 = \dfrac{|CB|}{v_2} = \dfrac{\sqrt{(7-x)^2+9}}{6}$,因此,问题的目标函数为

$$T(x) = \frac{\sqrt{x^2+4}}{18} + \frac{\sqrt{(7-x)^2+9}}{6} \quad (0 \leqslant x \leqslant 7).$$

下面求 $T(x)$ 的最小值,由于

$$\frac{\mathrm{d}T}{\mathrm{d}x} = \frac{x}{18\sqrt{x^2+4}} - \frac{7-x}{6\sqrt{(7-x)^2+9}},$$

令 $\dfrac{\mathrm{d}T}{\mathrm{d}x}=0$ 得

$$\frac{x}{18\sqrt{x^2+4}} = \frac{7-x}{6\sqrt{(7-x)^2+9}} \quad (0 \leqslant x \leqslant 7),$$

可解出唯一驻点 $x=6$. 因此 $x=6$ 时 $T(x)$ 达到最小值,所以甲应该在 $x=6$ 处下水,才能使比赛全程用时最少.

值得一提的是,如果引入两个辅助角 α 和 β,由图 4.6 可知

$$\sin\alpha = \frac{x}{\sqrt{x^2+4}}, \qquad \sin\beta = \frac{7-x}{\sqrt{(7-x)^2+9}},$$

因此令 $\dfrac{\mathrm{d}T}{\mathrm{d}x}=0$ 得

$$\frac{\sin\alpha}{v_1} = \frac{\sin\beta}{v_2} \quad \text{或} \quad \frac{\sin\alpha}{\sin\beta} = \frac{v_1}{v_2}.$$

这与光线的折射定理极为相似. 根据光学中光线的折射定律:光线从一种介质射入另一种介质时发生折射现象. 如果光在介质 I 中的速度为 v_1,在介质 II 中的速度为 v_2,那么入射角 α 与折射角 β 必满足

$$\frac{\sin\alpha}{\sin\beta} = \frac{v_1}{v_2} \quad \left(0 < \alpha, \beta < \frac{\pi}{2}\right).$$

而本例,由于在陆地和水中两种运动不同的速度相当于光线在两种不同介质中的速度,因而所得结论也与光的折射定理相同. 这说明,虽然它们的具体意义不同,属于不同的邻域问题,但在数量关系上却可以用同一数学模型来描述.

习 题 4.3

1. 求下列函数的极值:

4.3 函数的极值和最值

(1) $f(x)=x^3-3x+1$;

(2) $f(x)=-\dfrac{1}{4}(x^4-4x^3+3)$;

(3) $f(x)=(x+1)^4(x-3)^3$;

(4) $f(x)=\dfrac{x}{1+x^2}$;

(5) $f(x)=x-\sin x$;

(6) $f(x)=\sin^2 x$;

(7) $f(x)=xe^{-x}$;

(8) $f(x)=\dfrac{\ln x}{x}$;

(9) $f(x)=\arctan x-\dfrac{1}{2}\ln(1+x^2)$;

(10) $f(x)=|x|e^{-|x-1|}$.

2. 设 $f(x)=ax^3+bx^2+cx+d$ 在 $x=-1$ 有极大值 8，在 $x=2$ 有极小值 -19，求 a,b,c,d.

3. 设 $f(x)$ 在 $(-\infty,+\infty)$ 内满足 $xf''(x)+3x[f'(x)]^2=1-e^{-x}$，又 $f'(x_0)=0(x_0\neq 0)$，证明 $f(x_0)$ 为 $f(x)$ 的极小值.

4. 设 $f(x)$ 在 $x=0$ 的某个邻域内可导，且 $f'(0)=0$，$\lim\limits_{x\to 0}\dfrac{f'(x)}{\sin x}=-\dfrac{1}{2}$，证明 $f(0)$ 为 $f(x)$ 的极大值.

5. 求下列函数的极值：

(1) $f(x)=\begin{cases}1-x^2, & x\leqslant 0\\ x^x, & x>0\end{cases}$;

(2) 设 $f(x)$ 由方程 $x^3+3x^2y-2y^3=2$ 所确定.

6. 求下列函数在指定区间上的最小值与最大值：

(1) $f(x)=2^x,[-1,5]$;

(2) $f(x)=-2x^3+3x^2+6x-1,[-2,2]$;

(3) $f(x)=\sin^3 x+\cos^3 x,\left[0,\dfrac{3}{4}\pi\right]$;

(4) $f(x)=x\ln x,(0,e]$;

(5) $f(x)=xe^{-x^2},(-\infty,+\infty)$.

7. 设 $f(x)=nx(1-x)^n$，其中，n 为正整数，求：

(1) $f(x)$ 在 $[0,1]$ 上的最大值 M_n；

(2) $\lim\limits_{n\to\infty}M_n$.

8. 求数列 $\{\sqrt[n]{n}\}$ 的最大项.

9. 如果 $p>1$，证明对 $[0,1]$ 中每一点 x 有

$$\dfrac{1}{2^{p-1}}\leqslant x^p+(1-x)^p\leqslant 1.$$

10. 将长为 a 的线段分成两段，使它们围成的两个正方形面积之和最小.

11. 已知矩形的周长为 $2p$，把此矩形绕它的一边旋转而生成一立体，求此立体的最大体积.

12. 在曲线 $y^2=2x$ 上求一点，使它到定点 $(a,0)(a>1)$ 的距离为最短，并求此最短距离.

13. 在抛物线 $y=x^2$ 上找一点，使它到直线 $y=2x-4$ 的距离最短.

14. 窗子的形状为矩形上面接着半圆，如果其周长为 p，怎样确定矩形的尺寸，使得窗口最大.

15. 求内接于椭圆 $\dfrac{x^2}{a^2}+\dfrac{y^2}{b^2}=1$ 而面积最大的矩形的各边之长.

16. 从圆上截下中心角为 α 的扇形卷成一个圆锥形，问当 α 是何值时，所得圆锥体的体积为

最大？

17. 一张 1.4m 高的图片挂在墙上，它的底边高于观察者的眼 1.8m. 问观察者正对着图片应站在距离墙多远处看图片，才能最清晰(视角最大. 而视角是观察图片的上底的视线与观察图片的下底的视线所夹的角).

18. 用某种仪器测量某一零件的长度 n 次，所得的 n 个结果为 $a_1, a_2, \cdots, a_n$，为了较好地表达零件的长度，为此取这样的数 x，使得函数
$$f(x) = (x-a_1)^2 + (x-a_2)^2 + \cdots + (x-a_n)^2$$
为最小，试求这个 x？

19. 轮船的燃料费和其速度的立方成正比，已知在速度为 10km/h，燃料费共计每小时 30 元，其余的费用(不依赖于速度)为每小时 480 元. 问当轮船的速度为多少时，才能使 1km 路程的费用总和为最小？

20. 设炮口的仰角为 α，炮弹的初速度 v_0 m/s，将炮位处放在原点，发炮时间取作 $t=0$，如不计空气阻力，炮弹的运动方程为 $\begin{cases} x = v_0 t\cos\alpha \\ y = v_0 t\sin\alpha - \dfrac{1}{2}gt^2 \end{cases}$，问：如果初速度不变，应如何调整炮口的仰角 α 才能使射程最远？

4.4 函数的图形

对于一个函数 $y=f(x)$，有时需要作出它的大致图形，通过图形一目了然地掌握这个函数的特性. 例如，在第 1 章中所介绍的几个基本初等函数，当掌握了它们的图形以后，也掌握了它的特性(如单调性、奇偶性、周期性、连续性等)，掌握了这些特性以后就可以利用它来分析和解决问题. 但怎样作出一个函数 $f(x)$ 的大致图形呢？在中学里，已经学习了利用描点的方法画出函数的大致图形. 但用这种方法需要知道相当多的点 $(x, f(x))$ 才可以画出大致图形，并且对每一个 x，求函数值 $f(x)$ 所用的计算量往往很大，因此描点作图法实际上是很烦的. 它也很难掌握图形的全部性态. 当学习了前几节的导数应用以后，对函数的单调性、凹凸性、拐点、极值诸性态有了比较深入的了解，这给函数作图打下了理论基础. 为了更全面了解函数伸向无穷远处的性态，下面先介绍曲线的渐近线.

4.4.1 曲线的渐近线

定义　如果动点沿某一曲线无限远离原点时，动点到一定直线的距离趋于零，则称此直线为曲线的一条渐近线.

首先讨论垂直渐近线. 如果当自变量 x 以点 a 的左侧或右侧趋向 a 时，函数 $f(x)$ 为无穷大量，即
$$\lim_{x \to a^-} f(x) = \infty \quad 或 \quad \lim_{x \to a^+} f(x) = \infty,$$

则直线 $x=a$ 是曲线 $y=f(x)$ 的一条渐近线,这种垂直于 x 轴的渐近线称为垂直渐近线.

例如,对于函数 $y=\tan x$,由于 $\lim\limits_{x\to\frac{\pi}{2}}\tan x=\infty$,故直线 $x=\frac{\pi}{2}$ 是曲线 $y=\tan x$ 的一条垂直渐近线,由于函数 $\tan x$ 以 π 为周期,故直线 $y=k\pi+\frac{\pi}{2}(k=0,\pm 1,\pm 2,\cdots)$ 都是曲线 $y=\tan x$ 的垂直渐近线.

又如,对于函数 $y=\ln x$,由于 $\lim\limits_{x\to 0^+}\ln x=-\infty$,故直线 $x=0$ 是曲线 $y=\ln x$ 的一条垂直渐近线.

当某函数能表示成两连续函数之商时,如果在点 $x=a$ 处分母为零而分子不为零,则直线 $x=a$ 是此函数的图形的一条垂直渐近线. 即凡分式函数,使分母为零而分子不为零,就有垂直渐近线. 例如,函数 $f(x)=2x+\dfrac{1}{x-3}$ 则曲线 $y=f(x)$ 有 $x=3$ 的垂直渐近线;函数 $f(x)=\dfrac{2x-1}{(x-1)^2}$ 则曲线 $y=f(x)$ 有 $x=1$ 的垂直渐近线.

其次,讨论水平渐近线. 如果当自变量 $x\to+\infty$ 或 $x\to-\infty$ 时,函数 $f(x)$ 以常量 b 为极限,即
$$\lim_{x\to+\infty}f(x)=b \quad \text{或} \quad \lim_{x\to-\infty}f(x)=b,$$
则直线 $y=b$ 是曲线 $y=f(x)$ 的一条渐近线. 这种平行于 x 轴的渐近线称为水平渐近线.

例如,对于函数 $f(x)=2+\dfrac{1}{x-3}$,由于 $\lim\limits_{x\to\infty}f(x)=2$,故直线 $y=2$ 是曲线 $y=f(x)=2+\dfrac{1}{x-3}$ 的一条水平渐近线. 对于函数 $f(x)=\dfrac{2x-1}{(x-1)^2}$,由于 $\lim\limits_{x\to\infty}f(x)=0$,故直线 $y=0$ 是曲线 $y=f(x)=\dfrac{2x-1}{(x-1)^2}$ 的一条水平渐近线.

又如对于函数 $y=\arctan x$,由于 $\lim\limits_{x\to+\infty}\arctan=\dfrac{\pi}{2}$,故直线 $y=\dfrac{\pi}{2}$ 是曲线 $y=\arctan x$ 的一条水平渐近线,又 $\lim\limits_{x\to-\infty}\arctan x=-\dfrac{\pi}{2}$,故 $y=-\dfrac{\pi}{2}$ 也是曲线 $y=\arctan x$ 的一条水平渐近线.

最后,讨论斜渐近线.

如果曲线 $y=f(x)$ 有一条倾斜的渐近线,记这条渐近线的倾斜角为 $\alpha\left(\alpha\neq\dfrac{\pi}{2}\right)$,斜率为 $k=\tan\alpha$,y 轴的截距为 b,则此渐近线的方程为
$$y=kx+b.$$

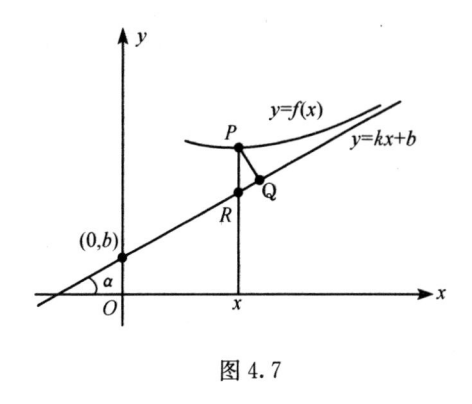

在曲线 $y=f(x)$ 上任取一点 $P(x,y)$，作直线 PQ 垂直于此渐近线，Q 为垂足(图 4.7)，根据渐近线的定义

$$\lim_{x\to+\infty}|PQ|=0, \qquad (4.4.1)$$

因为 $|PQ|$ 的表达式比较复杂，所以考虑垂直于 x 轴的线段 PR 的长度. 由于

$$|PR|=\frac{|PQ|}{\cos\alpha},$$

且 $\alpha\neq\frac{\pi}{2}$，故(4.4.1)式等价于

$$\lim_{x\to+\infty}|PR|=0. \qquad (4.4.2)$$

图 4.7

而 $|PR|$ 是曲线在点 x 处的纵坐标 $f(x)$ 与渐近线在点 x 的纵坐标 $kx+b$ 之差，所以(4.4.2)式就是

$$\lim_{x\to+\infty}|f(x)-(kx+b)|=0,$$

也就是

$$\lim_{x\to+\infty}(f(x)-(kx+b))=0. \qquad (4.4.3)$$

这样，就得到了曲线 $y=f(x)$ 以直线 $y=kx+b$ 为渐近线的必要条件(4.4.3)式. 但这个推导过程是可逆的，故(4.4.3)式是曲线 $y=f(x)$ 以直线 $y=kx+b$ 为渐近线的充要条件.

现在根据(4.4.3)式来求出渐近线方程中的系数 k 和 b.

由于 $\dfrac{f(x)}{x}=\dfrac{f(x)-kx-b}{x}+k+\dfrac{b}{x}$ 当 $x\to+\infty$ 时，右端第一项是无穷小量 $f(x)-kx-b$ 与无穷小量 $\dfrac{1}{x}$ 的乘积，仍是无穷小量，右端第二项和第三项的极限分别为 k 和 0，故

$$k=\lim_{x\to+\infty}\frac{f(x)}{x}. \qquad (4.4.4)$$

由此确定 k 以后，(4.4.3)式变化为

$$b=\lim_{x\to+\infty}(f(x)-kx). \qquad (4.4.5)$$

因此，曲线 $y=f(x)$ 以直线 $y=kx+b$ 为渐近线的充要条件是(4.4.4)式和(4.4.5)式同时成立.

同样可以讨论 $x\to-\infty$ 的情况，不再重复. 应该指出，水平渐近线不过是斜渐近线的一种特殊情况，也就是 $k=0$ 的情况，在这种情况下，(4.4.3)式就化为 $\lim\limits_{x\to+\infty}f(x)=b$，这正是在水平渐近线中所提到的条件.

定理 曲线 $y=f(x)$ 有斜渐近线 $y=kx+b$ 的充要条件是两个极限

4.4 函数的图形

$$k = \lim_{x \to +\infty} \frac{f(x)}{x}, \qquad (4.4.4)$$

$$b = \lim_{x \to +\infty} (f(x) - kx) \qquad (4.4.5)$$

(或 $k = \lim\limits_{x \to -\infty} \dfrac{f(x)}{x}, b = \lim\limits_{x \to -\infty} (f(x) - kx)$) 同时成立.

特别 如果 $k=0$,就是水平渐近线.

例 1 求曲线 $y = x \arctan x$ 的渐近线.

解 这曲线没有垂直渐近线,也没有水平渐近线,现在来考虑斜渐近线,根据(4.4.4)式和(4.4.5)式

$$\lim_{x \to +\infty} \frac{x \arctan x}{x} = \lim_{x \to +\infty} \arctan x = \frac{\pi}{2},$$

$$\lim_{x \to +\infty} \left(x \arctan x - \frac{\pi}{2} x \right) = \lim_{x \to +\infty} x \left(\arctan x - \frac{\pi}{2} \right)$$

$$= \lim_{x \to +\infty} \frac{\arctan x - \dfrac{\pi}{2}}{\dfrac{1}{x}} = \lim_{x \to +\infty} \frac{\dfrac{1}{1+x^2}}{-\dfrac{1}{x^2}}$$

$$= \lim_{x \to +\infty} \left(-\frac{x^2}{1+x^2} \right) = -1.$$

故当 $x \to +\infty$ 时,曲线 $y = x \arctan x$ 有渐近线 $y = \dfrac{\pi}{2} x - 1$.

同样,当 $x \to -\infty$ 时,有

$$\lim_{x \to -\infty} \frac{x \arctan x}{x} = -\frac{\pi}{2},$$

$$\lim_{x \to -\infty} \left(x \arctan x + \frac{\pi}{2} x \right) = \lim_{x \to -\infty} \frac{\arctan x + \dfrac{\pi}{2}}{\dfrac{1}{x}}$$

$$= \lim_{x \to -\infty} \frac{\dfrac{1}{1+x^2}}{-\dfrac{1}{x^2}} = -1.$$

故当 $x \to -\infty$ 时,曲线 $y = x \arctan x$ 有渐近线 $y = -\dfrac{\pi}{2} x - 1$. 因此,曲线 $y = x \arctan x$ 有两条渐近线

$$y = \frac{\pi}{2} x - 1 \quad \text{和} \quad y = -\frac{\pi}{2} x - 1.$$

例 2 求曲线 $y = \dfrac{x^3}{(x-1)^2}$ 的渐近线.

解 容易看出这条曲线有一垂直渐近线:$x=1$.又根据(4.4.4)式和(4.4.5)式

$$k = \lim_{x \to \infty} \frac{1}{x} \cdot \frac{x^3}{(x-1)^2} = 1,$$

$$b = \lim_{x \to \infty} \left[\frac{x^3}{(x-1)^2} - x \right] = \lim_{x \to \infty} \frac{x(2x-1)}{(x-1)^2} = 2.$$

即知曲线有斜渐近线 $y=x+2$,因此曲线 $y=\dfrac{x^3}{(x-1)^2}$ 有两条渐近线:$x=1$ 和 $y=x+2$.

这里,不管是 $x \to +\infty$ 或 $x \to -\infty$,计算过程都相同,故可同时考虑.

4.4.2 函数的作图

现在可以利用前几节所学知识以及渐近线的求法来叙述平面曲线的作图步骤:

第一步 研究函数的基本性质:求函数的定义域(确定图形范围);判定函数的奇偶性和周期性(缩小讨论范围,以便从局部掌握整体).

第二步 利用导数来研究函数的性质:求一阶导数,解出驻点及导数不存在的点,考察单调性和极值;求二阶导数为零的点及二阶导数不存在的点,考察凹凸性和拐点.为了方便,可用上述这些点将定义域分成若干个开区间,列表讨论这些性质.

第三步 研究函数的无限伸展趋势:求曲线的垂直渐近线、水平渐近线和斜渐近线.

第四步 作函数的图形:综合上面所讨论的结果,有时再增加若干辅助点,就可以画出函数的大致确切的图形了.

例1 作函数 $y=f(x)=\dfrac{x}{x^2-1}$ 的图形.

解 函数定义域为 $(-\infty,-1),(-1,1),(1,+\infty)$;函数为奇函数,图形对称于原点.

$$f'(x) = -\frac{1+x^2}{(x^2-1)^2} < 0, x = \pm 1 \text{ 使一阶导数不存在};$$

$$f''(x) = \frac{2x(x^2+3)}{(x^2-1)^3}, x = 0 \text{ 使二阶导数为零}, x = \pm 1 \text{ 使二阶导数不存在}. 列表讨论单调性、极值、凹凸性和拐点如下:$$

	$(-\infty,-1)$	-1	$(-1,0)$	0	$(0,1)$	1	$(1,+\infty)$
$f'(x)$	$-$	$\times$	$-$	$-$	$-$	$\times$	$-$
$f''(x)$	$-$	$\times$	$+$	0	$-$	$\times$	$+$
$f(x)$	↘	$\times$	↘	拐点(0,0)	↘	$\times$	↘

4.4 函数的图形

其中,符号"⌒↘"表示凸的减少;"⌣↘"表示凹的减少.

由于 $\lim\limits_{x \to \pm 1} f(x) = \infty$,故 $x = \pm 1$ 是垂直渐近线;又 $k = \lim\limits_{x \to \infty} \dfrac{f(x)}{x} = \lim\limits_{x \to \infty} \dfrac{1}{x^2-1} = 0$,$b = \lim\limits_{x \to \infty} (f(x) - kx) = \lim\limits_{x \to \infty} \dfrac{x}{x^2-1} = 0$,故有水平渐近线 $y = 0$.

利用这些讨论的结果就可以画出它的图形(图 4.8).

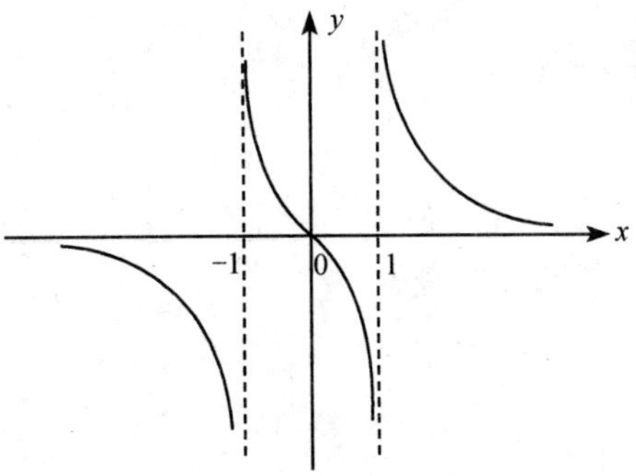

图 4.8

例 2 作函数 $y = \dfrac{(x-1)^3}{(x+1)^2}$ 的图形.

解 定义域为 $(-\infty, -1), (-1, +\infty)$.

$y' = \dfrac{(x-1)^2(x+5)}{(x+1)^3}$,驻点 $x = 1, x = -5$,导数不存在的点 $x = -1$;

$y'' = \dfrac{24(x-1)}{(x+1)^4}$,二阶导数为零的点为 $x = 1$,二阶导数不存在的点 $x = -1$;列表如下:

	$(-\infty, -5)$	-5	$(-5, -1)$	-1	$(-1, 1)$	1	$(1, +\infty)$
y'	$+$	0	$-$	$\times$	$+$	0	$-$
y''	$-$	$-$	$-$	$\times$	$-$	0	$+$
y	⌒↗	极大值 $-\dfrac{27}{2}$	⌒↘	$\times$	⌒↗	拐点$(1,0)$	⌣↗

其中,符号"⌒↗"表示凸的增加;"⌣↗"表示凹的增加.

由于 $\lim\limits_{x \to -1} \dfrac{(x-1)^3}{(x+1)^2} = \infty$,故 $x = -1$ 是垂直渐近线,又

$k = \lim\limits_{x \to \infty} \dfrac{(x-1)^3}{x(x+1)^2} = 1, b = \lim\limits_{x \to \infty} \left(\dfrac{(x-1)^3}{(x+1)^2} - x \right) = \lim\limits_{x \to \infty} \dfrac{-5x^2 + 2x - 1}{(x+1)^2} = -5.$

故有斜渐近线 $y = x - 5$.

利用这些讨论的结果,就可以画出它的图形(图 4.9).

例 3 作函数 $y = \sqrt{\dfrac{x^3}{x-a}}$ $(a > 0)$ 的图形.

解 定义域 $(-\infty, 0], (a, +\infty)$

$$y' = \dfrac{1}{y} \cdot \dfrac{x^2 \left(x - \dfrac{3}{2}a \right)}{(x-a)^2} = \left(x - \dfrac{3}{2}a \right) \sqrt{\dfrac{x}{(x-a)^3}},$$

图 4.9

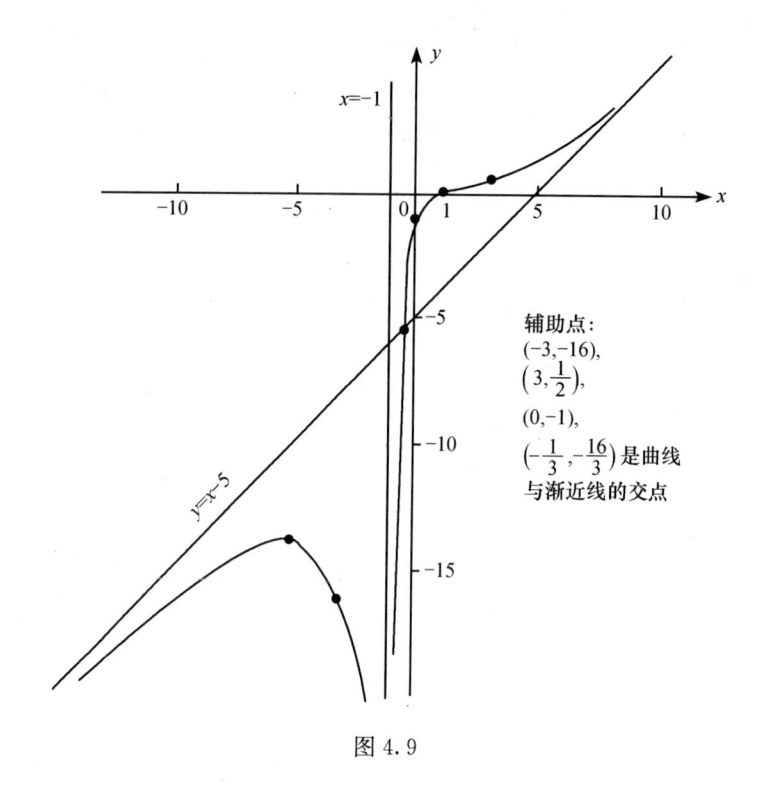

辅助点：
$(-3,-16)$,
$\left(3,\dfrac{1}{2}\right)$,
$(0,-1)$,
$\left(-\dfrac{1}{3},-\dfrac{16}{3}\right)$ 是曲线
与渐近线的交点

驻点 $x=0, x=\dfrac{3}{2}a$, 导数不存在的点 $x=a$; $y''=\dfrac{1}{y} \cdot \dfrac{\frac{3}{4}a^2 x}{(x-a)^3} = \dfrac{\frac{3}{4}a^2}{\sqrt{x(x-a)^5}}$, 二阶导数不存在的点为 $x=0, x=a$; 列表如下：

	$(-\infty,0)$	0		a	$\left(a,\dfrac{3}{2}a\right)$	$\dfrac{3}{2}a$	$\left(\dfrac{3}{2}a,+\infty\right)$
y'	$-$	0		$\times$	$-$	0	$+$
y''	$+$	$\times$		$\times$	$+$	$+$	$+$
y	↘	0		$\times$	↘	极小值 $\dfrac{3\sqrt{3}}{2}a$	↗

由于 $\lim\limits_{x \to a^+} \sqrt{\dfrac{x^3}{x-a}} = +\infty$, 故 $x=a$ 是垂直渐近线, 又

$$k = \lim_{x \to +\infty} \dfrac{1}{x}\sqrt{\dfrac{x^3}{x-a}} = \lim_{x \to +\infty} \sqrt{\dfrac{x}{x-a}} = 1,$$

$$b = \lim_{x \to +\infty}\left(\sqrt{\dfrac{x^3}{x-a}} - x\right) = \lim_{x \to +\infty} \dfrac{x}{\sqrt{x-a}}(\sqrt{x} - \sqrt{x-a})$$

$$= \lim_{x\to+\infty} \frac{x}{\sqrt{x-a}} \cdot \frac{a}{\sqrt{x}+\sqrt{x-a}}$$

$$= \lim_{x\to+\infty} \sqrt{\frac{x}{x-a}} \cdot a \cdot \frac{\sqrt{x}}{\sqrt{x}+\sqrt{x-a}} = \frac{a}{2}.$$

故在正 x 轴的一方,有斜渐近线 $y=x+\dfrac{a}{2}$.

同理,在负 x 轴的一方,有另一斜渐近线 $y=-x-\dfrac{a}{2}$.

利用这些讨论的结果,就可以画出它的图形(图 4.10).

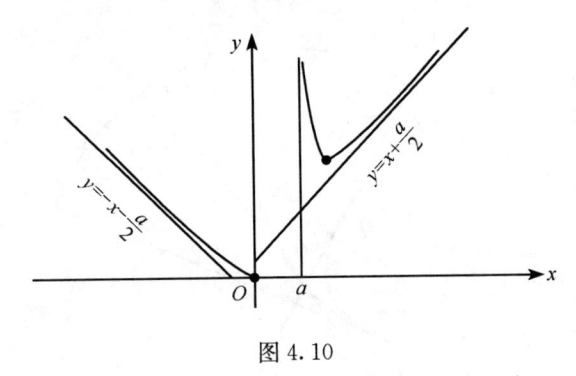

图 4.10

习 题 4.4

1. 求下列曲线的渐近线：

(1) $y=\dfrac{1}{x^2-4x-5}$;

(2) $2y(x+1)^2=x^3$;

(3) $y=\dfrac{x^2}{x^2-1}$;

(4) $y=x\mathrm{e}^{\frac{1}{x^2}}$;

(5) $y=x\ln\left(\mathrm{e}+\dfrac{1}{x}\right)$.

2. 作下列函数的图形：

(1) $y=3x^2-x^3$;

(2) $y=x+\dfrac{x}{x^2-1}$;

(3) $y=x^2\mathrm{e}^{\frac{1}{x}}$;

(4) $y=x\arctan x$;

(5) $y=\sqrt{\dfrac{x-1}{x+1}}$;

(6) $y=\dfrac{x^3}{(x-1)^2}$.

4.5 曲 率

本节要讨论如何用数量来刻画曲线的弯曲程度,这就产生了曲率概念.

4.5.1 曲率的定义和计算

设有弧段 $\overparen{PQ}$,其长度为 1,两端切线的夹角为 $|\Delta\alpha|$,如图 4.11 所示. 又另有弧段 $\overparen{PQ'}$,其长度与 $\overparen{PQ}$ 相等,两端切线的夹角为 $|\Delta\alpha'|$. 现在把这两个弧段的弯曲程度比较一下就可以看出:以 1 为长的弧段两端切线夹角越大,它的弯曲程度也越大;反之,弯曲程度越大,两端切线的夹角也越大. 所以单位弧长的弯曲程度可以由两端点切线的夹角的大小表达出来. 现在如果弧段 $\overparen{PQ}$ 的长度不是 1 而是 $|\Delta s|$,那么 $\overparen{PQ}$ 按单位弧长衡量的弯曲程度就是 $\left|\dfrac{\Delta\alpha}{\Delta s}\right|$,这个值称为弧段 $\overparen{PQ}$ 的平均曲率.

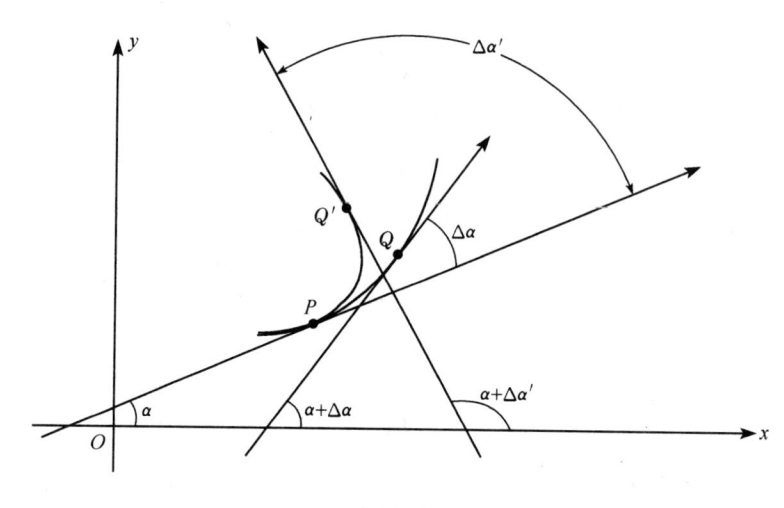

图 4.11

定义 弧段两端切线的夹角与弧长的比,称为这个弧段的平均曲率. 记作

$$\overline{K} = \left|\frac{\Delta\alpha}{\Delta s}\right|.$$

例如,直线的平均曲率为 0;半径为 R 的圆的平均曲率为 $\dfrac{1}{R}$.

但是,平均曲率 $\left|\dfrac{\Delta\alpha}{\Delta s}\right|$ 只能表达全部弧段的大概程度,而不能确切地表达弧段上一点的弯曲程度. 要确切地表达这种弯曲程度,就必须使 $|\Delta s|$ 尽量缩短. $|\Delta s|$ 越短,平均曲率 $\left|\dfrac{\Delta\alpha}{\Delta s}\right|$ 就越能代表 P 点的弯曲程度. 因此,又用极限方法引出曲率概念的定义如下:

定义 弧段 $\overparen{PQ}$ 的平均曲率 $\left|\dfrac{\Delta\alpha}{\Delta s}\right|$ 在 $\Delta s \to 0 (Q \to P)$ 时的极限,称为曲线在 P 点的曲率. 记为

4.5 曲　率

$$K = \lim_{\Delta s \to 0}\left|\frac{\Delta \alpha}{\Delta s}\right| = \left|\frac{d\alpha}{ds}\right|$$

因此，曲率就是曲线切线的倾角 α 对弧长 s 的导数（取绝对值），或是曲线切线的倾角对弧长的变化率．

曲率 K 的大小，虽然只取决于曲线自己的性质，而不取决于曲线在平面上的位置，也不取决于坐标系的选择，但是求 K 的值时，就要通过曲线的方程来计算．现在根据曲线在直角坐标系中的两个类型的方法，给出曲率 K 的计算公式如下：

由直角坐标方程 $y=f(x)$ 计算率 K 的公式．因为 $\tan\alpha = y'$，或 $\alpha = \arctan y'$，所以 $d\alpha = \dfrac{y''}{1+y'^2}dx$，又根据第 2 章 (2.4.4) 式知，$ds = \sqrt{1+y'^2}dx$．因此

$$K = \left|\frac{d\alpha}{ds}\right| = \frac{|y''|}{(1+y'^2)^{3/2}}. \tag{4.5.1}$$

这个绝对值就是计算曲率 K 的公式．

由参数方程 $\begin{cases} x = \varphi(t) \\ y = \psi(t) \end{cases}$ 计算曲率 K 的公式．因为

$$y' = \frac{\psi'(t)}{\varphi'(t)}, \quad y'' = \frac{\varphi'(t)\psi''(t) - \psi'(t)\varphi''(t)}{(\varphi'(t))^3},$$

所以

$$K = \frac{|\varphi'(t)\psi''(t) - \psi'(t)\varphi''(t)|}{[\varphi'^2(t) + \psi'^2(t)]^{3/2}}. \tag{4.5.2}$$

或由 $\begin{cases} x = x(t) \\ y = y(t) \end{cases}$，有

$$K = \frac{|x'(t)y''(t) - y'(t)x''(t)|}{[x'^2(t) + y'^2(t)]^{3/2}}. \tag{4.5.3}$$

例1　任一直线 $y = kx + b$ 上任何一点的曲率 $K = 0$．这是因为 $y' = k, y'' = 0$ 代入公式 (4.5.1) 即得．显然，直线不弯曲，当然曲率为零．

例2　求椭圆 $\begin{cases} x = a\cos t \\ y = b\sin t \end{cases}$ $(a > b > 0)$ 的曲率的最大值和最小值．

解　因为 $x'(t) = -a\sin t, y'(t) = b\cos t, x''(t) = -a\cos t, y''(t) = -b\sin t$ 代入公式 (4.5.3) 有

$$K = \frac{|(-a\sin t)(-b\sin t) - (b\cos t)(-a\cos t)|}{[(-a\sin t)^2 + (b\cos t)^2]^{3/2}} = \frac{ab}{(a^2\sin^2 t + b^2\cos^2 t)^{3/2}}.$$

为了求 K 的最大值和最小值，将 K 的值改写为

$$K = \frac{ab}{[b^2 + (a^2 - b^2)\sin^2 t]^{3/2}}.$$

可见，当 $t=0,\pi$ 时，$K_{\max}=\dfrac{a}{b^2}$；当 $t=\dfrac{\pi}{2},\dfrac{3\pi}{2}$ 时，$K_{\min}=\dfrac{b}{a^2}$.

这个结果表示：椭圆在长轴的两个端点处的曲率最大（弯曲厉害），在短轴的两个端点处曲率最小（弯曲最小）. 这与直观完全一致.

特别，当 $a=b$ 时，椭圆变成圆，因而圆的曲率 $K=\dfrac{1}{a}$，即圆周上任意一点的曲率都等于其半径的倒数. 这与圆的弯曲是均匀的这种直观认识是一致的.

最后，曲线 $y=f(x)$ 的导数 y' 如果是很小的数（曲线几乎是水平的），那么，y'^2 与 1 比较起来就成为更小的数. 因此，以 1 作为 $1+y'^2$ 的近似值，代入公式（4.5.1），使得曲率的近似式为

$$K\approx|y''|.$$

在材料力学中，研究梁或柱的弯曲时，常用这个近似式.

4.5.2　曲率圆、曲率半径和曲率中心

上面介绍了曲率的概念以及利用导数来计算曲率的公式，是从数量关系上刻画了曲线的弯曲程度. 下面进一步从几何直观上来解释曲线的曲率，这样就可以更形象地理解它.

前已指出，半径为 R 的圆周上任一点处的曲率等于其半径的倒数，即 $K=\dfrac{1}{R}$. 这说明，曲率越大，圆半径越小，圆周越"弯曲"；曲率越小，圆半径越大，圆周越"平坦". 因此，曲率这个量的大小，可以形象地用圆周的弯曲程度来反映.

现在对于一般曲线上一点的弯曲程度，为了形象地理解它，就用与该点曲率相等的圆周来表示，这种圆周的做法如下：

设有曲线 $y=f(x)$（图 4.12），它在 P 点的曲率为 K. 从 P 点向着曲线凹的一侧，作法线 PD，令 $PD=\dfrac{1}{K}$，于是，以 PD 为半径，以 D 为中心所作的圆的曲率就等于曲线在点 P 的曲率，而曲线在这一点的弯曲程度可以由这个圆的弯曲程度来表示.

定义　以 $PD=\dfrac{1}{K}$ 为半径，D 为中心所作的圆，称为曲线在 P 点的曲率圆；曲率圆的半径 PD 称为曲线在 P 点的曲率半径；曲率圆的中心 D 称为曲线在 P 点的曲率中心.

下面来求曲率中心 D 的坐标.

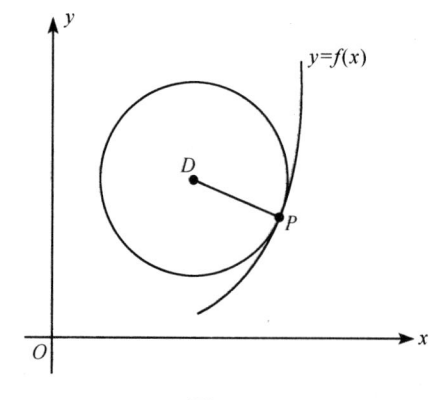

图 4.12

4.5 曲　率

设有曲线 $y=f(x)$，它在 $P(x,y)$ 点的曲率中心为 $D(\alpha,\beta)$. 现在来证明

$$\alpha = x - y'\frac{1+y'^2}{y''}, \qquad \beta = y + \frac{1+y'^2}{y''}. \qquad (4.5.4)$$

因为曲率中心 $D(\alpha,\beta)$ 位在曲线的法线上，所以它要满足法线方程，即

$$\beta - y = -\frac{1}{y'}(\alpha - x).$$

又因为 D、P 两点的距离等于曲率半径 $\frac{1}{K}$，所以

$$(\alpha - x)^2 + (\beta - y)^2 = \frac{(1+y'^2)^3}{y''^2}.$$

由于 $\alpha - x = -y'(\beta - y)$ 代入上式得

$$y'^2(\beta - y)^2 + (\beta - y)^2 = \frac{(1+y'^2)^3}{y''^2},$$

即 $(\beta - y)^2 = \frac{(1+y'^2)^2}{y''^2}$. 注意，在如图 4.12 所示的情形下，曲线凹的一侧 $y''>0$，有 $\beta - y > 0$，故

$$\beta - y = \frac{1+y'^2}{y''}, \qquad \alpha - x = -y'\frac{1+y'^2}{y''}.$$

即 (4.5.4) 式. 在其他情形下，公式 (4.5.4) 仍是正确的.

例 1　求抛物线 $y=\frac{1}{4}x^2$ 上任意一点的曲率中心和顶点的曲率中心.

解　$y'=\frac{1}{2}x, y''=\frac{1}{2}$ 代入曲率中心公式 (4.5.4) 有

$$\alpha = -\frac{1}{4}x^3, \qquad \beta = \frac{3}{4}x^2 + 2.$$

又顶点 $(0,0)$ 的曲率中心为 $(0,2)$.

例 2　求摆线 $\begin{cases}x=t-\sin t\\ y=1-\cos t\end{cases}$ 在点 $t=\pi$ 处的曲率中心.

解　$y'=\dfrac{\mathrm{d}y}{\mathrm{d}x}=\dfrac{\sin t}{1-\cos t}, y''=\dfrac{\mathrm{d}}{\mathrm{d}x}\left(\dfrac{\mathrm{d}y}{\mathrm{d}x}\right)=\dfrac{\mathrm{d}}{\mathrm{d}t}\left(\dfrac{\sin t}{1-\cos t}\right)\cdot\dfrac{\mathrm{d}t}{\mathrm{d}x}=\dfrac{-1}{(1-\cos t)^2}.$

将 y'，y'' 及 x，y 代入曲率中心公式 (4.5.4) 有

$$\alpha = t + \sin t, \quad \beta = -1 + \cos t.$$

因此，在 $t=\pi$ 处，曲率中心为 $(\pi, -2)$.

例 3　求等轴双曲线 $xy=1$ 在点 $P(1,1)$ 处的曲率圆的方程.

解　由于 $y'=-\dfrac{1}{x^2}, y''=\dfrac{2}{x^3}$，从而 $y'|_{x=1}=-1, y''|_{x=1}=2$. 因此，曲率 $K=$

$$\left.\frac{|y''|}{(1+y'^2)^{3/2}}\right|_{x=1}=\frac{1}{\sqrt{2}},$$ 于是曲率半径 $R=\frac{1}{K}=\sqrt{2}$. 又曲率中心的坐标 (α,β), 由公式 (4.5.4) 有

$$\alpha=\left(x-y'\frac{1+y'^2}{y''}\right)\bigg|_{x=1}=2,$$

$$\beta=\left(y+\frac{1+y'^2}{y''}\right)\bigg|_{x=1}=2.$$

于是得到曲率圆的方程

$$(x-2)^2+(y-2)^2=(\sqrt{2})^2=2.$$

习 题 4.5

1. 计算下列给定曲线在指定点的曲率:

(1) $y=x^4-4x^3-18x^2$, $(0,0)$; (2) $x^2+xy+y^2=3$, $(1,1)$;

(3) $y=\ln(x+\sqrt{1+x^2})$, $(0,0)$; (4) $\begin{cases}x=t^2\\y=t^3\end{cases}$, $(1,1)$;

(5) $\begin{cases}x=a(\cos t+t\sin t)\\y=a(\sin t-t\cos t)\end{cases}$, $t=\frac{\pi}{2}$; (6) $r=a\theta$, (r,θ).

2. 求下列给定曲线 (在任意点) 的曲率半径:

(1) $x=\frac{y^2}{4}-\frac{\ln y}{2}$; (2) $\begin{cases}x=a\cos^3 t\\y=a\sin^3 t\end{cases}$;

(3) $r=ae^{k\theta}$; (4) $r=a(1+\cos\theta)$.

3. 求抛物线 $y^2=2px$ 的曲率半径的最小值.

4. 求曲线 $y=\ln x$ 上曲率取极值的点.

5. 计算下列给定曲线在指定点的曲率中心:

(1) $xy=1$, $(1,1)$; (2) $ay^2=x^3$, (a,a).

6. 求下列给定曲线在指定点的曲率圆的方程:

(1) $y=x^2-6x+10$, $(3,1)$; (2) $y=e^x$, $(0,1)$.

总 习 题 四

1. 求下列函数的严格单调区间:

(1) $f(x)=\frac{x^2}{2^x}$; (2) $y=x^{\frac{1}{x}}$.

2. 求下列函数的凹凸区间和拐点:

(1) $y=x^4-12x^3+48x^2-50$; (2) $y=2-(x-1)^{\frac{1}{3}}$.

3. 当 a 为何值时,曲线 $y=x^4+ax^3+\frac{3}{2}x^2+1$ 在整个定义区间上是凹的?

4. 设曲线方程 $x^2y+\alpha x+\beta y=0$, 选择 α,β 使点 $(2,\frac{5}{2})$ 是该曲线的拐点.

总习题 四

5. 设曲线 $y=ax^2+bx+c$,在 $x=-1$ 处取得极值,且与曲线 $f(x)=3x^2$ 相切于点 $(1,3)$,求常数 a,b,c.

6. 设曲线 $y=ax^3+bx^2+cx+2$,在 $x=1$ 处有极小值 0,且在点 $(0,2)$ 处有拐点,求常数 a,b,c.

7. 设 $y=f(x)$ 满足关系式 $y''-2y'+4y=0$,证明如果 x_0 是 $f(x)$ 的驻点,且 $f(x)>0$ 则 $f(x)$ 在 x_0 处取得极大值.

8. 设 $f(x)$ 有二阶连续导数,且 $f'(0)=0$,$\lim\limits_{x\to 0}\dfrac{f''(x)}{|x|}=1$,证明 $f(0)$ 是 $f(x)$ 的极小值.

9. 设 $f(x)$ 满足关系式 $f''(x)+[f'(x)]^2=x$,且 $f'(0)=0$,问在 $x=0$ 处,$f(0)$ 取得极值还是 $(0,f(0))$ 是拐点?

10. 问 $f''(x_0)=0$ 与曲线 $y=f(x)$ 在点 $(x_0,f(x_0))$ 取得拐点有什么关系?

11. 设函数 $g(x)$ 在 $(-\infty,+\infty)$ 内严格增加,函数 $f(x)$ 在 $(-\infty,+\infty)$ 内有定义,证明 $f(x)$ 与 $g[f(x)]$ 具有相同的极值点.

12. 证明如果函数 $f(u)$ 在 $(-\infty,+\infty)$ 内严格增加,且其图形是凹的,函数 $u=g(x)$ 在 $(-\infty,+\infty)$ 内图形也是凹的,则复合函数 $f[g(x)]$ 在 $(-\infty,+\infty)$ 内的图形也是凹的(其中,$f(u),g(x)$ 均为二阶可导).

13. (1) 设对于所有的 x,有 $f'(x)>g'(x)$ 且 $f(a)=g(a)$,证明当 $x>a$ 时 $f(x)>g(x)$,而当 $x<a$,$f(x)<g(x)$.

(2) 举例说明,如果没有 $f(a)=g(a)$ 这一假设,则上述结论不成立.

14. 已知当 $x\geqslant a$ 时,$|f'(x)|\leqslant g'(x)$,证明
$$|f(x)-f(a)|\leqslant g(x)-g(a).$$

15. 设 $f''(x)<0,f(0)=0$,证明对于任何实数 $a>0,b>0$ 有不等式
$$f(a+b)<f(a)+f(b).$$

16. 设 $0<a<b$,证明 $\ln\dfrac{b}{a}>\dfrac{2(b-a)}{a+b}$.

17. 设 $m>0,n>0$ 及 $0\leqslant x\leqslant 1$,证明
$$x^m(1-x)^n\leqslant\dfrac{m^m n^n}{(m+n)^{m+n}}.$$

18. 设函数 $f(x)$ 在 $[a,b]$ 上满足 $f''(x)+f'(x)g(x)-f(x)=0$,其中,$g(x)$ 为某个已知函数,且 $f(a)=f(b)=0$,证明 $f(x)$ 在 $[a,b]$ 上必恒为零.

19. 求函数 $f_p(x)=p^2 x^2(1-x)^p$ (p 是正数)在 $[0,1]$ 上的最大值. 设最大值是 $g(p)$,并计算极限 $\lim\limits_{p\to +\infty}g(p)$.

20. 证明曲线 $y=\dfrac{\sin x}{x}$ 的拐点位于曲线 $y^2(4+x^4)=4$ 上.

第 5 章 不定积分

从本章开始我们讨论一元函数积分学,它包含不定积分和定积分.不定积分是求导问题的逆问题,即对于给定的函数 $f(x)$,寻找可导函数 $F(x)$,使 $F'(x)=f(x)$;定积分是作为某种和式的极限引进的.这是两个不同的概念,但却有着紧密的内在联系.

通常把求不定积分和定积分的方法称为一元函数积分法,研究积分法和积分理论及应用的科学,称为一元函数积分学.

5.1 原函数和不定积分的概念

5.1.1 原函数和不定积分

定义 如果在区间 I 内,可导函数 $F(x)$ 的导函数为 $f(x)$,即对任意的 $x \in I$,都有

$$F'(x) = f(x) \text{ 或 } dF(x) = f(x)dx,$$

那么,函数 $F(x)$ 称为 $f(x)$ 在区间 I 内的原函数.

例如,因为 $(\sin x)' = \cos x, x \in (-\infty, +\infty)$,所以 $\sin x$ 是 $\cos x$ 在 $(-\infty, +\infty)$ 内的原函数;又例如,当 $x>0$ 时,$(\ln x)' = \dfrac{1}{x}$,所以 $\ln x$ 是 $\dfrac{1}{x}$ 在 $(0, +\infty)$ 内的原函数;当 $x<0$ 时,$(\ln|x|)' = [\ln(-x)]' = \dfrac{1}{-x} \cdot (-1) = \dfrac{1}{x}$,所以,$\ln|x|$ 是 $\dfrac{1}{x}$ 在 $(-\infty, 0)$ 内的原函数.因为当 $x>0$ 时,$x=|x|$,因此 $\ln|x|$ 是 $\dfrac{1}{x}$ 在 $(-\infty, 0)$ 或 $(0, +\infty)$ 内的原函数.

关于原函数我们要解决以下三个问题:原函数的存在性;原函数的个数;原函数之间的关系.

定理 如果 $f(x)$ 在区间 I 上连续,则在区间 I 内必定存在可导函数 $F(x)$,使得对每一 $x \in I$,都有 $F'(x) = f(x)$,即连续函数必定存在原函数.

这个定理的证明,在 6.2.2 小节给出.

由于初等函数在其定义区间内连续,因此每个初等函数在其定义区间内都有原函数.

根据原函数的定义可知,如果 $F(x)$ 是 $f(x)$ 在区间 I 上的一个原函数,C 是任

5.1 原函数和不定积分的概念

意常数,那么 $F(x)+C$ 也是 $f(x)$ 在 I 上的原函数.因此,如果 $f(x)$ 在 I 上有原函数,它的原函数就不止一个,而且由 C 的任意性可知,$f(x)$ 的原函数有无穷多个.那么 $F(x)+C$ 是否包含了 $f(x)$ 的所有原函数呢?

定理 设 $F(x)$ 是 $f(x)$ 在区间 I 上的一个原函数,C 为任意常数,则 $F(x)+C$ 就是 $f(x)$ 在 I 上的所有原函数.

证明 用 A 表示 $f(x)$ 在 I 上的一切形如 $F(x)+C$ 的原函数构成的集合,即
$A=\{F(x)+C|F(x)$ 是 $f(x)$ 在 I 上的一个原函数,C 为任意常数$\}$,

B 表示 $f(x)$ 在 I 上所有原函数构成的集合,即 $B=\{G(x)|G'(x)=f(x), x\in I\}$.

要证明此定理,只需证明 $A=B$. 事实上 $A\subseteq B$ 是显然的,下面证明 $B\subseteq A$. 任取 $G(x)\in B$,由于

$$[G(x)-F(x)]' = G'(x)-F'(x) = 0, \quad x\in I,$$

所以 $G(x)-F(x)$ 在 I 上是一个常数,即 $G(x)-F(x)=C, x\in I$,或 $G(x)=F(x)+C$,故 $G\in A$,从而 $B\subseteq A$.

根据集合相等的定义知 $A=B$.

上面的定理给出了 $f(x)$ 在 I 上的所有原函数的一般表达式. 只要求出 $f(x)$ 的一个原函数 $F(x)$,其他原函数都可由表达式 $F(x)+C$ 通过适当选择常数 C 得到,从而 $f(x)$ 的全体原函数所组成的集合就是函数族

$$\{F(x)+C|-\infty<C<+\infty\}.$$

定义 函数 $f(x)$ 在区间 I 上所有原函数的一般表达式称为 $f(x)$ 在 I 上的不定积分[①],记作 $\int f(x)\mathrm{d}x$,其中,$f(x)$ 称为被积函数,$f(x)\mathrm{d}x$ 称为被积表达式,x 称为积分变量.

若 $F(x)$ 是 $f(x)$ 在 I 上的一个原函数,则

$$\int f(x)\mathrm{d}x = F(x)+C.$$

这说明,要计算函数的不定积分,只需求出它的一个原函数,再加上任意常数 C 就可以了.

由定义可知,求导数与求不定积分(或原函数)是两种互逆运算,前者是由原函数求导函数,后者是由导函数求原函数. 以变速直线运动为例,前者是已知物体的运动规律(位移函数 $S=S(t)$)求变化率(速度函数 $v=v(t)$),而后者则是已知变化率求运动规律.

例1 求 $\int x^2 \mathrm{d}x$.

---

① 不定积分作为原函数的概念是由瑞士数学家欧拉(L. Euler,1707~1783)首先提出的.

解 因为 $\left(\dfrac{1}{3}x^3\right)' = x^2$，所以 $\dfrac{1}{3}x^3$ 是 x^2 的一个原函数，因此
$$\int x^2 \mathrm{d}x = \dfrac{1}{3}x^3 + C.$$

例 2 求 $\int \cos x \mathrm{d}x$.

解 因为 $(\sin x)' = \cos x$，所以 $\sin x$ 是 $\cos x$ 的一个原函数，因此
$$\int \cos x \mathrm{d}x = \sin x + C.$$

不定积分的几何意义.

在直角坐标系 xOy 中，$f(x)$ 的任意一个原函数 $F(x)$ 的图形称为 $f(x)$ 的一条积分曲线，其方程为 $y = F(x)$.

不定积分的几何意义是一族积分曲线（称为积分曲线族），其方程为 $y = \int f(x) \mathrm{d}x$ 或 $y = F(x) + C$.

例 3 设曲线通过点 $(1,2)$，且其上任一点处的切线斜率等于这点横坐标的两倍，求此曲线的方程.

解 设所求曲线的方程为 $y = f(x)$，按题设，曲线上任一点 (x,y) 处的切线斜率为
$$\dfrac{\mathrm{d}y}{\mathrm{d}x} = 2x,$$
即 $f(x)$ 为 $2x$ 的一个原函数.

因为
$$\int 2x \mathrm{d}x = x^2 + C,$$
故必有某个常数 C 使 $f(x) = x^2 + C$，而曲线方程为 $y = x^2 + C$. 因所求曲线通过点 $(1,2)$，故
$$2 = 1 + C, \quad C = 1.$$
于是所求曲线方程为
$$y = x^2 + 1.$$

5.1.2 基本积分表

既然积分运算是微分运算的逆运算，那么很自然地可以从导数公式得到相应的积分公式.

下面我们把一些基本的积分公式列成一个表，这个表通常叫做基本积分表.

① $\int k \mathrm{d}x = kx + C$ （k 是常数）.

5.1 原函数和不定积分的概念

② $\int x^{\alpha} dx = \dfrac{x^{\alpha+1}}{\alpha+1} + C$ $(\alpha \neq -1)$.

③ $\int \dfrac{dx}{x} = \ln|x| + C$.

④ $\int \dfrac{dx}{1+x^2} = \arctan x + C$.

⑤ $\int \dfrac{dx}{\sqrt{1-x^2}} = \arcsin x + C$.

⑥ $\int \cos x \, dx = \sin x + C$.

⑦ $\int \sin x \, dx = -\cos x + C$.

⑧ $\int \dfrac{dx}{\cos^2 x} = \int \sec^2 x \, dx = \tan x + C$.

⑨ $\int \dfrac{dx}{\sin^2 x} = \int \csc^2 x \, dx = -\cot x + C$.

⑩ $\int \sec x \tan x \, dx = \sec x + C$.

⑪ $\int \csc x \cot x \, dx = -\csc x + C$.

⑫ $\int e^x \, dx = e^x + C$.

⑬ $\int a^x \, dx = \dfrac{a^x}{\ln a} + C$ $(a > 0, a \neq 1)$.

⑭ $\int \operatorname{sh} x \, dx = \operatorname{ch} x + C$.

⑮ $\int \operatorname{ch} x \, dx = \operatorname{sh} x + C$.

这些基本积分公式是求不定积分的基础,必须熟记,但不要与求导公式混淆.下面举几个应用幂函数的积分公式②的例子.

例1 求 $\int \dfrac{dx}{x^3}$.

解 $\int \dfrac{dx}{x^3} = \int x^{-3} dx = \dfrac{x^{-3+1}}{-3+1} + C = \dfrac{1}{-2x^2} + C$.

例2 求 $\int x^2 \sqrt{x} \, dx$.

解 $\int x^2 \sqrt{x} \, dx = \int x^{\frac{5}{2}} dx = \dfrac{x^{\frac{5}{2}+1}}{\frac{5}{2}+1} + C = \dfrac{2}{7} x^{\frac{7}{2}} + C$.

例3 求 $\int \dfrac{\mathrm{d}x}{x\sqrt[3]{x}}$.

解 $\int \dfrac{\mathrm{d}x}{x\sqrt[3]{x}} = \int x^{-\frac{4}{3}}\mathrm{d}x = \dfrac{x^{-\frac{4}{3}+1}}{-\dfrac{4}{3}+1} + C = -3x^{-\frac{1}{3}} + C = -\dfrac{3}{\sqrt[3]{x}} + C.$

5.1.3 不定积分的性质

根据不定积分的定义,可以推得它有如下性质:

性质1 函数和的不定积分等于各个函数的不定积分的和,即

$$\int [f(x)+g(x)]\mathrm{d}x = \int f(x)\mathrm{d}x + \int g(x)\mathrm{d}x. \qquad (5.1.1)$$

证明 将(5.1.1)式右端求导,得

$$\left[\int f(x)\mathrm{d}x + \int g(x)\mathrm{d}x\right]' = \left[\int f(x)\mathrm{d}x\right]' + \left[\int g(x)\mathrm{d}x\right]' = f(x) + g(x).$$

这表示(5.1.1)式右端是 $f(x)+g(x)$ 的原函数,又(5.1.1)式右端有两个积分记号,形式上含两个任意常数,由于任意常数之和仍为任意常数,故实际上含一个任意常数,因此(5.1.1)式右端是 $f(x)+g(x)$ 的不定积分.

性质1对于有限个函数都是成立的.

性质2 求不定积分时,被积函数中不为零的常数因子可以提到积分号外面来,即

$$\int kf(x)\mathrm{d}x = k\int f(x)\mathrm{d}x \qquad (k \text{ 是常数}, k \neq 0).$$

证明类似于性质1.

利用基本积分表以及不定积分的这两个性质,可以求出一些简单函数的不定积分.

例1 求 $\int \sqrt{x}(x^2-5)\mathrm{d}x$.

解 $\int \sqrt{x}(x^2-5)\mathrm{d}x = \int (x^{\frac{5}{2}} - 5x^{\frac{1}{2}})\mathrm{d}x = \int x^{\frac{5}{2}}\mathrm{d}x - \int 5x^{\frac{1}{2}}\mathrm{d}x$

$= \int x^{\frac{5}{2}}\mathrm{d}x - 5\int x^{\frac{1}{2}}\mathrm{d}x = \dfrac{2}{7}x^{\frac{7}{2}} - 5 \cdot \dfrac{2}{3}x^{\frac{3}{2}} + C$

$= \dfrac{2}{7}x^3\sqrt{x} - \dfrac{10}{3}x\sqrt{x} + C.$

例2 求 $\int \dfrac{(\sqrt[3]{x}-1)^3}{\sqrt{x}}\mathrm{d}x$.

解 $\int \dfrac{(\sqrt[3]{x}-1)^3}{\sqrt{x}}\mathrm{d}x = \int \dfrac{x - 3\sqrt[3]{x^2} + 3\sqrt[3]{x} - 1}{\sqrt{x}}\mathrm{d}x$

5.1 原函数和不定积分的概念

$$= \int (x^{\frac{1}{2}} - 3x^{\frac{1}{6}} + 3x^{-\frac{1}{6}} - x^{-\frac{1}{2}})dx$$

$$= \int x^{\frac{1}{2}}dx - 3\int x^{\frac{1}{6}}dx + 3\int x^{-\frac{1}{6}}dx - \int x^{-\frac{1}{2}}dx$$

$$= \frac{2}{3}x^{\frac{3}{2}} - 3 \cdot \frac{6}{7}x^{\frac{7}{6}} + 3 \cdot \frac{6}{5}x^{\frac{5}{6}} - 2x^{\frac{1}{2}} + C$$

$$= \frac{2}{3}x\sqrt{x} - \frac{18}{7}x\sqrt[6]{x} + \frac{18}{5}\sqrt[6]{x^5} - 2\sqrt{x} + C.$$

例 3 求 $\int 3^{x+1}e^x dx$.

解 因为 $3^{x+1}e^x = 3 \cdot (3e)^x$，所以

$$\int 3^{x+1}e^x dx = 3\int (3e)^x dx = 3 \cdot \frac{(3e)^x}{\ln(3e)} = \frac{3^{x+1}e^x}{1+\ln 3} + C.$$

例 4 求 $\int \frac{x^6}{1+x^2}dx$.

解 基本积分表中没有这种类型的积分，但是我们可以先把被积函数变形，化为表中所列类型的积分，然后再逐项求积分

$$\int \frac{x^6}{1+x^2}dx = \int \frac{x^6+1-1}{1+x^2}dx = \int \frac{(x^2+1)(x^4-x^2+1)-1}{1+x^2}dx$$

$$= \int \left(x^4 - x^2 + 1 - \frac{1}{1+x^2}\right)dx = \int x^4 dx - \int x^2 dx + \int dx - \int \frac{dx}{1+x^2}$$

$$= \frac{1}{5}x^5 - \frac{1}{3}x^3 + x - \arctan x + C.$$

例 4 的解法是常用的，下面再举几个这样的例子.

例 5 求 $\int \cos^2 \frac{x}{2}dx$.

解 $\int \cos^2 \frac{x}{2}dx = \int \frac{1+\cos x}{2}dx = \frac{1}{2}\int dx + \frac{1}{2}\int \cos x dx = \frac{1}{2}(x+\sin x) + C.$

例 6 求 $\int \tan^2 x dx$.

解 $\int \tan^2 x dx = \int (\sec^2 x - 1)dx = \int \sec^2 x dx - \int dx = \tan x - x + C.$

例 7 求 $\int \frac{dx}{\sin^2 \frac{x}{2} \cos^2 \frac{x}{2}}$.

解 $\int \frac{dx}{\sin^2 \frac{x}{2} \cos^2 \frac{x}{2}} = \int \frac{dx}{\left(\frac{\sin x}{2}\right)^2} = 4\int \csc^2 x dx = -4\cot x + C.$

例 8 求 $\int \frac{\cos 2x}{\cos x - \sin x}dx$.

解 $\int \dfrac{\cos 2x}{\cos x - \sin x} dx = \int \dfrac{\cos^2 x - \sin^2 x}{\cos x - \sin x} dx = \int (\cos x + \sin x) dx$

$\qquad\qquad = \int \cos x dx + \int \sin x dx = \sin x - \cos x + C.$

例9 求 $\int \dfrac{dx}{x^2(1+x^2)}$.

解 $\int \dfrac{dx}{x^2(1+x^2)} = \int \dfrac{(1+x^2) - x^2}{x^2(1+x^2)} dx = \int \dfrac{1}{x^2} dx - \int \dfrac{1}{1+x^2} dx$

$\qquad\qquad = -\dfrac{1}{x} - \arctan x + C.$

性质 3 $\left(\int f(x) dx\right)' = f(x)$ 或 $d\int f(x) dx = f(x) dx.$ \hfill (5.1.2)

$\qquad\qquad \int f'(x) dx = f(x) + C$ 或 $\int df(x) = f(x) + C.$ \hfill (5.1.3)

不难根据不定积分的定义证明这个性质.

由性质 3 容易看出,在不考虑积分常数 C 的情况下,积分符号"$\int$"与导数符号"'"(或微分符号"d")交替使用恰好抵消,这是两种互逆关系的反映.

习 题 5.1

1. 验证函数 $\dfrac{\sin^2 x}{2}$, $-\dfrac{\cos^2 x}{2}$, $-\dfrac{\cos 2x}{4}$ 都是 $\sin x \cos x$ 的原函数.
2. 已知 $f'(x) = 1 - 2x$, 求 $f(x)$.
3. 求曲线,使其过点 $(1,2)$,且其上任一点处的切线的斜率等于这点横坐标的两倍.
4. 一质点沿直线运动的加速度为 $\dfrac{d^2 s}{dt^2} = 5 - 2t$,又当 $t = 0$ 时,$s = 0$, $\dfrac{ds}{dt} = 2$,求质点的运动规律.
5. 求下列不定积分:

(1) $\int \sqrt{x\sqrt{x\sqrt{x}}}\, dx$;   (2) $\int \dfrac{(x+3)^3}{x^2} dx$;

(3) $\int \dfrac{\sqrt{x^4 + 2 + x^{-4}}}{x^4} dx$;   (4) $\int \dfrac{x^4 + x^2 + 1}{x^2 + 1} dx$;

(5) $\int \dfrac{2^{x+1} - 5^{x-1}}{10^x} dx$;   (6) $\int (a \operatorname{sh} x + b \operatorname{ch} x) dx$;

(7) $\int |x|\, dx$;   (8) $\int \sqrt{x^2 + 2 + x^{-2}}\, dx$;

(9) $\int \dfrac{dx}{x^2(x^2+1)}$;   (10) $\int \dfrac{1 + \cos^2 x}{1 + \cos 2x} dx.$

5.2 换元积分法

利用不定积分的性质和基本积分表,只能计算少量简单函数的不定积分,因

5.2 换元积分法

此,还需要进一步研究计算不定积分的其他方法——换元积分法和分部积分法[①].

换元积分法包括第一换元法和第二换元法.

5.2.1 第一换元法(凑微分法)

定理 设函数 $f(u)$ 在区间 I 上连续,$u=\varphi(x)$ 有连续的导数且 φ 的值域包含在 I 中,则有换元公式

$$\int f[\varphi(x)]\varphi'(x)\mathrm{d}x = \left[\int f(u)\mathrm{d}u\right]_{u=\varphi(x)}. \tag{5.2.1}$$

证明 因为 $f(u)$ 连续,故它有原函数 $F(u)$,满足 $F'(u)=f(u)$ 或者

$$\int f(u)\mathrm{d}u = F(u) + C.$$

根据复合函数求导法则,有

$$\left(\left[\int f(u)\mathrm{d}u\right]_{u=\varphi(x)}\right)' = (F[\varphi(x)]+C)' = F'[\varphi(x)] \cdot \varphi'(x) = f[\varphi(x)]\varphi'(x),$$

这说明 $\left[\int f(u)\mathrm{d}u\right]_{u=\varphi(x)}$ 是 $f[\varphi(x)]\varphi'(x)$ 的原函数,又由于它含有任意常数,从而(5.2.1)式成立.

公式(5.2.1)给出的方法也叫不定积分的第一换元法.

由于

$$\int f[\varphi(x)]\varphi'(x)\mathrm{d}x = \int f[\varphi(x)]\mathrm{d}[\varphi(x)] \xlongequal{u=\varphi(x)} \int f(u)\mathrm{d}u$$
$$= F(u) + C = F[\varphi(x)] + C.$$

上述过程实际上是把被积表达式中的 $\varphi'(x)\mathrm{d}x$ 凑成函数 $\varphi(x)$ 的微分,即 $\varphi'(x)\mathrm{d}x = \mathrm{d}[\varphi(x)]$,从而将积分化为可以查表的形式

$$\int f[\varphi(x)] \cdot \varphi'(x)\mathrm{d}x = \int f[\varphi(x)]\mathrm{d}[\varphi(x)].$$

正因为这里用到了凑微分的方法,所以第一换元法又称作凑微分法.

例1 求 $\int \cos(2x+3)\mathrm{d}x$.

解 $\int \cos(2x+3)\mathrm{d}x = \int \frac{1}{2}\cos(2x+3)(2x+3)'\mathrm{d}x = \frac{1}{2}\int \cos(2x+3)\mathrm{d}(2x+3)$
$= \frac{1}{2}\int \cos u\,\mathrm{d}u = \frac{1}{2}\sin u + C = \frac{1}{2}\sin(2x+3) + C.$

例2 求 $\int \mathrm{e}^{2x}\mathrm{d}x$.

解 $\int \mathrm{e}^{2x}\mathrm{d}x = \int \frac{1}{2}\mathrm{e}^{2x}(2x)'\mathrm{d}x = \frac{1}{2}\int \mathrm{e}^{2x}\mathrm{d}2x = \frac{1}{2}\int \mathrm{e}^{u}\mathrm{d}u$

---

① 所叙述的各种方法和技巧,几乎都可在欧拉的著作中找到.

$$= \frac{1}{2}e^u + C = \frac{1}{2}e^{2x} + C.$$

例 3 求 $\int \dfrac{\mathrm{d}x}{a^2+x^2}(a>0)$.

解
$$\int \frac{\mathrm{d}x}{a^2+x^2} = \int \frac{1}{a^2} \cdot \frac{\mathrm{d}x}{1+\left(\dfrac{x}{a}\right)^2} = \int \frac{1}{a} \cdot \frac{1}{1+\left(\dfrac{x}{a}\right)^2} \cdot \frac{1}{a}\mathrm{d}x$$

$$= \frac{1}{a}\int \frac{1}{1+\left(\dfrac{x}{a}\right)^2}\mathrm{d}\left(\frac{x}{a}\right) = \frac{1}{a}\int \frac{\mathrm{d}u}{1+u^2}$$

$$= \frac{1}{a}\arctan u + C = \frac{1}{a}\arctan \frac{x}{a} + C.$$

例 4 求 $\int \dfrac{\mathrm{d}x}{x^2-a^2}(a>0)$.

解
$$\int \frac{\mathrm{d}x}{x^2-a^2} = \frac{1}{2a}\int \left(\frac{1}{x-a} - \frac{1}{x+a}\right)\mathrm{d}x$$

$$= \frac{1}{2a}\left(\int \frac{1}{x-a}\mathrm{d}(x-a) - \int \frac{1}{x+a}\mathrm{d}(x+a)\right)$$

$$= \frac{1}{2a}(\ln|x-a| - \ln|x+a|) + C$$

$$= \frac{1}{2a}\ln\left|\frac{x-a}{x+a}\right| + C.$$

例 5 求 $\int \dfrac{\mathrm{d}x}{\sqrt{a^2-b^2x^2}}(a>0, b>0)$.

解
$$\int \frac{\mathrm{d}x}{\sqrt{a^2-b^2x^2}} = \frac{1}{a}\int \frac{\mathrm{d}x}{\sqrt{1-\left(\dfrac{b}{a}x\right)^2}} = \frac{1}{a}\int \frac{\dfrac{a}{b}\mathrm{d}\left(\dfrac{b}{a}x\right)}{\sqrt{1-\left(\dfrac{b}{a}x\right)^2}}$$

$$= \frac{1}{a}\int \frac{1}{\sqrt{1-u^2}}\frac{a}{b}\mathrm{d}u = \frac{1}{b}\int \frac{\mathrm{d}u}{\sqrt{1-u^2}}$$

$$= \frac{1}{b}\arcsin\left(\frac{b}{a}x\right) + C.$$

特别地, 当 $b=1$ 时为 $\int \dfrac{\mathrm{d}x}{\sqrt{a^2-x^2}} = \arcsin \dfrac{x}{a} + C$.

例 6 求 $\int \tan x \mathrm{d}x$.

解 $\int \tan x \mathrm{d}x = \int \dfrac{\sin x}{\cos x}\mathrm{d}x = -\int \dfrac{\mathrm{d}\cos x}{\cos x} = -\ln|\cos x| + C.$

例 7 求 $\int \tan^2 x \mathrm{d}x$.

5.2 换元积分法

解 $\int \tan^2 x \, dx = \int (\sec^2 x - 1) \, dx = \int d\tan x - \int dx = \tan x - x + C.$

例 8 求 $\int \sec x \, dx$.

解 $\int \sec x \, dx = \int \dfrac{dx}{\cos x} = \int \dfrac{\cos x}{\cos^2 x} dx = \int \dfrac{d\sin x}{1 - \sin^2 x}$

$= \dfrac{1}{2} \ln \left| \dfrac{\sin x + 1}{\sin x - 1} \right| + C = \ln | \sec x + \tan x | + C.$

例 9 求 $\int \csc x \, dx$.

解 $\int \csc x \, dx = \int \sec \left(x - \dfrac{\pi}{2} \right) dx = \int \sec \left(x - \dfrac{\pi}{2} \right) d\left(x - \dfrac{\pi}{2} \right)$

$= \ln \left| \sec \left(x - \dfrac{\pi}{2} \right) + \tan \left(x - \dfrac{\pi}{2} \right) \right| + C$

$= \ln | \csc x - \cot x | + C.$

例 10 求 $\int \sin^3 x \, dx$.

解 $\int \sin^3 x \, dx = \int \sin^2 x \sin x \, dx = -\int (1 - \cos^2 x) d(\cos x)$

$= -\int d(\cos x) + \int \cos^2 x \, d(\cos x)$

$= -\cos x + \dfrac{1}{3} \cos^3 x + C.$

例 11 求 $\int \sin^4 x \, dx$.

解 $\int \sin^4 x \, dx = \int \left(\dfrac{1 - \cos 2x}{2} \right)^2 dx = \dfrac{1}{4} \int (1 - 2\cos 2x + \cos^2 2x) \, dx$

$= \dfrac{1}{4} \int \left(1 - 2\cos 2x + \dfrac{1 + \cos 4x}{2} \right) dx$

$= \dfrac{1}{4} \left(\int \dfrac{3}{2} dx - \int 2\cos 2x \, dx + \dfrac{1}{2} \int \cos 4x \, dx \right)$

$= \dfrac{3}{8} \int dx - \dfrac{1}{4} \int \cos 2x \, d2x + \dfrac{1}{32} \int \cos 4x \, d4x$

$= \dfrac{3}{8} x - \dfrac{1}{4} \sin 2x + \dfrac{1}{32} \sin 4x + C.$

例 12 求 $\int \sin^2 x \cos^5 x \, dx$.

解 $\int \sin^2 \cos^5 x \, dx = \int \sin^2 x \cos^4 x \cos x \, dx = \int \sin^2 x (1 - \sin^2 x)^2 d(\sin x)$

$= \int (\sin^2 x - 2\sin^4 x + \sin^6 x) d(\sin x)$

$$= \frac{1}{3}\sin^3 x - \frac{2}{5}\sin^5 x + \frac{1}{7}\sin^7 x + C.$$

例 13 求 $\int \sin^2 x \cos^4 x \, dx$.

解 $\int \sin^2 x \cos^4 x \, dx = \int \left(\frac{1}{2}\sin 2x\right)^2 \cdot \frac{1}{2}(1+\cos 2x) \, dx$

$$= \frac{1}{8}\int (\sin^2 2x + \sin^2 2x \cos 2x) \, dx$$

$$= \frac{1}{16}\int (1-\cos 4x) \, dx + \frac{1}{8}\int \sin^2 2x \cos 2x \, dx$$

$$= \frac{1}{16}\int dx - \frac{1}{64}\int \cos 4x \, d4x + \frac{1}{16}\int \sin^2 2x \, d\sin 2x$$

$$= \frac{1}{16}x - \frac{1}{64}\sin 4x + \frac{1}{48}\sin^3 2x + C.$$

例 14 求 $\int \tan^5 x \sec^3 x \, dx$.

解 $\int \tan^5 x \sec^3 x \, dx = \int \tan^4 x \cdot \sec^2 x \cdot \sec x \cdot \tan x \, dx$

$$= \int (\sec^2 x - 1)^2 \sec^2 x \, d\sec x$$

$$= \int (\sec^6 x - 2\sec^4 x + \sec^2 x) \, d\sec x$$

$$= \frac{1}{7}\sec^7 x - \frac{2}{5}\sec^5 x + \frac{1}{3}\sec^3 x + C.$$

在以上涉及三角函数积分的各例中，我们充分利用了三角函数的平方关系和倍角公式，从而凑出了恰当的微分. 下面一例有所不同，需要用到三角函数的积化和差公式.

例 15 求 $\int \cos 3x \cos 2x \, dx$.

解 $\int \cos 3x \cos 2x \, dx = \int \frac{1}{2}(\cos 5x + \cos x) \, dx$

$$= \frac{1}{10}\int \cos 5x \, d(5x) + \frac{1}{2}\int \cos x \, dx$$

$$= \frac{1}{10}\sin 5x + \frac{1}{2}\sin x + C.$$

例 16 求 $\int \frac{dx}{a\cos x + b\sin x} \, (a \neq 0, b \neq 0)$.

解 $\int \frac{dx}{a\cos x + b\sin x} = \frac{1}{\sqrt{a^2+b^2}} \int \frac{dx}{\frac{a}{\sqrt{a^2+b^2}}\cos x + \frac{b}{\sqrt{a^2+b^2}}\sin x}$

5.2 换元积分法

$$= \frac{1}{\sqrt{a^2+b^2}} \int \frac{\mathrm{d}x}{\sin\theta\cos x + \cos\theta\sin x}$$

$$= \frac{1}{\sqrt{a^2+b^2}} \int \frac{\mathrm{d}(\theta+x)}{\sin(\theta+x)}$$

$$= \frac{1}{\sqrt{a^2+b^2}} \ln|\csc(\theta+x) - \cot(\theta+x)| + C.$$

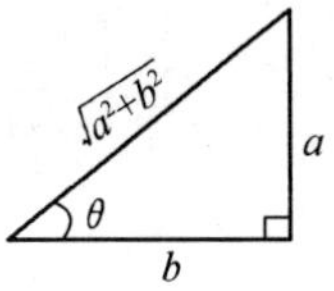

图 5.1

其中，$\sin\theta = \dfrac{a}{\sqrt{a^2+b^2}}$，$\cos\theta = \dfrac{b}{\sqrt{a^2+b^2}}$，$\theta = \arctan\dfrac{a}{b}$. 如图 5.1 所示.

5.2.2 第二换元法

常会遇到这种情形，有时我们不会求 $\int f(x)\mathrm{d}x$，但若作适当的变换 $x = \psi(t)$，将不定积分 $\int f(x)\mathrm{d}x$ 化为 $\int f[\psi(t)]\psi'(t)\mathrm{d}t$ 后，后者却是容易求出的，这时我们就可以考虑使用这种形式的换元法. 但是，由于所求的 $\int f(x)\mathrm{d}x$ 必须表示成变量 x 的函数，这就必须用 $x = \psi(t)$ 的反函数代入结果. 为了保证反函数的存在，并且可导，我们要求 $x = \psi(t)$ 在 t 的某个区间内单调可导且导数不为零.

定理 设函数 $f(x)$ 在区间 I 上连续，又设 $x = \psi(t)$ 在 I 的对应区间 I_t 内单调可导，且 $\psi'(t) \neq 0$，则有换元公式

$$\int f(x)\mathrm{d}x = \left[\int f[\psi(t)]\psi'(t)\mathrm{d}t\right]_{t=\psi^{-1}(x)}, \quad (5.2.2)$$

其中，$t = \psi^{-1}(x)$ 是 $x = \psi(t)$ 的反函数.

证明 由给定条件知，函数 $f[\psi(t)]\psi'(t)$ 存在原函数，设它的一个原函数为 $\Phi(t)$，并记 $\Phi[\psi^{-1}(x)] = F(x)$. 利用复合函数的求导法则及反函数的导数公式，得到

$$F'(x) = \frac{\mathrm{d}\Phi}{\mathrm{d}t} \cdot \frac{\mathrm{d}t}{\mathrm{d}x} = f[\psi(t)]\psi'(t) \cdot \frac{1}{\psi'(t)} = f[\psi(t)] = f(x),$$

即 $F(x)$ 为 $f(x)$ 的原函数. 因此有

$$\int f(x)\mathrm{d}x = F(x) + C = \Phi[\psi^{-1}(x)] + C = \left[\int f[\psi(t)]\psi'(t)\mathrm{d}t\right]_{t=\psi^{-1}(x)}.$$

这就证明了公式 (5.2.2).

(5.2.2) 式给出的方法也叫不定积分的第二换元法.

例 1 求 $\int \dfrac{\mathrm{d}x}{\sqrt{x}(1+\sqrt[3]{x})}$.

解 令 $x = t^6$

$$\int \frac{\mathrm{d}x}{\sqrt{x}(1+\sqrt[3]{x})} = \int \frac{6t^5 \mathrm{d}t}{t^3(1+t^2)} = 6\int \left(1 - \frac{1}{1+t^2}\right) \mathrm{d}t$$
$$= 6(t - \arctan t) + C = 6(\sqrt[6]{x} - \arctan \sqrt[6]{x}) + C.$$

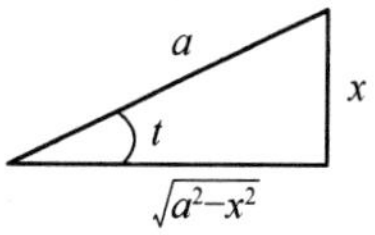

例 2 求 $\int \sqrt{a^2 - x^2} \mathrm{d}x \ (a>0).$

解 令 $x = a\sin t \left(-\frac{\pi}{2} < t < \frac{\pi}{2}\right)$, 且 $a > 0$, 则 $\sqrt{a^2 - x^2} = a|\cos t| = a\cos t$, 从而（图 5.2）

图 5.2

$$\int \sqrt{a^2 - x^2} \mathrm{d}x \xlongequal{x = a\sin t} \int a^2 \cos^2 t \mathrm{d}t = a^2 \int \frac{1 + \cos 2t}{2} \mathrm{d}t$$
$$= \frac{a^2}{2}\left(t + \frac{\sin 2t}{2}\right) + C = \frac{a^2}{2}(t + \sin t \cos t) + C$$
$$= \frac{a^2}{2} \arcsin \frac{x}{a} + \frac{x}{2}\sqrt{a^2 - x^2} + C.$$

例 3 求 $\int \frac{\mathrm{d}x}{\sqrt{x^2 + a^2}} (a > 0).$

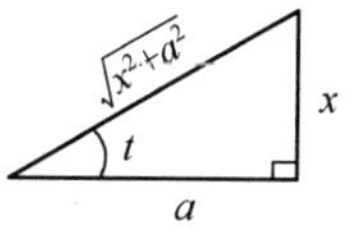

解 令 $x = a\tan t \left(-\frac{\pi}{2} < t < \frac{\pi}{2}\right)$, 且 $a > 0$, 则 $\sqrt{x^2 + a^2} = a|\sec t| = a\sec t$, 从而（图 5.3）

图 5.3

$$\int \frac{\mathrm{d}x}{\sqrt{x^2 + a^2}} \xlongequal{x = a\tan t} \int \sec t \mathrm{d}t = \ln|\sec t + \tan t| + C$$
$$= \ln|x + \sqrt{x^2 + a^2}| + C.$$

同理 $\int \frac{\mathrm{d}x}{\sqrt{x^2 - a^2}} \xlongequal{x = a\sec t} \ln|x + \sqrt{x^2 - a^2}| + C.$

例 4 求 $\int \frac{\mathrm{d}x}{(x^2 + a^2)^2} (a \neq 0).$

解 令 $x = a\tan t$, 则 $x^2 + a^2 = a^2 \sec^2 t$, 因此

$$\int \frac{\mathrm{d}x}{(x^2 + a^2)^2} \xlongequal{x = a\tan t} \int \frac{1}{a^3} \cos^2 t \mathrm{d}t = \frac{1}{2a^3} \int (1 + \cos 2t) \mathrm{d}t$$
$$= \frac{1}{2a^3}(t + \sin t \cos t) + C$$
$$= \frac{1}{2a^3}\left(\arctan \frac{x}{a} + \frac{x}{\sqrt{x^2 + a^2}} \cdot \frac{a}{\sqrt{x^2 + a^2}}\right) + C$$
$$= \frac{1}{2a^3} \arctan \frac{x}{a} + \frac{1}{2a^2} \frac{x}{x^2 + a^2} + C.$$

一般来说, 如果被积函数中含有:

(1) $\sqrt{a^2 - x^2}$, 可作变换 $x = a\sin t$ (或 $x = a\cos t$);

5.2 换元积分法

(2) $\sqrt{x^2+a^2}$，可作变换 $x=a\tan t$（或 $x=a\sh t$）；

(3) $\sqrt{x^2-a^2}$，可作变换 $x=a\sec t$（或 $x=a\ch t$）.

今后在计算时，不再指明 $x=\varphi(t)$ 的适用范围，总认为变换是在满足定理条件的区间内进行的.

如果被积函数中含有根式 $\sqrt[n]{ax+b}$，则可直接令 $\sqrt[n]{ax+b}=t$，将根式消去.

例 5 求 $\int \dfrac{1}{x\sqrt{1+x^2}}dx$.

解 本题可以采用正切变换，这里介绍另一种代换——倒代换，令 $x=\dfrac{1}{t}$.

$$\int \frac{1}{x\sqrt{1+x^2}}dx \xrightarrow{x=\frac{1}{t}} \int \frac{-\frac{1}{t^2}dt}{\frac{1}{t}\sqrt{1+\frac{1}{t^2}}} = -\int \frac{|t|\,dt}{t\sqrt{1+t^2}}.$$

(1) 当 $x>0$ 时，$|t|=t$，故

$$\int \frac{dx}{x\sqrt{1+x^2}} = -\int \frac{dt}{\sqrt{1+t^2}} = -\ln|t+\sqrt{1+t^2}|+C$$

$$= \ln|\sqrt{1+t^2}-t|+C = \ln\left|\frac{\sqrt{1+x^2}-1}{x}\right|+C;$$

(2) 当 $x<0$ 时，$|t|=-t$，故

$$\int \frac{dx}{x\sqrt{1+x^2}} = \int \frac{dt}{\sqrt{1+t^2}} = \ln|t+\sqrt{1+t^2}|+C$$

$$= \ln\left|\frac{1}{x}+\sqrt{1+\frac{1}{x^2}}\right|+C$$

$$= \ln\left|\frac{\sqrt{1+x^2}-1}{x}\right|+C.$$

因此，$\int \dfrac{dx}{x\sqrt{1+x^2}} = \ln\left|\dfrac{\sqrt{1+x^2}-1}{x}\right|+C.$

最后，我们指出，对于形如

$$\int \frac{dx}{x\sqrt{a^2\pm x^2}}, \quad \int \frac{dx}{x\sqrt{x^2-a^2}}$$

$$\int \frac{dx}{x^2\sqrt{a^2\pm x^2}}, \quad \int \frac{dx}{x^2\sqrt{x^2-a^2}}$$

$$\int \frac{\sqrt{a^2\pm x^2}}{x^4}dx, \quad \int \frac{\sqrt{x^2-a^2}}{x^4}dx$$

等不定积分，倒代换 $x=\dfrac{1}{t}$ 都是适用的.

当二次式根式不是如下标准形式
$$\sqrt{a^2-x^2}, \quad \sqrt{a^2+x^2}, \quad \sqrt{x^2-a^2},$$
而是 $\sqrt{ax^2+bx+c}$ 时,我们可以先将 ax^2+bx+c 配方,化为标准形式再计算.

例 6 求 $\int x\sqrt{1+2x-x^2}\,dx$.

解
$$\int x\sqrt{1+2x-x^2}\,dx = \int x\sqrt{2-(x-1)^2}\,dx \quad (令\ x-1=\sqrt{2}\sin t)$$
$$= \int (1+\sqrt{2}\sin t)\sqrt{2}\cos t(\sqrt{2}\cos t)\,dt$$
$$= \int (2\cos^2 t + 2\sqrt{2}\sin t\cos^2 t)\,dt$$
$$= \int (1+\cos 2t)\,dt - 2\sqrt{2}\int \cos^2 t\,d\cos t$$
$$= t + \frac{1}{2}\sin 2t - \frac{2\sqrt{2}}{3}\cos^3 t + C$$
$$= t + \sin t\cos t - \frac{2}{3}\sqrt{2}\cos^3 t + C$$
$$= \arcsin\frac{x-1}{\sqrt{2}} + \frac{1}{2}(x-1)\sqrt{1+2x-x^2}$$
$$\quad - \frac{1}{3}(1+2x-x^2)^{\frac{3}{2}} + C.$$

在本节的例题中,有几个积分是以后经常会遇到的,所以它们通常也被当作公式使用. 这样,常用的积分公式,除了基本积分表中的几个公式外,再增加下面几个:

⑯ $\int \tan x\,dx = -\ln|\cos x| + C.$

⑰ $\int \cot x\,dx = \ln|\sin x| + C.$

⑱ $\int \sec x\,dx = \ln|\sec x + \tan x| + C = \ln\left|\tan\left(\frac{\pi}{4}+\frac{x}{2}\right)\right| + C.$

⑲ $\int \csc x\,dx = \ln|\csc x - \cot x| + C = \ln\left|\tan\frac{x}{2}\right| + C.$

⑳ $\int \frac{dx}{a^2+x^2} = \frac{1}{a}\arctan\frac{x}{a} + C \quad (a>0).$

㉑ $\int \frac{dx}{x^2-a^2} = \frac{1}{2a}\ln\left|\frac{x-a}{x+a}\right| + C \quad (a>0).$

㉒ $\int \frac{dx}{\sqrt{a^2-x^2}} = \arcsin\frac{x}{a} + C \quad (a>0).$

5.2 换元积分法

㉓ $\int \dfrac{\mathrm{d}x}{\sqrt{x^2+a^2}} = \ln|x+\sqrt{x^2+a^2}|+C.$

㉔ $\int \dfrac{\mathrm{d}x}{\sqrt{x^2-a^2}} = \ln|x+\sqrt{x^2-a^2}|+C.$

习 题 5.2

1. 求下列不定积分:

(1) $\int (2x+5)^{10}\mathrm{d}x;$

(2) $\int \dfrac{\mathrm{d}x}{(2x+11)^{5/2}};$

(3) $\int \dfrac{\mathrm{d}x}{2+3x^2};$

(4) $\int \dfrac{\mathrm{d}x}{\sqrt{2-5x^2}};$

(5) $\int \dfrac{\mathrm{d}x}{\sqrt{x(1-x)}};$

(6) $\int \dfrac{\mathrm{e}^x}{2+\mathrm{e}^x}\mathrm{d}x;$

(7) $\int \dfrac{\mathrm{d}x}{x\ln x \ln(\ln x)};$

(8) $\int \dfrac{\mathrm{d}x}{1+\cos x};$

(9) $\int \dfrac{\mathrm{d}x}{1-\sin x};$

(10) $\int \dfrac{x^2 \mathrm{d}x}{(8x^3+27)^{3/2}};$

(11) $\int \dfrac{1+x}{1-x}\mathrm{d}x;$

(12) $\int \dfrac{\mathrm{d}x}{(x-1)(x-3)};$

(13) $\int \dfrac{\mathrm{d}x}{x^2+x-2};$

(14) $\int \dfrac{\mathrm{d}x}{2+\mathrm{e}^{2x}};$

(15) $\int \dfrac{\tan\sqrt{x}}{\sqrt{x}}\mathrm{d}x;$

(16) $\int \dfrac{x^{14}}{(x^5+1)^4}\mathrm{d}x;$

(17) $\int \dfrac{x^{2n-1}}{x^n-1}\mathrm{d}x;$

(18) $\int \dfrac{\mathrm{d}x}{x(x^n+a)};$

(19) $\int \dfrac{\ln(x+1)-\ln x}{x(x+1)}\mathrm{d}x;$

(20) $\int \dfrac{\sin x+\cos x}{\sqrt[3]{\sin x-\cos x}}\mathrm{d}x;$

(21) $\int \dfrac{1-x}{\sqrt{9-4x^2}}\mathrm{d}x;$

(22) $\int \dfrac{\sin x\cos x}{1+\sin^4 x}\mathrm{d}x;$

(23) $\int \dfrac{\arctan\sqrt{x}}{\sqrt{x}(1+x)}\mathrm{d}x;$

(24) $\int \tan^3 x\sec x\,\mathrm{d}x;$

(25) $\int \tan^{10} x \sec^2 x\,\mathrm{d}x;$

(26) $\int \dfrac{(1+\cos x)\mathrm{d}x}{1+\sin^2 x}.$

2. 计算下列不定积分:

(1) $\int \dfrac{x^2}{\sqrt{a^2-x^2}}\mathrm{d}x;$

(2) $\int \dfrac{\mathrm{d}x}{x^4\sqrt{1+x^2}};$

(3) $\int \dfrac{x^2\,\mathrm{d}x}{\sqrt{1+x^6}};$

(4) $\int \dfrac{\mathrm{d}x}{\sqrt{1+\mathrm{e}^{2x}}};$

(5) $\int \dfrac{\mathrm{e}^{2x}}{\sqrt[4]{\mathrm{e}^x+1}}\mathrm{d}x;$

(6) $\int \dfrac{\mathrm{d}x}{\sqrt{5+x-x^2}};$

(7) $\int \dfrac{\mathrm{d}x}{\sqrt{x^2-2x+10}}$; (8) $\int \dfrac{x+1}{\sqrt{x^2+x+1}}\mathrm{d}x$;

(9) $\int \dfrac{\mathrm{d}x}{x\sqrt{x^2+a^2}}$; (10) $\int \dfrac{\mathrm{d}x}{x\sqrt{x^2-a^2}}$;

(11) $\int \dfrac{\mathrm{d}x}{1+\sqrt{1-x^2}}$; (12) $\int \dfrac{\mathrm{d}x}{\sqrt{(x^2+1)^3}}$.

5.3 分部积分法

与微分学中乘积的求导法则相对应的是另一种基本的积分法则——分部积分法.

设 $u=u(x)$ 与 $v=v(x)$ 都是可微函数,则

$$(uv)' = u'v + uv' \quad \text{或} \quad \mathrm{d}(uv) = v\mathrm{d}u + u\mathrm{d}v,$$

移项得

$$u\mathrm{d}v = \mathrm{d}(uv) - v\mathrm{d}u.$$

若进而假定 u' 与 v' 都是连续的,则上式两端求不定积分,并将右端第一项的积分常数合并到第二项的不定积分中,立即可得

$$\int u\mathrm{d}v = uv - \int v\mathrm{d}u. \tag{5.3.1}$$

称(5.3.1)式为分部积分公式. 它表明,若积分 $\int u\mathrm{d}v$ 不易求得,而 $\int v\mathrm{d}u$ 容易求得,则可以用该公式来计算 $\int u\mathrm{d}v$,在使用时,关键在于恰当地选择 u 和 $\mathrm{d}v$,使所求积分的被积式 $f(x)\mathrm{d}x=u\mathrm{d}v$,并且 $\int v\mathrm{d}u$ 容易求出.

例1 求 $\int x\cos x\mathrm{d}x$.

解 令 $u=x, \cos x\mathrm{d}x=\mathrm{d}v$,则 $v=\sin x$. 根据公式(5.3.1)得

$$\int x\cos x\mathrm{d}x = \int x\mathrm{d}\sin x = x\sin x - \int \sin x\mathrm{d}x = x\sin x + \cos x + C.$$

在本例中,如果设 $u=\cos x, \mathrm{d}v=x\mathrm{d}x$,那么 $\mathrm{d}u=-\sin x\mathrm{d}x, v=\dfrac{x^2}{2}$,代入公式(5.3.1),得到

$$\int x\cos x\mathrm{d}x = \dfrac{1}{2}x^2\cos x + \int \dfrac{1}{2}x^2\sin x\mathrm{d}x.$$

由于 $\int v\mathrm{d}u = -\int \dfrac{1}{2}x^2\sin x\mathrm{d}x$ 比原来积分 $\int x\cos x\mathrm{d}x$ 更不易求出,所以按这种方式选取 u 和 $\mathrm{d}v$ 是不恰当的.

由此可见,使用分部积分公式的关键是正确选择 u 和 $\mathrm{d}v$,选择 u 和 $\mathrm{d}v$ 时,一

5.3 分部积分法

一般应考虑：① v 要容易求出；② $\int v du$ 要比 $\int u dv$ 容易求得.

例 2 求 $\int x \ln x dx$.

解 令 $u = \ln x, x dx = dv$，则 $v = \dfrac{1}{2}x^2$，由公式(5.3.1)

$$\int x \ln x dx = \dfrac{1}{2}x^2 \ln x - \int \dfrac{x^2}{2} d\ln x = \dfrac{1}{2}x^2 \ln x - \dfrac{1}{2}\int x^2 \dfrac{1}{x} dx = \dfrac{1}{2}x^2 \ln x - \dfrac{1}{4}x^2 + C.$$

例 3 求 $\int x e^x dx$.

解 令 $u = x, dv = e^x dx$，则 $v = e^x$，于是

$$\int x e^x dx = x e^x - \int e^x dx = x e^x - e^x + C = (x-1)e^x + C.$$

例 4 求 $\int x^2 e^x dx$.

解 令 $u = x^2, dv = e^x dx$，则 $v = e^x$，于是 $\int x^2 e^x dx = x^2 e^x - 2\int x e^x dx$，这里 $\int x e^x dx$ 比 $\int x^2 e^x dx$ 容易求出，由例 3 可知，对 $\int x e^x dx$ 再使用一次分部积分法就可求出结果，于是

$$\int x^2 e^x dx = x^2 e^x - 2\int x e^x dx = x^2 e^x - 2(x e^x - e^x) + C = (x^2 - 2x + 2)e^x + C.$$

在使用分部积分法的过程中，运用"凑微分"的技巧，可以不必按部就班地写出 u 和 v 的表达式而直接用分部积分公式(5.3.1)写出求解过程.

例 5 求 $\int \arctan x dx$.

解 $\int \arctan x dx = x \arctan x - \int x d(\arctan x) = x \arctan x - \int \dfrac{x}{1+x^2} dx$

$$= x \arctan x - \dfrac{1}{2}\int \dfrac{d(1+x^2)}{1+x^2} = x \arctan x - \dfrac{1}{2}\ln(1+x^2) + C.$$

以下两个例子的求解过程是通过两次或数次分部积分，获得所求不定积分满足的一个方程，然后把不定积分解出来，这也是一种比较典型的求不定积分的方法.

例 6 求 $\int e^x \sin x dx$.

解 令 $u = \sin x, dv = e^x dx$，则 $v = e^x$，于是

$$\int e^x \sin x dx = \int \sin x d(e^x) = \sin x \cdot e^x - \int e^x d(\sin x) = e^x \sin x - \int e^x \cos x dx,$$

对等式右端的不定积分，再令 $u = \cos x, dv = e^x dx$，使用一次分部积分法，得到

$$\int e^x \sin x \, dx = e^x \sin x - e^x \cos x - \int e^x \sin x \, dx.$$

由上述等式可解得

$$\int e^x \sin x \, dx = \frac{1}{2} e^x (\sin x - \cos x) + C.$$

注意:结果中常数 C 不能少.

例7 求 $\int \sqrt{x^2 + a^2} \, dx$.

解 令 $u = \sqrt{x^2 + a^2}, dv = dx$,于是

$$\begin{aligned}
\int \sqrt{x^2 + a^2} \, dx &= x \sqrt{x^2 + a^2} - \int x \, d(\sqrt{x^2 + a^2}) \\
&= x \sqrt{x^2 + a^2} - \int x \frac{x}{\sqrt{x^2 + a^2}} dx \\
&= x \sqrt{x^2 + a^2} - \int \frac{(x^2 + a^2) - a^2}{\sqrt{x^2 + a^2}} dx \\
&= x \sqrt{x^2 + a^2} - \int \sqrt{x^2 + a^2} \, dx + a^2 \int \frac{1}{\sqrt{x^2 + a^2}} dx \\
&= x \sqrt{x^2 + a^2} - \int \sqrt{x^2 + a^2} \, dx + a^2 \ln | x + \sqrt{x^2 + a^2} |,
\end{aligned}$$

由上述等式可解得

$$\int \sqrt{x^2 + a^2} \, dx = \frac{x}{2} \sqrt{x^2 + a^2} + \frac{a^2}{2} \ln | x + \sqrt{x^2 + a^2} | + C.$$

以下举一个用分部积分法建立起不定积分的递推公式的例子.

例8 求 $I_n = \int \frac{dx}{(x^2 + a^2)^n}$,其中,$n$ 为正整数,$a > 0$.

解 当 $n = 1$ 时,有

$$I_1 = \int \frac{dx}{x^2 + a^2} = \frac{1}{a} \arctan \frac{x}{a} + C.$$

下面讨论 $n \geqslant 2$ 的情形.

设 $u = \frac{1}{(x^2 + a^2)^n}, dv = dx$,则 $v = x, du = \frac{-2nx \, dx}{(x^2 + a^2)^{n+1}}$,于是

$$\begin{aligned}
I_n &= \frac{x}{(x^2 + a^2)^n} + 2n \int \frac{x^2}{(x^2 + a^2)^{n+1}} dx = \frac{x}{(x^2 + a^2)^n} + 2n \int \frac{x^2 + a^2 - a^2}{(x^2 + a^2)^{n+1}} dx \\
&= \frac{x}{(x^2 + a^2)^n} + 2n I_n - 2n a^2 I_{n+1},
\end{aligned}$$

即得

$$I_{n+1} = \frac{1}{2n a^2} \left[\frac{x}{(x^2 + a^2)^n} + (2n - 1) I_n \right].$$

5.3 分部积分法

将上式中的 n 换成 $n-1$，就得

$$I_n = \frac{1}{a^2}\left[\frac{1}{2(n-1)} \cdot \frac{x}{(x^2+a^2)^{n-1}} + \frac{2n-3}{2n-2}I_{n-1}\right] \quad (n>1),$$

$$I_1 = \frac{1}{a}\arctan\frac{x}{a} + C.$$

所以对任意确定的 $n>1$，由此公式都可求得 I_n。

例 9 求 $I_n = \int \sin^n x \, dx$.

解 $I_n = \int \sin^n x \, dx = \int \sin^{n-1} x \, d(-\cos x)$

$$= -\cos x \sin^{n-1} x + \int \cos x \cdot (n-1)\sin^{n-2} x \cos x \, dx$$

$$= -\cos x \sin^{n-1} x + (n-1)\int \sin^{n-2} x (1-\sin^2 x) \, dx$$

$$= -\cos x \sin^{n-1} x + (n-1)I_{n-2} - (n-1)I_n,$$

解以上等式得

$$I_n = \int \sin^n x \, dx = \frac{n-1}{n} I_{n-2} - \frac{1}{n}\cos x \sin^{n-1} x \quad (n \geq 3).$$

当 $n=1,2$ 时

$$\int \sin x \, dx = -\cos x + C,$$

$$\int \sin^2 x \, dx = \frac{x}{2} - \frac{1}{2}\sin x \cdot \cos x + C.$$

同理

$$J_n = \int \cos^n x \, dx = \frac{n-1}{n} J_{n-2} + \frac{1}{n}\sin x \cos^{n-1} x.$$

习 题 5.3

求下列各不定积分：

1. $\int \arcsin x \, dx$；

2. $\int x^2 e^{-2x} \, dx$；

3. $\int \ln(x \cdot \sqrt{1+x^2}) \, dx$；

4. $\int (\arcsin x)^2 \, dx$；

5. $\int \frac{x \ln x}{(1+x^2)^2} \, dx$；

6. $\int \sqrt{x} \arctan \sqrt{x} \, dx$；

7. $\int \frac{\arcsin x}{(1-x^2)^{3/2}} \, dx$；

8. $\int \sin x \ln(\tan x) \, dx$；

9. $\int x^3 (\ln x)^2 \, dx$；

10. $\int e^{-2x} \sin \frac{x}{2} \, dx$；

11. $\int e^{\sqrt[3]{x}} \, dx$；

12. $\int \ln(x + \sqrt{1+x^2}) \, dx$；

13. $\int x^2 e^x \cos x \mathrm{d}x$;

14. $\int x e^x \sin^2 x \mathrm{d}x$;

15. $\int \dfrac{x \arctan x}{(1+x^2)^{3/2}} \mathrm{d}x$;

16. $\int \arcsin \sqrt{1-x^2} \mathrm{d}x$.

5.4 有理函数、三角有理函数及简单无理函数的积分

到目前为止,我们介绍了计算不定积分的几种基本方法,这些方法应该掌握并能熟练应用. 不定积分法与微分法相比,具有较大的灵活性,对一些比较困难的问题,也应在"试试看"的过程中,找出合适的积分途径. 但无论方法有多少,初等函数是无穷无尽的,人们不禁要问,到底什么样的不定积分能积出来(意即其结果可用初等函数表示出来),什么样的不定积分是不能积出来的(意即其结果不能用初等函数表示出来)? 或者说得准确些,究竟什么样的初等函数的原函数仍是初等函数?

数学家们证明了,如有理函数和三角有理函数的不定积分理论上是能积出来的;但同时也证明了,即使像

$$\int e^{-x^2} \mathrm{d}x, \quad \int \sin(x^2) \mathrm{d}x, \quad \int \frac{\sin x}{x} \mathrm{d}x, \quad \int \frac{\mathrm{d}x}{\sqrt{1+x^3}},$$

$$\int \frac{\mathrm{d}x}{\ln x}, \quad \int \frac{\mathrm{d}x}{\sqrt{1-k^2 \sin^2 x}} \quad (0 < k < 1)$$

这样一些样式并不复杂的不定积分也是积不出来的,也就是说它们的原函数是不能表示为初等函数的[①].

在本节中我们不讨论哪些不定积分不能积出来,而是介绍三类能够积得出来的不定积分,它们是:有理函数的积分;三角函数有理式的积分;一些无理函数的积分.

5.4.1 有理函数的不定积分

有理函数是指两个多项式的商:

$$R(x) = \frac{P(x)}{Q(x)} = \frac{a_0 x^n + a_1 x^{n-1} + \cdots + a_{n-1} x + a_n}{b_0 x^m + b_1 x^{m-1} + \cdots + b_{m-1} x + b_m}, \tag{5.4.1}$$

其中,m 和 n 都是非负整数;$a_0, a_1, \cdots, a_n$ 和 $b_0, b_1, \cdots, b_m$ 都是实数,并且 $a_0 \neq 0$,$b_0 \neq 0$,当 $m \leqslant n$ 时,(5.4.1)式称为假分式;当 $m > n$ 时,(5.4.1)式称为真分式. 我们总假定分子 $P(x)$ 与分母 $Q(x)$ 是没有公因式的.

[①] 法国数学家刘维尔(J. Liouville, 1809~1882)在 19 世纪 30 年代,发表了一系列论文,证明初等函数的原函数不能都用初等函数表达出来.

5.4 有理函数、三角有理函数及简单无理函数的积分

下面来说明不定积分 $\int R(x)\mathrm{d}x$ 的求法.

首先,利用多项式的除法,我们总可以将一个假分式化为一个多项式和一个真分式之和,而多项式的不定积分是容易求得的,于是我们只需研究真分式的不定积分.

下面假设 $R(x) = \dfrac{P(x)}{Q(x)}$ 为真分式,它的不定积分可按下列三步求出:

第一步 将 $Q(x)$ 在实数范围内分解成一次式和二次质因式的乘积,分解结果只含两种类型的因式:一种是 $(x-a)^k$,另一种是 $(x^2+px+q)^l$,其中,$p^2-4q<0$,k,l 为正整数.

第二步 按照 $Q(x)$ 的分解结果,将真分式 $\dfrac{P(x)}{Q(x)}$ 拆成若干个部分分式之和(部分分式是指这样一种简单分式,其分母为一次或二次质因式的正整数次幂). 具体方法是:

若 $Q(x)$ 有因式 $(x-a)^k$,则和式中对应地含有 k 个部分分式之和

$$\frac{A_1}{(x-a)^k} + \frac{A_2}{(x-a)^{k-1}} + \cdots + \frac{A_k}{x-a};$$

若 $Q(x)$ 有因式 $(x^2+px+q)^l$,则和式中对应地含有以下 l 个部分分式之和

$$\frac{M_1 x + N_1}{(x^2+px+q)^l} + \frac{M_2 x + N_2}{(x^2+px+q)^{l-1}} + \cdots + \frac{M_l x + N_l}{x^2+px+q},$$

上述两式中的诸常数 $A_i(1 \leqslant i \leqslant k), M_j, N_j(1 \leqslant j \leqslant l)$ 为待定常数,可通过待定系数法得到.

第三步 通过换元法等积分方法,求出各部分分式的原函数.

因此,有理真分式 $\dfrac{P(x)}{Q(x)}$ 总能分解成下列四种最简分式的和

$$\frac{A}{x-a}, \quad \frac{A}{(x-a)^m}, \quad \frac{Mx+N}{x^2+px+q}, \quad \frac{Mx+N}{(x^2+px+q)^m}$$

$$(m > 1, p^2 - 4q < 0)$$

其中,A, M, N 是常数且不同时为零.

还可以作进一步的简化,因为

$$x^2 + px + q = \left(x + \frac{p}{2}\right)^2 + \frac{4q - p^2}{4},$$

所以有理函数的积分最终能划归为下列四种形式的积分

$$\int \frac{1}{x-a}\mathrm{d}x, \quad \int \frac{\mathrm{d}x}{(x-a)^m}, \quad \int \frac{\mathrm{d}x}{x^2+a^2}, \quad \int \frac{\mathrm{d}x}{(x^2+a^2)^m}.$$

总之,有理函数的积分,理论上是能积出来的.

例 1 求 $\int \dfrac{x^4 + 2x^2 - 1}{x^3 + 1}\mathrm{d}x$.

解 由于被积函数是假分式,故先将它写成多项式与真分式之和

$$\frac{x^4+2x^2-1}{x^3+1} = \frac{x(x^3+1)+(2x^2-x-1)}{x^3+1} = x + \frac{2x^2-x-1}{x^3+1},$$

然后将上式右端真分式写成部分分式之和,为此将分式的分母因式分解,得

$$x^3+1 = (x+1)(x^2-x+1),$$

按上面第二步的说明,把分式写成两个部分分式之和

$$\frac{2x^2-x-1}{x^3+1} = \frac{2x^2-x-1}{(x+1)(x^2-x+1)} = \frac{A}{x+1} + \frac{Bx+C}{x^2-x+1},$$

并将上式右端通分,由两端的分子相等,即

$$2x^2-x-1 = A(x^2-x+1)+(Bx+C)(x+1)$$
$$= (A+B)x^2+(B+C-A)x+(A+C).$$

因为这是恒等式,两端 x 的同次幂的系数应相等,故有

$$\begin{cases} A+B=2 \\ B+C-A=-1, \\ A+C=-1 \end{cases}$$

解得:$A=\frac{2}{3}, B=\frac{4}{3}, C=-\frac{5}{3}$,从而有

$$\frac{2x^2-x-1}{x^3+1} = \frac{2}{3(x+1)} + \frac{4x-5}{3(x^2-x+1)}.$$

于是所求积分

$$\int \frac{x^4+2x^2-1}{x^3+1}\mathrm{d}x$$

$$= \int x\mathrm{d}x + \int \frac{2}{3(x+1)}\mathrm{d}x + \int \frac{4x-5}{3(x^2-x+1)}\mathrm{d}x$$

$$= \frac{x^2}{2} + \frac{2}{3}\ln|x+1| + \frac{1}{3}\int \frac{2(2x-1)-3}{x^2-x+1}\mathrm{d}x$$

$$= \frac{x^2}{2} + \frac{2}{3}\ln|x+1| + \frac{2}{3}\int \frac{\mathrm{d}(x^2-x+1)}{x^2-x+1} - \int \frac{\mathrm{d}x}{x^2-x+1}$$

$$= \frac{x^2}{2} + \frac{2}{3}\ln|x+1| + \frac{2}{3}\ln(x^2-x+1) - \int \frac{\mathrm{d}x}{(x-\frac{1}{2})^2+\frac{3}{4}}$$

$$= \frac{x^2}{2} + \frac{2}{3}\ln|x+1| + \frac{2}{3}\ln(x^2-x+1) - \frac{2}{\sqrt{3}}\arctan\frac{2x-1}{\sqrt{3}} + C.$$

例2 求 $\int \frac{x^2+1}{(x^2-1)(x+1)}\mathrm{d}x$.

解 $Q(x) = (x^2-1)(x+1) = (x-1)(x+1)^2$.

设 $\frac{x^2+1}{(x-1)(x+1)^2} = \frac{A}{x-1} + \frac{B}{x+1} + \frac{C}{(x+1)^2}$,

5.4 有理函数、三角有理函数及简单无理函数的积分

将上式右端通分,由两端的分子恒等得
$$x^2+1 = A(x+1)^2 + B(x-1)(x+1) + C(x-1). \tag{5.4.2}$$
如果用上例的方法确定系数需要解线性方程组,运算比较复杂. 这时也可采用下法:取适当的 x 值代入恒等式(5.4.2)来求出待定常数 A、B 和 C,如在(5.4.2)式中令 $x=1$,得 $A=\dfrac{1}{2}$;令 $x=-1$,得 $C=-1$;令 $x=0$,得 $1=A-B-C$, $B=A-C-1=\dfrac{1}{2}$. 于是

$$\int \frac{x^2+1}{(x^2-1)(x+1)} dx = \frac{1}{2}\int \frac{dx}{x-1} + \frac{1}{2}\int \frac{dx}{x+1} - \int \frac{dx}{(x+1)^2}$$
$$= \frac{1}{2}\ln|x^2-1| + \frac{1}{x+1} + C.$$

例3 求 $\displaystyle\int \frac{x^3-x+1}{x^5-x^4+2x^3-2x^2+x-1} dx$.

解 $Q(x) = x^5-x^4+2x^3-2x^2+x-1 = (x-1)(x^2+1)^2$,设

$$\frac{x^3-x+1}{x^5-x^4+2x^3-2x^2+x-1} = \frac{A}{x-1} + \frac{Bx+C}{x^2+1} + \frac{Dx+E}{(x^2+1)^2},$$

将上式右端通分后,由两端的分子恒等得
$$x^3-x+1 = A(x^2+1)^2 + (Bx+C)(x-1)(x^2+1) + (Dx+E)(x-1)$$
$$= (A+B)x^4 + (C-B)x^3 + (2A+B-C+D)x^2$$
$$+ (-B+C-D+E)x + (A-C-E).$$

比较两端同类项的系数,得到联系方程组
$$\begin{cases} A+B=0, \\ C-B=1, \\ 2A+B-C+D=0, \\ -B+C-D+E=-1, \\ A-C-E=1, \end{cases}$$

解得 $A=\dfrac{1}{4}, B=-\dfrac{1}{4}, C=\dfrac{3}{4}, D=\dfrac{1}{2}, E=-\dfrac{3}{2}$,于是所求积分

$$\int \frac{x^3-x+1}{x^5-x^4+2x^3-2x^2+x-1} dx = \frac{1}{4}\int \frac{dx}{x-1} - \frac{1}{4}\int \frac{x-3}{x^2+1} dx + \frac{1}{2}\int \frac{x-3}{(x^2+1)^2} dx$$
$$= \frac{1}{4}\ln|x-1| - \frac{1}{8}\int \frac{d(x^2+1)}{x^2+1} + \frac{3}{4}\int \frac{dx}{x^2+1}$$
$$+ \frac{1}{4}\int \frac{d(x^2+1)}{(x^2+1)^2} - \frac{3}{2}\int \frac{dx}{(x^2+1)^2}$$
$$= \frac{1}{4}\ln|x-1| - \frac{1}{8}\ln(x^2+1) + \frac{3}{4}\arctan x$$

$$-\frac{1}{4}\frac{1}{x^2+1}-\frac{3}{2}\left[\frac{1}{2}\arctan x+\frac{x}{2(1+x^2)}\right]+C.$$

最后指出,在 $Q(x)$ 的因式分解已完成的前提下,上面介绍的求有理函数积分的步骤是普遍适用的. 但在具体求积分时,不应拘泥于上述方法,而应根据被积函数的特点,灵活地使用其他各种方法求出积分,以达到便捷的目的.

例 4 求 $\int \dfrac{x^2+2}{(x-1)^4}\mathrm{d}x$.

解 令 $t=x-1$,把分母简化为 t^4,从而便于积分

$$\int \frac{x^2+2}{(x-1)^4}\mathrm{d}x=\int\frac{(t+1)^2+2}{t^4}\mathrm{d}t=\int\left(\frac{1}{t^2}+\frac{2}{t^3}+\frac{3}{t^4}\right)\mathrm{d}t$$

$$=-\left(\frac{1}{t}+\frac{1}{t^2}+\frac{1}{t^3}\right)+C$$

$$=-\left[\frac{1}{x-1}+\frac{1}{(x-1)^2}+\frac{1}{(x-1)^3}\right]+C.$$

5.4.2 三角有理函数的积分

三角有理函数是由 $\sin x,\cos x$ 与常数经过有限次四则运算而得到的代数有理式,记为 $R(\sin x,\cos x)$. 对三角有理函数的不定积分 $\int R(\sin x,\cos x)\mathrm{d}x$ 作万能代换或半角代换 $t=\tan\dfrac{x}{2}$ 后,一定能化成 t 的有理函数的不定积分 $\int R_1(t)\mathrm{d}t$. 因此,根据上面的讨论,三角有理函数的不定积分都是可以积出来的. 我们看一下这个过程:

设 $t=\tan\dfrac{x}{2}$,即 $x=2\arctan t$,则有

$$\sin x=2\sin\frac{x}{2}\cos\frac{x}{2}=\frac{2\tan\dfrac{x}{2}}{\sec^2\dfrac{x}{2}}=\frac{2\tan\dfrac{x}{2}}{1+\tan^2\dfrac{x}{2}}=\frac{2t}{1+t^2};$$

$$\cos x=\cos^2\frac{x}{2}-\sin^2\frac{x}{2}=\frac{1-\tan^2\dfrac{x}{2}}{\sec^2\dfrac{x}{2}}=\frac{1-\tan^2\dfrac{x}{2}}{1+\tan^2\dfrac{x}{2}}=\frac{1-t^2}{1+t^2};$$

$$\mathrm{d}x=\mathrm{d}(2\arctan t)=\frac{2}{1+t^2}\mathrm{d}t,$$

因此

$$\int R(\sin x,\cos x)\mathrm{d}x=\int R\left(\frac{2t}{1+t^2},\frac{1-t^2}{1+t^2}\right)\frac{2}{1+t^2}\mathrm{d}t.$$

上式右端是关于 t 的有理函数的积分.

5.4 有理函数、三角有理函数及简单无理函数的积分

例1 求 $\int \dfrac{1+\sin x}{1+\cos x}dx$.

解 令 $t=\tan\dfrac{x}{2}$,则

$$1+\sin x = 1+\dfrac{2t}{1+t^2} = \dfrac{1+2t+t^2}{1+t^2},$$

$$1+\cos x = 1+\dfrac{1-t^2}{1+t^2} = \dfrac{2}{1+t^2}.$$

于是

$$\int \dfrac{1+\sin x}{1+\cos x}dx = \int \dfrac{1+2t+t^2}{2}\cdot\dfrac{2}{1+t^2}dt = \int\left(1+\dfrac{2t}{1+t^2}\right)dt$$

$$= t+\ln(1+t^2)+C = \tan\dfrac{x}{2}-2\ln\left|\cos\dfrac{x}{2}\right|+C.$$

应当指出,利用万能代换虽然可以使积分 $\int R(\sin x,\cos x)dx$ 积出来,但是计算是比较繁琐的,因此一般应避免作万能代换. 我们可以根据具体情况,采用比较简便的方法.

例2 求 $\int \sec^3 x\, dx$.

解 若用万能代换,则很复杂,我们可以采用分部积分法来计算.

$$\int \sec^3 x\, dx = \int \sec x\cdot\sec^2 x\, dx = \int \sec x\, d\tan x$$

$$= \sec x\cdot\tan x - \int \tan x\, d(\sec x)$$

$$= \sec x\cdot\tan x + \int \sec x\, dx - \int \sec^3 x\, dx$$

$$= \sec x\cdot\tan x + \ln|\sec x+\tan x| - \int \sec^3 x\, dx,$$

移项并整理得

$$\int \sec^3 x\, dx = \dfrac{1}{2}\sec x\tan x + \dfrac{1}{2}\ln|\sec x+\tan x|+C.$$

5.4.3 简单无理函数的积分

以下积分,可通过适当代换化为有理函数的积分或三角有理函数的积分.

(1) 对于形如 $R(x,\sqrt[n]{ax+b})$ 或 $R\left(x,\sqrt[n]{\dfrac{ax+b}{cx+d}}\right)$ 的无理函数的积分,通常作变换

$$\sqrt[n]{ax+b}=t \quad \text{或} \quad \sqrt[n]{\dfrac{ax+b}{cx+d}}=t,$$

将其化为有理函数的积分,其中,$\dfrac{ax+b}{cx+d}(ad-bc\neq 0)$称为线性分式.

例 1 求 $\displaystyle\int \dfrac{x-1}{x(\sqrt{x}+\sqrt[3]{x^2})}\mathrm{d}x$.

解 令 $\sqrt[6]{x}=t$,于是

$$\int \dfrac{x-1}{x(\sqrt{x}+\sqrt[3]{x^2})}\mathrm{d}x = \int \dfrac{t^6-1}{t^6(t^3+t^4)}\cdot 6t^5\mathrm{d}t$$

$$= 6\int \dfrac{t^5-t^4+t^3-t^2+t-1}{t^4}\mathrm{d}t$$

$$= 6\left(\dfrac{t^2}{2}-t+\ln|t|+\dfrac{1}{t}-\dfrac{1}{2t^2}+\dfrac{1}{3t^3}+C_1\right)$$

$$= 3\sqrt[3]{x}-6\sqrt[6]{x}+6\ln\sqrt[6]{x}+\dfrac{6}{\sqrt[6]{x}}-\dfrac{3}{\sqrt[3]{x}}+\dfrac{2}{\sqrt{x}}+C.$$

例 2 求 $\displaystyle\int \dfrac{\mathrm{d}x}{\sqrt[3]{(x^2-1)(x+1)}}$.

解 令 $\sqrt[3]{\dfrac{x+1}{x-1}}=t$,于是

$$\int \dfrac{\mathrm{d}x}{\sqrt[3]{(x^2-1)(x+1)}} = \int \dfrac{\mathrm{d}x}{\sqrt[3]{(x-1)(x+1)^2}} = \int \dfrac{1}{x+1}\sqrt[3]{\dfrac{x+1}{x-1}}\mathrm{d}x$$

$$= \int \dfrac{-3}{t^3-1}\mathrm{d}t = \int \dfrac{-3}{(t-1)(t^2+t+1)}\mathrm{d}t$$

$$= \int \dfrac{t+2}{t^2+t+1}\mathrm{d}t - \int \dfrac{1}{t-1}\mathrm{d}t$$

$$= \dfrac{1}{2}\int \dfrac{2t+1}{t^2+t+1}\mathrm{d}t + \dfrac{3}{2}\int \dfrac{1}{t^2+t+1}\mathrm{d}t - \ln|t-1|$$

$$= \dfrac{1}{2}\ln|t^2+t+1|+\sqrt{3}\arctan\dfrac{2t+1}{3}-\ln|t-1|+C$$

$$= \dfrac{1}{2}\ln\left|\sqrt[3]{\left(\dfrac{x+1}{x-1}\right)^2}+\sqrt[3]{\dfrac{x+1}{x-1}}+1\right|$$

$$+\sqrt{3}\arctan\dfrac{2\sqrt[3]{\dfrac{x+1}{x-1}}+1}{3}-\ln\left|\sqrt[3]{\dfrac{x+1}{x-1}}-1\right|+C.$$

(2) 对于形如 $R(x,\sqrt{ax^2+bx+c})$ 的无理函数的积分,通常先将其中的二次三项式配方,然后应用三角函数代换法将其化为三角有理函数的积分.

例 3 求 $\displaystyle\int \dfrac{\mathrm{d}x}{2+\sqrt{x^2-2x+5}}$.

解 令 $x-1=2\tan t$

$$\int \frac{\mathrm{d}x}{2+\sqrt{x^2-2x+5}} = \int \frac{\mathrm{d}x}{2+\sqrt{(x-1)^2+4}} = \int \frac{1}{2+\sqrt{4\tan^2 t+4}} \cdot 2\sec^2 t \mathrm{d}t$$

$$= \int \frac{\sec^2 t}{1+\sec t}\mathrm{d}t = \int \frac{1}{\cos t(1+\cos t)}\mathrm{d}t$$

$$= \int \left(\frac{1}{\cos t} - \frac{1}{1+\cos t}\right)\mathrm{d}t = \int \left(\sec t - \frac{1}{2}\sec^2 \frac{t}{2}\right)\mathrm{d}t$$

$$= \ln|\sec t + \tan t| - \tan \frac{t}{2} + C,$$

把 $\tan t = \dfrac{x-1}{2}$，$\sec t = \sqrt{1+\tan^2 t} = \dfrac{1}{2}\sqrt{x^2-2x+5}$ 以及

$$\tan \frac{t}{2} = \frac{1-\cos t}{\sin t} = \frac{\sec t - 1}{\tan t} = \frac{\sqrt{x^2-2x+5}-2}{x-1}$$

代回，得

$$\text{原式} = \ln(\sqrt{x^2-2x+5}+(x-1)) - \frac{\sqrt{x^2-2x+5}-2}{x-1} + C.$$

习 题 5.4

求下列不定积分：

1. $\int \dfrac{x^3}{x+3}\mathrm{d}x$;

2. $\int \dfrac{2x+3}{x^2+3x-10}\mathrm{d}x$;

3. $\int \dfrac{x^2+1}{(x^2-1)(x+1)}\mathrm{d}x$;

4. $\int \dfrac{\mathrm{d}x}{(x^2+1)(x^2+x+1)}$;

5. $\int \dfrac{\mathrm{d}x}{2-3x^2}$;

6. $\int \dfrac{x^3 \mathrm{d}x}{x^4-x^2+2}$;

7. $\int \dfrac{x^5+1}{x^6+x^4}\mathrm{d}x$;

8. $\int \dfrac{x^{3n-1}}{(x^{2n}+1)^2}\mathrm{d}x$;

9. $\int \dfrac{x^3+1}{x^3-5x^2+6x}\mathrm{d}x$;

10. $\int \dfrac{x}{x^3-1}\mathrm{d}x$;

11. $\int \dfrac{\mathrm{d}x}{x^3+1}$;

12. $\int \dfrac{x\mathrm{d}x}{(x^2+1)(x+2)}$;

13. $\int \dfrac{\mathrm{d}x}{x(x^5+1)^2}$;

14. $\int \dfrac{\mathrm{d}x}{x^8(1+x^2)}$;

15. $\int \dfrac{x^5}{x^4-1}\mathrm{d}x$;

16. $\int \dfrac{\mathrm{d}x}{(x+1)(x+2)^2(x+3)}$;

17. $\int \dfrac{\mathrm{d}x}{\sqrt{x}+\sqrt[4]{x}}$;

18. $\int \dfrac{\mathrm{d}x}{1+\sqrt[3]{x+1}}$;

19. $\int \sqrt{\dfrac{1-x}{1+x}} \cdot \dfrac{\mathrm{d}x}{x}$;

20. $\int \sqrt{\dfrac{x}{2-x}}\mathrm{d}x$;

21. $\int \dfrac{\mathrm{d}x}{\sqrt{x+a}+\sqrt{x+b}}$;

22. $\int \dfrac{\mathrm{d}x}{1+2\sqrt{x-x^2}}$;

23. $\displaystyle\int \frac{\sqrt{x+1}-\sqrt{x-1}}{\sqrt{x+1}+\sqrt{x-1}}\mathrm{d}x$;

24. $\displaystyle\int \frac{\mathrm{d}x}{\sqrt[3]{(x+1)^2(x-1)^4}}$;

25. $\displaystyle\int \frac{(2+\sqrt[3]{x})\mathrm{d}x}{\sqrt[6]{x}+\sqrt[3]{x}+\sqrt{x}+1}$;

26. $\displaystyle\int \frac{\mathrm{d}x}{(x+1)\sqrt{x^2+1}}$;

27. $\displaystyle\int \sin\left(2x-\frac{\pi}{6}\right)\cos\left(3x+\frac{\pi}{4}\right)\mathrm{d}x$;

28. $\displaystyle\int \cos^4 x\,\mathrm{d}x$;

29. $\displaystyle\int \cos^5 x\,\mathrm{d}x$;

30. $\displaystyle\int \cos^5 x\sin^2 x\,\mathrm{d}x$;

31. $\displaystyle\int \sec^2 x\sin^3 x\,\mathrm{d}x$;

32. $\displaystyle\int \frac{\mathrm{d}x}{\sin x+\cos x}$;

33. $\displaystyle\int \frac{\cos x\,\mathrm{d}x}{\sqrt{2+\cos 2x}}$;

34. $\displaystyle\int \frac{\cos x\sin x}{\cos^4 x+\sin^4 x}\mathrm{d}x$;

35. $\displaystyle\int \sec^3 x\,\mathrm{d}x$;

36. $\displaystyle\int \frac{\cos^4 x}{\sin^3 x}\mathrm{d}x$;

37. $\displaystyle\int \frac{\mathrm{d}x}{2\sin x-\cos x+5}$;

38. $\displaystyle\int \frac{\cot x}{\sin x+\cos x-1}\mathrm{d}x$.

总 习 题 五

1. 设 $f'(\sin^2 x)=\cos 2x+\tan^2 x\,(0<x<1)$,求 $f(x)$.

2. 设 $f'(\ln x)=\begin{cases}1, & 0\leqslant x\leqslant 1 \\ x, & 1<x<+\infty\end{cases}$ 及 $f(0)=0$,求 $f(x)$.

3. 求下列不定积分：

(1) $\displaystyle\int \frac{\mathrm{d}x}{\sin(2x)+2\sin x}$;

(2) $\displaystyle\int \arctan(1+\sqrt{x})\mathrm{d}x$;

(3) $\displaystyle\int \frac{1}{x(x^n+a)}\mathrm{d}x$;

(4) $\displaystyle\int \frac{x\mathrm{e}^x}{\sqrt{\mathrm{e}^x-2}}\mathrm{d}x$.

4. 设 $f(x^2-1)=\ln\dfrac{x^2}{x^2-2}$,且 $f[\varphi(x)]=\ln x$,求 $\displaystyle\int \varphi(x)\mathrm{d}x$.

第6章 定 积 分

积分学要解决的第二个问题是和式的极限问题,虽然它与积分学要解决的第一个问题——求原函数问题不同,但计算方法是类同的.这个和式的极限问题称之为定积分问题.

不定积分与定积分构成积分学的两大基本内容.

6.1 定积分的概念

6.1.1 定积分问题举例

例1 曲边梯形的面积.

设函数 $y=f(x)$ 在 $[a,b]$ 上连续,且 $f(x)\geqslant 0, x\in[a,b]$,由曲线 $y=f(x)$,直线 $x=a, x=b$ 与 x 轴围成的平面图形,即平面点集 $\{(x,y)|0\leqslant y\leqslant f(x), a\leqslant x\leqslant b\}$ 称为曲边梯形(图 6.1),其中 x 轴上区间 $[a,b]$ 称为其底边,曲线弧 $y=f(x)$ 称为其曲边.

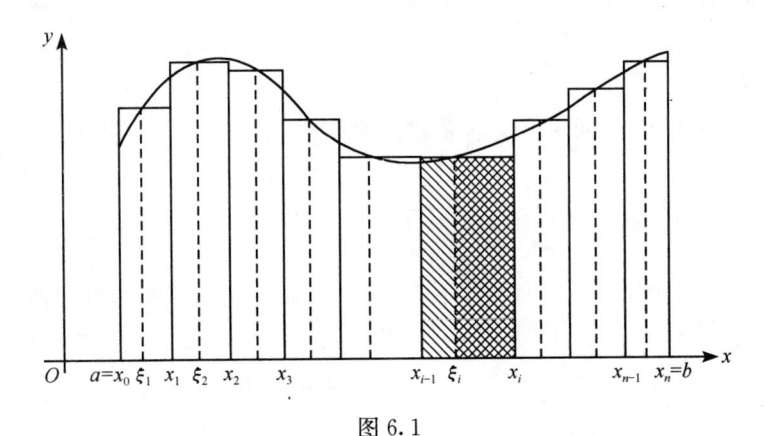

图 6.1

在初等数学中,我们已经会求由有限条直线所围成的平面图形的面积.例如,矩形面积等于底×高.现在,曲边梯形在其底边上各点处的高 $f(x)$ 是变动的.因此,它的面积随底边长度的变化是非均匀的(在不同点 x 处,底边长度的改变量 Δx 相同时,相应的曲边梯形的面积的改变量 ΔA 不尽相同),也就是说它的面积不能按矩形面积公式来计算.然而,由于函数 $y=f(x)$ 在 $[a,b]$ 上是连续的,在 $[a,b]$ 内的一个很小的子区间上，$f(x)$ 的变化将是很小的，因此如果限制在一个很小的局部来看，曲边梯形接近于矩形. 基于这一事实，我们通过如下的步骤来计算它的面积.

(1) 分割

即把曲边梯形面积分割成许多窄曲边梯形面积之和. 为此在区间 $[a,b]$ 中任意插入 $(n-1)$ 个分点

$$a = x_0 < x_1 < x_2 < \cdots < x_{i-1} < x_i < \cdots < x_{n-1} < x_n = b,$$

把区间 $[a,b]$ 分成 n 个小区间

$$[x_0, x_1], [x_1, x_2], \cdots, [x_{i-1}, x_i], \cdots, [x_{n-1}, x_n],$$

各个小区间的长度依次为

$$\Delta x_1 = x_1 - x_0, \Delta x_2 = x_2 - x_1, \cdots, \Delta x_i = x_i - x_{i-1}, \cdots, \Delta x_n = x_n - x_{n-1}.$$

用直线 $x = x_i (i = 1, 2, \cdots, n-1)$ 把曲边梯形分为 n 个窄曲边梯形. 设这些窄曲边梯形的面积分别为 $\Delta A_1, \Delta A_2, \cdots, \Delta A_n$，则 $A = \Delta A_1 + \Delta A_2 + \cdots + \Delta A_n$.

(2) 近似

考虑有代表性的小区间 $[x_{i-1}, x_i] (i = 1, 2, \cdots, n)$.

因为 $f(x)$ 是连续函数，$f(x)$ 在小区间 $[x_{i-1}, x_i]$ 上的值变化不大，从而用一个小窄矩形的面积去近似代替窄曲边梯形的面积. 为此在每个小区间 $[x_{i-1}, x_i]$ 上任取一点 ξ_i，用以 $[x_{i-1}, x_i]$ 为底、$f(\xi_i)$ 为高的窄矩形近似替代对应的第 i 个窄曲边梯形，从而得

$$\Delta A_i \approx f(\xi_i) \Delta x_i \quad (i = 1, 2, \cdots, n).$$

(3) 求和

将所有小曲边梯形面积的近似值加起来就得到曲边梯形面积 A 的近似值

$$A \approx \sum_{i=1}^{n} f(\xi_i) \Delta x_i.$$

(4) 取极限

显然，随着对区间 $[a,b]$ 的划分不断加细，上面的表达式所得近似值的精确度将不断提高，并不断逼近面积的精确值. 我们记 $\lambda = \max\limits_{1 \leqslant i \leqslant n} \{\Delta x_i\}$，并令 $\lambda \to 0$（这样可保证所有小区间的长度都无限缩小），取上述和式的极限，就得到了曲边梯形的面积[①]

$$A = \lim_{\lambda \to 0} \sum_{i=1}^{n} f(\xi_i) \Delta x_i.$$

例 2 变速直线运动的路程.

---

① 利用分割区间做和式并计算面积，早在 14 世纪法国数学家奥雷斯姆(N. Oresme, 1325～1382)就有了朦胧思想.

设某物体做直线运动,已知其速度 $v=v(t)$ 在时间间隔 $[T_1,T_2]$ 上是 t 的连续函数,并且 $v(t) \geqslant 0$. 我们要计算物体在这段时间内所经过的路径 S.

已经知道,如果物体做等速直线运动,那么路程可按下列公式计算
$$\text{路程} = \text{速度} \times \text{时间}.$$
但是,现在速度不是常量而是变量,我们不能由上述公式来计算路程 S. 然而,由于速度 $v(t)$ 在 $[T_1,T_2]$ 上是 t 的连续函数,在很短的一段时间里,速度的变化将是很小的,物体的运动可近似地看做等速运动. 基于这一事实,我们可以用以下的步骤来计算所求的路程 S:

(1) 分割

把整段路程划分成许多小段路程之和. 为此,在时间间隔 $[T_1,T_2]$ 上任意插入 $(n-1)$ 个分点
$$T_1 = t_0 < t_1 < t_2 < \cdots < t_{i-1} < t_i < \cdots < t_{n-1} < t_n = T_2,$$
把 $[T_1,T_2]$ 分为 n 个小段
$$[t_0,t_1], [t_1,t_2], \cdots, [t_{i-1},t_i], \cdots, [t_{n-1},t_n],$$
各小段时间的长依次为 $\Delta t_i = t_i - t_{i-1}(i=1,2,\cdots,n)$,设在时间段 $[t_{i-1},t_i]$ 内物体经过的路程为 $\Delta S_i(i=1,2,\cdots,n)$,则 $S = \Delta S_1 + \Delta S_2 + \cdots + \Delta S_n$.

(2) 近似

把每个时间段内的运动都近似看作匀速运动,从而求出该段时间内所经过的路径的近似值. 为此在每一个时间段 $[t_{i-1},t_i]$ 上任取一个时刻 ξ_i,以 ξ_i 时刻的速度 $v(\xi_i)$ 替代 $[t_{i-1},t_i]$ 上各个时刻的速度,得到这段时间内物体所经过路程的近似值
$$\Delta S_i \approx v(\xi_i) \Delta t_i \quad (i=1,2,\cdots,n).$$

(3) 求和

把 n 个时间段内物体经过的路程的近似值加起来,得到全部路程的近似值
$$S \approx \sum_{i=1}^{n} v(\xi_i) \Delta t_i.$$

(4) 取极限

随着对时间间隔 $[T_1,T_2]$ 的划分的不断加细,上面表达式所得到的路程的近似值的精确度将不断提高,并不断逼近路程的精确值 S,我们记 $\lambda = \max\limits_{1 \leqslant i \leqslant n}\{\Delta t_i\}$,当 $\lambda \to 0$ 时,取上述和式的极限,就得到变速直线运动的路程
$$S = \lim_{\lambda \to 0} \sum_{i=1}^{n} v(\xi_i) \Delta t_i.$$

6.1.2 定积分的定义

从上面两个例子可以看到:曲边梯形的面积取决于它的高度 $y=f(x)$,以及底边上点 x 的变化区间 $[a,b]$;直线运动的路程取决于它的速度 $v=v(t)$,以及时间 t

的变化区间$[T_1, T_2]$,这两个所要计算的量,虽然实际意义不同,但是它们都取决于一个函数及其自变量的变化区间.并且,计算这些量的方法与步骤都相同,这些量最后都归结为具有相同结构的一种特定和的极限.例如

曲边梯形面积 $\quad A = \lim\limits_{\lambda \to 0} \sum\limits_{i=1}^{n} f(\xi_i) \Delta x_i,$

变速直线运动路程 $\quad S = \lim\limits_{\lambda \to 0} \sum\limits_{i=1}^{n} v(\xi_i) \Delta t_i.$

类似的实际问题还有很多,如变力做功问题、转动惯量问题、引力问题、旋转体的体积问题、曲线的弧长问题等.我们把处理这些问题的数学方法加以概括和抽象,便得到了定积分的定义.

定义 设函数$f(x)$定义在区间$[a,b]$上,在区间$[a,b]$内任意插入$n-1$个分点

$$a = x_0 < x_1 < x_2 < \cdots < x_{i-1} < x_i < \cdots < x_{n-1} < x_n = b,$$

把区间$[a,b]$分割成n个子区间

$$[x_0, x_1], [x_1, x_2], \cdots, [x_{i-1}, x_i], \cdots, [x_{n-1}, x_n],$$

各个小区间的长度依次为$\Delta x_i = x_i - x_{i-1}$ $(i=1,2,\cdots,n)$. 在每个小区间$[x_{i-1}, x_i]$上任取一点$\xi_i (x_{i-1} \leqslant \xi_i \leqslant x_i)$,作乘积$f(\xi_i)\Delta x_i$,并作和

$$S = \sum_{i=1}^{n} f(\xi_i) \Delta x_i. \tag{6.1.1}$$

记$\lambda = \max\limits_{1 \leqslant i \leqslant n}\{\Delta x_i\}$. 如果不论对区间$[a,b]$怎样分法,也不论在小区间$[x_{i-1}, x_i]$上点$\xi_i$怎样取法,只要当$\lambda \to 0$时,和$S$总趋于确定的常数$I$,那么称极限$I$为函数$f(x)$在区间$[a,b]$上的定积分(简称积分),记为$\int_a^b f(x) \mathrm{d}x$,即

$$\int_a^b f(x) \mathrm{d}x = I = \lim_{\lambda \to 0} \sum_{i=1}^{n} f(\xi_i) \Delta x_i, \tag{6.1.2}$$

其中,$f(x)$称为被积函数,$f(x)\mathrm{d}x$称为被积表达式,x称为积分变量,a和b分别称为积分下限与积分上限,$[a,b]$称为积分区间,而(6.1.1)式的S称为$f(x)$的一个积分和.

如果$f(x)$在$[a,b]$上的定积分存在,那么称$f(x)$在$[a,b]$上可积.

关于上述定积分的概念,我们要注意两点:

(1) 定义中涉及的过程$\lambda \to 0$,表示对区间$[a,b]$的划分越来越细的过程. 随$\lambda \to 0$,必有小区间的个数$n \to \infty$. 但反之$n \to \infty$并不能保证$\lambda \to 0$.

(2) 定积分I是积分和$\sum\limits_{i=1}^{n} f(\xi_i) \Delta x_i$的极限,$I$仅与被积函数$f(x)$及积分区间$[a,b]$有关,与所用积分变量的符号无关,即如果既不改变被积函数f,也不改变积分区间$[a,b]$,而只把积分变量x改写为其他字母,如t或u等,那么,定积分的值

6.1 定积分的概念

不变,即有
$$\int_a^b f(x)\mathrm{d}x = \int_a^b f(t)\mathrm{d}t = \int_a^b f(u)\mathrm{d}u.$$

上面定义的定积分是由黎曼[①]最先以一般形式陈述并研究了其应用范围,故也称为 $f(x)$ 的黎曼积分,S 称为 $f(x)$ 的黎曼(积分)和,$f(x)$ 在 $[a,b]$ 上可积也称为黎曼可积. 我们把区间 $[a,b]$ 上全体可积函数之集记为 $R[a,b]$,$f\in R[a,b]$ 即表示 $f(x)$ 在 $[a,b]$ 上可积.

定积分 $\int_a^b f(x)\mathrm{d}x$ 也可用"ε-δ"语言给出定义:

设 $f(x)$ 在 $[a,b]$ 上有定义,I 为常数. 任给 $\varepsilon>0$,若存在 $\delta>0$,使得对于 $[a,b]$ 的任意分法以及中间点 $\xi_i(x_{i-1}\leqslant\xi_i\leqslant x_i)$ 的任意取法,只要 $\lambda=\max\limits_{1\leqslant i\leqslant n}\{\Delta x_i\}<\delta$,就有

$$|S-I|=\left|\sum_{i=1}^n f(\xi_i)\Delta x_i - I\right|<\varepsilon,$$

则称 I 是 $f(x)$ 在 $[a,b]$ 上的定积分,记作

$$I=\lim_{\lambda\to 0}\sum_{i=1}^n f(\xi_i)\Delta x_i = \int_a^b f(x)\mathrm{d}x.$$

根据定积分的定义,例 1 中的曲边梯形的面积可表示为定积分

$$A=\int_a^b f(x)\mathrm{d}x,$$

例 2 中的变速直线运动的路程可表示为定积分

$$S=\int_a^b v(t)\mathrm{d}t.$$

最后,对定积分再作两点补充规定:

(1) 当积分上限 b 小于积分下限 a 时,规定

$$\int_a^b f(x)\mathrm{d}x = -\int_b^a f(x)\mathrm{d}x,$$

这就是说,互换定积分的上、下限,它的值要改变正负号;

(2) 当 $a=b$ 时,规定 $\int_a^b f(x)\mathrm{d}x = 0$.

这样,对定积分上、下限的大小就没有什么限制了.

定积分的几何意义:

由例 1 可知,如果在 $[a,b]$ 上 $f(x)\geqslant 0$ 时,定积分 $\int_a^b f(x)\mathrm{d}x$ 的值等于由曲线 $y=f(x)$ 与直线 $x=a$,$x=b$ 及 x 轴围成的曲边梯形的面积(图 6.2(a)),即

[①] 黎曼(德国数学家,G. F. B. Riemann,1826~1866). 黎曼积分的严格定义开始于柯西,它比较早地用函数值的和式的极限定义. 但是柯西对于积分的定义仅限于连续函数. 1854 年,黎曼指出了可积分的函数不一定是连续的和分段连续的函数,从而把柯西建立的积分进行了推广.

$$\int_a^b f(x)\mathrm{d}x = A.$$

如果在$[a,b]$上$f(x) \leqslant 0$，那么由曲线$y=f(x)$，直线$x=a, x=b$及x轴围成的曲边梯形位于x轴下方(图 6.2(b))．此时，积分

$$\int_a^b f(x)\mathrm{d}x = \lim_{\lambda \to 0} \sum_{i=1}^n f(\xi_i) \Delta x_i$$

中的每一项$f(\xi_i)\Delta x_i$的值为负，并且它的绝对值表示一个小曲边梯形面积的近似值．由于曲边梯形的面积总是正的，所以

$$\int_a^b f(x)\mathrm{d}x = -A.$$

当$f(x)$在区间$[a,b]$上变号时，以图 6.2(c)为例，不难看出，定积分$\int_a^b f(x)\mathrm{d}x$的值等于三个曲边梯形面积的代数和，即

$$\int_a^b f(x)\mathrm{d}x = A_1 - A_2 + A_3.$$

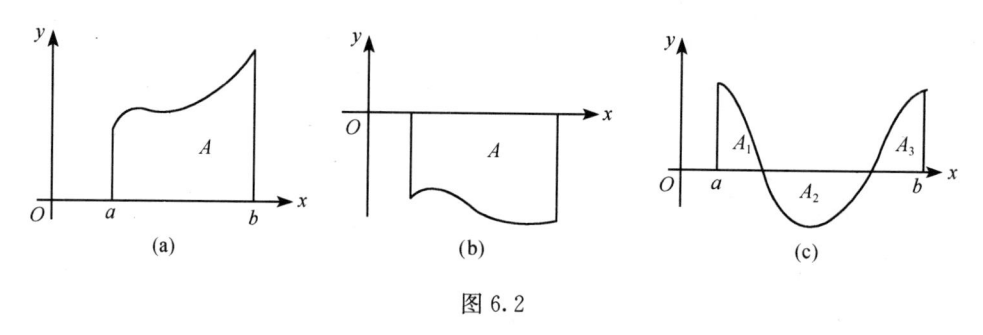

图 6.2

6.1.3 定积分的存在条件

我们自然要问，定义在区间$[a,b]$上的函数满足什么条件才一定可积呢？首先给出函数可积的必要条件．

定理 函数$f(x)$在区间$[a,b]$上可积的必要条件是$f(x)$在$[a,b]$上有界．

证明 用反证法．若$f(x)$在$[a,b]$上无界，对任何分割$[a,b]$，则必存在一个子区间$[x_{i-1}, x_i]$，使$f(x)$在该子区间上无界，因此，对无论怎样大的$M(M>0)$，总能找到$\xi_i \in [x_{i-1}, x_i]$，使

$$|f(\xi_i)\Delta x_i| > M,$$

从而可使$\left|\sum_{i=1}^n f(\xi_i)\Delta x_i\right|$任意大．故和式极限$\lim_{\lambda \to 0}\sum_{i=1}^n f(\xi_i)\Delta x_i$不存在，即$f(x)$在$[a,b]$上不可积．

有界是函数可积的必要条件，但不是充分条件，也就是说有界函数不一定都是

可积的.

例1 证明狄利克雷函数
$$D(x) = \begin{cases} 1, & x \text{ 为有理数} \\ 0, & x \text{ 为无理数} \end{cases}$$
在任意区间 $[a,b]$ 上不可积.

证明 将区间 $[a,b]$ 任意分割为 n 个子区间. 若取 ξ_i 为子区间 $[x_{i-1},x_i]$ 中的有理数,则 $D(\xi_i)=1$,从而有
$$\lim_{\lambda \to 0} \sum_{i=1}^{n} D(\xi_i) \Delta x_i = \lim_{\lambda \to 0} \sum_{i=1}^{n} \Delta x_i = b-a.$$
若取 ξ_i 为子区间 $[x_{i-1},x_i]$ 中的无理数,则 $D(\xi_i)=0$,从而有
$$\lim_{\lambda \to 0} \sum_{i=1}^{n} D(\xi_i) \Delta x_i = 0.$$
因此,$D(x)$ 在 $[a,b]$ 上不可积.

定理 若 $f(x)$ 在 $[a,b]$ 上连续,则 $f(x)$ 在 $[a,b]$ 上可积.

定理 若 $f(x)$ 在 $[a,b]$ 上只有有限个第一类间断点,则 $f(x)$ 在 $[a,b]$ 上可积. 这两个定理的证明从略.

例2 利用定积分定义计算 $\int_0^1 x^2 \mathrm{d}x$.

解 因为被积函数 $f(x)=x^2$ 在 $[0,1]$ 上连续,故 $f(x)=x^2$ 在 $[0,1]$ 上可积,所以积分与区间 $[0,1]$ 的分法及点 ξ_i 的取法无关. 于是,为了便于计算,就把区间 $[0,1]$ 分成 n 等分,分点为 $x_i = \dfrac{i}{n}(i=1,2,\cdots,n-1)$,这样每个小区间 $[x_{i-1},x_i]$ 的长度 $\Delta x_i = \dfrac{1}{n}(i=1,2,\cdots,n)$,取 $\xi_i = x_i(i=1,2,\cdots,n)$. 由此得到积分和式

$$\begin{aligned}
\sum_{i=1}^{n} f(\xi_i) \Delta x_i &= \sum_{i=1}^{n} \xi_i^2 \Delta x_i = \sum_{i=1}^{n} x_i^2 \Delta x_i \\
&= \sum_{i=1}^{n} \left(\frac{i}{n}\right)^2 \cdot \frac{1}{n} = \frac{1}{n^3} \sum_{i=1}^{n} i^2 \\
&= \frac{1}{n^3} \cdot \frac{1}{6} n(n+1)(2n+1) \\
&= \frac{1}{6}\left(1+\frac{1}{n}\right)\left(2+\frac{1}{n}\right).
\end{aligned}$$

当 $\lambda \to 0$,即 $n \to \infty$ 时(现在 $\lambda = \dfrac{1}{n}$),上式两端取极限即得
$$\int_0^1 x^2 \mathrm{d}x = \lim_{\lambda \to 0} \sum_{i=1}^{n} \xi_i^2 \Delta x_i = \lim_{n \to \infty} \frac{1}{6}\left(1+\frac{1}{n}\right)\left(2+\frac{1}{n}\right) = \frac{1}{3}.$$

6.1.4 定积分的性质

下面我们讨论定积分的性质,下列各性质中积分上下限的大小关系如不特别说明,均不加限制,并假定各性质中所列出的定积分均存在.

性质 1(线性性)
$$\int_a^b [\alpha f(x) + \beta g(x)]\mathrm{d}x = \alpha \int_a^b f(x)\mathrm{d}x + \beta \int_a^b g(x)\mathrm{d}x \tag{6.1.3}$$

(其中,α,β 为常数).

证明 函数 $\alpha f(x) + \beta g(x)$ 在 $[a,b]$ 上的积分和为

$$\sum_{i=1}^n [\alpha f(\xi_i) + \beta g(\xi_i)]\Delta x_i = \alpha \sum_{i=1}^n f(\xi_i)\Delta x_i + \beta \sum_{i=1}^n g(\xi_i)\Delta x_i,$$

根据极限运算的性质,有

$$\lim_{\lambda \to 0}\sum_{i=1}^n [\alpha f(\xi_i) + \beta g(\xi_i)]\Delta x_i = \alpha \lim_{\lambda \to 0}\sum_{i=1}^n f(\xi_i)\Delta x_i + \beta \lim_{\lambda \to 0}\sum_{i=1}^n g(\xi_i)\Delta x_i,$$

即

$$\int_a^b [\alpha f(x) + \beta g(x)]\mathrm{d}x = \alpha \int_a^b f(x)\mathrm{d}x + \beta \int_a^b g(x)\mathrm{d}x.$$

这一性质称为定积分的线性性质.

性质 2(可加性) $\quad \int_a^b f(x)\mathrm{d}x = \int_a^c f(x)\mathrm{d}x + \int_c^b f(x)\mathrm{d}x. \tag{6.1.4}$

证明 (1) $a<c<b$ 的情形. 因为 $f(x)$ 在 $[a,b]$ 上可积,故积分和的极限与区间的分法无关,因此在划分区间时,可令 c 永远是一个分点 x_{n_1},于是,$f(x)$ 在 $[a,b]$ 上的积分和等于 $f(x)$ 在 $[a,c]$ 与 $[c,b]$ 这两个区间上的积分和相加,记为

$$\sum_{[a,b]} f(\xi_i)\Delta x_i = \sum_{[a,c]} f(\xi_i)\Delta x_i + \sum_{[c,b]} f(\xi_i)\Delta x_i,$$

令 $\lambda \to 0$,上式两端同时取极限就得到

$$\int_a^b f(x)\mathrm{d}x = \int_a^c f(x)\mathrm{d}x + \int_c^b f(x)\mathrm{d}x.$$

(2) a,b,c 的大小关系为其他情形. 根据定积分的补充规定以及(1)的结论,仍然有

$$\int_a^b f(x)\mathrm{d}x = \int_a^c f(x)\mathrm{d}x + \int_c^b f(x)\mathrm{d}x$$

成立. 例如,当 $a<b<c$ 时,由(1)应有

$$\int_a^c f(x)\mathrm{d}x = \int_a^b f(x)\mathrm{d}x + \int_b^c f(x)\mathrm{d}x.$$

由补充规定

$$\int_b^c f(x)\mathrm{d}x = -\int_c^b f(x)\mathrm{d}x,$$

6.1 定积分的概念

故由上式得
$$\int_a^b f(x)\mathrm{d}x = \int_a^c f(x)\mathrm{d}x - \int_b^c f(x)\mathrm{d}x = \int_a^c f(x)\mathrm{d}x + \int_c^b f(x)\mathrm{d}x.$$

一般称这一性质为定积分的区间可加性质.

性质 3(单调性) 若 $f(x) \geqslant 0, x \in [a,b]$, 则
$$\int_a^b f(x)\mathrm{d}x \geqslant 0 \quad (a < b). \tag{6.1.5}$$

证明 设 $\sum_{i=1}^n f(\xi_i)\Delta x_i$ 是 $f(x)$ 在 $[a,b]$ 上的任一积分和, 因为 $f(x) \geqslant 0, x \in [a,b]$, 故 $f(\xi_i) \geqslant 0 (i=1,2,\cdots,n)$, 又由于 $\Delta x_i > 0 (i=1,2,\cdots,n)$, 所以
$$\sum_{i=1}^n f(\xi_i)\Delta x_i \geqslant 0.$$

令 $\lambda \to 0$, 取极限就得到
$$\int_a^b f(x)\mathrm{d}x \geqslant 0.$$

性质 3 有以下重要推论.

推论 1 若 $f(x) \leqslant g(x), x \in [a,b]$, 则
$$\int_a^b f(x)\mathrm{d}x \leqslant \int_a^b g(x)\mathrm{d}x \quad (a < b). \tag{6.1.6}$$

证明 令 $F(x) = g(x) - f(x)$, 则 $F(x) \geqslant 0, x \in [a,b]$. 由性质 3 与性质 1, 立刻推得结论.

推论 2 $\left|\int_a^b f(x)\mathrm{d}x\right| \leqslant \int_a^b |f(x)|\mathrm{d}x \quad (a < b). \tag{6.1.7}$

证明 在区间 $[a,b]$ 上总有
$$-|f(x)| \leqslant f(x) \leqslant |f(x)|,$$

于是由推论 1 及性质 1, 得到
$$-\int_a^b |f(x)|\mathrm{d}x \leqslant \int_a^b f(x)\mathrm{d}x \leqslant \int_a^b |f(x)|\mathrm{d}x,$$

即
$$\left|\int_a^b f(x)\mathrm{d}x\right| \leqslant \int_a^b |f(x)|\mathrm{d}x.$$

推论 3 若 $m \leqslant f(x) \leqslant M, x \in [a,b]$, 则
$$m(b-a) \leqslant \int_a^b f(x)\mathrm{d}x \leqslant M(b-a) \quad (a < b). \tag{6.1.8}$$

证明 由假设条件与性质 3 及性质 1, 有
$$m\int_a^b \mathrm{d}x \leqslant \int_a^b f(x)\mathrm{d}x \leqslant M\int_a^b \mathrm{d}x,$$

注意 $\int_a^b \mathrm{d}x$ 表示 $\int_a^b 1 \mathrm{d}x$, 并且易知 $\int_a^b \mathrm{d}x = b - a$, 代入上式就得到结论.

性质 3 及其推论,称为定积分的单调性质.

性质 4(积分第一中值定理) 若 $f(x)$ 在区间 $[a,b]$ 上连续,$g(x)$ 在 $[a,b]$ 上可积,并且不变号,则在 $[a,b]$ 内至少存在一点 ξ,使得下式成立

$$\int_a^b f(x) \cdot g(x)\mathrm{d}x = f(\xi)\int_a^b g(x)\mathrm{d}x \quad (a \leqslant \xi \leqslant b). \tag{6.1.9}$$

证明 不妨设 $g(x) \geqslant 0$,$M = \max\limits_{x\in[a,b]}\{f(x)\}$,$m = \min\limits_{x\in[a,b]}\{f(x)\}$,则 $m \leqslant f(x) \leqslant M$,$\forall x \in [a,b]$,从而

$$mg(x) \leqslant f(x)g(x) \leqslant Mg(x), \quad \forall x \in [a,b],$$

故有

$$m\int_a^b g(x)\mathrm{d}x \leqslant \int_a^b f(x)g(x)\mathrm{d}x \leqslant M\int_a^b g(x)\mathrm{d}x. \tag{6.1.10}$$

若 $\int_a^b g(x)\mathrm{d}x > 0$,上式两边除以 $\int_a^b g(x)\mathrm{d}x$,得

$$m \leqslant \frac{\int_a^b f(x)g(x)\mathrm{d}x}{\int_a^b g(x)\mathrm{d}x} \leqslant M.$$

由连续函数介值定理的推论知,至少存在一点 $\xi \in [a,b]$,使

$$f(\xi) = \frac{\int_a^b f(x)g(x)\mathrm{d}x}{\int_a^b g(x)\mathrm{d}x},$$

即

$$\int_a^b f(x)g(x)\mathrm{d}x = f(\xi)\int_a^b g(x)\mathrm{d}x.$$

若 $\int_a^b g(x)\mathrm{d}x = 0$,则由 (6.1.10) 式,$\int_a^b f(x)g(x)\mathrm{d}x = 0$. 因此,对于任何 $\xi \in [a,b]$,等式 (6.1.9) 都成立.

在性质 4 中取 $g(x) = 1$ 即得下面结论.

推论 4(积分中值定理) 设 $f(x)$ 在区间 $[a,b]$ 上连续,则至少存在一点 $\xi \in [a,b]$,使

$$\int_a^b f(x)\mathrm{d}x = f(\xi)(b-a). \tag{6.1.11}$$

当 $f(x) \geqslant 0$ 时,推论 4 有着简单的几何意义(图 6.3). 它表明,若 $f(x)$ 在 $[a,b]$ 上连续,则在区间 $[a,b]$ 中至少能找到一点 ξ,使得高为 $f(\xi)$ 底边长为 $b-a$ 的矩形面积恰好等于以 $y = f(x)$ 为曲边的曲边梯形的

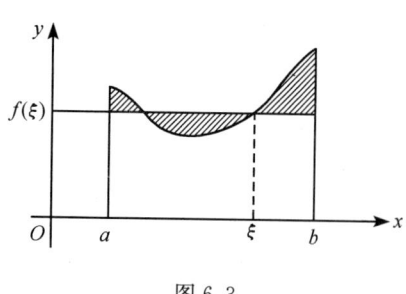

图 6.3

面积.

通常称
$$\frac{1}{b-a}\int_a^b f(x)\,\mathrm{d}x$$
为函数 $f(x)$ 在区间 $[a,b]$ 上的积分中值.

积分中值也叫积分均值，它是有限个数的算术平均值概念对连续函数的推广. 大家知道，n 个数 $y_1,y_2,\cdots,y_n$ 的算术平均值为
$$\bar{y}=\frac{y_1+y_2+\cdots+y_n}{n}=\frac{1}{n}\sum_{k=1}^n y_k.$$

但是，在很多实际问题中，仅仅会求 n 个数的平均值是不够的，还需要求出某个函数 $y=f(x)$ 在某一区间 $[a,b]$ 上的平均值. 例如，求一周内的平均气温，一段时间内气体的平均压强、交流电的平均电流等. 如何定义并求出连续函数 $y=f(x)$ 在区间 $[a,b]$ 上的平均值呢？

设 $f(x)$ 在 $[a,b]$ 上连续，则 $f(x)$ 在 $[a,b]$ 上可积，将 $[a,b]$ 分割为 n 个等长的子区间
$$a=x_0<x_1<x_2<\cdots<x_n=b,$$
每个子区间的长度 $\Delta x_i=\dfrac{b-a}{n}$，取 ξ_i 为各子区间的右端点 $x_i\,(i=1,2,\cdots,n)$，则对应的 n 个函数值 $y_i=f(x_i)$ 的算术平均值为
$$\overline{y_n}=\frac{1}{n}\sum_{i=1}^n y_i=\frac{1}{n}\sum_{i=1}^n f(x_i)=\frac{1}{b-a}\sum_{i=1}^n f(x_i)\frac{b-a}{n}$$
$$=\frac{1}{b-a}\sum_{i=1}^n f(x_i)\Delta x_i.$$

显然，n 增大，$\overline{y_n}$ 就表示函数 $f(x)$ 在 $[a,b]$ 上更多个点处函数值的平均值. 令 $n\to\infty$，$\overline{y_n}$ 的极限自然就定义为 $f(x)$ 在 $[a,b]$ 上的平均值 $\bar{y}$，即
$$\bar{y}=\lim_{n\to\infty}\overline{y_n}=\frac{1}{b-a}\lim_{n\to\infty}\sum_{i=1}^n f(\xi_i)\Delta x_i=\frac{1}{b-a}\int_a^b f(x)\,\mathrm{d}x. \qquad (6.1.12)$$

因此，连续函数 $y=f(x)$ 在区间 $[a,b]$ 上的平均值就等于该函数在 $[a,b]$ 上的积分中值.

习　题　6.1

1. 利用定积分的定义计算：

(1) $\int_0^1 x^3\,\mathrm{d}x$；　　　　　　　　(2) $\int_a^b (x^2+1)\,\mathrm{d}x$.

2. 利用定积分的几何意义求下列积分：

(1) $\int_0^1 (x+1)\mathrm{d}x$；

(2) $\int_{-1}^2 |x|\,\mathrm{d}x$；

(3) $\int_a^b \left|x-\dfrac{a+b}{2}\right|\mathrm{d}x\ (0\leqslant a<b)$；

(4) $\int_0^a \sqrt{a^2-x^2}\,\mathrm{d}x$.

3. 已知 $y=f(x)$ 是 $[0,+\infty)$ 上单调增加的连续函数，$f(0)=0$，$\lim\limits_{x\to+\infty} f(x)=+\infty$，又 $x=g(y)$ 是它的反函数，试用定积分的几何意义说明：对任意的 $a\geqslant 0, b\geqslant 0$，总有

$$\int_0^a f(x)\mathrm{d}x + \int_0^b g(x)\mathrm{d}x \geqslant ab,$$

并进一步指出等号成立的条件.

4. 设 $f,g\in C[a,b]$，证明：

(1) 若 $f(x)\geqslant 0, x\in[a,b]$，且 $\int_a^b f(x)\mathrm{d}x=0$，则 $f(x)\equiv 0, x\in[a,b]$；

(2) 若 $f(x)\geqslant 0, x\in[a,b]$，且 $f(x)\not\equiv 0, x\in[a,b]$，则 $\int_a^b f(x)\mathrm{d}x>0$；

(3) 若 $f(x)\leqslant g(x), x\in[a,b]$，且 $f(x)\not\equiv g(x), x\in[a,b]$，则

$$\int_a^b f(x)\mathrm{d}x < \int_a^b g(x)\mathrm{d}x.$$

5. 由定积分的性质，比较下列各组中积分的大小：

(1) $\int_0^1 \mathrm{e}^x \mathrm{d}x$ 与 $\int_0^1 \mathrm{e}^{x^2}\mathrm{d}x$；

(2) $\int_1^\mathrm{e} \ln x \mathrm{d}x$ 与 $\int_1^\mathrm{e} (\ln x)^2 \mathrm{d}x$；

(3) $\int_0^1 x\mathrm{d}x$ 与 $\int_0^1 \ln(1+x)\mathrm{d}x$；

(4) $\int_{-2}^{-1}\left(\dfrac{1}{3}\right)^x \mathrm{d}x$ 与 $\int_{-2}^{-1} 3^x \mathrm{d}x$.

6. 估计下列各积分的值：

(1) $\int_{\pi/4}^{\pi/2} \dfrac{\sin x}{x}\mathrm{d}x$；

(2) $\int_1^2 \dfrac{x}{x^2+1}\mathrm{d}x$.

7. 证明 $\ln n! > \int_1^n \ln x\,\mathrm{d}x\ (n\geqslant 2)$.

6.2 微积分基本公式与基本定理

在 6.1 节中，我们举过应用定积分的定义计算积分的例子，由此我们可以看到，直接用定义计算定积分是一件不太容易的事. 本节将在讲解微积分基本公式与微积分基本定理的基础上，阐述微分与积分的关系，将定积分的计算问题转化为求被积函数的原函数或不定积分的问题，并说明求积分是求微分的逆运算.

6.2.1 微积分基本公式

定理（微积分基本公式） 设函数 $f(x)$ 在 $[a,b]$ 上可积，又函数 $F(x)$ 在 $[a,b]$ 上连续，在 (a,b) 内可微，且满足 $F'(x)=f(x)\ (a<x<b)$，则有微积分基本公式

$$\int_a^b f(x)\mathrm{d}x = F(b)-F(a) = F(x)\Big|_a^b. \qquad (6.2.1)$$

6.2 微积分基本公式与基本定理

公式(6.2.1)通常称为牛顿-莱布尼茨公式[①]。

证明 在区间 $[a,b]$ 内任意插入 $n-1$ 个分点

$$a = x_0 < x_1 < x_2 < \cdots < x_n = b,$$

那么 $[a,b]$ 被分割为 n 个子区间 $[x_{k-1}, x_k]$ $(k=1,2,\cdots,n)$. 设 $\Delta x_k = x_k - x_{k-1}$，根据拉格朗日中值定理，必存在 $\xi_k \in (x_{k-1}, x_k)$，使

$$F(x_k) - F(x_{k-1}) = F'(\xi_k)\Delta x_k,$$

所以

$$F(b) - F(a) = \sum_{k=1}^{n}[F(x_k) - F(x_{k-1})] = \sum_{k=1}^{n} F'(\xi_k)\Delta x_k$$

$$= \sum_{k=1}^{n} f(\xi_k)\Delta x_k,$$

由于 $f(x)$ 在 $[a,b]$ 上可积，在上式中令 $\lambda = \max\limits_{1 \leqslant k \leqslant n}\{\Delta x_k\} \to 0$，即得

$$F(b) - F(a) = \int_a^b f(x)\mathrm{d}x.$$

例1 计算 $\int_0^3 x^2 \mathrm{d}x$.

解 由于 $\left(\dfrac{1}{3}x^3\right)' = x^2$，因此 $\int_0^3 x^2 \mathrm{d}x = \dfrac{1}{3}x^3 \Big|_0^3 = \dfrac{1}{3}(27 - 0) = 9.$

例2 计算 $\int_0^1 \dfrac{1}{1+x^2}\mathrm{d}x$.

解 由于 $[\arctan x]' = \dfrac{1}{1+x^2}$，因此

$$\int_0^1 \frac{1}{1+x^2}\mathrm{d}x = \arctan x \Big|_0^1 = \arctan 1 - \arctan 0 = \frac{\pi}{4}.$$

例3 计算 $\int_0^2 |1-x|\mathrm{d}x$.

解 $\int_0^2 |1-x|\mathrm{d}x = \int_0^1 (1-x)\mathrm{d}x + \int_1^2 (x-1)\mathrm{d}x$

$$= \left(x - \frac{x^2}{2}\right)\Big|_0^1 + \left(\frac{x^2}{2} - x\right)\Big|_1^2 = \frac{1}{2} + \frac{1}{2} = 1.$$

例4 利用定积分求极限

$$\lim_{n\to\infty}\left(\frac{1}{n+1} + \frac{1}{n+2} + \cdots + \frac{1}{n+n}\right).$$

解 我们设法将这个极限化成某个函数的定积分. 为此，可把 $\Big(\dfrac{1}{n+1} +$

[①] 牛顿在 1666 年，莱布尼茨在 1693 年各自独立地给出了这个公式并证明之，因而被称为牛顿-莱布尼茨公式.

$\frac{1}{n+2} + \cdots + \frac{1}{n+n}$) 看作是某个函数的积分和

$$\frac{1}{n+1} + \frac{1}{n+2} + \cdots + \frac{1}{n+n} = \frac{1}{\left(1+\frac{1}{n}\right)n} + \frac{1}{\left(1+\frac{2}{n}\right)n} + \cdots + \frac{1}{\left(1+\frac{n}{n}\right)n}$$

$$= \left(\frac{1}{1+\frac{1}{n}} + \frac{1}{1+\frac{2}{n}} + \cdots + \frac{1}{1+\frac{n}{n}}\right) \cdot \frac{1}{n}$$

$$= \sum_{i=1}^{n} \frac{1}{1+\frac{i}{n}} \cdot \frac{1}{n}.$$

考虑函数 $f(x) = \frac{1}{1+x}$，它在区间 $[0,1]$ 上连续，因而可积. 于是对于任意分割以及中间点的任意取法，所得积分和的极限都是定积分 $\int_0^1 \frac{1}{1+x} dx$. 现在，我们把区间 $[0,1]$ n 等分，分点为

$$0 = \frac{0}{n} < \frac{1}{n} < \frac{2}{n} < \cdots < \frac{n-1}{n} < \frac{n}{n} = 1,$$

每个小区间的长度都相等

$$\Delta x_i = \frac{i}{n} - \frac{i-1}{n} = \frac{1}{n} \quad (i=1,2,\cdots,n).$$

另外，我们取中间点 ξ_i 为小区间的右端点，即 $\xi_i = \frac{i}{n} (i=1,2,\cdots,n)$. 这样，积分和为

$$\sum_{i=1}^{n} f(\xi_i) \Delta x_i = \sum_{i=1}^{n} \frac{1}{1+\xi_i} \cdot \frac{1}{n} = \sum_{i=1}^{n} \frac{1}{1+\frac{i}{n}} \cdot \frac{1}{n}$$

$$= \frac{1}{n+1} + \frac{1}{n+2} + \cdots + \frac{1}{n+n}.$$

令 $\lambda = \frac{1}{n} \to 0$，即 $n \to \infty$，便得到

$$\lim_{n \to \infty} \left(\frac{1}{n+1} + \frac{1}{n+2} + \cdots + \frac{1}{n+n}\right) = \lim_{n \to \infty} \sum_{i=1}^{n} \frac{1}{1+\frac{i}{n}} \cdot \frac{1}{n}$$

$$= \int_0^1 \frac{1}{1+x} dx = \ln 2.$$

6.2.2 微积分基本定理

设函数 $f(x)$ 在 $[a,b]$ 上可积，则对任意的 $x \in [a,b]$，$f(x)$ 在 $[a,x]$ 上也可积.

6.2 微积分基本公式与基本定理

当 x 在 $[a,b]$ 上任取一值时,定积分 $\int_a^x f(x)\mathrm{d}x$ 就有唯一确定的值与它相对应,该积分在区间 $[a,b]$ 上确定了一个函数 $\Phi(x)$,即

$$\Phi(x) = \int_a^x f(x)\mathrm{d}x.$$

注意,这个积分中的积分上限 x 与积分变量 x 的涵义不同,积分上限 x 表示积分区间 $[a,x]$ 的右端点,而积分变量 x 则是区间 $[a,x]$ 中的变量. 为避免混淆起见,常把积分变量改用其他字母表示. 如换成 t,则上式变为

$$\Phi(x) = \int_a^x f(t)\mathrm{d}t, \quad x \in [a,b]. \tag{6.2.2}$$

通常称这个积分为变上限的定积分.

定理(微积分基本定理) 设 $f(x)$ 在 $[a,b]$ 上连续,则变上限定积分函数 $\Phi(x) = \int_a^x f(t)\mathrm{d}t (a \leqslant x \leqslant b)$ 在 $[a,b]$ 上可导,并且

$$\Phi'(x) = \frac{\mathrm{d}}{\mathrm{d}x}\int_a^x f(t)\mathrm{d}t = f(x) \quad (a \leqslant x \leqslant b). \tag{6.2.3}$$

证明 若 $x \in (a,b)$,当上限 x 获得增量 $\Delta x (x+\Delta x \in [a,b])$ 时,则 $\Phi(x)$ 在 $x+\Delta x$ 处的函数值为

$$\Phi(x+\Delta x) = \int_a^{x+\Delta x} f(t)\mathrm{d}t.$$

由此得到函数的增量

$$\begin{aligned}\Delta\Phi &= \Phi(x+\Delta x) - \Phi(x) = \int_a^{x+\Delta x} f(t)\mathrm{d}t - \int_a^x f(t)\mathrm{d}t \\ &= \int_a^{x+\Delta x} f(t)\mathrm{d}t + \int_x^a f(t)\mathrm{d}t = \int_x^{x+\Delta x} f(t)\mathrm{d}t.\end{aligned}$$

根据积分中值定理,在 x 与 $x+\Delta x$ 之间至少存在一个 ξ,使得

$$\Delta\Phi = f(\xi)\Delta x,$$

已知 $f(x)$ 是 $[a,b]$ 上的连续函数,所以

$$\Phi'(x) = \lim_{\Delta x \to 0}\frac{\Delta\Phi}{\Delta x} = \lim_{\Delta x \to 0}f(\xi) = f(x).$$

若 x 取 a 或 b,则以上 $\Delta x \to 0$ 分别改为 $\Delta x \to 0^+$ 与 $\Delta x \to 0^-$,就得 $\Phi'_+(a) = f(a), \Phi'_-(b) = f(b)$.

这个定理称为微积分基本定理.

上述定理的重要意义在于它揭示了微分与积分之间的联系. 它表明,变上限定积分是上限的一个函数,该积分对上限的导数等于被积函数在上限处的值. 由此我们得到以下定理.

定理(原函数存在定理) 设 $f(x)$ 在 $[a,b]$ 上连续,则 $f(x)$ 在区间 $[a,b]$ 上必

有原函数,且 $\Phi(x) = \int_a^x f(t)dt$ 就是它的一个原函数.

由此可见,在区间上连续的函数,其原函数是一定存在的. 例如,不定积分 $\int e^{-x^2}dx, \int \frac{\sin x}{x}dx, \int \sin x^2 dx, \int \frac{1}{\ln x}dx, \cdots$ 的原函数是存在的,尽管它们不能用初等函数表示出来.

例1 求 $\dfrac{d}{dx}\left[\int_1^x e^t dt\right]$.

解 因为 e^x 是连续函数,所以
$$\frac{d}{dx}\left[\int_1^x e^t dt\right] = e^x.$$

例2 求 $\dfrac{d}{dx}\left[\int_1^{x^2} e^t dt\right]$.

解 因为上限 x^2 是 x 的函数,所以积分 $\int_1^{x^2} e^t dt$ 是 x 的复合函数. 令 $x^2 = u$,则
$$\int_1^{x^2} e^t dt = \int_1^u e^t dt.$$
记 $\Phi(u) = \int_1^u e^t dt$,所以
$$\Phi'(u) = \frac{d}{du}\left[\int_1^u e^t dt\right] = e^u,$$
从而由复合函数求导法则得到
$$\frac{d}{dx}\left[\int_1^{x^2} e^t dt\right] = \frac{d}{dx}[\Phi(u)] = \Phi'(u) \cdot \frac{du}{dx} = e^u \cdot 2x = 2xe^{x^2}.$$

例3 设函数 $f(t)$ 在某区间 I 上连续,又设函数 $\varphi(x)$ 及 $\psi(x)$ 是 $[a,b]$ 上的可导函数,且 $\varphi[a,b] \subset I, \psi[a,b] \subset I$,试证
$$\left[\int_{\psi(x)}^{\varphi(x)} f(t)dt\right]' = f[\varphi(x)]\varphi'(x) - f[\psi(x)]\psi'(x) \quad (x \in [a,b]).$$

证明 设 $F(t)$ 是 $f(t)$ 的一个原函数,则
$$\int_{\psi(x)}^{\varphi(x)} f(t)dt = F[\varphi(x)] - F[\psi(x)].$$
于是
$$\left[\int_{\psi(x)}^{\varphi(x)} f(t)dt\right]' = F'[\varphi(x)]\varphi'(x) - F'[\psi(x)]\psi'(x)$$
$$= f[\varphi(x)]\varphi'(x) - f[\psi(x)]\psi'(x).$$

定理 设函数 $f(x)$ 在 $[a,b]$ 上连续,$F(x)$ 是 $f(x)$ 在 $[a,b]$ 上的任何一个原函数,则
$$\int_a^b f(x)dx = F(b) - F(a).$$

6.2 微积分基本公式与基本定理

证明 由前面定理可知，$\Phi(x) = \int_a^x f(t)\mathrm{d}t$ 是 $f(x)$ 在 $[a,b]$ 上的一个原函数，由已知条件，$F(x)$ 也是 $f(x)$ 的一个原函数，因此
$$F(x) - \Phi(x) = C,$$
即 $F(x) = \Phi(x) + C$. 令 $x=a$，得 $F(a) = C$，故
$$F(x) = \int_a^x f(t)\mathrm{d}t + F(a).$$
令 $x=b$，得
$$\int_a^b f(x)\mathrm{d}x = F(b) - F(a) \quad (\text{牛顿-莱布尼茨公式}).$$

这是关于微积分基本公式的另一种叙述和证明，虽然结论相同，但条件是不一样的. 前述定理要求 $f(x)$ 在 $[a,b]$ 上可积，而这里要求 $f(x)$ 在 $[a,b]$ 上连续.

习 题 6.2

1. 计算下列函数 $y=y(x)$ 的导数 $\dfrac{\mathrm{d}y}{\mathrm{d}x}$：

(1) $y = \int_a^x \cos(t^2+1)\mathrm{d}t$；

(2) $y = \int_x^0 \sqrt{1+t^4}\,\mathrm{d}t$；

(3) $y = \int_a^{x^2} \ln(1+t)\mathrm{d}t$；

(4) $y = \int_{x^2}^{x^3} \dfrac{1}{\sqrt{1+t^2}}\mathrm{d}t$；

(5) $\int_0^y \mathrm{e}^t \mathrm{d}t + \int_0^{xy} \cos t\,\mathrm{d}t = 0$；

(6) $\begin{cases} x = \int_0^{t^2} \sin(u^2)\mathrm{d}u \\ y = \cos(t^4) \end{cases}$.

2. 计算下列各定积分：

(1) $\int_1^2 x^3 \mathrm{d}x$；

(2) $\int_0^1 \dfrac{\mathrm{d}x}{1+x^2}$；

(3) $\int_0^t x^4 \mathrm{d}x$；

(4) $\int_{-2}^{-1} \dfrac{\mathrm{d}x}{x}$；

(5) $\int_{-1}^{8} \sqrt[3]{t}\,\mathrm{d}t$；

(6) $\int_0^{\frac{a}{2}} \dfrac{\mathrm{d}x}{(x-a)(x-2a)}$；

(7) $\int_{-a}^{a} (a^2 - x^2)\mathrm{d}x$；

(8) $\int_0^{\frac{\pi}{2}} (a\sin x + b\cos x)\mathrm{d}x$；

(9) $\int_{\mathrm{sh}1}^{\mathrm{sh}2} \dfrac{\mathrm{d}x}{\sqrt{1+x^2}}$；

(10) $\int_{-\frac{1}{2}}^{\frac{1}{2}} \dfrac{\mathrm{d}x}{\sqrt{1-x^2}}$；

(11) $\int_0^{\pi} x^2 \sin x\,\mathrm{d}x$；

(12) $\int_{-1}^{1} \dfrac{x\mathrm{d}x}{\sqrt{5-4x}}$；

(13) $\int_0^1 \arccos x\,\mathrm{d}x$；

(14) $\int_x^{\ln 2} x\mathrm{e}^{-x}\mathrm{d}x$；

(15) $\int_3^1 \sqrt{1+x}\,\mathrm{d}x$；

(16) $\int_0^1 \dfrac{x\mathrm{d}x}{(x^2+1)^2}$；

(17) $\int_0^{\frac{\pi}{2}} \sin^4 x \, dx$;

(18) $\int_0^x e^{-x} \, dx$.

3. 求下列极限：

(1) $\lim\limits_{x \to 0} \dfrac{\int_0^{x^2} t^{\frac{3}{2}} \, dt}{\int_0^x t(t - \sin t) \, dt}$;

(2) $\lim\limits_{x \to 1} \dfrac{\int_1^x e^{t^2} \, dt}{\ln x}$.

4. 求下列函数：

(1) $f(x) = \int_0^x \operatorname{sgn} t \, dt$;

(2) $f(x) = \int_0^1 |x - t| \, dt$;

(3) $f(x) = \int_0^1 t|x - t| \, dt$;

(4) $f(x) = \int_0^x |t| \, dt$.

5. 用定积分求下列各和式的极限：

(1) $\lim\limits_{n \to \infty} \left(\dfrac{n}{n^2 + 1^2} + \dfrac{n}{n^2 + 2^2} + \cdots + \dfrac{n}{n^2 + n^2} \right)$;

(2) $\lim\limits_{n \to \infty} \dfrac{1}{n} \left(\sin \dfrac{\pi}{n} + \sin \dfrac{2\pi}{n} + \cdots + \sin \dfrac{n-1}{n} \pi \right)$;

(3) $\lim\limits_{n \to \infty} \left(\sqrt{\dfrac{n+1}{n^3}} + \sqrt{\dfrac{n+2}{n^3}} + \cdots + \sqrt{\dfrac{n+n}{n^3}} \right)$;

(4) $\lim\limits_{n \to \infty} \dfrac{\sqrt[n]{n!}}{n}$;

(5) $\lim\limits_{n \to \infty} \dfrac{1^p + 2^p + \cdots + n^p}{n^{p+1}} \, (p > 0)$.

6. 设 $f(x)$ 在 $[a, b]$ 上连续，且 $f'(x) \leqslant 0, x \in [a, b]$

$$F(x) = \frac{1}{x - a} \int_a^x f(t) \, dt,$$

证明 $F'(x) \leqslant 0, x \in [a, b]$.

7. 设 $f(x)$ 在 $[a, b]$ 上连续，且 $f(x) > 0, x \in [a, b]$

$$F(x) = \int_a^x f(t) \, dt + \int_b^x \frac{1}{f(t)} \, dt, \quad x \in [a, b].$$

证明 (1) $F'(x) \geqslant 2$;

(2) 方程 $F(x) = 0$ 在区间 (a, b) 内有且仅有一个根.

8. 设当 $x \geqslant 0$ 时，函数 f 连续且满足 $\int_0^{x^2} f(t) \, dt = x^2(1 + x)$，求 $f(2)$.

9. 设 $f \in c(-\infty, +\infty)$，且

$$F(x) = \int_0^x (2t - x) f(t) \, dt.$$

证明 (1) 若 $f(x)$ 是偶函数，则 $F(x)$ 也是偶函数；

(2) 若 $f(x)$ 单调递减，则 $F(x)$ 也单调递减.

10. 设 $f(x)$ 在 $(0, +\infty)$ 上连续，且对任意的 a, b，积分 $\int_a^{a+b} f(x) \, dx$ 与 a 无关，求证 $f(x) \equiv$ 常数.

11. 设函数 $f(x), g(x)$ 在 $[a, b]$ 上连续，证明

$$\left|\int_a^b f\cdot g\,\mathrm{d}x\right|\leqslant\sqrt{\int_a^b f^2\,\mathrm{d}x}\cdot\sqrt{\int_a^b g^2\,\mathrm{d}x}.$$

(提示:考察 λ 的二次三项式 $\int_a^b(f+\lambda g)^2\,\mathrm{d}x$)

12. 设 $f(x),g(x)$ 在 $[a,b]$ 上连续,证明

$$\sqrt{\int_a^b(f+g)^2\,\mathrm{d}x}\leqslant\sqrt{\int_a^b f^2\,\mathrm{d}x}+\sqrt{\int_a^b g^2\,\mathrm{d}x}.$$

6.3 定积分的换元法与分部积分法

牛顿-莱布尼茨公式告诉我们,计算定积分时,总是把问题转化为求被积函数的一个原函数. 但是,在很多情况下,这样做有一定的困难. 为此,我们介绍定积分的换元积分法和分部积分法.

6.3.1 定积分的换元法

定理 设函数 $f(x)$ 在 $[a,b]$ 上连续,如果 $x=\varphi(t)$ 满足下列条件:

(1) $\varphi(\alpha)=a,\varphi(\beta)=b$,且当 t 从 α 变到 β 时,对应的 x 从 a 严格单调增加地变到 b;

(2) $\varphi'(t)$ 在 $[\alpha,\beta]$(或 $[\beta,\alpha]$)上连续,那么

$$\int_a^b f(x)\,\mathrm{d}x=\int_\alpha^\beta f[\varphi(t)]\varphi'(t)\,\mathrm{d}t. \tag{6.3.1}$$

公式(6.3.1)称为定积分的换元公式.

证明 由定理的条件可知,(6.3.1)式的两端的被积函数分别是 $[a,b]$ 和 $[\alpha,\beta]$ 上的连续函数,故(6.3.1)式两端的定积分都存在,并且两端被积函数的原函数也存在,所以(6.3.1)式两端的定积分都可由牛顿-莱布尼茨公式来计算. 设 $F(x)$ 是 $f(x)$ 的一个原函数,则

$$\int_a^b f(x)\,\mathrm{d}x=F(b)-F(a).$$

另一方面,对 $F(x)$ 与 $x=\varphi(t)$ 的复合函数 $F[\varphi(t)]$,由复合函数求导法则,有

$$\frac{\mathrm{d}F[\varphi(t)]}{\mathrm{d}t}=\frac{\mathrm{d}F}{\mathrm{d}x}\cdot\frac{\mathrm{d}x}{\mathrm{d}t}=f(x)\cdot\varphi'(t)=f[\varphi(t)]\varphi'(t),$$

即 $F[\varphi(t)]$ 是 $f[\varphi(t)]\varphi'(t)$ 的一个原函数. 因此有

$$\int_\alpha^\beta f[\varphi(t)]\varphi'(t)\,\mathrm{d}t=F[\varphi(\beta)]-F[\varphi(\alpha)]=F(b)-F(a).$$

所以(6.3.1)式成立.

显然,当 $a>b$ 时,公式仍成立.

应用换元法时要注意:用 $x=\varphi(t)$ 把原来变量 x 换为新变量 t 时,积分限也要

换为相应于新变量 t 的积分限.

例 1 求 $\int_0^a \sqrt{a^2-x^2}\,dx\ (a>0)$.

解 令 $x=a\sin t\left(t\in\left[0,\dfrac{\pi}{2}\right]\right)$,则当 $x=0$ 时,$t=0$;当 $x=a$ 时,$t=\dfrac{\pi}{2}$. 又 $\sqrt{a^2-x^2}=a\cos t$,$dx=a\cos t\,dt$,于是由换元公式得到

$$\int_0^a \sqrt{a^2-x^2}\,dx = \int_0^{\frac{\pi}{2}} a^2\cos^2 t\,dt = \dfrac{a^2}{2}\int_0^{\frac{\pi}{2}}(1+\cos 2t)\,dt$$

$$= \dfrac{a^2}{2}\left(t+\dfrac{\sin 2t}{2}\right)\bigg|_0^{\frac{\pi}{2}} = \dfrac{\pi}{4}a^2.$$

例 2 计算 $\int_{-2}^{-\sqrt{2}} \dfrac{dx}{\sqrt{x^2-1}}$.

解 令 $x=\sec t\left(\dfrac{\pi}{2}<t<\pi\right)$,则 $dx=\sec t\tan t\,dt$;且当 $x=-2$ 时,$t=\dfrac{2}{3}\pi$;当 $x=-\sqrt{2}$ 时,$t=\dfrac{3}{4}\pi$. 于是

$$\int_{-2}^{-\sqrt{2}} \dfrac{dx}{\sqrt{x^2-1}} = \int_{\frac{2}{3}\pi}^{\frac{3}{4}\pi} \dfrac{\sec t\tan t}{\sqrt{\sec^2 t-1}}\,dt = \int_{\frac{2}{3}\pi}^{\frac{3}{4}\pi} \dfrac{\sec t\tan t}{|\tan t|}\,dt$$

$$= -\int_{\frac{2}{3}\pi}^{\frac{3}{4}\pi} \sec t\,dt = -[\ln|\sec t+\tan t|]\bigg|_{\frac{2}{3}\pi}^{\frac{3}{4}\pi}$$

$$= \ln\dfrac{2+\sqrt{3}}{1+\sqrt{2}}.$$

计算本例中的定积分时,必须注意:因为关于积分变量 x 的积分区间为 $[-2,-\sqrt{2}]$,从而做换元 $x=\sec t$ 时,应取函数的单调区间 $\dfrac{\pi}{2}<t<\pi$,以及 $\sqrt{\sec^2 t-1}=|\tan t|=-\tan t$. 若忽视这点,则将导致错误.

例 3 若函数 $f(x)$ 在 $[-a,a]$ 上连续,则

$$\int_{-a}^a f(x)\,dx = \int_0^a [f(x)+f(-x)]\,dx.$$

特别地:若 $f(x)$ 为奇函数,则 $\int_{-a}^a f(x)\,dx=0$;若 $f(x)$ 为偶函数,则 $\int_{-a}^a f(x)\,dx = 2\int_0^a f(x)\,dx$.

证明 $\int_{-a}^a f(x)\,dx = \int_{-a}^0 f(x)\,dx + \int_0^a f(x)\,dx$,

对于右端第一项,做变换 $x=-t$,于是当 $x=-a$ 时,$t=a$;当 $x=0$ 时,$t=0$;$f(x)=f(-t)$,于是

6.3 定积分的换元法与分部积分法

$$\int_{-a}^{0}f(x)\mathrm{d}x=-\int_{a}^{0}f(-t)\mathrm{d}t=-\int_{a}^{0}f(-x)\mathrm{d}x,$$

因此

$$\int_{-a}^{a}f(x)\mathrm{d}x=-\int_{a}^{0}f(-x)\mathrm{d}x+\int_{0}^{a}f(x)\mathrm{d}x$$
$$=\int_{0}^{a}f(-x)\mathrm{d}x+\int_{0}^{a}f(x)\mathrm{d}x$$
$$=\int_{0}^{a}[f(x)+f(-x)]\mathrm{d}x.$$

再根据函数的奇偶性,立即有奇偶函数在对称区间上积分的性质.

在计算奇、偶函数在对称于原点的区间上的定积分的时候,利用上述结论,能带来很大的方便.

例 4 证明若 $f(x)$ 是一个以 T 为周期的连续函数,则对任意常数 a,有

$$\int_{a}^{a+T}f(x)\mathrm{d}x=\int_{0}^{T}f(x)\mathrm{d}x$$

证明
$$\int_{a}^{a+T}f(x)\mathrm{d}x=\int_{a}^{0}f(x)\mathrm{d}x+\int_{0}^{T}f(x)\mathrm{d}x+\int_{T}^{a+T}f(x)\mathrm{d}x$$
$$=-\int_{0}^{a}f(x)\mathrm{d}x+\int_{0}^{T}f(x)\mathrm{d}x+\int_{T}^{a+T}f(x)\mathrm{d}x,$$

又在 $\int_{T}^{a+T}f(x)\mathrm{d}x$ 中,令 $x-T=t$,则由函数的周期性可知

$$\int_{T}^{a+T}f(x)\mathrm{d}x=\int_{0}^{a}f(t+T)\mathrm{d}t=\int_{0}^{a}f(t)\mathrm{d}t=\int_{0}^{a}f(x)\mathrm{d}x,$$

于是

$$\int_{a}^{a+T}f(x)\mathrm{d}x=-\int_{0}^{a}f(x)\mathrm{d}x+\int_{0}^{T}f(x)\mathrm{d}x+\int_{T}^{a+T}f(x)\mathrm{d}x=\int_{0}^{T}f(x)\mathrm{d}x.$$

此例说明,周期函数在任何两个长度为周期 T 的区间上的积分值都相等.

例 5 若 $f(x)$ 在 $[0,1]$ 上连续,证明

(1) $\int_{0}^{\frac{\pi}{2}}f(\sin x)\mathrm{d}x=\int_{0}^{\frac{\pi}{2}}f(\cos x)\mathrm{d}x$;

(2) $\int_{0}^{\pi}xf(\sin x)\mathrm{d}x=\frac{\pi}{2}\int_{0}^{\pi}f(\sin x)\mathrm{d}x$,由此计算 $\int_{0}^{\pi}\frac{x\sin x}{1+\cos^{2}x}\mathrm{d}x$.

证明 (1) 设 $x=\frac{\pi}{2}-t$,则 $\mathrm{d}x=-\mathrm{d}t$,并且当 $x=0$ 时,$t=\frac{\pi}{2}$;当 $x=\frac{\pi}{2}$ 时,$t=0$.于是

$$\int_{0}^{\frac{\pi}{2}}f(\sin x)\mathrm{d}x=-\int_{\frac{\pi}{2}}^{0}f\left[\sin\left(\frac{\pi}{2}-t\right)\right]\mathrm{d}t=\int_{0}^{\frac{\pi}{2}}f(\cos t)\mathrm{d}t,$$

即

$$\int_0^{\frac{\pi}{2}} f(\sin x)\mathrm{d}x = \int_0^{\frac{\pi}{2}} f(\cos x)\mathrm{d}x.$$

(2) 设 $x=\pi-t$, 则 $\mathrm{d}x=-\mathrm{d}t$, 并且当 $x=0$ 时, $t=\pi$; 当 $x=\pi$ 时, $t=0$. 于是

$$\int_0^\pi xf(\sin x)\mathrm{d}x = -\int_\pi^0 (\pi-t)f[\sin(\pi-t)]\mathrm{d}t$$

$$= \int_0^\pi (\pi-t)f(\sin t)\mathrm{d}t$$

$$= \pi\int_0^\pi f(\sin t)\mathrm{d}t - \int_0^\pi tf(\sin t)\mathrm{d}t$$

$$= \pi\int_0^\pi f(\sin x)\mathrm{d}x - \int_0^\pi xf(\sin x)\mathrm{d}x,$$

所以

$$\int_0^\pi xf(\sin x)\mathrm{d}x = \frac{\pi}{2}\int_0^\pi f(\sin x)\mathrm{d}x.$$

利用上述结论，即得

$$\int_0^\pi \frac{x\sin x}{1+\cos^2 x}\mathrm{d}x = \frac{\pi}{2}\int_0^\pi \frac{\sin x}{1+\cos^2 x}\mathrm{d}x = -\frac{\pi}{2}\int_0^\pi \frac{\mathrm{d}\cos x}{1+\cos^2 x}$$

$$= -\frac{\pi}{2}[\arctan(\cos x)]\Big|_0^\pi = \frac{\pi^2}{4}.$$

例 6 证明

(1) 若 $f(x)$ 为连续的偶函数，则在 $f(x)$ 的全体原函数中有一个是奇函数；

(2) 若 $f(x)$ 为连续的奇函数，则 $f(x)$ 的全体原函数都是偶函数.

证明 (1) 设 $f(x)$ 为偶函数且连续，由原函数存在定理知 $\varPhi(x) = \int_0^x f(t)\mathrm{d}t$ 就是它的一个原函数，从而 $\varPhi(-x) = \int_0^{-x} f(t)\mathrm{d}t \xrightarrow{\diamondsuit t=-u} -\int_0^x f(-u)\mathrm{d}u = -\varPhi(x)$，因此 $\varPhi(x)$ 是奇函数. 而 $f(x)$ 的任一原函数均可表示为 $F(x)=\varPhi(x)+C$, 故除非 $C=0$ 以外，均有

$$F(-x) = \varPhi(-x) + C = -\varPhi(x) + C \neq -F(x).$$

(2) 设 $f(x)$ 为连续的奇函数，则可以类似地证明 $\varPhi(x)$ 是偶函数. 而 $f(x)$ 的全体原函数都可表示为 $F(x)=\varPhi(x)+C$ (C 为常数)，从而 $F(x)$ 也是偶函数. 故 $f(x)$ 的全体原函数都是偶函数.

6.3.2 定积分的分部积分法

定理 设函数 $u(x), v(x)$ 在 $[a,b]$ 上有连续的导数，则有分部积分公式

$$\int_a^b u(x)\mathrm{d}v(x) = [u(x)v(x)]\Big|_a^b - \int_a^b v(x)\mathrm{d}u(x).$$

证明 $[u(x)v(x)]' = u'(x)v(x) + u(x)v'(x),$

6.3 定积分的换元法与分部积分法

因此
$$\int_a^b [u(x)v(x)]' dx = \int_a^b [u'(x)v(x) + u(x)v'(x)] dx.$$

因为
$$\int_a^b [u(x)v(x)]' dx = u(x)v(x) \Big|_a^b,$$

所以
$$u(x)v(x) \Big|_a^b = \int_a^b u'(x)v(x) dx + \int_a^b u(x)v'(x) dx,$$

移项得
$$\int_a^b u(x) dv(x) = u(x)v(x) \Big|_a^b - \int_a^b v(x) du(x).$$

为简便定积分分部积分公式，有时上述公式也写为
$$\int_a^b u dv = uv \Big|_a^b - \int_a^b v du. \tag{6.3.2}$$

例1 求 $\int_0^{\frac{1}{2}} \arcsin x dx$.

解 设 $u = \arcsin x, dv = dx, du = \dfrac{dx}{\sqrt{1-x^2}}, v = x$，代入公式 (6.3.2)

$$\int_0^{\frac{1}{2}} \arcsin x dx = [x \arcsin x]_0^{\frac{1}{2}} - \int_0^{\frac{1}{2}} \frac{x dx}{\sqrt{1-x^2}}$$
$$= \frac{\pi}{12} + \frac{1}{2} \int_0^{\frac{1}{2}} (1-x^2)^{-\frac{1}{2}} d(1-x^2)$$
$$= \frac{\pi}{12} + [\sqrt{1-x^2}]_0^{\frac{1}{2}} = \frac{\pi}{12} + \frac{\sqrt{3}}{2} - 1.$$

例2 求 $\int_0^1 e^{\sqrt{x}} dx$.

解 先用换元法，令 $\sqrt{x} = t$，则 $x = t^2, dx = 2t dt$；并且当 $x = 0$ 时，$t = 0$；当 $x = 1$ 时，$t = 1$. 于是
$$\int_0^1 e^{\sqrt{x}} dx = 2 \int_0^1 t e^t dt$$

再用分部积分法计算上式右端的定积分
$$\int_0^1 t e^t dt = \int_0^1 t de^t = [t e^t]_0^1 - \int_0^1 e^t dt$$
$$= e - [e^t]_0^1 = e - e + 1 = 1.$$

故 $\int_0^1 e^{\sqrt{x}} dx = 2$.

例3 证明定积分公式

$$I_n = \int_0^{\frac{\pi}{2}} \sin^n x \, dx = \int_0^{\frac{\pi}{2}} \cos^n x \, dx = \begin{cases} \dfrac{(2m-1)!!}{(2m)!!} \cdot \dfrac{\pi}{2}, & \text{当 } n = 2m \\ \dfrac{(2m-2)!!}{(2m-1)!!} \cdot 1, & \text{当 } n = 2m-1 \end{cases} \quad (m = 1, 2, \cdots).$$

证明 设 $u = \sin^{n-1} x$, $dv = \sin x \, dx$, 则 $du = (n-1)\sin^{n-2} x \cos x \, dx$, $v = -\cos x$, 于是

$$I_n = \left[-\cos x \sin^{n-1} x\right]_0^{\frac{\pi}{2}} + (n-1)\int_0^{\frac{\pi}{2}} \sin^{n-2} x \cos^2 x \, dx$$

$$= (n-1)\int_0^{\frac{\pi}{2}} \sin^{n-2} x (1 - \sin^2 x) \, dx$$

$$= (n-1)I_{n-2} - (n-1)I_n,$$

由此得递推公式

$$I_n = \frac{n-1}{n} I_{n-2}.$$

$I_0 = \int_0^{\frac{\pi}{2}} dx = \dfrac{\pi}{2}$, 所以当 n 为正偶数时, 由递推公式得到

$$I_n = \frac{n-1}{n} \cdot \frac{n-3}{n-2} \cdot \cdots \cdot \frac{3}{4} \cdot \frac{1}{2} \cdot \frac{\pi}{2};$$

又因为 $I_1 = \int_0^{\frac{\pi}{2}} \sin x \, dx = 1$, 所以当 n 为大于 1 的正奇数时, 由递推公式得到

$$I_n = \frac{n-1}{n} \cdot \frac{n-3}{n-2} \cdot \cdots \cdot \frac{4}{5} \cdot \frac{2}{3} \cdot 1.$$

又由 6.3.1 小节的例 5(1) 可知, $\int_0^{\frac{\pi}{2}} \sin^n x \, dx = \int_0^{\frac{\pi}{2}} \cos^n x \, dx$, 并记 $1 \cdot 3 \cdot 5 \cdot \cdots \cdot (2m-1) = (2m-1)!!$, $2 \cdot 4 \cdot 6 \cdot \cdots \cdot (2m) = (2m)!!$, 于是证得

$$\int_0^{\frac{\pi}{2}} \sin^n x \, dx = \int_0^{\frac{\pi}{2}} \cos^n x \, dx = \begin{cases} \dfrac{(2m-1)!!}{(2m)!!} \cdot \dfrac{\pi}{2}, & \text{当 } n = 2m \\ \dfrac{(2m-2)!!}{(2m-1)!!} \cdot 1, & \text{当 } n = 2m-1 \end{cases} \quad (m = 1, 2, \cdots).$$

例4 证明 $\int_0^1 (1-x)^n x^m \, dx = \dfrac{n!m!}{(n+m+1)!}$ (n, m 为正整数).

证明

$$\int_0^1 (1-x)^n x^m \, dx = \frac{1}{m+1} \int_0^1 (1-x)^n \, dx^{m+1}$$

$$= \frac{1}{m+1} \left\{ (1-x)^n x^{m+1} \Big|_0^1 - \int_0^1 x^{m+1} \, d(1-x)^n \right\}$$

$$= \frac{n}{m+1} \int_0^1 (1-x)^{n-1} x^{m+1} \, dx.$$

6.3 定积分的换元法与分部积分法

记 $I_{n,m} = \int_0^1 (1-x)^n x^m \mathrm{d}x$，由上式知

$$I_{n,m} = \frac{n}{m+1} I_{n-1,m+1},$$

因此

$$I_{n,m} = \frac{n}{m+1} I_{n-1,m+1} = \frac{n}{m+1} \cdot \frac{n-1}{m+2} I_{n-2,m+2}$$
$$= \frac{n}{m+1} \frac{n-1}{m+2} \frac{n-2}{m+3} I_{n-3,m+3} = \cdots$$
$$= \frac{n(n-1)(n-2)\cdots 2 \cdot 1}{(m+1)(m+2)(m+3)\cdots(m+n-1)(m+n)} I_{0,m+n},$$

而

$$I_{0,m+n} = \int_0^1 x^{m+n} \mathrm{d}x = \frac{1}{m+n+1},$$

故

$$I_{n,m} = \int_0^1 (1-x)^n x^m \mathrm{d}x$$
$$= \frac{n(n-1)(n-2)\cdots 2 \cdot 1}{(m+1)(m+2)(m+3)\cdots(m+n-1)(m+n)} \cdot \frac{1}{m+n+1}$$
$$= \frac{n! m!}{(m+n+1)!}.$$

例 5（积分第二中值定理） 设函数 $f(x)$ 在 $[a,b]$ 上连续，$g'(x)$ 在 $[a,b]$ 上连续且不变号，则在 $[a,b]$ 内至少存在一点 ξ，使

$$\int_a^b f(x)g(x)\mathrm{d}x = g(a)\int_a^\xi f(x)\mathrm{d}x + g(b)\int_\xi^b f(x)\mathrm{d}x.$$

证明 令 $F(x) = \int_a^x f(t)\mathrm{d}t$，则有 $F'(x) = f(x)$，即 $\mathrm{d}F(x) = f(x)\mathrm{d}x$，因此

$$\int_a^b f(x)g(x)\mathrm{d}x = \int_a^b g(x)\mathrm{d}F(x) = g(x)F(x)\Big|_a^b - \int_a^b F(x)g'(x)\mathrm{d}x$$
$$= g(b)F(b) - g(a)F(a) - F(\xi)\int_a^b g'(x)\mathrm{d}x$$
$$= g(b)\int_a^b f(t)\mathrm{d}t - F(\xi)[g(b) - g(a)]$$
$$= g(b)\int_a^b f(t)\mathrm{d}t - g(b)\int_a^\xi f(t)\mathrm{d}t + g(a)\int_a^\xi f(t)\mathrm{d}t$$
$$= g(b)\int_\xi^b f(t)\mathrm{d}t + g(a)\int_a^\xi f(t)\mathrm{d}t$$
$$= g(a)\int_a^\xi f(x)\mathrm{d}x + g(b)\int_\xi^b f(x)\mathrm{d}x.$$

习 题 6.3

1. 计算下列定积分：

(1) $\int_0^1 x(2-x^2)^{12}\,dx$;

(2) $\int_{-1}^1 \dfrac{x\,dx}{x^2+x+1}$;

(3) $\int_1^e (x\ln x)^2\,dx$;

(4) $\int_0^{\frac{\pi}{2}} \sin x \sin 2x \sin 3x\,dx$;

(5) $\int_0^2 |1-x|\,dx$;

(6) $\int_{\frac{1}{e}}^e |\ln x|\,dx$;

(7) $\int_0^2 f(x)\,dx,\ f(x)=\begin{cases} x^2, & 0\leqslant x\leqslant 1 \\ 2-x, & 1<x\leqslant 2 \end{cases}$;

(8) $\int_0^2 x|x-a|\,dx\,(0<a<2)$;

(9) $\int_{-2}^2 |x^2-1|\,dx$;

(10) $\int_0^\pi (x\sin x)^2\,dx$;

(11) $\int_{-5}^5 \dfrac{x^3\sin^2 x}{x^4+x^2+1}\,dx$;

(12) $\int_0^a \dfrac{x^2\,dx}{\sqrt{a^2-x^2}}$;

(13) $\int_0^1 \dfrac{dx}{(x+1)\sqrt{x^2+1}}$;

(14) $\int_0^1 \sqrt{(1-x^2)^3}\,dx$;

(15) $\int_0^{16} \dfrac{dx}{\sqrt{x+9}-\sqrt{x}}$;

(16) $\int_0^1 (1-x^2)^n\,dx$;

(17) $\int_0^1 \ln(1+\sqrt{x})\,dx$;

(18) $\int_0^{\frac{\pi}{4}} \mathrm{tg}^4 x\,dx$;

(19) $\int_0^1 \arcsin x\,dx$;

(20) $\int_0^1 \ln(x+\sqrt{x^2+a^2})\,dx$;

(21) $\int_{-\frac{\pi}{2}}^{\frac{\pi}{2}} \sqrt{\cos x-\cos^3 x}\,dx$;

(22) $\int_0^{\frac{1}{2}} (\arcsin x)^2\,dx$;

(23) $\int_0^\pi x\sin^{10} x\,dx$;

(24) $\int_0^1 x^{10}\sqrt{1-x^2}\,dx$;

(25) $\int_0^1 (1-x^2)^4\sqrt{1-x^2}\,dx$;

(26) $\int_0^1 x(\arctan x)^2\,dx$;

(27) $\int_0^3 \arcsin\sqrt{\dfrac{x}{x+1}}\,dx$;

(28) $\int_0^{\frac{\pi}{2}} e^{2x}\cos x\,dx$.

2. 设 $f(x)=\begin{cases} \dfrac{1}{1+e^x}, & x<0 \\ \dfrac{1}{1+x}, & x\geqslant 0 \end{cases}$，求 $\int_0^2 f(x-1)\,dx$.

3. 设 $f\in c[a,b]$，且 $\int_a^b f(x)\,dx=1$，求 $\int_a^b f(a+b-x)\,dx$.

4. 证明 $\int_x^1 \dfrac{dx}{1+x^2}=\int_1^{\frac{1}{x}} \dfrac{dx}{1+x^2}$.

5. 求 $I_m=\int_0^\pi x\sin^m x\,dx$.

6. 设 $f(x)$ 是周期为 T 的连续函数，证明

$$\lim_{x \to +\infty} \frac{1}{x} \int_0^x f(t) \mathrm{d}t = \frac{1}{T} \int_0^T f(t) \mathrm{d}t.$$

7. 设 $f(x)$ 在 $(-\infty, +\infty)$ 上连续，求证

$$\int_0^x f(u)(x-u) \mathrm{d}u = \int_0^x (\int_0^u f(x) \mathrm{d}x) \mathrm{d}u.$$

8. 设 $f(x)$ 在 $[A, B]$ 上连续，$A<a<b<B$，求证

$$\lim_{h \to 0} \int_a^b \frac{f(x+h)-f(x)}{h} \mathrm{d}x = f(b) - f(a).$$

6.4 广义积分

根据定积分的定义，要使函数 $f(x)$ 在区间 $[a,b]$ 上的定积分有意义，至少要满足两个条件：①积分区间 $[a,b]$ 是有限区间；②$f(x)$ 是 $[a,b]$ 上的有界函数. 如果这两个条件有一个不满足，那么定积分要么没有意义，要么不存在. 但是，在许多理论和实际问题的研究中，往往要求把定积分的概念加以推广，研究无穷区间上或者无界函数的积分问题，我们称之为广义积分.

6.4.1 无穷积分

无穷积分即无穷区间上的广义积分通过有界区间上黎曼积分的极限来定义，这是很自然的.

定义 设 $f(x)$ 在 $[a, +\infty)$ 上有定义，对任意的 $b(b>a)$ 函数 $f(x)$ 在有限区间 $[a,b]$ 上可积，如果

$$\lim_{b \to +\infty} \int_a^b f(x) \mathrm{d}x$$

存在，则称无穷积分 $\int_a^{+\infty} f(x) \mathrm{d}x$ 收敛，且把此极限称为无穷积分的值，记作

$$\int_a^{+\infty} f(x) \mathrm{d}x = \lim_{b \to +\infty} \int_a^b f(x) \mathrm{d}x.$$

如果 $\lim\limits_{b \to +\infty} \int_a^b f(x) \mathrm{d}x$ 不存在，则称无穷积分 $\int_a^{+\infty} f(x) \mathrm{d}x$ 发散，这时它只是一个符号，不表示任何数值.

类似地，设函数 $f(x)$ 在 $(-\infty, b]$ 上有定义，对任意 $a(a<b)$，函数 $f(x)$ 在有限区间 $[a,b]$ 上可积，如果 $\lim\limits_{a \to -\infty} \int_a^b f(x) \mathrm{d}x$ 存在，则称无穷积分 $\int_{-\infty}^b f(x) \mathrm{d}x$ 收敛，且其极限值定义为该无穷积分的值，记作

$$\int_{-\infty}^b f(x) \mathrm{d}x = \lim_{a \to -\infty} \int_a^b f(x) \mathrm{d}x.$$

如果 $\lim\limits_{a \to -\infty}\int_a^b f(x)\mathrm{d}x$ 不存在,则称无穷积分 $\int_{-\infty}^b f(x)\mathrm{d}x$ 发散.

更一般地,设 $f(x)$ 在 $(-\infty,+\infty)$ 上有定义,$f(x)$ 在 $(-\infty,+\infty)$ 上的积分 $\int_{-\infty}^{+\infty} f(x)\mathrm{d}x$ 定义如下

$$\int_{-\infty}^{+\infty} f(x)\mathrm{d}x = \lim_{a \to -\infty}\int_a^c f(x)\mathrm{d}x + \lim_{b \to +\infty}\int_c^b f(x)\mathrm{d}x,$$

其中,c 为任一实数,a 与 b 各自独立地分别趋于 $-\infty$ 与 $+\infty$,若极限 $\lim\limits_{a \to -\infty}\int_a^c f(x)\mathrm{d}x$ 与 $\lim\limits_{b \to +\infty}\int_c^b f(x)\mathrm{d}x$ 同时存在,则称 $f(x)$ 在 $(-\infty,+\infty)$ 上的无穷积分 $\int_{-\infty}^{+\infty} f(x)\mathrm{d}x$ 收敛,其值为

$$\int_{-\infty}^{+\infty} f(x)\mathrm{d}x = \lim_{a \to -\infty}\int_a^c f(x)\mathrm{d}x + \lim_{b \to +\infty}\int_c^b f(x)\mathrm{d}x.$$

当上式右端有一个无穷积分发散,则称 $\int_{-\infty}^{+\infty} f(x)\mathrm{d}x$ 发散.

例1 计算 $\int_0^{+\infty} \mathrm{e}^{-x}\mathrm{d}x$.

解 $\int_0^{+\infty} \mathrm{e}^{-x}\mathrm{d}x = \lim\limits_{b \to +\infty}\int_0^b \mathrm{e}^{-x}\mathrm{d}x = \lim\limits_{b \to +\infty}(-\mathrm{e}^{-x})\Big|_0^b$
$= \lim\limits_{b \to +\infty}(1-\mathrm{e}^{-b}) = 1.$

例2 计算 $\int_{-\infty}^0 \dfrac{\mathrm{d}x}{1+x^2}$.

解 $\int_{-\infty}^0 \dfrac{\mathrm{d}x}{1+x^2} = \lim\limits_{a \to -\infty}\int_a^0 \dfrac{\mathrm{d}x}{1+x^2} = \lim\limits_{a \to -\infty}\arctan x\Big|_a^0$
$= \lim\limits_{a \to -\infty}(-\arctan a) = \dfrac{\pi}{2}.$

例3 讨论 $\int_{-\infty}^{+\infty} \mathrm{e}^x\mathrm{d}x$ 的收敛性.

解 $\int_{-\infty}^{+\infty} \mathrm{e}^x\mathrm{d}x = \lim\limits_{a \to -\infty}\int_a^c \mathrm{e}^x\mathrm{d}x + \lim\limits_{b \to +\infty}\int_c^b \mathrm{e}^x\mathrm{d}x,$

因为

$$\lim_{b \to +\infty}\int_c^b \mathrm{e}^x\mathrm{d}x = \lim_{b \to +\infty}(\mathrm{e}^b - \mathrm{e}^c) = +\infty,$$

所以无穷积分 $\int_{-\infty}^{+\infty} \mathrm{e}^x\mathrm{d}x$ 发散.

例4 判别无穷积分 $\int_a^{+\infty} \dfrac{\mathrm{d}x}{x^p}(a>0)$ 的敛散性.

解 当 $p=1$ 时,有

6.4 广义积分

$$\int_a^{+\infty} \frac{\mathrm{d}x}{x^p} = \int_a^{+\infty} \frac{\mathrm{d}x}{x} = \lim_{b \to +\infty} \ln x \Big|_a^b = +\infty,$$

从而无穷积分 $\int_a^{+\infty} \frac{\mathrm{d}x}{x^p}$ 发散.

当 $p \neq 1$ 时,有

$$\int_a^{+\infty} \frac{\mathrm{d}x}{x^p} = \lim_{b \to +\infty} \int_a^b \frac{\mathrm{d}x}{x^p} = \lim_{b \to +\infty} \frac{1}{1-p} x^{1-p} \Big|_a^b = \begin{cases} \dfrac{a^{1-p}}{p-1} & (p > 1) \\ +\infty & (p < 1) \end{cases}.$$

故当 $p > 1$ 时,无穷积分 $\int_a^{+\infty} \frac{\mathrm{d}x}{x^p}$ 收敛;当 $p \leqslant 1$ 时,无穷积分 $\int_a^{+\infty} \frac{\mathrm{d}x}{x^p}$ 发散.

例 5 判别无穷积分 $\int_2^{+\infty} \frac{\mathrm{d}x}{x(\ln x)^p}$ 的敛散性.

解 当 $p = 1$ 时,有

$$\int_2^{+\infty} \frac{\mathrm{d}x}{x(\ln x)} = \lim_{b \to +\infty} \int_2^b \frac{\mathrm{d}x}{x(\ln x)}$$

$$= \lim_{b \to +\infty} \ln(\ln x) \Big|_2^b = +\infty,$$

当 $p \neq 1$ 时,有

$$\int_2^{+\infty} \frac{\mathrm{d}x}{x(\ln x)^p} = \lim_{b \to +\infty} \int_2^b \frac{\mathrm{d}x}{x(\ln x)^p}$$

$$= \lim_{b \to +\infty} \frac{1}{(1-p)(\ln x)^{p-1}} \Big|_2^b$$

$$= \begin{cases} \dfrac{1}{(p-1)(\ln 2)^{p-1}} & (p > 1) \\ +\infty & (p < 1) \end{cases}.$$

故当 $p > 1$ 时,无穷积分收敛;$p \leqslant 1$,无穷积分发散.

无穷积分的简单性质:

仅就无穷积分 $\int_a^{+\infty} f(x)\mathrm{d}x$ 来叙述这些性质,不难类推到 $\int_{-\infty}^b f(x)\mathrm{d}x$ 和 $\int_{-\infty}^{+\infty} f(x)\mathrm{d}x$ 上去.

(1) 积分 $\int_a^{+\infty} f(x)\mathrm{d}x$ 与积分 $\int_c^{+\infty} f(x)\mathrm{d}x (c > a)$ 同时收敛或同时发散;当 $\int_a^{+\infty} f(x)\mathrm{d}x$ 收敛时,有关系式

$$\int_a^{+\infty} f(x)\mathrm{d}x = \int_a^c f(x)\mathrm{d}x + \int_c^{+\infty} f(x)\mathrm{d}x.$$

这里 $\int_a^c f(x)\mathrm{d}x$ 是普通定积分,也称常义积分.

(2) 如果 $\int_a^{+\infty} f(x)\mathrm{d}x$ 收敛，则 $\int_a^{+\infty} kf(x)\mathrm{d}x$ 也收敛，且

$$\int_a^{+\infty} kf(x)\mathrm{d}x = k\int_a^{+\infty} f(x)\mathrm{d}x \quad (\text{其中}, k \text{ 为常数}).$$

(3) 如果 $\int_a^{+\infty} f(x)\mathrm{d}x, \int_a^{+\infty} g(x)\mathrm{d}x$ 都收敛，则 $\int_a^{+\infty} [f(x) \pm g(x)]\mathrm{d}x$ 也收敛，且

$$\int_a^{+\infty} [f(x) \pm g(x)]\mathrm{d}x = \int_a^{+\infty} f(x)\mathrm{d}x \pm \int_a^{+\infty} g(x)\mathrm{d}x.$$

以上性质不难根据无穷积分的收敛性定义来证明.

6.4.2 无穷积分的收敛判别法

上面已经看到，利用定义来判断无穷积分的敛散性是比较困难的. 因为用这种方法不但要求被积函数的原函数，而且还要求极限. 当原函数不能用初等函数来表示时，这种方法就更加无能为力了. 因此，需要直接从被积函数的性态来判定无穷积分的敛散性.

1. 非负被积函数的判别法

引理 如果函数 $f(x)$ 在 $[a, +\infty)$ 上单调上升，且有上界，则 $\lim\limits_{x \to +\infty} f(x)$ 存在.

证明 令 $a_n = f(n)$ (n 为正整数)，由条件知，数列 $\{a_n\}$ 单调上升且有上界，因此由数列极限存在定理知，极限 $\lim\limits_{n \to +\infty} a_n = A$. 亦即 $\forall \varepsilon > 0, \exists N > 0$，使得当 $n > N$ 时，恒有

$$|a_n - A| < \varepsilon,$$

即

$$A - \varepsilon < a_n < A + \varepsilon.$$

现在来证明 $\lim\limits_{x \to +\infty} f(x) = A$，事实上，对任意 x (当 $x > N+1$)，记 $[x] = n$，便有 $n \leqslant x < n+1$，且 $n > N$，由函数的单调性，便有 $f(n) \leqslant f(x) \leqslant f(n+1)$，即

$$a_n \leqslant f(x) \leqslant a_{n+1},$$

从而

$$A - \varepsilon < f(x) < A + \varepsilon \quad (x > N+1).$$

故

$$\lim_{x \to +\infty} f(x) = A.$$

推论 如果 $f(x)$ 在 $[a, +\infty)$ 上单调下降，且有下界，则极限 $\lim\limits_{x \to +\infty} f(x)$ 存在.

定理（比较判别法） 如果当 $x \geqslant a$ 时，有不等式 $0 \leqslant f(x) \leqslant g(x)$，且 $f(x)$, $g(x)$ 在任何有限区间 $[a, b]$ ($b > a$) 上可积，那么

(1) 当 $\int_a^{+\infty} g(x)\mathrm{d}x$ 收敛时，则 $\int_a^{+\infty} f(x)\mathrm{d}x$ 收敛;

6.4 广义积分

(2) 当 $\int_a^{+\infty} f(x)dx$ 发散时,则 $\int_a^{+\infty} g(x)dx$ 发散.

证明 (1) 显然 $\int_a^b f(x)dx \leqslant \int_a^b g(x)dx \leqslant \int_a^{+\infty} g(x)dx$.

记 $F(b) = \int_a^b f(x)dx$,它是 b 的函数.因为 $f(x) \geqslant 0$,所以 $F(b)$ 是单调上升的;又 $\int_a^{+\infty} g(x)dx$ 收敛,故 $F(b)$ 是单调上升且有上界的,因此,由引理知

$$\lim_{b \to +\infty} F(b) = \lim_{b \to +\infty} \int_a^b f(x)dx \ \text{存在,即} \int_a^{+\infty} f(x)dx \ \text{收敛}.$$

(2) 反证法.若 $\int_a^{+\infty} g(x)dx$ 收敛,由(1)知,$\int_a^{+\infty} f(x)dx$ 收敛,从而与假设矛盾.因此,$\int_a^{+\infty} g(x)dx$ 发散.

例1 判定 $\int_0^{+\infty} e^{-x^2} dx$ 的敛散性.

解 当 $x \geqslant 1$ 时,有 $0 < e^{-x^2} \leqslant e^{-x}$,而 $\int_1^{+\infty} e^{-x}dx = \dfrac{1}{e}$ 是收敛的,于是由比较判别法知,积分 $\int_1^{+\infty} e^{-x^2}dx$ 收敛.再由性质(1)知,$\int_0^{+\infty} e^{-x^2}dx$ 也收敛.

例2 判定 $\int_1^{+\infty} \dfrac{1}{\sqrt[3]{x^2+x+1}} dx$ 的敛散性.

解 当 $x \geqslant 1$ 时,有 $\dfrac{1}{\sqrt[3]{(x+1)^2}} < \dfrac{1}{\sqrt[3]{x^2+x+1}}$,而

$$\int_1^{+\infty} (x+1)^{-\frac{2}{3}} dx = \lim_{b \to +\infty} 3(x+1)^{\frac{1}{3}} \Big|_1^b = \infty,$$

因此 $\int_1^{+\infty} \dfrac{dx}{\sqrt[3]{x^2+x+1}}$ 发散.

定理(比较判别法的极限形式) 设 $f(x), g(x)$ 当 $x \geqslant a$ 时都是非负函数,且它们在任何有限区间 $[a,b](b>a)$ 上可积,若 $\lim\limits_{x \to +\infty} \dfrac{f(x)}{g(x)} = l$,则

(1) 当 $0 < l < +\infty$ 时,积分 $\int_a^{+\infty} f(x)dx$ 与 $\int_a^{+\infty} g(x)dx$ 同时收敛或同时发散;

(2) 当 $l = 0$ 时,由 $\int_a^{+\infty} g(x)dx$ 收敛,可推出 $\int_a^{+\infty} f(x)dx$ 收敛;

(3) 当 $l = +\infty$ 时,由 $\int_a^{+\infty} g(x)dx$ 发散,可推出 $\int_a^{+\infty} f(x)dx$ 发散.

证明 (1) 由于 $\lim\limits_{x \to +\infty} \dfrac{f(x)}{g(x)} = l$,则对于 $\varepsilon_1 = \dfrac{l}{2} > 0$,$\exists X_0 > 0 (X_0 > a)$,当 $x > X_0$ 时,有

$$\left|\frac{f(x)}{g(x)}-l\right|<\frac{l}{2},$$

即
$$l-\frac{l}{2}<\frac{f(x)}{g(x)}<l+\frac{l}{2},$$

亦即
$$\frac{1}{2}lg(x)<f(x)<\frac{3}{2}lg(x),$$

即由比较判别法知 $\int_{X_0}^{+\infty}f(x)\mathrm{d}x$ 与 $\int_{X_0}^{+\infty}g(x)\mathrm{d}x$ 同时收敛或发散,从而 $\int_{a}^{+\infty}f(x)\mathrm{d}x$ 与 $\int_{a}^{+\infty}g(x)\mathrm{d}x$ 同时收敛或发散.

(2) 若 $\lim\limits_{x\to+\infty}\dfrac{f(x)}{g(x)}=0$,则对于 $\varepsilon_1=1$,必存在某个 $X_1(X_1>a)$,使得当 $x>X_1$ 时,有

$$\left|\frac{f(x)}{g(x)}-0\right|=\frac{f(x)}{g(x)}<1,$$

从而当 $x>X_1$ 时,有
$$0\leqslant f(x)<g(x),$$

当 $\int_{a}^{+\infty}g(x)\mathrm{d}x$ 收敛时,则由比较判别法知 $\int_{a}^{+\infty}f(x)\mathrm{d}x$ 也收敛.

(3) 若 $\lim\limits_{x\to+\infty}\dfrac{f(x)}{g(x)}=+\infty$,则必存在某个 $X_2(X_2>a)$,使得当 $x>X_2$ 时,有
$$\frac{f(x)}{g(x)}>1,$$

即
$$0<g(x)<f(x)\quad(x>X_2).$$

当 $\int_{a}^{+\infty}g(x)\mathrm{d}x$ 发散时,由比较判别法知 $\int_{a}^{+\infty}f(x)\mathrm{d}x$ 也发散.

上述定理中,当 $g(x)=\dfrac{1}{x^p}$ 时,便有下面的定理.

定理(Cauchy 判别法) 设对任意 $x\in[a,+\infty),f(x)\geqslant 0(a>0)$,且
$$\lim_{x\to+\infty}x^p f(x)=l.$$

(1) 当 $0<l<+\infty$,如果 $p>1$,那么积分 $\int_{a}^{+\infty}f(x)\mathrm{d}x$ 收敛;如果 $p\leqslant 1$,那么积

6.4 广义积分

分 $\int_a^{+\infty} f(x)dx$ 发散;

(2) 当 $l = 0$ 时,如果 $p > 1$,那么积分 $\int_a^{+\infty} f(x)dx$ 收敛;

(3) 当 $l = +\infty$ 时,如果 $p \leqslant 1$,那么积分 $\int_a^{+\infty} f(x)dx$ 发散.

例3 讨论 $\int_2^{+\infty} \dfrac{1}{x^k \ln x} dx$ 的敛散性 $(k>0)$.

解 当 $k=1$ 时,$\int_2^{+\infty} \dfrac{1}{x^k \ln x} dx$ 显然发散;当 $k>1$ 时,$\lim\limits_{x \to +\infty} x^k \dfrac{1}{x^k \ln x} = 0$,因此 $\int_2^{+\infty} \dfrac{1}{x^k \ln x} dx$ 收敛;当 $k<1$ 时,$\lim\limits_{x \to +\infty} x \dfrac{1}{x^k \ln x} = \lim\limits_{x \to +\infty} \dfrac{x^{1-k}}{\ln x} = +\infty$,因此 $\int_2^{+\infty} \dfrac{1}{x^k \ln x} dx$ 发散. 所以,积分 $\int_2^{+\infty} \dfrac{1}{x^k \ln x} dx$ 当 $k>1$ 时收敛;当 $k \leqslant 1$ 时发散.

例4 判定下列积分的敛散性.

(1) $\int_1^{+\infty} \dfrac{dx}{x^2+x+1}$;　(2) $\int_1^{+\infty} \dfrac{dx}{3x+\sqrt{x}+2}$.

解 (1) 设 $f(x) = \dfrac{1}{x^2+x+1}$,$g(x) = \dfrac{1}{x^2}$. 因为

$$\lim_{x \to +\infty} \dfrac{f(x)}{g(x)} = \lim_{x \to +\infty} \dfrac{x^2}{x^2+x+1} = 1,$$

而 $\int_1^{+\infty} \dfrac{dx}{x^2}$ 收敛,所以 $\int_1^{+\infty} \dfrac{1}{x^2+x+1} dx$ 也收敛.

(2) 设 $f(x) = \dfrac{1}{3x+\sqrt{x}+2}$,$g(x) = \dfrac{1}{x}$,因为 $\lim\limits_{x \to +\infty} \dfrac{f(x)}{g(x)} = \lim\limits_{x \to +\infty} \dfrac{x}{3x+\sqrt{x}+2} = \dfrac{1}{3}$,$\int_1^{+\infty} \dfrac{1}{x} dx$ 发散,所以 $\int_1^{+\infty} \dfrac{1}{3x+\sqrt{x}+2} dx$ 也发散.

2. 绝对收敛和条件收敛

定义(绝对收敛) 若函数 $f(x)$ 在任何有限区间 $[a,b]$ $(b>a)$ 上可积,且积分

$$\int_a^{+\infty} |f(x)| dx$$

收敛,则称积分 $\int_a^{+\infty} f(x)dx$ 在区间 $[a,+\infty)$ 上绝对收敛.

定义(条件收敛) 若积分 $\int_a^{+\infty} f(x)dx$ 收敛,而积分 $\int_a^{+\infty} |f(x)| dx$ 发散,则称积分 $\int_a^{+\infty} f(x)dx$ 条件收敛.

定理(绝对收敛准则) 如果 $\int_a^{+\infty}|f(x)|dx$ 收敛,那么 $\int_a^{+\infty}f(x)dx$ 也收敛(此时称 $\int_a^{+\infty}f(x)dx$ 绝对收敛).

证明 由于 $-|f(x)|\leqslant f(x)\leqslant|f(x)|$,于是
$$0\leqslant|f(x)|+f(x)\leqslant 2|f(x)|.$$
$\int_a^{+\infty}|f(x)|dx$ 收敛,因此 $\int_a^{+\infty}[|f(x)|+f(x)]dx$ 收敛,又 $\int_a^{+\infty}f(x)dx = \int_a^b\{[|f(x)|+f(x)]-|f(x)|\}dx$,所以 $\int_a^{+\infty}f(x)dx$ 必收敛.

例 5 讨论 $\int_1^{+\infty}\dfrac{\cos x}{x^2}dx$ 的敛散性.

解 由于 $\left|\dfrac{\cos x}{x^2}\right|\leqslant\dfrac{1}{x^2}$,而 $\int_1^{+\infty}\dfrac{1}{x^2}dx$ 收敛,因而 $\int_1^{+\infty}\left|\dfrac{\cos x}{x^2}\right|dx$ 收敛,故 $\int_1^{+\infty}\dfrac{\cos x}{x^2}dx$ 绝对收敛.

例 6 证明 $\int_1^{+\infty}\dfrac{\sin x}{x}dx$ 条件收敛.

证明 先证 $\int_1^{+\infty}\dfrac{\sin x}{x}dx$ 收敛.

事实上,对任意 $b>1$,
$$\int_1^b\dfrac{\sin x}{x}dx = \int_1^b\dfrac{1}{x}d(-\cos x) = -\dfrac{\cos x}{x}\Big|_1^b - \int_1^b\dfrac{\cos x}{x^2}dx$$
$$= \cos 1 - \dfrac{\cos b}{b} - \int_1^b\dfrac{\cos x}{x^2}dx,$$
从而
$$\int_1^{+\infty}\dfrac{\sin x}{x}dx = \lim_{b\to+\infty}\int_1^b\dfrac{\sin x}{x}dx = \cos 1 - \int_1^{+\infty}\dfrac{\cos x}{x^2}dx$$
收敛.

再证 $\int_1^{+\infty}\dfrac{|\sin x|}{x}dx$ 发散. 由于 $|\sin x|\leqslant 1$,$\sin^2 x\leqslant|\sin x|$,即 $\sin^2 x\leqslant|\sin x|$,故有 $\dfrac{\sin^2 x}{x}\leqslant\dfrac{|\sin x|}{x}$,而
$$\int_1^{+\infty}\dfrac{\sin^2 x}{x}dx = \int_1^{+\infty}\dfrac{1-\cos 2x}{2x}dx = \int_1^{+\infty}\dfrac{1}{2x}dx - \int_1^{+\infty}\dfrac{\cos 2x}{2x}dx,$$
但 $\int_1^{+\infty}\dfrac{dx}{2x}$ 发散,$\int_1^{+\infty}\dfrac{\cos 2x}{2x}dx$ 收敛,因而 $\int_1^{+\infty}\dfrac{\sin^2 x}{x}dx$ 发散,故 $\int_1^{+\infty}\dfrac{|\sin x|}{x}dx$ 发散,于是 $\int_1^{+\infty}\dfrac{\sin x}{x}dx$ 条件收敛.

6.4.3 瑕积分

与无穷积分的收敛判别法类似,我们可以得到无界函数积分的收敛判别法.

定义(瑕积分) 设函数 $f(x)$ 在区间 $(a,b]$ 上有定义,并且对于任意 $\varepsilon(0<\varepsilon<b-a)$, $f(x)$ 在区间 $[a+\varepsilon,b]$ 上可积,但 $f(x)$ 在点 $x=a$ 附近无界. 若极限

$$\lim_{\varepsilon\to 0^+}\int_{a+\varepsilon}^b f(x)\mathrm{d}x$$

存在,则称无界函数 $f(x)$ 在有限区间 $[a,b]$ 上的瑕积分 $\int_a^b f(x)\mathrm{d}x$ 收敛,并且定义该极限值为该瑕积分的值,记作

$$\int_a^b f(x)\mathrm{d}x = \lim_{\varepsilon\to 0^+}\int_{a+\varepsilon}^b f(x)\mathrm{d}x.$$

若该极限不存在,则称瑕积分 $\int_a^b f(x)\mathrm{d}x$ 发散.

点 $x=a$ 称为 $f(x)$ 的瑕点.

完全类似地,如果函数 $f(x)$ 在 $[a,b]$ 上有瑕点 b,而 $\lim_{\varepsilon\to 0^+}\int_a^{b-\varepsilon} f(x)\mathrm{d}x(0<\varepsilon<b-a)$ 存在(或不存在),则称瑕积分 $\int_a^b f(x)\mathrm{d}x$ 收敛(或发散),其极限值为瑕积分的值,记作

$$\int_a^b f(x)\mathrm{d}x = \lim_{\varepsilon\to 0^+}\int_a^{b-\varepsilon} f(x)\mathrm{d}x.$$

定义($x=a,x=b$ 均为瑕点的情形) 当 $f(x)$ 以区间 $[a,b]$ 的两个端点为瑕点,而在 (a,b) 内无瑕点时,则定义瑕积分

$$\int_a^b f(x)\mathrm{d}x = \lim_{\varepsilon_1\to 0^+}\int_{a+\varepsilon_1}^c f(x)\mathrm{d}x + \lim_{\varepsilon_2\to 0^+}\int_c^{b-\varepsilon_2} f(x)\mathrm{d}x,$$

其中,c 为 a,b 之间的任意数. 当上式右端两个瑕积分都收敛时,就称瑕积分 $\int_a^b f(x)\mathrm{d}x$ 收敛;当上式右端的两个瑕积分中有一个发散,就称瑕积分 $\int_a^b f(x)\mathrm{d}x$ 发散.

定义(当 $[a,b]$ 内部有唯一瑕点时) 若 $f(x)$ 在 $[a,b]$ 内部有唯一的瑕点 $c(a<c<b)$,则定义瑕积分

$$\int_a^b f(x)\mathrm{d}x = \int_a^c f(x)\mathrm{d}x + \int_c^b f(x)\mathrm{d}x$$
$$= \lim_{\varepsilon_1\to 0^+}\int_a^{c-\varepsilon_1} f(x)\mathrm{d}x + \lim_{\varepsilon_2\to 0^+}\int_{c+\varepsilon_2}^b f(x)\mathrm{d}x.$$

当上式右端两个瑕积分都收敛时,就称瑕积分 $\int_a^b f(x)\mathrm{d}x$ 收敛. 当这两个瑕积分有

一个发散时,就称瑕积分 $\int_a^b f(x)\mathrm{d}x$ 发散.

例1 讨论瑕积分 $\int_0^1 \dfrac{\mathrm{d}x}{\sqrt{1-x^2}}, \int_0^1 \ln x \mathrm{d}x, \int_1^2 \dfrac{\mathrm{d}x}{x\ln x}$ 的敛散性.

解 $x=1$ 是 $\dfrac{1}{\sqrt{1-x^2}}$ 的瑕点,故

$$\int_0^1 \dfrac{1}{\sqrt{1-x^2}}\mathrm{d}x = \lim_{\varepsilon \to 0^+}\int_0^{1-\varepsilon} \dfrac{\mathrm{d}x}{\sqrt{1-x^2}} = \lim_{\varepsilon \to 0^+}\arcsin x \Big|_0^{1-\varepsilon} = \dfrac{\pi}{2},$$

所以 $\int_0^1 \dfrac{\mathrm{d}x}{\sqrt{1-x^2}}$ 收敛.

$x=0$ 是 $\ln x$ 的瑕点,故

$$\int_0^1 \ln x \mathrm{d}x = \lim_{\varepsilon \to 0^+}\int_{0+\varepsilon}^1 \ln x \mathrm{d}x = \lim_{\varepsilon \to 0^+}(x\ln x - x)\Big|_{0+\varepsilon}^1 = -1,$$

所以 $\int_0^1 \ln x \mathrm{d}x$ 收敛.

$x=1$ 是 $\dfrac{1}{x\ln x}$ 的瑕点,故

$$\int_1^2 \dfrac{\mathrm{d}x}{x\ln x} = \lim_{\varepsilon \to 0^+}\int_{1+\varepsilon}^2 \dfrac{\mathrm{d}x}{x\ln x} = \lim_{\varepsilon \to 0^+}\ln\ln x \Big|_{1+\varepsilon}^2 = +\infty,$$

所以 $\int_1^2 \dfrac{\mathrm{d}x}{x\ln x}$ 发散.

例2 讨论瑕积分 $\int_a^b \dfrac{\mathrm{d}x}{(x-a)^p}(a<b)$ 的敛散性.

解 当 $p>0$ 时,点 $x=a$ 是 $\dfrac{1}{(x-a)^p}$ 的瑕点.

(1) 当 $p=1$ 时,

$$\int_a^b \dfrac{1}{x-a}\mathrm{d}x = \lim_{\varepsilon \to 0^+}\int_{a+\varepsilon}^b \dfrac{\mathrm{d}x}{x-a} = \lim_{\varepsilon \to 0^+}\ln(x-a)\Big|_{a+\varepsilon}^b = +\infty,$$

所以 $\int_a^b \dfrac{\mathrm{d}x}{(x-a)^p}$ 发散.

(2) 当 $p\neq 1$ 时,

$$\int_a^b \dfrac{\mathrm{d}x}{(x-a)^p} = \lim_{\varepsilon \to 0^+}\int_{a+\varepsilon}^b \dfrac{\mathrm{d}x}{(x-a)^p} = \lim_{\varepsilon \to 0^+}\dfrac{(x-a)^{1-p}}{1-p}\Big|_{a+\varepsilon}^b$$

$$= \lim_{\varepsilon \to 0^+}\dfrac{(b-a)^{1-p}-\varepsilon^{1-p}}{1-p} = \begin{cases} \dfrac{(b-a)^{1-p}}{1-p}, & \text{当 } p<1 \text{ 时} \\ +\infty, & \text{当 } p>1 \text{ 时} \end{cases}.$$

故 $\int_a^b \dfrac{\mathrm{d}x}{(x-a)^p}$,当 $p \geqslant 1$ 时发散;当 $p<1$ 时收敛.

6.4 广义积分

例3 讨论 $\int_{-1}^{8} \dfrac{\mathrm{d}x}{\sqrt[3]{x}}$ 的敛散性.

解 $x=0$ 是 $\dfrac{1}{\sqrt[3]{x}}$ 的瑕点，因而要讨论两个瑕积分 $\int_{-1}^{0} \dfrac{\mathrm{d}x}{\sqrt[3]{x}}$ 和 $\int_{0}^{8} \dfrac{\mathrm{d}x}{\sqrt[3]{x}}$ 的敛散性.

$$\int_{-1}^{0} \frac{\mathrm{d}x}{\sqrt[3]{x}} = \lim_{\varepsilon \to 0^+} \int_{-1}^{0-\varepsilon} \frac{\mathrm{d}x}{\sqrt[3]{x}} = \lim_{\varepsilon \to 0^+} \frac{3}{2}(\varepsilon^{\frac{2}{3}} - 1) = -\frac{3}{2};$$

$$\int_{0}^{8} \frac{\mathrm{d}x}{\sqrt[3]{x}} = \lim_{\varepsilon \to 0^+} \int_{0+\varepsilon}^{8} \frac{\mathrm{d}x}{\sqrt[3]{x}} = \lim_{\varepsilon \to 0^+} \frac{3}{2}(4 - \varepsilon^{\frac{2}{3}}) = 6,$$

于是

瑕积分 $\int_{-1}^{8} \dfrac{\mathrm{d}x}{\sqrt[3]{x}} = \int_{-1}^{0} \dfrac{\mathrm{d}x}{\sqrt[3]{x}} + \int_{0}^{8} \dfrac{\mathrm{d}x}{\sqrt[3]{x}} = -\dfrac{3}{2} + 6 = \dfrac{9}{2}.$

瑕积分的简单性质（仅就 $x=a$ 为瑕点情形）：

(1) 瑕积分 $\int_{a}^{b} f(x)\mathrm{d}x$ 与瑕积分 $\int_{a}^{c} f(x)\mathrm{d}x$ 同时收敛或同时发散（其中，c 为任意实数，$a < c < b$），当 $\int_{a}^{b} f(x)\mathrm{d}x$ 收敛时，

$$\int_{a}^{b} f(x)\mathrm{d}x = \int_{a}^{c} f(x)\mathrm{d}x + \int_{c}^{b} f(x)\mathrm{d}x.$$

(2) 若瑕积分 $\int_{a}^{b} f(x)\mathrm{d}x$ 收敛，则瑕积分 $\int_{a}^{b} kf(x)\mathrm{d}x$ 也收敛，且 $\int_{a}^{b} kf(x)\mathrm{d}x = k\int_{a}^{b} f(x)\mathrm{d}x$ (k 为常数)；

(3) 若瑕积分 $\int_{a}^{b} f(x)\mathrm{d}x, \int_{a}^{b} g(x)\mathrm{d}x$ 收敛，则瑕积分 $\int_{a}^{b} [f(x) \pm g(x)]\mathrm{d}x$ 也收敛，并且

$$\int_{a}^{b} [f(x) \pm g(x)]\mathrm{d}x = \int_{a}^{b} f(x)\mathrm{d}x \pm \int_{a}^{b} g(x)\mathrm{d}x.$$

6.4.4 瑕积分的收敛判别法

瑕积分与无穷积分之间有着密切的联系. 例如，若在 $[a,b]$ 上 $x=a$ 是 $f(x)$ 的瑕点，则瑕积分

$$\int_{a}^{b} f(x)\mathrm{d}x = \lim_{\varepsilon \to 0^+} \int_{a+\varepsilon}^{b} f(x)\mathrm{d}x \quad (0 < \varepsilon < b-a),$$

作变量代换令 $x = a + \dfrac{1}{t}, \mathrm{d}x = -\dfrac{1}{t^2}\mathrm{d}t$，则

$$\int_{a}^{b} f(x)\mathrm{d}x = \lim_{\varepsilon \to 0^+} \int_{\frac{1}{b-a}}^{\frac{1}{\varepsilon}} f\left(a + \frac{1}{t}\right)\left(-\frac{1}{t^2}\right)\mathrm{d}t$$

$$= \lim_{\varepsilon \to 0^+} \int_{\frac{1}{b-a}}^{\frac{1}{\varepsilon}} f\left(a + \frac{1}{t}\right) \cdot \frac{1}{t^2}\mathrm{d}t$$

$$= \int_{\frac{1}{b-a}}^{+\infty} \varphi(t) dt \quad \left(\varphi(t) = f\left(a + \frac{1}{t}\right) \cdot \frac{1}{t^2}\right).$$

由此可知，瑕积分经过适当变量代换可化为无穷积分. 于是关于无穷积分的性质及敛散性的判别法可相应地移植到瑕积分上来，这里只给出 $x=a$ 为瑕点的几个重要结果，不予证明.

定理 当 $a < x \leqslant b$ 时，有 $0 \leqslant f(x) \leqslant g(x)$，且对任何 $\varepsilon(0 < \varepsilon < b-a)$，$f(x)$，$g(x)$ 在 $[a+\varepsilon, b]$ 上可积，则

(1) 如果 $\int_a^b g(x) dx$ 收敛，则 $\int_a^b f(x) dx$ 收敛；

(2) 如果 $\int_a^b f(x) dx$ 发散，则 $\int_a^b g(x) dx$ 发散.

定理 设函数 $f(x), g(x)$ 当 $a < x \leqslant b$ 时都是非负函数，且它们在任何区间 $[a+\varepsilon, b]$ 上可积，如果

$$\lim_{x \to a^+} \frac{f(x)}{g(x)} = l,$$

则 (1) 当 $0 < l < +\infty$，$\int_a^b f(x) dx$ 与 $\int_a^b g(x) dx$ 同时收敛或同时发散；

(2) 当 $l = 0$ 时，由 $\int_a^b g(x) dx$ 收敛，可推出 $\int_a^b f(x) dx$ 收敛；

(3) 当 $l = +\infty$ 时，由 $\int_a^b g(x) dx$ 发散，可推出 $\int_a^b f(x) dx$ 发散.

定理 设对任意 $x \in (a, b]$，$f(x) \geqslant 0$，且在 $[a+\varepsilon, b]$ 上 $f(x)$ 可积，如果 $\lim_{x \to a^+} (x-a)^p f(x) = l$，则

(1) 如果 $p < 1, 0 < l < +\infty$，那么 $\int_a^b f(x) dx$ 收敛；

(2) 如果 $p \geqslant 1, 0 < l < +\infty$，那么 $\int_a^b f(x) dx$ 发散.

如果 $x = b$ 为瑕点，则条件应改为

$$\lim_{x \to b-0} (b-x)^p \cdot f(x) = l.$$

结论是相同的.

例1 判别瑕积分 $\int_0^1 \frac{1}{\sqrt{\sin x}} dx, \int_0^1 \frac{\sqrt{x}}{\sqrt{1-x^4}} dx$ 的敛散性.

解 $x = 0$ 是 $\frac{1}{\sqrt{\sin x}}$ 的瑕点，而

$$\lim_{x \to 0^+} \sqrt{x} \cdot \frac{1}{\sqrt{\sin x}} = 1, \quad p = \frac{1}{2},$$

故 $\int_0^1 \frac{1}{\sqrt{\sin x}} dx$ 收敛.

6.4 广义积分

$x=1$ 是 $\dfrac{\sqrt{x}}{\sqrt{1-x^4}}$ 的瑕点,而 $\lim\limits_{x\to 1^-}(1-x)^{\frac{1}{2}}\dfrac{\sqrt{x}}{\sqrt{1-x^4}}=\dfrac{1}{2}$,故 $\displaystyle\int_0^1\dfrac{\sqrt{x}}{\sqrt{1-x^4}}dx$ 收敛.

例 2 判别瑕积分 $\displaystyle\int_0^{\frac{\pi}{2}}\dfrac{\ln\sin x}{\sqrt{x}}dx$ 的敛散性.

解 $x=0$ 是 $\dfrac{\ln\sin x}{\sqrt{x}}$ 的瑕点,取 $\alpha\left(0<\alpha<\dfrac{1}{2}\right)$,有

$$\lim_{x\to 0^+}x^{\frac{1}{2}+\alpha}\dfrac{\ln\sin x}{\sqrt{x}}=\lim_{x\to 0^+}\dfrac{\ln\sin x}{x^{-\alpha}}=\lim_{x\to 0^+}\dfrac{\dfrac{1}{\sin x}\cdot\cos x}{-\alpha x^{-\alpha-1}}$$
$$=\lim_{x\to 0^+}-\dfrac{x^\alpha}{\alpha}\dfrac{x}{\sin x}\cdot\cos x=0,$$

$p=\dfrac{1}{2}+\alpha<1$,所以 $\displaystyle\int_0^{\frac{\pi}{2}}\dfrac{\ln\sin x}{\sqrt{x}}dx$ 收敛.

例 3 求函数 $\Gamma(\alpha)=\displaystyle\int_0^{+\infty}x^{\alpha-1}e^{-x}dx$ 的定义域.

解 由于当 $\alpha-1<0$,即 $\alpha<1$ 时,$x=0$ 是 $f(x)=x^{\alpha-1}e^{-x}$ 的瑕点,因此,函数 $\Gamma(\alpha)$ 是带瑕点的无穷积分. 为此,将 $\Gamma(\alpha)$ 写为

$$\Gamma(\alpha)=\int_0^1 x^{\alpha-1}e^{-x}dx+\int_1^{+\infty}x^{\alpha-1}e^{-x}dx.$$

对于瑕积分 $\displaystyle\int_0^1 x^{\alpha-1}e^{-x}dx$ (当 $\alpha<1$ 时,$x=0$ 为瑕点) 有 $\lim\limits_{x\to 0^+}x^{1-\alpha}\cdot x^{\alpha-1}e^{-x}=1$,而 $p=1-\alpha<1$,即当 $\alpha>0$ 时,瑕积分 $\displaystyle\int_0^1 x^{\alpha-1}e^{-x}dx$ 收敛.

对于无穷积分 $\displaystyle\int_1^{+\infty}x^{\alpha-1}e^{-x}dx$,有

$$\lim_{x\to+\infty}x^2\cdot x^{\alpha-1}e^{-x}=\lim_{x\to+\infty}\dfrac{x^{\alpha+1}}{e^x}=0.$$

而 $p=2>1$,因而对任意 α,无穷积分 $\displaystyle\int_1^{+\infty}x^{\alpha-1}e^{-x}dx$ 收敛. 故函数 $\Gamma(\alpha)=\displaystyle\int_0^{+\infty}x^{\alpha-1}e^{-x}dx$ 在 $\alpha>0$ 时是收敛的,即其定义域为 $(0,+\infty)$.

例 4 讨论积分 $\displaystyle\int_0^1 x^{p-1}(1-x)^{q-1}dx$ 的敛散性.

解 显然当 $p<1$ 时,$x=0$ 是瑕点;当 $q<1$ 时,$x=1$ 是瑕点. 为此把积分拆成两项来考虑

$$\int_0^1 x^{p-1}(1-x)^{q-1}dx=\int_0^{\frac{1}{2}}x^{p-1}(1-x)^{q-1}dx+\int_{\frac{1}{2}}^1 x^{p-1}(1-x)^{q-1}dx.$$

(1) 当 $x \to 0^+$ 时,显然有
$$\lim_{x \to 0^+} x^{1-p} \cdot [x^{p-1}(1-x)^{q-1}] = 1,$$
当 $1-p<1$,即 $p>0$ 时,瑕积分 $\int_0^{\frac{1}{2}} x^{p-1}(1-x)^{q-1} \mathrm{d}x$ 收敛;

(2) 当 $x \to 1^-$ 时,显然有
$$\lim_{x \to 1^-} (1-x)^{1-q} [x^{p-1}(1-x)^{q-1}] = 1,$$
当 $1-q<1$,即 $q>0$ 时,瑕积分 $\int_{\frac{1}{2}}^1 x^{p-1}(1-x)^{q-1} \mathrm{d}x$ 收敛.

所以当 $p>0, q>0$ 时,积分 $\int_0^1 x^{p-1}(1-x)^{q-1} \mathrm{d}x$ 收敛.

6.4.5 Γ 函数和 B 函数

作为广义积分的一个具体例子,我们来介绍在工程技术中有重要应用的两个特殊函数——Γ 函数与 B 函数.

定义 由广义积分 $\int_0^{+\infty} x^{\alpha-1} \mathrm{e}^{-x} \mathrm{d}x$ 在区间 $(0, +\infty)$ 内确定的以 α 为自变量的函数,称为 Γ 函数(Gamma 函数),记作
$$\Gamma(\alpha) = \int_0^{+\infty} x^{\alpha-1} \mathrm{e}^{-x} \mathrm{d}x, \quad \alpha \in (0, +\infty).$$

由于
$$\Gamma(\alpha+1) = \int_0^{+\infty} x^\alpha \mathrm{e}^{-x} \mathrm{d}x = -x^\alpha \mathrm{e}^{-x} \Big|_0^{+\infty} + \alpha \int_0^{+\infty} x^{\alpha-1} \mathrm{e}^{-x} \mathrm{d}x$$
$$= \alpha \int_0^{+\infty} x^{\alpha-1} \mathrm{e}^{-x} \mathrm{d}x = \alpha \Gamma(\alpha),$$

而
$$\Gamma(n+1) = n\Gamma(n) = n(n-1)\Gamma(n-1) = \cdots$$
$$= n(n-1) \cdot (n-2) \cdot \cdots \cdot 2 \cdot 1 \Gamma(1) = n! \int_0^{+\infty} \mathrm{e}^{-x} \mathrm{d}x = n!,$$

这是 $n!$ 的一个分析表达式.

综上所述,我们得到 Γ 函数的两个性质:
(1) $\Gamma(\alpha+1) = \alpha \Gamma(\alpha)$;
(2) $\Gamma(n+1) = n!$.

在表达式 $\Gamma(\alpha) = \int_0^{+\infty} x^{\alpha-1} \mathrm{e}^{-x} \mathrm{d}x$ 中,令 $x = t^2$,便得到 Γ 函数的另一种形式
$$\Gamma(\alpha) = \int_0^{+\infty} (t^2)^{\alpha-1} \mathrm{e}^{-t^2} 2t \mathrm{d}t = 2\int_0^{+\infty} t^{2\alpha-1} \mathrm{e}^{-t^2} \mathrm{d}t,$$

当 $\alpha = \frac{1}{2}$ 时,得到

6.4 广义积分

$$\Gamma\left(\frac{1}{2}\right) = 2\int_0^{+\infty} e^{-t^2} dt.$$

定义 当 $p>0, q>0$ 时，我们称积分 $\int_0^1 x^{p-1}(1-x)^{q-1} dx$ 为 B 函数（Beta 函数），记作

$$B(p,q) = \int_0^1 x^{p-1}(1-x)^{q-1} dx.$$

定理 $B(p,q) = B(q,p)$.

证明 令 $x=1-y$，即有

$$B(p,q) = \int_0^1 x^{p-1}(1-x)^{q-1} dx = -\int_1^0 (1-y)^{p-1} y^{q-1} dy$$
$$= \int_0^1 y^{q-1}(1-y)^{p-1} dy = B(q,p).$$

在 $B(p,q)$ 的表达式中，令 $x = \cos^2\theta$，则得到 B 函数的另一种形式

$$B(p,q) = 2\int_0^{\frac{\pi}{2}} \cos^{2p-1}\theta \cdot \sin^{2q-1}\theta d\theta.$$

当 $p=m, q=n$ 都是正整数时，由 6.3.2 小节中的例 4 知

$$B(m,n) = \frac{(m-1)!(n-1)!}{(m+n-1)!} = \frac{\Gamma(m)\Gamma(n)}{\Gamma(m+n)}.$$

上式给出了 B 函数与 Γ 函数的关系式.

对于一般的 p, q，仍有关系式

$$B(p,q) = \frac{\Gamma(p)\Gamma(q)}{\Gamma(p+q)} \quad (p>0, q>0).$$

特别 $p=q=\frac{1}{2}$ 时

$$B\left(\frac{1}{2},\frac{1}{2}\right) = 2\int_0^{\frac{\pi}{2}} d\theta = 2 \cdot \frac{\pi}{2} = \pi.$$

又

$$B\left(\frac{1}{2},\frac{1}{2}\right) = \frac{\Gamma\left(\frac{1}{2}\right)\Gamma\left(\frac{1}{2}\right)}{\Gamma(1)} = \left(\Gamma\left(\frac{1}{2}\right)\right)^2,$$

故

$$\Gamma\left(\frac{1}{2}\right) = \sqrt{\pi},$$

因此有

$$\int_0^{+\infty} e^{-t^2} dt = \frac{\sqrt{\pi}}{2}.$$

例 1 计算 $\Gamma\left(\frac{7}{2}\right)$.

解 由公式 $\Gamma(\alpha+1)=\alpha\Gamma(\alpha)$,得到
$$\Gamma\left(\frac{7}{2}\right)=\frac{5}{2}\cdot\frac{3}{2}\cdot\frac{1}{2}\Gamma\left(\frac{1}{2}\right)=\frac{15}{8}\sqrt{\pi}.$$

例 2 计算 $\int_0^{\frac{\pi}{2}}\sin^6 x\cdot\cos^4 x\mathrm{d}x$.

解
$$\int_0^{\frac{\pi}{2}}\sin^6 x\cdot\cos^4 x\mathrm{d}x=\int_0^{\frac{\pi}{2}}\cos^{5-1}x\sin^{7-1}x\mathrm{d}x$$

$$=\frac{1}{2}B\left(\frac{5}{2},\frac{7}{2}\right)=\frac{1}{2}\frac{\Gamma\left(\frac{5}{2}\right)\Gamma\left(\frac{7}{2}\right)}{\Gamma\left(\frac{5}{2}+\frac{7}{2}\right)}$$

$$=\frac{1}{2}\cdot\frac{\frac{3}{2}\cdot\frac{1}{2}\cdot\Gamma\left(\frac{1}{2}\right)\cdot\frac{5}{2}\cdot\frac{3}{2}\cdot\frac{1}{2}\cdot\Gamma\left(\frac{1}{2}\right)}{5!}$$

$$=\frac{3\pi}{512}.$$

例 3 计算 $\int_0^1\dfrac{\mathrm{d}x}{\sqrt{1-\sqrt[3]{x}}}$.

解 令 $\sqrt[3]{x}=t$,即 $x=t^3$,则
$$\int_0^1\frac{\mathrm{d}x}{\sqrt{1-\sqrt[3]{x}}}=\int_0^1(1-t)^{-\frac{1}{2}}\cdot 3t^2\mathrm{d}t$$

$$=3\int_0^1 t^{3-1}(1-t)^{\frac{1}{2}-1}\mathrm{d}t=3B\left(3,\frac{1}{2}\right)$$

$$=3\frac{\Gamma(3)\Gamma\left(\frac{1}{2}\right)}{\Gamma\left(\frac{7}{2}\right)}=3\frac{2!\Gamma\left(\frac{1}{2}\right)}{\frac{5}{2}\cdot\frac{3}{2}\cdot\frac{1}{2}\Gamma\left(\frac{1}{2}\right)}=\frac{16}{5}.$$

习 题 6.4

1. 计算下列广义积分：

(1) $\displaystyle\int_{16}^{+\infty}\frac{\mathrm{d}x}{\sqrt{x^3}}$;

(2) $\displaystyle\int_0^{+\infty}x\mathrm{e}^{-ax}\mathrm{d}x\ (a>0)$;

(3) $\displaystyle\int_0^{+\infty}\mathrm{e}^{-ax}\cos bx\mathrm{d}x$;

(4) $\displaystyle\int_2^{+\infty}\frac{\mathrm{d}x}{x^2-x}$;

(5) $\displaystyle\int_{-\infty}^{+\infty}\mathrm{e}^{-|x|}\mathrm{d}x$;

(6) $\displaystyle\int_0^1 x\ln^n x\mathrm{d}x$;

(7) $\displaystyle\int_1^{\mathrm{e}}\frac{\mathrm{d}x}{x\sqrt{1-(\ln x)^2}}$;

(8) $\displaystyle\int_1^2\frac{\mathrm{d}x}{x\sqrt{x^2-1}}$;

(9) $\displaystyle\int_0^1\sqrt{\frac{x}{1-x}}\mathrm{d}x$;

(10) $\displaystyle\int_1^{+\infty}\frac{\arctan x}{x^2}\mathrm{d}x$.

2. 讨论下列积分的敛散性：

(1) $\int_0^{+\infty} \dfrac{x^2}{x^4+x^2+1}\mathrm{d}x$；

(2) $\int_3^{+\infty} \dfrac{\mathrm{d}x}{x(x-1)(x-2)}$；

(3) $\int_0^{+\infty} \dfrac{x^m}{1+x^n}\mathrm{d}x$；

(4) $\int_0^{+\infty} x^n \mathrm{e}^{-x^2}\mathrm{d}x\ (n>0)$；

(5) $\int_0^{\pi} \dfrac{\mathrm{d}x}{\sqrt{\sin x}}$；

(6) $\int_0^1 \dfrac{\ln x}{1-x}\mathrm{d}x$；

(7) $\int_0^1 x^a \ln x \mathrm{d}x\ (a>0)$；

(8) $\int_0^{\frac{\pi}{2}} \dfrac{\mathrm{d}x}{\sin^2 x \cos^2 x}$；

(9) $\int_0^1 \dfrac{\mathrm{d}x}{\sqrt[3]{x^2(1-x)}}$；

(10) $\int_0^{+\infty} \dfrac{\mathrm{d}x}{x^p + x^q}$．

3. 求由曲线 $y = x\mathrm{e}^{-2x^2}$ 和 x 轴的正方向所围成的面积．

4. 用 Gamma 函数或 Beta 函数表示下列积分：

(1) $\int_0^1 \dfrac{\mathrm{d}x}{\sqrt{1-x^4}}$；

(2) $\int_0^1 \dfrac{x^2}{\sqrt{1-x^4}}\mathrm{d}x$；

(3) $\int_0^{\frac{\pi}{2}} \sin^a x \mathrm{d}x\ (a>0)$；

(4) $\int_0^{+\infty} \dfrac{\mathrm{d}x}{1+x^3}\ \left(\text{提示：令}\dfrac{1}{1+x^3}=t\right)$；

(5) $\int_0^{+\infty} \dfrac{\sqrt[4]{x}\mathrm{d}x}{(1+x)^2}$；

(6) $\int_0^1 \dfrac{\mathrm{d}x}{\sqrt[n]{1-x^n}}\ (n>0)$；

(7) $\int_0^{+\infty} \dfrac{x^2 \mathrm{d}x}{1+x^4}$；

(8) $\int_0^1 \left(\ln \dfrac{1}{x}\right)^{a-1}\mathrm{d}x$．

总习题六

1. 设 $f(x) = \dfrac{1}{2}\int_0^x (x-t)^2 g(t)\mathrm{d}t$，其中，$g(t)$ 是连续函数，试求 $f'(x), f''(x)$．

2. 设 $f(x) = \int_0^x \left[\int_1^{\sin t}\sqrt{1+u^4}\mathrm{d}u\right]\mathrm{d}t$，求 $f''(x)$．

3. 计算 $I_n = \int_0^{n\pi} x|\sin x|\mathrm{d}x$，其中，$n$ 为正整数．

4. 求 $\lim\limits_{n\to\infty}\left\{\dfrac{2^{\frac{1}{n}}}{n+1} + \dfrac{2^{\frac{2}{n}}}{n+\frac{1}{2}} + \cdots + \dfrac{2^{\frac{n}{n}}}{n+\frac{1}{n}}\right\}$．

5. 已知 $f(\pi) = 4, \int_0^{\pi}[f(x)+f''(x)]\sin x \mathrm{d}x = 5$，求 $f(0)$．

6. 设 $f(x)$ 在区间 $(-\infty, +\infty)$ 内连续，且

$$F(x) = \dfrac{1}{2a}\int_{x-a}^{x+a} f(t)\mathrm{d}t\quad (a>0),$$

(1) 求 $F'(x)$；

(2) 求 $\lim\limits_{a\to 0}\dfrac{1}{2a}\int_{x-a}^{x+a} f(t)\mathrm{d}t$；

(3) 若 M, m 分别为 $f(x)$ 在区间 $[x-a, x+a]$ 上的最大值与最小值，证明 $|F(x)-f(x)| \leqslant$

$M-m$.

7. 设 $f(x)$ 在 $[0,1]$ 上可导，$f'(x)>0$，求 $F(x)=\int_0^1 |f(x)-f(t)|\,dt$ 的极值点，并求此极值是极大还是极小？

8. 设函数 $f(x)$ 连续，且 $\int_0^x tf(2x-t)\,dt = \frac{1}{2}\arctan x^2$，已知 $f(1)=1$，求 $\int_1^2 f(x)\,dx$.

9. 计算下列定积分：

(1) $\int_0^a \dfrac{dx}{x+\sqrt{a^2-x^2}}$；　　(2) $\int_0^{\frac{\pi}{4}} \ln(1+\tan x)\,dx$.

10. 设 $f(x)$ 在 $[0,2a]\,(a>0)$ 上连续，证明
$$\int_0^{2a} f(x)\,dx = \int_0^a [f(x)+f(2a-x)]\,dx.$$

11. 若 $f(x)$ 关于 $x=T$ 对称，且 $a<T<b$，则
$$\int_a^b f(x)\,dx = 2\int_T^b f(x)\,dx + \int_a^{2T-b} f(x)\,dx.$$

12. 若 $f(x)$ 在 $[0,1]$ 上有二阶连续导数，则
$$\int_0^1 f(x)\,dx = \frac{f(0)+f(1)}{2} - \frac{1}{2}\int_0^1 x(1-x)f''(x)\,dx.$$

13. 设 $f(x)$ 连续，且 $f(x)=x+2\int_0^1 f(t)\,dt$，求 $f(x)$.

14. 设 $f(x)$ 在 $[0,1]$ 上连续，$(0,1)$ 内可导，且 $3\int_{\frac{2}{3}}^1 f(x)\,dx = f(0)$，证明存在 $\xi \in (0,1)$ 使 $f'(\xi)=0$.

15. 设 $y=f(x)$ 是 $[0,1]$ 上的任一非负连续函数，

(1) 证明存在点 $x_0 \in (0,1)$，使得在 $[0,x_0]$ 上以 $f(x_0)$ 为高的矩形面积等于在 $[x_0,1]$ 上以 $y=f(x)$ 为曲边的曲边梯形面积；

(2) 又设 $f(x)$ 在 $(0,1)$ 内可导，且 $xf'(x)>-2f(x)$，则 (1) 中的 x_0 是唯一的.

16. 设 $f(x)$ 在 $[0,1]$ 上有连续的导数，试证对于任意 $x\in[0,1]$，有
$$|f(x)| \leqslant \int_0^1 [|f'(t)|+|f(t)|]\,dt.$$

17. 设 $f(x)$ 在 $[0,1]$ 上连续且单调减少，证明当 $0<\lambda<1$ 时有
$$\int_0^\lambda f(x)\,dx \geqslant \lambda \int_0^1 f(x)\,dx.$$

18. 设 $f(x)$ 在 $[0,1]$ 上连续，在 $(0,1)$ 内可导，且 $f(0)=0$，$0<f'(x)<1$，证明
$$\left[\int_0^1 f(x)\,dx\right]^2 > \int_0^1 f^3(x)\,dx.$$

19. 设 $f(x)$ 和 $g(x)$ 在区间 $[a,b]$ 上连续，试证至少有一点 $c \in (a,b)$，使得
$$f(c)\int_c^b g(x)\,dx = g(c)\int_a^c f(x)\,dx.$$

20. 设 $f''(x)>0$，$x\in[a,b]$，证明
$$f\left(\frac{a+b}{2}\right) \leqslant \frac{1}{b-a}\int_a^b f(x)\,dx \leqslant \frac{f(a)+f(b)}{2}.$$

21. 设 $f''(x)<0$，$0 \leqslant x \leqslant 1$，试证

$$\int_0^1 f(x^2)\mathrm{d}x \leqslant f\left(\frac{1}{3}\right).$$

22. 设 $f(x)$ 在 $[a,b]$ 上连续且单调增加,求证
$$\int_a^b xf(x)\mathrm{d}x \geqslant \frac{a+b}{2}\int_a^b f(x)\mathrm{d}x.$$

23. 设 $f(x)$ 在 $[a,b]$ 上连续,在 (a,b) 内可导,$f(a)=0$ 且 $|f'(x)|\leqslant M$,证明
$$\int_a^b |f(x)|\mathrm{d}x \leqslant \frac{M}{2}(b-a)^2.$$

第 7 章　定积分的应用

在科学技术中有很多量都需要用定积分来表达. 本章重点介绍建立这些量的积分表达式的常用方法——微元法,通过几何和物理方面的例子说明运用这种方法的思想和步骤.

7.1　建立积分表达式的微元法

应用定积分解决实际问题,需要解决两个问题:第一,用定积分来表达的量应具备哪些特征? 第二,怎样建立这些量的积分表达式?

在第 6 章我们已经看到,曲边梯形的面积 A 和作变速直线运动物体的位移 S 等都可用定积分来表达. 这些量具有如下共同特征:①它们都是分布在区间 $[a,b]$ 上的非均匀连续分布的量;②这类整体量都具有对于区间的可加性,即分布在 $[a,b]$ 上的总量等于分布在各子区间上的局部量之和. 一般情况下,凡用定积分描述的量都具备这些特征.

正是由于所求整体量 A 具有以上特点,因而使得我们能够用"分割—近似代替—求和—取极限"的办法来计算它. 但是,分析这种方法的实质,不难将四个步骤简化为两步. 第一步,包含"分割"、"近似"两个步骤的主要内容,也就是通过将 $[a,b]$ 分割为子区间,在每个子区间上用均匀变化近似代替非均匀变化,求得局部量的近似值

$$\Delta A_i \approx f(\xi_i)\Delta x_i,$$

它对应着积分表达式中的被积式 $f(x)\mathrm{d}x$;第二步,就是将"求和"、"取极限"两个步骤合二为一,通过将各个局部近似值相加并取极限得到整体量的精确值,即对被积式 $f(x)\mathrm{d}x$ 作积分

$$A = \int_a^b f(x)\mathrm{d}x.$$

上述简化过程具有一般性. 设 $f(x)$ 在 $[a,b]$ 上连续,Q 为由 $y=f(x)$ 所确定的在区间 $[a,b]$ 上非均匀连续分布的量,并且对区间具有可加性. 为简单起见,省略各子区间的下标 i,把第 i 个子区间记为 $[x, x+\mathrm{d}x]$. 由于 $f(x)$ 为连续函数,可取子区间的左端点为 ξ_i,这时建立所求量 Q 的积分表达式的步骤就可归纳为如下两步:

(1) 任意分割区间 $[a,b]$ 为若干子区间,任取一个子区间 $[x, x+\mathrm{d}x]$,求 Q 在

该区间上局部量 ΔQ 的近似值

$$dQ = f(x)dx;$$

(2) 以 $f(x)dx$ 为被积式,在 $[a,b]$ 上作积分即得总量 Q 的精确值

$$Q = \int_a^b dQ = \int_a^b f(x)dx. \tag{7.1.1}$$

这种建立积分表达式的方法,通常称为微元法. 其中,$dQ = f(x)dx$ 称为积分微元(或积分元素),简称微元.

为什么用这样两步写出的定积分就是所要求的整体量呢? 从数量关系上看,"微元"到底是什么? 换句话说,微元法的理论根据是什么?

上述两步中,求子区间 $[x, x+dx]$ 上局部量 ΔQ 的近似值是微元法的关键一步. 怎样才能求得局部量 ΔQ 所需要的近似值呢? 为了说明这个问题,我们把分布在区间 $[a,x]$ ($x \in [a,b]$) 上的量 Q 记作 $Q(x)$,对比 (7.1.1) 式可知

$$Q(x) = \int_a^x f(t)dt \quad (x \in [a,b]).$$

由于 $f(x)$ 在 $[a,b]$ 上连续,所以 $Q(x)$ 的微分为

$$dQ = f(x)dx. \tag{7.1.2}$$

而 ΔQ 就是 $Q(x)$ 在区间 $[x, x+dx]$ 上的改变量,因而局部量 ΔQ 所需要的近似值就是 (7.1.2) 式所表示的 $Q(x)$ 的微分,这就为寻求 ΔQ 所需要的近似值确立了标准. 根据改变量 ΔQ 与微分的关系,只要能找到与 dx 成线性关系并且与 ΔQ 之差为 dx 高阶无穷小的量 $dQ = f(x)dx$,那么,它就是 ΔQ 所需要的近似值. 在实际应用中,通过在子区间 $[x, x+dx]$ 上把非均匀变化的量近似看成是均匀的,或者把子区间 $[x, x+dx]$ 近似看成一点,用乘法所求得的近似值往往就符合上述要求,可以作为 ΔQ 所需要的近似值,即为所寻求的积分微元 $dQ = f(x)dx$. 下面再通过一些实例来说明微元法.

7.2 定积分的几何应用

7.2.1 平面图形的面积

1. 直角坐标系下的面积公式

设曲边形由两条曲线 $y = f_1(x), y = f_2(x)$ (其中,$f_1(x), f_2(x)$ 在 $[a,b]$ 上连续,且 $f_2(x) \geqslant f_1(x), x \in [a,b]$) 及直线 $x = a, x = b$ 所围成 (图 7.1)(以下简称平面图形 $f_1(x) \leqslant y \leqslant f_2(x), a \leqslant x \leqslant b$),我们来求出它的面积 A.

取 x 为积分变量,它的变化区间为 $[a,b]$. 设想把 $[a,b]$ 分成若干个小区间,并把其中的代表性小区间记作 $[x, x+dx]$. 与这个小区间相对应的窄曲边形的面积

ΔA 近似等于高为 $f_2(x)-f_1(x)$, 底为 dx 的窄矩形的面积 $[f_2(x)-f_1(x)]dx$, 从而得面积元素 dA, 即

$$dA = [f_2(x) - f_1(x)]dx.$$

于是得平面图形 $f_1(x) \leqslant y \leqslant f_2(x), a \leqslant x \leqslant b$ 的面积为

$$A = \int_a^b [f_2(x) - f_1(x)]dx. \tag{7.2.1}$$

下面计算几个具体图形的面积.

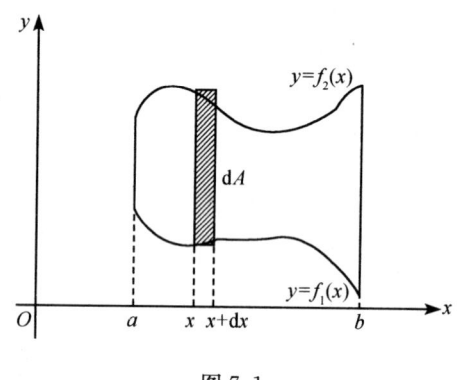

图 7.1

图 7.2

例 1 求由两曲线 $y=x^2, x=y^2$ 所围成的平面图形的面积.

解 先求出两条抛物线的交点 $(0,0)$ 与 $(1,1)$, 从而知道图形(图 7.2)介于直线 $x=0$ 和 $x=1$ 之间. 图形可以看成是介于两条曲线 $y=x^2$ 与 $y=\sqrt{x}$ 及直线 $x=0, x=1$ 之间的曲边形. 所以, 它的面积

$$A = \int_0^1 (\sqrt{x} - x^2)dx = \left[\frac{2}{3}x^{\frac{3}{2}}dx - \frac{1}{3}x^3\right]\Big|_0^1 = \frac{1}{3}.$$

例 2 求由三条曲线 $y=x^2, y=\dfrac{x^2}{4}$ 及 $y=1$ 围成的平面图形的面积.

解 由于这个图形(图 7.3)关于 y 轴对称, 所以其面积是第一象限中面积的两倍, 即 $A=2A_1$. 在第一象限中, 直线 $y=1$ 与曲线 $y=x^2$ 与 $y=\dfrac{x^2}{4}$ 的交点分别是 $(1,1)$ 与 $(2,1)$, 因此面积 A_1 是

$$\begin{aligned}A_1 &= \int_0^1 \left(x^2 - \frac{x^2}{4}\right)dx + \int_1^2 \left(1 - \frac{x^2}{4}\right)dx \\ &= \int_0^1 \frac{3}{4}x^2 dx + \int_1^2 \left(1 - \frac{x^2}{4}\right)dx \\ &= \frac{x^3}{4}\Big|_0^1 + \left(x - \frac{x^3}{12}\right)\Big|_1^2 = \frac{2}{3}.\end{aligned}$$

所以 $A = 2A_1 = \dfrac{4}{3}$.

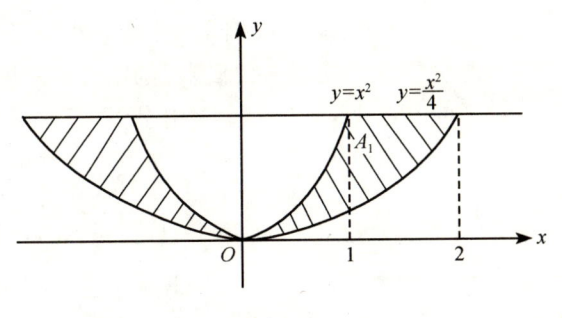

7.2 定积分的几何应用

图 7.3

例 3 求 $y=\sin x$ 和 $y=\cos x$ 在 $[0,\pi]$ 之间的面积.

解 由于 $y=\sin x$ 和 $y=\cos x$ 在区间 $[0,\pi]$ 上相交,即在区间 $\left[0,\dfrac{\pi}{4}\right]$ 上 $\cos x \geqslant \sin x$,而在 $\left[\dfrac{\pi}{4},\pi\right]$ 上 $\sin x \geqslant \cos x$(图 7.4). 故所求面积

$$A = \int_0^\pi |\sin x - \cos x|\,dx$$

$$= \int_0^{\frac{\pi}{4}} (\cos x - \sin x)\,dx + \int_{\frac{\pi}{4}}^\pi (\sin x - \cos x)\,dx$$

$$= (\sin x + \cos x)\Big|_0^{\frac{\pi}{4}} + (-\cos x - \sin x)\Big|_{\frac{\pi}{4}}^\pi$$

$$= (\sqrt{2}-1) + (1+\sqrt{2}) = 2\sqrt{2}.$$

完全类似地,当平面图形由连续曲线 $x=\varphi_1(y), x=\varphi_2(y)$,及直线 $y=c, y=d$ 围成时(图 7.5),且满足

$$\varphi_1(y) \leqslant \varphi_2(y), \quad y \in [c,d]$$

那么有类似的面积公式

$$A = \int_c^d [\varphi_2(y) - \varphi_1(y)]\,dy. \qquad (7.2.2)$$

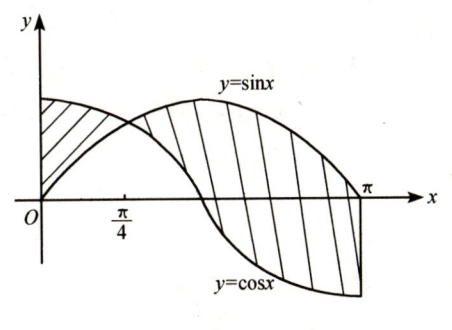

图 7.4 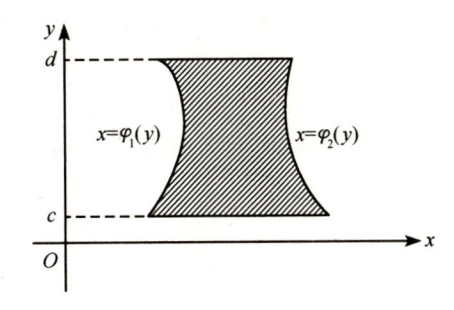　　　　图 7.5

例 4 计算抛物线 $y^2=2x$ 与直线 $y=x-4$ 所围成的图形的面积.

解 由公式(7.2.2)(图 7.6),所求面积

$$A=\int_{-2}^{4}\left(y+4-\frac{1}{2}y^2\right)\mathrm{d}y$$
$$=\left(\frac{1}{2}y^2+4y-\frac{1}{6}y^3\right)\Big|_{-2}^{4}=18.$$

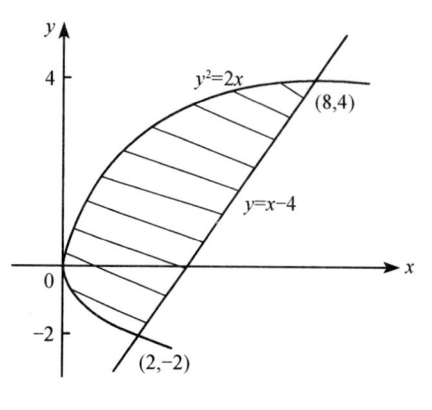

图 7.6

2. 极坐标系下的面积公式

当某些平面图形的边界曲线以极坐标方程给出时,我们可以考虑直接用极坐标来计算这些平面图形的面积.

设由连续曲线 $r=r(\theta)$ 与射线 $\theta=\alpha,\theta=\beta$ 围成一图形(称为曲边扇形,以下简称曲边扇形 $0\leqslant r\leqslant r(\theta),\alpha\leqslant\theta\leqslant\beta$,图 7.7). 我们要求其面积.

图 7.7

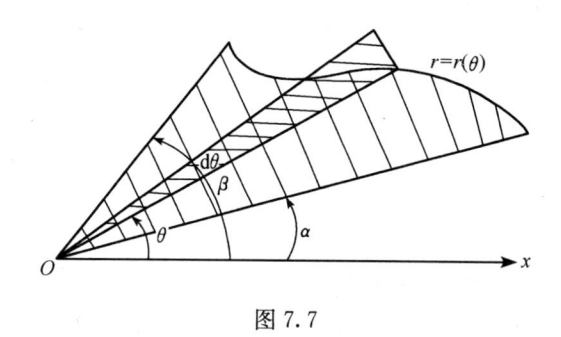

由于当 θ 在 $[\alpha,\beta]$ 上变动时,极径 $r=r(\theta)$ 也随之变动,因此我们不能直接利用圆扇形的面积公式

$$A=\frac{1}{2}R^2\theta$$

来计算曲边扇形的面积. 我们采用微分元素法.

取极角 θ 为积分变量,它的变化区间为 $[\alpha,\beta]$,在 $[\alpha,\beta]$ 上任取一小区间 $[\theta,\theta+\mathrm{d}\theta]$,对应的窄曲边扇形的面积近似等于半径为 $r(\theta)$、中心角为 $\mathrm{d}\theta$ 的圆扇形的面积,从而得到曲边扇形面积的面积元素

$$\mathrm{d}A=\frac{1}{2}[r(\theta)]^2\mathrm{d}\theta,$$

以 $\frac{1}{2}[r(\theta)]^2\mathrm{d}\theta$ 为被积表达式,在闭区间 $[\alpha,\beta]$ 上作定积分,便得到所求曲边扇形的面积为

7.2 定积分的几何应用

$$A = \int_\alpha^\beta \frac{1}{2} r^2(\theta) d\theta.$$

例 5 求双纽线 $r^2 = a^2 \cos 2\theta (a > 0)$ 所围图形的面积.

解 (图 7.8)由对称性可知,θ 在第一象限中的变化范围是 $0 \sim \frac{\pi}{4}$,于是所求双纽线所围图形面积是

$$A = 4\int_0^{\frac{\pi}{4}} \frac{1}{2} r^2(\theta) d\theta = 2\int_0^{\frac{\pi}{4}} a^2 \cos 2\theta d\theta$$
$$= a^2 \sin 2\theta \Big|_0^{\frac{\pi}{4}} = a^2.$$

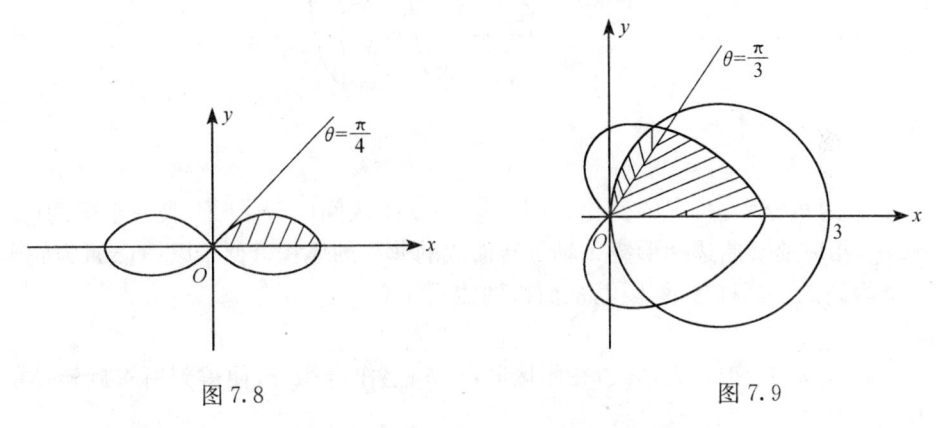

图 7.8　　图 7.9

例 6 求圆 $r = 3\cos\theta$ 与心形线 $r = 1 + \cos\theta$ 所围图形的面积.

解 所围图形(图 7.9)对称于 x 轴,求出圆与心形线在第一象限的交点,得 $\theta = \frac{\pi}{3}$,因此

$$A = 2\left[\int_0^{\frac{\pi}{3}} \frac{1}{2}(1+\cos\theta)^2 d\theta + \int_{\frac{\pi}{3}}^{\frac{\pi}{2}} \frac{1}{2}(3\cos\theta)^2 d\theta\right]$$
$$= \int_0^{\frac{\pi}{3}} \left(\frac{3}{2} + 2\cos\theta + \frac{1}{2}\cos 2\theta\right) d\theta + \int_{\frac{\pi}{3}}^{\frac{\pi}{2}} \frac{9}{2}(1+\cos 2\theta) d\theta$$
$$= \left(\frac{\pi}{2} + \frac{9}{8}\sqrt{3}\right) + \left(\frac{3}{4}\pi - \frac{9}{8}\sqrt{3}\right) = \frac{5}{4}\pi.$$

7.2.2 体积

一般的体积计算将在以后的重积分中讨论.有两种比较特殊的立体的体积可以利用定积分来计算.

1. 旋转体的体积

平面图形绕着它所在平面内的一条直线旋转一周所成的立体称为旋转体.这

条直线称为旋转轴.我们现在求曲边梯形 $0 \leqslant y \leqslant f(x), a \leqslant x \leqslant b$(其中,$f(x)$在$[a,b]$上连续)绕 x 轴旋转一周所成的旋转体的体积(图 7.10).

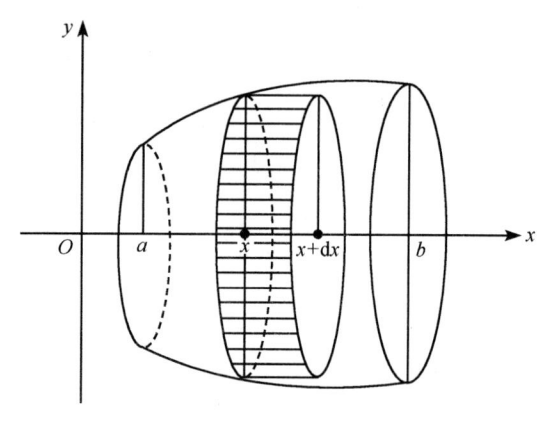

图 7.10

设 x 为积分变量,它的变化区间为$[a,b]$. 在区间$[a,b]$上任取一小区间$[x, x+dx]$,相应的窄曲边梯形绕 x 轴旋转而成的薄片的体积近似于以$|f(x)|$为底半径、dx 为高的扁圆柱形的体积,从而得到体积元素

$$dv = \pi[f(x)]^2 dx,$$

以 $\pi[f(x)]^2 dx$ 为被积表达式,在闭区间$[a,b]$上作定积分,便得到所求旋转体的体积

$$V = \int_a^b \pi[f(x)]^2 dx.$$

类似地,由连续曲线 $x = \varphi(y)$,直线 $y = c, y = d$ 及 y 轴所围成的曲边梯形绕 y 轴旋转一周而成的旋转体的体积为

$$V = \int_c^d \pi[\varphi(y)]^2 dy.$$

例1 求由椭圆 $\dfrac{x^2}{a^2} + \dfrac{y^2}{b^2} = 1$ 绕 x 轴旋转所成旋转体的体积.

解 由公式,$V = \displaystyle\int_{-a}^{a} \pi \dfrac{b^2}{a^2}(a^2 - x^2) dx = \dfrac{4}{3}\pi ab^2$.

类似地,由椭圆 $\dfrac{x^2}{a^2} + \dfrac{y^2}{b^2} = 1$ 绕 y 轴旋转所成旋转体的体积 $V = \dfrac{4}{3}\pi a^2 b$.

例2 计算正弦曲线 $y = \sin x, x \in [0, \pi]$ 与 x 轴围成的图形分别绕 x 轴、y 轴旋转所成的旋转体的体积.

解 这个图形绕 x 轴旋转一周所成的旋转体的体积为

$$V = \int_0^\pi \pi \sin^2 x \, dx = \dfrac{\pi}{2}\int_0^\pi (1 - \cos 2x) dx,$$

$$= \frac{\pi}{2}\left[x - \frac{1}{2}\sin 2x\right]\Big|_0^\pi = \frac{\pi^2}{2}.$$

这个图形绕 y 轴旋转一周所成的旋转体的体积可以看成平面图形 $OABC$ 与 OBC(图 7.11) 分别绕 y 轴旋转而成的旋转体的体积之差. 因为弧段 OB 的方程为 $x = \arcsin y (0 \leqslant y \leqslant 1)$, 弧段 AB 的方程为 $x = \pi - \arcsin y (0 \leqslant y \leqslant 1)$, 因此所求的体积为

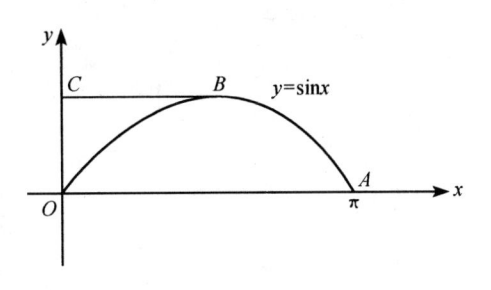

图 7.11

$$\begin{aligned}
V &= \int_0^1 \pi(\pi - \arcsin y)^2 \mathrm{d}y - \int_0^1 \pi(\arcsin y)^2 \mathrm{d}y \\
&= \pi \int_0^1 (\pi^2 - 2\pi \arcsin y) \mathrm{d}y \\
&= \pi^3 - 2\pi^2 \int_0^1 \arcsin y \mathrm{d}y \\
&= \pi^3 - 2\pi^2 \left\{ [y \arcsin y]\Big|_0^1 - \int_0^1 \frac{y}{\sqrt{1-y^2}} \mathrm{d}y \right\} \\
&= 2\pi^2 \int_0^1 \frac{y}{\sqrt{1-y^2}} \mathrm{d}y = 2\pi^2 [-\sqrt{1-y^2}]\Big|_0^1 = 2\pi^2.
\end{aligned}$$

2. 平行截面面积为已知的立体的体积

设一立体位于平面 $x=a$ 与 $x=b(a<b)$ 之间, 任意一个垂直于 x 轴的平面截此立体得到的截面积为 $A(x)$, 它在 $[a,b]$ 上连续. 求这个立体的体积.

取定轴为 x 轴, 在 $[a,b]$ 上任取一小区间 $[x, x+\mathrm{d}x]$, 则由图 7.12 知立体的体积元素为

$$\mathrm{d}V = A(x)\mathrm{d}x,$$

从而立体的体积

$$V = \int_a^b A(x) \mathrm{d}x.$$

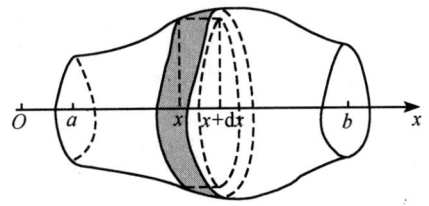

图 7.12

例3 一平面经过半径为 R 的圆柱体的底圆中心，并且与底面交成角 α，计算这个平面截圆柱体所得立体的体积。

解 取这个平面与底面的交线为 x 轴，底面过圆心，且垂直于 x 轴的直线为 y 轴，则底圆的方程为 $x^2+y^2=R^2$（图7.13）。立体中过点 x 且垂直于 x 轴的截面是一个直角三角形。三角形的底为 y，高为 $y\tan\alpha$，即底为 $\sqrt{R^2-x^2}$，高为 $\sqrt{R^2-x^2}\tan\alpha$，因而截面面积为 $A(x)=\dfrac{1}{2}(R^2-x^2)\tan\alpha$，于是所求立体体积为

$$V=\int_{-R}^{R}\frac{1}{2}(R^2-x^2)\tan\alpha\,\mathrm{d}x=\frac{1}{2}\tan\alpha\left[R^2 x-\frac{1}{3}x^3\right]\Bigg|_{-R}^{R}=\frac{2}{3}R^3\tan\alpha.$$

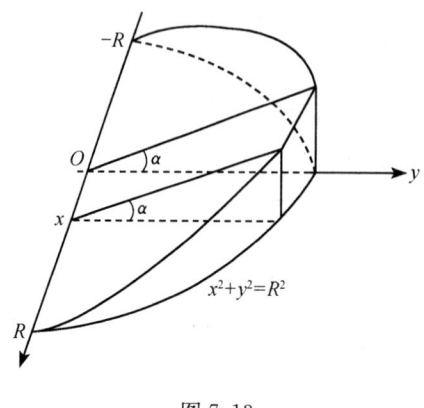

图 7.13

7.2.3 平面曲线的弧长

直角坐标情形

设曲线弧由直角坐标方程

$$y=f(x)\quad(a\leqslant x\leqslant b)$$

给出，其中，$f(x)$ 在 $[a,b]$ 上具有一阶连续导数。现在用元素法来计算曲线弧的长度。

取横坐标 x 为积分变量，它的变化区间为 $[a,b]$。曲线 $y=f(x)$ 上对应于 $[a,b]$ 上任一小区间 $[x,x+\mathrm{d}x]$ 的一段弧的长度 ΔS 可以用该曲线在点 $(x,f(x))$ 处的切线上相应的一小段的长度来近似代替（图7.14）。而这相应切线段的长度为

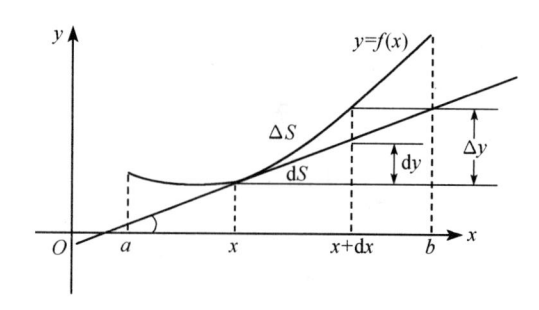

$$\sqrt{(\mathrm{d}x)^2+(\mathrm{d}y)^2}=\sqrt{1+y'^2}\,\mathrm{d}x,$$

图 7.14

7.2 定积分的几何应用

以此作为弧长元素 dS，即

$$dS = \sqrt{1+y'^2}dx,$$

以 dS 为被积表达式，在闭区间 $[a,b]$ 上作定积分，便得所求的弧长

$$S = \int_a^b \sqrt{1+y'^2}dx.$$

例 1 计算星形线 $x^{\frac{2}{3}} + y^{\frac{2}{3}} = a^{\frac{2}{3}}$ 的长度.

解
$$y = (a^{\frac{2}{3}} - x^{\frac{2}{3}})^{\frac{3}{2}}, \quad y'^2 = (a^{\frac{2}{3}} - x^{\frac{2}{3}})x^{-\frac{2}{3}},$$

$$S = 4\int_a^b \sqrt{1+y'^2}dx = 4\int_0^a a^{\frac{1}{3}} x^{-\frac{1}{3}}dx = 6a.$$

参数方程情形

设曲线弧由参数方程

$$\begin{cases} x = \varphi(t) \\ y = \psi(t) \end{cases} \quad (\alpha \leqslant t \leqslant \beta)$$

给出，其中，$\varphi(t), \psi(t)$ 在 $[\alpha, \beta]$ 上具有连续导数，现在来计算这曲线弧的长度.

取参数 t 为积分变量，它的变化区间为 $[\alpha, \beta]$. 相应于 $[\alpha, \beta]$ 上任一小区间 $[t, t+dt]$ 的小弧段的长度的近似值即弧长元素为

$$dS = \sqrt{(dx)^2 + (dy)^2} = \sqrt{[\varphi'(t)]^2(dt)^2 + [\psi'(t)]^2(dt)^2}$$

$$= \sqrt{\varphi'^2(t) + \psi'^2(t)}\,dt,$$

于是曲线弧段 $x = \varphi(t), y = \psi(t) (\alpha \leqslant t \leqslant \beta)$ 的长度为

$$S = \int_\alpha^\beta \sqrt{[\varphi'(t)]^2 + [\psi'(t)]^2}\,dt.$$

例 2 计算摆线 $\begin{cases} x = a(t - \sin t) \\ y = a(1 - \cos t) \end{cases} (a > 0)$

一拱 $(0 \leqslant t \leqslant 2\pi)$（图 7.15）的长度.

解 弧长元素

$$dS = \sqrt{a^2(1-\cos t)^2 + a^2 \sin^2 t}\,dt$$

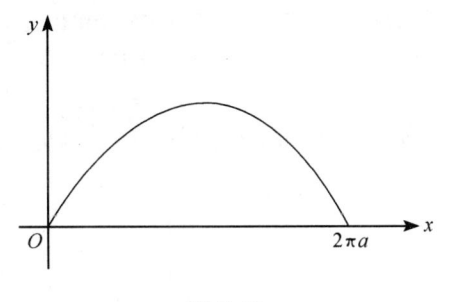

$$= a\sqrt{2(1-\cos t)}\,dt$$

$$= 2a\sin\frac{t}{2}dt,$$

图 7.15

从而，所求的弧长

$$S = \int_0^{2\pi} 2a\sin\frac{t}{2}dt = 2a\left[-2\cos\frac{t}{2}\right]\Big|_0^{2\pi} = 8a$$

极坐标情形

设曲线弧由极坐标方程

$$r = r(\theta) \quad (\alpha \leqslant \theta \leqslant \beta)$$

给出,其中,$r(\theta)$在$[\alpha,\beta]$上具有连续导数. 现在来计算这曲线弧的长度.

由直角坐标与极坐标的关系可得
$$\begin{cases} x = r(\theta)\cos\theta \\ y = r(\theta)\sin\theta \end{cases} (\alpha \leqslant \theta \leqslant \beta),$$

这就是以极角 θ 为参数的曲线弧的参数方程. 于是,弧长元素为
$$dS = \sqrt{x'^2(\theta) + y'^2(\theta)}\,d\theta = \sqrt{r^2(\theta) + r'^2(\theta)}\,d\theta.$$

于是曲线弧段 $r=r(\theta)(\alpha \leqslant \theta \leqslant \beta)$ 的长度为
$$S = \int_\alpha^\beta \sqrt{r^2(\theta) + r'^2(\theta)}\,d\theta.$$

例 3 求心形线 $r=a(1+\cos\theta)$ 的全长.

解 由于(图 7.16)对称性,要计算的周长为心形线在极轴上方部分弧长度的两倍. 由于 $r'(\theta) = -a\sin\theta$,从而弧长元素
$$dS = \sqrt{a^2(1+\cos\theta)^2 + (-a\sin\theta)^2}\,d\theta,$$

因此,所求的周长为
$$S = 2\int_0^\pi 2a \left|\cos\frac{\theta}{2}\right| d\theta = 4a\int_0^\pi \cos\frac{\theta}{2}\,d\theta$$
$$= 4a\left[2\sin\frac{\theta}{2}\right]\Big|_0^\pi = 8a.$$

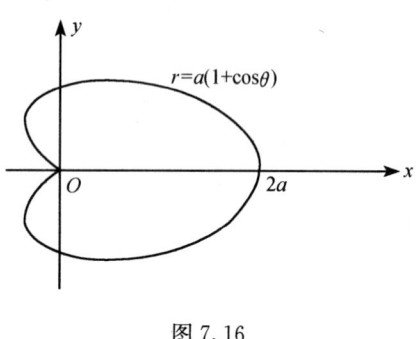

图 7.16

附 关于平面曲线弧长的概念

我们知道,圆周长是用圆内接正多边形的周长当边数无限增加时的极限来确定的. 对于一般的曲线,我们也用类似的方法来给出其长度的概念.

设有曲线弧段 $\stackrel{\frown}{AB}$,在其上任取分点
$$A = M_0, M_1, M_2, \cdots, M_{i-1}, M_i, \cdots, M_n = B$$
并且依次连接相邻的分点得到一条内接折线(图 7.17),记每条弦的长度为

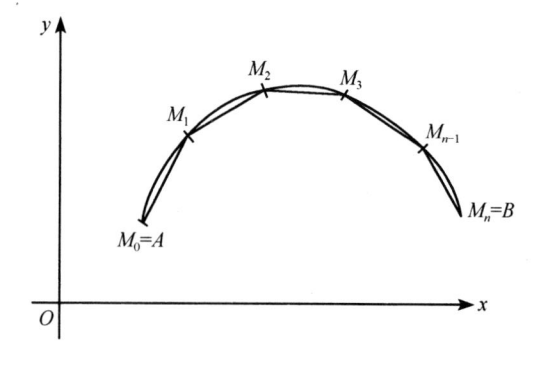

图 7.17

7.2 定积分的几何应用

$$|M_{i-1}M_i| \quad (i=1,2,\cdots,n),$$

令 $\lambda = \max\limits_{1 \leqslant i \leqslant n} |M_{i-1}M_i|$，如果当分点无限增加，且 $\lambda \to 0$ 时，折线长度的极限

$$\lim_{\lambda \to 0} \sum_{i=1}^{n} |M_{i-1}M_i|$$

存在，那么称此曲线弧是可求长的，并把此极限值称为曲线弧 $\overparen{AB}$ 的弧长.

我们指出：光滑曲线弧是可求长的.

关于这个结论，我们仅就直角坐标情形给出证明. 设曲线弧 $\overparen{AB}$ 的直角坐标方程为

$$y = f(x) \quad (a \leqslant x \leqslant b),$$

其中，$f(x)$ 在 $[a,b]$ 上具有一阶连续导数，设 $A = M_0, M_1, M_2, \cdots, M_{n-1}, M_n = B$ 是 $\overparen{AB}$ 上的任意分点，它们依次对应于 $a = x_0, x_1, x_2, \cdots, x_n = b$，记 $\Delta x_i = x_i - x_{i-1}, \Delta y_i = f(x_i) - f(x_{i-1})$，$(i=1,2,\cdots,n)$，则折线的总长度为

$$\sum_{i=1}^{n} |M_{i-1}M_i| = \sum_{i=1}^{n} \sqrt{(\Delta x_i)^2 + (\Delta y_i)^2} \xrightarrow{\text{由微分中值定理}} \sum_{i=1}^{n} \sqrt{(\Delta x_i)^2 + [y'(\xi_i)\Delta x_i]^2}$$

$$= \sum_{i=1}^{n} \sqrt{1 + [y'(\xi_i)]^2} \Delta x_i, \quad \xi_i \in (x_{i-1}, x_i).$$

当分点无限增加而每个小弧段 $\overparen{M_{i-1}M_i}$ 都缩向一点时，必有 $\lambda = \max\limits_{1 \leqslant i \leqslant n} \{\Delta x_i\} \to 0$，而

$$\lim_{\lambda \to 0} \sum_{i=1}^{n} \sqrt{1 + [y'(\xi_i)]^2} \Delta x_i = \int_a^b \sqrt{1 + y'^2} \, dx.$$

于是 $\sum\limits_{i=1}^{n} |M_{i-1}M_i|$ 的极限为 $\int_a^b \sqrt{1+y'^2} \, dx$，这说明 $\overparen{AB}$ 是可求长度的.

在前面的章节中我们已经得到弧微分公式

$$dS = \sqrt{1 + y'^2} \, dx.$$

下面我们来讨论光滑曲线上的弧段长、弦长及对应的切线段长之间的等价无穷小关系.

设 $M(x,y), M'(x+\Delta x, y+\Delta y)(\Delta x > 0)$ 是光滑曲线 $y = f(x)$ 上的两点，则弧 $\overparen{MM'}$ 的长度为

$$\Delta S = \int_x^{x+\Delta x} \sqrt{1+y'^2} \, dx = \sqrt{1+y'^2(\xi)} \Delta x \quad (\xi \in (x, x+\Delta x)) \quad (\text{由积分中值定理}),$$

弦 MM' 的长度为

$$|MM'| = \sqrt{(\Delta x)^2 + (\Delta y)^2} = \sqrt{1+y'^2(\tau)} \Delta x \quad (\tau \in (x, x+\Delta x)) \quad (\text{由微分中值定理}),$$

对应的切线长度为

$$dS = \sqrt{(\Delta x)^2 + [y'(x)\Delta x]^2} = \sqrt{1+y'^2(x)} \, dx.$$

当 $M \to M'$ 时，有 $\Delta x \to 0$，这时 $\xi \to x, \tau \to x$，且因 $f'(x)$ 连续，故有

$$\lim_{M' \to M} \frac{\Delta S}{dS} = \lim_{\Delta x \to 0} \frac{\sqrt{1+y'^2(\xi)} \Delta x}{\sqrt{1+y'^2(x)} \Delta x} = \frac{\sqrt{1+y'^2(x)}}{\sqrt{1+y'^2(x)}} = 1,$$

同样

$$\lim_{M' \to M} \frac{|MM'|}{dS} = \lim_{\Delta x \to 0} \frac{\sqrt{1+y'^2(\tau)} \Delta x}{\sqrt{1+y'^2(x)} \Delta x} = \frac{\sqrt{1+y'^2(x)}}{\sqrt{1+y'^2(x)}} = 1.$$

这说明当 $M' \to M$ 时，$\Delta S \sim |MM'| \sim dS$.

7.2.4 旋转体的侧面积

设有光滑曲线段 $y=f(x)$，其中，$f(x)\geqslant 0, x\in[a,b]$，将此曲线段绕 x 轴旋转一周，求所产生的旋转体的侧面积 A.

仍用微元法，由图 7.18 看到，在 $[x,x+\mathrm{d}x]$ 上对应的旋转体的侧面积是底半径为 $y=f(x)$，弧长 $\mathrm{d}S$ 旋转一周而生成，因而其相应的侧面积微元

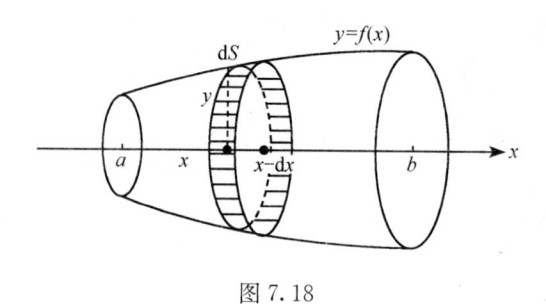

$$\mathrm{d}A = 2\pi y \mathrm{d}S.$$

图 7.18

(1) 如果光滑曲线 Γ 的方程是：$y=f(x), x\in[a,b]$，则旋转体的侧面积

$$\begin{aligned}A &= 2\pi\int_a^b f(x)\mathrm{d}S \\ &= 2\pi\int_a^b f(x)\sqrt{1+[f'(x)]^2}\mathrm{d}x.\end{aligned}$$

(2) 如果光滑曲线 Γ 的方程是：$x=x(t), y=y(t)(\alpha\leqslant t\leqslant\beta)$ 给出，则旋转体的侧面积

$$A = 2\pi\int_\alpha^\beta y\mathrm{d}S = 2\pi\int_\alpha^\beta y(t)\sqrt{x'^2(t)+y'^2(t)}\mathrm{d}t.$$

(3) 如果光滑曲线 Γ 的方程是由极坐标：$r=r(\theta), \alpha\leqslant\theta\leqslant\beta$ 给出，则旋转体的侧面积

$$A = 2\pi\int_\alpha^\beta r(\theta)\sin\theta\sqrt{r^2(\theta)+r'^2(\theta)}\mathrm{d}\theta.$$

例 求圆 $x^2+(y-b)^2=a^2 (0<a<b)$ 绕 x 轴旋转所得旋转体的侧面积.

解 上半圆方程为 $y_1=b+\sqrt{a^2-x^2}$，下半圆方程为 $y_2=b-\sqrt{a^2-x^2}$，

$$y_1' = \frac{-x}{\sqrt{a^2-x^2}}, \quad y_2' = \frac{x}{\sqrt{a^2-x^2}},$$

$$\sqrt{1+y_1'^2} = \sqrt{1+y_2'^2} = \frac{a}{\sqrt{a^2-x^2}},$$

因此，旋转体的侧面积是

7.2 定积分的几何应用

$$A = 2\pi \int_{-a}^{a} y_1 \sqrt{1+y_1'^2}\,\mathrm{d}x + 2\pi \int_{-a}^{a} y_2 \sqrt{1+y_2'^2}\,\mathrm{d}x$$

$$= 2\pi \int_{-a}^{a} (b+\sqrt{a^2-x^2})\frac{a}{\sqrt{a^2-x^2}}\,\mathrm{d}x + 2\pi \int_{-a}^{a} (b-\sqrt{a^2-x^2})\frac{a}{\sqrt{a^2-x^2}}\,\mathrm{d}x$$

$$= 4ab\pi \int_{-a}^{a} \frac{\mathrm{d}x}{\sqrt{a^2-x^2}} = 4ab\pi \left(\arcsin\frac{x}{a}\right)\Big|_{-a}^{a}$$

$$= 4ab\pi^2.$$

习 题 7.2

1. 求下列曲线所围成图形的面积：

(1) $x^2+3y^2=6y$ 与直线 $y=x$ (两部分都要计算)；

(2) $y=2x, y=\frac{1}{2}x, y=\frac{1}{4}x+1$；   (3) $y=x^2, y=(x-2)^2, y=0$；

(4) $y=x^2, y=x, y=2x$；   (5) $\sqrt{x}+\sqrt{y}=1$ 与两坐标轴；

(6) $x=2y-y^2$ 与 $y=2+x$；   (7) $y=2^x, y=1-x, x=1$.

2. 求下列图形的面积：

(1) $y=x^2-x+2$ 与通过坐标原点的两条切线所围成的图形；

(2) $y^2=2x$ 与点 $\left(\frac{1}{2},1\right)$ 处的法线所围成的图形.

3. 求下列曲线所围成图形的面积：

(1) $r=2a\cos\theta$；   (2) $r^2=a^2\cos\theta$.

4. 求下列曲线所围成图形的面积：

(1) $\begin{cases} x=a\cos^3 t \\ y=a\sin^3 t \end{cases}$；   (2) $\begin{cases} x=a(t-\sin t) \\ y=a(1-\cos t) \end{cases}$ $(0\leqslant t\leqslant 2\pi)$ 与 $y=0$.

5. 求下列曲线所围成图形的公共部分的面积：

(1) $r=3$ 及 $r=2(1+\cos\theta)$；   (2) $r=\sqrt{2}\sin\theta$ 及 $r^2=\cos 2\theta$.

6. 计算下列各立体的体积：

(1) $y^2=4x$ 与 $x=1$ 围成的图形绕 x 轴旋转所得的旋转体；

(2) $x^2+(y-5)^2\leqslant 16$ 绕 x 轴旋转所得的旋转体；

(3) $y=\cos x \left(-\frac{\pi}{2}\leqslant x\leqslant \frac{\pi}{2}\right)$ 与 x 轴围成的图形分别绕 x 轴、y 轴旋转所得的旋转体；

(4) 摆线 $x=a(t-\sin t), y=a(1-\cos t)$ 的一拱 $(0\leqslant t\leqslant 2\pi)$ 与 x 轴围成的图形绕直线 $y=2a$ 旋转所得的旋转体.

7. 有一立体，底面是长轴为 $2a$，短轴为 $2b$ 的椭圆，而垂直于长轴的截面都是等边三角形，求其体积.

8. 计算下列各弧长：

(1) $y=\ln x$ 相应于 $\sqrt{3}\leqslant x\leqslant \sqrt{8}$ 的一段弧；

(2) 半立方抛物线 $y^2=\frac{2}{3}(x-1)^3$ 被抛物线 $y^2=\frac{x}{3}$ 截得的一段弧；

(3) 星形线 $x=\cos^3 t, y=\sin^3 t$ 的全长;

(4) 对数螺线 $r=\mathrm{e}^{2\theta}$ 上 $\theta=0$ 到 $\theta=2\pi$ 的一段弧.

9. 在摆线 $x=a(t-\sin t), y=a(1-\cos t)$ 上分摆线第一拱成 1 : 3 的点的坐标.

10. 求抛物线 $y^2=4ax$ 由顶点到 $x=3a$ 的一段弧绕 x 轴旋转所得的旋转体侧面积.

11. 求双纽线 $r^2=a^2\cos 2\theta$ 绕极轴旋转所成的旋转体侧面积.

7.3 定积分的物理应用

7.3.1 变速直线运动的路程

设物体以变速 $v=v(t)$ 做直线运动,从时刻 $t=T_1$ 到时刻 $t=T_2$,则物体经过的路程为

$$S=\int_{T_1}^{T_2} v(t)\mathrm{d}t.$$

7.3.2 变力沿直线所做的功

从物理学知道,如果物体在做直线运动的过程中受到常力 F 作用,并且力 F 的方向与物体运动的方向一致,那么,当物体移动了距离 S 时,力 F 对物体所做的功是 $W=F \cdot S$.

如果物体在运动过程中所受到的力是变化的,那么就遇到变力对物体做功的问题,下面通过具体例子说明如何计算变力所做的功.

例1 从地面垂直向上发射质量为 m 的火箭,当火箭距地面高度为 h 时,求地球引力所做的功. 如果火箭脱离地球引力范围,问火箭的初速度 v_0 多大?

解 已知两质点的质量分别是 m_1 与 m_2,它们之间的距离是 r,根据万有引力定律,两者之间的引力 f 是

$$f=k\frac{m_1 m_2}{r^2},$$

其中,k 是引力常数.

设地球的半径为 R,地球的质量为 M,又设火箭距地球中心的高度为 x(图 7.19),已知火箭有质量为 m,则火箭受到地球引力 $f=k\dfrac{Mm}{x^2}$. 为了确定引力常数 k,已知当 $x=R$ 时,$f=mg$,即 $mg=k\dfrac{Mm}{R^2}$,则 $k=\dfrac{R^2 g}{M}$. 因此火箭距地球中心的高度为 x 时,火箭受到地球的引力 f 是

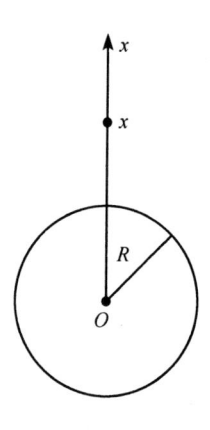

$$f=mg\frac{R^2}{x^2}.$$

图 7.19

从而地球对火箭的引力 f 是 x 的函数,故火箭距地球为 h 时,地球引力所做的功

$$W = \int_R^{R+h} mgR^2 \frac{1}{x^2} dx = mgR^2 \left(\frac{1}{R} - \frac{1}{R+h} \right).$$

当火箭脱离地球引力范围时,即相当于 h 无限增大时,这时火箭克服地球引力所做的功

$$W_\infty = \lim_{h \to +\infty} mgR^2 \left(\frac{1}{R} - \frac{1}{R+h} \right) = mgR.$$

火箭做的功全部转化为火箭的位能,而位能是来源于动能的. 如果火箭离开地面时的初速度是 v_0,则它的动能是 $\frac{1}{2}mv_0^2$,于是,给予火箭的动能至少要等于地球引力所做的功,即 $\frac{1}{2}mv_0^2 \geqslant mRg$ 或 $v_0 \geqslant \sqrt{2Rg}$. 已知 $g = 9.81 \text{m/s}^2$,地球半径 $R = 6.371 \times 10^6 \text{m}$,则

$$v_0 \geqslant \sqrt{2 \times 6.371 \times 10^6 \times 9.81} = 11.2 \times 10^3 (\text{m/s}) = 11.2 (\text{km/s}).$$

这就是物体从地面飞离地球引力范围所必须具有最小的速度,通常称为第二宇宙速度.

例 2 设有一容器,它是由曲线 $y = f(x)$ 及直线 $x = 0, y = 0, x = b$ 所围成的曲边梯形绕 x 轴旋转的旋转体,现在在容器内盛液体到上表面 $x = a$,求抽完液体所做的功.

解 显然液体是一层一层向外抽出的,这时液面就不断下降,x 从 $x = a$ 不断增加到 $x = b$(图 7.20),这里的力即变力是克服液体重量的力. 下面仍然用微元法来解决.

在 x 轴上区间 $[a,b]$ 内取一子区间 $[x, x+dx]$,相应于该小区间的一薄层液体的底面积近似为 πy^2,高度为 dx,即体积近似为 $\pi y^2 dx$,如果液体的密度为 $\mu \text{kg/m}^3$,则这一层液体的重力近似为 $\mu g \pi y^2 dx$,其中,g 为重力加速度,且这层液体到上底的距离为 x,故把这层液体从上底抽出需做的功近似地为

$$dW = \mu g \pi x y^2 dx,$$

这就是功元素. 于是所求功为

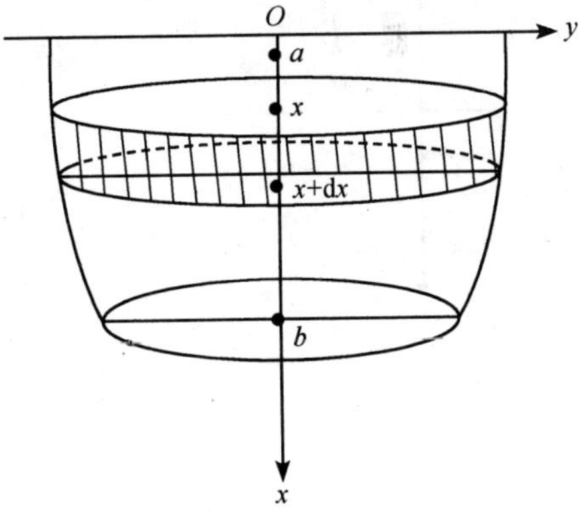

图 7.20

$$W = \int_a^b \mu g \pi x y^2 dx = \int_a^b \mu g \pi x [f(x)]^2 dx.$$

例如,一个半径为 $R(m)$ 的半球形储水箱内盛满了某种液体,如果把箱内的液体全部抽出,需要做多少功? 利用上述公式

$$W = \int_0^R \mu g \pi x (R^2 - x^2) dx$$
$$= \mu g \pi \left(\frac{1}{2} x^2 R^2 - \frac{1}{4} x^4 \right) \Big|_0^R$$
$$= \frac{1}{4} \mu g \pi R^4 \text{(J)}$$

7.3.3 水压力

从物理学知道,水深 d 处的压强为 $p = \nu d$. 其中,ν 为水的比重($\nu = \mu g$:μ 为水的密度,g 为重力加速度),如果有一面积为 A 的平板水平地置于深度为 d 处,那么平板一侧所受的水压力的 $F = pA$. 如果平板非水平地置于水中,那么在不同深度处,压强 p 不相等,平板一侧所受的水压力就不能用上述公式计算. 下面举例说明它的计算方法.

例 某水库的闸门形状为等腰梯形,它的两条底边各长 10m 和 6m,高为 20m,较长的底边与水面相齐,计算闸门的一侧所承受的水压力.

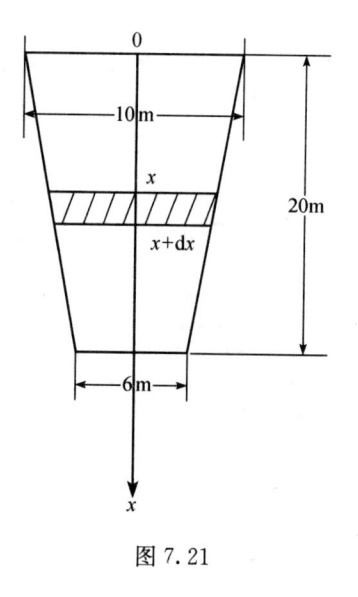

解 如图 7.21 所示,以闸门的长底边的中点为原点且向下作 x 轴,取 x 为积分变量,它的变化范围为 [0,20]. 在 [0,20] 上任取一个小区间 $[x, x+dx]$,闸门上相应于该小区间的窄条各点处所受到水的压强近似于 $x\nu$ kN/m²,这窄条的长度近似为 $10 - \frac{x}{5}$,高度为 dx,因而这一窄条的一侧所受的水压力近似为

$$dF = \nu x \left(10 - \frac{x}{5} \right) dx,$$

这就是压力元素,于是所求的压力为

$$F = \int_0^{20} \nu x \left(10 - \frac{x}{5} \right) dx = g \left(5x^2 - \frac{x^3}{15} \right) \Big|_0^{20}$$
$$= g \left(2000 - \frac{1600}{3} \right) \approx 14373 \text{(kN)}.$$

图 7.21

7.3.4 引力

从物理学知道,质量分别为 m_1, m_2,相距为 r 的两质点间的引力大小为 $F = k \frac{m_1 m_2}{r^2}$,其中,$k$ 为引力系数,引力的方向沿两质点的连线的方向.

如果要计算一根细棒对一个质点的引力,那么,由于细棒上各点与该质点的距离是变化的,并且各点对该质点引力的方向也是变化的,因此就不能用上述公式来

7.3 定积分的物理应用

计算. 下面我们举例说明用定积分来进行计算的方法.

例 设有一根长度为 l,线密度为 ρ 的均匀细直棒,在其中垂线上距棒 a 单位处有一质量为 m 的质点 M,试计算该棒对质点 M 的引力.

解 取坐标系如图 7.22 所示,使棒位于 y 轴上,质点 M 位于 x 轴上,棒的中点为原点 O. 取 y 为积分变量,它的变化区间为 $\left[-\dfrac{l}{2},\dfrac{l}{2}\right]$,在 $\left[-\dfrac{l}{2},\dfrac{l}{2}\right]$ 上任取一小区间 $[y, y+\mathrm{d}y]$,把细直棒上相应于 $[y, y+\mathrm{d}y]$ 的一段近似地看作质点,其质量为 $\rho\mathrm{d}y$,与 M 相距 $r=\sqrt{a^2+y^2}$,因此可以按照两质点间的引力计算公式求出这段细直棒对质点 M 的引力 ΔF 的大小为

$$\Delta F \approx k \frac{m\rho\mathrm{d}y}{a^2+y^2},$$

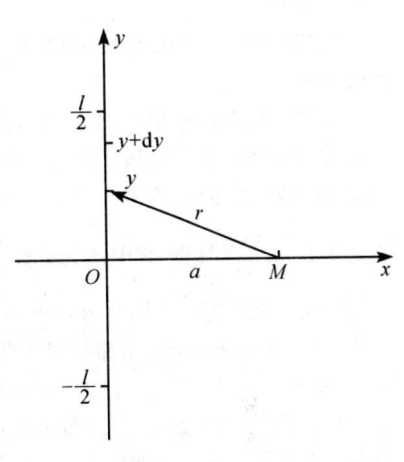

图 7.22

从而求出 ΔF 在水平方向分力 ΔF_x 的近似值,即细直棒对质点 M 的引力在水平方向分力元素 ΔF_x 为

$$\mathrm{d}F_x = -k\frac{am\rho\mathrm{d}y}{(a^2+y^2)^{3/2}}.$$

于是得到引力在水平方向的分力为

$$F_x = \int_{-\frac{l}{2}}^{\frac{l}{2}} \frac{kam\rho}{(a^2+y^2)^{3/2}}\mathrm{d}y = -\frac{2km\rho l}{a}\frac{1}{\sqrt{4a^2+l^2}}.$$

上式中的负号表示 F_x 指向 x 轴的负向,又由对称性知,引力在铅直方向分力为 $F_y=0$.

习 题 7.3

1. 今有一细棒,长度为 10m,已知距左端点 xm 处的线密度是 $\rho(x)=6+0.3x$ kg/m,求这个细棒的质量.

2. 某质点做直线运动,速度为

$$V = t^2 + \sin 3t,$$

求质点在时间间隔 T 内所经过的路程.

3. 如果 1kg 的力能使弹簧伸长 1cm,现在要使这弹簧伸长 10cm,问弹簧力做功多少? 外力做功多少?

4. 一物体按规律 $x=ct^3$ 做直线运动,媒质的阻力与速度的平方成正比,计算物体由 $x=0$ 移至 $x=a$ 时,克服媒体阻力所做的功.

5. 用铁锤将一铁钉击入木板,设木板对铁钉的阻力与铁钉击入木板的深度成正比. 在击第

一次时,将铁钉击入木板 1cm. 如果铁锤每次打击铁钉所做的功相等,问铁锤击第二次时,铁钉又被击入多少?

6. 一半径为 3m 的球形水箱内有一半容量的水,现要将水抽到水箱顶端上方 7m 高处,问需要做多少功?

7. 半径为 r 的球沉入水中,球的上部与水面相切,球的密度与水相同,现将球从水中取出,需做多少功?

8. 有一长为 l 的细杆,均匀带电,总电量为 Q. 在杆的延长线上,距 A 端为 r_0 处,有一单位正电荷. 求这单位正电荷所受的电场力. 如果此单位正电荷由距杆端 A 为 a 处移到距杆端 b 处,电场做的功是多少?(提示:两带电小球,中心相距为 r,各带电荷 q_1 与 q_2,其相互作用力可由库仑定律 $F=k\dfrac{q_1 q_2}{r_2}$ 计算,其中,k 为常数.)

9. 有一均匀细杆 AB,长为 l,质量为 M,另有一质量为 m 的质点 C,位于过 A 点且垂直于细杆的直线上,$AC=h$. 试计算细杆对质点的引力.

10. 有一半径为 R 的均匀半圆弧,质量为 M,求它对位于圆心处单位质量的质点之引力.

11. 现有二均匀细杆,长度分别为 l_1, l_2,质量分别为 M_1, M_2,它们位于同一直线上,相邻两端点之距离为 a. 试证此细杆之间的引力为

$$F=\frac{m_1 m_2}{l_1 l_2}G\ln\frac{(a+l_1)(a+l_2)}{a(a+l_1+l_2)} \quad (G\text{ 为引力常数}).$$

12. 洒水车上的水箱是一个椭圆柱体,端面椭圆的长轴长为 2m,与水平面平行,短轴长为 1.5m,水箱长 4m. 当水箱注满水时,水箱一端面所受的水压力是多少?当水箱里注有一半的水时,水箱一个端面所受的水压力又是多少?

总习题七

1. 在区间 $[1,e]$ 上求一点 ξ,使得图 7.23 中所示阴影部分的面积为最小.

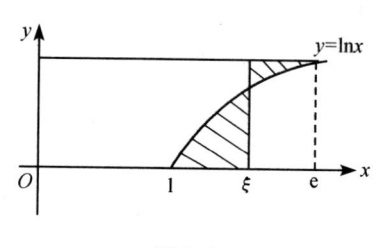

图 7.23

2. 求由抛物线 $y^2=4ax$ 与过焦点的弦所围成的图形面积的最小值.

3. 若曲线 $y=\cos x\left(0\leqslant x\leqslant\dfrac{\pi}{2}\right)$ 与 Ox 轴,Oy 轴所围图形被 $y=a\sin x, y=b\sin x(a>b>0)$ 三等分,求 a,b 的值.

4. 设 $f(x)$ 在 $[a,b]$ 上连续,在 (a,b) 内 $f'(x)>0$,求证存在唯一的一点 $\xi\in(a,b)$,使 $y=f(x)$ 与 $y=f(\xi)$,$x=a$ 所围的面积 S_1 是 $y=f(x)$ 与 $y=f(\xi)$,$x=b$ 所围面积 S_2 的 3 倍.

5. 求由曲线 $y=x^{3/2}$ 与直线 $x=4$、x 轴所围图形绕 y 轴而成的旋转体的体积.

6. 求抛物线 $y=\dfrac{1}{2}x^2$ 被圆 $x^2+y^2=3$ 所截下的有限部分的弧长.

7. 设 $f(x)$ 是 $[a,+\infty)$ 上的正值连续函数,$v(t)$ 表示平面图形 $0\leqslant y\leqslant f(x), a\leqslant x\leqslant t$ 绕直线 $x=t$ 旋转所得旋转体的体积,证明 $v''(t)=2\pi f(t)$.

8. 在水平放置的椭圆底柱体容器内储存某种液体,容器的尺寸如图 7.24 所示,其中,椭圆

方程为 $\frac{x^2}{4}+y^2=1$,问

(1) 当液面过点 $(0,y)(-1\leqslant y\leqslant 1)$ 处的水平线时,容器内液体的体积是多少立方米?

(2) 当容器内储满了液体后,以 $0.16\text{m}^3/\min$ 的速度将液体从容器顶端抽出,则当液面降至 $y=0$ 处时,液面下降的速度是多少?

(3) 如果液体的密度为 $1000\text{kg}/\text{m}^3$,抽出全部液体需做多少功?

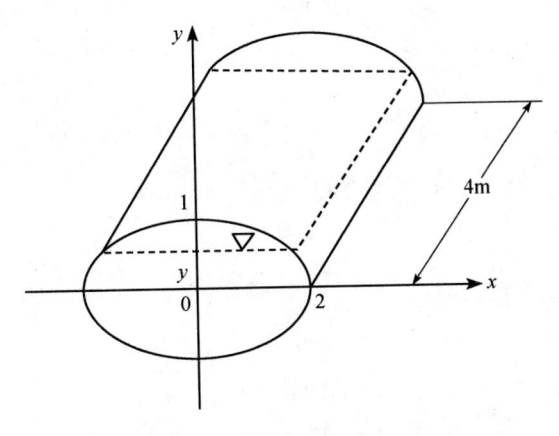

图 7.24

习 题 答 案

习题 1.1

1. (1) $[-2,2]$;　(2) $(0,2)$;　(3) $(-\infty,-5], [5,+\infty)$;　(4) $(-\infty,-1], [0,+\infty)$;
   (5) $(0,+\infty)$.

4. (1) $-3<x<13$;　(2) $x\geqslant 3$ 或 $x\leqslant -7$;　(3) $x<-\dfrac{1}{2}$;　(4) $-6\leqslant x\leqslant 6$.

5. (1) $f(x)\neq 0$;　(2) $f(x)\geqslant 0$;　(3) $f(x)>0$;　(4) $|f(x)|\leqslant 1$.

6. 2; 0; -4; $\dfrac{1}{2}$; 1.

7. 1; $\dfrac{1}{16}$; $\sqrt{2}$; $\dfrac{2^a-2^b}{4}$; $\dfrac{2^{a+b}}{16}$; 2^{a-b}.

8. -1; 0; 1; 2; 4.

9. $f(x+a)=\begin{cases}(x+a)^2+(x+a), & \text{当 } x\leqslant 1-a\\ (x+a)+5, & \text{当 } x>1-a\end{cases}$.

10. (1) $\left[-\dfrac{4}{3},+\infty\right)$;　(2) $[-1,2]$;　(3) $(-2,0)$;　(4) $[-1,0]$;　(5) $(-\infty,0)$;
    (6) $\left(-\dfrac{1}{2},\dfrac{4}{3}\right]$;
    (7) $\left(\dfrac{1}{2k+1},\dfrac{1}{2k}\right)$ 与 $\left(-\dfrac{1}{2k+1},-\dfrac{1}{2k+2}\right)$ $(k=0,1,2,\cdots)$, 当 $k=0$, $\dfrac{1}{2k}=+\infty$;
    (8) $(0,4)$ 与 $(4,+\infty)$;　(9) $(-\infty,0)$ 与 $(0,+\infty)$;
    (10) $\left[2k\pi-\dfrac{\pi}{2},2k\pi+\dfrac{\pi}{2}\right]$ $(k=0,\pm 1,\pm 2,\cdots)$.

11. (1) $[-1,0]$;　(2) $\left[\left(k+\dfrac{1}{2}\right)\pi,(k+1)\pi\right]$ $(k=0,\pm 1,\pm 2,\cdots)$;　(3) $\left[-\dfrac{1}{a},0\right]$;
    (4) 当 $0<a\leqslant \dfrac{1}{2}$ 时, $[a-1,-a]$; 当 $a>\dfrac{1}{2}$ 时, $\varnothing$.

12. (1) 不同;　(2) 不同;　(3) 相同.

13. (1) $y=\dfrac{x-5}{3}$;　(2) 当 $y\geqslant 1$ 时, $y=1+\sqrt{1+x}$; 当 $y<1$ 时, $y=1-\sqrt{1+x}$;
    (3) $y=\log_2\dfrac{x}{1-x}$;　(4) $y=\dfrac{1}{2}(x^3+3x)$;　(5) $y=\dfrac{1+\arcsin\dfrac{x-1}{2}}{1-\arcsin\dfrac{x-1}{2}}$;
    (6) $y=\begin{cases}x, & -\infty<x<1\\ \sqrt{x}, & 1\leqslant x\leqslant 16\\ \log_2 x, & 16<x<+\infty\end{cases}$.

16. (1) 偶;　(2) 奇;　(3) 偶;　(4) 奇;　(5) 奇.

20. (1) 周期的,$T=\dfrac{2}{3}\pi$; (2) 周期的,$T=\dfrac{2\pi}{\lambda}$; (3) 周期的,$T=\pi$;

(4) 周期的,$T=\pi$; (5) 非周期的.

22. $1-x$. $\dfrac{x}{\sqrt{1+2x^2}}$; $\dfrac{x}{\sqrt{1+3x^2}}$; $\dfrac{x}{\sqrt{1+nx^2}}$.

23. $2(1-x^2)$.

24. x^2-2.

25. $f(g(x))=\begin{cases}2(x^2-1), & |x|\leqslant 1\\ 0, & |x|>1\end{cases}$.

26. $\begin{cases}2\ln x, & 1\leqslant x\leqslant e\\ \ln^2 x, & e<x\leqslant e^2\end{cases}$; $\begin{cases}\ln(2x), & 0<x\leqslant 1\\ \ln(x^2), & 1<x\leqslant 2\end{cases}$.

27. $\begin{cases}x+1, & x\leqslant 0\\ 1-x^2, & x>0\end{cases}$; $\begin{cases}1+x, & x\leqslant -1\\ -(1+x)^2, & -1<x\leqslant 0\\ -x^2, & x>0\end{cases}$.

29. 偶; 偶; 奇.

30. (1) $y=u^3, u=\sin v, v=1+4x$; (2) $y=\arctan u, u=\sqrt{v}, v=\tan w, w=a^2+x^2$;

(3) $y=\dfrac{1}{u}, u=1+v, v=\arcsin w, w=2x$; (4) $y=\ln|u|, u=\cos v, v=\sqrt{w}, w=1-2x$.

31. $S=2n\sin\dfrac{\pi}{n}(n>2)$.

32. $y=\dfrac{9}{5}x+32(a\leqslant x\leqslant b)$,其中,$x$ 为摄氏表温度读数,y 为华氏表温度读数,a,b 分别为摄氏温度表最小最大温度刻度数.

33. $r=\sqrt{\dfrac{v}{\pi h}}(h>0)$.

34. $v=\pi\left[r^2-\left(\dfrac{h}{2}\right)^2\right]h, h\in(0,2r)$.

35. $V=\dfrac{r^3}{24\pi^2}(2\pi-\alpha)^2\sqrt{4\pi\alpha-\alpha^2}, \alpha\in(0,2\pi)$.

36. $m=\begin{cases}2x, & 0\leqslant x\leqslant 1\\ 3x-1, & 1<x\leqslant 3\end{cases}$.

37. $S=\begin{cases}0, & x<0\\ ax, & 0\leqslant x\leqslant 1\\ a, & 1<x<2\\ bx+(a-2b), & 2\leqslant x\leqslant 3\\ a+b, & x>3\end{cases}$.

习题 1.2

1. (1) 有极限,0; (2) 有极限,$\dfrac{1}{2}$; (3) 无; (4) 无; (5) 有极限,0; (6) 无;

(7) 无; (8) 有极限,0.

2. (7) 提示：$\left|\dfrac{n}{3^n}\right|<\dfrac{2^n}{3^n}$.

(8) 提示：$\dfrac{1}{|q|}=1+h(h>0),\dfrac{1}{|q|^n}=(1+h)^n>\dfrac{n(n-1)}{2}h^2,|nq^n|<\dfrac{2}{(n-1)h^2}$.

3. (1) 2； (2) 1； (3) $\dfrac{1}{2}$； (4) 0； (5) 1； (6) $\dfrac{1}{2}$； (7) $\dfrac{1}{2}$； (8) 2.

5. (1) 不存在； (2) 不一定； (3) 不一定； (4) 不一定； (5) 是； (6) 不一定； (7) 是； (8) 不一定.

8. (1) 1； (2) 1； (3) $\dfrac{1}{3}$； (4) 0.

9. 单调增加有上界；2.

10. 单调减少有下界，$n\geqslant 2, a_n-a_{n+1}\geqslant 0, \dfrac{1}{2}\left(a_n+\dfrac{2}{a_n}\right)\geqslant\sqrt{a_n\dfrac{2}{a_n}}=\sqrt{2}$；$\sqrt{2}$.

11. 单调减少有下界；-1.

12. 0.

13. (1) e^5； (2) e^{-1}； (3) $e^{\frac{3}{4}}$； (4) e^2； (5) e^{-3}； (6) e^4.

15. (3) $\forall\varepsilon>0,\exists\delta=\min\left\{1,\dfrac{\varepsilon}{5}\right\},\forall x:0<|x-2|<\delta\Rightarrow|x^2-4|<\varepsilon$；

(5) $\forall\varepsilon>0,\exists\delta=\min\{1,90\varepsilon\},\forall x:0<|x-5|<\delta\Rightarrow\left|\dfrac{x-5}{x^2-5}-\dfrac{1}{10}\right|<\varepsilon$.

16. (1) 1； (2) 0； (3) $\dfrac{1}{2}$； (4) $\dfrac{1}{3}\sqrt[3]{3}$； (5) ∞； (6) 1.

17. (1) 0； (2) -2； (3) $\dfrac{1}{2}$； (4) $\dfrac{a-1}{3a^2}$； (5) $3x^2$； (6) -1； (7) $\dfrac{1}{2}$； (8) $\dfrac{4}{3}$；

(9) $\dfrac{1}{9}$； (10) $-\dfrac{1}{3}$； (11) $\dfrac{1}{2\sqrt{x}}$； (12) $\dfrac{1}{3\sqrt[3]{x^2}}$； (13) $-\dfrac{1}{3}$； (14) $\dfrac{a}{2}$；

(15) $-\dfrac{5}{2}$； (16) 0.

18. (1) $\dfrac{5}{2}$； (2) $\dfrac{1}{3}$； (3) $\cos\alpha$； (4) $-\sin\alpha$； (5) π； (6) $-\dfrac{1}{\sqrt{2}}$； (7) 0；

(8) 1； (9) $\dfrac{2}{\pi}$； (10) $\dfrac{1}{2}$； (11) $-\dfrac{1}{\sqrt{3}}$； (12) $\dfrac{1}{2}(n^2-m^2)$； (13) $\dfrac{1}{2}$；

(14) $\dfrac{2}{3}$； (15) $-\dfrac{1}{4}$； (16) 1.

19. (1) e^{-1}； (2) e^{-4}； (3) e； (4) 1； (5) $\dfrac{1}{\sqrt{e}}$； (6) e.

20. (1) 1； (2) 0； (3) -1； (4) 1； (5) -1； (6) -1； (7) $-\infty$； (8) $+\infty$； (9) -1； (10) 1.

21. (1) $f(x)=\begin{cases}0, & x\neq k\pi \\ 1, & x=k\pi\end{cases}(k=0,\pm 1,\pm 2,\cdots)$； (2) $f(x)=\begin{cases}x, & 0\leqslant x<1 \\ \dfrac{1}{2}, & x=1 \\ 0, & x>1\end{cases}$；

习题答案

(3) $f(x)=\begin{cases}-\frac{\pi}{2}, & x<0\\ 0, & x=0;\\ \frac{\pi}{2}, & x>0\end{cases}$ (4) $f(x)=\begin{cases}1, & 0\leqslant x\leqslant 1\\ x, & x>1\end{cases}.$

22. (1) $a=1,b=-1$；(2) $a=1,b=-\frac{1}{2}$；(3) $a=-\frac{15}{16},b=-\frac{1}{4}$.

23. (1) $f(x)+g(x)$ 的极限不存在，$f(x)\cdot g(x)$ 的极限不一定存在；
    (2) $f(x)+g(x)$ 与 $f(x)\cdot g(x)$ 的极限都不一定存在；
    (3) $g(x)$ 的极限不一定存在.

24. 局部保号性.

25. 反证法.

26. (3) 提示：$\max\{f(x),g(x)\}=\dfrac{(f(x)+g(x))+|f(x)-g(x)|}{2}$,

    $\min\{f(x),g(x)\}=\dfrac{(f(x)+g(x))-|f(x)-g(x)|}{2}.$

27. (1) 不一定；(2) 不一定；(3) 是；(4) 是.

29. (1) 2；(2) $\frac{1}{2}$；(3) 1；(4) 3；(5) $\frac{1}{3}$；(6) 1；(7) 1；(8) 3；
    (9) 1；(10) 2.

31. (1) $\frac{1}{2a}$；(2) 2；(3) 0；(4) $\begin{cases}0, & n>m\\ 1, & n=m;\\ \infty, & n<m\end{cases}$ (5) $a-b$；(6) 3.

习题 1.3

1. 连续.

2. 不连续，$x=0$ 是第一类可去间断点.

3. (1) $x=1$ 是第一类跳跃间断点；(2) $x=-1$ 是第二类无穷间断点；
   (3) $x=1$ 是第一类可去间断点；(4) $x=\frac{\pi}{2}\left(k-\frac{1}{6}\right)$ (k 为整数) 是第二类无穷间断点；
   (5) $x=0$ 是第一类跳跃间断点；(6) $x=0$ 是第一类可去间断点；
   (7) $x=0$ 是第二类振荡间断点；(8) $x=0$ 是第一类可去间断点.

4. (1) $f(x)=|x|$ 处处连续；(2) $f(x)=\begin{cases}1, & |x|\leqslant 1\\ x^2, & |x|>1\end{cases}$ 处处连续；

   (3) $f(x)=\begin{cases}0, & x\in[0,1)\\ \frac{1}{2}, & x=1\\ 1, & x\in(1,+\infty)\end{cases}$，除 $x=1$ 外处处连续，$x=1$ 是第一类跳跃间断点；

   (4) $f(x)=\begin{cases}x, & |x|<1\\ 0, & |x|=1,\\ -x, & |x|>1\end{cases}$ $x=\pm 1$ 是第一类跳跃间断点.

5. 2.

6. 1; e.

7. 2; -3.

8. 0; e.

9. (1) $\sqrt{2}$; (2) 0; (3) $\dfrac{\sqrt{2}}{2}$; (4) $\dfrac{1}{2}$; (5) 1; (6) $-\dfrac{1}{2}$; (7) e^{-2}; (8) e^3;

   (9) e^{ka}; (10) $\dfrac{1}{4}$.

11. 讨论 $F(x)=f(x)-g(x)$.

12. 等价于研究方程是 $(x-a_2)(x-a_3)+(x-a_1)(x-a_3)+(x-a_1)(x-a_2)=0$.

总习题一

1. $\begin{cases} 2+x, & x<-1 \\ 1, & x\geqslant -1 \end{cases}$.

2. $e^{x+2}, x<-1; x+2, -1\leqslant x<0; e^{x^2-1}, 0\leqslant x<\sqrt{2}; x^2-1, x\geqslant\sqrt{2}$.

5. $f(x+4)=f(x); f(2001)=2, f(2002)=-3$.

6. $\dfrac{1}{2}$.

7. $f(x+2(b-a))=f(x)$.

9. (2) $\left|(n-\sqrt{n^2-n})-\dfrac{1}{2}\right|=\dfrac{n}{2(n+\sqrt{n^2-n})^2}<\dfrac{1}{n}$.

10. (1) $\{(-1)^n\}$; (2) $\left\{\left(\dfrac{1+(-1)^n}{2}\right)n\right\}$; (3) $\{n^2\}$.

11. (1) $\{(-1)^n\}$, 没有极限; $\left\{\dfrac{(-1)^n}{n}\right\}$, 有极限; (2) $\{n^2\}$, 没有极限.

12. (1) 0; (2) $\dfrac{1}{5}$; (3) $\dfrac{1}{3}$; (4) $\dfrac{1}{4}$, $1^3+2^3+3^3+\cdots+(n-1)^3+n^3=\left[\dfrac{n(n+1)}{2}\right]^2$;

    (5) 2; (6) $\dfrac{\sin x}{x}$; (7) e; (8) $\ln a$; (9) e^{-x}; (10) $\dfrac{3}{10}$.

13. 单调下降有下界; 3.

14. $\{x_n\}$ 单调增加有上界, $\{y_n\}$ 单调减少有下界.

15. 夹逼准则.

21. (1) 10; (2) $\left(\dfrac{2}{3}\right)^{10}$; (3) $\dfrac{n}{m}$; (4) $\dfrac{1}{128}$; (5) 0; (6) $\dfrac{n(n+1)}{2}$; (7) -1;

    (8) $\dfrac{1}{2}$; (9) 1; (10) e^2; (11) $-\dfrac{7}{12}$; (12) 1.

22. 6.

23. 对于 $\{x_n\}=\left\{\dfrac{1}{2n\pi}\right\}$, $\lim\limits_{n\to\infty}x_n=0$, 但对应的函数值 $=2n\pi\cos 2n\pi=2n\pi\to+\infty$, 所以 $f(x)=\dfrac{1}{x}\cos\dfrac{1}{x}$ 在 $x=0$ 的邻域内为无界函数; 又对于 $\{x_n'\}=\left\{\dfrac{1}{2n\pi+\dfrac{\pi}{2}}\right\}$, $\lim\limits_{n\to\infty}x_n'=0$, 此时对应的函数值 $=\left(2n\pi+\dfrac{\pi}{2}\right)\cos\left(2n\pi+\dfrac{\pi}{2}\right)=0$, 所以 $f(x)=\dfrac{1}{x}\cos\dfrac{1}{x}$ 在 $x\to 0$ 时并非无穷大.

习题答案

25. (1) $x=1$ 是第一类可去间断点；$x=0,2$ 是第二类无穷间断点；

    (2) $x=-1$ 是第一类可去间断点；$x=0$ 是第一类跳跃间断点；$x=1$ 是第二类振荡间断点；$x=-2,-3,\cdots$ 是第二类无穷间断点；

    (3) $x=0$ 是第一类可去间断点；$x=k\pi(k=\pm 1,\pm 2,\cdots)$ 是第二类无穷间断点.

26. 2；1.

27. 1；1.

28. 0；1.

习题 2.1

1. 5；4.1；4.

2. $2a\pi r_0^2(1+at)$.

3. $\dfrac{\mathrm{d}T}{\mathrm{d}t}$.

4. $m'(x_0)$.

5. (1) a；　(2) $-\dfrac{1}{x^2}$；　(3) $2\cos 2x$；　(4) $-\dfrac{1}{2}\dfrac{1}{(1+x)\sqrt{1+x}}$；　(5) 0.

6. (1) 连续但不可导；　(2) 连续且可导；　(3) 连续但不可导；　(4) 连续且可导；

    (5) 连续但不可导；　(6) 连续且可导.

8. 6；-9.

9. $\dfrac{1}{2}$；$-\dfrac{1}{2}$.

10. 0；1.

11. $f'_-(0)=1$；$f'_+(0)=0$.

12. $f(x)=f(-x)$,

$$f'(x)=\lim_{\Delta x\to 0}\frac{f(x+\Delta x)-f(x)}{\Delta x}=\lim_{\Delta x\to 0}\frac{f(-x-\Delta x)-f(-x)}{\Delta x}$$
$$=\lim_{\Delta x\to 0}-\frac{f(-x+(-\Delta x))-f(-x)}{(-\Delta x)}=-f'(-x).$$

14. (1) $f'(a)$；　(2) $f'(a)$；　(3) $2f'(a)$；　(4) $\dfrac{1}{2}f'(a)$；　(5) $(\alpha-\beta)f'(a)$.

15. (1) $x+y=2$；$y=x$；　(2) $x+y+2=0$；$y=x$.

16. $(0,20)$；$(1,15)$；$(-2,-12)$.

17. $(1,-3)$.

习题 2.2

1. (1) $-\dfrac{1}{3}+2x-2x^3$；　(2) $\dfrac{8}{3}x^{\frac{5}{3}}$；　(3) $\dfrac{4b}{3x^2\sqrt[3]{x}}-\dfrac{2a}{3x\sqrt[3]{x^2}}$；　(4) $\dfrac{bc-ad}{(c+dx)^2}$；

   (5) $\dfrac{-2x^2-6x+25}{(x^2-5x+5)^2}$；　(6) $5\cos x-3\sin x$；　(7) $\dfrac{-2}{(\sin x-\cos x)^2}$；　(8) $t^2\sin t$；

   (9) xe^x；　(10) $x^2 e^x$；　(11) $\dfrac{x(2\ln x-1)}{\ln^2 x}$；　(12) $3x^2\ln x$；　(13) $\dfrac{2}{x}+\dfrac{\ln x}{x^2}-\dfrac{2}{x^2}$；

   (14) $\dfrac{x(9x-4)\ln x+x^4-3x^2+2x}{(3\ln x+x^2)^2}$.

2. (1) $30(3-10x)(1+3x-5x^2)^{29}$； (2) $\dfrac{x^2-1}{(2x-1)^8}$； (3) $\dfrac{-x}{\sqrt{1-x^2}}$；

(4) $\dfrac{bx^2}{\sqrt[3]{(a+bx^3)^2}}$； (5) $-\sqrt{\sqrt[3]{\left(\dfrac{a}{x}\right)^2}-1}$； (6) $-10\cos x(3-2\sin x)^4$；

(7) $\dfrac{1-\tan^2 x+\tan^4 x}{\cos^2 x}$； (8) $\dfrac{-1}{2\sin^2 x\sqrt{\cot x}}$； (9) $2-15\cos^2 x\sin x$；

(10) $\dfrac{\sin x}{(1-3\cos x)^3}$； (11) $\dfrac{3\cos x+2\sin x}{2\sqrt{15\sin x-10\cos x}}$； (12) $\dfrac{1}{2\sqrt{1-x^2}\sqrt{1+\arcsin x}}$；

(13) $\dfrac{1}{2(1+x^2)\sqrt{\arctan x}}-\dfrac{3(\arcsin x)^2}{\sqrt{1-x^2}}$； (14) $\dfrac{e^x+xe^x+1}{2\sqrt{xe^x+x}}$；

(15) $\dfrac{2e^x-2^x\ln 2}{3\sqrt[3]{(2e^x-2^x+1)^2}}+\dfrac{5\ln^4 x}{x}$； (16) $(2x+5)\cos(x^2+5x+1)-\dfrac{a}{x^2\cos^2\dfrac{a}{x}}$；

(17) $-2\dfrac{\cos x}{\sin^3 x}$； (18) $\dfrac{-2}{x\sqrt{x^4-1}}$； (19) $\dfrac{-1}{2\sqrt{x-x^2}}$； (20) $\dfrac{-1}{1+x^2}$；

(21) $-10xe^{-x^2}$； (22) $\dfrac{2\ln x}{x}-\dfrac{1}{x\ln x}$； (23) $\dfrac{1}{(1+\ln^2 x)x}+\dfrac{1}{(1+x^2)\arctan x}$；

(24) $\dfrac{1}{2x\sqrt{\ln x+1}}+\dfrac{1}{2(\sqrt{x}+x)}$.

3. (1) $\dfrac{(1+\sqrt{x})^3}{\sqrt[3]{x}}$； (2) $x^5\sqrt[3]{(1+x^3)^2}$； (3) $2(7t+4)\sqrt[3]{3t+2}$； (4) $\dfrac{1}{\sqrt{e^x+1}}$；

(5) $\sin^3 x\cos^2 x$； (6) 0； (7) $\tan^4 x$； (8) $\dfrac{1}{1+x^2}$； (9) $\sqrt{\dfrac{a-x}{a+x}}$； (10) $\sqrt{x^2-a^2}$；

(11) $\dfrac{2}{\sqrt{x^2+a^2}}$； (12) $\dfrac{1}{\sin^3 x}$； (13) $\dfrac{\sqrt{1+x^2}}{x}$； (14) $\dfrac{\arcsin x}{(1-x^2)^{3/2}}$.

4. (1) $-\dfrac{(x+2)(5x^2+19x+20)}{(x+1)^4(x+3)^5}$； (2) $\dfrac{3x^2+5}{3(x^2+1)}\sqrt[3]{\dfrac{x^2}{x^2+1}}$；

(3) $-\dfrac{5x^2+x-24}{3(x-1)^{1/2}(x+1)^{5/3}(x+3)^{5/2}}$； (4) $(\sin x)^x(\ln\sin x+x\cot x)$； (5) $\sqrt[x]{x}\dfrac{1-\ln x}{x^2}$；

(6) $x^{\sqrt{x}-\frac{1}{2}}\left(1+\dfrac{1}{2}\ln x\right)$.

5. (1) $2xf'(x^2)$； (2) $e^{x+f(x)}f'(e^x)+f'(x)f(e^x)e^{f(x)}$；
(3) $\sin 2x(f'(\sin^2 x)-f'(\cos^2 x))$； (4) $f'(x)f'(f(x))f'(f(f(x)))$.

6. (1) $\dfrac{f'(x)g(x)-g'(x)f(x)}{f^2(x)+g^2(x)}$； (2) $\dfrac{f'(x)f(x)+g'(x)g(x)}{\sqrt{f^2(x)+g^2(x)}}$.

7. (1) $-\sin x 2^{\cos x}\ln 2, x<0$； $6x\cos 3x^2, x>0$；

(2) $\dfrac{3x^2}{x^3-1}, x\leqslant 0$； $2x\sin\dfrac{1}{x}-\cos\dfrac{1}{x}, x>0$；

(3) $\dfrac{2x}{2x^2-1}, x<-1$； $2x, -1\leqslant x<1$； $2-\sin x, x>1$.

8. (1) $-\dfrac{b^2 x}{a^2 y}$； (2) $\dfrac{ay-x^2}{y^2-ax}$； (3) $\dfrac{2a}{3(1-y^2)}$； (4) $\dfrac{y^2-xy\ln y}{x^2-xy\ln x}$； (5) $-\dfrac{1+y\sin(xy)}{x\sin(xy)}$；

(6) $\dfrac{e^y}{2-y}$; (7) $\dfrac{y\cos x+\sin(x-y)}{\sin(x-y)-\sin x}$; (8) $(x+y)^{-2}$; (9) $\dfrac{x+y}{x-y}$;

(10) $\dfrac{cy+x\sqrt{x^2+y^2}}{cx-y\sqrt{x^2+y^2}}$.

9. (1) $\dfrac{-2t}{t+1}$; (2) $\dfrac{t(2-t^3)}{1-2t^3}$; (3) $\dfrac{2}{3\sqrt[6]{t}}$; (4) $\dfrac{t+1}{t(t^2+1)}$; (5) $\tan t$; (6) $-\dfrac{b}{a}\tan t$;

(7) $-\tan 3t$; (8) $\dfrac{t}{|t|}$.

10. (1) 3; (2) $\dfrac{23}{4}$; (3) $\dfrac{3}{2}$; (4) $-\dfrac{1}{2}$; (5) 8; (6) $\dfrac{6}{7}$.

11. (1) $(9x^2+21x+8)e^{3x}$; (2) $\dfrac{4}{(1+4x^2)^2}$; (3) $-8\cos 4x$; (4) $2\left(\dfrac{1}{x^2}-\csc^2 x\right)$;

(5) $\dfrac{2x-y}{[1+\sin(x-y)]^3}$; (6) $\dfrac{6x-2y'-e^y y'^2}{x+e^y}$ $\left(y'=\dfrac{3x^2-y}{x+e^y}\right)$;

(7) $\dfrac{y[(x-1)^2+(y-1)^2]}{x^2(1-y)^3}$; (8) $\dfrac{2x[(1+y^2)^2-x^3 y]}{(1+y^2)^3}$; (9) $\dfrac{2}{3(t+1)(t-1)^3}$;

(10) $\dfrac{2\cos t}{1-\sin t}$; (11) $\dfrac{-2e^{-t}}{(\cos t+\sin t)^3}$; (12) 1.

12. (1) $(-1)^n e^{-x}$; (2) $(x+n)e^x$; (3) $\dfrac{(-1)^{n+1} n!}{2\left(x+\dfrac{1}{2}\right)^{n+1}}$;

(4) $y'=2x-1+\dfrac{1}{(1+x)^2}$, $y''=2-\dfrac{2}{(1+x)^3}$, $y^{(n)}=(-1)^{n+1} n!\,(1+x)^{-n-1}$ $(n>2)$;

(5) $[x^2-n(n-1)+1]\sin\left(x+\dfrac{n}{2}\pi\right)-2nx\cos\left(x+\dfrac{n\pi}{2}\right)$; (6) 0;

(7) $(-1)^n n!\left[\dfrac{1}{(1+x)^{n+1}}-\dfrac{1}{(2+x)^{n+1}}\right]$;

(8) $b^n(n-1)!\left[(-1)^{n-1}(a+bx)^{-n}+(a-bx)^{-n}\right]$;

(9) $(-1)^n e^{-x}[x^2-2(n-1)x+(n-1)(n-2)]$.

13. $y^{(n)}(0)=\begin{cases}0, & n=2k \\ (-1)^k(2k)!, & n=2k+1\end{cases}$.

18. $\dfrac{d^2 y}{dt^2}-\dfrac{dy}{dt}-6y=e^{3t}$.

习题 2.3

1. $(1,0);(-1,-4)$.

2. $3x+y+6=0$.

3. $x-y-3e^{-2}=0$.

4. $\left(\dfrac{1}{4},\dfrac{1}{16}\right);(-1,1)$.

7. $x+y=0; x+25y=0$.

9. 0.14 rad/min.

10. $-\dfrac{3}{\sqrt{5}}$ m/s.

11. ① 0.875m/s； ② 下端离墙 $\dfrac{5}{\sqrt{2}}$m； ③ 下端离墙 4m.

12. $10\sqrt{\dfrac{2}{3}}\approx 8.16$km/h.

13. -2.8km/h.

14. $\dfrac{16}{\sqrt{3}}$.

习题 2.4

1. (1) $\left[(2x+4)(x^2-\sqrt{x})+(x^2+4x+1)\left(2x-\dfrac{1}{2\sqrt{x}}\right)\right]dx$； (2) $\dfrac{x(2-x)}{(x^2-x+1)^2}dx$；

   (3) $\dfrac{1}{1-\sin x}dx$； (4) $-2x\sin x^2\,dx$； (5) $\dfrac{1}{|x|\sqrt{x^2-1}}dx$； (6) $\dfrac{1}{x(1+\ln^2 x)}dx$；

   (7) $2\ln 5\cdot\csc 2x\cdot 5^{\ln\tan x}dx$； (8) $\dfrac{1}{(1-x)^2}\sin\dfrac{2}{1-x}dx$.

2. (1) $-\dfrac{\sqrt{3}\pi}{45(1+\sqrt{3})^3}$； (2) $-\dfrac{\sqrt{3}}{720}\pi$； (3) -0.002； (4) $\dfrac{e^3}{600}$.

3. (1) $uv\,dw+uw\,dv+vw\,du$； (2) $\dfrac{u\,du+v\,dv}{u^2+v^2}$； (3) $\dfrac{u\,du-v\,dv}{u^2+v^2}$；

   (4) $3(u\,du+v\,dv+w\,dw)\sqrt{u^2+v^2+w^2}$.

4. (1) $\dfrac{(2t^3+4t+7)(3t^2+2)}{3\sqrt[3]{(t^2+2t+1)^2(t^3+2t+6)^2}}dt$； (2) $\dfrac{3}{3t+1}\sin[2\ln(3t+1)]dt$；

   (3) $\dfrac{-1}{2(1+t)\sqrt{t}(\arctan\sqrt{t})^2}e^{\frac{1}{\arctan\sqrt{t}}}dt$； (4) $\dfrac{dt}{2(t+1)\ln a}$； (5) $\dfrac{4u-3}{2\sqrt{2u^2-3u+1}}du$；

   (6) $-2\sec(2s)ds$.

5. (1) $1-4x^3-3x^6$； (2) $\dfrac{x\cos x-\sin x}{2x^3}$； (3) -1； (4) $-\dfrac{xe^{2x}+1}{2\sqrt{x^2-e^{-2x}}}$.

6. (1) 2.0833； (2) 2.9907； (3) 1.0025.

7. (1) 0.805； (2) 0.485； (3) 1.043.

总习题二

1. (1) 不可导； (2) 可导.

4. (1) 在 $x=0$ 间断,不可导； (2) 到处连续,可导.

5. 连续但不可导.

6. 0.

7. $\lambda>0$ 连续；$\lambda>1$ 可导；$\lambda>2$ 导数连续.

8. $\dfrac{c(a+bx^2)}{(b^2-a^2)x^2}$.

10. (1) $\begin{cases} e^x, & x\geqslant 0 \\ 2x+1, & x<0 \end{cases}$； (2) $\begin{cases} 2x\sin\dfrac{1}{x}-\cos\dfrac{1}{x}, & x>0 \\ 2x, & x\leqslant 0 \end{cases}$； (3) $\dfrac{1-e^{\frac{1}{x}}-\frac{1}{x}e^{\frac{1}{x}}}{(1-e^{\frac{1}{x}})^2}, x\neq 0$.

11. 不可导.

12. $\dfrac{2}{a}f'(t)$.

13. $e^{\frac{f'(a)}{f(a)}}$.

18. 不对.

19. 不正确.

20. 不正确.

22. -1; 0; 2; 2.

23. (1) $9e^{3x}(\cos e^{3x}-e^{3x}\sin e^{3x})+3^{\cos x}[\cos x-(\sin x)^2\ln 3]\ln 3$;

(2) $(1+x^2)^x\left\{\left[\ln(1+x^2)+\dfrac{2x^2}{1+x^2}\right]^2+\dfrac{2x(3+x^2)}{(1+x^2)^2}\right\}-6x$;

(3) $\begin{cases} 2\arctan\dfrac{1}{x}-\dfrac{2x(x^2+2)}{(1+x^2)^2}, & x<0 \\ 2, & x>0 \end{cases}$.

24. $y''(x)=\dfrac{-1}{2(1-\cos t)^2}<0$; $y'''(x)=\dfrac{\sin t}{2(1-\cos t)^4}$.

25. $3^{n-2}e^{3x}[9x^2+(6n-9)x+n(n-4)]$.

26. $f^{(100)}(x)=2^{99}\sin\left(2x+\dfrac{99}{2}\pi\right)$; $f^{(100)}(0)=-2^{99}$.

27. $n!\,[f(x)]^{n+1}$.

习题 3.1

1. 0.

2. $\dfrac{\pi}{2}$.

4. 0.

5. $1-e$.

6. 仅有三个实根,分别在 $(1,2),(2,3)$ 及 $(3,4)$ 之中.

7. 二个,分别在 $(-1,0)$ 及 $(0,1)$ 之中.

8. $f(x)=a_0 x+\dfrac{a_1}{2}x^2+\dfrac{a_2}{3}x^3+\cdots+\dfrac{a_n}{n+1}x^{n+1}$.

9. 反证法.

11. (1) $xf(x)$; (2) $x^2 f(x)$.

12. $\sin x f(x)$.

14. 令 $F(x)=f(x)-x$,先利用零点定理,再利用罗尔定理.

15. (1) $e-1$; (2) $1-\dfrac{2\sqrt{3}}{3}$; (3) $\dfrac{\pi}{4},\dfrac{3\pi}{4}$.

23. $\dfrac{14}{9}$.

24. $\sqrt{\dfrac{e^2-1}{2}}$.

25. 取 $g(x)=x^2$ 利用柯西定理.

26. 取 $F(x)=\dfrac{f(x)}{x}$，$G(x)=\dfrac{1}{x}$ 在 $[a,b]$ 上使用柯西定理.

习题 3.2

1. (1) $-\dfrac{1}{3}$； (2) ∞； (3) $\dfrac{1}{2}$； (4) 5； (5) ∞； (6) 0； (7) $\dfrac{\pi^2}{2}$； (8) 1； (9) 0；

   (10) 0； (11) $\dfrac{1}{5}$； (12) $\dfrac{1}{12}$； (13) -1； (14) 1； (15) 1； (16) e^3； (17) $\dfrac{1}{e}$；

   (18) $\dfrac{1}{e}$； (19) 1； (20) 1.

2. (1) $\dfrac{1}{6}$； (2) $\dfrac{9}{2}$； (3) $\dfrac{1}{2}$； (4) e^2； (5) $\sqrt[3]{e}$； (6) $\dfrac{1}{3}$； (7) $\dfrac{2}{3}$； (8) $e^{-\frac{1}{2}}$；

   (9) $e^{\frac{1}{2}(\ln^2 a - \ln^2 b)}$； (10) -2.

3. (1) $\dfrac{4}{3}$； (2) a； (3) 1； (4) 7.

习题 3.3

1. (1) $x+x^2+\dfrac{1}{2!}x^3+\cdots+\dfrac{1}{n!}x^{n+1}+o(x^{n+1}),(x\to 0)$；

   (2) $1+\dfrac{1}{2!}x^2+\dfrac{1}{4!}x^4+\cdots+\dfrac{1}{(2n)!}x^{2n}+o(x^{2n+1}),(x\to 0)$；

   (3) $2x+\dfrac{2}{3}x^3+\dfrac{2}{5}x^5+\cdots+\dfrac{2}{2n-1}x^{2n-1}+o(x^{2n}),(x\to 0)$；

   (4) $1-\dfrac{2}{2!}x^2+\dfrac{2^3}{4!}x^4+\cdots+(-1)^m\dfrac{2^{2m-1}}{(2m)!}x^{2m}+o(x^{2m+1}),(x\to 0)$；

   (5) $-1-3x-3x^2-4x^3-4x^4-\cdots-4x^n+o(x^n),(x\to 0)$；

   (6) $1-\dfrac{1}{2!}x^4+\dfrac{1}{4!}x^8+\cdots+(-1)^m\dfrac{1}{(2m)!}x^{4m}+o(x^{4m+2}),(x\to 0)$.

2. $x^4-\dfrac{1}{3!}x^6+\dfrac{1}{5!}x^8+\cdots+\dfrac{1}{(n-3)!}\left(\sin\dfrac{(n-3)\pi}{2}\right)x^n+o(x^n),(x\to 0),-120.$

3. (1) $-1-(x+1)-(x+1)^2-(x+1)^3+o[(x+1)^3],(x\to -1)$；

   (2) $2+\dfrac{1}{4}(x-4)-\dfrac{1}{64}(x-4)^2+\dfrac{1}{512}(x-4)^3+o[(x-4)^3],(x\to 4)$；

   (3) $x+\dfrac{1}{3}x^3+o(x^3),(x\to 0)$； (4) $1+x+\dfrac{1}{2}x^2+o(x^3),(x\to 0)$.

4. (1) $\ln^2 a$； (2) 1； (3) $\dfrac{1}{2^7}$； (4) 0； (5) $\dfrac{1}{6}$； (6) $\dfrac{1}{2}$.

5. $\cos 1+(\cos 1-\sin 1)(x-1)-\dfrac{1}{2}(2\sin 1+\cos 1)(x-1)^2+\dfrac{1}{6}(\sin 1-3\cos 1)(x-1)^3$.

6. $0; 1; -\dfrac{1}{2}$.

7. (1) $-\left(x+\dfrac{x^2}{2}+\dfrac{x^3}{3}+\cdots+\dfrac{x^n}{n}\right)-\dfrac{1}{(n+1)(1-\theta x)^{n+1}}x^{n+1},0<\theta<1$；

   (2) $-(1+x+x^2+\cdots+x^n)-\dfrac{1}{(1-\theta x)^{n+2}}x^{n+1},0<\theta<1$；

(3) $x+x^2+\dfrac{x^3}{2!}+\cdots+\dfrac{x^n}{(n-1)!}+\dfrac{1}{(n+1)!}(n+1+\theta x)e^{\theta x}x^{n+1}, 0<\theta<1$.

8. $1+\dfrac{x^2}{2!}+\dfrac{x^4}{4!}+\cdots+\dfrac{x^{2n}}{(2n)!}+\dfrac{e^{\theta x}-e^{-\theta x}}{2(2n+1)!}x^{2n+1}, 0<\theta<1$.

9. $(x-1)+\dfrac{3}{2}(x-1)^2+\dfrac{1}{3}(x-1)^3-\dfrac{1}{12}(x-1)^4+\cdots+(-1)^{n-1}\dfrac{2}{n(n-1)(n-2)}(x-1)^n+$

$(-1)^n\dfrac{2}{(n+1)n(n-1)}\dfrac{(x-1)^{n+1}}{[1+\theta(x-1)]^{n-1}}, 0<\theta<1$.

10. $\sqrt{x}=2+\dfrac{1}{4}(x-4)-\dfrac{1}{64}(x-4)^2+\dfrac{1}{512}(x-4)^3-\dfrac{15(x-4)^4}{4!\,16[4+\theta(x-4)]^{7/2}}, 0<\theta<1$.

总习题三

1. $\xi=0$.

2. $\xi=\dfrac{1}{2}$ 或 $\sqrt{2}$.

3. $\xi=\sqrt{\dfrac{2}{1+\ln 2}}-1$.

4. $F(x)=(f(x)-f(a))(x-b)$.

5. $F(x)=e^{kx}f(x)$.

6. 反证法.

7. (1) 零点定理； (2) $F(x)=e^{-\lambda x}(f(x)-x)$.

8. (1) 反证法； (2) $F(x)=f(x)g'(x)-g(x)f'(x)$.

9. (1) 对 $f(x)$ 在 $[a,b]$ 上使用拉格朗日定理；对 $f(x)$ 和 $g(x)=e^x$ 在 $[a,b]$ 上使用柯西定理.

15. $g'(x)=\begin{cases}\dfrac{(x-a)f'(x)-f(x)}{(x-a)^2}, & x\neq a\\ \dfrac{1}{2}f''(a), & x=a\end{cases}$.

19. $-1;\dfrac{8}{3};-\dfrac{11}{3}$.

20. $3;-\dfrac{4}{3}$.

习题 4.1

1. (1) $(-\infty,0],[2,+\infty)$严增,$[0,2]$严减； (2) $(-\infty,-2),(-2,8),(8,+\infty)$严减；
   (3) $[0,1]$严减,$[1,+\infty)$严增； (4) $(-\infty,-1],[1,+\infty)$严增,$[-1,1]$严减；
   (5) $(-\infty,+\infty)$严增； (6) $\left(0,\dfrac{1}{e}\right]$严减,$\left[\dfrac{1}{e},+\infty\right)$严增； (7) $[-2,0]$严增；
   (8) $(-\infty,2]$严减,$[2,+\infty)$严增； (9) $(-\infty,a),(a,+\infty)$严减；
   (10) $(-\infty,0),(0,1]$严减,$[1,+\infty)$严增.

5. 等价于证明 $b\ln a>a\ln b$. 讨论 $f(x)=x\ln a-a\ln x,(x>a>e)$ 的单调性.

6. 讨论 $f(x)=\sqrt[n]{a}+\sqrt[n]{x}-\sqrt[n]{a+x}$ 的单调性.

习题 4.2

1. (1) $(-\infty,2)$凸;$(2,+\infty)$凹;$(2,12)$拐点； (2) $(-\infty,+\infty)$凹；

(3) $(-\infty,-3)$ 凸;$(-3,+\infty)$ 凹;无拐点;

(4) $(-\infty,-6),(0,6)$ 凹;$(-6,0),(6,+\infty)$ 凸;$\left(-6,-\dfrac{9}{2}\right),(0,0),\left(6,\dfrac{9}{2}\right)$ 拐点;

(5) $(-\infty,-\sqrt{3}),(0,\sqrt{3})$ 凹;$(-\sqrt{3},0)(\sqrt{3},+\infty)$ 凸;$(-\sqrt{3},0)(0,0),(\sqrt{3},0)$ 拐点;

(6) $\left((4k+1)\dfrac{\pi}{2},(4k+3)\dfrac{\pi}{2}\right)$ 凹;$\left((4k+3)\dfrac{\pi}{2},(4k+5)\dfrac{\pi}{2}\right)$ 凸;

$\left((2k+1)\dfrac{\pi}{2},0\right)$ 拐点$(k=0,\pm 1,\pm 2,\cdots)$;

(7) $(2k\pi,(2k+1)\pi)$ 凹;$((2k-1)\pi,2k\pi)$ 凸;$(k\pi,k\pi)$ 拐点$(k=0,\pm 1,\pm 2,\cdots)$;

(8) $\left(0,\dfrac{1}{\sqrt{e^3}}\right)$ 凸;$\left(\dfrac{1}{\sqrt{e^3}},+\infty\right)$ 凹;$\left(\dfrac{1}{\sqrt{e^3}},-\dfrac{3}{2e^3}\right)$ 拐点;

(9) $(-\infty,0)$ 凹;$(0,+\infty)$ 凸;$(0,0)$ 拐点;

(10) $(-\infty,-3),(-1,+\infty)$ 凹;$(-3,-1)$ 凸;$\left(-3,\dfrac{10}{e^3}\right),\left(-1,\dfrac{2}{e}\right)$ 拐点.

3. $f(x)$:$(-\infty,0)$ 凹;$(0,+\infty)$ 凸;$(0,0)$ 拐点;
   $g(x)$:$(-\infty,+\infty)$ 凸;无拐点.

4. $P_6(x)=x^6-3x^4+3x^2$.

习题 4.3

1. (1) 极大值 $f(-1)=3$;极小值 $f(1)=-1$; (2) 极大值 $f(3)=6$;

   (3) 极大值 $f(-1)=0$;极小值 $f\left(\dfrac{9}{7}\right)=-\dfrac{16^4\cdot 12^3}{7^7}$;

   (4) 极大值 $f(1)=\dfrac{1}{2}$;极小值 $f(-1)=-\dfrac{1}{2}$; (5) 无极值;

   (6) 极大值 $f\left[\left(k+\dfrac{1}{2}\right)\pi\right]=1$;极小值 $f(k\pi)=0$;$(k=0,\pm 1,\pm 2,\cdots)$;

   (7) 极大值 $f(1)=\dfrac{1}{e}$; (8) 极大值 $f(e)=\dfrac{1}{e}$; (9) 极大值 $f(1)=\dfrac{\pi}{4}-\dfrac{1}{2}\ln 2$;

   (10) 极大值 $f(-1)=e^{-2},f(1)=1$;极小值 $f(0)=0$.

2. $2;-3;-12,1$.

5. (1) 极大值 $f(0)=1$;极小值 $f\left(\dfrac{1}{e}\right)=e^{-e^{-1}}$;

   (2) 极大值 $f(0)=-1$;极小值 $f(-2)=1$.

6. (1) $f(-1)=\dfrac{1}{2}$;$f(5)=32$; (2) $f\left(\dfrac{1-\sqrt{5}}{2}\right)=\dfrac{5(1-\sqrt{5})}{2}$;$f(-2)=15$;

   (3) $f\left(\dfrac{3\pi}{4}\right)=0$;$f(0)=f\left(\dfrac{\pi}{2}\right)=1$; (4) $f\left(\dfrac{1}{e}\right)=-\dfrac{1}{e}$;$f(e)=e$;

   (5) $f\left(-\dfrac{1}{\sqrt{2}}\right)=-\dfrac{1}{\sqrt{2e}}$;$f\left(\dfrac{1}{\sqrt{2}}\right)=\dfrac{1}{\sqrt{2e}}$.

7. (1) $M_n=\left(\dfrac{n}{n+1}\right)^{n+1}$; (2) e^{-1}.

8. 讨论 $f(x)=x^{\frac{1}{x}}$;$\sqrt[3]{3}$.

10. 等分.

11. $V\left(\dfrac{2p}{3}\right) = \dfrac{4\pi p^3}{27}$.

12. $(a-1, \pm\sqrt{2a-2})$; $\sqrt{2a-1}$.

13. $(1,1)$.

14. $\dfrac{2p}{4+\pi}$.

15. $\sqrt{2}a$; $\sqrt{2}b$.

16. $2\pi\sqrt{\dfrac{2}{3}}$.

17. $2.4m$.

18. $\dfrac{a_1+a_2+\cdots+a_n}{n}$.

19. $20km/h$.

20. $\dfrac{\pi}{4}$.

习题 4.4

1. (1) $x=-1, x=5, y=0$; (2) $x=-1, x-2y=2$; (3) $y=1, x=1, x=-1$;
   (4) $y=x, x=0$; (5) $y=x+\dfrac{1}{e}, x=-\dfrac{1}{e}$.

习题 4.5

1. (1) 36; (2) $\dfrac{1}{3\sqrt{2}}$; (3) 0; (4) $\dfrac{6}{13\sqrt{13}}$; (5) $\dfrac{2}{\pi a}$; (6) $\dfrac{2+\theta^2}{a(1+\theta^2)^{3/2}}$.

2. (1) $\dfrac{(y^2+1)^2}{4y}$; (2) $\left|\dfrac{3}{2}a\sin 2t\right|$; (3) $|r\sqrt{1+k^2}|$; (4) $\left|\dfrac{4}{3}a\cos\dfrac{\theta}{2}\right|$.

3. $|p|$.

4. $\left(\dfrac{1}{\sqrt{2}}, -\dfrac{1}{2}\ln 2\right)$.

5. (1) $(2,2)$; (2) $\left(-\dfrac{11}{2}a, \dfrac{16}{3}a\right)$.

6. (1) $(x-3)^2 + \left(y-\dfrac{3}{2}\right)^2 = \dfrac{1}{4}$; (2) $(x+2)^2+(y-3)^2=8$.

总习题四

1. (1) $(-\infty, 0], \left[\dfrac{2}{\ln 2}, +\infty\right)$ 严减;$\left[0, \dfrac{2}{\ln 2}\right]$ 严增; (2) $(0,e]$ 严增; $[e, +\infty)$ 严减.

2. (1) $(-\infty, 2)(4, +\infty)$ 凹;$(2,4)$ 凸;$(2,62), (4,206)$ 拐点;
   (2) $(-\infty, 1)$ 凸;$(1, +\infty)$ 凹;$(1,2)$ 拐点.

3. $|a| \leqslant 2$.

4. $-\dfrac{20}{3}$; $\dfrac{4}{3}$.

5. $\dfrac{3}{2}$; 3; $-\dfrac{3}{2}$.

6. 1;0;−3.

9. 拐点.

10. 无关.

13. (2) $f(x)=-e^{-x}, g(x)=e^{-x}$.

15. 讨论 $F(x)=f(a)+f(x)-f(a+x)$.

16. 记 $\dfrac{b}{a}=x$, 讨论 $f(x)=(1+x)\ln x-2(x-1)(x>1)$.

17. 求 $f(x)=x^m(1-x)^n$ 在 $[0,1]$ 上的最大值.

18. 反证法. 不妨设最大值 $f(\xi)=M>0, \xi \in (a,b)$, 将 ξ 代入题设等式即得矛盾.

19. $4\left(\dfrac{p}{p+2}\right)^{p+2}$; $4e^{-2}$.

习题 5.1

2. $f(x)=x-x^2+C$.

3. $y=x^2+1$.

4. $\dfrac{5}{2}t^2-\dfrac{1}{3}t^3+2t$.

5. (1) $\dfrac{8}{15}x^{15/8}+C$; (2) $\dfrac{1}{2}x^2+9x+27\ln|x|-\dfrac{27}{x}+C$; (3) $-\dfrac{1}{x}-\dfrac{1}{5}x^{-5}+C$;

(4) $\dfrac{1}{3}x^3+\arctan x+C$; (5) $-\dfrac{2}{\ln 5}5^{-x}+\dfrac{1}{5\ln 2}2^{-x}+C$; (6) $a\mathrm{ch}x+b\mathrm{sh}x+C$;

(7) $\dfrac{1}{2}x|x|+C$; (8) $\dfrac{1}{2}x|x|+\dfrac{|x|}{x}\ln|x|+C$; (9) $-\dfrac{1}{x}-\arctan x+C$;

(10) $\dfrac{x+\tan x}{2}+C$.

习题 5.2

1. (1) $\dfrac{1}{22}(2x+5)^{11}+C$; (2) $-\dfrac{1}{3}(2x+11)^{-\frac{3}{2}}+C$; (3) $\dfrac{1}{\sqrt{6}}\arctan\sqrt{\dfrac{3}{2}}x+C$;

(4) $\dfrac{1}{\sqrt{5}}\arcsin\sqrt{\dfrac{5}{2}}x+C$; (5) $\arcsin(2x-1)+C$; (6) $\ln(2+e^x)+C$;

(7) $\ln[\ln(\ln x)]+C$; (8) $\tan\dfrac{x}{2}+C$; (9) $\tan\left(\dfrac{x}{2}+\dfrac{\pi}{4}\right)+C$;

(10) $-\dfrac{1}{12}(8x^3+27)^{-1/2}+C$; (11) $-x-2\ln|x-1|+C$; (12) $\dfrac{1}{2}\ln\left|\dfrac{x-3}{x-1}\right|+C$;

(13) $\dfrac{1}{3}\ln\left|\dfrac{x-1}{x+2}\right|+C$; (14) $\dfrac{1}{4}\ln\dfrac{e^{2x}}{e^{2x}+2}+C$; (15) $-2\ln|\cos\sqrt{x}|+C$;

(16) $-\dfrac{1}{5}(x^5+1)^{-1}+\dfrac{1}{5}(x^5+1)^{-2}-\dfrac{1}{15}(x^5+1)^{-3}+C$;

(17) $\dfrac{1}{n}x^n+\dfrac{1}{n}\ln|x^n-1|+C$; (18) $\dfrac{1}{an}\ln\left|\dfrac{x^n}{x^n+a}\right|+C$;

(19) $-\dfrac{1}{2}[\ln(x+1)-\ln x]^2+C$; (20) $\dfrac{3}{2}(\sin x-\cos x)^{\frac{2}{3}}+C$;

(21) $\dfrac{1}{2}\arcsin\dfrac{2}{3}x+\dfrac{1}{4}\sqrt{9-4x^2}+C$; (22) $\dfrac{1}{2}\arctan(\sin^2 x)+C$;

(23) $(\arctan\sqrt{x})^2+C$; (24) $\dfrac{1}{3}\sec^3 x-\sec x+C$; (25) $\dfrac{1}{11}\tan^{11}x+C$;

(26) $\dfrac{1}{\sqrt{2}}\arctan(\sqrt{2}\tan x)+\arctan(\sin x)+C$.

2. (1) $-\dfrac{x}{2}\sqrt{a^2-x^2}+\dfrac{a^2}{2}\arcsin\dfrac{x}{a}+C$; (2) $-\dfrac{1}{3x^3}(1+x^2)^{\frac{3}{2}}+\dfrac{1}{x}\sqrt{1+x^2}+C$;

(3) $\dfrac{1}{3}\ln|x^3+\sqrt{1+x^6}|+C$; (4) $x-\ln(1+\sqrt{1+e^{2x}})+C$;

(5) $\dfrac{4}{7}(1+e^x)^{7/4}-\dfrac{4}{3}(1+e^x)^{3/4}+C$; (6) $\arcsin\dfrac{1}{\sqrt{21}}(2x-1)+C$;

(7) $\ln|x-1+\sqrt{x^2-2x+10}|+C$;

(8) $\sqrt{x^2+x+1}+\dfrac{1}{2}\ln\left|x+\dfrac{1}{2}+\sqrt{x^2+x+1}\right|+C$;

(9) $\dfrac{1}{a}\ln\left|\dfrac{x}{a+\sqrt{a^2+x^2}}\right|+C$; (10) $\dfrac{1}{a}\arccos\dfrac{a}{x}+C$;

(11) $\arcsin x-\dfrac{x}{1+\sqrt{1-x^2}}+C$; (12) $\dfrac{x}{\sqrt{1+x^2}}+C$.

习题 5.3

1. $x\arcsin x+\sqrt{1-x^2}+C$.

2. $-\dfrac{1}{4}e^{-2x}(2x^2+2x+1)+C$.

3. $x\ln x-2x+\dfrac{1}{2}x\ln(1+x^2)+\arctan x+C$.

4. $x(\arcsin x)^2+2\sqrt{1-x^2}\arcsin x-2x+C$.

5. $\dfrac{x^2}{2(1+x^2)}\ln x-\dfrac{1}{4}\ln(1+x^2)+C$.

6. $\dfrac{2}{3}\sqrt{x^3}\arctan\sqrt{x}-\dfrac{1}{3}x+\dfrac{1}{3}\ln(1+x)+C$.

7. $\dfrac{x}{\sqrt{1-x^2}}\arcsin x+\dfrac{1}{2}\ln|1-x^2|+C$.

8. $-\cos x\ln|\tan x|+\ln\left|\tan\dfrac{x}{2}\right|+C$.

9. $\dfrac{1}{4}x^4\left[(\ln x)^2-\dfrac{1}{2}\ln x+\dfrac{1}{8}\right]+C$.

10. $-\dfrac{2}{17}e^{-2x}\left(\cos\dfrac{x}{2}+4\sin\dfrac{x}{2}\right)+C$.

11. $3e^{\sqrt[3]{x}}(\sqrt[3]{x^2}-2\sqrt[3]{x}+2)+C$.

12. $x\ln(x+\sqrt{1+x^2})-\sqrt{1+x^2}+C$.

13. $\dfrac{1}{2}x^2 e^x(\cos x+\sin x)-xe^x\sin x+\dfrac{e^x}{2}(\sin x-\cos x)+C$.

14. $\dfrac{1}{2}(x-1)e^x-\dfrac{x}{10}e^x(2\sin 2x+\cos 2x)+\dfrac{1}{50}e^x(4\sin 2x-3\cos 2x)+C$.

15. $\dfrac{-1}{\sqrt{1+x^2}}\arctan x+\dfrac{x}{\sqrt{1+x^2}}+C.$

16. $x\arcsin\sqrt{1-x^2}-\mathrm{sgn}(x)\sqrt{1-x^2}+C.$

习题 5.4

1. $\dfrac{1}{3}x^3-\dfrac{3}{2}x^2+9x-27\ln|x+3|+C.$

2. $\ln|x-2|+\ln|x+5|+C.$

3. $\dfrac{1}{x+1}+\dfrac{1}{2}\ln|x^2-1|+C.$

4. $-\dfrac{1}{2}\ln\dfrac{x^2+1}{x^2+x+1}+\dfrac{\sqrt{3}}{3}\arctan\dfrac{2x+1}{\sqrt{3}}+C.$

5. $\dfrac{1}{2\sqrt{6}}\ln\left|\dfrac{\sqrt{3}x+\sqrt{2}}{\sqrt{3}x-\sqrt{2}}\right|+C.$

6. $\dfrac{1}{4}\ln|x^4-x^2+2|+\dfrac{1}{2\sqrt{7}}\arctan\dfrac{2}{\sqrt{7}}\left(x^2-\dfrac{1}{2}\right)+C.$

7. $\dfrac{1}{2}\ln|1+x^2|+\arctan x+\dfrac{1}{x}-\dfrac{1}{3}x^{-3}+C.$

8. $\dfrac{1}{2n}\left[\arctan x^n-\dfrac{x^n}{1+x^{2n}}\right]+C.$

9. $x+\dfrac{1}{6}\ln|x|-\dfrac{9}{2}\ln|x-2|+\dfrac{28}{3}\ln|x-3|+C.$

10. $\dfrac{1}{3}\ln|x-1|-\dfrac{1}{6}\ln|x^2+x+1|+\dfrac{1}{\sqrt{3}}\arctan\dfrac{2}{\sqrt{3}}\left(x+\dfrac{1}{2}\right)+C.$

11. $\dfrac{1}{3}\ln|x+1|-\dfrac{1}{6}\ln|x^2-x+1|+\dfrac{\sqrt{3}}{3}\arctan\dfrac{2}{\sqrt{3}}\left(x-\dfrac{1}{2}\right)+C.$

12. $-\dfrac{2}{5}\ln|x+2|+\dfrac{1}{5}\ln|x^2+1|+\dfrac{1}{5}\arctan x+C.$

13. $\dfrac{1}{5}\left(\ln|x^5|-\ln|x^5+1|+\dfrac{1}{x^5+1}\right)+C.$

14. $-\dfrac{1}{7x^7}+\dfrac{1}{5x^5}-\dfrac{1}{3x^3}+\dfrac{1}{x}-\arctan\dfrac{1}{x}+C.$

15. $\dfrac{1}{2}x^2+\dfrac{1}{4}\ln\dfrac{x^2-1}{x^2+1}+C.$

16. $\dfrac{1}{2}\ln|x+1|+\dfrac{1}{x+2}-\dfrac{1}{2}\ln|x+3|+C.$

17. $2\sqrt{x}-4\sqrt[4]{x}+4\ln(\sqrt[4]{x}+1)+C.$

18. $\dfrac{3}{2}\sqrt[3]{(1+x)^2}-3\sqrt[3]{1+x}+3\ln|1+\sqrt[3]{1+x}|+C.$

19. $\ln\left|\dfrac{\sqrt{1-x}-\sqrt{1+x}}{\sqrt{1-x}+\sqrt{1+x}}\right|+2\arctan\sqrt{\dfrac{1-x}{1+x}}+C.$

20. $2\arctan\sqrt{\dfrac{x}{2-x}}-\sqrt{x(2-x)}+C.$

习题答案

21. $\dfrac{2}{3(a-b)}[(x+a)^{3/2}-(x+b)^{3/2}]+C.$

22. $\dfrac{1}{2}\left[\arcsin(2x-1)+\dfrac{2\sqrt{x-x^2}-1}{2x-1}\right]+C.$

23. $\dfrac{1}{2}x^2-\dfrac{x}{2}\sqrt{x^2-1}+\dfrac{1}{2}\ln|x+\sqrt{x^2-1}|+C.$

24. $-\dfrac{3}{2}\left(\dfrac{x+1}{x-1}\right)^{\frac{1}{3}}+C.$

25. $\dfrac{6}{5}t^5-\dfrac{3}{2}t^4+4t^3-6t^2+6t-9\ln|t+1|+\dfrac{3}{2}\ln|t^2+1|+3\arctan t+C$,其中,$t=\sqrt[6]{x}.$

26. $\dfrac{1}{\sqrt{2}}\ln\left|\dfrac{\sqrt{2}\sqrt{1+x^2}+x-1}{1+x}\right|+C.$

27. $-\dfrac{1}{10}\cos\left(5x+\dfrac{1}{12}\pi\right)+\dfrac{1}{2}\cos\left(x+\dfrac{5}{12}\pi\right)+C.$

28. $\dfrac{3}{8}x+\dfrac{1}{4}\sin 2x+\dfrac{1}{32}\sin 4x+C.$

29. $\sin x-\dfrac{2}{3}\sin^3 x+\dfrac{1}{5}\sin^5 x+C.$

30. $\dfrac{1}{3}\sin^3 x-\dfrac{2}{5}\sin^5 x+\dfrac{1}{7}\sin^7 x+C.$

31. $\cos x+\dfrac{1}{\cos x}+C.$

32. $\dfrac{1}{\sqrt{2}}\ln\left|\tan\left(\dfrac{x}{2}+\dfrac{\pi}{8}\right)\right|+C.$

33. $\dfrac{1}{\sqrt{2}}\arcsin\left(\sqrt{\dfrac{2}{3}}\sin x\right)+C.$

34. $-\dfrac{1}{2}\arctan(\cos 2x)+C.$

35. $\dfrac{1}{2}\dfrac{\sin x}{\cos^2 x}+\dfrac{1}{2}\ln\left|\dfrac{1+\sin x}{\cos x}\right|+C.$

36. $-\dfrac{1}{2}\dfrac{\cos^3 x}{\sin^2 x}-\dfrac{3}{2}\ln\left|\tan\dfrac{x}{2}\right|-\dfrac{3}{2}\cos x+C.$

37. $\dfrac{1}{\sqrt{5}}\arctan\dfrac{3\tan\dfrac{x}{2}+1}{\sqrt{5}}+C.$

38. $-\dfrac{1}{2}\cot\dfrac{x}{2}+\dfrac{1}{2}\ln\left|\tan\dfrac{x}{2}\right|+C.$

总习题五

1. $-x^2-\ln|x-1|+c.$

2. $f(x)=\begin{cases} x, & x\leqslant 0 \\ e^x-1, & x>0. \end{cases}$

3. (1) $\dfrac{1}{8}\sec^2\dfrac{x}{2}+\dfrac{1}{4}\ln|\csc x-\cos x|+C.$

(2) $x\arctan(1+\sqrt{x})-\sqrt{x}+\ln(2+2\sqrt{x}+x)+C$. (3) $\frac{1}{a}\left[\ln|x|-\frac{1}{n}\ln|x^n+a|\right]+C$.

(4) $2(x-2)\sqrt{e^x-2}+4\sqrt{2}\arctan\sqrt{\frac{e^x-2}{2}}+C$.

4. $2\ln(x-1)+x+C$.

习题 6.1

1. (1) $\frac{1}{4}$； (2) $\frac{1}{3}(b^3-a^3)+b-a$.

2. (1) $\frac{3}{2}$； (2) $\frac{5}{2}$； (3) $\frac{1}{4}(b-a)^2$； (4) $\frac{1}{4}\pi a^2$.

3. $b=f(a)$时等号成立.

5. (1) $\int_0^1 e^x dx$ 较大； (2) $\int_1^e \ln x dx$ 较大； (3) $\int_0^1 x dx$ 较大； (4) $\int_{-2}^{-1}\left(\frac{1}{3}\right)^x dx$ 较大.

6. (1) $\frac{1}{2}\leqslant\int_{\frac{\pi}{4}}^{\frac{\pi}{2}}\frac{\sin x}{x}dx\leqslant\frac{\sqrt{2}}{2}$； (2) $\frac{2}{5}\leqslant\int_1^2\frac{x}{x^2+1}dx\leqslant\frac{1}{2}$.

习题 6.2

1. (1) $\cos(x^2+1)$； (2) $-\sqrt{1+x^4}$； (3) $2x\ln(1+x^2)$； (4) $\frac{3x^2}{\sqrt{1+x^6}}-\frac{2x}{\sqrt{1+x^4}}$；

(5) $\frac{-y\cos xy}{e^y+x\cos xy}$； (6) $-2t^2$.

2. (1) $\frac{15}{4}$； (2) $\frac{\pi}{4}$； (3) $\frac{1}{5}t^5$； (4) $-\ln 2$； (5) $\frac{45}{4}$； (6) $\frac{1}{a}\ln\frac{3}{2}$； (7) $\frac{4}{3}a^3$；

(8) $a+b$； (9) 1； (10) $\frac{1}{3}\pi$； (11) π^2-4； (12) $\frac{1}{6}$； (13) 1；

(14) $e^{-x}(x+1)-\frac{1}{2}(\ln 2+1)$； (15) $\frac{4}{3}(\sqrt{2}-4)$； (16) $\frac{1}{4}$； (17) $\frac{3}{16}\pi$；

(18) $1-e^{-x}$.

3. (1) 12； (2) e.

4. (1) $|x|$； (2) $f(x)=\begin{cases}\frac{1}{2}-x, & x\leqslant 0 \\ x^2-x+\frac{1}{2}, & 0<x<1 \\ x-\frac{1}{2}, & x\geqslant 1\end{cases}$；

(3) $f(x)=\begin{cases}\frac{1}{3}-\frac{1}{2}x, & x\leqslant 0 \\ \frac{1}{3}x^3-\frac{1}{2}x+\frac{1}{3}, & 0<x<1 \\ \frac{x}{2}-\frac{1}{3}, & x\geqslant 1\end{cases}$； (4) $\frac{1}{2}x|x|$.

5. (1) $\frac{\pi}{4}$； (2) $\frac{2}{\pi}$； (3) $\frac{2}{3}(2\sqrt{2}-1)$； (4) $\frac{1}{e}$； (5) $\frac{1}{p+1}$.

8. $1+\frac{3}{2}\sqrt{2}$.

习题答案

习题 6.3

1. (1) $\frac{1}{26}(2^{13}-1)$； (2) $\frac{1}{2}\ln 3-\frac{\pi}{2\sqrt{3}}$； (3) $\frac{5}{27}e^3-\frac{2}{27}$； (4) $\frac{1}{6}$； (5) 1； (6) $2-\frac{2}{e}$；

   (7) $\frac{5}{6}$； (8) $\frac{1}{3}a^3-2a+\frac{8}{3}$； (9) 4； (10) $\frac{1}{6}\pi^3-\frac{1}{4}\pi$； (11) 0； (12) $\frac{1}{4}\pi a^2$；

   (13) $\frac{1}{\sqrt{2}}\ln(1+\sqrt{2})$； (14) $\frac{3}{16}\pi$； (15) 12； (16) $\frac{(2n)!!}{(2n+1)!!}$； (17) $\frac{1}{2}$；

   (18) $\frac{\pi}{4}-\frac{2}{3}$； (19) $\frac{\pi}{2}-1$； (20) $\pi\ln(\pi+\sqrt{\pi^2+a^2})-\sqrt{\pi^2+a^2}+|a|$； (21) $\frac{4}{3}$；

   (22) $\frac{1}{72}\pi^2+\frac{\sqrt{3}}{6}\pi-1$； (23) $\frac{63}{512}\pi^2$； (24) $\frac{21}{2048}\pi$； (25) $\frac{63}{512}\pi$；

   (26) $\frac{\pi^2}{16}-\frac{\pi}{4}+\frac{1}{2}\ln 2$； (27) $\frac{4}{3}\pi-\sqrt{3}$； (28) $\frac{1}{5}(e^\pi-2)$.

2. $1+\ln(1+e^{-1})$.

3. 1.

5. $I_m=\begin{cases}\frac{(m-1)!!}{m!!}\cdot\frac{\pi}{2}, & m \text{ 为偶数}\\ \frac{(m-1)!!}{m!!}\pi, & m \text{ 为大于 1 的奇数}\end{cases}$, $I_1=\pi$.

习题 6.4

1. (1) $\frac{1}{2}$； (2) $\frac{1}{a^2}$； (3) $\frac{a}{a^2+b^2}$； (4) $\ln 2$； (5) 2； (6) $\frac{1}{2^{n+1}}(-1)^n n!$； (7) $\frac{\pi}{2}$；

   (8) $\frac{\pi}{3}$； (9) $\frac{\pi}{2}$； (10) $\frac{1}{4}\pi+\frac{1}{2}\ln 2$.

2. (1) 收敛； (2) 收敛； (3) $n-m>1$ 时收敛；$n-m\leqslant 1$ 时发散； (4) 收敛；
   (5) 收敛； (6) 收敛； (7) 收敛； (8) 发散； (9) 收敛；
   (10) 当 $\max\{p,q\}>1$ 且 $\min\{p,q\}<1$ 时收敛，其他情况发散.

3. $\frac{1}{4}$.

4. (1) $\frac{1}{4}B\left(\frac{1}{4},\frac{1}{2}\right)$； (2) $\frac{1}{4}B\left(\frac{3}{4},\frac{1}{2}\right)$； (3) $\frac{1}{2}B\left(\frac{\alpha+1}{2},\frac{1}{2}\right)$；

   (4) $\frac{1}{3}\Gamma\left(\frac{2}{3}\right)\Gamma\left(\frac{1}{3}\right)$； (5) $\frac{1}{4}\Gamma\left(\frac{1}{4}\right)\Gamma\left(\frac{3}{4}\right)$； (6) $\frac{1}{n}\Gamma\left(1-\frac{1}{n}\right)\Gamma\left(\frac{1}{n}\right)$；

   (7) $\frac{1}{4}\Gamma\left(\frac{1}{4}\right)\Gamma\left(\frac{3}{4}\right)$； (8) $\Gamma(\alpha)$.

总习题六

1. $\int_0^x (x-t)g(t)dt$, $\int_0^x g(t)dt$.

2. $\cos x\sqrt{1+\sin^4 x}$.

3. $n^2\pi$.

4. $\frac{1}{\ln 2}$.

5. 1.

6. (1) $\dfrac{1}{2a}[f(x+a)-f(x-a)]$; (2) $f(x)$.

7. $x=\dfrac{1}{2}$,极小.

8. $\dfrac{3}{4}$.

9. (1) $\dfrac{\pi}{4}$; (2) $\dfrac{\pi}{8}\ln 2$.

13. $x-1$.

习题 7.2

1. (1) $\dfrac{\sqrt{3}}{3}\pi-\dfrac{3}{4},\dfrac{2\sqrt{3}}{3}\pi+\dfrac{3}{4}$; (2) $\dfrac{12}{7}$; (3) $\dfrac{2}{3}$; (4) $\dfrac{7}{6}$; (5) $\dfrac{1}{6}$; (6) $\dfrac{9}{2}$;

(7) $\dfrac{1}{\ln 2}-\dfrac{1}{2}$.

2. (1) $\dfrac{4\sqrt{2}}{3}$; (2) $\dfrac{16}{3}$.

3. (1) πa^2; (2) a^2.

4. (1) $\dfrac{3}{8}\pi a^2$; (2) $3\pi a^2$.

5. (1) $7\pi-\dfrac{9}{2}\sqrt{3}$; (2) $\dfrac{\pi}{6}+\dfrac{1-\sqrt{3}}{2}$.

6. (1) 2π; (2) $160\pi^2$; (3) $V_x=\dfrac{\pi^2}{2},V_y=\pi(\pi-2)$; (4) $7\pi^2 a^3$.

7. $\dfrac{4}{3}\sqrt{3}ab^2$.

8. (1) $1+\dfrac{1}{2}\ln\dfrac{3}{2}$; (2) $\dfrac{8}{9}\left[\left(\dfrac{5}{2}\right)^{\frac{3}{2}}-1\right]$; (3) 6; (4) $\dfrac{\sqrt{5}}{2}(e^{4\pi}-1)$.

9. $\left(\left(\dfrac{2}{3}\pi-\dfrac{\sqrt{3}}{2}\right)a,\dfrac{3}{2}a\right)$.

10. $\dfrac{56}{3}a^2\pi$.

11. $2\pi a^2(2-\sqrt{2})$.

习题 7.3

1. $75\mathrm{kg}$.

2. $\dfrac{1}{3}(T^3+1-\cos 3T)$.

3. $-0.5\mathrm{kg}\cdot\mathrm{m}, 0.5\mathrm{kg}\cdot\mathrm{m}$.

4. $\dfrac{27}{7}kc^{\frac{2}{3}}a^{\frac{7}{3}}$ (k 为比例常数).

5. $\sqrt{2}-1\mathrm{cm}$.

6. $\dfrac{801}{4}\pi g\mathrm{kJ}$.

7. $\frac{4}{3}\pi r^4 \mu g$ (μ 为水的密度).

8. $\frac{kQ}{l}\ln\frac{b(a+l)}{a(b+l)}$.

9. 设 A,B,C 在平面直角坐标系的坐标分别为 $(0,0)(l,0),(0,h)$,则引力为
$$\left(\frac{GMm}{l}\left[\frac{1}{h}-\frac{1}{\sqrt{l^2+h^2}}\right],-\frac{GMm}{h\sqrt{l^2+h^2}}\right).$$

10. 引力的大小为 $\frac{2GM}{\pi R^2}$,其中,G 为引力常数;方向由质点指向弧的中心.

12. $17.3\text{kN}, 3.675\text{kN}$.

总习题七

1. 在 $\xi=\sqrt{e}$ 处取最小值 $e-2\sqrt{e}+1$.

2. $\frac{8}{3}a^2$.

3. $a=\frac{4}{3}, b=\frac{5}{12}$.

5. $\frac{512}{7}\pi$.

6. $\sqrt{6}+\ln(\sqrt{2}+\sqrt{3})$.

8. (1) $V=8(\arcsin y + y\sqrt{1-y^2})+4\pi\text{m}^3$; (2) 0.01m/min; (3) $8000g\pi\text{J}$.

附录　几种常用的曲线

(1) 三次抛物线

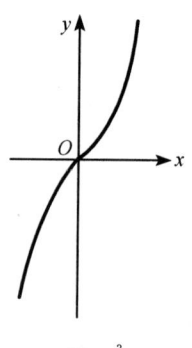

$y = ax^3.$

(2) 半立方抛物线

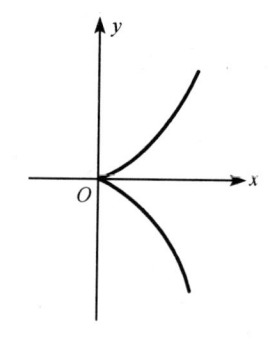

$y^2 = ax^3.$

(3) 概率曲线

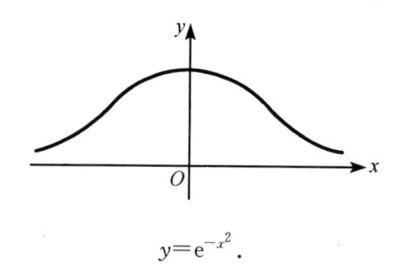

$y = e^{-x^2}.$

(4) 箕舌线

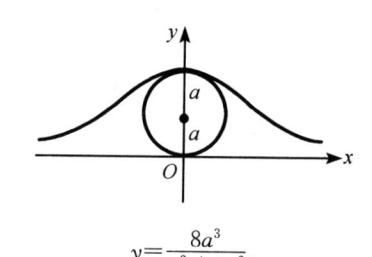

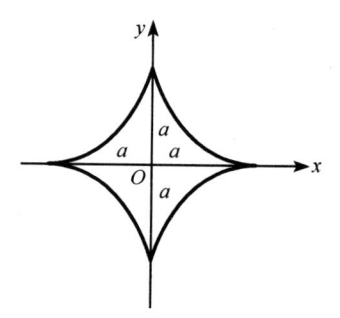

$y = \dfrac{8a^3}{x^2 + 4a^2}.$

(5) 笛卡儿叶形线

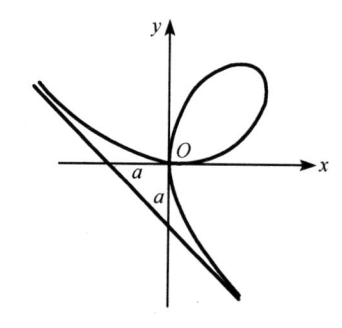

$x^3 + y^3 - 3axy = 0.$

$x = \dfrac{3at}{1+t^3},\ y = \dfrac{3at^2}{1+t^3}.$

(6) 星形线（内摆线的一种）

$x^{\frac{2}{3}} + y^{\frac{2}{3}} = a^{\frac{2}{3}}.$

$\begin{cases} x = a\cos^3\theta, \\ y = a\sin^3\theta. \end{cases}$

附录 几种常用的曲线

(7) 摆线

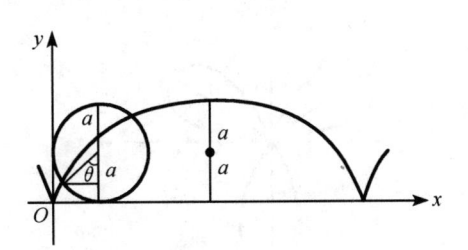

$$\begin{cases} x = a(\theta - \sin\theta), \\ y = a(1 - \cos\theta). \end{cases}$$

(8) 心形线（外摆线的一种）

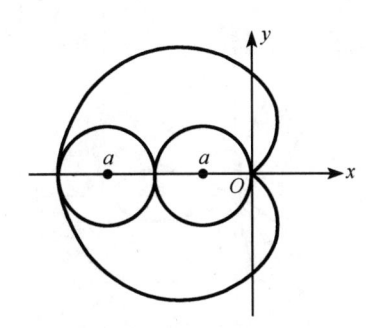

$$x^2 + y^2 + ax = a\sqrt{x^2 + y^2},$$
$$r = a(1 - \cos\theta).$$

(9) 阿基米德螺线

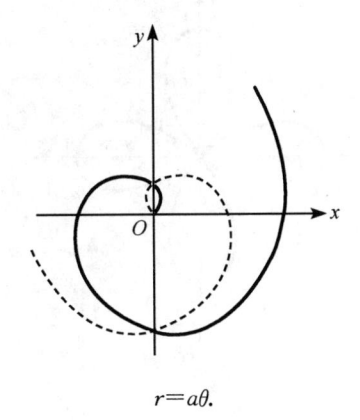

$$r = a\theta.$$

(10) 对数螺线

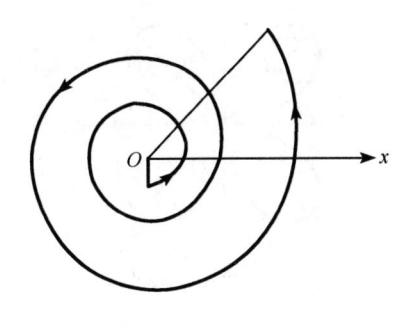

$$r = e^{a\theta}.$$

(11) 伯努利双纽线

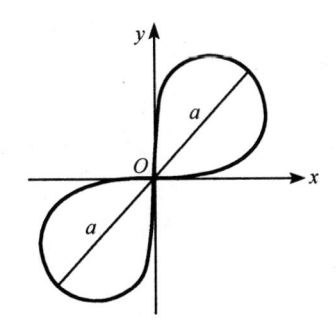

$$(x^2 + y^2)^2 = 2a^2 xy,$$
$$r^2 = a^2 \sin 2\theta.$$

(12) 伯努利双纽线

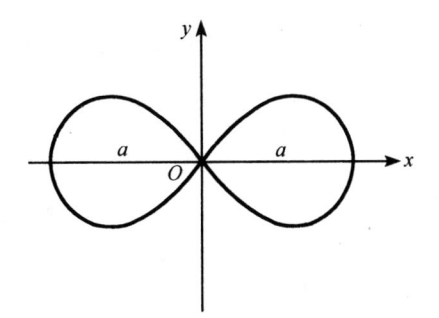

$$(x^2 + y^2)^2 = a^2(x^2 - y^2),$$
$$r^2 = a^2 \cos 2\theta.$$

(13) 三叶玫瑰线

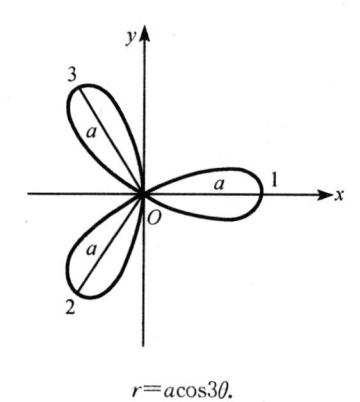

$r = a\cos 3\theta.$

(14) 三叶玫瑰线

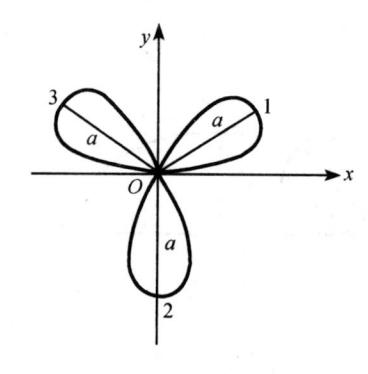

$r = a\sin 3\theta.$

(15) 四叶玫瑰线

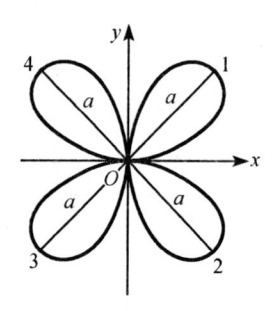

$r = a\sin 2\theta.$

(16) 四叶玫瑰线

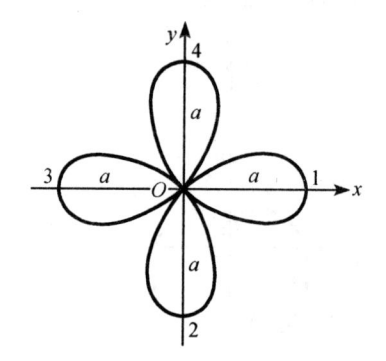

$r = a\cos 2\theta.$

21世纪高等院校教材

高等数学

（物理类）

下 册

张国玳 徐海燕 肖瑞霞 编

科学出版社
北 京

内 容 简 介

本教材是根据物理类高等数学教学大纲(200学时)编写,分为上、下两册出版.本书为下册,内容包括向量代数与空间解析几何,多元函数微分学,多元函数积分学,无穷级数和常微分方程.本书总结了编者长期从事高等数学教学的经验,结构严谨、逻辑清晰、难点分散、例题丰富、通俗易懂.各章配有大量与工科相结合的例题和习题,便于教师教学和学生自学使用.

本书可供理工科大学物理类、电类专业的本科生使用,还可供从事高等数学教学的教师和科研工作者参考.

图书在版编目(CIP)数据

高等数学:物理类.下册/张国珮,徐海燕,肖瑞霞编.—北京:科学出版社,2007(2017.7重印)
21世纪高等院校教材
ISBN 978-7-03-019291-2

Ⅰ.高… Ⅱ.①张… ②徐… ③肖… Ⅲ.高等数学-高等学校-教材 Ⅳ.O13

中国版本图书馆CIP数据核字(2007)第098157号

责任编辑:赵 靖 杨 然／责任校对:李奕萱
责任印制:白 洋／封面设计:陈 敬

科学出版社 出版
北京东黄城根北街16号
邮政编码:100717
http://www.sciencep.com

三河市骏杰印刷有限公司印刷
科学出版社发行 各地新华书店经销
*

2007年7月第 一 版 开本:720×1000 1/16
2017年7月第八次印刷 印张:41 1/4
字数:781 000
定价:69.00元(上、下册)
(如有印装质量问题,我社负责调换)

目　　录

第8章　向量代数与空间解析几何 ……………………………………… 1

8.1　空间坐标系 …………………………………………………………… 1
8.1.1　空间直角坐标系 ………………………………………………… 1
8.1.2　柱坐标与球坐标 ………………………………………………… 4
习题 8.1 ………………………………………………………………… 6

8.2　向量代数 ……………………………………………………………… 6
8.2.1　向量概念 ………………………………………………………… 6
8.2.2　向量的加法与数乘 ……………………………………………… 7
8.2.3　向量的坐标 ……………………………………………………… 9
8.2.4　向量的数量积 …………………………………………………… 12
8.2.5　向量的向量积 …………………………………………………… 14
8.2.6　向量的混合积 …………………………………………………… 17
习题 8.2 ………………………………………………………………… 18

8.3　曲面方程与曲线方程 ………………………………………………… 20
8.3.1　曲面方程 ………………………………………………………… 20
8.3.2　空间曲线方程 …………………………………………………… 21
习题 8.3 ………………………………………………………………… 22

8.4　平面与直线 …………………………………………………………… 23
8.4.1　平面 ……………………………………………………………… 23
8.4.2　直线 ……………………………………………………………… 27
习题 8.4 ………………………………………………………………… 35

8.5　常见的二次曲面 ……………………………………………………… 37
8.5.1　球面 ……………………………………………………………… 37
8.5.2　柱面 ……………………………………………………………… 38
8.5.3　旋转面 …………………………………………………………… 40
8.5.4　锥面 ……………………………………………………………… 41
8.5.5　椭球面 …………………………………………………………… 43
8.5.6　双曲面 …………………………………………………………… 44
8.5.7　抛物面 …………………………………………………………… 45
习题 8.5 ………………………………………………………………… 47

总习题八 ··· 48

第9章 多元函数微分学 ·· 50
9.1 多元函数 ··· 50
9.1.1 平面点集的基本知识 ··· 50
9.1.2 多元函数 ·· 53
习题 9.1 ··· 55
9.2 多元函数的极限与连续 ··· 55
9.2.1 多元函数的极限 ··· 55
9.2.2 多元函数的连续性 ·· 58
习题 9.2 ··· 59
9.3 偏导数 ·· 59
9.3.1 偏导数的概念和计算 ······································· 60
9.3.2 二元函数偏导数的几何意义 ······························ 62
9.3.3 函数的偏导数与函数连续的关系 ························ 62
9.3.4 高阶偏导数 ··· 63
习题 9.3 ··· 64
9.4 全微分 ·· 65
9.4.1 全微分的概念 ·· 65
9.4.2 函数可微的必要条件及充分条件 ······················· 66
9.4.3 全微分在近似计算中的应用 ······························ 70
9.4.4 全微分的几何意义 ·· 70
习题 9.4 ··· 71
9.5 方向导数与梯度 ··· 72
9.5.1 方向导数 ·· 72
9.5.2 梯度 ··· 73
习题 9.5 ··· 75
9.6 复合函数微分法 ··· 75
9.6.1 链锁法则 ·· 75
9.6.2 一阶全微分形式不变性 ···································· 81
习题 9.6 ··· 82
9.7 隐函数存在定理与隐函数微分法 ····························· 83
习题 9.7 ··· 88
9.8 偏导数的几何应用 ·· 89
9.8.1 空间曲线的切线与法平面 ································· 89
9.8.2 空间曲面的切平面与法线 ································· 90

习题9.8 ··· 93
9.9　二元函数的泰勒公式 ··· 94
　　习题9.9 ··· 98
9.10　多元函数的极值 ·· 98
　　9.10.1　极值 ·· 98
　　9.10.2　条件极值 ··· 102
　　习题9.10 ·· 107
总习题九 ·· 108

第10章　多元函数积分学

10.1　重积分与第一型曲线、曲面积分的概念及其性质 ····················· 110
　　10.1.1　重积分与第一型曲线、曲面积分的概念 ······················ 110
　　10.1.2　重积分与第一型曲线、曲面积分的性质 ······················ 113
　　习题10.1 ·· 115
10.2　二重积分的计算 ··· 115
　　10.2.1　在直角坐标系下计算二重积分 ································ 115
　　10.2.2　在极坐标系下计算二重积分 ·································· 122
　　10.2.3　二重积分的换元法 ··· 128
　　习题10.2 ·· 132
10.3　三重积分的计算 ··· 134
　　10.3.1　利用直角坐标计算三重积分 ·································· 134
　　10.3.2　利用柱坐标计算三重积分 ···································· 138
　　10.3.3　利用球坐标计算三重积分 ···································· 140
　　10.3.4　三重积分的变量替换 ··· 142
　　习题10.3 ·· 143
10.4　重积分的应用 ··· 145
　　10.4.1　重积分的几何应用 ··· 145
　　10.4.2　重积分的物理应用 ··· 147
　　习题10.4 ·· 151
10.5　对弧长的曲线积分(第一型曲线积分)及对面积的曲面积分
　　　(第一型曲面积分) ·· 152
　　10.5.1　对弧长的曲线积分 ··· 152
　　10.5.2　对面积的曲面积分 ··· 154
　　习题10.5 ·· 158
10.6　对坐标的曲线积分(第二型曲线积分)与格林公式 ····················· 160
　　10.6.1　第二型曲线积分 ·· 160

  10.6.2 格林公式 ……………………………………………………… 165
  习题 10.6 …………………………………………………………… 174
 10.7 对坐标的曲面积分(第二型曲面积分) ……………………………… 176
  10.7.1 有向曲面的概念 ……………………………………………… 176
  10.7.2 第二型曲面积分的概念 ……………………………………… 177
  10.7.3 第二型曲面积分的计算 ……………………………………… 179
  习题 10.7 …………………………………………………………… 182
 10.8 高斯公式与散度 ……………………………………………………… 183
  10.8.1 高斯公式 ……………………………………………………… 183
  10.8.2 通量与散度 …………………………………………………… 187
  习题 10.8 …………………………………………………………… 188
 10.9 斯托克斯公式与旋度 ………………………………………………… 189
  10.9.1 斯托克斯公式 ………………………………………………… 189
  10.9.2 环量与旋度 …………………………………………………… 192
  习题 10.9 …………………………………………………………… 194
总习题十 …………………………………………………………………… 194

第 11 章 无穷级数 …………………………………………………… 197

 11.1 数项级数的概念和性质 ……………………………………………… 197
  11.1.1 基本概念 ……………………………………………………… 197
  11.1.2 级数的基本性质 ……………………………………………… 199
  11.1.3 柯西收敛原理 ………………………………………………… 201
  习题 11.1 …………………………………………………………… 202
 11.2 正项级数及其审敛法 ………………………………………………… 202
  11.2.1 比较判别法 …………………………………………………… 203
  11.2.2 比值判别法和根值判别法 …………………………………… 205
  11.2.3 积分判别法 …………………………………………………… 208
  习题 11.2 …………………………………………………………… 209
 11.3 任意项级数的收敛判别法 …………………………………………… 210
  11.3.1 交错级数 ……………………………………………………… 210
  11.3.2 绝对收敛与条件收敛 ………………………………………… 212
  习题 11.3 …………………………………………………………… 214
 11.4 函数项级数及其一致收敛性 ………………………………………… 215
  11.4.1 函数项级数及其收敛性 ……………………………………… 215
  11.4.2 函数项级数的一致收敛性 …………………………………… 216
  11.4.3 一致收敛级数的性质 ………………………………………… 219

习题 11.4 ··· 222

11.5 幂级数 ··· 222
- 11.5.1 幂级数的收敛域和收敛半径 ··· 223
- 11.5.2 幂级数的一致收敛性 ··· 226
- 11.5.3 幂级数的运算性质 ··· 227
- 习题 11.5 ··· 230

11.6 函数展开成幂级数 ··· 231
- 11.6.1 泰勒级数 ··· 231
- 11.6.2 函数展开成泰勒级数 ··· 233
- 11.6.3 函数幂级数展开的应用 ··· 238
- 习题 11.6 ··· 240

11.7 傅里叶级数 ··· 241
- 11.7.1 三角函数系的正交性 ··· 242
- 11.7.2 函数展开成傅里叶级数 ··· 243
- 11.7.3 正弦级数和余弦级数 ··· 248
- 11.7.4 周期为 $2l$ 的周期函数的傅里叶级数 ··· 251
- 11.7.5 傅里叶级数的复数形式 ··· 252
- 习题 11.7 ··· 254

总习题十一 ··· 255

第 12 章 常微分方程 ··· 258

12.1 微分方程的基本概念 ··· 258
- 12.1.1 微分方程 ··· 258
- 12.1.2 微分方程的解 ··· 259
- 习题 12.1 ··· 260

12.2 可分离变量的方程 ··· 261
- 12.2.1 可分离变量的方程 ··· 261
- 12.2.2 可化为分离变量方程的几类一阶方程 ··· 264
- 习题 12.2 ··· 268

12.3 一阶线性方程 ··· 269
- 12.3.1 线性方程 ··· 269
- 12.3.2 伯努利方程 ··· 273
- 习题 12.3 ··· 274

12.4 全微分方程 ··· 275
- 12.4.1 全微分方程 ··· 275
- 12.4.2 积分因子 ··· 277

习题 12.4 ········· 280

12.5 可降阶的二阶微分方程 ········· 281
12.5.1 $y''=f(x)$型的方程 ········· 281
12.5.2 $y''=f(x,y')$型的微分方程 ········· 282
12.5.3 $y''=f(y,y')$型的微分方程 ········· 284
习题 12.5 ········· 286

12.6 高阶线性微分方程 ········· 287
12.6.1 二阶线性微分方程举例 ········· 287
12.6.2 二阶线性微分方程解的结构 ········· 288

12.7 常系数线性方程 ········· 291
12.7.1 常系数线性齐次方程 ········· 291
12.7.2 常系数线性非齐次方程 ········· 295
12.7.3 欧拉方程 ········· 300
12.7.4 应用举例 ········· 302
习题 12.7 ········· 305

12.8 微分方程的幂级数解法举例 ········· 306
习题 12.8 ········· 308

12.9 常系数线性微分方程组解法举例 ········· 308
习题 12.9 ········· 311

总习题十二 ········· 312

习题答案 ········· 315

第8章　向量代数与空间解析几何

数的基本特征是可以进行运算,而且有运算律,利用这些运算律可以把一些概念、推理变成符号的演算,然而图形之间不能进行演算.

17 世纪初法国哲学、数学家笛卡儿[①]创造了坐标法:建立坐标系,用有序实数组表示点的位置,用代数方程表示几何图形. 这样,便可用代数方法来研究几何问题,也可通过几何直观来说明方程的代数性质. 这种形数结合的方法开创了一门新的学科——解析几何学,它贯穿在整个高等数学中. 为学习多元函数微积分学作准备,这里介绍空间解析几何.

空间解析几何是平面解析几何的直接推广,但表示空间一点需要三个有序实数,随着空间维数的增加演算无疑要繁杂许多,不便作更深入的研究,因此,处理方式必须适当改进. 向量运算常常能更简便地解决一些几何问题,这就是向量代数在此的作用,它已成为空间解析几何的重要组成部分.

本章主要介绍坐标法、向量代数及常见的空间图形.

8.1　空间坐标系

8.1.1　空间直角坐标系

1. 空间直角坐标系

在空间取定点 O,过 O 作三条互相垂直且有相同单位的数轴 Ox,Oy,Oz,这样就构成了空间直角坐标系,记作 $Oxyz$(图 8.1). 其中 O 称为坐标原点,Ox 轴、Oy 轴、Oz 轴分别称为横轴、纵轴和立轴,统称坐标轴,每两个坐标轴所决定的平面称为坐标面,分别称为 xy 平面、yz 平面和 zx 平面. 这三个坐标面分空间为八个部分,每一个部分称为一个卦限,其顺序是 Ⅰ,Ⅱ,Ⅲ,Ⅳ 卦限在 xy 平面的上方,次序同 xy 平面上的象限,而 Ⅴ,Ⅵ,Ⅶ,Ⅷ 卦限在 xy 平面下方依次对应 Ⅰ,Ⅱ,Ⅲ,Ⅳ 卦限.

图 8.1

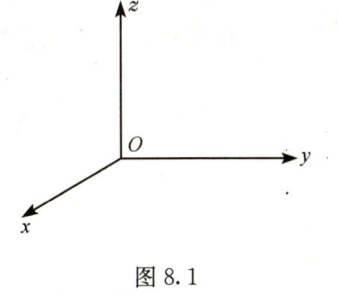

对于空间直角坐标系,若选取三数轴的正向符合右手法则,即右手四指自 Ox

---

① 笛卡儿(R. Descartes,1596~1650).

轴正向以 $\frac{\pi}{2}$ 的角度转向 Oy 轴的正向,握拳时拇指的指向就是 Oz 轴的正向,这就构成了一个空间右手直角坐标系(图 8.1).通常,我们采用右手系.

2. 点的坐标

建立空间直角坐标系后,空间中任一点的位置可由其坐标来表示.方法如下:

设 M 为空间的一点,过 M 点分别作垂直于 Ox,Oy,Oz 三轴的三个平面,与三轴的交点相应为 A,B,C(图 8.2),设它们在各自的数轴上的坐标分别为 x,y,z.这样,给出点 M 就唯一确定了一组有序数组 (x,y,z).反过来,任意给出有序数组 (x,y,z) 则在三坐标轴上可找到坐标分别为 x,y,z 的三点 A,B,C,过三点分别作坐标轴的垂面,显然,它们只有唯一交点 M.于是,空间一点 M 与有序三数 (x,y,z) 建立了一一对应关系,称 (x,y,z) 为 M 点在此坐标系中的坐标,记作 $M(x,y,z)$.其中,x,y,z 分别称为 M 点的 x 坐标,y 坐标,z 坐标,或称为横坐标 x,纵坐标 y,立坐标 z.

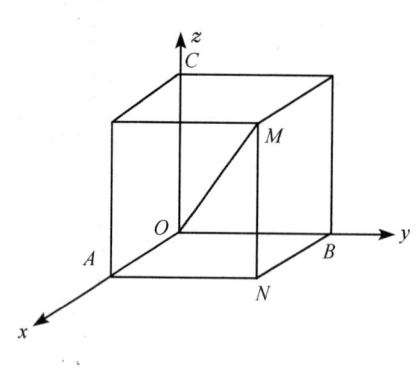

图 8.2

坐标原点的坐标为 $(0,0,0)$,在坐标轴 Ox,Oy,Oz 上的点的坐标分别具有形式 $(x,0,0),(0,y,0),(0,0,z)$,在坐标面 xy,xz,yz 上的点的坐标分别具有形式 $(x,y,0),(x,0,z),(0,y,z)$,在八个卦限中的点其坐标的符号分别为

$\text{I}(+,+,+)$,　$\text{II}(-,+,+)$,　$\text{III}(-,-,+)$,　$\text{IV}(+,-,+)$,
$\text{V}(+,+,-)$,　$\text{VI}(-,+,-)$,　$\text{VII}(-,-,-)$,　$\text{VIII}(+,-,-)$.

3. 有向线段在数轴上的投影

给出数轴 u,设有向线段 $\overrightarrow{M_1M_2}$ 与 u 轴的夹角为 θ(图 8.3).

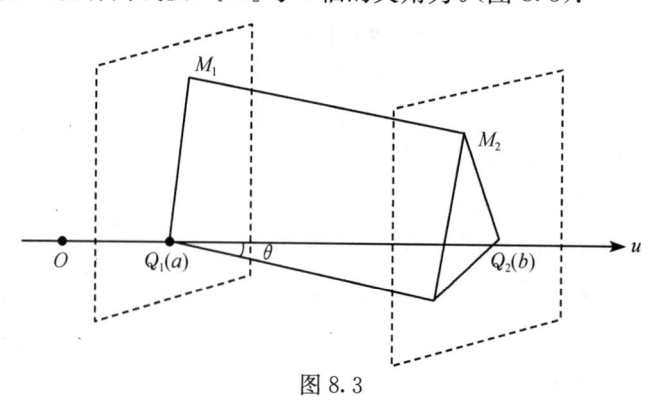

图 8.3

过 M_1, M_2 分别引轴 u 的垂线得垂足 Q_1, Q_2 分别称为点 M_1, M_2 在 u 轴上的投影.

设在数轴 u 上点 Q_1 及 Q_2 的坐标分别为 a 和 b,那么值 $Q_1Q_2 = b - a$ 称为有向线段 $\overrightarrow{M_1M_2}$ 在 u 轴上的投影,记为 $\text{Prj}_{\vec{u}} \overrightarrow{M_1M_2}$(或 $(\overrightarrow{M_1M_2})_u$),即

$$\text{Prj}_{\vec{u}} \overrightarrow{M_1M_2} = Q_1Q_2 = b - a. \tag{8.1.1}$$

有向线段的投影有下列性质:

(1) $\text{Prj}_{\vec{u}} \overrightarrow{M_1M_2} = |M_1M_2| \cos\theta$;

(2) $\text{Prj}_{\vec{u}} (\overrightarrow{M_1M_2} + \overrightarrow{M_2M_3}) = \text{Prj}_{\vec{u}} \overrightarrow{M_1M_2} + \text{Prj}_{\vec{u}} \overrightarrow{M_2M_3}$;

(3) $\text{Prj}_{\vec{u}} (\lambda \overrightarrow{M_1M_2}) = \lambda \text{Prj}_{\vec{u}} \overrightarrow{M_1M_2}$.

例 已知两点 $M_1(x_1, y_1, z_1)$ 及 $M_2(x_2, y_2, z_2)$,设三点 M_1, M_2, M 在一直线上且 $\dfrac{M_1M}{MM_2} = \lambda$,求定比分点 M 的坐标.

解 设 $M(x, y, z)$ 则 $\overrightarrow{M_1M}$ 及 $\overrightarrow{MM_2}$ 在三条坐标轴上的投影分别为 $x - x_1, y - y_1, z - z_1$ 及 $x_2 - x, y_2 - y, z_2 - z$.
依题意

$$\frac{x - x_1}{x_2 - x} = \lambda, \quad \frac{y - y_1}{y_2 - y} = \lambda, \quad \frac{z - z_1}{z_2 - z} = \lambda,$$

所以定比分点 M 的坐标为

$$x = \frac{x_1 + \lambda x_2}{1 + \lambda}, \quad y = \frac{y_1 + \lambda y_2}{1 + \lambda}, \quad z = \frac{z_1 + \lambda z_2}{1 + \lambda}. \tag{8.1.2}$$

当 $\lambda = 1$ 时,得线段 M_1M_2 中点的坐标为

$$\left(\frac{x_1 + x_2}{2}, \frac{y_1 + y_2}{2}, \frac{z_1 + z_2}{2} \right). \tag{8.1.3}$$

4. 两点间的距离

如图 8.2 所示,设 N 是点 M 在 xy 平面上的投影,利用坐标折线 $OANM$,由勾股定理得

$$|OM|^2 = |ON|^2 + |NM|^2 = |OA|^2 + |AN|^2 + |NM|^2$$
$$= |OA|^2 + |OB|^2 + |OC|^2 = x^2 + y^2 + z^2,$$

所以两点 $O(0, 0, 0)$ 及 $M(x, y, z)$ 间的距离为

$$|OM| = \sqrt{x^2 + y^2 + z^2}.$$

设 $M_1(x_1, y_1, z_1), M_2(x_2, y_2, z_2)$ 为空间两点.过 M_1 及 M_2 分别作平行于坐标

面的平面,这六个平面围成的长方体,其三条棱长分别为$|x_2-x_1|$、$|y_2-y_1|$、$|z_2-z_1|$. 仍利用坐标折线,由勾股定理得两点间的距离公式为

$$|M_1M_2| = \sqrt{(x_2-x_1)^2+(y_2-y_1)^2+(z_2-z_1)^2}. \tag{8.1.4}$$

8.1.2 柱坐标与球坐标

确定空间中点的位置,除了直角坐标(x,y,z)外常用的还有柱坐标与球坐标. 类似于平面解析几何,我们将会看到坐标系的恰当选取,将会对问题的讨论带来方便.

1. 柱坐标系

设点M的直角坐标为(x,y,z),从M向xy平面作垂线,其垂足为N. 在xy平面上点N的极坐标为(r,θ).

规定:$0 \leqslant \theta \leqslant 2\pi$($\theta$由$Ox$轴正向逆时针至$\overrightarrow{ON}$正向),$0 \leqslant r < +\infty, -\infty < z < +\infty$. 则$M$点与有序数组$(r,\theta,z)$建立了一一对应关系,称$(r,\theta,z)$为点$M$的柱坐标,记为$M(r,\theta,z)$.

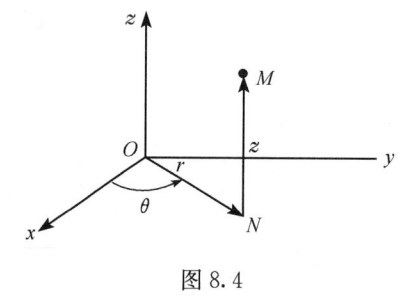

如图8.4所示,点M的直角坐标与柱坐标的关系为

$$\begin{cases} x = r\cos\theta, \\ y = r\sin\theta, \\ z = z \end{cases} \tag{8.1.5}$$

图 8.4

或

$$\begin{cases} r = \sqrt{x^2+y^2}, \\ \tan\theta = \dfrac{y}{x}, \\ z = z. \end{cases} \tag{8.1.6}$$

在直角坐标系中,每个点$P(x_0,y_0,z_0)$可视成三张坐标面$x=x_0,y=y_0,z=z_0$的交点. 同样,在柱坐标系中,每个点$P(r_0,\theta_0,z_0)$也可视成三张坐标面$r=r_0,\theta=\theta_0,z=z_0$的交点. 其中:$r=r_0$是以$Oz$轴为中心轴,$r_0$为半径的圆柱面;$\theta=\theta_0$是过$Oz$轴的半平面,它与$xz$平面夹角为$\theta_0$;$z=z_0$是平行于$xy$平面的平面,它在$Oz$轴上截距为$z_0$.

2. 球坐标系

设点M的直角坐标为(x,y,z),从M点向xy平面作垂线其垂足为N. 记

8.1 空间坐标系

$|OM|=\rho$，Oz 轴正向与 $\overrightarrow{OM}$ 正向的夹角为 φ，Ox 轴正向逆时针至 $\overrightarrow{ON}$ 正向的夹角为 θ（图 8.5）．

规定：$\rho \geqslant 0, 0 \leqslant \varphi \leqslant \pi, 0 \leqslant \theta \leqslant 2\pi$，则 M 点与有序数组 (ρ,θ,φ) 建立了一一对应关系，称 (ρ,θ,φ) 为点 M 的球坐标，记为 $M(\rho,\theta,\varphi)$．

如图 8.5 所示，点 M 的直角坐标与球坐标的关系为

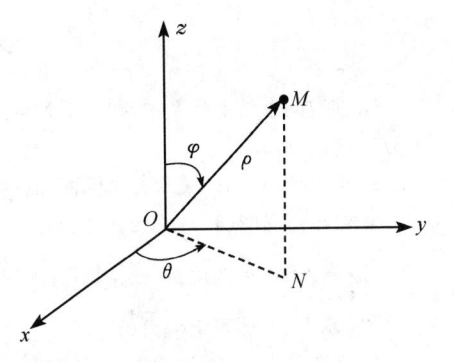

图 8.5

$$\begin{cases} x = \rho\sin\varphi\cos\theta, \\ y = \rho\sin\varphi\sin\theta, \\ z = \rho\cos\varphi \end{cases} \tag{8.1.7}$$

或

$$\begin{cases} \rho = \sqrt{x^2+y^2+z^2}, \\ \tan\theta = \dfrac{y}{x}, \\ \cos\varphi = \dfrac{z}{\sqrt{x^2+y^2+z^2}}. \end{cases} \tag{8.1.8}$$

在球坐标系中，每个点 $P(\rho_0,\theta_0,\varphi_0)$ 也可视为三张坐标面 $\rho=\rho_0$，$\theta=\theta_0$，$\varphi=\varphi_0$ 的交点．其中，$\rho=\rho_0$ 是以 $O(0,0,0)$ 为中心，ρ_0 为半径的球面；$\theta=\theta_0$ 是过 Oz 轴的半平面，它与 xz 平面夹角为 θ_0；$\varphi=\varphi_0$ 是以 $O(0,0,0)$ 为顶点，以 Oz 轴为中心轴，半顶角为 φ_0 的正圆锥面．

例如，在球坐标系中，球面 $x^2+y^2+z^2=a^2$ 的方程为 $\rho=a$．而球体 $x^2+y^2+z^2 \leqslant a^2$ 所占有域 Ω，可用球坐标系中的不等式表示为

$$\Omega: \begin{cases} 0 \leqslant \theta \leqslant 2\pi, \\ 0 \leqslant \varphi \leqslant \pi, \\ 0 \leqslant \rho \leqslant a. \end{cases}$$

又如，方程 $x^2+y^2=a^2$ 在平面上表示圆周．在空间它就表示母线平行于 z 轴的圆柱面．在柱坐标系中，圆柱面 $x^2+y^2=a^2$ 的方程为 $r=a$．而圆柱体 $x^2+y^2 \leqslant a^2$ 且 $|z| \leqslant b$ 所占有域 Ω，可用柱坐标系中的不等式表示为

$$\Omega: \begin{cases} 0 \leqslant \theta \leqslant 2\pi, \\ 0 \leqslant r \leqslant a, \\ -b \leqslant z \leqslant b. \end{cases}$$

习 题 8.1

1. 在空间直角坐标系中,找出下列点的位置:$A(1,2,3),B(3,4,0),C(2,0,0),D(-2,-2,-3),E(2,-2,3)$.

2. 求点 $P(x,y,z)$ 关于各坐标面和各坐标轴的对称点的坐标.

3. 给出点 $A(2,3,4),B(2,-2,4)$.

(1) 若 $\overrightarrow{AB}$ 与 $\vec{u}$ 夹角 $\theta=\dfrac{\pi}{3}$,求 $\operatorname{Prj}_{\vec{u}}\overrightarrow{AB}$;

(2) 求 $\operatorname{Prj}_{\vec{u}}\overrightarrow{AB}$ 及 $\operatorname{Prj}_{\vec{u}}\overrightarrow{AB}$.

4. 已知 $A(2,-1,7),B(4,5,-2)$ 求 xy 平面分线段 AB 之比,并求分点坐标.

5. 求点 $P(x,y,z)$ 在 xy 平面上投影点的坐标和在 Oy 轴上投影点的坐标.

6. 求证点 $A(-3,2,-7),B(2,2,-3),C(-3,6,-2)$ 是等腰三角形的三个顶点,求此三角形的重心.

7. 给出两点 $A(0,1,2)$ 及 $B(-4,1,3)$.

(1) 求点 A 到原点、到各坐标轴、到各坐标面的距离;

(2) 在 Oz 轴上求一点,使它到 A,B 等距离;

(3) 求到 A,B 等距离的点的轨迹.

8. 求到 Oz 轴的距离与到 xy 平面距离之比为 2 的点的轨迹方程.

8.2 向 量 代 数

本节主要研究向量的代数运算.

8.2.1 向量概念

在实际问题中,有些量只有大小,如质量、密度、温度、时间等,它们在取定一个单位后,可以用一个数来表示.这种量称为数量,也称为标量或纯量.还有一些量既有大小,又有方向,如力、位移、速度、加速度等,这种量称为向量,也称为矢量.

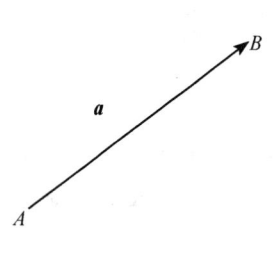

几何上,用空间的一个有向线段表示向量(图 8.6). 在长度单位选定后,这个有向线段的长度代表向量的大小,其方向表示向量的方向. 以 A 为起点、B 为终点的有向线段所表示的向量,记为 $\overrightarrow{AB}$. 有时也用粗体字母或用一个上面加箭头的字母来表示向量,如 $\boldsymbol{a},\boldsymbol{i},\boldsymbol{v},\boldsymbol{F}$ 或 $\vec{a},\vec{i},\vec{v},\vec{F}$ 等.

图 8.6

以坐标原点 O 为起点,点 M 为终点的向量 $\overrightarrow{OM}$ 称为点 M 的向径(也称矢径),记为 $\vec{r}$,即

$$\vec{r}=\overrightarrow{OM}.$$

8.2 向量代数

向量的大小叫做向量的**模**,记为 $|\overrightarrow{AB}|$ 或 $|a|$ 或 $|\vec{a}|$. 模等于 1 的向量叫做**单位向量**. 与非零向量 $\vec{a}$ 同向的单位向量记为 $\vec{a}^0$. 模等于零的向量叫做**零向量**,记为 **0** 或 $\vec{0}$. 零向量的方向可以看作是任意的. $\vec{0}$ 在图形上退缩为一点.

如果两个向量 a 和 b 它们大小相等,且方向相同,我们就说它们**相等**,记为 $a=b$,这就是说,经过平移后能完全重合的向量是相等的.

在实际问题中,有些向量与其起点有关,有些向量与其起点无关(称这种向量为自由向量),数学上,我们只研究自由向量.

与 a 模相等而方向相反的向量称为 a 的**反向量**,记为 $-a$. 依向量相等的定义有

$$\overrightarrow{AB} = -\overrightarrow{BA}.$$

两个非零向量如果它们的方向相同或者相反,就称这两个向量**平行**. 向量 a 与 b 平行,记作 $a /\!/ b$. 可以认为 **0** 与任何向量都平行.

若一组向量平行于同一条直线,则称它们是**共线的**. 平行向量是共线向量. 而平行于同一平面的向量称为**共面向量**.

8.2.2 向量的加法与数乘

1. 加法

力是向量的物理原型,力的合成遵循平行四边形法则,因此,向量的加法也应遵循同样的法则.

当向量 a 与 b 不平行时,作 $\overrightarrow{AB}=a, \overrightarrow{AD}=b$,以 AB, AD 为边作一平行四边形 $ABCD$(图 8.7),则对角线向量 $\overrightarrow{AC} \triangleq c$ 即为 a 与 b 的和:$c=a+b$.

这种作向量之和的方法叫做向量相加的平行四边形法则.

在图 8.7 中,有 $\overrightarrow{AD}=\overrightarrow{BC}$,所以 $c=\overrightarrow{AB}+\overrightarrow{BC}$,由此可知,若将向量 b 平移,使其起点与 a 的终点重合,则以 a 的起点为起点,以 b 的终点为终点的向量 c 称为向量 a 与 b 的和. 这一法则叫做三角形法则.

向量加法可以推广到任意有限个向量的情形. 这只需将第一个向量放置好,然后将其余向量依次首尾相接,则以第一个向量的起点为起点,以最后一个向量的终点为终点的向量即为这些向量的和(图 8.8).

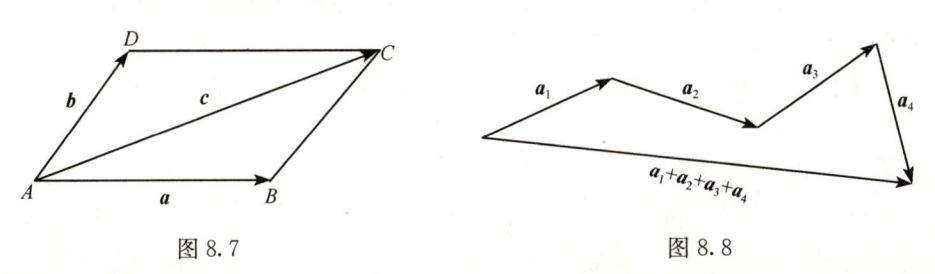

图 8.7

图 8.8

由上述法则知向量加法满足：
(1) $a+b=b+a$(交换律)；
(2) $(a+b)+c=a+(b+c)$(结合律)；
(3) $a+0=a$；
(4) $a+(-a)=0$.

2. 减法

向量 a 与向量 b 的反向量 $-b$ 之和，称为 a 与 b 的差，记作 $a-b$，即
$$a-b=a+(-b),$$
从图 8.7 可以看出 $\overrightarrow{DB}=(-b)+a=a-b$.

由三角形两边之和大于第三边的原理知：任意两个向量之间，满足三角不等式，即有
$$|a\pm b|\leqslant|a|+|b|.$$
又，由于
$$|a|=|a+b-b|\leqslant|a+b|+|b|,$$
$$|a|=|a-b+b|\leqslant|a-b|+|b|,$$
故有
$$|a|-|b|\leqslant|a\pm b|\leqslant|a|+|b|. \tag{8.2.1}$$

3. 数乘

定义 实数 λ 与向量 a 的乘积是一个向量，记作 λa. 其大小等于数 λ 的绝对值与向量 a 的模的乘积，即 $|\lambda a|=|\lambda||a|$. 其方向，当 $\lambda>0$ 时与 a 同向，当 $\lambda<0$ 时与 a 反向. 规定 $0a=0, \lambda 0=0$.

向量的数乘遵循下列运算规律：
(1) $\lambda(\mu a)=(\lambda\mu)a=\mu(\lambda a)$(结合律)；
(2) $(\lambda+\mu)a=\lambda a+\mu a$(向量与数的分配律)；
(3) $\lambda(a+b)=\lambda a+\lambda b$(数与向量的分配律).

这里 λ,μ 为任意实数，a 与 b 为任意向量. 前两个规律可从数乘定义推得，第三个规律可以用相似三角形来证明，这里从略.

有了数乘的概念，则任何向量可表示为其长度与单位向量的乘积
$$a=|a|a^0,$$
从而
$$a^0=\frac{a}{|a|}. \tag{8.2.2}$$

这说明,任一非零向量 a 乘以数 $\frac{1}{|a|}$ 就是 a 的单位向量.

有了数乘的概念则关于共线向量以及共面向量,我们有下列定理.

定理 1 向量 a 与非零向量 b 共线的充分必要条件是存在一个唯一实数 λ,使得 $a=\lambda b$.

证明 必要性 由 $a // b$ 知它们同向或反向.

若它们同向,取 $\lambda=\frac{|a|}{|b|}$,则 $a=\lambda b$;若它们反向,取 $\lambda=-\frac{|a|}{|b|}$,则 $a=\lambda b$.

若 $a=\mathbf{0}$,取 $\lambda=0, a=\lambda b$.

充分性 若 $a=\lambda b$,则 $\lambda>0$ 时,a 与 b 同向,有 $a//b$;$\lambda<0$ 时,a 与 b 反向,有 $a//b$;$\lambda=0$ 时,$a=\mathbf{0}$,有 $a//b$.

所以对于任意实数 λ,a 与 b 共线.

定理 2 a、b、c(互不平行)三个向量共面的充分必要条件是存在实数 λ 及 μ 使 $c=\lambda a+\mu b$.

证明 必要性 若三个向量共面(图 8.9),由平行四边形法则知

$$c = \overrightarrow{OA} + \overrightarrow{OB} = \lambda a + \mu b.$$

充分性 若 $c=\lambda a+\mu b$,则 c 是以 λa 及 μb 为边的平行四边形的对角线,因此 c 位于 a 与 b 所确定的平面上,所以三向量共面.

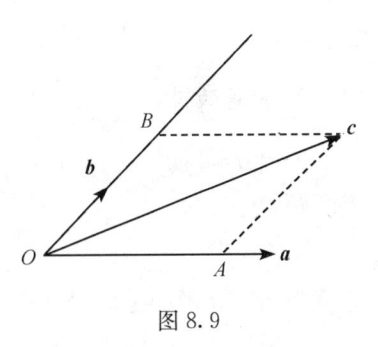

图 8.9

8.2.3 向量的坐标

以上我们用几何方法引进了向量的概念及其线性运算.几何方法尽管直观、清楚但是计算并不方便.本段引进向量的坐标表示,即用一组有序的数来表示向量,从而可把向量的几何运算转化为坐标的代数运算.

1. 向量的坐标表示

建立空间直角坐标系(图 8.10),将向量 a 平移使其起点在坐标原点,假设此时 a 的终点是 $M(x,y,z)$,则

$$a = \overrightarrow{OM}.$$

由于 $a=\overrightarrow{OM} \xleftrightarrow{(1,1)} M \xleftrightarrow{(1,1)} \{x,y,z\}$,

这样向量 a 与有序数组 $\{x,y,z\}$ 之间建立了

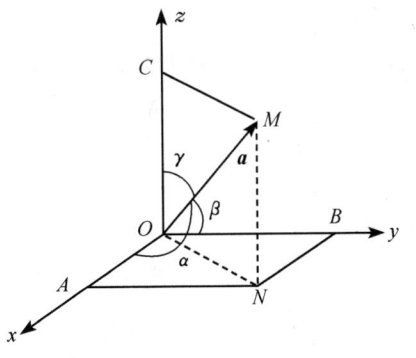

图 8.10

一一对应的关系,可用$\{x,y,z\}$来表示 $\boldsymbol{a}$. 称$\{x,y,z\}$为向量 $\boldsymbol{a}$ 的坐标,记为

$$\boldsymbol{a} = \{x,y,z\}. \tag{8.2.3}$$

这就是向量的坐标表达式.

设 $\boldsymbol{i},\boldsymbol{j},\boldsymbol{k}$ 分别为 Ox 轴、Oy 轴、Oz 轴上的正向单位向量,由向量的加法及数乘知

$$\boldsymbol{a} = \overrightarrow{OM} = \overrightarrow{OA} + \overrightarrow{AN} + \overrightarrow{NM} = \overrightarrow{OA} + \overrightarrow{OB} + \overrightarrow{OC} = x\boldsymbol{i} + y\boldsymbol{j} + z\boldsymbol{k}.$$

即

$$\boldsymbol{a} = x\boldsymbol{i} + y\boldsymbol{j} + z\boldsymbol{k}. \tag{8.2.4}$$

这就是向量 $\boldsymbol{a}$ 在直角坐标系中的分解式. 可见向量的坐标就是该向量在三个坐标轴上的投影. 因此起点为 $M_1(x_1,y_1,z_1)$ 终点为 $M_2(x_2,y_2,z_2)$ 的向量 $\overrightarrow{M_1M_2}$ 的坐标表达式为

$$\overrightarrow{M_1M_2} = \{x_2-x_1, y_2-y_1, z_2-z_1\}. \tag{8.2.5}$$

2. 向量的模和方向余弦的坐标表达式

给出 $\boldsymbol{a}=\{x,y,z\}$,则可以认为它的起点在原点 O,终点在点 $M(x,y,z)$. 由两点间距离公式知

$$|\boldsymbol{a}| = \sqrt{x^2+y^2+z^2}, \tag{8.2.6}$$

这就是向量 $\boldsymbol{a}$ 模的坐标表达式.

要确定 $\boldsymbol{a}$ 的方向,只要确定 $\boldsymbol{a}$ 的正向与三个坐标轴正向的夹角 $\alpha,\beta,\gamma(0\leqslant\alpha\leqslant\pi,0\leqslant\beta\leqslant\pi,0\leqslant\gamma\leqslant\pi)$(图 8.10)即可,称它们为 $\boldsymbol{a}$ 的方向角.

当 $0\leqslant\alpha,\beta,\gamma\leqslant\pi$ 时 α,β,γ 与 $\cos\alpha,\cos\beta,\cos\gamma$ 一一对应,故也可用 $\cos\alpha,\cos\beta,\cos\gamma$ 表示 $\boldsymbol{a}$ 的方向,称为 $\boldsymbol{a}$ 的方向余弦. 由图 8.10,因为 $MA \perp OA, MB \perp OB, MC \perp OC$,所以

$$x=|\boldsymbol{a}|\cos\alpha, \quad y=|\boldsymbol{a}|\cos\beta, \quad z=|\boldsymbol{a}|\cos\gamma.$$

从而得到向量 $\boldsymbol{a}$ 的方向余弦的坐标表达式为

$$\begin{cases} \cos\alpha = \dfrac{x}{\sqrt{x^2+y^2+z^2}}, \\ \cos\beta = \dfrac{y}{\sqrt{x^2+y^2+z^2}}, \\ \cos\gamma = \dfrac{z}{\sqrt{x^2+y^2+z^2}}, \end{cases} \tag{8.2.7}$$

由此有

$$\cos^2\alpha + \cos^2\beta + \cos^2\gamma = 1, \tag{8.2.8}$$

8.2 向量代数

与 a 同向的单位向量

$$a^0 = \{\cos\alpha, \cos\beta, \cos\gamma\}. \tag{8.2.9}$$

例1 已知点 $M_1(1,1,0)$ 及点 $M_2(2,2,-\sqrt{2})$,求向量 $\overrightarrow{M_1M_2}$ 的模、方向余弦、方向角及单位向量 $\overrightarrow{M_1M_2}^0$.

解 $\overrightarrow{M_1M_2} = \{1,1,-\sqrt{2}\}$,故

$$|\overrightarrow{M_1M_2}| = \sqrt{1^2 + 1^2 + (-\sqrt{2})^2} = 2;$$

$$\cos\alpha = \frac{1}{2}, \quad \cos\beta = \frac{1}{2}, \quad \cos\gamma = -\frac{\sqrt{2}}{2};$$

$$\alpha = \frac{\pi}{3}, \quad \beta = \frac{\pi}{3}, \quad \gamma = \frac{3}{4}\pi;$$

$$\overrightarrow{M_1M_2}^0 = \left\{\frac{1}{2}, \frac{1}{2}, -\frac{\sqrt{2}}{2}\right\}.$$

3. 用向量的坐标进行向量的线性运算

设 $a = a_1\boldsymbol{i} + a_2\boldsymbol{j} + a_3\boldsymbol{k}$,$b = b_1\boldsymbol{i} + b_2\boldsymbol{j} + b_3\boldsymbol{k}$,则

$$\begin{aligned}\boldsymbol{a} \pm \boldsymbol{b} &= (a_1\boldsymbol{i} + a_2\boldsymbol{j} + a_3\boldsymbol{k}) \pm (b_1\boldsymbol{i} + b_2\boldsymbol{j} + b_3\boldsymbol{k}) \\ &= (a_1\boldsymbol{i} \pm b_1\boldsymbol{i}) + (a_2\boldsymbol{j} \pm b_2\boldsymbol{j}) + (a_3\boldsymbol{k} \pm b_3\boldsymbol{k}) \\ &= (a_1 \pm b_1)\boldsymbol{i} + (a_2 \pm b_2)\boldsymbol{j} + (a_3 \pm b_3)\boldsymbol{k}.\end{aligned}$$

这说明,向量的和(差)的坐标等于对应坐标的和(差),即

$$\{a_1, a_2, a_3\} \pm \{b_1, b_2, b_3\} = \{a_1 \pm b_1, a_2 \pm b_2, a_3 \pm b_3\}. \tag{8.2.10}$$

同样地,对于数乘向量的运算有

$$\lambda\{a_1, a_2, a_3\} = \{\lambda a_1, \lambda a_2, \lambda a_3\}. \tag{8.2.11}$$

也就是说数乘向量的坐标等于用数去乘向量的每一个坐标.

例2 设 $a = \{4,7,1\}$,$b = \{7,0,3\}$,则

$$\boldsymbol{a} + 5\boldsymbol{b} = \{4 + 5 \times 7, 7 + 5 \times 0, 1 + 5 \times 3\} = \{39, 7, 16\}.$$

由上述运算法则不难推出下列结论:

(1) 因为 $\boldsymbol{a} = \boldsymbol{b}$ 等价于 $\boldsymbol{a} - \boldsymbol{b} = \boldsymbol{0}$,即

$$\{a_1 - b_1, a_2 - b_2, a_3 - b_3\} = \{0, 0, 0\},$$

故 $\boldsymbol{a} = \boldsymbol{b}$ 的充分必要条件是它们的分量相等 $a_1 = b_1, a_2 = b_2, a_3 = b_3$.

(2) 因为 $\boldsymbol{a} // \boldsymbol{b}$ 等价于 $\boldsymbol{a} = \lambda\boldsymbol{b}$,即 $a_1 = \lambda b_1, a_2 = \lambda b_2, a_3 = \lambda b_3$,故 $\boldsymbol{a} // \boldsymbol{b}$ 的充分必要条件是 $\dfrac{a_1}{b_1} = \dfrac{a_2}{b_2} = \dfrac{a_3}{b_3}$.

在这里,若某个分母为 0,则规定相应分子为 0.

例3 两向量 $\{1, 2, -3\}$ 与 $\{2, 4, a\}$ 平行,求 a.

解 由 $\dfrac{1}{2}=\dfrac{2}{4}=\dfrac{-3}{a}$ 知 $a=-6$.

例 4 向量 $\boldsymbol{a}=\{2,1,0\}$ 与向量 $\boldsymbol{b}=\{-4,-2,0\}$ 平行,事实上

$$\frac{2}{-4}=\frac{1}{-2}=\frac{0}{0}.$$

这里 $\dfrac{0}{0}$ 不表示两个数 0 相除,而是表示上述两个向量的第三个坐标都是 0,又如

$$\frac{a_1}{0}=\frac{a_2}{0}=\frac{a_3}{b_3}(\triangleq\lambda)$$

应理解为 $a_1=0, a_2=0, a_3=\lambda b_3$.

8.2.4 向量的数量积

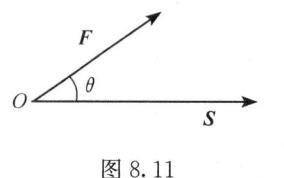

我们知道,若质点在力 $\boldsymbol{F}$ 作用下产生位移 $\boldsymbol{S}$(图 8.11),则力 $\boldsymbol{F}$ 所做的功为

$$W=|\boldsymbol{S}||\boldsymbol{F}|\cos\theta.$$

为反映这一类物理现象,引入向量的数量积.

定义 两个向量 $\boldsymbol{a}$ 与 $\boldsymbol{b}$ 的数量积是一个数,它等于这两个向量的长度与它们夹角 $\theta=\langle\boldsymbol{a},\boldsymbol{b}\rangle$ 余弦的乘积,记为 $\boldsymbol{a}\cdot\boldsymbol{b}$,即

$$\boldsymbol{a}\cdot\boldsymbol{b}=|\boldsymbol{a}||\boldsymbol{b}|\cos\langle\boldsymbol{a},\boldsymbol{b}\rangle. \tag{8.2.12}$$

图 8.11

这里 $\theta=\langle\boldsymbol{a},\boldsymbol{b}\rangle$ 是指两向量间不大于 π 的那一个角.两个向量的数量积又称为点积或内积.

由此定义,上述功可表为

$$W=\boldsymbol{F}\cdot\boldsymbol{S}.$$

根据定义,可以导出下面重要的结果:

(1) 设 $\boldsymbol{a}$ 与 $\boldsymbol{b}$ 是两个非零向量,则 $\boldsymbol{b}$ 在 $\boldsymbol{a}$ 上的投影为 $\mathrm{Prj}_a\boldsymbol{b}=|\boldsymbol{b}|\cos\langle\boldsymbol{a},\boldsymbol{b}\rangle$ 而 $\boldsymbol{a}$ 在 $\boldsymbol{b}$ 上的投影为 $\mathrm{Prj}_b\boldsymbol{a}=|\boldsymbol{a}|\cos\langle\boldsymbol{a},\boldsymbol{b}\rangle$,故

$$\boldsymbol{a}\cdot\boldsymbol{b}=|\boldsymbol{a}|\mathrm{Prj}_a\boldsymbol{b}=|\boldsymbol{b}|\mathrm{Prj}_b\boldsymbol{a}. \tag{8.2.13}$$

(2) 可以用数量积来计算向量的长度

$$\boldsymbol{a}\cdot\boldsymbol{a}=|\boldsymbol{a}|^2\triangleq\boldsymbol{a}^2 \quad \text{即} \quad |\boldsymbol{a}|=\sqrt{\boldsymbol{a}^2}=\sqrt{\boldsymbol{a}\cdot\boldsymbol{a}}. \tag{8.2.14}$$

也可以用数量积表示向量的方向

$$\cos\alpha=\boldsymbol{a}^0\cdot\boldsymbol{i}, \quad \cos\beta=\boldsymbol{a}^0\cdot\boldsymbol{j}, \quad \cos\gamma=\boldsymbol{a}^0\cdot\boldsymbol{k}. \tag{8.2.15}$$

(3) 可以用数量积求两向量的夹角余弦

$$\cos\theta=\frac{\boldsymbol{a}\cdot\boldsymbol{b}}{|\boldsymbol{a}||\boldsymbol{b}|}. \tag{8.2.16}$$

注意到 $0\leqslant\theta\leqslant\pi$,所以由上式的余弦值可唯一地确定 θ.

有结论: $\boldsymbol{a}\perp\boldsymbol{b}$ 的充分必要条件是 $\boldsymbol{a}\cdot\boldsymbol{b}=0$.

8.2 向量代数

向量的数量积遵循以下的运算规律：
(1) $a \cdot b = b \cdot a$ (交换律)；
(2) $(\lambda a) \cdot b = a \cdot (\lambda b) = \lambda (a \cdot b)$ (结合律)；
(3) $(a+b) \cdot c = a \cdot c + b \cdot c$ (分配律).

利用数量积定义可以验证(1)、(2)，下面证(3).

证明
$$(a+b) \cdot c = |c| \operatorname{Prj}_c(a+b) = |c|(\operatorname{Prj}_c a + \operatorname{Prj}_c b)$$
$$= a \cdot c + b \cdot c.$$

下面我们来推导数量积的坐标表示式.

设 $a = \{a_1, a_2, a_3\}$, $b = \{b_1, b_2, b_3\}$，由上述运算规律以及
$$i \cdot i = j \cdot j = k \cdot k = 1, \quad i \cdot j = j \cdot k = k \cdot i = 0,$$
则
$$a \cdot b = (a_1 i + a_2 j + a_3 k) \cdot (b_1 i + b_2 j + b_3 k)$$
$$= a_1 b_1 i \cdot i + a_2 b_1 j \cdot i + a_3 b_1 k \cdot i$$
$$+ a_1 b_2 i \cdot j + a_2 b_2 j \cdot j + a_3 b_2 k \cdot j$$
$$+ a_1 b_3 i \cdot k + a_2 b_3 j \cdot k + a_3 b_3 k \cdot k$$
$$= a_1 b_1 + a_2 b_2 + a_3 b_3.$$

即两个向量的数量积等于它们对应坐标乘积之和
$$a \cdot b = a_1 b_1 + a_2 b_2 + a_3 b_3. \tag{8.2.17}$$

于是，$a \perp b$ 的充分必要条件是 $a_1 b_1 + a_2 b_2 + a_3 b_3 = 0$.

两向量夹角余弦的坐标表达式为
$$\cos\theta = \frac{a_1 b_1 + a_2 b_2 + a_3 b_3}{\sqrt{a_1^2 + a_2^2 + a_3^2}\sqrt{b_1^2 + b_2^2 + b_3^2}}.$$

例1 设 $|a|=1, |b|=2, |c|=3$ 且 $a \perp b$, $\langle a, c \rangle = \frac{\pi}{3}$, $\langle b, c \rangle = \frac{\pi}{6}$，求 $A = a + b + c$ 的模.

解
$$|A|^2 = A \cdot A = (a+b+c) \cdot (a+b+c)$$
$$= |a|^2 + 2a \cdot b + 2a \cdot c + 2b \cdot c + |b|^2 + |c|^2$$
$$= 1 + 0 + 6\cos\frac{\pi}{3} + 12\cos\frac{\pi}{6} + 4 + 9 = 17 + 6\sqrt{3},$$

所以
$$|A| = \sqrt{17 + 6\sqrt{3}}.$$

例2 已知三点 $A(1,1,1), B(2,2,1), C(2,1,2)$，求 $\overrightarrow{AB}$ 与 $\overrightarrow{AC}$ 的夹角 θ 以及 $\overrightarrow{AB}$ 在 $\overrightarrow{AC}$ 上的投影.

解 $\vec{AB}=\{1,1,0\}, \vec{AC}=\{1,0,1\}$,

$$\cos\theta = \frac{\vec{AB}\cdot\vec{AC}}{|\vec{AB}||\vec{AC}|} = \frac{1+0+0}{\sqrt{2}\sqrt{2}} = \frac{1}{2},$$

所以 $\theta = \frac{\pi}{3}$.

而 $\mathrm{Prj}_{\vec{AC}}\vec{AB} = |\vec{AB}|\cos\theta = \frac{\sqrt{2}}{2}$, 或由 $\vec{AB}\cdot\vec{AC} = |\vec{AC}|\mathrm{Prj}_{\vec{AC}}\vec{AB}$ 知

$$\mathrm{Prj}_{\vec{AC}}\vec{AB} = \frac{\vec{AB}\cdot\vec{AC}}{|\vec{AC}|} = \frac{1}{\sqrt{2}} = \frac{\sqrt{2}}{2}.$$

例 3 求证柯西不等式

$$(a_1b_1 + a_2b_2 + a_3b_3)^2 \leqslant (a_1^2 + a_2^2 + a_3^2)(b_1^2 + b_2^2 + b_3^2). \tag{8.2.18}$$

证明 设 $\boldsymbol{a} = \{a_1, a_2, a_3\}, \boldsymbol{b} = \{b_1, b_2, b_3\}$, 因为

$$\boldsymbol{a}\cdot\boldsymbol{b} = |\boldsymbol{a}||\boldsymbol{b}|\cos\theta \leqslant |\boldsymbol{a}||\boldsymbol{b}|,$$

所以

$$(\boldsymbol{a}\cdot\boldsymbol{b})^2 \leqslant |\boldsymbol{a}|^2|\boldsymbol{b}|^2,$$

即

$$(a_1b_1 + a_2b_2 + a_3b_3)^2 \leqslant (a_1^2 + a_2^2 + a_3^2)(b_1^2 + b_2^2 + b_3^2).$$

8.2.5 向量的向量积

两个向量的向量积是向量的另一种乘法运算. 先考虑一个力学问题.

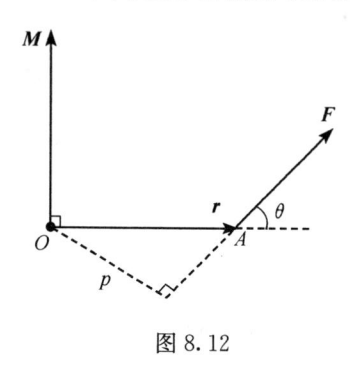

在力学中, 研究物体转动时, 我们学过力矩的概念. 设 O 为一根杠杆的支点. 有一个力 $\boldsymbol{F}$ 作用于这杠杆上 A 点处. $\boldsymbol{F}$ 与 $\vec{OA} \triangleq \boldsymbol{r}$ 的夹角为 θ(图 8.12). 由于 A 点受力 $\boldsymbol{F}$ 作用, 杠杆便绕 O 点转动. 这时, 力 $\boldsymbol{F}$ 对支点 O 的力矩是一个向量, 记作 $\boldsymbol{M}$. 它的大小等于力的大小 $|\boldsymbol{F}|$ 和力臂 p 的乘积, 即

$$|\boldsymbol{M}| = |\boldsymbol{F}|p = |\boldsymbol{F}||\boldsymbol{r}|\sin\theta.$$

图 8.12

而 $\boldsymbol{M}$ 的方向垂直于 $\boldsymbol{r}$ 与 $\boldsymbol{F}$, 且它的指向是使 $\boldsymbol{r}$、$\boldsymbol{F}$、$\boldsymbol{M}$ 符合右手规则, 即当右手四指自 $\boldsymbol{r}$ 的正向至 $\boldsymbol{F}$ 的正向握拳时, 大拇指的指向就是 $\boldsymbol{M}$ 的指向.

这种由两个已知向量按上面规则来确定另一个向量的情况, 在其他的物理现象中也常遇到, 为反映这一类物理现象, 数学上把它抽象出来, 引入两向量的向量积.

定义 两向量 $\boldsymbol{a}$ 与 $\boldsymbol{b}$ 的向量积是一个向量, 记为 $\boldsymbol{a}\times\boldsymbol{b}$, 它的模是以 $\boldsymbol{a}$, $\boldsymbol{b}$ 为边

8.2 向量代数

的平行四边形的面积,即 $|a \times b| = |a||b|\sin\langle a,b\rangle$,它的方向与 a,b 均垂直,且使 $a,b,a \times b$ 符合右手系(图 8.13). 向量积又称为叉积或外积.

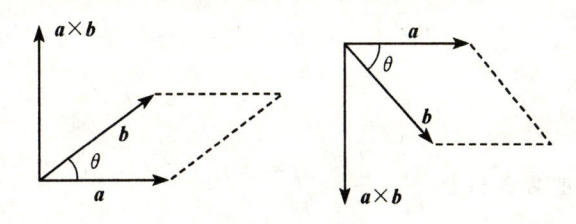

图 8.13

由此定义,上述力矩可表示为
$$M = \overrightarrow{OA} \times F = r \times F.$$
根据定义,可以导出下面重要的结果:

(1) $a \times a = 0$;

(2) $a // b$ 的充分必要条件是 $a \times b = 0$.

证明 充分性 因为 $a // b$,所以 $\theta = 0$ 或 $\theta = \pi$,由 $\sin\theta = 0$ 知 $|a \times b| = 0$,所以 $a \times b = 0$.

必要性 因为 $a \times b = 0$ 则 $|a \times b| = |a||b|\sin\theta = 0$,此时或 $a = 0$ 或 $b = 0$ 或 $\theta = 0$ 或 $\theta = \pi$,不论哪种情况都有 $a // b$.

向量的向量积遵循以下运算规律:

(1) $a \times b = -b \times a$ (反交换律);

(2) $(\lambda a) \times b = a \times (\lambda b) = \lambda(a \times b)$ (结合律);

(3) $a \times (b + c) = a \times b + a \times c$ (分配律).

利用向量积的定义可以证明(1)、(2)、(3)的证明从略.

下面我们来推导向量积的坐标表达式.

设 $a = \{a_1, a_2, a_3\}$,$b = \{b_1, b_2, b_3\}$,由上述运算规律以及
$$i \times j = k, \quad j \times k = i, \quad k \times i = j,$$
$$i \times i = j \times j = k \times k = 0,$$
则
$$\begin{aligned}
a \times b &= (a_1 i + a_2 j + a_3 k) \times (b_1 i + b_2 j + b_3 k) \\
&= a_1 b_1 i \times i + a_2 b_1 j \times i + a_3 b_1 k \times i \\
&\quad + a_1 b_2 i \times j + a_2 b_2 j \times j + a_3 b_2 k \times j \\
&\quad + a_1 b_3 i \times k + a_2 b_3 j \times k + a_3 b_3 k \times k \\
&= (a_1 b_2 - a_2 b_1) k + (a_3 b_1 - a_1 b_3) j + (a_2 b_3 - a_3 b_2) i \\
&= \begin{vmatrix} a_2 & a_3 \\ b_2 & b_3 \end{vmatrix} i - \begin{vmatrix} a_1 & a_3 \\ b_1 & b_3 \end{vmatrix} j + \begin{vmatrix} a_1 & a_2 \\ b_1 & b_2 \end{vmatrix} k.
\end{aligned}$$

为了便于记忆,利用三阶行列式,向量积的坐标表达式可写成

$$a \times b = \begin{vmatrix} i & j & k \\ a_1 & a_2 & a_3 \\ b_1 & b_2 & b_3 \end{vmatrix}. \tag{8.2.19}$$

由此也可得出结论:

$a \parallel b$ 的充分必要条件是 $\dfrac{a_1}{b_1} = \dfrac{a_2}{b_2} = \dfrac{a_3}{b_3}$.

例 1 求垂直于向量 $a = \{1, -3, 1\}$ 及 $b = \{2, -1, 3\}$ 的单位向量.

解 $a \times b = \begin{vmatrix} i & j & k \\ 1 & -3 & 1 \\ 2 & -1 & 3 \end{vmatrix} = \{-8, -1, 5\} \triangleq c$,由叉积定义知向量 $c \perp a, c \perp b$,

$$c^0 = \frac{c}{|c|} = \frac{-8i - j + 5k}{3\sqrt{10}} = \left\{ \frac{-8}{3\sqrt{10}}, \frac{-1}{3\sqrt{10}}, \frac{5}{3\sqrt{10}} \right\},$$

故所求单位向量为 $\pm \left\{ \dfrac{-8}{3\sqrt{10}}, \dfrac{-1}{3\sqrt{10}}, \dfrac{5}{3\sqrt{10}} \right\}$.

例 2 已知三点 $A(1,2,3), B(3,4,5), C(2,4,7)$,求 $\triangle ABC$ 的面积及 $\angle A$.

解 $\overrightarrow{AB} \times \overrightarrow{AC} = \begin{vmatrix} i & j & k \\ 2 & 2 & 2 \\ 1 & 2 & 4 \end{vmatrix} = \{4, -6, 2\}$,由叉积定义知

$\triangle ABC$ 的面积 $S = \dfrac{1}{2} | \overrightarrow{AB} \times \overrightarrow{AC} | = \dfrac{\sqrt{16 + 36 + 4}}{2} = \dfrac{\sqrt{56}}{2} = \sqrt{14}$,

而

$$\sin \angle A = \frac{|\overrightarrow{AB} \times \overrightarrow{AC}|}{|\overrightarrow{AB}| |\overrightarrow{AC}|} = \frac{\sqrt{56}}{\sqrt{12} \sqrt{21}} = \frac{\sqrt{2}}{3},$$

$$\angle A = \arcsin \frac{\sqrt{2}}{3}.$$

例 3 力 $F = \{3, 1, 2\}$ 作用于点 $A(1, -1, 2)$,求 F 对 Oz 轴的力矩.

解 力 F 关于原点的力矩是

$$M = \overrightarrow{OA} \times F = \begin{vmatrix} i & j & k \\ 1 & -1 & 2 \\ 3 & 1 & 2 \end{vmatrix} = -4i + 4j + 4k.$$

于是 F 对 Oz 轴的力矩 $M_z = 4k$.

8.2.6 向量的混合积

定义 三向量 a,b,c 的混合积是一个数,它等于向量 a 与 b 先作向量积,然后再与 c 作数量积,记作 $\{a,b,c\}$,即

$$\{a,b,c\} = (a\times b)\cdot c. \quad (8.2.20)$$

几何上,混合积的绝对值 $|(a\times b)\cdot c|$ 可以看成是以 a,b,c 为棱的平行六面体的体积(图 8.14).

事实上,若 a,b,c 成右手系时

$$V = |a\times b||c|\cos\alpha = (a\times b)\cdot c,$$

若 a,b,c 成左手系时

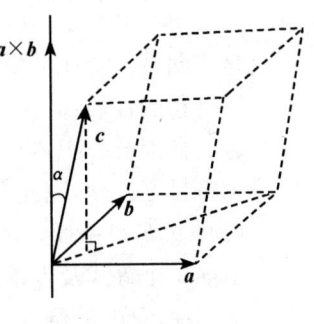

$$V = |a\times b||c|\cos(\pi-\alpha)$$
$$= -|a\times b||c|\cos\alpha = -(a\times b)\cdot c,$$

图 8.14

因此 $V = |(a\times b)\cdot c|$.

例 1 求证三个向量 a,b,c 共面的充分必要条件是混合积 $\{a,b,c\}=0$.

证明 充分性 若三向量 a,b,c 共面,则以 a,b,c 为棱的平行六面体积 $V=0$,即 $|(a\times b)\cdot c|=0$,有 $(a\times b)\cdot c=0$.

必要性 若 $\{a,b,c\}=0$ 即 $|(a\times b)\cdot c|=|a\times b||c|\cos\alpha=0$,则或 $a\times b=0$,此时 $a//b, b$ 在 a 与 c 确定的平面上;或 $c=0$,此时 c 在 a 与 b 确定的平面上;或 $\alpha=\dfrac{\pi}{2}$,即 $c\perp(a\times b)$,此时 c 在 a 与 b 确定的平面上. 总之,不论哪一种情况,a,b,c 三向量共面.

下面我们来推出混合积的坐标表达式.

设

$$a=\{a_1,a_2,a_3\},\quad b=\{b_1,b_2,b_3\},\quad c=\{c_1,c_2,c_3\},$$

则

$$a\times b = \begin{vmatrix} i & j & k \\ a_1 & a_2 & a_3 \\ b_1 & b_2 & b_3 \end{vmatrix} = \begin{vmatrix} a_2 & a_3 \\ b_2 & b_3 \end{vmatrix}i - \begin{vmatrix} a_1 & a_3 \\ b_1 & b_3 \end{vmatrix}j + \begin{vmatrix} a_1 & a_2 \\ b_1 & b_2 \end{vmatrix}k,$$

于是

$$(a\times b)\cdot c = \begin{vmatrix} a_2 & a_3 \\ b_2 & b_3 \end{vmatrix}c_1 - \begin{vmatrix} a_1 & a_3 \\ b_1 & b_3 \end{vmatrix}c_2 + \begin{vmatrix} a_1 & a_2 \\ b_1 & b_2 \end{vmatrix}c_3 = \begin{vmatrix} a_1 & a_2 & a_3 \\ b_1 & b_2 & b_3 \\ c_1 & c_2 & c_3 \end{vmatrix}.$$

即

$$(a \times b) \cdot c = \begin{vmatrix} a_1 & a_2 & a_3 \\ b_1 & b_2 & b_3 \\ c_1 & c_2 & c_3 \end{vmatrix}. \tag{8.2.21}$$

这就是三向量混合积的坐标表达式.

混合积的性质:

因为在混合积中, 当 a, b, c 的次序轮换时, 它们组成一平行六面体的体积连同所带的符号不改变, 因此有

(1) $\{a, b, c\} = \{b, c, a\} = \{c, a, b\}$;

由前一个等式及点乘的可交换性知 $(a \times b) \cdot c = (b \times c) \cdot a = a \cdot (b \times c)$, 可见三向量顺序不变, 颠倒点积与叉积的符号, 混合积的值不变.

由定义可直接验证:

(2) $\{a, b, c\} = -\{b, a, c\}$;

(3) $\{\lambda a, b, c\} = \{a, \lambda b, c\} = \{a, b, \lambda c\} = \lambda \{a, b, c\}$;

(4) $\{a, a, b\} = \{a, b, b\} = \{a, b, a\} = 0$;

(5) $\{a_1 + a_2, b, c\} = \{a_1, b, c\} + \{a_2, b, c\}$.

例 2 四点 $A(1,1,1), B(3,4,4), C(3,5,5), D(2,4,7)$ 共面吗? 若不共面, 求出四面体 $ABCD$ 的体积.

解 由于

$$(\overrightarrow{AB} \times \overrightarrow{AC}) \cdot \overrightarrow{AD} = \begin{vmatrix} 2 & 3 & 3 \\ 2 & 4 & 4 \\ 1 & 3 & 6 \end{vmatrix} = 6 \neq 0,$$

所以三向量 $\overrightarrow{AB}, \overrightarrow{AC}, \overrightarrow{AD}$ 不共面, 故四点 A, B, C, D 不共面. 由立体几何知, 四面体 $ABCD$ 的体积是以 AB, AC, AD 为棱的平行六面体体积的 $\frac{1}{6}$, 所以

$$V = \frac{1}{6}((\overrightarrow{AB} \times \overrightarrow{AC}) \cdot \overrightarrow{AD}) = \frac{1}{6} \times 6 = 1.$$

习 题 8.2

1. 设 M 是线段 AB 的中点, O 是空间一点, 求证 $\overrightarrow{OM} = \dfrac{\overrightarrow{OA} + \overrightarrow{OB}}{2}$.

2. 记 $\overrightarrow{AB} = a, \overrightarrow{AC} = b, a$ 与 b 是不共线的已知向量, 求 $\angle A$ 平分线上的单位向量.

3. 已知点 $A(3, -8, 6), B(6, -4, 6)$, 求 $\overrightarrow{AB}$ 的大小, 方向余弦以及 $\overrightarrow{AB}^0$.

4. 若有向线段 $\overrightarrow{P_1 P_2}$ 在 Ox, Oy, Oz 三坐标轴上的投影分别为 $3, -2, 7$, 且 $P_1(-4, 3, 2)$, 求点 P_2 的坐标.

5. 设 $a = \{10, 5, -4\}, b = \{2, 1, 8\}$

(1) 求 $a + 2b$;

8.2 向量代数

(2) 选取 λ 及 μ 使 $\lambda a+\mu b$ 平行于 Oz 轴.

6. 已知三力 $f_1=i-2k$, $f_2=2i-3j+4k$, $f_3=j+k$ 作用于一点,求合力 f 的大小、方向,以及它在 Ox 轴上的投影,它在 Ox 轴上的分力.

7. 求证三点 $A(3,-2,7)$, $B(6,4,-2)$, $C(5,2,1)$ 共线.

8. 从 $P(1,0,-1)$ 画出长度为 10 的一段 $\overrightarrow{PQ}$,使它同 Ox 轴交角 $\alpha=60°$,同 Oy 轴交角 $\beta=45°$,问它与 Oz 轴的交角 γ 等于多少? 求此线段中点的坐标.

9. 设向量 a 与三坐标轴的夹角相等,求 a^0.

10. 已知 $a=\{2,4,-4\}$, $b=\{1,2,0\}$,求:

(1) $a \cdot b$ 及 $a \cdot i$;

(2) a 与 b 的夹角;

(3) $\text{Prj}_a b$ 及 $\text{Prj}_b a$.

11. 已知 $|a|=2$, $|b|=4$, $|c|=1$ 且 a,b,c 两两垂直求 $A=a+2b-c$ 的模和 $\cos\langle A,a\rangle$.

12. 已知 $|m|=2$, $|n|=1$, $\langle m,n \rangle=\dfrac{\pi}{3}$,若 $a=3m-n$, $b=2m+3n$,求:

(1) a 与 b 的夹角 φ;

(2) 以 a,b 为边的平行四边形的对角线长.

13. 一动点与 $A(1,1,1)$ 所成向量与 $n=\{2,2,3\}$ 垂直,求动点轨迹.

14. 若 $(a+3b)\perp(7a-5b)$, $(a-4b)\perp(7a-2b)$,求 a 与 b 的夹角.

15. 一质点位于点 $P(1,2,-1)$ 处,今有一方向角分别为 $60°,60°,45°$,而大小为 $100g$ 的力作用于质点上,求此质点自 P 做直线运动至 $M(2,5,-1+3\sqrt{2})$ 点处时力所做的功(长度单位为 cm).

16. 已知 $|m|=\dfrac{1}{2}$, $|n|=3$, $\langle m,n \rangle=135°$,求以 $a=2m+5n$ 及 $b=m-2n$ 为边的平行四边形面积.

17. 已知 $|a|=3$, $|b|=26$, $|a\times b|=72$,求 $a\cdot b$.

18. 一平面过原点及 $P(1,2,3)$, $Q(3,4,5)$ 求与此平面垂直的单位向量.

19. 已知 $a=\{2,-3,1\}$, $b=\{1,-1,3\}$, $c=\{1,-2,0\}$,求:

(1) $(a\cdot b)c-(a\cdot c)b$;

(2) $(a+b)\times(c+b)$;

(3) $(a\times b)\cdot c$;

(4) $a\times(b\times c)$.

20. 化简下列各式:

(1) $(a+2b-c)\cdot[(a-b)\times(a-b-c)]$;

(2) $i\times(j+k)-j\times(i+k)+k\times(i+j+k)$.

21. 已知 $A(-1,2,4)$, $B(6,3,2)$, $C(1,4,-1)$, $D(-1,-2,3)$,求四面体 $ABCD$ 的体积以及 $\triangle ABC$ 的面积.

22. 已知点 $P(-3,1,-2)$ 及向量 $a=\{1,2,1\}$, $b=\{0,1,2\}$,若 $\overrightarrow{PQ}, a, b$ 共面,求点 Q 的轨迹.

8.3 曲面方程与曲线方程

有了上面的知识后,我们将在空间坐标系中建立图形的方程.这样,一方面可通过方程研究几何问题;另一方面也可通过几何直观研究方程的性质.

8.3.1 曲面方程

建立空间直角坐标系,则空间点 M 与有序三数 (x,y,z) 构成了一一对应.当点 M 的位置发生变动时,其坐标 (x,y,z) 也随之变动.一般情况下,若点 M 变动受到制约形成一张曲面,那么相应的 x,y,z 的变化也必将受到制约,有函数关系

$$F(x,y,z)=0. \tag{8.3.1}$$

定义 凡在曲面 Σ 上的点的坐标都满足方程 $F(x,y,z)=0$,凡不在曲面 Σ 上的点的坐标都不满足方程 $F(x,y,z)=0$,则称 $F(x,y,z)=0$ 为曲面 Σ 的方程,也称 Σ 为方程 $F(x,y,z)=0$ 的图形.

例1 一个平面平行于 xy 平面,且在 Oz 轴上截距为 2,求此平面方程.

解 因为凡在此平面上的点的立坐标都等于 2,而不在此平面上的点的立坐标都不等于 2,因此,平面方程为 $z=2$.

不难验证 xy,xz,yz 坐标面的方程分别为 $z=0,y=0,x=0$.

例2 求球心在点 $M_0(x_0,y_0,z_0)$,半径为 $R(R>0)$ 的球面方程.

解 在空间任取一点 $M(x,y,z)$,若 M 在球面上则 $|M_0M|=R$,若 M 不在球面上则 $|M_0M|\neq R$,即 M 在球面上 $\Leftrightarrow |M_0M|=R$.由定义知球面方程为 $|M_0M|=R$,即

$$(x-x_0)^2+(y-y_0)^2+(z-z_0)^2=R^2.$$

特别 $x^2+y^2+z^2=R^2$,表示球心在原点,半径为 R 的球面方程.

容易理解方程(8.3.1)中仅有两个独立变量,也就是说曲面上的点有两个自由度.

若曲面上动点 M 的坐标可以表示为另外两个独立变量 u,v 的函数,即

$$\begin{cases} x=\varphi(u,v), \\ y=\psi(u,v), \quad (u,v)\in D. \\ z=f(u,v), \end{cases} \tag{8.3.2}$$

当 (u,v) 在 D 上变动时可得到曲面上的全部点,则称(8.3.2)式为空间曲面的参数方程,u,v 称为参数.而方程(8.3.1)称为曲面的一般方程.

如果能从(8.3.2)式中消去参数 u,v 则就得到曲面的一般方程(8.3.1)式.

8.3 曲面方程与曲线方程

例 3 以球坐标系中 θ, φ 为参数则球面 $x^2+y^2+z^2=R^2$ 的参数方程为

$$\begin{cases} x = R\sin\varphi\cos\theta, \\ y = R\sin\varphi\sin\theta, & \varphi \in [0,\pi], \\ z = R\cos\varphi, & \theta \in [0,2\pi]. \end{cases}$$

需要指出的是:

(1) 在研究方程所表示的图形时,应注意是在什么范围内考虑问题.例如,方程 $x=0$,

在一维空间,它表示数轴上的一个点:原点;

在二维空间,它表示 xy 平面上的一条线:Oy 轴;

在三维空间,它表示一个平面,yz 坐标面.

(2) 点的坐标、图形的方程都是相对于坐标系而言.同一个曲面在不同的坐标系中其方程一般是不同的.应恰当选取坐标系使图形的方程简单.

例如,球面 $x^2+y^2+z^2=R^2$ 在球坐标系中为 $\rho=R$,柱面 $x^2+y^2=R^2$ 在柱坐标系中为 $r=R$,圆 $(x-1)^2+(y-2)^2=1$,令 $\begin{cases} x-1=X, \\ y-z=Y, \end{cases}$ 则在 XOY 坐标系中为 $X^2+Y^2=1$.

8.3.2 空间曲线方程

空间曲线可视为两曲面的交线.

若曲线 L 是曲面 $F(x,y,z)=0$ 与曲面 $G(x,y,z)=0$ 的交线则方程组

$$\begin{cases} F(x,y,z) = 0, \\ G(x,y,z) = 0, \end{cases} \tag{8.3.3}$$

便是曲线 L 的方程.它称为 L 的一般方程.

容易看出,方程组(8.3.3)中仅有一个独立变量,也就是说曲线上的点仅有一个自由度.

若曲线上的动点 M 的坐标,可以表示为变量 t 的函数,即

$$\begin{cases} x = \varphi(t), \\ y = \psi(t), & t \in I. \\ z = f(t), \end{cases} \tag{8.3.4}$$

当 t 在 I 上变动时,可得到曲线上的全部点,则称(8.3.4)式为空间曲线的参数方程,t 称为参数.

如果能从(8.3.4)式中消去参数 t,则就得到曲线的一般方程(8.3.3).

例 1 Ox 轴可以看成为坐标面 $z=0$ 与坐标面 $y=0$ 的交线,故 Ox 轴的一般方程为

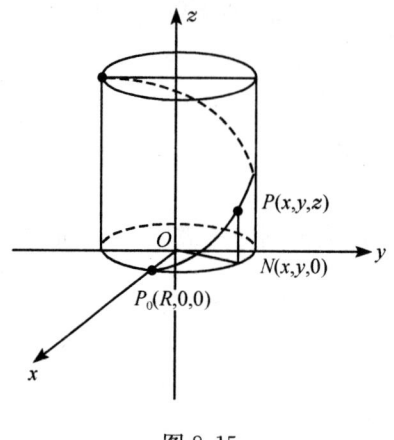

图 8.15

$$\begin{cases} z=0, \\ y=0, \end{cases}$$

而它的参数方程为 $\begin{cases} x=t, \\ y=0, \\ z=0, \end{cases} \quad -\infty<t<+\infty.$

例2 一动点沿半径为 R 的圆周做等速 ω 转动,同时圆周所在平面又以等速 v 沿其法向平移,动点的轨迹称为圆柱螺线.求其方程.

解 选取坐标系如图 8.15 所示,则起始点是 $P_0(R,0,0)$.

设时刻 t 动点位于 $P(x,y,z)$,由于 $\angle P_0ON=\omega t \triangleq \theta$,那么有

$$\begin{cases} x=R\cos\theta, \\ y=R\sin\theta, \\ z=vt=\dfrac{v}{\omega}\theta \triangleq h\theta, \end{cases} \quad \theta \geqslant 0.$$

这就是圆柱螺线的参数方程.

需要指出的是,过空间一曲线的曲面有无穷多个,因此曲线看作两曲面的交线,表示法不唯一.如 xy 平面上的单位圆,既可看成是圆柱面与 xy 平面的交线 $\begin{cases} x^2+y^2=1, \\ z=0, \end{cases}$ 又可看成是单位球面与 xy 平面的交线 $\begin{cases} x^2+y^2+z^2=1, \\ z=0, \end{cases}$ 其方程还可表示为 $\begin{cases} x^2+y^2=1, \\ x^2+y^2+z^2=1. \end{cases}$

习 题 8.3

1. 写出下列曲面的参数方程:

(1) $z=a\sqrt{x^2+y^2}$ (提示:以柱坐标系中 r,θ 为参数);

(2) $\dfrac{x^2}{a^2}+\dfrac{y^2}{b^2}+\dfrac{z^2}{c^2}=1$ (提示:以球坐标系中 θ,φ 为参数).

2. 写出下列曲线的一般方程:

(1) $\begin{cases} x=(t+1)^2, \\ y=2(t+1), \\ z=-2(t+1); \end{cases}$ (2) $\begin{cases} x=\cos^2 t, \\ y=\sin^2 t, \quad t\in[0,2\pi). \\ z=\sin 2t, \end{cases}$

3. 指出方程组 $\begin{cases} x^2+y^2+z^2=169, \\ x^2+y^2+z^2-24z+119=0 \end{cases}$ 表示的图形.

4. 在空间,方程 $x^2+y^2=R^2$ 表示一个圆柱面吗?说明理由.

8.4 平面与直线

在空间的曲面与曲线中,最简单的是平面与直线. 下面,我们以坐标法和向量代数为工具,建立空间的平面与直线方程,讨论点、直线、平面之间的一些关系.

8.4.1 平面

1. 平面的方程

决定一个平面的办法很多,当给的条件不同时,就得到平面的不同方程. 下面给出四种常见的平面方程.

(1) 点法式方程

过一点和已知直线垂直的平面是唯一存在的(此直线称为平面的法线,与法线平行的非零向量称为此平面的法向量). 建立过点 $M_0(x_0, y_0, z_0)$,法向量为 $\boldsymbol{n} = \{A, B, C\} \neq \boldsymbol{0}$ 的平面 π 的方程.

如图 8.16 所示,在空间任取一点 $M(x, y, z)$ 则
$$M \in \pi \Leftrightarrow \boldsymbol{n} \perp \overrightarrow{M_0 M}$$
$$\Leftrightarrow \boldsymbol{n} \cdot \overrightarrow{M_0 M} = 0$$
$$\Leftrightarrow A(x - x_0) + B(y - y_0) + C(z - z_0) = 0.$$

即凡在平面 π 上的点的坐标均满足方程
$$A(x - x_0) + B(y - y_0) + C(z - z_0) = 0. \tag{8.4.1}$$

凡不在平面 π 上的点的坐标都不满足(8.4.1)式,由定义知,(8.4.1)式是平面 π 的方程,称它为平面的点法式方程.

例如,过点 $M_0(2, -3, 0)$ 且以 $\boldsymbol{n} = \{1, -2, 3\}$ 为法向量的平面方程是
$$1 \cdot (x-2) - 2 \cdot (y+3) + 3 \cdot (z-0) = 0,$$
即
$$x - 2y + 3y - 8 = 0.$$

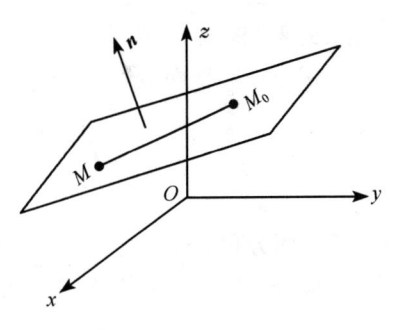

图 8.16

例 1 求过点 $M_0(1, 0, 1)$ 且平行于 yz 坐标平面的平面方程.

解 由几何知:所求平面过 $M_0(1, 0, 1)$ 且以 $\boldsymbol{n} = \{1, 0, 0\}$ 为法向量,于是其方程为
$$1 \cdot (x-1) + 0 \cdot (y-0) + 0 \cdot (z-1) = 0,$$
即
$$x = 1.$$

(2) 一般式方程

定理 在空间直角坐标系中,每个平面都可以用一个三元一次方程表示;反之,每个三元一次方程

$$Ax + By + Cz + D = 0 \tag{8.4.2}$$

都表示一个以 $\boldsymbol{n} = \{A, B, C\}$ 为法向量的平面.

证明 因为任何一个平面都可以通过其上任一点,记为 $P_0(x_0, y_0, z_0)$,以及它的法向量记为 $\boldsymbol{n} = \{A, B, C\}$ 来确定,故它的方程为 $A(x-x_0) + B(y-y_0) + C(z-z_0) = 0$. 展开此式,得

$$Ax + By + Cz + D = 0.$$

其中,$D = -(Ax_0 + By_0 + Cz_0)$,由于 A, B, C 不全为零,方程是一个三元一次方程,因此,任一平面都可以用一个三元一次方程来表示.

反之,设 $Ax + By + Cz + D = 0$ 是任意一个三元一次方程,$(A^2 + B^2 + C^2 \neq 0)$ 数组 (x_0, y_0, z_0) 是方程的一组解. 于是

$$Ax_0 + By_0 + Cz_0 + D = 0 \quad \text{即} \quad D = -(Ax_0 + By_0 + Cz_0),$$

从而可得

$$A(x-x_0) + B(y-y_0) + C(z-z_0) = 0.$$

这是过点 $M_0(x_0, y_0, z_0)$ 且以 $\boldsymbol{n} = \{A, B, C\}$ 为法向量的平面方程. 这说明任何一个三元一次方程都表示一个平面.

称方程 (8.4.2) 为平面的一般式方程.

例 2 求过点 $M(4, 3, 4), P(2, 7, 2), Q(-4, 5, 6)$ 的平面方程.

解法一 平面过点 $M(4, 3, 4)$,平面的法向量为

$$\boldsymbol{n} = \overrightarrow{MP} \times \overrightarrow{MQ} = \begin{vmatrix} \boldsymbol{i} & \boldsymbol{j} & \boldsymbol{k} \\ -2 & 4 & -2 \\ -8 & 2 & 2 \end{vmatrix} = 4\{3, 5, 7\},$$

所求平面方程为 $3(x-4) + 5(y-3) + 7(y-4) = 0$,即 $3x + 5y + 7z - 55 = 0$.

解法二 设所求平面方程为 $Ax + By + Cz + D = 0$,则

$$\begin{cases} 4A + 3B + 4C + D = 0, \\ 2A + 7B + 2C + D = 0, \\ -4A + 5B + 6C + D = 0, \end{cases}$$

由此得

$$\begin{cases} A = \dfrac{3}{7}C, \\ B = \dfrac{5}{7}C, \\ D = \dfrac{-55}{7}C, \end{cases}$$

所求平面方程为 $3x+5y+7z-55=0$.

解法三 在空间任取一点 $N(x,y,z)$,记所求平面为 π 则
$$N \in \pi \Leftrightarrow \overrightarrow{MN}, \overrightarrow{MP}, \overrightarrow{MQ} \text{ 三矢共面}$$
$$\Leftrightarrow \{\overrightarrow{MN}, \overrightarrow{MP}, \overrightarrow{MQ}\} = 0.$$

即 $\begin{vmatrix} x-4 & y-3 & z-4 \\ -2 & 4 & -2 \\ -8 & 2 & 2 \end{vmatrix} = 3x+5y+7z-55=0$,所以 $\pi: 3x+5y+7z-55=0$.

(3) 三点式方程

过不在一直线上的三点 $P_0(x_0,y_0,z_0), P_1(x_1,y_1,z_1), P_2(x_2,y_2,z_2)$ 唯一确定一个平面.仿上述解法三,此平面方程为

$$\begin{vmatrix} x-x_0 & y-y_0 & z-z_0 \\ x_1-x_0 & y_1-y_0 & z_1-z_0 \\ x_2-x_0 & y_2-y_0 & z_2-z_0 \end{vmatrix} = 0, \qquad (8.4.3)$$

称为平面的三点式方程.

(4) 截距式方程

过三点 $A(a,0,0), B(0,b,0), C(0,0,c)$ 的平面方程,由(8.4.3)式得

$$\frac{x}{a}+\frac{y}{b}+\frac{z}{c}=1. \qquad (8.4.4)$$

称为平面的截距式方程,而 a,b,c 依次叫做平面在 Ox, Oy, Oz 轴上的截距.

对于一些特殊的三元一次方程,应该熟悉它们的图形特点.

(1) 若 $D=0$,则方程为 $Ax+By+Cz=0$,该平面过原点;

(2) 若 $C=0$,则方程为 $Ax+By+D=0$,平面的法向量为 $\boldsymbol{n}=\{A,B,0\}$,因 $\boldsymbol{n} \cdot \boldsymbol{k}=0$,所以 $\boldsymbol{n} \perp Oz$ 轴,该平面平行于 Oz 轴.同理,平面 $Ax+Cz+D=0$ 平行于 Oy 轴,平面 $By+Cz+D=0$ 平行于 Ox 轴.

(3) 若 $A=B=0$,则方程为 $Cz+D=0$,平面法向量为 $\boldsymbol{n}=\{0,0,C\}$,它平行于 Oz 轴,该平面平行于 xy 平面.同理,平面 $Ax+D=0$ 平行于 yz 平面,平面 $By+D=0$ 平行于 xz 平面.

(4) 当 A,B,C,D 都不为零时,方程(8.4.2)可变形为

$$\frac{x}{-\frac{D}{A}}+\frac{y}{-\frac{D}{B}}+\frac{z}{-\frac{D}{C}}=1,$$

即为平面的截距式方程.

例3 求过 Oz 轴及点 $M(3,4,1)$ 的平面方程.

解法一 设平面方程为 $Ax+By=0$,因为这平面过 $M(3,4,1)$,所以有
$$3A+4B=0 \quad \text{或} \quad A=-\frac{4}{3}B.$$

以此代入所设方程,得所求平面方程为
$$4x - 3y = 0.$$

解法二 平面过点 $O(0,0,0)$,平面的法向量为 $\boldsymbol{n} = \overrightarrow{OM} \times \boldsymbol{k} = \begin{vmatrix} \boldsymbol{i} & \boldsymbol{j} & \boldsymbol{k} \\ 3 & 4 & 1 \\ 0 & 0 & 1 \end{vmatrix} =$ $4\boldsymbol{i} - 3\boldsymbol{j}$,所求平面方程为 $4x - 3y = 0$.

2. **两个平面的位置关系**

设有两平面:

$\pi_1: A_1 x + B_1 y + C_1 z + D_1 = 0$,其法向量 $\boldsymbol{n}_1 = \{A_1, B_1, C_1\}$;

$\pi_2: A_2 x + B_2 y + C_2 z + D_2 = 0$,其法向量 $\boldsymbol{n}_2 = \{A_2, B_2, C_2\}$.

可以推断:(1) $\pi_1 // \pi_2 \Leftrightarrow \boldsymbol{n}_1 // \boldsymbol{n}_2 \Leftrightarrow \dfrac{A_1}{A_2} = \dfrac{B_1}{B_2} = \dfrac{C_1}{C_2}$;

(2) π_1 与 π_2 重合 $\Leftrightarrow \dfrac{A_1}{A_2} = \dfrac{B_1}{B_2} = \dfrac{C_1}{C_2} = \dfrac{D_1}{D_2}$;

(3) π_1 与 π_2 相交 $\Leftrightarrow A_1 : B_1 : C_1 \neq A_2 : B_2 : C_2$.

两平面相交时,我们定义它们之间的夹角 θ 为它们法向量的夹角 $\langle \boldsymbol{n}_1, \boldsymbol{n}_2 \rangle$,但限制 $0 < \langle \boldsymbol{n}_1, \boldsymbol{n}_2 \rangle < \dfrac{\pi}{2}$,于是

$$\cos\theta = \frac{|\boldsymbol{n}_1 \cdot \boldsymbol{n}_2|}{|\boldsymbol{n}_1||\boldsymbol{n}_2|} = \frac{|A_1 B_1 + A_2 B_2 + A_3 B_3|}{\sqrt{A_1^2 + B_1^2 + C_1^2}\sqrt{A_2^2 + B_2^2 + C_2^2}}. \tag{8.4.5}$$

特别 $\pi_2 \perp \pi_1 \Leftrightarrow \boldsymbol{n}_1 \perp \boldsymbol{n}_2 \Leftrightarrow A_1 A_2 + B_1 B_2 + C_1 C_2 = 0$.

3. **点到平面的距离**

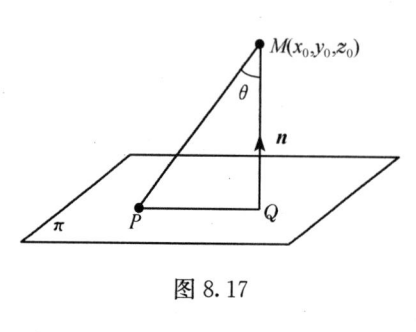

给出平面 $\pi: Ax + By + Cz + D = 0$ 及平面外一点 $M(x_0, y_0, z_0)$. 在平面 π 上任取一定 $P(x_1, y_1, z_1)$,记 $\langle \overrightarrow{PM}, \boldsymbol{n} \rangle = \theta$(图 8.17),则点 M 到平面 π 的距离为

$$d = |\overrightarrow{PM}|\cos\theta = |\overrightarrow{PM} \cdot \boldsymbol{n}^0| = \left|\overrightarrow{PM} \cdot \frac{\boldsymbol{n}}{|\boldsymbol{n}|}\right|$$

$$= \frac{|A(x_0 - x_1) + B(y_0 - y_1) + C(z_0 - z_1)|}{\sqrt{A^2 + B^2 + C^2}}.$$

图 8.17

注意到 $P \in \pi$,所以 $Ax_1 + By_1 + Cz_1 + D = 0$,于是

$$d = \frac{|Ax_0 + By_0 + C_0 z_0 + D|}{\sqrt{A^2 + B^2 + C^2}}. \tag{8.4.6}$$

这就是点 $M(x_0, y_0, z_0)$ 到平面 $\pi: Ax + By + Cz + D = 0$ 的距离公式.

例4 求两个平行平面 $\pi_1:11x-2y-10z+15=0$ 及 $\pi_2:11x-2y-10z+45=0$ 之间的距离.

解 在平面 π_1 上任取一点 $M(-1,2,0)$,那么点 M 到 π_2 的距离就是两平面 π_1 与 π_2 间的距离.

$$d = \frac{|11\times(-1)+(-2)\times 2+(-10)\times 0+45|}{\sqrt{11^2+(-2)^2+(-10)^2}} = 2.$$

8.4.2 直线

1. 直线方程

决定一条直线的办法很多,当给的条件不同时,就得到直线的不同方程. 下面给出四种常见的直线方程.

定义 L 是空间一条直线,若非零向量 $\boldsymbol{S}=\{l,m,n\}\parallel L$,则称 $\boldsymbol{S}$ 为 L 的方向向量,l,m,n 称为 L 的一组方向数.

显见,若 $k\neq 0$,则 $k\boldsymbol{S}$ 也为 L 的方向向量.

(1) 一般式方程

给出平面,$\pi_1:A_1x+B_1y+C_1z+D_1=0$;$\pi_2:A_2x+B_2y+C_2z+D_2=0$,其中,$A_1:B_1:C_1\neq A_2:B_2:C_2$. 则 L 作为两平面 π_1,π_2 的交线,它的方程为

$$L:\begin{cases} A_1x+B_1y+C_1z+D_1=0, \\ A_2x+B_2y+C_2z+D_2=0, \end{cases} \quad (8.4.7)$$

我们称(8.4.7)式为直线的一般式方程,值得注意的是通过一直线的平面有无穷多个,因此直线的一般式方程不唯一.

通过一条直线的所有平面的全体称为平面束. 可以证明过直线 L 的任一平面其方程为

$$\lambda(A_1x+B_1y+C_1z+D_1)+\mu(A_2x+B_2y+C_2z+D_2)=0. \quad (8.4.8)$$

其中,常数 λ 及 μ 不同时为零. 而当 λ,μ 任意取值而不同时为零时,方程表示过 L 的平面束方程.

过直线 L 的除平面 π_1 外的面束方程为

$$\lambda(A_1x+B_1y+C_1z+D_1)+A_2x+B_2y+C_2z+D_2=0. \quad (8.4.9)$$

过直线 L 的除平面 π_2 的面束方程为

$$A_1x+B_1y+C_1z+D_1+\lambda(A_2x+B_2y+C_2z+D_2)=0. \quad (8.4.10)$$

例1 求过直线 $L:\begin{cases} 2x-y+z=0, \\ x-3y+2z+4=0 \end{cases}$ 且平行于 Oy 轴的平面方程.

解法一 因为所求平面过 L,故可设其方程为

即
$$\lambda(2x-y+z)+(x-3y+2z+4)=0,$$
$$(2\lambda+1)x+(-\lambda-3)y+(\lambda+2)z+4=0.$$
此平面与 Oy 轴平行,所以有 $\boldsymbol{n} \cdot \boldsymbol{j} = 0$,即
$$(2\lambda+1) \cdot 0 - (\lambda+3) \cdot 1 + (\lambda+2) \cdot 0 = 0,$$
得
$$\lambda = -3.$$
于是平面方程为 $-5x-z+4=0$.

解法二 直线 L 过点 $(0,4,4)$ 且其方向向量为
$$\boldsymbol{S} = \begin{vmatrix} \boldsymbol{i} & \boldsymbol{j} & \boldsymbol{k} \\ 2 & -1 & 1 \\ 1 & -3 & 2 \end{vmatrix} = \{1,-3,-5\},$$
所以平面过点 $(0,4,4)$ 且其法向量 $\boldsymbol{n} = \boldsymbol{S} \times \boldsymbol{j} = \{5,0,1\}$,故其方程为 $5x+z-4=0$.

(2) 点向式方程

过一点且与已知非零向量平行的直线只有一条. 建立过点 $M_0(x_0,y_0,z_0)$,方向向量为 $\boldsymbol{S} = \{l,m,n\} \neq 0$ 的直线 L 的方程.

解 在空间任取一点 $M(x,y,z)$(图 8.18),则
$$M \in L \Leftrightarrow \overrightarrow{M_0M} \parallel \boldsymbol{S}$$
$$\Leftrightarrow \frac{x-x_0}{l} = \frac{y-y_0}{m} = \frac{z-z_0}{n}.$$

即凡在直线 L 上的点的坐标均满足方程

图 8.18
$$\frac{x-x_0}{l} = \frac{y-y_0}{m} = \frac{z-z_0}{n}. \tag{8.4.11}$$

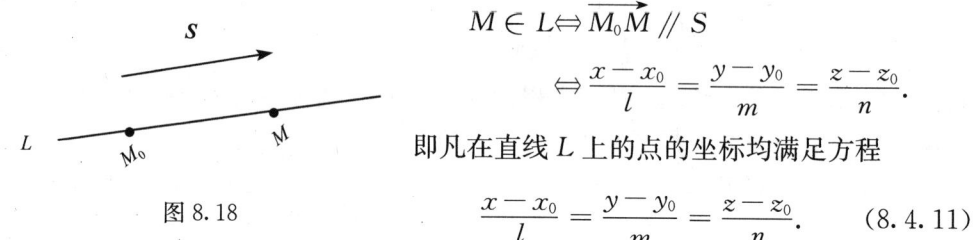

凡不在 L 上的点的坐标都不满足方程 (8.4.11). 由定义知,方程 (8.4.11) 是直线 L 的方程,称它为直线的点向式方程(又称标准方程或对称方程).

例 2 把直线 $\begin{cases} x-2y+z-1=0, \\ 2x+y-2z+2=0 \end{cases}$ 化为标准方程.

解 令 $z=1$,则由 $\begin{cases} x-2y=0, \\ 2x+y=0, \end{cases}$ 求出 $y=0, x=0$. 直线过点 $(0,0,1)$. 取直线方向向量
$$\boldsymbol{S} = \boldsymbol{n}_1 \times \boldsymbol{n}_2 = \begin{vmatrix} \boldsymbol{i} & \boldsymbol{j} & \boldsymbol{k} \\ 1 & -2 & 1 \\ 2 & 1 & -2 \end{vmatrix} = \{3,4,5\},$$

由(8.4.11)式得直线的标准方程为

$$\frac{x}{3} = \frac{y}{4} = \frac{z-1}{5}.$$

需要指出的是:因为 $S \neq 0$,所以 l, m, n 不能同时为 0. 如果 l, m, n 中有一个如 $l=0$,而 $n \neq 0, m \neq 0$,则方程(8.4.11)应理解为 $\begin{cases} x - x_0 = 0, \\ \dfrac{y - y_0}{m} = \dfrac{z - z_0}{n}. \end{cases}$

如果 l, m, n 中有两个如 $l = m = 0$,而 $n \neq 0$,则方程(8.4.11)应理解为
$\begin{cases} x - x_0 = 0, \\ y - y_0 = 0. \end{cases}$

(3) 参数式方程

在(8.4.11)式中记公比为 t,有

$$\frac{x - x_0}{l} = \frac{y - y_0}{m} = \frac{z - z_0}{n} \triangleq t,$$

则

$$\begin{cases} x = x_0 + lt, \\ y = y_0 + mt, \quad -\infty < t < +\infty \\ z = z_0 + nt, \end{cases} \tag{8.4.12}$$

称为过点 $M_0(x_0, y_0, z_0)$ 且方向向量为 $S = \{l, m, n\}$ 的直线的参数方程,其中,t 为参数.

(4) 两点式方程

我们知道,两点决定一直线. 设直线 L 通过两点 $M_1(x_1, y_1, z_1)$ 和 $M_2(x_2, y_2, z_2)$,于是可取 L 的方向向量为

$$S = \overrightarrow{M_1 M_2} = \{x_2 - x_1, y_2 - y_1, z_2 - z_1\}.$$

取 M_1 作为 L 上一点,由(8.4.11)式知,L 的标准方程为

$$\frac{x - x_1}{x_2 - x_1} = \frac{y - y_1}{y_2 - y_1} = \frac{z - z_1}{z_2 - z_1}, \tag{8.4.13}$$

称为直线的两点式方程.

例3 求平面 π,使其过直线 $L_1: \begin{cases} x = 3t + 1, \\ y = 2t + 3, \\ z = -t - 2 \end{cases}$,且与直线 $L_2: \begin{cases} 2x - y + z - 3 = 0, \\ x + 2y - z - 5 = 0 \end{cases}$ 平行.

解 在 L_1 上取点 $M(1, 3, -2)$,则平面 π 过点 M,取其法向量 $\boldsymbol{n} = \boldsymbol{S}_1 \times \boldsymbol{S}_2$,由于 $\boldsymbol{S}_1 = \{3, 2, -1\}, \boldsymbol{S}_2 = \begin{vmatrix} \boldsymbol{i} & \boldsymbol{j} & \boldsymbol{k} \\ 2 & -1 & 1 \\ 1 & 2 & -1 \end{vmatrix} = \{-1, 3, 5\}, \boldsymbol{n} = \begin{vmatrix} \boldsymbol{i} & \boldsymbol{j} & \boldsymbol{k} \\ 3 & 2 & -1 \\ -1 & 3 & 5 \end{vmatrix} = \{13,$

−14,11},故平面方程为
$$13(x-1)-14(y-3)+11(z+2)=0,$$
即
$$13x-14y+11z+51=0.$$

2. 直线与平面的位置关系

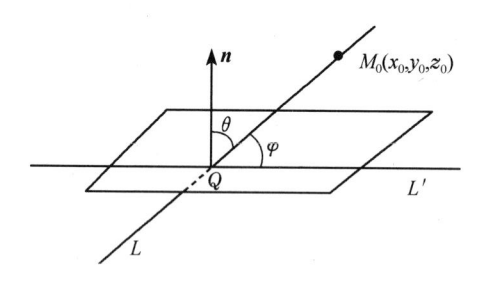

给出直线 $L: \dfrac{x-x_0}{l}=\dfrac{y-y_0}{m}=\dfrac{z-z_0}{n}$，其方向向量 $\boldsymbol{S}=\{l,m,n\}$；给出平面 π：$Ax+By+Cz+D=0$，其法向量 $\boldsymbol{n}=\{A,B,C\}$. 规定 L 与 π 的夹角 φ 是 L 在 π 上投影直线 L' 与 L 间的夹角且 $0 \leqslant \varphi \leqslant \dfrac{\pi}{2}$（图 8.19），则

图 8.19

$$\sin\varphi=\cos\theta=\frac{|\boldsymbol{n}\cdot\boldsymbol{S}|}{|\boldsymbol{n}||\boldsymbol{S}|}=\frac{|Al+Bm+Cn|}{\sqrt{A^2+B^2+C^2}\sqrt{l^2+m^2+n^2}}. \tag{8.4.14}$$

我们知道平面与直线，它们可能相交，可能平行，也可能重合. 下面给出判别法：

(1) $L /\!/ \pi \Leftrightarrow \boldsymbol{S} \perp \boldsymbol{n} \Leftrightarrow Al+Bm+Cn=0$；

(2) L 与 π 重合 $\Leftrightarrow \begin{cases} Al+Bm+Cn=0, \\ Ax_0+By_0+Cz_0+D=0; \end{cases}$

(3) $L \perp \pi \Leftrightarrow \boldsymbol{S} /\!/ \boldsymbol{n} \Leftrightarrow \dfrac{A}{l}=\dfrac{B}{m}=\dfrac{C}{n}$.

若将直线方程改写为参数形式 $\begin{cases} x=x_0+lt, \\ y=y_0+mt, \\ z=z_0+nt, \end{cases}$ 代入到平面 π 的方程中得

$$(Al+Bm+Cn)t+Ax_0+By_0+Cz_0+D=0.$$

在相交的情况下（此时 $Al+Bm+Cn \neq 0$），可求出唯一的 t，进而代入直线参数方程可得到 L 与 π 的交点 Q.

例 4 如图 8.20 所示，求点 $M(2,1,1)$ 到平面 $\pi: x+y-z+1=0$ 的投影点 Q 的坐标.

解 过 M 作平面 π 的垂线 L
$$\frac{x-2}{1}=\frac{y-1}{1}=\frac{z-1}{-1},$$
问题归为求 L 与 π 的交点 Q.

8.4 平面与直线

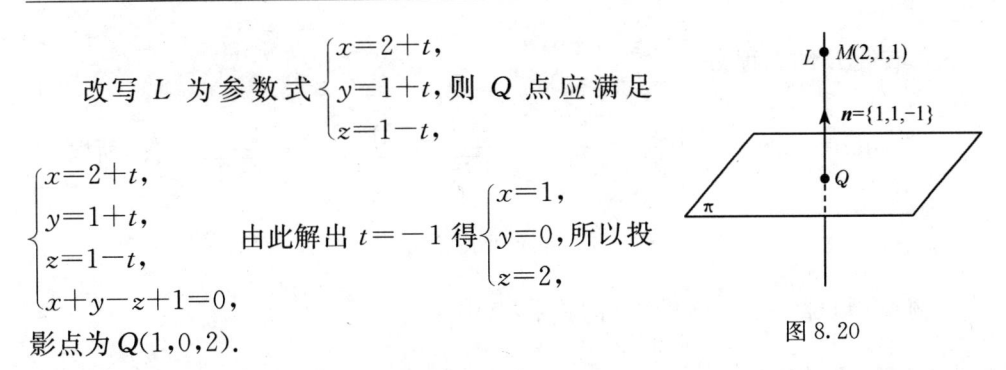

改写 L 为参数式 $\begin{cases} x=2+t, \\ y=1+t, \\ z=1-t, \end{cases}$ 则 Q 点应满足

$\begin{cases} x=2+t, \\ y=1+t, \\ z=1-t, \\ x+y-z+1=0, \end{cases}$ 由此解出 $t=-1$ 得 $\begin{cases} x=1, \\ y=0, \\ z=2, \end{cases}$ 所以投影点为 $Q(1,0,2)$.

图 8.20

例 5 (1) 求直线 $L: \begin{cases} x+y-z-1=0, \\ x-y+z+1=0 \end{cases}$ 在平面 $\pi: x+y+z=0$ 上的投影直线方程;

(2) 求上述直线与平面的夹角 φ.

解 (1) **解法一** 过 L 作平面 π 的垂面 π',则投影线 L' 即为 π' 与 π 的交线 (图 8.19). 在直线 L 上取点 $M(0,1,0)$ $\left(令 z=0, 由 \begin{cases} x+y-1=0, \\ x-y+1=0 \end{cases} 得 \begin{cases} x=0, \\ y=1 \end{cases}\right)$, 则垂面 π' 过点 M, 取其法向量 $\boldsymbol{n}'=\boldsymbol{n}\times\boldsymbol{S}$, 由于

$$\boldsymbol{n}=\{1,1,1\}, \quad \boldsymbol{S}=\begin{vmatrix} \boldsymbol{i} & \boldsymbol{j} & \boldsymbol{k} \\ 1 & 1 & -1 \\ 1 & -1 & 1 \end{vmatrix} = \{0,-2,-2\},$$

所以

$$\boldsymbol{n}'=\begin{vmatrix} \boldsymbol{i} & \boldsymbol{j} & \boldsymbol{k} \\ 1 & 1 & 1 \\ 0 & -2 & -2 \end{vmatrix} = \{0,2,-2\}=2\{0,1,-1\}.$$

故垂面 π' 的方程为 $(y-1)-z=0$, 即 $y-z-1=0$. 而投影直线 L' 的方程为

$$\begin{cases} y-z-1=0, \\ x+y+z=0. \end{cases}$$

解法二 过 L 作平面 π 的垂面 π', 设其方程为

$$\lambda(x+y-z-1)+(x-y+z+1)=0,$$

即

$$(\lambda+1)x+(\lambda-1)y+(-\lambda+1)z-\lambda+1=0.$$

由于法向量 $\boldsymbol{n}'=\{\lambda+1,\lambda-1,-\lambda+1\}$ 与 $\boldsymbol{n}=\{1,1,1\}$ 垂直, 所以 $\boldsymbol{n}'\cdot\boldsymbol{n}=(\lambda+1)+(\lambda-1)+(1-\lambda)=\lambda+1=0, \lambda=-1$ 代入垂面方程得

$$y-z-1=0,$$

故投影直线 L' 的方程为 $\begin{cases} y-z-1=0, \\ x+y+z=0. \end{cases}$

(2) $\sin\varphi = \cos\theta = \dfrac{|\boldsymbol{n} \cdot \boldsymbol{S}|}{|\boldsymbol{n}||\boldsymbol{S}|} = \dfrac{|1\times 0 + 1\times(-2) + 1\times(-2)|}{\sqrt{1^2+1^2+1^2}\sqrt{0+(-2)^2+(-2)^2}} = \dfrac{\sqrt{6}}{3}$，所以

$$\varphi = \arcsin\dfrac{\sqrt{6}}{3}.$$

例 6 判断直线 L 与平面 π 的关系，其中

$$L: \dfrac{x-5}{1} = \dfrac{y+4}{-2} = \dfrac{z-1}{3}, \qquad \pi: x+ky-5z-10=0.$$

解 直线的参数方程是 $\begin{cases} x=5+t, \\ y=-4-2t, \\ z=1+3t, \end{cases}$ 代入到 π 的方程中得

$$(-k-7)t = 2k+5. \qquad (*)$$

当 $k \neq -7$ 时有唯一解 $t = \dfrac{2k+5}{-(k+7)}$，L 与 π 相交，交点是

$$Q\left(\dfrac{3k+30}{k+7}, -\dfrac{18}{k+7}, -\dfrac{5k+8}{k+7}\right);$$

当 $k=7$ 时，$(*)$ 无解，即 L 与 π 平行.

显然，如果得到的 $(*)$ 有无穷多组解时 L 在 π 上.

3. 两条直线的位置关系

设有两直线（图 8.21）

$$L_1: \dfrac{x-x_1}{l_1} = \dfrac{y-y_1}{m_1} = \dfrac{z-z_1}{n_1}, \quad L_2: \dfrac{x-x_2}{l_2} = \dfrac{y-y_2}{m_2} = \dfrac{z-z_2}{n_2}.$$

它们可能异面，也可能共面，而共面时可能相交，可能平行，也可能重合. 下面来研究判别法.

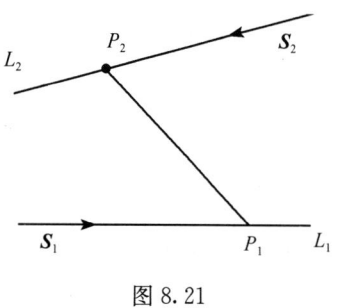

由于 L_1、L_2 共面 $\Leftrightarrow$ 三向量 $\boldsymbol{S}_1, \boldsymbol{S}_2, \overrightarrow{P_1P_2}$ 共面

$$\Leftrightarrow \begin{vmatrix} x_2-x_1 & y_2-y_1 & z_2-z_1 \\ l_1 & m_1 & n_1 \\ l_2 & m_2 & n_2 \end{vmatrix} = 0,$$

所以：

(1) L_1, L_2 相交 $\Leftrightarrow \{\boldsymbol{S}_1, \boldsymbol{S}_2, \overrightarrow{P_1P_2}\} = 0$ 且 $\boldsymbol{S}_1$ 与 $\boldsymbol{S}_2$ 不平行

图 8.21

8.4 平面与直线

$$\Leftrightarrow \begin{vmatrix} x_2-x_1 & y_2-y_1 & z_2-z_1 \\ l_1 & m_1 & n_1 \\ l_2 & m_2 & n_2 \end{vmatrix} =0, \text{且} l_1:m_1:n_1 \neq l_2:m_2:n_2;$$

(2) L_1,L_2 平行 $\Leftrightarrow \boldsymbol{S}_1 /\!/ \boldsymbol{S}_2$ 但与 $\overrightarrow{P_1P_2}$ 不平行

$$\Leftrightarrow l_1:m_1:n_1 = l_2:m_2:n_2 \neq x_2-x_1 : y_2-y_1 : z_2-z_1;$$

(3) L_1,L_2 重合 $\Leftrightarrow \boldsymbol{S}_1 /\!/ \boldsymbol{S}_2 /\!/ \overrightarrow{P_1P_2}$

$$\Leftrightarrow l_1:m_1:n_1 = l_2:m_2:n_2 = x_2-x_1 : y_2-y_1 : z_2-z_1;$$

(4) L_1 与 L_2 异面 $\Leftrightarrow \{\boldsymbol{S}_1,\boldsymbol{S}_2,\overrightarrow{P_1P_2}\} \neq 0 \Leftrightarrow \begin{vmatrix} x_2-x_1 & y_2-y_1 & z_2-z_1 \\ l_1 & m_1 & n_1 \\ l_2 & m_2 & n_2 \end{vmatrix} \neq 0.$

需要指出的是：

(1) 在 L_1 与 L_2 相交的情况下，规定它们的夹角 $\theta \leqslant \dfrac{\pi}{2}$ (图 8.22). 因此

$$\cos\theta = \frac{|\boldsymbol{S}_1 \cdot \boldsymbol{S}_2|}{|\boldsymbol{S}_1||\boldsymbol{S}_2|}$$

$$= \frac{|l_1l_2+m_1m_2+n_1n_2|}{\sqrt{l_1^2+m_1^2+n_1^2}\sqrt{l_2^2+m_2^2+n_2^2}}. \quad (8.4.15)$$

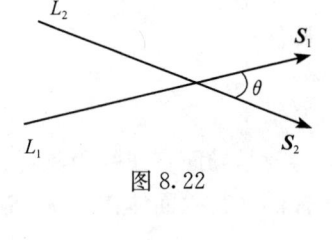

图 8.22

(2) 在 L_1 与 L_2 平行的情况下，两平行线间的距离 d 归结为点 $P_1 \in L_1$ 到直线 L_2 的距离. 求法如下.

如图 8.23 所示，以 $\boldsymbol{S}_2$ 及 $\overrightarrow{P_1P_2}$ 为边的平行四边形的面积 A 满足

$$d|\boldsymbol{S}_2| = A = |\overrightarrow{P_1P_2} \times \boldsymbol{S}_2|,$$

所以

$$d = \frac{|\overrightarrow{P_1P_2} \times \boldsymbol{S}_2|}{|\boldsymbol{S}_2|}.$$

图 8.23

仿此，直线 $L: \dfrac{x-x_0}{l} = \dfrac{y-y_0}{m} = \dfrac{z-z_0}{n}$ 外一点 $M(x,y,z)$ 到直线 L 的距离公式为

$$d = \frac{|\overrightarrow{P_0M} \times \boldsymbol{S}|}{|\boldsymbol{S}|}. \quad (8.4.16)$$

其中，$P_0(x_0,y_0,z_0) \in L, \boldsymbol{S}=\{l,m,n\}$.

(3) 异面直线的距离

过 L_2 可作唯一平面 π 与 L_1 平行. 显然 π 的法向量 $\boldsymbol{n}=\boldsymbol{S}_1 \times \boldsymbol{S}_2$.

设 L_1 在平面 π 上的投影线交 L_2 于点 M, 过 M 作平面 π 的垂线交 L_1 于 Q

点，显然直线 MQ 与 L_1，L_2 都垂直，称 MQ 为 L_1 与 L_2 的公垂线.

设 P_1 与 P_2 分别为 L_1 与 L_2 上的动点，则 $|MQ| \leqslant |P_1P_2|$. 事实上，参看图 8.24，记 R 为 P_1 在 π 上的投影点，作连线 P_2R，因为 $P_1R \perp P_2R$，所以 $|MQ| = |P_1R| \leqslant |P_1P_2|$.

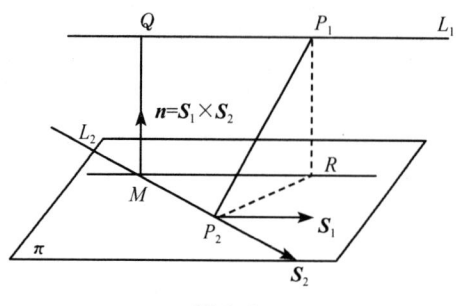

图 8.24

我们规定公垂线长 $|MQ| \triangleq d$ 为异面直线 L_1 与 L_2 的距离，它也是 $\overrightarrow{P_1P_2}$ 在 $\overrightarrow{RP_1}$ 上的投影.

由于 $\overrightarrow{RP_1} \parallel \boldsymbol{n}$，而 $\boldsymbol{n} = \boldsymbol{S}_1 \times \boldsymbol{S}_2$，所以

$$d = |\operatorname{Prj}_{\boldsymbol{n}} \overrightarrow{P_1P_2}| = |\overrightarrow{P_1P_2} \cdot \boldsymbol{n}^0| = \left|\overrightarrow{P_1P_2} \cdot \frac{\boldsymbol{n}}{|\boldsymbol{n}|}\right| = \frac{|\overrightarrow{P_1P_2} \cdot \boldsymbol{n}|}{|\boldsymbol{n}|},$$

即

$$d = \frac{|\overrightarrow{P_1P_2} \cdot (\boldsymbol{S}_1 \times \boldsymbol{S}_2)|}{|\boldsymbol{S}_1 \times \boldsymbol{S}_2|}. \tag{8.4.17}$$

这就是异面直线的距离公式. 这样，公垂线的长又可理解为它是以 $\boldsymbol{S}_1$、$\boldsymbol{S}_2$、$\overrightarrow{P_1P_2}$ 为棱的平行六面体在以 $\boldsymbol{S}_1$，$\boldsymbol{S}_2$ 为边的底面上的高.

例 7 求证 $L_1: x = \dfrac{y-11}{-2} = z-4$ 及 $L_2: \dfrac{x-6}{7} = \dfrac{y+7}{-6} = z$ 是异面直线，并求它们的距离.

证明 L_1 的方向向量 $\boldsymbol{S}_1 = \{1, -2, 1\}$ 过点 $P_1(0, 11, 4)$，L_2 的方向向量 $\boldsymbol{S}_2 = \{7, -6, 1\}$ 过点 $P_2(6, -7, 0)$.

$$\{\overrightarrow{P_1P_2}, \boldsymbol{S}_1, \boldsymbol{S}_2\} = \begin{vmatrix} 6 & -18 & -4 \\ 1 & -2 & 1 \\ 7 & -6 & 1 \end{vmatrix} = -116 \neq 0,$$

所以 L_1 与 L_2 是异面直线.

由 $\boldsymbol{S}_1 \times \boldsymbol{S}_2 = \begin{vmatrix} \boldsymbol{i} & \boldsymbol{j} & \boldsymbol{k} \\ 1 & -2 & 1 \\ 7 & -6 & 1 \end{vmatrix} = \{4, 6, 8\}$，故 L_1 与 L_2 间的距离为

$$d = \frac{|\{\overrightarrow{P_1P_2}, \boldsymbol{S}_1, \boldsymbol{S}_2\}|}{|\boldsymbol{S}_1 \times \boldsymbol{S}_2|} = \frac{116}{\sqrt{16+36+64}} = \frac{116}{\sqrt{116}} = 2\sqrt{29}.$$

例 8 给出直线 $L_1: \dfrac{x+2}{2} = \dfrac{y}{-3} = \dfrac{z-1}{4}$ 及 $L_2: \dfrac{x-3}{m} = \dfrac{y-1}{4} = \dfrac{z-7}{2}$，问：$m$ 为何值时 L_1 与 L_2 相交？进而求出它们的交角以及所在平面的方程.

解 L_1 的方向向量 $\boldsymbol{S}_1 = \{2, -3, 4\}$，过点 $P_1(-2, 0, 1)$，L_2 的方向向量 $\boldsymbol{S}_2 = $

8.4 平面与直线

$\{m,4,2\}$，过点 $P_2(3,1,7)$.

令 $\{\overrightarrow{P_1P_2}, S_1, S_2\} = \begin{vmatrix} 5 & 1 & 6 \\ 2 & -3 & 4 \\ m & 4 & 2 \end{vmatrix} = 0$，得 $m=3$.

所以 $m=3$ 时三向量共面即 L_1 与 L_2 共面又 S_1 与 S_2 不平行，所以 L_1 与 L_2 相交，它们夹角为 θ，有

$$\cos\theta = \frac{|S_1 \cdot S_2|}{|S_1||S_2|} = \frac{|6-12+8|}{\sqrt{2^2+(-3)^2+4^2}\sqrt{3^2+4^2+2^2}} = \frac{2}{29},$$

故 $\theta = \arccos\dfrac{2}{29}$.

L_1 与 L_2 所在平面 π：过点 $P_1(-2,0,1)$，而法向量为

$$n = S_1 \times S_2 = \begin{vmatrix} i & j & k \\ 2 & -3 & 4 \\ 3 & 4 & 2 \end{vmatrix} = \{-22, 8, 17\}.$$

所以

$$\pi: -22(x+2) + 8(y-0) + 17(z-1) = 0,$$

即

$$-22x + 8y + 17z - 61 = 0.$$

习 题 8.4

1. 改写平面的一般式方程 $3x-4y+z-5=0$ 为(1)截距式方程；(2)点法式方程.
2. 过点 $(3,0,-5)$ 作平面，使其与平面 $2x-8y+z-2=0$ 平行.
3. 求过点 $(3,0,-5)$ 且与两平面 $2x-y+3z=0$ 及 $x+y+z=0$ 垂直的平面方程.
4. 设点 $M(2,-3,5)$ 关于 xy 平面、Oz 轴、原点的对称点分别为 P,Q,R，求过三点 P,Q,R 的平面方程.
5. 过两点 $P_1(1,2,-1)$ 和 $P_2(-5,2,7)$ 作平面，使其不过原点，但在三个坐标轴上截距之和为零.
6. 求平行于平面 $2x+y+2z+5=0$ 而与三坐标面所构成的四面体体积为 1 的平面方程.
7. 求过 Oz 轴且垂直于 $5x-4y-2z+6=0$ 的平面方程.
8. 求过 Ox 轴和点 $(4,-3,-1)$ 的平面方程.
9. 在空间直角坐标系中画出下列方程的图形：
   (1) $x^2=1$；   (2) $x+y-2=0$；
   (3) $x+y-z=0$；   (4) $3x+2y-z-6=0$.
10. 决定参数 k 使平面 $x+ky-2z=9$ 适于下列条件之一：
    (1) 经过 $(5,-4,-6)$；
    (2) 与平面 $\pi:2x+4y+3z=3$ 垂直；

(3) 与平面 $2x-3y+z=0$ 夹角为 $\frac{\pi}{4}$;

(4) 与原点距离为 3;

(5) 与平面 $2x+8y-4z-7=0$ 平行.

11. 求平面 $2x-y+z-7=0$ 与平面 $x+y+2z-11=0$ 的夹角.

12. 求经过两点 $(0,-1,0)$ 及 $(0,0,-1)$ 且与平面 $y+z=7$ 夹角为 $\frac{\pi}{3}$ 的平面方程.

13. 在 Oy 轴上求点,使它与两平面 $2x+3y+6z-6=0$ 及 $8x+9y-72z+73=0$ 等距离.

14. 求平面 $3x+6y-2z-7=0$ 与平面 $3x+6y-2z+14=0$ 间的距离.

15. 动点 P 到 xy 平面及到 xz 平面距离平方和等于此点到 Oy 轴的距离的平方,求此动点的轨迹.

16. 将直线的一般方程 $\begin{cases} x-y+z+5=0, \\ 5x-8y+4z+36=0 \end{cases}$ 化为标准方程以及参数方程,并求出该直线的方向余弦.

17. 过直线 $\begin{cases} 4x-y+3z-1=0, \\ x+5y-z+2=0 \end{cases}$ 作平面使其满足下列条件之一:

(1) 经过原点;　　(2) 与 Oy 轴平行.

18. 求下列直线方程:

(1) 过点 $(2,0,-4)$ 且与三坐标轴成等角;

(2) 过两点 $(1,2,1)$ 和 $(1,2,3)$;

(3) 过点 $(2,-3,4)$ 且与 xy 平面垂直;

(4) 过点 $(0,2,4)$ 且与直线 $\begin{cases} x+2y=1, \\ y-3z=2 \end{cases}$ 平行.

19. (1) 过点 $(0,-1,1)$ 引直线 $\begin{cases} y+1=0, \\ x+2z-7=0 \end{cases}$ 的垂线,求垂线方程;

(2) 直线 L 过点 $P(-1,0,4)$ 且与平面 $\pi: 3x-4y+z-10=0$ 平行,与直线 $L_1: \frac{x+1}{1}=\frac{y-3}{1}=\frac{z}{2}$ 相交,求直线 L 的方程;

(3) 直线 L 在平面 $\pi: 2x-y+z-3=0$ 内且与直线 $L_1: \begin{cases} 3x-8y-z=2, \\ x-3y=1 \end{cases}$ 垂直相交,求直线 L 的方程.

20. 求平面 π 使其过直线 $\begin{cases} x+5y+z=0, \\ x-z+4=0 \end{cases}$ 且与平面 $\pi_1: x-4y-8z+12=0$ 成 $45°$ 角.

21. 求下列平面方程:

(1) 过点 $(1,3,-1)$ 和直线 $\frac{x-3}{0}=\frac{y-1}{-1}=\frac{z}{2}$;

(2) 由平行直线 $\frac{x+3}{3}=\frac{y+2}{-2}=\frac{z}{1}$ 及 $\frac{x+3}{3}=\frac{y+4}{-2}=\frac{z+1}{1}$ 所确定;

(3) 由相交直线 $\frac{x+3}{5}=\frac{y+1}{2}=\frac{z-2}{4}$ 及 $\frac{x-8}{4}=\frac{y-1}{1}=\frac{z-6}{2}$ 所确定；

(4) 过直线 $\begin{cases} 3x-4y+5z=10, \\ 2x+2y-3z=4 \end{cases}$ 且和直线 $x=2y=3z$ 平行；

(5) 过直线 $\frac{x-2}{5}=\frac{y+1}{2}=\frac{z-2}{4}$ 且垂直于平面 $x+4y-3z+7=0$.

22. (1) 求点 $A(2,4,3)$ 到直线 $x=y=z$ 上投影点的坐标；

(2) 求点 $(-1,2,0)$ 在平面 $x+2y-z+1=0$ 上投影点的坐标；

(3) 求直线 $\begin{cases} 6x-6y-z+16=0, \\ 2x+5y+2z+3=0 \end{cases}$ 在 xy 平面上的投影.

23. 求点 $(2,4,3)$ 到直线 $\begin{cases} x=t, \\ y=t, \\ z=t \end{cases}$ 的距离.

24. 判断下列直线的位置关系，如不相交，则求出它们的距离：

(1) $L_1: \begin{cases} x=2t, \\ y=-1, \\ z=1-t \end{cases}$ 与 $L_2: \begin{cases} y+1=0, \\ x+2z-7=0; \end{cases}$

(2) $L_1: \begin{cases} x+y-z-1=0, \\ 2x+y-z=2 \end{cases}$ 与 $L_2: \begin{cases} x+2y-z-2=0, \\ 2x+2y+2z+4=0. \end{cases}$

8.5 常见的二次曲面

8.4 节中我们已经看到三元一次方程
$$Ax+By+Cz+D=0$$
表示一个平面. 现在我们讨论三元二次方程
$$a_1x^2+a_2y^2+a_3z^2+a_4xy+a_5xz+a_6yz+a_7x+a_8y+a_9z+a_{10}=0$$
所表示的图形.

我们把三元二次方程所表示的曲面叫做二次曲面，而把平面叫做一次曲面.

由已知图形求方程，或由已知方程确定其图形，是两个常见的问题.

8.5.1 球面

在空间中，到定点距离为定长的点的轨迹是一个球面. 在 8.3 节中，已得到球心在点 $M(x_0,y_0,z_0)$ 半径为 R 的球面方程为
$$(x-x_0)^2+(y-y_0)^2+(z-z_0)^2=R^2, \tag{8.5.1}$$
我们称它为球面的标准方程. 将上式展开得
$$x^2+y^2+z^2-2x_0x-2y_0y-2z_0z+x_0^2+y_0^2+z_0^2-R^2=0.$$
记为

$$x^2+y^2+z^2+Ax+By+Cz+D=0. \tag{8.5.2}$$

可见任一个球面方程可写成(8.5.2)式.反之,给出方程(8.5.2)式配方得

$$\left(x+\frac{A}{2}\right)^2+\left(y+\frac{B}{2}\right)^2+\left(z+\frac{C}{2}\right)^2=\frac{A^2+B^2+C^2-4D}{4}$$

为一球面方程.

可见作为三元二次方程的特例,球面方程具有如下特点:

(1) x^2, y^2, z^2 系数相等;

(2) 不含 xy, yz, zx 项;

(3) $A^2+B^2+C^2-4D>0$.

而具备这三条特征的方程(8.5.2)称为球面的一般方程.

因为(8.5.2)式中有4个独立未知数,所以确定一个球面方程需4个独立条件.

例1 求过点 $M(1,2,5)$ 且和三个坐标面相切的球面方程.

解 依题意,可设球面方程为

$$(x-t)^2+(y-t)^2+(z-t)^2=t^2.$$

因为 M 点在球面上,所以 $(1-t)^2+(2-t)^2+(5-t)^2=t^2$ 得 $t=3,5$. 所求球面方程为

$$(x-3)^2+(y-3)^2+(z-3)^2=9 \text{ 及 } (x-5)^2+(y-5)^2+(z-5)^2=25.$$

例2 球面过点 $(4,0,0),(1,3,0),(0,0,-4)$,半径为3,求此球面方程.

解 设球面方程为

$$x^2+y^2+z^2+Ax+By+Cz+D=0.$$

依题意有 $\begin{cases} 4^2+0+0+4A+D=0, \\ 1^2+3^2+0+A+3B+D=0, \\ 0+0+(-4)^2+(-4)C+D=0, \\ \dfrac{A^2+B^2+C^2-4D}{4}=9, \end{cases}$ 由此得 $\begin{cases} A=-4, \\ B=-2, \\ C=4, \\ D=0 \end{cases}$ 和 $\begin{cases} A=-\dfrac{8}{3}, \\ B=-\dfrac{2}{3}, \\ C=\dfrac{8}{3}, \\ D=-\dfrac{16}{3}. \end{cases}$

所以球面方程为 $x^2+y^2+z^2-4x-2y+4z=0$ 和 $x^2+y^2+z^2-\dfrac{8}{3}x-\dfrac{2}{3}y+\dfrac{8}{3}z-\dfrac{16}{3}=0$.

8.5.2 柱面

定义 直线 L 沿曲线 C 平行移动所生成的曲面称为柱面. C 称为柱面的准线,而动直线 L 的每一个位置叫做柱面的母线.

柱面被它的准线和母线完全确定.但是,任一个柱面它的准线并不唯一.

8.5 常见的二次曲面

平面是柱面的特例,其准线是直线.

我们来建立以 xy 平面上的曲线 C:
$\begin{cases} f(x,y)=0 \\ z=0 \end{cases}$ 为准线,母线平行于 Oz 轴的柱面 Σ 的方程(图 8.25).

解 空间任取一点 $M(x,y,z)$,则其在 xy 平面上的投影点为 $M_0(x,y,0)$.

若 $M\in\Sigma \Leftrightarrow M_0\in C \Leftrightarrow f(x,y)=0$,即凡 Σ 上点的坐标均满足 $f(x,y)=0$,凡不在 Σ 上点的坐标都不满足 $f(x,y)=0$,所以,所求柱面方程为

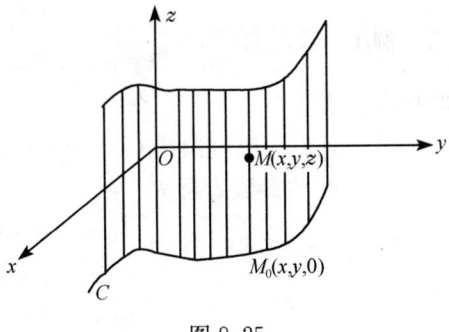

$$f(x,y) = 0. \tag{8.5.3}$$

图 8.25

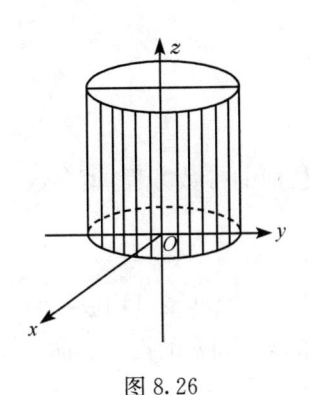

也就是说缺 z 的方程 $f(x,y)=0$ 在空间表示母线平行于 Oz 轴的柱面,同理方程 $f(y,z)=0$ 和 $f(x,z)=0$ 在空间都表示柱面,它们的母线分别平行于 Ox 轴和 Oy 轴.

例如,在 xy 平面上 $\dfrac{x^2}{a^2}+\dfrac{y^2}{b^2}=1$ 是一个椭圆.因此在空间它代表母线平行于 Oz 轴,准线为上述椭圆的一个椭圆柱面(图 8.26).

抛物柱面 $x^2=2Pz, P>0$(图 8.27)的母线平行 Oy 轴,准线为 $\begin{cases} x^2=2Pz, \\ y=0; \end{cases}$

图 8.26

双曲柱面 $\dfrac{x^2}{a^2}-\dfrac{y^2}{b^2}=1$(图 8.28)的母线平行 Oz 轴,准线为 $\begin{cases} \dfrac{x^2}{a^2}-\dfrac{y^2}{b^2}=1, \\ z=0. \end{cases}$

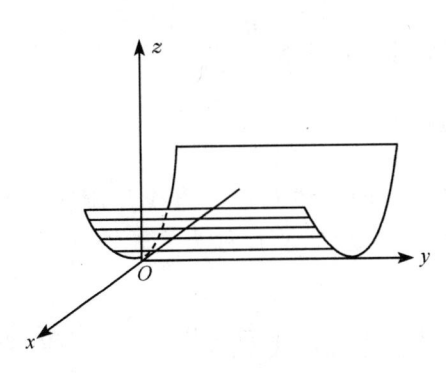

图 8.27

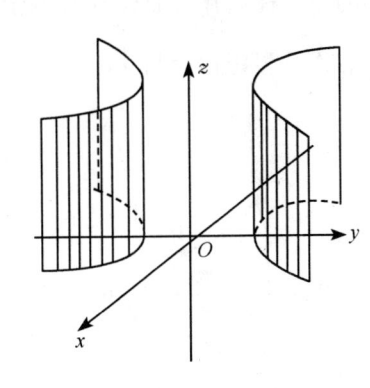

图 8.28

例1 求以曲线 $C: \begin{cases} x^2+y^2=R^2, \\ z=0 \end{cases} (R>0)$ 为准线,以 $\boldsymbol{a}=\{1,1,1\}$ 为母线方向的柱面方程.

解 只需写出过曲线 C 上任一点,且以 $\boldsymbol{a}$ 为方向向量的直线族方程. 因为 C 的参数方程为

$$C: \begin{cases} x=R\cos\theta, \\ y=R\sin\theta, \quad \theta\in[0,2\pi), \\ z=0, \end{cases}$$

那么过 C 上任一点 $M_0(R\cos\theta, R\sin\theta, 0)$ 且以 $\boldsymbol{a}$ 为方向向量的直线方程为

$$\frac{x-R\cos\theta}{1}=\frac{y-R\sin\theta}{1}=\frac{z-0}{1},$$

其参数方程为

$$\begin{cases} x=R\cos\theta+t, \\ y=R\sin\theta+t, \\ z=t. \end{cases}$$

θ,t 为参数,$\theta\in[0,2\pi), t\in(-\infty,+\infty)$,则上式就是所求柱面的参数方程,消参数得柱面的一般方程为

$$(x-z)^2+(y-z)^2=R^2.$$

定义 空间曲线 L 上每一点在平面 π 上有一垂足(投影点),这些垂足构成一曲线 L' 称为 L 在 π 上的投影曲线. 这些垂线构成一柱面 π' 称为 L 到 π 的投影柱面.

例2 求空间曲线 $\begin{cases} F(x,y,z)=0, \\ G(x,y,z)=0 \end{cases}$ 在 xy 平面上的投影曲线.

解 由 $\begin{cases} F(x,y,z)=0, \\ G(x,y,z)=0 \end{cases}$ 消 z 得 $\Phi(x,y)=0$. 这里 $\Phi(x,y)=0$ 表示母线平行于 Oz 轴的一个柱面并且曲线 L 在其上. 由定义知 $\Phi(x,y)=0$ 是 L 到 xy 平面的投影柱面. 作为投影柱面与 xy 平面的交线,投影曲线方程为 $\begin{cases} \Phi(x,y)=0, \\ z=0. \end{cases}$

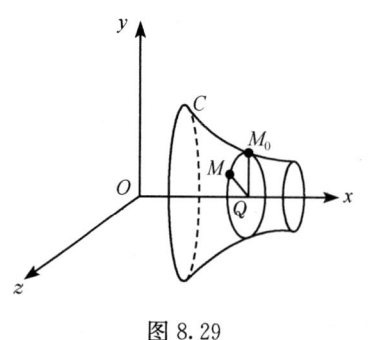

图 8.29

8.5.3 旋转面

定义 由空间曲线 C 绕一直线 L 旋转一周生成的曲面称为旋转面. L 称为旋转轴,C 称为母线.

我们来建立平面曲线 $C: \begin{cases} f(x,y)=0, \\ z=0 \end{cases}$ 绕 Ox 轴旋转一周生成的曲面 Σ 的方程(图 8.29).

8.5 常见的二次曲面

解 空间任取一点 $M(x,y,z)$.

若 $M\in\Sigma \Leftrightarrow M$ 必由 C 上一点 $M_0(x_0,y_0,0)$ 旋转而得

$$\Leftrightarrow \begin{cases} |QM|=|QM_0|, \\ f(x_0,y_0)=0, \\ x=x_0, \end{cases} \text{其中,点 } Q(x_0,0,0)$$

$$\Leftrightarrow \begin{cases} \sqrt{y^2+z^2}=|y_0|, \\ f(x_0,y_0)=0, \\ x_0=x, \end{cases}$$

$$\Leftrightarrow f(x,\pm\sqrt{y^2+z^2})=0. \tag{8.5.4}$$

也就是说凡在 Σ 上点的坐标都满足方程(8.5.4). 凡不在 Σ 上点的坐标,都不满足方程(8.5.4),所以上述旋转曲面 Σ 的方程是(8.5.4)式.

同理上述平面曲线 C 绕 Oy 轴旋转而生成曲面的方程为 $f(\pm\sqrt{x^2+z^2},y)=0$.

例 1 抛物线 $\begin{cases} z=y^2, \\ x=0 \end{cases}$ 绕 Oz 轴旋转所得旋转面的方程为

$$z=x^2+y^2,$$

称为旋转抛物面.

例 2 求由直线 $\begin{cases} x=2z, \\ y=1 \end{cases}$ 绕 Oz 轴旋转一周生成曲面的方程.

解 L 的参数方程为 $\begin{cases} x=2t, \\ y=1, \\ z=t. \end{cases}$ 则 L 上点 $M_0(2t,1,t)$(图 8.30)绕 Oz 轴旋转一周生成一个圆,其方程为 $\begin{cases} x^2+y^2=(2t)^2+1^2, \\ z=t. \end{cases}$ 当 t 变动时,它就是旋转曲面上的一族圆,构成旋转曲面. 消 t 便得旋转曲面的方程为

$$x^2+y^2=4z^2+1.$$

一般,出现一个变量及另外两个变量平方和形式的方程表示一个旋转面,单独出现的变量的同名轴即为旋转轴.

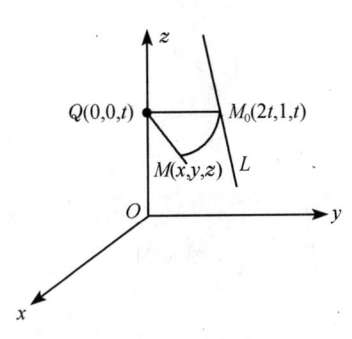

图 8.30

8.5.4 锥面

定义 给定空间一条曲线 C 及一点 A,过 C 上每一点引一条经过 A 点的直

线,这些直线所构成的曲面称为锥面. C 称为锥面的准线,点 A 称为锥面的顶点,称构成锥面的直线为锥面的母线.

如果准线 C 是一个圆,这个锥面称为圆锥面. 如果顶点 A 与圆心的连线垂直于圆所在的平面,这个锥面就称为正圆锥面.

我们来建立以坐标原点为顶点,以空间曲线 $C: \begin{cases} F(x,y,z)=0, \\ G(x,y,z)=0 \end{cases}$ 为准线的锥面 Σ 的方程.

解 空间任取一点 $M(x,y,z)$,如图 8.31 所示.

若 $M\in\Sigma \Leftrightarrow O$ 与 M 的连线交 C 于 M_0

$\Leftrightarrow \overrightarrow{OM_0}=t\overrightarrow{OM}$,记 $M_0(x_0,y_0,z_0)\in C$

$\Leftrightarrow \begin{cases} x_0=tx, \\ y_0=ty, \\ z_0=tz, \\ F(x_0,y_0,z_0)=0, \\ G(x_0,y_0,z_0)=0, \end{cases}$

$\Leftrightarrow \begin{cases} F(tx,ty,tz)=0, \\ G(tx,ty,tz)=0. \end{cases}$ (8.5.5)

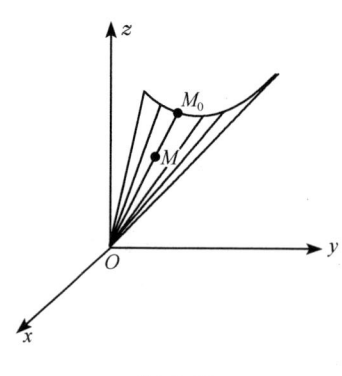

图 8.31

这就是说凡在锥面上的点 M 的坐标都满足(8.5.5)式,凡不在锥面上的点的坐标都不满足(8.5.5)式,于是(8.5.5)式就是所求的锥面方程,消去 t 后便得到锥面的一般方程.

例 1 求顶点在原点,准线为圆 $\begin{cases} x^2+y^2+z^2=1 \\ x+y+z=1 \end{cases}$ 的锥面方程.

解 由 $\begin{cases} (tx)^2+(ty)^2+(tz)^2=1, \\ tx+ty+tz=1 \end{cases}$ 消 t 得

$$x^2+y^2+z^2=(x+y+z)^2,$$

即

$$xy+zy+zx=0.$$

这就是所求的锥面方程,它经过三个坐标轴,如图 8.32 所示,这个方程各项次数都是二次的称为二次齐次方程.

例 2 求顶点在原点,准线为 $\begin{cases} \dfrac{x^2}{a^2}+\dfrac{y^2}{b^2}=1, \\ z=c \end{cases}$ 的锥面方程.

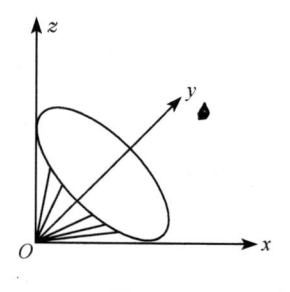

图 8.32

解 由 $\begin{cases} \dfrac{(tx)^2}{a^2} + \dfrac{(ty)^2}{b^2} = 1, \\ tz = c \end{cases}$ 消 t 得

$$\frac{x^2}{a^2} + \frac{y^2}{b^2} = \frac{z^2}{c^2}. \tag{8.5.6}$$

这就是所求的锥面方程. 它是一个正椭圆锥,如图 8.33 所示,它的方程也是一个二元二次齐次方程.

结论:若锥面的顶点在原点,它的方程是三元二次齐次方程. 反之,三元二次齐次方程总表示一个顶点在原点的锥面.

以上我们是从图形的几何特征建立了球面、柱面、旋转面、锥面的方程. 以下我们来介绍相反的问题,给出方程如何描绘其图形.

在平面中,作方程的图形,是在研究方程性质的基础上结合描点法作出图形. 而在空间中,描点作图显然困难. 通常,在研究方程性质的基础上结合平面截割法作出图形.

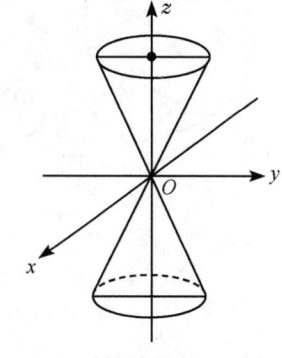

图 8.33

平面截割法就是用一组平行平面去截被考察的曲面,从截口曲线(平面曲线)的形状的逐渐变化来想象所研究方程的图形的大致形状,从而描绘出图形.

下面我们用平面截割法来描绘几个常见的二次曲面.

8.5.5 椭球面

由方程

$$\frac{x^2}{a^2} + \frac{y^2}{b^2} + \frac{z^2}{c^2} = 1 \quad (a>0, b>0, c>0) \tag{8.5.7}$$

所表示的曲面称为椭球面.

要了解椭球面的形状,考虑用平行于 xy 平面的平面 $z=h$ 去截椭球面,得截面曲线是

$$\begin{cases} \dfrac{x^2}{a^2} + \dfrac{y^2}{b^2} = 1 - \dfrac{h^2}{c^2}, \\ z = h. \end{cases}$$

因此,当 $|h|>c$ 时,平面 $z=h$ 不切割椭球面;
当 $|h|=c$ 时,平面 $z=h$ 与椭球面交于一点;
当 $|h|<c$ 时,截面曲线是椭圆:

$$\begin{cases} \dfrac{x^2}{\left(a\sqrt{1-\dfrac{h^2}{c^2}}\right)^2} + \dfrac{y^2}{\left(b\sqrt{1-\dfrac{h^2}{c^2}}\right)^2} = 1 \\ z = h \end{cases}.$$

且当$|h|$从 0 增加到 c 时,椭圆半轴由最大单调减小到零,且相应四个顶点分别在

$$\begin{cases} \dfrac{x^2}{a^2}+\dfrac{z^2}{c^2}=1, \\ y=0 \end{cases} 及 \begin{cases} \dfrac{y^2}{b^2}+\dfrac{z^2}{c^2}=1, \\ x=0 \end{cases}$$

上变动,综合起来如图 8.34 所示.

如果 $a=b$,那么(8.5.7)式变为

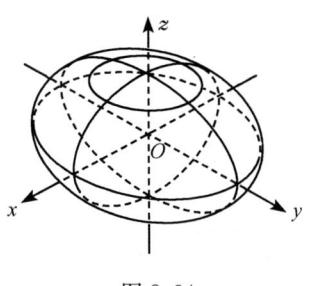

$$\dfrac{x^2+y^2}{a^2}+\dfrac{z^2}{c^2}=1.$$

这是一个由 yz 平面上的椭圆

$$\dfrac{y^2}{a^2}+\dfrac{z^2}{c^2}=1,$$

图 8.34

绕 Oz 轴旋转而成的旋转面,称为旋转椭球面.

8.5.6 双曲面

由方程

$$\dfrac{x^2}{a^2}+\dfrac{y^2}{b^2}-\dfrac{z^2}{c^2}=1 \quad (a>0,b>0,c>0) \tag{8.5.8}$$

所表示的曲面称为单叶双曲面.

由方程(8.5.8)可看出,图形关于坐标面、坐标轴以及原点均对称,且与三个坐标面的交线是

$$\begin{cases} \dfrac{x^2}{a^2}+\dfrac{y^2}{b^2}=1, \\ z=0 \end{cases} (1), \quad \begin{cases} \dfrac{x^2}{a^2}-\dfrac{z^2}{c^2}=1, \\ y=0 \end{cases} (2), \quad \begin{cases} \dfrac{y^2}{b^2}-\dfrac{z^2}{c^2}=1, \\ x=0 \end{cases} (3).$$

用平面 $z=h$ 去截曲面得截面曲线为

$$\begin{cases} \dfrac{x^2}{a^2}+\dfrac{y^2}{b^2}=\dfrac{h^2}{c^2}+1, \\ y=h, \end{cases}$$

即平面 $z=h$ 上的一个椭圆

$$\dfrac{x^2}{\left(a\sqrt{1+\dfrac{h^2}{c^2}}\right)^2} + \dfrac{y^2}{\left(b\sqrt{1+\dfrac{h^2}{c^2}}\right)^2} = 1.$$

且当$|h|$由 0 逐渐增大至∞时,椭圆半轴分别由 a 与 b 逐渐增大至∞,其顶点在双

曲线(2),(3)上变化,图形无限延伸.综合起来得到如图 8.35 的图形. $a=b$ 时便得到旋转单叶双曲面.类似,方程

$$\frac{x^2}{a^2}-\frac{y^2}{b^2}+\frac{z^2}{c^2}=1,$$

$$-\frac{x^2}{a^2}+\frac{y^2}{b^2}+\frac{z^2}{c^2}=1,$$

也是单叶双曲面,它的特性可类似讨论,此处从略.

由方程

$$\frac{x^2}{a^2}+\frac{y^2}{b^2}-\frac{z^2}{c^2}=-1 \qquad (8.5.9)$$

所表示的曲面称为双叶双曲面.类似方程(8.5.8)的讨论,可得方程(8.5.9)的图形如图 8.36 所示.

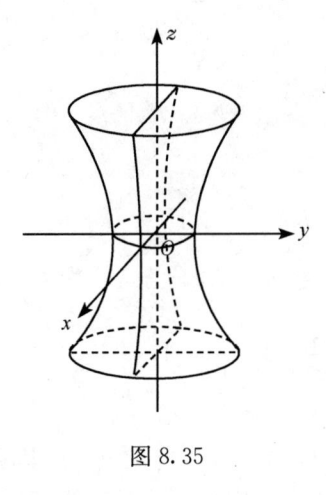

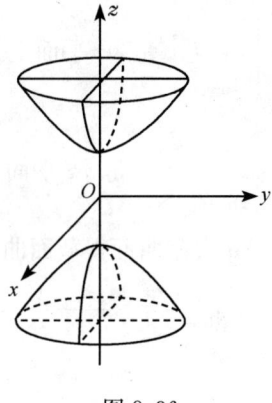

图 8.35 图 8.36

方程

$$\frac{x^2}{a^2}-\frac{y^2}{b^2}+\frac{z^2}{c^2}=-1,$$

$$-\frac{x^2}{a^2}+\frac{y^2}{b^2}+\frac{z^2}{c^2}=-1,$$

也是双叶双曲面.它的特性可类似讨论,此处从略.

8.5.7 抛物面

由方程

$$z=\frac{x^2}{a^2}+\frac{y^2}{b^2} \qquad (8.5.10)$$

所表示的曲面称为椭圆抛物面.用平面截割法可得其图形如图 8.37 所示.

当 $a=b$ 时,方程

$$z=\frac{x^2+y^2}{a^2}$$

的图形称为旋转抛物面.

由方程

$$z=-\frac{x^2}{a^2}+\frac{y^2}{b^2} \tag{8.5.11}$$

所表示的曲面称为双曲抛物面.

此曲面关于 Oz 轴、zx 平面、yz 平面均对称.它与三个坐标面的交线为:

(1) $\begin{cases}-\dfrac{x^2}{a^2}+\dfrac{y^2}{b^2}=0,\\ z=0\end{cases}$ 即 $\begin{cases}\dfrac{y}{b}=\pm\dfrac{x}{a},\\ z=0\end{cases}$ 是 xy 平面上两条直线;

(2) $\begin{cases}z=\dfrac{y^2}{b^2},\\ x=0\end{cases}$ 是 yz 平面上开口向上的抛物线;

(3) $\begin{cases}z=-\dfrac{x^2}{a^2},\\ y=0\end{cases}$ 是 xz 平面上开口向下的抛物线.

用平面 $z=h$ 去截曲面得截面曲线为

$$\begin{cases}-\dfrac{x^2}{a^2}+\dfrac{y^2}{b^2}=h,\\ z=h\end{cases} \quad 即 \quad \begin{cases}-\dfrac{x^2}{a^2h}+\dfrac{y^2}{b^2h}=1,\\ z=h,\end{cases}$$

这是平面 $z=h$ 上的双曲线,当 $h<0$ 时其实轴与 Ox 轴平行,当 $h>0$ 时,其实轴与 Oy 轴平行.当 $|h|$ 逐渐增大时,这两旋双曲线的顶点分别在上述抛物线(2)、(3)上变动,图形无限延伸,综上作出方程(8.5.11)的图形如图 8.38 所示,又称为马鞍面.

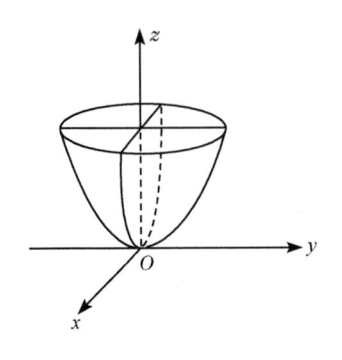

图 8.37

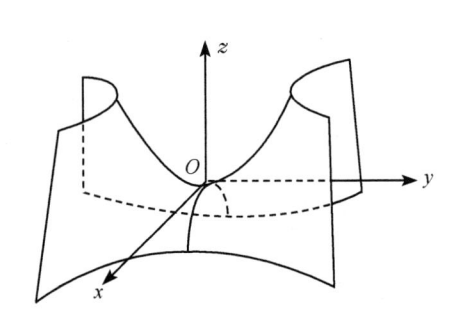

图 8.38

习 题 8.5

1. 求球面方程,使其满足下列条件之一:
(1) 中心在$(3,-2,5)$,半径为 4;
(2) 一条直径的两个端点是点 $P(2,-3,5)$ 和 $Q(4,1,-3)$;
(3) 经过三点$(1,1,0),(0,1,1),(1,0,1)$且半径为 11.

2. 求以 $\begin{cases} 2x^2+y^2+z^2=16, \\ x^2+z^2-y^2=0 \end{cases}$ 为准线,母线平行 Ox 轴的柱面方程.

3. 求以曲线 $\begin{cases} y^2=2Px, \\ z=0 \end{cases}$ 为准线,以 $\{l,m,n\}$ 为母线方向的柱面方程.

4. 求下列曲线在指定平面上的投影曲线方程:
(1) $\begin{cases} y^2=2x, \\ x+y+z=1 \end{cases}$ 在 xz 平面上; (2) $\begin{cases} x^2+y^2+z^2=9, \\ x+z=1 \end{cases}$ 在 yz 平面上.

5. 求下列旋转曲面方程:
(1) $\begin{cases} x^2+y^2=1, \\ z=0 \end{cases}$ 绕 Ox 轴旋转一周;

(2) $\begin{cases} x^2-\dfrac{y^2}{4}=1, \\ z=0 \end{cases}$ 绕 Oy 轴旋转一周;

(3) $\begin{cases} x=t, \\ y=t^2, \\ z=t^3 \end{cases}$ 绕 Oz 轴旋转一周.

6. 指出旋转曲面 $y^2+z^2=(ax^2+bx+c)^2$ 的母线及旋转轴.

7. 求下列锥面方程:
(1) 顶点为原点,准线为 $\begin{cases} x^2-y^2=2z, \\ x+y+2z=3 \end{cases}$;
(2) 将直线 $\begin{cases} y=2x, \\ z=0 \end{cases}$ 绕 Ox 轴旋转而成.

8. 求以点$(4,0,-3)$为顶点,以 $\begin{cases} \dfrac{y^2}{25}+\dfrac{z^2}{9}=1, \\ x=0 \end{cases}$ 为准线的锥面方程.

9. 说明下列曲面的名称,并画出图形:
(1) $4x^2-4y^2+36z^2=144$; (2) $x^2+4y^2-z^2+9=0$;
(3) $x^2-\dfrac{y^2}{4}=-z$; (4) $2y^2+x^2-4z^2=0$;
(5) $z^2+y^2=x$; (6) $x^2-y^2=2x$; (7) $z=xy$.

10. 画出下列曲面围成立体的图形:
(1) $y=0,z=0,3x+y=6,3x+2y=12,x+y+z=6$;
(2) $z=x^2+y^2,z=h>0$;

(3) $x^2+y^2=1, x^2+z^2=1, x\geqslant 0, y\geqslant 0, z\geqslant 0$;
(4) $x^2+y^2+4z^2=16, x^2+y^2=4y, z=0$;
(5) $x^2+y^2+z^2\leqslant 2az, x^2+y^2\leqslant z^2$.

总 习 题 八

1. 判定下列命题是否正确：

(1) $-a<a$. ( )

(2) 若 a 与三坐标轴的夹角均相等,则它的方向角为 $\alpha=\beta=\gamma=\dfrac{\pi}{3}$. ( )

(3) $a=\{1,1,1\}$ 是单位向量. ( )

(4) 若非零向量 $a\times b=a\times c$,则 $b=c$. ( )

(5) 直线 $\dfrac{x-x_1}{l}=\dfrac{y-y_1}{m}=\dfrac{z-z_1}{n}$ 外一点 P 到此直线的距离是 $d=\dfrac{|\overrightarrow{P_1P}\times S|}{|S|}$,其中,$P_1(x_1, y_1, z_1)$, $S=\{l,m,n\}$. ( )

(6) 双纽线 $(x^2+y^2)^2=x^2-y^2$ 绕 Ox 轴旋转一周生成旋转曲面的方程是 $(x^2+y^2+z^2)^2=x^2-y^2-z^2$. ( )

(7) 直线 $L: \begin{cases} x+3y+2z+1=0, \\ 2x-y-10z+3=0 \end{cases}$ 与平面 $\pi: 4x-2y+z-2=0$ 垂直. ( )

(8) 方程 $x^2+4y^2-z^2=64$ 表示顶点在原点的锥面. ( )

2. 填空题：

(1) 向量 a 与 b 平行的充要条件是_____；

垂直的充要条件是_____；

三向量 a, b, c 共面的充要条件是_____；

(2) 设 $(a\times b)\cdot c=2$,则 $[(a+b)\times(b+c)]\cdot(c+a)=$ _____；

(3) 若 $a^0=\{a_1, a_2, a_3\}$ 则 a 的方向余弦为_____；

(4) 直线 $\dfrac{x-1}{2}=\dfrac{y+2}{0}=\dfrac{z-6}{1}$ 与 xz 平面的关系是_____；

(5) 与两直线 $\begin{cases} x=1, \\ y=-1+t, \\ z=2+t \end{cases}$ 及 $\dfrac{x+1}{1}=\dfrac{y+2}{2}=\dfrac{1-z}{-1}$ 都平行且过原点的平面方程是_____；

(6) 直线 $\begin{cases} x-2z-4=0, \\ 3y-z+8=0 \end{cases}$ 与平面 $12x+2y+6z-1=0$ 的关系是_____；

(7) 过点 $M(1,2,-1)$ 且与直线 $\begin{cases} x=-t+2, \\ y=3t-4, \\ z=t-1 \end{cases}$ 垂直的平面方程是_____；

(8) 直线 $\dfrac{x-1}{0}=\dfrac{y}{1}=\dfrac{z}{1}$ 绕 Oz 轴旋转一周,生成旋转曲面的方程是_____.

3. 已知 $|m|=2, |n|=1, \langle m, n\rangle=\dfrac{\pi}{3}, a=3m-n, b=2m+3n$,求：

(1) a 与 b 的夹角；

(2) 以 a,b 为边的平行四边形面积；

(3) 以 $a,b,c=a\times b$ 为棱的平行六面体体积.

4. 已知直线 $L:\begin{cases}3x-y+2z-6=0,\\ x+4y-z+d=0\end{cases}$ 与 Oz 轴相交，求 d 值.

5. 求直线 $L:x-1=y=1-z$ 在平面 $\pi:x-y+2z=1$ 上的投影直线 l_0 的方程，并求 l_0 绕 Oy 轴旋转一周生成曲面的方程.

6. 研究下列直线与平面的关系，如果平行求出距离，如果相交，求出夹角和交点.

(1) $L:\begin{cases}5x-3y+2z=5,\\ 5x-3y+z=2,\end{cases} \pi:15x-9y+5z=12$；

(2) $L:\dfrac{x-3}{2}=\dfrac{y-4}{3}=\dfrac{z-5}{6}, \pi:x+y+z=0$；

(3) $L:\begin{cases}x=2+4t,\\ y=-1-t,\\ z=-3+2t,\end{cases} \pi:5x+2y-9z+1=0.$

7. 研究下列直线与直线间的关系，如果共面求出所在平面，如果异面求出两直线间最短距离.

(1) $L_1:\begin{cases}2y+z=0,\\ 3y-4z=0,\end{cases} L_2:\begin{cases}5y-2z=0,\\ 4y+z=4\end{cases}$；

(2) $L_1:\begin{cases}3x+y-z=2,\\ 2x-z=2,\end{cases} L_2:\begin{cases}2x-y+2z=4,\\ x-y+2z=3.\end{cases}$

8. 求顶点在 $A(0,1,0)$、母线和 Oz 轴正向夹角保持 $\dfrac{\pi}{6}$ 的锥面方程.

第9章 多元函数微分学

在此之前,我们所讨论的函数都是一元函数(一个自变量的函数),也就是说只讨论由一个因素决定的事物.但在实践中所遇到的问题是复杂的,往往牵涉多方面的因素,反映到数学上,我们常遇到多元函数.如气态方程

$$V = \frac{RT}{P} \quad (R \text{ 为常数}),$$

揭示了一定质量的理想气体的体积 V 是压强 P 及绝对温度 T 的函数,这里 P 与 T 是两个独立变量,当它们分别取值时,V 的对应值随之而定,称 V 为 P、T 的二元函数.又如长方体的体积是长、宽、高的三元函数

$$V = xyz,$$

而空间每一点在每一个时刻都有一个确定的温度

$$T = f(x, y, z, t),$$

这是四元函数.

河流中流水在每一点有一个确定的速度

$$\boldsymbol{V} = \{V_x(x, y, z), V_y(x, y, z), V_z(x, y, z)\},$$

这里给出了三个三元函数.这类例子举不胜举.

由此可见,为了解决更多的实际问题,必须发展多元函数的理论.

多元函数微分学是一元函数微分学的推广,学习时,应注意与一元函数相应的概念、定理、方法加以比较,既要注意它们的共同点又要注意导致差异的原因.

本章的重点放在二元函数,因为由一元函数到二元函数,"单"与"多"的差异已充分显示出来,会产生许多新的问题,而更多元函数与二元函数之间没有本质的差别,二元函数的大部分结果可推广到更多元函数的情况.

9.1 多元函数

9.1.1 平面点集的基本知识

函数有些重要性质与函数的定义域有关,如闭区间上的连续函数具备有特殊的性质.二元函数的定义域是平面点集,因此首先弄清平面点集有关概念是十分必要的.

1. 邻域

在一元函数中,我们称集合 $\{x \mid |x-a| < \delta\}$ 为点 a 的 δ 邻域.

9.1 多元函数

如果从距离的角度来推广，则称平面上与点 $M_0(a,b)$ 距离小于 $\delta(\delta>0)$ 的点的集合 $\{M\,|\,|MM_0|<\delta\}$ 为点 M_0 的 δ 邻域，记作 $S(M_0,\delta)$. 如图 9.1 所示，邻域 $S(M_0,\delta)$ 是以 M_0 为圆心，δ 为半径的开圆（不含边界），开圆中的点 M 的坐标 (x,y) 满足不等式

$$\sqrt{(x-a)^2+(y-b)^2}<\delta,$$

此时称 $S(M_0,\delta)$ 为 M_0 的圆形 δ 邻域.

如果从坐标的角度来推广，则称平面上集合 $\{M(x,y)\,|\,|x-a|<\delta,|y-b|<\delta\}$ 为 M_0 的 δ 邻域. 如图 9.2 所示，故又称为 M_0 的矩形邻域.

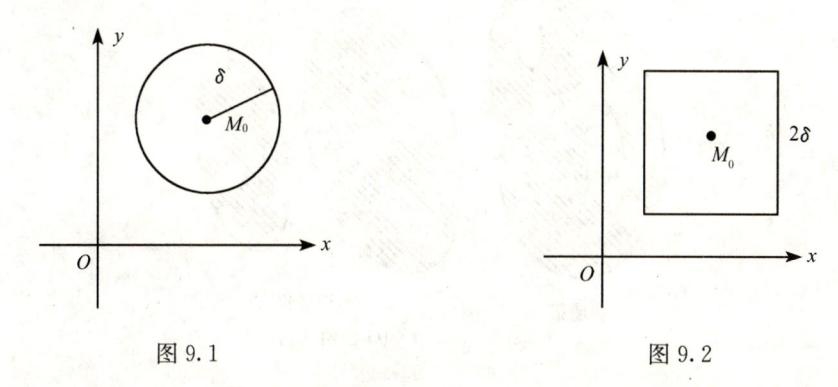

图 9.1

图 9.2

显然，每一个矩形中包含无数个圆，每一个圆中也包含无数个矩形，因此这两种邻域只是形式不同，没有本质区别.

称集合 $\{M\,|\,0<|MM_0|<\delta\}$ 或 $\{M(x,y)\,\big|\,\begin{matrix}|x-a|<\delta\\|y-b|<\delta\end{matrix},(x,y)\neq(a,b)\}$ 为点 M_0 的去心邻域，记作 $S_0(M_0,\delta)$.

2. 开集、闭集

设 G 是平面上一个点集，则平面上的点可以分为三类：

（1）$M\in G$ 且存在 M 的一个邻域，它完全属于 G，则称 M 为 G 的内点.

（2）M 不属于 G，且存在 M 的一个邻域，它完全不属于 G，则称 M 为 G 的外点.

（3）在点 M 的任何一个邻域内，既有 G 中的点又有非 G 中的点，则称 M 为 G 的边界点（图 9.3）.

边界点的全体称为 G 的边界.

若 G 中的点全是内点，则说 G 为开集.

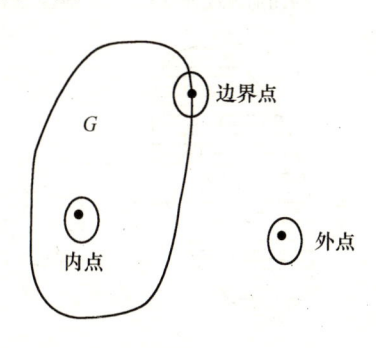

图 9.3

若 G 中的边界点全部含于 G 则称 G 为闭集.

例如,若 G 是一条直线则由定义知 G 是闭集.若 G 是全平面,则 G 是开集(因为 G 中点全是内点),又是闭集(因为边界点是空集,可认为它属于 G).而点集 $\{M(x,y)|0<x^2+y^2\leqslant 1\}$ 不是开集(因为含有边界点 $x^2+y^2=1$,故集中的点不全是内点),也不是闭集(因为不含边界点 $(0,0)$).

3. 区域、闭域

若 G 中任意两点可用完全位于 G 中的一条折线相连,则说 G 是连通的(图9.4).

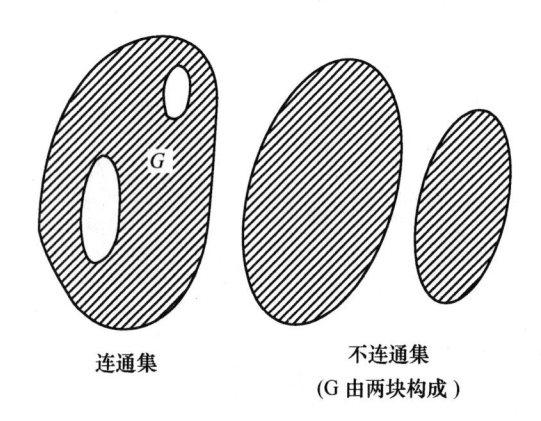

图 9.4

连通的开集 D 称为区域,简称为域.区域 D 加上它的边界称为闭域记为 $\overline{D}$.例如,点集 D

$$D: |x-x_0|\leqslant a, \quad |y-y_0|\leqslant b$$

是平面上的闭域,而点集 G

$$G: x^2+y^2<2, \quad (x-4)^2+y^2<1$$

不是区域,因为它不连通.

无洞的连通域称为单连通域(图9.5),有洞的连通域称为多连通域(图9.6).

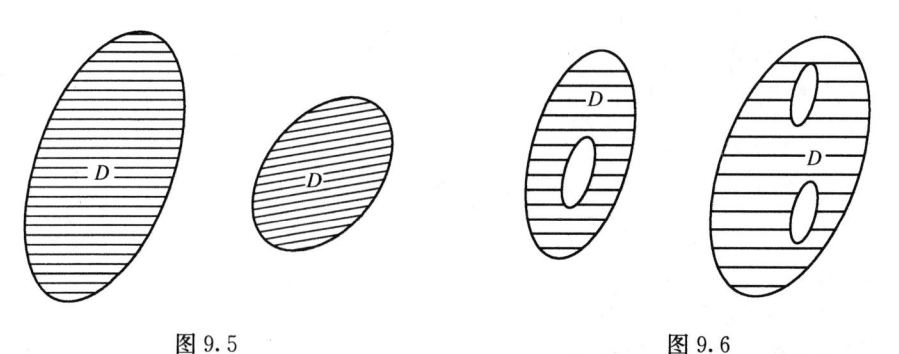

图 9.5   图 9.6

9.1 多元函数

单连通域可定义为:D 内任一封闭曲线可以逐渐缩成一点而不与域边界相遇,则称 D 为单连域. 由上显见,单连域 D 内任一闭曲线所围域全在 D 内.

若域 D 可以包含在一个以原点为中心,半径适当大的圆内,则称 D 是有界的,否则说 D 是无界的.

9.1.2 多元函数

定义 对应于点集 D 内的每一点 P,按某种确定的对应规律 f,变量 u 都有确定的值与之对应,则说 u 是 P 的函数,记为

$$u = f(P), \quad P \in D.$$

这里 D 称为定义域,P 称为自变量,u 称为因变量.

若 D 是平面点集,此时 P 的坐标为 (x,y),有

$$u = f(x,y) \text{——二元函数,它有两个自变量};$$

若 D 是空间点集,此时 P 的坐标为 (x,y,z),有

$$u = f(x,y,z) \text{——三元函数,它有三个自变量}.$$

如果自变元有 n 个,则得到 n 元函数

$$u = f(x_1, x_2, \cdots, x_n).$$

二元以及二元以上的函数统称为多元函数.

例1 求出下列二元函数的定义域 D,并画出 D 的图形.

(1) $z = \ln(y-x) + \dfrac{\sqrt{x}}{\sqrt{1-x^2-y^2}}$.

解 其定义域 D 是使函数有意义的平面点的集合

$$D: \begin{cases} y-x > 0, \\ x \geqslant 0, \\ 1-x^2-y^2 > 0, \end{cases}$$

即区域

$$\begin{cases} y > x, \\ x \geqslant 0, \\ x^2 + y^2 < 1. \end{cases}$$

D 的图形如图 9.7 所示.

(2) $z = \sqrt{y-x^2}$.

解 定义域 $D: y-x^2 \geqslant 0$,即区域 $x^2 \leqslant y$,D 的图形如图 9.8 所示.

给出二元函数 $z = f(x,y), (x,y) \in l$.

若把 (x,y) 看成平面上的点,(x,y,z) 看成空间中的点,当 $P(x,y)$ 在 D 上变动时,相应的点 $Q(x,y,z)$ 就在空间变动. 点 Q 的轨迹就是函数 $z = f(x,y)$ 的图形,一般来说,它是一张空间曲面 Σ. 曲面 Σ 称为二元函数 $z = f(x,y)$ 的图形.

图 9.7　　　　　　　　　　　　　图 9.8

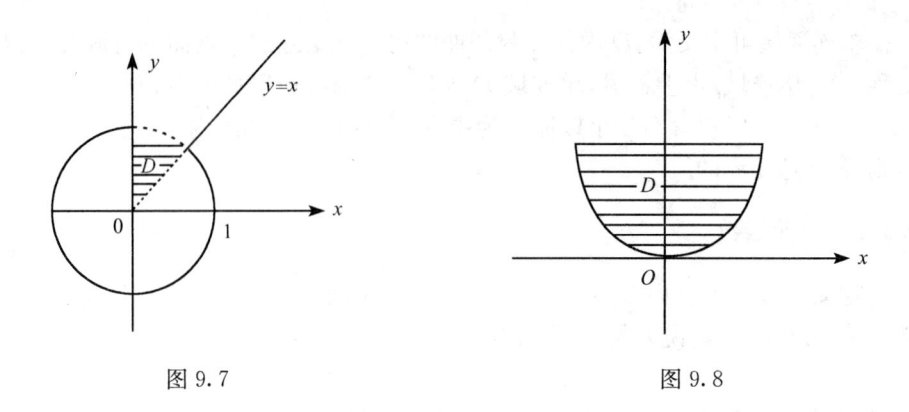

例 2　二元函数 $z=\sqrt{1-x^2-y^2}$ 的图形就是定义在 $x^2+y^2\leqslant 1$ 上的一个半球面(图 9.9).

而二元函数 $z=x^2+y^2$ 的图形就是定义在 xy 平面上的开口向上的一个旋转抛物面(图 9.10).

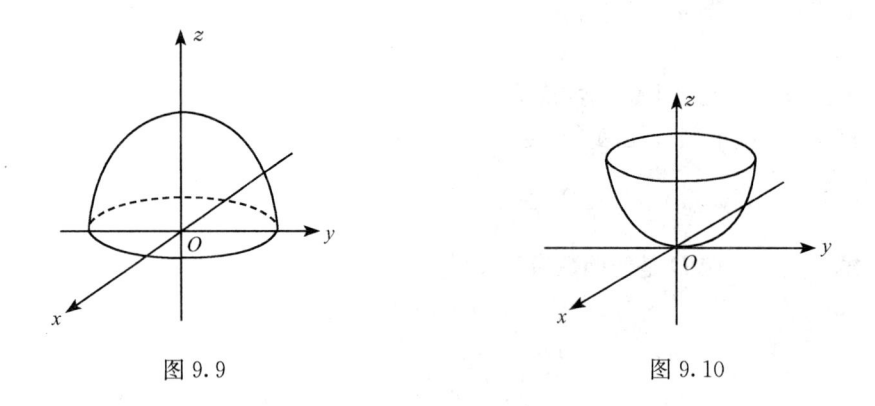

图 9.9　　　　　　　　　　　　　图 9.10

如果将 (x,y) 看成平面上的点,而将 z 看成数轴上的点,则二元函数 $z=f(x,y)$ 可看成平面点集 D 到实数轴上的点集 E 的一个映射(图 9.11). 其中,E 称为函数 $z=f(x,y)$ 的值域.

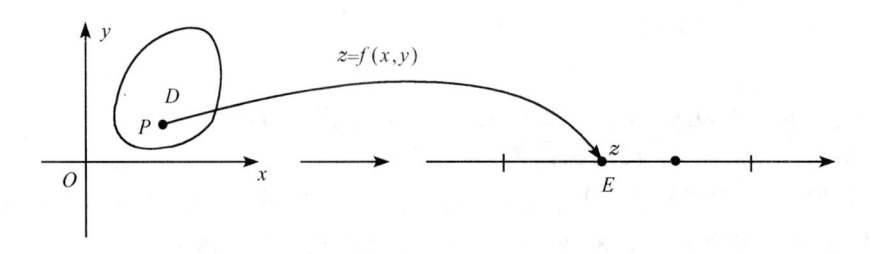

图 9.11

习　题　9.1

1. 函数 $z=\ln(x(x-y))$ 与 $z=\ln x+\ln(x-y)$ 是否为同一函数?

2. 已知 $f\left(x+y,\dfrac{y}{x}\right)=x^2-y^2$, 求 $f(x,y)$.

3. 求下列函数的定义域,并画出定义域的图形:

(1) $z=\ln(2\sqrt{2}-x^2-y^2)+\ln(|y|-1)$;

(2) $z=\arcsin\dfrac{y}{x}$;

(3) $z=\sqrt{y^2-4x+8}$;

(4) $z=\dfrac{e^{\frac{x}{y}}}{x-y^2}$.

4. 作出下列函数的图形:

(1) $z=-\sqrt{x^2+y^2}$;　　　(2) $z=1-\sqrt{x^2+y^2}$.

9.2　多元函数的极限与连续

9.2.1　多元函数的极限

当自变量充分靠近某一个定点时,相应的函数值是否充分靠近某个常数,这就是所谓多元函数的极限问题.

如果点 $P \to P_0$ 时 $f(P) \to l$,则说当 P 趋于 P_0 时 $f(P)$ 以 l 为极限. 与一元函数极限类似,我们给出多元函数极限的定义.

定义 1　设函数 $u=f(P)$ 在点 P_0 附近(除 P_0 外)有定义, l 为一定数. 若 $\forall \varepsilon > 0$, $\exists \delta > 0$, 当 $0 < |PP_0| < \delta$ 时,恒有 $|f(P)-l| < \varepsilon$, 则说 $P \to P_0$ 时, $f(P)$ 以 l 为极限,记作

$$\lim_{P \to P_0} f(P) = l.$$

如果 P 是平面上的点,且用 (x,y) 表示点 P 的坐标,那么定义可写为:

若 $\forall \varepsilon > 0$, $\exists \delta > 0$, 当 $0 < \sqrt{(x-x_0)^2+(y-y_0)^2} < \delta$ 时,恒有

$$|f(x,y)-l| < \varepsilon,$$

则称 $(x,y) \to (x_0,y_0)$ 时 $f(x,y)$ 以 l 为极限,记作

$$\lim_{(x,y) \to (x_0,y_0)} f(x,y) = l,$$

或

$$\lim_{\substack{x \to x_0 \\ y \to y_0}} f(x,y) = l.$$

这便是二元函数极限的定义.

若 $0<\sqrt{(x-x_0)^2+(y-y_0)^2}<\delta$,则必有
$$|x-x_0|<\delta, \quad |y-y_0|<\delta, \quad (x,y)\neq(x_0,y_0).$$
反之,若 $|x-x_0|<\delta,|y-y_0|<\delta,(x,y)\neq(x_0,y_0)$,则有
$$0<\sqrt{(x-x_0)^2+(y-y_0)^2}<\sqrt{2}\delta.$$
因此,二元函数极限有等价定义:

定义 2 设 $z=f(x,y)$ 在 (x_0,y_0) 附近(除 (x_0,y_0) 外)有定义,l 为一定数. 若 $\forall\varepsilon>0,\exists\delta>0$,当 $|x-x_0|<\delta,|y-y_0|<\delta$ 且 $(x,y)\neq(x_0,y_0)$ 时,恒有 $|f(x,y)-l|<\varepsilon$,则说 (x,y) 趋于 (x_0,y_0) 时,$f(x,y)$ 以 l 为极限.

参看图 9.11,上述极限的几何意义是:对于 E 上点 l 的任何邻域 $(l-\varepsilon,l+\varepsilon)$,总存在 P_0 的 δ 空心邻域 $S_0(P_0,\delta)$,只要 $P\in S_0(P_0,\delta)$ 则 $f(P)$ 便落在 $(l-\varepsilon,l+\varepsilon)$ 中.

多元函数极限定义与一元函数的极限定义几乎是一样的,所不同的是,如考虑二元函数极限时,自变量 (x,y) 是在平面域中以任意方向趋于 (x_0,y_0),它比一维情况 $x\to x_0$ 更具有任意性. 也就是说,在一维,x 只能从左、右两边趋于 x_0,但对于平面上的点 (x,y),它可以沿任意方向趋于 (x_0,y_0),情况十分复杂,这是考虑多元函数极限需要特别注意的问题.

然而,由于多元函数的极限定义与一元函数的定义本质上是一样的,所以一元函数极限的一些性质和运算法则对于多元函数也是成立的. 例如,如果极限存在,其极限值是唯一的;若两个函数 f,g 的极限分别为 A,B,则 $f\pm g,fg,\dfrac{f}{g}$ 的极限分别等于 $A\pm B,AB,\dfrac{A}{B}(B\neq 0)$;无穷小量与有界函数的乘积仍为无穷小量等.

例 1 当 $(x,y)\to(0,0)$ 时,求下列函数的极限:

(1) $e^{-\frac{1}{x^2}}\sin\dfrac{1}{x^2+y^2}$;

(2) $\dfrac{\sin(x^2+y^2)}{x^2+y^2}$;

(3) $\dfrac{\sin(x^2 y)}{x^2+y^2}$;

(4) $\left(\dfrac{1}{x}+\dfrac{1}{y}\right)e^{-\left(\frac{1}{x^2}+\frac{1}{y^2}\right)}$.

解 (1) 易知,若一元函数 $f(x)$ 的极限存在: $\lim\limits_{x\to x_0}f(x)=A$,则将 $f(x)$ 看成 x,y 的二元函数时,其极限显然也存在,且 $\lim\limits_{\substack{x\to x_0\\y\to y_0}}f(x)=A$.

由于 $\lim\limits_{x\to 0}e^{-\frac{1}{x^2}}=0$,所以 $\lim\limits_{(x,y)\to(0,0)}e^{-\frac{1}{x^2}}=0$,又 $\left|\sin\dfrac{1}{x^2+y^2}\right|\leqslant 1$,有界,故
$$\lim\limits_{(x,y)\to(0,0)}e^{-\frac{1}{x^2}}\sin\dfrac{1}{x^2+y^2}=0;$$

(2) $\lim\limits_{\substack{x\to 0\\y\to 0}}\dfrac{\sin(x^2+y^2)}{x^2+y^2}\xlongequal{x^2+y^2=t}\lim\limits_{t\to 0}\dfrac{\sin t}{t}=1$;

9.2 多元函数的极限与连续

(3) 由于
$$0 \leqslant \left|\frac{\sin(x^2 y)}{x^2+y^2}\right| \leqslant \left|\frac{x^2 y}{x^2+y^2}\right| \leqslant |y|,$$

且 $|y| \to 0$，所以，根据极限的夹逼定理知
$$\lim_{\substack{x \to 0 \\ y \to 0}} \frac{\sin(x^2 y)}{x^2+y^2} = 0;$$

(4) $$\lim_{(x,y) \to (0,0)} \left(\frac{1}{x}+\frac{1}{y}\right) e^{-\left(\frac{1}{x^2}+\frac{1}{y^2}\right)}$$

$$= \lim_{\substack{x \to 0 \\ y \to 0}} \frac{1}{x} e^{-\frac{1}{x^2}} \cdot \lim_{\substack{y \to 0}} e^{-\frac{1}{y^2}} + \lim_{\substack{x \to 0 \\ y \to 0}} \frac{1}{y} e^{-\frac{1}{y^2}} \cdot \lim_{\substack{x \to 0}} e^{-\frac{1}{x^2}}$$

$$= 0 \cdot 0 + 0 \cdot 0 = 0.$$

例 2 考察下列函数当 $(x,y) \to (0,0)$ 时极限是否存在：

(1) $f(x,y) = \dfrac{xy}{x^2+y^2}$;

(2) $f(x,y) = \sin \dfrac{y}{x^2}$;

(3) $f(x,y) = \dfrac{x^2 y}{x^4+y^2}$.

解 (1) $\lim\limits_{\substack{x \to 0 \\ y \to 0 \\ y=kx}} \dfrac{xy}{x^2+y^2} = \lim\limits_{x \to 0} \dfrac{kx^2}{x^2+k^2 x^2} = \dfrac{k}{1+k^2}$，

即沿不同射线，极限值随 k 而异，极限不存在；

(2) $\lim\limits_{\substack{x \to 0 \\ y=x}} \sin \dfrac{y}{x^2} = \lim\limits_{x \to 0} \sin \dfrac{1}{x}$，

由于 $\lim\limits_{x \to 0} \sin \dfrac{1}{x}$ 不存在，所以极限 $\lim\limits_{\substack{x \to 0 \\ y \to 0}} \sin \dfrac{y}{x^2}$ 不存在；

(3) $\lim\limits_{\substack{x \to 0 \\ y \to 0 \\ y=kx}} \dfrac{x^2 y}{x^4+y^2} = \lim\limits_{x \to 0} \dfrac{kx^3}{x^4+k^2 x^2} = \lim\limits_{x \to 0} \dfrac{kx}{x^2+k^2} = 0$，

可见，沿任何一条射线 $y=kx$，当 $(x,y) \to (0,0)$ 时函数 $\dfrac{x^2 y}{x^4+y^2}$ 极限为零，然而

$$\lim_{\substack{x \to 0 \\ y \to 0 \\ y=x^2}} \frac{x^2 y}{x^4+y^2} = \lim_{x \to 0} \frac{x^4}{x^4+x^4} = \frac{1}{2},$$

所以 $\lim\limits_{\substack{x \to 0 \\ y \to 0}} \dfrac{x^2 y}{x^4+y^2}$ 不存在.

考察一元函数 $y=f(x)$ 在 $x \to x_0$ 时的极限，只要考察其左、右极限是否存在

且相等即可断定其极限是否存在. 而考察二元函数 $z=f(x,y)$ 在 $(x,y)\to(x_0,y_0)$ 时的极限,要在平面上考察点 (x,y) 以任意方向和任意方式趋于 (x_0,y_0) 的极限是否存在且相等. 这是多元函数极限与一元函数极限的重要区别. 正是由于一元函数与多元函数定义域不同,导致这一区别,进而在多元函数微分学中将出现一些与一元函数微分学不同的新现象和新问题.

9.2.2 多元函数的连续性

与一元函数类似,有如下多元函数连续性的定义.

定义 设函数 $f(P)$ 在 $S(P_0,\delta)$ 内有定义. 如果 $\lim\limits_{P\to P_0}f(P)=f(P_0)$,则称函数 $f(P)$ 在点 P_0 处连续. 如果 $f(P)$ 在某区域 G 上的每一点都连续,则说 $f(P)$ 在 G 上连续,或说 $f(P)$ 是 G 上的连续函数,记作 $f(P)\in C(G)$.

几何上,以二元函数为例,域 D 上的二元连续函数的图形是一块无孔、无缝的完整曲面.

函数的不连续点称为间断点. 二元函数的间断点可以形成一条曲线,如函数

$$z=\frac{1}{x^2+y^2}\sin\frac{1}{x^2+y^2-1}$$

在原点及圆周 $x^2+y^2=1$ 上没有定义,所以点 $(0,0)$ 及圆周 $x^2+y^2=1$ 上的点都是间断点.

由于一元函数极限的运算法则对多元函数的极限也成立,所以连续函数的和、差、积、商(当分母不为零时)仍为连续函数. 另外,也不难证明连续函数的复合函数也是连续函数. 因而有下列定理.

定理 1 多元初等函数在其定义域内连续.

因此,多元初等函数在其定义域中任一点处的极限值就是其函数值.

例 $\lim\limits_{\substack{x\to 1\\y\to 0}}\ln\dfrac{x+\mathrm{e}^y}{\sqrt{x^2+y^2}}=\ln\dfrac{1+\mathrm{e}^0}{\sqrt{1+0}}=\ln 2.$

如同一元函数的情形一样,在有界闭域上的多元连续函数也具有一些重要性质.

定理 2(有界性定理) 若函数 $f(P)$ 在有界闭区域 $\overline{D}$ 上连续,则 $f(P)$ 在 $\overline{D}$ 上有界,即存在正数 $K>0$ 使

$$|f(P)|\leqslant K,\quad \forall P\in\overline{D}.$$

定理 3(最大值、最小值定理) 若函数 $f(P)$ 在有界闭区域 $\overline{D}$ 上连续,则 $f(P)$ 在 $\overline{D}$ 上达到最大值与最小值,即存在点 P_1 与 $P_2\in\overline{D}$,使

$$f(P_1)=\max_{P\in\overline{D}}f(P),\quad f(P_2)=\min_{P\in\overline{D}}f(P).$$

定理 4(中间值定理) 开区域或闭区域 D 上连续的函数 $f(P)$,可以取到它的任意两个函数值之间的一切值,即 P_1,P_2 为 D 内两点,且 $f(P_1)<f(P_2)$,则对介于 $f(P_1)$ 与 $f(P_2)$ 间的任意实数 $\mu:f(P_1)<\mu<f(P_2)$,在 D 内至少存在一点 P_0

使 $f(P_0)=\mu$.

习 题 9.2

1. 求下列极限:

(1) $\lim\limits_{\substack{x\to 0\\y\to 0}}\dfrac{xy}{\sqrt{xy+1}-1}$;

(2) $\lim\limits_{\substack{x\to 0\\y\to 0}}\dfrac{x^2+y^2}{|x|+|y|}$;

(3) $\lim\limits_{\substack{x\to 0\\y\to 0}}(x+y)\sin\dfrac{1}{x}\sin\dfrac{1}{y}$;

(4) $\lim\limits_{\substack{x\to 0\\y\to 0}}\dfrac{x^3+y^3}{x^2+y^2}$;

(5) $\lim\limits_{\substack{x\to 0\\y\to 0}}\dfrac{\sin(xy)}{x}$;

(6) $\lim\limits_{\substack{x\to+\infty\\y\to+\infty}}\left(\dfrac{xy}{x^2+y^2}\right)^{x^2}$.

2. 求证极限 $\lim\limits_{\substack{x\to 0\\y\to 0}}\dfrac{3(x-y)}{x+y}$ 不存在. 并指出 (x,y) 沿什么路径趋于 $(0,0)$ 时, 函数 $\dfrac{3(x-y)}{x+y}$ 分别趋于 $2,-1,+\infty$.

3. 证明下列极限不存在:

(1) $\lim\limits_{\substack{x\to 0\\y\to 0}}\dfrac{x^2}{x^2+y^2-x}$;

(2) $\lim\limits_{\substack{x\to 0\\y\to 0}}\dfrac{xy}{x+y}$.

4. 用多元初等函数连续性求下列极限:

(1) $\lim\limits_{\substack{x\to 1\\y\to 0}}\dfrac{\ln(x+e^y)}{\sqrt{x^2+y^2}}$;

(2) $\lim\limits_{\substack{x\to 0\\y\to 1\\z\to 2}}e^{xy}\sin\left(\dfrac{\pi}{4}yz\right)$.

5. 判断下列函数在原点 $(0,0)$ 处是否连续:

(1) $f(x,y)=\sin(x+y^2)$;

(2) $f(x,y)=\begin{cases}\dfrac{\sin(x^3+y^3)}{x^3+y^3}, & x^3+y^3\ne 0\\ 0, & x^3+y^3=0\end{cases}$;

(3) $f(x,y)=\begin{cases}\dfrac{\sin xy}{x(y^2+1)}, & x\ne 0\\ 0, & x=0\end{cases}$.

6. 指出函数 $f(x,y)=\dfrac{x-y^2}{(x^3+y^3)x}$ 的间断点或间断线.

7. 设 $f(x,y)$ 在区域 D 上连续, $(x_i,y_i)\in D(i=1,2,\cdots,n)$, 求证在 D 上存在一点 (ξ,η), 使得

$$f(\xi,\eta)=\dfrac{f(x_1,y_1)+f(x_2,y_2)+\cdots+f(x_n,y_n)}{n}.$$

9.3 偏 导 数

多元函数同样存在变化率问题, 但比起一元函数来说情况要复杂许多. 因为, 给出一元函数

$$y = f(x), \quad x \in (a,b),$$

其自变量 x 只能在 Ox 轴上移动,而二元函数

$$z = f(x,y), \quad (x,y) \in D,$$

其自变量 $P(x,y)$ 可在平面域 D 上沿任意方向和方式变动. 一般 z 的变化快慢随点 P 沿不同方向移动而异.

对于多元函数来说,需要研究函数沿各个方向上的变化率,这就是方向导数问题. 最简单而且最重要的情况是当点 P 沿某个坐标轴移动时函数的变化率,这就是偏导数问题. 它之所以简单是因为在这种情况下,如 P 沿平行于 Ox 轴的直线移动,除 x 外点 P 的其他坐标始终不变可视为常数,因而此时多元函数可视为是关于 x 的一元函数,使问题研究得到简化. 这时函数对 x 的导数就称为多元函数关于 x 的偏导数.

9.3.1 偏导数的概念和计算

定义 设函数 $z=f(x,y)$ 在点 $P_0(x_0,y_0)$ 的某一邻域内有定义. z 在 $P_0(x_0,y_0)$ 处关于 x 的偏增量为

$$\Delta_x z = f(x_0 + \Delta x, y_0) - f(x_0, y_0).$$

若极限

$$\lim_{\Delta x \to 0} \frac{\Delta_x z}{\Delta x} = \lim_{\Delta x \to 0} \frac{f(x_0 + \Delta x, y_0) - f(x_0, y_0)}{\Delta x}$$

存在,则此极限值称为函数 $z=f(x,y)$ 在点 $P_0(x_0,y_0)$ 处关于 x 的偏导数,记作

$$\left.\frac{\partial z}{\partial x}\right|_{(x_0,y_0)} \text{或} \left.z'_x\right|_{(x_0,y_0)} \text{或} f'_x(x_0,y_0) \text{或} \frac{\partial f(x_0,y_0)}{\partial x}.$$

类似地可定义 $\left.\frac{\partial z}{\partial y}\right|_{(x_0,y_0)}$.

如果 $z=f(x,y)$ 在区域 D 的每一点处关于 x 和 y 的偏导数都存在,则它们是点 (x,y) 的函数,叫做偏导函数(也简称偏导数),记作

$$f'_x(x,y), \quad \frac{\partial f(x,y)}{\partial x}, \quad \text{或} \quad z'_x, \quad \frac{\partial z}{\partial x};$$

$$f'_y(x,y), \quad \frac{\partial f(x,y)}{\partial y}, \quad \text{或} \quad z'_y, \quad \frac{\partial z}{\partial y}.$$

即

$$\frac{\partial z}{\partial x} = \lim_{\Delta x \to 0} \frac{f(x+\Delta x, y) - f(x,y)}{\Delta x}; \tag{9.3.1}$$

$$\frac{\partial z}{\partial y} = \lim_{\Delta y \to 0} \frac{f(x, y+\Delta y) - f(x,y)}{\Delta y}. \tag{9.3.2}$$

9.3 偏导数

由定义可见,求函数 $z=f(x,y)$ 的偏导数,如求 $\frac{\partial z}{\partial x}$,只需将 $f(x,y)$ 中的 y 看成常数,求 z 关于 x 的导数即可.因此,求偏导数可依照一元函数求导法则和公式进行,不需要任何新方法.

更多元函数同样如此,如函数 $u=f(x,y,z)$ 求 $\frac{\partial u}{\partial x}$,只需将 y,z 视为常数,求 u 关于 x 的导数即可.

必须指出,与一元函数 $y=f(x)$ 的导数 $\frac{\mathrm{d}y}{\mathrm{d}x}$ 不同,符号 $\frac{\partial u}{\partial x}$ 是一个整体记号,不能看作 ∂u 与 ∂x 之商.

例 1 求函数 $z=x^2y+y^2$ 在点 $P(2,3)$ 处的偏导数.

解法一 $\frac{\partial z}{\partial x}=2xy$,故 $\frac{\partial z}{\partial x}\Big|_{(2,3)}=2xy\Big|_{(2,3)}=12$;

$\frac{\partial z}{\partial y}=x^2+2y$,故 $\frac{\partial z}{\partial y}\Big|_{(2,3)}=(x^2+2y)\Big|_{(2,3)}=10$.

解法二 因为 $f(x,3)=3x^2+9$,所以
$$f'_x(x,3)=6x, \quad f'_x(2,3)=6x\big|_{x=2}=12.$$
因为 $f(2,y)=4y+y^2$,所以
$$f'_y(2,y)=4+2y, \quad f'_y(2,3)=(4+2y)\big|_{y=3}=10.$$

例 2 求 $u=x^y\cos^2 z$ 的偏导数.

解 $\frac{\partial u}{\partial x}=yx^{y-1}\cos^2 z$;

$\frac{\partial u}{\partial y}=x^y\ln x\cdot\cos^2 z$;

$\frac{\partial u}{\partial z}=x^y 2\cos z(-\sin z)=-x^y\sin 2z.$

例 3 求函数 $f(x,y)=\begin{cases}\dfrac{xy}{x^2+y^2}, & x^2+y^2\neq 0\\ 0, & x^2+y^2=0\end{cases}$ 的偏导数.

解 当 $(x,y)\neq(0,0)$ 时
$$\frac{\partial f}{\partial x}=\frac{(x^2+y^2)y-xy\cdot 2x}{(x^2+y^2)^2}=\frac{y(y^2-x^2)}{(x^2+y^2)^2},$$
$$\frac{\partial f}{\partial y}=\frac{(x^2+y^2)x-xy\cdot 2y}{(x^2+y^2)^2}=\frac{x(x^2-y^2)}{(x^2+y^2)^2}.$$

而在 $(0,0)$ 处,
$$f'_x(0,0)=\lim_{x\to 0}\frac{f(x,0)-f(0,0)}{x}=\lim_{x\to 0}\frac{0}{x}=0,$$

$$f'_y(0,0) = \lim_{y \to 0} \frac{f(0,y) - f(0,0)}{y} = \lim_{y \to 0} \frac{0}{y} = 0.$$

9.3.2 二元函数偏导数的几何意义

给出二元函数 $z = f(x,y)$. 则几何上, $z = f(x,y)$ 表示空间一张曲面 Σ (图 9.12), 而 $z = f(x, y_0)$ 是平面 $y = y_0$ 与曲面 Σ 的交线

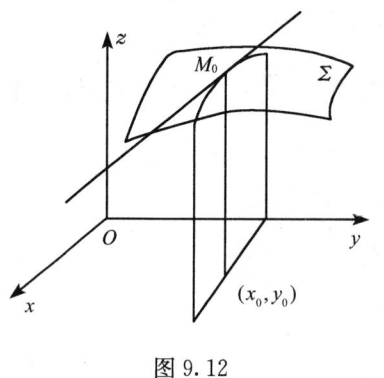

$$l: \begin{cases} z = f(x,y), \\ y = y_0, \end{cases}$$

因此, $\left.\dfrac{\partial z}{\partial x}\right|_{(x_0, y_0)}$ 是曲线 l 在点 $M_0(x_0, y_0, f(x_0, y_0))$ 处的切线关于 Ox 轴的斜率 $\tan\alpha$.

同理, $\left.\dfrac{\partial z}{\partial y}\right|_{(x_0, y_0)}$ 是空间曲线 $L: \begin{cases} z = f(x,y), \\ x = x_0 \end{cases}$ 在点 M_0 处的切线关于 Oy 轴的斜率 $\tan\beta$.

图 9.12

9.3.3 函数的偏导数与函数连续的关系

多元函数在一点处连续, 其偏导数不一定存在 (和一元函数一样), 如 $z = \sqrt{x^2 + y^2}$ (图形是顶点在原点的锥面) 在点 $O(0,0)$ 连续, 但此处 $\dfrac{\partial z}{\partial x}, \dfrac{\partial z}{\partial y}$ 均不存在.

反之, 偏导数存在, 多元函数也不一定连续 (一元函数可导必连续), 这是多元函数与一元函数的一个重要的不同之处, 如 9.3.2 小节例 3, 有

$$f(x,y) = \begin{cases} \dfrac{xy}{x^2 + y^2}, & x^2 + y^2 \neq 0 \\ 0, & x^2 + y^2 = 0 \end{cases},$$

在 $O(0,0)$ 处, 两个偏导数都存在 $f'_x(0,0) = 0, f'_y(0,0) = 0$.

然而函数在 $O(0,0)$ 处, 因为

$$\lim_{\substack{x \to 0 \\ y \to 0 \\ y = kx}} \frac{xy}{x^2 + y^2} = \frac{k}{1 + k^2}$$

随 k 而异, 极限不存在, 所以不连续.

之所以出现上述情况是由于 "$f(x,y)$ 在 (x_0, y_0) 处连续" 是一个与 $P(x_0, y_0)$ 的邻域有关的概念, 它要求 P 沿任何方式趋于 P_0 时有 $f(P) \to f(P_0)$. 而偏导数, 如 $f'_x(x_0, y_0)$ 存在, 仅反映了沿 Ox 轴方向趋于 P_0 时 $f(P) \to f(P_0)$, 由此只能得到 $f(x,y)$ 在 (x_0, y_0) 处沿 Ox 轴方向上连续的结论, 同样, $f'_y(x_0, y_0)$ 存在仅表明函

数在(x_0,y_0)处沿Oy轴方向上是连续的. 所以,由偏导数存在不能推出函数连续.

9.3.4 高阶偏导数

如果定义在域D上的函数$z=f(x,y)$在D上每一点均可偏导,那么$f'_x(x,y)$,$f'_y(x,y)$仍旧为定义在D上的函数,如果它们关于x,y的偏导数存在,就称为函数$z=f(x,y)$的二阶偏导数. 依据对变量求导的次序不同,$z=f(x,y)$的二阶偏导数总共有四个,分别记作

$$\frac{\partial^2 z}{\partial x^2} = \frac{\partial\left(\frac{\partial z}{\partial x}\right)}{\partial x} = f''_{xx}(x,y); \tag{9.3.3}$$

$$\frac{\partial^2 z}{\partial x \partial y} = \frac{\partial\left(\frac{\partial z}{\partial x}\right)}{\partial y} = f''_{xy}(x,y); \tag{9.3.4}$$

$$\frac{\partial^2 z}{\partial y \partial x} = \frac{\partial\left(\frac{\partial z}{\partial y}\right)}{\partial x} = f''_{yx}(x,y); \tag{9.3.5}$$

$$\frac{\partial^2 z}{\partial y^2} = \frac{\partial\left(\frac{\partial z}{\partial y}\right)}{\partial y} = f''_{yy}(x,y). \tag{9.3.6}$$

函数对不同自变量的高阶偏导数,如$\frac{\partial^2 z}{\partial x \partial y}$与$\frac{\partial^2 z}{\partial y \partial x}$称为混合偏导数.

同样可定义二阶以上的偏导数及更多元函数的高阶偏导数.

例1 求$z=xy+\cos(x-2y)$的二阶偏导数.

解 由$\frac{\partial z}{\partial x}=y-\sin(x-2y)$及$\frac{\partial z}{\partial y}=x+2\sin(x-2y)$得到

$$\frac{\partial^2 z}{\partial x^2} = -\cos(x-2y);$$

$$\frac{\partial^2 z}{\partial x \partial y} = 1+2\cos(x-2y);$$

$$\frac{\partial^2 z}{\partial y^2} = -4\cos(x-2y);$$

$$\frac{\partial^2 z}{\partial y \partial x} = 1+2\cos(x-2y).$$

例2 已知$f(x,y)=\begin{cases} xy\dfrac{x^2-y^2}{x^2+y^2}, & x^2+y^2 \neq 0 \\ 0, & x^2+y^2 = 0 \end{cases}$,求$f''_{xy}(0,0)$及$f''_{yx}(0,0)$.

解 $f'_x(0,0)=\lim\limits_{x \to 0}\dfrac{f(x,0)-f(0,0)}{x}=\lim\limits_{x \to 0}\dfrac{0}{x}=0$,所以

$$f'_x(x,y) = \begin{cases} \dfrac{y(x^4-y^4)+4x^2y^3}{(x^2+y^2)^2}, & x^2+y^2 \neq 0 \\ 0, & x^2+y^2 = 0 \end{cases},$$

仿上

$$f'_y(x,y) = \begin{cases} \dfrac{x(x^4-y^4)-4x^3y^2}{(x^2+y^2)^2}, & x^2+y^2 \neq 0 \\ 0, & x^2+y^2 = 0 \end{cases},$$

$$f''_{xy}(0,0) = \lim_{y\to 0} \frac{f'_x(0,y)-f'_x(0,0)}{y} = \lim_{y\to 0} \frac{-y-0}{y} = -1,$$

$$f''_{yx}(0,0) = \lim_{x\to 0} \frac{f'_y(x,0)-f'_y(0,0)}{x} = \lim_{x\to 0} \frac{x-0}{x} = 1.$$

这里 $f''_{xy}(0,0) \neq f''_{yx}(0,0)$，一般 $\dfrac{\partial^2 z}{\partial x \partial y} \neq \dfrac{\partial^2 z}{\partial y \partial x}$，但是我们可以证明：

定理 设 $z=f(x,y)$ 的两个混合偏导数 f''_{xy} 与 f''_{yx} 在域 D 上连续，则在 D 上有 $f''_{xy}(x,y)=f''_{yx}(x,y)$（证明从略）.

当然，n 阶混合偏导数在连续的情况下也与求导的次序无关. 此时我们可以把 $z=f(x,y)$ 的 n 阶偏导数写成

$$\frac{\partial^n z}{\partial x^i \partial y^j}, \quad i+j=n.$$

例 3 已知 $u=x\ln(x+y)$，求 $\dfrac{\partial^3 u}{\partial x^2 \partial y}$.

解
$$\frac{\partial u}{\partial x} = \ln(x+y) + \frac{x}{x+y},$$

$$\frac{\partial^2 u}{\partial x^2} = \frac{1}{x+y} + \frac{(x+y)-x}{(x+y)^2} = \frac{x+2y}{(x+y)^2},$$

$$\frac{\partial^3 u}{\partial x^2 \partial y} = \frac{(x+y)^2 \cdot (2) - (x+2y)2(x+y)}{(x+y)^4} = \frac{-2y}{(x+y)^3}.$$

习 题 9.3

1. 已知 $u=\sqrt{a^2-x^2}\,(a>0), z=\sqrt{y^2-x^2}$，说明 $\left.\dfrac{du}{dx}\right|_{x=\frac{a}{2}}$ 与 $\left.\dfrac{\partial z}{\partial x}\right|_{(\frac{a}{2},a)}$ 的几何意义.

2. 求下列函数的偏导数：

(1) $f(x,y)=\arctan\dfrac{x+y}{1+xy}$；

(2) $f(x,y)=\arcsin\dfrac{x}{\sqrt{x^2+y^2}}$；

(3) $r=\tan 2\theta \cdot \cot 4\varphi$；

(4) $u=\left(\dfrac{x}{y}\right)^z$；

(5) $f(x,y)=\begin{cases}\dfrac{x(x-y)}{x+y}, & (x,y)\neq(0,0)\\ 0, & (x,y)=(0,0)\end{cases}$，求 $f'_x(0,0)$ 及 $f'_y(0,0)$.

3.(1) 设 $\begin{cases}x=r\cos\theta,\\ y=r\sin\theta,\end{cases}$ 计算 $\begin{vmatrix}\dfrac{\partial x}{\partial r} & \dfrac{\partial x}{\partial \theta}\\ \dfrac{\partial y}{\partial r} & \dfrac{\partial y}{\partial \theta}\end{vmatrix}$;

(2) 设 $\begin{cases}x=\rho\cos\theta\sin\varphi,\\ y=\rho\sin\theta\sin\varphi,\\ z=\rho\cos\varphi,\end{cases}$ 计算 $\begin{vmatrix}\dfrac{\partial x}{\partial \rho} & \dfrac{\partial x}{\partial \theta} & \dfrac{\partial x}{\partial \varphi}\\ \dfrac{\partial y}{\partial \rho} & \dfrac{\partial y}{\partial \theta} & \dfrac{\partial y}{\partial \varphi}\\ \dfrac{\partial z}{\partial \rho} & \dfrac{\partial z}{\partial \theta} & \dfrac{\partial z}{\partial \varphi}\end{vmatrix}$.

4. 求曲线 $\begin{cases}z=\dfrac{1}{4}(x^2+y^2),\\ y=4,\end{cases}$ 在点 $M_0(2,4,5)$ 处的切线关于 Ox 轴的倾角，并求该切线的切线方程.

5.(1) 求证函数 $f(x,y)=\begin{cases}\dfrac{x^2}{\sqrt{x^2+y^2}}, & (x,y)\neq(0,0)\\ 0, & (x,y)=(0,0)\end{cases}$ 在 $(0,0)$ 处连续但 $f'_x(0,0)$ 不存在.

(2) 列举函数的偏导数存在，但函数不连续的例子.

6. 求下列高阶偏导数：

(1) $z=x^2\arctan\dfrac{y}{x}-y^2\arctan\dfrac{x}{y}$，求 $\dfrac{\partial^2 z}{\partial x\partial y}$;

(2) $z=x\ln xy$，求 $\dfrac{\partial^3 z}{\partial x^2\partial y}$;

(3) $z=(1+xy)^y$，求 $\dfrac{\partial^2 z}{\partial x\partial y}$.

7. 设 $u=u(x,y), v=v(x,y)$ 在区域 D 上有二阶连续的偏导数，且一阶偏导数满足方程

$$\frac{\partial u}{\partial x}=\frac{\partial v}{\partial y}, \quad \frac{\partial u}{\partial y}=-\frac{\partial v}{\partial x},$$

求证 $u=u(x,y), v=v(x,y)$ 在 D 上满足拉普拉斯方程，即

$$\frac{\partial^2 u}{\partial x^2}+\frac{\partial^2 u}{\partial y^2}=0, \quad \frac{\partial^2 v}{\partial x^2}+\frac{\partial^2 v}{\partial y^2}=0.$$

9.4 全 微 分

9.4.1 全微分的概念

与一元函数的微分定义相类似，我们给出下述多元函数的微分定义(以二元函数为例).

定义 若函数 $z=f(x,y)$ 在 (x,y) 处的全增量
$$\Delta z = f(x+\Delta x, y+\Delta y) - f(x,y), \tag{9.4.1}$$
可表为
$$\Delta z = A\Delta x + B\Delta y + o(r), \quad r \to 0. \tag{9.4.2}$$
其中，$r=\sqrt{(\Delta x)^2+(\Delta y)^2}$，$A,B$ 与 $\Delta x,\Delta y$ 无关，则称 $f(x,y)$ 在点 (x,y) 处可微，称增量的线性主部 $A\Delta x+B\Delta y$ 为 $f(x,y)$ 在点 (x,y) 处的全微分，记为
$$\mathrm{d}z = A\Delta x + B\Delta y.$$

若函数在区域 D 内各点处都可微，则称函数在域 D 内可微.

由于全微分是全增量的线性主部，因此，当 $r\ll 1$ 时有近似公式
$$\Delta z \approx \mathrm{d}z = A\Delta x + B\Delta y,$$
即
$$f(x,y) \approx f(x_0,y_0) + A(x-x_0) + B(y-y_0), \quad |x-x_0|\ll 1, \quad |y-y_0|\ll 1.$$
它表示在一点附近可以用线性函数来逼近可微函数，换句话说，在一点附近用上述线性函数代替可微函数（一般为非线性函数），使问题简化而不会引起太大的误差.

那么函数 $f(x,y)$ 具备什么条件，它才在 (x,y) 处可微呢？A,B 又如何呢？下面将进行讨论.

9.4.2 函数可微的必要条件及充分条件

定理 1（可微的必要条件） 若函数 $z=f(x,y)$ 在点 (x_0,y_0) 处可微，则它在 (x_0,y_0) 处连续.

证明 因为 $z=f(x,y)$ 在 (x_0,y_0) 处可微，即
$$f(x_0+\Delta x, y_0+\Delta y) - f(x_0,y_0) = A\Delta x + B\Delta y + o(r), \quad r\to 0.$$
所以
$$\lim_{\substack{\Delta x\to 0\\ \Delta y\to 0}}(f(x_0+\Delta x, y_0+\Delta y) - f(x_0,y_0)) = \lim_{\substack{\Delta x\to 0\\ \Delta y\to 0}}(A\Delta x + B\Delta y + o(r)) = 0,$$
即
$$\lim_{\substack{\Delta x\to 0\\ \Delta y\to 0}} f(x_0+\Delta x, y_0+\Delta y) = f(x_0,y_0).$$
函数于 (x_0,y_0) 处连续.

定理 2（可微的必要条件） 若函数 $z=f(x,y)$ 于 (x_0,y_0) 处可微，则函数 $z=f(x,y)$ 在 (x_0,y_0) 处的两个偏导数存在，且 $f_x'(x_0,y_0)=A, f_y'(x_0,y_0)=B$，即
$$\mathrm{d}z = \frac{\partial f(x_0,y_0)}{\partial x}\Delta x + \frac{\partial f(x_0,y_0)}{\partial y}\Delta y.$$

证明 因为 $z=f(x,y)$ 于 (x_0,y_0) 处可微即下列式子
$$\Delta z = A\Delta x + B\Delta y + o(r), \quad r\to 0$$
对任意 $\Delta x,\Delta y$ 均成立，当然对 $\Delta y=0$ 也成立，此时有偏增量

9.4 全微分

$$\Delta_x z = A\Delta x + o(\Delta x), \quad \Delta x \to 0,$$

所以

$$\lim_{\Delta x \to 0} \frac{\Delta_x z}{\Delta x} = \lim_{\Delta x \to 0} \left(A + \frac{o(\Delta x)}{\Delta x} \right) = A.$$

即 $\left.\frac{\partial z}{\partial x}\right|_{(x_0, y_0)}$ 存在其值为 A，同理 $f'_y(x_0, y_0) = B$。

于是全微分 $dz = \frac{\partial f(x_0, y_0)}{\partial x}\Delta x + \frac{\partial f(x_0, y_0)}{\partial y}\Delta y$。

由于自变量的微分就等于自变量的增量，故当 $z = f(x, y)$ 在 (x, y) 处可微时全微分公式为

$$dz = \frac{\partial z}{\partial x}dx + \frac{\partial z}{\partial y}dy. \tag{9.4.3}$$

函数连续以及各偏导数存在只是全微分存在的必要条件而不是充分条件。例如，函数

$$f(x, y) = \begin{cases} \dfrac{x^2 y}{x^2 + y^2}, & x^2 + y^2 \neq 0, \\ 0, & x^2 + y^2 = 0 \end{cases}$$

由于 $0 \leqslant \left|\dfrac{x^2 y}{x^2 + y^2}\right| = \left|\dfrac{x^2}{x^2 + y^2} y\right| \leqslant |y|$，且 $\lim\limits_{y \to 0}|y| = 0$，所以 $\lim\limits_{\substack{x \to 0 \\ y \to 0}}|y| = 0$，由夹逼定理知

$$\lim_{\substack{x \to 0 \\ y \to 0}} f(x, y) = 0 = f(0, 0),$$

所以 $f(x, y)$ 于 $(0, 0)$ 处连续。

由于

$$f'_x(0, 0) = \lim_{x \to 0} \frac{f(x, 0) - f(0, 0)}{x} = \lim_{x \to 0} \frac{0}{x} = 0,$$

$$f'_y(0, 0) = \lim_{y \to 0} \frac{f(0, y) - f(0, 0)}{y} = \lim_{y \to 0} \frac{0}{y} = 0.$$

所以在 $(0, 0)$ 处两个偏导数存在，但由于

$$\lim_{\substack{r \to 0 \\ \Delta y = k\Delta x}} \frac{\Delta z - f'_x(0, 0)\Delta x - f'_y(0, 0)\Delta y}{r} = \lim_{\substack{r \to 0 \\ \Delta y = k\Delta x}} \frac{\dfrac{(\Delta x)^2 \Delta y}{(\Delta x)^2 + (\Delta y)^2} - 0}{\sqrt{(\Delta x)^2 + (\Delta y)^2}}$$

$$= \lim_{\Delta x \to 0} \frac{k(\Delta x)^3}{(\Delta x)^3 \sqrt{1 + k^2}} = \frac{k}{\sqrt{1 + k^2}},$$

随 k 而异，极限不存在，即

$$\lim_{r\to 0}\frac{\Delta z - f'_x(0,0)\Delta x - f'_y(0,0)\Delta y}{r} \neq 0.$$

由定义知函数于 (0,0) 处不可微.

再看一例,函数

$$f(x,y) = \begin{cases} \dfrac{xy}{x^2+y^2}, & x^2+y^2 \neq 0 \\ 0, & x^2+y^2 = 0 \end{cases}.$$

尽管

$$f'_x(0,0) = \lim_{x\to 0}\frac{f(x,0)-f(0,0)}{x} \lim_{x\to 0}\frac{0}{x} = 0,$$

$$f'_y(0,0) = \lim_{y\to 0}\frac{f(0,y)-f(0,0)}{y} \lim_{y\to 0}\frac{0}{y} = 0,$$

在 (0,0) 处两个偏导数均存在,但由于

$$\lim_{\substack{x\to 0 \\ y\to 0 \\ y=kx}} f(x,y) = \lim_{x\to 0}\frac{x^2 k}{x^2+k^2 x^2} = \frac{k}{1+k^2},$$

随 k 而异,极限不存在,所以在 (0,0) 处不连续,因此也不可微.

然而,如果条件加强,各偏导数连续,则能保证函数的可微性.

定理 3(可微充分条件) 若函数 $z=f(x,y)$ 在点 $P_0(x_0,y_0)$ 处的偏导数 f'_x 及 f'_y 连续,则函数 $f(x,y)$ 在 $P_0(x_0,y_0)$ 处可微.

证明 由于 $\dfrac{\partial f}{\partial x}, \dfrac{\partial f}{\partial y}$ 在 (x_0,y_0) 处连续,所以在 P_0 的某个邻域 $S(P_0,\delta)$ 上 $\dfrac{\partial f}{\partial x}, \dfrac{\partial f}{\partial y}$ 均存在,设点 $(x_0+\Delta x, y_0+\Delta y) \in S(P_0,\delta)$,则

$$\Delta z = f(x_0+\Delta x, y_0+\Delta y) - f(x_0,y_0)$$

$$= f(x_0+\Delta x, y_0+\Delta y) - f(x_0, y_0+\Delta y) + f(x_0, y_0+\Delta y) - f(x_0,y_0)$$

$$\xrightarrow{\text{Lagrange 公式}} f'_x(x_0+\theta_1 \Delta x, y_0+\Delta y)\Delta x + f'_y(x_0, y_0+\theta_2 \Delta y)\Delta y, \quad 0 < \begin{matrix}\theta_1 \\ \theta_2\end{matrix} < 1$$

$$\xrightarrow{\text{偏导数连续}} (f'_x(x_0,y_0)+\varepsilon_1)\Delta x + (f'_y(x_0,y_0)+\varepsilon_2)\Delta y, \quad \lim_{\substack{\Delta x\to 0 \\ \Delta y\to 0}}\varepsilon_i = 0, i=1,2.$$

由于

$$\frac{\varepsilon_1 \Delta x + \varepsilon_2 \Delta y}{\sqrt{(\Delta x)^2+(\Delta y)^2}} = \varepsilon_1 \frac{\Delta x}{\sqrt{(\Delta x)^2+(\Delta y)^2}} + \varepsilon_2 \frac{\Delta y}{\sqrt{(\Delta x)^2+(\Delta y)^2}} \xrightarrow{r\to 0} 0,$$

有

$$\varepsilon_1 \Delta x + \varepsilon_2 \Delta y = o(r), \quad r\to 0, \quad \text{其中 } r = \sqrt{(\Delta x)^2+(\Delta y)^2},$$

所以

$$\Delta z = f'_x(x_0,y_0)\Delta x + f'_y(x_0,y_0)\Delta y + o(r), \quad r\to 0.$$

9.4 全微分

由定义知 $z=f(x,y)$ 于 (x_0,y_0) 处可微.

这样一来,判断可微性归为求出偏导数和验证偏导数是否连续即可. 由于初等函数在其定义域内连续,所以这定理可以判断相当一部分常用函数的可微性.

例1 求函数 $u=x^2+\sin\dfrac{y}{2}+e^{yz}$ 的全微分 du 及 $du|_{(1,\pi,0)}$.

解 因为

$$\frac{\partial u}{\partial x}=2x, \quad \frac{\partial u}{\partial y}=\frac{1}{2}\cos\frac{y}{2}+ze^{yz}, \quad \frac{\partial u}{\partial z}=ye^{yz}$$

都是连续函数,所以 $u=x^2+\sin\dfrac{y}{2}+e^{yz}$ 可微,且

$$du=2xdx+\left(\frac{1}{2}\cos\frac{y}{2}+ze^{yz}\right)dy+ye^{yz}dz,$$

$$du|_{(1,\pi,0)}=2dx+\pi dz.$$

应当指出,定理 3 的逆定理并不成立,也就是说,函数可微时,偏导数却未必连续. 看下面的例子.

例2 $f(x,y)=\begin{cases}(x^2+y^2)\sin\dfrac{1}{x^2+y^2}, & x^2+y^2\neq 0 \\ 0, & x^2+y^2=0\end{cases}$.

解 $f'_x(0,0)=\lim\limits_{x\to 0}\dfrac{f(x,0)-f(0,0)}{x}=\lim\limits_{x\to 0}x\sin\dfrac{1}{x^2}=0$,同理 $f'_y(0,0)=0$. 于是

$$\lim_{r\to 0}\frac{\Delta z-f'_x(0,0)\Delta x-f'_y(0,0)\Delta y}{r}$$

$$=\lim_{r\to 0}\frac{((\Delta x)^2+(\Delta y)^2)\sin\dfrac{1}{(\Delta x)^2+(\Delta y)^2}}{\sqrt{(\Delta x)^2+(\Delta y)^2}}=\lim_{r\to 0}r\sin\frac{1}{r^2}=0.$$

由定义知 $f(x,y)$ 于 $(0,0)$ 处可微,但 $\dfrac{\partial f}{\partial x}$ 与 $\dfrac{\partial f}{\partial y}$ 于 $(0,0)$ 处不连续.

因为 $(x,y)\neq(0,0)$ 时,

$$\frac{\partial f}{\partial x}=2x\sin\frac{1}{x^2+y^2}-\frac{2x}{x^2+y^2}\cos\frac{1}{x^2+y^2},$$

而 $\lim\limits_{\substack{x\to 0\\y\to 0\\y=x}}\dfrac{\partial f}{\partial x}=\lim\limits_{x\to 0}\left(2x\sin\dfrac{1}{2x^2}-\dfrac{1}{x}\cos\dfrac{1}{2x^2}\right)$ 不存在,故 $\dfrac{\partial f}{\partial x}$ 在原点不连续,同理 $\dfrac{\partial f}{\partial y}$ 在原点不连续.

多元函数 $u=f(P)$ 在点 P_0 处极限存在、连续、偏导数存在、可微、偏导数连续

的关系如下：

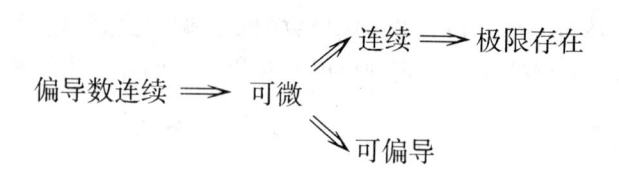

$$\text{偏导数连续} \Longrightarrow \text{可微} \begin{matrix} \nearrow \text{连续} \Longrightarrow \text{极限存在} \\ \searrow \text{可偏导} \end{matrix}$$

9.4.3 全微分在近似计算中的应用

多元函数 $u=f(P)$ 在点 P_0 的全微分 $\mathrm{d}u$ 是函数增量的近似值，其误差是距离 $|P_0P|$ 的高阶无穷小量. 当 $|P_0P| \ll 1$ 时，我们可以利用全微分计算函数的近似值.

以二元函数为例，设函数 $z=f(x,y)$ 在点 (x_0,y_0) 处可微，则当 $|x-x_0| \ll 1$, $|y-y_0| \ll 1$ 时有微分近似公式

$$f(x,y) \approx f(x_0,y_0) + f'_x(x_0,y_0)(x-x_0) + f'_y(x_0,y_0)(y-y_0), \tag{9.4.4}$$

特别，(x_0,y_0) 为 $(0,0)$ 时有

$$f(x,y) \approx f(0,0) + f'_x(0,0)x + f'_y(0,0)y, \quad |x| \ll 1, |y| \ll 1. \tag{9.4.5}$$

例1 利用微分近似公式计算 $(1.04)^{2.02}$ 的近似值.

解 令 $z=f(x,y)=x^y$，$(x_0,y_0)=(1,2)$，$x-x_0=0.04$，$y-y_0=0.02$，则

$$f(1,2)=1, \quad f'_x(1,2)=yx^{y-1}\Big|_{(1,2)}=2, \quad f'_y(1,2)=x^y\ln x\Big|_{(1,2)}=0,$$

于是 $(1.04)^{2.02} \approx f(1,2)+f'_x(1,2)(x-x_0)+f'_y(1,2)(y-y_0)=1.08$.

例2 有一圆柱体，受压后发生形变. 它的半径 r 由 20cm 增大到 20.05cm，高度 h 由 100cm 减少到 99cm，求此圆柱体体积变化的近似值.

解 圆柱体体积 $V=\pi r^2 h$ 这里 $r=20$, $h=100$, $\Delta r=0.05$, $\Delta h=-1$ 代入微分近似公式

$$\Delta V \approx \mathrm{d}V = \frac{\partial V}{\partial r}\Delta r + \frac{\partial V}{\partial h}\Delta h = 2\pi rh\Delta r + \pi r^2 \Delta h$$

$$= 2\pi \times 20 \times 100 \times 0.05 + \pi \times 20^2 \times (-1) = -200\pi (\mathrm{cm})^3.$$

9.4.4 全微分的几何意义

微分近似公式

$$f(x,y) \approx f(x_0,y_0) + f'_x(x_0,y_0)(x-x_0) + f'_y(x_0,y_0)(y-y_0),$$
$$|x-x_0| \ll 1, \quad |y-y_0| \ll 1.$$

几何上可理解为，在 (x_0,y_0) 的小邻域内曲面

$$\Sigma : z = f(x,y).$$

9.4 全微分

可用平面
$$\pi: z = \frac{\partial f(x_0, y_0)}{\partial x}(x-x_0) + \frac{\partial f(x_0, y_0)}{\partial y}(y-y_0) + f(x_0, y_0).$$
去近似. 如果记 $z_0 = f(x_0, y_0)$,则平面 π 的方程为
$$\pi: \frac{\partial f(x_0, y_0)}{\partial x}(x-x_0) + \frac{\partial f(x_0, y_0)}{\partial y}(y-y_0) - (z-z_0) = 0.$$
此平面过点 $P_0(x_0, y_0, z_0)$ 且以
$$\boldsymbol{n} = \left\{ \frac{\partial f(x_0, y_0)}{\partial x}, \frac{\partial f(x_0, y_0)}{\partial y}, -1 \right\}$$
为法向量,在 9.8 节我们将知道此平面就是曲面 Σ 在点 P_0 处的切平面.

设在 xy 平面上点 $M_0(x_0, y_0)$ 变到点 $M(x_0+\Delta x, y_0+\Delta y)$,则于曲面 Σ 上立坐标增量为
$$z_2 - z_0 = f(x_0+\Delta x, y_0+\Delta y) - f(x_0, y_0),$$
而于切平面 π 上立坐标的增量为
$$z_1 - z_0 = \frac{\partial f(x_0, y_0)}{\partial x}\Delta x + \frac{\partial f(x_0, y_0)}{\partial y}\Delta y.$$
其右端恰好是函数 $y=f(x,y)$ 在点 (x_0, y_0) 处的微分 $\mathrm{d}z$.

因此,几何上,全微分 $\mathrm{d}z$ 表示过 P_0 曲面 Σ 的切平面上立坐标的增量.

而微分近似公式 $\Delta z \approx \mathrm{d}z$ 的几何意义是:在局部范围内用切平面 π 代替曲面 Σ,由此所产生立坐标差为
$$z_2 - z_1 = \Delta z - \mathrm{d}z = o(r), \quad r \to 0, \quad \text{其中 } r = \sqrt{(\Delta x)^2 + (\Delta y)^2}.$$
与一元函数情形相似,这也是在一点附近将函数线性化,或将曲面 Σ "铺平".

习 题 9.4

1. 求下列函数的全微分:

(1) $z = x^2 \cos 2y$;   (2) $z = x^{y^2}$;

(3) $z = \sec(xy)$;   (4) $u = \ln(x + y^2 + z^3)$.

2. $f(x,y,z) = \sqrt[z]{\dfrac{x}{y}}$,求 $\mathrm{d}f(1,1,1)$.

3. 求函数 $u = \dfrac{x}{\sqrt{x^2+y^2}}$ 在给定点与给定的 $\Delta x, \Delta y$ 的全微分:

(1) 点 $(0,1)$,$\Delta x = 0.1$,$\Delta y = 0.2$;

(2) 点 $(1,0)$,$\Delta x = 0.2$,$\Delta y = 0.1$.

4. 用微分近似公式求下列各数的近似值:

(1) $(10.1)^{2.03}$;   (2) $\sqrt{(1.02)^3 + (1.97)^3}$.

5. 列举函数的偏导数存在但函数不可微的例子;列举函数可微但其偏导数不连续的例子.

6. 求证函数

$$f(x,y) = \begin{cases} \dfrac{\sqrt{|xy|}}{x^2+y^2}\sin(x^2+y^2), & (x,y) \neq (0,0) \\ 0, & (x,y) = (0,0) \end{cases},$$

在$(0,0)$处连续但不可微.

9.5 方向导数与梯度

9.5.1 方向导数

现在我们研究多元函数在一点处沿任意方向的变化率.

定义 函数$u=f(P)$定义在域D上,点$P_0\in D$,自点P_0引射线l,当点P沿l趋于P_0时,若极限

$$\lim_{\substack{P\to P_0\\l}}\frac{f(P)-f(P_0)}{|P_0P|}$$

存在,则此极限值称为函数$u=f(P)$在点P_0处沿l方向的方向导数,记为$\left.\dfrac{\partial u}{\partial l}\right|_{P_0}$,即

$$\left.\frac{\partial u}{\partial l}\right|_{P_0} = \lim_{\substack{P\to P_0\\l}}\frac{f(P)-f(P_0)}{|P_0P|}. \tag{9.5.1}$$

注意:即使l的方向与Ox轴或Oy轴的正向一致时,方向导数与偏导数的概念也是不同的. 因为在方向导数的定义中,分母是距离$|P_0P|>0$,而在偏导数的定义中,分母Δx或Δy可正可负.

关于方向导数的存在及计算,有下面的定理.

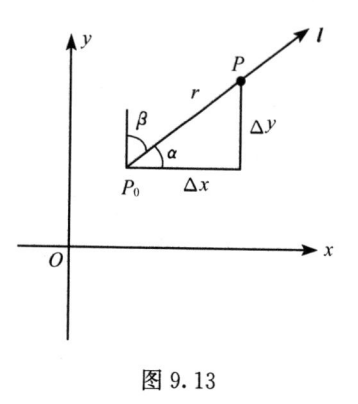

图 9.13

定理 若函数$z=f(x,y)$在$P_0(x_0,y_0)$处可微,则此函数在P_0处沿任意方向$l:l^0=\{\cos\alpha,\cos\beta\}$的方向导数存在且

$$\left.\frac{\partial z}{\partial l}\right|_{P_0} = f_x'(x_0,y_0)\cos\alpha + f_y'(x_0,y_0)\cos\beta. \tag{9.5.2}$$

证明 因为$f(x,y)$在P_0处可微,于是

$$\Delta z = f(P) - f(P_0)$$
$$= \left.\frac{\partial z}{\partial x}\right|_{P_0}\Delta x + \left.\frac{\partial z}{\partial y}\right|_{P_0}\Delta y + o(r), \quad r\to 0.$$

其中,$r=\sqrt{(\Delta x)^2+(\Delta y)^2}=|P_0P|$(图 9.13),由此得

$$\frac{f(P)-f(P_0)}{|P_0P|} = \frac{\Delta z}{r}$$

$$= f'_x(x_0,y_0)\frac{\Delta x}{r} + f'_y(x_0,y_0)\frac{\Delta y}{r} + \frac{o(r)}{r}$$

$$= f'_x(x_0,y_0)\cos\alpha + f'_y(x_0,y_0)\cos\beta + \frac{o(r)}{r},$$

令 $r \to 0$, $\left.\dfrac{\partial u}{\partial l}\right|_{P_0} = f'_x(x_0,y_0)\cos\alpha + f'_y(x_0,y_0)\cos\beta.$

此定理可推广到更多元的函数. 例如,可微函数 $u=f(x,y,z)$ 处沿 $l^0=\{\cos\alpha, \cos\beta, \cos\gamma\}$ 的方向导数是

$$\frac{\partial u}{\partial l} = \frac{\partial u}{\partial x}\cos\alpha + \frac{\partial u}{\partial y}\cos\beta + \frac{\partial u}{\partial z}\cos\gamma. \tag{9.5.3}$$

例1 求函数 $u=xyz$ 在 $P(1,2,-2)$ 处沿 $l=3i+4j+2k$ 的方向导数.

解 $l^0 = \dfrac{l}{|l|} = \left\{\dfrac{3}{\sqrt{29}}, \dfrac{4}{\sqrt{29}}, \dfrac{2}{\sqrt{29}}\right\} = \{\cos\alpha, \cos\beta, \cos\gamma\}.$

$$\left.\frac{\partial u}{\partial x}\right|_P = yz|_P = -4,$$

$$\left.\frac{\partial u}{\partial y}\right|_P = xz|_P = -2,$$

$$\left.\frac{\partial u}{\partial z}\right|_P = xy|_P = 2,$$

于是 $\left.\dfrac{\partial u}{\partial l}\right|_P = -4 \times \dfrac{3}{\sqrt{29}} + (-2) \times \dfrac{4}{\sqrt{29}} + 2 \times \dfrac{2}{\sqrt{29}} = \dfrac{-16}{\sqrt{29}}.$

例2 求函数 $z=\sqrt{x^2+y^2}$ 在点 $(0,0)$ 处沿 $l^0=\{\cos\alpha, \cos\beta\}$ 的方向导数. 如图 9.14 所示.

解 因为 $f'_x(0,0) = \lim\limits_{x\to 0}\dfrac{f(x,0)-f(0,0)}{x} = \lim\limits_{x\to 0}\dfrac{|x|}{x}$ 不存在,同理 $f'_y(0,0)$ 也不存在,函数于 $(0,0)$ 处不可微,公式 (9.5.1) 不能用. 可是依据方向导数的定义,我们有

$$\left.\frac{\partial z}{\partial l}\right|_{(0,0)} = \lim_{\substack{P\to 0 \\ l}} \frac{f(P)-f(0)}{|OP|}$$

$$= \lim_{r\to 0} \frac{\sqrt{(r\cos\alpha)^2+(r\sin\alpha)^2}-0}{r}$$

$$= \lim_{r\to 0} \frac{r}{r} = 1$$

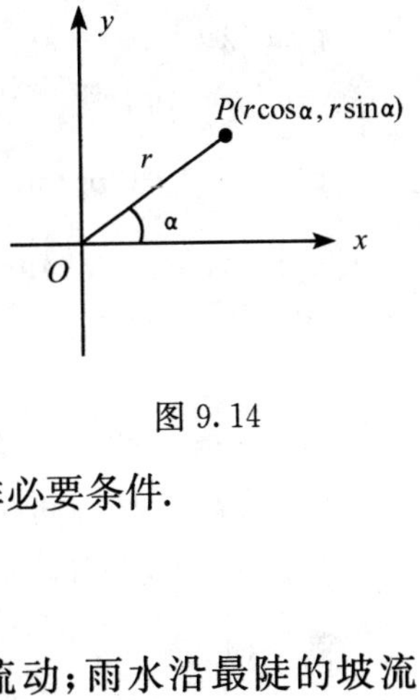

图 9.14

这个事实说明,函数可微是方向导数存在的充分条件而非必要条件.

9.5.2 梯度

在实际问题中,如大气沿着压强减少最快的方向流动;雨水沿最陡的坡流

下,……因此仅知道方向导数还不够,还需要知道函数在点 P 处沿哪个方向的方向导数最大? 为此引入梯度的概念.

给出函数 $u=f(x,y,z)$,若它于点 $P(x,y,z)$ 处可微,则它沿 $\boldsymbol{l}^0=\{\cos\alpha,\cos\beta,\cos\gamma\}$ 方向的方向导数为

$$\begin{aligned}\frac{\partial u}{\partial l}&=\frac{\partial u}{\partial x}\cos\alpha+\frac{\partial u}{\partial y}\cos\beta+\frac{\partial u}{\partial z}\cos\gamma\\&=\left\{\frac{\partial u}{\partial x},\frac{\partial u}{\partial y},\frac{\partial u}{\partial z}\right\}\cdot\{\cos\alpha,\cos\beta,\cos\gamma\}\\&\triangleq \boldsymbol{G}\cdot\boldsymbol{l}^0=|\boldsymbol{G}|\cos\langle\boldsymbol{G},\boldsymbol{l}\rangle.\end{aligned} \qquad (9.5.4)$$

这里向量 $\boldsymbol{G}=\left\{\frac{\partial u}{\partial x},\frac{\partial u}{\partial y},\frac{\partial u}{\partial z}\right\}$ 仅与函数 u 及点 P 有关,而与方向 l 无关. 因此函数 u 在点 P 处的方向导数 $\frac{\partial u}{\partial l}$ 的大小取决于 $\cos\langle\boldsymbol{G},\boldsymbol{l}\rangle$. 由上式显见 $\boldsymbol{l}$ 与 $\boldsymbol{G}$ 同向时方向导数 $\frac{\partial u}{\partial l}$ 取到最大值 $|\boldsymbol{G}|$,即 $\frac{\partial u}{\partial l}=|\boldsymbol{G}|>0$,也就是说,在点 P 处,$\boldsymbol{l}$ 与 $\boldsymbol{G}$ 同向时函数 u 增长最快,最大增长率为 $|\boldsymbol{G}|$. 我们把 $\boldsymbol{G}$ 叫做函数 u 在点 P 处的梯度. 一般定义如下:

定义 函数 $u=f(x,y,z)$ 在点 $P(x,y,z)$ 处的梯度 $\mathrm{grad}\,u$ 是一个向量,它的方向是函数 u 在 P 点增长最快的方向,它的大小是函数 u 在 P 点的最大增长率.

在直角坐标系中,梯度的表达式为

$$\mathrm{grad}\,u=\left\{\frac{\partial u}{\partial x},\frac{\partial u}{\partial y},\frac{\partial u}{\partial z}\right\}. \qquad (9.5.5)$$

据此定义显见,沿负梯度方向 $(-\mathrm{grad}\,u)$ 函数减少最快.

梯度具有下述简单性质:

$\mathrm{grad}\,c=\boldsymbol{0}$($c$ 为常数);

$\mathrm{grad}(\lambda u\pm\mu v)=\lambda\mathrm{grad}\,u\pm\mu\mathrm{grad}\,v$($\lambda,\mu$ 为常数);

$\mathrm{grad}\,uv=u\mathrm{grad}\,v+v\mathrm{grad}\,u$;

$\mathrm{grad}\,\dfrac{u}{v}=\dfrac{1}{v^2}(v\mathrm{grad}\,u-u\mathrm{grad}\,v)$;

$\mathrm{grad}\,f(u)=f'(u)\mathrm{grad}\,u$.

例 给出函数 $u=xy+yz+zx$ 及点 $P(1,1,3)$. 求:

(1) u 在点 P 处的梯度;

(2) u 在 P 处沿矢径方向的方向导数;

(3) u 在 P 处方向导数的最大值;

(4) 在 P 处沿什么方向函数 u 增长最快?

解 (1) $\mathrm{grad}\,u|_P=\left\{\dfrac{\partial u}{\partial x},\dfrac{\partial u}{\partial y},\dfrac{\partial u}{\partial z}\right\}\bigg|_P=\{y+z,x+z,y+x\}\bigg|_P=\{4,4,2\}$;

(2) $\overrightarrow{OP} = \{1,1,3\} \triangleq \boldsymbol{l}$,则 $\boldsymbol{l}^0 = \left\{ \dfrac{1}{\sqrt{11}}, \dfrac{1}{\sqrt{11}}, \dfrac{3}{\sqrt{11}} \right\}$,

$$\left.\dfrac{\partial u}{\partial l}\right|_P = \mathrm{grad}\, u\,|_P \cdot \boldsymbol{l}^0 = \dfrac{4}{\sqrt{11}} + \dfrac{4}{\sqrt{11}} + \dfrac{6}{\sqrt{11}} = \dfrac{14}{\sqrt{11}};$$

(3) $\max \left.\dfrac{\partial u}{\partial l}\right|_P = |\mathrm{grad}\, u|_P| = \sqrt{4^2 + 4^2 + 2^2} = 6$;

(4) 沿梯度方向函数 u 增长最快即沿方向
$$\boldsymbol{l} = \{4,4,2\},$$
函数在 P 点增长最快.

习　题　9.5

1. 求函数 $u = \ln(x + \sqrt{y^2 + z^2})$ 在点 $A(1,0,1)$ 处沿 A 指向 $B(3,-2,2)$ 方向的方向导数.

2. 求函数 $z = \cos(x+y)$ 在点 $P\left(0, \dfrac{\pi}{2}\right)$ 沿 $\boldsymbol{l} = \{3,-4\}$ 方向的方向导数.

3. 求梯度 $\mathrm{grad}\, u$:

(1) $u = \sqrt{x^2 + y^2}$;

(2) $u = xy^2 + yz^3$ 于 $P(2,-1,1)$ 处;

(3) $u = \dfrac{f(r)}{r}, r = \sqrt{x^2 + y^2 + z^2}, f(r)$ 可微.

4. 已知 $u = x^2 + y^2 + z^2 - xy + yz$,点 $P(1,1,1)$. 求 u 在点 P 处的方向导数 $\dfrac{\partial u}{\partial l}$ 的最大值、最小值,并指出相应的方向 $\boldsymbol{l}$;再指出在怎样的方向,其方向导数为 0.

5. 求函数 $u = x^3 + y^3 + z^3 - 3xyz$ 的梯度. 并问在何点处梯度:(1)垂直于 Oz 轴;(2)平行于 Oz 轴;(3)等于零向量.

6. 设 $u = f(x,y)$ 在 $M_0(x_0, y_0)$ 点可微,在 M_0 点给定 n 个单位向量 $\boldsymbol{l}_i (i=1,2,\cdots,n)$,且相邻两向量之间的夹角为 $\dfrac{2\pi}{n}$,求证 $\displaystyle\sum_{i=1}^{n} \dfrac{\partial f}{\partial l_i} = 0$.

9.6　复合函数微分法

这节我们讨论复合函数微分法则.

9.6.1　链锁法则

设函数 $z = f(u,v)$ 通过中间变量 $u = \varphi(x,y), v = \psi(x,y)$ 而成为 x, y 的函数. 若不将 $\varphi(x,y), \psi(x,y)$ 代入 $f(u,v)$,能否直接从 $f(u,v), \varphi(x,y), \psi(x,y)$ 的偏导数来计算 $\dfrac{\partial z}{\partial x}, \dfrac{\partial z}{\partial y}$ 呢? 我们有下列定理.

定理 设函数 $z=f(u,v)$ 可微,函数 $u=\varphi(x,y)$ 及 $v=\psi(x,y)$ 可偏导,则复合函数 $z=f(\varphi(x,y),\psi(x,y))$ 对 x,y 的偏导数也存在,且

$$\frac{\partial z}{\partial x} = \frac{\partial f}{\partial u}\frac{\partial u}{\partial x} + \frac{\partial f}{\partial v}\frac{\partial v}{\partial x},$$
$$\frac{\partial z}{\partial y} = \frac{\partial f}{\partial u}\frac{\partial u}{\partial y} + \frac{\partial f}{\partial v}\frac{\partial v}{\partial y}.$$
(9.6.1)

证明 固定 y,给 x 以改变 Δx,则 u,v 分别有偏增量

$$\Delta_x u = \varphi(x+\Delta x, y) - \varphi(x,y),$$
$$\Delta_x v = \psi(x+\Delta x, y) - \psi(x,y).$$

从而 z 也有相应的改变量

$$\Delta z = f(u+\Delta_x u, v+\Delta_x v) - f(u,v).$$

由函数 $z=f(x,y)$ 可微知

$$\Delta z = \frac{\partial f}{\partial u}\Delta_x u + \frac{\partial f}{\partial v}\Delta_x v + o(r), \qquad r = \sqrt{(\Delta_x u)^2 + (\Delta_x v)^2} \to 0.$$

于是

$$\frac{\Delta z}{\Delta x} = \frac{\partial f}{\partial u}\frac{\Delta_x u}{\Delta x} + \frac{\partial f}{\partial v}\frac{\Delta_x v}{\Delta x} + \frac{o(r)}{\Delta x}.$$

由于已知 $u(x,y),v(x,y)$ 对 x 可偏导,因此当 $\Delta x \to 0$ 时有 $\Delta_x u \to 0, \Delta_x v \to 0$ 从而 $r \to 0$,且

$$\lim_{\Delta x \to 0}\left|\frac{o(r)}{\Delta x}\right| = \lim_{r \to 0}\left|\frac{o(r)}{r}\frac{r}{\Delta x}\right|$$
$$= \lim_{r \to 0}\left|\frac{o(r)}{r}\right|\lim_{\Delta x \to 0}\sqrt{\left(\frac{\Delta_x u}{\Delta x}\right)^2 + \left(\frac{\Delta_x v}{\Delta x}\right)^2} = 0,$$

所以

$$\lim_{\Delta x \to 0}\frac{\Delta z}{\Delta x} = \frac{\partial f}{\partial u}\lim_{\Delta x \to 0}\frac{\Delta_x u}{\Delta x} + \frac{\partial f}{\partial v}\lim_{\Delta x \to 0}\frac{\Delta_x v}{\Delta x} + 0,$$

即

$$\frac{\partial z}{\partial x} = \frac{\partial f}{\partial u}\frac{\partial u}{\partial x} + \frac{\partial f}{\partial v}\frac{\partial v}{\partial x},$$

同理

$$\frac{\partial z}{\partial y} = \frac{\partial f}{\partial u}\frac{\partial u}{\partial y} + \frac{\partial f}{\partial v}\frac{\partial v}{\partial y}.$$

公式(9.6.1)就是复合函数求偏导数的公式,称为链锁法则.这个法则适用于任意多个中间变量和自变量的情况.

一般说来,公式有如下特点:

(1) 公式的个数等于自变量的个数;

(2) 每个公式中的项数等于中间变量的个数;

9.6 复合函数微分法

(3) 每一项的结构类似一元复合函数求导法则.

应用公式的关键是要弄清楚哪些是自变量,哪些是中间变量.

若能将复合函数关系用图表示出来,则可方便写出链锁法则.

例如,若函数 $z=f(u,v)$ 可微,函数 $u=\varphi(x), v=\psi(x)$ 可导,则复合函数 $z=f(\varphi(x),\psi(x))$ 对 x 也可导,且

$$\frac{\mathrm{d}z}{\mathrm{d}x} = \frac{\partial f}{\partial u}\frac{\mathrm{d}u}{\mathrm{d}x} + \frac{\partial f}{\partial v}\frac{\mathrm{d}v}{\mathrm{d}x}.$$

又如,若函数 $z=f(u,v)$ 可微,函数 $u=\varphi(x,y,t), v=\psi(x,y,t)$ 可偏导,则复合函数 $z=f(\varphi(x,y,t),\psi(x,y,t))$ 对 x,y,t 的偏导数存在且

$$\frac{\partial z}{\partial x} = \frac{\partial f}{\partial u}\frac{\partial u}{\partial x} + \frac{\partial f}{\partial v}\frac{\partial v}{\partial x},$$

$$\frac{\partial z}{\partial y} = \frac{\partial f}{\partial u}\frac{\partial u}{\partial y} + \frac{\partial f}{\partial v}\frac{\partial v}{\partial y},$$

$$\frac{\partial z}{\partial t} = \frac{\partial f}{\partial u}\frac{\partial u}{\partial t} + \frac{\partial f}{\partial v}\frac{\partial v}{\partial t}.$$

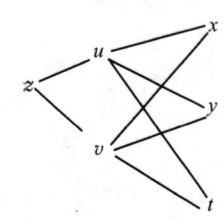

再如,函数 $z=f(u,v,w)$ 可微,函数 $u=u(x,y), v=v(x,y), w=w(x,y)$ 可偏导,则复合函数

$$z = f(u(x,y), v(x,y), w(x,y)),$$

对 x,y 的偏导数存在且

$$\frac{\partial z}{\partial x} = \frac{\partial f}{\partial u}\frac{\partial u}{\partial x} + \frac{\partial f}{\partial v}\frac{\partial v}{\partial x} + \frac{\partial f}{\partial w}\frac{\partial w}{\partial x},$$

$$\frac{\partial z}{\partial y} = \frac{\partial f}{\partial u}\frac{\partial u}{\partial y} + \frac{\partial f}{\partial v}\frac{\partial v}{\partial y} + \frac{\partial f}{\partial w}\frac{\partial w}{\partial y},$$

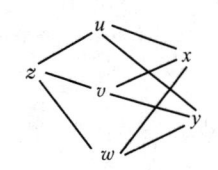

需要指出的是:在公式(9.6.1)中 $\frac{\partial z}{\partial x}$ 是 $z=f(u(x,y),v(x,y)) \triangleq z(x,y)$ 对 x 求偏导,而 $\frac{\partial f}{\partial u}$ 是 $f(u,v)$ 对 u 求偏导.

例1 设 $u=xyz, z=\sin(x^2+y)$,求 $\frac{\partial u}{\partial x}$ 及 $\frac{\partial u}{\partial y}$.

解 $\frac{\partial u}{\partial x} = \frac{\partial f}{\partial x} + \frac{\partial f}{\partial z}\frac{\partial z}{\partial x}$

$\qquad = yz + xy\cos(x^2+y) \cdot 2x$

$\qquad = yz + 2x^2y\cos(x^2+y),$

$\frac{\partial u}{\partial y} = \frac{\partial f}{\partial y} + \frac{\partial f}{\partial z}\frac{\partial z}{\partial y} = xz + xy\cos(x^2+y).$

例2 设 $u=f(xz+zy+yx)$,其中 f 可微,求偏导数.

解 记 $t=xz+zy+yx$，则

$$\frac{\partial u}{\partial x}=\frac{\mathrm{d}f}{\mathrm{d}t}\frac{\partial t}{\partial x}=f'(xz+zy+yx)\cdot(z+y),$$

$$\frac{\partial u}{\partial y}=\frac{\mathrm{d}f}{\mathrm{d}t}\frac{\partial t}{\partial y}=f'(xz+zy+yx)\cdot(z+x),$$

$$\frac{\partial u}{\partial z}=\frac{\mathrm{d}f}{\mathrm{d}t}\frac{\partial t}{\partial z}=f'(xz+zy+yx)\cdot(x+y).$$

例 3 $w=f(xz,zy,yx)$，其中 f 可微，求 $\dfrac{\partial w}{\partial x}$。

解 记 $xz=u,zy=v,yx=t$，则

$$\frac{\partial w}{\partial x}=\frac{\partial f}{\partial u}\frac{\partial u}{\partial x}+\frac{\partial f}{\partial v}\frac{\partial v}{\partial x}+\frac{\partial f}{\partial t}\frac{\partial t}{\partial x}$$

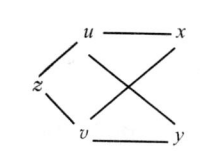

$$=\frac{\partial f}{\partial u}\cdot z+0+\frac{\partial f}{\partial t}\cdot y=z\frac{\partial f}{\partial u}+y\frac{\partial f}{\partial t}.$$

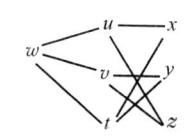

为方便，有时也可书写成

$$\frac{\partial w}{\partial x}=zf'_1+yf'_3.$$

例如，$u=f(x,xy,xyz)$ 可微则

$$\frac{\partial u}{\partial x}=f'_1+f'_2\cdot y+f'_3\cdot yz,$$

$$\frac{\partial u}{\partial y}=xf'_2+xzf'_3,$$

$$\frac{\partial u}{\partial z}=xyf'_3.$$

例 4 设 $u=f(x,y,z),y=\varphi(x,t),t=\psi(x,z)$ 均可微，求复合函数 u 关于自变量的偏导数。

解 依题意 $u=u(x,z)$，所以

$$\frac{\partial u}{\partial x}=\frac{\partial f}{\partial x}+\frac{\partial f}{\partial y}\frac{\partial y}{\partial x}=\frac{\partial f}{\partial x}+\frac{\partial f}{\partial y}\left(\frac{\partial \varphi}{\partial x}+\frac{\partial \varphi}{\partial t}\frac{\partial \psi}{\partial x}\right),$$

$$\frac{\partial u}{\partial z}=\frac{\partial f}{\partial y}\frac{\partial \varphi}{\partial t}\frac{\partial \psi}{\partial z}+\frac{\partial f}{\partial z}.$$

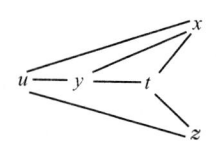

例 5 设 $z=f(x^2y^2,x^2-y^2)$，f 有二阶连续偏导数，求 $\dfrac{\partial^2 z}{\partial x\partial y}$。

解 令 $u=x^2y^2,v=x^2-y^2$，则

$$\frac{\partial z}{\partial x}=\frac{\partial f}{\partial u}\frac{\partial u}{\partial x}+\frac{\partial f}{\partial v}\frac{\partial v}{\partial x}=2xy^2\frac{\partial f}{\partial u}+2x\frac{\partial f}{\partial v}.$$

9.6 复合函数微分法

将此式对 y 求偏导时,注意 $\dfrac{\partial f}{\partial u} = f'_u(u,v)$, $\dfrac{\partial f}{\partial v} = f'_u(u,v)$,也就是说它们仍旧是 u,v 的函数,而 u,v 是 x,y 的函数,于是

$$\frac{\partial^2 z}{\partial x \partial y} = \frac{\partial\left(\dfrac{\partial z}{\partial x}\right)}{\partial y} = 4xy\frac{\partial f}{\partial u} + 2xy^2\left[\frac{\partial^2 f}{\partial u^2}\frac{\partial u}{\partial y} + \frac{\partial^2 f}{\partial u \partial v}\frac{\partial v}{\partial y}\right] + 2x\left[\frac{\partial^2 f}{\partial v \partial u}\frac{\partial u}{\partial y} + \frac{\partial^2 f}{\partial v^2}\frac{\partial v}{\partial y}\right]$$

$$= 4xy\frac{\partial f}{\partial u} + 2xy^2\left[2yx^2\frac{\partial^2 f}{\partial u^2} - 2y\frac{\partial^2 f}{\partial u \partial v}\right] + 2x\left[\frac{\partial^2 f}{\partial v \partial u} \cdot 2x^2y - 2y\frac{\partial^2 f}{\partial v^2}\right]$$

$$= 4xy\frac{\partial f}{\partial u} + 4x^3y^3\frac{\partial^2 f}{\partial u^2} + 4xy(x^2 - y^2)\frac{\partial^2 f}{\partial u \partial v} - 4xy\frac{\partial^2 f}{\partial v^2}.$$

例 6 设 $u = \dfrac{1}{r}$, $r = \sqrt{x^2 + y^2 + z^2}$,求证

$$\frac{\partial^2 u}{\partial x^2} + \frac{\partial^2 u}{\partial y^2} + \frac{\partial^2 u}{\partial z^2} = 0. \tag{9.6.2}$$

解 $\dfrac{\partial u}{\partial x} = \dfrac{du}{dr}\dfrac{\partial r}{\partial x} = \dfrac{-1}{r^2}\dfrac{x}{\sqrt{x^2+y^2+z^2}} = -\dfrac{x}{r^3},$

$\dfrac{\partial^2 u}{\partial x^2} = -\dfrac{1}{r^3} - x\dfrac{-3}{r^4}\dfrac{x}{r} = -\dfrac{1}{r^3} + \dfrac{3x^2}{r^5}.$

由于 x, y, z 的地位相同,所以有

$$\frac{\partial^2 u}{\partial y^2} = -\frac{1}{r^3} + \frac{3y^2}{r^5}, \quad \frac{\partial^2 u}{\partial z^2} = -\frac{1}{r^3} + \frac{3z^2}{r^5}.$$

因此

$$\frac{\partial^2 u}{\partial x^2} + \frac{\partial^2 u}{\partial y^2} + \frac{\partial^2 u}{\partial z^2} = -\frac{3}{r^3} + \frac{3(x^2+y^2+z^2)}{r^5} = 0.$$

方程(9.6.2)称为拉普拉斯[①]方程. 是一个重要的偏微分方程,引入拉普拉斯算子

$$\Delta = \frac{\partial^2}{\partial x^2} + \frac{\partial^2}{\partial y^2} + \frac{\partial^2}{\partial z^2},$$

则方程(9.6.2)可简写为

$$\Delta u = 0.$$

可见函数 $u = \dfrac{1}{r}$ 是上方程的一个解. 平面问题的拉普拉斯方程为

$$\frac{\partial^2 u}{\partial x^2} + \frac{\partial^2 u}{\partial y^2} = 0.$$

例 7 求证平面拉普拉斯方程在极坐标系中的形式是

$$\frac{\partial^2 u}{\partial r^2} + \frac{1}{r^2}\frac{\partial^2 u}{\partial \theta^2} + \frac{1}{r}\frac{\partial u}{\partial r} = 0.$$

---

① 拉普拉斯(法国数学、天文学家,P. S. Laplace,1749~1827).

证明 $\begin{cases} r=\sqrt{x^2+y^2}, \\ \theta=\arctan\dfrac{y}{x} \end{cases}$ $\left(若(x,y)在第二、三象限时,则 \theta=\arctan\dfrac{y}{x}+\pi\right).$

$$\frac{\partial u}{\partial x}=\frac{\partial u}{\partial r}\frac{\partial r}{\partial x}+\frac{\partial u}{\partial \theta}\frac{\partial \theta}{\partial x}=\frac{\partial u}{\partial r}\frac{x}{r}-\frac{\partial u}{\partial \theta}\frac{y}{r^2},$$

$$\frac{\partial u}{\partial y}=\frac{\partial u}{\partial r}\frac{\partial r}{\partial y}+\frac{\partial u}{\partial \theta}\frac{\partial \theta}{\partial y}=\frac{\partial u}{\partial r}\frac{y}{r}+\frac{\partial u}{\partial \theta}\frac{x}{r^2},$$

$$\frac{\partial^2 u}{\partial x^2}=\left(\frac{\partial^2 u}{\partial r^2}\frac{x}{r}+\frac{\partial^2 u}{\partial r\partial\theta}\frac{-y}{r^2}\right)\frac{x}{r}+\frac{\partial u}{\partial r}\frac{r^2-x^2}{r^3}$$
$$-\left(\frac{\partial^2 u}{\partial\theta\partial r}\frac{x}{r}+\frac{\partial^2 u}{\partial\theta^2}\frac{-y}{r^2}\right)\frac{y}{r^2}+\frac{\partial u}{\partial\theta}\frac{2xy}{r^4}$$
$$=\frac{x^2}{r^2}\frac{\partial^2 u}{\partial r^2}-\frac{2xy}{r^3}\frac{\partial^2 u}{\partial r\partial\theta}+\frac{y^2}{r^4}\frac{\partial^2 u}{\partial\theta^2}+\frac{y^2}{r^3}\frac{\partial u}{\partial r}+\frac{2xy}{r^4}\frac{\partial u}{\partial\theta},$$

$$\frac{\partial^2 u}{\partial y^2}=\frac{y^2}{r^2}\frac{\partial^2 u}{\partial r^2}+\frac{2xy}{r^3}\frac{\partial^2 u}{\partial r\partial\theta}+\frac{x^2}{r^4}\frac{\partial^2 u}{\partial\theta^2}+\frac{x^2}{r^3}\frac{\partial u}{\partial r}-\frac{2xy}{r^4}\frac{\partial u}{\partial\theta},$$

故
$$\frac{\partial^2 u}{\partial x^2}+\frac{\partial^2 u}{\partial y^2}=\frac{\partial^2 u}{\partial r^2}+\frac{1}{r^2}\frac{\partial^2 u}{\partial\theta^2}+\frac{1}{r}\frac{\partial u}{\partial r}=0.$$

这样,进行坐标变换后,利用极坐标系中的拉普拉斯方程可方便求出其形如 $u=f(r)$ 的解. 一般链锁法则应用到函数作变量代换的情形特别重要,因为在讨论问题时,我们常常要运用变换使这些看上去复杂的表达式或方程转换成比较简单的形式,以便于处理.

例 8 设 $z=z(x,y)$ 有连续的二阶偏导数, $u=x-2y$, $v=x+3y$, 以 u,v 为自变量,化简方程
$$6\frac{\partial^2 z}{\partial x^2}+\frac{\partial^2 z}{\partial x\partial y}-\frac{\partial^2 z}{\partial y^2}=0,$$
进而求出其解.

解 $\dfrac{\partial z}{\partial x}=\dfrac{\partial z}{\partial u}+\dfrac{\partial z}{\partial v},$

$\dfrac{\partial^2 z}{\partial x^2}=\dfrac{\partial^2 z}{\partial u^2}+2\dfrac{\partial^2 z}{\partial u\partial v}+\dfrac{\partial^2 z}{\partial v^2},$

$\dfrac{\partial^2 z}{\partial x\partial y}=-2\dfrac{\partial^2 z}{\partial u^2}+\dfrac{\partial^2 z}{\partial u\partial v}+3\dfrac{\partial^2 z}{\partial v^2},$

$\dfrac{\partial z}{\partial y}=-2\dfrac{\partial z}{\partial u}+3\dfrac{\partial z}{\partial v},$

$$\frac{\partial^2 z}{\partial y^2} = 4\frac{\partial^2 z}{\partial u^2} - 12\frac{\partial^2 z}{\partial u \partial v} + 9\frac{\partial^2 z}{\partial v^2},$$

代入原方程得 $25\dfrac{\partial^2 z}{\partial u \partial v} = 0$,即 $\dfrac{\partial^2 z}{\partial u \partial v} = 0$,积分 $\dfrac{\partial z}{\partial u} = \varphi_1(u)$,所以

$$z = \int \varphi_1(u)\mathrm{d}u + \psi(v) \triangleq \varphi(u) + \psi(v) = \varphi(x-2y) + \psi(x+3y).$$

其中,φ,ψ 为任意函数.

9.6.2 一阶全微分形式不变性

一元函数具有一阶微分形式不变性
$$\mathrm{d}y = f'(x)\mathrm{d}x.$$
这里不管 x 是中间变量还是自变量均成立. 对于多元函数来说,也具有此性质.

定理 设 $z = f(u,v), u = u(x,y), v = v(x,y)$ 都有连续偏导数,则复合函数 $z = f(u(x,y),v(x,y))$ 在点 (x,y) 处的全微分 $\mathrm{d}z$ 仍可表为
$$\mathrm{d}z = \frac{\partial z}{\partial u}\mathrm{d}u + \frac{\partial z}{\partial v}\mathrm{d}v.$$

证明 由定理条件,u,v 可微且根据复合函数微分法知复合函数 $z = f(u(x,y),v(x,y))$ 关于 x,y 的偏导数不仅存在而且连续,从而可微且

$$\begin{aligned}\mathrm{d}z &= \frac{\partial z}{\partial x}\mathrm{d}x + \frac{\partial z}{\partial y}\mathrm{d}y \\ &= \left(\frac{\partial z}{\partial u}\frac{\partial u}{\partial x} + \frac{\partial z}{\partial v}\frac{\partial v}{\partial x}\right)\mathrm{d}x + \left(\frac{\partial z}{\partial u}\frac{\partial u}{\partial y} + \frac{\partial z}{\partial v}\frac{\partial v}{\partial y}\right)\mathrm{d}y \\ &= \frac{\partial z}{\partial u}\left(\frac{\partial u}{\partial x}\mathrm{d}x + \frac{\partial u}{\partial y}\mathrm{d}y\right) + \frac{\partial z}{\partial v}\left(\frac{\partial v}{\partial x}\mathrm{d}x + \frac{\partial v}{\partial y}\mathrm{d}y\right) \\ &= \frac{\partial z}{\partial u}\mathrm{d}u + \frac{\partial z}{\partial v}\mathrm{d}v.\end{aligned}$$

我们可以利用一阶全微分形式不变性求偏导数,以 9.6.1 小节例 4 为例:$u = f(x,y,z)$,$y = \varphi(x,t)$,$t = \psi(x,z)$ 均可微,则

$$\begin{aligned}\mathrm{d}u &= \frac{\partial f}{\partial x}\mathrm{d}x + \frac{\partial f}{\partial y}\mathrm{d}y + \frac{\partial f}{\partial z}\mathrm{d}z \\ &= \frac{\partial f}{\partial x}\mathrm{d}x + \frac{\partial f}{\partial y}\left(\frac{\partial \varphi}{\partial x}\mathrm{d}x + \frac{\partial \varphi}{\partial t}\mathrm{d}t\right) + \frac{\partial f}{\partial z}\mathrm{d}z \\ &= \frac{\partial f}{\partial x}\mathrm{d}x + \frac{\partial f}{\partial y}\frac{\partial \varphi}{\partial x}\mathrm{d}x + \frac{\partial f}{\partial y}\frac{\partial \varphi}{\partial t}\left(\frac{\partial \psi}{\partial x}\mathrm{d}x + \frac{\partial \psi}{\partial z}\mathrm{d}z\right) + \frac{\partial f}{\partial z}\mathrm{d}z \\ &= \left(\frac{\partial f}{\partial x} + \frac{\partial f}{\partial y}\left(\frac{\partial \varphi}{\partial x} + \frac{\partial \varphi}{\partial t}\frac{\partial \psi}{\partial x}\right)\right)\mathrm{d}x + \left(\frac{\partial f}{\partial y}\frac{\partial \psi}{\partial t}\frac{\partial \psi}{\partial z} + \frac{\partial f}{\partial z}\right)\mathrm{d}z \\ &= \frac{\partial u}{\partial x}\mathrm{d}x + \frac{\partial u}{\partial y}\mathrm{d}z.\end{aligned}$$

所以
$$\frac{\partial u}{\partial x} = \frac{\partial f}{\partial x} + \frac{\partial f}{\partial y}\left(\frac{\partial \varphi}{\partial x} + \frac{\partial \varphi}{\partial t}\frac{\partial \psi}{\partial x}\right),$$
$$\frac{\partial u}{\partial z} = \frac{\partial f}{\partial y}\frac{\partial \varphi}{\partial t}\frac{\partial \psi}{\partial z} + \frac{\partial f}{\partial z}.$$

习 题 9.6

1. 求下列复合函数的导数或偏导数：

(1) $z = \arctan\dfrac{u}{v}, u = x^2 + y^2, v = xy$，求 $\dfrac{\partial z}{\partial x}, \dfrac{\partial z}{\partial y}$.

(2) $u = \dfrac{e^{ax}(y-z)}{a^2+1}$，而 $y = a\sin x, z = \cos x$，求 $\dfrac{du}{dx}$.

2. 设 f 是可微函数，求下列复合函数的偏导数或导数：

(1) $u = f(x+y+z, xyz)$;　　　　　(2) $z = f(x\ln x, 2x-y)$;

(3) $z = xy + \dfrac{y}{x}f(xy)$;　　　　　(4) $z = f(x^2-y^2, e^{xy})$;

(5) $z = f(t, \sin^2 t, \varphi(t, e^{-t})), \varphi$ 可微.

3. $z = e^{-x}\sin\dfrac{x}{y}$，求 $\dfrac{\partial^2 z}{\partial x \partial y}$ 在 $\left(2, \dfrac{1}{\pi}\right)$ 处的值.

4. 设 f 有二阶连续偏导数，求下列函数二阶偏导数：

(1) $z = f\left(\ln\sqrt{x^2+y^2}, \arctan\dfrac{y}{x}\right)$，求 $\dfrac{\partial^2 z}{\partial x \partial y}$;

(2) $z = f\left(x + \dfrac{1}{y}, y + \dfrac{1}{x}\right)$，求 $\dfrac{\partial^2 z}{\partial x^2}$;

(3) $z = \dfrac{1}{x}f(xy) + yg(x+y)$，求 $\dfrac{\partial^2 z}{\partial x \partial y}$.

5. $z = f(\varphi(y)+x), f, \varphi$ 二阶可导，求证 $\dfrac{\partial z}{\partial x} \cdot \dfrac{\partial^2 z}{\partial x \partial y} = \dfrac{\partial z}{\partial y} \cdot \dfrac{\partial^2 z}{\partial x^2}$.

6. 求证 $u = \dfrac{1}{\sqrt{t}}e^{-\frac{x^2}{4t}}$ 满足热传导方程 $\dfrac{\partial u}{\partial t} = \dfrac{\partial^2 u}{\partial x^2}$.

7. 设 $z = f(x, y), x = r\cos\theta, y = r\sin\theta$:

(1) 求证 $\left(\dfrac{\partial z}{\partial r}\right)^2 + \dfrac{1}{r^2}\left(\dfrac{\partial z}{\partial \theta}\right)^2 = \left(\dfrac{\partial z}{\partial x}\right)^2 + \left(\dfrac{\partial z}{\partial y}\right)^2$;

(2) 将方程 $x\dfrac{\partial z}{\partial y} - y\dfrac{\partial z}{\partial x} = 0$ 改写为以 r, θ 为自变量的方程.

8. 作变换 $\xi = x+y, \eta = cx+y$，化方程 $3\dfrac{\partial^2 u}{\partial x^2} - 4\dfrac{\partial^2 u}{\partial x \partial y} + \dfrac{\partial^2 u}{\partial y^2} = 0$ 为 $\dfrac{\partial^2 u}{\partial \xi \partial \eta} = 0$，求 c.

9. 可微函数 $u = f(x, y, z)$ 满足 $x\dfrac{\partial u}{\partial x} + y\dfrac{\partial u}{\partial y} + z\dfrac{\partial u}{\partial z} = 0$，求证 $f(x, y, z)$ 在球坐标系里只是 θ 与 φ 的函数.

10. 可微函数 $u=f(x,y,z)$ 满足 $\dfrac{\dfrac{\partial u}{\partial x}}{x}=\dfrac{\dfrac{\partial u}{\partial y}}{y}=\dfrac{\dfrac{\partial u}{\partial z}}{z}$，求证 $f(x,y,z)$ 在球坐标系里只是 ρ 的函数.

9.7 隐函数存在定理与隐函数微分法

以上所讨论的函数都是显函数 $z=f(P)$. 但在实际问题中还常常遇到隐函数，即自变量及因变量的关系是通过方程来确定的函数. 然而，我们知道方程 $F(x,y)=0$ 并不总能确定 y 是 x 的函数. 例如，方程 $x^2+y^2=-1$ 就不能确定任何函数，因为不存在两个实数，其平方和为 -1. 那么，在什么条件下，方程 $F(x,y)=0$ 能确定 y 是 x 的函数，并且这个函数是可导的呢？下面针对两种情形给出相应定理，统称为隐函数存在定理，给出了隐函数存在的充分条件.

定理 1（隐函数存在定理） 设函数 $F(x,y,z)$ 在点 $P_0(x_0,y_0,z_0)$ 的某一邻域内具有连续的偏导数，且 $F(P_0)=0, \dfrac{\partial F}{\partial z}\Big|_P \neq 0$，则方程 $F(x,y,z)=0$ 在 (x_0,y_0) 的某一邻域内能唯一确定一个单值连续且具有连续偏导数的函数 $z=f(x,y)$，它满足 $z_0=f(x_0,y_0)$，$F(x,y,z(x,y))\equiv 0$，并有

$$\frac{\partial z}{\partial x}=-\frac{\dfrac{\partial F}{\partial x}}{\dfrac{\partial F}{\partial z}}, \quad \frac{\partial z}{\partial y}=-\frac{\dfrac{\partial F}{\partial y}}{\dfrac{\partial F}{\partial z}}. \tag{9.7.1}$$

证明从略.

在实际问题中求隐函数的偏导数（导数）时，可以不用上述公式，而是利用导出上述公式的方法：在方程两边分别求导，这样做更为方便.

例 1 方程 $e^z-xyz=0$ 确定了隐函数 $z=z(x,y)$，求 $\dfrac{\partial z}{\partial x}, \dfrac{\partial z}{\partial y}$ 以及 $\dfrac{\partial^2 z}{\partial x^2}$.

解 方程两边对 x 求偏导（其中 $z=z(x,y)$）得

$$e^z \frac{\partial z}{\partial x} - yz - xy\frac{\partial z}{\partial x} = 0,$$

从而

$$\frac{\partial z}{\partial x} = \frac{yz}{e^z - xy},$$

同理

$$\frac{\partial z}{\partial y} = \frac{xy}{e^z - xy}.$$

至于 $\dfrac{\partial^2 z}{\partial x^2}$ 可由 $\dfrac{\partial z}{\partial x} = \dfrac{yz}{e^z - xy}$ 对 x 求偏导得

$$\frac{\partial^2 z}{\partial x^2} = \frac{\partial\left(\frac{\partial z}{\partial x}\right)}{\partial x} = \frac{(e^z - xy)\frac{\partial z}{\partial x} y - zy\left(e^z \frac{\partial z}{\partial x} - y\right)}{(e^z - xy)^2} = \frac{2y^2 z(e^z - xy) - y^2 z^2 e^z}{(e^z - xy)^3}.$$

也可由 $e^z \dfrac{\partial z}{\partial x} - yz - xy\dfrac{\partial z}{\partial x} = 0$ 两边对 x 求偏导得

$$e^z\left(\frac{\partial z}{\partial x}\right)^2 + e^z \frac{\partial^2 z}{\partial x^2} - 2y\frac{\partial z}{\partial x} - xy\frac{\partial^2 z}{\partial x^2} = 0.$$

所以

$$\frac{\partial^2 z}{\partial x^2} = \frac{2y\dfrac{\partial z}{\partial x} - e^z\left(\dfrac{\partial z}{\partial x}\right)^2}{e^z - xy} = \frac{2y^2 z(e^z - xy) - y^2 z^2 e^z}{(e^z - xy)^3}.$$

例 2 设 $f(y-x, yz) = 0$ 确定了隐函数 $z = z(x, y)$,求 $\dfrac{\partial z}{\partial x}, \dfrac{\partial z}{\partial y}$.

解 方程两边对 x 求偏导(其中 $z = z(x, y)$)得

$$f_1' \cdot (-1) + f_2' \cdot y\frac{\partial z}{\partial x} = 0,$$

所以

$$\frac{\partial z}{\partial x} = \frac{f_1'}{yf_2'}.$$

同理,方程两边对 y 求偏导(其中 $z = z(x, y)$)得

$$f_1' + f_2' \cdot \left(z + y\frac{\partial z}{\partial y}\right) = 0,$$

所以

$$\frac{\partial z}{\partial y} = \frac{-(f_1' + zf_2')}{yf_2'}.$$

以上讨论的是由一个方程所确定的隐函数.下面讨论由方程组所确定的隐函数.

定理 2(隐函数存在定理) 设函数 $F(x, y, u, v), G(x, y, u, v)$ 在点 $P_0(x_0, y_0, u_0, v_0)$ 的某一邻域内有连续偏导数,且 $F(P_0) = 0, G(P_0) = 0$,函数组 F 与 G 的雅可比[①]行列式

$$J = \frac{\partial(F, G)}{\partial(u, v)} = \begin{vmatrix} \dfrac{\partial F}{\partial u} & \dfrac{\partial F}{\partial v} \\ \dfrac{\partial G}{\partial u} & \dfrac{\partial G}{\partial v} \end{vmatrix} \tag{9.7.2}$$

在 P_0 处不等于零,则有结论:

---

① 雅可比(德国数学家,C. G. J. Jacobi,1804~1851).

9.7 隐函数存在定理与隐函数微分法

(1) 在点 (x_0, y_0) 的某邻域内，方程组

$$\begin{cases} F(x,y,u,v) = 0, \\ G(x,y,u,v) = 0 \end{cases}$$

唯一确定一组函数 $u=u(x,y), v=v(x,y)$ 满足上方程组且 $u_0 = u(x_0, y_0), v_0 = v(x_0, y_0)$.

(2) 这组函数在点 (x_0, y_0) 的某邻域内有连续的偏导数且

$$\frac{\partial u}{\partial x} = -\frac{\frac{\partial(F,G)}{\partial(x,v)}}{J}, \quad \frac{\partial u}{\partial y} = -\frac{\frac{\partial(F,G)}{\partial(y,v)}}{J};$$

$$\frac{\partial v}{\partial x} = -\frac{\frac{\partial(F,G)}{\partial(u,x)}}{J}, \quad \frac{\partial v}{\partial y} = -\frac{\frac{\partial(F,G)}{\partial(u,y)}}{J}. \tag{9.7.3}$$

证明从略.

例 3 设方程组 $\begin{cases} u^3 + xv = y, \\ v^3 + yu = x \end{cases}$ 确定了隐函数 $\begin{cases} u=u(x,y), \\ v=v(x,y), \end{cases}$ 求 $\frac{\partial u}{\partial x}, \frac{\partial u}{\partial y}, \frac{\partial v}{\partial x}, \frac{\partial v}{\partial y}$.

解 方程组两边对 x 求偏导（其中 $u=u(x,y), v=v(x,y)$）得

$$\begin{cases} 3u^2 \frac{\partial u}{\partial x} + v + x\frac{\partial v}{\partial x} = 0, \\ 3v^2 \frac{\partial v}{\partial x} + y\frac{\partial u}{\partial x} = 1 \end{cases} \text{即} \begin{cases} 3u^2 \frac{\partial u}{\partial x} + x\frac{\partial v}{\partial x} = -v, \\ y\frac{\partial u}{\partial x} + 3v^2 \frac{\partial v}{\partial x} = 1. \end{cases}$$

这是关于 $\frac{\partial u}{\partial x}, \frac{\partial v}{\partial x}$ 的线性方程组，解此方程组得

$$\frac{\partial u}{\partial x} = \frac{-3v^3 - x}{9u^2v^2 - xy}, \quad \frac{\partial v}{\partial x} = \frac{3u^2 + vy}{9u^2v^2 - xy}.$$

将原方程组两边对 y 求偏导（其中 $u=u(x,y), v=v(x,y)$）得

$$\begin{cases} 3u^2 \frac{\partial u}{\partial y} + x\frac{\partial v}{\partial y} = 1, \\ u + y\frac{\partial u}{\partial y} + 3v^2 \frac{\partial v}{\partial y} = 0 \end{cases} \text{即} \begin{cases} 3u^2 \frac{\partial u}{\partial y} + x\frac{\partial v}{\partial y} = 1, \\ y\frac{\partial u}{\partial y} + 3v^2 \frac{\partial v}{\partial y} = -u. \end{cases}$$

这是关于 $\frac{\partial u}{\partial y}, \frac{\partial v}{\partial y}$ 的线性方程组，解此方程组得

$$\frac{\partial u}{\partial y} = \frac{3v^2 + ux}{9u^2v^2 - xy}, \quad \frac{\partial v}{\partial y} = \frac{-(3u^3 + y)}{9u^2v^2 - xy}.$$

例 4 给出 $y = f(x,t)$ 而 t 由 $\varphi(x,y,t) = 0$ 所确定，其中 f 及 φ 可微，求 $\frac{dy}{dx}$.

解 这里三个变量 x, y, t，有两个可约束条件，故只有一个自由度，因此可认

为方程组 $\begin{cases} y=f(x,t), \\ \varphi(x,y,t)=0 \end{cases}$ 确定了函数 $\begin{cases} y=y(x), \\ t=t(x). \end{cases}$

方程组两边关于 x 求偏导或求导数(其中 $y=y(x),t=t(x)$)得

$$\begin{cases} \dfrac{\mathrm{d}y}{\mathrm{d}x}=\dfrac{\partial f}{\partial x}+\dfrac{\partial f}{\partial t}\dfrac{\mathrm{d}t}{\mathrm{d}x}, \\ \dfrac{\partial \varphi}{\partial x}+\dfrac{\partial \varphi}{\partial y}\dfrac{\mathrm{d}y}{\mathrm{d}x}+\dfrac{\partial \varphi}{\partial t}\dfrac{\mathrm{d}t}{\mathrm{d}x}=0, \end{cases}$$

即

$$\begin{cases} \dfrac{\mathrm{d}y}{\mathrm{d}x}-\dfrac{\partial f}{\partial t}\dfrac{\mathrm{d}t}{\mathrm{d}x}=\dfrac{\partial f}{\partial x}, \\ \dfrac{\partial \varphi}{\partial y}\dfrac{\mathrm{d}y}{\mathrm{d}x}+\dfrac{\partial \varphi}{\partial t}\dfrac{\mathrm{d}t}{\mathrm{d}x}=-\dfrac{\partial \varphi}{\partial x}. \end{cases}$$

这是关于 $\dfrac{\mathrm{d}y}{\mathrm{d}x}$ 及 $\dfrac{\mathrm{d}t}{\mathrm{d}x}$ 的线性方程组,解此方程组得

$$\dfrac{\mathrm{d}y}{\mathrm{d}x}=\dfrac{f'_x\varphi'_t-f'_t\varphi'_x}{\varphi'_t+f'_t\varphi'_y}.$$

定理 2 有一个重要的推论:

推论(反函数存在定理) 设函数组 $\begin{cases} x=\varphi(u,v), \\ y=\psi(u,v) \end{cases}$ 在点 (u_0,v_0) 的邻域内有连续的偏导数,且行列式 $\dfrac{\partial(x,y)}{\partial(u,v)}$ 在 (u_0,v_0) 处不为零,记 $x_0=\varphi(u_0,v_0),y_0=\psi(u_0,v_0)$,则在点 (x_0,y_0) 的某邻域内存在唯一一组具有连续偏导数的反函数组 $\begin{cases} u=u(x,y), \\ v=v(x,y) \end{cases}$ 满足 $u_0=u(x_0,y_0),v_0=v(x_0,y_0)$,且

$$\begin{cases} \varphi(u(x,y),v(x,y))=x, \\ \psi(u(x,y),v(x,y))=y. \end{cases}$$

例 5 若参数方程 $\begin{cases} x=\varphi(u,v), \\ y=\psi(u,v), \\ z=f(u,v) \end{cases}$ 确定了函数 $z=z(x,y)$,求 $\dfrac{\partial z}{\partial x},\dfrac{\partial z}{\partial y}$.

解 依题意,方程组 $\begin{cases} x=\varphi(u,v), \\ y=\psi(u,v) \end{cases}$ 确定了反函数组 $\begin{cases} u=u(x,y), \\ v=v(x,y), \end{cases}$ 将它们代入 $z=f(u,v)$ 中得

$$z=f(u(x,y),v(x,y))\triangleq z(x,y).$$

故将函数组 $\begin{cases} \varphi(u,v)=x, \\ \psi(u,v)=y \end{cases}$ 两边对 x 求偏导(其中 $u=u(x,y),v=v(x,y)$),得

9.7 隐函数存在定理与隐函数微分法

$$\begin{cases} \dfrac{\partial \varphi}{\partial u}\dfrac{\partial u}{\partial x} + \dfrac{\partial \varphi}{\partial v}\dfrac{\partial v}{\partial x} = 1, \\ \dfrac{\partial \psi}{\partial u}\dfrac{\partial u}{\partial x} + \dfrac{\partial \psi}{\partial v}\dfrac{\partial v}{\partial x} = 0, \end{cases}$$

这是关于 $\dfrac{\partial u}{\partial x}, \dfrac{\partial v}{\partial x}$ 的线性方程组，解此方程组得

$$\frac{\partial u}{\partial x} = \frac{\begin{vmatrix} 1 & \varphi'_v \\ 0 & \psi'_v \end{vmatrix}}{\begin{vmatrix} \varphi'_u & \varphi'_v \\ \psi'_u & \psi'_v \end{vmatrix}} = \frac{\psi'_v}{\varphi'_u \psi'_v - \varphi'_v \psi'_u},$$

$$\frac{\partial v}{\partial x} = \frac{\begin{vmatrix} \varphi'_u & 1 \\ \psi'_u & 0 \end{vmatrix}}{\begin{vmatrix} \varphi'_u & \varphi'_v \\ \psi'_u & \psi'_v \end{vmatrix}} = \frac{-\psi'_u}{\varphi'_u \psi'_v - \varphi'_v \psi'_u}.$$

所以

$$\frac{\partial z}{\partial x} = \frac{\partial f}{\partial u}\frac{\partial u}{\partial x} + \frac{\partial f}{\partial v}\frac{\partial v}{\partial x} = \frac{f'_u \psi'_v - f'_v \psi'_u}{\varphi'_u \psi'_v - \varphi'_v \psi'_u},$$

同理得

$$\frac{\partial z}{\partial y} = \frac{f'_v \varphi'_u - f'_u \varphi'_v}{\varphi'_u \psi'_v - \varphi'_v \psi'_u}.$$

雅可比行列式是研究函数组有关问题的重要工具，它有着与一元函数导数类似的一系列性质。

性质 1 设 $\begin{cases} x = x(u,v), \\ y = y(u,v) \end{cases}$ 以及 $\begin{cases} u = u(s,t), \\ v = v(s,t) \end{cases}$ 均为具有一阶连续偏导数的函数，则

$$\frac{\partial(x,y)}{\partial(s,t)} = \frac{\partial(x,y)}{\partial(u,v)} \cdot \frac{\partial(u,v)}{\partial(s,t)}. \tag{9.7.4}$$

也就是说，函数组对自变量的雅可比行列式等于这个函数组对中间变量的雅可比行列式乘上中间变量对自变量的雅可比行列式。这一性质类似于一元复合函数求导法则。

性质 2 若函数组 $\begin{cases} u = u(x,y), \\ v = v(x,y) \end{cases}$ 确定了一组反函数 $\begin{cases} x = x(u,v), \\ y = y(u,v) \end{cases}$ 则

$$\frac{\partial(x,y)}{\partial(u,v)} = \frac{1}{\dfrac{\partial(u,v)}{\partial(x,y)}}. \tag{9.7.5}$$

这一性质类似于一元反函数求导法则 $\dfrac{\mathrm{d}x}{\mathrm{d}y}=\dfrac{1}{\frac{\mathrm{d}y}{\mathrm{d}x}}$.

习 题 9.7

1. 求由下列方程确定的函数 $z=z(x,y)$ 的偏导数：

(1) $x+2y+z-2\sqrt{xyz}=0$； (2) $\dfrac{x}{z}=\ln\dfrac{z}{y}$； (3) $z^x=y^z$.

2. (1) 方程 $xy-\mathrm{e}^x+\mathrm{e}^y=0$ 确定隐函数 $y=y(x)$，求 $y''(0)$；

(2) 设 $z=\sqrt{x^2-y^2}\tan\dfrac{z}{\sqrt{x^2-y^2}}$ 确定隐函数 $z=z(x,y)$，求 $\dfrac{\partial^2 z}{\partial y^2}$；

(3) 设 $x+y+z=\mathrm{e}^z$，确定隐函数 $z=z(x,y)$，求 $\dfrac{\partial^2 z}{\partial x\partial y}$.

3. (1) 设 $f(x-y,y-z,z-x)=0$ 确定隐函数 $z=z(x,y)$，求 $\mathrm{d}z$；

(2) 设 $F(x,y,x-z,y^2-w)=0$，F 具有二阶连续偏导数，$F'_4\neq 0$，求 $\dfrac{\partial^2 w}{\partial y^2}$；

(3) $f(y-x,yz)=0$ 确定隐函数 $z=z(x,y)$，f 二阶偏导数连续，求 $\dfrac{\partial^2 z}{\partial x^2}$.

4. (1) 设 $F\left(x+\dfrac{z}{y},y+\dfrac{z}{x}\right)=0$ 确定了隐函数 $z=z(x,y)$，求证 $x\dfrac{\partial z}{\partial x}+y\dfrac{\partial z}{\partial y}=z-xy$；

(2) 设 $f(u^2-x^2,u^2-y^2,u^2-z^2)=0$ 确定了隐函数 $u=\varphi(x,y,z)$，求证 $\dfrac{u'_x}{x}+\dfrac{u'_y}{y}+\dfrac{u'_z}{z}=\dfrac{1}{u}$.

5. $\begin{cases} y=f(x,u),\\ z=\varphi(x,u) \end{cases}$ 确定了 $z=z(x,y)$，求 $\mathrm{d}z$.

6. 已知 $u=f(x,y)$，$g(x,y,z)=0$，$h(x,z)=0$，且 $\dfrac{\partial h}{\partial z}\neq 0$，$\dfrac{\partial g}{\partial y}\neq 0$，求 $\dfrac{\mathrm{d}u}{\mathrm{d}x}$.

7. 设 $z=f(u)$，而 $u=u(x,y)$ 由 $u=y+x\varphi(u)$ 所确定，求证 $\dfrac{\partial z}{\partial x}=\varphi(u)\dfrac{\partial z}{\partial y}$.

8. (1) 设 $\begin{cases} x=\cos\varphi\cos\theta,\\ y=\cos\varphi\sin\theta,\\ z=\sin\varphi \end{cases}$ 确定了 $z=z(x,y)$，求 $\dfrac{\partial z}{\partial x}$；

(2) 设 $\begin{cases} x=u\cos v,\\ y=u\sin v,\\ z=v \end{cases}$ 确定了 $z=z(x,y)$，求 $\dfrac{\partial^2 z}{\partial x\partial y}$.

9. 方程组 $\begin{cases} x=u+v,\\ y=u-v,\\ z=u^2v^2 \end{cases}$ 能否确定 $z=z(x,y)$？如能，求 $\dfrac{\partial z}{\partial x},\dfrac{\partial z}{\partial y}$.

10. 求函数组 $\begin{cases} u=x^2-y^2,\\ v=2xy \end{cases}$ 的雅可比行列式以及其反函数组的雅可比行列式.

9.8 偏导数的几何应用

9.8.1 空间曲线的切线与法平面

给出空间光滑曲线 $L: \begin{cases} x=x(t), \\ y=y(t), \\ z=z(t), \end{cases} -\infty<t<+\infty.$ 在曲线 L 上任取一点 $M_0(x_0,y_0,z_0)$,它对应于参数 t_0,即 $x_0=x(t_0), y_0=y(t_0), z_0=z(t_0)$,设 $x'(t_0), y'(t_0), z'(t_0)$ 不全为零. 下面我们来求曲线 L 在 M_0 处的切线方程与法平面方程.

对于空间曲线,其切线的定义仍为割线的极限位置. 因此,我们在 L 上(图 9.15)在 M_0 附近任取一点 $M'(x_0+\Delta x, y_0+\Delta y, z_0+\Delta z)$,它对应于参数 $t_0+\Delta t$. 则割线 M_0M' 的方程为

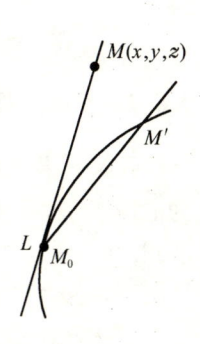

图 9.15

$$\frac{x-x_0}{\Delta x}=\frac{y-y_0}{\Delta y}=\frac{z-z_0}{\Delta z},$$

也有

$$\frac{x-x_0}{\frac{\Delta x}{\Delta t}}=\frac{y-y_0}{\frac{\Delta y}{\Delta t}}=\frac{z-z_0}{\frac{\Delta z}{\Delta t}},$$

当 M' 沿 L 趋于 M_0 时有 $\Delta t \to 0$,则得 L 过 M_0 处的切线方程为

$$\frac{x-x_0}{x'(t_0)}=\frac{y-y_0}{y'(t_0)}=\frac{z-z_0}{z'(t_0)}, \tag{9.8.1}$$

它的切向向量是

$$\boldsymbol{S}=\{x'(t_0),y'(t_0),z'(t_0)\}. \tag{9.8.2}$$

过 M_0 且与切线垂直的平面 π 称为 L 在 M_0 处的法平面,其法向量为 $\boldsymbol{n}=\{x'(t_0),y'(t_0),z'(t_0)\}$,故其方程为

$$\pi: x'(t_0)(x-x_0)+y'(t_0)(y-y_0)+z'(t_0)(z-z_0)=0. \tag{9.8.3}$$

例 求圆柱面 $y^2+z^2=1$ 上的螺旋线 $L: \begin{cases} x=t, \\ y=\cos t, \\ z=\sin t, \end{cases} t\in \mathbf{R}$,在点 $P_0(0,1,0)$ 处的切线方程与法平面方程.

解 过此曲线上任意一点处的切线其方向向量是

$$\boldsymbol{S}=\{1,-\sin t,\cos t\},$$

而点 P_0 对应的参数是 $t=0$,故

$$\left.\boldsymbol{S}\right|_{P_0} = \{1,0,1\}.$$

所以,过 P_0 点螺旋线的切线及法平面方程分别是

$$l: \frac{x-0}{1} = \frac{y-1}{0} = \frac{z-0}{1} \quad 即 \quad \frac{x}{1} = \frac{y-1}{0} = \frac{z}{1};$$

$$\pi: (x-0) + (z-0) = 0 \quad 即 \quad x + z = 0.$$

9.8.2 空间曲面的切平面与法线

定义 若曲面 Σ 上过 M_0 点的所有曲线的切线都在同一平面上,则此平面称为曲面 Σ 在 M_0 处的切平面,过 M_0 垂直切平面的直线称为曲面 Σ 在 M_0 处的法线.

下面来求曲面的切平面方程与法线方程.

设光滑曲面 Σ 的方程为

$$\Sigma: F(x,y,z) = 0,$$

$M_0(x_0, y_0, z_0)$ 为 Σ 上一点,设 $\frac{\partial F}{\partial x}, \frac{\partial F}{\partial y}, \frac{\partial F}{\partial z}$ 于 M_0 处连续且不全为零.

在 Σ 上过 M_0 任作一条曲线 L,设其方程为

$$L: \begin{cases} x = x(t), \\ y = y(t), \\ z = z(t), \end{cases}$$

且 $M_0(x(t_0), y(t_0), z(t_0))$,则

$$F(x(t), y(t), z(t)) \equiv 0.$$

对 t 求导得

$$\frac{\partial F}{\partial x} x'(t) + \frac{\partial F}{\partial y} y'(t) + \frac{\partial F}{\partial z} z'(t) = 0.$$

此式表明,在 M_0 处向量

$$\boldsymbol{n} = \{F'_x(x_0,y_0,z_0), F'_y(x_0,y_0,z_0), F'_z(x_0,y_0,z_0)\}. \tag{9.8.4}$$

与曲面 Σ 上过 M_0 的任一条曲线 L 的切向量

$$\boldsymbol{S} = \{x'(t_0), y'(t_0), z'(t_0)\}$$

垂直,因此 $\boldsymbol{n}$ 就是切平面的法向量. 于是得到曲面 Σ 在点 M_0 处的切平面方程为

$$F'_x(x_0,y_0,z_0)(x-x_0) + F'_y(x_0,y_0,z_0)(y-y_0) + F'_z(x_0,y_0,z_0)(z-z_0) = 0, \tag{9.8.5}$$

法线方程为

$$\frac{x-x_0}{F'_x(x_0,y_0,z_0)} = \frac{y-y_0}{F'_y(x_0,y_0,z_0)} = \frac{z-z_0}{F'_z(x_0,y_0,z_0)}. \tag{9.8.6}$$

特别,若曲面 Σ 的方程为

9.8 偏导数的几何应用

$$\Sigma: z = f(x,y),$$

则可以看作 $F(x,y,z)=f(x,y)-z=0$,于是曲面过点 $M(x,y,z)$ 的切平面的法向量是

$$\boldsymbol{n} = \pm\left\{\frac{\partial f}{\partial x},\frac{\partial f}{\partial y},-1\right\}, \tag{9.8.7}$$

从而 Σ 过 M 点的切平面方程为

$$\frac{\partial f}{\partial x}(X-x)+\frac{\partial f}{\partial y}(Y-y)-(Z-z)=0. \tag{9.8.8}$$

其中,点 (X,Y,Z) 是切平面上的点.

以及法线方程为

$$\frac{X-x}{f'_x(x,y)}=\frac{Y-y}{f'_y(x,y)}=\frac{Z-z}{-1}. \tag{9.8.9}$$

其中,点 (X,Y,Z) 是法线上的点.

例1 求椭球面 $x^2+2y^2+3z^2=9$ 在点 $M_0(2,-1,1)$ 处的切平面方程及法线方程.

解 椭球面方程为 $F(x,y,z)=x^2+2y^2+3z^2-9=0$,其在任一点处切平面的法向量为

$$\boldsymbol{n}=\left\{\frac{\partial F}{\partial x},\frac{\partial F}{\partial y},\frac{\partial F}{\partial z}\right\}=\{2x,4y,6z\},$$

故

$$\boldsymbol{n}\big|_{M_0}=\{4,-4,6\}=2\{2,-2,3\}.$$

切平面方程为

$$2(x-2)-2(y+1)+3(z-1)=0$$

即 $2x-2y+3z=9$,法线方程为

$$\frac{x-2}{2}=\frac{y+1}{-2}=\frac{z-1}{3}.$$

例2 在曲面 $\Sigma:z=xy$ 上找一点,使这点的法线垂直平面 $\pi:x+3y+z+9=0$,写出此法线方程.

解 设所求点为 $M_0(x_0,y_0,z_0)$,则过 M_0,Σ 的法向量为

$$\boldsymbol{n}_1=\left\{\frac{\partial f}{\partial x}\bigg|_{M_0},\frac{\partial f}{\partial y}\bigg|_{M_0},-1\right\}=\{y_0,x_0,-1\},$$

平面 π 的法向量为

$$\boldsymbol{n}_2=\{1,3,1\}.$$

依题意 $\boldsymbol{n}_1 \parallel \boldsymbol{n}_2$,即 $\dfrac{y_0}{1}=\dfrac{x_0}{3}=\dfrac{-1}{1}$,所以 $y_0=-1, x_0=-3, z_0=x_0y_0=3, \boldsymbol{n}_1=\{-1,$

$-3,-1\}$,所求法线方程是
$$\frac{x+3}{1}=\frac{y+1}{3}=\frac{z-3}{1}.$$

例3 求曲线 $L:\begin{cases}y^2+z^2=25,\\x^2+y^2=10\end{cases}$ 过点 $M_0(1,3,4)$ 的切线方程.

解 这里给出的是曲线的一般式方程,显然其切向量同时与两曲面 $F(x,y,z)=y^2+z^2-25=0$ 及 $G(x,y,z)=x^2+y^2-10=0$ 的法向量垂直,故

$$S=n_F\times n_G=\begin{vmatrix}i & j & k\\ 0 & 2y & 2z\\ 2x & 2y & 0\end{vmatrix}=\{-4yz,4xz,-4xy\},$$

$$S\big|_{M_0}=-4\{12,-4,3\}.$$

切线方程
$$\frac{x-1}{12}=\frac{y-3}{-4}=\frac{z-4}{3}.$$

一般,曲线 $L:\begin{cases}F(x,y,z)=0,\\G(x,y,z)=0\end{cases}$ 于 $M(x,y,z)$ 处的切向量为

$$S=n_F\times n_G=\begin{vmatrix}i & j & k\\ \frac{\partial F}{\partial x} & \frac{\partial F}{\partial y} & \frac{\partial F}{\partial z}\\ \frac{\partial G}{\partial x} & \frac{\partial G}{\partial y} & \frac{\partial G}{\partial z}\end{vmatrix}$$

$$=\left\{\frac{\partial(F,G)}{\partial(y,z)},\frac{\partial(F,G)}{\partial(z,x)},\frac{\partial(F,G)}{\partial(x,y)}\right\}. \tag{9.8.10}$$

下面讨论当曲面 Σ 由参数方程给出时,怎样求它的切平面方程以及法线方程.

设光滑曲面 Σ 的方程为

$$\Sigma:\begin{cases}x=x(u,v),\\y=y(u,v),\\z=z(u,v),\end{cases}\quad(u,v)\in D.$$

设点 $M_0(x_0,y_0,z_0)\in\Sigma$,对应的参数是 (u_0,v_0),显然

$$L_u:\begin{cases}x=x(u,v_0),\\y=y(u,v_0),\\z=z(u,v_0)\end{cases}\quad 及 \quad L_v:\begin{cases}x=x(u_0,v),\\y=y(u_0,v),\\z=z(u_0,v)\end{cases}$$

为 Σ 上过 M_0 的两条曲线,分别称为 u 线与 v 线,它们在 M_0 处的切线方向向量分别是

9.8 偏导数的几何应用

$$S_u = \{x'_u(u_0,v_0), y'_u(u_0,v_0), z'_u(u_0,v_0)\},$$
$$S_v = \{x'_v(u_0,v_0), y'_v(u_0,v_0), z'_v(u_0,v_0)\}.$$

由于 S_u 与 S_v 都在切平面上,故切平面的法向量为

$$n = S_u \times S_v = \begin{vmatrix} i & j & k \\ \dfrac{\partial x}{\partial u} & \dfrac{\partial y}{\partial u} & \dfrac{\partial z}{\partial u} \\ \dfrac{\partial x}{\partial v} & \dfrac{\partial y}{\partial v} & \dfrac{\partial z}{\partial v} \end{vmatrix}_{(u_0,v_0)}$$

$$= \left\{ \dfrac{\partial(y,z)}{\partial(u,v)}, \dfrac{\partial(x,z)}{\partial(v,u)}, \dfrac{\partial(x,y)}{\partial(u,v)} \right\}\bigg|_{(u_0,v_0)}. \qquad (9.8.11)$$

由此可得切平面方程为

$$\dfrac{\partial(y,z)}{\partial(u,v)}\bigg|_{M_0}(x-x_0) + \dfrac{\partial(x,z)}{\partial(v,u)}\bigg|_{M_0}(y-y_0) + \dfrac{\partial(x,y)}{\partial(u,v)}\bigg|_{M_0}(z-z_0) = 0,$$
$$(9.8.12)$$

法线方程

$$\dfrac{x-x_0}{\dfrac{\partial(y,z)}{\partial(u,v)}\bigg|_{M_0}} = \dfrac{y-y_0}{\dfrac{\partial(x,z)}{\partial(v,u)}\bigg|_{M_0}} = \dfrac{z-z_0}{\dfrac{\partial(x,y)}{\partial(u,v)}\bigg|_{M_0}}. \qquad (9.8.13)$$

例 4 求曲面 $\Sigma: \begin{cases} x = u\cos v, \\ y = u\sin v, \\ z = av \end{cases}$ 在 $(u_0, v_0) = \left(1, \dfrac{\pi}{4}\right)$ 处的切平面方程.

解 切平面过点 $M_0(u_0\cos v_0, u_0\sin v_0, av_0)$ 即 $M_0\left(\dfrac{\sqrt{2}}{2}, \dfrac{\sqrt{2}}{2}, \dfrac{\pi a}{4}\right)$,其法向量为

$$n = S_u \times S_v\big|_{M_0} = \begin{vmatrix} i & j & k \\ \cos v_0 & \sin v_0 & 0 \\ -u_0\sin v_0 & u_0\cos v_0 & a \end{vmatrix} = \left\{\dfrac{\sqrt{2}a}{2}, \dfrac{-\sqrt{2}a}{2}, 1\right\}.$$

切平面方程为

$$\dfrac{\sqrt{2}a}{2}\left(x - \dfrac{\sqrt{2}}{2}\right) - \dfrac{\sqrt{2}a}{2}\left(y - \dfrac{\sqrt{2}}{2}\right) + \left(z - \dfrac{\pi a}{4}\right) = 0,$$

即

$$\dfrac{\sqrt{2}a}{2}x - \dfrac{\sqrt{2}a}{2}y + z - \dfrac{\pi a}{4} = 0.$$

习 题 9.8

1. 求下列曲线在给定点的切线和法平面方程:

(1) $x=a\sin^2 t, y=b\sin t\cos t, z=c\cos^2 t$,点 $t=\dfrac{\pi}{4}$;

(2) $x=t-\sin t, y=1-\cos t, z=4\sin\dfrac{t}{2}$,点 $t=\dfrac{\pi}{2}$;

(3) $x^2+y^2+z^2=6, x+y+z=0$,点 $(1,-2,1)$;

(4) $y=x, z=x^2$,点 $(1,1,1)$.

2. 求下列曲面在给定点的切平面和法线方程:

(1) $z=x^2+y^2$,点 $(1,2,5)$;

(2) $f(y-az, x-bz)=0$,点 $M(x,y,z)$;

(3) $x=r\cos\varphi, y=r\sin\varphi, z=r\cot\alpha$ (α 为常数),点 $M_0(r_0,\varphi_0)$.

3. 求曲面 $x^2+2y^2+3z^2=21$ 上平行于平面 $x+4y+6z=0$ 的切平面.

4. 在曲线 $\begin{cases} x=t, \\ y=t^2, \\ z=t^3 \end{cases}$ 上求一点 M_0,使该点的切线平行于平面 $x+2y+z=4$.

5. 求证曲面 $xyz=a^3$ 上任一点的切平面与坐标面围成的四面体的体积为定值.

6. 设 $F(u,v)$ 可微,求证曲面 $F(lx-mz, ly-nz)=0$ 上所有切平面都与一条固定直线平行.

7. 设 $f(u)$ 可微,求证曲面 $z=xf\left(\dfrac{y}{x}\right)$ 上任一点处的切平面均过原点.

8. 求证曲线 $\begin{cases} x=e^{mt}a\cos t, \\ y=e^{mt}a\sin t, \\ z=e^{mt}b \end{cases}$ 落在锥面 $b^2(x^2+y^2)-a^2z^2=0$ 上并与母线相交成定角 $\alpha=\arccos\dfrac{m\sqrt{a^2+b^2}}{\sqrt{m^2(a^2+b^2)+a^2}}$.

9.9 二元函数的泰勒公式

一元函数的泰勒公式

$$f(x) = f(x_0) + f'(x_0)(x-x_0) + \frac{f''(x_0)}{2!}(x-x_0)^2 + \cdots$$
$$+ \frac{f^{(n)}(x_0)}{n!}(x-x_0)^n + R_n(x).$$

其中

$$R_n(x) = \begin{cases} o((x-x_0)^n), x\to x_0, & \text{皮亚诺型余项} \\ \dfrac{f^{(n+1)}(x_0+\theta(x-x_0))}{(n+1)!}(x-x_0)^{n+1}, & 0<\theta<1, \quad \text{拉格朗日型余项} \end{cases}$$

解决了如何用多项式去逼近函数的问题,是数值分析和优化方法的重要工具.

多元函数也有类似的 n 阶泰勒公式. 这里主要介绍在二元函数极值问题中要用到的二元函数泰勒公式,所给结果可推广到 n 元函数.

9.9 二元函数的泰勒公式

定理 若函数 $z=f(x,y)$ 在含有点 $P_0(x_0,y_0)$ 的某区域 D 内具有直到 $n+1$ 阶的连续偏导数,则当点 $P_1(x_0+h,y_0+k)\in D$ 且直线段 $P_0P_1\subset D$ 时,有 n 阶泰勒公式

$$f(x_0+h,y_0+k)=f(x_0,y_0)+\left(h\frac{\partial}{\partial x}+k\frac{\partial}{\partial y}\right)f(x_0,y_0)$$
$$+\frac{1}{2!}\left(h\frac{\partial}{\partial x}+k\frac{\partial}{\partial y}\right)^2 f(x_0,y_0)+\cdots$$
$$+\frac{1}{n!}\left(h\frac{\partial}{\partial x}+k\frac{\partial}{\partial y}\right)^n f(x_0,y_0)+R_n. \qquad (9.9.1)$$

其中, $R_n=\frac{1}{(n+1)!}\left(h\frac{\partial}{\partial x}+k\frac{\partial}{\partial y}\right)^{n+1}f(x_0+\theta h,y_0+\theta k),0<\theta<1$, 称为拉格朗日型余项,而

$$\left(h\frac{\partial}{\partial x}+k\frac{\partial}{\partial y}\right)^m f(x_0,y_0)=\sum_{l=0}^{m}C_m^l h^l k^{m-l}\frac{\partial^m f(x_0,y_0)}{\partial x^l \partial y^{m-l}}.$$

证明 在 P_0P_1 连线上任取一点 $P(x,y)$ (图 9.16),则

$$f(x,y)=f(x_0+th,y_0+tk)\triangleq F(t),\ 0\leqslant t\leqslant 1$$

便是 t 的函数,由条件知,此时一元函数 $F(t)$ 在 $[0,1]$ 上有 $n+1$ 阶连续导数,由一元函数的泰勒公式知

$$F(t)=F(0)+F'(0)t+\frac{F''(0)}{2!}t^2+\cdots+\frac{F^{(n)}(0)}{n!}t^n$$
$$+\frac{F^{(n+1)}(\theta)}{(n+1)!}t^{n+1},\quad 0<\theta<1. \qquad (9.9.2)$$

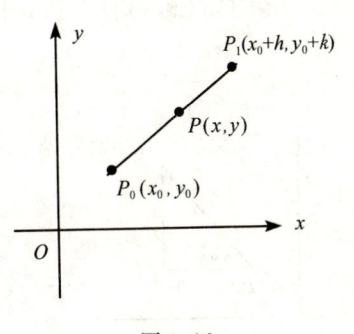

图 9.16

其中

$$\frac{dF(t)}{dt}=\frac{\partial f}{\partial x}h+\frac{\partial f}{\partial y}k\triangleq\left(h\frac{\partial}{\partial x}+k\frac{\partial}{\partial y}\right)f(x_0+th,y_0+tk),$$

$$\frac{d^2 F(t)}{dt^2}=\left(\frac{\partial^2 f}{\partial x^2}k+\frac{\partial^2 f}{\partial x\partial y}h\right)h+\left(\frac{\partial^2 f}{\partial y\partial x}h+\frac{\partial^2 f}{\partial y^2}k\right)k$$
$$=f''_{xx}h^2+2f''_{xy}hk+f''_{yy}k^2\triangleq\left(h\frac{\partial}{\partial x}+k\frac{\partial}{\partial y}\right)^2 f(x_0+th,y_0+tk).$$

用数学归纳法可证

$$\frac{d^n F(t)}{dt^n}=\left(h\frac{\partial}{\partial x}+k\frac{\partial}{\partial y}\right)^n f(x_0+th,y_0+tk).$$

由于

$$F(t)=f(x,y)=f(x_0+th,y_0+tk),$$

所以
$$F(0)=f(x_0,y_0),\quad F(1)=f(x_0+h,y_0+k),$$
$$F^{(n)}(0)=\left(h\frac{\partial}{\partial x}+k\frac{\partial}{\partial y}\right)^n f(x_0,y_0).$$

代入到(9.9.2)式中便得到(9.9.1)式.

当 $n=0$ 时便得到二元函数拉格朗日中值公式
$$f(x_0+h,y_0+h)=f(x_0,y_0)+hf'_x(x_0+\theta h,y_0+\theta k)$$
$$+kf'_y(x_0+\theta h,y_0+\theta k),\quad 0<\theta<1. \quad (9.9.3)$$

如果舍去(9.9.1)式右端的余项 R_n,则得到近似公式
$$f(x_0+h,y_0+k)\approx f(x_0,y_0)+\left(h\frac{\partial}{\partial x}+k\frac{\partial}{\partial y}\right)f(x_0,y_0)$$
$$+\cdots+\frac{1}{n!}\left(h\frac{\partial}{\partial x}+\frac{\partial}{\partial y}\right)^n f(x_0,y_0). \quad (9.9.4)$$

下面来估计此近似式的误差.

由于 $f(x,y)$ 有直到 $n+1$ 阶连续偏导数,所以在 (x_0,y_0) 的附近都有
$$\left|\frac{\partial^{n+1}f(x,y)}{\partial x^m \partial y^{n+1-m}}\right|\leqslant M.$$

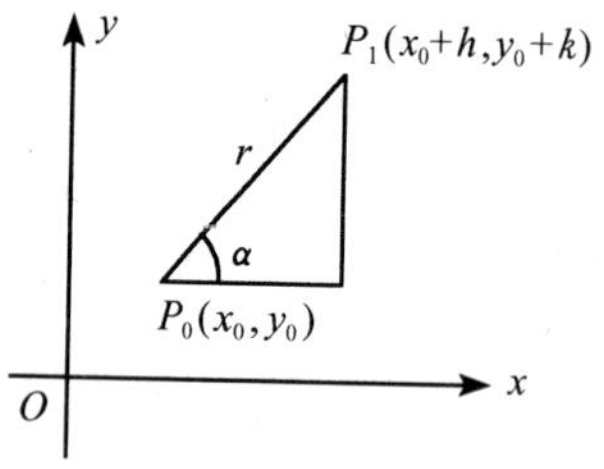

如图 9.17 所示,余项
$$|R_n|\leqslant \frac{M}{(n+1)!}(|h|+|k|)^{n+1}$$
$$=\frac{M}{(n+1)!}(|r\cos\alpha|+|r\sin\alpha|)^{n+1}$$
$$=\frac{M}{(n+1)!}r^{n+1}(1+|\sin 2x|)^{\frac{n+1}{2}}$$
$$\leqslant \frac{M(\sqrt{2})^{n+1}}{(n+1)!}r^{n+1},$$

图 9.17

可见 $R_n=o(r^n)(r\to 0),r=\sqrt{h^2+k^2}$,这就是二元函数泰勒公式的皮亚诺型余项.

实际应用中常用二阶带皮亚诺型余项的泰勒公式
$$f(x_0+h,y_0+k)=f(x_0,y_0)+f'_x(x_0,y_0)h+f'_y(x_0,y_0)k$$
$$+\frac{1}{2!}[f''_{xx}(x_0,y_0)h^2+2f''_{xy}(x_0,y_0)hk+f''_{yy}(x_0,y_0)k^2]$$
$$+o(r^2),\quad r\to 0. \quad (9.9.5)$$

例1 在点 $(0,0)$ 的邻域内,写出函数
$$f(x,y,z)=\cos(x+y+z)-\cos x\cos y\cos z$$
的二阶带皮亚诺型余项的泰勒展开式.

解 带皮亚诺型余项的二阶泰勒公式为

9.9 二元函数的泰勒公式

$$f(x,y,z) = f(0,0,0) + xf'_x(0,0,0) + yf'_y(0,0,0) + zf'_z(0,0,0)$$
$$+ \frac{1}{2!}\left(x\frac{\partial}{\partial x} + y\frac{\partial}{\partial y} + z\frac{\partial}{\partial z}\right)^2 f(0,0,0) + o(r^2), \quad r \to 0.$$

其中,$r = \sqrt{x^2 + y^2 + z^2}$.

依题意

$$f(0,0,0) = \cos 0 - \cos 0 \cos 0 \cos 0 = 0,$$
$$\frac{\partial f}{\partial x} = -\sin(x+y+z) + \sin x \cos y \cos z, \quad f'_x(0,0,0) = 0.$$

同理

$$f'_y(0,0,0) = 0, \quad f'_z(0,0,0) = 0,$$
$$\frac{\partial^2 f}{\partial x^2} = -\cos(x+y+z) + \cos x \cos y \cos z, \quad f''_{xx}(0,0,0) = 0.$$

同理

$$f''_{yy}(0,0,0) = 0, \quad f''_{zz}(0,0,0) = 0,$$
$$\frac{\partial^2 f}{\partial x \partial y} = -\cos(x+y+z) - \sin x \sin y \cos z, \quad f''_{xy}(0,0,0) = -1.$$

同理

$$f''_{zx}(0,0,0) = -1, \quad f''_{yz}(0,0,0) = -1.$$

所以

$$\cos(x+y+z) - \cos x \cos y \cos z = -(xy + yz + zx) + o(r^2), \quad r \to 0.$$

例 2 利用二阶泰勒公式计算 $1.04^{2.02}$ 的近似值.

解 当 $|\Delta x| \ll 1, |\Delta y| \ll 1$ 时有二阶近似公式

$$f(x,y) = f(x_0 + \Delta x, y_0 + \Delta y) \approx f(x_0, y_0) + f'_x(x_0, y_0)\Delta x + f'_y(x_0, y_0)\Delta y$$
$$+ \frac{1}{2!}\left(\Delta x \frac{\partial}{\partial x} + \Delta y \frac{\partial}{\partial y}\right)^2 f(x_0, y_0).$$

依题意

$$f(x,y) = x^y, \quad x_0 = 1, \quad \Delta x = 0.04, \quad y_0 = 2, \quad \Delta y = 0.02.$$

于是

$$f(1,2) = 1,$$
$$\frac{\partial f}{\partial x} = yx^{y-1}, \quad f'_x(1,2) = 2,$$
$$\frac{\partial f}{\partial y} = x^y \ln x, \quad f'_y(1,2) = 0,$$
$$\frac{\partial^2 f}{\partial x^2} = y(y-1)x^{y-2}, \quad f''_{xx}(1,2) = 2,$$

$$\frac{\partial^2 f}{\partial x \partial y} = x^{y-1} + yx^{y-1}\ln x, \quad f''_{xy}(1,2) = 1,$$

$$\frac{\partial^2 f}{\partial y^2} = x^y(\ln x)^2, \quad f''_{yy}(1,2) = 0.$$

所以

$$1.04^{2.02} \approx 1 + 2 \times 0.04 + 0 + \frac{1}{2!}((0.04)^2 \times 2 + 2 \times 0.04 \times 0.02 \times 1 + 0)$$
$$= 1.0824.$$

比起用微分近似公式(9.4.3 小节例 1)算出的值 1.08 要精确.

习　题　9.9

1. 在点 $(1,2)$ 的邻域内把函数
$$f(x,y) = 2x^2 - xy - y^2 - 6x - 3y + 5$$
展开成泰勒公式.

2. 将下列函数在指定点展开为二阶带皮亚诺型余项的泰勒公式:

(1) $f(x,y) = \arctan \dfrac{1+x+y}{1-x-y}$, 点 $(0,0)$;

(2) $f(x,y) = e^{x+y}$, 点 $(0,0)$;

(3) $f(x,y) = \sqrt{1+y^2}\cos x$, 点 $(0,1)$;

(4) $z = f(x,y)$ 由方程 $z^3 - 2xz + y = 0$ 确定, 点 $(1,1)$.

3. 将 $f(x,y) = \ln(1+x+y)$ 在 $(0,0)$ 处展开为二阶带拉格朗日型余项的泰勒展式.

9.10　多元函数的极值

　　实际问题中, 经常遇到求多元函数极值的问题. 由于多元函数定义域的边界较之一元情形要复杂得多, 所以关于多元函数极值的情况也复杂得多.

　　本节讨论: 可微二元函数极值点存在的必要条件, 并利用泰勒公式给出极值点的充分条件, 以及多元函数在约束条件下的极值, 也称为条件极值.

9.10.1　极值

　　定义　设函数 $z = f(x,y)$ 定义在域 D 上, $P_0(x_0, y_0)$ 是 D 的一个内点. 如果存在 $\delta > 0$, 使得 $S_0(P_0, \delta)$ 中一切点 $P(x,y)$ 都有

$$f(x,y) > f(x_0, y_0) \quad (f(x,y) < f(x_0, y_0)),$$

则称 (x_0, y_0) 是函数的一个极小(大)值点, 称 $f(x_0, y_0)$ 是函数的一个极小(大)值. 极大值与极小值统称为极值.

　　与一元函数一样, 多元函数的极值也是一个局部概念.

9.10 多元函数的极值

定理1(极值的必要条件) 若函数 $f(x,y)$ 在点 $P_0(x_0,y_0)$ 处达到极值,且 $f'_x(x_0,y_0)$ 及 $f'_y(x_0,y_0)$ 都存在,则

$$f'_x(x_0,y_0)=0, \quad f'_y(x_0,y_0)=0. \tag{9.10.1}$$

证明 不妨设 $f(x_0,y_0)$ 为极大值,即在 P_0 点附近,恒有

$$f(x,y)<f(x_0,y_0),$$

于是,固定 y 为 y_0 时亦有 $f(x,y_0)<f(x_0,y_0)$.

这表明,一元函数 $f(x,y_0)$ 在点 x_0 处达到极大值,由费尔马定理知

$$\left.\frac{\mathrm{d}f(x,y_0)}{\mathrm{d}x}\right|_{x_0}=0,$$

即

$$\frac{\partial f(x_0,y_0)}{\partial x}=0,$$

同理

$$\frac{\partial f(x_0,y_0)}{\partial y}=0.$$

使 $\begin{cases}\dfrac{\partial f}{\partial x}=0,\\ \dfrac{\partial f}{\partial y}=0\end{cases}$ 的点称为 $z=f(x,y)$ 的驻点或稳定点.

定理1告诉我们,可偏导的函数的极值点必是驻点.但是,驻点不一定是极值点.例如,马鞍面 $z=x^2-y^2$,

$$\left.\frac{\partial z}{\partial x}\right|_{(0,0)}=2x\Big|_{(0,0)}=0,$$

$$\left.\frac{\partial z}{\partial y}\right|_{(0,0)}=-2y\Big|_{(0,0)}=0.$$

但是,由函数图形可见 $f(0,0)=0$,且在 $(0,0)$ 的任何邻域内既有使 $f(x,y)>0$ 的点,又有使 $f(x,y)<0$ 的点,所以 $(0,0)$ 不是极值点.

与一元函数的情形类似,驻点及偏导数不存在的点是可能极值点,需要进一步判定.

定理2(极值的充分条件) 若 $f(x,y)$ 在点 $P_0(x_0,y_0)$ 的某邻域内有连续的二阶偏导数,且 $f'_x(x_0,y_0)=0, f'_y(x_0,y_0)=0$,记 $f''_{xx}(x_0,y_0)=A, f''_{xy}(x_0,y_0)=B, f''_{yy}(x_0,y_0)=C$,则

(1) 当 $AC-B^2>0, A>0$(或 $C>0$)时,$f(x_0,y_0)$ 为极小值;

(2) 当 $AC-B^2>0, A<0$(或 $C<0$)时,$f(x_0,y_0)$ 为极大值;

(3) 当 $AC-B^2<0$ 时,$f(x_0,y_0)$ 不是极值;

(4) 当 $AC-B^2=0$ 时,$f(x_0,y_0)$ 可能是极值,也可能不是极值.

证明 由 $f'_x(x_0,y_0)=0, f'_y(x_0,y_0)=0$ 及 $f(x,y)$ 在点 (x_0,y_0) 处的带皮亚诺型余项的二阶泰勒公式得

$$\Delta f = f(x,y) - f(x_0,y_0) = \frac{1}{2}(Ah^2 + 2Bhk + Ck^2) + o(r^2). \quad (9.10.2)$$

其中,$h = x - x_0, k = y - y_0, r = \sqrt{h^2 + k^2} \to 0$.

显见,当 $|h|, |k|$ 都很小且不同时为零时 Δf 的符号取决于

$$Q = Ah^2 + 2Bhk + Ck^2. \quad (9.10.3)$$

(1) 当 $AC - B^2 > 0$ 且 $A > 0$(或 $C > 0$)时因为 $Q = \frac{1}{A}[(Ah+Bk)^2 + (AC-B^2)k^2] > 0 \left(\text{或 } Q = \frac{1}{C}[(Ck+Bh)^2 + (AC-B^2)h^2] > 0\right)$,即 $f(x,y) > f(x_0,y_0)$,依极值定义 $f(x_0,y_0)$ 为极小值.

(2) 仿上可证.

(3) 当 $AC - B^2 < 0$ 即 $B^2 > AC$ 时,分两种情况讨论.

i) A, C 中至少一个不为零,不妨设 $A \neq 0$ 则

$$Q = \frac{1}{A}[(Ah + Bk)^2 + (AC - B^2)k^2].$$

那么当 $k=0, h \neq 0$ 时 Q 与 A 同号;当 $Ah+Bk=0, k \neq 0$ 时 Q 与 A 异号,这说明在点 P_0 附近 Q 变号, Δf 可正、可负, $f(x_0,y_0)$ 不是极值.

ii) $A = C = 0$,于是 $Q = 2Bkh$. 那么 $hk > 0$ 时 Q 与 B 同号, $hk < 0$ 时 Q 与 B 异号.

这说明在 P_0 附近 Q 变号, Δf 可正、可负, $f(x_0,y_0)$ 不是极值.

(4) 当 $AC - B^2 = 0$ 时.

i) 若 $A \neq 0$ 有 $Q = \frac{1}{A}(Ah+Bk)^2$,那么当 $Ah+Bh=0$ 时 Δf 的符号不能由 Q 确定.

ii) 若 $A = 0 \Rightarrow B^2 = AC = 0$,有 $Q = Ck^2$,那么当 $k=0$ 时 Δf 的符号不能由 Q 确定.

因此,在 $AC - B^2 = 0$ 时 Δf 的符号要用高于二阶的泰勒公式才能判定.

例 1 求 $f(x,y) = 2y^2 - x(x-1)^2, (x,y) \in \mathbf{R}^2$ 的极值点.

解 由 $\begin{cases} \dfrac{\partial f}{\partial x} = -(3x-1)(x-1) = 0, \\ \dfrac{\partial f}{\partial y} = 4y = 0, \end{cases}$ 得到驻点 $M\left(\dfrac{1}{3}, 0\right), P(1, 0)$. 又

$$\frac{\partial^2 f}{\partial x^2} = 4 - 6x, \quad \frac{\partial^2 f}{\partial x \partial y} = 0, \quad \frac{\partial^2 f}{\partial y^2} = 4.$$

在点 $M\left(\frac{1}{3},0\right)$ 处: $A=2>0, B=0, C=4, AC-B^2=8>0$, 所以 $M\left(\frac{1}{3},0\right)$ 是极小值点.

在点 $P(1,0)$ 处: $A=-2<0, B=0, C=4, AC-B^2=-8<0$, 所以 $P(1,0)$ 不是极值点.

例2 求由方程 $2x^2+2y^2+z^2+8xz-z+8=0$ 所确定的隐函数 $z=z(x,y)$ 的极值.

解 方程两边分别对 x,y 求导得

$$4x+2z\frac{\partial z}{\partial x}+8z+(8x-1)\frac{\partial z}{\partial x}=0,$$

$$4y+2z\frac{\partial z}{\partial y}+(8x-1)\frac{\partial z}{\partial y}=0.$$

由

$$\begin{cases}\dfrac{\partial z}{\partial x}=0,\\ \dfrac{\partial z}{\partial y}=0\end{cases}\Rightarrow\begin{cases}x=-2z,\\ y=0,\end{cases}$$

代入原方程得 $7z^2+z-8=0, z_1=1, z_2=-\frac{8}{7}$.

所以驻点为 $M(-2,0), P\left(\frac{16}{7},0\right)$. 又

$$\frac{\partial^2 z}{\partial x^2}=\frac{-4-2\left(\frac{\partial z}{\partial x}\right)^2-16\frac{\partial z}{\partial x}}{2z+8x-1},$$

$$\frac{\partial^2 z}{\partial x\partial y}=\frac{-2\frac{\partial z}{\partial x}\frac{\partial z}{\partial y}-8\frac{\partial z}{\partial y}}{2z+8x-1},$$

$$\frac{\partial^2 z}{\partial y^2}=\frac{-4-2\left(\frac{\partial z}{\partial y}\right)^2}{2z+8x-1}.$$

在点 $M(-2,0)$ 处: $A=\frac{4}{15}>0, B=0, C=\frac{4}{15}, AC-B^2>0$, 所以 $M(-2,0)$ 是极小值点, 极小值 $z=1$.

在点 $P\left(\frac{16}{7},0\right)$ 处: $A=-\frac{4}{15}<0, B=0, C=-\frac{4}{15}, AC-B^2>0$, 所以 $P\left(\frac{16}{7},0\right)$ 是极大值点, 极大值 $z=-\frac{8}{7}$.

9.10.2 条件极值

在 9.10.1 小节中,我们介绍了多元函数极值的概念. 例如,定义于 D 上的函数 $z=f(P)$ 于点 P_0 处取极大值,是指:存在 $S(P_0,\delta)$,对此邻域内所有异于 P_0 的点 P 均成立 $f(P)<f(P_0)$. 可见自变量 P 是在 P_0 附近自由变化,不受其他任何条件的限制,这种极值称为无条件极值.

但实际上还常常遇到另一种极值问题,如函数 $z=f(x,y)$ 在条件 $\varphi(x,y)=0$ 限制下于 $P_0(x_0,y_0)$ 处取极大值,其意是:存在 $S(P_0\delta)$,凡于此邻域内且于曲线 $\varphi(x,y)=0$ 上异于 P_0 的点 $P(x,y)$ 均满足 $f(x,y)<f(x_0,y_0)$. 可见自变量 P 在 P_0 附近不可自由变化,只许它在曲线 $\varphi(x,y)=0$ 上. 这种自变量受到某种条件限制的函数极值,称为条件极值.

下面我们来讨论条件极值的求法. 为简便起见,讨论三元函数
$$u = f(x,y,z)$$
满足约束条件
$$\varphi(x,y,z) = 0$$
的条件极值问题,一般有两种方法.

1. 直接方法

这种方法的要点是:由条件 $\varphi(x,y,z)=0$ 中解出 $z=z(x,y)$ 代入到函数 $u=f(x,y,z)$ 中得到
$$u = f(x,y,z(x,y)) \triangleq g(x,y).$$
这样一来就把原来三元函数的条件极值问题转化为二元函数 $u=g(x,y)$ 的无条件极值.

例 1 将长度为 a 的细杆分为三段,如何分使三段长的积最大.

解 设三段长分别为 x,y,z,则上述问题归为求三元函数的条件极值
$$\begin{cases} u = xyz, \\ \varphi(x,y,z) = x+y+z-a = 0. \end{cases}$$
从条件中解出 $z=a-x-y$ 代入到函数 u 中,归为求二元函数
$$u = xy(a-x-y), \quad \begin{cases} 0 \leqslant x \leqslant a \\ 0 \leqslant y \leqslant a \end{cases}$$
的无条件极值.

由
$$\begin{cases} \dfrac{\partial u}{\partial x} = y(a-2x-y) = 0, \\ \dfrac{\partial u}{\partial y} = x(a-2y-x) = 0 \end{cases}$$

9.10 多元函数的极值

得唯一驻点 $x=y=\dfrac{a}{3}$,此时 $z=\dfrac{a}{3}$.

由问题本身可知 u 的最大值一定存在,所以这个可能极值点 $\left(\dfrac{a}{3},\dfrac{a}{3},\dfrac{a}{3}\right)$ 就是最大值点,因此,将长度为 a 的细杆三等分 $x=y=z=\dfrac{a}{3}$ 时,它们之积最大. 即

$$xyz \leqslant \left(\dfrac{a}{3}\right)^3 = \left(\dfrac{x+y+z}{3}\right)^3.$$

仿此,对 n 个正数有不等式

$$\sqrt[n]{x_1 x_2 \cdots x_n} \leqslant \dfrac{x_1 + x_2 + \cdots + x_n}{n}.$$

若 $\varphi(x,y,z)=0$ 较复杂,解出 $z=z(x,y)$ 不易,那么这种方法就不方便,下面介绍一个对求条件极值具有一般意义的方法.

2. 拉格朗日乘数法

定理(条件极值的必要条件) 设函数 $f(x,y,z)$ 及 $\varphi(x,y,z)$ 在点 $P_0(x_0,y_0,z_0)$ 的某邻域内有连续偏导数 $\dfrac{\partial \varphi}{\partial z}\bigg|_{P_0} \neq 0 \left(\text{或} \dfrac{\partial \varphi}{\partial x}\bigg|_{P_0} \neq 0, \text{或} \dfrac{\partial \varphi}{\partial y}\bigg|_{P_0} \neq 0\right)$. 如果 $P_0(x_0,y_0,z_0)$ 是函数 $f(x,y,z)$ 在条件 $\varphi(x,y,z)=0$ 下的一个极值点,则存在数 λ 使得 $P_0(x_0,y_0,z_0)$ 是拉格朗日函数

$$L = f(x,y,z) + \lambda \varphi(x,y,z) \tag{9.10.4}$$

的驻点(其中 λ 叫做拉格朗日乘数).

证明 因为 $\varphi(x_0,y_0,z_0)=0, \dfrac{\partial \varphi}{\partial z}\bigg|_{P_0} \neq 0$,根据隐函数存在定理,方程 $\varphi(x,y,z)=0$ 确定了一个函数 $z=z(x,y)$,于是条件极值问题

$$\begin{cases} u = f(x,y,z), \\ \varphi(x,y,z) = 0 \end{cases}$$

就是函数 $u=f(x,y,z(x,y))$ 的无条件极值问题. 依题意,$P_0(x_0,y_0,z_0)$ 是极值点,由极值的必要条件得

$$\begin{cases} \dfrac{\partial u}{\partial x}\bigg|_{P_0} = \left(\dfrac{\partial f}{\partial x} + \dfrac{\partial f}{\partial z}\dfrac{\partial z}{\partial x}\right)\bigg|_{P_0} = 0, \\ \dfrac{\partial u}{\partial y}\bigg|_{P_0} = \left(\dfrac{\partial f}{\partial y} + \dfrac{\partial f}{\partial z}\dfrac{\partial z}{\partial y}\right)\bigg|_{P_0} = 0. \end{cases} \tag{9.10.5}$$

再由方程 $\varphi(x,y,z)=0$ 分别对 x,y 求偏导得

$$\begin{aligned}\frac{\partial \varphi}{\partial x}+\frac{\partial \varphi}{\partial z}\frac{\partial z}{\partial x}&=0,\\ \frac{\partial \varphi}{\partial y}+\frac{\partial \varphi}{\partial z}\frac{\partial z}{\partial y}&=0\end{aligned} \Rightarrow \frac{\partial z}{\partial x}=-\frac{\frac{\partial \varphi}{\partial x}}{\frac{\partial \varphi}{\partial z}},\quad \frac{\partial z}{\partial y}=-\frac{\frac{\partial \varphi}{\partial y}}{\frac{\partial \varphi}{\partial z}}.$$

代入到 (9.10.5) 式中得

$$\begin{cases} \left[\dfrac{\partial f}{\partial x}-\dfrac{\partial f}{\partial z}\dfrac{\frac{\partial \varphi}{\partial x}}{\frac{\partial \varphi}{\partial z}}\right]\bigg|_{P_0}=0,\\ \left[\dfrac{\partial f}{\partial y}-\dfrac{\partial f}{\partial z}\dfrac{\frac{\partial \varphi}{\partial y}}{\frac{\partial \varphi}{\partial z}}\right]\bigg|_{P_0}=0, \end{cases}$$

记 $\lambda=-\dfrac{\frac{\partial f}{\partial z}}{\frac{\partial \varphi}{\partial z}}\bigg|_{P_0}$,则得到四个方程

$$\begin{cases} \left(\dfrac{\partial f}{\partial x}+\lambda\dfrac{\partial \varphi}{\partial x}\right)\bigg|_{P_0}=0,\\ \left(\dfrac{\partial f}{\partial y}+\lambda\dfrac{\partial \varphi}{\partial y}\right)\bigg|_{P_0}=0,\\ \left(\dfrac{\partial f}{\partial z}+\lambda\dfrac{\partial \varphi}{\partial z}\right)\bigg|_{P_0}=0,\\ \varphi(x_0,y_0,z_0)=0, \end{cases} \quad (9.10.6)$$

而 (9.10.6) 式的左端恰是拉格朗日函数

$$L(x,y,z,\lambda)=f(x,y,z)+\lambda\varphi(x,y,z)$$

对各变量的偏导数. 可见 $P_0(x_0,y_0,z_0)$ 就是拉格朗日函数的驻点.

据上讨论,用拉格朗日乘数法求条件极值

$$\begin{cases} u=f(x,y,z),\\ \varphi(x,y,z)=0 \end{cases}$$

的步骤总结如下：

(1) 作出拉格朗日函数

$$L(x,y,z,\lambda)=f(x,y,z)+\lambda\varphi(x,y,z);$$

(2) 写出四元函数 $L(x,y,z,\lambda)$ 无条件极值的必要条件

9.10 多元函数的极值

$$\begin{cases} \dfrac{\partial L}{\partial x} = \dfrac{\partial f}{\partial x} + \lambda \dfrac{\partial \varphi}{\partial x} = 0, \\ \dfrac{\partial L}{\partial y} = \dfrac{\partial f}{\partial y} + \lambda \dfrac{\partial \varphi}{\partial y} = 0, \\ \dfrac{\partial L}{\partial z} = \dfrac{\partial f}{\partial z} + \lambda \dfrac{\partial \varphi}{\partial z} = 0, \\ \dfrac{\partial L}{\partial \lambda} = \varphi(x,y,z) = 0, \end{cases}$$

解此方程组得到驻点；

(3) 判断所求出的驻点是否为条件极值点.

拉格朗日乘数法对于 n 个自变量，$m<n$ 个约束条件的极值问题都适用. 例如，求函数

$$u = f(x,y,z)$$

在条件

$$\begin{cases} \varphi(x,y,z) = 0, \\ \psi(x,y,z) = 0 \end{cases}$$

的约束下的极值问题可归为：

1) 作辅助函数

$$L(x,y,z,\lambda_1,\lambda_2) = f(x,y,z) + \lambda_1 \varphi(x,y,z) + \lambda_2 \psi(x,y,z);$$

2) 写出五元函数 L 的无条件极值的必要条件，求出驻点；

3) 判断驻点是否为条件极值点.

需要指出的是，在实际问题中，往往要求多元函数在有界闭域上的最大值或最小值. 与一元函数类似：如果函数在此域 D 内仅唯一驻点，又据具体问题可以判断函数的最大(小)值在域内部达到，于是可以断定，该驻点必是函数的最大(小)值点. 否则比较函数在所有可能极值点处的函数值，谁最大(小)就是最大(小)值.

例 2 抛物面 $z=x^2+y^2$ 被平面 $x+y+z=1$ 截得一椭圆，求原点到此椭圆的最长及最短距离.

解 原点与空间点 $P(x,y,z)$ 的距离为

$$r = \sqrt{x^2+y^2+z^2},$$

因此问题归为求解条件极值

$$\begin{cases} u = x^2+y^2+z^2, \\ \varphi(x,y,z) = x^2+y^2-z = 0, \\ \psi(x,y,z) = x+y+z-1 = 0 \end{cases}$$

的极值点.

令 $L(x,y,z,\lambda_1,\lambda_2)=x^2+y^2+z^2+\lambda_1(x^2+y^2-z)+\lambda_2(x+y+z-1)$，由

$$\begin{cases} \dfrac{\partial L}{\partial x}=2x+2\lambda_1 x+\lambda_2=0,\\ \dfrac{\partial L}{\partial y}=2y+2\lambda_1 y+\lambda_2=0,\\ \dfrac{\partial L}{\partial z}=2z-\lambda_1+\lambda_2=0,\\ \dfrac{\partial L}{\partial \lambda_1}=x^2+y^2-z=0,\\ \dfrac{\partial L}{\partial \lambda_2}=x+y+z-1=0, \end{cases}$$

解此方程组得驻点

$$P_1\left(\frac{-1+\sqrt{3}}{2},\frac{-1+\sqrt{3}}{2},2-\sqrt{3}\right),$$

$$P_2\left(\frac{-1-\sqrt{3}}{2},\frac{-1-\sqrt{3}}{2},2+\sqrt{3}\right).$$

由几何知，上述最长与最短距离存在. 因此点 P_1 与 P_2 即为所求最值点，比较

$$r(P_1)=\sqrt{9-5\sqrt{3}},\quad r(P_2)=\sqrt{9+5\sqrt{3}},$$

可见最长距离为

$$r(P_2)=\sqrt{9+5\sqrt{3}},$$

最短距离为

$$r(P_1)=\sqrt{9-5\sqrt{3}}.$$

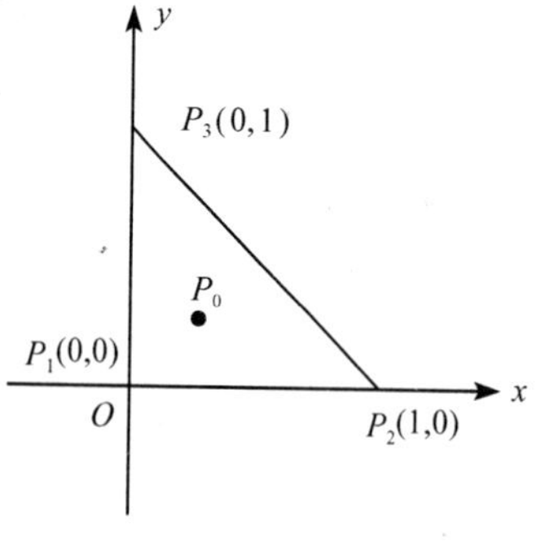

例 3 在平面直角坐标系内已知三点：$P_1(0,0)$，$P_2(1,0)$，$P_3(0,1)$，在 $\triangle P_1P_2P_3$ 所围成闭域 $\overline{D}$ 上，求点 $P(x,y)$，使它到三点 P_1,P_2,P_3 的距离平方和最大及最小并求出最大值及最小值(图 9.18).

解 问题归为求函数
$$\begin{aligned}u=f(x,y)&=|P_1P|^2+|P_2P|^2+|P_3P|^2\\&=x^2+y^2+(x-1)^2+y^2+x^2+(y-1)^2\\&=3x^2+3y^2-2x-2y+2\end{aligned}$$
在有界闭域 $\overline{D}:x\geqslant 0,y\geqslant 0,x+y\leqslant 1$ 上的最大值和最小值. 这类最值问题的解法，可按下列步骤进行：

图 9.18

(1) 求出域 D 内的驻点及相应函数值

9.10 多元函数的极值

$$\begin{cases} \dfrac{\partial u}{\partial x} = 6x - 2 = 0, \\ \dfrac{\partial u}{\partial y} = 6y - 2 = 0, \end{cases}$$

得驻点 $P_0\left(\dfrac{1}{3}, \dfrac{1}{3}\right)$，此时 $u\big|_{P_0} = \dfrac{4}{3}$.

(2) 求出边界上条件极值的驻点及其函数值.

在直线段 P_1P_2 上：将 $y=0, 0 \leqslant x \leqslant 1$ 代入 u 中，得
$$u = f(x, 0) = 3x^2 - 2x + 2, \quad x \in [0, 1].$$

由 $\dfrac{\mathrm{d}u}{\mathrm{d}x} = 6x - 2 = 0$ 得驻点 $P_4\left(\dfrac{1}{3}, 0\right), u\big|_{P_4} = \dfrac{5}{3}$.

同理在 P_1P_2 上，驻点为 $P_5\left(0, \dfrac{1}{3}\right), u\big|_{P_5} = \dfrac{5}{3}$.

在 P_2P_3 上，求条件极值 $\begin{cases} u = 3x^2 + 3y^2 - 3x - 2y + 2, \\ \varphi(x, y) = x + y - 1 = 0, \end{cases}$ 将 $y = 1 - x$ 代入到函数中得

$$u = f(x, y(x)) = 6x^2 - 6x + 3, \quad x \in [0, 1].$$

由 $\dfrac{\mathrm{d}u}{\mathrm{d}x} = 12x - 6 = 0$，得驻点 $x = \dfrac{1}{2}$，即 $P_6\left(\dfrac{1}{2}, \dfrac{1}{2}\right), u\big|_{P_6} = \dfrac{3}{2}$.

(3) 注意到一元函数最值也可能在区间端点达到.

这里 $u\big|_{P_1} = 2, u\big|_{P_2} = 2, u\big|_{P_3} = 3$，比较上述七点处的函数值可知，在点 P_2，P_3 处取到最大值 3，在 P_0 处取到最小值 $\dfrac{4}{3}$.

故点 P 在 $P_2(1, 0)$ 或 $P_3(0, 1)$ 处时，P 到 P_1, P_2, P_3 之距离平方和最大，最大值为 3，点 P 在 $P_0\left(\dfrac{1}{3}, \dfrac{1}{3}\right)$ 处时，P 到 P_1, P_2, P_3 距离平方和最小，最小值为 $\dfrac{4}{3}$.

习 题 9.10

1. 求下列函数的极值：

   (1) $f(x, y) = x^3 - y^3 + 3(x^2 + y^2) - 9x$；

   (2) $f(x, y) = \mathrm{e}^{x^2 - y}(5 - 2x + y)$；

   (3) $f(x, y) = \sin x + \cos y + \cos(x - y)$ $\left(0 \leqslant x \leqslant \dfrac{\pi}{2}, 0 \leqslant y \leqslant \dfrac{\pi}{2}\right)$；

   (4) $z = f(x, y)$ 由方程 $x^2 + y^2 + z^2 - 2x + 2y - 4z - 10 = 0$ 确定；

   (5) $z = f(x, y)$ 由 $x^2 + y^2 + z^2 - xz - yz + 2x + 2y + 2z - 2 = 0$ 确定.

2. 求 $z = xy(4 - x - y)$ 在 $x = 1, y = 0, x + y = 6$ 所围闭域上的最大值与最小值.

3. 求下列函数在给定条件下的条件极值：

   (1) $z = x^2 + y^2$，条件 $\dfrac{x}{2} + \dfrac{y}{3} = 1$；

(2) $u=x-2y+2z$,条件 $x^2+y^2+z^2=1$;

(3) $u=xyz$,条件 $x^2+y^2+z^2=1, x+y+z=0$.

4. 在周长为 $2P$ 的三角形中求出面积为最大的三角形.

5. 当 $x^2+y^2=1$ 时求函数 $u=xy^3$ 的最大值与最小值.

6. 在第一卦限内作椭球面 $\dfrac{x^2}{a^2}+\dfrac{y^2}{b^2}+\dfrac{z^2}{c^2}=1$ 的切平面,使其与三个坐标面所围四面体体积最小,求切点坐标.

7. 在椭圆 $\dfrac{x^2}{4}+y^2=1$ 上求一点,使它到直线 $x+y=4$ 的距离最短.

8. 求曲面 $\Sigma: \dfrac{x^2}{2}+y^2+\dfrac{z^2}{4}=1$ 与平面 $2x+2y+z+5=0$ 间的最短距离.

9. 求原点到两平面 $x+y+z=1$ 及 $x-y-z=1$ 交线的最短距离.

10. 求 $f(x,y)=3x^2+4xy+3y^2$ 在 $x^2+y^2\leqslant 4$ 上的最大值及最小值.

总 习 题 九

1. 判定下列命题是否正确:

(1) 因为沿任意一条矢径 $y=kx$ 均有

$$\lim_{\substack{x\to 0\\y\to 0\\y=kx}}\frac{x^2 y}{x^4+y^2}=\lim_{x\to 0}\frac{kx^3}{x^4+k^2x^2}=\lim_{x\to 0}\frac{kx}{x^2+k^2}=0,$$

所以 $\lim\limits_{\substack{x\to 0\\y\to 0}}\dfrac{x^2 y}{x^4+y^2}$ 存在. ( )

(2) 闭域 $\overline{D}$ 上的连续函数 $z=f(x,y)$ 在 $\overline{D}$ 上必定有最大值与最小值. ( )

(3) 可偏导的函数一定连续. ( )

(4) 偏导数连续的函数一定可微. ( )

(5) 函数 $u=f(x,y,z)$ 在点 $P(x,y,z)$ 处的梯度方向是等值面 $f(x,y,z)=c$ 在该点的法线方向(指向 u 增大的一方). ( )

(6) 若 (x_0,y_0) 为函数 $z=f(x,y)$ 的极值点,则 $f'_x(x_0,y_0)=0, f'_y(x_0,y_0)=0$. ( )

(7) 函数 $u=2xy-z^2$ 在点 $(2,-1,1)$ 处方向导数的最大值为 $2\sqrt{6}$. ( )

(8) 曲线 $\begin{cases}x=t,\\y=-t^2,\\z=t^3\end{cases}$ 的所有切线中,与平面 $x+2y+z=4$ 平行的切线只有两条. ( )

2. 填空题:

(1) 函数 $u=\dfrac{1}{(y^2-x)\sin x}$ 间断点是_____.

(2) $u=f(x,ye^x,x\sin y), f$ 可微,则 $du=$_____.

(3) 设函数 $z=f(x,y)$ 在点 $(1,1)$ 处可微,且 $f(1,1)=1, \dfrac{\partial f}{\partial x}\bigg|_{(1,1)}=2, \dfrac{\partial f}{\partial y}\bigg|_{(1,1)}=3, \varphi(x)=f(x,f(x,y))$,则 $\dfrac{\mathrm{d}}{\mathrm{d}x}\varphi^3(x)\bigg|_{x=1}=$_____.

总习题九

(4) 从点 $A(5,1,2)$ 到 $B(9,4,14)$ 作一有向线段 AB，则函数 $u=xyz$ 在点 A 沿 $\overrightarrow{AB}$ 的方向导数为_____．$\mathrm{grad}\,u\big|_A =$ _____．

(5) 曲线 $\begin{cases} x=\cos t+\sin^2 t, \\ y=\sin t\cdot(1-\cos t), \\ z=-\cos t \end{cases}$ 上过 $t=\dfrac{\pi}{2}$ 所对应的点的切线方程为_____．

(6) 由曲线 $\begin{cases} 3x^2+2y^2=12, \\ z=0 \end{cases}$ 绕 Oy 轴旋转一周生成的曲面在点 $P(0,\sqrt{3},\sqrt{2})$ 处的指向外侧的单位法向量 $\boldsymbol{n}^\circ =$ _____，切平面方程为_____．

(7) 曲线 $\begin{cases} y=x, \\ z=x^2 \end{cases}$ 在点 $P(1,1,1)$ 处的切线方程为_____．

(8) 函数 $z=x^3-3x-y$ 在点 $(1,0)$ 处_____极值．(有还是无)

3. 设 $z=y+f(\sqrt[3]{x}+1)$，且当 $y=1$ 时 $z=x$，求 $z=z(x,y)$ 的表达式．

4. $f(x,y)=\begin{cases} \mathrm{e}^{-\frac{1}{x^2+y^2}}, & x^2+y^2\neq 0 \\ 0, & x^2+y^2=0 \end{cases}$，求 $f''_{xx}(0,0)$．

5. 求函数 $u=\mathrm{e}^{xyz}+x^2+y^2$ 在点 $P(1,1,1)$ 处沿曲线 $L:\begin{cases} x=t, \\ y=2t^2-1, \\ z=t^2 \end{cases}$ 在 P 处切线方向的方向导数．

6. $w=f(x,u,v),u=g(y,z),v=h(x,y)$ 均可微，求 $\dfrac{\partial w}{\partial x},\dfrac{\partial w}{\partial y},\dfrac{\partial w}{\partial z}$．

7. 作自变量变换 $u=x,v=xy$，改写方程 $x\dfrac{\partial z}{\partial x}-y\dfrac{\partial z}{\partial y}=0$，进而求出其解．

8. $z=x^3 f\left(xy,\dfrac{y}{x}\right)$，$f$ 有二阶连续偏导数，求 $\dfrac{\partial^2 z}{\partial x \partial y}$．

9. $f(x-y,yz)=0$ 确定了 $z=z(x,y)$，f 具有二阶连续偏导数，求 $\dfrac{\partial^2 z}{\partial x^2}$．

10. 设 $x=u+v,y=u^2+v^2,z=u^3+v^3$ 确定了 $z=z(x,y)$，求 $\dfrac{\partial z}{\partial x}$．

11. 在椭圆 $x^2+4y^2=4$ 上求一点，使其到直线 $2x+3y=6$ 的距离最短．

12. 在半径为 R 的圆内，求面积最大的内接三角形．

第 10 章 多元函数积分学

多元函数的积分包括重积分、曲线积分和曲面积分. 事实上多元函数积分是一元函数定积分的推广. 定积分的积分域为数轴上一个有限区间, 而多元函数的情形就复杂得多. 例如, 二元函数的积分区域可以是平面上的一个区域, 也可以是平面上的一段曲线; 而三元函数的积分区域可以是空间的一个立体或空间的一段曲线, 也可以是空间的一块曲面. 因此将定积分概念推广到多元函数积分时就有重积分、曲线积分和曲面积分之分.

10.1 重积分与第一型曲线、曲面积分的概念及其性质

10.1.1 重积分与第一型曲线、曲面积分的概念

例 1 物体的质量.

设有一物体 B, 它可以是一段直细杆, 一块平面薄板, 也可以是一个立体, 一段物质曲线及一个物质曲面, 它们在空间占有的范围及密度函数如表 10.1 所示, 计算这些物体的质量.

表 10.1

物质 B	空间所占范围	密度函数
平面薄片	xy 面上的有界区域 D	$\rho(x,y)$
空间立体	xyz 空间的有界域 Ω	$\rho(x,y,z)$
空间物质曲线	xyz 空间的有界曲线段 L	$\rho(x,y,z)$
空间物质曲面	xyz 空间的有界曲面 Σ	$\rho(x,y,z)$

由定积分的知识知道, 区间 $[a,b]$ 上密度为 $\rho(x)$ 的细杆的质量 M 归结为一定积分

$$M = \int_a^b \rho(x) \mathrm{d}x = \lim_{\lambda \to 0} \sum_{i=1}^n \rho(\xi_i) \Delta x_i. \tag{10.1.1}$$

现在我们求分布在 xy 面的有界区域 D 上, 面密度为 $\rho(x,y)$ 的平面薄片的质量 $M(D)$. 仿照求细杆质量的方法, 也分成四个步骤:

(1) 分割

用任意的曲线网将区域 D 分为 n 个小区域 $\Delta\sigma_1, \Delta\sigma_2, \cdots, \Delta\sigma_n$ (并用它们表示小区域的面积);

(2) 近似

在每个小区域 $\Delta\sigma_i$ 上任取一点 (ξ_i, η_i), 以点 (ξ_i, η_i) 处的面密度 $\rho(\xi_i, \eta_i)$ 作为小

10.1 重积分与第一型曲线、曲面积分的概念及其性质

区域 $\Delta\sigma_i$ 上各点面密度的近似值,则第 i 块小薄片的质量的近似值为

$$\Delta M_i \approx \rho(\xi_i, \eta_i)\Delta\sigma_i, \quad i=1,2,\cdots,n;$$

(3) 求和

从而整块薄片的质量近似值为

$$M \approx \sum_{i=1}^n \rho(\xi_i, \eta_i)\Delta\sigma_i;$$

(4) 取极限

记 λ 为 n 个小区域直径的最大值,当 $\lambda \to 0$ 时,便得到薄片的质量

$$M = \lim_{\lambda \to 0}\sum_{i=1}^n \rho(\xi_i, \eta_i)\Delta\sigma_i. \tag{10.1.2}$$

完全类似可得,分布在 xyz 空间中有界闭区域 Ω 上,体密度为 $\rho(x,y,z)$ 的立体的质量 $M(\Omega)$

$$M(\Omega) = \lim_{\lambda \to 0}\sum_{i=1}^n \rho(\xi_i, \eta_i, \zeta_i)\Delta V_i, \tag{10.1.3}$$

其中,ΔV_i 为用光滑曲面分割区域 Ω 所得的小区域 Ω_i 的体积,λ 为 $\Omega_i(i=1,2,\cdots,n)$ 的直径的最大值.

空间曲线段 L 的质量为

$$M(L) = \lim_{\lambda \to 0}\sum_{i=1}^n \rho(\xi_i, \eta_i, \zeta_i)\Delta s_i, \tag{10.1.4}$$

其中,Δs_i 为曲线段 L 分割后所得小弧段的长度,λ 为诸小弧段的直径最大值.

空间曲面 Σ 的质量为

$$M(\Sigma) = \lim_{\lambda \to 0}\sum_{i=1}^n \rho(\xi_i, \eta_i, \zeta_i)\Delta S_i, \tag{10.1.5}$$

其中,ΔS_i 为曲面 Σ 被分割成小曲面 ΔS_i 的面积,λ 为小曲面直径的最大值.

下面我们首先给出二重积分的定义.

定义 1(二重积分) 设二元函数 $f(x,y)$ 在有界闭区域 D 上有定义,用任意的曲线网分 D 为 n 个小区域,小区域及其面积都记作

$$\Delta\sigma_1, \cdots, \Delta\sigma_i, \cdots, \Delta\sigma_n.$$

在每个小区域 $\Delta\sigma_i$ 上任取一点 (ξ_i, η_i),作和 $\sum_{i=1}^n f(\xi_i, \eta_i)\Delta\sigma_i$,记 λ 为各小区域直径[①]的最大者,令 $\lambda \to 0$,若积分和有极限 I(I 的值不依赖于区域 D 的分法及点 (ξ_i, η_i) 的取法),则称此极限值为函数 $f(x,y)$ 在区域 D 上的二重积分,记作

$$I = \lim_{\lambda \to 0}\sum_{i=1}^n f(\xi_i, \eta_i)\Delta\sigma_i = \iint_D f(x,y)\mathrm{d}\sigma, \tag{10.1.6}$$

[①] 一个闭区域的直径是指该闭区域上任意两点间距离的最大者.

其中，$f(x,y)$ 称为被积函数，D 称为积分区域，$\mathrm{d}\sigma$ 称为面积元素.

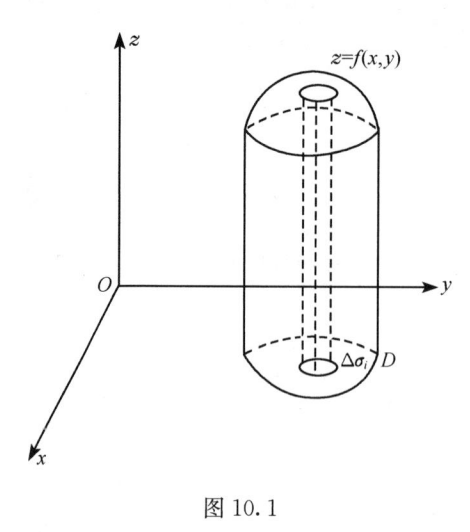

当二重积分 $\iint\limits_{D} f(x,y)\mathrm{d}\sigma$ 存在时，称函数 $f(x,y)$ 在区域 D 上可积.

二重积分的几何意义：以 xy 面上的有界闭区域 D 为底，以定义在 D 上的连续曲面 $\Sigma: z=f(x,y)\geqslant 0$ 为顶，侧面是以 D 的边界线为准线，母线平行于 z 轴的柱面，所围成的立体称为曲顶柱体. 二重积分（10.1.6）式的值就是上述曲顶柱体的体积. 事实上，用一组平行于 x 轴与 y 轴的直线将 D 分成 n 个小区域（图 10.1），在每个小区域 $\Delta\sigma_i$ 上任取一点 (ξ_i,η_i)，以 $f(\xi_i,\eta_i)$ 代替小曲顶柱体的高，从而曲顶柱体体积的近似值为

图 10.1

$$V \approx \sum_{i=1}^{n} f(\xi_i,\eta_i)\Delta\sigma_i,$$

记 λ 为小区域 $\Delta\sigma_i$ 直径的最大者. $\lambda \to 0$ 时得到体积的精确值

$$V = \lim_{\lambda \to 0}\sum_{i=1}^{n} f(\xi_i,\eta_i)\Delta\sigma_i = \iint\limits_{D} f(x,y)\mathrm{d}\sigma.$$

特别当 $f(x,y)=1$ 时，$(x,y) \in D$

$$\iint\limits_{D} \mathrm{d}\sigma = A$$

表示平面图形 D 的面积.

事实上大家只要仔细比较（10.1.2）式～（10.1.5）式的式子不难发现都属于和式的极限，如果我们抽去求物体质量这一实际问题的具体内容，将表 10.1 中的密度分布函数代之以一般的函数，物体在空间所占有范围视为函数的定义域，仿照二重积分的定义，则可以分别引出三重积分、平面与空间的第一型曲线积分以及第一型曲面积分如表 10.2 所示.

表 10.2

积分名称	积分区域	被积函数	和式极限	积分记号
二重积分	xy 面上区域 D	$f(x,y)$	$\lim\limits_{\lambda \to 0}\sum\limits_{i=1}^{n} f(\xi_i,\eta_i)\Delta\sigma_i$	$\iint\limits_{D} f(x,y)\mathrm{d}\sigma$
三重积分	xyz 空间中心区域 Ω	$f(x,y,z)$	$\lim\limits_{\lambda \to 0}\sum\limits_{i=1}^{n} f(\xi_i,\eta_i,\zeta_i)\Delta V_i$	$\iiint\limits_{\Omega} f(x,y,z)\mathrm{d}V$

10.1 重积分与第一型曲线、曲面积分的概念及其性质

续表

积分名称	积分区域	被积函数	和式极限	积分记号
第一型(对弧长)曲线积分	xyz 空间曲线段 L	$f(x,y,z)$	$\lim\limits_{\lambda \to 0}\sum\limits_{i=1}^{n}f(\xi_i,\eta_i,\zeta_i)\Delta s_i$	$\int_L f(x,y,z)\mathrm{d}s$
第一型(对面积)曲面积分	xyz 空间曲面 Σ	$f(x,y,z)$	$\lim\limits_{\lambda \to 0}\sum\limits_{i=1}^{n}f(\xi_i,\eta_i,\zeta_i)\Delta S_i$	$\iint\limits_{\Sigma} f(x,y,z)\mathrm{d}S$

(10.1.2)式～(10.1.5)式中质量用积分记号可分别表示为

$$M(D) = \iint\limits_{D}\rho(x,y)\mathrm{d}\sigma,$$

$$M(\Omega) = \iiint\limits_{\Omega}\rho(x,y,z)\mathrm{d}V,$$

$$M(L) = \int_{L}\rho(x,y,z)\mathrm{d}s,$$

$$M(\Sigma) = \iint\limits_{\Sigma}\rho(x,y,z)\mathrm{d}S.$$

对照二重积分定义,我们再给出曲面积分的定义,其余定义大家经类比后可自己写出.

定义 2 设函数 $f(M)=f(x,y,z)$ 在分片光滑的曲面 Σ 上有定义,将 Σ 任意分为 n 小块,小块及其面积都记作 $\Delta S_1, \Delta S_2, \cdots, \Delta S_n$. 在 ΔS_i 上任取一点 (ξ_i, η_i, ζ_i),作和式 $\sum\limits_{i=1}^{n}f(\xi_i,\eta_i,\zeta_i)\Delta S_i$,记 λ 为各 ΔS_i 的直径的最大者,令 $\lambda \to 0$,若上述和式的极限存在,则称此极限值为函数 $f(x,y,z)$ 在曲面 Σ 上的第一型曲面积分,记作

$$\lim_{\lambda \to 0}\sum_{i=1}^{n}f(\xi_i,\eta_i,\zeta_i)\Delta S_i = \iint\limits_{\Sigma}f(x,y,z)\mathrm{d}S,$$

其中,f 称为被积函数,Σ 称为积分区域,x,y,z 称为积分变量,$\mathrm{d}S$ 称为曲面的面积元素.

如果重积分、曲线积分、曲面积分中的被积函数 $f=1$,则 $\iint\limits_{D}\mathrm{d}\sigma$ 表示区域 D 的面积,$\iiint\limits_{\Omega}\mathrm{d}V$ 表示区域 Ω 的体积,$\int_{L}\mathrm{d}s$ 表示 L 的弧长,$\iint\limits_{\Sigma}\mathrm{d}S$ 表示曲面 Σ 的面积.

10.1.2 重积分与第一型曲线、曲面积分的性质

重积分,第一型曲线积分、曲面积分与定积分有完全类似的性质,下面仅以二重积分为例进行叙述,我们不作证明,只罗列如下:

1. 可积函数类

(1) 设 f 在有界闭区域 D 上连续,则 f 在 D 上可积;

(2) 设 f 在有界闭区域 D 上分片连续(把 D 分为有限个子区域后,函数在每个子区域上连续),且有界,则 f 在 D 上可积;

(3) 设 f 在 D 上可积,则 f 在 D 上有界.

2. 二重积分的性质

性质1 若函数 $f(M)$ 在区域 D 上可积,k 为常数,则函数 $kf(M)$ 在 D 上也可积,且

$$\iint\limits_D kf(M)\mathrm{d}\sigma = k\iint\limits_D f(M)\mathrm{d}\sigma.$$

性质2 若函数 $f(M), g(M)$ 在区域 D 上可积,则函数 $f(M) \pm g(M)$ 在 D 上也可积,且

$$\iint\limits_D [f(M) \pm g(M)]\mathrm{d}\sigma = \iint\limits_D f(M)\mathrm{d}\sigma \pm \iint\limits_D g(M)\mathrm{d}\sigma.$$

性质3 设区域 D 可分为两个区域 D_1 与 D_2 之和,且 D_1, D_2 除边界点外无公共内点,若函数 $f(M)$ 在 D, D_1, D_2 上都可积,则

$$\iint\limits_D f(M)\mathrm{d}\sigma = \iint\limits_{D_1} f(M)\mathrm{d}\sigma + \iint\limits_{D_2} f(M)\mathrm{d}\sigma,$$

即二重积分对积分区域具有可加性.

性质4 若函数 $f(M), g(M)$ 在区域 D 上可积,且满足 $f(M) \leqslant g(M), M \in D$,则

$$\iint\limits_D f(M)\mathrm{d}\sigma \leqslant \iint\limits_D g(M)\mathrm{d}\sigma.$$

性质5 若函数 $f(M)$ 在区域 D 上可积,且满足

$$\alpha \leqslant f(M) \leqslant \beta, \quad M \in D, \quad \alpha, \beta \text{ 为常数},$$

则

$$\alpha \cdot \sigma \leqslant \iint\limits_D f(M)\mathrm{d}\sigma \leqslant \beta \cdot \sigma,$$

其中,σ 为区域 D 的面积.

性质6 若函数 $f(M)$ 与 $|f(M)|$ 在区域 D 上都可积,则

$$\left|\iint\limits_D f(M)\mathrm{d}\sigma\right| \leqslant \iint\limits_D |f(M)|\mathrm{d}\sigma.$$

性质7(中值定理) 若函数 $f(M)$ 在区域 D 上连续,则在 D 上至少存在一点 M_0,使得

$$\iint_D f(M)\,\mathrm{d}\sigma = f(M_0)\cdot\sigma,$$

其中,σ 为区域 D 的面积.

习　题　10.1

1. 二重积分 $\iint_D f(x,y)\mathrm{d}\sigma$ 的几何意义是什么？
2. 叙述定义在区域 $\Omega\subset R^3$ 上的函数 f 的三重积分的定义.
3. 叙述定义在空间曲线段 L 上的函数 f 的第一型曲线积分的定义.
4. 用二重积分表示上半球 $x^2+y^2+z^2\leqslant R^2, z\geqslant 0$ 的体积 V.
5. 证明二重积分的性质 6.
6. 设 $f(x,y)$ 在有界闭区域 D 上连续,$g(x,y)$ 在 D 上非负,且 $g(x,y),f(x,y)$ 在 D 上可积,证明在 D 中存在一点 (x_0,y_0) 使得

$$\iint_D f(x,y)g(x,y)\mathrm{d}\sigma = f(x_0,y_0)\iint_D g(x,y)\mathrm{d}\sigma.$$

7. 设 $f(x,y)$ 在有界闭区域 D 上非负连续,且 $\iint_D f(x,y)\mathrm{d}\sigma = 0$,证明 $f(x,y)\equiv 0$.

10.2　二重积分的计算

10.2.1　在直角坐标系下计算二重积分

1. 二重积分的积分区域

设 D 为 xy 面上的有界闭区域,D 的边界为分段光滑曲线,如果穿过 D 内平行于 y 轴的直线与 D 的边界线的交点不多于两点(图 10.2),则 D 可用不等式表示成

$$D:\begin{cases}\phi_1(x)\leqslant y\leqslant \phi_2(x),\\ a\leqslant x\leqslant b,\end{cases} \tag{10.2.1}$$

其中,ϕ_1 与 ϕ_2 都是 $[a,b]$ 上的分段连续函数,当 $a\leqslant x\leqslant b$ 时,$\phi_1(x)\leqslant \phi_2(x)$,这时称 D 为 X 型区域. 类似地,如果穿过 D 内平行于 x 轴的直线与 D 的边界的交点不多于两点(图 10.3),则 D 可用不等式表示成

$$D:\begin{cases}\psi_1(y)\leqslant x\leqslant \psi_2(y),\\ c\leqslant y\leqslant d,\end{cases} \tag{10.2.2}$$

其中,ψ_1 和 ψ_2 都是 $[c,d]$ 上的分段连续函数,当 $c\leqslant y\leqslant d$ 时,$\psi_1(y)\leqslant \psi_2(y)$,这时称 D 为 Y 型区域.

显然矩形区域 $D=\{(x,y):a\leqslant x\leqslant b, c\leqslant y\leqslant d\}$ 既是 X 型区域又是 Y 型区域.

图 10.2

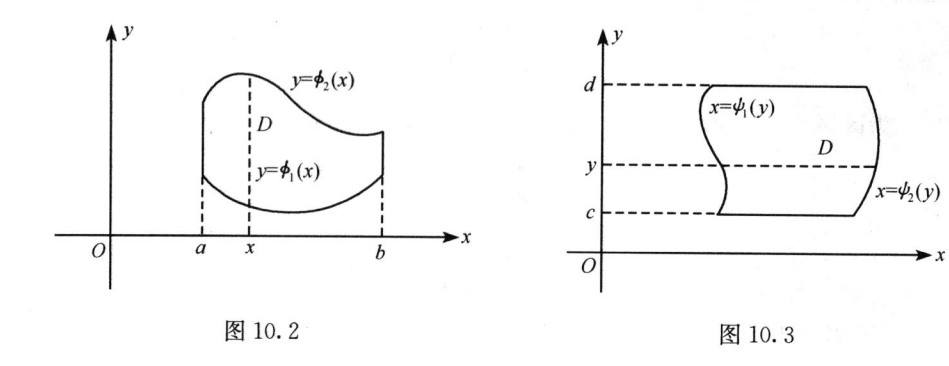

图 10.3

椭圆曲线 $\dfrac{x^2}{a^2}+\dfrac{y^2}{b^2}=1$ 所围成的区域 D 既是 X 型区域又是 Y 型区域. D 可表示为

$$\begin{cases} -b\sqrt{1-\dfrac{x^2}{a^2}} \leqslant y \leqslant b\sqrt{1-\dfrac{x^2}{a^2}}, \\ -a \leqslant x \leqslant a, \end{cases}$$

或

$$\begin{cases} -a\sqrt{1-\dfrac{y^2}{b^2}} \leqslant x \leqslant a\sqrt{1-\dfrac{y^2}{b^2}}, \\ -b \leqslant y \leqslant b. \end{cases}$$

例 1 用不等式组表示下列区域：

(1) 半圆周 $y=-\sqrt{1-x^2}$ 和抛物线 $y=1-x^2$ 所围区域；

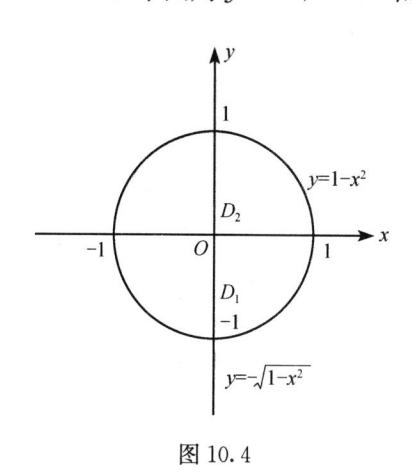

(2) 直线 $y=2, y=x$ 和双曲线 $xy=1$ 所围区域.

解 (1) 区域 D 如图 10.4 所示，将 D 视为 X 型区域则有

$$D: \begin{cases} -\sqrt{1-x^2} \leqslant y \leqslant 1-x^2, \\ -1 \leqslant x \leqslant 1, \end{cases}$$

如将 D 表示成 Y 型区域，则 $D=D_1 \bigcup D_2$，其中

$$D_1: \begin{cases} -\sqrt{1-y^2} \leqslant x \leqslant \sqrt{1-y^2}, \\ -1 \leqslant y \leqslant 0, \end{cases}$$

$$D_2: \begin{cases} -\sqrt{1-y} \leqslant x \leqslant \sqrt{1-y}, \\ 0 \leqslant y \leqslant 1. \end{cases}$$

图 10.4

(2) 区域 D 如图 10.5 所示，曲线间的交点分别为 $A\left(\dfrac{1}{2},2\right), B(1,1), C(2,2)$，将 D 视为 Y 型区域，则

10.2 二重积分的计算

$$D: \begin{cases} \dfrac{1}{y} \leqslant x \leqslant y, \\ 1 \leqslant y \leqslant 2, \end{cases}$$

如果将 D 表示成 X 型区域,$D=D_1 \bigcup D_2$,其中

$$D_1: \begin{cases} \dfrac{1}{x} \leqslant y \leqslant 2, \\ \dfrac{1}{2} \leqslant x \leqslant 1, \end{cases}$$

$$D_2: \begin{cases} x \leqslant y \leqslant 2, \\ 1 \leqslant x \leqslant 2. \end{cases}$$

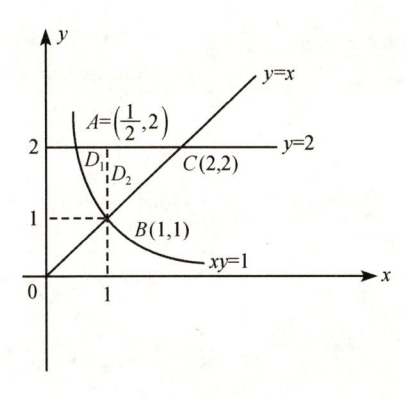

图 10.5

2. 二重积分的累次积分法

下面用几何观点讨论二重积分 $\iint\limits_{D} f(x,y) \mathrm{d}\sigma$ 的计算问题,讨论中我们假定 $f(x,y) \geqslant 0$.

设积分区域 D 为 X 型区域如图 10.6 所示,有

$$D: \begin{cases} \phi_1(x) \leqslant y \leqslant \phi_2(x), \\ a \leqslant x \leqslant b, \end{cases}$$

其中,函数 $\phi_1(x)$,$\phi_2(x)$ 在区间 $[a,b]$ 上连续.

按照二重积分的几何意义,$\iint\limits_{D} f(x,y) \mathrm{d}\sigma$

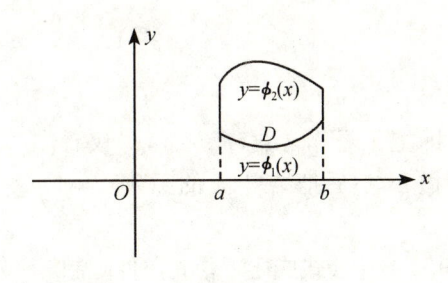

图 10.6

的值等于以 D 为底,以曲面 $z=f(x,y)$ 为顶的曲顶柱体(图 10.7)的体积,那么我们可以利用定积分一章中"已知平行截面的面积,求立体的体积"的公式来求 V.

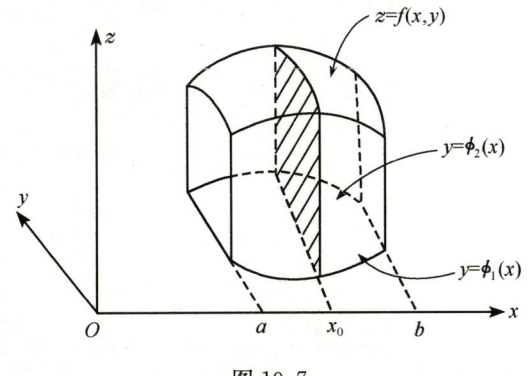

图 10.7

先计算截面面积,在区间 $[a,b]$ 上任意取定一点 x_0,作平行于 yOz 面的平面

$x=x_0$，这平面截曲顶柱体所得截面是一个以区间$[\phi_1(x_0),\phi_2(x_0)]$为底、曲线$z=f(x_0,y)$为曲边的曲边梯形(图中阴影部分)，所以这截面的面积为

$$A(x_0)=\int_{\phi_1(x_0)}^{\phi_2(x_0)}f(x_0,y)\mathrm{d}y. \tag{10.2.3}$$

一般地，过区间$[a,b]$上任一点x且平行于yOz面的平面截曲顶柱体所得截面的面积为

$$A(x)=\int_{\phi_1(x)}^{\phi_2(x)}f(x,y)\mathrm{d}y. \tag{10.2.4}$$

用计算平行截面面积为已知的立体体积的方法，得曲顶柱体体积为

$$V=\int_a^b A(x)\mathrm{d}x=\int_a^b\left[\int_{\phi_1(x)}^{\phi_2(x)}f(x,y)\mathrm{d}y\right]\mathrm{d}x$$

$$\xrightarrow{\text{记为}}\int_a^b\mathrm{d}x\int_{\phi_1(x)}^{\phi_2(x)}f(x,y)\mathrm{d}y.$$

这个体积即为所求二重积分的值，从而

$$\iint_D f(x,y)\mathrm{d}\sigma=\int_a^b\left[\int_{\phi_1(x)}^{\phi_2(x)}f(x,y)\mathrm{d}y\right]\mathrm{d}x$$
$$=\int_a^b\mathrm{d}x\int_{\phi_1(x)}^{\phi_2(x)}f(x,y)\mathrm{d}y. \tag{10.2.5}$$

上式积分称作先对y，后对x的累次积分。即把x看作常数，把$f(x,y)$仅看作是y的函数，并对y计算从$\phi_1(x)$到$\phi_2(x)$的定积分；然后把结果(x的函数)再对x计算在区间$[a,b]$上的定积分。

在上述讨论中，尽管我们假设$f(x,y)\geqslant 0$，其实上述公式成立不受此条件限制。

下面我们给出化二重积分为累次积分的定理。

定理1 设函数$f(x,y)$在D上连续：

(1) 如果D为X型区域，即

$$D:\begin{cases}\phi_1(x)\leqslant y\leqslant\phi_2(x),\\ a\leqslant x\leqslant b\end{cases},$$

其中，ϕ_1,ϕ_2都是$[a,b]$上的连续函数，则二重积分可化为先对y后对x的累次积分

$$\iint_D f(x,y)\mathrm{d}x\mathrm{d}y=\int_a^b\mathrm{d}x\int_{\phi_1(x)}^{\phi_2(x)}f(x,y)\mathrm{d}y. \tag{10.2.6}$$

(2) 如果D是Y型区域，即

$$D:\begin{cases}\psi_1(y)\leqslant x\leqslant\psi_2(y),\\ c\leqslant y\leqslant d\end{cases},$$

其中，ψ_1,ψ_2是$[c,d]$上的连续函数，则二重积分可化为先对x后对y的累次积分

$$\iint_D f(x,y)\mathrm{d}x\mathrm{d}y=\int_c^d\mathrm{d}y\int_{\psi_1(y)}^{\psi_2(y)}f(x,y)\mathrm{d}x. \tag{10.2.7}$$

10.2 二重积分的计算

我们略去定理 1 的证明，其实我们已从几何直观上加以说明.

从上面讨论我们知道，二重积分化为累次积分时，确定积分限是一个关键，而积分限是根据区域 D 来确定的.

例1 计算 $I = \iint\limits_{D}(x+y)\mathrm{d}x\mathrm{d}y$，其中，$D$ 是由直线 $y=x$，抛物线 $y=x^2$ 所围的平面区域.

图 10.8

解法一 画出积分区域 D（图 10.8），若视 D 是 X 型区域，则

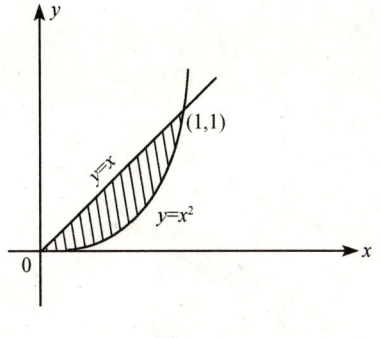

$$D: \begin{cases} x^2 \leqslant y \leqslant x, \\ 0 \leqslant x \leqslant 1, \end{cases}$$

于是

$$I = \iint\limits_{D}(x+y)\mathrm{d}x\mathrm{d}y = \int_0^1 \mathrm{d}x \int_{x^2}^{x}(x+y)\mathrm{d}y = \int_0^1 \left(xy + \frac{y^2}{2}\right)\Big|_{x^2}^{x} \mathrm{d}x$$

$$= \frac{1}{2}\int_0^1 (3x^2 - 2x^3 - x^4)\mathrm{d}x = \frac{3}{20}.$$

解法二 若视 D 为 Y 型区域，则

$$D: \begin{cases} y \leqslant x \leqslant \sqrt{y}, \\ 0 \leqslant y \leqslant 1, \end{cases}$$

于是

$$\iint\limits_{D}(x+y)\mathrm{d}x\mathrm{d}y = \int_0^1 \mathrm{d}y \int_y^{\sqrt{y}}(x+y)\mathrm{d}x = \int_0^1 \left(\frac{x^2}{2} + xy\right)\Big|_y^{\sqrt{y}} \mathrm{d}y$$

$$= \int_0^1 (y + 2y^{\frac{3}{2}} - 3y^2)\mathrm{d}y = \frac{3}{20}.$$

从例 1 看出此区域 D 视为 X 型或 Y 型区域均可，且计算量相当.

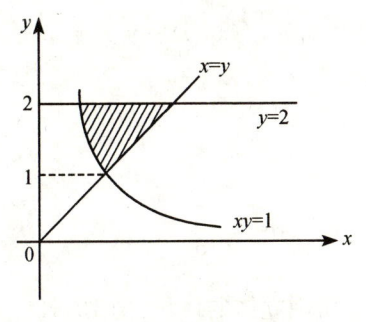

图 10.9

例2 计算二重积分 $\iint\limits_{D}\dfrac{x^2}{y^2}\mathrm{d}x\mathrm{d}y$，其中，$D$ 是由 $y=2, y=x$ 及 $xy=1$ 所围成的平面区域（图 10.9）.

解 将区域 D 看作 Y 型区域计算要方便些（否则区域 D 需分为两块）

$$D: \begin{cases} \dfrac{1}{y} \leqslant x \leqslant y, \\ 1 \leqslant y \leqslant 2, \end{cases}$$

则

$$\iint_D \frac{x^2}{y^2} \mathrm{d}x\mathrm{d}y = \int_1^2 \frac{1}{y^2} \mathrm{d}y \int_{\frac{1}{y}}^y x^2 \mathrm{d}x = \int_1^2 \frac{1}{3y^2}\left(y^3 - \frac{1}{y^3}\right)\mathrm{d}y = \frac{27}{64}.$$

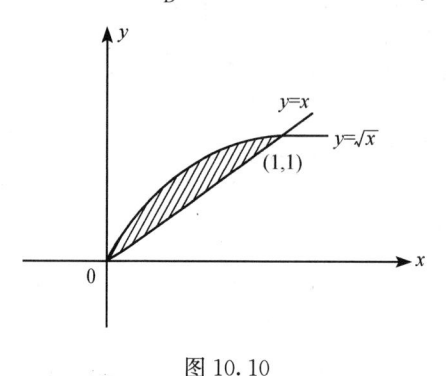

从例 2 看出,在化二重积分为累次积分时,为了简便,需要选择恰当的积分次序,这时要考虑区域 D 的形状.

例 3 计算二重积分 $\iint_D \frac{\sin y}{y} \mathrm{d}x\mathrm{d}y$,其中, D 是由 $y = x$ 及 $y = \sqrt{x}$ 所围成的平面区域(图 10.10).

解 此区域 D 用 X 型区域的不等式组表示与用 Y 型区域的不等式组表示均比较简单,但被积函数 $f(x,y) = \frac{\sin y}{y}$ 的原函数不能用初等函数表示,所以我们只能把 D 视为是 Y 型区域,即

图 10.10

$$D: \begin{cases} y^2 \leqslant x \leqslant y, \\ 0 \leqslant y \leqslant 1, \end{cases}$$

$$\iint_D \frac{\sin y}{y} \mathrm{d}x\mathrm{d}y = \int_0^1 \frac{\sin y}{y} \mathrm{d}y \int_{y^2}^y \mathrm{d}x = \int_0^1 \sin y(1-y)\mathrm{d}y = 1 - \sin 1.$$

从此例看出,选择恰当的积分次序时,除了要考虑区域 D 的形状,还要考虑被积函数 $f(x,y)$ 的特性.

例 4 计算二重积分 $\iint_D (x+y)\mathrm{d}\sigma$,其中, D 是由 $y = x^2, y = 4x^2$ 及 $y = 1$ 所围平面区域(图 10.11).

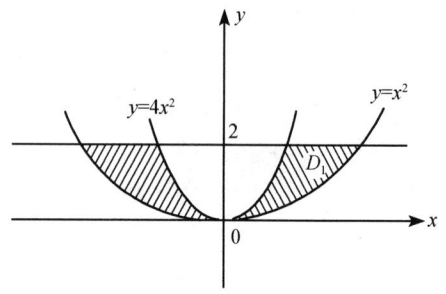

解 $\iint_D (x+y)\mathrm{d}\sigma = \iint_D x\mathrm{d}\sigma + \iint_D y\mathrm{d}\sigma.$

图 10.11

因为区域 D 关于 y 轴对称,而 $f(x,y) = x$ 关于 x 是奇函数, $f(x,y) = y$ 关于 x 是偶函数. 所以

$$\iint_D x\mathrm{d}\sigma = 0,$$

$$\iint_D (x+y)\mathrm{d}\sigma = \iint_D y\mathrm{d}\sigma = 2\iint_{D_1} y\mathrm{d}\sigma = 2\int_0^1 y\mathrm{d}y \int_{\frac{\sqrt{y}}{2}}^{\sqrt{y}} \mathrm{d}x = \frac{2}{5}.$$

例 5 求由曲面 $z = x^2 + y^2, y = x^2, y = 1$ 及 $z = 0$ 所围立体的体积(图 10.12).

解 区域 D 的形状如图 10.13 所示.

10.2 二重积分的计算

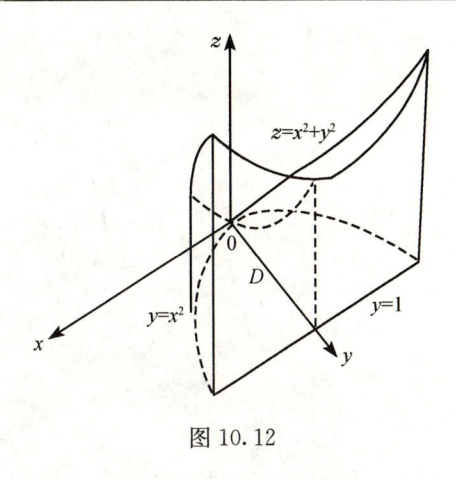

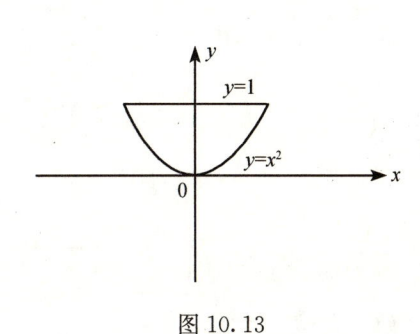

图 10.12

图 10.13

区域 D 可视为 X 型区域

$$D: \begin{cases} x^2 \leqslant y \leqslant 1, \\ -1 \leqslant x \leqslant 1, \end{cases}$$

所以

$$V = \iint_D (x^2 + y^2) \mathrm{d}x\mathrm{d}y = \int_{-1}^1 \mathrm{d}x \int_{x^2}^1 (x^2 + y^2) \mathrm{d}y$$
$$= \int_{-1}^1 \left[x^2(1-x^2) + \frac{1}{3}(1-x^6) \right] \mathrm{d}x = \frac{88}{105}.$$

例 6 设函数 $f(x)$ 在区间 $[0,1]$ 上连续,并设 $\int_0^1 f(x)\mathrm{d}x = A$,求 $\int_0^1 \mathrm{d}x \int_x^1 f(x)f(y)\mathrm{d}y$.

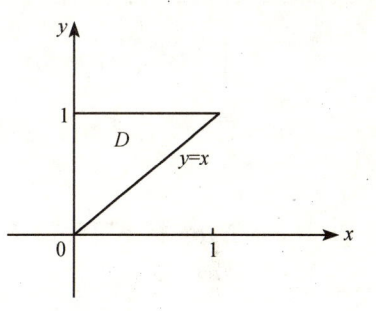

图 10.14

解法一 区域 D 的图形如图 10.14 所示. 交换积分次序,可得

$$\int_0^1 \mathrm{d}x \int_x^1 f(x)f(y)\mathrm{d}y = \int_0^1 \mathrm{d}y \int_0^y f(x)f(y)\mathrm{d}x = \int_0^1 \mathrm{d}x \int_0^x f(x)f(y)\mathrm{d}y,$$

$$2\int_0^1 \mathrm{d}x \int_x^1 f(x)f(y)\mathrm{d}y = \int_0^1 \mathrm{d}x \int_0^x f(x)f(y)\mathrm{d}y + \int_0^1 \mathrm{d}x \int_x^1 f(x)f(y)\mathrm{d}y$$
$$= \int_0^1 \mathrm{d}x \int_0^1 f(x)f(y)\mathrm{d}y.$$

所以

$$\int_0^1 \mathrm{d}x \int_x^1 f(x)f(y)\mathrm{d}y = \frac{1}{2}A^2.$$

解法二 记 $F(x) = \int_x^1 f(t)\mathrm{d}t$,则 $F(1) = 0$,且

$$F(0) = A, \quad \mathrm{d}F(x) = -f(x)\mathrm{d}x,$$

于是

$$\int_0^1 \mathrm{d}x \int_x^1 f(x)f(y)\mathrm{d}y = \int_0^1 f(x)F(x)\mathrm{d}x$$

$$= -\int_0^1 F(x)\mathrm{d}F(x) = -\frac{1}{2}F^2(x)\Big|_0^1 = \frac{1}{2}[F^2(0) - F^2(1)]$$

$$= \frac{1}{2}A^2.$$

例7 计算二重积分 $\iint_D \sqrt{|y-x^2|}\mathrm{d}\sigma$,$D$: $-1 \leqslant x \leqslant 1, 0 \leqslant y \leqslant 2$.

解 区域 D 如图 10.15 所示.

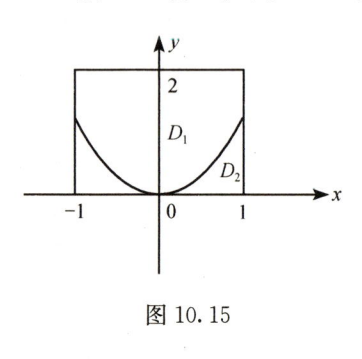

在区域 D_1 内 $y \geqslant x^2$;在 D_2 内 $y \leqslant x^2$,所以

$$\iint_D \sqrt{|y-x^2|}\mathrm{d}\sigma$$

$$= \iint_{D_1} \sqrt{y-x^2}\mathrm{d}x\mathrm{d}y + \iint_{D_2} \sqrt{x^2-y}\mathrm{d}x\mathrm{d}y$$

$$= \int_{-1}^1 \mathrm{d}x \int_{x^2}^2 \sqrt{y-x^2}\mathrm{d}y + \int_{-1}^1 \mathrm{d}x \int_0^{x^2} \sqrt{x^2-y}\mathrm{d}y$$

$$= \frac{5}{3} + \frac{\pi}{2}.$$

图 10.15

10.2.2 在极坐标系下计算二重积分

直角坐标 (x,y) 与极坐标 (r,θ) 之间关系式

$$\begin{cases} x = r\cos\theta \\ y = r\sin\theta \end{cases}, \quad \begin{cases} r = \sqrt{x^2+y^2} \\ \tan\theta = \dfrac{y}{x} \end{cases}.$$

在极坐标系下计算二重积分,需将 $f(x,y)$、积分区域 D,以及面积元素 $\mathrm{d}\sigma$ 都用极坐标来表示. $f(x,y)$ 的极坐标形式为 $f(r\cos\theta, r\sin\theta)$,为了得到极坐标系下的面积元素 $\mathrm{d}\sigma$,我们用坐标曲线网去分割区域 D,即用 $r=$ 常数(以 O 为圆心的圆)和 $\theta=$ 常数(以 O 为起点的射线)去分割 D. 设 $\Delta\sigma$ 是从 r 到 $r+\mathrm{d}r$ 和从 θ 到 $\theta+\mathrm{d}\theta$ 之间的小区域(图 10.16),易知其面积为

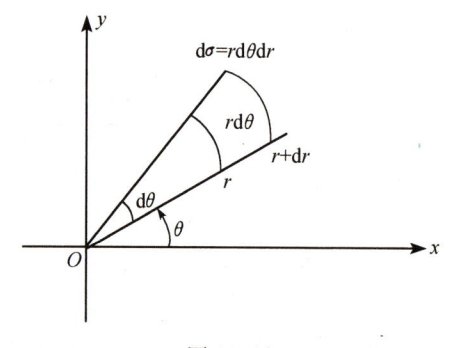

图 10.16

10.2 二重积分的计算

$$\Delta\sigma = \frac{1}{2}(r+\mathrm{d}r)^2\mathrm{d}\theta - \frac{1}{2}r^2\mathrm{d}\theta$$

$$= r\mathrm{d}r\mathrm{d}\theta + \frac{1}{2}(\mathrm{d}r)^2\mathrm{d}\theta.$$

当 $\mathrm{d}r$ 和 $\mathrm{d}\theta$ 都充分小时,若略去比 $\mathrm{d}r\mathrm{d}\theta$ 更高阶的无穷小,则得到 $\Delta\sigma$ 的近似公式

$$\Delta\sigma \approx r\mathrm{d}r\mathrm{d}\theta,$$

于是得到极坐标系下的面积元素

$$\mathrm{d}\sigma = r\mathrm{d}r\mathrm{d}\theta.$$

假定积分区域 D 在极坐标系下表示为 D',则得到二重积分在极坐标系下的表达式

$$\iint_D f(x,y)\mathrm{d}\sigma = \iint_{D'} f(r\cos\theta, r\sin\theta) r\mathrm{d}r\mathrm{d}\theta. \tag{10.2.8}$$

为了把(10.2.8)式右端化为累次积分,我们分三种情形来讨论.

(1) 设积分区域 D 可以用不等式

$$\phi_1(\theta) \leqslant r \leqslant \phi_2(\theta), \quad \alpha \leqslant \theta \leqslant \beta$$

来表示(图 10.17),其中,函数 $\phi_1(\theta)$、$\phi_2(\theta)$ 在区间 $[\alpha,\beta]$ 上连续.

先在区间 $[\alpha,\beta]$ 上任意取定一个 θ 值,对应于这个 θ 值,D 上的点的极径 r 从 $\phi_1(\theta)$ 变到 $\phi_2(\theta)$. 又 θ 是在 $[\alpha,\beta]$ 上任意取定的,所以 θ 的变化范围是 $[\alpha,\beta]$,极坐标系中的二重积分化为累次积分的公式为

$$\iint_D f(r\cos\theta, r\sin\theta) r\mathrm{d}r\mathrm{d}\theta = \int_\alpha^\beta \left[\int_{\phi_1(\theta)}^{\phi_2(\theta)} f(r\cos\theta, r\sin\theta) r\mathrm{d}r\right]\mathrm{d}\theta$$

$$= \int_\alpha^\beta \mathrm{d}\theta \int_{\phi_1(\theta)}^{\phi_2(\theta)} f(r\cos\theta, r\sin\theta) r\mathrm{d}r.$$

(2) 设区域 D 可以用不等式

$$0 \leqslant r \leqslant \phi(\theta), \quad \alpha \leqslant \theta \leqslant \beta$$

来表示(图 10.18),则公式成为

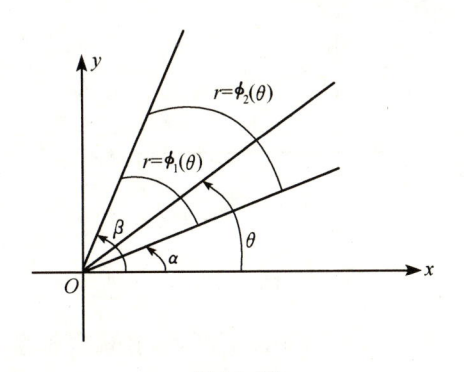

图 10.17 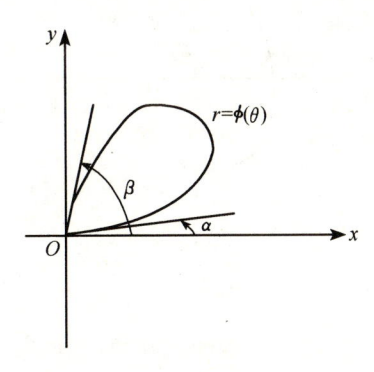 图 10.18

$$\iint\limits_D f(r\cos\theta, r\sin\theta) r \mathrm{d}r \mathrm{d}\theta = \int_\alpha^\beta \mathrm{d}\theta \int_0^{\phi(\theta)} f(r\cos\theta, r\sin\theta) r \mathrm{d}r.$$

(3) 若积分区域 D 如图 10.19 所示，极点在 D 的内部，D 可用不等式

$$0 \leqslant r \leqslant \phi(\theta), \quad 0 \leqslant \theta \leqslant 2\pi$$

来表示，则公式成为

$$\iint\limits_D f(r\cos\theta, r\sin\theta) r \mathrm{d}r \mathrm{d}\theta = \int_0^{2\pi} \mathrm{d}\theta \int_0^{\phi(\theta)} f(r\cos\theta, r\sin\theta) r \mathrm{d}r.$$

例1 把二重积分 $\iint f(x,y)\mathrm{d}x\mathrm{d}y$ 化为极坐标下的累次积分.

(1) D 为三角形区域 $0 \leqslant x \leqslant 1, 0 \leqslant y \leqslant 1-x$.

(2) D 是由曲线 $(x^2+y^2)^2 = a^2(x^2-y^2)(x \geqslant 0)$ 所围成的区域.

解 (1) D 如图 10.20 所示，将 $y=1-x$ 化为极坐标方程，得

$$r(\cos\theta + \sin\theta) = 1,$$

即

$$r = \frac{1}{\cos\theta + \sin\theta},$$

所以 D 可表示为

$$D: \begin{cases} 0 \leqslant r \leqslant \dfrac{1}{\cos\theta + \sin\theta}, \\ 0 \leqslant \theta \leqslant \dfrac{\pi}{2}, \end{cases}$$

故有

$$\iint\limits_D f(x,y)\mathrm{d}x\mathrm{d}y = \int_0^{\frac{\pi}{2}} \mathrm{d}\theta \int_0^{\frac{1}{\cos\theta + \sin\theta}} f(r\cos\theta, r\sin\theta) r \mathrm{d}r.$$

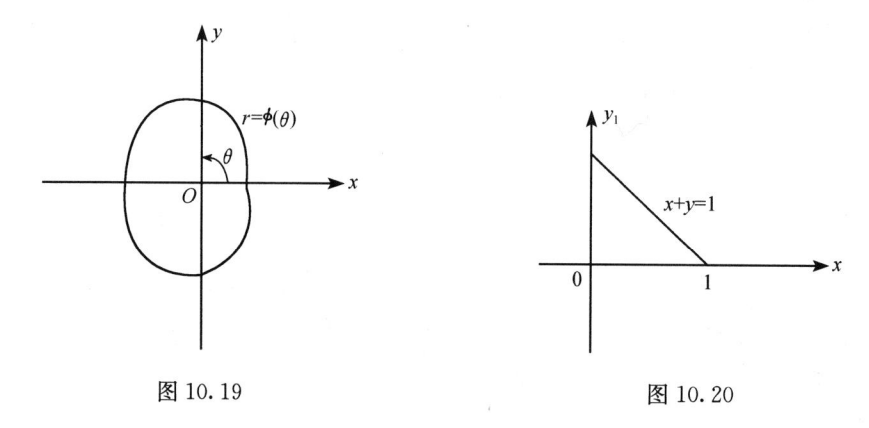

图 10.19

图 10.20

(2) D 是由双纽线在第一、四象限部分(图 10.21)所围成的区域，在极坐标系中双纽线的方程为

10.2 二重积分的计算

$$r^2 = a^2\cos2\theta,$$

故 D 可表示为

$$D:\begin{cases} 0 \leqslant r \leqslant a\sqrt{\cos2\theta}, \\ -\dfrac{\pi}{4} \leqslant \theta \leqslant \dfrac{\pi}{4}, \end{cases}$$

由此得

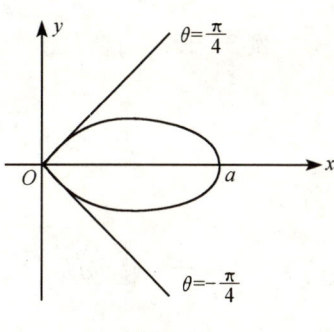

$$\iint\limits_{D} f(x,y)\mathrm{d}x\mathrm{d}y = \int_{-\frac{\pi}{4}}^{\frac{\pi}{4}} \mathrm{d}\theta \int_{0}^{a\sqrt{\cos2\theta}} f(r\cos\theta, r\sin\theta) r\mathrm{d}r.$$

图 10.21

例 2 由圆柱面 $x^2+y^2=Rx$ 围成的空间区域被球面 $x^2+y^2+z^2=R^2$ 所截,得一立体,求该立体的体积 V.

解 由立体的对称性知,只需计算它在第一卦限内的体积 V_1(图 10.22),再四倍即可. 如图 10.23 所示,

$$D_1:\begin{cases} 0 \leqslant r \leqslant R\cos\theta, \\ 0 \leqslant \theta \leqslant \dfrac{\pi}{2}, \end{cases}$$

于是

$$V_1 = \iint\limits_{D_1} \sqrt{R^2-x^2-y^2}\,\mathrm{d}x\mathrm{d}y$$

$$= \int_0^{\frac{\pi}{2}} \mathrm{d}\theta \int_0^{R\cos\theta} \sqrt{R^2-r^2}\, r\mathrm{d}r$$

$$= \frac{1}{3}\left(\frac{\pi}{2}-\frac{2}{3}\right)R^3,$$

因此所求立体体积为

$$V = 4V_1 = \frac{4}{3}\left(\frac{\pi}{2}-\frac{2}{3}\right)R^3.$$

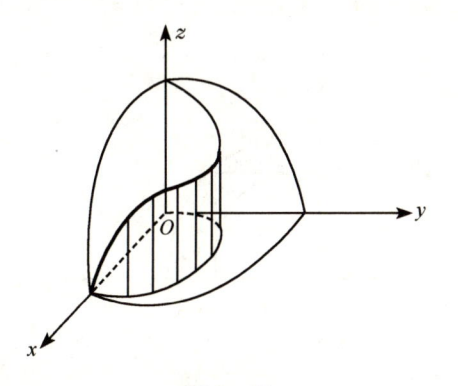

图 10.22

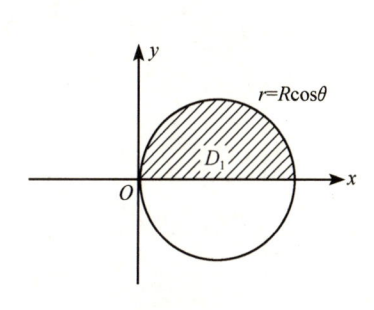

图 10.23

例 3 设 f 可微且 $f(0)=0$,求 $\lim\limits_{t\to 0^+}\dfrac{1}{t^3}\iint\limits_{x^2+y^2\leqslant t^2}f(\sqrt{x^2+y^2})\mathrm{d}x\mathrm{d}y$.

解 $\iint\limits_{x^2+y^2\leqslant t^2}f(\sqrt{x^2+y^2})\mathrm{d}x\mathrm{d}y=\int_0^{2\pi}\mathrm{d}\theta\int_0^t f(r)r\mathrm{d}r=2\pi\int_0^t f(r)r\mathrm{d}r,$

所以

$$\lim_{t\to 0^+}\frac{1}{t^3}\iint\limits_{x^2+y^2\leqslant t^2}f(\sqrt{x^2+y^2})\mathrm{d}x\mathrm{d}y=\lim_{t\to 0^+}\frac{2\pi}{t^3}\int_0^t f(r)r\mathrm{d}r=\lim_{t\to 0^+}\frac{2\pi f(t)t}{3t^2}$$

$$=\frac{2\pi}{3}\lim_{t\to 0^+}\frac{f(t)-f(0)}{t}=\frac{2\pi}{3}f'(0).$$

例 4 计算二重积分 $\iint\limits_D \mathrm{e}^{-x^2-y^2}\mathrm{d}x\mathrm{d}y$,其中,$D$ 是圆 $x^2+y^2=a^2$ 在第一象限的部分,并由此证明概率积分

$$\int_0^{+\infty}\mathrm{e}^{-x^2}\mathrm{d}x=\frac{\sqrt{\pi}}{2}.$$

解 区域 D 如图 10.24 所示. 由极坐标得

$$\iint\limits_D\mathrm{e}^{-x^2-y^2}\mathrm{d}x\mathrm{d}y=\int_0^{\frac{\pi}{2}}\mathrm{d}\theta\int_0^a\mathrm{e}^{-r^2}r\mathrm{d}r=\frac{\pi}{4}(1-\mathrm{e}^{-a^2}), \tag{10.2.9}$$

令

$$I_a=\int_0^a\mathrm{e}^{-x^2}\mathrm{d}x,$$

于是

$$\int_0^{+\infty}\mathrm{e}^{-x^2}\mathrm{d}x=\lim_{a\to+\infty}I_a.$$

考虑图 10.25 中的三个区域:D 为正方形 $\{0\leqslant x\leqslant a, 0\leqslant y\leqslant a\}$,$D_1$ 为圆 $x^2+y^2\leqslant a^2$ 的第一象限部分,D_2 为圆 $x^2+y^2\leqslant 2a^2$ 的第一象限部分,因为 $\mathrm{e}^{-x^2-y^2}\geqslant 0$,所以

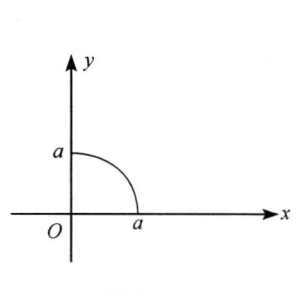

图 10.24

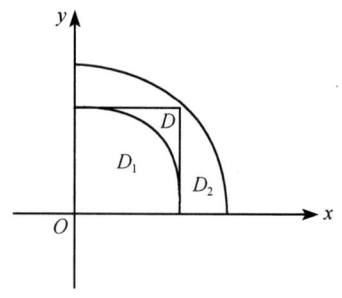

图 10.25

10.2 二重积分的计算

$$\iint\limits_{D_1} e^{-x^2-y^2} dxdy \leqslant \iint\limits_{D} e^{-x^2-y^2} dxdy \leqslant \iint\limits_{D_2} e^{-x^2-y^2} dxdy,$$

$$\iint\limits_{D} e^{-x^2-y^2} dxdy = \int_0^a dx \int_0^a e^{-x^2-y^2} dy$$

$$= \int_0^a e^{-x^2} dx \int_0^a e^{-y^2} dy = \left(\int_0^a e^{-x^2} dx\right)^2 = I_a^2,$$

根据(10.2.9)式

$$\iint\limits_{D_1} e^{-x^2-y^2} dxdy = \frac{\pi}{4}(1 - e^{-a^2}),$$

$$\iint\limits_{D_2} e^{-x^2-y^2} dxdy = \frac{\pi}{4}(1 - e^{-2a^2}),$$

即

$$\frac{\pi}{4}(1 - e^{-a^2}) \leqslant I_a^2 \leqslant \frac{\pi}{4}(1 - e^{-2a^2}).$$

又因为

$$\lim_{a \to +\infty} \frac{\pi}{4}(1 - e^{-a^2}) = \lim_{a \to +\infty} \frac{\pi}{4}(1 - e^{-2a^2}) = \frac{\pi}{4},$$

因此

$$\lim_{a \to +\infty} I_a^2 = \frac{\pi}{4},$$

即

$$\int_0^{+\infty} e^{-x^2} dx = \frac{\sqrt{\pi}}{2}.$$

例 5 求双纽线 $(x^2+y^2)^2 = a^2(x^2-y^2)$ 所围在 $x^2+y^2 = \dfrac{a^2}{2}$ 内部图形面积 (图 10.26).

解 所求面积为阴影部分面积的四倍.

$$\begin{cases} r^2 = a^2 \cos 2\theta, \\ r^2 = \dfrac{a^2}{2}, \end{cases} \quad 交点 \quad \theta = \frac{\pi}{6}.$$

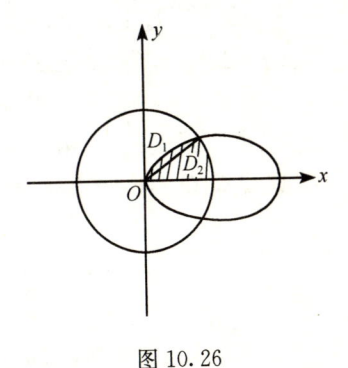

而

$$D = D_1 + D_2,$$

$$D_1: \begin{cases} 0 \leqslant r \leqslant a\sqrt{\cos 2\theta}, \\ \dfrac{\pi}{6} \leqslant \theta \leqslant \dfrac{\pi}{4}, \end{cases}$$

图 10.26

$$D_2: \begin{cases} 0 \leqslant r \leqslant \dfrac{a}{\sqrt{2}}, \\ 0 \leqslant \theta \leqslant \dfrac{\pi}{6}. \end{cases}$$

所以

$$A = 4\iint\limits_{D} \mathrm{d}x\mathrm{d}y = 4\left[\iint\limits_{D_1} r\mathrm{d}r\mathrm{d}\theta + \iint\limits_{D_2} r\mathrm{d}r\mathrm{d}\theta\right]$$

$$= 4\left[\int_{\frac{\pi}{6}}^{\frac{\pi}{4}} \mathrm{d}\theta \int_{0}^{a\sqrt{\cos 2\theta}} r\mathrm{d}r + \int_{0}^{\frac{\pi}{6}} \mathrm{d}\theta \int_{0}^{\frac{a}{\sqrt{2}}} r\mathrm{d}r\right]$$

$$= 4\left[\int_{\frac{\pi}{6}}^{\frac{\pi}{4}} \frac{a^2}{2}\cos 2\theta \mathrm{d}\theta + \int_{0}^{\frac{\pi}{6}} \frac{a^2}{4} \mathrm{d}\theta\right]$$

$$= \left(1 + \frac{\pi}{6} - \frac{\sqrt{3}}{2}\right)a^2.$$

10.2.3 二重积分的换元法

定理 设函数 $f(x,y)$ 在 xy 平面的有界闭域 D_{xy} 上连续或分块连续；变换 $x = x(u,v), y = y(u,v)$ 将 uv 平面上的有界闭域 D_{uv} 映到 xy 平面上的有界闭域 D_{xy}，且满足：

(1) 变换是一一对应；
(2) 函数 x,y 在 D_{uv} 上关于 u,v 存在一阶连续偏导数；
(3) 变换的雅可比行列式

$$J = \frac{\partial(x,y)}{\partial(u,v)} = \begin{vmatrix} x_u & x_v \\ y_u & y_v \end{vmatrix} \neq 0, \quad (u,v) \in D_{uv},$$

则

$$\iint\limits_{D_{xy}} f(x,y)\mathrm{d}x\mathrm{d}y = \iint\limits_{D_{uv}} f[x(u,v), y(u,v)]\left|\frac{\partial(x,y)}{\partial(u,v)}\right| \mathrm{d}u\mathrm{d}v. \quad (10.2.10)$$

在区域 D_{uv} 上取小矩形 $P_1P_2P_3P_4$（图 10.27），四个顶点的坐标为 $P_1(u,v)$, $P_2(u+\Delta u, v), P_3(u+\Delta u, v+\Delta v), P_4(u, v+\Delta v)$，其面积为 $\Delta w = \Delta u \Delta v$.

当 u 与 v 中有一个视为常数时，$x = x(u,v), y = y(u,v)$ 在 xy 平面上表示一条曲线，所以经变换后，uv 平面上的矩形 $P_1P_2P_3P_4$ 变成 xy 平面上的一个曲边四边形 $Q_1Q_2Q_3Q_4$（图 10.28），其顶点坐标为

$$Q_1(x(u,v), y(u,v)),$$
$$Q_2(x(u+\Delta u, v), y(u+\Delta u, v)),$$
$$Q_3(x(u+\Delta u, v+\Delta v), y(u+\Delta u, v+\Delta v)),$$
$$Q_4(x(u, v+\Delta v), y(u, v+\Delta v)).$$

10.2 二重积分的计算

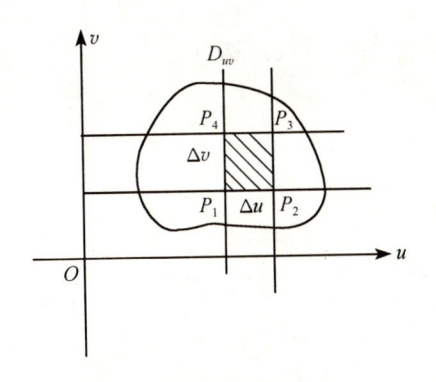

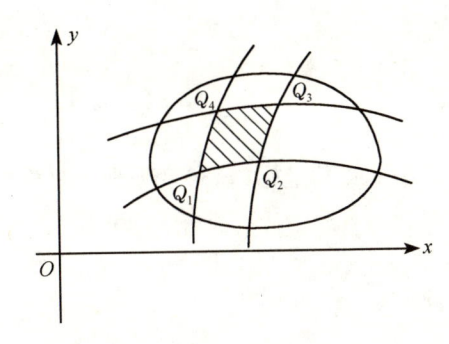

图 10.27

图 10.28

由于 x,y 在 D_{uv} 上连续,当 $\Delta u,\Delta v$ 充分小时,曲边四边形 $Q_1Q_2Q_3Q_4$ 也充分小,可把它近似看作以 $\overrightarrow{Q_1Q_2}$ 和 $\overrightarrow{Q_1Q_4}$ 为相邻边的平行四边形,从而它的面积 $\Delta\sigma$ 可近似地用平行四边形的面积代替,即以

$$\overrightarrow{Q_1Q_2} = (x(u+\Delta u,v)-x(u,v), y(u+\Delta u,v)-y(u,v)),$$
$$\overrightarrow{Q_1Q_4} = (x(u,v+\Delta v)-x(u,v), y(u,v+\Delta v)-y(u,v))$$

为相邻边的平行四边形的面积

$$\left(=|\overrightarrow{Q_1Q_2}\times\overrightarrow{Q_1Q_4}|=\begin{vmatrix} x(u+\Delta u,v)-x(u,v) & y(u+\Delta u,v)-y(u,v) \\ x(u,v+\Delta v)-x(u,v) & y(u,v+\Delta v)-y(u,v) \end{vmatrix}\right)$$

的绝对值.

由于 x,y 在 D_{uv} 上有连续的一阶偏导数,据微分中值定理,并略去高阶无穷小量之后,上述行列式近似等于

$$\begin{vmatrix} \dfrac{\partial x}{\partial u}\Delta u & \dfrac{\partial y}{\partial u}\Delta u \\ \dfrac{\partial x}{\partial v}\Delta v & \dfrac{\partial y}{\partial v}\Delta v \end{vmatrix} = \begin{vmatrix} \dfrac{\partial x}{\partial u} & \dfrac{\partial y}{\partial u} \\ \dfrac{\partial x}{\partial v} & \dfrac{\partial y}{\partial v} \end{vmatrix}\Delta u\Delta v = \dfrac{\partial(x,y)}{\partial(u,v)}\Delta u\Delta v,$$

即

$$\Delta\sigma = \left|\dfrac{\partial(x,y)}{\partial(u,v)}\right|\Delta w.$$

令 λ 与 λ' 分别是 D_{xy} 与 D_{uv} 的分划的模,由定理的条件可得

$$\lambda\to 0 \Leftrightarrow \lambda'\to 0.$$

再据二重积分的定义可得

$$\iint\limits_{D_{xy}} f(x,y)\mathrm{d}\sigma = \lim_{\lambda\to 0}\sum_{i=1}^n f(x_i,y_i)\Delta\sigma_i$$

$$= \lim_{\lambda'\to 0}\sum_{i=1}^n f[x(u_i,v_i),y(u_i,v_i)]\left|\dfrac{\partial(x,y)}{\partial(u,v)}\right|_{(u_i,v_i)}\Delta w_i$$

$$= \iint\limits_{D_{uv}} f[x(u,v), y(u,v)] \left| \frac{\partial(x,y)}{\partial(u,v)} \right| du dv,$$

$$d\sigma = \left| \frac{\partial(x,y)}{\partial(u,v)} \right| du dv.$$

平面直角坐标(x,y)变换成极坐标(r,θ)

$$\begin{cases} x = r\cos\theta, \\ y = r\sin\theta \end{cases} \quad (r \geqslant 0, 0 \leqslant \theta \leqslant 2\pi),$$

由此得

$$J(r,\theta) = \frac{\partial(x,y)}{\partial(r,\theta)} = \begin{vmatrix} \cos\theta & -r\sin\theta \\ \sin\theta & r\cos\theta \end{vmatrix} = r,$$

由极坐标变换公式为

$$\iint\limits_{D_{xy}} f(x,y) dx dy = \iint\limits_{D_{r\theta}} f(r\cos\theta, r\sin\theta) r dr d\theta, \tag{10.2.11}$$

与前面所得结论一致.

例 1 计算二重积分 $\iint\limits_{D} xy dx dy$, 其中区域 D 由 $y = x, y = 2x, xy = 1, xy = 3$ 围成.

解 区域 D 如图 10.29 所示, 若不作变换, 则应将区域 D 分块, 较复杂, 考虑到 D 的四条边界曲线的方程可写为

$$\frac{y}{x} = 1, \quad \frac{y}{x} = 2, \quad xy = 1, \quad xy = 3,$$

因此可作变换

$$\begin{cases} u = \frac{y}{x}, \\ v = xy \end{cases} \quad \text{即} \quad \begin{cases} x = \sqrt{\frac{v}{u}}, \\ y = \sqrt{uv}. \end{cases}$$

这时 D 对应于 uv 平面上的矩形区域 $D' = \{1 \leqslant u \leqslant 2, 1 \leqslant v \leqslant 3\}$ (图 10.30), 易知

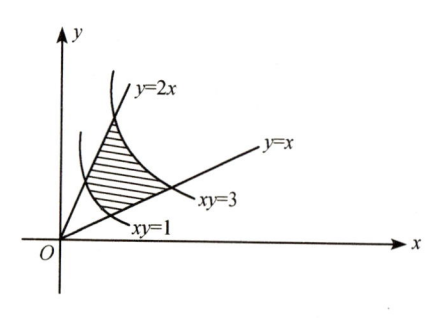

图 10.29

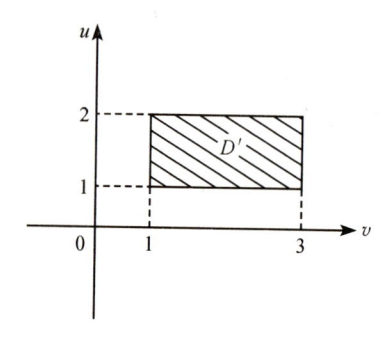

图 10.30

10.2 二重积分的计算

$$\frac{\partial(x,y)}{\partial(u,v)}=\begin{vmatrix}-\frac{1}{2u}\sqrt{\frac{v}{u}} & \frac{1}{2}\sqrt{\frac{1}{uv}} \\ \frac{1}{2}\sqrt{\frac{v}{u}} & \frac{1}{2}\sqrt{\frac{u}{v}}\end{vmatrix}=-\frac{1}{2u},$$

于是由换元公式

$$\iint_D xy\,dxdy=\frac{1}{2}\iint_{D'}\frac{v}{u}dudv=\frac{1}{2}\int_1^2\frac{1}{u}du\int_1^3 vdv=2\ln 2.$$

例 2 设函数 $f(x)$ 在闭区间 $[0,a]$ 上连续,证明

$$\iint_D f(x+y)\,dxdy=\int_0^a xf(x)\,dx,$$

其中,D 由 $0\leqslant x\leqslant a, y\geqslant 0, x+y\leqslant a$ 围成.

证明 区域 D 如图 10.31 所示,D' 如图 10.32 所示.

设 $\begin{cases}u=x+y,\\ v=x,\end{cases}$ 即 $\begin{cases}x=v,\\ y=u-v,\end{cases}$ $D':\begin{cases}u\geqslant v,\\ u\leqslant a,\\ 0\leqslant v\leqslant a.\end{cases}$ 此时雅可比行列式为

$$J=\frac{\partial(x,y)}{\partial(u,v)}=\begin{vmatrix}0 & 1\\ 1 & -1\end{vmatrix}=-1,$$

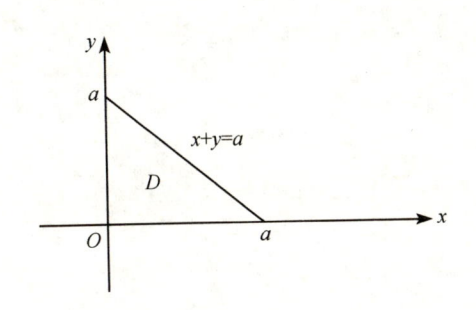

$$\iint_D f(x+y)\,dxdy=\iint_{D'}f(u)\,|J|\,dudv=\int_0^a du\int_0^u f(u)\,dv$$

$$=\int_0^a f(u)u\,du=\int_0^a xf(x)\,dx.$$

图 10.31

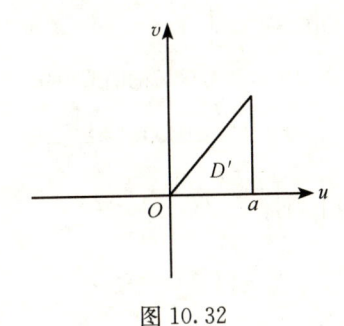

图 10.32

例 3 计算 $\iint_D\sqrt{1-\frac{x^2}{a^2}-\frac{y^2}{b^2}}\,dxdy$,其中,$D$ 为椭圆 $\frac{x^2}{a^2}+\frac{y^2}{b^2}=1$ 所围成的闭区域 $(a,b>0)$.

解 设变换为

$$\begin{cases}x=ar\cos\theta,\\ y=br\sin\theta\end{cases}\quad (r\geqslant 0, 0\leqslant\theta\leqslant 2\pi),$$

此变换称为广义极坐标变换

$$D': \begin{cases} 0 \leqslant r \leqslant 1, \\ 0 \leqslant \theta \leqslant 2\pi. \end{cases}$$

雅可比行列式为

$$J = \frac{\partial(x,y)}{\partial(r,\theta)} = abr,$$

从而有

$$\iint_D \sqrt{1 - \frac{x^2}{a^2} - \frac{y^2}{b^2}} \, dxdy = \iint_{D'} \sqrt{1-r^2} \, abr \, drd\theta = \frac{2}{3}\pi ab.$$

习 题 10.2

1. 计算下列二重积分：

(1) $\iint_D (3x+2y)d\sigma$，其中，D 是由两坐标轴及直线 $x+y=2$ 所围成的闭区域；

(2) $\iint_D xy d\sigma$，其中，D 是由抛物线 $y^2=x$ 及直线 $y=x-2$ 所围成的闭区域；

(3) $\iint_D x^2 y dxdy$，其中，D 是由双曲线 $x^2-y^2=1$ 及直线 $y=0, y=1$ 所围成的平面区域；

(4) $\iint_D x e^{-y^2} dxdy$，其中，D 是曲线 $y=4x^2$ 和 $y=9x^2$ 在第一象限所围成的区域；

(5) $\iint_D x dxdy$，其中，D 是以点 $O(0,0), A(1,2)$ 和 $B(2,1)$ 为顶点的三角形区域；

(6) $\iint_D e^{x^2} dxdy$，其中，D 是第一象限中由 $y=x$ 及 $y=x^3$ 所围成的闭区域.

2. 画出下列积分区域的图形，并改变积分次序：

(1) $\int_0^2 dx \int_x^{2x} f(x,y) dy$；

(2) $\int_0^1 dy \int_{\sqrt{y}}^{\sqrt{2-y^2}} f(x,y) dx$；

(3) $\int_{-1}^1 dy \int_{y^2-1}^{1-y^2} f(x,y) dx$；

(4) $\int_1^e dx \int_0^{\ln x} f(x,y) dy$；

(5) $\int_{-4}^{-2} dx \int_{-1}^{x+3} f(x,y) dy + \int_{-2}^0 dx \int_{-1}^1 f(x,y) dy + \int_0^2 dx \int_{\frac{x}{2}-1}^1 f(x,y) dy.$

3. 计算下列二次积分：

(1) $\int_0^{\frac{\pi}{6}} dy \int_y^{\frac{\pi}{6}} \frac{\cos x}{x} dx$；

(2) $\int_0^1 dx \int_{x^2}^1 \frac{xy}{\sqrt{1+y^3}} dy$；

(3) $\int_1^2 dx \int_{\sqrt{x}}^x \sin\frac{\pi x}{2y} dy + \int_2^4 dx \int_{\sqrt{x}}^2 \sin\frac{\pi x}{2y} dy$;

(4) $\int_{\frac{1}{4}}^{\frac{1}{2}} dy \int_{\frac{1}{2}}^{\sqrt{y}} e^{\frac{y}{x}} dx + \int_{\frac{1}{2}}^1 dy \int_y^{\sqrt{y}} e^{\frac{y}{x}} dx$.

4. 计算下列二重积分：

(1) $\iint_D \sin xy \cos(x^2+y^2) d\sigma, D: \{x^2+y^2 \leqslant 1\}$;

(2) $\iint_D x^3 \sin(x^2+y^2) d\sigma, D: \{x^2+y^2 \leqslant 2y\}$;

(3) $\iint_D x[1+yf(x^2+y^2)] d\sigma, D$ 是由 $y=x^3, y=1$ 及 $x=-1$ 所围区域, $f(u)$ 是连续函数；

(4) $\iint_D (|x|+|y|) d\sigma, D: \{|x|+|y| \leqslant 1\}$;

(5) $\iint_D y dx dy$, 其中, D 是由摆线 $x=a(t-\sin t), y=a(1-\cos t)(0 \leqslant t \leqslant 2\pi)$ 与 Ox 轴所围区域；

(6) $\iint_D |x+y| dx dy, D: -1 \leqslant x \leqslant 1, -1 \leqslant y \leqslant 1$;

(7) $\iint_D \sqrt{1-\sin^2(x+y)} d\sigma, D: 0 \leqslant x \leqslant \frac{\pi}{2}, 0 \leqslant y \leqslant \frac{\pi}{2}$;

(8) $\iint_D \sin x \sin y \max\{x,y\} d\sigma, D: 0 \leqslant x \leqslant \pi, 0 \leqslant y \leqslant \pi$.

5. 求下列曲面所围的体积：

(1) $y^2=a^2-az, x^2+y^2=ax, z=0 \ (a>0)$;

(2) $x^2+y^2=R^2, x^2+z^2=R^2$.

6. 利用极坐标计算下列二重积分：

(1) $\iint_D (x^2+y^2) dx dy, D: x^2+y^2 \leqslant by$;

(2) $\iint_D \sqrt{R^2-x^2-y^2} dx dy, D: x^2+y^2 \leqslant R^2$;

(3) $\iint_D \sqrt{R^2-x^2-y^2} dx dy, D: x^2+y^2 \leqslant Rx (R>0)$;

(4) $\iint_D \arctan\frac{y}{x} dx dy$, 其中, D 是由 $x^2+y^2=4, x^2+y^2=1$ 及直线 $y=0, y=x$ 所围成的在第一象限的闭区域.

7. 求下列图形的面积：

(1) 心脏线 $r=1-\sin\theta$ 所围区域；

(2) 位于圆周 $r=3\cos\theta$ 的内部及心脏线 $r=1+\cos\theta$ 的外部的区域.

8. 计算下列二重积分：

(1) $\iint_D (x^2+xy) dx dy, D: x+y=1, x+y=2, y=x, y=2x$ 所围；

(2) $\iint\limits_{D}(x^3+y^3)\mathrm{d}x\mathrm{d}y, D: x^2=2y, x^2=3y, x=y^2, x=2y^2$ 所围.

9. 设 $f(x)$ 是 $[a,b]$ 上正值连续函数,证明

$$\iint\limits_{D}\frac{f(x)}{f(y)}\mathrm{d}x\mathrm{d}y \geqslant (b-a)^2, \quad D: a\leqslant x\leqslant b, \quad a\leqslant y\leqslant b.$$

10. 设 $f(t)$ 为连续函数,证明

$$\iint\limits_{D}f(x-y)\mathrm{d}x\mathrm{d}y = \int_{-A}^{A}f(t)(A-|t|)\mathrm{d}t,$$

其中,D 为 $|x|\leqslant\frac{A}{2}, |y|\leqslant\frac{A}{2}$,$A$ 为大于 0 的常数.

10.3 三重积分的计算

计算三重积分 $\iiint\limits_{\Omega}f(x,y,z)\mathrm{d}V$ 的基本方法是将三重积分化为三次积分来计算,在本节中,我们将分别讨论在不同的坐标系下将三重积分化为三次积分的方法.

10.3.1 利用直角坐标计算三重积分

三重积分的计算也可化为累次积分,即化为一次单积分和一次二重积分. 这时要求积分域 Ω 为 xy 型域(或 yz 型域,xz 型域),所谓 Ω 为 xy 型域,指把区域 Ω 投影到 xy 平面而得到平面有界闭区域 D_{xy}(图 10.33),过 D_{xy} 内任一点所作的平行于 z 轴的直线与区域的边界面的交点不多于两个,Ω 的上、下两个边界曲面 $z=z_2(x,y), z=z_1(x,y)$ 分别是定义在 D_{xy} 上的连续函数.

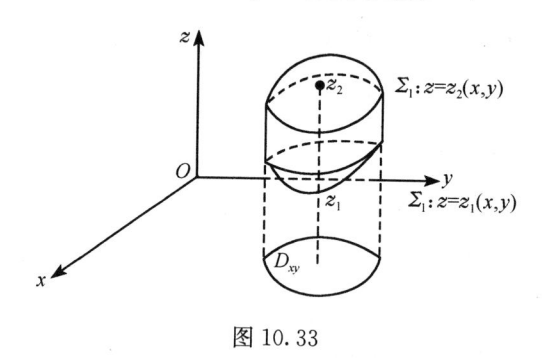

图 10.33

1. 三重积分的累次积分法

若 Ω 能够表示为

$$\Omega = \{(x,y,z) \mid z_1(x,y)\leqslant z\leqslant z_2(x,y), (x,y)\in D_{xy}\} \quad (10.3.1)$$

过 D_{xy} 内任一点 (x,y) 作平行于 z 轴的直线,这直线通过 Σ_1 穿入 Ω,然后通过 Σ_2

10.3 三重积分的计算

穿出 Ω,穿入点与穿出点的竖坐标分别是 $z_1(x,y)$ 与 $z_2(x,y)$. 于是我们先对固定的 $(x,y) \in D_{xy}$,在区间 $[z_1(x,y), z_2(x,y)]$ 上作定积分 $\int_{z_1(x,y)}^{z_2(x,y)} f(x,y,z) dz$(积分变量为 z),当点 (x,y) 在 D_{xy} 上变动时则该定积分是 D_{xy} 上的二元函数

$$\Phi(x,y) = \int_{z_1(x,y)}^{z_2(x,y)} f(x,y,z) dz. \tag{10.3.2}$$

然后将 $\Phi(x,y)$ 在 D_{xy} 上作二重积分

$$\iint_{D_{xy}} \Phi(x,y) dxdy = \iint_{D_{xy}} \left(\int_{z_1(x,y)}^{z_2(x,y)} f(x,y,z) dz \right) dxdy. \tag{10.3.3}$$

可以证明,如果被积函数 $f(x,y,z)$ 在 Ω 上连续,那么所求的三重积分 $\iiint_\Omega f(x,y,z) dV$ 就等于 $\iint_{D_{xy}} \left(\int_{z_1(x,y)}^{z_2(x,y)} f(x,y,z) dz \right) dxdy$,从而得到下面的三重积分的计算法

$$\iiint_\Omega f(x,y,z) dV = \iint_{D_{xy}} \left(\int_{z_1(x,y)}^{z_2(x,y)} f(x,y,z) dz \right) dxdy. \tag{10.3.4}$$

如果 D_{xy} 是 X 型域,则 D_{xy} 可表示成

$$D_{xy} : \begin{cases} y_1(x) \leqslant y \leqslant y_2(x), \\ a \leqslant x \leqslant b, \end{cases}$$

这时 Ω 可用下列不等式组表示

$$\Omega : \begin{cases} z_1(x,y) \leqslant z \leqslant z_2(x,y), \\ y_1(x) \leqslant y \leqslant y_2(x), \\ a \leqslant x \leqslant b. \end{cases}$$

则三重积分可化为按积分次序先对 z,再对 y 最后对 x 的三次积分

$$\iiint_\Omega f(x,y,z) dxdydz = \int_a^b dx \int_{y_1(x)}^{y_2(x)} dy \int_{z_1(x,y)}^{z_2(x,y)} f(x,y,z) dz. \tag{10.3.5}$$

如果 D_{xy} 是 Y 型域,则

$$D_{xy} : \begin{cases} x_1(y) \leqslant x \leqslant x_2(y), \\ c \leqslant y \leqslant d, \end{cases}$$

Ω 可用下面不等式组表示

$$\Omega : \begin{cases} z_1(x,y) \leqslant z \leqslant z_2(x,y), \\ x_1(y) \leqslant x \leqslant x_2(y), \\ c \leqslant y \leqslant d. \end{cases}$$

这时,三重积分可化为按积分次序先 z,后 x 最后对 y 的三次积分

$$\iiint_\Omega f(x,y,z) dxdydz = \int_c^d dy \int_{x_1(y)}^{x_2(y)} dx \int_{z_1(x,y)}^{z_2(x,y)} f(x,y,z) dz. \tag{10.3.6}$$

类似地，若积分域 Ω 为 yz 型或 xz 型域，将 Ω 投影到 yz 平面或 xy 平面，三重积分按积分次序 $x \to y \to z, x \to z \to y, y \to x \to z, y \to z \to x$ 化为三次积分。

如果区域 Ω 的形状复杂，将 Ω 分成几个小区域，使得每一个小区域为 xy 型域或 yz 型域或 xz 型域，把每一个小区域上的积分化为累次积分计算，再用三重积分的区域可加性，就可求出三重积分的值。

例 1 计算 $\iiint\limits_{\Omega} \dfrac{\mathrm{d}V}{(x+y+z+1)^2}, \Omega: x \geqslant 0, y \geqslant 0, z \geqslant 0, x+y+z \leqslant 1$ 的公共部分。

解 Ω 的图形如图 10.34 所示。Ω 在 xy 面上的投影区域为图 10.35 中的 D。

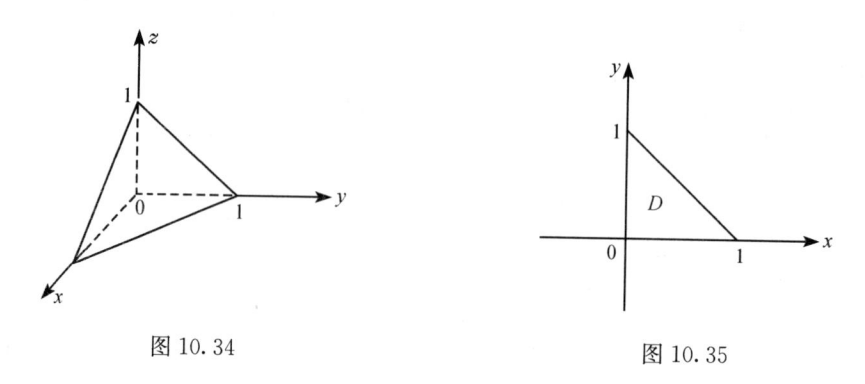

图 10.34

图 10.35

$$\Omega = \{(x,y,z) \mid 0 \leqslant z \leqslant 1-x-y, (x,y) \in D_{xy}\},$$

其中

$$D_{xy} = \{(x,y) \mid 0 \leqslant y \leqslant 1-x, 0 \leqslant x \leqslant 1\}.$$

则得

$$\iiint\limits_{\Omega} \frac{\mathrm{d}V}{(x+y+z+1)^2} = \int_0^1 \mathrm{d}x \int_0^{1-x} \mathrm{d}y \int_0^{1-x-y} \frac{1}{(x+y+z+1)^2} \mathrm{d}z$$

$$= \int_0^1 \mathrm{d}x \int_0^{1-x} \frac{-1}{x+y+z+1} \bigg|_0^{1-x-y} \mathrm{d}y$$

$$= \int_0^1 \mathrm{d}x \int_0^{1-x} \left(\frac{1}{1+x+y} - \frac{1}{2} \right) \mathrm{d}y$$

$$= \int_0^1 \left[\ln(1+x+y) - \frac{1}{2}y \right]_0^{1-x} \mathrm{d}x$$

$$= \int_0^1 \left[\ln 2 - \frac{1}{2}(1-x) - \ln(1+x) \right] \mathrm{d}x = \frac{3}{4} - \ln 2.$$

例 2 计算 $\iiint\limits_{\Omega} yz \, \mathrm{d}x\mathrm{d}y\mathrm{d}z, \Omega: \dfrac{x^2}{a^2} + \dfrac{y^2}{b^2} + \dfrac{z^2}{c^2} \leqslant 1, z \geqslant 0, x \geqslant 0.$

10.3 三重积分的计算

解 区域 Ω 如图 10.36 所示.

$$\Omega: \begin{cases} 0 \leqslant z \leqslant c\sqrt{1-\dfrac{x^2}{a^2}-\dfrac{y^2}{b^2}}, \\ -b\sqrt{1-\dfrac{x^2}{a^2}} \leqslant y \leqslant b\sqrt{1-\dfrac{x^2}{a^2}}, \\ 0 \leqslant x \leqslant a, \end{cases}$$

则有

$$\iiint\limits_{\Omega} yz \,dxdydz = \int_0^a dx \int_{-b\sqrt{1-\frac{x^2}{a^2}}}^{b\sqrt{1-\frac{x^2}{a^2}}} y\,dy \int_0^{c\sqrt{1-\frac{x^2}{a^2}-\frac{y^2}{b^2}}} z\,dz$$

$$= \int_0^a dx \int_{-b\sqrt{1-\frac{x^2}{a^2}}}^{b\sqrt{1-\frac{x^2}{a^2}}} y \frac{c^2}{2}\left(1-\frac{x^2}{a^2}-\frac{y^2}{b^2}\right)dy = 0.$$

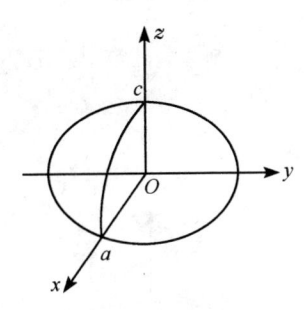

图 10.36

事实上,若对上题我们选择先对 y 积分,因为被积函数关于 y 是奇函数,积分区间又是对称区间,第一步就可得积分值为零.

从上例可看出:若积分域 Ω 关于 xz 平面对称,且 $f(x,-y,z) = -f(x,y,z)$,即函数 f 关于 y 是奇函数,则

$$\iiint\limits_{\Omega} f(x,y,z)\,dxdydz = 0.$$

类似地,若积分域 Ω 关于 xz 平面对称,且 $f(x,-y,z) = f(x,y,z)$,即函数 f 关于 y 是偶函数,则

$$\iiint\limits_{\Omega} f(x,y,z)\,dxdydz = 2\iiint\limits_{\Omega_1} f(x,y,z)\,dxdydz,$$

其中,Ω_1 是 Ω 中 $y \geqslant 0$ 部分.

2. 三重积分的截面法

设积分域 Ω 在 z 轴上的投影区间为 $[c,d]$,且 Ω 能表示为

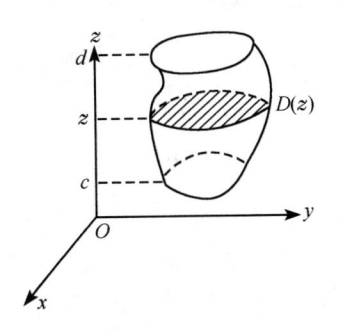

$$\Omega = \{(x,y,z) \mid (x,y) \in D(z), c \leqslant z \leqslant d\},$$

其中,$D(z)$ 是过 z 轴上任一点 $(0,0,z)$ $(z \in [c,d])$ 作平行于 xy 平面的平面,与 Ω 相交的截面(图 10.37),这时可把三重积分的计算化为先对 xy 在区域 $D(z)$ 上的二重积分,再对 z 在 $[c,d]$ 上求一定积分,即

$$\iiint\limits_{\Omega} f(x,y,z)\,dxdydz = \int_c^d dz \iint\limits_{D(z)} f(x,y,z)\,dxdy.$$

图 10.37

(10.3.7)

例3 计算 $\iiint\limits_{\Omega} z^2 \mathrm{d}x\mathrm{d}y\mathrm{d}z$,其中,$\Omega$ 为椭球体

$$\frac{x^2}{a^2}+\frac{y^2}{b^2}+\frac{z^2}{c^2}\leqslant 1.$$

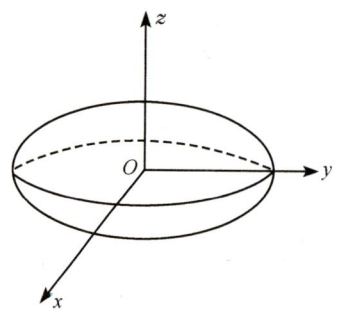

解 区域如图 10.38 所示,从被积函数分析,此时应用固定 $z\in[-c,c]$,得一平面区域 $D(z)=\left\{\dfrac{x^2}{a^2\left(1-\frac{z^2}{c^2}\right)}+\dfrac{y^2}{b^2\left(1-\frac{z^2}{c^2}\right)}\leqslant 1\right\}$,在 $D(z)$ 上先求二重积分,然后再对 z 求定积分,则

$$\iiint\limits_{\Omega} z^2 \mathrm{d}x\mathrm{d}y\mathrm{d}z = \int_{-c}^{c}\mathrm{d}z\iint\limits_{D(z)} z^2 \mathrm{d}x\mathrm{d}y$$
$$= \int_{-c}^{c} z^2 \mathrm{d}z \iint\limits_{D(z)} \mathrm{d}x\mathrm{d}y = \int_{-c}^{c} z^2 A[D(z)]\mathrm{d}z,$$

图 10.38

这里 $A[D(z)]$ 表示 $D(z)$ 的面积,利用椭圆面积公式

$$A[D(z)] = \pi\left(a\sqrt{1-\frac{z^2}{c^2}}\right)\left(b\sqrt{1-\frac{z^2}{c^2}}\right) = \pi ab\left(1-\frac{z^2}{c^2}\right),$$

于是

$$\iiint\limits_{\Omega} z^2 \mathrm{d}x\mathrm{d}y\mathrm{d}z = \int_{-c}^{c} \pi ab\left(1-\frac{z^2}{c^2}\right)z^2 \mathrm{d}z = \frac{4}{15}\pi abc^3.$$

例4 计算 $\iiint\limits_{\Omega} z\mathrm{d}x\mathrm{d}y\mathrm{d}z$,其中,$\Omega$ 为平面曲线 $\begin{cases} y^2 = 2z \\ x = 0 \end{cases}$,绕 z 轴旋转一周形成的曲面与平面 $z=8$ 所围成的区域.

解 区域 Ω 如图 10.39 所示,旋转曲面 $\Sigma: x^2+y^2=2z$,即 $D(z): x^2+y^2\leqslant 2z$,则

$$\iiint\limits_{\Omega} z\mathrm{d}x\mathrm{d}y\mathrm{d}z = \int_0^8 z\mathrm{d}z\iint\limits_{D(z)} \mathrm{d}x\mathrm{d}y = \int_0^8 z\pi 2z\mathrm{d}z = \frac{1024\pi}{3}.$$

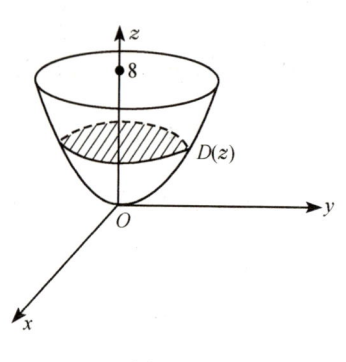

图 10.39

10.3.2 利用柱坐标计算三重积分

我们在第 8 章已经讨论过,柱坐标系就是 xy 平面的极坐标系加上 z 轴,在柱坐标系下,空间的点 M 可用三个数 (r,θ,z) 来确定.其中 (r,θ) 是点 M 在 xy 平面上投影点 P 的极坐标,z 是点 M 的第三个直角坐标由第 8 章(8.1.5)式知

10.3 三重积分的计算

$$\begin{cases} x = r\cos\theta, \\ y = r\sin\theta, \\ z = z, \end{cases} \quad \begin{cases} r = \sqrt{x^2 + y^2}, \\ \tan\theta = \dfrac{y}{x}, \\ z = z. \end{cases} \tag{10.3.8}$$

当 M 取遍空间一切点时，r,θ,z 的取值范围是

$$0 \leqslant r < +\infty, \quad 0 \leqslant \theta \leqslant 2\pi, \quad -\infty < z < +\infty.$$

在柱坐标系下，三组坐标面是：

$r =$ 常数，即以 z 为对称轴，r 为半径的圆柱面；

$\theta =$ 常数，即过 z 轴的半平面；

$z =$ 常数，即与 xy 平面平行的平面.

在柱坐标系下计算三重积分时，需要写出体积元素 $dV = dxdydz$ 在柱坐标系下的表达式. 为此，我们用柱坐标系的三组坐标面去分割积分区域 Ω，设 ΔV 是半径为 r 和 $r+dr$ 的圆柱面，与极角为 θ 和 $\theta+d\theta$ 的半平面，以及高度为 z 和 $z+dz$ 的平面所围成的小柱体，其高为 dz，其底面积可近似看成以 dr 和 $rd\theta$ 为两边的小矩形面积（图 10.40），因此体积元素为

$$dV = rdrd\theta dz,$$

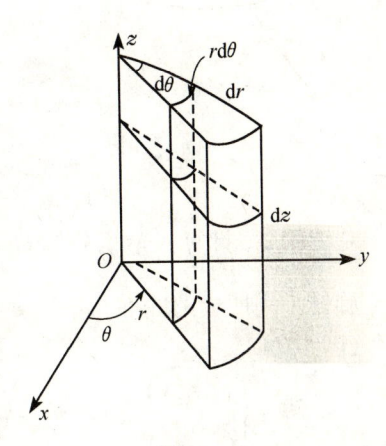

图 10.40

于是

$$\iiint_\Omega f(x,y,z)dV = \iiint_{\Omega'} f(r\cos\theta, r\sin\theta, z) r dr d\theta dz.$$

其中，Ω' 为 Ω 的柱坐标变化域，上式右端的三重积分也可化为累次积分来计算. 如果包围区域 Ω 的上、下曲面用柱坐标表示为

$$z = z_2(r,\theta), \quad z = z_1(r,\theta),$$

且 Ω 在 xy 平面上的投影区域为 D，则在柱坐标系下，三重积分的计算公式为

$$\begin{aligned}\iiint_\Omega f(x,y,z)dV &= \iiint_{\Omega'} f(r\cos\theta, r\sin\theta, z) r dr d\theta dz \\ &= \iint_D r dr d\theta \int_{z_1(r,\theta)}^{z_2(r,\theta)} f(r\cos\theta, r\sin\theta, z) dz.\end{aligned} \tag{10.3.9}$$

例1 计算三重积分 $\iiint_\Omega z dx dy dz$，其中

$$\Omega: x^2 + y^2 + z^2 \leqslant 4, \quad x^2 + y^2 \leqslant 3z.$$

解 用柱坐标，则 Ω 可表示为：$r^2 + z^2 \leqslant 4, r^2 \leqslant 3z$（图 10.41），$\Omega$ 在 xy 平面上

的投影区域为 $r \leqslant \sqrt{3}$，则

$$\Omega: \begin{cases} \dfrac{r^2}{3} \leqslant z \leqslant \sqrt{4-r^2}, \\ 0 \leqslant r \leqslant \sqrt{3}, \\ 0 \leqslant \theta \leqslant 2\pi, \end{cases}$$

所以

$$\iiint_\Omega z\,\mathrm{d}x\mathrm{d}y\mathrm{d}z = \int_0^{2\pi}\mathrm{d}\theta \int_0^{\sqrt{3}} r\mathrm{d}r \int_{\frac{r^2}{3}}^{\sqrt{4-r^2}} z\,\mathrm{d}z$$

$$= \pi\int_0^{\sqrt{3}} r\left(4-r^2-\frac{r^4}{9}\right)\mathrm{d}r$$

$$= \pi\left(2\times 3 - \frac{9}{4} - \frac{27}{9\times 6}\right) = \frac{13\pi}{4}.$$

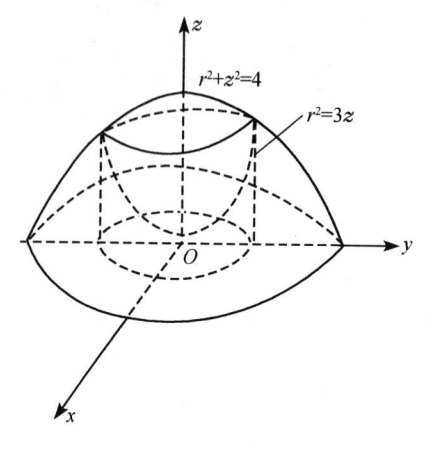

图 10.41

例2 计算三重积分 $\iiint_\Omega (x^2+y^2)\,\mathrm{d}x\mathrm{d}y\mathrm{d}z$，其中，$\Omega$ 是由曲线 $\begin{cases} y^2 = 2z, \\ x = 0 \end{cases}$ 绕 Oz 轴旋转一周所成的曲面与平面 $z=2, z=8$ 围成的闭区域（图 10.42）.

解 $\begin{cases} y^2 = 2z, \\ x = 0 \end{cases}$ 绕 Oz 轴旋转一周所得旋转曲面方程 $y^2 + x^2 = 2z$，则

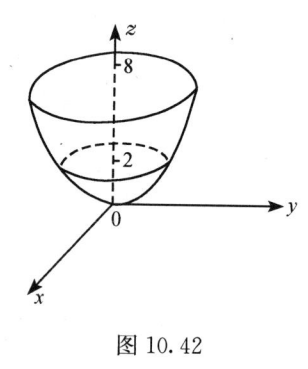

$$\iiint_\Omega (x^2+y^2)\,\mathrm{d}x\mathrm{d}y\mathrm{d}z = \int_2^8 \mathrm{d}z \iint_{D_\text{截}: x^2+y^2\leqslant 2z} (x^2+y^2)\,\mathrm{d}x\mathrm{d}y$$

$$= \int_2^8 \mathrm{d}z \int_0^{2\pi}\mathrm{d}\theta \int_0^{\sqrt{2z}} r^3\,\mathrm{d}r = 336\pi.$$

图 10.42

10.3.3 利用球坐标计算三重积分

设点 $P(x,y,z)$ 在 xy 平面上的投影为 $P'(x,y,0)$，记 $\rho=|OP|$，θ 是 $\overrightarrow{OP'}$ 与 x 轴的夹角（$0\leqslant\theta\leqslant 2\pi$），$\varphi$ 是 $\overrightarrow{OP}$ 与 z 轴的夹角（$0\leqslant\varphi\leqslant\pi$），则 (ρ,φ,θ) 为空间一点 P 的球面坐标（图 10.43），据第 8 章 (8.1.7) 式知，点 P 的直角坐标 (x,y,z) 与球面坐标 (ρ,φ,θ) 之间关系为

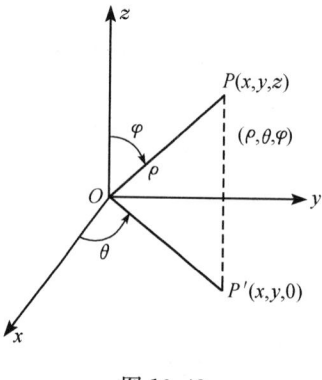

$$\begin{cases} x = \rho\sin\varphi\cos\theta, \\ y = \rho\sin\varphi\sin\theta, \quad (0\leqslant\theta\leqslant 2\pi, 0\leqslant\varphi\leqslant\pi, \rho\geqslant 0), \\ z = \rho\cos\varphi \end{cases}$$

图 10.43

上式称为球面坐标.

10.3 三重积分的计算

现在讨论怎样把三重积分 $\iiint_\Omega f(x,y,z)\mathrm{d}V$ 中的变量从直角坐标变换为球面坐标，用三组坐标面 $\rho=$ 常数 $\rho_1,\rho_2,\cdots,\rho_l,\theta=$ 常数 $\theta_1,\theta_2,\cdots,\theta_m$，$\varphi=$ 常数 $\varphi_1,\varphi_2,\cdots,\varphi_n$ 把积分区域 Ω 分成许多小闭区域，考虑由 ρ,θ,φ 各取得微小增量 $\mathrm{d}\rho,\mathrm{d}\theta,\mathrm{d}\varphi$ 所形成的六面体的体积（图 10.44），不计高阶无穷小，可把这个六面体看作长方体，其经线方向的长为 $\rho\mathrm{d}\varphi$，纬线方向的宽为 $\rho\sin\varphi\mathrm{d}\theta$，向径方向的高为 $\mathrm{d}\rho$，于是得

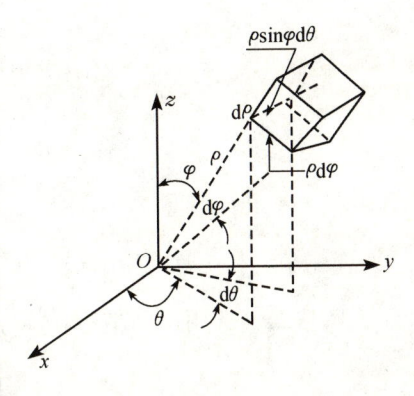

$$\mathrm{d}V = \rho^2\sin\varphi\mathrm{d}\rho\mathrm{d}\varphi\mathrm{d}\theta,$$

图 10.44

这就是球面坐标系中的体积元素．则

$$\iiint_\Omega f(x,y,z)\mathrm{d}x\mathrm{d}y\mathrm{d}z = \iiint_{\Omega'} f(\rho\sin\varphi\cos\theta,\rho\sin\varphi\sin\theta,\rho\cos\varphi)\rho^2\sin\varphi\mathrm{d}\rho\mathrm{d}\varphi\mathrm{d}\theta.$$

(10.3.10)

具体计算球面坐标下的三重积分时，仍化为对 ρ,φ,θ 的三次单积分，将区域 Ω' 用 ρ,φ,θ 的联立不等式表示，由此定出三次单积分的积分限，特别地，当 Ω 是球形域 $x^2+y^2+z^2\leqslant a^2$ 时，Ω' 的联立不等式表示为

$$0\leqslant\rho\leqslant a,\quad 0\leqslant\varphi\leqslant\pi,\quad 0\leqslant\theta\leqslant 2\pi.$$

则

$$\iiint_{\Omega'} F(\rho,\varphi,\theta)\rho^2\sin\varphi\mathrm{d}\rho\mathrm{d}\varphi\mathrm{d}\theta = \int_0^{2\pi}\mathrm{d}\theta\int_0^\pi\sin\varphi\mathrm{d}\varphi\int_0^a F(\rho,\varphi,\theta)\rho^2\mathrm{d}\rho.$$

其中

$$F(\rho,\varphi,\theta) = f(\rho\sin\varphi\cos\theta,\rho\sin\varphi\sin\theta,\rho\cos\varphi).$$

一般地，当区域 Ω 的边界面方程中或被积函数中出现 $x^2+y^2+z^2$ 时，用球面坐标计算较为方便．

例 1 计算三重积分 $\iiint_\Omega \sqrt{x^2+y^2}\mathrm{d}x\mathrm{d}y\mathrm{d}z$，$\Omega$ 为半球体 $x^2+y^2+z^2\leqslant 1,z\geqslant 0$.

解法一 如图 10.45 选用柱坐标，Ω 用不等式组表示

$$\begin{cases} 0\leqslant z\leqslant\sqrt{1-r^2}, \\ 0\leqslant r\leqslant 1, \\ 0\leqslant\theta\leqslant 2\pi, \end{cases}$$

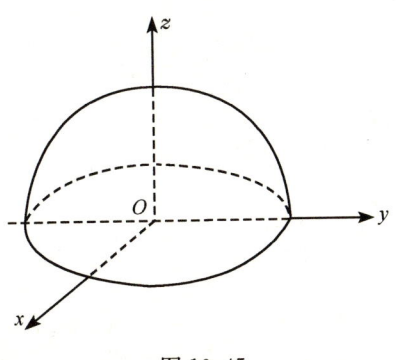

图 10.45

所以

$$\iiint_\Omega \sqrt{x^2+y^2}\,dxdydz = \int_0^{2\pi}d\theta\int_0^1 r^2\,dr\int_0^{\sqrt{1-r^2}}dz$$
$$= 2\pi\int_0^1 r^2\sqrt{1-r^2}\,dr.$$

作变换 $r=\sin t$,则得
$$原式 = 2\pi\int_0^{\frac{\pi}{2}}\sin^2 t\cos^2 t\,dt = 2\pi\cdot\frac{1}{4}\cdot\frac{\pi}{4} = \frac{\pi^2}{8}.$$

解法二 选用球面坐标,Ω 可用不等式组表示为
$$\begin{cases}0\leqslant\rho\leqslant 1,\\ 0\leqslant\varphi\leqslant\dfrac{\pi}{2},\\ 0\leqslant\theta\leqslant 2\pi,\end{cases}$$

所以
$$\iiint_\Omega \sqrt{x^2+y^2}\,dxdydz = \int_0^{2\pi}d\theta\int_0^{\frac{\pi}{2}}d\varphi\int_0^1 \rho\sin\varphi\cdot\rho^2\sin\varphi\,d\rho = \frac{\pi^2}{8}.$$

例 2 计算三重积分 $\iiint_\Omega (x+z)\,dxdydz$,其中,$\Omega$ 是由曲面 $z=\sqrt{x^2+y^2}$ 与 $z=\sqrt{1-x^2-y^2}$ 所围闭区域.

解 Ω 如图 10.46 所示选用球坐标,Ω 用不等式组表示为
$$\Omega:\begin{cases}0\leqslant\rho\leqslant 1,\\ 0\leqslant\varphi\leqslant\dfrac{\pi}{4},\\ 0\leqslant\theta\leqslant 2\pi,\end{cases}$$

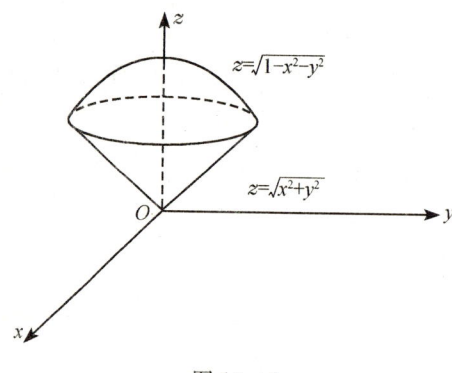

图 10.46

因为 Ω 关于 yz 平面对称,所以 $\iiint_\Omega x\,dxdydz = 0$. 所以
$$\iiint_\Omega (x+z)\,dxdydz = \iiint_\Omega z\,dxdydz = \int_0^{2\pi}d\theta\int_0^{\frac{\pi}{4}}d\varphi\int_0^1 \rho\cos\varphi\cdot\rho^2\sin\varphi\,d\rho = \frac{\pi}{8}.$$

10.3.4 三重积分的变量替换

三重积分也有与二重积分类似的变量替换法则.

定理 设函数 $f(x,y,z)$ 在有界闭区域 Ω 上连续,作变换
$$\begin{cases}x=x(u,v,w),\\ y=y(u,v,w),\\ z=z(u,v,w),\end{cases} \tag{10.3.11}$$

使满足

(1) 把直角坐标系 O'_{uvw} 中的区域 Ω' 一一对应地变到直角坐标系 O_{xyz} 中的区域 Ω;

(2) 变换(10.3.11)式在 Ω' 上连续,且有连续的一阶偏导数;

(3) 雅可比行列式

$$J = \frac{\partial(x,y,z)}{\partial(u,v,w)} \neq 0, \quad (u,v,w) \in \Omega',$$

则有换元公式

$$\iiint_\Omega f(x,y,z)\mathrm{d}x\mathrm{d}y\mathrm{d}z = \iiint_{\Omega'} f[x(u,v,w),y(u,v,w),z(u,v,w)]|J|\,\mathrm{d}u\mathrm{d}v\mathrm{d}w,$$

(10.3.12)

其中

$$J = \begin{vmatrix} \dfrac{\partial x}{\partial u} & \dfrac{\partial x}{\partial v} & \dfrac{\partial x}{\partial w} \\ \dfrac{\partial y}{\partial u} & \dfrac{\partial y}{\partial v} & \dfrac{\partial y}{\partial w} \\ \dfrac{\partial z}{\partial u} & \dfrac{\partial z}{\partial v} & \dfrac{\partial z}{\partial w} \end{vmatrix}.$$

例 计算三重积分 $\iiint_\Omega \sqrt{1 - \dfrac{x^2}{a^2} - \dfrac{y^2}{b^2} - \dfrac{z^2}{c^2}}\,\mathrm{d}V$,其中,$\Omega$ 为椭球面 $\dfrac{x^2}{a^2} + \dfrac{y^2}{b^2} + \dfrac{z^2}{c^2} = 1$ 所围成的闭区域.

解 作广义球坐标变换

$$\begin{cases} x = a\rho\sin\varphi\cos\theta, \\ y = b\rho\sin\varphi\sin\theta, \\ z = c\rho\cos\varphi, \end{cases}$$

则椭球面的广义球坐标方程为 $\rho = 1$,且 $J = abc\rho^2\sin\varphi$. 区域 Ω' 可用不等式组表示为

$$\begin{cases} 0 \leqslant \rho \leqslant 1, \\ 0 \leqslant \varphi \leqslant \pi, \\ 0 \leqslant \theta \leqslant 2\pi, \end{cases}$$

则

$$\iiint_\Omega \sqrt{1 - \frac{x^2}{a^2} - \frac{y^2}{b^2} - \frac{z^2}{c^2}}\,\mathrm{d}V = \iiint_{\Omega'} \sqrt{1-\rho^2}\,abc\rho^2\sin\varphi\mathrm{d}\rho\mathrm{d}\varphi\mathrm{d}\theta = \frac{\pi^2}{4}abc.$$

习　题　10.3

1. 化三重积分 $\iiint_\Omega f(x,y,z)\mathrm{d}x\mathrm{d}y\mathrm{d}z$ 为三次积分,其中积分区域 Ω 分别是:

(1) 由曲面 $z=x^2+y^2$,平面 $x+y=1,x=0,y=0,z=0$ 所围成的闭区域;

(2) 由曲面 $z=\sqrt{3(x^2+y^2)}$,$x^2+y^2-y=0$ 及平面 $z=0$ 所围成的闭区域;

(3) 由曲面 $z=xy,x^2+y^2=1,z=0$ 所围成的位于第一卦限的闭区域.

2. 计算下列三重积分:

(1) $\iiint\limits_{\Omega} xy\mathrm{d}x\mathrm{d}y\mathrm{d}z$,其中,$\Omega: 1\leqslant x\leqslant 2, -2\leqslant y\leqslant 1, 0\leqslant z\leqslant \dfrac{1}{2}$;

(2) $\iiint\limits_{\Omega} z\mathrm{d}x\mathrm{d}y\mathrm{d}z$,其中,$\Omega$ 由锥面 $z=\dfrac{h}{R}\sqrt{x^2+y^2}$ 与平面 $z=h(R>0,h>0)$ 所围闭区域;

(3) $\iiint\limits_{\Omega} z^2\mathrm{d}x\mathrm{d}y\mathrm{d}z$,其中,$\Omega$ 是两个球体 $x^2+y^2+z^2\leqslant R^2$ 和 $x^2+y^2+z^2\leqslant 2Rz$ 的公共部分 $(R>0)$.

3. 利用柱面坐标计算下列积分:

(1) $\iiint\limits_{\Omega} x^2\mathrm{d}x\mathrm{d}y\mathrm{d}z$,其中,$\Omega$ 是由曲面 $z=2\sqrt{x^2+y^2}$,$x^2+y^2=1$ 与 $z=0$ 所围的闭区域;

(2) $\iiint\limits_{\Omega} (x+y)\mathrm{d}x\mathrm{d}y\mathrm{d}z$,其中,$\Omega$ 是介于两柱面 $x^2+y^2=1$ 和 $x^2+y^2=4$ 之间被平面 $z=0$ 和 $z=x+2$ 所截下的部分;

(3) $\iiint\limits_{\Omega} z\mathrm{d}x\mathrm{d}y\mathrm{d}z$,其中,$\Omega$ 是由曲面 $z=x^2+y^2$ 与 $z=2y$ 所围成的闭区域;

(4) $\iiint\limits_{\Omega} xyz\mathrm{d}x\mathrm{d}y\mathrm{d}z$,其中,$\Omega$ 是由 $z=6-x^2-y^2$ 及 $z=\sqrt{x^2+y^2}$ 所围成的闭区域在第一卦限部分;

(5) $\iiint\limits_{\Omega} z\sqrt{x^2+y^2}\mathrm{d}x\mathrm{d}y\mathrm{d}z$,其中,$\Omega$ 是由柱面 $y^2=2x-x^2$ 及平面 $z=0,z=a(a>0)$ 所围成的闭区域.

4. 利用球坐标计算下列三重积分:

(1) $\iiint\limits_{\Omega} z\mathrm{d}x\mathrm{d}y\mathrm{d}z$,其中,$\Omega$ 是由不等式 $x^2+y^2+(z-a)^2\leqslant a^2$,$x^2+y^2\leqslant z^2$ 所确定的闭区域;

(2) $\iiint\limits_{\Omega} \dfrac{z\ln(x^2+y^2+z^2+1)}{x^2+y^2+z^2+1}\mathrm{d}x\mathrm{d}y\mathrm{d}z$,其中,$\Omega$ 为球面 $x^2+y^2+z^2=1$ 所围闭区域;

(3) $\iiint\limits_{\Omega} |1-\sqrt{x^2+y^2+z^2}|\mathrm{d}x\mathrm{d}y\mathrm{d}z$,其中,$\Omega$ 是由 $z=\sqrt{x^2+y^2}$ 与 $z=1$ 所围闭区域;

(4) $\iiint\limits_{\Omega} z\mathrm{d}x\mathrm{d}y\mathrm{d}z$,其中,$\Omega$ 是由曲面 $z=1+\sqrt{1-x^2-y^2}$ 与 $z=1$ 所围的闭区域.

5. 设 $f(u)$ 具有连续导数,$f(0)=0$,求 $\lim\limits_{t\to 0}\dfrac{1}{\pi t^4}\iiint\limits_{x^2+y^2+z^2\leqslant t^2} f(\sqrt{x^2+y^2+z^2})\mathrm{d}x\mathrm{d}y\mathrm{d}z$.

6. 选用适当的坐标计算下列三重积分:

(1) $\iiint\limits_{\Omega} (x^2+y^2)\mathrm{d}x\mathrm{d}y\mathrm{d}z$,其中,$\Omega$ 是由两个半球面 $z=\sqrt{A^2-x^2-y^2}$,$z=\sqrt{a^2-x^2-y^2}$ $(0<a<A)$ 及平面 $z=0$ 所围成的闭区域;

(2) $\iiint\limits_{\Omega} \dfrac{\mathrm{d}x\mathrm{d}y\mathrm{d}z}{x^2+y^2+1}$,其中,$\Omega$ 为 $x^2+y^2=z^2$ 及 $z=1$ 所围;

(3) $\iiint\limits_{\Omega} x^2 \mathrm{d}x\mathrm{d}y\mathrm{d}z$,其中,$\Omega$ 是由 $\dfrac{x^2}{a^2}+\dfrac{y^2}{b^2}+\dfrac{z^2}{c^2}=1$ 所围;

(4) $\iiint\limits_{\Omega} (x+y+z)\mathrm{d}x\mathrm{d}y\mathrm{d}z$,其中,$\Omega$ 是由 $(x-a)^2+(y-b)^2+(z-c)^2=R^2$ 所围.

7. 设函数 $f(x)$ 在闭区间 $[0,1]$ 上连续:

(1) 证明 $\int_0^1 \mathrm{d}x \int_x^1 f(x)f(y)\mathrm{d}y = \dfrac{1}{2}\left[\int_0^1 f(x)\mathrm{d}x\right]^2$;

(2) 证明 $\int_0^1 \mathrm{d}x \int_x^1 \mathrm{d}y \int_x^y f(x)f(y)f(z)\mathrm{d}z = \dfrac{1}{3!}\left[\int_0^1 f(x)\mathrm{d}x\right]^3$.

10.4 重积分的应用

10.4.1 重积分的几何应用

1. 曲顶柱体的体积

我们在 10.1 节已经讲过,曲顶柱体的体积 V 是曲顶函数 $f(x,y)$ 在底面区域 D 上的二重积分,即

$$V = \iint\limits_{D} f(x,y)\mathrm{d}\sigma,$$

其中,$f(x,y) \geqslant 0, (x,y) \in D$.

2. 曲面的面积

设光滑曲面 Σ 的方程为

$$z = f(x,y), \quad (x,y) \in D,$$

D 是 xy 平面上的有界闭区域,下面我们讨论曲面 Σ 的面积计算方法.

将区域 D 用平行于坐标轴的直线划分 n 个小区域,任取其中一小块 D_i,其面积为 $\Delta\sigma_i = \Delta x_i \Delta y_i$,则 $\mathrm{d}\sigma = \mathrm{d}x\mathrm{d}y$,过 D_i 的边界线作母线平行于 z 轴的柱面,这柱面把曲面 Σ 截出相应的一块 Σ_i(图 10.47),其面积为 ΔS_i,在 Σ_i 上任取一点 $P(x,y,z)$,过点 P 作曲面的切平面 π,

$$\pi : f_x(x,y)(X-x) + f_y(x,y)(Y-y) - (Z-z) = 0. \qquad (10.4.1)$$

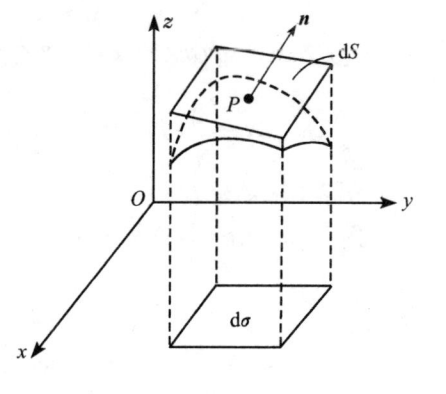

π 被相应的柱面截下的小块面积为 $\mathrm{d}S$,$\mathrm{d}S$ 即为曲面 Σ 的面积微元. $\mathrm{d}S$ 与 $\mathrm{d}\sigma$ 之间有以

图 10.47

下关系
$$d\sigma = dS |\cos\gamma|. \tag{10.4.2}$$
其中,γ 为 π 的法向量 $\boldsymbol{n}=\{f_x,f_y,-1\}$ 与坐标向量 $\boldsymbol{k}$ 的夹角,所以
$$|\cos\gamma| = \frac{1}{\sqrt{1+f_x^2+f_y^2}},$$
代入(10.4.2)式便得
$$dS = \sqrt{1+f_x^2(x,y)+f_y^2(x,y)}d\sigma$$
$$= \sqrt{1+f_x^2(x,y)+f_y^2(x,y)}dxdy.$$
将这些面积累加起来就得曲面 Σ 的面积
$$A(\Sigma) = \iint_D \sqrt{1+f_x^2+f_y^2}dxdy. \tag{10.4.3}$$

同理,若光滑曲面 Σ 用 $x=x(y,z)$ 表示,D_{yz} 表示曲面 Σ 在 yz 面上的投影区域,则曲面 Σ 的面积为
$$A(\Sigma) = \iint_{D_{yz}} \sqrt{1+x_y^2+x_z^2}dydz. \tag{10.4.4}$$

例1 求旋转抛物面 $z=x^2+y^2$ 位于 $0 \leqslant z \leqslant 9$ 之间的那一部分面积.

解 设 $D=\{(x,y)|x^2+y^2 \leqslant 9\}$,
$$A = \iint_D \sqrt{1+z_x^2+z_y^2}dxdy = \iint_D \sqrt{1+4x^2+4y^2}dxdy$$
$$= \int_0^{2\pi} d\theta \int_0^3 \sqrt{1+4r^2} rdr = \frac{\pi}{6}(37\sqrt{37}-1).$$

若曲面 Σ 由参数方程给出
$$\begin{cases} x = x(u,v), \\ y = y(u,v), \quad (u,v) \in D. \\ z = z(u,v), \end{cases}$$
其中,D 是一平面有界闭区域,那么曲面 Σ 的面积可用下式计算
$$A = \iint_D \sqrt{\left[\frac{\partial(x,y)}{\partial(u,v)}\right]^2 + \left[\frac{\partial(y,z)}{\partial(u,v)}\right]^2 + \left[\frac{\partial(z,x)}{\partial(u,v)}\right]^2} dudv.$$

例2 求半径为 a 的球的表面积.

解 球面用参数方程表示如下:
$$\begin{cases} x = a\cos\theta\sin\varphi, \\ y = a\sin\theta\sin\varphi, \quad (\varphi,\theta) \in D_{\varphi\theta}, \\ z = a\cos\varphi, \end{cases}$$
这里 $D_{\varphi\theta}=\{(\varphi,\theta)|0 \leqslant \varphi \leqslant \pi, 0 \leqslant \theta \leqslant 2\pi\}$,则

10.4 重积分的应用

$$\sqrt{\left[\frac{\partial(x,y)}{\partial(\varphi,\theta)}\right]^2+\left[\frac{\partial(y,z)}{\partial(\varphi,\theta)}\right]^2+\left[\frac{\partial(z,x)}{\partial(\varphi,\theta)}\right]^2}=a^2\sin\varphi,$$

所以

$$A=\iint\limits_{D_{\varphi\theta}}a^2\sin\varphi\mathrm{d}\varphi\mathrm{d}\theta=\int_0^{2\pi}\mathrm{d}\theta\int_0^\pi a^2\sin\varphi\mathrm{d}\varphi=4\pi a^2.$$

3. 空间立体的体积

$$V=\iiint\limits_\Omega 1\mathrm{d}V.$$

其中,Ω 为立体所占的空间区域.

10.4.2 重积分的物理应用

1. 质量中心(质心)

据力学知识,设有 n 个质点,质量为 m_i,位于点 $P_i(x_i,y_i,z_i)$ 处,这个质点组的质心位置为

$$r_c=\frac{1}{M}\sum_{i=1}^n m_i r_i, \tag{10.4.5}$$

其中,$M=\sum_{i=1}^n m_i$ 是质点组的总质量,r_i 是点 P_i 的向径,即质心位置是各质点位置关于质量的平均,对一个密度为 μ 的物体,占据空间立体 Ω,在 Ω 中点 P 处取一块立体微元 $\mathrm{d}V$,并以同一记号记其体积,则该微元的质量便是 $\mu(P)\mathrm{d}V$,于是,按照 (10.4.5) 式,物体的质心位置是

$$\bar{x}=\frac{1}{M}\iiint\limits_\Omega x\mu(x,y,z)\mathrm{d}V,$$

$$\bar{y}=\frac{1}{M}\iiint\limits_\Omega y\mu(x,y,z)\mathrm{d}V, \tag{10.4.6}$$

$$\bar{z}=\frac{1}{M}\iiint\limits_\Omega z\mu(x,y,z)\mathrm{d}V,$$

其中,$M=\iiint\limits_\Omega \mu(P)\mathrm{d}V$ 是物体总的质量,特别,若物体是均匀分布的,即密度 μ 是常数,则 (10.4.6) 式可表示为

$$\bar{x}=\frac{1}{V}\iiint\limits_\Omega x\mathrm{d}V, \quad \bar{y}=\frac{1}{V}\iiint\limits_\Omega y\mathrm{d}V, \quad \bar{z}=\frac{1}{V}\iiint\limits_\Omega z\mathrm{d}V. \tag{10.4.7}$$

其中,V 为区域 Ω 的体积,这时,$(\bar{x},\bar{y},\bar{z})$ 仅与区域 Ω 的形状有关,称为区域 Ω 的形心.

对于平面情况,具有面密度 $\mu(x,y)$ 的平面薄板(所占区域为 D,其面积为 A)的质心坐标为

$$\bar{x} = \frac{\iint\limits_D x\mu(x,y)\mathrm{d}\sigma}{\iint\limits_D \mu(x,y)\mathrm{d}\sigma}, \quad \bar{y} = \frac{\iint\limits_D y\mu(x,y)\mathrm{d}\sigma}{\iint\limits_D \mu(x,y)\mathrm{d}\sigma}. \tag{10.4.8}$$

$M_{yz} = \iiint\limits_\Omega x\mu(x,y,z)\mathrm{d}V$ 称为物体对坐标面 yz 的静力矩.

$M_x = \iint\limits_D y\mu(x,y)\mathrm{d}\sigma$ 称为平面薄板对 x 轴的静力矩.

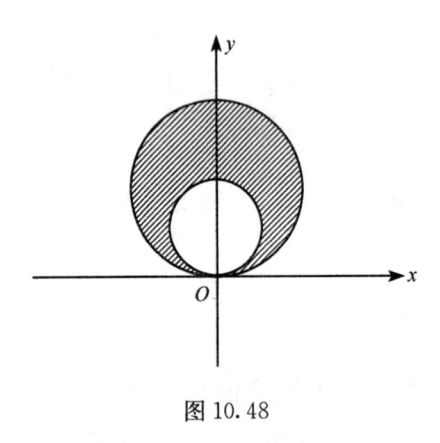

例 1 求位于两圆 $\rho = 2\sin\theta$ 和 $\rho = 4\sin\theta$ 之间的月牙形均匀薄板的重心(图 10.48).

解 因为薄片关于 y 轴对称,所以重心的 x 坐标为零

$$\bar{y} = \frac{\iint\limits_D y\mathrm{d}x\mathrm{d}y}{\iint\limits_D \mathrm{d}x\mathrm{d}y} = \frac{1}{3\pi}\iint\limits_D y\mathrm{d}x\mathrm{d}y$$

$$= \frac{1}{3\pi}\int_0^\pi \mathrm{d}\theta \int_{2\sin\theta}^{4\sin\theta}(r\sin\theta)r\mathrm{d}r$$

$$= \frac{56}{9\pi}\int_0^\pi \sin^4\theta \mathrm{d}\theta = \frac{7}{3},$$

图 10.48

所以重心位于 $\left(0, \dfrac{7}{3}\right)$ 处.

2. 转动惯量

对在 xy 面上的一块薄片,所占区域为 D,密度为 $\mu(x,y)$,在 D 上任取一个微元 $\mathrm{d}\sigma$,并以同一记号记其面积,在该微元中任取一点 $P(x,y)$,则微元的质量 $\mathrm{d}m = \mu(x,y)\mathrm{d}\sigma$,因此,该微元绕 x 轴的转动惯量 $\mathrm{d}I_x$ 为

$$\mathrm{d}I_x = y^2\mu(x,y)\mathrm{d}\sigma,$$

薄片绕 x 轴的转动惯量 I_x 就是 $\mathrm{d}I_x$ 在 D 上的积分,即

$$I_x = \iint\limits_D y^2\mu(x,y)\mathrm{d}\sigma, \tag{10.4.9}$$

类似可得

$$I_y = \iint\limits_D x^2\mu(x,y)\mathrm{d}\sigma, \tag{10.4.10}$$

而对原点 O 的转动惯量为

10.4 重积分的应用

$$I_O = \iint_D (x^2+y^2)\mu(x,y)\mathrm{d}\sigma = I_x + I_y. \tag{10.4.11}$$

对占有空间区域 Ω 的物体 A，密度分布函数 $\mu(x,y,z)$ 在 Ω 上连续，用"微元法"可得 A 绕坐标轴的转动惯量为

$$\begin{cases} I_x = \iiint_\Omega (y^2+z^2)\mu(x,y,z)\mathrm{d}V, \\ I_y = \iiint_\Omega (x^2+z^2)\mu(x,y,z)\mathrm{d}V, \\ I_z = \iiint_\Omega (x^2+y^2)\mu(x,y,z)\mathrm{d}V, \end{cases} \tag{10.4.12}$$

A 对坐标面的惯量矩为

$$\begin{cases} I_{xy} = \iiint_\Omega z^2\mu(x,y,z)\mathrm{d}V, \\ I_{yz} = \iiint_\Omega x^2\mu(x,y,z)\mathrm{d}V, \\ I_{zx} = \iiint_\Omega y^2\mu(x,y,z)\mathrm{d}V, \end{cases} \tag{10.4.13}$$

A 对坐标原点的惯量矩为

$$I_o = \iiint_\Omega (x^2+y^2+z^2)\mu(x,y,z)\mathrm{d}V. \tag{10.4.14}$$

例 2 求密度为 μ 的均匀球体 $\Omega: x^2+y^2+z^2 \leqslant a^2$，对坐标轴的转动惯量及对 xy 面的惯量矩.

解 由对称性可知

$$\iiint_\Omega x^2\mathrm{d}V = \iiint_\Omega y^2\mathrm{d}V = \iiint_\Omega z^2\mathrm{d}V,$$

所以

$$I_x = I_y = I_z = \iiint_\Omega (x^2+y^2)\mu\mathrm{d}V = \frac{2\mu}{3}\iiint_\Omega (x^2+y^2+z^2)\mathrm{d}V$$

$$= \frac{2\mu}{3}\int_0^{2\pi}\mathrm{d}\theta\int_0^\pi \mathrm{d}\varphi\int_0^a \rho^2\rho^2\sin\varphi\mathrm{d}\rho = \frac{8}{15}\mu\pi a^5 = \frac{2}{5}Ma^2,$$

其中，$M = \frac{4}{3}\pi a^3\mu$，对 xy 平面的惯量矩为

$$I_{xy} = \iiint_\Omega \mu z^2\mathrm{d}V（用柱坐标）$$

$$= 2\mu\int_0^{2\pi}\mathrm{d}\theta\int_0^a r\mathrm{d}r\int_0^{\sqrt{a^2-r^2}} z^2\mathrm{d}z = \frac{4}{15}\mu\pi a^5.$$

3. 引力

设有物体 Ω,其上密度分布 $\mu(x,y,z)$ 是连续函数,$P_0(x_0,y_0,z_0)$ 是 Ω 外具有质量 m 的质点,试求物体 Ω 对质点 P_0 的引力 F.

据万有引力定律,两个质量为 m,m_0 的质点 P,P_0,质点 P 对质点 P_0 的引力 F,其大小为

$$F = G\frac{m \cdot m_0}{r^2},$$

其中,r 为两点之间的距离,G 为引力常数,引力 F 的方向由点 P_0 指向 P,即

$$F = Gmm_0\left(\frac{x-x_0}{r^3}\boldsymbol{i} + \frac{y-y_0}{r^3}\boldsymbol{j} + \frac{z-z_0}{r^3}\boldsymbol{k}\right).$$

由"微元法",在物体 Ω 上任取一个微元 dV,并用同一记号表示其体积,在 dV 上任取一点 $P(x,y,z)$,则微元的质量为 $dm = \mu(x,y,z)dV$,把微元看成一质点,微元对 P_0 的引力为

$$dF = Gm\left\{\frac{\mu(x-x_0)}{r^3}dV\boldsymbol{i} + \frac{\mu(y-y_0)}{r^3}dV\boldsymbol{j} + \frac{\mu(z-z_0)}{r^3}dV\boldsymbol{k}\right\},$$

于是,引力 F 在三个坐标轴方向的分量 F_x,F_y,F_z 分别为

$$\begin{cases} F_x = Gm\iiint\limits_{\Omega}\frac{\mu(x-x_0)}{r^3}dV, \\ F_y = Gm\iiint\limits_{\Omega}\frac{\mu(y-y_0)}{r^3}dV, \\ F_z = Gm\iiint\limits_{\Omega}\frac{\mu(z-z_0)}{r^3}dV, \end{cases} \tag{10.4.15}$$

而 $F = F_x\boldsymbol{i} + F_y\boldsymbol{j} + F_z\boldsymbol{k}$.

例 3 求半径为 R 的均匀球体 $x^2+y^2+z^2 \leqslant R^2$(体密度为常数 μ)对位于 $(0,0,a)$ 处单位质点的引力($a>R$).

解 由球体的对称性及质量分布的均匀性知
$$F_x = 0, \quad F_y = 0,$$
又按公式
$$F_z = \iiint\limits_{\Omega}\frac{k(z-a)\mu}{[x^2+y^2+(z-a)^2]^{3/2}}dxdydz$$
$$= k\mu\int_{-R}^{R}dz\iint\limits_{D_z}\frac{z-a}{[x^2+y^2+(z-a)^2]^{3/2}}dxdy,$$

其中,$D_z = \{(x,y) | x^2+y^2 \leqslant R^2-z^2\}$,由于

$$\iint_{D_z} \frac{z-a}{[x^2+y^2+(z-a)^2]^{3/2}} \mathrm{d}x\mathrm{d}y = (z-a)\int_0^{2\pi} \mathrm{d}\theta \int_0^{\sqrt{R^2-z^2}} \frac{r}{[r^2+(z-a)^2]^{3/2}} \mathrm{d}r$$

$$= 2\pi\left(-1 - \frac{z-a}{\sqrt{R^2+a^2-2az}}\right),$$

所以

$$F_z = 2\pi k\mu \int_{-R}^{R} \left(-1 - \frac{z-a}{\sqrt{R^2+a^2-2az}}\right) \mathrm{d}z$$

$$= 2\pi k\mu \left[-2R + \frac{1}{a}\int_{-R}^{R} (z-a) \mathrm{d}\sqrt{R^2+a^2-2az}\right]$$

$$= 2\pi k\mu \left[-2R + 2R - \frac{2R^3}{3a^2}\right] = -k\frac{M}{a^2},$$

其中,$M = \frac{4\pi R^3}{3}\mu$ 为均匀球体的质量.

习 题 10.4

1. 求下列曲面所围的体积:

(1) $y^2 = a^2 - az, x^2 + y^2 = ax, z = 0 (a > 0)$;

(2) 求曲面 $x^2 + y^2 + az = 4a^2$ 将球 $x^2 + y^2 + z^2 = 4az$ 分成两部分体积之比;

(3) 求由 $x^2 + y^2 + z^2 \leqslant 4az, x^2 + y^2 + az \leqslant 4a^2$ 所围体积.

2. 求平面 $\frac{x}{a} + \frac{y}{b} + \frac{z}{c} = 1$ 被三个坐标面割出部分的面积.

3. 求由柱面 $x^2 + y^2 = ax$ 与锥面 $x^2 + y^2 = \frac{a^2}{h^2}z^2$ (a, h 为正常数)所围立体的表面积.

4. 求半球面 $x^2 + y^2 + z^2 = 2a^2, z \geqslant 0$ 包含在圆锥 $\sqrt{x^2 + y^2} = z$ 内的部分球面面积.

5. 求下列图形的形心:

(1) 由 $ay = x^2, x + y = 2a (a > 0)$ 所围成区域;

(2) 由 $r = a(1 + \cos\theta)(0 \leqslant \theta \leqslant \pi)$ 与 $\theta = 0$ 所围成区域;

(3) $x = a(t - \sin t), y = a(1 - \cos t)(0 \leqslant t \leqslant 2\pi)$ 与 $y = 0$ 所围区域;

(4) 正圆锥体 $0 \leqslant z \leqslant h - \frac{h}{a}\sqrt{x^2 + y^2}$.

6. 设半径为 R 的球面 Σ 的球心在定球面 $x^2 + y^2 + z^2 = a^2 (a > 0)$ 上,问当 R 取何值时,球面 Σ 在定球面内部的那部分面积最大?

7. 设物体由曲面 $z = x^2 + y^2$ 与平面 $z = 2x$ 所围成,其上各点的密度 μ 等于该点到 xz 平面的距离的平方,试求该物体对 z 轴的转动惯量.

8. 求均匀柱体:$x^2 + y^2 \leqslant R^2, 0 \leqslant z \leqslant h$ 对于位于点 $M_0(0, 0, a)(a > h)$ 处的单位质量的质点的引力(设体密度为常数 u).

10.5 对弧长的曲线积分(第一型曲线积分)及对面积的曲面积分(第一型曲面积分)

10.5.1 对弧长的曲线积分

由 10.1 节中表 10.2 知道,在 xy 平面(xyz 空间)中的曲线 $l(L)$ 的对弧长的曲线积分是

$$\int_l f(x,y)\mathrm{d}s = \lim_{\lambda \to 0}\sum_{i=1}^n f(\xi_i,\eta_i)\Delta s_i,$$

$$\int_L f(x,y,z)\mathrm{d}s = \lim_{\lambda \to 0}\sum_{i=1}^n f(\xi_i,\eta_i,\zeta_i)\Delta s_i,$$

其中,Δs_i 为分划 $l(L)$ 后的第 i 小段曲线的弧长.

第一型的曲线积分可化定积分来计算.

定理 1 设平面光滑曲线弧 l 由参数方程

$$\begin{cases} x=x(t), \\ y=y(t) \end{cases} \quad (\alpha \leqslant t \leqslant \beta)$$

给出,函数 $f(x,y)$ 在 l 上连续,则

$$\int_L f(x,y)\mathrm{d}s = \int_\alpha^\beta f[x(t),y(t)]\sqrt{x'^2(t)+y'^2(t)}\mathrm{d}t \quad (\alpha<\beta).$$

证明 假定当参数 t 由 α 变至 β 时,L 上的点 $M(x,y)$ 依点 A 至点 B 的方向描出曲线 L. 在 L 上从 A 到 B 取一列点

$$A = M_0, M_1, M_2, \cdots, M_n = B,$$

它们对应于一列单调增加的参数值

$$\alpha = t_0 < t_1 < t_2 < \cdots < t_n = \beta.$$

据第一类曲线积分的定义,有

$$\int_L f(x,y)\mathrm{d}s = \lim_{\lambda \to 0}\sum_{i=1}^n f(\xi_i,\eta_i)\Delta s_i,$$

设点 (ξ_i,η_i) 对应于参数值 τ_i,即 $\xi_i=x(\tau_i), \eta_i=y(\tau_i)$,这里 $t_{i-1}\leqslant\tau_i\leqslant t_i$,由于

$$\Delta s_i = \int_{t_{i-1}}^{t_i} \sqrt{x'^2(t)+y'^2(t)}\mathrm{d}t,$$

应用积分中值定理,有

$$\Delta s_i = \sqrt{x'^2(\tau'_i)+y'^2(\tau'_i)}\Delta t_i,$$

其中,$\Delta t_i = t_i - t_{i-1}, t_{i-1}\leqslant\tau'_i\leqslant t_i$,于是

$$\int_L f(x,y)\mathrm{d}s = \lim_{\lambda \to 0}\sum_{i=1}^n f[x(\tau_i),y(\tau_i)]\sqrt{x'^2(t'_i)+y'^2(t'_i)}\Delta t_i.$$

10.5 对弧长的曲线积分(第一型曲线积分)及对面积的曲面积分(第一型曲面积分)

由于函数 $\sqrt{x'^2(t)+y'^2(t)}$ 在闭区间 $[\alpha,\beta]$ 上连续,可以证明(略)极限

$$\lim_{\lambda\to 0}\sum_{i=1}^{n}f[x(\tau_i),y(\tau_i)]\sqrt{x'^2(\tau_i')+y'^2(\tau_i')}\Delta t_i$$

$$=\lim_{\lambda\to 0}\sum_{i=1}^{n}f[x(\tau_i),y(\tau_i)]\sqrt{x'^2(\tau_i)+y'^2(\tau_i)}\Delta t_i,$$

等号后面的极限即为函数 $f[x(t),y(t)]\sqrt{x'^2(t)+y'^2(t)}$ 在区间 $[\alpha,\beta]$ 上的定积分,由于此函数在 $[\alpha,\beta]$ 上连续,故这个定积分存在,从而

$$\int_L f(x,y)\mathrm{d}s=\int_\alpha^\beta f[x(t),y(t)]\sqrt{x'^2(t)+y'^2(t)}\mathrm{d}t \quad (\alpha<\beta). \qquad (10.5.1)$$

从此定理看出,计算第一型曲线积分 $\int_L f(x,y)\mathrm{d}s$ 时,只要把 $x,y,\mathrm{d}s$ 依次换为 $x(t),y(t),\sqrt{x'^2(t)+y'^2(t)}\mathrm{d}t$,然后从 α 到 β 做定积分就行了. 这里必须注意,定积分的下限 α 一定要小于上限 β,这是因为,从上述推导中可以看出,由于小弧段的长度 Δs_i 总是正的,从而要求 $\Delta t_i>0$,所以定积分的下限 α 小于上限 β.

类似地,若空间曲线 L 由参数方程

$$\begin{cases} x=x(t), \\ y=y(t), \quad (\alpha\leqslant t\leqslant\beta) \\ z=z(t) \end{cases}$$

给出,函数 $f(x,y,z)$ 在 L 上连续,则

$$\int_L f(x,y,z)\mathrm{d}s=\int_\alpha^\beta f[x(t),y(t),z(t)]\sqrt{x'^2(t)+y'^2(t)+z'^2(t)}\mathrm{d}t \quad (\alpha<\beta).$$
(10.5.2)

特别地,若 l 由方程 $y=y(x)(a\leqslant x\leqslant b)$ 给出,则可以把这种情形看作是特殊的参数方程

$$x=x, \quad y=y(x) \quad (a\leqslant x\leqslant b),$$

从而由定理得出

$$\int_L f(x,y)\mathrm{d}s=\int_a^b f[x,y(x)]\sqrt{1+y'^2(x)}\mathrm{d}x \quad (a<b).$$

例 1 设 l 为椭圆 $\dfrac{x^2}{4}+\dfrac{y^2}{3}=1$,其周长记为 a,求 $\oint_l (2xy+3x^2+4y^2)\mathrm{d}s$.

解 因为函数 $2xy$ 关于 x 是奇函数(关于 y 是奇函数),而 l 关于 y 轴对称(关于 x 轴对称). 所以

$$\oint_l 2xy\mathrm{d}s=0.$$

又因为 $f(x,y)$ 在 l 上变化,$3x^2+4y^2=12$,则

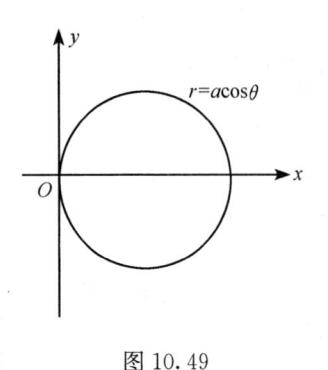

$$\oint_l (2xy+3x^2+4y^2)\mathrm{d}s = \oint_l (3x^2+4y^2)\mathrm{d}s$$
$$= 12\oint_l \mathrm{d}s = 12a.$$

例 2 计算 $\int_l \sqrt{x^2+y^2}\mathrm{d}s$，$l$ 为圆周 $x^2+y^2=ax$.

解 用极坐标，l 的方程为（图 10.49）
$$r = a\cos\theta, \ -\frac{\pi}{2} \leqslant \theta \leqslant \frac{\pi}{2},$$
$$\mathrm{d}s = \sqrt{r^2+r'^2}\mathrm{d}\theta = \sqrt{a^2\cos^2\theta + a^2\sin^2\theta}\mathrm{d}\theta = a\mathrm{d}\theta,$$

图 10.49

所以
$$I = \int_{-\frac{\pi}{2}}^{\frac{\pi}{2}} a\cos\theta \cdot a\mathrm{d}\theta = a^2\sin\theta\Big|_{-\frac{\pi}{2}}^{\frac{\pi}{2}} = 2a^2.$$

例 3 计算 $\int_L \dfrac{\mathrm{d}s}{x^2+y^2+z^2}$，其中，$L$ 为螺旋线 $x=a\cos t, y=a\sin t, z=bt$ 的第一圈.

解
$$\int_L \frac{\mathrm{d}s}{x^2+y^2+z^2} = \int_0^{2\pi} \frac{1}{a^2+b^2t^2}\sqrt{(-a\sin t)^2+(a\cos t)^2+b^2}\,\mathrm{d}t$$
$$= \int_0^{2\pi} \frac{1}{a^2+b^2t^2}\sqrt{a^2+b^2}\,\mathrm{d}t = \frac{\sqrt{a^2+b^2}}{ab}\arctan\frac{2\pi b}{a}.$$

例 4 求半径为 R，中心角为 2α 的均匀物质圆弧对于其对称轴的转动惯量（设线密度为常数 μ）.

解 如图 10.50 所示建立坐标系，其对称轴即为 x 轴，以极角 θ 为参量，圆弧 L 的参数方程为
$$\begin{cases} x = R\cos\theta, \\ y = R\sin\theta \end{cases} (-\alpha \leqslant \theta \leqslant \alpha),$$

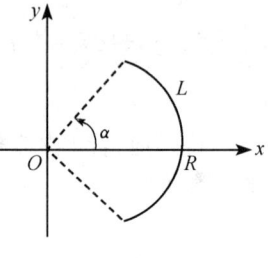

于是
$$I_x = \int_L y^2\mu\mathrm{d}s = \mu\int_{-\alpha}^{\alpha} (R\sin\theta)^2\sqrt{(-R\sin\theta)^2+(R\cos\theta)^2}\,\mathrm{d}\theta$$
$$= \mu R^3\int_{-\alpha}^{\alpha} \sin^2\theta\mathrm{d}\theta = \mu R^3(\alpha - \sin\alpha\cos\alpha).$$

图 10.50

10.5.2 对面积的曲面积分

由 10.1 节表 10.2 知道，对曲面 Σ 的第一型曲面积分是
$$\iint_\Sigma f(x,y,z)\mathrm{d}S = \lim_{\lambda \to 0}\sum_{i=1}^n f(\xi_i, \eta_i, \zeta_i)\Delta S_i$$

第一型曲面积分可化为二重积分来计算.

定理 2 设光滑曲面 Σ 由方程
$$z = z(x,y), \quad (x,y) \in D_{xy}$$
给出，D_{xy} 为 Σ 在 xOy 面上的投影区域，函数 $f(x,y,z)$ 在 Σ 上连续，则
$$\iint_{\Sigma} f(x,y,z)\mathrm{d}S = \iint_{D_{xy}} f[x,y,z(x,y)] \sqrt{1+z_x^2(x,y)+z_y^2(x,y)}\mathrm{d}\sigma.$$

证明 因为 $\iint_{\Sigma} f(x,y,z)\mathrm{d}S = \lim_{\lambda \to 0}\sum_{i=1}^{n} f(\xi_i, \eta_i, \zeta_i)\Delta S_i$，设 Σ 上第 i 个小块曲面 $\Delta\Sigma_i$ 在 xy 面上投影区域为 ΔD_i（图 10.51），则
$$\Delta S_i = \iint_{\Delta D_i} \sqrt{1+z_x^2(x,y)+z_y^2(x,y)}\mathrm{d}\sigma,$$
若记 ΔD_i 的面积为 $\Delta\sigma_i$，利用二重积分的中值定理，上式可写成
$$\Delta S_i = \sqrt{1+z_x^2(\xi_i', \eta_i')+z_y^2(\xi_i', \eta_i')}\Delta\sigma_i,$$

图 10.51

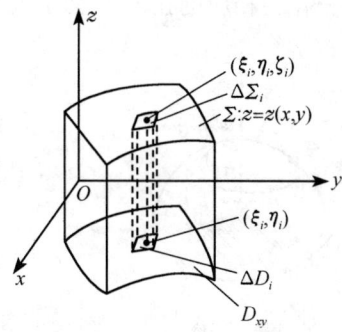

其中，(ξ_i', η_i') 是小闭区域 ΔD_i 上的一点，又因 (ξ_i, η_i, ζ_i) 是 Σ 上的一点，故 $\zeta_i = z(\xi_i, \eta_i)$，这里 (ξ_i, η_i) 也是小闭区域 ΔD_i 上的点，于是
$$\sum_{i=1}^{n} f(\xi_i, \eta_i, \zeta_i)\Delta S_i = \sum_{i=1}^{n} f[\xi_i, \eta_i, z(\xi_i, \eta_i)] \sqrt{1+z_x^2(\xi_i', \eta_i')+z_y^2(\xi_i', \eta_i')}\Delta\sigma_i.$$

由于函数 $f[x,y,z(x,y)]$ 以及函数 $\sqrt{1+z_x^2(x,y)+z_y^2(x,y)}$ 都在闭区域 D_{xy} 上连续，可以证明
$$\lim_{\lambda \to 0}\sum_{i=1}^{n} f[\xi_i, \eta_i, z(\xi_i, \eta_i)] \sqrt{1+z_x^2(\xi_i', \eta_i')+z_y^2(\xi_i', \eta_i')}\Delta\sigma_i$$
$$= \lim_{\lambda \to 0}\sum_{i=1}^{n} f[\xi_i, \eta_i, z(\xi_i, \eta_i)] \sqrt{1+z_x^2(\xi_i, \eta_i)+z_y^2(\xi_i, \eta_i)}\Delta\sigma_i.$$

此极限在所给条件下是存在的，它等于二重积分
$$\iint_{D_{xy}} f[x,y,z(x,y)] \sqrt{1+z_x^2(x,y)+z_y^2(x,y)}\mathrm{d}\sigma,$$

因此和式 $\sum_{i=1}^{n} f(\xi_i, \eta_i, \zeta_i)\Delta S_i$ 的极限存在，亦即曲面积分 $\iint_{\Sigma} f(x,y,z)\mathrm{d}S$ 存在，且
$$\iint_{\Sigma} f(x,y,z)\mathrm{d}S = \iint_{D_{xy}} f[x,y,z(x,y)] \sqrt{1+z_x^2(x,y)+z_y^2(x,y)}\mathrm{d}x\mathrm{d}y.$$

(10.5.3)

上述公式把第一类曲面积分化成了二重积分，在计算曲面积分 $\iint_{\Sigma} f(x,y,z)\mathrm{d}S$

时,如果积分曲面由方程 $z=z(x,y)$ 给出,则只要把变量 z 换为 $z(x,y)$,曲面的面积元素 $\mathrm{d}S$ 换为 $\sqrt{1+z_x^2(x,y)+z_y^2(x,y)}\mathrm{d}\sigma$,并确定 Σ 在 xy 面上的投影区域 D_{xy},这样就把第一型曲面积分化为二重积分了.

若积分曲面 Σ 由方程 $x=x(y,z)$ 或 $y=y(z,x)$ 给出,可类似把第一型曲面积分化为相应的在 yOz 面上或在 zOx 面上的二重积分.

例1 计算曲面积分 $\iint\limits_{\Sigma} \dfrac{1}{z}\mathrm{d}S$,其中,$\Sigma$ 是球面 $x^2+y^2+z^2=a^2$ 夹在平面 $z=h(0<h<a)$ 与平面 $z=a$ 之间的一部分(图 10.52).

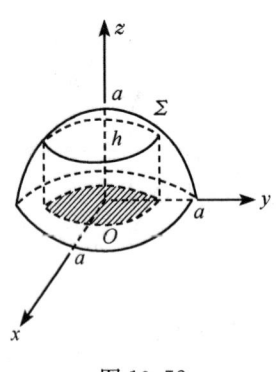

解 Σ 的方程为
$$z=\sqrt{a^2-x^2-y^2} \quad ((x,y)\in D_{xy}),$$
这里 $D_{xy}=\{(x,y)\,|\,x^2+y^2\leqslant a^2-h^2\}$. 又
$$\sqrt{1+z_x^2+z_y^2}=\dfrac{a}{\sqrt{a^2-x^2-y^2}},$$

图 10.52

于是
$$\iint\limits_{\Sigma}\dfrac{1}{z}\mathrm{d}S=\iint\limits_{D_{xy}}\dfrac{a}{a^2-x^2-y^2}\mathrm{d}\sigma=\int_0^{2\pi}\mathrm{d}\theta\int_0^{\sqrt{a^2-h^2}}\dfrac{a}{a^2-r^2}r\mathrm{d}r$$
$$=2\pi a\left[-\dfrac{1}{2}\ln(a^2-r^2)\right]_0^{\sqrt{a^2-h^2}}=2\pi a\ln\dfrac{a}{h}.$$

例2 计算曲面积分 $\oiint\limits_{\Sigma} z\mathrm{d}S$,其中,$\Sigma$ 是由圆柱面 $x^2+y^2=1$,平面 $z=0$ 和 $z=1+x$ 所围立体的表面(图 10.53).

解 Σ 由顶面 Σ_1、底面 Σ_2 及侧面 Σ_3 这三片光滑曲面拼接而成,其中

Σ_1 的方程为 $z=1+x,(x,y)\in D_{xy}$,

Σ_2 的方程为 $z=0,(x,y)\in D_{xy}$,

这里 $D_{xy}=\{(x,y)\,|\,x^2+y^2\leqslant 1\}$,则

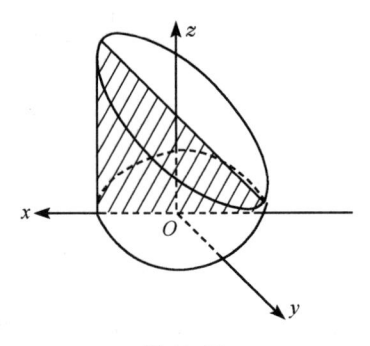

图 10.53

$$\iint\limits_{\Sigma_1}z\mathrm{d}S=\iint\limits_{D_{xy}}(1+x)\sqrt{1+z_x^2+z_y^2}\mathrm{d}x\mathrm{d}y$$
$$=\iint\limits_{D_{xy}}\sqrt{2}(1+x)\mathrm{d}x\mathrm{d}y$$

$$= \sqrt{2}\int_0^{2\pi}\mathrm{d}\theta\int_0^1(1+r\cos\theta)r\mathrm{d}\theta = \sqrt{2}\pi;$$

$$\iint_{\Sigma_2}z\mathrm{d}S = \iint_{\Sigma_2}0\mathrm{d}S = 0;$$

柱面 Σ_3 关于 xz 面对称,函数 z 关于 y 是偶函数,所以

$$\iint_{\Sigma_3}z\mathrm{d}S = 2\iint_{D_{xz}}z\sqrt{1+y_x^2+y_z^2}\mathrm{d}x\mathrm{d}z = 2\iint_{D_{xz}}z\frac{1}{\sqrt{1-x^2}}\mathrm{d}x\mathrm{d}z$$

$$= 2\int_{-1}^1\frac{1}{\sqrt{1-x^2}}\mathrm{d}x\int_0^{1+x}z\mathrm{d}z = \int_{-1}^1\frac{(1+2x+x^2)}{\sqrt{1-x^2}}\mathrm{d}x$$

$$= 2\int_0^1\frac{1+x^2}{\sqrt{1-x^2}}\mathrm{d}x = 2\int_0^{\frac{\pi}{2}}\frac{1+\sin^2 t}{\cos t}\mathrm{d}\sin t = \frac{3\pi}{2},$$

所以

$$\iint_{\Sigma}z\mathrm{d}S = \sqrt{2}\pi + 0 + \frac{3}{2}\pi = \left(\sqrt{2}+\frac{3}{2}\right)\pi.$$

如果积分曲面 Σ 由参数方程

$$\begin{cases}x = x(u,v),\\ y = y(u,v), \quad (u,v)\in D_{uv}\\ z = z(u,v),\end{cases}$$

给出,则

$$\iint_{\Sigma}f(x,y,z)\mathrm{d}S = \iint_{D_{uv}}f[x(u,v),y(u,v),z(u,v)]$$

$$\cdot\sqrt{\left[\frac{\partial(y,z)}{\partial(u,v)}\right]^2+\left[\frac{\partial(z,x)}{\partial(u,v)}\right]^2+\left[\frac{\partial(x,y)}{\partial(u,v)}\right]^2}\mathrm{d}u\,\mathrm{d}v.$$

(10.5.4)

我们可以用此公式来计算例 2.

例 2 的又一解法:在柱坐标下,Σ_3 的方程为

$$\begin{cases}x = \cos\theta,\\ y = \sin\theta, \quad (\theta,z)\in D_{\theta z},\\ z = z,\end{cases}$$

这里 $D_{\theta z} = \{(\theta,z)\,|\,0\leqslant\theta\leqslant 2\pi, 0\leqslant z\leqslant 1+\cos\theta\}$,又

$$\sqrt{\left[\frac{\partial(y,z)}{\partial(\theta,z)}\right]^2+\left[\frac{\partial(z,x)}{\partial(\theta,z)}\right]^2+\left[\frac{\partial(x,y)}{\partial(\theta,z)}\right]^2} = 1,$$

故

$$\iint_{\Sigma_3}z\mathrm{d}S = \iint_{D_{\theta z}}z\mathrm{d}\theta\mathrm{d}z = \int_0^{2\pi}\mathrm{d}\theta\int_0^{1+\cos\theta}z\mathrm{d}z = \frac{1}{2}\int_0^{2\pi}(1+\cos\theta)^2\mathrm{d}\theta = \frac{3}{2}\pi,$$

于是
$$\iint_\Sigma z\mathrm{d}S = \iint_{\Sigma_1} z\mathrm{d}S + \iint_{\Sigma_2} z\mathrm{d}S + \iint_{\Sigma_3} z\mathrm{d}S = \left(\sqrt{2} + \frac{3}{2}\right)\pi.$$

例 3 求密度均匀的半球面 $z = \sqrt{a^2 - x^2 - y^2}$ 的重心.

解 设半球面 Σ 的重心坐标为 $(\bar{x}, \bar{y}, \bar{z})$, Σ 的密度为常数 μ, 由球面 Σ 的均匀性及其关于平面 $x=0$ 与 $y=0$ 的对称性知 $\bar{x}=0, \bar{y}=0$.

而
$$\bar{z} = \frac{\iint_\Sigma z\mu\mathrm{d}S}{\iint_\Sigma \mu\mathrm{d}S} = \frac{\iint_\Sigma z\mathrm{d}S}{\iint_\Sigma \mathrm{d}S},$$

其中
$$\iint_\Sigma z\mathrm{d}S = \iint_{D_{xy}} \sqrt{a^2 - x^2 - y^2}\sqrt{1 + z_x^2 + z_y^2}\,\mathrm{d}x\mathrm{d}y \quad (D_{xy}: x^2 + y^2 \leqslant a^2)$$
$$= \iint_{D_{xy}} \sqrt{a^2 - x^2 - y^2}\,\frac{a}{\sqrt{a^2 - x^2 - y^2}}\,\mathrm{d}x\mathrm{d}y = a\iint_{D_{xy}} \mathrm{d}x\mathrm{d}y = \pi a^3,$$

而 $\iint_\Sigma \mathrm{d}S = 2\pi a^2$, 故
$$\bar{z} = \frac{\pi a^3}{2\pi a^2} = \frac{a}{2},$$

即重心坐标为 $\left(0, 0, \frac{a}{2}\right)$.

习 题 10.5

1. 计算 $\int_L y^2 \mathrm{d}s$, 其中, L 为摆线 $x = a(t - \sin t)$, $y = a(1 - \cos t)$ $(0 \leqslant t \leqslant 2\pi)$.

2. 计算 $\int_L y\mathrm{d}s$, 其中, L 是抛物线 $y^2 = 4x$ 自点 $(0,0)$ 到点 $(1,2)$ 的一段.

3. 计算 $\int_L \mathrm{e}^{\sqrt{x^2+y^2}}\mathrm{d}s$, 其中, L 为圆周 $x^2 + y^2 = a^2$, 直线 $y = x$ 及 Ox 轴在第一象限中所围区域的边界.

4. 计算 $\int_L |y|\mathrm{d}s$, 其中, L 为双纽线 $(x^2 + y^2)^2 = a^2(x^2 - y^2)$ $(a > 0)$.

5. 计算 $\int_L (x^{\frac{4}{3}} + y^{\frac{4}{3}})\mathrm{d}s$, 其中, L 为星形线 $\begin{cases} x = a\cos^3 t \\ y = a\sin^3 t \end{cases}$ $\left(0 \leqslant t \leqslant \frac{\pi}{2}\right)$ 在第一象限内的弧段.

6. 计算 $\int_L x^2 yz\mathrm{d}s$, 其中, L 为折线 $ABCD$, 这里 A, B, C, D 依次为点 $(0,0,0), (0,0,2), (1,0,$

2),(1,3,2).

7. 计算 $\int_L x^2 \mathrm{d}s$,其中,L 为圆周:$\begin{cases} x^2+y^2+z^2=4, \\ z=\sqrt{3}. \end{cases}$

8. 计算 $\oint_L x^2 \mathrm{d}s$,其中,L 为圆周:$\begin{cases} x^2+y^2+z^2=a^2, \\ x+y+z=0. \end{cases}$

9. 计算 $\oint_L (2yz+2xz+2xy)\mathrm{d}s, L:\begin{cases} x^2+y^2+z^2=a^2, \\ x+y+z=\dfrac{3}{2}a. \end{cases}$

10. 求心形线 $r=a(1+\cos\theta)$ 全长.

11. 证明正弦线 $y=a\sin x(0\leqslant x\leqslant 2\pi)$ 的弧长等于椭圆 $x=\cos t, y=\sqrt{1+a^2}\sin t(0\leqslant t\leqslant 2\pi)$ 的周长.

12. 设曲线 $x=a\cos t, y=b\sin t(0\leqslant t\leqslant 2\pi)$,在点 (x,y) 处的密度为 $\rho=\sqrt{y^2}$,求曲线的质量$(a>b>0)$.

13. 求球面 $x^2+y^2+z^2=a^2$ 在 $x\geqslant 0, y\geqslant 0, z\geqslant 0$ 部分的边界线的重心坐标.

14. 计算 $\iint_\Sigma (2xy-2x^2-x+z)\mathrm{d}S$,其中,$\Sigma$ 为平面 $2x+2y+z=6$ 在第一卦限的部分.

15. 计算 $\iint_\Sigma \dfrac{\mathrm{d}S}{x^2+y^2+z^2}$,其中,$\Sigma$ 是介于平面 $z=0$ 及 $z=H$ 间的圆柱面 $x^2+y^2=R^2$.

16. 计算 $\iint_\Sigma |xyz|\mathrm{d}S$,其中,$\Sigma$ 为曲面 $z=x^2+y^2 (0\leqslant z\leqslant 1)$.

17. 计算 $\iint_\Sigma \dfrac{\mathrm{d}S}{(1+x+y)^2}$,其中,$\Sigma$ 为平面 $x+y+z=1$ 及三个坐标面所围成四面体的整个边界.

18. 计算 $\iint_\Sigma (x^2+y^2)\mathrm{d}S$,其中,$\Sigma$ 为曲面 $z=\sqrt{x^2+y^2}$ 及 $z=1$ 所围立体的整个边界.

19. 计算 $\iint_\Sigma (xy+yz+xz)\mathrm{d}S$,其中,$\Sigma$ 为圆锥面 $z=\sqrt{x^2+y^2}$ 被曲面 $x^2+y^2=2ax$ 所割下的部分.

20. 计算 $\iint_\Sigma |xyz|\mathrm{d}S, \Sigma$ 为 $|x|+|y|+|z|=1$.

21. 求 $F(t)=\iint\limits_{x^2+y^2+z^2=t^2} f(x,y,z)\mathrm{d}S$,其中

$$f(x,y,z)=\begin{cases} x^2+y^2, & z\geqslant \sqrt{x^2+y^2} \\ 0, & z<\sqrt{x^2+y^2}. \end{cases}$$

22. 设 Σ 为椭球面 $\dfrac{x^2}{2}+\dfrac{y^2}{2}+z^2=1$ 的上半部分,点 $P(x,y,z)\in\Sigma, \pi$ 为 Σ 在点 P 处的切平面,$\rho(x,y,z)$ 为点 $O(0,0,0)$ 到平面 π 的距离,求 $\iint_\Sigma \dfrac{z}{\rho(x,y,z)}\mathrm{d}S$.

23. 密度为 ρ_0 的均匀截圆锥面 $x=r\cos\theta, y=r\sin\theta, z=r(0\leqslant\theta\leqslant 2\pi, 0\leqslant b\leqslant r\leqslant a)$,求锥面对质量为 m 位于锥面顶点质点的引力.

10.6　对坐标的曲线积分(第二型曲线积分)与格林公式

10.6.1　第二型曲线积分

1. 变力所做的功

在定积分的应用中,解决了质点在变力作用下沿直线运动做功的计算问题,那时的变力只是力的大小在连续变化,而力的方向不变.现在进一步讨论质点在力的大小与方向都有连续变化的变力作用下,沿曲线运动时所做功的计算问题.

设在空间区域Ω上分布着力函数

$$\boldsymbol{F}(M)=\{P(M),Q(M),R(M)\},$$

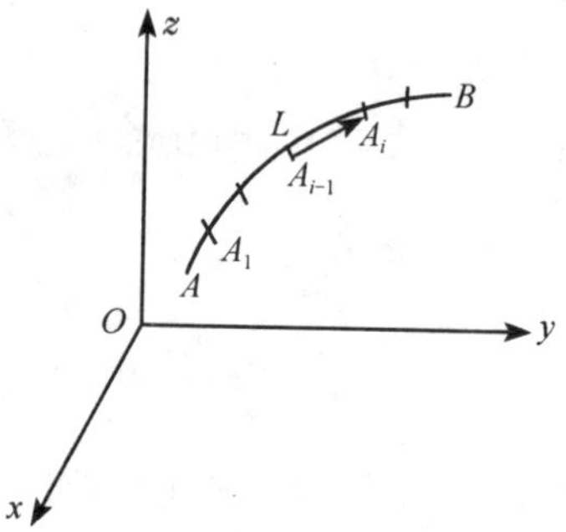

图 10.54

光滑曲线$L\subset\Omega$,且$\boldsymbol{F}(M)$在L上连续,一质点在力$\boldsymbol{F}(M)$作用下从A沿曲线L运动到B,求变力$\boldsymbol{F}(M)$所做的功(图10.54).

用任一分法将$\widehat{AB}$分成n小段,分点依次为$A=A_0,A_1,\cdots,A_n=B$,设A_i的坐标为(x_i,y_i,z_i),并记弧段$\widehat{A_{i-1}A_i}$上的向量为$\overrightarrow{A_{i-1}A_i}$,则它在坐标轴上的投影分别为$x_i-x_{i-1},y_i-y_{i-1},z_i-z_{i-1}$,即

$$\begin{aligned}\overrightarrow{A_{i-1}A_i}&=\{x_i-x_{i-1},y_i-y_{i-1},z_i-z_{i-1}\}\\&=\{\Delta x_i,\Delta y_i,\Delta z_i\}.\end{aligned}$$

在每一小段上$\boldsymbol{F}(M)$变化不大,可看作是常力,以$\widehat{A_{i-1}A_i}$上任一点$M_i(\xi_i,\eta_i,\zeta_i)$的力$\boldsymbol{F}(M_i)=\boldsymbol{F}_i$代表,而小弧段$\widehat{A_{i-1}A_i}$与向量$\overrightarrow{A_{i-1}A_i}$几乎重合,因此,$\boldsymbol{F}(M_i)$沿$\widehat{A_{i-1}A_i}$从点$A_{i-1}$到$A_i$所做的功近似等于

$$\begin{aligned}\Delta w_i&\approx\boldsymbol{F}(\xi_i,\eta_i,\zeta_i)\cdot\overrightarrow{A_{i-1}A_i}\\&=P(\xi_i,\eta_i,\zeta_i)\Delta x_i+Q(\xi_i,\eta_i,\zeta_i)\Delta y_i+R(\xi_i,\eta_i,\zeta_i)\Delta z_i,\end{aligned}$$

对i求和,再令$\lambda=\max\limits_{1\leqslant i\leqslant n}\Delta s_i\to0$($\Delta s_i$表示弧$\widehat{A_{i-1}A_i}$的长)取极限,即得力$\boldsymbol{F}(\boldsymbol{M})$沿$L$从点$A$到点$B$所做的功.

$$W=\lim_{\lambda\to0}\sum_{i=1}^{n}[P(\xi_i,\eta_i,\zeta_i)\Delta x_i+Q(\xi_i,\eta_i,\zeta_i)\Delta y_i+R(\xi_i,\eta_i,\zeta_i)\Delta z_i].$$

2. 第二型曲线积分的定义和性质

定义　设$\widehat{AB}$是空间一有向光滑曲线(起点A,终点为B),f是定义在$\widehat{AB}$上的函数,沿着从A到B的方向将$\widehat{AB}$分割成n小段,分点依次是$A=A_0,A_1,\cdots,A_n=$

B,分点坐标为 $A_i(x_i,y_i,z_i)(i=0,1,2,\cdots,n)$,记 $\Delta x=x_i-x_{i-1}$,Δs_i 为 $\widehat{A_{i-1}A_i}$ 的弧长,令 $\lambda=\max\limits_{1\leqslant i\leqslant n}\Delta s_i$($\lambda$ 称为分划的模),在每段弧 $\widehat{A_{i-1}A_i}$ 上任取一点 $M_i(\xi_i,\eta_i,\zeta_i)$,作和

$$\sum_{i=1}^n f(\xi_i,\eta_i,\zeta_i)\Delta x_i,$$

其中,Δx_i 是小曲线弧 $\widehat{A_{i-1}A_i}$ 在 x 轴上的有向投影,如果当 $\lambda\to 0$ 时和式的极限存在,即

$$\lim_{\lambda\to 0}\sum_{i=1}^n f(\xi_i,\eta_i,\zeta_i)\Delta x_i=I,$$

则称此极限值为函数 f 沿曲线 $\widehat{AB}$ 关于弧长元素在 x 轴上投影的积分,简称对坐标 x 的曲线积分,记为

$$\int_{\widehat{AB}} f(x,y,z)\mathrm{d}x = \lim_{\lambda\to 0}\sum_{i=1}^n f(\xi_i,\eta_i,\zeta_i)\Delta x_i. \tag{10.6.1}$$

类似地,可给出关于弧长元素在 y 轴,z 轴上投影的积分(称为对坐标 y,z 的曲线积分)

$$\int_{\widehat{AB}} f(x,y,z)\mathrm{d}y, \quad \int_{\widehat{AB}} f(x,y,z)\mathrm{d}z$$

的定义为

$$\int_{\widehat{AB}} f(x,y,z)\mathrm{d}y = \lim_{\lambda\to 0}\sum_{i=1}^n f(\xi_i,\eta_i,\zeta_i)\Delta y_i, \tag{10.6.2}$$

$$\int_{\widehat{AB}} f(x,y,z)\mathrm{d}z = \lim_{\lambda\to 0}\sum_{i=1}^n f(\xi_i,\eta_i,\zeta_i)\Delta z_i. \tag{10.6.3}$$

(10.6.1)式、(10.6.2)式、(10.6.3)式统称为第二型曲线积分.

如果给定有向曲线 $\widehat{AB}$ 上的向量值函数

$$\boldsymbol{F}(x,y,z)=\{P(x,y,z),Q(x,y,z),R(x,y,z)\},$$

称积分

$$I=\int_{\widehat{AB}} P(x,y,z)\mathrm{d}x+Q(x,y,z)\mathrm{d}y+R(x,y,z)\mathrm{d}z$$

为向量值函数 $\boldsymbol{F}$ 沿有向曲线 $\widehat{AB}$ 的第二型曲线积分. 若记向量 $\mathrm{d}\boldsymbol{r}=\{\mathrm{d}x,\mathrm{d}y,\mathrm{d}z\}$,则

$$I=\int_{\widehat{AB}} \boldsymbol{F}\cdot\mathrm{d}\boldsymbol{r}.$$

由上例可知,质点在力 $\boldsymbol{F}$ 作用下,沿曲线 $\widehat{AB}$ 从点 A 到 B 所做的功为

$$W=\int_{\widehat{AB}} \boldsymbol{F}\cdot\mathrm{d}\boldsymbol{r} = \int_{\widehat{AB}} P\mathrm{d}x+Q\mathrm{d}y+R\mathrm{d}z.$$

第二型曲线积分除具有重积分同样的性质外,还具有如下特殊的性质

$$\int_{\widehat{AB}} \boldsymbol{F}\cdot\mathrm{d}\boldsymbol{r} = -\int_{\widehat{BA}} \boldsymbol{F}\cdot\mathrm{d}\boldsymbol{r},$$

其中,$\overset{\frown}{BA}$ 是 $\overset{\frown}{AB}$ 的反向曲线.

3. 两类曲线积分的关系

事实上从 $\int_{\overset{\frown}{AB}} \boldsymbol{F} \cdot \mathrm{d}\boldsymbol{r} = \int_{\overset{\frown}{AB}} P\mathrm{d}x + Q\mathrm{d}y + R\mathrm{d}z$ 看出,可以把 $\boldsymbol{F} \cdot \mathrm{d}\boldsymbol{r}$ 看成向量 $\boldsymbol{F}$ 与 $\mathrm{d}\boldsymbol{r}$ 的点乘. 设曲线 $L = \overset{\frown}{AB}$ 的切向量为 $\{x', y', z'\}$,则
$$\mathrm{d}\boldsymbol{r} = \{\mathrm{d}x, \mathrm{d}y, \mathrm{d}z\}$$
也是切向量. 规定 $\mathrm{d}\boldsymbol{r}$ 的方向与积分路径方向一致. 由于
$$|\mathrm{d}\boldsymbol{r}| = \sqrt{(\mathrm{d}x)^2 + (\mathrm{d}y)^2 + (\mathrm{d}z)^2} = \mathrm{d}s,$$
因此,若记 $\boldsymbol{T}_0$ 为 L 的单位切向量,则 $\mathrm{d}\boldsymbol{r} = |\mathrm{d}\boldsymbol{r}|\boldsymbol{T}_0 = \boldsymbol{T}_0 \mathrm{d}s$. 记 $\mathrm{d}\boldsymbol{r}$ 的方向余弦为 $\cos\alpha$, $\cos\beta$, $\cos\gamma$,则 $\boldsymbol{T}_0 = \{\cos\alpha, \cos\beta, \cos\gamma\}$,从而第二型曲线积分
$$\int_{\overset{\frown}{AB}} \boldsymbol{F} \cdot \mathrm{d}\boldsymbol{r} = \int_{\overset{\frown}{AB}} \boldsymbol{F} \cdot \boldsymbol{T}_0 \mathrm{d}s = \int_{\overset{\frown}{AB}} \{P, Q, R\} \{\cos\alpha, \cos\beta, \cos\gamma\} \mathrm{d}s$$
$$= \int_{\overset{\frown}{AB}} (P\cos\alpha + Q\cos\beta + R\cos\gamma) \mathrm{d}s$$
即
$$\int_{\overset{\frown}{AB}} P\mathrm{d}x + Q\mathrm{d}y + R\mathrm{d}z = \int_{\overset{\frown}{AB}} (P\cos\alpha + Q\cos\beta + R\cos\gamma) \mathrm{d}s. \quad (10.6.4)$$
其中,$\mathrm{d}x = \cos\alpha \mathrm{d}s$, $\mathrm{d}y = \cos\beta \mathrm{d}s$, $\mathrm{d}z = \cos\gamma \mathrm{d}s$. $\cos\alpha$, $\cos\beta$, $\cos\gamma$ 为 $\overset{\frown}{AB}$ 的切向量 $\mathrm{d}\boldsymbol{r}$ 的方向余弦.

4. 第二型曲线积分的计算

定理 设(1) 光滑曲线 $\overset{\frown}{AB}$ 的参数方程为
$$x = x(t), \quad y = y(t), \quad z = z(t) \quad (\alpha \leqslant t \leqslant \beta \text{ 或 } \beta \leqslant t \leqslant \alpha),$$
这里 α 可能小于 β,也可能大于 β.

(2) 当参数 t 单调(递增或递减)地从 α 变到 β 时,点 $M(x, y, z)$ 从点 A 沿曲线 $\overset{\frown}{AB}$ 变成 B.

(3) 函数 $P(x, y, z), Q(x, y, z), R(x, y, z)$ 在 $\overset{\frown}{AB}$ 上连续,则第二型曲线积分 $\int_{\overset{\frown}{AB}} P\mathrm{d}x + Q\mathrm{d}y + R\mathrm{d}z$ 存在,且
$$\int_{\overset{\frown}{AB}} P\mathrm{d}x + Q\mathrm{d}y + R\mathrm{d}z = \int_\alpha^\beta \{P[x(t), y(t), z(t)]x'(t) + Q[x(t), y(t), z(t)]y'(t)$$
$$+ R[x(t), y(t), z(t)]z'(t)\}\mathrm{d}t.$$

证明 设 $\{\cos\alpha, \cos\beta, \cos\gamma\}$ 是曲线 $\overset{\frown}{AB}$ 在 (x, y, z) 处的与 $\overset{\frown}{AB}$ 同向单位切向量,按(10.6.4)式有

$$\int_{\widehat{AB}} P(x,y,z)\mathrm{d}x = \int_{\widehat{AB}} P(x,y,z)\cos\alpha\,\mathrm{d}s,$$

而

$$\cos\alpha = \frac{x'(t)}{\sqrt{x'^2(t)+y'^2(t)+z'^2(t)}}.$$

于是据第一类曲线积分的计算法

$$\int_L P(x,y,z)\cos\alpha\,\mathrm{d}s = \int_\alpha^\beta P[x(t),y(t),z(t)]\frac{x'(t)}{\sqrt{x'^2(t)+y'^2(t)+z'^2(t)}} \cdot$$

$$\sqrt{x'^2(t)+y'^2(t)+z'^2(t)}\,\mathrm{d}t = \int_\alpha^\beta P[x(t),y(t),z(t)]x'(t)\mathrm{d}t. \quad (10.6.5)$$

类似地有

$$\int_{\widehat{AB}} Q(x,y,z)\cos\beta\,\mathrm{d}s = \int_\alpha^\beta Q[x(t),y(t),z(t)]y'(t)\mathrm{d}t, \quad (10.6.6)$$

$$\int_{\widehat{AB}} R(x,y,z)\cos\gamma\,\mathrm{d}s = \int_\alpha^\beta R[x(t),y(t),z(t)]z'(t)\mathrm{d}t. \quad (10.6.7)$$

这就推出了定理.

例1 设 $P(x,y),Q(x,y)$ 在光滑曲线 L 上连续,证明

$$\left|\int_L P\mathrm{d}x + Q\mathrm{d}y\right| \leqslant lM,$$

其中, l 是积分路径 L 的长度, $M = \max_L \sqrt{P^2+Q^2}$.

证明 设 $\boldsymbol{r} = \{\cos\alpha,\cos\beta\}$ 为 L 上任一点处切向量的方向余弦.

$$\boldsymbol{F} = \{P,Q\},$$

则

$$\left|\int_L P\mathrm{d}x + Q\mathrm{d}y\right| = \left|\int_L (P\cos\alpha + Q\cos\beta)\mathrm{d}s\right| = \left|\int_L \boldsymbol{F}\cdot\boldsymbol{r}\,\mathrm{d}s\right|$$

$$\leqslant \int_L |\boldsymbol{F}\cdot\boldsymbol{r}|\,\mathrm{d}s \leqslant \int_L |\boldsymbol{F}||\boldsymbol{r}|\,\mathrm{d}s = \int_L \sqrt{P^2+Q^2}\,\mathrm{d}s.$$

因为 P、Q 在 L 上连续,据积分中值定理

$$\int_L \sqrt{P^2+Q^2}\,\mathrm{d}s = \sqrt{P^2(\xi,\eta)+Q^2(\xi,\eta)}\int_L \mathrm{d}s \leqslant Ml.$$

例2 计算 $I = \int_L (x^2+2xy)\mathrm{d}y$, L 为顺时针方向的上半椭圆 $\dfrac{x^2}{a^2}+\dfrac{y^2}{b^2}=1$.

解 椭圆的参数方程

$$\begin{cases} x = a\cos\theta, \\ y = b\sin\theta, \end{cases}$$

$$I = \int_\pi^0 (a^2\cos^2\theta + 2ab\cos\theta\sin\theta)b\cos\theta\,\mathrm{d}\theta$$

$$= a^2b\int_\pi^0 \cos^3\theta\mathrm{d}\theta + 2ab^2\int_\pi^0 \cos^2\theta\sin\theta\mathrm{d}\theta$$
$$= -\frac{4}{3}ab^2.$$

例 3 在过点 $O(0,0)$ 和 $A(\pi,0)$ 的曲线族 $y=a\sin x(a>0)$ 中,求一条曲线 L,使沿该曲线从 O 到 A 的积分 $\int_L (1+y^3)\mathrm{d}x+(2x+y)\mathrm{d}y$ 的值最小.

解 $I(a)=\int_0^\pi[1+a^3\sin^3 x+(2x+a\sin x)a\cos x]\mathrm{d}x = \pi-4a+\frac{4}{3}a^3.$

令 $I'(a)=-4+4a^2=0$ 得 $a=1(a=-1$ 舍去$)$,且 $a=1$ 是 $I(a)$ 在 $(0,+\infty)$ 内唯一驻点,由于 $I''(1)=8>0$,所以 $I(a)$ 在 $a=1$ 取到最小值. 因此所求曲线是
$$y=\sin x \quad (0\leqslant x\leqslant \pi).$$

例 4 计算 $\int_L y\mathrm{d}x+z\mathrm{d}y+x\mathrm{d}z$, L 为球面 $\rho=R$ 与半平面 $\theta=\alpha$ 的交线沿 φ 的增加方向(其中 ρ,φ,θ 是球坐标).

解 L 的参数方程为
$$x=R\cos\alpha\sin\varphi, \quad y=R\sin\alpha\sin\varphi, \quad z=R\cos\varphi,$$
起点 $\varphi=0$,终点 $\varphi=\pi$,故

原式 $=\int_0^\pi[R^2\sin\varphi\sin\alpha\cos\varphi\cos\alpha + R^2\cos^2\varphi\sin\alpha + R^2\sin\varphi\cos\alpha(-\sin\varphi)]\mathrm{d}\varphi$
$$= R^2\sin\alpha\frac{\pi}{2} - R^2\cos\alpha\frac{\pi}{2} = \frac{\pi R^2}{2}(\sin\alpha - \cos\alpha).$$

例 5 在变力 $\boldsymbol{F}=yz\boldsymbol{i}+zx\boldsymbol{j}+xy\boldsymbol{k}$ 的作用下,质点由原点沿直线运动到椭球面 $\frac{x^2}{a^2}+\frac{y^2}{b^2}+\frac{z^2}{c^2}=1$ 上第一卦限的点 $M(\xi,\eta,\zeta)$,问 ξ,η,ζ 取何值时,力 $\boldsymbol{F}$ 所做的功 W 最大?并求出 W 的最大值.

解 直线段 $OM: x=\xi t, y=\eta t, z=\zeta t$, t 从 0 变到 1,所以
$$W = \int_{OM} yz\mathrm{d}x+xz\mathrm{d}y+xy\mathrm{d}z = \int_0^1 3\xi\eta\zeta t^2\mathrm{d}t = \xi\eta\zeta.$$

下面求 $W=\xi\eta\zeta$ 在条件 $\frac{\xi^2}{a^2}+\frac{\eta^2}{b^2}+\frac{\zeta^2}{c^2}=1(\xi\geqslant 0,\eta\geqslant 0,\zeta\geqslant 0)$ 下的最大值.

令 $F(\xi,\eta,\zeta)=\xi\eta\zeta+\lambda\left(1-\frac{\xi^2}{a^2}-\frac{\eta^2}{b^2}-\frac{\zeta^2}{c^2}\right)$,由

$$\begin{cases}\dfrac{\partial F}{\partial \xi}=0,\\[4pt]\dfrac{\partial F}{\partial \eta}=0,\\[4pt]\dfrac{\partial F}{\partial \zeta}=0,\end{cases}$$

得
$$\begin{cases} \eta\zeta = \dfrac{2\lambda}{a^2}\xi, \\ \xi\zeta = \dfrac{2\lambda}{b^2}\eta, \\ \xi\eta = \dfrac{2\lambda}{c^2}\zeta, \end{cases}$$

从而 $\dfrac{\xi^2}{a^2} = \dfrac{\eta^2}{b^2} = \dfrac{\zeta^2}{c^2}$，即 $\dfrac{\xi^2}{a^2} = \dfrac{\eta^2}{b^2} = \dfrac{\zeta^2}{c^2} = \dfrac{1}{3}$，于是

$$\xi = \dfrac{a}{\sqrt{3}}, \quad \eta = \dfrac{b}{\sqrt{3}}, \quad \zeta = \dfrac{c}{\sqrt{3}},$$

由问题的实际意义知

$$W_{\max} = \dfrac{\sqrt{3}}{9}abc.$$

10.6.2 格林公式

1. 牛顿-莱布尼茨公式

$$\int_a^b f(x)\mathrm{d}x = F(x)\Big|_a^b$$

给出了函数 $f(x)$ 在区间 $[a,b]$ 上的积分与 $f(x)$ 的原函数 $F(x)$ 在区间端点值的联系，本节讨论二元函数在区域 D 上的二重积分与区域边界曲线上对坐标的曲线积分之间的关系.

英国数学家格林[①]在 1825 年发现了平面区域上的二重积分与沿这个区域边界的第二型曲线积分之间的关系，表达这一关系的公式就是有名的格林公式.

在给出格林公式之前，我们先介绍一些与平面区域有关的基本概念.

若区域 D 内的任何闭曲线所围的区域全部在 D 内，则称 D 为单连通域，不符合上述条件的区域称为复连通域.

设有界闭区域 D 由一条或几条曲线围成，这些曲线构成 D 的边界，边界的正向是这样规定的：沿着这个方向前进时，区域 D 永远在左边.

定理 1（格林公式） 若 D 为有界闭区域，其边界 L 是分段光滑曲线，函数 $P(x,y), Q(x,y)$ 在 D 上有连续一阶偏导数，则有格林公式

$$\oint_{L^+} P\mathrm{d}x + Q\mathrm{d}y = \iint_D \left(\dfrac{\partial Q}{\partial x} - \dfrac{\partial P}{\partial y}\right)\mathrm{d}x\mathrm{d}y, \tag{10.6.8}$$

[①] 格林（英国数学、物理学家，G. Green，1793～1841）.

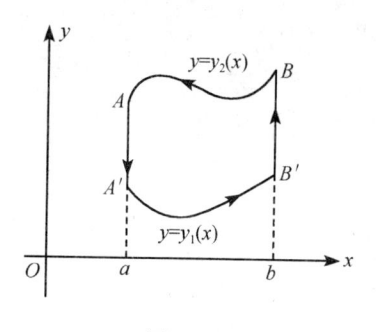

图 10.55

其中 L^+ 表示沿边界 L 的正方向.

证明 先证明

$$\oint_{L^+} P\mathrm{d}x = -\iint_D \frac{\partial P}{\partial y}\mathrm{d}x\mathrm{d}y. \qquad (10.6.9)$$

假定区域 D 的边界由曲线

$$y = y_1(x), \quad y = y_2(x)$$

及直线 $x=a, x=b$ 围成,其中, $y_1(x) \leqslant y_2(x)$ ($a \leqslant x \leqslant b$)(图 10.55).

由二重积分的计算公式得

$$\iint_D \frac{\partial P}{\partial y}\mathrm{d}x\mathrm{d}y = \int_a^b \mathrm{d}x \int_{y_1(x)}^{y_2(x)} \frac{\partial P}{\partial y}\mathrm{d}y = \int_a^b P(x,y)\Big|_{y=y_1(x)}^{y=y_2(x)} \mathrm{d}x$$

$$= \int_a^b P[x, y_2(x)]\mathrm{d}x - \int_a^b P[x, y_1(x)]\mathrm{d}x. \qquad (10.6.10)$$

另一方面,曲线积分

$$\oint_{L^+} P\mathrm{d}x = \int_{\overline{AA'}} P\mathrm{d}x + \int_{\widehat{A'B'}} P\mathrm{d}x + \int_{\overline{B'B}} P\mathrm{d}x + \int_{\widehat{BA}} P\mathrm{d}x.$$

注意到在 $\overline{AA'}$ 上, $x \equiv a$,在 $\overline{B'B}$ 上, $x \equiv b$,因此都有 $\mathrm{d}x = 0$,于是

$$\oint_{L^+} P\mathrm{d}x = \int_{\widehat{A'B'}} P\mathrm{d}x + \int_{\widehat{BA}} P\mathrm{d}x$$

$$= \int_a^b P[x, y_1(x)]\mathrm{d}x + \int_b^a P[x, y_2(x)]\mathrm{d}x$$

$$= \int_a^b P[x, y_1(x)]\mathrm{d}x - \int_a^b P[x, y_2(x)]\mathrm{d}x. \qquad (10.6.11)$$

比较(10.6.10)式和(10.6.11)式知(10.6.9)式成立.

若区域 D 的边界不是图 10.55 的形状,则可作一些辅助线把 D 分为若干个形如图 10.55 那样的区域(图 10.56),在每一个小区域上,(10.6.9)式成立,再把这些式子相加,右边就是 $\frac{\partial P}{\partial y}$ 在整个区域 D 上的二重积分,而左边是沿边界 L 正向的

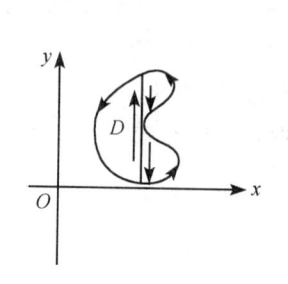

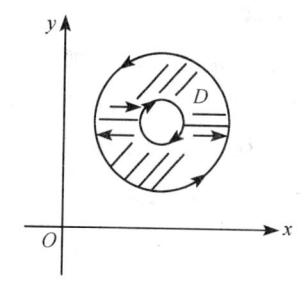

图 10.56

10.6 对坐标的曲线积分(第二型曲线积分)与格林公式 · 167 ·

曲线积分与辅助线上的曲线积分之和,注意到在辅助线上的曲线积分来回各一次,正好互相抵消,因此(10.6.9)式仍然成立.

用同样的方法可以证明

$$\oint_{L^+} Q\mathrm{d}y = \iint_D \frac{\partial Q}{\partial x}\mathrm{d}x\mathrm{d}y, \tag{10.6.12}$$

把(10.6.12)式与(10.6.9)式相加,便得格林公式.

特别地,若 $P=-y, Q=x$,则由格林公式得

$$\oint_{L^+} -y\mathrm{d}x + x\mathrm{d}y = \iint_D 2\mathrm{d}x\mathrm{d}y = 2\iint_D \mathrm{d}x\mathrm{d}y = 2A.$$

A 是区域 D 的面积,于是得到用曲线积分计算平面区域面积的公式

$$A = \frac{1}{2}\oint_{L^+} -y\mathrm{d}x + x\mathrm{d}y, \tag{10.6.13}$$

其中,L^+ 为区域边界正向.

例 1 计算 $\int_L (3x+y)\mathrm{d}y - (x-y)\mathrm{d}x, L$ 是圆周 $(x-1)^2+(y-4)^2=9$,取逆时针方向.

解 $P=-(x-y)=y-x, Q=3x+y$,由格林公式得

$$\int_L (3x+y)\mathrm{d}y - (x-y)\mathrm{d}x = \iint_D \left[\frac{\partial Q}{\partial x} - \frac{\partial P}{\partial y}\right]\mathrm{d}x\mathrm{d}y$$

$$= 2\iint_D \mathrm{d}x\mathrm{d}y = 2\times(D\text{ 的面积}) = 2\pi(3)^2 = 18\pi.$$

例 2 计算 $\int_L (x^2-2y)\mathrm{d}x + (3x+y\mathrm{e}^y)\mathrm{d}y$,其中,$L$ 是由直线 $x+2y=2$ 上从 $A(2,0)$ 到 $B(0,1)$ 的一段及圆弧 $x=-\sqrt{1-y^2}$ 上从 $B(0,1)$ 到 $C(-1,0)$ 的一段连接而成的定向曲线(图 10.57).

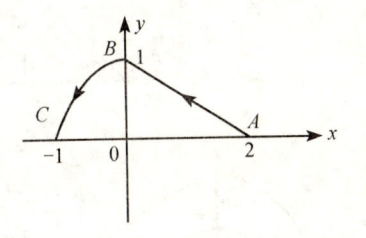

图 10.57

解 若把此积分化为定积分,计算太复杂,现用格林公式来计算,先添上一段定向线段 $\overline{CA}$,这样 L 与 $\overline{CA}$ 就构成一定向闭曲线 Γ,即 $\Gamma=L+\overline{CA}$,所以

$$\int_L (x^2-2y)\mathrm{d}x + (3x+y\mathrm{e}^y)\mathrm{d}y = \left(\oint_\Gamma - \int_{\overline{CA}}\right)(x^2-2y)\mathrm{d}x + (3x+y\mathrm{e}^y)\mathrm{d}y,$$

而

$$\oint_\Gamma (x^2-2y)\mathrm{d}x + (3x+y\mathrm{e}^y)\mathrm{d}y = \iint_D [3-(-2)]\mathrm{d}x\mathrm{d}y = 5\iint_D \mathrm{d}x\mathrm{d}y = 5\left(\frac{\pi}{4}+1\right).$$

另外

$$\int_{\widehat{CA}} (x^2-2y)\mathrm{d}x + (3x+y\mathrm{e}^y)\mathrm{d}y = \int_{-1}^2 x^2\mathrm{d}x = 3,$$

于是所求积分

$$\int_L (x^2-2y)dx+(3x+ye^y)dy = 5\left(\frac{\pi}{4}+1\right)-3 = \frac{5\pi}{4}+2.$$

从例 2 可看出，在计算某些第二型曲线积分时，添上适当的辅助定向曲线弧后，利用格林公式，可以简化计算.

例 3 计算 $\oint_L \dfrac{xdy-ydx}{x^2+y^2}$.

(1) L 为不包围原点 O 的闭曲线；

(2) L 为圆周 $x^2+y^2=\delta^2$，取逆时针方向；

(3) L 为包围原点 O 的闭曲线，取逆时针方向.

解 $P=\dfrac{-y}{x^2+y^2}, Q=\dfrac{x}{x^2+y^2}$，它们在原点不连续

$$\frac{\partial Q}{\partial x} = \frac{y^2-x^2}{(x^2+y^2)^2} = \frac{\partial P}{\partial y}, \quad (x,y) \neq (0,0).$$

(1) 原点 O 在 L 所围区域 D 之外，在 D 上 P、Q 满足格林公式条件，则

$$\oint_L \frac{xdy-ydx}{x^2+y^2} = \pm\iint_D \left[\frac{y^2-x^2}{(x^2+y^2)^2} - \frac{y^2-x^2}{(x^2+y^2)^2}\right]dxdy = 0;$$

(2) 原点 O 在圆 $x^2+y^2=\delta^2$ 内，在 O 点格林公式的条件不满足，不能用格林公式，只能化为定积分直接计算

$$L: \begin{cases} x = \delta\cos\theta \\ y = \delta\sin\theta \end{cases}, \quad 0 \leqslant \theta \leqslant 2\pi,$$

则

$$\oint_L \frac{xdy-ydx}{x^2+y^2} = \int_0^{2\pi} \frac{1}{\delta^2}(\delta^2\cos^2\theta + \delta^2\sin^2\theta)d\theta = 2\pi;$$

(3) 因在原点 O 处函数 P, Q 不连续，因此用以原点 O 为中心，以 δ 为半径的小圆周 C 把原点挖去，如图 10.58 所示，C 取逆时针方向，记为 C^+，顺时针方向记为 C^-，C 和 L 之间的环形域记为 D，在复连通域 D 上用格林公式

$$\oint_{L+C^-} \frac{xdy-ydx}{x^2+y^2} = 0,$$

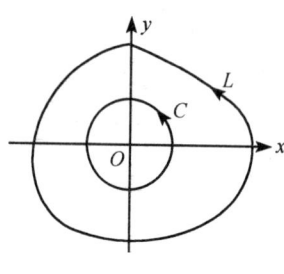

图 10.58

所以

$$\oint_L \frac{xdy-ydx}{x^2+y^2} = -\oint_{C^-} \frac{xdy-ydx}{x^2+y^2} = \oint_{C^+} \frac{xdy-ydx}{x^2+y^2} = 2\pi(据(2)).$$

注 以上例题还证明了一个结论：若函数 P, Q 在复连通域 D 上有一阶连续

偏导数,且 $\frac{\partial Q}{\partial x} = \frac{\partial P}{\partial y}$,则对任一包围同一"洞"的闭曲线 L,有

$$\oint_L P\mathrm{d}x + Q\mathrm{d}y = C(常数).$$

至于那个"洞"用什么形状的闭曲线去挖,应视 P、Q 的形式确定.

例 4 计算曲线积分 $I = \oint_L \frac{x\mathrm{d}y - y\mathrm{d}x}{4x^2 + y^2}$,其中,$L$ 是以点 $(1,0)$ 为中心,R 为半径的圆周 $(R > 1)$ 取逆时针方向.

解

$$P = \frac{-y}{4x^2 + y^2}, \quad Q = \frac{x}{4x^2 + y^2}, \quad \frac{\partial P}{\partial y} = \frac{y^2 - 4x^2}{(4x^2 + y^2)^2} = \frac{\partial Q}{\partial x}, \quad (x,y) \neq (0,0).$$

作足够小椭圆 $C: \begin{cases} x = \frac{\delta}{2}\cos\theta \\ y = \delta\sin\theta \end{cases}$ $(\theta \in [0, 2\pi]$,C 取逆时针方向),于是由格林公式有

$$\oint_{L+C^-} \frac{x\mathrm{d}y - y\mathrm{d}x}{4x^2 + y^2} = 0,$$

即得

$$\oint_L \frac{x\mathrm{d}y - y\mathrm{d}x}{4x^2 + y^2} = \oint_C \frac{x\mathrm{d}y - y\mathrm{d}x}{4x^2 + y^2} = \int_0^{2\pi} \frac{\frac{1}{2}\delta^2}{\delta^2}\mathrm{d}\theta = \pi.$$

例 5 设分段光滑的闭曲线 L 所围的平面区域为 D,函数 $u(x,y)$,$v(x,y)$ 在 D 上有连续的二阶偏导数,记

$$\Delta u = \frac{\partial^2 u}{\partial x^2} + \frac{\partial^2 u}{\partial y^2}, \quad \nabla u = \mathrm{grad} u = \left\{\frac{\partial u}{\partial x}, \frac{\partial u}{\partial y}\right\},$$

证明

$$\iint_D v\Delta u\mathrm{d}\sigma = \oint_L v\frac{\partial u}{\partial n}\mathrm{d}s - \iint_D \left(\frac{\partial u}{\partial x}\cdot\frac{\partial v}{\partial x} + \frac{\partial u}{\partial y}\cdot\frac{\partial v}{\partial y}\right)\mathrm{d}\sigma,$$

即

$$\iint_D v\Delta u\mathrm{d}\sigma = \oint_L v\frac{\partial u}{\partial n}\mathrm{d}s - \iint_D (\nabla u \cdot \nabla v)\mathrm{d}\sigma.$$

其中,$\frac{\partial u}{\partial n}$ 为 L 的外法线方向导数.

证明 设 L 上的单位切向量 T_0 与 L 的正向一致,T_0 与正 x 轴的夹角为 α(图 10.59),则 L 的外法线单位向量 n_0 与正 x 轴的夹角为 $\alpha - \frac{\pi}{2}$,从而

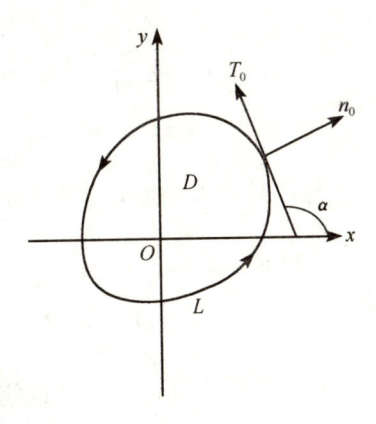

图 10.59

$$\frac{\partial u}{\partial n} = \frac{\partial u}{\partial x}\cos\left(\alpha - \frac{\pi}{2}\right) + \frac{\partial u}{\partial y}\sin\left(\alpha - \frac{\pi}{2}\right)$$
$$= \frac{\partial u}{\partial x}\sin\alpha - \frac{\partial u}{\partial y}\cos\alpha,$$

于是

$$\oint_L v\frac{\partial u}{\partial n}\mathrm{d}s = \oint_L \left(-v\frac{\partial u}{\partial y}\cos\alpha + v\frac{\partial u}{\partial x}\sin\alpha\right)\mathrm{d}s$$
$$= \oint_L -v\frac{\partial u}{\partial y}\mathrm{d}x + v\frac{\partial u}{\partial x}\mathrm{d}y \quad (由格林公式)$$
$$= \iint_D (v_x u_x + v u_{x^2} + v_y u_y + v u_{y^2})\mathrm{d}\sigma$$
$$= \iint_D (v_x u_x + v_y u_y)\mathrm{d}\sigma + \iint_D v\Delta u\mathrm{d}\sigma.$$

移项即得结论.

2. 平面曲线积分与路径无关的条件

从上一段的例题中看出,有的第二型曲线积分 $\int_{\widehat{AB}} P\mathrm{d}x + Q\mathrm{d}y$ 不但依赖于起点 A 和终点 B,而且与积分路径有关,但也有些曲线积分,其值与积分路径无关,于是提出一个问题:在什么条件下,曲线积分与路径无关呢?

下面给出平面曲线积分与路径无关的条件.

定理 2 设向量函数 $F(x,y) = \{P(x,y), Q(x,y)\}$ 的各分量在单连通区域 D 上有连续的一阶偏导数,则下面四个条件互相等价:

(1) 对 D 内的任一分段光滑的封闭曲线 L,有
$$\oint_L P(x,y)\mathrm{d}x + Q(x,y)\mathrm{d}y = 0;$$

(2) 对 D 内的任意分段光滑曲线 $\widehat{AB}$,曲线积分
$$\int_{\widehat{AB}} P(x,y)\mathrm{d}x + Q(x,y)\mathrm{d}y$$

只与起点 A 及终点 B 有关,而与积分路径无关;

(3) 微分式 $P(x,y)\mathrm{d}x + Q(x,y)\mathrm{d}y$ 在 D 内是某一函数 $u(x,y)$ 的全微分,即 $\mathrm{d}u = P(x,y)\mathrm{d}x + Q(x,y)\mathrm{d}y$;

(4) $\dfrac{\partial P}{\partial y} = \dfrac{\partial Q}{\partial x}$ 在 D 内处处成立.

证明 (1)$\Rightarrow$(2):设 $\widehat{ACB}$ 与 $\widehat{AEB}$ 为区域 D 内从点 A 到点 B 的任意两条路径(图 10.60),则由(1)知

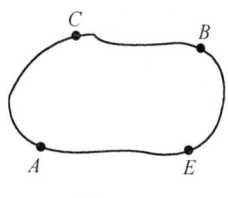

图 10.60

10.6 对坐标的曲线积分(第二型曲线积分)与格林公式

$$\int_{\widehat{AEBCA}} P\,dx + Q\,dy = 0,$$

则

$$\int_{\widehat{AEBCA}} P\,dx + Q\,dy = \int_{\widehat{AEB}} P\,dx + Q\,dy + \int_{\widehat{BCA}} P\,dx + Q\,dy$$

$$= \int_{\widehat{AEB}} P\,dx + Q\,dy - \int_{\widehat{ACB}} P\,dx + Q\,dy = 0,$$

所以

$$\int_{\widehat{AEB}} P\,dx + Q\,dy = \int_{\widehat{ACB}} P\,dx + Q\,dy.$$

(2)⇒(3):设点 $M_0(x_0,y_0)$ 为 D 内一固定点,$M(x,y)$ 为 D 内任一点,由于曲线积分与路径无关,因此,积分 $\int_{\widehat{M_0M}} P(x,y)\,dx + Q(x,y)\,dy$ 只依赖于终点 $M(x,y)$,即它是点 $M(x,y)$ 的函数,记

$$u(x,y) = \int_{(x_0,y_0)}^{(x,y)} P(x,y)\,dx + Q(x,y)\,dy,$$

可以证明

$$\frac{\partial u}{\partial x} = P(x,y), \quad \frac{\partial u}{\partial y} = Q(x,y).$$

事实上,在点 $M(x,y)$ 附近,取一点 $N(x+\Delta x, y)$,使 $\overline{MN}$ 仍在 D 内(图 10.61),显然有

$$u(x+\Delta x, y) = \int_{(x_0,y_0)}^{(x+\Delta x, y)} P(x,y)\,dx + Q(x,y)\,dy.$$

因为积分与路径无关,所以上式右端的积分可以选取路径 $\widehat{M_0M}N$(图 10.61),于是

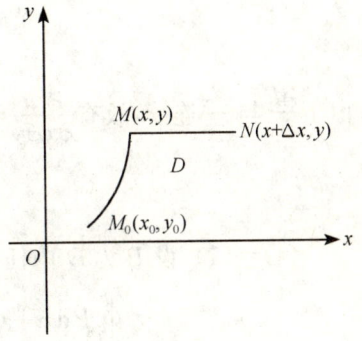

图 10.61

$$u(x+\Delta x, y) - u(x,y) = \left(\int_{\widehat{M_0M}} P\,dx + Q\,dy + \int_{\overline{MN}} P\,dx + Q\,dy\right) - \left(\int_{\widehat{M_0M}} P\,dx + Q\,dy\right)$$

$$= \int_{\overline{MN}} P\,dx + Q\,dy = \int_{(x,y)}^{(x+\Delta x, y)} P\,dx + Q\,dy.$$

由于在直线 $\overline{MN}$ 上,$y \equiv$ 常数,$dy = 0$,因此

$$u(x+\Delta x, y) - u(x,y) = \int_x^{x+\Delta x} P(x,y)\,dx.$$

由积分中值定理得

$$\int_x^{x+\Delta x} P(x,y)\,dx = P(\xi, y)\Delta x,$$

其中,ξ 在 x 与 $x+\Delta x$ 之间,从而

$$\frac{u(x+\Delta x, y) - u(x,y)}{\Delta x} = \frac{P(\xi, y)\Delta x}{\Delta x} = P(\xi, y),$$

令 $\Delta x \to 0$,则 $\xi \to x$,于是由 $P(x,y)$ 的连续性知

$$\frac{\partial u}{\partial x} = \lim_{\Delta x \to 0} \frac{u(x+\Delta x, y) - u(x,y)}{\Delta x} = \lim_{\xi \to x} P(\xi, y) = P(x,y).$$

同理可证 $\dfrac{\partial u}{\partial y} = Q(x,y)$.

由 $P(x,y), Q(x,y)$ 的连续性知 $\dfrac{\partial u}{\partial x}, \dfrac{\partial u}{\partial y}$ 在 D 内连续，因此函数 $u(x,y)$ 在 D 内可微，即

$$du = \frac{\partial u}{\partial x}dx + \frac{\partial u}{\partial y}dy = P(x,y)dx + Q(x,y)dy.$$

(3)$\Rightarrow$(4)：若 $P(x,y)dx + Q(x,y)dy$ 是某函数 $u(x,y)$ 的全微分，即

$$\frac{\partial u}{\partial x} = P(x,y), \quad \frac{\partial u}{\partial y} = Q(x,y),$$

则

$$\frac{\partial^2 u}{\partial x \partial y} = \frac{\partial P}{\partial y}, \quad \frac{\partial^2 u}{\partial y \partial x} = \frac{\partial Q}{\partial x}.$$

由于 $\dfrac{\partial P}{\partial y}$ 与 $\dfrac{\partial Q}{\partial x}$ 连续，故有 $\dfrac{\partial^2 u}{\partial x \partial y} = \dfrac{\partial^2 u}{\partial y \partial x}$，即得

$$\frac{\partial Q}{\partial x} = \frac{\partial P}{\partial y}.$$

(4)$\Rightarrow$(1)：设 L 为 D 内任一分段光滑的封闭曲线，则由格林公式得

$$\oint_L Pdx + Qdy = \iint_{D_1} \left(\frac{\partial Q}{\partial x} - \frac{\partial P}{\partial y}\right)dxdy = 0$$

其中，D_1 为 L 所围区域，至此定理 2 证毕.

我们指出，验证平面上单连通域内的第二类曲线积分与路径无关的最方便的条件是定理 2 中的(4).

当曲线积分与路径无关时

$$u(x,y) = \int_{(x_0, y_0)}^{(x,y)} Pdx + Qdy$$

称为 $Pdx + Qdy$ 的原函数. 利用原函数，可得到类似于牛顿-莱布尼茨的公式

$$\int_{\widehat{AB}} Pdx + Qdy = u(B) - u(A) = u(M)\Big|_A^B.$$

事实上，我们有

$$\int_{\widehat{AB}} Pdx + Qdy = \int_A^{(x_0, y_0)} Pdx + Qdy + \int_{(x_0, y_0)}^B Pdx + Qdy$$

$$= -\int_{(x_0, y_0)}^A Pdx + Qdy + \int_{(x_0, y_0)}^B Pdx + Qdy$$

$$= -u(A) + u(B) = u(B) - u(A).$$

10.6 对坐标的曲线积分(第二型曲线积分)与格林公式

此公式为某些曲线积分的计算提供了简便的方法:如果被积表达式 $Pdx+Qdy$ 是某个函数 $u(x,y)$ 的全微分,即

$$Pdx+Qdy=du,$$

那么函数 $u(x,y)$ 在积分路径终点与起点处的值的差,就是曲线积分的值.

当曲线积分与路径无关时,一般说来,被积表达式 $Pdx+Qdy$ 的原函数并不易一眼看出,而需通过求曲线积分

$$u(x,y)=\int_{(x_0,y_0)}^{(x,y)}Pdx+Qdy \qquad (10.6.14)$$

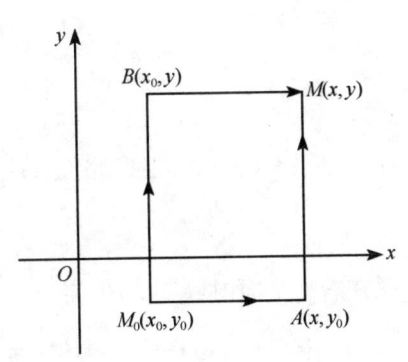

图 10.62

来得到,为了计算方便,通常都取折线路径(图 10.62),于是有

$$u(x,y)=\int_{(x_0,y_0)}^{(x,y)}Pdx+Qdy$$
$$=\int_{x_0}^{x}P(x,y_0)dx+\int_{y_0}^{y}Q(x,y)dy$$
$$\underline{或}\int_{y_0}^{y}Q(x_0,y)dy+\int_{x_0}^{x}P(x,y)dx. \qquad (10.6.15)$$

例 6 计算曲线积分 $\int_{\widehat{ACB}}(2xy+\sin x)dx+(x^2-ye^y)dy$,其中,$\widehat{ACB}$ 为过点 $A(-1,0),B(1,0)$ 的上半圆周,取顺时针方向(图 10.63).

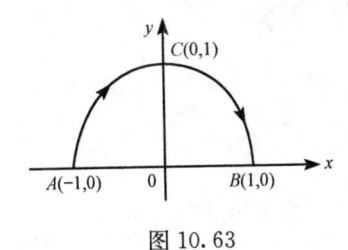

解 记 $P(x,y)=2xy+\sin x$,
$$Q(x,y)=x^2-ye^y$$

则

$$\frac{\partial Q}{\partial x}=2x=\frac{\partial P}{\partial y},$$

图 10.63

于是积分与路径无关,即

$$\int_{\widehat{ACB}}(2xy+\sin x)dx+(x^2-ye^y)dy$$
$$=\int_{\overline{AOB}}(2xy+\sin x)dx+(x^2-ye^y)dy$$
$$=\int_{\overline{AOB}}\sin xdx=\int_{-1}^{1}\sin xdx=0.$$

例7 验证在右半平面$(x>0)$内,$\dfrac{x\mathrm{d}y-y\mathrm{d}x}{x^2+y^2}$是某个函数的全微分,并求此函数.

解 这里$P=\dfrac{-y}{x^2+y^2}$,$Q=\dfrac{x}{x^2+y^2}$,有

$$\frac{\partial P}{\partial y}=\frac{y^2-x^2}{(x^2+y^2)^2}=\frac{\partial Q}{\partial x}$$

在右半平面内成立,根据等价条件有函数$u(x,y)$使得

$$\mathrm{d}u=\frac{x\mathrm{d}y-y\mathrm{d}x}{x^2+y^2}.$$

现在右半平面内取点$(1,0)$得

$$u(x,y)=\int_{(1,0)}^{(x,y)}P\mathrm{d}x+Q\mathrm{d}y=\int_1^x\frac{-0}{x^2+0}\mathrm{d}x+\int_0^y\frac{x}{x^2+y^2}\mathrm{d}y$$

$$=\left[\arctan\frac{y}{x}\right]_0^y=\arctan\frac{y}{x}.$$

习 题 10.6

1. 计算$\int_L(2a-y)\mathrm{d}x-(a-y)\mathrm{d}y$,其中,$L$为摆线$x=a(t-\sin t)$,$y=a(1-\cos t)$上由$t=0$到$t=2\pi$的一段弧.

2. 计算$\int_L y^2\mathrm{d}x-x\mathrm{d}y$,其中,$L$是抛物线$y=x^2$上从点$(1,1)$到$(-1,1)$,再沿直线到点$(0,2)$所构成的曲线段.

3. 计算$\int_{L^+}(x^2+xy)\mathrm{d}x+(x^2+y^2)\mathrm{d}y$,其中,$L$为区域$0\leqslant x\leqslant 1$与$-1\leqslant y\leqslant 1$的边界.

4. 计算$\int_{L^+}(x+y^2)\mathrm{d}x+(x^2-y^2)\mathrm{d}y$,其中,$L$是$\triangle ABC$的边界,$A(1,1)$,$B(3,2)$,$C(3,5)$.

5. 计算$\int_{L^+}(x+y)\mathrm{d}x-(x-y)\mathrm{d}y$,其中,$L$是椭圆$\dfrac{x^2}{a^2}+\dfrac{y^2}{b^2}=1$.

6. 计算$\int_L x\mathrm{d}x+y\mathrm{d}y+(x+y-1)\mathrm{d}z$,其中,$L$是由点$(1,1,1)$至点$(2,3,4)$的直线段.

7. 计算$\int_L(y-z)\mathrm{d}x+(z-x)\mathrm{d}y+(x-y)\mathrm{d}z$,$L$是椭圆$\begin{cases}x^2+y^2=1\\x+z=1\end{cases}$,从$x$轴正向看去,$L$的方向是顺时针的.

8. 计算$\int_L xy\mathrm{d}x+(x-y)\mathrm{d}y+x^2\mathrm{d}z$,其中,$L$为螺旋线$x=a\cos t$,$y=a\sin t$,$z=bt$上$0\leqslant t\leqslant\pi$的一段.

利用格林公式计算下列各题:

9. 计算$\oint_L(x^2y\cos x+2xy\sin x-y^2\mathrm{e}^x)\mathrm{d}x+(x^2\sin x-2y\mathrm{e}^x)\mathrm{d}y$. 其中,$L$为星形线$x^{\frac{2}{3}}+$

10.6 对坐标的曲线积分(第二型曲线积分)与格林公式

$y^{\frac{2}{3}} = a^{\frac{2}{3}}$ 的正向一周.

10. 计算 $\oint_L \sqrt{x^2+y^2}\,dx + [x+y\ln(x+\sqrt{x^2+y^2})]\,dy$,其中,$L$ 为圆周 $(x-2)^2+y^2=1$ 的正向.

11. 计算 $\oint_L (1+y^2)\,dx + y\,dy$,$L$ 为正弦曲线 $y=\sin x$ 与 $y=2\sin x (0 \leqslant x \leqslant \pi)$ 所围区域的正向边界.

12. 计算 $\int_L \left(y+\dfrac{e^y}{x}\right)dx + e^y\ln x\,dy$,其中,$L$ 是在半圆周 $x=1+\sqrt{2y-y^2}$ 上从点 $(1,0)$ 到点 $(2,1)$ 的一段弧.

13. 计算 $\int_L (e^x\sin y - b(x+y))\,dx + (e^x\cos y - ax)\,dy$,其中,$a,b$ 为正的常数,L 为从点 $A(2a,0)$ 沿曲线 $y=\sqrt{2ax-x^2}$ 到点 $O(0,0)$ 的弧.

14. 计算 $\int_L y\,dx$,其中,L 是由点 $(0,0)$ 沿 $(x-1)^2+y^2=1$ 顺时针至点 $(1,1)$ 的一段曲线.

15. 计算 $\oint_L \dfrac{(x-y)\,dx + (x+y)\,dy}{x^2+y^2}$,其中,$L$ 是曲线 $|x|+|y|=2$,方向取逆时针方向.

16. 证明积分 $\int_L (x^4+4xy^3)\,dx + (6x^2y^2-5y^4)\,dy$ 在整个 xOy 平面上与路径无关,并计算
$$\int_{(-2,-1)}^{(3,0)} (x^4+4xy^3)\,dx + (6x^2y^2-5y^4)\,dy.$$

17. 计算 $\int_L (x^2+2xy)\,dx + (x^2+y^4)\,dy$,其中,$L$ 为由点 $O(0,0)$ 到点 $B(1,1)$ 的曲线 $y=\sin\dfrac{\pi}{2}x$.

18. 计算 $\int_L \dfrac{x-y}{x^2+y^2}\,dx + \dfrac{x+y}{x^2+y^2}\,dy$,其中,$L$ 是从点 $A(-a,0)$ 经上半椭圆 $\dfrac{x^2}{a^2}+\dfrac{y^2}{b^2}=1$ 到点 $B(a,0)$ 的弧段.

19. 验证在 xOy 平面上 $(2xy^3-y^2\cos x)\,dx + (1-2y\sin x+3x^2y^2)\,dy$ 为某二元函数 $u(x,y)$ 的全微分,并求此函数 $u(x,y)$. 计算 $\int_{(0,1)}^{(\pi,3)} (2xy^3-y^2\cos x)\,dx + (1-2y\sin x+3x^2y^2)\,dy$.

20. 选取 a,b 使 $[(x+y+1)e^x+ae^y]\,dx + [be^x-(x+y+1)e^y]\,dy$ 为某一函数的全微分,并求出这个函数.

21. 设函数 $Q(x,y)$ 在 xOy 平面上具有一阶连续偏导数,曲线积分 $\int_L 2xy\,dx + Q(x,y)\,dy$ 与路径无关,并对任意的 t 恒有 $\int_{(0,0)}^{(t,1)} 2xy\,dx + Q(x,y)\,dy = \int_{(0,0)}^{(1,t)} 2xy\,dx + Q(x,y)\,dy$,求 $Q(x,y)$.

22. 计算 $\oint_l [x\cos<\boldsymbol{n},\boldsymbol{i}> + y\cos<\boldsymbol{n},\boldsymbol{j}>]\,ds$,其中,$l$ 为封闭曲线,$\boldsymbol{n}$ 为它的外法线方向.

23. 设 $u(x,y)$ 在有界闭区域 D 上调和,即 $u \in C^2(D)$ 且在 D 上满足拉普拉斯方程 $\dfrac{\partial^2 u}{\partial x^2} + \dfrac{\partial^2 u}{\partial y^2} = 0$,证明:

(1) $\int_l u \dfrac{\partial u}{\partial \boldsymbol{n}} \mathrm{d}s = \iint_D \left[\left(\dfrac{\partial u}{\partial x}\right)^2 + \left(\dfrac{\partial u}{\partial y}\right)^2 \right] \mathrm{d}\sigma$，其中，$l$ 为 D 的边界，$\boldsymbol{n}$ 为 l 的外法线方向；

(2) 若 $u(x,y)$ 在 l 上取值为 0，则 u 在 D 上恒为零.

24. 在一质点沿螺旋线 $\begin{cases} x = a\cos t, \\ y = a\sin t, \\ z = bt \end{cases} (a > 0, b < 0)$ 从 $A(a,0,0)$ 移到 $B(a,0,2\pi b)$ 过程中，有一变力 $\boldsymbol{F}$ 作用着，$\boldsymbol{F}$ 的方向指向原点，大小和作用点与原点距离成正比，比例系数 $k > 0$，求力 $\boldsymbol{F}$ 对质点所做的功.

25. 设位于点 $(0,1)$ 处的质点 A 对质点 M 的引力大小为 $\dfrac{k}{r^2}$（k 为大于零的常数），r 为质点 A 与 M 之间的距离，把质点 M 沿曲线 $y = \sqrt{2x - x^2}$ 自 $B(2,0)$ 运动到 $O(0,0)$，求此运动过程中质点 A 对质点 M 的引力所做的功.

10.7 对坐标的曲面积分（第二型曲面积分）

10.7.1 有向曲面的概念

空间曲面有双侧与单侧之分，通常我们遇到的曲面都是双侧的. 例如，将 xOy 面置于水平位置时，由显式方程 $z = z(x,y)$ 表示的曲面存在上侧与下侧；一张包围空间有界区域的闭曲面（如球面）存在外侧与内侧. 通俗地讲，双侧曲面的特点是，置于曲面上的一只小虫若要爬到它所在位置的背面，则它必须越过曲面的边界线. 根据本节研究问题的需要，我们要在双侧曲面上选定某一侧，这种选定了侧的双侧曲面称为定向曲面.

假设空间直角坐标系中 x 轴、y 轴、z 轴的正向分别指向前方、右方、上方，那么光滑曲面 Σ 的方程由 $z = z(x,y)$ 给出时，Σ 取上侧就意味着 Σ 上点 $(x, y, z(x,y))$ 处的法向量朝上，即法向量为

$$\{-z_x(x,y), -z_y(x,y), 1\},$$

而 Σ 取下侧就意味着法向量朝下，即法向量为

$$\{z_x(x,y), z_y(x,y), -1\}.$$

类似地，当光滑曲面 Σ 的方程由 $y = y(x,z)$ 给出时，Σ 取右侧时的法向量与取左侧时的法向量分别为

$$\{-y_x(x,z), 1, -y_z(x,z)\} \quad \text{与} \quad \{y_x(x,z), -1, y_z(x,z)\};$$

当光滑曲面 Σ 的方程由 $x = x(y,z)$ 给出时，Σ 取前侧时的法向量与取后侧时的法向量分别为

$$\{1, -x_y(y,z), -x_z(y,z)\} \quad \text{与} \quad \{-1, x_y(y,z), x_z(y,z)\}.$$

定向曲面的法向量概念，在本节所研究的曲面积分问题中将起重要作用.

10.7.2 第二型曲面积分的概念

例 设有一稳定流体,以速度 $v(M)$ 流过有向曲面 Σ(从负侧流向正侧),求流量.

解 流量是指单位时间内通过流体中某一截面的流体的体积,如果流速 $v(M)$ 在每一点都相同(即 $v(M)$ 是一个常向量),而且 Σ 为一平面,那么流量比较容易计算. 从图 10.64 知,流量 Q 等于以 Σ 为底,以 $|v(M)|$ 为斜高的柱体体积,它又等于以 Σ 为底、以 $\overline{MA}$ 为高的正柱体体积,即

$$Q = \overline{MA} \cdot S.$$

其中,S 为底面 Σ 的面积,$\overline{MA}$ 为向量 $v(M)$ 在 Σ 的单位法向量 $n(M)$ 上的投影,由于

$$\begin{aligned}v(M) \cdot n(M) &= |v(M)||n(M)|\cos\theta \\ &= |v(M)|\cos\theta = \overline{MA},\end{aligned}$$

因此流量为

$$Q = v(M) \cdot n(M) S.$$

现在流速 $v(M)$ 不是常向量,Σ 也不是平面而是曲面(图 10.65),为了求流量,我们可用积分的办法,把大范围的曲面问题化为小范围的平面问题,并在小范围内,把流速近似地看成常向量.

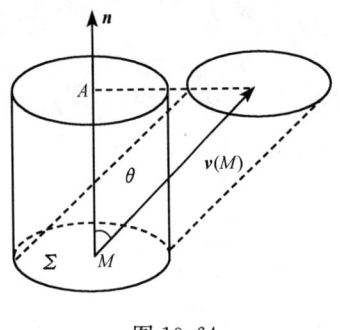

图 10.64

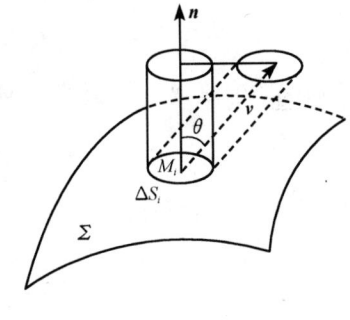

图 10.65

任意分割有向曲面 Σ 为 n 小块,小块及面积都记作

$$\Delta S_1, \Delta S_2, \cdots, \Delta S_n,$$

在每一小块 ΔS_i 上,任取一点 M_i,设曲面 Σ 在点 M_i 处的单位法向量为 $n(M_i)$($i = 1, 2, \cdots, n$),当分割充分细密时,ΔS_i 可近似看作一小块平面,并可近似认为流速在 ΔS_i 上点点相同,都是 $v(M_i)$,这样流体流过小块 ΔS_i 的流量 ΔQ_i 为

$$\Delta Q_i \approx v(M_i) \cdot n(M_i) \Delta S_i \quad (i = 1, 2, \cdots, n),$$

于是

$$Q = \sum_{i=1}^{n} \Delta Q_i \approx \sum_{i=1}^{n} v(M_i) \cdot n(M_i) \Delta S_i.$$

当各小块 ΔS_i 的最大直径 $\lambda \to 0$ 时,便得到
$$Q = \lim_{\lambda \to 0} \sum_{i=1}^{n} \boldsymbol{v}(M_i) \cdot \boldsymbol{n}(M_i) \Delta S_i.$$
于是我们引出:

定义 设有分片光滑的双侧曲面 Σ,取定其一侧,记这一侧的单位法向量为 $\boldsymbol{n}(M) = \boldsymbol{n}(x,y,z)$. $\boldsymbol{F}(M) = \boldsymbol{F}(x,y,z)$ 为定义在 Σ 上的向量函数,任意分割 Σ 为 n 小块,小块及其面积都记作
$$\Delta S_1, \Delta S_2, \cdots, \Delta S_n.$$
在每一小块 ΔS_i 上,任取一点 $M_i(\xi_i, \eta_i, \zeta_i)$,作和式
$$\sum_{i=1}^{n} \boldsymbol{F}(M_i) \cdot \boldsymbol{n}(M_i) \Delta S_i = \sum_{i=1}^{n} \boldsymbol{F}(\xi_i, \eta_i, \zeta_i) \cdot \boldsymbol{n}(\xi_i, \eta_i, \zeta_i) \Delta S_i.$$
令各小块 ΔS_i 的直径之最大者 $\lambda \to 0$,若此和式有极限,则称此极限值为向量函数 $\boldsymbol{F}(M) = \boldsymbol{F}(x,y,z)$ 在有向曲面 Σ 上沿指定一侧的第二型曲面积分,记作
$$\lim_{\lambda \to 0} \sum_{i=1}^{n} \boldsymbol{F}(\xi_i, \eta_i, \zeta_i) \cdot \boldsymbol{n}(\xi_i, \eta_i, \zeta_i) \Delta S_i$$
$$= \iint_{\Sigma} \boldsymbol{F}(x,y,z) \cdot \boldsymbol{n}(x,y,z) \mathrm{d}S,$$
即
$$\iint_{\Sigma} \boldsymbol{F} \cdot \boldsymbol{n} \mathrm{d}S = \iint_{\Sigma} \boldsymbol{F} \cdot \mathrm{d}\boldsymbol{S}.$$
易知例题中流量 Q 为流速 $\boldsymbol{v}(M)$ 在曲面 Σ 上的第二型曲面积分,即
$$Q = \iint_{\Sigma} \boldsymbol{v}(M) \cdot \boldsymbol{n}(M) \mathrm{d}S.$$
当 Σ 为封闭曲面时,第二型曲面积分记作
$$\oiint_{\Sigma} \boldsymbol{F}(M) \cdot \boldsymbol{n}(M) \mathrm{d}S.$$

第二型曲面积分的性质,除了具备与第一型曲面类似的线性性及可加性外,还具有有向性,即
$$\iint_{\Sigma^+} \boldsymbol{F} \cdot \boldsymbol{n} \mathrm{d}S = -\iint_{\Sigma^-} \boldsymbol{F} \cdot \boldsymbol{n} \mathrm{d}S.$$
与曲线积分类似,两类曲面积分也有关系. 设
$$\boldsymbol{F}(x,y,z) = \{P(x,y,z), Q(x,y,z), R(x,y,z)\},$$
$$\boldsymbol{n}(x,y,z) = \{\cos\alpha, \cos\beta, \cos\gamma\},$$
(其中,$\boldsymbol{n}(x,y,z)$ 为有向曲面 Σ 在指定一侧的点 (x,y,z) 处的单位法向量,α, β, γ 为 $\boldsymbol{n}$ 的方向角,一般说来,它们都是 x, y, z 的函数),则
$$\boldsymbol{F} \cdot \boldsymbol{n} = P\cos\alpha + Q\cos\beta + R\cos\gamma,$$

10.7 对坐标的曲面积分(第二型曲面积分)   · 179 ·

从而第二型曲面积分

$$\iint_{\Sigma} \boldsymbol{F} \cdot \boldsymbol{n} \mathrm{d}S = \iint_{\Sigma} (P\cos\alpha + Q\cos\beta + R\cos\gamma) \mathrm{d}S. \tag{10.7.1}$$

第二型曲面积分往往用坐标形式来表示,我们常用 $\mathrm{d}y\mathrm{d}z, \mathrm{d}z\mathrm{d}x, \mathrm{d}x\mathrm{d}y$ 分别表示面积元素 $\mathrm{d}S$ 在 yz 平面, zx 平面, xy 平面上的有向投影,即

$$\mathrm{d}y\mathrm{d}z = \cos\alpha \mathrm{d}S, \quad \mathrm{d}z\mathrm{d}x = \cos\beta \mathrm{d}S, \quad \mathrm{d}x\mathrm{d}y = \cos\gamma \mathrm{d}S,$$

因此第二型曲面积分可表为

$$\iint_{\Sigma} \boldsymbol{F} \cdot \boldsymbol{n} \mathrm{d}S = \iint_{\Sigma} (P\cos\alpha + Q\cos\beta + R\cos\gamma) \mathrm{d}S$$
$$= \iint_{\Sigma} P \mathrm{d}y\mathrm{d}z + Q \mathrm{d}z\mathrm{d}x + R \mathrm{d}x\mathrm{d}y. \tag{10.7.2}$$

(10.7.2)式积分称为第二型曲面积分的坐标形式.

10.7.3 第二型曲面积分的计算

1. 分面投影法

对给出的积分 $\iint_{\Sigma} P \mathrm{d}y\mathrm{d}z + Q \mathrm{d}z\mathrm{d}x + R \mathrm{d}x\mathrm{d}y$,我们分别计算 $\iint_{\Sigma} P \mathrm{d}y\mathrm{d}z$, $\iint_{\Sigma} Q \mathrm{d}z\mathrm{d}x$ 和 $\iint_{\Sigma} R \mathrm{d}x\mathrm{d}y$,然后将它们相加.

求 $\iint_{\Sigma} R \mathrm{d}x\mathrm{d}y$ 时,将 Σ 用方程 $z = z(x,y), (x,y) \in D_{xy}$ 表示出来,其中, D_{xy} 是 Σ 在 xOy 面上的投影区域,因为

$$\iint_{\Sigma} R \mathrm{d}x\mathrm{d}y = \iint_{\Sigma} R\cos\gamma \mathrm{d}S,$$

而 Σ 的方程为 $z = z(x,y), (x,y) \in D_{xy}$,其单位法向量可表为

$$\pm \left\{ \frac{-z_x}{\sqrt{z_x^2 + z_y^2 + 1}}, \frac{-z_y}{\sqrt{z_x^2 + z_y^2 + 1}}, \frac{1}{\sqrt{z_x^2 + z_y^2 + 1}} \right\},$$

则

$$\cos\gamma = \pm \frac{1}{\sqrt{z_x^2 + z_y^2 + 1}},$$

类似地,可求出积分上式右端的符号当 Σ 取上侧时为正(因为 $\cos\gamma > 0$),取下侧时为负(因为此时 $\cos\gamma < 0$),因此

$$\iint_{\Sigma} R \mathrm{d}x\mathrm{d}y = \iint_{\Sigma} R\cos\gamma \mathrm{d}s$$

$$= \iint\limits_{D_{xy}} R\left[\pm \frac{1}{\sqrt{z_x^2+z_y^2+1}}\right]\sqrt{z_x^2+z_y^2+1}\,\mathrm{d}\sigma \qquad (10.7.3)$$

$$= \pm\iint\limits_{D_{xy}} R[x,y,z(x,y)]\,\mathrm{d}\sigma,$$

类似地,可求出积分

$$\iint\limits_{\Sigma} P\,\mathrm{d}y\mathrm{d}z \quad 及 \quad \iint\limits_{\Sigma} Q\,\mathrm{d}z\mathrm{d}x.$$

例1 计算曲面积分 $\iint\limits_{\Sigma} xyz\,\mathrm{d}x\mathrm{d}y$,其中,$\Sigma$ 是球面 $x^2+y^2+z^2=1$ 的外侧并满足 $x\geqslant 0, y\geqslant 0$ 的部分(图 10.66).

解 上块曲面 Σ_1 的方程为

$$z = \sqrt{1-x^2-y^2}, \quad (x,y)\in D_{xy},$$

这里 $D_{xy}=\{(x,y)\}|x^2+y^2\leqslant 1, x\geqslant 0, y\geqslant 0\}$.

下块曲面 Σ_2 的方程为

$$z = -\sqrt{1-x^2-y^2}, \quad (x,y)\in D_{xy}.$$

按题意,Σ_1 取上侧,Σ_2 取下侧,于是

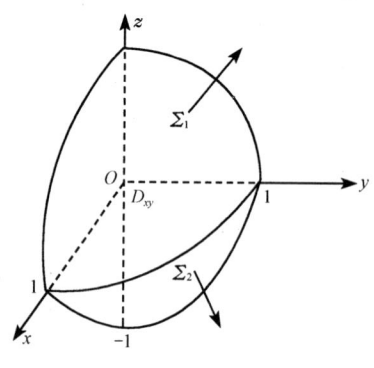

图 10.66

$$\iint\limits_{\Sigma} xyz\,\mathrm{d}x\mathrm{d}y = \iint\limits_{\Sigma_1} xyz\,\mathrm{d}x\mathrm{d}y + \iint\limits_{\Sigma_2} xyz\,\mathrm{d}x\mathrm{d}y$$

$$= \iint\limits_{D_{xy}} xy\sqrt{1-x^2-y^2}\,\mathrm{d}x\mathrm{d}y - \iint\limits_{D_{xy}} xy(-\sqrt{1-x^2-y^2})\,\mathrm{d}x\mathrm{d}y$$

$$= 2\iint\limits_{D_{xy}} xy\sqrt{1-x^2-y^2}\,\mathrm{d}x\mathrm{d}y$$

$$= 2\int_0^{\frac{\pi}{2}} \mathrm{d}\theta \int_0^1 (r\cos\theta)(r\sin\theta)\sqrt{1-r^2}\,r\mathrm{d}r$$

$$= \frac{2}{15}.$$

计算第二型曲面积分时,应注意:当 Σ 是垂直于 xOy 面的柱面时,其单位法向量中 $\cos\gamma=0$,所以

$$\iint\limits_{\Sigma} R(x,y,z)\,\mathrm{d}x\mathrm{d}y = \iint\limits_{\Sigma} R(x,y,z)\cos\gamma\,\mathrm{d}S = \iint\limits_{\Sigma} 0\,\mathrm{d}S = 0.$$

类似地,当 Σ 垂直于 yOz 面时,$\iint\limits_{\Sigma} P(x,y,z)\,\mathrm{d}y\mathrm{d}z = 0$;当 Σ 垂直于 zOx 面时,$\iint\limits_{\Sigma} Q(x,y,z)\,\mathrm{d}z\mathrm{d}x = 0.$

10.7 对坐标的曲面积分(第二型曲面积分)

例 2 计算曲面积分 $\iint_{\Sigma} \dfrac{x\mathrm{d}y\mathrm{d}z + z^2 \mathrm{d}x\mathrm{d}y}{x^2+y^2+z^2}$,其中,$\Sigma$ 是由曲面 $x^2+y^2=R^2$ 及两平面 $z=R, z=-R(R>0)$ 所围成立体表面外侧.

解 设 $\Sigma_1, \Sigma_2, \Sigma_3$ 依次是 Σ 的上、下底和圆柱面部分(图 10.67),则

$$\iint_{\Sigma_1} \frac{x\mathrm{d}y\mathrm{d}z}{x^2+y^2+z^2} = \iint_{\Sigma_2} \frac{x\mathrm{d}y\mathrm{d}z}{x^2+y^2+z^2} = 0.$$

记 Σ_1, Σ_2 在 xOy 面的投影区域为 D_{xy},则

$$\iint_{\Sigma_1+\Sigma_2} \frac{z^2\mathrm{d}x\mathrm{d}y}{x^2+y^2+z^2} = \iint_{D_{xy}} \frac{R^2\mathrm{d}x\mathrm{d}y}{x^2+y^2+R^2} - \iint_{D_{xy}} \frac{(-R)^2\mathrm{d}x\mathrm{d}y}{x^2+y^2+R^2} = 0,$$

而

$$\iint_{\Sigma_3} \frac{z^2\mathrm{d}x\mathrm{d}y}{x^2+y^2+z^2} = 0,$$

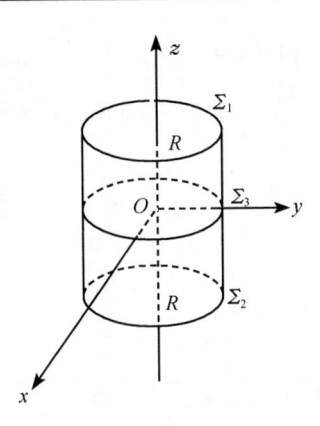

图 10.67

记 Σ_3 在 yOz 平面上的投影区域为 D_{yz},则

$$\iint_{\Sigma_3} \frac{x\mathrm{d}y\mathrm{d}z}{x^2+y^2+z^2} = \iint_{D_{yz}} \frac{\sqrt{R^2-y^2}}{R^2+z^2}\mathrm{d}y\mathrm{d}z - \iint_{D_{yz}} \frac{-\sqrt{R^2-y^2}}{R^2+z^2}\mathrm{d}y\mathrm{d}z$$

$$= 2\iint_{D_{yz}} \frac{\sqrt{R^2-y^2}}{R^2+z^2}\mathrm{d}y\mathrm{d}z = 2\int_{-R}^{R}\sqrt{R^2-y^2}\,\mathrm{d}y\int_{-R}^{R}\frac{\mathrm{d}z}{R^2+z^2}$$

$$= \frac{\pi^2}{2}R.$$

2. 合-投影法

设光滑有向曲面 Σ 由方程

$$z = z(x,y), \quad (x,y)\in D_{xy}$$

给出,其中,D_{xy} 为 Σ 在 xy 平面上的投影区域,函数 $z(x,y)$ 在 D_{xy} 上有连续一阶偏导数,则

$$\begin{cases}\cos\alpha = \dfrac{\mp z_x}{\sqrt{1+z_x^2+z_y^2}}, \\[2mm] \cos\beta = \dfrac{\mp z_y}{\sqrt{1+z_x^2+z_y^2}}, \\[2mm] \cos\gamma = \dfrac{\pm 1}{\sqrt{1+z_x^2+z_y^2}}, \end{cases}$$

和 $dS=\sqrt{1+z_x^2+z_y^2}dxdy$ 得到

$$\iint_{\Sigma}Pdydz+Qdxdz+Rdxdy=\iint_{\Sigma}(P\cos\alpha+Q\cos\beta+R\cos\gamma)dS$$

$$=\pm\iint_{D_{xy}}\{P[x,y,z(x,y)]\cdot(-z_x)+Q[x,y,z(x,y)](-z_y)$$

$$+R[x,y,z(x,y)]\}dxdy. \qquad (10.7.4)$$

若曲面取上侧,上式取正号;若曲面取下侧,上式取负号.

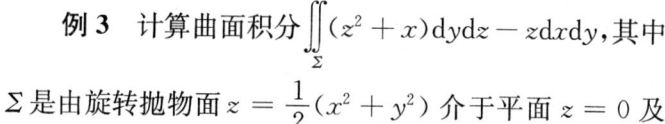

例3 计算曲面积分 $\iint_{\Sigma}(z^2+x)dydz-zdxdy$,其中 Σ 是由旋转抛物面 $z=\frac{1}{2}(x^2+y^2)$ 介于平面 $z=0$ 及 $z=2$ 之间的部分的下侧(图 10.68).

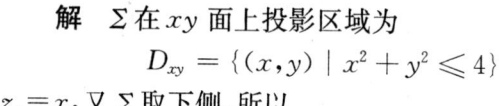

解 Σ 在 xy 面上投影区域为
$$D_{xy}=\{(x,y)\mid x^2+y^2\leqslant 4\},$$
$z_x=x$,又 Σ 取下侧,所以

图 10.68

$$\iint_{\Sigma}(z^2+x)dydz-zdxdy=-\iint_{D_{xy}}\left\{\left[\frac{1}{4}(x^2+y^2)^2+x\right](-x)-\frac{1}{2}(x^2+y^2)\right\}d\sigma$$

$$=\iint_{D_{xy}}\left[\frac{1}{4}x(x^2+y^2)^2+x^2+\frac{1}{2}(x^2+y^2)\right]dxdy.$$

由于 D_{xy} 关于 y 轴对称,$\frac{1}{4}x(x^2+y^2)^2$ 关于 x 是奇函数,所以

$$\iint_{D_{xy}}\frac{1}{4}x(x^2+y^2)^2dxdy=0,$$

则

$$\iint_{\Sigma}(z^2+x)dydz-zdxdy=\iint_{D_{xy}}\left[x^2+\frac{1}{2}(x^2+y^2)\right]d\sigma$$

$$=\iint_{D_{xy}}\left(\frac{x^2+y^2}{2}+\frac{x^2+y^2}{2}\right)d\sigma=\int_0^{2\pi}d\theta\int_0^2 r^3 dr=8\pi.$$

习 题 10.7

1. 把第二类曲面积分

$$\iint_{\Sigma}P(x,y,z)dydz+Q(x,y,z)dzdx+R(x,y,z)dxdy$$

化为第一类曲面积分:

(1) Σ 为平面 $z+x=1$ 被柱面 $x^2+y^2=1$ 所截的部分,并取下侧;

(2) Σ 为平面 $3x+2y+z=1$ 位于第一卦限的部分,并取上侧;

(3) Σ 为抛物面 $y=2x^2+z^2$ 被平面 $y=2$ 所截的部分,并取左侧.

2. 计算下列第二型的曲面积分:

(1) $\iint\limits_{\Sigma} x\mathrm{d}y\mathrm{d}z + xy\mathrm{d}z\mathrm{d}x + xz\mathrm{d}x\mathrm{d}y$,其中,$\Sigma$ 是平面 $3x+2y+z=6$ 在第一卦限内的部分的上侧;

(2) $\oiint\limits_{\Sigma} z^2 \mathrm{d}x\mathrm{d}y$,其中,$\Sigma$ 为球面 $x^2+y^2+(z-a)^2=a^2$ 的外侧;

(3) $\iint\limits_{\Sigma} \dfrac{\mathrm{e}^z}{\sqrt{x^2+y^2}} \mathrm{d}x\mathrm{d}y$,其中,$\Sigma$ 为由锥面 $z=\sqrt{x^2+y^2}$ 及平面 $z=1,z=2$ 所围立体表面的外侧;

(4) $\iint\limits_{\Sigma} x^2 z \mathrm{d}y\mathrm{d}z + y^2 \mathrm{d}z\mathrm{d}x + z\mathrm{d}x\mathrm{d}y$,其中,$\Sigma$ 为半圆柱面 $x^2+y^2=1, x\geqslant 0$ 限于 $0\leqslant z \leqslant 3$ 的部分,方向取后侧;

(5) $\iint\limits_{\Sigma} [f(x,y,z)+x]\mathrm{d}y\mathrm{d}z + [2f(x,y,z)+y]\mathrm{d}z\mathrm{d}x + [f(x,y,z)+z]\mathrm{d}x\mathrm{d}y$,其中 $f(x,y,z)$ 为连续函数,其中,Σ 是平面 $x-y+z=1$ 在第四卦限部分的上侧;

(6) $\iint\limits_{\Sigma} -y\mathrm{d}z\mathrm{d}x + (z+1)\mathrm{d}x\mathrm{d}y$,其中,$\Sigma$ 是圆柱面 $x^2+y^2=4$ 被平面 $x+z=2$ 和 $z=0$ 所截部分的外侧;

(7) $\iint\limits_{\Sigma^+} \dfrac{\mathrm{d}y\mathrm{d}z}{x} + \dfrac{\mathrm{d}x\mathrm{d}z}{y} + \dfrac{\mathrm{d}x\mathrm{d}y}{z}$,其中,$\Sigma$ 为椭球面 $\dfrac{x^2}{a^2}+\dfrac{y^2}{b^2}+\dfrac{z^2}{c^2}=1$ 的外侧.

3. 设流体速度场 $\boldsymbol{v}=(x+y+z)\boldsymbol{k}$,求单位时间内流过曲面 $x^2+y^2=z(0\leqslant z\leqslant h)$ 的流量,曲面 Σ 的法向量与 z 轴夹角为钝角.

10.8 高斯公式与散度

10.8.1 高斯公式

高斯公式是微积分基本公式在三重积分情形下的推广,它将空间区域上的三重积分与定向边界曲面上的积分联系了起来.

定理 设 Ω 为空间有界闭区域,其边界面 Σ 是分片光滑曲面,曲面的正侧记作 Σ^+,若向量函数 $\boldsymbol{F}(x,y,z)=\{P(x,y,z),Q(x,y,z),R(x,y,z)\}$ 的各分量在 Ω 及 Σ 上有一阶连续偏导数,则有高斯公式

$$\oiint\limits_{\Sigma^+} \boldsymbol{F} \cdot \boldsymbol{n} \mathrm{d}S = \iiint\limits_{\Omega} \left(\dfrac{\partial P}{\partial x} + \dfrac{\partial Q}{\partial y} + \dfrac{\partial R}{\partial z} \right) \mathrm{d}V,$$

或

$$\oiint\limits_{\Sigma^+} (P\cos\alpha + Q\cos\beta + R\cos\gamma) \mathrm{d}S = \oiint\limits_{\Sigma^+} P\mathrm{d}y\mathrm{d}z + Q\mathrm{d}z\mathrm{d}x + R\mathrm{d}x\mathrm{d}y$$

$$= \iiint\limits_{\Omega} \left(\frac{\partial P}{\partial x} + \frac{\partial Q}{\partial y} + \frac{\partial R}{\partial z} \right) dV, \tag{10.8.1}$$

其中,$\boldsymbol{n} = \{\cos\alpha, \cos\beta, \cos\gamma\}$ 是 Σ^+ 在点 (x, y, z) 处的单位法向量.

证明 先证明第三项

$$\oiint\limits_{\Sigma^+} R\cos\gamma dS = \oiint\limits_{\Sigma^+} R dx dy = \iiint\limits_{\Omega} \frac{\partial R}{\partial z} dV. \tag{10.8.2}$$

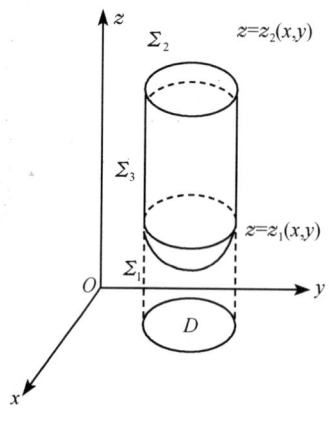

假设区域 Ω 由曲面 $\Sigma_1 : z = z_1(x, y)$,曲面 $\Sigma_2 : z = z_2(x, y)$ 以及母线平行于 z 轴的柱面 Σ_3 围成 (图 10.69),并设 Ω 在 xy 平面上的投影区域为 D_{xy},则由三重积分的计算公式得

$$\iiint\limits_{\Omega} \frac{\partial R}{\partial z} dV = \iint\limits_{D_{xy}} dx dy \int_{z_1(x,y)}^{z_2(x,y)} \frac{\partial R}{\partial z} dz$$

$$= \iint\limits_{D_{xy}} R[x, y, z_2(x, y)] dx dy$$

$$- \iint\limits_{D_{xy}} R[x, y, z_1(x, y)] dx dy. \tag{10.8.3}$$

图 10.69

又曲面积分

$$\oiint\limits_{\Sigma^+} R\cos\gamma dS = \oiint\limits_{\Sigma^+} R dx dy = \iint\limits_{\Sigma_1} R dx dy + \iint\limits_{\Sigma_2} R dx dy + \iint\limits_{\Sigma_3} R dx dy.$$

因为 Σ^+ 是曲面 Σ 的外侧,所以在 Σ_1 上,方向角 γ 为钝角,在 Σ_2 上, γ 为锐角,在 Σ_3 上,γ 为直角,因此

$$\iint\limits_{\Sigma_3} R dx dy = \iint\limits_{\Sigma_3} R\cos\gamma dS = 0,$$

$$\iint\limits_{\Sigma_1} R dx dy = -\iint\limits_{D_{xy}} R[x, y, z_1(x, y)] dx dy,$$

$$\iint\limits_{\Sigma_2} R dx dy = \iint\limits_{D_{xy}} R[x, y, z_2(x, y)] dx dy,$$

所以

$$\oiint\limits_{\Sigma^+} R\cos\gamma dS = \oiint\limits_{\Sigma^+} R dx dy = \iint\limits_{\Sigma_1} R dx dy + \iint\limits_{\Sigma_2} R dx dy$$

$$= \iint\limits_{D_{xy}} R[x, y, z_2(x, y)] dx dy - \iint\limits_{D_{xy}} R[x, y, z_1(x, y)] dx dy$$

$$= \iiint\limits_{\Omega} \frac{\partial R}{\partial z} dV. \tag{10.8.4}$$

10.8 高斯公式与散度

即(10.8.2)式成立.

对于一般的区域 Ω,可用一些辅助曲面把它分成若干个如图 10.69 所示的区域,在每一部分区域上,(10.8.2)式成立,然后将这些式子相加,注意到在辅助曲面上的积分要正反两侧各积分一次,正好互相抵消,因此(10.8.2)式仍成立,同理可证

$$\oiint_{\Sigma^+} P\cos\alpha\, dS = \oiint_{\Sigma^+} P\, dy\, dz = \iiint_{\Omega} \frac{\partial P}{\partial x} dV, \tag{10.8.5}$$

$$\oiint_{\Sigma^+} Q\cos\beta\, dS = \oiint_{\Sigma^+} Q\, dz\, dx = \iiint_{\Omega} \frac{\partial Q}{\partial y} dV. \tag{10.8.6}$$

将(10.8.2)式、(10.8.5)式、(10.8.6)式三式相加,即得高斯公式.

特别地,若 $P=x,Q=y,R=z$,则 $\frac{\partial P}{\partial x}+\frac{\partial Q}{\partial y}+\frac{\partial R}{\partial z}=3$,所以

$$V = \iiint_\Omega dV = \frac{1}{3}\iiint_\Omega \left(\frac{\partial x}{\partial x}+\frac{\partial y}{\partial y}+\frac{\partial z}{\partial z}\right)dV = \frac{1}{3}\oiint_{\Sigma^+} x\,dy\,dz + y\,dz\,dx + z\,dx\,dy, \tag{10.8.7}$$

其中,Σ 为区域 Ω 的边界面.

例1 计算曲面积分

$$\iint_\Sigma x^2\,dy\,dz + y^2\,dz\,dx + z^2\,dx\,dy,$$

其中,Σ 为锥面 $x^2+y^2=z^2$ 介于平面 $z=0$ 及 $z=h(h>0)$ 之间的部分的下侧.

解 所给曲面 Σ 不是封闭的,因此需要利用高斯公式,必须先补一个顶面 Σ_1(图 10.70),Σ_1 取上侧,则

$$\oiint_{\Sigma_1+\Sigma} x^2\,dy\,dz + y^2\,dz\,dx + z^2\,dx\,dy$$

$$= \iiint_\Omega (2x+2y+2z)dV$$

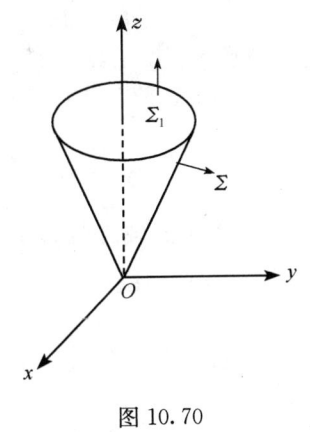

$$= \iiint_\Omega 2z\,dV = \int_0^h dz \iint_{D_z} 2z\,dx\,dy$$

$$= \int_0^h 2z\pi z^2\,dz = \frac{1}{2}\pi h^4,$$

图 10.70

而

$$\iint_{\Sigma_1} x^2\,dy\,dz + y^2\,dz\,dx + z^2\,dx\,dy = \iint_{\Sigma_1} z^2\,dx\,dy = \iint_{D_{xy}} h^2\,dx\,dy = \pi h^4,$$

故

$$\iint_\Sigma x^2\,dy\,dz + y^2\,dz\,dx + z^2\,dx\,dy = \frac{1}{2}\pi h^4 - \pi h^4 = -\frac{1}{2}\pi h^4.$$

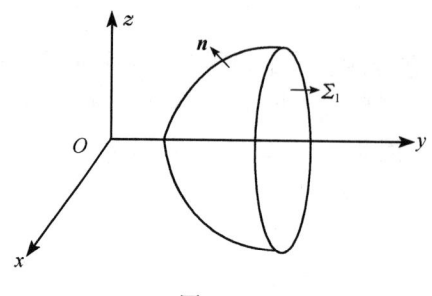

例 2 计算 $I = \iint\limits_{\Sigma} x(8y+1)\mathrm{d}y\mathrm{d}z + 2(1-y^2)\mathrm{d}z\mathrm{d}x - 4yz\mathrm{d}x\mathrm{d}y$,其中,$\Sigma$ 是由曲线 $\begin{cases} z = \sqrt{y-1}, \\ x = 0, \end{cases} 1 \leqslant y \leqslant 3$ 绕 y 轴旋转而成的旋转抛物面,n 与 Oy 轴夹角 $\beta > \dfrac{\pi}{2}$ (图 10.71).

图 10.71

解 Σ 为 $x^2+z^2=y-1$,设 Σ_1 为旋转曲面的底面 $y=3$. 则

$$I + \iint\limits_{\Sigma_1} x(8y+1)\mathrm{d}y\mathrm{d}z + 2(1-y^2)\mathrm{d}z\mathrm{d}x - 4yz\mathrm{d}x\mathrm{d}y$$

$$= \iiint\limits_{\Omega}(8y+1-4y-4y)\mathrm{d}x\mathrm{d}y\mathrm{d}z = \int_1^3 \mathrm{d}y \iint\limits_{x^2+z^2 \leqslant y-1} \mathrm{d}x\mathrm{d}z$$

$$= \int_1^3 \pi(y-1)\mathrm{d}y = 2\pi,$$

$$\iint\limits_{\Sigma_1} x(8y+1)\mathrm{d}y\mathrm{d}z + 2(1-y^2)\mathrm{d}z\mathrm{d}x - 4yz\mathrm{d}x\mathrm{d}y$$

$$= \iint\limits_{\Sigma_1} 2(1-y^2)\mathrm{d}z\mathrm{d}x = \iint\limits_{D_{xz}} -16\mathrm{d}x\mathrm{d}z = -32\pi,$$

$I = 34\pi.$

例 3 设函数 $u(x,y,z)$ 和 $v(x,y,z)$ 在包含闭区域 Ω 的区域上具有一阶及二阶连续偏导数,证明

$$\iiint\limits_{\Omega} u\left(\frac{\partial^2 v}{\partial x^2} + \frac{\partial^2 v}{\partial y^2} + \frac{\partial^2 v}{\partial z^2}\right)\mathrm{d}V = \oiint\limits_{\Sigma} u\frac{\partial v}{\partial n}\mathrm{d}S - \iiint\limits_{\Omega}\left(\frac{\partial u}{\partial x} \cdot \frac{\partial v}{\partial x} + \frac{\partial u}{\partial y} \cdot \frac{\partial v}{\partial y} + \frac{\partial u}{\partial z} \cdot \frac{\partial v}{\partial z}\right)\mathrm{d}V,$$

其中,Σ 为区域 Ω 的整个界面,$\dfrac{\partial v}{\partial n}$ 为函数 $v(x,y,z)$ 沿 Σ 外法线方向的方向导数.

证明 因为

$$\oiint\limits_{\Sigma} u \frac{\partial v}{\partial n} \mathrm{d}S = \oiint\limits_{\Sigma} u\left[\frac{\partial v}{\partial x}\cos\alpha + \frac{\partial v}{\partial y}\cos\beta + \frac{\partial v}{\partial z}\cos\gamma\right]\mathrm{d}S$$

$$= \oiint\limits_{\Sigma} u\frac{\partial v}{\partial x}\mathrm{d}y\mathrm{d}z + u\frac{\partial v}{\partial y}\mathrm{d}x\mathrm{d}z + u\frac{\partial v}{\partial z}\mathrm{d}x\mathrm{d}y$$

$$= \iiint\limits_{\Omega}\left[\frac{\partial\left(u\frac{\partial v}{\partial x}\right)}{\partial x} + \frac{\partial\left(u\frac{\partial v}{\partial y}\right)}{\partial y} + \frac{\partial\left(u\frac{\partial v}{\partial z}\right)}{\partial z}\right]\mathrm{d}V$$

$$= \iiint\limits_{\Omega} u\left(\frac{\partial^2 v}{\partial x^2} + \frac{\partial^2 v}{\partial y^2} + \frac{\partial^2 v}{\partial z^2}\right)\mathrm{d}V + \iiint\limits_{\Omega}\left(\frac{\partial u}{\partial x}\cdot\frac{\partial v}{\partial x} + \frac{\partial u}{\partial y}\cdot\frac{\partial v}{\partial y} + \frac{\partial u}{\partial z}\cdot\frac{\partial v}{\partial z}\right)\mathrm{d}V,$$

10.8.2 通量与散度

设 $F=\{P,Q,R\}$ 是分布在空间区域 Ω 上的一个向量场，Σ 为 Ω 中的一个有向曲面，n 为 Σ 上指定侧的单位法向量，称

$$\iint_{\Sigma} F \cdot n \mathrm{d}S \tag{10.8.8}$$

为向量场 F 通过有向曲面 Σ 的通量.

如果 v 为速度场，则(10.8.8)式表示的通量就是单位时间内流体通过曲面 Σ 流向 n 对应侧的体积流量. 如果 Σ 是闭曲面，n 是 Σ 外侧的单位法向量，则

$$Q = \iint_{\Sigma} v \cdot n \mathrm{d}S$$

是流体通过闭曲面 Σ 的体积流量，它是从 Σ 流出流量与流入 Σ 流量之差，表示流体从 Σ 包围的区域 Ω_1 内部向外发散出的总量.

设区域 Ω_1 的体积为 V，则

$$\frac{Q}{V} = \frac{1}{V} \oiint_{\Sigma} v \cdot n \mathrm{d}S$$

表示区域 Ω_1 内单位体积流体的平均发散量，即平均散度.

令 Ω_1 收缩到一点 M，若极限

$$\lim_{\Omega_1 \to M} \frac{1}{V} \oiint_{\Sigma} v \cdot n \mathrm{d}S$$

存在，则称此极限值为速度场 v 在点 M 的散度，记作 $\mathrm{div}v$ 也称为流体在点 M 的流量密度.

对一般向量 $F=\{P,Q,R\}$，我们同样定义

$$\mathrm{div}F(M) = \lim_{\Omega_1 \to M} \frac{1}{V} \oiint_{\Sigma} F \cdot n \mathrm{d}S$$

为向量场 F 在点 M 的散度.

当 $\mathrm{div}F(M)>0$ 时，称点 M 为源，其值表示源的强度；当 $\mathrm{div}F(M)<0$ 时，称点 M 为洞(或负源)，其值表示洞吸收的强度；当 $\mathrm{div}F(M)=0$ 时，点 M 既非源也非洞，$\mathrm{div}F=0$ 的场称为无源场.

散度是一个数量，由向量场 F 派生出的散度场 $\mathrm{div}F$ 是数量场.

设 P,Q,R 有一阶连续偏导，据高斯公式和积分中值定理得

$$\oiint_{\Sigma} F \cdot n \mathrm{d}S = \oiint_{\Sigma} P\mathrm{d}y\mathrm{d}z + Q\mathrm{d}x\mathrm{d}z + R\mathrm{d}x\mathrm{d}y$$

$$= \iiint_{\Omega_1} \left(\frac{\partial P}{\partial x} + \frac{\partial Q}{\partial y} + \frac{\partial R}{\partial z}\right)\mathrm{d}V = \left(\frac{\partial P}{\partial x} + \frac{\partial Q}{\partial y} + \frac{\partial R}{\partial z}\right)\bigg|_{H(\xi,\eta,\zeta)} \cdot V,$$

其中,$H\in\Omega_1$,当 $\Omega_1\to M$ 时,$H\to M$,则

$$\text{div}\boldsymbol{F}(\boldsymbol{M})=\lim_{\Omega_1\to M}\frac{1}{V}\oiint_\Sigma \boldsymbol{F}\cdot\boldsymbol{n}\mathrm{d}S=\lim_{\Omega_1\to M}\left(\frac{\partial P}{\partial x}+\frac{\partial Q}{\partial y}+\frac{\partial R}{\partial z}\right)\Big|_H$$
$$=\left(\frac{\partial P}{\partial x}+\frac{\partial Q}{\partial y}+\frac{\partial R}{\partial z}\right)\Big|_M,$$

即

$$\text{div}\boldsymbol{F}=\frac{\partial P}{\partial x}+\frac{\partial Q}{\partial y}+\frac{\partial R}{\partial z}. \qquad (10.8.9)$$

高斯公式可写为

$$\oiint_\Sigma \boldsymbol{F}\cdot\boldsymbol{n}\mathrm{d}s=\iiint_\Omega \text{div}\boldsymbol{F}\mathrm{d}V.$$

例 求流量场 $\boldsymbol{F}=xy\boldsymbol{i}+\cos(xy)\boldsymbol{j}+\cos(xz)\boldsymbol{k}$ 的散度.

解
$$\text{div}\boldsymbol{F}=\frac{\partial(xy)}{\partial x}+\frac{\partial[\cos(xy)]}{\partial y}+\frac{\partial[\cos(xz)]}{\partial z}$$
$$=y-\sin(xy)\cdot x-\sin(xz)\cdot x.$$

习 题 10.8

1. 利用高斯公式计算下列积分:

(1) $\oiint_\Sigma xz\mathrm{d}x\mathrm{d}y+xy\mathrm{d}y\mathrm{d}z+yz\mathrm{d}z\mathrm{d}x$,其中,$\Sigma$ 是平面 $x+y+z=1,x=0,y=0,z=0$ 所围立体的表面外侧;

(2) $\oiint_\Sigma xz\mathrm{d}x\mathrm{d}y+xy\mathrm{d}y\mathrm{d}z+yz\mathrm{d}z\mathrm{d}x$,其中,$\Sigma$ 是由曲面 $z=\sqrt{x^2+y^2}$ 与 $z=\sqrt{2-x^2-y^2}$ 所围立体表面外侧;

(3) $\iint_\Sigma y\mathrm{d}z\mathrm{d}x+2\mathrm{d}x\mathrm{d}y$,其中,$\Sigma$ 是上半球面 $z=\sqrt{1-x^2-y^2}$ 上侧;

(4) $\iint_\Sigma y\mathrm{d}y\mathrm{d}z-x\mathrm{d}z\mathrm{d}x+x^2\mathrm{d}x\mathrm{d}y$,其中,$\Sigma$ 为锥面 $z=\sqrt{x^2+y^2}(1\leqslant z\leqslant 2)$ 的外侧;

(5) $\oiint_\Sigma \cos\langle\boldsymbol{r},\boldsymbol{n}\rangle\mathrm{d}S$,其中,$\boldsymbol{r}=\{x,y,z\}$,$\boldsymbol{n}$ 为球面 $x^2+y^2+z^2=R^2$ 外侧单位法向量;

(6) $\oiint_\Sigma xy^2\mathrm{d}y\mathrm{d}z+yz^2\mathrm{d}z\mathrm{d}x+zx^2\mathrm{d}x\mathrm{d}y$,其中,$\Sigma$ 为椭球面 $\frac{x^2}{a^2}+\frac{y^2}{b^2}+\frac{z^2}{c^2}=1$ 的外侧;

(7) $\iint_\Sigma (2x+z)\mathrm{d}y\mathrm{d}z+z\mathrm{d}x\mathrm{d}y$,其中,$\Sigma$ 为有向曲面 $z=x^2+y^2(0\leqslant z\leqslant 1)$,其法向量与 z 轴正向夹角为锐角;

(8) $\iint_\Sigma \frac{ax\mathrm{d}y\mathrm{d}z+(z+a)^2\mathrm{d}x\mathrm{d}y}{(x^2+y^2+z^2)^{1/2}}$,其中,$\Sigma$ 为下半球面 $z=-\sqrt{a^2-x^2-y^2}$ 的上侧,a 为大于零的常数.

(9) $\iint\limits_{\Sigma} x^2 \mathrm{d}y\mathrm{d}z + y^2 \mathrm{d}z\mathrm{d}x + z^2 \mathrm{d}x\mathrm{d}y$,其中,$\Sigma$ 为柱面 $x^2+y^2=1$ 界于 $z=0$ 及 $x+y+z=2$ 之间部分外侧;

(10) $\iint\limits_{\Sigma} \dfrac{\cos\langle \boldsymbol{r},\boldsymbol{n}\rangle}{|\boldsymbol{r}|^2} \mathrm{d}S$,其中,$\boldsymbol{r}=\{x,y,z\}$,$\boldsymbol{n}$ 为闭曲面 Σ 外侧单位法向量.

① $\Sigma: x^2+y^2+z^2=R^2$;

② $\Sigma: \dfrac{x^2}{a^2}+\dfrac{y^2}{b^2}+\dfrac{z^2}{c^2}=1$;

③ Σ:不包含原点的闭曲面.

2. 设空间区域 Ω 由曲面 $z=a^2-x^2-y^2$ 与平面 $z=0$ 围成,其中,a 为正常数,记 Ω 表面的外侧为 Σ,Ω 的体积为 V. 证明 $\oiint\limits_{\Sigma} x^2yz^2 \mathrm{d}y\mathrm{d}z - xy^2z^2 \mathrm{d}z\mathrm{d}x + z(1+xyz)\mathrm{d}x\mathrm{d}y = V$.

3. 求向量场 $\boldsymbol{F}=x(y-z)\boldsymbol{i}+y(z-x)\boldsymbol{j}+z(x-y)\boldsymbol{k}$ 穿过曲面 $\Sigma:\dfrac{x^2}{a^2}+\dfrac{y^2}{b^2}+\dfrac{z^2}{c^2}=1$ 流向外侧的流量.

4. 求下列向量场 $\boldsymbol{F}$ 的散度:

(1) $\boldsymbol{F}=xy^2\boldsymbol{i}+ye^z\boldsymbol{j}+x\ln(1+z^2)\boldsymbol{k}$ 在 $P(1,1,0)$ 处;

(2) $\boldsymbol{F}=x(1+x^2z)\boldsymbol{i}+y(1-x^2z)\boldsymbol{j}+z(1-x^2z)\boldsymbol{k}$ 在 $P(1,2,-1)$ 处.

5. 设 $u(x,y,z)=\ln\sqrt{x^2+y^2+z^2}$,求 $\mathrm{div}(\mathrm{grad}\,u)$.

10.9 斯托克斯公式与旋度

10.9.1 斯托克斯[①]公式

斯托克斯公式是微积分基本公式在曲面积分情形下的推广,它也是格林公式的推广.

定理 设 Σ 为分片光滑的双侧曲面,其边界为分段光滑曲线 L,在 Σ 上指定一侧,这一侧的单位法向量记作 $\boldsymbol{n}$. 若向量函数 $\boldsymbol{F}=\{P(x,y,z),Q(x,y,z),R(x,y,z)\}$ 的三个分量在包围曲面 Σ 的空间区域内有连续一阶偏导数,则有斯托克斯公式

$$\oint_L P\mathrm{d}x+Q\mathrm{d}y+R\mathrm{d}z$$
$$=\iint\limits_{\Sigma}\left[\left(\frac{\partial R}{\partial y}-\frac{\partial Q}{\partial z}\right)\cos\alpha+\left(\frac{\partial P}{\partial z}-\frac{\partial R}{\partial x}\right)\cos\beta+\left(\frac{\partial Q}{\partial x}-\frac{\partial P}{\partial y}\right)\cos\gamma\right]\mathrm{d}S$$
$$\xlongequal{\text{或}}\iint\limits_{\Sigma}\left(\frac{\partial R}{\partial y}-\frac{\partial Q}{\partial z}\right)\mathrm{d}y\mathrm{d}z+\left(\frac{\partial P}{\partial z}-\frac{\partial R}{\partial x}\right)\mathrm{d}z\mathrm{d}x+\left(\frac{\partial Q}{\partial x}-\frac{\partial P}{\partial y}\right)\mathrm{d}x\mathrm{d}y.$$

(10.9.1)

---

① 斯托克斯(英国数学物理学家,G. G. Stokes,1819~1903).

其中，$\boldsymbol{n}=\{\cos\alpha,\cos\beta,\cos\gamma\}$，且上式积分路径 L 的方向与 $\boldsymbol{n}$ 组成右手系（将右手四指并拢，并指着 L 的方向时，则大拇指的方向即 $\boldsymbol{n}$ 的方向）.

斯托克斯公式又可写为

$$\oint_L P\mathrm{d}x + Q\mathrm{d}y + R\mathrm{d}z = \iint_\Sigma \begin{vmatrix} \cos\alpha & \cos\beta & \cos\gamma \\ \dfrac{\partial}{\partial x} & \dfrac{\partial}{\partial y} & \dfrac{\partial}{\partial z} \\ P & Q & R \end{vmatrix} \mathrm{d}S$$

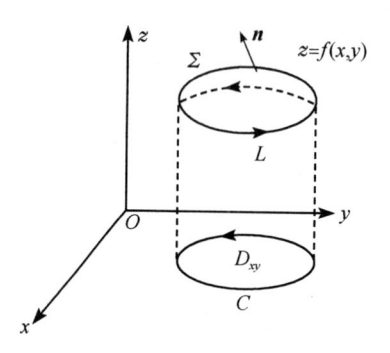

$$\stackrel{\text{或}}{=\!=} \iint_\Sigma \begin{vmatrix} \mathrm{d}y\mathrm{d}z & \mathrm{d}z\mathrm{d}x & \mathrm{d}x\mathrm{d}y \\ \dfrac{\partial}{\partial x} & \dfrac{\partial}{\partial y} & \dfrac{\partial}{\partial z} \\ P & Q & R \end{vmatrix}. \tag{10.9.2}$$

证明 先证明

$$\oint_L P\mathrm{d}x = \iint_\Sigma \left(\dfrac{\partial P}{\partial z}\cos\beta - \dfrac{\partial P}{\partial y}\cos\gamma\right)\mathrm{d}S. \tag{10.9.3}$$

设曲面 Σ 的方程为

$$z = f(x,y), \quad (x,y) \in D_{xy}.$$

不妨设 Σ 为上侧，D_{xy} 为 Σ 在 xy 平面上的投影区域，其边界 C 是 Σ 的边界 L 在 xy 平面上的投影曲线. 设 C 的方向与 L 的方向一致（图 10.72）. 为了证明（10.9.3）式，我们将 (10.9.3)式两端都化为二重积分.

因为

$$\oint_L P(x,y,z)\mathrm{d}x = \oint_C P[x,y,f(x,y)]\mathrm{d}x = -\iint_{D_{xy}} \left\{\dfrac{\partial}{\partial y} P[x,y,f(x,y)]\right\}\mathrm{d}x\mathrm{d}y$$

$$= -\iint_{D_{xy}} \left(\dfrac{\partial P}{\partial y} + \dfrac{\partial P}{\partial z}\cdot\dfrac{\partial z}{\partial y}\right)\mathrm{d}x\mathrm{d}y = -\iint_{D_{xy}} \left(\dfrac{\partial P}{\partial y} + \dfrac{\partial P}{\partial z}\cdot f_y\right)\mathrm{d}x\mathrm{d}y, \tag{10.9.4}$$

$$\dfrac{\cos\alpha}{f_x} = \dfrac{\cos\beta}{f_y} = \dfrac{\cos\gamma}{-1}.$$

又因为曲面 Σ 的法向量 $\{\pm f_x, \pm f_y, \mp 1\}$ 与单位法向量 $\boldsymbol{n}=\{\cos\alpha,\cos\beta,\cos\gamma\}$ 共线，所以

$$\iint_\Sigma \left(\dfrac{\partial P}{\partial z}\cos\beta - \dfrac{\partial P}{\partial y}\cos\gamma\right)\mathrm{d}S = \iint_\Sigma \left[\dfrac{\partial P}{\partial z}(-f_y\cos\gamma) - \dfrac{\partial P}{\partial y}\cos\gamma\right]\mathrm{d}S$$

10.9 斯托克斯公式与旋度

$$=-\iint_{\Sigma}\left(\frac{\partial P}{\partial z}f_y+\frac{\partial P}{\partial y}\right)\cos\gamma \mathrm{d}S=-\iint_{D_{xy}}\left(\frac{\partial P}{\partial z}f_y+\frac{\partial P}{\partial y}\right)\mathrm{d}x\mathrm{d}y. \quad (10.9.5)$$

比较(10.9.4)、(10.9.5)两式,便知(10.9.3)式成立.

对于一般曲面,可用一些辅助线把它分为若干块,使(10.9.3)式对每一块都成立,然后相加,注意到在辅助线上的曲线积分要在相反的两个方向上各计算一次,正好互相抵消,因此(10.9.3)式对于一般的曲面也成立.

同理可证

$$\oint_L Q\mathrm{d}y = \iint_{\Sigma}\left(\frac{\partial Q}{\partial x}\cos\gamma - \frac{\partial Q}{\partial z}\cos\alpha\right)\mathrm{d}S, \quad (10.9.6)$$

$$\oint_L R\mathrm{d}z = \iint_{\Sigma}\left(\frac{\partial R}{\partial y}\cos\alpha - \frac{\partial R}{\partial x}\cos\beta\right)\mathrm{d}S. \quad (10.9.7)$$

将(10.9.3)式、(10.9.6)式、(10.9.7)式三式相加,便得斯托克斯公式.

例1 计算 $I=\oint_{\Gamma}-y^2\mathrm{d}x+x\mathrm{d}y+z^2\mathrm{d}z$,其中 Γ 是平面 $y+z=2$ 与柱面 $x^2+y^2=1$ 的交线,若从 z 轴正向看去,Γ 取逆时针方向(图10.73).

解法一 把 Γ 写成参数方程

$$\Gamma:\begin{cases} x=\cos\theta, \\ y=\sin\theta, \\ z=2-\sin\theta, \end{cases} \quad 0\leqslant\theta\leqslant 2\pi$$

所以

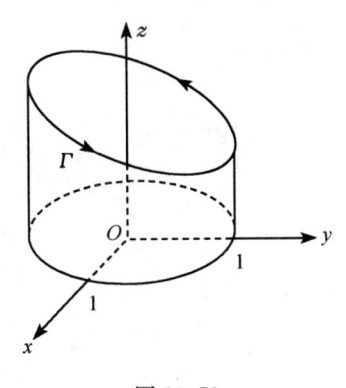

图 10.73

$$I=\int_0^{2\pi}[-\sin^2\theta(-\sin\theta)+\cos\theta\cdot\cos\theta+(2-\sin\theta)^2(-\cos\theta)]\mathrm{d}\theta=\pi.$$

解法二 用斯托克斯公式. 取 Σ 为平面 $y+z=2$ 的上侧被 Γ 所围部分,则

$$I=\iint_{\Sigma}\begin{vmatrix} \mathrm{d}y\mathrm{d}z & \mathrm{d}z\mathrm{d}x & \mathrm{d}x\mathrm{d}y \\ \frac{\partial}{\partial x} & \frac{\partial}{\partial y} & \frac{\partial}{\partial z} \\ -y^2 & x & z^2 \end{vmatrix} = \iint_{\Sigma}(1+2y)\mathrm{d}x\mathrm{d}y$$

$$=\iint_{D_{xy}}(1+2y)\mathrm{d}x\mathrm{d}y = \iint_{D_{xy}}\mathrm{d}x\mathrm{d}y = \pi.$$

例2 计算 $I=\oint_{\Gamma}(y^2-z^2)\mathrm{d}x+(z^2-x^2)\mathrm{d}y+(x^2-y^2)\mathrm{d}z$,其中,$\Gamma$ 是用平面 $x+y+z=\frac{3}{2}$ 截正方体(图10.74)的表面所得截痕,若从 z 轴正向看去,Γ 取逆时针方向.

图 10.74

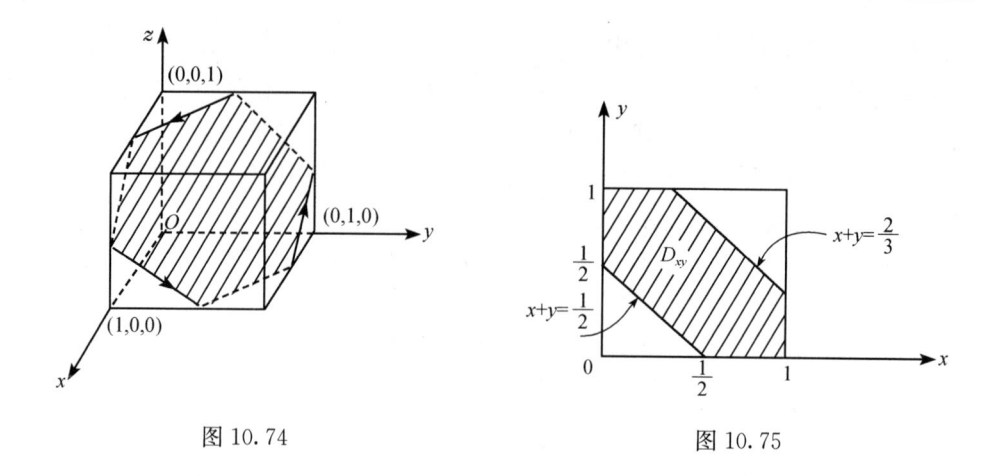

图 10.75

解 取 Σ 为平面 $x+y+z=\dfrac{3}{2}$ 的上侧被 Γ 所围的部分，Σ 的单位法向量 $\boldsymbol{n}=\left\{\dfrac{1}{\sqrt{3}},\dfrac{1}{\sqrt{3}},\dfrac{1}{\sqrt{3}}\right\}$，则

$$I=\iint_{\Sigma}\begin{vmatrix} \mathrm{d}y\mathrm{d}z & \mathrm{d}z\mathrm{d}x & \mathrm{d}x\mathrm{d}y \\ \dfrac{\partial}{\partial x} & \dfrac{\partial}{\partial y} & \dfrac{\partial}{\partial z} \\ y^2-z^2 & z^2-x^2 & x^2-y^2 \end{vmatrix}$$

$$=\iint_{\Sigma}\begin{vmatrix} \dfrac{1}{\sqrt{3}} & \dfrac{1}{\sqrt{3}} & \dfrac{1}{\sqrt{3}} \\ \dfrac{\partial}{\partial x} & \dfrac{\partial}{\partial y} & \dfrac{\partial}{\partial z} \\ y^2-z^2 & z^2-x^2 & x^2-y^2 \end{vmatrix}\mathrm{d}S$$

$$=-\dfrac{4}{\sqrt{3}}\iint_{\Sigma}(x+y+z)\mathrm{d}S.$$

因为 Σ 上 $x+y+z=\dfrac{3}{2}$，所以

$$I=-2\sqrt{3}\iint_{\Sigma}\mathrm{d}S=-2\sqrt{3}\iint_{D_{xy}}\sqrt{3}\mathrm{d}\sigma=-6\cdot\dfrac{3}{4}=-\dfrac{9}{2},$$

其中，D_{xy} 为 Σ 在 xOy 面上的投影区域（图 10.75）.

10.9.2 环量与旋度

设有向量场 $\boldsymbol{F}=\{P,Q,R\}$，P,Q,R 有一阶连续偏导数，$L\subset\Omega$ 是场中一条有向光滑闭曲线，其上单位切向量记为 $\boldsymbol{\tau}$，弧微分为 $\mathrm{d}s$，记 $\boldsymbol{\tau}\mathrm{d}s=\mathrm{d}\boldsymbol{s}=\{\mathrm{d}x,\mathrm{d}y,\mathrm{d}z\}$，我们称 $\oint_L \boldsymbol{F}\cdot\mathrm{d}\boldsymbol{s}=\oint_L P\mathrm{d}x+Q\mathrm{d}y+R\mathrm{d}z$ 为向量场 $\boldsymbol{F}$ 沿 L 的环量.

10.9 斯托克斯公式与旋度

在向量场 $\boldsymbol{F}$ 中任取一点 M,过点 M 作一平面 π,在平面 π 上任取一包围点 M 的光滑闭曲线 L,取 L 的方向与平面 π 的法向量 $\boldsymbol{n}$ 符合右手法则,L 所围区域 D 的面积记为 $A(D)$,则

$$\frac{1}{A(D)}\oint_L \boldsymbol{F}\cdot\mathrm{d}\boldsymbol{s}$$

表示向量场 $\boldsymbol{F}$ 沿平面曲线 L 绕 $\boldsymbol{n}$ 旋转的平均环量. 在 π 上令 L 收缩到点 M,若

$$\lim_{L\to M}\frac{1}{A(D)}\oint_L \boldsymbol{F}\cdot\mathrm{d}\boldsymbol{s}$$

存在,则称此极限值为向量场 $\boldsymbol{F}$ 在点 M 处沿 $\boldsymbol{n}$ 方向的方向旋量. 根据斯托克斯公式及积分中值定理可知

$$\lim_{L\to M}\frac{1}{A(D)}\oint_L \boldsymbol{F}\cdot\mathrm{d}\boldsymbol{s} = \left(\frac{\partial R}{\partial y}-\frac{\partial Q}{\partial z}\right)\cos\alpha + \left(\frac{\partial P}{\partial z}-\frac{\partial R}{\partial x}\right)\cos\beta + \left(\frac{\partial Q}{\partial x}-\frac{\partial P}{\partial y}\right)\cos\gamma,$$

其中,$\boldsymbol{n}=\{\cos\alpha,\cos\beta,\cos\gamma\}$. 因此,如果记向量

$$\boldsymbol{R} = \left(\frac{\partial R}{\partial y}-\frac{\partial Q}{\partial z}\right)\boldsymbol{i} + \left(\frac{\partial P}{\partial z}-\frac{\partial R}{\partial x}\right)\boldsymbol{j} + \left(\frac{\partial Q}{\partial x}-\frac{\partial P}{\partial y}\right)\boldsymbol{k},$$

则 $\lim\limits_{L\to M}\dfrac{1}{A(D)}\oint_L \boldsymbol{F}\cdot\mathrm{d}\boldsymbol{s} = \boldsymbol{R}\cdot\boldsymbol{n}$. 这个式子表明,左端的极限值等于向量 $\boldsymbol{R}$ 在该向量 $\boldsymbol{n}$ 上的投影,而向量 $\boldsymbol{R}$ 只与向量场 $\boldsymbol{F}$ 有关,为此称向量 $\boldsymbol{R}$ 是向量场 $\boldsymbol{F}$ 在点 M 的旋度,记作 $\mathrm{rot}\boldsymbol{F}(M)$.

$$\mathrm{rot}\boldsymbol{F} = \begin{vmatrix} \boldsymbol{i} & \boldsymbol{j} & \boldsymbol{k} \\ \dfrac{\partial}{\partial x} & \dfrac{\partial}{\partial y} & \dfrac{\partial}{\partial z} \\ P & Q & R \end{vmatrix}. \tag{10.9.8}$$

则斯托克斯公式可写为

$$\oint_L \boldsymbol{F}\cdot\mathrm{d}\boldsymbol{s} = \oint_L P\mathrm{d}x + Q\mathrm{d}y + R\mathrm{d}z$$

$$= \iint_D \begin{vmatrix} \cos\alpha & \cos\beta & \cos\gamma \\ \dfrac{\partial}{\partial x} & \dfrac{\partial}{\partial y} & \dfrac{\partial}{\partial z} \\ P & Q & R \end{vmatrix} \mathrm{d}S = \iint_D \mathrm{rot}\boldsymbol{F}\cdot\boldsymbol{n}\mathrm{d}S.$$

在 Ω 上给定向量 $\boldsymbol{F}$,就派生一个向量场 $\mathrm{rot}\boldsymbol{F}$,称为旋度场,它与坐标系的选取无关,$\mathrm{rot}\boldsymbol{F}=0$ 的场称为无旋场.

例 设 $\boldsymbol{F}=\{x,y,z\}$,求 $\mathrm{rot}\boldsymbol{F}$.

解

$$\mathrm{rot}\boldsymbol{F} = \begin{vmatrix} \boldsymbol{i} & \boldsymbol{j} & \boldsymbol{k} \\ \dfrac{\partial}{\partial x} & \dfrac{\partial}{\partial y} & \dfrac{\partial}{\partial z} \\ x & y & z \end{vmatrix} = \{0,0,0\},$$

即 rot$\boldsymbol{F}=\boldsymbol{0}$,因此向量场 $\boldsymbol{F}$ 是无旋场.

习 题 10.9

1. 用斯托克斯公式计算下列各题:

(1) $\oint_\Gamma 3y\mathrm{d}x - xz\mathrm{d}y + yz^2\mathrm{d}z$,其中,$\Gamma$ 是圆周 $x^2+y^2=2z, z=2$,其正向与 z 轴负向成右手系;

(2) $\oint_\Gamma y\mathrm{d}x + z\mathrm{d}y + x\mathrm{d}z, \Gamma: \begin{cases} x^2+y^2+z^2 = R^2 \\ x+y+z=0, \end{cases}$ 从 x 轴正向看去,它取逆时针方向;

(3) $\oint_\Gamma (y^2+z^2)\mathrm{d}x + (z^2+x^2)\mathrm{d}y + (x^2+y^2)\mathrm{d}z, \Gamma: \begin{cases} x^2+y^2+z^2 = 2Rx \\ x^2+y^2 = 2ax \end{cases}$ $(0<a<R, z>0)$,其正向与球面外侧法向量成右手系;

(4) $\oint_\Gamma z^2\mathrm{d}x + xy\mathrm{d}y + yz\mathrm{d}z$,其中,$\Gamma$ 为上半球面 $z=\sqrt{a^2-x^2-y^2}$ 与柱面 $x^2+y^2=ay$ 的交线,其方向与上半球面的下侧法向量成右手系;

(5) $\oint_\Gamma xy\mathrm{d}x + yz\mathrm{d}y + zx\mathrm{d}z, \Gamma$ 是以点 $(1,0,0),(0,3,0),(0,0,3)$ 为顶点的三角形的周界.

2. 求下列向量场 $\boldsymbol{F}$ 沿定向闭曲线 Γ 的环流量:

(1) $\boldsymbol{F} = -y\boldsymbol{i} + x\boldsymbol{j} + c\boldsymbol{k}$($c$ 为常数),

Γ 为圆周 $x^2+y^2=1, z=0$,从 z 轴正向看去,Γ 取逆时针方向;

(2) $\boldsymbol{F} = 3y\boldsymbol{i} - xz\boldsymbol{j} + yz^2\boldsymbol{k}, \Gamma$ 为圆周 $y^2+z^2=4, x=1$,从 x 轴正向看去,Γ 取逆时针方向.

3. 求向量场 $\boldsymbol{F} = x^2\sin y\boldsymbol{i} + y^2\sin z\boldsymbol{j} + z^2\sin x\boldsymbol{k}$ 的旋度.

4. 计算 $I = \iint\limits_\Sigma \mathrm{rot}\boldsymbol{A} \cdot \boldsymbol{n}\mathrm{d}s$,其中,$\Sigma$ 是球面 $x^2+y^2+z^2=9$ 上半部,$\boldsymbol{A} = 2y\boldsymbol{i} + 3x\boldsymbol{j} - z^2\boldsymbol{k}, \boldsymbol{n}$ 是 Σ 上任一点单位外法向量.

5. 设向量场 $\boldsymbol{F} = x(1+x^2z)\boldsymbol{i} + y(1-x^2z)\boldsymbol{j} + z(1-x^2z)\boldsymbol{k}$,求:

(1) 向量场通过由锥面 $z = \sqrt{x^2+y^2}$ 与平面 $z=1$ 所围闭曲面外侧通量;

(2) 在点 $P(1,2,-1)$ 的旋度.

总 习 题 十

1. 选择题:

(1) 设 D 是 xOy 平面上以 $(1,1),(-1,1)$ 和 $(-1,-1)$ 为顶点的三角形区域,D_1 是 D 在第一象限的部分,则 $\iint\limits_D (xy + \cos x \cdot \sin y)\mathrm{d}x\mathrm{d}y$ 等于_____.

(A) $2\iint\limits_{D_1} \cos x \sin y \mathrm{d}x\mathrm{d}y$;   (B) $2\iint\limits_{D_1} xy\mathrm{d}x\mathrm{d}y$;

(C) $4\iint\limits_{D_1} (xy + \cos x \sin y)\mathrm{d}x\mathrm{d}y$;   (D) 0.

(2) 已知 $\dfrac{(x+ay)\mathrm{d}x + y\mathrm{d}y}{(x+y)^2}$ 为某函数的全微分,则 a 等于_____.

总习题十

  (A) -1;   (B) 0;   (C) 1;   (D) 2.

(3) $I = \iiint\limits_{\Omega} 2y \mathrm{d}V$,其中,$\Omega$ 由 $x^2+y^2+z^2=1, x^2+y^2+z^2=4, y=\sqrt{x^2+z^2}$ 围成,则 $I =$ _____.

  (A) $\int_0^{2\pi} \mathrm{d}\theta \int_0^{\frac{\pi}{4}} \mathrm{d}\varphi \int_1^2 2r\sin\theta\sin\varphi r^2 \sin\varphi \mathrm{d}r$; (B) $\int_0^{2\pi} \mathrm{d}\theta \int_0^{\frac{\pi}{4}} \mathrm{d}\varphi \int_1^2 2r\sin\theta\cos\varphi r^2 \sin\varphi \mathrm{d}r$;

  (C) $\int_0^{2\pi} \mathrm{d}\theta \int_0^{\frac{\pi}{4}} \mathrm{d}\varphi \int_1^2 2r\cos\varphi r^2 \sin\varphi \mathrm{d}r$; (D) $\int_0^{2\pi} \mathrm{d}\theta \int_0^{\frac{\pi}{4}} \mathrm{d}\varphi \int_1^2 2r\cos\theta\sin\varphi r^2 \sin\varphi \mathrm{d}r$.

(4) 设 $M = \iint\limits_{x^2+y^2 \leqslant 1} (x+y)^3 \mathrm{d}\sigma, N = \iint\limits_{x^2+y^2 \leqslant 1} \cos x^2 \sin y^2 \mathrm{d}\sigma, P = \iint\limits_{x^2+y^2 \leqslant 1} [\mathrm{e}^{-(x^2+y^2)} - 1]\mathrm{d}\sigma$,则有 _____.

  (A) $M > N > P$;   (B) $N > M > P$;
  (C) $M > P > N$;   (D) $N > P > M$.

(5) 设 S 为球面 $x^2+y^2+z^2=1$ 的上半部分的上侧,则不正确的是 _____.

  (A) $\iint\limits_{S} x^2 \mathrm{d}y\mathrm{d}z = 0$;   (B) $\iint\limits_{S} y \mathrm{d}y\mathrm{d}z = 0$;
  (C) $\iint\limits_{S} x \mathrm{d}y\mathrm{d}z = 0$;   (D) $\iint\limits_{S} y^2 \mathrm{d}y\mathrm{d}z = 0$.

(6) 设积分域 D 是以原点中心,半径为 r 的圆域,则 $\lim\limits_{r \to 0} \frac{1}{\pi r^2} \iint\limits_{D} \mathrm{e}^{x^2+y^2} \cos(x+y) \mathrm{d}x\mathrm{d}y =$ _____.

  (A) πr^2; (B) 1; (C) $\dfrac{1}{\pi r^2}$; (D) 0.

(7) 设 $f(x,y)$ 连续,且 $f(x,y) = xy + \iint\limits_{D} f(u,v)\mathrm{d}u\mathrm{d}v$,其中,$D$ 是由 $y=0, y=x^2, x=1$ 所围区域,则 $f(x,y) =$ _____.

  (A) xy;   (B) $2xy$;
  (C) $xy + \dfrac{1}{8}$;   (D) $xy + 1$.

(8) 设 $\Sigma : x^2+y^2+z^2 = a^2 (z \geqslant 0)$,$\Sigma_1$ 为 Σ 在第一卦限中的部分,则有 _____.

  (A) $\iint\limits_{\Sigma} x \mathrm{d}S = 4\iint\limits_{\Sigma_1} x \mathrm{d}S$; (B) $\iint\limits_{\Sigma} y \mathrm{d}S = 4\iint\limits_{\Sigma_1} x \mathrm{d}S$;
  (C) $\iint\limits_{\Sigma} z \mathrm{d}S = 4\iint\limits_{\Sigma_1} x \mathrm{d}S$; (D) $\iint\limits_{\Sigma} xyz \mathrm{d}S = 4\iint\limits_{\Sigma_1} xyz \mathrm{d}S$.

2. 填空题:

(1) $D: x^2+y^2 \leqslant R^2$,则 $\iint\limits_{D} \left(\dfrac{x^2}{a^2} + \dfrac{y^2}{b^2} \right) \mathrm{d}x\mathrm{d}y =$ _____.

(2) 设 Σ 为椭球 $\dfrac{x^2}{9} + \dfrac{y^2}{4} + z^2 = 1$ 的上半部分,已知 Σ 的面积为 A,则第一类曲面积分 $\iint\limits_{\Sigma} (4x^2 + 9y^2 + 36z^2 + xyz) \mathrm{d}S =$ _____.

(3) 已知 $f(0) = 1$,且 $\int_L [\mathrm{e}^{-x} + f(x)]y\mathrm{d}x - f(x)\mathrm{d}y$ 与路径无关,则 $f(x) = $ _____.

(4) 改变二次积分 $I = \int_0^2 \mathrm{d}x \int_0^{\frac{x^2}{2}} f(x,y)\mathrm{d}y + \int_2^{\sqrt{8}} \mathrm{d}x \int_0^{\sqrt{8-x^2}} f(x,y)\mathrm{d}y$ 的积分次序,变为 _____.

(5) 设 L 是由 $y^2 = 2(x+2)$ 及 $x = 2$ 所围区域的边界曲线,取逆时针方向,则 $\oint_L \dfrac{x\mathrm{d}y - y\mathrm{d}x}{x^2 + y^2} = $ _____.

(6) Σ 为球面 $x^2 + y^2 + z^2 = a^2$,则 $\oiint_\Sigma x\mathrm{d}S = $ _____, $\oiint_{\Sigma_{外}} x\mathrm{d}y\mathrm{d}z = $ _____.

3. 设 $u(x,y), v(x,y)$ 在闭区域 $D: x^2 + y^2 \leqslant 1$ 上有一阶连续偏导数,又 $\boldsymbol{f} = v\boldsymbol{i} + u\boldsymbol{j}, \boldsymbol{g} = \left(\dfrac{\partial u}{\partial x} - \dfrac{\partial u}{\partial y}\right)\boldsymbol{i} + \left(\dfrac{\partial v}{\partial x} - \dfrac{\partial v}{\partial y}\right)\boldsymbol{j}$,在 D 的边界上有 $u = 1, v = y$,求 $\iint_D \boldsymbol{f} \cdot \boldsymbol{g}\mathrm{d}\sigma$.

4. 设 $f(x)$ 是 $[a,b]$ 上的连续函数,证明
$$\left(\int_a^b f(x)\mathrm{d}x\right)^2 \leqslant (b-a)\int_a^b f^2(x)\mathrm{d}x.$$

5. 计算 $\oint_L \left[\dfrac{y}{x^2 + y^2} + \dfrac{y-4}{(x-3)^2 + (y-4)^2}\right]\mathrm{d}x + \left[\dfrac{-x}{x^2 + y^2} - \dfrac{x-3}{(x-3)^2 + (y-4)^2}\right]\mathrm{d}y$,其中,$L$ 为连接点 $A(5,6), B(-5,6), C(-5,-6), D(5,-6)$ 的矩形路径.

6. 计算 $\oint_L (y^2 - z^2)\mathrm{d}x + (2z^2 - x^2)\mathrm{d}y + (3x^2 - y^2)\mathrm{d}z$,其中,$L$ 是平面 $x + y + z = 2$ 与柱面 $|x| + |y| = 1$ 的交线,从 z 轴正向看去,L 为逆时针方向.

7. 设点 $M(\xi, \eta, \zeta)$ 是椭球面 $\dfrac{x^2}{a^2} + \dfrac{y^2}{b^2} + \dfrac{z^2}{c^2} = 1$ 上第一卦限的点,S 是该椭球面在点 M 处的切平面被三个坐标面所截得的三角形,法向量与 z 轴正向的夹角为锐角,问 ξ, η, ζ 取何值时,曲面积分 $I = \iint_S x\mathrm{d}y\mathrm{d}z + y\mathrm{d}z\mathrm{d}x + z\mathrm{d}x\mathrm{d}y$ 的值最小?并求此最小值.

8. 计算 $I = \lim_{a \to +\infty} \int_L (\mathrm{e}^{y^2-x^2}\cos 2xy - 3y)\mathrm{d}x + (\mathrm{e}^{y^2-x^2}\sin 2xy - b^y)\mathrm{d}y (b > 0)$,其中,$L$ 是依次连接 $A(a,0), B\left(a, \dfrac{\pi}{a}\right), E\left(0, \dfrac{\pi}{a}\right), O(0,0)$ 的有向折线 $\left(\text{已知}\int_0^{+\infty} \mathrm{e}^{-x^2}\mathrm{d}x = \dfrac{\sqrt{\pi}}{2}\right)$.

9. 设有一高度为 $h(t)$(t 为时间)的雪在融化过程中,其侧面满足方程 $z = h(t) - \dfrac{2(x^2 + y^2)}{h(t)}$(设长度单位为 cm,时间单位为 h),已知体积减少的速率与侧面积成正比(比例系数 0.9),问高度为 130cm 的雪堆全部融化需多少小时?

10. 设 Ω 为平面曲线 $y^2 = 2z, x = 0$ 绕 z 轴旋转一周形成的曲面介于平面 $z = 4$ 与 $z = 8$ 之间所围成的空间区域,在 Ω 上密度为 $u = x^2 + y^2$,求该物体的重心坐标.

11. 求曲面 $z = x^2 + y^2 + 1$ 上点 $M_0(1, -1, 3)$ 处的切平面与曲面 $z = x^2 + y^2$ 所围空间区域的体积.

12. 设有一半径为 R 的球体,P_0 是此球的表面上的一个定点,球体上任一点的密度与该点到 P_0 距离的平方成正比(比例系数 $k > 0$),求球体重心位置.

第 11 章 无穷级数

无穷级数是表示函数、研究函数的性质以及进行数值计算的重要工具.由于它在大量实用科学中有着广泛的应用,使得这个理论在现代数学方法中占有重要地位.

本章先介绍常数项级数的基本概念和判敛法则,然后讨论函数项级数的一般理论,着重介绍函数如何展开成幂级数和三角级数.

11.1 数项级数的概念和性质

11.1.1 基本概念

设有一数列 $u_1, u_2, \cdots, u_n, \cdots$,则由这数列构成的表达式

$$u_1 + u_2 + \cdots + u_n + \cdots \tag{11.1.1}$$

叫做无穷级数(常数项级数),简称级数,记作 $\sum_{n=1}^{\infty} u_n$,即

$$\sum_{n=1}^{\infty} u_n = u_1 + u_2 + \cdots + u_n + \cdots,$$

其中第 n 项 u_n 叫做级数的通项或一般项.

这里的相加仅仅是形式上的加法,这种无穷多项相加是否具有"和数"呢?如果有"和数",它的确切意义又是什么呢?我们可以从有限项的和出发,观察它们的变化趋势,由此来理解无穷多个数量相加的含义.

令

$$S_1 = u_1,$$
$$S_2 = u_1 + u_2,$$
$$\cdots \cdots$$
$$S_n = u_1 + u_2 + \cdots + u_n,$$

其中,S_n 称为级数(11.1.1)式的部分和,这样对级数(11.1.1)式作出一个部分和数列$\{S_n\}$,即

$$S_1, S_2, S_3, \cdots, S_n, \cdots.$$

根据这个数列有没有极限,我们引进无穷级数(11.1.1)式收敛与发散的概念.

定义 如果级数 $\sum_{n=1}^{\infty} u_n$ 的部分和数列$\{S_n\}$有极限 S,即

$$\lim_{n \to \infty} S_n = S,$$

则称级数 $\sum_{n=1}^{\infty} u_n$ 收敛于 S[①]. 如果数列 $\{S_n\}$ 没有极限,则称该级数发散.

由此可见,收敛级数的求和问题,就是求部分和数列的极限问题.

例1 讨论等比级数
$$\sum_{n=1}^{\infty} aq^{n-1} = a + aq + aq^2 + \cdots + aq^{n-1} + \cdots \quad (a \neq 0) \quad (11.1.2)$$
的收敛性,其中 q 称为公比.

解 (1) 当 $|q| \neq 1$ 时,级数(11.1.2)式的前 n 项部分和
$$S_n = a + aq + aq^2 + \cdots + aq^{n-1} = a\frac{1-q^n}{1-q}.$$

当 $|q| < 1$ 时,由于 $\lim_{n\to\infty} q^n = 0$,从而 $\lim_{n\to\infty} S_n = \frac{a}{1-q}$. 因此级数(11.1.2)式收敛,其和为 $\frac{a}{1-q}$.

当 $|q| > 1$ 时,由于 $\lim_{n\to\infty} q^n = \infty$,从而 $\lim_{n\to\infty} S_n = \infty$. 因此级数(11.1.2)式发散.

(2) 当公比 $q = 1$ 时,$S_n = na \to \infty (n \to \infty)$,因此级数(11.1.2)式发散;

当公比 $q = -1$ 时,级数(11.1.2)式成为
$$a - a + a - a + \cdots,$$
显然 $S_n = \begin{cases} a, & n \text{ 为奇数} \\ 0, & n \text{ 为偶数} \end{cases}$,从而 $\{S_n\}$ 极限不存在,级数(11.1.2)式发散.

综上所述,得到结论:

当 $|q| < 1$ 时,等比级数 $\sum_{n=1}^{\infty} aq^{n-1}$ 收敛,其和为 $\frac{a}{1-q}$;当 $|q| \geqslant 1$ 时,级数发散.

例2 讨论级数 $\sum_{n=1}^{\infty} \frac{1}{n(n+1)}$ 的收敛性.

解 因为 $u_n = \frac{1}{n(n+1)} = \frac{1}{n} - \frac{1}{n+1}$,由此可得
$$S_n = \sum_{i=1}^{n} u_i = \sum_{i=1}^{n} \left(\frac{1}{i} - \frac{1}{i+1} \right)$$
$$= \left(1 - \frac{1}{2}\right) + \left(\frac{1}{2} - \frac{1}{3}\right) + \cdots + \left(\frac{1}{n} - \frac{1}{n+1}\right)$$
$$= 1 - \frac{1}{n+1},$$
从而 $\lim_{n\to\infty} S_n = \lim_{n\to\infty} \left(1 - \frac{1}{n+1}\right) = 1$.

[①] 法国数学家柯西首先提出了用部分和数列是否有极限来定义级数是否收敛. 从而以此为基础,比较严格地建立了完整的级数理论.

所以级数 $\sum_{n=1}^{\infty} \dfrac{1}{n(n+1)}$ 收敛,其和为 1.

例 3 证明调和级数
$$1+\frac{1}{2}+\frac{1}{3}+\cdots+\frac{1}{n}+\cdots \tag{11.1.3}$$
是发散的.

证明 级数(11.1.3)式的通项 u_n 可以用下列积分表示
$$u_n = \frac{1}{n} = \int_n^{n+1} \frac{1}{n} dx,$$
因为 $n \leqslant x \leqslant n+1$,从而 $\dfrac{1}{n} \geqslant \dfrac{1}{x}$,因此有
$$u_n \geqslant \int_n^{n+1} \frac{1}{x} dx = \ln(n+1) - \ln n,$$
$$S_n = 1+\frac{1}{2}+\cdots+\frac{1}{n} \geqslant (\ln 2 - \ln 1) + (\ln 3 - \ln 2)$$
$$+\cdots+[\ln(n+1) - \ln n] = \ln(n+1).$$

当 $n \to \infty$ 时,$\ln(n+1) \to +\infty$,所以有 $S_n \to +\infty$,即调和级数 $\sum_{n=1}^{\infty} \dfrac{1}{n}$ 发散.

11.1.2 级数的基本性质

性质 1 设 k 为非零常数,则级数 $\sum_{n=1}^{\infty} u_n$ 与 $\sum_{n=1}^{\infty} k u_n$ 具有相同的敛散性.

证明 设两级数的前 n 项部分和分别是 S_n 与 σ_n,显然有 $\sigma_n = k S_n$.

若 $\sum_{n=1}^{\infty} u_n$ 收敛,设 $\lim_{n \to \infty} S_n = S$,则 $\lim_{n \to \infty} \sigma_n = kS$;

若 $\sum_{n=1}^{\infty} u_n$ 发散,$\{S_n\}$ 没有极限,$k \neq 0$,$\{\sigma_n\}$ 也不能有极限,故两级数有相同的敛散性.

性质 2 若级数 $\sum_{n=1}^{\infty} u_n$ 与 $\sum_{n=1}^{\infty} v_n$ 分别收敛于 S, σ,则级数 $\sum_{n=1}^{\infty} (u_n \pm v_n)$ 也收敛,其和为 $S \pm \sigma$.

证明 设级数 $\sum_{n=1}^{\infty} u_n, \sum_{n=1}^{\infty} v_n$ 的部分和分别为 S_n, σ_n.则级数 $\sum_{n=1}^{\infty} (u_n \pm v_n)$ 的部分和
$$\tau_n = (u_1 \pm v_1) + (u_2 \pm v_2) + \cdots + (u_n \pm v_n)$$
$$= (u_1 + u_2 + \cdots + u_n) \pm (v_1 + v_2 + \cdots + v_n)$$
$$= S_n \pm \sigma_n,$$

于是 $\lim\limits_{n\to\infty}\tau_n = \lim\limits_{n\to\infty}(S_n \pm \sigma_n) = S \pm \sigma$.

这就表明级数 $\sum\limits_{n=1}^{\infty}(u_n \pm v_n)$ 收敛,且其和为 $S \pm \sigma$.

必须注意:

(1) 若级数 $\sum\limits_{n=1}^{\infty} u_n$ 与 $\sum\limits_{n=1}^{\infty} v_n$ 都发散,则级数 $\sum\limits_{n=1}^{\infty}(u_n + v_n)$ 不一定发散;

(2) 若 $\sum\limits_{n=1}^{\infty} u_n$ 收敛,$\sum\limits_{n=1}^{\infty} v_n$ 发散,则 $\sum\limits_{n=1}^{\infty}(u_n + v_n)$ 一定发散.

性质 3 在级数前面加上或去掉有限项,不影响级数的敛散性.

证明 将级数 $u_1 + u_2 + \cdots + u_n + \cdots$ 的前面加上 k 项,得级数
$$a_1 + a_2 + \cdots + a_k + u_1 + u_2 + \cdots + u_n + \cdots.$$
设原级数与新级数的部分和分别为 S_n, σ_n,显然有
$$S_{n+k} = (a_1 + a_2 + \cdots + a_k) + \sigma_n.$$
因为 $(a_1 + a_2 + \cdots + a_k)$ 是常数,所以当 $n \to \infty$ 时,S_{n+k} 与 σ_n 同时有极限或同时无极限.

同理可证,去掉级数前面的有限项也不影响级数的收敛性.

性质 4 将收敛级数的项任意加括号后所成的级数仍收敛于原来的和.

证明 设收敛级数 $S = u_1 + u_2 + \cdots + u_n + \cdots$ 任意加括号后所成级数为
$$(u_1 + \cdots + u_{n_1}) + (u_{n_1+1} + \cdots + u_{n_2}) + \cdots + (u_{n_{k-1}+1} + \cdots + u_{n_k}) + \cdots.$$
设原级数的部分和数列为 $\{S_n\}$,新级数的部分和数列为 $S_{n_1}, S_{n_2}, \cdots, S_{n_k}, \cdots$ 它是数列 $\{S_n\}$ 的一个子数列,与数列 $\{S_n\}$ 有相同的极限 S,所以加括号后所成的级数收敛,其和不变.

必须注意,发散级数加括号后形成的级数不一定发散,如级数 $1 - 1 + 1 - 1 + \cdots$ 是发散的,而级数 $(1-1) + (1-1) + \cdots + (1-1) + \cdots$ 却是收敛的. 因此,不能无条件地将有限项求和的结合律推广到无穷级数.

根据性质 4 可得:

推论 如果加弧号后所成级数发散,则原来级数也发散.

性质 5(级数收敛的必要条件) 如果级数 $\sum\limits_{n=1}^{\infty} u_n$ 收敛,则它的一般项趋于零,即
$$\lim\limits_{n\to\infty} u_n = 0.$$

证明 设级数 $\sum\limits_{n=1}^{\infty} u_n$ 的部分和为 S_n,且 $\lim\limits_{n\to\infty} S_n = S$,则
$$\lim\limits_{n\to\infty} u_n = \lim\limits_{n\to\infty}(S_n - S_{n-1}) = \lim\limits_{n\to\infty} S_n - \lim\limits_{n\to\infty} S_{n-1}$$
$$= S - S = 0.$$

由此可知,如果一般项不趋于零,那么级数一定发散,此性质可以用来判断某

11.1 数项级数的概念和性质

些级数的发散性.

例 判别级数 $\dfrac{1}{3}+\dfrac{2}{5}+\dfrac{3}{7}+\cdots+\dfrac{n}{2n+1}+\cdots$ 的敛散性.

解 $\lim\limits_{n\to\infty}u_n=\lim\limits_{n\to\infty}\dfrac{n}{2n+1}=\dfrac{1}{2}\neq 0$,级数发散.

应当指出,通项趋于零只是级数收敛的必要条件,但不是充分条件,即如果 $\lim\limits_{n\to\infty}u_n=0$ 并不能断定级数 $\sum\limits_{n=1}^{\infty}u_n$ 收敛,如调和级数

$$1+\frac{1}{2}+\frac{1}{3}+\cdots+\frac{1}{n}+\cdots$$

显然 $n\to\infty$ 时, $u_n=\dfrac{1}{n}\to 0$,但该级数却是发散的.

11.1.3[①] 柯西收敛原理

如何判别一个级数是否收敛呢？下面的柯西收敛原理给出了判断级数收敛性的充分必要条件.

定理(柯西收敛原理) 级数 $\sum\limits_{n=1}^{\infty}u_n$ 收敛的充分必要条件为：对于任意给定的正数 ε,总存在着自然数 N,使得当 $n>N$ 时,对于任意的自然数 p,都有

$$|u_{n+1}+u_{n+2}+\cdots+u_{n+p}|<\varepsilon$$

成立.

证明 设级数 $\sum\limits_{n=1}^{\infty}u_n$ 的部分和为 S_n,则

$$|u_{n+1}+u_{n+2}+\cdots+u_{n+p}|=|S_{n+p}-S_n|,$$

所以由数列的柯西收敛准则(参见 1.2.3 定理 3)即得本定理结论.

例 利用柯西收敛原理判别级数 $\sum\limits_{n=1}^{\infty}\dfrac{\sin nx}{2^n}$ 的收敛性.

解 因为对任意自然数 p

$$|u_{n+1}+u_{n+2}+\cdots+u_{n+p}|=\left|\frac{\sin(n+1)x}{2^{n+1}}+\frac{\sin(n+2)x}{2^{n+2}}+\cdots+\frac{\sin(n+p)x}{2^{n+p}}\right|$$

$$\leqslant\frac{1}{2^{n+1}}+\frac{1}{2^{n+2}}+\cdots+\frac{1}{2^{n+p}}$$

$$=\frac{\dfrac{1}{2^{n+1}}\left(1-\dfrac{1}{2^p}\right)}{1-\dfrac{1}{2}}<\frac{1}{2^n}<\frac{1}{n},$$

[①] 超"基本要求"供参考.

所以对于任意给定的正数 ε，取 $N \geqslant \left[\dfrac{1}{\varepsilon}\right]$，则当 $n > N$ 时，对任意自然数 p，都有
$$|u_{n+1} + u_{n+2} + \cdots + u_{n+p}| < \varepsilon$$
成立，故级数 $\sum\limits_{n=1}^{\infty} \dfrac{\sin nx}{2^n}$ 收敛.

习 题 11.1

1. 写出下列级数的一般项：

(1) $1 + \dfrac{1}{3} + \dfrac{1}{5} + \dfrac{1}{7} + \cdots$；

(2) $\dfrac{\cos 1}{1 \cdot 2} + \dfrac{\cos 2}{2 \cdot 3} + \dfrac{\cos 3}{3 \cdot 4} + \cdots$；

(3) $\dfrac{\sqrt{x}}{2} + \dfrac{x}{2 \cdot 4} + \dfrac{x\sqrt{x}}{2 \cdot 4 \cdot 6} + \cdots$；

(4) $\dfrac{1}{2} - \dfrac{4}{5} + \dfrac{7}{8} - \dfrac{10}{11} + \cdots$.

2. 根据级数收敛与发散的定义判断下列级数的收敛性：

(1) $\sum\limits_{n=1}^{\infty}(\sqrt{n+1} - \sqrt{n})$；

(2) $\dfrac{1}{2} + \dfrac{1}{3} + \dfrac{1}{2^2} + \dfrac{1}{3^2} + \cdots + \dfrac{1}{2^n} + \dfrac{1}{3^n} + \cdots$；

(3) $\dfrac{1}{1 \cdot 6} + \dfrac{1}{6 \cdot 11} + \cdots + \dfrac{1}{(5n-4)(5n+1)} + \cdots$；

(4) $\sum\limits_{n=1}^{\infty} \ln \dfrac{n+1}{n}$；

(5) $\sin \dfrac{\pi}{6} + \sin \dfrac{2\pi}{6} + \cdots + \sin \dfrac{n\pi}{6} + \cdots$；

(6) $\sum\limits_{n=1}^{\infty} \dfrac{1}{\sqrt{n(n+1)}(\sqrt{n+1} + \sqrt{n})}$；

(7) $\sum\limits_{n=1}^{\infty} \dfrac{2n-1}{3^n}$；

(8) $\sum\limits_{n=2}^{\infty} \ln\left(1 - \dfrac{1}{n^2}\right)$.

3. 判别下列级数的收敛性：

(1) $\dfrac{1}{3} + \dfrac{1}{6} + \dfrac{1}{9} + \cdots + \dfrac{1}{3n} + \cdots$；

(2) $\cos \dfrac{\pi}{1} + \cos \dfrac{\pi}{2} + \cdots + \cos \dfrac{\pi}{n} + \cdots$；

(3) $-\dfrac{8}{9} + \dfrac{8^2}{9^2} - \dfrac{8^3}{9^3} + \cdots + (-1)^n \dfrac{8^n}{9^n} + \cdots$；

(4) $\dfrac{1}{3} + \dfrac{1}{\sqrt{3}} + \dfrac{1}{\sqrt[3]{3}} + \cdots + \dfrac{1}{\sqrt[n]{3}} + \cdots$；

(5) $\dfrac{1}{2} + \dfrac{1}{10} + \dfrac{1}{4} + \dfrac{1}{20} + \dfrac{1}{8} + \dfrac{1}{30} + \cdots$；

(6) $\dfrac{2}{3} - \dfrac{3}{4} + \dfrac{4}{5} - \cdots + (-1)^{n+1} \dfrac{n+1}{n+2} + \cdots$；

(7) $\left(\dfrac{1}{3} + \dfrac{3}{4}\right) + \left(\dfrac{1}{3^2} + \dfrac{3^2}{4^2}\right) + \cdots + \left(\dfrac{1}{3^n} + \dfrac{3^n}{4^n}\right) + \cdots$.

4. 利用柯西收敛原理判别下列级数的收敛性：

(1) $\sum\limits_{n=1}^{\infty} \dfrac{1}{n^2}$；

(2) $\sum\limits_{n=1}^{\infty} \dfrac{1}{n} \cos \dfrac{1}{n}$.

5. 设 $\{na_n\}$ 收敛，则级数 $\sum\limits_{n=1}^{\infty} a_n$ 收敛的充要条件是 $\sum\limits_{n=1}^{\infty} n(a_n - a_{n+1})$ 收敛.

6. 已知级数通项 u_n 与前 n 项的部分和 S_n 有如下关系：$2S_n^2 = 2u_n S_n - u_n (n \geqslant 2)$，且 $u_1 = 2$，判别级数 $\sum\limits_{n=1}^{\infty} u_n$ 的敛散性.

11.2 正项级数及其审敛法

定义 每项都非负（$u_n \geqslant 0$）的级数称为正项级数.

11.2 正项级数及其审敛法

现设 $\sum_{n=1}^{\infty} u_n$ 是一个正项级数,因为 $u_n \geqslant 0 (n=1,2,\cdots)$,因此它的部分和数列显然是递增的,即 $S_1 \leqslant S_2 \leqslant \cdots \leqslant S_n \leqslant \cdots$,如果数列 $\{S_n\}$ 有上界 M,则根据"单调有界数列有极限"的准则,$\{S_n\}$ 必收敛于 S,且 $S_n \leqslant S \leqslant M$;反之,如果 $\lim_{n\to\infty} S_n = S$,由数列收敛的必要条件知数列 $\{S_n\}$ 为有界数列,由此我们给出下述定理.

定理 1 正项级数收敛的充分必要条件是它的部分和数列有界.

定理 1 的实用性有限,但以此理论为基础,可以得到在使用上较方便的正项级数的几个审敛法则.

11.2.1 比较判别法

定理 2 设 $\sum_{n=1}^{\infty} u_n$ 和 $\sum_{n=1}^{\infty} v_n$ 都是正项级数,且 $u_n \leqslant v_n (n=1,2,\cdots)$,则

(1) 若 $\sum_{n=1}^{\infty} v_n$ 收敛,则 $\sum_{n=1}^{\infty} u_n$ 也收敛;

(2) 若 $\sum_{n=1}^{\infty} u_n$ 发散,则 $\sum_{n=1}^{\infty} v_n$ 也发散.

证明 (1) 设级数 $\sum_{n=1}^{\infty} v_n$ 收敛于 σ,则级数 $\sum_{n=1}^{\infty} u_n$ 的部分和 $S_n = u_1 + u_2 + \cdots + u_n \leqslant v_1 + v_2 + \cdots + v_n \leqslant \sigma$,即部分和数列 $\{S_n\}$ 有上界,由定理 2 知级数 $\sum_{n=1}^{\infty} u_n$ 收敛.

(2) 反证法. 当 $\sum_{n=1}^{\infty} u_n$ 发散,设 $\sum_{n=1}^{\infty} v_n$ 收敛,由(1)可推出 $\sum_{n=1}^{\infty} u_n$ 也收敛,与已知条件矛盾,故 $\sum_{n=1}^{\infty} v_n$ 也发散.

因为级数的每一项同乘不为零的常数以及改变级数前面的有限项不会影响级数的敛散性,所以定理 2 中不等式可以写成

$$u_n \leqslant k v_n \quad (n = N, N+1, \cdots).$$

用比较判别法判别级数收敛性时,最基本的比较标准是几何级数,另一个常用的比较标准是 p 级数 $\sum_{n=1}^{\infty} \frac{1}{n^p}$.

例 1 级数 $\sum_{n=1}^{\infty} \sin \frac{\pi}{2^n}$ 收敛,事实上

$$\sin \frac{\pi}{2^n} \leqslant \frac{\pi}{2^n} \quad (n=1,2,\cdots),$$

而等比级数 $\sum_{n=1}^{\infty} \frac{\pi}{2^n}$ 收敛.

例2 讨论 p 级数 $\sum\limits_{n=1}^{\infty} \dfrac{1}{n^p}$ 的收敛性(常数 $p>0$).

解 当 $p \leqslant 1$ 时,$\dfrac{1}{n^p} \geqslant \dfrac{1}{n}$ ($n=1,2,\cdots$),而调和级数 $\sum\limits_{n=1}^{\infty} \dfrac{1}{n}$ 发散,所以级数 $\sum\limits_{n=1}^{\infty} \dfrac{1}{n^p}$ 发散.

当 $p>1$ 时,对 p 级数加括号得到新级数

$$1+\left(\dfrac{1}{2^p}+\dfrac{1}{3^p}\right)+\left(\dfrac{1}{4^p}+\dfrac{1}{5^p}+\dfrac{1}{6^p}+\dfrac{1}{7^p}\right)+\left(\dfrac{1}{8^p}+\cdots+\dfrac{1}{15^p}\right)+\cdots,$$

另作一级数

$$1+\left(\dfrac{1}{2^p}+\dfrac{1}{2^p}\right)+\left(\dfrac{1}{4^p}+\dfrac{1}{4^p}+\dfrac{1}{4^p}+\dfrac{1}{4^p}\right)+\left(\dfrac{1}{8^p}+\cdots+\dfrac{1}{8^p}\right)+\cdots.$$

显然前一级数的各项均不大于后一级数的各项,然而后一级数是一等比级数,其公比 $q=\dfrac{1}{2^{p-1}}<1$,所以收敛,由比较判别法可知前一级数也收敛,又因为正项级数加括号收敛,则去括号也收敛,所以当 $p>1$ 时 p 级数收敛.

归纳起来:当 $p \leqslant 1$ 时,p 级数发散;当 $p>1$ 时,p 级数收敛.

例3 判别级数 $\sum\limits_{n=1}^{\infty} \dfrac{1}{\sqrt{4n^2-3}}$ 的收敛性.

解 由于 $\dfrac{1}{\sqrt{4n^2-3}} > \dfrac{1}{2n}$ ($n=1,2,\cdots$),又已知调和级数发散,故原级数 $\sum\limits_{n=1}^{\infty} \dfrac{1}{\sqrt{4n^2-3}}$ 发散.

对于级数 $\sum\limits_{n=1}^{\infty} \dfrac{1}{\sqrt{4n^2+3}}$,利用 $\dfrac{1}{\sqrt{4n^2+3}} < \dfrac{1}{2n}$ 则不能判别其收敛性,而 $\dfrac{1}{\sqrt{4n^2-3}},\dfrac{1}{\sqrt{4n^2+3}},\dfrac{1}{n}$ 在 $n \to \infty$ 时是同阶的无穷小量,为了避免在讨论不等式上花费较多的精力,可否通过比较级数通项(无穷小量)的阶来判别其收敛性呢?下面给出比较法的极限形式.

定理3 设 $\sum\limits_{n=1}^{\infty} u_n$ 与 $\sum\limits_{n=1}^{\infty} v_n$ 为两个正项级数,如果 $\lim\limits_{n\to\infty} \dfrac{u_n}{v_n} = l$ ($0<l<+\infty$),则级数 $\sum\limits_{n=1}^{\infty} u_n$ 与级数 $\sum\limits_{n=1}^{\infty} v_n$ 同时收敛或同时发散.

证明 因为 $\lim\limits_{n\to\infty} \dfrac{u_n}{v_n} = l > 0$,对于 $\varepsilon = \dfrac{l}{2}$,存在 N,使得当 $n > N$ 时,有 $\left|\dfrac{u_n}{v_n} - l\right| < \dfrac{l}{2}$ 成立,即

11.2 正项级数及其审敛法

$$\frac{l}{2}v_n < u_n < \frac{3l}{2}v_n \quad (n > N),$$

于是由比较判别法知，级数 $\sum\limits_{n=1}^{\infty}u_n$ 与级数 $\sum\limits_{n=1}^{\infty}v_n$ 具有相同的敛散性.

可以证明，定理 3 中当 $l=0$ 时，由级数 $\sum\limits_{n=1}^{\infty}v_n$ 收敛可以推出级数 $\sum\limits_{n=1}^{\infty}u_n$ 收敛，当 $l=+\infty$ 时，由级数 $\sum\limits_{n=1}^{\infty}v_n$ 发散可以推出 $\sum\limits_{n=1}^{\infty}u_n$ 发散.

例 4 判断下列级数的收敛性.

(1) $\sum\limits_{n=1}^{\infty}\dfrac{2n-1}{n^3+10}$; (2) $\sum\limits_{n=1}^{\infty}\ln\left(\dfrac{n+1}{n}\right)$; (3) $\sum\limits_{n=1}^{\infty}\dfrac{\ln n}{n^2}$.

解 (1) 因为 $\lim\limits_{n\to\infty}\dfrac{2n-1}{n^3+10}\Big/\dfrac{1}{n^2}=2$，而级数 $\sum\limits_{n=1}^{\infty}\dfrac{1}{n^2}$ 收敛，所以由定理可知 $\sum\limits_{n=1}^{\infty}\dfrac{2n-1}{n^3+10}$ 收敛；

(2) 因为 $\lim\limits_{n\to\infty}\dfrac{\ln\left(\dfrac{n+1}{n}\right)}{\dfrac{1}{n}}=1$，而调和级数发散，所以级数 $\sum\limits_{n=1}^{\infty}\ln\left(\dfrac{n+1}{n}\right)$ 发散；

(3) 因为 $\lim\limits_{n\to\infty}\dfrac{\ln n}{n^2}\Big/\dfrac{1}{n^{3/2}}=\lim\limits_{n\to\infty}\dfrac{\ln n}{n^{1/2}}=0$，而级数 $\sum\limits_{n=1}^{\infty}\dfrac{1}{n^{3/2}}$ 收敛，所以级数 $\sum\limits_{n=1}^{\infty}\dfrac{\ln n}{n^2}$ 收敛.

例 4(3) 中由级数的形式，可能会想到用级数 $\sum\limits_{n=1}^{\infty}\dfrac{1}{n}$ 或 $\sum\limits_{n=1}^{\infty}\dfrac{1}{n^2}$ 作比较，不妨试试，将会出现什么情况.

11.2.2 比值判别法和根值判别法

定理 4（比值判别法，达朗贝尔[①]判别法）

设 $\sum\limits_{n=1}^{\infty}u_n$ 为正项级数（$u_n>0$），若 $\lim\limits_{n\to\infty}\dfrac{u_{n+1}}{u_n}=\rho$，$\rho$ 为有限数或 $+\infty$，则有

(1) $\rho<1$ 时，$\sum\limits_{n=1}^{\infty}u_n$ 收敛；

(2) $\rho>1$ 时，$\sum\limits_{n=1}^{\infty}u_n$ 发散.

证明 (1) 若 $\rho<1$，由极限定义，取正数 ε，并使 $r=\rho+\varepsilon<1$，必存在正整数 N，

[①] 达朗贝尔(法国数学、力学、哲学家，J. L. R. d'Alembert, 1717～1783).

当 $n>N$ 时,恒有 $\dfrac{u_{N+1}}{u_N}<\rho+\varepsilon=r<1$,即 $u_{N+1}<ru_N$. 因此有

$$u_{N+2} < ru_{N+1} < r^2 u_N,$$
$$u_{N+3} < ru_{N+2} < r^3 u_N,$$
$$\cdots\cdots$$
$$u_{N+k} < ru_{N+k-1} < r^k u_N.$$

即级数

$$u_{N+1} + u_{N+2} + \cdots + u_{N+k} + \cdots$$

的各项分别小于级数

$$ru_N + r^2 u_N + \cdots + r^k u_N + \cdots$$

的对应项,而级数 $\sum\limits_{n=1}^{\infty} r^n u_N$ 是公比小于 1 的几何级数,因此由比较判别法知级数 $\sum\limits_{k=1}^{\infty} u_{N+k}$ 收敛.

它再加进 N 项 $u_1, u_2, \cdots, u_N$ 就是原级数,故 $\sum\limits_{n=1}^{\infty} u_n$ 收敛.

(2) 若 $\rho>1$,由极限定义,取 $\varepsilon>0$,使 $\rho-\varepsilon>1$,必存在整数 N,当 $n>N$ 时,恒有

$$\dfrac{u_{n+1}}{u_n} > \rho-\varepsilon \quad \text{即} \quad u_{n+1} > (\rho-\varepsilon)u_n > u_n,$$

所以当 $n>N$ 时,u_n 是递增的,因此当 $n\to\infty$ 时 u_n 不可能趋于 0,故级数发散.

当 $\rho=+\infty$ 时级数显然是发散的,但当 $\rho=1$ 时,比值法不能给出肯定的答案,以 p-级数为例,不论 p 是何值均有 $\rho=\lim\limits_{n\to\infty}\dfrac{a_{n+1}}{a_n}=\lim\limits_{n\to\infty}\dfrac{n^p}{(n+1)^p}=1$. 但我们知道,当 $p>1$ 时级数收敛,当 $p\leq 1$ 时级数发散,因此当 $\rho=1$ 时,级数是否收敛需要进一步审定.

例1 判别级数 $\sum\limits_{n=1}^{\infty}\dfrac{2^n}{n!}$ 的收敛性.

解 因为 $\lim\limits_{n\to\infty}\dfrac{u_{n+1}}{u_n}=\lim\limits_{n\to\infty}\dfrac{2^{n+1}}{(n+1)!}\cdot\dfrac{n!}{2^n}=\lim\limits_{n\to\infty}\dfrac{2}{n+1}=0<1$,由比值审敛法知所给级数收敛.

例2 判别级数 $\sum\limits_{n=1}^{\infty}\dfrac{1}{n(2n+1)}$ 的收敛性.

解 因为 $\lim\limits_{n\to\infty}\dfrac{u_{n+1}}{u_n}=\lim\limits_{n\to\infty}\dfrac{n(2n+1)}{(n+1)(2n+3)}=1$,比值法失效,改用比较判别法

$$\lim_{n\to\infty}\dfrac{1}{n(2n+1)}\Big/\dfrac{1}{n^2}=\dfrac{1}{2},$$

由 $\sum_{n=1}^{\infty}\frac{1}{n^2}$ 收敛,可知 $\sum_{n=1}^{\infty}\frac{1}{n(2n+1)}$ 收敛.

例 3 利用级数收敛的必要条件证明 $\lim\limits_{n\to\infty}\frac{n!}{n^n}=0$.

解 记 $u_n=\frac{n!}{n^n}$. 先讨论 $\sum_{n=1}^{\infty}\frac{n!}{n^n}$ 的收敛性,因为

$$\lim_{n\to\infty}\frac{u_{n+1}}{u_n}=\lim_{n\to\infty}\frac{(n+1)!n^n}{(n+1)^{n+1}\cdot n!}$$

$$=\lim_{n\to\infty}\frac{n^n}{(n+1)^n}=\lim_{n\to\infty}\frac{1}{\left(1+\frac{1}{n}\right)^n}$$

$$=\frac{1}{e}<1,$$

由比值法得知级数 $\sum_{n=1}^{\infty}\frac{n!}{n^n}$ 收敛,于是 $\lim\limits_{n\to\infty}u_n=\lim\limits_{n\to\infty}\frac{n!}{n^n}=0$.

定理 5(根值判别法 柯西判别法)

设 $\sum_{n=1}^{\infty}u_n$ 为正项级数,若 $\lim\limits_{n\to\infty}\sqrt[n]{u_n}=\rho$,$\rho$ 为有限数或 $+\infty$,则有

(1) $\rho<1$ 时,级数收敛;

(2) $\rho>1$ 时,级数发散.

这个定理与定理 4 的证明思路一致,不再重复.

比值判别法与根值判别法都是与几何级数作比较而得到的判敛准则,其优点是可以直接从 $\{u_n\}$ 自身的状况来判别级数的收敛性. 根值判别法的适用范围比比值判别法更广一些. 不过对于一些具体题目,求极限 $\lim\limits_{n\to\infty}\frac{u_{n+1}}{u_n}$ 往往比求极限 $\lim\limits_{n\to\infty}\sqrt[n]{u_n}$ 更方便. 这里还需指出,定理 4 和定理 5 中的条件是使结论成立的充分条件而非必要条件.

例 4 判断级数 $\sum_{n=1}^{\infty}\frac{n^2}{\left(n+\frac{1}{n}\right)^n}$ 的收敛性.

解 由于 $\lim\limits_{n\to\infty}\sqrt[n]{u_n}=\lim\limits_{n\to\infty}\frac{(\sqrt[n]{n})^2}{n+\frac{1}{n}}=0<1$,根据定理 5 知所给级数是收敛的.

例 5 讨论级数 $\sum_{n=1}^{\infty}\frac{a^n}{n^p}$ 的敛散性,其中 $a>0$.

解 由于 $\lim\limits_{n\to\infty}\sqrt[n]{u_n}=\lim\limits_{n\to\infty}\frac{a}{(\sqrt[n]{n})^p}=a$,所以当 $a<1$ 时,级数收敛;当 $a>1$ 时级数

发散；当 $a=1$ 时，所给级数是 p 级数，仅当 $p>1$ 时收敛．

归纳以上结果可得，当 $a<1$，或 $a=1$，$p>1$ 时级数收敛，否则级数发散．

11.2.3 积分判别法

定理 6 设 $\sum\limits_{n=1}^{\infty} u_n$ 为正项级数，若连续函数 $f(x)$ 在区间 $[1,+\infty)$ 上单调递减，且 $u_n = f(n)(n=1,2,3\cdots)$，则级数 $\sum\limits_{n=1}^{\infty} u_n$ 与广义积分 $\int_1^{+\infty} f(x)\mathrm{d}x$ 有相同的收敛性．

证明 因 $f(x)$ 单调递减，当 $x\in[k-1,k](k=2,3,\cdots,n)$ 时有不等式
$$f(k) \leqslant f(x) \leqslant f(k-1),$$
$$\int_{k-1}^{k} f(k)\mathrm{d}x \leqslant \int_{k-1}^{k} f(x)\mathrm{d}x \leqslant \int_{k-1}^{k} f(k-1)\mathrm{d}x,$$
于是
$$u_k \leqslant \int_{k-1}^{k} f(x)\mathrm{d}x \leqslant u_{k-1},$$
从而
$$\sum_{k=2}^{n} u_k \leqslant \sum_{k=2}^{n} \int_{k-1}^{k} f(x)\mathrm{d}x \leqslant \sum_{k=2}^{n} u_{k-1},$$
即
$$S_n - u_1 \leqslant \int_1^{n} f(x)\mathrm{d}x \leqslant S_{n-1},$$
其中，S_n 是级数 $\sum\limits_{n=1}^{\infty} u_n$ 的部分和．

由上式可知：数列 $\int_1^{n} f(x)\mathrm{d}x$ 有上界当且仅当数列 $\{S_n\}$ 有上界，所以级数 $\sum\limits_{n=1}^{\infty} u_n$ 与广义积分 $\int_1^{+\infty} f(x)\mathrm{d}x$ 有相同的收敛性．

用积分判别法讨论 p 级数的收敛性是十分简便的，不妨练习一下．

例 判别级数 $\sum\limits_{n=2}^{\infty} \dfrac{1}{n(\ln n)^2}$ 的收敛性．

解 取 $f(x) = \dfrac{1}{x(\ln x)^2}$，函数在 $[2,+\infty)$ 满足定理 6 的条件，因为 $\int_2^{+\infty} \dfrac{1}{x(\ln x)^2}\mathrm{d}x = -\dfrac{1}{\ln x}\Big|_2^{+\infty} = \dfrac{1}{\ln 2}$，广义积分收敛，所以级数 $\sum\limits_{n=2}^{\infty} \dfrac{1}{n(\ln n)^2}$ 收敛．

习 题 11.2

1. 用比较判别法讨论下列级数的敛散性：

(1) $\sum_{n=1}^{\infty} \dfrac{1}{2n-1}$；

(2) $\sum_{n=2}^{\infty} \dfrac{1}{(n-1)(n+4)}$；

(3) $\sum_{n=1}^{\infty} \dfrac{1}{\sqrt{4n^3-n}}$；

(4) $\sum_{n=1}^{\infty} \ln\left(1+\dfrac{a}{n^2}\right)$ ($a>0$ 为常数)；

(5) $\sum_{n=1}^{\infty} 2^n \sin\dfrac{\pi}{3^n}$；

(6) $\sum_{n=1}^{\infty} \dfrac{4n}{(n+1)(n+2)}$；

(7) $\sum_{n=1}^{\infty} \dfrac{1}{\sqrt{n}+1}$；

(8) $\sum_{n=1}^{\infty} \dfrac{\ln n}{n^{4/3}}$；

(9) $\sum_{n=2}^{\infty} \dfrac{1}{\ln n}$；

(10) $\sum_{n=1}^{\infty} n\tan\dfrac{1}{2^n}$；

(11) $\sum_{n=1}^{\infty} \dfrac{2+(-1)^n}{2^n}$；

(12) $\sum_{n=1}^{\infty} \dfrac{1}{1+a^n}$ ($a>0$)．

2. 用比值判别法讨论下列级数的敛散性：

(1) $\sum_{n=1}^{\infty} \dfrac{3^n}{n \cdot 2^n}$；

(2) $\sum_{n=1}^{\infty} \dfrac{2^n n!}{n^n}$；

(3) $\sum_{n=1}^{\infty} 2^{n+1} \tan\dfrac{\pi}{4n}$；

(4) $\sum_{n=1}^{\infty} \dfrac{n^4}{n!}$；

(5) $\sum_{n=1}^{\infty} \dfrac{2 \cdot 5 \cdot 8 \cdot \cdots \cdot (3n-1)}{1 \cdot 5 \cdot 9 \cdot \cdots \cdot (4n-3)}$；

(6) $\sum_{n=1}^{\infty} \dfrac{(n!)^2}{(2n)!}$．

3. 用根值判别法讨论下列级数的敛散性：

(1) $\sum_{n=1}^{\infty} \dfrac{3^n}{2^n \arctan^n n}$；

(2) $\sum_{n=1}^{\infty} \left(\dfrac{2n-3}{3n+1}\right)^n$；

(3) $\sum_{n=1}^{\infty} \dfrac{n}{\left(2+\dfrac{1}{n}\right)^n}$；

(4) $\sum_{n=1}^{\infty} \left(\dfrac{b}{a_n}\right)^n$，其中 $a_n \to a (n \to \infty)$，a_n, a, b 均为正数．

4. 能否用比值法判别级数 $\sum_{n=1}^{\infty} \dfrac{3+(-1)^n}{2^n}$ 的收敛性？若不能，应如何判断．

5. 用适当的方法判断下列级数的收敛性：

(1) $\dfrac{1}{3} + \dfrac{3}{3^2} + \dfrac{5}{3^3} + \cdots + \dfrac{2n-1}{3^n} + \cdots$；

(2) $\dfrac{1}{a+b} + \dfrac{1}{2a+b} + \cdots + \dfrac{1}{na+b} + \cdots$ ($a>0, b>0$)；

(3) $\sum_{n=1}^{\infty} \dfrac{n+1}{n(n+2)}$；

(4) $\sum_{n=1}^{\infty} n\left(\dfrac{3}{4}\right)^n$；

(5) $\sum_{n=1}^{\infty} n\sin\dfrac{1}{n}$；

(6) $\dfrac{2}{3} + \dfrac{\left(\dfrac{3}{2}\right)^4}{9} + \cdots + \dfrac{\left(\dfrac{1+n}{n}\right)^{n^2}}{3^n} + \cdots$；

(7) $\sum_{n=2}^{\infty} \dfrac{1}{n\ln^3 n}$；

(8) $\sum_{n=1}^{\infty} \dfrac{100^n}{n!}$；

(9) $\sum_{n=1}^{\infty} \frac{1}{\sqrt[3]{n+1}} \ln \frac{n+2}{n}$;   (10) $\sum_{n=1}^{\infty} \frac{n\cos^2 \frac{n\pi}{3}}{2^n}$;

(11) $\sum_{n=2}^{\infty} \frac{1}{\ln(n!)}$;   (12) $\sum_{n=1}^{\infty} \left(1 - \cos \frac{\pi}{n}\right)$;

(13) $\sum_{n=1}^{\infty} \frac{1! + 2! + \cdots + n!}{(2n)!}$;   (14) $\sum_{n=1}^{\infty} \frac{n^{n+\frac{1}{n}}}{\left(n+\frac{1}{n}\right)^n}$;

(15) $\sum_{n=1}^{\infty} \frac{1}{\int_0^n \sqrt[4]{1+x^4}\,dx}$.

6. 若正项级数 $\sum_{n=1}^{\infty} a_n$ 与 $\sum_{n=1}^{\infty} b_n$ 都发散，问下列级数是否发散？

(1) $\sum_{n=1}^{\infty} \max\{a_n, b_n\}$;   (2) $\sum_{n=1}^{\infty} \min\{a_n, b_n\}$.

7. 若 $\lim_{n \to \infty} na_n = a \neq 0$，证明级数 $\sum_{n=1}^{\infty} a_n$ 发散.

8. 若 $a_n > 0$，且 $\lim_{n \to \infty} \frac{\ln \frac{1}{a_n}}{\ln n} = p > 1$，问 $\sum_{n=1}^{\infty} a_n$ 是否收敛？说明理由.

9. 若正项数列 $\{x_n\}$ 单调上升且有上界，试证级数 $\sum_{n=1}^{\infty} \left(1 - \frac{x_n}{x_{n+1}}\right)$ 收敛.

10. 设 $a_n \geq 0 (n=1,2,\cdots)$，试证若级数 $\sum_{n=1}^{\infty} a_n$ 收敛，则级数 $\sum_{n=1}^{\infty} a_n^2$，$\sum_{n=1}^{\infty} \sqrt{a_n a_{n+1}}$，$\sum_{n=1}^{\infty} \frac{\sqrt{a_n}}{n}$ 都收敛.

11. 设 $\frac{a_{n+1}}{a_n} \leq \frac{b_{n+1}}{b_n} (n=1,2,\cdots)$，其中 $a_n > 0, b_n > 0$，证明：

(1) 若 $\sum_{n=1}^{\infty} b_n$ 收敛，则 $\sum_{n=1}^{\infty} a_n$ 收敛；

(2) 若 $\sum_{n=1}^{\infty} a_n$ 发散，则 $\sum_{n=1}^{\infty} b_n$ 发散.

11.3 任意项级数的收敛判别法

11.3.1 交错级数

各项为正负相间的级数，即形如 $\sum_{n=1}^{\infty} (-1)^n u_n$ 或 $\sum_{n=1}^{\infty} (-1)^{n-1} u_n (u_n > 0, n=1, 2, \cdots)$ 的级数，称为交错级数.

定理1(莱布尼茨准则) 若交错级数 $\sum_{n=1}^{\infty} (-1)^{n-1} u_n (u_n > 0, n=1,2,\cdots)$ 满足条件：

(1) $u_n \geqslant u_{n+1}$ ($n=1,2,\cdots$);

(2) $\lim\limits_{n\to\infty} u_n = 0$.

则交错级数 $\sum\limits_{n=1}^{\infty}(-1)^{n-1}u_n$ 收敛,其和 $S\leqslant u_1$,且余项 $r_n=S-S_n$ 的绝对值 $|r_n|\leqslant u_{n+1}$.

证明 先证前 $2n$ 项的和 S_{2n} 的极限存在.

取前 $2n$ 项的和

$$S_{2n} = (u_1 - u_2) + (u_3 - u_4) + \cdots + (u_{2n-1} - u_{2n}),$$

由条件(1)知 S_{2n} 是递增数列,但 S_{2n} 又可表成

$$S_{2n} = u_1 - (u_2 - u_3) - \cdots - (u_{2n-2} - u_{2n-1}) - u_{2n} \leqslant u_1,$$

所以 $\{S_{2n}\}$ 是单调有界数列,故必有极限,且

$$\lim_{n\to\infty} S_{2n} = S \leqslant u_1.$$

又因为 $S_{2n+1} = S_{2n} + u_{2n+1}$,由条件(2)得

$$\lim_{n\to\infty} S_{2n+1} = \lim_{n\to\infty}(S_{2n} + u_{2n+1}) = S + 0 = S.$$

所以交错级数偶数个项的部分和与奇数个项的部分和趋于同一极限 S,故级数收敛,且其和 $S\leqslant u_1$.

这时,交错级数的余项

$$r_n = S - S_n = \sum_{k=n+1}^{\infty}(-1)^{k-1}u_k,$$

其绝对值 $|r_n| = u_{n+1} - u_{n+2} + \cdots$.

上式右端也是一个交错级数,显然它也满足收敛的两个条件,因此其和不超过第一项,即

$$|r_n| \leqslant u_{n+1}.$$

定理的后半部分,以后用于莱布尼茨型级数作近似计算的误差估计.

例如,交错级数 $1 - \dfrac{1}{2} + \dfrac{1}{3} - \dfrac{1}{4} + \cdots + (-1)^{n-1}\dfrac{1}{n} + \cdots$ 满足条件(1) $u_n = \dfrac{1}{n} > \dfrac{1}{n+1} = u_{n+1}$ ($n=1,2,\cdots$)及(2) $\lim\limits_{n\to\infty} u_n = \lim\limits_{n\to\infty}\dfrac{1}{n} = 0$,所以它是收敛的,且其和 $S<1$,如果取前 n 项的和 S_n 作为 S 的近似值,所产生的误差 $|r_n|\leqslant \dfrac{1}{n+1}$.

例 判别级数 $\sum\limits_{n=1}^{\infty}\dfrac{(-1)^n}{n-\ln n}$ 的收敛性.

解 在利用莱布尼茨准则时,对于条件(1)有时要利用导数工具来判断.

令

$$f(x) = \dfrac{1}{x-\ln x}, \quad f'(x) = \dfrac{1-x}{x(x-\ln x)^2} \leqslant 0 \quad (x\geqslant 1),$$

函数 $f(x)=\dfrac{1}{x-\ln x}$ 在 $x\geqslant 1$ 时单调减少，由此可知 $u_n\geqslant u_{n+1}$；又因为 $\lim\limits_{n\to\infty}u_n=\lim\limits_{n\to\infty}\dfrac{1}{n-\ln n}=\lim\limits_{n\to\infty}\dfrac{1}{n\left(1-\dfrac{\ln n}{n}\right)}=0$，从而 $\sum\limits_{n=1}^{\infty}\dfrac{(-1)^n}{n-\ln n}$ 收敛.

11.3.2 绝对收敛与条件收敛

定义 对于任意项级数 $\sum\limits_{n=1}^{\infty}u_n$，若 $\sum\limits_{n=1}^{\infty}|u_n|$ 收敛，则称 $\sum\limits_{n=1}^{\infty}u_n$ 为绝对收敛级数；若 $\sum\limits_{n=1}^{\infty}|u_n|$ 发散，但 $\sum\limits_{n=1}^{\infty}u_n$ 收敛，则称 $\sum\limits_{n=1}^{\infty}u_n$ 为条件收敛级数.

绝对收敛级数与收敛级数有如下重要关系：

定理 2 若级数 $\sum\limits_{n=1}^{\infty}|u_n|$ 收敛，则级数 $\sum\limits_{n=1}^{\infty}u_n$ 收敛.

证明 由于 $0\leqslant |u_n|+u_n\leqslant 2|u_n|$，且已知 $\sum\limits_{n=1}^{\infty}|u_n|$ 收敛，所以 $\sum\limits_{n=1}^{\infty}(|u_n|+u_n)$ 收敛.

又 $u_n=(|u_n|+u_n)-|u_n|$，根据级数的基本性质 2 可知 $\sum\limits_{n=1}^{\infty}u_n$ 收敛.

上述定理的逆命题不成立，也就是说，级数 $\sum\limits_{n=1}^{\infty}u_n$ 收敛时，$\sum\limits_{n=1}^{\infty}|u_n|$ 未必收敛，如 $\sum\limits_{n=1}^{\infty}(-1)^{n-1}\dfrac{1}{n}$ 收敛，但 $\sum\limits_{n=1}^{\infty}\left|(-1)^{n-1}\dfrac{1}{n}\right|=\sum\limits_{n=1}^{\infty}\dfrac{1}{n}$ 发散.

例 1 判别级数 $\sum\limits_{n=1}^{\infty}\dfrac{\sin\dfrac{n\pi}{3}}{n^2}$ 的收敛性.

解 因为 $\left|\dfrac{\sin\dfrac{n}{3}\pi}{n^2}\right|\leqslant\dfrac{1}{n^2}$，又 $\sum\limits_{n=1}^{\infty}\dfrac{1}{n^2}$ 收敛，根据正项级数比较判别法，$\sum\limits_{n=1}^{\infty}\left|\dfrac{\sin\dfrac{n}{3}\pi}{n^2}\right|$ 收敛，再根据定理 2，级数 $\sum\limits_{n=1}^{\infty}\dfrac{\sin\dfrac{n}{3}\pi}{n^2}$ 收敛，且绝对收敛.

例 2 判别级数 $\sum\limits_{n=1}^{\infty}(-1)^n\dfrac{1}{2^n}\left(1+\dfrac{1}{n}\right)^{n^2}$ 的收敛性.

解 由

$$|u_n|=\dfrac{1}{2^n}\left(1+\dfrac{1}{n}\right)^{n^2},\quad \lim_{n\to\infty}\sqrt[n]{|u_n|}=\lim_{n\to\infty}\dfrac{1}{2}\left(1+\dfrac{1}{n}\right)^n=\dfrac{\mathrm{e}}{2}>1,$$

11.3 任意项级数的收敛判别法

因此级数 $\sum_{n=1}^{\infty}(-1)^n \dfrac{1}{2^n}\left(1+\dfrac{1}{n}\right)^{n^2}$ 发散.

因为 $\sum_{n=1}^{\infty}|u_n|$ 是正项级数,所以 11.2 节中有关正项级数的收敛判别法可以用来判别任意项级数 $\sum_{n=1}^{\infty} u_n$ 的绝对收敛性,必须指出,当我们用比值法和根值法判定了正项级数 $\sum_{n=1}^{\infty}|u_n|$ 为发散时,我们仍然可以断言,级数 $\sum_{n=1}^{\infty} u_n$ 也是发散的,这是因为用这两种判别法判定正项级数 $\sum_{n=1}^{\infty}|u_n|$ 发散,所依据的是:当 $n \to \infty$ 时,$|u_n| \not\to 0$,于是,显然也有 $u_n \not\to 0$,所以 $\sum_{n=1}^{\infty} u_n$ 发散.

例 3 讨论级数 $\sum_{n=1}^{\infty} \dfrac{x^n}{2^n \cdot n}$ 的敛散性,其中 x 为实数.

解 由于
$$\lim_{n\to\infty}\left|\dfrac{u_{n+1}}{u_n}\right| = \lim_{n\to\infty}\dfrac{|x|^{n+1}}{2^{n+1}\cdot(n+1)} \cdot \dfrac{2^n \cdot n}{|x|^n} = \lim_{n\to\infty}\dfrac{|x|}{2} \cdot \dfrac{n}{n+1} = \dfrac{|x|}{2},$$

根据比值判别法可知,当 $\left|\dfrac{x}{2}\right|<1$,即 $|x|<2$ 时,级数 $\sum_{n=1}^{\infty}\dfrac{x^n}{2^n \cdot n}$ 绝对收敛,从而收敛;当 $\left|\dfrac{x}{2}\right|>1$,即 $|x|>2$ 时,级数 $\sum_{n=1}^{\infty}\dfrac{x^n}{2^n \cdot n}$ 发散;当 $\left|\dfrac{x}{2}\right|=1$,即 $|x|=2$ 时,可用其他方法判断;当 $x=2$,原级数化为 $\sum_{n=1}^{\infty}\dfrac{1}{n}$,因此级数发散;当 $x=-2$,原级数化为 $\sum_{n=1}^{\infty}(-1)^n\dfrac{1}{n}$,因此级数收敛.

例 4 判别级数 $\sum_{n=1}^{\infty}(-1)^n \sin\dfrac{x}{n} (x>0)$ 时的敛散性.

解 由于 $|u_n| = \left|(-1)^n \sin\dfrac{x}{n}\right| = \sin\dfrac{x}{n}$,$\lim_{n\to\infty}\dfrac{\sin\dfrac{x}{n}}{\dfrac{x}{n}}=1$,而 $\sum_{n=1}^{\infty}\dfrac{x}{n}$ 发散.

根据正项级数的比较判别法,$\sum_{n=1}^{\infty}\left|(-1)^n\sin\dfrac{x}{n}\right|$ 发散,所以原级数不绝对收敛.

当 $\dfrac{x}{n}<\dfrac{\pi}{2}$,即 $n>\dfrac{2}{\pi}x$ 时,$\sin\dfrac{x}{n}>\sin\dfrac{x}{n+1}$,且 $\lim_{n\to\infty}\sin\dfrac{x}{n}=0$,由莱布尼茨准则可知,原级数是收敛的,是条件收敛.

绝对收敛级数有许多重要性质,下面,我们叙述它的两个基本的性质(其证明从略).

性质 1 若级数 $\sum_{n=1}^{\infty} u_n$ 绝对收敛,且其和为 S,则任意交换此级数的各项次序后所得的新级数 $\sum_{n=1}^{\infty} u_n'$ 也绝对收敛,其和也为 S.

条件收敛级数不具有这个性质,而且已经证明[①],对于条件收敛的级数,适当地交换其项的次序所组成的级数,可以使其收敛于任何预先给定的数或使它发散.

性质 2 若级数 $\sum_{n=1}^{\infty} u_n$ 和 $\sum_{n=1}^{\infty} v_n$ 都绝对收敛,它们的和分别为 S 和 σ,则它们逐项相乘后,依下列顺序排列的级数

$$u_1 v_1 + (u_1 v_2 + u_2 v_1) + (u_1 v_3 + u_2 v_2 + u_3 v_1)$$
$$+ (u_1 v_n + u_2 v_{n-1} + \cdots + u_{n-1} v_2 + u_n v_1) + \cdots$$

(记 $W_n = u_1 v_n + u_2 v_{n-1} + \cdots + u_n v_1$,称级数 $\sum_{n=1}^{\infty} W_n$ 为级数 $\sum_{n=1}^{\infty} u_n$ 与 $\sum_{n=1}^{\infty} v_n$ 的柯西乘积)也绝对收敛,且其和为 $S \cdot \sigma$.

而且还可以证明,两级数各项之积 $u_i v_j (i, j = 1, 2, 3, \cdots)$ 按照任何方式排列成的级数也绝对收敛于 $S \cdot \sigma$.

性质一和性质二表明,绝对收敛级数具有相仿于普通有限项和数的两个运算性质——交换律和分配律.

关于任意项级数,其重点是绝对收敛性和莱布尼茨型交错级数,至于一般的任意项级数收敛的判定是很复杂的问题,这里不作介绍.

习 题 11.3

1. 讨论下列级数的敛散性,若收敛,是绝对收敛还是条件收敛?

(1) $\sum_{n=1}^{\infty} \frac{(-1)^{n-1}}{n^p} (p > 0)$; (2) $\sum_{n=1}^{\infty} (-1)^{n-1} \frac{n}{3^{n-1}}$;

(3) $\sum_{n=1}^{\infty} \frac{(-1)^n}{\ln(n+1)}$; (4) $\frac{1}{\pi^2} \sin \frac{\pi}{2} - \frac{1}{\pi^3} \sin \frac{\pi}{3} + \cdots + (-1)^n \frac{1}{\pi^n} \sin \frac{\pi}{n} + \cdots$;

(5) $1 - \frac{1}{3} + \frac{1}{5} + \cdots + (-1)^{n-1} \frac{1}{2n-1} + \cdots$;

(6) $\sum_{n=1}^{\infty} (-1)^n \frac{2^{n^2}}{n!}$; (7) $\sum_{n=2}^{\infty} \sin\left(n\pi + \frac{1}{\ln n}\right)$;

---

① 德国数学家黎曼在 1854 年已给出了证明.

(8) $\sum_{n=2}^{\infty} \frac{(-1)^n \sqrt{n}}{n-1}$;   (9) $\sum_{n=1}^{\infty} (-1)^n \int_n^{n+1} \frac{e^{-x}}{x} dx$;

(10) $\frac{a}{1} - \frac{b}{2} + \frac{a}{3} - \frac{b}{4} + \cdots + \frac{a}{2n-1} - \frac{b}{2n} + \cdots (a,b$ 为任意实数$)$.

2. 下列级数 x 在什么范围内收敛? 在什么范围内发散?

(1) $\sum_{n=1}^{\infty} \frac{x^n}{n 3^n}$;   (2) $\sum_{n=1}^{\infty} 2^n x^{2n}$;

(3) $\sum_{n=1}^{\infty} \frac{x^n}{1+x^{2n}}$;   (4) $\sum_{n=1}^{\infty} \frac{(-1)^n}{2n-1} \left(\frac{1-x}{1+x}\right)^n$.

3. 若级数 $\sum_{n=1}^{\infty} |u_n - u_{n-1}|$ 和正项级数 $\sum_{n=1}^{\infty} v_n$ 收敛,证明级数 $\sum_{n=1}^{\infty} u_n v_n$ 收敛.

4. 已知级数 $\sum_{n=1}^{\infty} a_n$ 与 $\sum_{n=1}^{\infty} c_n$ 均收敛(或均发散)且 $a_n \leqslant b_n \leqslant c_n$,问级数 $\sum_{n=1}^{\infty} b_n$ 是收敛还是发散?并证明你的结论.

5. 设 $a_n > 0 (n=1,2,\cdots)$,数列 $\{a_n\}$ 单调减少,级数 $\sum_{n=1}^{\infty} (-1)^n a_n$ 发散,试判别级数 $\sum_{n=1}^{\infty} \left(\frac{1}{1+a_n}\right)^n$ 的收敛性.

11.4 函数项级数及其一致收敛性

11.4.1 函数项级数及其收敛性

设函数列 $u_1(x), u_2(x), \cdots, u_n(x), \cdots$ 中每个函数都在 (a,b) 内有定义,则

$$\sum_{n=1}^{\infty} u_n(x) = u_1(x) + u_2(x) + \cdots + u_n(x) + \cdots \tag{11.4.1}$$

称为定义在 (a,b) 内的函数项级数.

对于 (a,b) 内每一定点 x_0,级数(11.4.1)式就成为一个常数项级数

$$\sum_{n=1}^{\infty} u_n(x_0) = u_1(x_0) + u_2(x_0) + \cdots + u_n(x_0) + \cdots. \tag{11.4.2}$$

如果级数(11.4.2)式收敛,就称 x_0 是函数项级数(11.4.1)式的收敛点,否则就称为发散点.级数(11.4.1)式的收敛点的全体叫函数项级数的收敛域,发散点的全体叫做函数项级数的发散域.

例如, $\sum_{n=1}^{\infty} x^{n-1} = 1 + x + \cdots + x^{n-1} + \cdots$ 是定义在 $(-\infty, +\infty)$ 上的函数项级数,当 $|x| < 1$ 时,级数收敛,当 $|x| \geqslant 1$ 时级数发散,所以这个函数项级数的收敛域为 $(-1, 1)$.

级数(11.4.1)式在其收敛域内任一点 x 所对应的常数项级数都有确定的

和 $S(x) = \sum_{n=1}^{\infty} u_n(x)$，因此 $S(x)$ 是定义在级数(11.4.1)式的收敛域上的 x 的函数，通常称 $S(x)$ 为函数项级数(11.4.1)式的和函数.

记函数项级数(11.4.1)式的前 n 项的部分和为 $S_n(x)$，余项 $r_n(x) = S(x) - S_n(x)$，则在收敛域上有

$$\lim_{n \to \infty} S_n(x) = S(x),$$

及

$$\lim_{n \to \infty} r_n(x) = 0.$$

例 讨论函数项级数

$$x + (x^2 - x) + (x^3 - x^2) + \cdots + (x^n - x^{n-1}) + \cdots$$

在区间$[0,1]$上的收敛性.

解 级数的部分和函数列为

$$S_1(x) = x, \quad S_2(x) = x^2, \cdots, S_n(x) = x^n, \cdots.$$

当 $0 \leqslant x < 1$ 时，$\lim_{n \to \infty} S_n(x) = \lim_{n \to \infty} x^n = 0$，当 $x = 1$ 时，$\lim_{n \to \infty} S_n(x) = S_n(1) = 1$. 所以在区间$[0,1]$上级数收敛，在此区间上的和函数

$$S(x) = \begin{cases} 0, & 0 \leqslant x < 1 \\ 1, & x = 1 \end{cases}.$$

这里值得注意的是函数项级数的每一项在$[0,1]$上连续，但在点 $x = 1$ 处级数的和函数$S(x)$却是间断的.

由此可见，有限个连续函数之和仍是连续函数这一重要的分析性质，不能无条件适用于无穷多个连续函数之和. 同样，有限个可微函数之和的导数或有限个可积函数之和的积分等于各个函数的导数或积分之和的分析性质，也只能在一定条件下才适用于无穷多个函数之和的情况，对这些问题的探讨，导致了对函数项级数一致收敛性的研究.

11.4.2[①] **函数项级数的一致收敛性**

设函数项级数 $\sum_{n=1}^{\infty} u_n(x)$ 在区间 I 上收敛，其和函数为 $S(x)$，则在该区间上任一点 x_0 处的数项级数 $\sum_{n=1}^{\infty} u_n(x_0)$ 收敛于 $S(x_0)$，即级数的部分和数列 $\{S_n(x_0)\}$ 收敛于 $S(x_0)$，按照数列极限的定义，对于任意给定的正数 ε，存在着正整数 N，使得

[①] 超"基本要求"，供参考.

11.4 函数项级数及其一致收敛性

当 $n>N$ 时,有不等式

$$|S_n(x_0)-S(x_0)|<\varepsilon,$$

即

$$|r_n(x_0)|=\left|\sum_{i=n+1}^{\infty}u_i(x_0)\right|<\varepsilon.$$

这里的 N,一般来说不仅依赖于 ε,也依赖于 x_0.

例如,11.4.1 小节例子中的函数项级数

$$x+\sum_{n=2}^{\infty}(x^n-x^{n-1}),$$

在区间 $[0,1]$ 上有

$$|S_n(x)-S(x)|=\begin{cases}x^n, & 0\leqslant x<1\\ 0, & x=1\end{cases}.$$

对于任给的 $\varepsilon>0$(不妨假定 $\varepsilon<1$),为了保证当 $n>N$ 时,有不等式 $|S_n(x)-S(x)|<\varepsilon$ 成立,必须取

$$N=\left[\frac{\ln\varepsilon}{\ln x}\right]\quad(0<x<1)$$

(当 $x=0$ 及 $x=1$ 时,$|S_n(x)-S(x)|=0$).

这里的 N 不仅依赖于 ε,而且依赖于 x(通常记为 $N(\varepsilon,x)$),这个事实意味着级数在收敛域上不同点 x 处收敛于 $S(x)$ 的"速度"是不同的,我们进一步要关心的问题是,对于某一函数项级数能否找到一个自然数 N,它只依赖于 ε 而不依赖于 x,也就是对收敛区间的每一个值 x 都能适用的 $N(\varepsilon)$,对这类级数我们给出特殊的名称,这就是下面一致收敛的定义.

定义 设有函数项级数 $\sum_{n=1}^{\infty}u_n(x)$,如果对于任意给定的正数 ε,都存在着一个只依赖于 ε 的自然数 N,使得当 $n>N$ 时,对区间 I 上的一切 x,都有不等式

$$|r_n(x)|=|S_n(x)-S(x)|<\varepsilon$$

成立,则称函数项级数 $\sum_{n=1}^{\infty}u_n(x)$ 在区间 I 上一致收敛于和 $S(x)$,也称函数列 $\{S_n(x)\}$ 在区间 I 上一致收敛于 $S(x)$.

以上函数项级数一致收敛的定义在几何上可解释为:只要 n 充分大 $(n>N)$,在区间 I 上所有曲线 $y=S_n(x)$ 将位于曲线 $y=S(x)+\varepsilon$ 与 $y=S(x)-\varepsilon$ 之间(图 11.1).

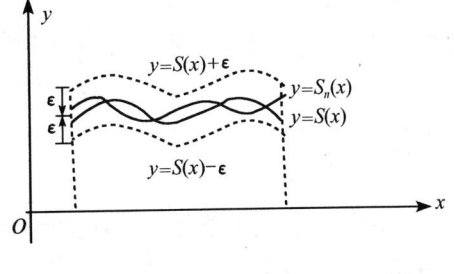

图 11.1

例1 证明 11.4.1 小节例子中的级数 $x+\sum_{n=2}^{\infty}(x^n-x^{n-1})$ 在收敛区间 $[0,c]$ 上（c 为小于 1 的常数）一致收敛.

证明 当 $x=0$ 时,显然 $|r_n(x)|=x^n<\varepsilon$.

当 $0<x\leqslant c$ 时,要使 $x^n<\varepsilon$ 只需 $c^n<\varepsilon$,即

$$n\ln c<\ln\varepsilon,\quad n>\frac{\ln\varepsilon}{\ln c}.$$

于是,取 $N(\varepsilon)=\left[\dfrac{\ln\varepsilon}{\ln c}\right]$,当 $n>N$ 时,对 $[0,c]$ 上的一切 x 都有 $x^n<\varepsilon$ 成立.

从前面的讨论可看出一致收敛与讨论的区间有关,直接用定义判断函数项级数的一致收敛性是很麻烦的,下面介绍一个在实用上较方便的判别法.

定理 1（魏尔斯特拉斯判别法） 如果函数项级数 $\sum_{n=1}^{\infty}u_n(x)$ 在区间 I 上满足条件：

(1) $|u_n(x)|\leqslant a_n(n=1,2,3,\cdots)$;

(2) 正项级数 $\sum_{n=1}^{\infty}a_n$ 收敛,

则函数项级数 $\sum_{n=1}^{\infty}u_n(x)$ 在区间 I 上一致收敛.

证明 因为正项级数 $\sum_{n=1}^{\infty}a_n$ 收敛,由 11.1 节柯西收敛原理知,任给 $\varepsilon>0$,存在正整数 $N(\varepsilon)$,当 $n>N$ 时,对任意自然数 p,都有不等式

$$\left|\sum_{k=n+1}^{n+p}a_k\right|=\sum_{k=n+1}^{n+p}a_k<\varepsilon.$$

于是,当 $n>N$ 时,不等式

$$\left|\sum_{k=n+1}^{n+p}u_k(x)\right|\leqslant\sum_{k=n+1}^{n+p}|u_k(x)|$$

$$\leqslant\sum_{k=n+1}^{n+p}a_k<\varepsilon,$$

对一切 $x\in I$ 成立,令 $p\to\infty$,则由上式得

$$|u_{n+1}(x)+u_{n+2}(x)+\cdots|<\varepsilon$$

对该区间上一切 x 成立,这就证明 $\sum_{n=1}^{\infty}u_n(x)$ 在区间 I 上一致收敛.

定理 1 中满足条件(1)的正项级数 $\sum_{n=1}^{\infty}a_n$ 称为函数项级数 $\sum_{n=1}^{\infty}u_n(x)$ 的优级数,因此定理 1 说明：存在收敛的优级数的函数项级数必是一致收敛的.

例2 若数项级数 $\sum_{n=1}^{\infty} a_n$ 绝对收敛,则级数 $\sum_{n=1}^{\infty} a_n \sin nx$ 及 $\sum_{n=1}^{\infty} a_n \cos nx$ 在区间 $(-\infty, +\infty)$ 内一致收敛.

因为 $\sum_{n=1}^{\infty} |a_n|$ 收敛,且对 $(-\infty, +\infty)$ 内一切点 x 有

$$|a_n \sin nx| \leqslant |a_n| \quad \text{及} \quad |a_n \cos nx| \leqslant |a_n|,$$

故级数 $\sum_{n=1}^{\infty} a_n \sin nx$ 及 $\sum_{n=1}^{\infty} a_n \cos nx$ 在区间 $(-\infty, +\infty)$ 内一致收敛.

例3 证明级数 $\sum_{n=1}^{\infty} \dfrac{x}{x^2 + n^3}$ 在 $(-\infty, +\infty)$ 内绝对收敛且一致收敛.

证明 由不等式 $a^2 + b^2 \geqslant 2|a| \cdot |b|$,得

$$x^2 + n^3 \geqslant 2|x| \cdot n^{3/2},$$

从而

$$\left| \frac{x}{x^2 + n^3} \right| \leqslant \frac{|x|}{2|x| n^{3/2}} = \frac{1}{2} \cdot \frac{1}{n^{3/2}} \quad (n = 1, 2, \cdots).$$

而优级数 $\sum_{n=1}^{\infty} \dfrac{1}{n^{3/2}}$ 收敛,于是由魏尔斯特拉斯判别法知,级数 $\sum_{n=1}^{\infty} \dfrac{x}{x^2 + n^3}$ 在 $(-\infty, +\infty)$ 内绝对收敛且一致收敛.

11.4.3[①] 一致收敛级数的性质

定理2 如果函数项级数 $\sum_{n=1}^{\infty} u_n(x)$ 的各项 $u_n(x)(n=1,2,\cdots)$ 在区间 $[a,b]$ 上都连续,且级数 $\sum_{n=1}^{\infty} u_n(x)$ 在 $[a,b]$ 上一致收敛,则和函数 $S(x)$ 在 $[a,b]$ 上也连续.

证明 设 x_0, x 为 $[a,b]$ 上任意两点,只需证 $S(x)$ 在 x_0 处连续.

将 $|S(x) - S(x_0)|$ 变形为
$$|S(x) - S(x_0)| = |S(x) - S_n(x) + S_n(x) - S_n(x_0) + S_n(x_0) - S(x_0)|$$
$$\leqslant |S(x) - S_n(x)| + |S_n(x) - S_n(x_0)| + |S_n(x_0) - S(x_0)|.$$
(11.4.3)

因为级数 $\sum_{n=1}^{\infty} u_n(x)$ 一致收敛于 $S(x)$,对任给 $\varepsilon > 0$,必存在自然数 $N(\varepsilon)$,当 $n > N$ 时,对 $[a,b]$ 上的一切 x 都有

$$|S(x) - S_n(x)| < \frac{\varepsilon}{3},$$
(11.4.4)

当然也有

[①] 超"基本要求",供参考.

$$|S(x_0)-S_n(x_0)|<\frac{\varepsilon}{3}.$$

又因为选定满足大于 N 的 n 之后，$S_n(x)$ 是有限项连续函数之和，故 $S_n(x)$ 在点 x_0 处连续，从而必有一个 $\delta>0$ 存在，当 $|x-x_0|<\delta$ 时，总有

$$|S_n(x)-S_n(x_0)|<\frac{\varepsilon}{3}. \tag{11.4.5}$$

由(11.4.3)式、(11.4.4)式、(11.4.5)式可见，对任给 $\varepsilon>0$，必有 $\delta>0$，当 $|x-x_0|<\delta$ 时，有

$$|S(x)-S(x_0)|<\varepsilon,$$

所以 $S(x)$ 在点 x_0 处连续．

定理 3 如果级数 $\sum\limits_{n=1}^{\infty}u_n(x)$ 的各项 $u_n(x)$ 在区间 $[a,b]$ 上连续，且 $\sum\limits_{n=1}^{\infty}u_n(x)$ 在 $[a,b]$ 上一致收敛于 $S(x)$，则级数 $\sum\limits_{n=1}^{\infty}u_n(x)$ 在 $[a,b]$ 上可以逐项积分，即

$$\int_a^b S(x)\mathrm{d}x=\sum_{n=1}^{\infty}\int_a^b u_n(x)\mathrm{d}x. \tag{11.4.6}$$

证明 因为级数 $\sum\limits_{n=1}^{\infty}u_n(x)$ 在 $[a,b]$ 上一致收敛，由定理 2 知，和函数 $S(x)$ 在 $[a,b]$ 上连续且可积，(11.4.6)式右端的级数和为

$$\lim_{n\to\infty}\sum_{k=1}^{n}\left(\int_a^b u_k(x)\mathrm{d}x\right)=\lim_{n\to\infty}\left[\int_a^b u_1(x)\mathrm{d}x+\int_a^b u_2(x)\mathrm{d}x+\cdots+\int_a^b u_n(x)\mathrm{d}x\right]$$

$$=\lim_{n\to\infty}\int_a^b\sum_{k=1}^{n}u_k(x)\mathrm{d}x=\lim_{n\to\infty}\int_a^b S_n(x)\mathrm{d}x.$$

要证明(11.4.6)式成立，必须且仅需证明下列等式

$$\int_a^b S(x)\mathrm{d}x=\lim_{n\to\infty}\int_a^b S_n(x)\mathrm{d}x \tag{11.4.7}$$

成立，由于

$$\left|\int_a^b S_n(x)\mathrm{d}x-\int_a^b S(x)\mathrm{d}x\right|=\left|\int_a^b[S_n(x)-S(x)]\mathrm{d}x\right|$$

$$\leqslant\int_a^b|S_n(x)-S(x)|\mathrm{d}x. \tag{11.4.8}$$

根据级数 $\sum\limits_{n=1}^{\infty}u_n(x)$ 在 $[a,b]$ 上一致收敛于 $S(x)$，故对于任意给定的 $\varepsilon>0$，存在 $N(\varepsilon)$，当 $n>N$ 时，不等式

$$|S_n(x)-S(x)|<\frac{\varepsilon}{b-a}$$

对 $[a,b]$ 上一切点 x 都成立，据此，由(11.4.8)式立即可得

11.4 函数项级数及其一致收敛性

$$\left|\int_a^b S_n(x)\mathrm{d}x - \int_a^b S(x)\mathrm{d}x\right| < \frac{\varepsilon}{b-a} \cdot (b-a) = \varepsilon.$$

于是(11.4.5)式成立,这就证明了(11.4.4)式的正确性.

定理 4 如果级数 $\sum_{n=1}^{\infty} u_n(x)$ 在区间 $[a,b]$ 上收敛于和 $S(x)$, 它的各项 $u_n(x)$ 都具有连续导数 $u_n'(x)$, 并且级数 $\sum_{n=1}^{\infty} u_n'(x)$ 在 $[a,b]$ 上一致收敛, 则级数 $\sum_{n=1}^{\infty} u_n(x)$ 在 $[a,b]$ 上也一致收敛, 且可逐项求导, 即

$$S'(x) = \left(\sum_{n=1}^{\infty} u_n(x)\right)' = \sum_{n=1}^{\infty} u_n'(x). \tag{11.4.9}$$

证明 由于 $\sum_{n=1}^{\infty} u_n'(x)$ 在 $[a,b]$ 上一致收敛, 设其和为 $\varphi(x)$, 即 $\sum_{n=1}^{\infty} u_n'(x) = \varphi(x)$, 欲证(11.4.9)式, 只需证

$$\varphi(x) = S'(x).$$

根据定理 2 知, $\varphi(x)$ 在 $[a,b]$ 上连续, 根据定理 3, 级数 $\sum_{n=1}^{\infty} u_n'(x)$ 可以逐项积分, 故有

$$\int_{x_0}^x \varphi(x)\mathrm{d}x = \sum_{n=1}^{\infty} \left(\int_{x_0}^x u_n'(x)\mathrm{d}x\right) = \sum_{n=1}^{\infty} [u_n(x) - u_n(x_0)]$$

$$= \sum_{n=1}^{\infty} u_n(x) - \sum_{n=1}^{\infty} u_n(x_0) = S(x) - S(x_0), \tag{11.4.10}$$

其中, $a \leqslant x_0 < x \leqslant b$, 上式两端对 x 求导, 即得关系式

$$\varphi(x) = S'(x),$$

所以 $\sum_{n=1}^{\infty} u_n'(x) = S'(x)$.

又由(11.4.10)式知

$$\sum_{n=1}^{\infty} u_n(x) = \sum_{n=1}^{\infty} \left(\int_{x_0}^x u_n'(x)\mathrm{d}x\right) + \sum_{n=1}^{\infty} u_n(x_0),$$

其中, $\sum_{n=1}^{\infty} u_n(x_0)$ 是收敛的数项级数, $\sum_{n=1}^{\infty} \left(\int_{x_0}^x u_n'(x)\mathrm{d}x\right)$ 是由一致收敛级数 $\sum_{n=1}^{\infty} u_n'(x)$ 逐项积分而成, 根据定理3, 它是一致收敛的, 所以级数 $\sum_{n=1}^{\infty} u_n(x)$ 在 $[a,b]$ 上也一致收敛.

还需指出, 上述三个定理的条件, 虽然对结论的成立是重要的, 但只是充分条件, 而非必要条件.

习 题 11.4

1. 求下列级数的收敛域:

(1) $\sum_{n=1}^{\infty} \dfrac{n}{x^n}$;

(2) $\sum_{n=1}^{\infty} \left(\dfrac{\ln x}{2}\right)^n$;

(3) $\sum_{n=1}^{\infty} \dfrac{n}{n+1} \left(\dfrac{x}{2x+1}\right)^n$;

(4) $\sum_{n=1}^{\infty} x^n \tan \dfrac{x}{2^n}$.

2. 已知函数项序列 $S_n(x) = \sin \dfrac{x}{n} (n=1,2,3,\cdots)$ 在 $(-\infty, +\infty)$ 上收敛于 0.

(1) 问 $N(\varepsilon, x)$ 取多大,能使当 $n > N$ 时,$S_n(x)$ 与其极限之差的绝对值小于正数 ε;

(2) 证明 $S_n(x)$ 在任一有限区间 $[a, b]$ 上一致收敛.

3. 证明级数 $\sum_{n=1}^{\infty} (-1)^n \dfrac{1}{x^2+n}$ 在 $(-\infty, +\infty)$ 上一致收敛,但对任何 x 都不绝对收敛.

4. 用定义讨论下列级数在所给区间上的一致收敛性:

(1) $\sum_{n=1}^{\infty} (-1)^{n-1} \dfrac{x^2}{(1+x^2)^n}, -\infty < x < +\infty$;

(2) $\sum_{n=1}^{\infty} (1-x) x^n, 0 < x < 1$.

5. 利用魏尔斯特拉斯判别法证明下列级数在所给区间内的一致收敛性.

(1) $\sum_{n=1}^{\infty} \dfrac{\cos nx}{2^n}, -\infty < x < +\infty$;

(2) $\sum_{n=1}^{\infty} \dfrac{x}{1+n^4 x^2}, -\infty < x < +\infty$;

(3) $\sum_{n=1}^{\infty} x^2 e^{-nx}, 0 < x < +\infty$;

(4) $\sum_{n=1}^{\infty} (-1)^n \dfrac{1}{x^2+n^2}, -\infty < x < +\infty$;

(5) $\sum_{n=1}^{\infty} \dfrac{\sin nx}{\sqrt[3]{n^4+x^2}}, -\infty < x < +\infty$;

(6) $\sum_{n=1}^{\infty} \arctan \dfrac{2x}{x^2+n^3}, -\infty < x < +\infty$.

11.5 幂 级 数

每一项都是幂函数的级数

$$\sum_{n=0}^{\infty} a_n (x-x_0)^n = a_0 + a_1 (x-x_0) + a_2 (x-x_0)^2 + \cdots + a_n (x-x_0)^n + \cdots \tag{11.5.1}$$

称为幂级数,其中,常数 $a_n (n=0,1,2,\cdots)$ 称为幂级数的系数. 当定点 $x_0 = 0$ 时,它具有更简单的形式

$$\sum_{n=0}^{\infty} a_n x^n = a_0 + a_1 x + a_2 x^2 + \cdots + a_n x^n + \cdots. \tag{11.5.2}$$

因为由级数(11.5.2)式的性质不难推知级数(11.5.1)式的性质,所以下面主要讨论形如级数(11.5.2)式的幂级数.

11.5 幂级数

幂级数的形式简单,应用广泛,是一种十分重要的函数项级数,它使人们可用最简单的一类函数——多项式来逼近一个复杂的函数,而且可以逼近到任意精确的程度.

11.5.1 幂级数的收敛域和收敛半径

首先,我们来研究幂级数的收敛问题,下面的阿贝尔定理,揭示出幂级数的收敛域具有很简单的形式.

定理 1(阿贝尔[①]定理) 如果级数 $\sum_{n=0}^{\infty} a_n x^n$ 当 $x = x_0 (x_0 \neq 0)$ 时收敛,则适合不等式 $|x| < |x_0|$ 的一切 x 使这幂级数绝对收敛. 反之,如果级数 $\sum_{n=0}^{\infty} a_n x^n$ 当 $x = x_0$ 时发散,则适合不等式 $|x| > |x_0|$ 的一切 x 使这幂级数发散.

证明 先设 x_0 是级数(11.5.2)式的收敛点,即级数
$$a_0 + a_1 x_0 + a_2 x_0^2 + \cdots + a_n x_0^n + \cdots$$
收敛,根据级数收敛的必要条件,这时有
$$\lim_{n \to \infty} a_n x_0^n = 0.$$
于是存在正数 M,使得
$$|a_n x_0^n| \leqslant M \quad (n = 0, 1, 2, \cdots),$$
当 $|x| < |x_0|$ 时有
$$|a_n x^n| = \left| a_n x_0^n \left(\frac{x}{x_0} \right)^n \right| \leqslant M \left| \frac{x}{x_0} \right|^n,$$
而 $\sum_{n=0}^{\infty} M \left| \frac{x}{x_0} \right|^n$ 是公比 $\left| \frac{x}{x_0} \right| < 1$ 的几何级数,故 $\sum_{n=0}^{\infty} |a_n x^n|$ 收敛,也就是级数 $\sum_{n=0}^{\infty} a_n x^n$ 绝对收敛.

定理的第二部分可用反证法证明. 任取一点 x_1,若 $|x_1| > |x_0|$,并假设 x_1 是级数(11.5.2)式的收敛点,根据定理的第一部分,级数当 $x = x_0$ 时应该收敛,这与假设矛盾,定理得证.

这里必须注意,级数在点 x_0 处收敛(或发散)并不能保证在点 $(-x_0)$ 处也收敛(或发散).

任何幂级数(11.5.2)式在 $x = 0$ 处总是收敛的,在非零点,可能收敛,也可能发散,由阿贝尔定理可知幂级数的收敛域有且仅有下列三种类型.

(1) 在 $x = 0$ 处收敛,在任何非零点都发散.

[①] 阿贝尔(挪威数学家,N. H. Abel,1802~1829).

例 1 级数 $\sum_{n=1}^{\infty}(nx)^n = x+(2x)^2+\cdots+(nx)^n+\cdots$ 在 $x\neq 0$ 时,只要 $|nx|>1$,即 $n>\dfrac{1}{|x|}$,有 $|nx|^n>1$,于是,当 $n\to\infty$ 时,$(nx)^n\not\to 0$,故级数发散.

(2) 在任一点 x 处都收敛.

例 2 级数 $\sum_{n=1}^{\infty}\dfrac{x^n}{n!} = 1+x+\dfrac{x^2}{2!}+\cdots+\dfrac{x^n}{n!}+\cdots$ 在 $x\neq 0$ 处,由比值法得

$$\lim_{n\to\infty}\left|\dfrac{u_{n+1}}{u_n}\right| = \lim_{n\to\infty}\dfrac{|x|}{n+1}=0,$$

因此级数在 $(-\infty,+\infty)$ 内绝对收敛.

(3) 存在着收敛域与发散域的一个分界点 $x_0=R>0$,当 $|x|<R$ 时,级数 (11.5.2) 式收敛;当 $|x|>R$ 时,级数 (11.5.2) 式发散;当 $x=\pm R$ 时,级数或者收敛,或者发散.

例 3 级数 $\sum_{n=1}^{\infty}(-1)^{n-1}\dfrac{x^n}{n} = x-\dfrac{x^2}{2}+\dfrac{x^3}{3}-\cdots+(-1)^{n-1}\dfrac{x^n}{n}+\cdots$ 因为由比值法可知

$$\lim_{n\to\infty}\left|\dfrac{u_{n+1}}{u_n}\right| = |x|,$$

当 $|x|<1$ 时级数收敛,当 $|x|>1$ 时级数发散;当 $x=1$ 时,级数是莱布尼茨型交错级数,级数收敛;当 $x=-1$ 时,级数为调和级数,级数发散,所以级数的收敛域为 $(-1,1]$.

由阿贝尔定理,我们不难理解,幂级数 (11.5.2) 式的收敛区间 (不考虑区间端点) 总是以原点为中心的对称区间,收敛点与发散点不可能交错地落在同一区间内,因此收敛区间与发散区间的分界点 $x_0=R>0$ 总是存在的,我们称 R 为幂级数的收敛半径,于是便有下面的推论.

推论 对于任一幂级数 $\sum_{n=0}^{\infty}a_n x^n$,除去只在 $x=0$ 处收敛与在任一点 x 处都收敛外,都有一收敛半径 $R>0$,当 $|x|<R$ 时,幂级数绝对收敛;当 $|x|>R$ 时,幂级数发散;当 $|x|=R$ 时,幂级数可能收敛也可能发散.

我们可以把收敛半径的概念推广到 (1),(2) 两种情况,并称 (1) 的收敛半径为 0,(2) 的收敛半径为 $+\infty$,这样,对幂级数来说总存在一个收敛半径.

关于幂级数的收敛半径的求法,有下面的定理.

定理 2 如果 $\lim\limits_{n\to\infty}\left|\dfrac{a_{n+1}}{a_n}\right|=\rho$,其中,$a_n,a_{n+1}$ 是幂级数 $\sum_{n=1}^{\infty}a_n x^n$ 的相邻两项的系数,则这幂级数的收敛半径

11.5 幂级数

$$R = \begin{cases} \dfrac{1}{\rho}, & \rho \neq 0 \\ +\infty, & \rho = 0 \\ 0, & \rho = +\infty \end{cases}.$$

证明 利用比值法

$$\lim_{n\to\infty}\left|\frac{a_{n+1}x^{n+1}}{a_n x^n}\right| = \lim_{n\to\infty}\left|\frac{a_{n+1}}{a_n}\right|\cdot|x| = \rho|x|.$$

(1) 若 $0<\rho<+\infty$，则当 $\rho|x|<1$，即 $|x|<\dfrac{1}{\rho}$ 时，级数(11.5.2)式收敛；当 $\rho|x|>1$，即 $|x|>\dfrac{1}{\rho}$ 时，级数发散. 因此 $x=\dfrac{1}{\rho}$ 是收敛、发散区间的分界点，所以级数(11.5.2)式的收敛半径 $R=\dfrac{1}{\rho}$；

(2) 若 $\rho=0$，则在任一点 x 处，都有 $\rho|x|=0<1$，级数总是收敛的，因此 $R=+\infty$；

(3) 若 $\rho=+\infty$，则对于除 $x=0$ 外的一切 x 值都有 $\rho|x|>1$ 级数发散，因此 $R=0$.

例 4 求幂级数

$$1+x+\frac{x^2}{2!}+\cdots+\cdots+\frac{x^n}{n!}+\cdots$$

的收敛区间.

解 因为

$$\rho = \lim_{n\to\infty}\left|\frac{a_{n+1}}{a_n}\right| = \lim_{n\to\infty}\frac{\dfrac{1}{(n+1)!}}{\dfrac{1}{n!}} = \lim_{n\to\infty}\frac{1}{n+1} = 0,$$

所以收敛半径 $R=+\infty$，收敛区间是 $(-\infty,+\infty)$.

例 5 求幂级数 $\sum\limits_{n=1}^{\infty}(-1)^n\dfrac{5^n x^n}{\sqrt{n}}$ 的收敛域.

解 因为

$$\rho = \lim_{n\to\infty}\left|\frac{a_{n+1}}{a_n}\right| = \lim_{n\to\infty}\left|(-1)^{n+1}\frac{5^{n+1}}{\sqrt{n+1}}\bigg/(-1)^n\frac{5^n}{\sqrt{n}}\right|$$

$$= \lim_{n\to\infty}5\frac{\sqrt{n}}{\sqrt{n+1}} = 5,$$

所以，收敛半径 $R=\dfrac{1}{5}$.

当 $x=\dfrac{1}{5}$ 时，级数成为 $\sum\limits_{n=1}^{\infty}(-1)^n\dfrac{1}{\sqrt{n}}$，这是莱布尼茨型交错级数，故收敛.

当 $x=-\dfrac{1}{5}$ 时,级数成为 $\sum\limits_{n=1}^{\infty}\dfrac{1}{\sqrt{n}}$,这是 $p=\dfrac{1}{2}$ 的 p 级数,故发散.

所以,幂级数的收敛域为 $\left(-\dfrac{1}{5},\dfrac{1}{5}\right]$.

例 6 求幂级数
$$x+2x^3+2^2x^5+\cdots+2^{n-1}x^{2n-1}+\cdots$$
的收敛半径和收敛域.

解 必须注意,该级数不能套用定理 2 来求其收敛半径,因为它有 $a_n=0$ 的情形,但可直接利用比值法.

因为 $\lim\limits_{n\to\infty}\left|\dfrac{u_{n+1}}{u_n}\right|=\lim\limits_{n\to\infty}2|x|^2=2|x|^2$,当 $2|x|^2<1$,即 $|x|<\dfrac{1}{\sqrt{2}}$ 时,级数收敛.

当 $2|x|^2>1$,即 $|x|>\dfrac{1}{\sqrt{2}}$ 时,原级数发散,因此收敛半径 $R=\dfrac{1}{\sqrt{2}}$.

容易检验,当 $x=\pm\dfrac{1}{\sqrt{2}}$ 时,由级数收敛的必要条件知,原级数发散. 所以幂级数的收敛域为 $\left(-\dfrac{1}{\sqrt{2}},\dfrac{1}{\sqrt{2}}\right)$.

例 7 求级数 $\sum\limits_{n=1}^{\infty}(-1)^{n-1}\dfrac{(x-2)^n}{n^2}$ 的收敛域.

解 这级数是幂级数的标准形式 (11.5.1) 式. 作变量代换:令 $t=x-2$,得级数
$$\sum_{n=1}^{\infty}(-1)^{n-1}\dfrac{t^n}{n^2},$$
容易求得其收敛半径 $R=1$,且当 $t=\pm 1$ 时都收敛,故它在 $|t|\leqslant 1$ 时收敛,$|t|>1$ 时发散. 因此,原级数当 $|x-2|\leqslant 1$ 时收敛,当 $|x-2|>1$ 时发散,即收敛域为 $[1,3]$.

由此可见,形如 $\sum\limits_{n=0}^{\infty}a_n(x-x_0)^n$ 的幂级数,也可由定理 2 求得收敛半径,但它的收敛区间(不考虑区间端点)是以 x_0 点为对称中心的区间.

11.5.2[①] 幂级数的一致收敛性

设幂级数 $\sum\limits_{n=0}^{\infty}a_nx^n$ 的收敛半径为 R,则它在 $(-R,R)$ 内一定绝对收敛,但不

[①] 超"基本要求",供参考.

一定一致收敛,如几何级数 $\sum_{n=1}^{\infty} x^n$ 在$(-1,1)$内绝对收敛,但是 $r_n(x) = x^{n+1} + x^{n+2} + \cdots = \dfrac{x^{n+1}}{1-x}$,对于不论多么大的 n,当 $x \to 1$ 时,总有 $r_n(x) \to +\infty$,所以几何级数在$(-1,1)$内不一致收敛.

关于幂级数的一致收敛性,有下面的重要结论.

定理 3(阿贝尔第二定理) 幂级数(11.5.2)式在它的收敛区间$(-R,R)$以内的任何一个闭区间$[-R_1,R_1]$上是一致收敛的(其中 $0 < R_1 < R$);又若幂级数(11.5.2)式在 $x=R$ 处收敛,则它在$[-R_1,R]$上一致收敛(证明从略).

11.5.3 幂级数的运算性质

1. 幂级数的四则运算性质

设有两个幂级数 $\sum_{n=0}^{\infty} a_n x^n$ 及 $\sum_{n=0}^{\infty} b_n x^n$,其收敛半径分别为 R_1 和 R_2,且 $R = \min(R_1, R_2) \neq 0$,由于两个级数在$(-R,R)$内都绝对收敛,所以当 $x \in (-R,R)$ 有:

(1) $\sum_{n=0}^{\infty} a_n x^n \pm \sum_{n=0}^{\infty} b_n x^n = \sum_{n=0}^{\infty} (a_n \pm b_n) x^n$,且在$(-R,R)$内绝对收敛;

(2) $\left(\sum_{n=0}^{\infty} a_n x^n\right)\left(\sum_{n=0}^{\infty} b_n x^n\right) = \sum_{n=0}^{\infty}\left(\sum_{i=0}^{n} a_i b_{n-i}\right) x^n$,且在$(-R,R)$内绝对收敛.

关于幂级数的除法. 设

$$\dfrac{a_0 + a_1 x + a_2 x^2 + \cdots + a_n x^n + \cdots}{b_0 + b_1 x + b_2 x^2 + \cdots + b_n x^n + \cdots} = c_0 + c_1 x + c_2 x^2 + \cdots + c_n x^n + \cdots,$$

这里 $b_0 \neq 0$,为了决定系数 $c_0, c_1, \cdots c_n \cdots$,可以将级数 $\sum_{n=0}^{\infty} b_n x^n$ 与 $\sum_{n=0}^{\infty} c_n x^n$ 相乘,并令乘积中各项的系数分别等于级数 $\sum_{n=0}^{\infty} a_n x^n$ 中同次幂的系数,再由这些方程顺序地求出 $c_0, c_1, c_2, \cdots c_n, \cdots$.

相除后所得的幂级数 $\sum_{n=0}^{\infty} c_n x^n$ 的收敛区间可能比原来两级数的收敛区间小得多.

2. 幂级数的分析运算性质

由于幂级数在其收敛区间内的任一个闭区间上是一致收敛的,所以幂级数在收敛区间内具有下列重要的分析运算性质.

性质 1 设幂级数 $\sum_{n=0}^{\infty} a_n x^n$ 的收敛半径为 $R(R>0)$,则其和函数 $S(x)$ 在区间

$(-R,R)$ 内连续.

证明 对于任一 $x_0 \in (-R,R)$，即 $|x_0| < R$，必存在正数 R_1，使得 $|x_0| < R_1 < R$，由定理 1 可知幂级数在 $[-R_1, R_1]$ 上一致收敛，根据 11.4 节定理 2，和函数 $S(x)$ 在 $[-R_1, R_1]$ 上连续，从而在 x_0 处连续.

性质 2 设幂级数 $\sum\limits_{n=0}^{\infty} a_n x^n$ 的收敛半径为 $R(R>0)$，则其和函数 $S(x)$ 在区间 $(-R,R)$ 内可积，且有逐项积分公式

$$\int_0^x S(x) \mathrm{d}x = \int_0^x \left(\sum_{n=0}^{\infty} a_n x^n \right) \mathrm{d}x = \sum_{n=0}^{\infty} \int_0^x a_n x^n \mathrm{d}x$$

$$= \sum_{n=0}^{\infty} \frac{a_n}{n+1} x^{n+1}, \tag{11.5.3}$$

其中 $x \in (-R,R)$.

证明 因为 $x \in (-R,R)$，即 $|x| < R$，所以幂级数在闭区间 $[-|x|,|x|]$ 上一致收敛，由 11.4 节定理 3 可知 (11.5.3) 式成立，又因为 x 是 $(-R,R)$ 的任一内点，所以级数 (11.5.3) 式的收敛半径 r 不会小于 R，即 $r \geq R$.

性质 3 设幂级数 $\sum\limits_{n=0}^{\infty} a_n x^n$ 的收敛半径为 $R(R>0)$，则其和函数 $S(x)$ 在区间 $(-R,R)$ 内可导，且有逐项求导公式

$$S'(x) = \left(\sum_{n=0}^{\infty} a_n x^n \right)' = \sum_{n=0}^{\infty} (a_n x^n)' = \sum_{n=1}^{\infty} n a_n x^{n-1}, \tag{11.5.4}$$

其中 $x \in (-R,R)$.

证明 任取 $x \in (-R,R)$，即 $|x| < R$，可取 R_1，使 $|x| < R_1 < R$，则

$$|n a_n x^{n-1}| = \left| n \left(\frac{x}{R_1} \right)^{n-1} \cdot \frac{1}{R_1} \cdot a_n R_1^n \right|$$

$$= \frac{1}{R_1} \left| n \left(\frac{x}{R_1} \right)^{n-1} \right| \cdot |a_n R_1^n|,$$

由于 $\left| \dfrac{x}{R_1} \right| < 1$，故级数 $\sum\limits_{n=0}^{\infty} n \left(\dfrac{x}{R_1} \right)^{n-1}$ 收敛，因此数列 $\left\{ n \left(\dfrac{x}{R_1} \right)^{n-1} \right\}$ 有界，即对一切 n 有

$$\left| n \left(\frac{x}{R_1} \right)^n \right| \leq M \quad (M \text{ 为正常数}),$$

于是

$$|n a_n x^{n-1}| \leq \frac{M}{R_1} |a_n R_1^n|.$$

又已知 $\sum\limits_{n=0}^{\infty} |a_n R_1^n|$ 收敛，故级数 $\sum\limits_{n=1}^{\infty} n a_n x^{n-1}$ 在 $(-R,R)$ 内任一点 x 处绝对收

敛,且在 $|x|\leqslant R_1$ 时一致收敛,根据 11.4 节定理 4,幂级数 $\sum_{n=0}^{\infty}a_n x^n$ 的和函数 $S(x)$ 在 $|x|\leqslant R_1$ 时可导,且有公式(11.5.4)成立.

由(11.5.4)式可知,$(-R,R)$ 内的任意点 x 都是新幂级数 $\sum_{n=1}^{\infty}a_n x^{n-1}$ 的收敛点,因此 $\sum_{n=1}^{\infty}na_n x^{n-1}$ 的收敛半径 $r\geqslant R$.

又因为级数(11.5.2)式可以看作级数(11.5.4)式由 0 到 x 逐项积分得到,由性质 2 的证明可知,级数(11.5.2)式的收敛半径 R 不小于级数(11.5.4)式的收敛半径 r,即 $R\geqslant r$,因此我们有下面的结论.

若幂级数 $\sum_{n=0}^{\infty}a_n x^n$ 的收敛半径 $R>0$,则对此级数逐项积分或逐项求导后所得的新幂级数和原级数有相同的收敛半径.

例 1 求数项级数 $\sum_{n=1}^{\infty}\dfrac{2n}{3^n}$ 的和.

解 由比值法易知此级数收敛,由于
$$\sum_{n=1}^{\infty}\frac{2n}{3^n}=\frac{2}{3}\sum_{n=1}^{\infty}n\left(\frac{1}{3}\right)^{n-1},$$
级数 $\sum_{n=1}^{\infty}n\left(\dfrac{1}{3}\right)^{n-1}$ 显然可看作幂级数 $\sum_{n=1}^{\infty}nx^{n-1}$ 在点 $x=\dfrac{1}{3}$ 处的值,因此只需求出级数 $\sum_{n=1}^{\infty}nx^{n-1}$ 的和.

令 $S(x)=\sum_{n=1}^{\infty}nx^{n-1}$,两端从 0 到 x 积分得
$$\int_0^x S(x)\mathrm{d}x=\sum_{n=1}^{\infty}\int_0^x nx^{n-1}\mathrm{d}x=\sum_{n=1}^{\infty}x^n=\frac{x}{1-x},\quad x\in(-1,1),$$
两边对 x 求导
$$S(x)=\frac{1}{(1-x)^2},\quad x\in(-1,1),$$
令 $x=\dfrac{1}{3}$,得 $\sum_{n=1}^{\infty}n\left(\dfrac{1}{3}\right)^{n-1}=\dfrac{1}{\left(1-\dfrac{1}{3}\right)^2}=\dfrac{9}{4}$,从而
$$\sum_{n=1}^{\infty}\frac{2n}{3^n}=\frac{2}{3}\sum_{n=1}^{\infty}n\left(\frac{1}{3}\right)^{n-1}=\frac{2}{3}\cdot\frac{9}{4}=\frac{3}{2}.$$

例 2 求幂级数 $\sum_{n=0}^{\infty}\dfrac{x^n}{n+1}$ 的和函数.

解 因为 $\lim_{n\to\infty}\left|\dfrac{a_{n+1}}{a_n}\right|=\lim_{n\to\infty}\dfrac{n}{n+1}=1$,当 $x=1$ 时,级数发散;当 $x=-1$ 时,级数

收敛,所以幂级数的收敛域为 $-1 \leqslant x < 1$.

设和函数为 $S(x)$,则 $S(x) = \sum_{n=0}^{\infty} \frac{x^n}{n+1}$.

显然 $S(0) = 1$

$$xS(x) = \sum_{n=0}^{\infty} \frac{x^{n+1}}{n+1}.$$

对上式逐项求导

$$[xS(x)]' = \sum_{n=0}^{\infty} \left(\frac{x^{n+1}}{n+1}\right)' = \sum_{n=0}^{\infty} x^n = \frac{1}{1-x},$$

对上式从 0 到 x 积分,得

$$xS(x) = \int_0^x \frac{\mathrm{d}x}{1-x} = -\ln(1-x).$$

于是,当 $x \neq 0$ 时,有 $S(x) = -\frac{1}{x}\ln(1-x)$,从而

$$S(x) = \begin{cases} -\frac{1}{x}\ln(1-x), & -1 \leqslant x < 1 \text{ 且 } x \neq 0 \\ 1, & x = 0 \end{cases}$$

习 题 11.5

1. 求下列幂级数的收敛域:

(1) $\sum_{n=1}^{\infty} 10^n x^n$;

(2) $\sum_{n=1}^{\infty} \frac{x^n}{n \cdot 3^n}$;

(3) $\sum_{n=1}^{\infty} \frac{(-2)^n}{n} x^n$;

(4) $\sum_{n=1}^{\infty} \frac{1}{2^n \cdot n!} x^n$;

(5) $\sum_{n=1}^{\infty} (-1)^n \frac{x^{2n+1}}{2n+1}$;

(6) $\sum_{n=1}^{\infty} \frac{\ln(n+1)}{n+1} x^n$;

(7) $\sum_{n=1}^{\infty} \frac{x^n}{a^n + b^n} (a > 0, b > 0)$;

(8) $\sum_{n=1}^{\infty} \frac{2n-1}{2^n} x^{2n-2}$;

(9) $\sum_{n=1}^{\infty} \frac{(x-5)^n}{\sqrt{n}}$;

(10) $\sum_{n=1}^{\infty} n!(x-1)^n$.

2. 求下列级数的和函数:

(1) $\sum_{n=1}^{\infty} \frac{x^{2n-1}}{2n-1}$;

(2) $\sum_{n=1}^{\infty} n(x-1)^n$;

(3) $\sum_{n=1}^{\infty} n(n+1)x^n$;

(4) $\sum_{n=1}^{\infty} (-1)^{n-1} \frac{x^{n+1}}{n(n+1)}$;

(5) $\sum_{n=0}^{\infty} (2n+1)x^n$;

(6) $\sum_{n=2}^{\infty} \frac{x^n}{n^2-1}$.

3. 求数项级数 $\sum_{n=1}^{\infty} \frac{2n-1}{2^n}$ 的和.

4. 设 $f(x) = \sum_{n=0}^{\infty} a_n x^n$，$|x| < R$，证明
$$a_n = \frac{1}{n!} f^{(n)}(0) \quad (n = 0, 1, 2, \cdots).$$

11.6 函数展开成幂级数

11.6.1 泰勒级数

在 11.5 节中，我们看到幂级数在其收敛区间内有有限个函数之和具有的分析运算性质. 因此，通过幂级数来研究其和函数的分析性质是一种可行的、有效的方法. 但是，要使幂级数成为研究函数的有效工具，必须解决以下问题：

函数 $f(x)$ 在什么条件下才能展开为一个幂级数 $\sum_{n=0}^{\infty} a_n (x-x_0)^n$？如果可以展开，应如何求幂级数的系数 $a_n (n=0,1,2,\cdots)$？它的展开式是否唯一？它的展开式在什么区间内收敛于 $f(x)$？

定义 若函数 $f(x)$ 在点 $x=x_0$ 处具有任意阶导数，则称幂级数

$$\sum_{n=0}^{\infty} \frac{f^{(n)}(x_0)}{n!}(x-x_0)^n = f(x_0) + f'(x_0)(x-x_0) + \frac{f''(x_0)}{2!}(x-x_0)^2$$
$$+ \cdots + \frac{f^{(n)}(x_0)}{n!}(x-x_0)^n + \cdots \tag{11.6.1}$$

为函数 $f(x)$ 在点 $x=x_0$ 处的泰勒级数，可记作

$$f(x) \sim \sum_{n=0}^{\infty} \frac{f^{(n)}(x_0)}{n!}(x-x_0)^n.$$

当 $x_0 = 0$ 时，则称为麦克劳林级数.

一个函数 $f(x)$ 只要在点 x_0 处无穷次可导，我们就能写出它的泰勒级数，但是这个级数除了 $x=x_0$ 外，它是否一定收敛？如果它收敛，它是否一定收敛于 $f(x)$？关于这些问题，有下列定理.

定理 1 若函数 $f(x)$ 在点 x_0 的某一邻域 $U(x_0)$ 内具有各阶导数，则 $f(x)$ 在该邻域内能展开成泰勒级数的充分必要条件是 $f(x)$ 的泰勒公式中的余项 $R_n(x)$ 当 $n \to \infty$ 时的极限为零，即

$$\lim_{n \to \infty} R_n(x) = 0 \quad (x \in U(x_0)).$$

证明 先证必要性，设 $f(x)$ 在 $U(x_0)$ 内能展开为泰勒级数，即

$$f(x) = f(x_0) + f'(x_0)(x-x_0) + \frac{f''(x_0)}{2!}(x-x_0)^2 + \cdots$$
$$+ \frac{f^{(n)}(x_0)}{n!}(x-x_0)^n + \cdots, \quad x \in U(x_0). \tag{11.6.2}$$

我们把 $f(x)$ 在点 x_0 处的泰勒公式写成
$$f(x) = S_{n+1}(x) + R_n(x),$$
其中
$$S_{n+1}(x) = f(x_0) + f'(x_0)(x-x_0) + \frac{f''(x_0)}{2!}(x-x_0)^2 + \cdots$$
$$+ \frac{f^{(n)}(x_0)}{n!}(x-x_0)^n,$$
$$R_n(x) = \frac{f^{n+1}(\xi)}{(n+1)!}(x-x_0)^{n+1} \quad (\xi 在 x_0 与 x 之间).$$

这里的 $S_{n+1}(x)$ 正是 $f(x)$ 的泰勒级数(11.6.1)式的前 $n+1$ 项之和,由(11.6.2)式
$$\lim_{n\to\infty} S_{n+1}(x) = f(x),$$
所以
$$\lim_{n\to\infty} R_n(x) = \lim_{n\to\infty} [f(x) - S_{n+1}(x)] = f(x) - f(x) = 0.$$
这就证明条件是必要的.

再证充分性,设 $\lim\limits_{n\to\infty} R_n(x) = 0$ 对一切 $x \in U(x_0)$ 成立,由 $f(x)$ 的 n 阶泰勒公式(11.6.2)有
$$S_{n+1}(x) = f(x) - R_n(x).$$
令 $n \to \infty$ 取上式极限,得
$$\lim_{n\to\infty} S_{n+1}(x) = \lim_{n\to\infty} [f(x) - R_n(x)] = f(x),$$
即 $f(x)$ 的泰勒级数(11.6.1)式在 $U(x_0)$ 内收敛,且收敛于 $f(x)$,因此条件是充分的,定理证毕.

下面要讨论的问题是,如果函数 $f(x)$ 在含有 x_0 的某个邻域内可以表示为幂级数 $f(x) = \sum\limits_{n=0}^{\infty} a_n (x-x_0)^n$,那么,系数 $a_n (n=0,1,2,\cdots)$ 怎么确定呢?

定理 2 若表达式 $f(x) = \sum\limits_{n=0}^{\infty} a_n(x-x_0)^n$ 在点 x_0 的某一邻域 $U(x_0)$ 内成立,则系数必为
$$a_n = \frac{1}{n!} f^{(n)}(x_0) \quad (n=0,1,2,\cdots).$$

证明 任取 x_0 的一个邻域 $(x_0-\delta, x_0+\delta) \subset U(x_0)$,在此邻域内显然有
$$f(x) = a_0 + a_1(x-x_0) + a_2(x-x_0)^2 + \cdots + a_n(x-x_0)^n + \cdots$$
对一切 $x \in (x_0-\delta, x_0+\delta)$ 成立,那么根据幂级数在收敛区间内可以逐项求导,有
$$f'(x) = a_1 + 2a_2 x + 3a_3 x^2 + \cdots + na_n x^{n-1} + \cdots,$$
$$f''(x) = 2a_2 + 3 \cdot 2 a_3(x-x_0) + \cdots + n(n-1)a_n x^{n-2} + \cdots,$$

11.6 函数展开成幂级数

$$\cdots\cdots$$
$$f^{(n)}(x) = n!a_n + (n+1)!a_{n+1}(x-x_0) + \cdots.$$

在以上各式中，令 $x=x_0$，得

$$f(x_0) = a_0, \quad f'(x_0) = a_1, \quad f''(x_0) = 2!a_2, \cdots, \quad f^{(n)}(x_0) = n!a_n.$$

于是

$$a_n = \frac{1}{n!}f^{(n)}(x_0) \quad (n=0,1,2,\cdots).$$

此定理说明，如果函数 $f(x)$ 能展开成一个幂级数，那么这个幂级数必定是 $f(x)$ 的泰勒级数，这就是函数幂级数展开式的唯一性．

11.6.2 函数展开成泰勒级数

这里主要介绍函数的麦克劳林展开式，即 $x_0 = 0$ 的泰勒展开式．

要把函数 $f(x)$ 展开成 x 的幂级数，可以按照下列步骤进行：

(1) 计算出在点 $x_0 = 0$ 处的函数值 $f(0)$ 及各阶导数值 $f^{(n)}(0)(n=1,2,\cdots)$，写出 $f(x)$ 的麦克劳林级数，即

$$f(x) \sim \sum_{n=0}^{\infty} \frac{1}{n!} f^{(n)}(0) x^n;$$

(2) 求出此级数的收敛区间 $(-R,R)$；

(3) 对于收敛区间 $(-R,R)$ 内任一点 x，考察余项 $R_n(x)$ 当 $n \to \infty$ 时是否以 0 为极限，如果 $\lim\limits_{n \to \infty} R_n(x) = 0$，则可写出 $f(x)$ 在 $(-R,R)$ 内的幂级数展开式

$$f(x) = f(0) + f'(0)x + \frac{1}{2!}f''(0)x^2 + \cdots + \frac{1}{n!}f^{(n)}(0)x^n + \cdots,$$

若 $\lim\limits_{n \to \infty} R_n(x) \neq 0$，说明麦克劳林级数在 $-R < x < R$ 内收敛，但并不收敛到 $f(x)$．

例1 将 $f(x) = e^x$ 展开成 x 的幂级数．

解 所给函数的各阶导数为 $f^{(n)}(x) = e^x (n=1,2,\cdots)$，因此容易写出 e^x 的麦克劳林级数

$$e^x \sim 1 + x + \frac{x^2}{2!} + \cdots + \frac{x^n}{n!} + \cdots,$$

它的收敛半径 $R = +\infty$．

对于任意有限数 x, ξ（ξ 在 0 与 x 之间）有不等式

$$|R_n(x)| = \left| \frac{e^\xi}{(n+1)!} x^{n+1} \right| \leqslant e^{|x|} \frac{|x|^{n+1}}{(n+1)!}.$$

因 $e^{|x|}$ 有限，而 $\dfrac{|x|^{n+1}}{(n+1)!}$ 是收敛级数 $\sum\limits_{n=0}^{\infty} \dfrac{|x|^{n+1}}{(n+1)!}$ 的一般项，当 $n \to \infty$ 时，$\dfrac{|x|^{n+1}}{(n+1)!} \to 0$，所以有 $\lim\limits_{n \to \infty} R_n(x) = 0$，于是得展开式

$$e^x = 1 + x + \frac{x^2}{2!} + \cdots + \frac{x^n}{n!} + \cdots \quad (-\infty < x < +\infty).$$

例 2 将函数 $f(x) = \sin x$ 展开成 x 的幂级数.

解 所给函数的各阶导数为

$$f^{(n)}(x) = \sin\left(x + \frac{n\pi}{2}\right) \quad (n = 1, 2, \cdots),$$

$f^{(n)}(0)$ 顺序循环地取 $0, 1, 0, -1, \cdots (n = 0, 1, 2 \cdots)$, 写出 $f(x)$ 的麦克劳林级数

$$\sin x \sim x - \frac{x^3}{3!} + \frac{x^5}{5!} - \cdots + (-1)^{n-1} \frac{x^{2n-1}}{(2n-1)!} + \cdots,$$

它的收敛半径 $R = +\infty$.

对于任意有限数 x, ξ (ξ 在 0 与 x 之间) 有不等式

$$|R_n(x)| = \left| \frac{\sin\left[\xi + \frac{(n+1)\pi}{2}\right]}{(n+1)!} x^{n+1} \right| \leqslant \frac{|x|^{n+1}}{(n+1)!}.$$

易知 $\lim\limits_{n \to \infty} R_n(x) = 0$, 于是得展开式

$$\sin x = x - \frac{x^3}{3!} + \frac{x^5}{5!} - \cdots + (-1)^{n-1} \frac{x^{2n-1}}{(2n-1)!} + \cdots \quad (-\infty < x < +\infty).$$

例 3 将函数 $f(x) = (1 + x)^m$ 展开成 x 的幂级数, 其中 m 为任意常数.

解 $f(x)$ 的各阶导数为

$$f'(x) = m(1 + x)^{m-1};$$
$$f''(x) = m(m-1)(1 + x)^{m-2};$$
$$\cdots\cdots$$
$$f^{(n)}(x) = m(m-1)\cdots(m-n+1)(1+x)^{m-n}.$$

所以

$$f(0) = 1, \quad f'(0) = m, \quad f''(0) = m(m-1), \cdots,$$
$$f^{(n)}(0) = m(m-1)\cdots(m-n+1).$$

于是可写出 $f(x)$ 的麦克劳林级数

$$(1+x)^m \sim 1 + mx + \frac{m(m-1)}{2!}x^2 + \cdots + \frac{m(m-1)\cdots(m-n+1)}{n!}x^n + \cdots$$

因为

$$\lim_{n \to \infty} \left| \frac{a_{n+1}}{a_n} \right| = \lim_{n \to \infty} \left| \frac{m(m-1)\cdots(m-n)}{(n+1)!} \cdot \frac{n!}{m(m-1)\cdots(m-n+1)} \right|$$
$$= \lim_{n \to \infty} \left| \frac{m-n}{n+1} \right| = 1.$$

因此, 对任意常数 m 这级数在开区间 $(-1, 1)$ 内收敛.

11.6 函数展开成幂级数

余项趋于零的证明比较复杂,要涉及其他形式的余项,为了避免直接研究余项,我们不妨假设这级数在开区间$(-1,1)$内收敛于$F(x)$,然后再证明$F(x)=(1+x)^m(-1<x<1)$.

$$F(x) = 1 + mx + \frac{m(m-1)}{2!}x^2 + \cdots + \frac{m(m-1)\cdots(m-n+1)}{n!}x^n + \cdots$$
$$(-1 < x < 1),$$
$$F'(x) = m\left[1 + (m-1)x + \cdots + \frac{(m-1)\cdots(m-n+1)}{(n-1)!}x^{n-1} + \cdots\right],$$

两边乘$(1+x)$由x的系数不难得到

$$(1+x)F'(x) = mF(x) \quad (-1 < x < 1).$$

令$\varphi(x) = \frac{F(x)}{(1+x)^m}$,于是$\varphi(0) = F(0) = 1$,且

$$\varphi'(x) = \frac{(1+x)^m F'(x) - m(1+x)^{m-1} F(x)}{(1+x)^{2m}}$$
$$= \frac{(1+x)^{m-1}[(1+x)F'(x) - mF(x)]}{(1+x)^{2m}} = 0,$$

所以$\varphi(x) = c$(常数),但是$\varphi(0) = 1$,从而$\varphi(x) = 1$,即

$$F(x) = (1+x)^m.$$

因此在区间$(-1,1)$内,我们有展开式

$$(1+x)^m = 1 + mx + \frac{m(m-1)}{2!}x^2 + \cdots + \frac{m(m-1)\cdots(m-n+1)}{n!}x^n$$
$$+ \cdots \quad (-1 < x < 1).$$

这个公式叫二项展开式,特殊地,当m为正整数时,级数为x的m次多项式,也就是代数学中的二项式定理.

在端点$x = \pm 1$处,公式是否成立与m的数值有关,下面给出结论,证明从略. 当$m \leqslant -1$时,展开式成立的区间为$(-1,1)$;当$-1 < m < 0$时,展开式成立的区间为$(-1,1]$;当$m > 0$时,展开式成立的区间为$[-1,1]$.

以上几例求函数的麦克劳林展开式时,都是从定义出发的,这种方法也称为直接方法. 其缺点是计算量大,而且研究余项较困难. 下面,我们用间接展开的方法,即利用一些已知的函数展开式、幂级数的四则运算、分析运算性质以及变量代换等,将所给函数展开成幂级数.

例 4 将下列函数展开为x的幂级数:

(1) $f(x) = \cos x$;   (2) $f(x) = a^x (a > 0, a \neq 1)$.

解 (1) 因为

$$\sin x = x - \frac{x^3}{3!} + \frac{x^5}{5!} - \cdots + (-1)^{n-1}\frac{x^{2n-1}}{(2n-1)!} + \cdots \quad (-\infty < x < +\infty),$$

对上面的展开式逐项求导得

$$\cos x = 1 - \frac{x^2}{2!} + \frac{x^4}{4!} - \cdots + (-1)^n\frac{x^{2n}}{(2n)!} + \cdots \quad (-\infty < x < +\infty).$$

(2) 因为 $a^x = e^{x\ln a}$ 令 $u = x\ln a$,由于

$$e^u = \sum_{n=0}^{\infty}\frac{u^n}{n!} \quad (-\infty < u < +\infty),$$

把 $u = x\ln a$ 代入上式就得

$$a^x = 1 + x\ln a + \frac{\ln^2 a}{2!}x^2 + \cdots + \frac{\ln^n a}{n!}x^n + \cdots \quad (-\infty < x < +\infty).$$

例 5 将 $f(x) = \ln(1+x)$ 展开成 x 的幂级数.

解 因为 $f'(x) = [\ln(1+x)]' = \frac{1}{1+x}$,而

$$\frac{1}{1+x} = \sum_{n=0}^{\infty}(-1)^n x^n \quad (-1 < x < 1),$$

将上式从 0 到 x 积分,且注意到 $f(0) = \ln 1 = 0$,得

$$\ln(1+x) = \int_0^x \frac{1}{1+x}\mathrm{d}x = \sum_{n=0}^{\infty}\int_0^x (-1)^n x^n \mathrm{d}x$$

$$= \sum_{n=0}^{\infty}\frac{(-1)^n}{n+1}x^{n+1} \quad (-1 < x \leqslant 1).$$

上述展开式对 $x=1$ 也成立,这是因为上式右端的幂函数当 $x=1$ 时收敛,而函数 $\ln(1+x)$ 在 $x=1$ 处有定义且连续.

关于 $\frac{1}{1-x}$,e^x,$\sin x$,$\cos x$,$\ln(1+x)$ 和 $(1+x)^m$ 的幂级数展开式,以后可以直接引用.

最后再举两个用间接展开法将函数展开成 $(x-x_0)$ 的幂级数的例子.

例 6 试将 $\ln x$ 展开为 $(x-2)$ 的幂级数.

解

$$\ln x = \ln(2 + x - 2) = \ln 2\left(1 + \frac{x-2}{2}\right)$$

$$= \ln 2 + \ln\left(1 + \frac{x-2}{2}\right),$$

由例 5 知,当 $-1 < \frac{x-2}{2} \leqslant 1$ 时,有

$$\ln\left(1 + \frac{x-2}{2}\right) = \frac{x-2}{2} - \frac{1}{2}\left(\frac{x-2}{2}\right)^2 + \frac{1}{3}\left(\frac{x-2}{2}\right)^3 + \cdots$$

11.6 函数展开成幂级数

$$+ (-1)^{n-1} \frac{1}{n}\left(\frac{x-2}{2}\right)^n + \cdots,$$

于是得到 $\ln x$ 在点 $x_0 = 2$ 处的泰勒级数

$$\ln x = \ln 2 + \frac{1}{2}(x-2) - \frac{1}{2} \cdot \frac{1}{2^2}(x-2)^2 + \frac{1}{3} \cdot \frac{1}{2^3}(x-2)^3 + \cdots$$

$$+ (-1)^{n-1} \frac{1}{n} \cdot \frac{1}{2^n}(x-2)^n + \cdots \quad (0 < x \leqslant 4).$$

例7 将函数 $f(x) = \dfrac{1}{x^2 + 4x + 3}$ 展开为 $(x-1)$ 的幂级数.

解 因为 $f(x) = \dfrac{1}{x^2 + 4x + 3} = \dfrac{1}{(x+1)(x+3)} = \dfrac{1}{2(1+x)} - \dfrac{1}{2(3+x)}$,而

$$\frac{1}{2(1+x)} = \frac{1}{4\left(1 + \dfrac{x-1}{2}\right)}$$

$$= \frac{1}{4}\left[1 - \frac{x-1}{2} + \frac{(x-1)^2}{2^2} - \cdots\right.$$

$$\left. + (-1)^n \frac{(x-1)^n}{2^n} + \cdots\right] \quad (-1 < x < 3),$$

$$\frac{1}{2(3+x)} = \frac{1}{8\left(1 + \dfrac{x-1}{4}\right)}$$

$$= \frac{1}{8}\left[1 - \frac{x-1}{4} + \frac{(x-1)^2}{4^2} - \cdots\right.$$

$$\left. + (-1)^n \frac{(x-1)^n}{4^n} + \cdots\right] \quad (-3 < x < 5),$$

所以

$$f(x) = \frac{1}{x^2 + 4x + 3} = \sum_{n=0}^{\infty} (-1)^n \left(\frac{1}{2^{n+2}} - \frac{1}{2^{2n+3}}\right)(x-1)^n \quad (-1 < x < 3).$$

例8 求数项级数 $\displaystyle\sum_{n=1}^{\infty} \frac{n! + 1}{2^n (n-1)!}$ 的和.

解 $\displaystyle\sum_{n=1}^{\infty} \frac{n! + 1}{2^n (n-1)!} = \sum_{n=1}^{\infty} \frac{n}{2^n} + \sum_{n=1}^{\infty} \frac{1}{2^n (n-1)!}.$

令

$$S_1(x) = \sum_{n=1}^{\infty} \frac{n}{2^n} x^{n-1} \quad (-2 < x < 2),$$

$$\int_0^x S_1(x) \mathrm{d}x = \sum_{n=1}^{\infty} \frac{x^n}{2^n} = \frac{x}{2-x},$$

$$S_1(x) = \left(\frac{x}{2-x}\right)' = \frac{2}{(2-x)^2},$$

$$\sum_{n=1}^{\infty} \frac{n}{2^n} = S_1(1) = 2.$$

令

$$S_2(x) = \sum_{n=1}^{\infty} \frac{1}{2^n(n-1)!} x^{n-1} \quad (-\infty < x < +\infty)$$

$$= \frac{1}{2} \sum_{n=1}^{\infty} \frac{1}{(n-1)!} \left(\frac{x}{2}\right)^{n-1}$$

$$= \frac{1}{2} e^{\frac{x}{2}},$$

$$\sum_{n=1}^{\infty} \frac{1}{2^n(n-1)!} = S_2(1) = \frac{1}{2} e^{\frac{1}{2}},$$

$$\sum_{n=1}^{\infty} \frac{n!+1}{2^n(n-1)!} = 2 + \frac{1}{2} e^{\frac{1}{2}}.$$

11.6.3 函数幂级数展开的应用

1. 近似计算

例1 计算 e 的近似值，要求误差 ε 不超过 10^{-4}.

解 由 $e^x = 1 + x + \frac{x^2}{2!} + \cdots + \frac{x^n}{n!} + \cdots (-\infty < x < +\infty)$，取 $x=1$ 得

$$e = 1 + 1 + \frac{1}{2!} + \cdots + \frac{1}{n!} + \frac{1}{(n+1)!} + \cdots,$$

于是

$$e \approx 1 + 1 + \frac{1}{2!} + \cdots + \frac{1}{n!}.$$

近似值的误差为级数的余项

$$R_n = \frac{1}{(n+1)!} + \frac{1}{(n+2)!} + \cdots$$

$$= \frac{1}{(n+1)!} \left(1 + \frac{1}{n+2} + \frac{1}{(n+2)(n+3)} + \cdots\right)$$

$$< \frac{1}{(n+1)!} \left(1 + \frac{1}{n+1} + \frac{1}{(n+1)^2} + \cdots\right)$$

$$= \frac{1}{(n+1)!} \cdot \frac{1}{1 - \frac{1}{n+1}} = \frac{1}{n \cdot n!}.$$

要使 $R_n \leqslant 10^{-4}$，只要 $n \cdot n! \geqslant 10^4$，取 $n=7$ 即可，因为 $7 \cdot 7! = 35280 > 10^4$，于是
$$e \approx 1+1+\frac{1}{2!}+\frac{1}{3!}+\frac{1}{4!}+\frac{1}{5!}+\frac{1}{6!}+\frac{1}{7!}$$
$$= \frac{685}{252} \approx 2.71825 \approx 2.7183.$$

例 2 计算 $\int_0^1 \frac{\sin x}{x} dx$ 的近似值，精确到 10^{-4}.

解 $\frac{\sin x}{x} = \frac{1}{x}\left[x - \frac{x^3}{3!} + \frac{x^5}{5!} - \cdots + (-1)^n \frac{x^{2n+1}}{(2n+1)!} + \cdots\right]$

$= 1 - \frac{x^2}{3!} + \frac{x^4}{5!} - \cdots + (-1)^n \frac{x^{2n}}{(2n+1)!} + \cdots \quad (-\infty < x < +\infty, x \neq 0).$

于是
$$\int_0^x \frac{\sin x}{x} dx = \int_0^x \left[1 - \frac{x^2}{3!} + \frac{x^4}{5!} - \cdots + (-1)^n \frac{x^{2n}}{(2n+1)!} + \cdots \right] dx$$
$$= x - \frac{x^3}{3 \cdot 3!} + \frac{x^5}{5 \cdot 5!} - \cdots$$
$$+ (-1)^n \frac{x^{2n+1}}{(2n+1)(2n+1)!} + \cdots \quad (-\infty < x < +\infty),$$

从而
$$\int_0^1 \frac{\sin x}{x} dx = 1 - \frac{1}{3 \cdot 3!} + \frac{1}{5 \cdot 5!} + \cdots + (-1)^n \frac{1}{(2n+1)(2n+1)!} + \cdots.$$

这是莱布尼茨型交错级数，取前三项作为近似值，其误差
$$|R_3| < \frac{1}{7 \cdot 7!} < \frac{1}{3000},$$

于是
$$\int_0^1 \frac{\sin x}{x} dx \approx 1 - \frac{1}{3 \cdot 3!} + \frac{1}{5 \cdot 5!} \approx 0.9461.$$

由上述两例可见，用泰勒级数作近似计算时，估计公式的截断误差常用两种方法，一般是将余项级数放大成等比级数，估算其和；如果级数是莱布尼茨型交错级数，则根据其性质 $|R_n| \leqslant u_{n+1}$ 估算误差.

2. 欧拉公式的证明

$$e^{ix} = \cos x + i\sin x \tag{11.6.3}$$

称为欧拉公式，这是一个很有用的公式.

在复变函数中将证明：对复变数 z，有
$$e^z = 1 + z + \frac{z^2}{2!} + \cdots + \frac{z^n}{n!} + \cdots,$$

其中 $z = x + iy$，x, y 为实变数，令 $x=0$，即 $z=iy$，便得到

$$e^{iy} = 1 + iy + \frac{1}{2!}i^2 y^2 + \frac{1}{3!}i^3 y^3 + \frac{1}{4!}i^4 y^4 + \frac{1}{5!}i^5 y^5 + \cdots$$
$$= 1 + iy - \frac{1}{2!}y^2 - i\frac{1}{3!}y^3 + \frac{1}{4!}y^4 + i\frac{1}{5!}y^5 + \cdots$$
$$= \left(1 - \frac{1}{2!}y^2 + \frac{1}{4!}y^4 - \cdots\right) + i\left(y - \frac{1}{3!}y^3 + \frac{1}{5!}y^5 - \cdots\right)$$
$$= \cos y + i\sin y.$$

把 y 换成 x 即得(11.6.3)式,在(11.6.3)式中用 $-x$ 代换 x,又可得
$$e^{-ix} = \cos x - i\sin x. \tag{11.6.4}$$
将(11.6.3)式与(11.6.4)式相加、减,便得到
$$\begin{cases} \cos x = \dfrac{e^{ix} + e^{-ix}}{2}, \\ \sin x = \dfrac{e^{ix} - e^{-ix}}{2i}. \end{cases}$$

这也叫欧拉公式,这几个公式以后常会用到.

习 题 11.6

1. 将下列函数展开成 x 的幂级数,并求展开式成立的区间:

(1) $\ln(a+x)$;　　　　　　(2) $\sin^2 x$;

(3) $\dfrac{1}{(2-x)^2}$;　　　　　　(4) $\arctan\dfrac{1+x}{1-x}$;

(5) $\mathrm{ch}\,x$;　　　　　　(6) $\dfrac{x}{1+x-2x^2}$;

(7) $\dfrac{x}{\sqrt{1-2x}}$;　　　　　　(8) $\ln(1+x+x^2)$;

(9) $\dfrac{1}{(1+x)(1+x^2)(1+x^4)}$;　　(10) $\cos^3 x$.

2. 求下列函数在指定点的幂级数展开式,并求展开式成立的区间:

(1) $\lg x, x_0 = 1$;　　　　　　(2) $\cos x, x_0 = \dfrac{\pi}{4}$;

(3) $\dfrac{1}{x}, x_0 = 3$;　　　　　　(4) $e^x, x_0 = 2$;

(5) $\dfrac{x}{2x-1}, x_0 = -1$;　　　　(6) $\dfrac{1}{x^2+3x+2}, x_0 = -4$.

3. 展开 $\dfrac{d}{dx}\left(\dfrac{e^x-1}{x}\right)$ 为 x 的幂级数,并证明
$$\sum_{n=1}^{\infty} \frac{n}{(n+1)!} = 1.$$

4. 利用函数的幂级数展开式求下列各数的近似值:

(1) $\sqrt{e}$(误差不超过 0.001);　　(2) $\sqrt[9]{522}$(误差不超过 0.00001);

(3) $\int_0^1 e^{-x^2} dx$(误差不超过 0.001);   (4) $\int_0^{0.5} \dfrac{1}{1+x^4} dx$(误差不超过 0.0001).

5. 求幂级数的和函数:

(1) $\sum_{n=0}^{\infty} \dfrac{2n+1}{n!} x^{2n}$;   (2) $\sum_{n=0}^{\infty} (-1)^n \dfrac{n+1}{(2n+1)!} x^{2n+1}$.

6. 求下列数项级数的和:

(1) $\sum_{n=0}^{\infty} \dfrac{1}{(2n+1)!}$;   (2) $\sum_{n=1}^{\infty} \dfrac{n^2}{n!}$.

7. 将幂级数 $\sum_{n=1}^{\infty} \dfrac{2^n x^n}{n!}$ 的和函数展开成 $x-1$ 的幂级数.

8. 设 $f(x) = \dfrac{1+x}{(1-x)^3}$, 求 $f^{(100)}(0)$.

11.7 傅里叶①级数

在物理学和工程技术问题中,经常遇到各种周期现象,在周期现象中呈现周期变化的量可以用周期函数 $f(t+T) = f(t)$ (T 为周期) 来描述.

正弦函数是一种常见而简单的周期函数,如单摆在振幅很小时的摆动,弹簧的振动可用函数

$$y = A\sin(\omega t + \varphi)$$

表示,它是一个以 $\dfrac{2\pi}{\omega}$ 为周期的函数,其中,y 表示动点的位置,t 表示时间,A 为振幅,ω 为角频率,φ 为初相,它们描述的周期现象,在物理学中称为简谐振动.

在实际问题中,还会遇到非正弦的周期函数,如电子技术中常用的方波和锯齿波(图 11.2)反映了电压 u 随时间 t 的周期性变化.

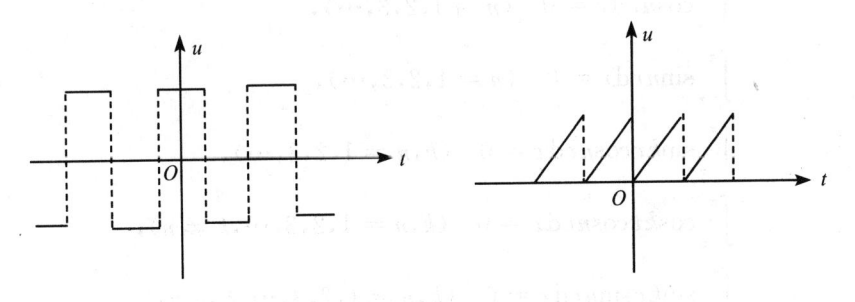

图 11.2

现在我们研究以 2π 为周期的周期函数 $f(x)$ 怎样展开成三角级数

---

① 傅里叶(法国数学、物理学家,J. Fourier, 1768~1830).

$$A_0 + \sum_{n=1}^{\infty} A_n \sin(n\omega t + \varphi_n), \tag{11.7.1}$$

其中,$A_0, A_n, \varphi_n (n=1,2,3,\cdots)$都是常数.

将周期函数按上述方式展开,它的物理意义是很明确的,这就是把一个比较复杂的周期运动看作是许多不同频率的简谐振动的叠加. 在电工学上,这种展开称为谐波分析.

为了以后讨论方便起见,我们将正弦函数 $A_n \sin(n\omega t + \varphi_n)$ 按三角公式变形,得

$$A_n \sin(n\omega t + \varphi_n) = A_n \sin\varphi_n \cos n\omega t + A_n \cos\varphi_n \sin n\omega t,$$

并且令 $\dfrac{a_0}{2} = A_0, a_n = A_n \sin\varphi_n, b_n = A_n \cos\varphi_n, \omega t = x$,则级数(11.7.1)式可改写为

$$\frac{a_0}{2} + \sum_{n=1}^{\infty} (a_n \cos nx + b_n \sin nx), \tag{11.7.2}$$

其中,$a_0, a_n, b_n (n=1,2,3,\cdots)$都是常数.

与幂级数所讨论问题类似,先假定 $f(x)$ 能展开成级数(11.7.2)式,求出系数 a_n, b_n,然后再研究级数(11.7.2)式在什么条件下收敛于 $f(x)$. 为此,我们首先介绍三角函数系的正交性.

11.7.1 三角函数系的正交性

所谓三角函数系

$$1, \cos x, \sin x, \cos 2x, \sin 2x, \cdots, \cos nx, \sin nx, \cdots \tag{11.7.3}$$

在区间$[-\pi, \pi]$上正交,就是指在三角函数系(11.7.3)式中任何不同的两个函数的乘积在区间$[-\pi, \pi]$上的积分等于零,即

$$\int_{-\pi}^{\pi} \cos nx \, dx = 0 \quad (n = 1, 2, 3, \cdots),$$

$$\int_{-\pi}^{\pi} \sin nx \, dx = 0 \quad (n = 1, 2, 3, \cdots),$$

$$\int_{-\pi}^{\pi} \sin kx \cos nx \, dx = 0 \quad (k, n = 1, 2, 3, \cdots),$$

$$\int_{-\pi}^{\pi} \cos kx \cos nx \, dx = 0 \quad (k, n = 1, 2, 3, \cdots, k \neq n),$$

$$\int_{-\pi}^{\pi} \sin kx \sin nx \, dx = 0 \quad (k, n = 1, 2, 3, \cdots, k \neq n).$$

例

$$\int_{-\pi}^{\pi} \cos kx \cos nx \, dx = \frac{1}{2} \int_{-\pi}^{\pi} [\cos(k-n)x + \cos(k+n)x] dx$$

$$\xlongequal{\text{当} k \neq n} \frac{1}{2} \left[\frac{\sin(k-n)x}{k-n} + \frac{\sin(k+n)x}{k+n} \right] \Big|_{-\pi}^{\pi}$$

11.7 傅里叶级数

$$= 0 \quad (k, n = 1, 2, 3, \cdots, k \neq n).$$

其余等式可自行验证.

这里的区间$[-\pi, \pi]$也可改为$[0, 2\pi]$,事实上,三角函数系(11.7.3)式在长度为2π的任何区间上都具有正交性.

此外,还容易验证,在三角函数系(11.7.3)式中,两个相同函数的乘积在区间$[-\pi, \pi]$上的积分不等于零,即

$$\int_{-\pi}^{\pi} \mathrm{d}x = 2\pi,$$

$$\int_{-\pi}^{\pi} \sin^2 nx \, \mathrm{d}x = \pi,$$

$$\int_{-\pi}^{\pi} \cos^2 nx \, \mathrm{d}x = \pi \quad (n = 1, 2, 3, \cdots).$$

11.7.2 函数展开成傅里叶级数

假定以2π为周期的函数$f(x)$能展开成一致收敛的三角级数(11.7.2)式,即

$$f(x) = \frac{a_0}{2} + \sum_{k=1}^{\infty} (a_k \cos kx + b_k \sin kx). \tag{11.7.4}$$

那么利用一致收敛级数可以逐项积分的性质及三角函数系在$[-\pi, \pi]$上的正交性,容易求得三角级数的系数a_k, b_k.

将上式两端同乘$\cos nx (n = 0, 1, 2, \cdots)$此式右端的级数在$[-\pi, \pi]$上仍一致收敛,逐项积分,可得

$$\int_{-\pi}^{\pi} f(x) \cos nx \, \mathrm{d}x = \frac{a_0}{2} \int_{-\pi}^{\pi} \cos nx \, \mathrm{d}x$$
$$+ \sum_{k=1}^{\infty} \left[a_k \int_{-\pi}^{\pi} \cos kx \cdot \cos nx \, \mathrm{d}x + b_k \int_{-\pi}^{\pi} \sin kx \cdot \cos nx \, \mathrm{d}x \right].$$

当$n = 0$时,上式右端除第一项外,其余各项均为零,故

$$\int_{-\pi}^{\pi} f(x) \, \mathrm{d}x = \frac{a_0}{2} \int_{-\pi}^{\pi} 1 \, \mathrm{d}x = a_0 \pi,$$

所以

$$a_0 = \frac{1}{\pi} \int_{-\pi}^{\pi} f(x) \, \mathrm{d}x.$$

当$n \neq 0$时,等式右端除$k = n$的一项外,其余各项均为零,故

$$\int_{-\pi}^{\pi} f(x) \cos nx \, \mathrm{d}x = a_n \int_{-\pi}^{\pi} \cos^2 nx \, \mathrm{d}x = a_n \pi,$$

所以

$$a_n = \frac{1}{\pi} \int_{-\pi}^{\pi} f(x) \cos nx \, \mathrm{d}x \quad (n = 1, 2, 3, \cdots).$$

类似地,用 $\sin nx$ 乘(11.7.4)式的两端,再从 $-\pi$ 到 π 逐项积分,可得
$$b_n = \frac{1}{\pi}\int_{-\pi}^{\pi} f(x)\sin nx\, dx \quad (n=1,2,3,\cdots).$$

由于当 $n=0$ 时,a_n 的表达式正好给出 a_0,因此,所得结果可以合并写成
$$\left.\begin{aligned}a_n &= \frac{1}{\pi}\int_{-\pi}^{\pi} f(x)\cos nx\, dx \quad (n=0,1,2,3,\cdots),\\ b_n &= \frac{1}{\pi}\int_{-\pi}^{\pi} f(x)\sin nx\, dx \quad (n=1,2,3,\cdots).\end{aligned}\right\} \tag{11.7.5}$$

由此可见,若 $f(x)$ 能展开成一致收敛的三角级数(11.7.4)式,则诸系数 a_0,a_n,$b_n (n=1,2,3,\cdots)$ 是由 $f(x)$ 唯一确定的,且必如(11.7.5)式所示,通常称其为函数 $f(x)$ 的傅里叶系数,简称傅氏系数,由傅氏系数构成的三角级数
$$\frac{a_0}{2} + \sum_{n=1}^{\infty}(a_n\cos nx + b_n\sin nx)$$
叫做 $f(x)$ 的傅里叶级数[1],简称傅氏级数.

对于任何以 2π 为周期的函数 $f(x)$,只要(11.7.5)式的积分存在,就可作出形为
$$\frac{a_0}{2} + \sum_{n=1}^{\infty}(a_n\cos nx + b_n\sin nx) \tag{11.7.6}$$
的三角级数,这时,我们仍称它为 $f(x)$ 关于三角函数系(11.7.3)式的傅氏级数,记作
$$f(x) \sim \frac{a_0}{2} + \sum_{n=1}^{\infty}(a_n\cos nx + b_n\sin nx).$$
但是,这样作出的傅氏级数是否收敛及是否收敛于 $f(x)$ 尚有待进一步研究,不过,从以上讨论可得出一个结论:如果以 2π 为周期的函数 $f(x)$ 可以展开为一致收敛的三角级数,则一定是 $f(x)$ 的傅氏级数.

傅里叶级数的收敛性

傅里叶级数的收敛性的理论比较复杂,我们叙述一个收敛定理(不给证明).

定理 1(狄利克雷定理[2]) 设 $f(x)$ 是周期为 2π 的周期函数,如果它满足:

(1) 在一个周期内连续或只有有限个第一类间断点;

(2) 在一个周期内至多只有有限个极值点,则 $f(x)$ 的傅里叶级数收敛,并且当 x 是 $f(x)$ 的连续点时,级数收敛于 $f(x)$;当 x 是 $f(x)$ 的间断点时,级数收敛于
$$\frac{1}{2}[f(x-0) + f(x+0)].$$

定理中的条件通常称为狄利克雷条件,这个定理告诉我们,以 2π 为周期的函

---

[1] 傅里叶级数是傅里叶于 1822 年在他的《热的解析理论》一书提出的.
[2] 狄利克雷于 1829 年第一次对傅里叶级数的收敛性给出了严谨的证明.

11.7 傅里叶级数

数 $f(x)$,如果在一个周期$[-\pi,\pi]$内只有有限个第一类间断点,并且不振动无限多次,那么 $f(x)$ 在其所有连续点处,都可以展开成傅氏级数.可见,函数展开成傅氏级数的条件比展开成幂级数的条件低得多.

以下给出函数展开成傅氏级数的例子.

例1 设 $f(x)$ 是周期为 2π 的周期函数,它在$[-\pi,\pi)$上的表达式为

$$f(x) = \begin{cases} -1, & -\pi \leqslant x < 0 \\ 1, & 0 \leqslant x < \pi \end{cases}.$$

将 $f(x)$ 展开成傅里叶级数.

解 所给函数满足收敛定理的条件,它在点 $x=k\pi(k=0,\pm1,\pm2,\cdots)$ 处不连续,在其他点处连续,从而由收敛定理知道 $f(x)$ 的傅里叶级数收敛,当 $x \neq k\pi$ 时级数收敛于 $f(x)$,并且当 $x=k\pi$ 时级数收敛于 0,和函数的图形如图 11.3 所示.

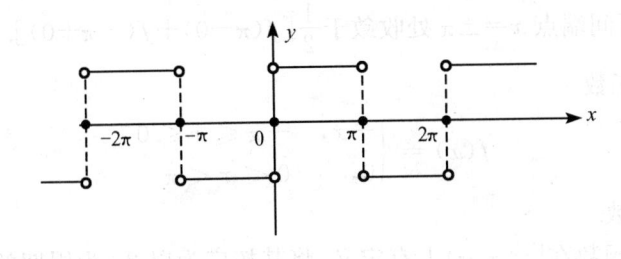

图 11.3

计算傅里叶系数如下:

$$a_n = \frac{1}{\pi}\int_{-\pi}^{\pi} f(x)\cos nx \, dx$$

$$= \frac{1}{\pi}\int_{-\pi}^{0}(-1)\cos nx \, dx + \frac{1}{\pi}\int_{0}^{\pi} 1 \cdot \cos nx \, dx = 0,$$

$$b_n = \frac{1}{\pi}\int_{-\pi}^{\pi} f(x)\sin nx \, dx$$

$$= \frac{1}{\pi}\int_{-\pi}^{0}(-1)\sin nx \, dx + \frac{1}{\pi}\int_{0}^{\pi} 1 \cdot \sin nx \, dx$$

$$= \frac{1}{\pi}\left[\frac{\cos nx}{n}\right]_{-\pi}^{0} + \frac{1}{\pi}\left[\frac{-\cos nx}{n}\right]_{0}^{\pi} = \frac{2}{n\pi}[1-\cos n\pi]$$

$$= \frac{2}{n\pi}[1-(-1)^n] = \begin{cases} \dfrac{4}{n\pi}, & n=1,3,5,\cdots \\ 0, & n=2,4,6,\cdots \end{cases}.$$

将求得的系数代入(11.7.6)式,就得到 $f(x)$ 的傅里叶级数展开式为

$$f(x) = \frac{4}{\pi}\left[\sin x + \frac{1}{3}\sin 3x + \cdots + \frac{1}{2k-1}\sin(2k-1)x + \cdots\right]$$

$$(-\infty < x < +\infty, x \neq 0, \pm\pi, \pm 2\pi, \cdots).$$

在有些实际问题中,我们只要求将 $f(x)$ 在 $(-\pi,\pi)$ 内展开为傅氏级数(此时 $f(x)$ 在 $(-\pi,\pi)$ 以外的点可能无意义,也可能有意义而无周期性),为要做到这一点,我们可将定义在 $(-\pi,\pi)$ 内的函数 $f(x)$ 延拓为以 2π 为周期的函数 $F(x)$,即

$$F(x) = f(x), \quad x \in (-\pi,\pi),$$

且

$$F(x) = F(x+2\pi), \quad x \in (-\infty,+\infty).$$

在 $x=(2k+1)\pi$ 处 $(k=0,\pm 1,\pm 2,\cdots)$,不论 $f(\pm\pi)$ 是否有意义,可将 $F[(2k+1)\pi]$ 定义为任一常数(它将不会影响后面的讨论),按这种方式拓广函数的定义域的过程称为周期延拓。再将 $F(x)$ 展开成傅里叶级数,最后限制 x 在 $(-\pi,\pi)$ 内,此时 $F(x)\equiv f(x)$,这样便得到 $f(x)$ 的傅氏级数展开式,根据收敛定理,这级数在区间端点 $x=\pm\pi$ 处收敛于 $\frac{1}{2}[f(\pi-0)+f(-\pi+0)]$.

例2 将函数

$$f(x) = \begin{cases} -x, & -\pi \leqslant x \leqslant 0 \\ 0, & 0 < x < \pi \end{cases}$$

展开成傅氏级数.

解 这个函数在 $[-\pi,\pi)$ 上有定义,将其拓广为以 2π 为周期的函数,由收敛定理可知,当 $x\in(-\pi,\pi)$ 时,傅氏级数收敛于 $f(x)$,当 $x=\pm\pi$ 时级数收敛于 $\frac{\pi+0}{2}=\frac{\pi}{2}$.

计算傅氏系数如下

$$a_0 = \frac{1}{\pi}\int_{-\pi}^{\pi} f(x)\mathrm{d}x = \frac{1}{\pi}\int_{-\pi}^{0}(-x)\mathrm{d}x = \frac{\pi}{2},$$

$$a_n = \frac{1}{\pi}\int_{-\pi}^{\pi} f(x)\cos nx\,\mathrm{d}x = \frac{1}{\pi}\int_{-\pi}^{0}(-x)\cos nx\,\mathrm{d}x$$

$$= \frac{-1}{n^2\pi}[1-\cos n\pi] = \frac{1}{n^2\pi}[(-1)^n - 1]$$

$$= \begin{cases} \dfrac{-2}{(2k-1)^2\pi}, & n = 2k-1 \\ 0, & n = 2k \end{cases} \quad (k=1,2,\cdots),$$

$$b_n = \frac{1}{\pi}\int_{-\pi}^{\pi} f(x)\sin nx\,\mathrm{d}x = \frac{1}{\pi}\int_{-\pi}^{0}\sin nx\,\mathrm{d}x = \frac{1}{\pi}\cos n\pi = \frac{(-1)^n}{n}.$$

将所求得的傅氏系数代入公式(11.7.6),就得到 $f(x)$ 的傅氏级数展开式为

$$f(x) = \frac{\pi}{4} + \sum_{n=1}^{\infty}\left(\frac{(-1)^n - 1}{n^2\pi}\cos n\pi + \frac{(-1)^n}{n}\sin nx\right)$$

11.7 傅里叶级数

$$= \frac{\pi}{4} - \left(\frac{2}{\pi}\cos x + \sin x\right) + \frac{1}{2}\sin 2x$$

$$- \left(\frac{2}{3^2\pi}\cos 3x + \frac{1}{3}\sin 3x\right) + \frac{1}{4}\sin 4x$$

$$- \left(\frac{2}{5^2\pi}\cos 5x + \frac{1}{5}\sin 5x\right) + \frac{1}{6}\sin 6x + \cdots$$

$$= \frac{\pi}{4} - \frac{2}{\pi}\left(\cos x + \frac{1}{3^2}\cos 3x + \frac{1}{5^2}\cos 5x + \cdots\right)$$

$$- \left(\sin x - \frac{1}{2}\sin 2x + \frac{1}{3}\sin 3x - \cdots\right) \quad (-\pi < x < \pi).$$

利用这个展开式,可以求出几个特殊级数的和. 例如,当 $x=\pi$ 时,由傅氏级数展开式知

$$\frac{\pi}{2} = \frac{\pi}{4} - \frac{2}{\pi}\left(\cos\pi + \frac{1}{3^2}\cos 3\pi + \frac{1}{5^2}\cos 5\pi + \cdots\right)$$

$$= \frac{\pi}{4} + \frac{2}{\pi}\left(1 + \frac{1}{3^2} + \frac{1}{5^2} + \cdots\right),$$

于是得到

$$\frac{\pi^2}{8} = 1 + \frac{1}{3^2} + \frac{1}{5^2} + \cdots + \frac{1}{(2k-1)^2} + \cdots.$$

令

$$S = 1 + \frac{1}{2^2} + \frac{1}{3^2} + \frac{1}{4^2} + \cdots,$$

$$S_1 = 1 + \frac{1}{3^2} + \frac{1}{5^2} + \frac{1}{7^2} + \cdots,$$

$$S_2 = \frac{1}{2^2} + \frac{1}{4^2} + \frac{1}{6^2} + \frac{1}{8^2} + \cdots,$$

$$S_3 = 1 - \frac{1}{2^2} + \frac{1}{3^2} - \frac{1}{4^2} + \cdots.$$

因为

$$S_2 = \frac{S}{4} = \frac{S_1 + S_2}{4},$$

所以

$$S_2 = \frac{S_1}{3} = \frac{\pi^2}{24},$$

$$S = S_1 + S_2 = \frac{\pi^2}{8} + \frac{\pi^2}{24} = \frac{\pi^2}{6},$$

$$S_3 = 2S_1 - S = \frac{\pi^2}{4} - \frac{\pi^2}{6} = \frac{\pi^2}{12}.$$

11.7.3 正弦级数和余弦级数

一般说来，一个函数的傅里叶级数既含有正弦项，又含有余弦项（如 11.7.2 小节例 2），但是也有一些函数的傅里叶级数只含有正弦项（如 11.7.2 小节例 1）或者只含有常数项和余弦项，这是什么原因呢？实际上，这些情况是与所给函数 $f(x)$ 的奇偶性有关，利用上册中的奇偶函数的积分性质，不难证明下面的定理.

定理 2 设 $f(x)$ 是周期为 2π 的函数，在一个周期上可积，则

(1) 当 $f(x)$ 为奇函数时，它的傅里叶系数为
$$a_n = 0 \quad (n = 0, 1, 2, \cdots),$$
$$b_n = \frac{2}{\pi}\int_0^\pi f(x)\sin nx\,\mathrm{d}x \quad (n = 1, 2, \cdots).$$

(2) 当 $f(x)$ 为偶函数时，它的傅里叶系数为
$$b_n = 0 \quad (n = 1, 2, \cdots),$$
$$a_n = \frac{2}{\pi}\int_0^\pi f(x)\cos nx\,\mathrm{d}x \quad (n = 0, 1, 2, \cdots).$$

这个定理说明，如果 $f(x)$ 为奇函数，那么它的傅里叶级数是只含有正弦项的正弦级数，即
$$f(x) \sim \sum_{n=1}^{\infty} b_n \sin nx.$$

如果 $f(x)$ 为偶函数，那么它的傅里叶级数是只含有常数项和余弦项的余弦级数，即
$$f(x) \sim \frac{a_0}{2} + \sum_{n=1}^{\infty} a_n \cos nx.$$

例 1 设 $f(x)$ 是以 2π 为周期的函数，它在 $[-\pi, \pi)$ 上的表达式为
$$f(x) = \begin{cases} \dfrac{2}{\pi}x + 1, & -\pi \leqslant x < 0 \\ -\dfrac{2}{\pi}x + 1, & 0 \leqslant x < \pi \end{cases},$$
将 $f(x)$ 展开成傅里叶级数.

解 因为 $f(x)$ 是偶函数，所以 $b_n = 0 (n = 1, 2, \cdots)$，
$$a_0 = \frac{2}{\pi}\int_0^\pi \left(-\frac{2}{\pi}x + 1\right)\mathrm{d}x = 0,$$
$$a_n = \frac{2}{\pi}\int_0^\pi \left(-\frac{2}{\pi}x + 1\right)\cos nx\,\mathrm{d}x = \frac{4}{n^2\pi^2}[1 - (-1)^n]$$
$$= \begin{cases} \dfrac{8}{(2k-1)^2\pi^2}, & n = 2k - 1 \\ 0, & n = 2k \end{cases} \quad (k = 1, 2, \cdots).$$

又由于 $f(x)$ 在 $(-\infty,+\infty)$ 上连续,由收敛定理可知

$$f(x)=\frac{a_0}{2}+\sum_{n=1}^{\infty}a_n\cos nx=\frac{8}{\pi^2}\sum_{n=1}^{\infty}\frac{1}{(2k-1)^2}\cos(2k-1)x$$

$$=\frac{8}{\pi^2}\left(\cos x+\frac{1}{3^2}\cos 3x+\frac{1}{5^2}\cos 5x+\cdots\right)\quad(-\infty<x<+\infty).$$

下面我们讨论,如何把区间 $[0,\pi]$ 上满足狄利克雷条件的函数 $f(x)$ 展开为以 2π 为周期的三角级数.

我们可以在 $f(x)$ 的基础上,构造一个在 $(-\pi,\pi]$ 上满足狄利克雷条件的函数

$$F(x)=\begin{cases}\varphi(x), & -\pi<x<0 \\ f(x), & 0\leqslant x\leqslant\pi\end{cases}.$$

其中,$\varphi(x)$ 是在 $(-\pi,\pi)$ 上满足狄利克雷条件的任一函数,这样就可把 $F(x)$ 在 $(-\pi,\pi)$ 上展开成傅里叶级数,再限制 x 在 $(0,\pi]$ 上,此时 $F(x)\equiv f(x)$,便得到 $f(x)$ 的傅里叶级数展开式.

由于 $\varphi(x)$ 具有任意性,所以展开的傅里叶级数可以有多种形式,为了简便,通常采用奇式延拓或偶式延拓.

选取 $F(x)=\begin{cases}-f(-x), & -\pi<x<0 \\ f(x), & 0\leqslant x\leqslant\pi\end{cases}$. 这时 $F(x)$ 在 $(-\pi,\pi)$ 上(除去点 $x=0$)是奇函数(图 11.4),称为奇式延拓,它的傅里叶级数为正弦级数.

选取 $F(x)=\begin{cases}f(-x), & -\pi<x<0 \\ f(x), & 0\leqslant x\leqslant\pi\end{cases}$. 这时 $F(x)$ 在 $(-\pi,\pi)$ 上是偶函数(图 11.5),称为偶式延拓,它的傅里叶级数为余弦级数.

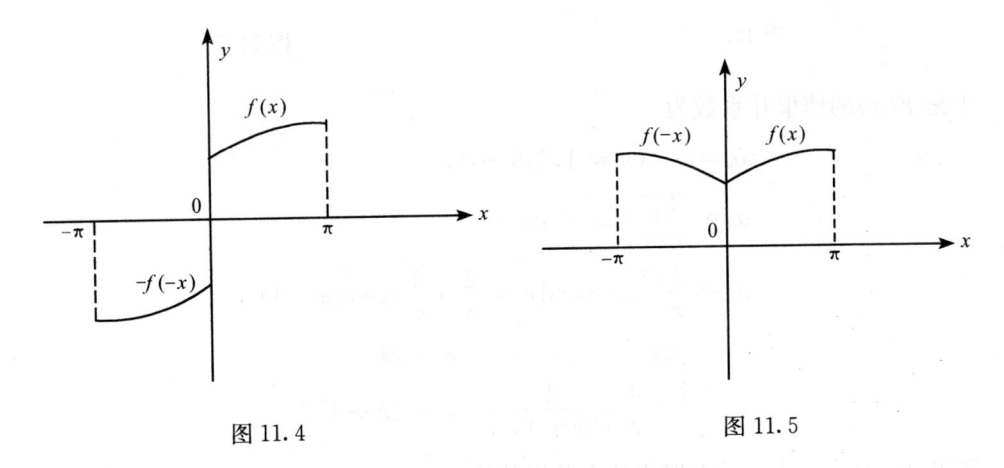

图 11.4

图 11.5

例 2 将函数 $f(x)=x(0\leqslant x\leqslant\pi)$ 分别展开为正弦级数和余弦级数.

解 将 $f(x)$ 作奇式延拓(图 11.6),得
$$F(x) = x \quad (-\pi \leqslant x \leqslant \pi),$$
于是 $F(x)$ 的傅里叶系数

$a_n = 0 \quad (n = 0, 1, 2, \cdots),$

$b_n = \dfrac{2}{\pi}\displaystyle\int_0^\pi x\sin nx\,\mathrm{d}x = -\dfrac{2}{n}\cos n\pi = (-1)^{n+1}\dfrac{2}{n} \quad (n = 1, 2, 3, \cdots).$

所以 $f(x)=x$ 在 $[0,\pi]$ 展开成正弦级数为

$$x = \sum_{n=1}^{\infty}(-1)^{n+1}\frac{2}{n}\sin nx$$
$$= 2\left(\frac{\sin x}{1} - \frac{\sin 2x}{2} + \frac{\sin 3x}{3} - \cdots\right) \quad (0 \leqslant x < \pi).$$

将 $f(x)$ 作偶式延拓(图 11.7),得
$$F(x) = |x| \quad (-\pi \leqslant x \leqslant \pi),$$

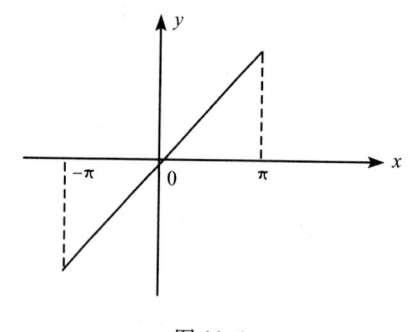

图 11.6

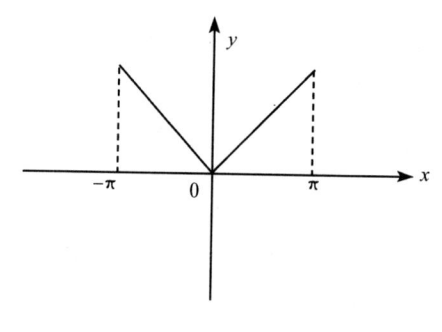

图 11.7

于是 $F(x)$ 的傅里叶系数为

$b_n = 0 \quad (n = 1, 2, 3, \cdots),$

$a_0 = \dfrac{2}{\pi}\displaystyle\int_0^\pi x\,\mathrm{d}x = \pi,$

$a_n = \dfrac{2}{\pi}\displaystyle\int_0^\pi x\cos nx\,\mathrm{d}x = \dfrac{2}{\pi}\cdot\dfrac{1}{n^2}(\cos n\pi - 1)$

$= \begin{cases} 0, & n = 2k \\ -\dfrac{4}{\pi}\dfrac{1}{(2k-1)^2}, & n = 2k-1 \end{cases}.$

所以 $f(x)=x$ 在 $[0,\pi]$ 上展成的余弦级数为

$$x = \frac{\pi}{2} - \frac{4}{\pi}\sum_{k=1}^{\infty}\frac{1}{(2k-1)^2}\cos(2k-1)x$$
$$= \frac{\pi}{2} - \frac{4}{\pi}\left(\frac{\cos x}{1^2} + \frac{\cos 3x}{3^2} + \frac{\cos 5x}{5^2} + \cdots\right) \quad (0 \leqslant x \leqslant \pi).$$

11.7.4 周期为 $2l$ 的周期函数的傅里叶级数

一般,周期函数的周期不一定是 2π,因此,我们要讨论以 $2l$(l 为任意正数)为周期的函数的傅里叶级数,与前面的讨论类似,有时我们也需要将定义在 $(-l,l)$ 或 $[0,l]$ 上的函数展开成傅里叶函数.

设函数 $f(x)$ 在区间 $[-l,l]$ 上有定义且满足狄利克雷条件,作变换 $t=\frac{\pi}{l}x$.

当 x 在区间 $[-l,l]$ 上变化时,t 就在区间 $[-\pi,\pi]$ 上变化,记

$$f(x) = f\left(\frac{l}{\pi}t\right) = \varphi(t),$$

则 $\varphi(t)$ 在 $[-\pi,\pi]$ 上有意义且满足狄利克雷条件,于是 $\varphi(t)$ 在 $(-\pi,\pi)$ 上可以展开成傅里叶级数

$$\varphi(t) = \frac{a_0}{2} + \sum_{n=1}^{\infty}(a_n\cos nt + b_n\sin nt), \tag{11.7.7}$$

其中

$$\begin{aligned}a_n &= \frac{1}{\pi}\int_{-\pi}^{\pi}\varphi(t)\cos nt\,\mathrm{d}t \quad (n=0,1,2,\cdots),\\ b_n &= \frac{1}{\pi}\int_{-\pi}^{\pi}\varphi(t)\sin nt\,\mathrm{d}t \quad (n=1,2,3,\cdots).\end{aligned} \tag{11.7.8}$$

将 (11.7.7) 式中变量 t 换回 x,就是 $f(x)$ 在区间 $(-l,l)$ 内展成的傅里叶级数

$$f(x) = \frac{a_0}{2} + \sum_{n=1}^{\infty}\left(a_n\cos\frac{\pi}{l}x + b_n\sin\frac{\pi}{l}x\right). \tag{11.7.9}$$

为了直接利用 $f(x)$ 计算 a_n, b_n,对 (11.7.8) 式作变量代换

$$a_n = \frac{1}{\pi}\int_{-\pi}^{\pi}\varphi(t)\cos nt\,\mathrm{d}t = \frac{1}{\pi}\int_{-l}^{l}f(x)\cos n\frac{\pi}{l}x \cdot \frac{\pi}{l}\mathrm{d}x,$$

故

$$a_n = \frac{1}{l}\int_{-l}^{l}f(x)\cos n\frac{\pi}{l}x\,\mathrm{d}x\text{①} \quad (n=0,1,2,\cdots),$$

同理

$$b_n = \frac{1}{l}\int_{-l}^{l}f(x)\sin n\frac{\pi}{l}x\,\mathrm{d}x \quad (n=1,2,3,\cdots). \tag{11.7.10}$$

---

① 欧拉于 1777 年在研究天文学的时候,用三角函数系的正交性,得到了周期为 $2l$ 函数的傅里叶级数的系数 (11.7.10) 式.

同样可以证明：级数(11.7.9)式在$(-l,l)$内$f(x)$的间断点x_0处收敛于
$$\frac{1}{2}[f(x_0-0)+f(x_0+0)],$$
在$x=\pm l$处收敛于
$$\frac{1}{2}[f(-l+0)+f(l-0)].$$

例 将$f(x)=x^2$在$[-1,1]$上展开为傅里叶级数.

解 这里$l=1$,由于$f(x)=x^2$是偶函数,由系数公式(11.7.10)得
$b_n=0,$
$$a_0=\frac{2}{l}\int_0^l f(x)\mathrm{d}x=2\int_0^1 x^2\mathrm{d}x=\frac{2}{3},$$
$$a_n=\frac{2}{l}\int_0^l f(x)\cos n\frac{\pi}{l}x\mathrm{d}x=2\int_0^1 x^2\cos n\pi x\mathrm{d}x$$
$$=\frac{2}{n\pi}[x^2\sin n\pi x]\Big|_0^1-\frac{4}{n\pi}\int_0^1 x\sin n\pi x\mathrm{d}x$$
$$=0+\frac{4}{(n\pi)^2}[x\cos n\pi x]\Big|_0^1-\frac{4}{(n\pi)^2}\int_0^1 \cos n\pi x\mathrm{d}x$$
$$=\frac{4}{(n\pi)^2}\cos n\pi=(-1)^n\frac{4}{(n\pi)^2}\quad(n=1,2,3,\cdots),$$
由于$f(x)=x^2$在$[-1,1]$上连续,且
$$\frac{1}{2}[f(-1+0)+f(1-0)]=\frac{1}{2}(1+1)=1=f(1)=f(-1),$$
故当$-1\leqslant x\leqslant 1$时,有
$$x^2=\frac{1}{3}+\frac{4}{\pi^2}\sum_{n=1}^{\infty}(-1)^n\cdot\frac{1}{n^2}\cos n\pi x$$
$$=\frac{1}{3}+\frac{4}{\pi^2}\left(-\frac{\cos\pi x}{1^2}+\frac{\cos 2\pi x}{2^2}-\frac{\cos 3\pi x}{3^2}+\cdots\right).$$

11.7.5[①] 傅里叶级数的复数形式

傅里叶级数还可以用复数形式表示,这种形式整齐、方便,而且某些物理特性更明显,在电子技术中,经常应用这种形式.

设周期为$2l$的周期函数$f(x)$的傅里叶级数为
$$\frac{a_0}{2}+\sum_{n=1}^{\infty}\left(a_n\cos\frac{n\pi x}{l}+b_n\sin\frac{n\pi x}{l}\right),$$
其中系数a_n,b_n为

[①] 超"基本要求",供参考.

11.7 傅里叶级数

$$a_n = \frac{1}{l}\int_{-l}^{l} f(x)\cos\frac{n\pi x}{l}dx \quad (n=0,1,2,\cdots),$$

$$b_n = \frac{1}{l}\int_{-l}^{l} f(x)\sin\frac{n\pi x}{l}dx \quad (n=1,2,3,\cdots).$$

利用欧拉公式

$$\cos t = \frac{e^{it}+e^{-it}}{2}, \quad \sin t = \frac{e^{it}-e^{-it}}{2i}.$$

于是(11.7.9)式化为

$$\frac{a_0}{2} + \sum_{n=1}^{\infty}\left[\frac{a_n}{2}(e^{i\frac{n\pi x}{l}}+e^{-i\frac{n\pi x}{l}}) - \frac{ib_n}{2}(e^{i\frac{n\pi x}{l}}-e^{-i\frac{n\pi x}{l}})\right]$$

$$= \frac{a_0}{2} + \sum_{n=1}^{\infty}\left[\frac{a_n-ib_n}{2}e^{i\frac{n\pi x}{l}} + \frac{a_n+ib_n}{2}e^{-i\frac{n\pi x}{l}}\right]. \quad (11.7.11)$$

记

$$\frac{a_0}{2} = C_0, \quad \frac{a_n-ib_n}{2} = C_n, \quad \frac{a_n+ib_n}{2} = C_{-n} \quad (n=1,2,3,\cdots).$$

则(11.7.11)式就表示为

$$C_0 + \sum_{n=1}^{\infty}(C_n e^{i\frac{n\pi x}{l}} + C_{-n}e^{-i\frac{n\pi x}{l}}) = (C_n e^{i\frac{n\pi x}{l}})_{n=0} + \sum_{n=1}^{\infty}(C_n e^{i\frac{n\pi x}{l}} + C_{-n}e^{-i\frac{n\pi x}{l}})$$

$$= \sum_{n=-\infty}^{\infty} C_n e^{i\frac{n\pi x}{l}}. \quad (11.7.12)$$

这就是傅里叶级数的复数形式.

其中

$$C_0 = \frac{a_0}{2} = \frac{1}{2l}\int_{-l}^{l} f(x)dx,$$

$$C_n = \frac{a_n-ib_n}{2} = \frac{1}{2}\left[\frac{1}{l}\int_{-l}^{l} f(x)\cos\frac{n\pi x}{l}dx - \frac{i}{l}\int_{-l}^{l} f(x)\sin\frac{n\pi x}{l}dx\right]$$

$$= \frac{1}{2l}\int_{-l}^{l} f(x)\left(\cos\frac{n\pi x}{l} - i\sin\frac{n\pi x}{l}\right)dx$$

$$= \frac{1}{2l}\int_{-l}^{l} f(x)e^{-i\frac{n\pi x}{l}}dx \quad (n=1,2,3,\cdots),$$

$$C_{-n} = \frac{a_n+ib_n}{2} = \frac{1}{2l}\int_{-l}^{l} f(x)e^{i\frac{n\pi x}{l}}dx \quad (n=1,2,\cdots).$$

将已得结果合并写为

$$C_n = \frac{1}{2l}\int_{-l}^{l} f(x)e^{-i\frac{n\pi x}{l}}dx \quad (n=0,\pm 1,\pm 2,\cdots). \quad (11.7.13)$$

这就是傅里叶系数的复数形式.

例 把宽为 τ,高为 h,周期为 T 的矩形波(图 11.8)展开成复数形式的傅里叶级数.

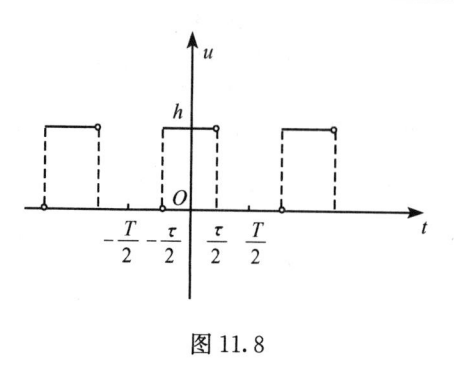

解 在一个周期 $\left[-\dfrac{T}{2},\dfrac{T}{2}\right]$ 内矩形波的函数表达式为

$$u(t)=\begin{cases}0, & -\dfrac{T}{2}\leqslant t<-\dfrac{\tau}{2}\\ h, & -\dfrac{\tau}{2}\leqslant t<\dfrac{\tau}{2}\\ 0, & -\dfrac{\tau}{2}\leqslant t<\dfrac{T}{2}\end{cases}.$$

图 11.8

由傅里叶系数公式(11.7.13)得

$$\begin{aligned}C_n &= \dfrac{1}{T}\int_{-\frac{T}{2}}^{\frac{T}{2}}u(t)\mathrm{e}^{-\mathrm{i}\frac{2n\pi t}{T}}\mathrm{d}t\\ &=\dfrac{1}{T}\int_{-\frac{\tau}{2}}^{\frac{\tau}{2}}h\mathrm{e}^{-\mathrm{i}\frac{2n\pi t}{T}}\mathrm{d}t\\ &=\dfrac{h}{T}\left[\dfrac{-T}{2n\pi\mathrm{i}}\mathrm{e}^{-\mathrm{i}\frac{2n\pi t}{T}}\right]_{-\frac{\tau}{2}}^{\frac{\tau}{2}}\\ &=\dfrac{h}{n\pi}\sin\dfrac{n\pi\tau}{T}\quad(n=\pm 1,\pm 2,\cdots),\\ C_0&=\dfrac{1}{T}\int_{-\frac{T}{2}}^{\frac{T}{2}}u(t)\mathrm{d}t=\dfrac{1}{T}\int_{-\frac{\tau}{2}}^{\frac{\tau}{2}}h\mathrm{d}t=\dfrac{h\tau}{T}.\end{aligned}$$

代入级数(11.7.12)式得

$$u(t)=\dfrac{h\tau}{T}+\dfrac{h}{\pi}\sum_{\substack{n=-\infty\\(n\neq 0)}}^{\infty}\dfrac{1}{n}\sin\dfrac{n\pi\tau}{T}\mathrm{e}^{\mathrm{i}\frac{2n\pi t}{T}}$$

$$\left(-\infty<t<+\infty;\quad t\neq\pm\dfrac{\tau}{2},\pm\dfrac{\tau}{2}\pm T,\cdots\right).$$

两种形式的傅里叶级数可以互换,若要从复数形式推出实数形式,只需把对应的 C_n 与 C_{-n} 合在一起,再利用欧拉公式即可.

习 题 11.7

1. 将下列各周期函数展开成傅里叶级数(下面给出函数在一个周期内的表达式):

(1) $f(x)=\mathrm{e}^{2x}(-\pi\leqslant x<\pi)$;

(2) $f(x)=3x^2+1(-\pi\leqslant x<\pi)$;

(3) $f(x)=\begin{cases}0, & -\pi\leqslant x<0\\ x, & 0\leqslant x<\pi\end{cases}$;

(4) $f(x)=1-x^2\left(-\dfrac{1}{2}\leqslant x<\dfrac{1}{2}\right)$;

(5) $f(x)=\begin{cases}2x+1, & -3\leqslant x<0\\ 1, & 0\leqslant x<3\end{cases}$.

2. 将下列函数 $f(x)$ 展开成傅里叶级数：

(1) $f(x)=2\sin\dfrac{x}{3}(-\pi\leqslant x<\pi)$；

(2) $f(x)=\begin{cases}0, & -\pi\leqslant x<0 \\ e^x, & 0\leqslant x<\pi\end{cases}$.

3. 将 $f(x)=10-x$ 在 $(5,15)$ 内展开成以 10 为周期的傅里叶级数.

4. 设周期函数 $f(x)$ 的周期为 2π，证明 $f(x)$ 的傅里叶系数为

$$a_n=\dfrac{1}{\pi}\int_0^{2\pi}f(x)\cos nx\,\mathrm{d}x\quad(n=0,1,2,\cdots),$$

$$b_n=\dfrac{1}{\pi}\int_0^{2\pi}f(x)\sin nx\,\mathrm{d}x\quad(n=1,2,3,\cdots).$$

5. 将函数 $f(x)=\dfrac{\pi-x}{2}(0\leqslant x\leqslant\pi)$ 展开成正弦级数.

6. 将函数 $f(x)=x^2(0\leqslant x\leqslant 2)$ 分别展开成正弦级数和余弦级数.

7. 把函数 $f(x)=\dfrac{\pi}{4}$ 在 $[0,\pi]$ 上展成正弦级数，并由它推出

(1) $1-\dfrac{1}{3}+\dfrac{1}{5}-\dfrac{1}{7}+\cdots=\dfrac{\pi}{4}$；

(2) $1+\dfrac{1}{5}-\dfrac{1}{7}-\dfrac{1}{11}+\dfrac{1}{13}+\dfrac{1}{17}+\cdots=\dfrac{\pi}{3}$；

(3) $1-\dfrac{1}{5}+\dfrac{1}{7}-\dfrac{1}{11}+\dfrac{1}{13}-\dfrac{1}{17}+\cdots=\dfrac{\sqrt{3}}{6}\pi$.

8. 设周期函数 $f(x)$ 的周期为 2π，证明：

(1) 如果 $f(x-\pi)=-f(x)$，则 $f(x)$ 的傅里叶系数 $a_0=0,a_{2k}=0,b_{2k}=0(k=1,2,\cdots)$；

(2) 如果 $f(x-\pi)=f(x)$，则 $f(x)$ 的傅里叶系数 $a_{2k+1}=0,b_{2k+1}=0(k=0,1,2,\cdots)$.

9. $f(x)$ 是周期为 2 的周期函数，它在 $[-1,1]$ 上的表达式为 $f(x)=e^{-x}$，试将 $f(x)$ 展开成复数形式的傅里叶级数.

总习题十一

1. 填空题：

(1) 正项级数 $\sum\limits_{n=1}^{\infty}a_n$ 收敛的充分必要条件是_____.

(2) $f(x)=\ln(1-2x)$ 的麦克劳林展开式为_____.

(3) 设 $\sum\limits_{n=0}^{\infty}a_n\left(\dfrac{x-1}{2}\right)^n$ 满足条件 $\lim\limits_{n\to\infty}\left|\dfrac{a_n}{a_{n+1}}\right|=\dfrac{1}{3}$，则该级数的收敛半径 $R=$_____.

(4) 设 $f(x)=x^2(0<x<1)$，而 $S(x)=\sum\limits_{n=1}^{\infty}b_n\sin n\pi x, x\in R$，其中，$b_n=2\int_0^1 x^2\sin n\pi x\,\mathrm{d}x$，$n=1,2,\cdots$，则 $S\left(-\dfrac{1}{2}\right)=$_____.

2. 选择题：

(1) 设 $\sum\limits_{n=1}^{\infty}|a_n|=A$，则 $\sum\limits_{n=1}^{\infty}a_n=$_____.

(A) 必收敛于 A；　　　　　　　　(B) 必收敛，但不一定收敛于 A；

(C) 必收敛，但一定不收敛于 A；　　(D) 不一定收敛.

(2) 设 $\lambda>0$，且级数 $\sum\limits_{n=1}^{\infty}a_n^2$ 收敛，则级数 $\sum\limits_{n=1}^{\infty}(-1)^n\dfrac{|a_n|}{\sqrt{n^2+\lambda}}$ _____．

  (A) 发散；   (B) 条件收敛；

  (C) 绝对收敛；   (D) 收敛性与 λ 有关．

(3) 若幂级数 $\sum\limits_{n=1}^{\infty}a_n(x-1)^n$ 在 $x=-1$ 处收敛，则此级数在 $x=2$ 处_____．

  (A) 条件收敛；   (B) 绝对收敛；

  (C) 发散；   (D) 收敛性不能确定．

(4) 判别级数 $\dfrac{1}{\sqrt{2}-1}-\dfrac{1}{\sqrt{2}+1}+\dfrac{1}{\sqrt{3}-1}-\dfrac{1}{\sqrt{3}+1}+\cdots+\dfrac{1}{\sqrt{n}-1}-\dfrac{1}{\sqrt{n}+1}+\cdots$ 的敛散性，正确的方法为_____．

  (A) 因为 $\lim\limits_{n\to\infty}\dfrac{1}{\sqrt{n}-1}=0$，所以级数收敛；

  (B) 由莱布尼茨判别法得知级数发散；

  (C) 加括号后级数 $\sum\limits_{n=2}^{\infty}\left(\dfrac{1}{\sqrt{n}-1}-\dfrac{1}{\sqrt{n}+1}\right)=\sum\limits_{n=2}^{\infty}\dfrac{2}{n-1}$ 发散，所以原级数发散；

  (D) 各项取绝对值，因为 $\sum\limits_{n=2}^{\infty}\dfrac{1}{\sqrt{n}+1}$ 及 $\sum\limits_{n=2}^{\infty}\dfrac{1}{\sqrt{n}-1}$ 均发散，所以原级数发散．

3. 判别下列级数的收敛性：

(1) $\sum\limits_{n=1}^{\infty}\dfrac{1}{n\sqrt[n]{n}}$；   (2) $\sum\limits_{n=1}^{\infty}\dfrac{(n!)^2}{3^{n^2}}$；

(3) $\sum\limits_{n=2}^{\infty}\dfrac{1}{\ln^2 n}$；   (4) $\sum\limits_{n=1}^{\infty}3^{(-1)^n-n}$；

(5) $\sum\limits_{n=1}^{\infty}(\sqrt{n+2}-2\sqrt{n+1}+\sqrt{n})$； (6) $\sum\limits_{n=1}^{\infty}\dfrac{\ln n}{n^p}$．

4. 讨论下列级数的绝对收敛性与条件收敛性：

(1) $\sum\limits_{n=1}^{\infty}\dfrac{(-1)^n\sqrt{n}}{n+100}$；   (2) $\sum\limits_{n=1}^{\infty}(-1)^n\ln\dfrac{n+1}{n}$；

(3) $\sum\limits_{n=1}^{\infty}(-1)^n\dfrac{(n+1)!}{n^{n+1}}$；   (4) $\sum\limits_{n=2}^{\infty}\dfrac{(-1)^n}{\sqrt{n}+(-1)^n}$．

5. 设正项级数 $\sum\limits_{n=1}^{\infty}a_n$ 和 $\sum\limits_{n=1}^{\infty}b_n$ 都收敛，证明级数 $\sum\limits_{n=1}^{\infty}(a_n+b_n)^2$ 也收敛．

6. 设 $a_n\neq 0(n=1,2,\cdots)$ 且 $\lim\limits_{n\to\infty}a_n=a\neq 0$，求证级数 $\sum\limits_{n=1}^{\infty}|a_{n+1}-a_n|$ 与 $\sum\limits_{n=1}^{\infty}\left|\dfrac{1}{a_{n+1}}-\dfrac{1}{a_n}\right|$ 有相同的敛散性．

7. 求下列幂级数的收敛域与和函数：

(1) $\sum\limits_{n=1}^{\infty}\dfrac{2n-1}{2^n}x^{2(n-1)}$；   (2) $\sum\limits_{n=1}^{\infty}\dfrac{(-1)^{n-1}}{2n-1}x^{2n-2}$；

(3) $\sum\limits_{n=1}^{\infty}\dfrac{n}{n+1}x^n$；   (4) $\sum\limits_{n=1}^{\infty}\dfrac{(-1)^{n-1}x^{2n}}{n(2n-1)}$．

总习题十一

8. 利用初等函数的泰勒展开式求下列数项级数的和：

(1) $\sum\limits_{n=0}^{\infty} \dfrac{2n+1}{n!}$；

(2) $\sum\limits_{n=0}^{\infty} \dfrac{(-1)^n(n+1)}{(2n+1)!}$.

9. 将函数 $f(x)=2+|x|,-1\leqslant x\leqslant 1$，以 2 为周期展开成傅里叶级数，并由此求 $\sum\limits_{n=1}^{\infty}\dfrac{1}{n^2}$ 的和.

10. 判别级数 $\sum\limits_{n=1}^{\infty}\left(\dfrac{1}{n}-\ln\dfrac{n+1}{n}\right)$ 的收敛性，并证明

$$\lim_{n\to\infty}\dfrac{1+\dfrac{1}{2}+\dfrac{1}{3}+\cdots+\dfrac{1}{n}}{\ln n}=1.$$

11. 求下列极限：

(1) $\lim\limits_{x\to 0}\dfrac{\dfrac{x^2}{2}+1-\sqrt{1+x^2}}{(\cos x-\mathrm{e}^{x^2})\sin x^2}$；

(2) $\lim\limits_{n\to\infty}\dfrac{1}{n}\sum\limits_{k=1}^{n}\dfrac{1}{3^k}\left(1+\dfrac{1}{k}\right)^{k^2}$；

(3) $\lim\limits_{n\to\infty}\left(\dfrac{1}{a}+\dfrac{2}{a^2}+\cdots+\dfrac{n}{a^n}\right), a>1$.

12. 设 $u_1=10, u_{n+1}=\sqrt{6+u_n}(n=1,2,\cdots)$，讨论级数 $\sum\limits_{n=1}^{\infty}\dfrac{1}{u_n}$ 的收敛性.

13. 若偶函数 $f(x)$ 在点 $x=0$ 的某邻域内具有连续的二阶导数，且 $f(0)=1$，证明级数 $\sum\limits_{n=1}^{\infty}\left[f\left(\dfrac{1}{n}\right)-1\right]$ 绝对收敛.

14. 设 $a_n=\int_0^{\frac{\pi}{4}}\tan^n x\,\mathrm{d}x$，

(1) 求 $\sum\limits_{n=1}^{\infty}\dfrac{1}{n}(a_n+a_{n+2})$ 的值；

(2) 试证对任意的常数 $\lambda>0$，级数 $\sum\limits_{n=1}^{\infty}\dfrac{a_n}{n^\lambda}$ 收敛.

第 12 章 常微分方程

寻求变量之间的函数关系是数学中一个重要的课题. 但在实际问题中,常常不容易直接找出所需要的函数关系,而根据具体问题的物理背景和数学分析方法,有时却比较容易建立含有未知函数及其导数或微分的方程式,然后根据所列出的方程和某些已知条件,把未知函数求出来,这里的第一步称为列微分方程,第二步称为解微分方程,本章讨论的问题,主要是解微分方程.

12.1 微分方程的基本概念

12.1.1 微分方程

先看下面两个例子:

例 1 求曲线方程,其上各点的切线斜率等于该点横坐标的平方,且该曲线通过坐标原点.

解 设所求曲线方程是 $y=y(x)$,根据导数的几何意义,可知未知函数 $y(x)$ 应满足关系式

$$\frac{dy}{dx} = x^2, \quad 且当 x=0 时 y=0,$$

只要上式两端积分,可求得

$$y = \int x^2 dx = \frac{x^3}{3} + C,$$

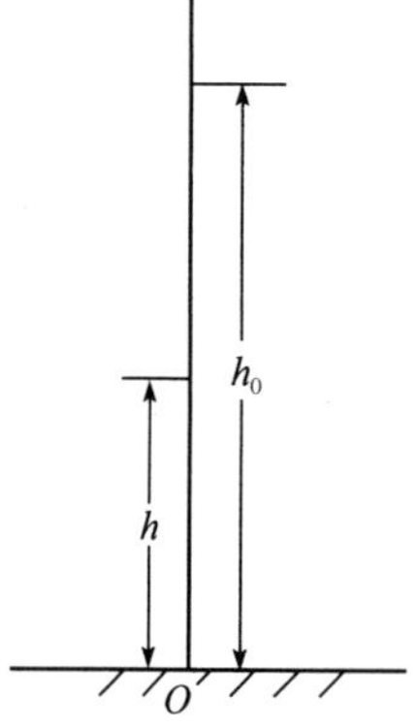

其中 C 是任意常数,用 $x=0, y=0$ 代入 $y = \frac{x^3}{3} + C$ 确定了 $C=0$,于是所求曲线方程为

$$y = \frac{x^3}{3}.$$

例 2 质量为 m 的物体在时刻 $t=0$ 时自高度 h_0 落下,设初速为 v_0,不计空气阻力,求任何时刻 t 时物体的高度.

解 取坐标系如图 12.1 所示. 设 t 时刻物体的高度 $h=h(t)$,根据牛顿第二定律 $F=ma$ 可得

$$-mg = m\frac{d^2 h}{dt^2},$$

图 12.1

即
$$\frac{d^2 h}{dt^2} = -g.$$

这里得到含有 $h(t)$ 的二阶导数的关系方程式,从题意,它还要满足两个条件
$$t=0, \quad h=h_0 (初始位置);$$
$$t=0, \quad \frac{dh}{dt}=v_0 (初始速度).$$

先对 $\frac{d^2 h}{dt^2}=-g$ 两边积分,得
$$\frac{dh}{dt} = -gt + C_1,$$

再积分一次,得
$$h(t) = -\frac{1}{2}gt^2 + C_1 t + C_2,$$

其中,C_1 和 C_2 为任意常数.

将条件 $t=0, h=h_0, \frac{dh}{dt}=v_0$ 代入可知
$$C_1 = v_0, \quad C_2 = h_0.$$

因此在时刻 t 时物体的高度为
$$h(t) = -\frac{1}{2}gt^2 + v_0 t + h_0.$$

定义 1 包含自变量、未知函数以及未知函数的导数或微分的方程叫微分方程.

未知函数是一元函数的微分方程叫常微分方程,例 1、例 2 中的方程都是常微分方程.

未知函数是多元函数,从而出现多元函数偏导数的方程叫偏微分方程.本章只限于讨论常微分方程,简称微分方程.

微分方程中出现的未知函数的最高阶导数的阶数,叫做微分方程的阶.例如,$y'(x)=x^2$ 是一阶微分方程,$\frac{d^2 h}{dt^2}=-g$ 是二阶微分方程,$x^3 y''' + x^2 y'' - 4xy' = 3x^2$ 是三阶微分方程.

一般地,n 阶微分方程的形式是
$$F(x, y, y', \cdots, y^{(n)}) = 0. \tag{12.1.1}$$

12.1.2 微分方程的解

定义 2 任何函数 $y=\varphi(x)$ 代入微分方程后能使两端恒等的,都叫做微分方

程的解.

确切地说,设 $y=\varphi(x)$ 在区间 I 上有 n 阶连续导数,如果在区间 I 上
$$F[x,\varphi(x),\varphi'(x),\cdots,\varphi^{(n)}(x)] \equiv 0,$$
那么函数 $y=\varphi(x)$ 就叫做微分方程(12.1.1)在区间 I 上的解.

解主要有两种不同形式. 一种解包含着任意常数,且常数的个数与微分方程的阶数相同,这种解叫做通解. 另一种解不包含任意常数,这种解叫特解. 如 12.1.1 小节例 1 中 $y=\dfrac{x^3}{3}+C$ 是微分方程 $y'=x^2$ 的通解,而 $y=\dfrac{x^3}{3}$ 是这个方程的一个特解.

用来确定特解的条件叫初始条件.

设微分方程中未知函数为 $y=y(x)$,如果微分方程是一阶的,通常用来确定任意常数的条件是 $x=x_0$ 时,$y=y_0$,或写成 $y|_{x=x_0}=y_0$,其中 x_0,y_0 都是给定的值;如果微分方程是二阶的,通常用来确定任意常数的条件是:$x=x_0$ 时,$y=y_0,y'=y'_0$,或写成 $y|_{x=x_0}=y_0,y'|_{x=x_0}=y'_0$,其中 x_0,y_0 和 y'_0 都是给定的值.

带有初始条件的微分方程求解问题,称为初值问题,以上两例提出的问题都是初值问题.

微分方程的解也常常用隐函数的形式给出,如 $F(x,y)=0$,它叫微分方程的积分. 一阶微分方程包含一个任意常数的积分 $F(x,y,c)=0$ 叫通积分,微分方程的特解的几何图形是一条平面曲线,叫积分曲线,而通解表示一族曲线,叫积分曲线族.

习 题 12.1

1. 下列等式哪些是常微分方程,并指出它的阶:

   (1) $\dfrac{dy}{dx}=e^x+\sin x$;　　(2) $y=2x+6$;　　(3) $dy+y\tan x dx=0$;

   (4) $(y'')^2+5(y')^4-y^5+x^7=0$;　(5) $\dfrac{\partial^2 u}{\partial x^2}+\dfrac{\partial^2 u}{\partial y^2}=0$;　(6) $xy'''+2y''+x^2 y=0$.

2. 验证下列函数(C 为任意常数)是否为相应方程的解? 是通解还是特解?

   (1) $(x+y)dx+xdy=0$, 　　$y=\dfrac{C-x^2}{2x}$;

   (2) $y''=x^2+y^2$, 　　$y=\dfrac{1}{x}$;

   (3) $y''-2y'+y=0$, 　　$y=xe^x$;

   (4) $4y'=2y-x$, 　　$y=Ce^{\frac{x}{2}}+\dfrac{x}{2}+1$.

3. 求下列微分方程满足所给初始条件的解:

(1) $\begin{cases} y' = \dfrac{1}{x} \\ y|_{x=e} = 0 \end{cases}$;   (2) $\begin{cases} \dfrac{d^2 y}{dx^2} = 6x \\ y|_{x=0} = 0 \\ y'|_{x=0} = 2 \end{cases}$.

4. 验证下列各题中由方程所确定的函数是微分方程的解：
(1) $(x-2y)y' = 2x - y$, $x^2 - xy + y^2 = C$;
(2) $(x-y+1)y' = 1$, $y - x = ce^y$.

5. 求曲线方程,曲线上点 $P(x,y)$ 处的法线与 x 轴的交点为 Q,且线段 PQ 被 y 轴平分.

6. 设单位质点在水平面内做直线运动,开始时路程 $S(0) = 0$,速度 $v(0) = v_0$,已知阻力与速度成正比,求质点运动规律所满足的初值问题.

12.2 可分离变量的方程

一阶微分方程的一般形式可写成 $F(x, y, y') = 0$,以后我们仅讨论已解出导数的方程,即形如

$$y' = f(x, y) \tag{12.2.1}$$

的方程,这种方程还可以表达成微分的形式

$$M(x,y)dx + N(x,y)dy = 0. \tag{12.2.2}$$

应当指出,可以用初等积分法（用初等函数及其积分来表示一个微分方程的解）求解的微分方程是不多的,下面介绍几种简单的基本类型的方程的解法.

12.2.1 可分离变量的方程

形如 $\dfrac{dy}{dx} = f(x) \cdot g(y)$ 的一阶微分方程称为可分离变量的方程.

例如,$\dfrac{dy}{dx} = -\dfrac{x}{y}$,$\sqrt{1-x^2}dy + \sqrt{1-y^2}dx = 0$ 等都是可分离变量的方程.

可分离变量的方程可按下列步骤求解：
(1) 分离变量

$$\frac{dy}{g(y)} = f(x)dx \quad (\text{当 } g(y) \neq 0);$$

(2) 两边积分

$$\int \frac{dy}{g(y)} = \int f(x)dx;$$

即得通积分

$$G(y) = F(x) + C.$$

其中，$G(y)$ 为 $\dfrac{1}{g(y)}$ 的一个原函数，$F(x)$ 为 $f(x)$ 的一个原函数，C 为任意常数.

当 $g(y)=0$ 有实根 $y=a$ 时，则函数 $y=a$ 显然是原方程 $\dfrac{dy}{dx}=f(x) \cdot g(y)$ 的一个特解，若只需求方程的通解，则不必讨论 $g(y)=0$ 的情形.

例1 求微分方程
$$\sqrt{1-x^2}dy+\sqrt{1-y^2}dx=0$$
的通解.

解 （1）分离变量得
$$\frac{dy}{\sqrt{1-y^2}}=-\frac{dx}{\sqrt{1-x^2}},$$

（2）两边积分得
$$\arcsin y=-\arcsin x+C,$$
或
$$\arcsin x+\arcsin y=C,$$
其中，C 为任意常数，这就是原微分方程的通解.

例2 已知镭在任何时刻的分解速度与该时刻所存镭的质量成正比，又已知 $t=0$ 时存镭 M_0，求在任意时刻 t 的存镭量.

解 设在时刻 t 的存镭量为 $M=M(t)$，据题意有
$$\frac{dM}{dt}=-\lambda M, \tag{12.2.3}$$

其中，$\lambda>0$ 是比例常数，式中负号是因为镭的分解过程使质量减少，故导数 $\dfrac{dM}{dt}<0$.

按题意，初始条件为
$$M|_{t=0}=M_0.$$

方程(12.2.3)是可分离变量的，分离变量后得
$$\frac{dM}{M}=-\lambda dt,$$

两端积分，注意到 $M>0$，并以 $\ln C$ 表示任意常数，得
$$\ln M=-\lambda t+\ln C,$$
即
$$M=Ce^{-\lambda t}.$$

这就是方程(12.2.3)的通解，以初值条件代入上式，得
$$M_0=Ce^0=C,$$

所以
$$M = M_0 e^{-\lambda t}.$$
这就是所求的镭的衰变规律,由此可见,镭的含量随时间的增加而按指数规律衰减(图 12.2).

有些情况下,我们也可以用微小量分析的方法,即所谓的微元法来建立微分方程,以下举例说明这种方法.

图 12.2

例3 有一盛满水的半球形容器,高为 1m,容器底部有一横截面积为 $1cm^2$(图 12.3)的小孔,水从小孔流出,由水力学中的托里斥利定律知道,水从孔口流出的流量(通过孔口横截面的水的体积 v 对时间 t 的变化率)Q 可用公式 $Q = \dfrac{dv}{dt} = 0.62S\sqrt{2gh}$ 计算,其中 0.62 为流量系数,S 为孔口横截面面积,g 为重力加速度,求水从小孔流出过程中容器里水面的高度 h(水面与孔口中心间的距离)随时间 t 变化的规律.

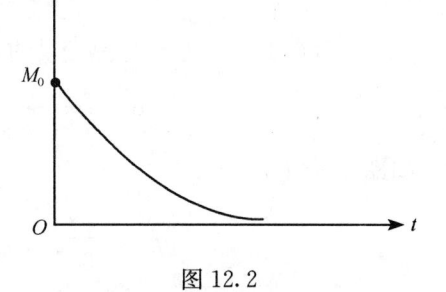

图 12.3

解 由水力学知道,水从孔口流出的流量
$$Q = \frac{dv}{dt} = 0.62S\sqrt{2gh},$$
已知 $S = 1cm^2$,故
$$\frac{dv}{dt} = 0.62\sqrt{2gh},$$
即
$$dv = 0.62\sqrt{2gh}\,dt. \tag{12.2.4}$$

另一方面,设在微小时间间隔 $[t, t+dt]$ 内,水面高度由 h 降至 $h+dh$($dh < 0$),则又可得到
$$dv = -\pi r^2 dh, \tag{12.2.5}$$
其中,r 是时刻 t 的水面半径,又因
$$r = \sqrt{100^2 - (100-h)^2} = \sqrt{200h - h^2},$$
所以(12.2.5)式变成
$$dv = -\pi(200h - h^2)dh. \tag{12.2.6}$$
比较(12.2.4)式、(12.2.6)式得
$$0.62\sqrt{2gh}\,dt = -\pi(200h - h^2)dh. \tag{12.2.7}$$
这就是未知函数 $h = h(t)$ 应满足的微分方程.

此外，开始时容器的水是满的，所以未知函数 $h=h(t)$ 还应满足下列初始条件
$$h\mid_{t=0}=100. \tag{12.2.8}$$
方程(12.2.7)是可分离变量的,分离变量后得
$$\mathrm{d}t=-\frac{\pi}{0.62\sqrt{2g}}(200h^{\frac{1}{2}}-h^{\frac{3}{2}})\mathrm{d}h,$$
两端积分,得
$$t=-\frac{\pi}{0.62\sqrt{2g}}\int(200h^{\frac{1}{2}}-h^{\frac{3}{2}})\mathrm{d}h$$
$$=-\frac{\pi}{0.62\sqrt{2g}}\left(\frac{400}{3}h^{\frac{3}{2}}-\frac{2}{5}h^{\frac{5}{2}}\right)+C. \tag{12.2.9}$$
将初始条件(12.2.8)式代入公式,得
$$C=\frac{\pi}{0.62\sqrt{2g}}\left(\frac{400000}{3}-\frac{200000}{5}\right)$$
$$=\frac{\pi}{0.62\sqrt{2g}}\times\frac{14}{15}\times 10^5,$$
把所得 C 值代入(12.2.9)式并化简,就得
$$t=\frac{\pi}{4.65\sqrt{2g}}(7\times 10^5-10^3 h^{\frac{3}{2}}+3h^{\frac{5}{2}}).$$
上式表达了水从小孔流出过程中容器内水面高度 h 与时间 t 之间的函数关系.

12.2.2 可化为分离变量方程的几类一阶方程

1. 形如
$$\frac{\mathrm{d}y}{\mathrm{d}x}=f(ax+by+c) \quad (a,b,c\text{ 为常数}) \tag{12.2.10}$$
的方程

作代换
$$u=ax+by+c,$$
这时有
$$\frac{\mathrm{d}u}{\mathrm{d}x}=a+b\frac{\mathrm{d}y}{\mathrm{d}x},$$
于是方程(12.2.10)化为可分离变量的方程
$$\frac{\mathrm{d}u}{\mathrm{d}x}=a+bf(u).$$

例 1 求方程 $\dfrac{\mathrm{d}y}{\mathrm{d}x}=\cos(x+y)$ 的通解.

解 令 $u=x+y$,则 $\dfrac{\mathrm{d}u}{\mathrm{d}x}=1+\dfrac{\mathrm{d}y}{\mathrm{d}x}$,原方程变为

$$\frac{\mathrm{d}u}{\mathrm{d}x} = 1 + \cos u = 2\cos^2 \frac{u}{2},$$

分离变量后积分

$$\int \frac{\mathrm{d}u}{2\cos^2 \dfrac{u}{2}} = \int \mathrm{d}x,$$

得

$$\tan \frac{u}{2} = x + c.$$

把 $u=x+y$ 代入上式,就得原方程的通解

$$\tan \frac{x+y}{2} = x + C,$$

其中,C 为任意常数.

2. 齐次方程

如果一阶方程 $\dfrac{\mathrm{d}y}{\mathrm{d}x}=f(x,y)$ 的右端 $f(x,y)$ 可写成 $F\left(\dfrac{y}{x}\right)$ 的形式,则称此方程为齐次方程. 例如

$$(xy - y^2)\mathrm{d}x - (x^2 - 2xy)\mathrm{d}y = 0$$

是齐次方程,因为

$$f(x,y) = \frac{xy - y^2}{x^2 - 2xy} = \frac{\dfrac{y}{x} - \left(\dfrac{y}{x}\right)^2}{1 - 2\left(\dfrac{y}{x}\right)}.$$

对于齐次方程

$$\frac{\mathrm{d}y}{\mathrm{d}x} = F\left(\frac{y}{x}\right), \tag{12.2.11}$$

可作变换

$$\frac{y}{x} = u$$

即 $y=u \cdot x$,这时

$$\frac{\mathrm{d}y}{\mathrm{d}x} = x\frac{\mathrm{d}u}{\mathrm{d}x} + u,$$

代入方程(12.2.11)得

$$x\frac{\mathrm{d}u}{\mathrm{d}x}+u=F(u),$$

即

$$x\frac{\mathrm{d}u}{\mathrm{d}x}=F(u)-u.$$

这正是可分离变量的方程.

例 2 求解方程 $\dfrac{\mathrm{d}y}{\mathrm{d}x}=\dfrac{y+\sqrt{x^2+y^2}}{x}(x>0).$

解 此方程可写成

$$\frac{\mathrm{d}y}{\mathrm{d}x}=\frac{y}{x}+\sqrt{1+\left(\frac{y}{x}\right)^2},$$

令 $\dfrac{y}{x}=u$，则 $\dfrac{\mathrm{d}y}{\mathrm{d}x}=x\dfrac{\mathrm{d}u}{\mathrm{d}x}+u$，原方程可化为

$$x\frac{\mathrm{d}u}{\mathrm{d}x}+u=u+\sqrt{1+u^2},$$

分离变量

$$\frac{\mathrm{d}u}{\sqrt{1+u^2}}=\frac{\mathrm{d}x}{x},$$

两边积分

$$\ln(u+\sqrt{1+u^2})=\ln x+\ln C,$$

即

$$u+\sqrt{1+u^2}=Cx.$$

将 $u=\dfrac{y}{x}$ 代入上式，得

$$\frac{y}{x}+\sqrt{1+\left(\frac{y}{x}\right)^2}=Cx,$$

于是得到原方程的通积分

$$y+\sqrt{x^2+y^2}=Cx^2,$$

其中，C 为任意常数.

例 3 求解方程 $\dfrac{\mathrm{d}y}{\mathrm{d}x}=\dfrac{x+y+3}{x-y+1}.$

解 解方程组 $\begin{cases}x+y+3=0,\\ x-y+1=0,\end{cases}$ 得到 $x=-2, y=-1$，令

12.2 可分离变量的方程

$$\begin{cases} X = x - (-2) = x + 2, \\ Y = y - (-1) = y + 1, \end{cases}$$

则原方程化为

$$\frac{\mathrm{d}Y}{\mathrm{d}X} = \frac{X+Y}{X-Y} = \frac{1+\dfrac{Y}{X}}{1-\dfrac{Y}{X}}.$$

这是齐次方程,令 $Y = uX$,则

$$\frac{\mathrm{d}Y}{\mathrm{d}X} = X\frac{\mathrm{d}u}{\mathrm{d}X} + u,$$

原方程化为

$$X\frac{\mathrm{d}u}{\mathrm{d}X} + u = \frac{1+u}{1-u},$$

$$X\frac{\mathrm{d}u}{\mathrm{d}X} = \frac{1+u^2}{1-u}.$$

分离变量

$$\frac{1-u}{1+u^2}\mathrm{d}u = \frac{\mathrm{d}X}{X},$$

两边积分

$$\arctan u - \frac{1}{2}\ln(1+u^2) = \ln|X| + C.$$

将 $X = x+2, u = \dfrac{Y}{X} = \dfrac{y+1}{x+2}$ 代入上式,得到原方程的通积分

$$\arctan\frac{y+1}{x+2} - \frac{1}{2}\ln\left[1+\left(\frac{y+1}{x+2}\right)^2\right] = \ln|x+2| + C,$$

其中,C 为任意常数.

上例所介绍的方法也适用于更一般的方程

$$\frac{\mathrm{d}y}{\mathrm{d}x} = f\left(\frac{ax+by+c}{a_1x+b_1y+c_1}\right).$$

假定方程组

$$\begin{cases} ax+by+c = 0, \\ a_1x+b_1y+c_1 = 0 \end{cases}$$

有非零解 x_0, y_0,只需令 $X = x - x_0, Y = y - y_0$,则原方程可化为齐次方程

$$\frac{\mathrm{d}Y}{\mathrm{d}X} = f\left(\frac{aX+bY}{a_1X+b_1Y}\right).$$

例 4 设函数 $f(x)$ 在 $[1,+\infty)$ 上连续，若由曲线 $y=f(x)$，直线 $x=1, x=t$ $(t>1)$ 与 x 轴所围成的平面图形绕 x 轴旋转一周所成的旋转体体积为

$$v(t) = \frac{\pi}{3}[t^2 f(t) - f(1)],$$

试求 $y=f(x)$ 所满足的微分方程，并求该微分方程的通解.

解 依题意，旋转体的体积

$$v(t) = \pi\int_1^t f^2(x)\mathrm{d}x = \frac{\pi}{3}[t^2 f(t) - f(1)],$$

即

$$3\int_1^t f^2(x)\mathrm{d}x = t^2 f(t) - f(1).$$

两边对 t 求导

$$3f^2(t) = 2tf(t) + t^2 f'(t),$$

将上式改写为

$$x^2 y' = 3y^2 - 2xy,$$

即

$$\frac{\mathrm{d}y}{\mathrm{d}x} = 3\left(\frac{y}{x}\right)^2 - 2\frac{y}{x}.$$

令 $\frac{y}{x} = u$，则原方程化为

$$x\frac{\mathrm{d}u}{\mathrm{d}x} = 3u(u-1),$$

分离变量后两边积分得

$$\frac{u-1}{u} = Cx^3.$$

所以方程的通解为

$$y - x = Cx^3 y,$$

其中，C 为任意常数.

习 题 12.2

1. 求下列微分方程的通解：

(1) $xy'-y\ln y=0$; (2) $3x^2+5x-5y'=0$;

(3) $(t+2)\dfrac{\mathrm{d}x}{\mathrm{d}t}=3x+1$; (4) $y'-xy'=a(y^2+y')$;

(5) $\cos x\sin y\mathrm{d}x+\sin x\cos y\mathrm{d}y=0$; (6) $y^2\mathrm{d}x+y\mathrm{d}y=x^2y\mathrm{d}y-\mathrm{d}x$;

(7) $(\mathrm{e}^{x+y}-\mathrm{e}^x)\mathrm{d}x+(\mathrm{e}^{x+y}+\mathrm{e}^y)\mathrm{d}y=0$; (8) $\cos y\mathrm{d}x+(1+\mathrm{e}^{-x})\sin y\mathrm{d}y=0$.

2. 用适当的变量代换解下列方程：

(1) $y'=\sqrt{4x+2y-1}$; (2) $x\dfrac{\mathrm{d}y}{\mathrm{d}x}=y\ln\dfrac{y}{x}$;

(3) $(x^2+y^2)\mathrm{d}x-xy\mathrm{d}y=0$; (4) $(x+y)\mathrm{d}x+(3x+3y-4)\mathrm{d}y=0$;

(5) $(2x-5y+3)\mathrm{d}x-(2x+4y-6)\mathrm{d}y=0$; (6) $y'=2\left(\dfrac{y+2}{x+y-1}\right)^2$;

(7) $(1+2\mathrm{e}^{\frac{x}{y}})\mathrm{d}x+2\mathrm{e}^{\frac{x}{y}}\left(1-\dfrac{x}{y}\right)\mathrm{d}y=0$; (8) $\dfrac{\mathrm{d}y}{\mathrm{d}x}=\dfrac{x-y^2}{2y(x+y^2)}$;

(9) $xy'+y=y(\ln x+\ln y)$.

3. 求下列初值问题的解：

(1) $(1+\mathrm{e}^x)yy'=\mathrm{e}^x$, $y|_{x=1}=1$;

(2) $\dfrac{x}{1+y}\mathrm{d}x-\dfrac{y}{1+x}\mathrm{d}y=0$, $y|_{x=0}=1$;

(3) $y'=\dfrac{x}{y}+\dfrac{y}{x}$, $y|_{x=1}=2$;

(4) $(y^2-3x^2)\mathrm{d}y+2xy\mathrm{d}x=0$, $y|_{x=0}=1$.

4. 质量为 1g 的质点受外力作用做直线运动,这外力与时间成正比,和质点运动速度成反比,在 $t=10$s,速度等于 50cm/s,外力为 4g·cm/s^2,问从运动开始经过 1min 后的速度是多少？

5. 容器中有 100L 的盐水,含 10kg 的盐,现在以 3L/min 的均匀速率往容器内注入净水,冲淡盐水,又以 2L/min 的均匀速度将盐水从容器中抽出,问 60min 后容器内尚剩多少盐？

6. 设有连结点 $O(0,0)$ 和 $A(1,1)$ 的一段向上凸的曲线弧 $\overset{\frown}{OA}$,对于 $\overset{\frown}{OA}$ 上任一点 $P(x,y)$,曲线弧 $\overset{\frown}{OP}$ 与直线 $\overline{OP}$ 所围图形的面积为 x^2,求曲线弧 $\overset{\frown}{OA}$ 的方程.

7. 证明 $\dfrac{\mathrm{d}u}{\mathrm{d}v}+\dfrac{b}{a}=\dfrac{f(hv+e)}{g(au+bv+c)}$ 可化为分离变量方程,其中,a,b,c,e,h 为常数.

12.3 一阶线性方程

12.3.1 线性方程

方程

$$\dfrac{\mathrm{d}y}{\mathrm{d}x}+P(x)y=Q(x) \tag{12.3.1}$$

叫做一阶线性微分方程,它的特点是:方程中未知函数 y 及其导数是一次的. 如果 $Q(x)\equiv 0$,则方程(12.3.1)称为齐次的；如果 $Q(x)$ 不恒等于零,则方程(12.3.1)称为非齐次的.

我们先讨论线性齐次方程的解法,线性齐次方程

$$y' + P(x)y = 0, \tag{12.3.2}$$

可以分离变量,即

$$\frac{\mathrm{d}y}{y} = -P(x)\mathrm{d}x,$$

积分得

$$\ln|y| = -\int P(x)\mathrm{d}x + C_1,$$

或

$$y = C\mathrm{e}^{-\int P(x)\mathrm{d}x} \quad (C = \pm \mathrm{e}^{C_1}).$$

其中,C 为任意常数,而 $\int P(x)\mathrm{d}x$ 为 $P(x)$ 的一个原函数.

下面我们来分析一下线性非齐次方程,它的解大致具有什么形式.

设 $y = y(x)$ 是方程(12.3.1)的解,那么

$$\frac{\mathrm{d}y}{y} = -P(x)\mathrm{d}x + \frac{Q(x)}{y}\mathrm{d}x,$$

由于 y 是 x 的函数,$\dfrac{Q(x)}{y}$ 也是 x 的函数,两边积分

$$\ln|y| = -\int P(x)\mathrm{d}x + \int \frac{Q(x)}{y}\mathrm{d}x,$$

$$|y| = \mathrm{e}^{\int \frac{Q(x)}{y}\mathrm{d}x} \cdot \mathrm{e}^{-\int P(x)\mathrm{d}x}.$$

令

$$C(x) = \pm \mathrm{e}^{\int \frac{Q(x)}{y}\mathrm{d}x},$$

那么

$$y = C(x)\mathrm{e}^{-\int P(x)\mathrm{d}x}. \tag{12.3.3}$$

由此,我们可以设想方程(12.3.1)的解具有(12.3.3)式的形式.

将(12.3.3)式代入方程(12.3.1)

$$C'(x)\mathrm{e}^{-\int P(x)\mathrm{d}x} - P(x)C(x)\mathrm{e}^{-\int P(x)\mathrm{d}x} + P(x)C(x)\mathrm{e}^{-\int P(x)\mathrm{d}x} = Q(x),$$

即

$$C'(x) = Q(x)\mathrm{e}^{\int P(x)\mathrm{d}x},$$

求不定积分,得

12.3 一阶线性方程

$$C(x) = \int Q(x) e^{\int P(x)dx} dx + C,$$

其中，C 为任意常数，将上式代回(12.3.3)式，便得到线性非齐次方程的通解

$$y = e^{-\int P(x)dx} \left[\int Q(x) \cdot e^{\int P(x)dx} dx + C \right]. \tag{12.3.4}$$

将上式改写成两项之和

$$y = C e^{-\int P(x)dx} + e^{-\int P(x)dx} \int Q(x) e^{\int P(x)dx} dx.$$

上式右端第一项是对应的线性齐次方程(12.3.2)的通解，第二项是线性非齐次方程(12.3.1)的当 $C=0$ 时得出的一个特解。由此可知，一阶线性非齐次方程的通解等于对应的齐次方程的通解与非齐次方程的一个特解之和。

值得注意的是，在这里我们采用了"常数变易法"，即将对应齐次方程(12.3.2)的通解中的任意常数 C，变易为待定函数 $C(x)$，最后得到非齐次方程(12.3.1)的通解。

例1 求方程

$$x \frac{dy}{dx} + y = \sin x \quad (x \neq 0)$$

的通解。

解 方程的标准形式为

$$\frac{dy}{dx} + \frac{1}{x} y = \frac{\sin x}{x},$$

先求相应的线性齐次方程

$$\frac{dy}{dx} + \frac{1}{x} y = 0$$

的通解，分离变量得

$$\frac{dy}{y} = -\frac{dx}{x},$$

$$\ln y = -\ln x + \ln C \quad 即 \quad \ln y = \ln \frac{C}{x},$$

$$y = \frac{C}{x}.$$

再用常数变易法，设非齐次方程的通解为

$$y = \frac{C(x)}{x},$$

$C(x)$ 是待定函数，代入原方程，得

$$\frac{xC'(x) - C(x)}{x^2} + \frac{C(x)}{x^2} = \frac{\sin x}{x},$$

即
$$C'(x) = \sin x, \quad C(x) = -\cos x + C.$$
最后得方程的通解为
$$y = \frac{1}{x}(-\cos x + C).$$
其中 C 为任意常数.

若直接用公式(12.3.4)计算
$$y = e^{-\int \frac{1}{x}dx}\left[\int \frac{\sin x}{x}e^{\int \frac{1}{x}dx}dx + C\right]$$
$$= \frac{1}{x}[-\cos x + C].$$

例 2　求方程 $y\ln y\, dx + (x - \ln y)dy = 0$ 的通解.

解　将方程变形为
$$\frac{dx}{dy} + \frac{1}{y\ln y}x = \frac{1}{y},$$
这里 $p(y) = \frac{1}{y\ln y}, Q(y) = \frac{1}{y}$.

利用通解公式(12.3.4),得到原方程的通解
$$x = e^{-\int \frac{1}{y\ln y}dy}\left[\int \frac{1}{y}e^{\int \frac{1}{y\ln y}dy}dy + C\right]$$
$$= \frac{1}{\ln y}\left[\int \frac{1}{y}\ln y\, dy + C\right]$$
$$= \frac{1}{\ln y}\left[\frac{1}{2}\ln^2 y + C\right]$$
$$= \frac{C}{\ln y} + \frac{1}{2}\ln y,$$
其中,C 为任意常数.

例 3　图 12.4 是带有自感 L 与电阻 R 的闭合电路,其中电动势 E 是常数,如果开始时($t=0$)回路电流为 I_0,求任何时刻 t 的电流.

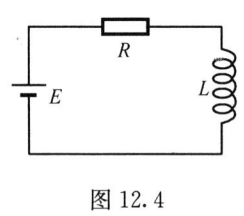

解　设时刻 t 的回路电路为 $I = I(t)$,电阻上的电压降为 RI,自感上的电压降为 $L\frac{dI}{dt}$,由电学上基尔霍夫[①]第二定律知,回路总电压降等于接入回路中的电动势和代数和,于是有

图 12.4

$$L\frac{dI}{dt} + RI = E \quad (L, R, E \text{ 都是常数}),$$

---

① 基尔霍夫(德国物理学家,G. B. Kirchhoff,1824～1887).

12.3 一阶线性方程

这是线性非齐次方程,直接利用公式得通解

$$I(t) = e^{-\int \frac{R}{L}dt}\left[\int \frac{E}{L}e^{\int \frac{R}{L}dt}dt + C\right] = \frac{E}{R} + Ce^{-\frac{R}{L}t}.$$

由初始条件 $t=0$ 时,$I=I_0$,确定出 $C_0 = I_0 - \frac{E}{R}$,则所求解为

$$I(t) = \frac{E}{R} + \left(I_0 - \frac{E}{R}\right)e^{-\frac{R}{L}t}.$$

从解中可看出,不管初始电流 I_0 多么大,当 $t \to +\infty$ 时,$I(t)$ 总趋向一恒定值 $\frac{E}{R}$.

12.3.2 伯努利方程

方程

$$\frac{dy}{dx} + P(x)y = Q(x)y^n \quad (n \neq 0, 1) \qquad (12.3.5)$$

叫做伯努利方程[①],这方程不是线性的,但是通过变量代换,便可把它化为线性的. 事实上,以 y^n 除方程(12.3.5)的两端,得

$$y^{-n}\frac{dy}{dx} + P(x)y^{1-n} = Q(x). \qquad (12.3.6)$$

容易看出,(12.3.6)式左端第一项与 $\frac{d}{dx}(y^{1-n})$ 只差一个常数因子 $1-n$,因此我们引入新的未知函数

$$z = y^{1-n},$$

则 $\frac{dz}{dx} = (1-n)y^{-n}\frac{dy}{dx}$,方程(12.3.6)就变成线性方程

$$\frac{dz}{dx} + (1-n)P(x)z = (1-n)Q(x).$$

求出这方程的通解后,以 y^{1-n} 代 z,便得到伯努利方程的通解.

例 求方程 $\frac{dy}{dx} - xy = -e^{-x^2}y^3$ 的通解.

解 所给方程是伯努利方程,两端除以 y^3,方程成为

$$y^{-3}\frac{dy}{dx} - xy^{-2} = -e^{-x^2},$$

令 $z = y^{-2}$,则 $\frac{dz}{dx} = -2y^{-3}\frac{dy}{dx}$,于是原方程化为

---

① 由瑞士数学家伯努利(Jakob Bernoulli,1654~1705)于 1695 年提出,他的弟弟(Johann Bernoulli,1667~1748)于 1697 年给出解法.

$$\frac{\mathrm{d}z}{\mathrm{d}x} + 2xz = 2\mathrm{e}^{-x^2}.$$

用一阶线性方程通解公式得

$$z = \mathrm{e}^{-\int 2x\mathrm{d}x}\left[\int 2\mathrm{e}^{-x^2} \cdot \mathrm{e}^{\int 2x\mathrm{d}x}\mathrm{d}x + C\right] = \mathrm{e}^{-x^2}(2x + C),$$

以 y^{-2} 代 z，得到原方程的通解

$$y^2 = \mathrm{e}^{x^2}(2x + C)^{-1},$$

其中，C 为任意常数．

习 题 12.3

1. 下列各方程是不是线性方程：

(1) $\dfrac{\mathrm{d}x}{\mathrm{d}t} = t + \sin t$；　　　　(2) $y\sin x + y'\cos x = 1$；

(3) $(1+x^2)yy' = x$；　　　　(4) $\dfrac{\mathrm{d}y}{\mathrm{d}x} = \mathrm{e}^{x-y}$；

(5) $\dfrac{\mathrm{d}y}{\mathrm{d}x} = \dfrac{1}{x+y^2}$；　　　　(6) $(xy+1)\mathrm{d}y - y\mathrm{d}x = 0$.

2. 求下列微分方程的通解：

(1) $xy' + y = x^2 + 3x + 2$；　　(2) $y' + y\tan x = \sin 2x$；

(3) $\dfrac{\mathrm{d}y}{\mathrm{d}x} + 2xy = 4x$；　　　　(4) $y' + y\cos x = \mathrm{e}^{-\sin x}$；

(5) $(x-2)\dfrac{\mathrm{d}y}{\mathrm{d}x} = y + 2(x-2)^3$；　(6) $(y^2 - 6x)y' + 2y = 0$；

(7) $xy' - y = \dfrac{x}{\ln x}$；　　　　(8) $(x - 2xy - y^2)y' + y^2 = 0$.

3. 求下列微分方程满足初始条件的特解：

(1) $\dfrac{\mathrm{d}y}{\mathrm{d}x} + 3y = 8$，　$y|_{x=0} = 2$；

(2) $\dfrac{\mathrm{d}y}{\mathrm{d}x} - y\tan x = \sec x$，　$y|_{x=0} = 0$；

(3) $x\dfrac{\mathrm{d}y}{\mathrm{d}x} + y = \sin x$，　$y|_{x=\pi} = 1$；

(4) $xy' + y - \mathrm{e}^{2x} = 0$，　$y|_{x=\frac{1}{2}} = 2\mathrm{e}$.

4. 潜水艇在水中下沉时，所受阻力与下降速度成正比，如当 $t = 0$ 时，$v = v_0$，求下沉速度.

5. 设曲线积分 $\int_L yf(x)\mathrm{d}x + [2xf(x) - x^2]\mathrm{d}y$ 在右半平面 $(x > 0)$ 内与路径无关，其中，$f(x)$ 可导，且 $f(1) = 1$，求 $f(x)$.

6. 求下列伯努利方程的通解：

(1) $\dfrac{\mathrm{d}y}{\mathrm{d}x} + \dfrac{1}{x}y = x^2 y^6$；

(2) $\dfrac{\mathrm{d}y}{\mathrm{d}x}+y=y^2(\cos x-\sin x)$;

(3) $y'-y=\dfrac{x^2}{y}$;

(4) $x\mathrm{d}y-[y+xy^3(1+\ln x)]\mathrm{d}x=0$;

(5) $3y^2y'-ay^3=x+1$.

7. 求解积分方程
$$\int_0^1 \varphi(tx)\mathrm{d}t = n\varphi(x),$$
其中，$\varphi(x)$ 是可微的未知函数.

12.4 全微分方程

12.4.1 全微分方程

如果方程
$$P(x,y)\mathrm{d}x + Q(x,y)\mathrm{d}y = 0 \qquad (12.4.1)$$
的左端恰好是某个二元函数 $u(x,y)$ 的全微分，即
$$\mathrm{d}u = P(x,y)\mathrm{d}x + Q(x,y)\mathrm{d}y,$$
则方程(12.4.1)称为全微分方程.

全微分方程(12.4.1)显然可写为
$$\mathrm{d}u(x,y) = 0. \qquad (12.4.1')$$

如果 $y=\varphi(x)$ 是方程(12.4.1)的解，那么这解满足方程(12.4.1')，故有
$$\mathrm{d}u[x,\varphi(x)] \equiv 0,$$
因此
$$u[x,\varphi(x)] = C.$$
这表示方程(12.4.1)的解 $y=\varphi(x)$ 是由 $u(x,y)=C$ 所确定的隐函数.

另一方面，如果方程 $u(x,y)=C$ 确定了一个可微函数 $y=\varphi(x)$，则
$$u[x,\varphi(x)] \equiv C,$$
上式两端对 x 求导，得
$$\dfrac{\partial u}{\partial x} + \dfrac{\partial u}{\partial y} \cdot \dfrac{\mathrm{d}y}{\mathrm{d}x} = 0,$$
或
$$\dfrac{\partial u}{\partial x}\mathrm{d}x + \dfrac{\partial u}{\partial y}\mathrm{d}y = 0,$$
即
$$P(x,y)\mathrm{d}x + Q(x,y)\mathrm{d}y = 0.$$

这表示由方程 $u(x,y)=C$ 所确定的隐函数是方程(12.4.1)的解.

因此,如果方程(12.4.1)的左端是函数 $u(x,y)$ 的全微分,那么
$$u(x,y) = C$$
就是全微分方程(12.4.1)的隐式通解,其中,C 是任意常数.

由第 10 章的讨论可知,当 $P(x,y),Q(x,y)$ 在单连通域 G 内具有一阶连续偏导数时,要使方程(12.4.1)是全微分方程,其充要条件是
$$\frac{\partial P}{\partial y} = \frac{\partial Q}{\partial x}$$
在区域 G 内恒成立,且当此条件满足时,利用曲线积分公式(10.6.14)、(10.6.15)式,可求得 $u(x,y)$

$$\begin{aligned}
u(x,y) &= \int_{(x_0,y_0)}^{(x,y)} P(x,y)\mathrm{d}x + Q(x,y)\mathrm{d}y \\
&= \int_{x_0}^{x} P(x,y_0)\mathrm{d}x + \int_{y_0}^{y} Q(x,y)\mathrm{d}y, \\
&\xlongequal{\text{或}} \int_{x_0}^{x} P(x,y)\mathrm{d}x + \int_{y_0}^{y} Q(x_0,y)\mathrm{d}y.
\end{aligned} \tag{12.4.2}$$

其中,x_0,y_0 是在区域 G 内适当选定的点 M_0 的坐标.

例 求解方程 $(x^2-y)\mathrm{d}x-(x-y)\mathrm{d}y=0$.

解
$$P(x,y) = x^2-y, \quad Q(x,y) = -(x-y),$$
$$\frac{\partial P}{\partial y} = -1 = \frac{\partial Q}{\partial x},$$
所以这是一个全微分方程,下面我们用三种方法求解.

解法一 取 $(x_0,y_0)=(0,0)$
$$\begin{aligned}
u(x,y) &= \int_0^x x^3\mathrm{d}x - \int_0^y (x-y)\mathrm{d}y \\
&= \frac{1}{3}x^3 - xy + \frac{1}{2}y^2,
\end{aligned}$$
所以方程的通解为
$$\frac{1}{3}x^3 - xy + \frac{1}{2}y^2 = C,$$
其中,C 为任意常数.

解法二 由于 $\dfrac{\partial u}{\partial x}=P(x,y)=x^2-y$,对 x 积分得
$$u(x,y) = \int (x^2-y)\mathrm{d}x = \frac{1}{3}x^3 - xy + \varphi(y),$$
两边对 y 求导,并利用 $\dfrac{\partial u}{\partial y}=Q(x,y)=-(x-y)$,得

12.4 全微分方程

$$-x + \varphi'(y) = -(x-y),$$

即
$$\varphi'(y) = y,$$
$$\varphi(y) = \frac{y^2}{2} \quad (任取一个原函数),$$

由此得
$$u(x,y) = \frac{1}{3}x^3 - xy + \frac{y^2}{2},$$

方程的通解为
$$\frac{1}{3}x^3 - xy + \frac{y^2}{2} = C.$$

解法三 原方程可改写为
$$x^2 \mathrm{d}x - (y\mathrm{d}x + x\mathrm{d}y) + y\mathrm{d}y = 0,$$

即
$$\mathrm{d}\left(\frac{x^3}{3}\right) - \mathrm{d}(xy) + \mathrm{d}\left(\frac{y^2}{2}\right) = 0,$$
$$\mathrm{d}\left(\frac{x^3}{3} - xy + \frac{y^2}{2}\right) = 0,$$

于是得到方程的通解为
$$\frac{x^3}{3} - xy + \frac{y^2}{2} = C.$$

上例中的方法三采用"分项组合"的方法,用观察法凑全微分,这种方法要求熟记一些简单函数的全微分,如

$$x\mathrm{d}y + y\mathrm{d}x = \mathrm{d}(xy); \quad x\mathrm{d}x + y\mathrm{d}y = \frac{1}{2}\mathrm{d}(x^2 + y^2);$$

$$\frac{x\mathrm{d}y - y\mathrm{d}x}{x^2} = \mathrm{d}\left(\frac{y}{x}\right); \quad \frac{x\mathrm{d}x + y\mathrm{d}y}{x^2 + y^2} = \mathrm{d}(\ln\sqrt{x^2 + y^2});$$

$$\frac{x\mathrm{d}y - y\mathrm{d}x}{x^2 + y^2} = \mathrm{d}\left(\arctan\frac{y}{x}\right); \quad \frac{y\mathrm{d}x - x\mathrm{d}y}{xy} = \mathrm{d}\left(\ln\frac{x}{y}\right).$$

12.4.2 积分因子

假如 $\frac{\partial P}{\partial y} \neq \frac{\partial Q}{\partial x}$,则 $P(x,y)\mathrm{d}x + Q(x,y)\mathrm{d}y = 0$ 不是全微分方程.如方程 $y\mathrm{d}x - x\mathrm{d}y = 0$ 中 $\frac{\partial P}{\partial y} = 1, \frac{\partial Q}{\partial x} = -1$,因而它不是全微分方程,但是前面我们给出的 $\frac{y\mathrm{d}x - x\mathrm{d}y}{y^2}, \frac{y\mathrm{d}x - x\mathrm{d}y}{x^2}, \frac{y\mathrm{d}x - x\mathrm{d}y}{xy}$ 却都是某一函数的全微分.这就是说,只要在方

程 $ydx-xdy=0$ 两边乘上一个函数因子 $\frac{1}{y^2}$, $\frac{1}{x^2}$ 或 $\frac{1}{xy}$ 以后可化为全微分方程,这种因子称之为积分因子.

定义 若存在一个函数 $\mu(x,y)\neq 0$,使得方程 $\mu(x,y)P(x,y)dx + \mu(x,y)Q(x,y)dy=0$ 是全微分方程,则称 $\mu(x,y)$ 为方程

$$P(x,y)dx + Q(x,y)dy = 0$$

的积分因子.

例1 解方程

$$dx + \left(\frac{x}{y} - \sin y\right)dy = 0. \tag{12.4.3}$$

解 已知 $P(x,y)=1, Q(x,y)=\frac{x}{y} - \sin y, \frac{\partial Q}{\partial x} \neq \frac{\partial P}{\partial y}$. 原方程不是全微分方程,可改写为

$$dx + \frac{x}{y}dy - \sin y dy = 0.$$

容易看出,若取 $\mu(x,y)=y$,便可得到全微分方程

$$ydx + xdy - y\sin y dy = 0, \tag{12.4.4}$$

用分部积分法求得

$$\int y\sin y dy = -y\cos y + \sin y + C,$$

于是方程(12.4.4)可写成

$$d(xy) - d(-y\cos y + \sin y) = 0,$$

即

$$d(xy + y\cos y - \sin y) = 0,$$

方程(12.4.4)的通解为

$$xy + y\cos y - \sin y = C.$$

其中,C 为任意常数,这也是原方程(12.4.3)的通解.

对于某些方程,有时可用观察法求积分因子,但是在一般情况下,求积分因子是不容易的,下面讨论几种形式比较固定的积分因子的求法.

设有方程

$$P(x,y)dx + Q(x,y)dy = 0,$$

则 $\mu(x,y)$ 为该方程的积分因子的充分必要条件是

$$\frac{\partial(\mu P)}{\partial y} = \frac{\partial(\mu Q)}{\partial x},$$

即

$$Q\frac{\partial \mu}{\partial x} - P\frac{\partial \mu}{\partial y} = \mu\left(\frac{\partial P}{\partial y} - \frac{\partial Q}{\partial x}\right). \tag{12.4.5}$$

12.4 全微分方程

为了求得积分因子 $\mu(x,y)$，需求解偏微分方程(含有未知函数的偏导数的方程)，这是比较困难的，但在某些特殊情况下，比较容易求出方程(12.4.5)的解．

(1) 若方程(12.4.1)有一个只与 x 有关的积分因子 $\mu=\mu(x)$，则方程(12.4.5)化为

$$\frac{\mathrm{d}\mu}{\mathrm{d}x} = \frac{\frac{\partial P}{\partial y} - \frac{\partial Q}{\partial x}}{Q}\mu,$$

$$\frac{1}{\mu}\frac{\mathrm{d}\mu}{\mathrm{d}x} = \frac{\frac{\partial P}{\partial y} - \frac{\partial Q}{\partial x}}{Q}.$$

上式右端也必然只与 x 有关，而与 y 无关．于是可求得积分因子

$$\mu = \mathrm{e}^{\int\left(\frac{\frac{\partial P}{\partial y} - \frac{\partial Q}{\partial x}}{Q}\right)\mathrm{d}x};$$

(2) 若方程(12.4.1)有一个只与 y 有关的积分因子 $\mu=\mu(y)$，则可类似地求出

$$\mu = \mathrm{e}^{\int\left(\frac{\frac{\partial Q}{\partial x} - \frac{\partial P}{\partial y}}{P}\right)\mathrm{d}y};$$

(3) 若方程(12.4.1)有一个只依赖于 (x^2+y^2) 的积分因子 $\mu=\mu(x^2+y^2)$，令 $t=x^2+y^2$，则方程(12.4.5)化为

$$\frac{\mathrm{d}\mu}{\mathrm{d}t}(2xQ - 2yP) = \mu\left(\frac{\partial P}{\partial y} - \frac{\partial Q}{\partial x}\right),$$

$$\frac{1}{\mu}\frac{\mathrm{d}\mu}{\mathrm{d}t} = \frac{1}{2}\frac{\frac{\partial P}{\partial y} - \frac{\partial Q}{\partial x}}{xQ - yP},$$

上式右端也必然只与 t 有关．于是得到积分因子

$$\mu = \mathrm{e}^{\frac{1}{2}\int\frac{\frac{\partial P}{\partial y} - \frac{\partial Q}{\partial x}}{xQ - yP}\mathrm{d}t}.$$

例 2 解方程 $(x+y^2)\mathrm{d}x - 2xy\mathrm{d}y = 0$.

解

$$P(x,y) = x + y^2, \quad Q(x,y) = -2xy,$$

$$\frac{\partial P}{\partial y} = 2y, \quad \frac{\partial Q}{\partial x} = -2y,$$

$$\frac{\frac{\partial P}{\partial y} - \frac{\partial Q}{\partial x}}{Q} = \frac{4y}{-2xy} = -\frac{2}{x},$$

方程有只依赖于 x 的积分因子 $\mu=\mu(x)$，

$$\mu = \mathrm{e}^{-\int\frac{2}{x}\mathrm{d}x} = \frac{1}{x^2},$$

只需解全微分方程

$$\frac{x+y^2}{x^2}\mathrm{d}x - \frac{2xy}{x^2}\mathrm{d}y = 0.$$

方程可改写为

$$\frac{\mathrm{d}x}{x} - \frac{2xy\mathrm{d}y - y^2\mathrm{d}x}{x^2} = 0,$$

即

$$\mathrm{d}\left(\ln x - \frac{y^2}{x}\right) = 0,$$

原方程的通解为

$$\ln x - \frac{y^2}{x} = C.$$

其中,C 为任意常数.

习 题 12.4

1. 判别下列方程中哪些是全微分方程,并求全微分方程的通解:
 (1) $(2xy-1)\mathrm{d}x + x^2\mathrm{d}y = 0$;
 (2) $\sin(x+y)\mathrm{d}x + [x\cos(x+y)](\mathrm{d}x+\mathrm{d}y) = 0$;
 (3) $x\mathrm{d}y + (y - x\ln x)\mathrm{d}x = 0$;
 (4) $(1+y^2\sin 2x)\mathrm{d}x - 2y\cos^2 x\mathrm{d}y = 0$;
 (5) $y(x-2y)\mathrm{d}x - x^2\mathrm{d}y = 0$;
 (6) $e^y\mathrm{d}x + (xe^y - 2y)\mathrm{d}y = 0$;
 (7) $(x^2+y^2)\mathrm{d}x + xy\mathrm{d}y = 0$;
 (8) $e^{-y}\mathrm{d}x - (2y + xe^{-y})\mathrm{d}y = 0$.

2. 利用观察法求出下列方程的积分因子,并求其通解:
 (1) $(x^2+y)\mathrm{d}x - x\mathrm{d}y = 0$;
 (2) $(x+y)(\mathrm{d}x - \mathrm{d}y) = \mathrm{d}x + \mathrm{d}y$;
 (3) $x\mathrm{d}x + y\mathrm{d}y = (x^2+y^2)\mathrm{d}x$;
 (4) $y^2(x-3y)\mathrm{d}x + (1-3y^2x)\mathrm{d}y = 0$;
 (5) $(3x^2-y)\mathrm{d}x + (3x^2+x)\mathrm{d}y = 0$;
 (6) $a(x\mathrm{d}y + 2y\mathrm{d}x) = xy\mathrm{d}y$.

3. 用积分因子的方法解下列方程:
 (1) $(x+y)\mathrm{d}x + (y-x)\mathrm{d}y = 0$;
 (2) $y(x+y)\mathrm{d}x + (xy+1)\mathrm{d}y = 0$.

4. 已知 $f(1)=0, f(x)$ 可导,确定 $f(x^2-y^2)$,使 $y[2-f(x^2-y^2)]\mathrm{d}x + xf(x^2-y^2)\mathrm{d}y = 0$ 是全微分方程,并求此方程的解.

12.5 可降阶的二阶微分方程

从这节起我们讨论二阶及二阶以上的微分方程,即所谓的高阶微分方程,对于有些高阶微分方程,我们可以通过代换将它化成较低阶的方程来求解,以二阶微分方程

$$y'' = f(x, y, y')$$

而论,如果我们设法作代换把它从二阶降至一阶,那么就有可能应用前面几节所讲的方法来求出它的解了.

下面介绍三种容易降阶的二阶微分方程的求解方法.

12.5.1 $y'' = f(x)$ 型的方程

这类方程的特点是方程右端仅含有自变量 x,只要把 y' 作为新的未知函数,那么方程就成为

$$(y')' = f(x),$$

两边积分,得

$$y' = \int f(x) \mathrm{d}x + C_1,$$

上式两边再次积分就得到通解

$$y = \int \left[\int f(x) \mathrm{d}x + C_1 \right] \mathrm{d}x + C_2,$$

其中,C_1, C_2 为任意常数.

这种逐次积分的方程,也可用于解更高阶的微分方程

$$y^{(n)} = f(x).$$

例 求微分方程

$$y''' = \mathrm{e}^{2x} - \cos x$$

的通解.

解 对所给方程接连积分三次,得

$$y'' = \frac{1}{2}\mathrm{e}^{2x} - \sin x + C;$$

$$y' = \frac{1}{4}\mathrm{e}^{2x} + \cos x + Cx + C_2;$$

$$y = \frac{1}{8}\mathrm{e}^{2x} + \sin x + C_1 x^2 + C_2 x + C_3 \quad \left(C_1 = \frac{C}{2}\right).$$

其中,C_1, C_2, C_3 为任意常数.

12.5.2 $y''=f(x,y')$型的微分方程

这类方程的特点是右端不显含未知函数 y，如果我们设 $y'=p$，那么 $y''=\dfrac{\mathrm{d}p}{\mathrm{d}x}=p'$，从而方程化为

$$p' = f(x,p),$$

这是一个关于 x,p 的一阶微分方程，如果我们求出它的通解为

$$y' = p = \varphi(x,C_1),$$

那么通过积分，可求得原方程的通解为

$$y = \int \varphi(x,C_1)\mathrm{d}x + C_2.$$

例1 求微分方程

$$(1+x^2)y'' = 2xy'$$

满足初始条件

$$y|_{x=0} = 1, \quad y'|_{x=0} = 3$$

的特解.

解 所给方程是 $y''=f(x,y')$ 型的，设 $y'=p$，代入方程并分离变量后，有

$$\frac{\mathrm{d}p}{p} = \frac{2x}{1+x^2}\mathrm{d}x.$$

两端积分，得

$$\ln|p| = \ln(1+x^2) + C,$$

即

$$p = y' = C_1(1+x^2) \quad (C_1 = \pm \mathrm{e}^C).$$

由条件 $y'|_{x=0}=3$，得

$$C_1 = 3,$$

所以

$$y' = 3(1+x^2).$$

两端再积分，得

$$y = x^3 + 3x + C_2.$$

又由条件 $y|_{x=0}=1$，得

$$C_2 = 1.$$

于是所求特解为

$$y = x^3 + 3x + 1.$$

例2 设位于坐标原点的甲舰向位于 x 轴上点 $A(1,0)$ 处的乙舰水平发射导弹，导弹头始终对准乙舰. 如果乙舰以最大速度 v_0 沿平行于 y 轴的直线行驶，导弹

12.5 可降阶的二阶微分方程

的速度是 $5v_0$,求导弹运行的曲线方程,又问乙舰行驶多远时,它将被导弹击中?

解 设导弹运行的轨迹方程为 $y=y(x)$,经过时间 t,导弹位于点 $P(x,y)$,乙舰位于点 $Q(1,v_0 t)$(图 12.5),由于导弹头始终对准乙舰,故此时直线 PQ 就是导弹的轨道曲线在点 P 处的切线,于是有

$$\frac{\mathrm{d}y}{\mathrm{d}x}=\frac{v_0 t - y}{1-x}.$$

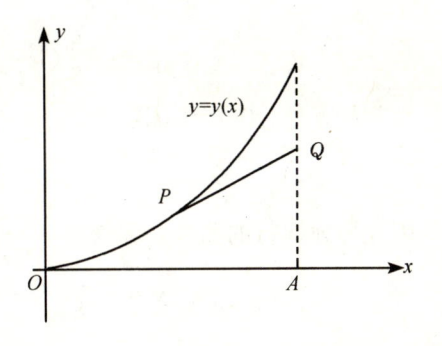

图 12.5

又根据题意,弧 OP 的长度为 $|AQ|$ 的 5 倍,即

$$\int_0^x \sqrt{1+y'^2}\,\mathrm{d}x = 5v_0 t.$$

从上两个关系式中消去 $v_0 t$,得方程

$$(1-x)y'+y=\frac{1}{5}\int_0^x \sqrt{1+y'^2}\,\mathrm{d}x,$$

上式两端对 x 求导并整理得

$$(1-x)y''=\frac{1}{5}\sqrt{1+y'^2},$$

这是不显含 y 的二阶微分方程,其初始条件为

$$y(0)=0, \quad y'(0)=0.$$

令 $y'=p$,原方程化为

$$(1-x)p'=\frac{1}{5}\sqrt{1+p^2},$$

分离变量后两边积分得

$$\ln(p+\sqrt{1+p^2})=-\frac{1}{5}\ln(1-x)+C_1.$$

由初始条件 $y'(0)=0$,得

$$C_1=0,$$

于是

$$y'+\sqrt{1+y'^2}=(1-x)^{-\frac{1}{5}},$$

由此得

$$y'-\sqrt{1+y'^2}=-(1-x)^{\frac{1}{5}},$$

从而解得

$$y'=\frac{1}{2}[(1-x)^{-\frac{1}{5}}-(1-x)^{\frac{1}{5}}].$$

两端积分

$$y = -\frac{5}{8}(1-x)^{\frac{4}{5}} + \frac{5}{12}(1-x)^{\frac{6}{5}} + C_2,$$

由初始条件 $y(0)=0$,得

$$C_2 = \frac{5}{24},$$

因此导弹运行的曲线方程就是

$$y = -\frac{5}{8}(1-x)^{\frac{4}{5}} + \frac{5}{12}(1-x)^{\frac{6}{5}} + \frac{5}{24}.$$

当 $x=1, y=\frac{5}{24}$ 即当乙舰航行到点 $\left(1, \frac{5}{24}\right)$ 时被导弹击中.

12.5.3 $y'' = f(y, y')$ 型的微分方程

这类方程的特点是右端不显含自变量 x,我们仍设 $y'=p$,但由于方程不显含 x,因此可将 y 看作自变量,将 p 看作因变量,于是

$$y'' = \frac{\mathrm{d}p}{\mathrm{d}x} = \frac{\mathrm{d}p}{\mathrm{d}y} \cdot \frac{\mathrm{d}y}{\mathrm{d}x} = p\frac{\mathrm{d}p}{\mathrm{d}y}.$$

从而方程化为一阶方程

$$p\frac{\mathrm{d}p}{\mathrm{d}y} = f(y, p).$$

这是一个关于变量 y、p 的一阶微分方程,如果我们求出它的通解为

$$y' = p = \psi(y, C_1),$$

那么分离变量并两端积分,可得原方程的通解为

$$\int \frac{\mathrm{d}y}{\psi(y, C_1)} = x + C_2,$$

其中,C_1, C_2 为任意常数.

例1 求解方程 $1 + yy'' + y'^2 = 0$.

解 此方程不显含 x,令 $y'=p$,则 $y'' = p\frac{\mathrm{d}p}{\mathrm{d}y}$,原方程化为

$$1 + y \cdot p\frac{\mathrm{d}p}{\mathrm{d}y} + p^2 = 0,$$

分离变量

$$\frac{p}{1+p^2}\mathrm{d}p = -\frac{\mathrm{d}y}{y},$$

两端积分

$$\frac{1}{2}\ln(1+p^2) = -\ln|y| + C,$$

12.5 可降阶的二阶微分方程

于是有
$$(1+p^2)y^2 = C_1 \quad (C_1 = e^{2C}),$$

从而可解出
$$p = \pm \frac{\sqrt{C_1 - y^2}}{y},$$

即
$$\frac{dy}{dx} = \pm \frac{\sqrt{C_1 - y^2}}{y},$$

分离变量
$$\pm \frac{y dy}{\sqrt{C_1 - y^2}} = dx,$$

两边积分
$$\mp \sqrt{C_1 - y^2} = x + C_2,$$

原方程的通解为
$$(x+C_2)^2 + y^2 = C_1.$$

其中,C_1, C_2 为任意常数.

例 2 一个离地面很高的物体,受地球引力的作用由静止开始落向地面,求它落地时的速度(不计空气阻力).

解 取连接地球中心与该物体的直线为 y 轴,其方向铅直向上,取地球中心为原点 O(图 12.6).

设地球半径为 R,物体的质量为 m,物体开始下落时与地球中心距离为 $l(l>R)$,在时刻 t 物体所在位置为 $y=y(t)$.

根据万有引力定律,即得微分方程
$$m\frac{d^2 y}{dt^2} = -\frac{kmM}{y^2} \quad 即 \quad \frac{d^2 y}{dt^2} = -\frac{kM}{y^2}.$$

其中,M 为地球的质量,k 为引力常数,因为 $\frac{d^2 y}{dt^2} = \frac{dv}{dt}$,当 $y=R$ 即物体落到地面上时,$\frac{dv}{dt} = -g$(这里置负号是因为物体运动的加速度的方向与 y 轴的正方向相反的缘故),所以 $k = \frac{gR^2}{M}$,于是原方程就成为

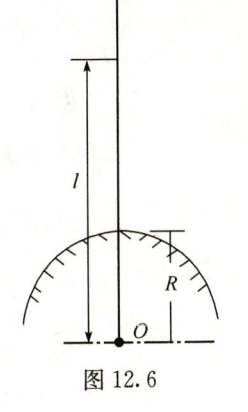

$$\frac{d^2 y}{dt^2} = -\frac{gR^2}{y^2},$$

图 12.6

初始条件是 $y|_{t=0} = l, y'|_{t=0} = 0$.

这是一个不显含 t 的二阶微分方程,由 $\frac{dy}{dt} = v$,得

$$\frac{\mathrm{d}^2 y}{\mathrm{d}t^2} = \frac{\mathrm{d}v}{\mathrm{d}t} = \frac{\mathrm{d}v}{\mathrm{d}y} \cdot \frac{\mathrm{d}y}{\mathrm{d}t} = v \cdot \frac{\mathrm{d}v}{\mathrm{d}y},$$

代入原方程并分离变量得

$$v\mathrm{d}v = -\frac{gR^2}{y^2}\mathrm{d}y.$$

两端积分，得

$$v^2 = \frac{2gR^2}{y} + C_1.$$

由 $y'|_{t=0} = 0$，得 $C_1 = -\frac{2gR^2}{l}$，于是

$$v^2 = 2gR^2\left(\frac{1}{y} - \frac{1}{l}\right).$$

上式中令 $y = R$，就得到物体到达地面时的速度

$$v = -\sqrt{\frac{2gR(l-R)}{l}}.$$

这里取负号是由于物体运动的方向与 y 轴方向相反.

如果要求物体落到地面所需时间，由

$$\frac{\mathrm{d}y}{\mathrm{d}t} = v = -R\sqrt{2g\left(\frac{1}{y} - \frac{1}{l}\right)},$$

只需求解这个一阶可分离变量的方程.

习 题 12.5

1. 求下列各微分方程的通解：

(1) $y'' = \frac{1}{1+x^2}$;　　(2) $xy'' + y' = 0$;

(3) $y'' + \frac{1}{x}y' = x$;　　(4) $yy'' - y'^2 = 0$;

(5) $y'' = \frac{1}{\sqrt{y}}$;　　(6) $y''(e^x + 1) + y' = 0$;

(7) $xy''' + y'' = 1$;　　(8) $y'' = (y')^3 + y'$.

2. 求下列各微分方程满足初始条件的特解：

(1) $y'' - 3y'^2 = 0$,　　$y|_{x=0} = 0, y'|_{x=0} = -1$;

(2) $(1+x^2)y'' + 2xy' = 0$,　　$y|_{x=0} = 1, y'|_{x=0} = 3$;

(3) $y^3 y'' + 1 = 0$,　　$y|_{x=1} = 1, y'|_{x=1} = 0$;

(4) $y'' = e^{2y}$,　　$y|_{x=0} = y'|_{x=0} = 0$.

3. 求一凹曲线，已知其曲率 $K = \frac{1}{2y^2 \cos\theta}$，$\theta$ 为切线的倾角，且在点 $(1,1)$ 处切线与 Ox 轴

平行.

4. 将质量为 m 的物体,以初速度 v_0 从一斜面推下,若斜面的倾角为 a,摩擦系数为 μ,试求物体在斜面上移动的距离和时间的关系.

12.6 高阶线性微分方程

在工程及物理问题中,所遇到的高阶方程很多是线性方程,或者可简化为线性方程.

n 阶线性方程的一般形式为
$$y^{(n)} + a_1(x)y^{(n-1)} + a_2(x)y^{(n-2)} + \cdots + a_{n-1}(x)y' + a_n(x)y = f(x), \tag{12.6.1}$$

其中,$f(x)$ 叫自由项,$a_1(x),a_2(x),\cdots,a_n(x)$ 为系数函数.

若 $f(x) \equiv 0$,则方程(12.6.1)称为线性齐次方程;若 $f(x) \not\equiv 0$,则方程(12.6.1)称为线性非齐次方程,其中,$f(x)$ 称为自由项.

线性方程的特点是未知函数及各阶导数都是一次的,不是线性方程的方程都叫非线性方程,下面我们以二阶线性方程为代表介绍线性方程的一般理论.

12.6.1 二阶线性微分方程举例

例 设有一弹簧,它的上端固定,下端挂一质量为 m 的物体.当物体处于静止状态时,作用在物体上的重力与弹性力大小相等、方向相反,假定用垂直的初始位移 x_0 和初速度 v_0 使物体上下振动,试求物体运动所满足的微分方程.

解 取坐标系,如图 12.7 所示,平衡位置取为坐标原点,运动开始后物体离开平衡位置的距离 x 是时间 t 的函数
$$x = x(t),$$
这就是物体的运动规律.

重物所受的外力,由两部分组成,一个是因拉弹簧而产生的弹性恢复力 F_1(它不包括在平衡位置时和重力相平衡的那一部分弹性力),另一个是阻力 F_2,由胡克定律知
$$F_1 = -Cx \quad (C > 0, \text{称为弹性系数}),$$
负号表示弹性恢复力的方向和物体位移的方向相反.

由实验知道,阻力 F_2 的方向与运动方向相反,当振动不大时,其大小与物体运动速度成正比,因此
$$F_2 = -\mu \frac{\mathrm{d}x}{\mathrm{d}t} \quad (\mu > 0, \text{称为阻尼系数}).$$

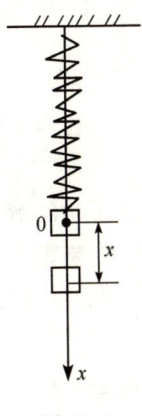

图 12.7

于是由牛顿第二定律得

$$m\frac{\mathrm{d}^2 x}{\mathrm{d}t^2} = -Cx - \mu\frac{\mathrm{d}x}{\mathrm{d}t}.$$

记

$$2n = \frac{\mu}{m}, \qquad k^2 = \frac{C}{m},$$

则上式化为

$$\frac{\mathrm{d}^2 x}{\mathrm{d}t^2} + 2n\frac{\mathrm{d}x}{\mathrm{d}t} + k^2 x = 0. \tag{12.6.2}$$

这是一个二阶线性方程,容易由问题的实际情况写出初始条件

$$\begin{cases} x(t)\mid_{t=0} = x_0, \\ \dfrac{\mathrm{d}x}{\mathrm{d}t}\bigg|_{t=0} = v_0. \end{cases}$$

如果物体在振动过程中还受到铅垂干扰力 $F = H\sin pt$ 的作用,则有

$$\frac{\mathrm{d}^2 x}{\mathrm{d}t^2} + 2n\frac{\mathrm{d}x}{\mathrm{d}t} + k^2 x = h\sin pt, \quad h = \frac{H}{m}. \tag{12.6.3}$$

这就是强迫振动的微分方程.

上面的例子中所得到的方程(12.6.2)和方程(12.6.3),可以归结为同一形式

$$\frac{\mathrm{d}^2 y}{\mathrm{d}x^2} + P(x)\frac{\mathrm{d}y}{\mathrm{d}x} + Q(x)y = f(x). \tag{12.6.4}$$

方程(12.6.2)是方程(12.6.4)的特殊情形 $f(x) \equiv 0$.

方程(12.6.4)叫做二阶线性微分方程. 方程(12.6.2)是二阶线性齐次微分方程,方程(12.6.3)是二阶线性非齐次微分方程.

12.6.2 二阶线性微分方程解的结构

设有二阶线性齐次方程

$$y'' + P(x)y' + Q(x)y = 0, \tag{12.6.5}$$

关于它的解,有两个非常重要的定理.

定理 1(解的线性叠加原理) 如果 $y_1(x), y_2(x)$ 是方程(12.6.5)的两个解,则它们的任意线性组合

$$y = C_1 y_1(x) + C_2 y_2(x), \tag{12.6.6}$$

也是方程(12.6.5)的解,其中 C_1、C_2 是任意常数.

证明 将 $y' = C_1 y_1' + C_2 y_2'$ 及 $y'' = C_1 y_1'' + C_2 y_2''$ 代入方程(12.6.5)的左端,得

$$C_1 y_1'' + C_2 y_2'' + P(x)[C_1 y_1' + C_2 y_2'] + Q(x)[C_1 y_1 + C_2 y_2]$$
$$= C_1 [y_1'' + P(x) y_1' + Q(x) y_1] + C_1 [y_2'' + P(x) y_2' + Q(x) y_2]$$
$$= C_1 \cdot 0 + C_2 \cdot 0 = 0,$$

12.6 高阶线性微分方程

即 $y=C_1y_1+C_2y_2$ 是方程(12.6.5)的解.

由于我们所讨论的是二阶方程,通解中应含有两个任意常数,那么 $y=C_1y_1+C_2y_2$ 是不是方程(12.6.5)的通解呢？显然如果 $y_2 \equiv ky_1$,其中 k 为常数,则 $y=C_1y_1+C_2y_2=(C_1+C_2k)y_1=Cy_1$ 就只包含了一个任意常数,它不是方程(12.6.5)的通解,可以证明除去 $\dfrac{y_2}{y_1} \equiv k$ 的情形外, $y=C_1y_1+C_2y_2$ 就是已知方程的通解.

这里我们介绍一个名词,如果两个函数 $y_1(x)$ 与 $y_2(x)$ 之比恒等于常数,即

$$\frac{y_2(x)}{y_1(x)} \equiv k \quad (k \text{ 为常数}),$$

我们就说 $y_1(x)$ 与 $y_2(x)$ 是线性相关的,如果不存在这样的常数,我们就说 $y_1(x)$ 与 $y_2(x)$ 是线性无关的. 例如, $3x$ 与 e^x 是线性无关的, e^{2x} 与 $5e^{2x}$ 是线性相关的.

综上所述,对于二阶线性齐次方程,可得如下结论.

定理 2 如果 $y_1(x), y_2(x)$ 是方程(12.6.5)的两个线性无关的特解,那么

$$y=C_1y_1(x)+C_2y_2(x) \quad (C_1, C_2 \text{ 是任意常数})$$

就是方程(12.6.5)的通解.

例 求解方程 $(x-1)y''-xy'+y=0$.

解 根据方程系数及各类函数导数的特点,可观察出方程有特解 $y_1(x)=e^x$, $y_2(x)=x$,因为 $\dfrac{y_1(x)}{y_2(x)}=\dfrac{e^x}{x} \not\equiv k$(常数),所以这两个解线性无关,方程的通解是

$$y=C_1e^x+C_2x \quad (C_1、C_2 \text{ 是任意常数}).$$

对于 n 个函数 $y_1(x), y_2(x), \cdots, y_n(x)$,我们有：

定义 设 $y_1(x), y_2(x), \cdots, y_n(x)$ 在区间 I 上有定义,若存在 n 个不全为零的常数 $k_1, k_2, \cdots, k_n$,使得对于一切 $x \in I$,都有

$$k_1y_1(x)+k_2y_2(x)+\cdots+k_ny_n(x)=0$$

成立,则称函数组 $y_1(x), y_2(x), \cdots, y_n(x)$ 在区间 I 上线性相关,否则称为线性无关.

例如,函数组 x^2, e^x, e^{-x} 在区间 $(-\infty, +\infty)$ 上是线性无关的,因为要使不等式

$$k_1x^2+k_2e^x+k_3e^{-x}=0, \quad \forall x \in (-\infty, +\infty)$$

成立,必须 $k_1=k_2=k_3=0$.

又如,函数组 $-1, 3\cos 2x, \cos^2 x$ 在 $(-\infty, +\infty)$ 上是线性相关的,因为存在 $k_1=-1, k_2=\dfrac{1}{3}, k_3=-2$,使当 $x \in (-\infty, \infty)$ 时,有

$$(-1)(-1)+\frac{1}{3}(3\cos 2x)-2\cos^2 x = 1+\cos 2x-2\cos^2 x \equiv 0.$$

高阶线性齐次方程,我们有类似的定理：

定理 2′ 如果 $y_1(x), y_2(x), \cdots, y_n(x)$ 是 n 阶线性齐次方程

$$y^{(n)}+a_1(x)y^{(n-1)}+a_2(x)y^{(n-2)}+\cdots+a_{n-1}(x)y'+a_n(x)y=0$$
的 n 个线性无关的特解,则方程的通解为
$$y=C_1y_1(x)+C_2y_2(x)+\cdots+C_ny_n(x),$$
其中,$C_1,C_2,\cdots,C_n$ 为任意常数.

在 12.4 节中我们已经看到,一阶线性非齐次方程的通解是由两部分构成,一部分是对应的齐次方程的通解;另一部分是非齐次方程本身的一个特解.实际上,二阶及更高阶的线性非齐次方程的通解也具有同样的结构.

定理 3 设 $y^*(x)$ 是二阶线性非齐次方程(12.6.4)的一个特解,$Y(x)$ 是对应的线性齐次方程(12.6.5)的通解,则
$$y=Y(x)+y^*(x) \tag{12.6.7}$$
是二阶线性非齐次方程(12.6.4)的通解.

证明 将 $y=Y(x)+y^*(x)$ 代入方程(12.6.4)的左端,得
$$Y''+(y^*)''+P(x)[Y'+(y^*)']+Q(x)(Y+y^*)$$
$$=[Y''+P(x)Y'+Q(x)Y]+[(y^*)''+P(x)(y^*)'+Q(x)y^*]$$
$$=0+f(x)=f(x).$$
因此(12.6.7)式是二阶线性非齐次方程(12.6.4)的解.

因为对应的齐次方程的通解 $Y=C_1y_1+C_2y_2$ 中含有两个任意常数,所以 $y=Y+y^*$ 中也含有两个任意常数,从而证明了它就是二阶线性非齐次方程(12.6.4)的通解.

在求特解 y^* 时,以下定理是常用的.

定理 4 设二阶线性非齐次方程(12.6.4)的右端 $f(x)$ 是几个函数之和,如
$$y''+P(x)y'+Q(x)y=f_1(x)+f_2(x), \tag{12.6.8}$$
而 $y_1^*(x)$ 与 $y_2^*(x)$ 分别是方程
$$y''+P(x)y'+Q(x)y=f_1(x)$$
与
$$y''+P(x)y'+Q(x)y=f_2(x)$$
的特解,那么 $y_1^*(x)+y_2^*(x)$ 就是原方程(12.6.8)的特解.

证明 将 $y^*=y_1^*+y_2^*$ 代入方程(12.6.8)的左端,得
$$(y_1^*+y_2^*)''+P(x)(y_1^*+y_2^*)'+Q(x)(y_1^*+y_2^*)$$
$$=[(y_1^*)''+P(x)(y_1^*)'+Q(x)y_1^*]+[(y_2^*)''+P(x)(y_2^*)'+Q(x)y_2^*]$$
$$=f_1(x)+f_2(x).$$
因此 $y_1^*+y_2^*$ 是方程(12.6.8)的一个特解.

定理 5 如果 $y=y_1(x)+\mathrm{i}y_2(x)$ 是方程
$$y''+a_1y'+a_2y=f_1(x)+\mathrm{i}f_2(x)$$
的解,则 $y_1(x)$ 及 $y_2(x)$ 分别是方程

$$y'' + a_1 y' + a_2 y = f_1(x) \text{ 及 } y'' + a_1 y' + a_2 y = f_2(x)$$
的解(其中,a_1, a_2是实数,$f_1(x), f_2(x), y_1(x), y_2(x)$为实函数).

这里 i 是虚数单位,看作常量,用与实函数相同的方法求导数,容易证明定理成立(证明从略).

12.7 常系数线性方程

12.7.1 常系数线性齐次方程

在二阶线性齐次微分方程
$$y'' + P(x)y' + Q(x)y = 0$$
中,如果 y', y 的系数 $P(x), Q(x)$ 均为常数,即上式成为
$$y'' + py' + qy = 0, \tag{12.7.1}$$
其中,p, q 为常数,则称(12.7.1)式为二阶常系数线性齐次微分方程.

根据方程(12.7.1)的特点,我们可以设想方程有指数形式的解
$$y = e^{\lambda x} \quad (\lambda \text{ 为待定常数}),$$
将 $y = e^{\lambda x}, y' = \lambda e^{\lambda x}, y'' = \lambda^2 e^{\lambda x}$ 代入方程(12.7.1)得到
$$(\lambda^2 + p\lambda + q)e^{\lambda x} = 0,$$
因为 $e^{\lambda x} \neq 0$,所以有
$$\lambda^2 + p\lambda + q = 0. \tag{12.7.2}$$
显然,当 λ 是代数方程(12.7.2)的一个根时,$y = e^{\lambda x}$ 就是微分方程(12.7.1)的一个特解.

代数方程(12.7.2)叫做微分方程(12.7.1)的特征方程,特征方程的根叫做微分方程的特征根. 如此,求微分方程的特解,可以通过求代数方程(12.7.2)的根而得到. 下面就特征方程根的不同情形,说明方程(12.7.1)的通解的求法.

(1) 特征方程有两个不相等的实根
$$\lambda_1 \neq \lambda_2,$$
则微分方程(12.7.1)有两个特解
$$y_1(x) = e^{\lambda_1 x}, \quad y_2(x) = e^{\lambda_2 x}.$$
因为 $\lambda_1 \neq \lambda_2$,所以 $\dfrac{y_1(x)}{y_2(x)} = e^{(\lambda_1 - \lambda_2)x} \neq$ 常数,即 $y_1(x)$ 与 $y_2(x)$ 线性无关,因此,微分方程(12.7.1)的通解为
$$y = C_1 e^{\lambda_1 x} + C_2 e^{\lambda_2 x},$$
其中,C_1, C_2 为任意常数.

(2) 特征方程有两个相等的实根 $\lambda_1 = \lambda_2$,这时只能得到微分方程(12.7.1)的

一个特解
$$y = e^{\lambda_1 x},$$
为了得出微分方程的通解,还需求出另一个解 y_2,并且要求 $\dfrac{y_2}{y_1} \neq$ 常数.

设 $\dfrac{y_2}{y_1} = u(x)$,即 $y_2 = e^{\lambda_1 x} u(x)$,只需求出 $u(x)$.

对 y_2 求导,得
$$y_2' = e^{\lambda_1 x}(u' + \lambda_1 u),$$
$$y_2'' = e^{\lambda_1 x}(u'' + 2\lambda_1 u' + \lambda_1^2 u),$$
将 y_2, y_2', y_2'' 代入微分方程(12.7.1),得
$$e^{\lambda_1 x}[(u'' + 2\lambda_1 u' + \lambda_1^2 u) + p(u' + \lambda_1 u) + qu] = 0,$$
即
$$u'' + (2\lambda_1 + p)u' + (\lambda_1^2 + p\lambda_1 + q)u = 0.$$
由于 λ_1 是特征方程的二重根,因此有 $\lambda_1^2 + p\lambda_1 + q = 0$ 且 $2\lambda_1 + p = 0$,从而得到
$$u'' = 0,$$
因为这里只要得到一个不为常数的解 $u(x)$,所以不妨取 $u = x$,由此得到微分方程(12.7.1)的另一个解
$$y_2 = x e^{\lambda_1 x},$$
所以微分方程(12.7.1)的通解为
$$y = C_1 e^{\lambda_1 x} + C_2 x e^{\lambda_1 x} = (C_1 + C_2 x) e^{\lambda_1 x}.$$
其中,C_1, C_2 为任意常数.

(3) 特征方程有一对共轭复根
$$\lambda_1 = \alpha + i\beta, \quad \lambda_2 = \alpha - i\beta.$$
这时 $y_1 = e^{(\alpha + i\beta)x}, y_2 = e^{(\alpha - i\beta)x}$ 是微分方程(12.7.1)的两个线性无关的特解,但它们是复值函数形式,因实系数方程要求实解,我们用下面的方法把解化成实函数的形式.

由欧拉公式
$$e^{i\theta} = \cos\theta + i\sin\theta,$$
有
$$e^{(\alpha + i\beta)x} = e^{\alpha x}\cos\beta x + i e^{\alpha x}\sin\beta x,$$
$$e^{(\alpha - i\beta)x} = e^{\alpha x}\cos\beta x - i e^{\alpha x}\sin\beta x.$$
由于复值函数 y_1 与 y_2 之间成共轭关系,不难求出
$$\tilde{y}_1 = \frac{1}{2}(y_1 + y_2) = e^{\alpha x}\cos\beta x,$$
$$\tilde{y}_2 = \frac{1}{2i}(y_1 - y_2) = e^{\alpha x}\sin\beta x.$$

12.7 常系数线性方程

因为线性齐次方程的解符合叠加原理，$\tilde{y}_1, \tilde{y}_2$ 还是微分方程(12.7.1)的特解，且 $\dfrac{\tilde{y}_1}{\tilde{y}_2} = \dfrac{e^{\alpha x}\cos\beta x}{e^{\alpha x}\sin\beta x} = \cot\beta x$ 不是常数，所以微分方程(12.7.1)的通解为

$$y = e^{\alpha x}(C_1\cos\beta x + C_2\sin\beta x),$$

其中，C_1, C_2 为任意常数.

至此，我们看到：常系数线性齐次方程(12.7.1)求通解时，不必用积分方法，只需用代数方法，即特征根法，根据特征方程的两个根的不同情形，可按照表 12.1 写出微分方程的通解.

表 12.1

特征根 λ	通解形式
不相等实根 $\lambda_1 \neq \lambda_2$	$y = C_1 e^{\lambda_1 x} + C_2 e^{\lambda_2 x}$
相等实根 $\lambda_1 = \lambda_2$	$y = (C_1 + C_2 x)e^{\lambda_1 x}$
共轭复根 $\lambda_{1,2} = \alpha \pm i\beta$	$y = e^{\alpha x}(C_1\cos\beta x + C_2\sin\beta x)$

例1 求方程 $y'' - 4y' + 3y = 0$ 的通解.

解 先写出特征方程

$$\lambda^2 - 4\lambda + 3 = 0,$$

它有两个不相等的实根

$$\lambda_1 = 1, \quad \lambda_2 = 3.$$

因此所求通解为

$$y = C_1 e^x + C_2 e^{3x},$$

其中，C_1, C_2 为任意常数.

例2 求方程 $y'' + y' + y = 0$ 的通解.

解 特征方程为 $\lambda^2 + \lambda + 1 = 0$，它有两个共轭复根

$$\lambda_{1,2} = \frac{1}{2}(-1 \pm \sqrt{3}i),$$

因此所求通解为

$$y = e^{-\frac{1}{2}x}\left(C_1\cos\frac{\sqrt{3}}{2}x + C_2\sin\frac{\sqrt{3}}{2}x\right),$$

其中，C_1, C_2 为任意常数.

例3 求解初值问题

$$\begin{cases} y'' + 2y' + y = 0, \\ y\big|_{x=0} = 4, \quad y'\big|_{x=0} = -2. \end{cases}$$

解 特征方程为

$$\lambda^2 + 2\lambda + 1 = 0,$$

它有两个相等的实根 $\lambda = -1$，所求方程的通解为

$$y=(C_1+C_2x)\mathrm{e}^{-x},$$

将条件 $y|_{x=0}=4$ 代入通解，得 $C_1=4$，从而

$$y=(4+C_2x)\mathrm{e}^{-x},$$

上式对 x 求导

$$y'=(C_2-4-C_2x)\mathrm{e}^{-x},$$

再将条件 $y'|_{x=0}=-2$ 代入上式，得 $C_2=2$，于是所求初值问题的解为

$$y=(4+2x)\mathrm{e}^{-x}.$$

关于二阶常系数线性齐次方程得到的结论，可以直接推广到 n 阶常系数线性齐次方程中去．n 阶常系数线性齐次方程的一般形式为

$$y^{(n)}+a_1y^{(n-1)}+a_2y^{(n-2)}+\cdots+a_{n-1}y'+a_ny=0, \qquad (12.7.3)$$

其中，$a_1,a_2,\cdots,a_n$ 都是常数．

类似于对二阶方程的讨论，可以按以下步骤求方程(12.7.3)的通解．

第一步 写出特征方程

$$\lambda^n+a_1\lambda^{n-1}+\cdots+a_{n-1}\lambda+a_n=0;$$

第二步 求出 n 个特征根 $\lambda_1,\lambda_2,\cdots,\lambda_n$；

第三步 根据表 12.2 求出通解．

表 12.2

特征根	通解中的对应项
λ 为单实根	$C\mathrm{e}^{\lambda x}$
λ 为 k 重实根	$\mathrm{e}^{\lambda x}(C_1+C_2x+\cdots+C_kx^{k-1})$
$\lambda=\alpha\pm\mathrm{i}\beta$ 为(单)共轭复根	$\mathrm{e}^{\alpha x}(C_1\cos\beta x+C_2\sin\beta x)$
$\lambda=\alpha\pm\mathrm{i}\beta$ 为 m 重共轭复根	$\mathrm{e}^{\alpha x}[(C_1+C_2x+\cdots+C_mx^{m-1})\cos\beta x$ $+(D_1+D_2x+\cdots+D_mx^{m-1})\sin\beta x]$

将通解中可能出现的这些项连加，就可得到方程(12.7.3)的通解．

例 4 求方程 $y^{(5)}+y^{(4)}+2y'''+2y''+y'+y=0$ 的通解．

解 特征方程为

$$\lambda^5+\lambda^4+2\lambda^3+2\lambda^2+\lambda+1=0,$$

不难看出 $\lambda=-1$ 是特征方程的一个根，利用多项式除法可得

$$\lambda^5+\lambda^4+2\lambda^3+2\lambda^2+\lambda+1=(\lambda+1)(\lambda^2+1)^2,$$

特征方程的五个根分别是 $-1,\mathrm{i},\mathrm{i},-\mathrm{i},-\mathrm{i}$．

由表 12.2 可知，微分方程的通解为

$$y=C_1\mathrm{e}^{-x}+(C_2+C_3x)\cos x+(C_4+C_5x)\sin x,$$

其中，C_1,C_2,C_3,C_4,C_5 为任意常数．

12.7.2 常系数线性非齐次方程

二阶常系数线性非齐次方程的一般形式是

$$y'' + py' + qy = f(x), \qquad (12.7.4)$$

其中,p,q 是常数.

由 12.6 节定理 3 可知,求二阶常系数线性非齐次方程的通解,归结为求对应的齐次方程

$$y'' + py' + qy = 0$$

的通解和非齐次方程本身的一个特解.由于二阶常系数线性齐次方程的通解求法已经解决,所以这里只需讨论求非齐次方程(12.7.4)的一个特解 y^* 的方法.在实用中,常遇到方程右端的自由项往往是多项式 $p(x)$,$p(x)e^{ax}$ 或 $p(x)e^{ax}\sin\beta x$ 等函数,对于这些特殊情形,可以假设出特解的形式,采用待定系数法求其特解.

1. $f(x) = e^{rx}P_m(x)$ 型

自由项的一些特殊情形都可以归结为

$$f(x) = e^{rx} P_m(x)$$

的形式,其中,$P_m(x)$ 为 m 次多项式.

当 $r=0$ 时,它就是多项式 $P_m(x)$;当 $r=\alpha$(实数)时,它就是 $e^{\alpha x}P_m(x)$;当 $r=\alpha+\mathrm{i}\beta$(复数)时,它就是 $e^{(\alpha+\mathrm{i}\beta)x}P_m(x)$,如果自由项出现 $P_m(x)e^{\alpha x}\cos\beta x$ 和 $P_m(x)e^{\alpha x}\sin\beta x$ 的情形,可以先求方程

$$y'' + py' + qy = P_m(x)e^{(\alpha+\mathrm{i}\beta)x}$$

的特解,然后再取特解的实部和虚部,它们分别就是

$$y'' + py' + qy = P_m(x)e^{\alpha x}\cos\beta x$$

和

$$y'' + py' + qy = P_m(x)e^{\alpha x}\sin\beta x$$

的特解.

例 1 求方程 $y'' + y = 2x^2 - 3$ 的特解.

解 这里 $f(x) = 2x^2 - 3$,因为多项式的导数还是多项式,不妨假设 $y^* = ax^2 + bx + c$,其中,a,b,c 为待定常数,将 y^*,$(y^*)'$,$(y^*)''$ 代入原方程,则有

$$ax^2 + bx + (c + 2a) = 2x^2 - 3,$$

比较 x 的同次幂的系数得

$$a = 2, \quad b = 0, \quad c = -7.$$

因此,原方程的一个特解为 $y^* = 2x^2 - 7$.

例 2 求方程 $y'' + 4y' + 3y = -e^{2x}$ 的特解.

解 $f(x)=-\mathrm{e}^{2x}$,可假设 $y^*=A\mathrm{e}^{2x}$,将 y^*,$(y^*)'$,$(y^*)''$代入原方程,则有
$$15A\mathrm{e}^{2x}=-\mathrm{e}^{2x},$$
因此 $A=-\dfrac{1}{15}$,原方程的特解为

$$y^*=-\frac{1}{15}\mathrm{e}^{2x}.$$

这两个简单例子启发我们,当自由项为多项式和指数函数乘积时,我们有理由希望特解也具有相同形式,这是因为多项式与指数函数乘积的导数仍是同一类型.

我们设想方程 $y''+py'+q=\mathrm{e}^{rx}P_m(x)$ 的一个特解 $y^*=Q(x)\mathrm{e}^{rx}$($Q(x)$ 是某个多项式)
$$(y^*)'=Q'(x)\mathrm{e}^{rx}+rQ(x)\mathrm{e}^{rx},$$
$$(y^*)''=Q''(x)\mathrm{e}^{rx}+2rQ'(x)\mathrm{e}^{rx}+r^2Q(x)\mathrm{e}^{rx}.$$
代入方程,并消去公因子 e^{rx},得
$$Q''(x)+(2r+p)Q'(x)+(r^2+pr+q)Q(x)=P_m(x). \quad (12.7.5)$$

下面分三种情况讨论:

(1) 若 r 不是对应齐次方程的特征根,即 $r^2+pr+q\neq 0$,从(12.7.5)式可看出,应取 $Q(x)$ 与 $P_m(x)$ 为同次多项式,此时可令 $y^*=Q_m(x)\mathrm{e}^{rx}$;

(2) 若 r 是对应齐次方程的特征方程的单根,即 $r^2+pr+q=0$,$2r+p\neq 0$,要使(12.7.5)式两端恒等,那么 $Q'(x)$ 必须是 m 次多项式,此时可令
$$y^*=xQ_m(x)\mathrm{e}^{rx};$$

(3) 若 r 是对应齐次方程的特征方程的重根,即 $r^2+pr+q=0$,$2r+p=0$,要使(12.7.5)式的两端恒等,那么 $Q''(x)$ 必须是 m 次多项式,此时可令
$$y^*=x^2Q_m(x)\mathrm{e}^{rx}.$$

综合以上讨论,我们有如下结论:

如果 $f(x)=P_m(x)\mathrm{e}^{rx}$,则二阶常系数线性非齐次方程(12.7.5)具有形如
$$y^*=x^kQ_m(x)\mathrm{e}^{rx} \qquad (12.7.6)$$
的特解,其中,$Q_m(x)$ 是与 $P_m(x)$ 同次多项式,而 k 按 r 不是特征方程的根,是特征方程的单根或是特征方程的重根,依次取 0,1 或 2.

上述结论可推广到 n 阶常系数线性非齐次方程,但要注意(12.7.6)式中的 k 是特征方程含特征根 r 的重复次数(若 r 不是特征方程的根,k 取为 0,若 r 是特征方程的 s 重根,k 取为 s).

例3 求微分方程 $y''-2y'-3y=3x+1$ 的一个特解.

解 函数 $f(x)=3x+1$ 是 $P_m(x)\mathrm{e}^{rx}$ 型($P_m(x)=3x+1$,$r=0$),与所给方程对应的齐次方程为 $y''-2y'-3y=0$,它的特征方程为 $\lambda^2-2\lambda-3=0$,由于 $r=0$ 不是特征方程的根,所以应设特解为

把它代入所给方程,得
$$-3b_0 x - 2b_0 - 3b_1 = 3x + 1,$$
比较 x 同次幂的系数,得
$$\begin{cases} -3b_0 = 3, \\ -2b_0 - 3b_1 = 1, \end{cases}$$
由此求得 $b_0 = -1, b_1 = \dfrac{1}{3}$,于是求得方程的一个特解为
$$y^* = -x + \dfrac{1}{3}.$$

例4 求微分方程 $y'' - 2y' + y = 4xe^x$ 的通解.

解 函数 $f(x) = 4xe^x$ 是 $P_m(x)e^{rx}$ 型,其中,$P_m(x) = 4x, r = 1$.
对应齐次方程的特征方程是
$$\lambda^2 - 2\lambda + 1 = 0, \qquad \lambda_1 = \lambda_2 = 1.$$
由于 $r = 1$ 是特征方程的重根,故特解应设为
$$y^* = x^2(ax + b)e^x = (ax^3 + bx^2)e^x,$$
将它代入所给方程得
$$(6ax + 2b)e^x = 4xe^x.$$
比较系数得
$$\begin{cases} 6a = 4, \\ 2b = 0, \end{cases}$$
由此求得 $a = \dfrac{2}{3}, b = 0$,于是求得一个特解为
$$y^* = \dfrac{2}{3}x^3 e^x.$$

对应齐次方程的通解为 $Y = (C_1 + C_2 x)e^x$. 非齐次方程的通解为 $y = (C_1 + C_2 x)e^x + \dfrac{2}{3}x^3 e^x$,其中,$C_1, C_2$ 为任意常数.

例5 求微分方程 $y'' + y = x\cos 2x$ 的一个特解.

解 $f(x) = x\cos 2x$ 是
$$xe^{2ix} = x(\cos 2x + i\sin 2x)$$
的实部,因此可以先求解相应的复方程
$$y'' + y = xe^{2ix}, \tag{12.7.7}$$
求得特解后,取其实部,即为原方程的特解.

由于 $r = 2i$ 不是特征方程的根,可设方程(12.7.7)有特解
$$y_1^* = (ax + b)e^{2ix},$$

代入方程(12.7.7)得
$$(-3ax+4\mathrm{i}a-3b)\mathrm{e}^{2\mathrm{i}x}=x\mathrm{e}^{2\mathrm{i}x}.$$
比较系数,得
$$\begin{cases}-3a=1,\\ 4\mathrm{i}a-3b=0.\end{cases}$$
解出 $a=-\dfrac{1}{3}$,$b=-\dfrac{4}{9}\mathrm{i}$.

因此方程(12.7.7)的特解
$$y_1^* = \left(-\frac{1}{3}x-\frac{4}{9}\mathrm{i}\right)\mathrm{e}^{2\mathrm{i}x} = \left(-\frac{1}{3}x-\frac{4}{9}\mathrm{i}\right)(\cos 2x+\mathrm{i}\sin 2x)$$
$$=-\frac{1}{3}x\cos 2x+\frac{4}{9}\sin 2x-\mathrm{i}\left(\frac{4}{9}\cos 2x+\frac{1}{3}x\sin 2x\right).$$

取 y_1^* 的实部,即为原方程的特解
$$y^*=-\frac{1}{3}x\cos 2x+\frac{4}{9}\sin 2x.$$

最后,我们指出,当非齐次方程的自由项出现
$$f(x)=\mathrm{e}^{\alpha x}[P_l(x)\cos\beta x+P_n(x)\sin\beta x]$$
的情形时,也可以直接假设出特解 y^* 的形式(证明从略),然后采用待定系数法求出通解.

(1) 当 $\alpha\pm\beta\mathrm{i}$ 不是特征根时,则设
$$y^*=\mathrm{e}^{\alpha x}[Q_m(x)\cos\beta x+R_m(x)\sin\beta x],$$
其中,$Q_m(x)$、$R_m(x)$ 为两个 m 次的待定多项式,其中,$m=\max\{l,n\}$;

(2) 当 $\alpha\pm\beta\mathrm{i}$ 是特征根时,则设
$$y^*=x\mathrm{e}^{\alpha x}[Q_m(x)\cos\beta x+R_m(x)\sin\beta x],$$
其中,$Q_m(x)$,$R_m(x)$ 为两个 m 次的待定多项式,其中,$m=\max\{l,n\}$.

例6 求方程 $y''-4y'+4y=3\mathrm{e}^{2x}-\cos 2x$ 的特解.

解 根据 12.6 节定理 4,可分别考虑两个方程
$$y''-4y'+4y=3\mathrm{e}^{2x},$$
$$y''-4y'+4y=-\cos 2x.$$
对应齐次方程的特征方程为
$$\lambda^2-4\lambda+4=0, \quad \lambda=2 \text{ 为重根}.$$
对于第一个方程,应假设
$$y_1^*=Ax^2\mathrm{e}^{2x},$$
将 y_1^* 代入方程,经计算求得
$$y_1^*=\frac{3}{2}x^2\mathrm{e}^{2x}.$$

12.7 常系数线性方程

对于第二个方程,应假设
$$y_2^* = a\cos 2x + b\sin 2x,$$
将 y_2^* 代入方程,经计算求得
$$y_2^* = \frac{1}{8}\sin 2x,$$
因此,原方程的特解为
$$y^* = y_1^* + y_2^* = \frac{3}{2}x^2 e^{2x} + \frac{1}{8}\sin 2x.$$

2. 用常数变易法求解二阶线性非齐次方程

常系数二阶线性非齐次方程的右端不是 $f(x)=P_m(x)e^{rx}$ 的类型时,就不一定能用待定系数法求其特解. 与一阶线性方程用常数变易法求通解的讨论类似,下面将介绍由对应齐次方程的通解 Y 求非齐次方程的通解的一般方法.

假设对应齐次方程 $y''+py'+qy=0$ 的通解为
$$Y = C_1 y_1(x) + C_2 y_2(x).$$
令非齐次方程 $y''+py'+qy=f(x)$ 的通解为
$$y = C_1(x)y_1(x) + C_2(x)y_2(x). \tag{12.7.8}$$
于是
$$y' = C_1'(x)y_1(x) + C_2'(x)y_2(x) + C_1(x)y_1'(x) + C_2(x)y_2'(x).$$
在求二阶导数 y'' 时,会出现待定函数 $C_1(x),C_2(x)$ 的二阶导数,为了避免这一点,我们设
$$C_1'(x)y_1(x) + C_2'(x)y_2(x) = 0, \tag{12.7.9}$$
从而
$$y' = C_1(x)y_1'(x) + C_2(x)y_2'(x).$$
两边再对 x 求导
$$y'' = C_1'(x)y_1'(x) + C_2'(x)y_2'(x) + C_1(x)y_1''(x) + C_2(x)y_2''(x).$$
将 y,y',y'' 代入方程(12.7.4)得
$$C_1'(x)y_1'(x) + C_2'(x)y_2'(x) + (y_1'' + py_1' + qy_1)C_1(x) +$$
$$(y_2'' + py_2' + qy_2)C_2(x) = f(x).$$
注意到 $y_1(x),y_2(x)$ 是对应齐次方程的解,故上式即为
$$C_1'(x)y_1'(x) + C_2'(x)y_2'(x) = f(x). \tag{12.7.10}$$
联立方程(12.7.9),方程(12.7.10),在系数行列式
$$W = \begin{vmatrix} y_1(x) & y_2(x) \\ y_1'(x) & y_2'(x) \end{vmatrix} \neq 0$$
时,可解得

$$C_1'(x) = -\frac{y_2(x)f(x)}{W}, \qquad C_2'(x) = \frac{y_1(x)f(x)}{W}.$$

对上两式积分(假定 $f(x)$ 连续),得

$$\begin{aligned} C_1(x) &= \int \frac{-y_2(x)f(x)}{W} dx, \\ C_2(x) &= \int \frac{y_1(x)f(x)}{W} dx. \end{aligned} \tag{12.7.11}$$

代入(12.7.8)式,即得非齐次方程(12.7.4)的通解.

例 7 求方程 $y'' + y = \sec x$ 的通解.

解 对应齐次方程的特征方程为

$$\lambda^2 + 1 = 0, \quad \lambda_{1,2} = \pm i.$$

所以齐次方程的通解

$$Y = C_1 \cos x + C_2 \sin x.$$

用常数变易法,设 $y = C_1(x)\cos x + C_2(x)\sin x$,待定函数 $C_1(x), C_2(x)$ 满足方程组

$$\begin{cases} C_1'(x)\cos x + C_2'(x)\sin x = 0, \\ C_1'(x)(-\sin x) + C_2'(x)\cos x = \sec x, \end{cases}$$

容易解得

$$C_1'(x) = -\tan x, \quad C_2'(x) = 1.$$

于是

$$\begin{aligned} C_1(x) &= \ln|\cos x| + C_1, \\ C_2(x) &= x + C_2. \end{aligned}$$

原方程的通解为

$$y = (\ln|\cos x| + C_1)\cos x + (x + C_2)\sin x,$$

其中,C_1, C_2 为任意常数.

12.7.3 欧拉方程

变系数的线性微分方程,一般说来都是不容易求解的,但是有些特殊的变系数线性方程,则可以通过变量代换化为常系数线性微分方程,因而容易求解.欧拉方程就是其中的一种.

形如

$$x^n y^{(n)} + P_1 x^{n-1} y^{(n-1)} + \cdots + P_{n-1} x y' + P_n y = f(x) \tag{12.7.12}$$

的方程($P_1, P_2, \cdots, P_n$ 为常数),叫做欧拉方程.

作变换 $x = e^t$ 或 $t = \ln x$. 于是

12.7 常系数线性方程

$$\frac{dy}{dx} = \frac{dy}{dt} \cdot \frac{dt}{dx} = \frac{dy}{dt} \cdot \frac{1}{x},$$

$$\frac{d^2 y}{dx^2} = \frac{d}{dx}\left(\frac{dy}{dt} \cdot \frac{1}{x}\right)$$

$$= \frac{d}{dt}\left(\frac{dy}{dt}\right) \cdot \frac{dt}{dx} \cdot \frac{1}{x} + \frac{dy}{dt} \cdot \left(-\frac{1}{x^2}\right)$$

$$= \frac{1}{x^2}\left(\frac{d^2 y}{dt^2} - \frac{dy}{dt}\right),$$

$$\frac{d^3 y}{dx^3} = \frac{1}{x^3}\left(\frac{d^3 y}{dt^3} - 3\frac{d^2 y}{dt^2} + 2\frac{dy}{dt}\right).$$

如果引进微分算子 D 表示对 t 求导的运算，那么上述结果可写成

$$xy' = Dy,$$

$$x^2 y'' = \frac{d^2 y}{dt^2} - \frac{dy}{dt} = \left(\frac{d^2}{dt^2} - \frac{d}{dt}\right)y = (D^2 - D)y,$$

$$x^3 y''' = \frac{d^3 y}{dt^3} - 3\frac{d^2 y}{dt^2} + 2\frac{dy}{dt} = (D^3 - 3D^2 + 2D)y = D(D-1)(D-2)y.$$

一般地，有 $x^k y^{(k)} = D(D-1)\cdots(D-k+1)y$，把它代入欧拉方程(12.7.12)，便得一个以 t 为自变量的常系数线性微分方程，在求出这个方程的解后，把 $t = \ln x$ 代入，即得原方程的解.

例 求欧拉方程 $x^2 y'' - 2y = 2x\ln x$ 满足初始条件 $y|_{x=1} = \frac{1}{2}$，$y'|_{x=1} = -\frac{1}{2}$ 的解.

解 设 $x = e^t$，可得

$$\frac{d^2 y}{dt^2} - \frac{dy}{dt} - 2y = 2te^t,$$

这是常系数线性方程，可解得

$$y = C_1 e^{-t} + C_2 e^{2t} - \left(t + \frac{1}{2}\right)e^t.$$

代回 $e^t = x$，得原方程的通解是

$$y = C_1 \frac{1}{x} + C_2 x^2 - \left(\ln x + \frac{1}{2}\right)x,$$

$$y' = -\frac{C_1}{x^2} + 2C_2 x - \ln x - \frac{3}{2}.$$

代入初始条件有

$$\begin{cases} C_1 + C_2 = 1, \\ -C_1 + 2C_2 = 1, \end{cases}$$

解得 $C_1=\dfrac{1}{3}, C_2=\dfrac{2}{3}$.

因此方程的特解是
$$y = \frac{1}{3x} + \frac{2}{3}x^3 - \left(\ln x + \frac{1}{2}\right)x.$$

12.7.4 应用举例

在工程及物理问题中,经常遇到线性微分方程,我们以振动问题为例进行讨论.

1. 无阻尼自由振动

在 12.6.1 小节例子中,设物体只受弹性恢复力 f 的作用,由于不计阻力 R,所以方程(12.6.2)成为
$$\frac{\mathrm{d}^2 x}{\mathrm{d}t^2} + k^2 x = 0.$$

容易求出方程的通解是
$$x = C_1 \cos kt + C_2 \sin kt,$$
满足初始条件 $x|_{t=0}=x_0, x'|_{t=0}=v_0$ 的特解是
$$x = x_0 \cos kt + \frac{v_0}{k} \sin kt.$$

令
$$x_0 = A\sin\varphi, \quad \frac{v_0}{k} = A\cos\varphi \quad (0 \leqslant \varphi \leqslant 2\pi),$$
于是方程的解可写为
$$x = A\sin(kt + \varphi),$$
其中
$$A = \sqrt{x_0^2 + \frac{v_0^2}{k^2}}, \quad \tan\varphi = \frac{kx_0}{v_0}.$$

函数所反映的运动就是简谐运动,这个振动的振幅为 A,初相为 φ,由初值条件所决定,而振动的周期 $T=\dfrac{2\pi}{k}$,角频率为 k,由于 $k=\sqrt{\dfrac{C}{m}}$ 与初值条件无关,完全由振动系统本身确定,因此,k 又称为系统的固有频率,它是反映振动系统特征的一个重要参数.

2. 有阻尼自由振动

在 12.6.1 小节例子中,设物体受弹簧的恢复力和阻力 R 的作用,求物体运动规律的函数 $x=x(t)$.

这就是要找满足有阻尼的自由振动方程

12.7 常系数线性方程

$$\frac{d^2x}{dt^2} + 2n\frac{dx}{dt} + k^2 x = 0,$$

及初始条件 $x|_{t=0} = x_0, x'|_{t=0} = v_0$ 的特解.

这个方程的特征方程是

$$\lambda^2 + 2n\lambda + k^2 = 0,$$

其根为 $\lambda = -n \pm \sqrt{n^2 - k^2}$.

因阻尼系数 μ 一般很小,我们只讨论小阻尼情形 $n < k$.

这时特征方程的根 $\lambda = -n \pm i\omega (\omega = \sqrt{k^2 - n^2})$,方程的通解是

$$x = e^{-nt}(C_1 \cos\omega t + C_2 \sin\omega t).$$

应用初始条件,定出 $C_1 = x_0, C_2 = \dfrac{v_0 + nx_0}{\omega}$,因此所求特解为

$$x = e^{-nt}\left(x_0 \cos\omega t + \frac{v_0 + nx_0}{\omega} \sin\omega t\right).$$

令

$$x_0 = A\sin\varphi, \quad \frac{v_0 + nx_0}{\omega} = A\cos\varphi \quad (0 \leqslant \varphi \leqslant 2\pi),$$

方程的通解可写成

$$x = Ae^{-nt}\sin(\omega t + \varphi),$$

其中

$$\omega = \sqrt{k^2 - n^2}, \quad A = \sqrt{x_0^2 + \frac{(v_0 + nx_0)^2}{\omega^2}}, \quad \tan\varphi = \frac{x_0 \omega}{v_0 + nx_0}.$$

从上式可看出,物体的运动是周期 $T = \dfrac{2\pi}{\omega}$ 的振动,但与简谐振动不同,它的振幅 Ae^{-nt} 随时间 t 的增大而逐渐减小,因此,物体随着时间 t 的增大而趋于平衡位置.

函数图形如图 12.8 所示(图中假定 $x_0 = 0, v_0 > 0$),以上介绍的自由振动系统,称为弹簧振子,在实际问题中的许多振动系统,如钟摆振动,交变电路中电压或电流的振荡及无线电波中电场和磁场的振动等,虽然它们的具体意义和结构与弹簧振子不同,但是基本规律都可以用二阶常系数齐次线性微分方程来刻画.

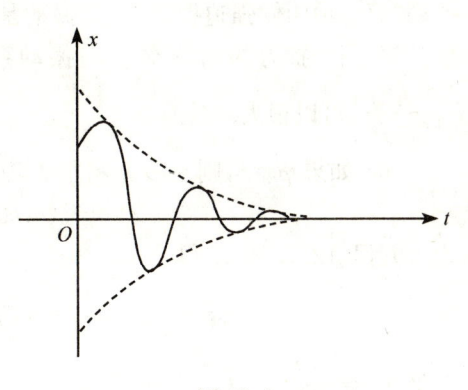

图 12.8

3. 无阻尼强迫振动

如果物体在振动过程中,受到弹性恢复力 f 和铅直干扰力 $F = H\sin pt$ 的作

用,由 12.6.1 小节例子的讨论可知物体运动规律满足下面的方程

$$\frac{d^2 x}{dt^2} + k^2 x = h\sin pt, \tag{12.7.13}$$

容易求出对应齐次方程的通解

$$X = C_1 \cos kt + C_2 \sin kt.$$

令

$$C_1 = A\sin\varphi, \quad C_2 = A\cos\varphi,$$

方程的通解可写为

$$X = A\sin(kt + \varphi),$$

其中,A,φ 为任意常数.

方程右端的函数为 $f(t) = h\sin pt$,要求方程的特解,现在分别就 $p \neq k$ 和 $p = k$ 两种情况讨论:

(i) 如果 $p \neq k$,则 $\pm ip$ 不是特征方程的根,故设

$$x^* = a_1 \cos pt + b_1 \sin pt,$$

代入方程(12.7.13)求得

$$a_1 = 0, \quad b_1 = \frac{h}{k^2 - p^2}.$$

于是 $x^* = \dfrac{h}{k^2 - p^2} \sin pt$.

从而方程(12.7.13)的通解为

$$x = X + x^* = A\sin(kt + \varphi) + \frac{h}{k^2 - p^2} \sin pt.$$

上式表示,物体运动由两部分组成,这两部分都是简谐振动,其中第一项表示自由振动,第二项叫做强迫振动,强迫振动是干扰力引起的,它的角频率即是干扰力的角频率,当干扰力的角频率 p 与振动系统的固有频率 k 相差很小时,它的振幅 $\left|\dfrac{h}{k^2 - p^2}\right|$ 可以很大.

(ii) 如果 $p = k$,则 $\pm ip$ 是特征方程的根,故设

$$x^* = t(a_1 \cos kt + b_1 \sin kt),$$

代入方程(12.7.13)求得

$$a_1 = -\frac{h}{2k}, \quad b_1 = 0.$$

于是 $x^* = -\dfrac{h}{2k} t \cos kt$.

从而方程的通解为

$$x = X + x^* = A\sin(kt + \varphi) - \frac{h}{2k} t \cos kt.$$

12.7 常系数线性方程

上式第二项表明,强迫振动的振幅 $\frac{h}{2k}t$ 随时间 t 的增大而增大,这时就发生共振现象,共振会对弹性梁产生严重的破坏. 为了避免共振现象,应使干扰力的角频率 p 不要靠近振动系统的固有频率 k. 反之,如果要利用共振现象,那么应使 $p=k$ 或使 p 与 k 尽量靠近.

有阻尼的强迫振动可类似地讨论,这里从略.

习 题 12.7

1. 求下列常系数齐次线性方程的通解:

(1) $y''-3y'=0$;   (2) $4\dfrac{d^2x}{dt^2}-20\dfrac{dx}{dt}+25x=0$;

(3) $y''+y=0$;   (4) $y''+y'-2y=0$;

(5) $y''-4y'+5y=0$;   (6) $y^{(4)}-4y=0$;

(7) $y^{(4)}-2y'''+y''=0$;   (8) $y'''+3y''+3y'+y=0$.

2. 求下列方程满足所给初始条件的特解:

(1) $y''+4y'+4y=0$, $y|_{x=0}=1, y'|_{x=0}=1$;

(2) $y''-3y'-4y=0$, $y|_{x=0}=0, y'|_{x=0}=-5$;

(3) $y''+4y'+29y=0$, $y|_{x=0}=0, y'|_{x=0}=15$;

(4) $4y''+9y=0$, $y|_{x=0}=2, y'|_{x=0}=-1$.

3. 求下列常系数非齐次线性方程的通解:

(1) $2y''+y'-y=2e^x$;   (2) $y''-7y'+12y=x$;

(3) $y''+9y=10\cos 2x$;   (4) $y''-6y'+9y=(x+1)e^{3x}$;

(5) $y''+4y=x\cos x$;   (6) $2y''+5y'=5x^2-2x-1$;

(7) $y''-y=\sin^2 x$;   (8) $y''+y=\tan x$;

(9) $y^{(4)}-4y'''+5y''-4y'+4y=e^x$.

4. 求下列方程的满足所给初始条件的特解:

(1) $y''-3y'+2y=5$, $y|_{x=0}=1, y'|_{x=0}=2$;

(2) $y''+y'-2y=6e^{-2x}$, $y|_{x=0}=0, y'|_{x=0}=1$;

(3) $y''+y+\sin 2x=0$, $y|_{x=0}=1, y'|_{x=0}=1$;

(4) $y'''+y''=1+x^2$, $y|_{x=0}=12, y'|_{x=0}=0, y''|_{x=0}=-1$.

5. 求下列欧拉方程的通解:

(1) $x^2y''+xy'-y=0$;   (2) $x^2y''-xy'+y=2\ln x$;

(3) $x^3y'''+3x^2y''-2xy'+2y=0$;   (4) $x^2y''-xy'+4y=x\sin(\ln x)$.

6. 一链条悬挂在一钉子上,启动时一端离开钉子 8m,另一端离开钉子 12m,分别在以下两种情况下求链条滑下来所需要的时间:

(1) 若不计钉子对链条所产生的摩擦力;

(2) 若摩擦力为链条 1m 长的重量.

7. 两个质量相同的重物挂于弹簧的一端,其中一个坠落,求另一个重物的运动规律,已知弹簧挂一个重物时伸长为 a.

8. 设函数 $\varphi(x)$ 连续,且满足
$$\varphi(x) = \mathrm{e}^x + \int_0^x t\varphi(t)\mathrm{d}t - x\int_0^x \varphi(t)\mathrm{d}t,$$
求 $\varphi(x)$.

9. 已知 $y = \mathrm{e}^{2x} + (1+x)\mathrm{e}^x$ 是二阶常系数线性非齐次微分方程 $y'' + \alpha y' + \beta y = \gamma \mathrm{e}^x$ 的一个特解,试确定常数 α, β, γ,并写出方程的通解.

10. 确定函数 $\varphi(x)$,使曲线积分 $\int_l [x^2 \varphi'(x) - 11x\varphi(x)]\mathrm{d}y - 32\varphi(x)y\mathrm{d}x$ 与路径无关,其中,$\varphi(x)$ 二次可导,$\varphi(1) = 1, \varphi'(1) = 7$.

12.8 微分方程的幂级数解法举例

当微分方程的解不能用初等函数或其积分式表达时,我们就要寻求其他的解法,常用的有幂级数解法和数值解法,本节我们举例介绍微分方程的幂级数解法.

例 1 用幂级数解法求方程 $y' = -x^2 y$ 的通解.

解 设方程的解是
$$y = a_0 + a_1 x + a_2 x^2 + \cdots + a_n x^n + a_{n+1} x^{n+1} + \cdots,$$
则有
$$y' = a_1 + 2a_2 x + 3a_3 x^2 + \cdots + (n+1)a_{n+1} x^n + \cdots,$$
代入原方程得
$$a_1 + 2a_2 x + 3a_3 x^2 + \cdots + (n+1)a_{n+1} x^n + \cdots$$
$$\equiv -a_0 x^2 - a_1 x^3 - \cdots - a_{n-2} x^n - \cdots,$$
比较两边同次幂系数得
$$a_1 = 0, \quad a_2 = 0, \quad a_3 = -\frac{a_0}{3}, \quad a_4 = -\frac{a_1}{4}, \quad a_5 = -\frac{a_2}{5}, \quad a_6 = -\frac{a_3}{6},$$
$$\cdots, \quad a_{n+1} = \frac{a_{n-2}}{n+1}, \cdots$$

它们的规律是
$$a_1 = a_2 = a_4 = a_5 = a_7 = a_8 = \cdots = 0,$$
$$a_3 = -\frac{a_0}{3}, \quad a_6 = -\frac{a_3}{6} = \frac{1}{2!}\frac{a_0}{3^2}, \quad a_9 = -\frac{a_6}{9} = -\frac{1}{3!}\frac{a_0}{3^3}, \cdots$$
即
$$\begin{cases} a_{3n-2} = a_{3n-1} = 0 \\ a_{3n} = (-1)^n \cdot \frac{1}{n!}\frac{a_0}{3^n} \end{cases} \quad n = 1, 2, \cdots$$

因此微分方程的解为

12.8 微分方程的幂级数解法举例

$$y = a_0\left[1 - \frac{x^3}{3} + \frac{1}{2!}\left(\frac{x^3}{3}\right)^2 - \frac{1}{3!}\left(\frac{x^3}{3}\right)^3 + \cdots\right],$$

a_0 可以任意取值,记 $a_0 = C$,得

$$y = C\left[1 - \frac{x^3}{3} + \frac{1}{2!}\left(\frac{x^3}{3}\right)^2 - \frac{1}{3!}\left(\frac{x^3}{3}\right)^3 + \cdots\right] = Ce^{-\frac{x^3}{3}}.$$

若用分离变量法求 $y' = -x^2 y$ 的通解,则得到同样结果.

例2 用幂级数解法求 $y'' - xy = 0$ 满足初始条件 $y|_{x=0} = 0, y'|_{x=0} = 1$ 的特解.

解 设方程的解是

$$y = a_0 + a_1 x + a_2 x^2 + \cdots + a_n x^n + \cdots,$$

则有

$$y' = a_1 + 2a_2 x + 3a_3 x^2 + \cdots + na_n x^{n-1} + \cdots,$$
$$y'' = 2a_2 + 3 \cdot 2a_3 x + 4 \cdot 3a_4 x^2 + \cdots + (n)(n-1)a_n x^{n-2} + \cdots,$$

将 $y|_{x=0} = 0, y'|_{x=0} = 1$ 代入,可得 $a_0 = 0, a_1 = 1$.

将 y, y'' 代入原方程,得

$$2a_2 + 3 \cdot 2a_3 x + 4 \cdot 3a_4 x^2 + 5 \cdot 4a_5 x^3 + \cdots + n(n-1)a_n x^{n-2} + \cdots$$
$$= a_0 x + a_1 x^2 + a_2 x^3 + a_3 x^4 + \cdots + a_{n-1} x^n + \cdots,$$

利用 $a_0 = 0, a_1 = 1$ 比较系数,得

$$2a_2 = 0, \quad 3 \cdot 2a_3 = 0, \quad 4 \cdot 3a_4 - 1 = 0, \quad 5 \cdot 4a_5 - a_2 = 0,$$
$$6 \cdot 5a_6 - a_3 = 0, \quad 7 \cdot 6a_7 - a_4 = 0, \quad \cdots, \quad n(n-1)a_n - a_{n-3} = 0.$$

它们的规律是

$$a_2 = a_3 = a_5 = a_6 = a_8 = a_9 = \cdots = 0,$$
$$a_4 = \frac{1}{4 \cdot 3}, \quad a_7 = \frac{a_4}{7 \cdot 6} = \frac{1}{7 \cdot 6 \cdot 4 \cdot 3},$$
$$a_{10} = \frac{a_7}{10 \cdot 9} = \frac{1}{10 \cdot 9 \cdot 7 \cdot 6 \cdot 4 \cdot 3}, \cdots,$$

即

$$\begin{cases} a_{3n-1} = a_{3n} = 0, \quad a_1 = 1, \\ a_{3n-1} = \dfrac{1}{(3n+1) \cdot 3n} a_{3n-2}, \end{cases} \quad n = 1, 2, 3, \cdots$$

故所求特解为

$$y = x + \frac{x^4}{4 \cdot 3} + \frac{x^7}{7 \cdot 6 \cdot 4 \cdot 3} + \frac{x^{10}}{10 \cdot 9 \cdot 7 \cdot 6 \cdot 4 \cdot 3} + \cdots$$
$$+ \frac{x^{3n+1}}{(3n+1)3n \cdot \cdots \cdot 10 \cdot 9 \cdot 7 \cdot 6 \cdot 4 \cdot 3} + \cdots.$$

微分方程的幂级数解法,在实际应用中常常只要求级数解的前 n 项,并不一定要求出系数的一般规律. 另外,若遇到线性非齐次方程的自由项为 $e^x, \sin x, \cos x$

等,用级数求解时,必须将自由项的这些函数也展开成幂级数,然后两边再比较系数.

习 题 12.8

1. 用幂级数求下列各微分方程的解:
(1) $(1-x)y' = x^2 - y$;
(2) $y'' + x^2 y = 0$.

2. 用幂级数求下列方程满足初始条件的特解:
(1) $xy' = -\ln(1-x)$, $y|_{x=0} = 0$;
(2) $y'' + xy' + y = 0$, $y|_{x=0} = 1, y'|_{x=0} = 0$.

12.9 常系数线性微分方程组解法举例

前面讨论的是由一个微分方程求解一个未知函数的情形. 但在研究某些实际问题时,还会遇到由几个微分方程联立起来共同确定几个具有同一自变量的函数的情形. 这些联立的方程组称为微分方程组. 本节着重讨论常系数线性微分方程组.

包含两个未知函数的一阶常系数线性微分方程组的标准形式如下:

$$\begin{cases} \dfrac{\mathrm{d}x}{\mathrm{d}t} = a_1 x + b_1 y + \varphi_1(t), & (12.9.1) \\ \dfrac{\mathrm{d}y}{\mathrm{d}t} = a_2 x + b_2 y + \varphi_2(t). & (12.9.2) \end{cases}$$

其中 $x = x(t), y = y(t)$ 是未知函数,a_1, b_1, a_2, b_2 是常数. 如果方程不包含自由项,即 $\varphi_1(t) \equiv 0, \varphi_2(t) \equiv 0$,则称为齐次的,否则称为非齐次的.

解微分方程组的方法和解代数方程组的方法很类似,可以采取"消元法",说明如下:

假如我们要消去变元 y 和 $\dfrac{\mathrm{d}y}{\mathrm{d}t}$,直接从上面两个方程来消是不行的,先从方程组中第一个方程中解出

$$y = \frac{1}{b_1}\left[\frac{\mathrm{d}x}{\mathrm{d}t} - a_1 x - \varphi_1(t)\right], \qquad (12.9.3)$$

(12.9.3)式对 t 求导

$$\frac{\mathrm{d}y}{\mathrm{d}t} = \frac{1}{b_1}\left[\frac{\mathrm{d}^2 x}{\mathrm{d}t^2} - a_1 \frac{\mathrm{d}x}{\mathrm{d}t} - \frac{\mathrm{d}\varphi_1(t)}{\mathrm{d}t}\right], \qquad (12.9.4)$$

将(12.9.3)式,(12.9.4)式代入(12.9.2)式,得到关于变量 x 的一个常系数线性的二阶方程,求出 $x = x(t)$ 后,代入方程(12.9.3),则不需作任何积分就可得到 $y = y(t)$,且通解组 $x(t), y(t)$ 中仅含有两个任意常数.

12.9 常系数线性微分方程组解法举例

例1 解齐次线性方程组

$$\begin{cases} \dfrac{\mathrm{d}x}{\mathrm{d}t} = 2y - x, \\ \dfrac{\mathrm{d}y}{\mathrm{d}t} = 3y - 2x. \end{cases}$$

解 设法消去未知函数 y. 由第一个方程,得

$$y = \frac{1}{2}\left(\frac{\mathrm{d}x}{\mathrm{d}t} + x\right),$$

对上式两端求导

$$\frac{\mathrm{d}y}{\mathrm{d}t} = \frac{1}{2}\left(\frac{\mathrm{d}^2 x}{\mathrm{d}t^2} + \frac{\mathrm{d}x}{\mathrm{d}t}\right),$$

将 $y, \dfrac{\mathrm{d}y}{\mathrm{d}t}$ 代入第二个方程,得

$$\frac{\mathrm{d}^2 x}{\mathrm{d}t^2} - 2\frac{\mathrm{d}x}{\mathrm{d}t} + x = 0.$$

这是一个二阶常系数线性微分方程,它的通解是

$$x = (C_1 + C_2 t)\mathrm{e}^t.$$

将 $x, \dfrac{\mathrm{d}x}{\mathrm{d}t}$ 代入第一个方程,得

$$y = \frac{1}{2}(2C_1 + C_2 + 2C_2 t)\mathrm{e}^t,$$

于是微分方程组的通解为

$$\begin{cases} x = (C_1 + C_2 t)\mathrm{e}^t, \\ y = \dfrac{1}{2}(2C_1 + C_2 + 2C_2 t)\mathrm{e}^t. \end{cases}$$

其中,C_1, C_2 为任意常数.

从这个例题看到,解两个一阶方程的方程组,经过消元后可化为解一个二阶方程的问题,在一般情形下,解 n 个未知函数的一阶线性方程组,经过消元可化为解一个 n 阶方程的问题,由此可见,微分方程组的问题与高阶方程的问题是有密切联系的.

例2 一门大炮位于离地面 100m 高处,以初速 v_0 向水平方向发射一炮弹,若不计空气阻力,求炮弹弹道的方程.

解 选坐标系如图 12.9 所示.
假定弹道方程是

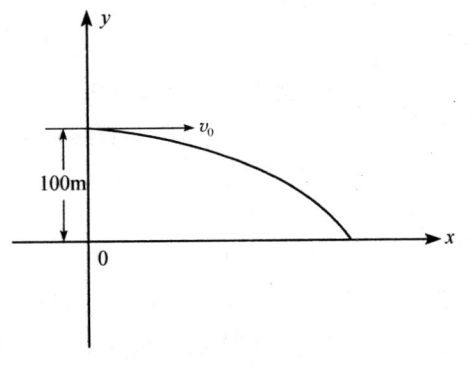

图 12.9

$$\begin{cases} x = x(t), \\ y = y(t). \end{cases}$$

分析炮弹受力情况,由牛顿第二定律得运动的微分方程组

$$\begin{cases} m\dfrac{\mathrm{d}^2 x}{\mathrm{d}t^2} = 0, \\ m\dfrac{\mathrm{d}^2 y}{\mathrm{d}t^2} = -mg. \end{cases}$$

其中,m 为炮弹的质量,消去 m,得方程组

$$\begin{cases} \dfrac{\mathrm{d}^2 x}{\mathrm{d}t^2} = 0, \\ \dfrac{\mathrm{d}^2 y}{\mathrm{d}t^2} = -g. \end{cases}$$

这个方程组可以直接积分求解,方程组的通解为

$$\begin{cases} x = C_1 t + C_2, \\ y = -\dfrac{1}{2}gt^2 + C_3 t + C_4. \end{cases}$$

根据题意,我们有如下初始条件

$$x\big|_{t=0} = 0, \quad \dfrac{\mathrm{d}x}{\mathrm{d}t}\bigg|_{t=0} = v_0, \quad y\big|_{t=0} = 100, \quad \dfrac{\mathrm{d}y}{\mathrm{d}t}\bigg|_{t=0} = 0.$$

代入通解组得

$$C_1 = v_0, \quad C_2 = 0, \quad C_3 = 0, \quad C_4 = 100.$$

于是所求方程组的特解组是

$$\begin{cases} x = v_0 t, \\ y = 100 - \dfrac{1}{2}gt^2. \end{cases}$$

如果消去参数 t,得到直角坐标系内抛物线方程

$$y = 100 - \dfrac{g}{2v_0^2}x^2.$$

在讨论常系数线性微分方程(或方程组)时,我们常采用记号 D 表示对自变量求导的运算,如一个 n 阶常系数线性微分方程

$$y^{(n)} + a_1 y^{(n-1)} + \cdots + a_{n-1} y' + a_n y = f(x),$$

用记号 D 可表示为

$$(D^n + a_1 D^{n-1} + \cdots + a_{n-1}D + a_n)y = f(x).$$

其中,式子 $D^n + a_1 D^{n-1} + \cdots + a_{n-1}D + a_n$ 作为 D 的"多项式"可进行相加及相乘的运算,n 阶线性方程组用消元法求解时可用微分算子来表示.

例 3 解微分方程组

12.9 常系数线性微分方程组解法举例

$$\begin{cases} \dfrac{d^2 x}{dt^2} + \dfrac{dy}{dt} - x = e^t, \\ \dfrac{d^2 y}{dt^2} + \dfrac{dx}{dt} + y = 0. \end{cases}$$

解 用记号 D 表示 $\dfrac{d}{dt}$,则方程组可记作

$$\begin{cases} (D^2 - 1)x + Dy = e^t, & (12.9.5) \\ Dx + (D^2 + 1)y = 0. & (12.9.6) \end{cases}$$

我们可以类似解代数方程组那样消去一个未知量

$(5) - (6) \times D:\quad -x - D^3 y = e^t,$ \hfill (12.9.7)

$(6) + (7) \times D:\quad (-D^4 + D^2 + 1)y = De^t,$

即

$$(-D^4 + D^2 + 1)y = De^t.$$

这是一个四阶非齐次线性方程,其特征方程为

$$-r^4 + r^2 + 1 = 0,$$

解得特征根为

$$r_{1,2} = \pm a = \pm \sqrt{\dfrac{1+\sqrt{5}}{2}}, \qquad r_{3,4} = \pm i\beta = \pm i\sqrt{\dfrac{\sqrt{5}-1}{2}}.$$

非齐次方程的一个特解为 $y^* = e^t$.

于是得 y 的通解为

$$y = C_1 e^{-at} + C_2 e^{at} + C_3 \cos\beta t + C_4 \sin\beta t + e^t,$$

将 y 代入(12.9.7)式中,$x = -D^3 y - e^t$,得

$$x = a^3 C_1 e^{-at} - a^3 C_2 e^{at} - \beta^3 C_3 \sin\beta t + \beta^3 C_4 \cos\beta t - 2e^t.$$

将 $x = x(t), y = y(t)$ 两个函数联立,就是所求方程组的通解,其中,C_1, C_2, C_3, C_4 为任意常数.

必须指出,在求得一个未知函数的通解以后,再求另一个未知函数的通解时,一般不再积分,以免积分后出现新的任意常数,还要确定两式中任意常数之间的关系.

习 题 12.9

1. 求下列微分方程组的通解:

(1) $\begin{cases} \dfrac{dx}{dt} = x + y, \\ \dfrac{dy}{dt} = x - y; \end{cases}$
(2) $\begin{cases} \dfrac{dx}{dt} + \dfrac{dy}{dt} = -x + y + 3, \\ \dfrac{dx}{dt} - \dfrac{dy}{dt} = x + y - 3; \end{cases}$

(3) $\begin{cases} \dfrac{d^2 x}{dt^2} = y, \\ \dfrac{d^2 y}{dt^2} = x; \end{cases}$ 　　(4) $\begin{cases} \dfrac{d^2 x}{dt^2} - \dfrac{d^2 y}{dt^2} - 5\dfrac{dx}{dt} = 0, \\ \dfrac{dx}{dt} - y - 3x = t. \end{cases}$

2. 求下列初值问题的解：

(1) $\begin{cases} \dfrac{dx}{dt} + 5x + y = 0, \\ \dfrac{dy}{dt} - 2x + 3y = 0, \\ x(0) = 0, y(0) = 1; \end{cases}$ 　　(2) $\begin{cases} \dfrac{d^2 x}{dt^2} + 2\dfrac{dy}{dt} - x = 0, \\ \dfrac{dx}{dt} + y = 0, \\ x(0) = 1, y(0) = 0; \end{cases}$

(3) $\begin{cases} 2\dfrac{dx}{dt} - 4x + \dfrac{dy}{dt} - y = e^t, \\ \dfrac{dx}{dt} + 3x + y = 0, \\ x(0) = \dfrac{3}{2}, y(0) = 0; \end{cases}$ 　　(4) $\begin{cases} \dfrac{dx}{dt} - 3x + 2y = \cos t, \\ \dfrac{dy}{dt} - 2x + y = 0, \\ x(0) = 0, y(0) = 1. \end{cases}$

总习题十二

1. 填空题：

(1) 已知曲线 $y = f(x)$ 过点 $\left(0, -\dfrac{1}{2}\right)$，且其上任一点 (x, y) 处的切线斜率为 $x\ln(1+x^2)$，则 $f(x) = $ _____．

(2) 已知微分方程 $y'' - 2y' + 3y = f(x)$ 有一个特解 $y^* = g(x)$，则该方程的通解是 _____．

(3) 微分方程 $y'' - 7y' + 6y = xe^x + 2\sin x$ 具有特解形式 $y^* = $ _____．

(4) 以 $(x+c)^2 + y^2 = 1$ 为通解的微分方程是 _____．

2. 选择题：

(1) 设 $y = f(x)$ 是方程 $y'' - 2y' + 4y = 0$ 的一个解，若 $f(x_0) > 0$ 且 $f'(x_0) = 0$，则函数 $f(x)$ 在点 x_0 _____．

　　(A) 取得极大值；　　(B) 取得极小值；
　　(C) 某个邻域内单调增加；　　(D) 某个邻域内单调减少．

(2) 已知函数 $y = y(x)$ 在任意点 x 处的增量 $\Delta y = \dfrac{y \Delta x}{1 + x^2} + \alpha$，且当 $\Delta x \to 0$ 时，α 是 Δx 的高阶无穷小，$y(0) = \pi$，则 $y(1) = $ _____．

　　(A) 2π；　　(B) π；
　　(C) $e^{\frac{\pi}{4}}$；　　(D) $\pi e^{\frac{\pi}{4}}$．

(3) 已知 $\dfrac{(x+ay)dx + ydy}{(x+y)^2} = 0$ 为全微分方程，则 $a = $ _____．

　　(A) -2；　　(B) 0；
　　(C) 1；　　(D) 2．

总习题十二

(4) 设曲线积分 $\int_L (f(x)-e^x)\sin y\,dx - f(x)\cos y\,dy$ 与路径无关,其中,$f(x)$ 具有一阶连续导数,且 $f(0)=0$,则 $f(x)$ 等于.

(A) $\dfrac{1}{2}(e^{-x}-e^x)$；　　　　(B) $\dfrac{1}{2}(e^x-e^{-x})$；

(C) $\dfrac{1}{2}(e^x+e^{-x})$；　　　　(D) $1-\dfrac{1}{2}(e^x+e^{-x})$.

3. 求下列微分方程的通解：

(1) $xy'+y=2\sqrt{xy}$；　　　　　(2) $xy'\ln x+y=ax(\ln x+1)$；

(3) $\dfrac{dy}{dx}=\dfrac{y}{2(\ln y-x)}$；　　　(4) $\dfrac{dy}{dx}=\dfrac{2xy}{x^2-y^2}$；

(5) $xdx+ydy+\dfrac{ydx-xdy}{x^2+y^2}=0$；　(6) $yy''-y'^2-1=0$；

(7) $y^{(4)}+2y''+y=0$；　　　　(8) $y''+2y'+5y=\sin 2x$；

(9) $y'''+y''-2y'=x(e^x+4)$；　　(10) $x^2y''-4xy'+6y=x$.

4. 求下列微分方程满足所给初始条件的特解：

(1) $\dfrac{dx}{dy}-\dfrac{2}{y}x=-\dfrac{2}{y^3}x^2$，　$x=1$ 时,$y=1$；

(2) $y''-ay'^2=0$，　$x=0$ 时 $y=0,y'=-1$；

(3) $y''+2y'+y=\cos x$，　$x=0$ 时 $y=0,y'=\dfrac{3}{2}$；

(4) $x^2y''+3xy'+y=0$，　$x=1$ 时 $y=1,y'=1$.

5. 已知二阶线性齐次方程 $y''+P(x)y'+Q(x)y=0$ 的一个非零解 $y_1(x)$,求出该方程另一个和 $y_1(x)$ 线性无关的解 $y_2(x)$.

6. 设函数 $u=f(r),r=\sqrt{x^2+y^2+z^2}$ 满足拉普拉斯方程

$$\dfrac{\partial^2 u}{\partial x^2}+\dfrac{\partial^2 u}{\partial y^2}+\dfrac{\partial^2 u}{\partial z^2}=0.$$

其中,$f(r)$ 二阶可导,且 $f(1)=f'(1)=1$,试将拉普拉斯方程化为以 r 为自变量的常微分方程,并求 $f(r)$.

7. 已知某曲线经过点 $(1,1)$,它的切线在纵轴上的截距等于切点的横坐标,求曲线的方程.

8. 一质量为 m 的质点由静止开始沉入液体,若下沉时液体的反作用力与下沉的速度成正比,求此质点的运动规律.

9. 设可导函数 $f(x)$,对任何 x,y 恒有 $f(x+y)=e^y f(x)+e^x f(y)$,且 $f'(0)=2$,求 $f(x)$.

10. 设 $f(x)=\sin x-\int_0^x (x-t)f(t)dt$,其中,$f$ 为连续函数,求 $f(x)$.

11. 设 $f(x)$ 具有二阶连续导数,且 $f(1)=1,f'(1)=2$,试求 $u(x,y)$,使
$$du=[x^2f'(x)-4xf(x)]dy-6yf(x)dx.$$

12. 已知 $y_1=xe^x+e^{2x},y_2=xe^x+e^{-x},y_3=xe^x+e^{2x}-e^{-x}$ 是某二阶线性非齐次微分方程的三个解,求此微分方程.

13. 设 $f(t)$ 在 $[0,+\infty)$ 上连续且满足

$$f(t) = t^3 + \iiint\limits_{x^2+y^2+z^2 \leqslant t^2} 3f(\sqrt{x^2+y^2+z^2})\mathrm{d}x\mathrm{d}y\mathrm{d}z.$$

证明 $f\left(\dfrac{1}{\sqrt[3]{4\pi}}\right) = \dfrac{1}{4\pi}(\mathrm{e}-1)$.

14. 求幂级数 $\sum\limits_{n=1}^{\infty} \dfrac{x^{2n}}{(2n)!}$ 的收敛域与和函数.

15. 设对于半空间 $x>0$ 内任意光滑有向闭曲面 Σ, 都有
$$\oiint\limits_{\Sigma} xf(x)\mathrm{d}y\mathrm{d}z - xyf(x)\mathrm{d}z\mathrm{d}x - \mathrm{e}^{2x}z\mathrm{d}x\mathrm{d}y = 0,$$
其中, $f(x)$ 在 $(0, +\infty)$ 内有连续的一阶导数, 且有 $\lim\limits_{x\to 0^+} f(x)=1$, 求 $f(x)$.

习 题 答 案

习题 8.1

2. 关于 xy, yz, zx 坐标面的对称点分别为 $M_1(x,y,-z), M_2(-x,y,z), M_3(x,-y,z)$ 关于 Ox, Oy, Oz 轴的对称点分别是 $N_1(x,-y,-z), N_2(-x,y,-z), N_3(-x,-y,z)$.

3. (1) $\dfrac{5}{2}$； (2) $-5, 0$.

4. $\lambda = \dfrac{7}{2}, \left(\dfrac{32}{9}, \dfrac{11}{3}, 0\right)$.

5. $N(x,y,0), M(0,y,0)$.

6. 重心 $M\left(-\dfrac{4}{3}, \dfrac{10}{3}, -4\right)$.

7. (1) $d_0 = \sqrt{5}, d_{Ox} = \sqrt{5}, d_{Oy} = 2, d_{Oz} = 1, d_{xy} = 2, d_{xz} = 1, d_{yz} = 0$；

   (2) 点 $\left(0, 0, \dfrac{21}{2}\right)$； (3) $8x - 2z + 21 = 0$.

8. $\sqrt{x^2 + y^2} = 2|z|$ 即 $x^2 + y^2 = 4z^2$.

习题 8.2

2. $\dfrac{\boldsymbol{a}^0 + \boldsymbol{b}^0}{|\boldsymbol{a}^0 + \boldsymbol{b}^0|}$，其中，$\boldsymbol{a}^0 = \dfrac{\boldsymbol{a}}{|\boldsymbol{a}|}, \boldsymbol{b}^0 = \dfrac{\boldsymbol{b}}{|\boldsymbol{b}|}$.

3. $|\boldsymbol{AB}| = 5; \cos\alpha = \dfrac{3}{5}, \cos\beta = \dfrac{4}{5}, \cos\gamma = 0; \boldsymbol{AB}^0 = \left\{\dfrac{3}{5}, \dfrac{4}{5}, 0\right\}$.

4. $P_2(-1, 1, 9)$.

5. (1) $\{14, 7, 12\}$； (2) $\mu = -5\lambda$.

6. $|\boldsymbol{f}| = \sqrt{22}; \cos\alpha = \dfrac{3}{\sqrt{22}}, \cos\beta = \dfrac{-2}{\sqrt{22}}, \cos\gamma = \dfrac{3}{\sqrt{22}}; \mathrm{Prj}_{Ox}\boldsymbol{f} = 3, \boldsymbol{f}_x = 3\boldsymbol{i}$.

8. $\gamma_1 = 60°$ 或 $\gamma_2 = 120°$；中点 $M\left(\dfrac{7}{2}, \dfrac{5\sqrt{2}}{2}, \dfrac{3}{2}\right)$ 或 $M\left(\dfrac{7}{2}, \dfrac{5\sqrt{2}}{2}, \dfrac{-7}{2}\right)$.

9. $\boldsymbol{a}^0 = \pm\left\{\dfrac{1}{\sqrt{3}}, \dfrac{1}{\sqrt{3}}, \dfrac{1}{\sqrt{3}}\right\}$.

10. (1) $10, 2$； (2) $\cos\theta = \dfrac{\sqrt{5}}{3}$； (3) $\dfrac{5}{3}; 2\sqrt{5}$.

11. $|\boldsymbol{A}| = \sqrt{69}, \cos\langle \boldsymbol{A}, \boldsymbol{a}\rangle = \dfrac{2}{\sqrt{69}}$.

12. (1) $\cos\varphi = \dfrac{28}{\sqrt{31} \cdot \sqrt{37}}$； (2) $2\sqrt{31}$ 及 $2\sqrt{3}$.

13. $2x + 2y + 3z - 7 = 0$.

14. $\dfrac{\pi}{3}$.

15. $500g \cdot cm$.

16. $\dfrac{27\sqrt{2}}{4}$.

17. ± 30.

18. $\pm \dfrac{\sqrt{6}}{6}\{1,-2,1\}$.

19. (1) $-8\boldsymbol{j}-24\boldsymbol{k}$; (2) $-\boldsymbol{j}-\boldsymbol{k}$; (3) 2; (4) $8\boldsymbol{j}+24\boldsymbol{k}$.

20. (1) $3(\boldsymbol{a}\times\boldsymbol{b})\cdot \boldsymbol{c}$; (2) $2(\boldsymbol{k}-\boldsymbol{i})$.

21. $\dfrac{68}{3}$; $\dfrac{\sqrt{1106}}{2}$.

22. $3x-2y+z+13=0$.

习题 8.3

1. (1) $\begin{cases} x=r\cos\theta, \\ y=r\sin\theta, \\ z=ar, \end{cases} \theta\in[0,2\pi), \ r\in[0,+\infty)$; (2) $\begin{cases} x=a\sin\varphi\cos\theta, \\ y=b\sin\varphi\sin\theta, \\ z=c\cos\varphi, \end{cases} \varphi\in[0,\pi], \ \theta\in[0,2\pi)$.

2. (1) $\begin{cases} y^2=4x, \\ y+z=0; \end{cases}$ (2) $\begin{cases} x+y=1, \\ z^2=4xy. \end{cases}$

3. $\begin{cases} z=12, \\ x^2+y^2=25, \end{cases}$ 在平面 $z=12$ 上的圆周 $x^2+y^2=25$.

习题 8.4

1. (1) $\dfrac{x}{\frac{5}{3}}+\dfrac{y}{-\frac{5}{4}}+\dfrac{z}{5}=1$; (2) $3(x-0)-4(y-0)+(z-5)=0$(不唯一).

2. $2x-8y+z-1=0$.

3. $-4x+y+3z+27=0$.

4. $3x+2y=0$.

5. $28x-12y+21z+17=0$.

6. $2x+y+2z+2\sqrt[3]{3}=0$ 或 $2x+y+2z-2\sqrt[3]{3}=0$.

7. $4x+5y=0$.

8. $y-3z=0$.

10. (1) 2; (2) 1; (3) $\pm\dfrac{\sqrt{70}}{2}$; (4) ± 2; (5) 4.

11. $\dfrac{\pi}{3}$.

12. $\sqrt{6}x+y+z+1=0$ 或 $-\sqrt{6}x+y+z+1=0$.

13. $\left(0,-\dfrac{73}{282},0\right)$ 及 $\left(0,\dfrac{73}{12},0\right)$.

14. 3.

15. $y+x=0$ 及 $y-x=0$.

习题答案

16. $\dfrac{x}{4}=\dfrac{y-4}{1}=\dfrac{z+1}{-3}$; $\begin{cases}x=4t,\\ y=4+t,\\ z=-1-3t;\end{cases}$ $\cos\alpha=\dfrac{4}{\sqrt{26}}, \cos\beta=\dfrac{1}{\sqrt{26}}, \cos\gamma=\dfrac{-3}{\sqrt{26}}.$

17. (1) $9x+3y+5z=0$; (2) $21x+14z-3=0.$

18. (1) $x-2=y=z+4$; (2) $\dfrac{x-1}{0}=\dfrac{y-2}{0}=\dfrac{z-1}{2}$; (3) $\begin{cases}x-2=0,\\ y+3=0;\end{cases}$

    (4) $\dfrac{x}{-6}=\dfrac{y-2}{3}=\dfrac{z-4}{1}.$

19. (1) $\dfrac{x}{1}=\dfrac{y+1}{0}=\dfrac{z-1}{2}$; (2) $\dfrac{x+1}{16}=\dfrac{y}{19}=\dfrac{z-4}{28}$; (3) $\dfrac{x-1}{2}=\dfrac{y}{-1}=\dfrac{z-1}{-5}.$

20. $x+20y+7z-12=0$ 或 $x-z+4=0.$

21. (1) $3x+4y+2z-13=0$; (2) $4x+3y-6z+18=0$; (3) $2y-z+4=0$;
    (4) $x-20y+27z-14=0$; (5) $-22x+19y+18z+27=0.$

22. (1) $(3,3,3)$; (2) $\left(-\dfrac{5}{3},\dfrac{2}{3},\dfrac{2}{3}\right)$; (3) $\begin{cases}2x-y+5=0,\\ z=0.\end{cases}$

23. $\sqrt{2}.$

24. (1) $L_1 \parallel L_2, d=\sqrt{5}$; (2) 异面,$d=1.$

习题 8.5

1. (1) $(x-3)^2+(y+2)^2+(z-5)^2=16$; (2) $(x-3)^2+(y+1)^2+(z-1)^2=21$;
    (3) $x^2+y^2+z^2+\dfrac{34}{3}(x+y+z)-\dfrac{74}{3}=0$ 与 $x^2+y^2+z^2-14(x+y+z)+26=0.$

2. $3y^2-z^2=16.$

3. $\begin{cases}x=\dfrac{1}{2p}t^2+lu,\\ y=t+mu,\\ z=nu,\end{cases}$ $t\in(-\infty,+\infty), u\in(-\infty,+\infty),$ 或 $\left(y-\dfrac{m}{n}z\right)^2=2p\left(x-\dfrac{l}{n}z\right).$

4. (1) $\begin{cases}(1-x-z)^2=2x,\\ y=0;\end{cases}$ (2) $\begin{cases}(1-z)^2+y^2+z^2=9,\\ x=0.\end{cases}$

5. (1) $x^2+y^2+z^2=1$; (2) $x^2+z^2-\dfrac{1}{4}y^2=1$; (3) $x^2+y^2=z^{2/3}+z^{4/3}.$

6. 母线: $y^2=(ax^2+bx+c)^2$; Ox 轴.

7. (1) $3x^2-3y^2-4z^2-2xz-2yz=0$; (2) $y^2+z^2=4x^2.$

8. $\begin{cases}x=4-4t,\\ y=(5\cos\theta)t, \\ z=-3+(3\sin\theta+3)t,\end{cases}$ $t\in(-\infty,+\infty), \theta\in[0,2\pi)$ 或 $\dfrac{16y^2}{25}+\dfrac{(3x+4z)^2}{9}=(x-4)^2.$

9. (1) 单叶双曲面; (2) 双叶双曲面; (3) 双曲抛物面; (4) 锥面; (5) 旋转抛物面;
    (6) 柱面; (7) 双曲抛物面.

总习题八

1. (1) 错; (2) 错; (3) 错; (4) 错; (5) 对; (6) 对; (7) 对; (8) 错.

2. (1) $a \times b = 0$; $a \cdot b = 0$; $(a \times b) \cdot c = 0$； (2) 4； (3) $\{\cos\alpha, \cos\beta, \cos\gamma\} = \{a_1, a_2, a_3\}$；
   (4) 平行； (5) $x - y + z = 0$； (6) 垂直； (7) $x - 3y - z + 4 = 0$；
   (8) $x^2 + y^2 - z^2 = 1$.

3. (1) $\arccos\dfrac{28}{\sqrt{1147}}$； (2) $11\sqrt{3}$； (3) 363.

4. 3.

5. $l_0: \begin{cases} x - y + 2z - 1 = 0 \\ x - 3y - 2z + 1 = 0 \end{cases}$; $x^2 + z^2 = 4y^2 + \dfrac{1}{4}(y-1)^2$.

6. (1) L 在 π 上； (2) 相交；夹角 $\theta = \arcsin\dfrac{11\sqrt{3}}{21}$,交点 $\left(\dfrac{9}{11}, \dfrac{8}{11}, \dfrac{-17}{11}\right)$；
   (3) $L /\!/ \pi$;距离 $d = \dfrac{36}{\sqrt{110}}$.

7. (1) $L_1 /\!/ L_2$,共面,$5y - 2z = 0$； (2) L_1 与 L_2 异面 $d = \dfrac{\sqrt{30}}{30}$.

8. $z^2 = 3x^2 + 3(y-1)^2$.

习题 9.1

1. 不是.

2. $x^2 \dfrac{1-y}{1+y}$.

3. (1) $\begin{cases} x^2 + y^2 < 2\sqrt{2} \\ |y| > 1 \end{cases}$； (2) $\begin{cases} -x \leqslant y \leqslant x \\ x > 0 \end{cases}$ 或 $\begin{cases} -x \geqslant y \geqslant x \\ x < 0 \end{cases}$； (3) $4(x-2) \leqslant y^2$；
   (4) $y \neq 0, y^2 \neq x$.

习题 9.2

1. (1) 2； (2) 0； (3) 0； (4) 0； (5) 0； (6) 0.

2. $y = \dfrac{1}{5}x$; $y = 2x$; $y = -x$.

4. (1) $\ln 2$； (2) 1.

5. (1) 连续； (2) 不连续； (3)连续.

6. $y = -x$ 及 $x = 0$.

习题 9.3

2. (1) $\dfrac{\partial f}{\partial x} = \dfrac{1-y^2}{(1+xy)^2 + (x+y)^2}, \dfrac{\partial f}{\partial y} = \dfrac{1-x^2}{(1+xy)^2 + (x+y)^2}$；
   (2) $\dfrac{\partial f}{\partial x} = \dfrac{|y|}{x^2 + y^2}, \dfrac{\partial f}{\partial y} = \dfrac{-xy}{|y|(x^2 + y^2)}$；
   (3) $\dfrac{\partial r}{\partial \theta} = 2\sec^2 2\theta \cot 4\varphi, \dfrac{\partial r}{\partial \varphi} = -4\csc^2 4\varphi \tan 2\theta$；
   (4) $\dfrac{\partial u}{\partial x} = \dfrac{zx^{z-1}}{y^z}, \dfrac{\partial u}{\partial y} = x^z(-z)y^{-z-1}, \dfrac{\partial u}{\partial z} = \left(\dfrac{x}{y}\right)^z \ln\dfrac{x}{y}$；
   (5) $f'_x(0,0) = 1, f'_y(0,0) = 0$.

3. (1) r； (2) $-r^2 \sin\varphi$.

4. $45°$；$\dfrac{x-2}{1}=\dfrac{y-4}{0}=\dfrac{z-5}{1}$.

6. (1) $\dfrac{x^2-y^2}{x^2+y^2}$； (2) 0； (3) $y(1+xy)^{y-1}\left[2+y\left(\ln(1+xy)+\dfrac{x(y-1)}{1+xy}\right)\right]$.

习题 9.4

1. (1) $2x\cos 2y\,dx-2x^2\sin 2y\,dy$； (2) $y^2 x^{y^2-1}\,dx+x^{y^2}\ln x\cdot 2y\,dy$；

   (3) $\sec(xy)\tan(xy)(y\,dx+x\,dy)$； (4) $\dfrac{1}{x+y^2+z^2}(dx+2y\,dy+3z^2\,dz)$.

2. $dx-dy$.

3. (1) 0.1； (2) 0.

4. (1) 108.908； (2) 2.95.

习题 9.5

1. $\dfrac{1}{2}$.

2. $\dfrac{1}{5}$.

3. (1) $\left\{\dfrac{x}{\sqrt{x^2+y^2}},\dfrac{y}{\sqrt{x^2+y^2}}\right\}$； (2) $\{1,-3,-3\}$； (3) $\dfrac{rf'(r)-f(r)}{r^3}\{x,y,z\}$.

4. $\max\dfrac{\partial u}{\partial l}=\sqrt{14}$，方向 $\boldsymbol{l}=\{1,2,3\}$；

   $\min\dfrac{\partial u}{\partial l}=-\sqrt{14}$，方向 $-\boldsymbol{l}=\{-1,-2,-3\}$；

   方向导数为 0 的方向 $\boldsymbol{l}^0\perp\boldsymbol{l}$.

5. $\mathrm{grad}\,u=\{3x^2-3yz,3y^2-3xz,3z^2-3xy\}$.

   (1) 曲面 $z^2=xy$ 上； (2) $\begin{cases}x^2=yz\\ y^2=xz\end{cases}$，除去 $x=y=z$； (3) 直线 $x=y=z$ 上.

习题 9.6

1. (1) $\dfrac{y(x^2-y^2)}{x^4+y^4+3x^2y^2}$，$\dfrac{x(y^2-x^2)}{x^4+y^4+3x^2y^2}$； (2) $e^{ax}\sin x$.

2. (1) $\dfrac{\partial u}{\partial x}=f_1'+f_2'yz,\dfrac{\partial u}{\partial y}=f_1'+f_2'xz,\dfrac{\partial u}{\partial z}=f_1'+f_2'xy$；

   (2) $\dfrac{\partial z}{\partial x}=f_1'\cdot(1+\ln x)+2f_2',\dfrac{\partial z}{\partial y}=-f_2'$；

   (3) $\dfrac{\partial z}{\partial x}=y-\dfrac{y}{x^2}f(xy)+\dfrac{y^2}{x}f'(xy),\dfrac{\partial z}{\partial y}=x+\dfrac{1}{x}f(xy)+yf'(xy)$；

   (4) $\dfrac{\partial z}{\partial x}=f_1'\cdot 2x+f_2'\cdot e^{xy}\cdot y,\dfrac{\partial z}{\partial y}=-2yf_1'+xe^{xy}f_2'$；

   (5) $\dfrac{dz}{dt}=f_1'+\sin 2t\,f_2'+f_3'\cdot(\varphi_1'-e^{-t}\varphi_2')$.

3. $\dfrac{\pi^2}{e^2}$.

4. (1) $\dfrac{xy}{(x^2+y^2)^2}[-2f_1'+f_{11}''-f_{22}'']+\dfrac{x^2-y^2}{(x^2+y^2)^2}[-f_2'+f_{12}'']$；

(2) $f''_{11} - \dfrac{2}{x^2} f''_{12} + \dfrac{1}{x^4} f''_{22} + \dfrac{2}{x^3} f'_2$; (3) $yf''(xy) + g'(x+y) + yg''(x+y)$.

7. (2) $\dfrac{\partial z}{\partial \theta} = 0$.

8. $\dfrac{1}{3}$.

习题 9.7

1. (1) $\dfrac{\partial z}{\partial x} = \dfrac{2yz - x - 2y - z}{x + 2y + z - 2xy}$, $\dfrac{\partial z}{\partial y} = \dfrac{2(xz - x - 2y - z)}{x + 2y + z - 2xy}$; (2) $\dfrac{\partial z}{\partial x} = \dfrac{z}{x+z}$, $\dfrac{\partial z}{\partial y} = \dfrac{z^2}{y(x+z)}$;

   (3) $\dfrac{\partial z}{\partial x} = \dfrac{z\ln z}{x(\ln z - 1)}$, $\dfrac{\partial z}{\partial y} = \dfrac{z^2}{yx - yz\ln y}$.

2. (1) -2; (2) $\dfrac{-x^2 z}{(x^2 - y^2)^2}$; (3) $\dfrac{e^z}{(1 - e^z)^3}$.

3. (1) $\dfrac{(f'_3 - f'_1)dx + (f'_1 - f'_2)dy}{f'_3 - f'_2}$; (2) $2 + \dfrac{(F'_v)^2 F''_{yy} + (F'_y)^2 F''_{vv} - 2F''_{yv} F'_v F'_y}{(F'_v)^3}$;

   (3) $-\dfrac{(f'_v)^2 f''_{uu} - 2f''_{uv} f'_u f'_v + f''_{vv} (f'_u)^2}{y(f'_v)^3}$.

5. $\left(-\dfrac{\varphi'_u f'_x}{f'_u} + \varphi'_x\right) dx + \dfrac{\varphi'_u}{f'_u} dy$.

6. $\dfrac{du}{dx} = \dfrac{\partial f}{\partial x} - \dfrac{f'_y g'_x}{g'_y} + \dfrac{f'_y g'_z h'_x}{h'_z g'_y}$.

8. (1) $-\dfrac{x}{z}$; (2) $-\dfrac{\cos 2v}{u^2}$.

9. 能; $\dfrac{\partial z}{\partial x} = \dfrac{x}{4}(x^2 - y^2)$, $\dfrac{\partial z}{\partial y} = \dfrac{y}{4}(y^2 - x^2)$.

10. $4(x^2 + y^2)$; $\dfrac{1}{4(x^2 + y^2)}$.

习题 9.8

1. (1) $\dfrac{x - \frac{a}{2}}{a} = \dfrac{y - \frac{b}{2}}{b} = \dfrac{z - \frac{c}{2}}{-c}$, $ax - cz - \dfrac{a^2}{2} + \dfrac{c^2}{2} = 0$;

   (2) $\dfrac{x - \frac{\pi}{2} + 1}{1} = \dfrac{y - 1}{1} = \dfrac{z - 2\sqrt{2}}{\sqrt{2}}$, $x + y + \sqrt{2} z = 4 + \dfrac{\pi}{2}$;

   (3) $\dfrac{x-1}{1} = \dfrac{y+2}{0} = \dfrac{z-1}{-1}$, $x - z = 0$; (4) $\dfrac{x-1}{1} = \dfrac{y-1}{1} = \dfrac{z-1}{2}$, $x + y + 2z - 4 = 0$.

2. (1) $\dfrac{x-1}{2} = \dfrac{y-2}{4} = \dfrac{z-5}{-1}$, $2x + 4y - z = 5$;

   (2) $\dfrac{X-x}{f'_2} = \dfrac{Y-y}{f'_1} = \dfrac{Z-z}{-(af'_1 + bf'_2)}$, $f'_2 \cdot (X-x) + f'_1(Y-y) - (af'_1 + bf'_2)(Z-z) = 0$;

   (3) $\dfrac{x - r_0 \cos\varphi_0}{\cot\alpha \cos\varphi_0} = \dfrac{y - r_0 \sin\varphi_0}{\cot\alpha \sin\varphi_0} = \dfrac{z - r_0 \cot\alpha}{-1}$, $z = (\cot\alpha \cos\varphi_0) x + (\cot\alpha \sin\varphi_0) y$.

3. $x + 4y + 6z = \pm 21$.

4. $M_0(-1,1,-1), M_0\left(-\dfrac{1}{3},\dfrac{1}{9},-\dfrac{1}{27}\right).$

习题 9.9

1. $f(x,y)=2(x-1)^2-(x-1)(y-2)-(y-2)^2-4(x-1)-8(y-2)-11.$

2. (1) $\arctan\dfrac{1+x+y}{1-x-y}=\dfrac{\pi}{4}+x-xy+o(r^2), r=\sqrt{x^2+y^2}\to 0;$

   (2) $e^{x+y}=1+(x+y)+\dfrac{1}{2}(x+y)^2+o(r^2), r=\sqrt{x^2+y^2}\to 0;$

   (3) $\sqrt{1+y^2}\cos x=\sqrt{2}+\dfrac{\sqrt{2}}{2}(y-1)+\dfrac{1}{2}\left[-\sqrt{2}x^2+\dfrac{\sqrt{2}}{4}(y-1)^2\right]+o(r^2),$
   其中, $r=\sqrt{x^2+(y-1)^2}\to 0;$

   (4) $z=1+2(x-1)-(y-1)-8(x-1)^2+10(x-1)(y-1)-3(y-1)^2+o(r^2),$
   其中, $r=\sqrt{(x-1)^2+(y-1)^2}\to 0.$

3. $\ln(1+x+y)=x+y-\dfrac{1}{2}(x+y)^2+\dfrac{2}{3!}(x+y)^3\dfrac{1}{(1+\theta x+\theta y)^3}, 0<\theta<1.$

习题 9.10

1. (1) 极小值 $f(1,0)=-5$, 极大值 $f(-3,2)=31$; (2) 无极值;

   (3) 极大值 $f\left(\dfrac{\pi}{3},\dfrac{\pi}{6}\right)=\dfrac{3\sqrt{3}}{2}$; (4) $f(1,-1)=6$ 是极大值, 极小值 $f(1,-1)=-2$;

   (5) 极大值 $f(-3+\sqrt{6},-3+\sqrt{6})=-4+2\sqrt{6}$,
   极小值 $f(-3-\sqrt{6},-3-\sqrt{6})=-4-2\sqrt{6}.$

2. 最大值 $f\left(\dfrac{4}{3},\dfrac{4}{3}\right)=\dfrac{64}{27}$, 最小值 $f(3,3)=-18.$

3. (1) 极小值 $f\left(\dfrac{18}{13},\dfrac{12}{13}\right)=\dfrac{36}{13}$;

   (2) 极小值 $f\left(-\dfrac{1}{3},\dfrac{2}{3},-\dfrac{2}{3}\right)=-3$, 极大值 $f\left(\dfrac{1}{3},-\dfrac{2}{3},\dfrac{2}{3}\right)=3$;

   (3) 极小值 $u\left(\dfrac{1}{\sqrt{6}},\dfrac{1}{\sqrt{6}},\dfrac{-2}{\sqrt{6}}\right)=-\dfrac{1}{3\sqrt{6}}$, 极大值 $u\left(\dfrac{-1}{\sqrt{6}},\dfrac{-1}{\sqrt{6}},\dfrac{2}{\sqrt{6}}\right)=\dfrac{1}{3\sqrt{6}}.$

4. 当三角形三边分别为 $\dfrac{2}{3}P,\dfrac{2}{3}P,\dfrac{2}{3}P$ 时其面积最大, 此时 $S=\dfrac{\sqrt{3}}{9}P^2.$

5. $\max u=u\left(\dfrac{1}{2},\dfrac{\sqrt{3}}{2}\right)=u\left(-\dfrac{1}{2},-\dfrac{\sqrt{3}}{2}\right)=\dfrac{3\sqrt{3}}{16}$;
   $\min u=u\left(-\dfrac{1}{2},\dfrac{\sqrt{3}}{2}\right)=u\left(\dfrac{1}{2},-\dfrac{\sqrt{3}}{2}\right)=-\dfrac{3\sqrt{3}}{16}.$

6. $\left(\dfrac{a}{\sqrt{3}},\dfrac{b}{\sqrt{3}},\dfrac{c}{\sqrt{3}}\right).$

7. $\left(\dfrac{1}{\sqrt{5}},\dfrac{4}{\sqrt{5}}\right).$

8. $\dfrac{1}{3}.$

9. 1.

10. $\max f = 20; \min f = 0$.

总习题九

1. (1) 错；(2) 错；(3) 错；(4) 对；(5) 对；(6) 错；(7) 对；(8) 对.

2. (1) $x = n\pi, n = 0, \pm 1, \pm 2, \cdots$ 及 $y^2 = x$；

   (2) $du = (f_1' + f_2' \cdot ye^x + f_3'\sin y)dx + (f_2'e^x + f_3'x\cos y)dy$；(3) 51；(4) $\dfrac{98}{13}, \{2, 10, 5\}$；

   (5) $1 - x = y - 1 = z$；(6) $\dfrac{1}{\sqrt{5}}\{0, \sqrt{2}, \sqrt{3}\}, \sqrt{2}y + \sqrt{3}z - 2\sqrt{6} = 0$；

   (7) $\dfrac{x-1}{1} = \dfrac{y-1}{1} = \dfrac{z-1}{2}$；(8) 无.

3. $z = y + x - 1$.

4. 0.

5. $\dfrac{7e + 10}{\sqrt{21}}$.

6. $\dfrac{\partial w}{\partial x} = \dfrac{\partial f}{\partial x} + \dfrac{\partial f}{\partial v}\dfrac{\partial h}{\partial x}, \dfrac{\partial w}{\partial y} = \dfrac{\partial f}{\partial u}\dfrac{\partial g}{\partial y} + \dfrac{\partial f}{\partial v}\dfrac{\partial h}{\partial y}, \dfrac{\partial w}{\partial z} = \dfrac{\partial f}{\partial u}\dfrac{\partial g}{\partial z}$.

7. $\dfrac{\partial z}{\partial u} = 0, z = f(xy)$，其中，$f$ 为任意函数.

8. $4x^3 f_1' + 2xf_2' + x^4 yf_{11}'' - yf_{22}''$.

9. $\dfrac{2f_1'f_2'f_{12}'' - f_{11}''(f_2')^2 - f_{22}''(f_1')^2}{y(f_2')^3}$.

10. $-3uv$.

11. $\left(\dfrac{8}{5}, \dfrac{3}{5}\right)$.

12. 边长为 $\sqrt{3}R$ 的等边三角形.

习题 10.2

1. (1) $\dfrac{20}{3}$；(2) $\dfrac{45}{8}$；(3) $\dfrac{2}{15}(4\sqrt{2} - 1)$；(4) $\dfrac{5}{144}$；(5) $\dfrac{3}{2}$；(6) $\dfrac{e}{2} - 1$.

2. (1) $\int_0^2 dy \int_{\frac{y}{2}}^y f dx + \int_2^4 dy \int_{\frac{y}{2}}^2 f dx$；(2) $\int_0^1 dx \int_0^{x^2} f dy + \int_1^{\sqrt{2}} dx \int_0^{\sqrt{2-x^2}} f dy$；

   (3) $\int_{-1}^0 dx \int_{-\sqrt{x+1}}^{\sqrt{x+1}} f dy + \int_0^1 dx \int_{-\sqrt{1-x}}^{\sqrt{1-x}} f dy$；(4) $\int_0^1 dy \int_{e^y}^e f dx$；(5) $\int_{-1}^1 dy \int_{y-3}^{\sqrt{2y+2}} f dx$.

3. (1) $\dfrac{1}{2}$；(2) $\dfrac{\sqrt{2}-1}{3}$；(3) $\dfrac{4}{\pi^3}(\pi + 2)$；(4) $\dfrac{3}{8}e - \dfrac{1}{2}\sqrt{e}$.

4. (1) 0；(2) 0；(3) $-\dfrac{2}{5}$；(4) $\dfrac{4}{3}$；(5) $\dfrac{5}{2}\pi a^3$；(6) $\dfrac{8}{3}$；(7) $\pi - 2$；(8) $\dfrac{5}{2}\pi$.

5. (1) $\dfrac{15}{64}\pi a^3$；(2) $\dfrac{16}{3}R^3$.

6. (1) $\dfrac{3\pi b^4}{32}$；(2) $\dfrac{2}{3}\pi R^3$；(3) $\dfrac{2R^3}{3}\left(\dfrac{\pi}{2} - \dfrac{2}{3}\right)$；(4) $\dfrac{3\pi^2}{64}$.

7. (1) $\dfrac{3}{2}\pi$; (2) π.

8. (1) $\dfrac{25}{96}$; (2) $\dfrac{149}{144}$.

习题 10.3

1. (1) $\int_0^1 dx \int_0^{1-x} dy \int_0^{x^2+y^2} f(x,y,z)dz$; (2) $\int_0^1 dy \int_{-\sqrt{y-y^2}}^{\sqrt{y-y^2}} dx \int_0^{\sqrt{3(x^2+y^2)}} f(x,y,z)dz$;

   (3) $\int_0^1 dx \int_0^{\sqrt{1-x^2}} dy \int_0^{xy} f(x,y,z)dz$.

2. (1) $-\dfrac{9}{8}$; (2) $\dfrac{\pi R^2 h^2}{4}$; (3) $\dfrac{59}{480}\pi R^5$.

3. (1) $\dfrac{2\pi}{5}$; (2) $\dfrac{15\pi}{4}$; (3) $\dfrac{5\pi}{6}$; (4) $\dfrac{28}{3}$; (5) $\dfrac{16}{9}a^2$.

4. (1) $\dfrac{7}{6}\pi a^4$; (2) 0; (3) $\dfrac{\pi}{6}(\sqrt{2}-1)$; (4) $\dfrac{11}{12}\pi$.

5. $f'(0)$.

6. (1) $\dfrac{4}{15}\pi(A^5-a^5)$; (2) $\pi\left(\ln 2-2+\dfrac{\pi}{2}\right)$; (3) $\dfrac{4}{15}\pi a^3 bc$; (4) $\dfrac{4}{3}\pi R^3(a+b+c)$.

习题 10.4

1. (1) $\dfrac{15}{64}\pi a^3$; (2) $\dfrac{V_\text{上}}{V_\text{下}}=\dfrac{27}{37}$; (3) $\dfrac{37}{6}\pi a^3$.

2. $\dfrac{1}{2}\sqrt{a^2b^2+b^2c^2+c^2a^2}$.

3. $4ah+\dfrac{1}{2}\pi a\sqrt{a^2+h^2}$.

4. $2\sqrt{2}\pi a^2(\sqrt{2}-1)$.

5. (1) $\left(-\dfrac{a}{2},\dfrac{8a}{5}\right)$; (2) $\left(\dfrac{5a}{6},\dfrac{16a}{9\pi}\right)$; (3) $\left(\pi a,\dfrac{5a}{6}\right)$; (4) $\left(0,0,\dfrac{h}{4}\right)$.

6. $\dfrac{4}{3}a$.

7. $\dfrac{\pi}{8}$.

8. $\{0,0,-2\pi G\mu[\sqrt{(h-a)^2+R^2}-\sqrt{R^2+a^2}+h]\}$.

习题 10.5

1. $\dfrac{256}{15}a^3$. 2. $\dfrac{4}{3}(2\sqrt{2}-1)$.

3. $2(e^a-1)+ae^a\dfrac{\pi}{4}$. 4. $(4-2\sqrt{2})a^2$.

5. $a^{\frac{7}{3}}$. 6. 9.

7. π. 8. $\dfrac{2}{3}\pi a^3$.

9. $\dfrac{5}{4}\pi a^3$. 10. $8a$.

12. $2b^2+\dfrac{2a^2b}{\sqrt{a^2-b^2}}\arcsin\dfrac{\sqrt{a^2-b^2}}{a}$.

13. $\left(\dfrac{4a}{3\pi},\dfrac{4a}{3\pi},\dfrac{4a}{3\pi}\right)$.

14. $-\dfrac{27}{4}$.

15. $2\pi\arctan\dfrac{H}{R}$.

16. $\dfrac{125\sqrt{5}-1}{420}$.

17. $(\sqrt{3}-1)\ln 2+\dfrac{1}{2}(3-\sqrt{3})$.

18. $\dfrac{1}{2}(1+\sqrt{2})\pi$.

19. $\dfrac{64}{15}\sqrt{2}a^4$.

20. $\dfrac{\sqrt{3}}{15}$.

21. $\dfrac{8-5\sqrt{2}}{6}\pi t^4$.

22. $\dfrac{3}{2}\pi$.

23. $\pi km\rho_0 \ln\dfrac{a}{b}$.

习题 10.6

1. πa^2.

2. $\dfrac{113}{30}$.

3. 1.

4. -2.

5. $-2\pi ab$.

6. 13.

7. 4π.

8. $\dfrac{\pi}{2}a^2(1+b)$.

9. 0.

10. π.

11. $\dfrac{-3}{2}\pi$.

12. $1+e\ln 2-\dfrac{\pi}{4}$.

13. $\left(\dfrac{\pi}{2}+2\right)a^2b-\dfrac{\pi}{2}a^3$.

14. $\dfrac{\pi}{4}$.

15. 2π.

16. 62.

17. $\dfrac{23}{15}$.

18. $-\pi$.

19. $y-y^2\sin x+x^2y^3+c, 2+27\pi^2$.

20. $a=-1, b=1, u(x,y)=(x+y)(e^x-e^y)+c$.

21. x^2+2y-1.

22. $2S, S$ 为 l 所围面积.

24. $-2k\pi^2 b^2$.

25. $k\left(1-\dfrac{1}{\sqrt{5}}\right)$.

习题 10.7

1. (1) $-\dfrac{\sqrt{2}}{2}\iint\limits_{\Sigma}[P(x,y,z)+R(x,y,z)]\mathrm{d}s$;

   (2) $\dfrac{1}{\sqrt{14}}\iint\limits_{\Sigma}[3P(x,y,z)+2Q(x,y,z)+R(x,y,z)]\mathrm{d}s$;

   (3) $\iint\limits_{\Sigma}\dfrac{4xP(x,y,z)-Q(x,y,z)+2zR(x,y,z)}{\sqrt{1+16x^2+4z^2}}\mathrm{d}s$.

2. (1) 12; (2) $\dfrac{8\pi a^4}{3}$; (3) $2\pi e^2$; (4) -6; (5) $\dfrac{1}{2}$; (6) -8π;

习题答案

(7) $4\pi abc\left(\dfrac{1}{a^2}+\dfrac{1}{b^2}+\dfrac{1}{c^2}\right).$

3. $-\dfrac{\pi}{2}h^2.$

习题 10.8

1. (1) $\dfrac{1}{8}$； (2) $\dfrac{\pi}{2}$； (3) $\dfrac{8\pi}{3}$； (4) $-\dfrac{15}{4}\pi$； (5) $4\pi R^2$； (6) $\dfrac{4}{15}\pi abc(a^2+b^2+c^2)$；

(7) $-\dfrac{\pi}{2}$； (8) $-\dfrac{\pi}{2}a^3$； (9) $-\dfrac{3}{2}\pi$； (10) 4π；4π；0.

3. 0.

4. (1) 2； (2) 3.

5. $\dfrac{1}{x^2+y^2+z^2}.$

习题 10.9

1. (1) 20π； (2) $-\sqrt{3}\pi R^2$； (3) $2R\pi a^2$； (4) $-\dfrac{3}{8}\pi a^3$； (5) $-\dfrac{13}{2}.$

2. (1) 2π； (2) 8π.

3. $-y^2\cos z \boldsymbol{i}-z^2\cos x \boldsymbol{j}-x^2\cos y \boldsymbol{k}.$

4. $9\pi.$

5. (1) π； (2) $2\boldsymbol{i}+3\boldsymbol{j}+4\boldsymbol{k}.$

总习题十

1. (1) A； (2) D； (3) C； (4) B； (5) C； (6) B； (7) C； (8) C.

2. (1) $\dfrac{\pi}{4}R^4\left(\dfrac{1}{a^2}+\dfrac{1}{b^2}\right).$ (2) 36A. (3) $f(n)=(1-x)\mathrm{e}^{-x}.$

(4) $\displaystyle\int_0^2 \mathrm{d}y\int_{\sqrt{2y}}^{\sqrt{8-y^2}} f(x,y)\mathrm{d}x.$ (5) $2\pi.$ (6) $0,\dfrac{4}{3}\pi a^3.$

3. $-\pi.$

5. $-4\pi.$

6. $-24.$

7. $I_{\min}=\dfrac{3\sqrt{3}}{2}abc.$

8. $3\pi-\dfrac{\sqrt{\pi}}{2}.$

9. $100h.$

10. $\left(0,0,\dfrac{45}{7}\right).$

11. $\dfrac{\pi}{2}.$

12. $\left(-\dfrac{R}{4},0,0\right).$

习题 11.1

1. (1) $\dfrac{1}{2n-1}$； (2) $\dfrac{\cos n}{n(n+1)}$； (3) $\dfrac{1}{(2n)!!}x^{\frac{n}{2}}$； (4) $(-1)^{n+1}\dfrac{3n-2}{3n-1}$.

2. (1) 发散； (2) 收敛； (3) 收敛； (4) 发散； (5) 发散； (6) 收敛； (7) 收敛； (8) 收敛.

3. (1) 发散； (2) 发散； (3) 发散； (4) 发散； (5) 发散； (6) 发散； (7) 发散.

4. (1) 收敛； (2) 发散.

6. 收敛.

习题 11.2

1. (1) 发散； (2) 收敛； (3) 收敛； (4) 收敛； (5) 收敛； (6) 发散； (7) 发散； (8) 收敛； (9) 发散； (10) 收敛； (11) 收敛； (12) $a>1$ 收敛，$a\leqslant 1$ 发散.

2. (1) 发散； (2) 收敛； (3) 发散； (4) 收敛； (5) 收敛； (6) 收敛.

3. (1) 收敛； (2) 收敛； (3) 收敛； (4) $b<a$ 收敛，$b>a$ 发散，$b=a$ 无法确定.

5. (1) 收敛； (2) 收敛； (3) 收敛； (4) 收敛； (5) 收敛； (6) 收敛； (7) 收敛； (8) 收敛； (9) 收敛； (10) 收敛； (11) 发散； (12) 收敛； (13) 收敛； (14) 发散； (15) 收敛.

6. (1) 发散； (2) 不一定.

8. 收敛.

习题 11.3

1. (1) $p>1$ 时绝对收敛，$0<p\leqslant 1$ 时条件收敛； (2) 绝对收敛； (3) 条件收敛； (4) 绝对收敛； (5) 条件收敛； (6) 发散； (7) 条件收敛； (8) 条件收敛； (9) 绝对收敛； (10) $a\neq b$ 时发散，$a=b\neq 0$ 时条件收敛.

2. (1) 当 $|x|<3$ 时绝对收敛，当 $x=-3$ 条件收敛，当 $|x|>3$ 或 $x=3$ 时发散；

   (2) 当 $|x|<\dfrac{1}{\sqrt{2}}$ 时绝对收敛；当 $|x|\geqslant\dfrac{1}{\sqrt{2}}$ 时发散；

   (3) 当 $|x|\neq 1$ 时绝对收敛，当 $|x|=1$ 时发散；

   (4) 当 $x>0$ 时绝对收敛，当 $x=0$ 时条件收敛，当 $x<0(x\neq -1)$ 时发散.

5. 收敛.

习题 11.4

1. (1) 当 $|x|>1$ 时绝对收敛； (2) $e^{-2}<x<e^2$ 绝对收敛；

   (3) 当 $x<-1$ 及 $x>-\dfrac{1}{3}$ 时绝对收敛； (4) 当 $|x|<2$ 时绝对收敛.

2. 取自然数 $N\geqslant\dfrac{|x|}{\varepsilon}$.

4. (1) 一致收敛； (2) 不一致收敛.

习题 11.5

1. (1) $\left(-\dfrac{1}{10},\dfrac{1}{10}\right)$； (2) $[-3,3)$； (3) $\left(-\dfrac{1}{2},\dfrac{1}{2}\right]$； (4) $(-\infty,+\infty)$；

   (5) $[-1,1]$； (6) $[-1,1)$； (7) $(-R,R), R=\max\{a,b\}$； (8) $(-\sqrt{2},\sqrt{2})$；

   (9) $[4,6)$； (10) $x=1$.

2. (1) $S(x)=\frac{1}{2}\ln\frac{1+x}{1-x},(-1,1)$; (2) $S(x)=\frac{x-1}{(2-x)^2},(0,2)$;

(3) $S(x)=\frac{2x}{(1-x)^3},(-1,1)$; (4) $S(x)=\begin{cases}(x+1)\ln(1+x)-x, & (-1,1],\\ 1, & x=-1;\end{cases}$

(5) $S(x)=\frac{1+x}{(1-x)^2},(-1,1)$;

(6) $S(x)=\left(\frac{1}{2x}-\frac{x}{2}\right)\ln(1-x)+\frac{1}{2}+\frac{x}{4},[-1,0),(0,1)$.

3. 3.

习题 11.6

1. (1) $\ln(a+x)=\ln a+\sum\limits_{n=1}^{\infty}(-1)^{n-1}\frac{1}{n}\left(\frac{x}{a}\right)^n,(-a,a]$;

(2) $\sin^2 x=\sum\limits_{n=1}^{\infty}(-1)^{n-1}\frac{(2x)^{2n}}{2(2n)!},(-\infty,+\infty)$;

(3) $\frac{1}{(2-x)^2}=\sum\limits_{n=1}^{\infty}\frac{n}{2^{n+1}}x^{n-1},(-2,2)$;

(4) $\arctan\frac{1+x}{1-x}=\frac{\pi}{4}+\sum\limits_{n=0}^{\infty}(-1)^n\frac{x^{2n+1}}{2n+1},[-1,1)$;

(5) $\text{ch}x=\sum\limits_{n=0}^{\infty}\frac{x^{2n}}{(2n)!},(-\infty,+\infty)$;

(6) $\frac{x}{1+x-2x^2}=\frac{1}{3}\sum\limits_{n=1}^{\infty}[1+(-1)^{n+1}2^n]x^n,\left(-\frac{1}{2},\frac{1}{2}\right)$;

(7) $\frac{x}{\sqrt{1-2x}}=x+\sum\limits_{n=1}^{\infty}\frac{(2n-1)!!}{n!}x^{n+1},\left[-\frac{1}{2},\frac{1}{2}\right)$;

(8) $\ln(1+x+x^2)=\sum\limits_{n=1}^{\infty}\frac{x^n}{n}-\sum\limits_{n=1}^{\infty}\frac{x^{3n}}{n},[-1,1)$;

(9) $\frac{1}{(1+x)(1+x^2)(1+x^4)}=(1-x)\sum\limits_{n=0}^{\infty}x^{8n},(-1,1)$;

(10) $\cos^3 x=\frac{3}{4}\sum\limits_{n=0}^{\infty}(-1)^n\frac{(1+3^{2n-1})}{(2n)!}x^{2n},(-\infty,+\infty)$.

2. (1) $\lg x=\frac{1}{\ln 10}\sum\limits_{n=1}^{\infty}(-1)^{n-1}\frac{(x-1)^n}{n},(0,2]$;

(2) $\cos x=\frac{\sqrt{2}}{2}\sum\limits_{n=0}^{\infty}\frac{1}{n!}(-1)^{\frac{n(n+1)}{2}}\left(x-\frac{\pi}{4}\right)^n,(-\infty,+\infty)$;

(3) $\frac{1}{x}=\frac{1}{3}\sum\limits_{n=0}^{\infty}(-1)^n\left(\frac{x-3}{3}\right)^n,(0,6)$;

(4) $e^x=e^2\sum\limits_{n=0}^{\infty}\frac{(x-2)^n}{n!},(-\infty,+\infty)$;

(5) $\frac{x}{2x-1}=\frac{1}{3}-\frac{1}{6}\sum\limits_{n=1}^{\infty}\frac{2^n}{3^n}(x+1)^n,\left(-\frac{5}{2},\frac{1}{2}\right)$;

(6) $\frac{1}{x^2+3x+2}=\sum\limits_{n=0}^{\infty}\left(\frac{1}{2^{n+1}}-\frac{1}{3^{n+1}}\right)(x+4)^n,(-6,-2)$.

4. (1) 1.648; (2) 2.00430; (3) 0.747; (4) 0.4940.

5. (1) $S(x) = e^{x^2}(1+2x^2), -\infty < x < +\infty$;

   (2) $S(x) = \dfrac{1}{2}(\sin x + x\cos x), -\infty < x < +\infty$.

6. (1) sh1; (2) 2e.

7. $S(x) = -1 + \sum\limits_{n=0}^{\infty} \dfrac{e^2 2^n}{n!}(x-1)^n, (-\infty, +\infty)$.

8. $f^{(100)}(0) = 10201 \times 100!$.

习题 11.7

1. (1) $f(x) = \dfrac{e^{2\pi} - e^{-2\pi}}{\pi}\left[\dfrac{1}{4} + \sum\limits_{n=1}^{\infty} \dfrac{(-1)^n}{n^2+4}(2\cos nx - n\sin nx)\right]$
   $(x \neq (2n+1)\pi, n = 0, \pm 1, \pm 2, \cdots)$;

   (2) $f(x) = \pi^2 + 1 + 12\sum\limits_{n=1}^{\infty}\dfrac{(-1)^n}{n^2}\cos nx, (-\infty, +\infty)$;

   (3) $f(x) = \dfrac{\pi}{4} - \sum\limits_{k=1}^{\infty}\dfrac{2}{(2k-1)^2\pi}\cos(2k-1)x - \sum\limits_{n=1}^{\infty}(-1)^n\dfrac{\sin nx}{n}$
   $(x \neq (2n+1)\pi, n = 0, \pm 1, \pm 2, \cdots)$;

   (4) $f(x) = \dfrac{11}{12} + \dfrac{1}{\pi^2}\sum\limits_{n=1}^{\infty}\dfrac{(-1)^{n+1}}{n^2}\cos 2n\pi x, (-\infty, +\infty)$;

   (5) $f(x) = -\dfrac{1}{2} + \sum\limits_{n=1}^{\infty}\left\{\dfrac{6}{n^2\pi^2}[1-(-1)^n]\cos\dfrac{n\pi x}{3} + \dfrac{6}{n\pi}(-1)^{n+1}\sin\dfrac{n\pi x}{3}\right\}$
   $(x \neq 3(2k+1), k = 0, \pm 1, \pm 2, \cdots)$.

2. (1) $f(x) = \dfrac{18\sqrt{3}}{\pi}\sum\limits_{n=1}^{\infty}(-1)^{n-1}\dfrac{n\sin nx}{9n^2-1}, (-\pi, \pi)$;

   (2) $f(x) = \dfrac{e^\pi - 1}{2\pi} + \dfrac{1}{\pi}\sum\limits_{n=1}^{\infty}\left[\dfrac{(-1)^n e^\pi - 1}{n^2+1}\cos n\pi + \dfrac{n((-1)^{n+1}e^\pi + 1)}{n^2+1}\sin nx\right]$,
   $(-\pi, 0), (0, \pi)$.

3. $10 - x = \sum\limits_{n=1}^{\infty}(-1)^n\dfrac{10}{n\pi}\sin\dfrac{n\pi}{5}x, 5 < x < 15$.

5. $\dfrac{\pi-x}{2} = \sum\limits_{n=1}^{\infty}\dfrac{1}{n}\sin nx, (0, \pi]$.

6. $x^2 = \dfrac{8}{\pi}\sum\limits_{n=1}^{\infty}\left\{\dfrac{(-1)^{n+1}}{n} + \dfrac{2}{n^3\pi^2}[(-1)^n - 1]\right\}\sin\dfrac{n\pi x}{2}, [0, 2)$;

   $x^2 = \dfrac{4}{3} + \dfrac{16}{\pi^2}\sum\limits_{n=1}^{\infty}\dfrac{(-1)^n}{n^2}\cos\dfrac{n\pi x}{2}, [0, 2]$.

7. $\dfrac{\pi}{4} = \sum\limits_{k=1}^{\infty}\dfrac{1}{2k-1}\sin(2k-1)x, (0, \pi)$.

9. $f(x) = \sum\limits_{n=-\infty}^{\infty}\dfrac{(-1)^n(1-in\pi)}{1+(n\pi)^2}\text{sh}1 \cdot e^{in\pi x}$
   $(x \neq 2k+1, k = 0, \pm 1, \pm 2, \cdots)$.

习题答案

总习题十一

1. (1) 它的部分和数列$\{S_n\}$有界; (2) $\sum_{n=1}^{\infty} \frac{-(2x)^n}{n}, x \in \left[-\frac{1}{2}, \frac{1}{2}\right)$; (3) $\frac{2}{3}$;

   (4) $-\frac{1}{4}$.

2. (1) B; (2) C; (3) B; (4) C.

3. (1) 发散; (2) 发散; (3) 发散; (4) 收敛; (5) 收敛;

   (6) $p > 1$ 收敛, $p \leqslant 1$ 发散.

4. (1) 条件收敛; (2) 条件收敛; (3) 绝对收敛; (4) 发散.

7. (1) $S(x) = \frac{2+x^2}{(2-x^2)^2}, x \in (-\sqrt{2}, \sqrt{2})$; (2) $S(x) = \begin{cases} \frac{1}{x}\arctan x, & 0 < |x| < 1 \\ 1, & x=0 \end{cases}$;

   (3) $S(x) = \begin{cases} \frac{1}{1-x} + \frac{\ln(1-x)}{x}, & x \in (-1,0) \cup (0,1) \\ 0, & x=0 \end{cases}$;

   (4) $S(x) = 2x\arctan x - \ln(1+x^2), x \in [-1, 1]$.

8. (1) $3e$; (2) $\frac{1}{2}(\cos 1 + \sin 1)$.

9. $f(x) = \frac{5}{2} - \frac{4}{\pi^2} \sum_{n=0}^{\infty} \frac{1}{(2n+1)^2} \cos(2n+1)\pi x, x \in [-1, 1]; \sum_{n=1}^{\infty} \frac{1}{n^2} = \frac{\pi^2}{6}$.

10. 与级数 $\sum_{n=1}^{\infty} \frac{1}{n^2}$ 比较, 该级数收敛.

11. (1) $-\frac{1}{12}$; (2) 0; (3) $\frac{a}{(1-a)^2}$.

习题 12.1

1. (1) 是, 一阶; (2) 不是; (3) 是, 一阶; (4) 是, 二阶; (5) 不是; (6) 是, 三阶.

2. (1) 通解; (2) 不是解; (3) 特解; (4) 通解.

3. (1) $y = \ln x - 1$; (2) $y = x^3 + 2x$.

5. $yy' + 2x = 0$.

6. $\begin{cases} \frac{d^2 S}{dt^2} + k\frac{dS}{dt} = 0, \\ S|_{t=0} = 0, \\ \frac{dS}{dt}\Big|_{t=0} = v_0. \end{cases}$

习题 12.2

1. (1) $y = e^{cx}$; (2) $y = \frac{1}{2}x^2 + \frac{1}{5}x^3 + C$; (3) $\sqrt[3]{3x+1} = C(t+2)$;

   (4) $\frac{1}{y} = a\ln|x+a-1| + C$; (5) $\sin x \cdot \sin y = C$; (6) $y^2 + 1 = C\left(\frac{x-1}{x+1}\right)$;

   (7) $(e^x + 1)(e^y - 1) = C$; (8) $(1+e^x)\sec y = C$.

2. (1) $\sqrt{4x+2y-1} - 2\ln(\sqrt{4x+2y-1}+2) = x + C$; (2) $\ln\frac{y}{x} = Cx + 1$;

(3) $y^2 = x^2(2\ln|x| + C)$; (4) $x + 3y + 2\ln|x+y-2| = C$;

(5) $(4y-x-3)(y+2x-3)^2 = C$; (6) $\ln|y+2| + 2\arctan\dfrac{y+2}{x-3} = C$;

(7) $x + 2ye^{\frac{x}{y}} = C$; (8) $x\sqrt{\dfrac{y^4}{x^2} + \dfrac{2y^2}{x} - 1} = C$; (9) $y = \dfrac{1}{x}e^{cx}$.

3. (1) $y^2 = 2\ln(1+e^x) + 1 - 2\ln(1+e)$; (2) $3x^2 + 2x^3 - 3y^2 - 2y^3 + 5 = 0$;

(3) $y^2 = 2x^2(\ln x + 2)$; (4) $y^3 = y^2 - x^2$.

4. $v = \sqrt{72500} \approx 269.3 \text{cm/s}$.

5. 容器内尚剩约 3.9kg 盐.

6. $y = x(1 - 4\ln x)$.

习题 12.3

1. (1)(2)是, (3)(4)不是, (5)(6)将 y 看作自变量,是线性方程.

2. (1) $y = \dfrac{1}{3}x^2 + \dfrac{3}{2}x + 2 + \dfrac{C}{x}$; (2) $y = C\cos x - 2\cos^2 x$; (3) $y = 2 + Ce^{-x^2}$;

(4) $y = (x+C)e^{-\sin x}$; (5) $y = (x-2)^3 + C(x-2)$; (6) $x = Cy^3 + \dfrac{1}{2}y^2$;

(7) $y = Cx + x\ln|\ln x|$; (8) $x = y^2 + Cy^2 e^{\frac{1}{y}}$.

3. (1) $y = \dfrac{2}{3}(4 - e^{-3x})$; (2) $y = \dfrac{x}{\cos x}$; (3) $y = \dfrac{1}{x}(\pi - 1 - \cos x)$;

(4) $y = \dfrac{1}{2x}(e + e^{2x})$.

4. $v = \left(v_0 - \dfrac{1}{k}mg\right)e^{-\frac{k}{m}t} + \dfrac{1}{k}mg$.

5. $f(x) = \dfrac{2}{3}x + \dfrac{1}{3\sqrt{x}}$.

6. (1) $y^{-5} = \dfrac{5}{2}x^3 + Cx^5$; (2) $\dfrac{1}{y} = -\sin x + Ce^x$; (3) $y^2 = -x^2 - x - \dfrac{1}{2} + Ce^{2x}$;

(4) $\dfrac{x^2}{y^2} = -\dfrac{2}{3}x^3\left(\dfrac{2}{3} + \ln x\right) + C$; (5) $y^3 = -\dfrac{1}{a^2}(ax + 1 + a) + Ce^{ax}$.

7. $\varphi(x) = C|x|^{\frac{1-n}{n}}$.

习题 12.4

1. (1) $x^2y - x = C$; (2) $x\sin(x+y) = C$; (3) $xy - \dfrac{1}{2}x^2\ln x + \dfrac{1}{4}x^2 = C$;

(4) $x - y^2\cos^2 x = C$; (5) 不是全微分方程; (6) $xe^y - y^2 = C$;

(7) 不是全微分方程; (8) $xe^{-y} - y^2 = C$.

2. (1) $\mu(x,y) = \dfrac{1}{x^2}, x - \dfrac{y}{x} = C$; (2) $\mu(x,y) = \dfrac{1}{x+y}, x - y = \ln|x+y| + C$;

(3) $\mu(x,y) = \dfrac{1}{x^2+y^2}, x^2 + y^2 = Ce^{2x}$; (4) $\mu(x,y) = \dfrac{1}{y^2}, \dfrac{x^2}{2} - 3xy - \dfrac{1}{y} = C$;

(5) $\mu(x,y) = \dfrac{1}{x^2}, 3x + 3y + \dfrac{y}{x} = C$; (6) $\mu(x,y) = \dfrac{1}{xy}, a\ln y + 2a\ln x - y = C$.

3. (1) $\ln\sqrt{x^2+y^2}-\arctan\dfrac{y}{x}=C$;　　(2) $\dfrac{1}{2}x^2+xy+\ln y=C$.

4. $f(x^2-y^2)=1-\dfrac{1}{x^2-y^2}$,

$xy+\dfrac{1}{2}\ln\dfrac{x-y}{x+y}=C$.

习题 12.5

1. (1) $y=x\arctan x-\dfrac{1}{2}\ln(1+x^2)+C_1 x+C_2$;　　(2) $y=C_1\ln|x|+C_2$;

(3) $y=\dfrac{1}{9}x^3+C_1\ln|x|+C_2$;　　(4) $y=C_2 e^{C_1 x}$;

(5) $x+C_2=\pm\left[\dfrac{2}{3}(\sqrt{y}+C_1)^{\frac{3}{2}}-2C_1\sqrt{\sqrt{y}+C_1}\right]$;　　(6) $y=C_1(x-e^{-x})+C_2$;

(7) $y=C_1 x\ln x+\dfrac{1}{2}x^2+C_2 x+C_3$;　　(8) $y=\arcsin(C_2 e^x)+C_1$.

2. (1) $y=-\dfrac{1}{3}\ln(3x+1)$;　　(2) $y=3\arctan x+1$;　　(3) $y=\sqrt{2x-x^2}$;　　(4) $y=\ln\sec x$.

3. $y=\dfrac{1}{4}(x-1)^2+1$.

4. $S=v_0 t+\dfrac{1}{2}(\sin\alpha-\mu\cos\alpha)gt^2$.

习题 12.7

1. (1) $y=C_1+C_2 e^{3x}$;　　(2) $x=(C_1+C_2 t)e^{\frac{5}{2}t}$;　　(3) $y=C_1\cos x+C_2\sin x$;

(4) $y=C_1 e^x+C_2 e^{-2x}$;　　(5) $y=e^{2x}(C_1\cos x+C_2\sin x)$;

(6) $y=C_1\cos\sqrt{2}x+C_2\sin\sqrt{2}x+C_3 e^{\sqrt{2}x}+C_4 e^{-\sqrt{2}x}$;　　(7) $y=C_1+C_2 x+(C_3+C_4 x)e^x$;

(8) $y=(C_1+C_2 x+C_3 x^2)e^{-x}$.

2. (1) $y=(1+3x)e^{-2x}$;　　(2) $y=e^{-x}-e^{4x}$;　　(3) $y=3e^{-2x}\sin 5x$;

(4) $y=2\cos\dfrac{3}{2}x-\dfrac{2}{3}\sin\dfrac{3}{2}x$.

3. (1) $y=C_1 e^{\frac{x}{2}}+C_2 e^{-x}+e^x$;　　(2) $y=C_1 e^{3x}+C_2 e^{4x}+\dfrac{1}{12}x+\dfrac{7}{144}$;

(3) $y=C_1\cos 3x+C_2\sin 3x+2\cos 2x$;　　(4) $y=(C_1+C_2 x)e^{3x}+\dfrac{x^2}{2}\left(\dfrac{1}{3}x+1\right)e^{3x}$;

(5) $y=C_1\cos 2x+C_2\sin 2x+\dfrac{1}{3}x\cos x+\dfrac{2}{9}\sin x$;

(6) $y=C_1+C_2 e^{-\frac{5}{2}x}+\dfrac{1}{3}x^3-\dfrac{3}{5}x^2+\dfrac{7}{25}x$;　　(7) $y=C_1 e^x+C_2 e^{-x}-\dfrac{1}{2}+\dfrac{1}{10}\cos 2x$;

(8) $y=\left(\sin x+\dfrac{1}{2}\ln\dfrac{1-\sin x}{1+\sin x}+C_1\right)\cos x+(-\cos x+C_2)\sin x$;

(9) $y=C_1\sin x+C_2\cos x+(C_3+C_4 x)e^{2x}+\dfrac{1}{2}e^x$.

4. (1) $y=-5e^x+\dfrac{7}{2}e^{2x}+\dfrac{5}{2}$;　　(2) $y=e^x-(1+2x)e^{-2x}$;

(3) $y=\cos x+\dfrac{1}{3}\sin x+\dfrac{1}{3}\sin 2x$; (4) $y=16-4x-4\mathrm{e}^{-x}+\dfrac{1}{12}x^4-\dfrac{1}{3}x^3+\dfrac{3}{2}x^2$.

5. (1) $y=C_1 x+\dfrac{C_2}{x}$; (2) $y=(C_1+C_2\ln x)x+4+2\ln x$;

   (3) $y=C_1 x+C_2 x\ln|x|+C_3 x^{-2}$;

   (4) $y=x\left[C_1\cos(\sqrt{3}\ln x)+C_2\sin(\sqrt{3}\ln x)\right]+\dfrac{1}{2}x\sin(\ln x)$.

6. (1) $t=\sqrt{\dfrac{10}{g}}\ln(5+2\sqrt{6})$; (2) $t=\sqrt{\dfrac{10}{g}}\ln\left(\dfrac{19+4\sqrt{22}}{3}\right)$.

7. $x=a\cos\sqrt{\dfrac{g}{a}}\,t$.

8. $\varphi(x)=\dfrac{1}{2}(\cos x+\sin x+\mathrm{e}^x)$.

9. $\alpha=-3,\beta=2,\gamma=-1,y=c_1\mathrm{e}^x+c_2\mathrm{e}^{2x}+x\mathrm{e}^x$.

10. $\varphi(x)=x^7$.

习题 12.8

1. (1) $y=C(1-x)+x^3\left[\dfrac{1}{3}+\dfrac{1}{6}x+\dfrac{1}{10}x^2+\cdots+\dfrac{2}{(n+2)(n+3)}x^n+\cdots\right]$;

   (2) $y=a_0\left[1+\displaystyle\sum_{n=1}^{\infty}\dfrac{(-1)^n x^{4n}}{3\cdot 4\cdot 7\cdot 8\cdots(4n-1)4n}\right]$
   $\quad+a_1\left[x+\displaystyle\sum_{n=1}^{\infty}\dfrac{(-1)^n x^{4n+1}}{4\cdot 5\cdot 8\cdot 9\cdots 4n(4n+1)}\right]$.

2. (1) $y=x+\dfrac{x^2}{2^2}+\dfrac{x^3}{3^2}+\cdots+\dfrac{x^n}{n^2}+\cdots$

   (2) $y=1-\dfrac{1}{2}x^2+\dfrac{1}{8}x^4+\cdots+\dfrac{(-1)^n}{(2n)!!}x^{2n}+\cdots$

习题 12.9

1. (1) $\begin{cases}x=C_1\mathrm{e}^{\sqrt{2}t}+C_2\mathrm{e}^{-\sqrt{2}t}\\ y=C_1(\sqrt{2}-1)\mathrm{e}^{\sqrt{2}t}-C_2(\sqrt{2}+1)\mathrm{e}^{-\sqrt{2}t}\end{cases}$; (2) $\begin{cases}x=3+C_1\cos t+C_2\sin t\\ y=-C_1\sin t+C_2\cos t\end{cases}$;

   (3) $\begin{cases}x=C_1\mathrm{e}^t+C_2\mathrm{e}^{-t}+C_3\cos t+C_4\sin t\\ y=C_1\mathrm{e}^t+C_2\mathrm{e}^{-t}-C_3\cos t-C_4\sin t\end{cases}$;

   (4) $\begin{cases}x=C_1+\mathrm{e}^{2t}(C_2\cos t+C_3\sin t)\\ y=-3C_1-t+\mathrm{e}^{2t}[(C_3-C_2)\cos t-(C_2+C_3)\sin t]\end{cases}$.

2. (1) $\begin{cases}x=-\mathrm{e}^{-4t}\sin t\\ y=\mathrm{e}^{-4t}(\cos t+\sin t)\end{cases}$; (2) $\begin{cases}x=\cos t\\ y=\sin t\end{cases}$; (3) $\begin{cases}x=2\cos t-4\sin t-\dfrac{1}{2}\mathrm{e}^t\\ y=14\sin t-2\cos t+2\mathrm{e}^t\end{cases}$;

   (4) $\begin{cases}x=-\dfrac{1}{2}(\sin t+\cos t)+\mathrm{e}^t\left(\dfrac{1}{2}-t\right)\\ y=-\sin t+\mathrm{e}^t(1-t)\end{cases}$.

总习题十二

1. (1) $f(x)=\dfrac{1}{2}(1+x^2)[\ln(1+x^2)-1]$; (2) $y=\mathrm{e}^x(C_1\cos\sqrt{2}x+C_2\sin\sqrt{2}x)+g(x)$;

(3) $y^* = x(ax+b)e^x + C_1\cos x + C_2\sin x$;   (4) $y^2(y'^2+1)=1$.

2. (1) A;   (2) D;   (3) D;   (4) B.

3. (1) $\sqrt{xy}=x+C$;   (2) $y=ax+\dfrac{C}{\ln x}$;   (3) $x=\ln y-\dfrac{1}{2}+\dfrac{C}{y^2}$;   (4) $x^2+y^2=Cy$;

   (5) $x^2+y^2+2\arctan\dfrac{x}{y}=C$;   (6) $y=\dfrac{1}{C_1}\operatorname{ch}(C_1 x+C_2)$;

   (7) $y=(C_1+C_2 x)\cos x+(C_3+C_4 x)\sin x$;

   (8) $y=e^{-x}(C_1\cos 2x+C_2\sin 2x)-\dfrac{4}{17}\cos 2x+\dfrac{1}{17}\sin 2x$;

   (9) $y=C_1+C_2 e^x+C_3 e^{-2x}+\left(\dfrac{1}{6}x^2-\dfrac{4}{9}x\right)e^x-x^2-x$;   (10) $y=C_1 x^2+C_2 x^3+\dfrac{x}{2}$.

4. (1) $\dfrac{1}{x}=\dfrac{1}{y^2}(1+2\ln y)$;   (2) $y=-\dfrac{1}{a}\ln(1+ax)$;   (3) $y=xe^{-x}+\dfrac{1}{2}\sin x$;

   (4) $y=\dfrac{1+2\ln x}{x}$.

5. $y_2(x)=y_1(x)\displaystyle\int\dfrac{e^{-\int p(x)dx}}{y_1^2(x)}dx$.

6. $f''(r)+\dfrac{2}{r}f'(r)=0,\ f(r)=2-\dfrac{1}{r}$.

7. $y=x(1-\ln x)$.

8. $x=\dfrac{mg}{k}t-\dfrac{m^2 g}{k^2}(1-e^{-\frac{k}{m}t})$.

9. $f(x)=2xe^x$.

10. $f(x)=\dfrac{1}{2}\sin x+\dfrac{x}{2}\cos x$.

11. $u(x,y)=-2x^3 y+C$.

12. $y''-y'-2y=e^x-2xe^x$.

14. $S(x)=-1+\dfrac{1}{2}(e^x+e^{-x}),\ (-\infty,+\infty)$.

15. $f(x)=\dfrac{e^x}{x}(e^x-1)$.